“十三五”国家重点出版物出版规划项目

高性能高分子材料丛书

# 高性能电池关键材料

黄　昊　编著

科　学　出　版　社

北　京

## 内 容 简 介

本书为“高性能高分子材料丛书”之一。电池作为一种典型的电化学储能器件，受到广泛关注和重点研究。本书结合材料科学基础和电化学原理，系统阐述了离子电池、超级电容器、空气电池、燃料电池、固态电池等各类电池的正负极材料特征及其电化学响应。对电解液及隔膜材料等重要内容也进行了详细的描述。另外，本书关注能源电池工程应用技术，考虑了影响能源电池工作性能的因素、电池组的设计及已有的电池标准。本书分为电池材料制备、表征及电化学行为，高性能电池电极材料，高性能电池电解质及隔膜材料，电池性能预测评价及应用技术四大部分。最大的特色是将能源电池的基础知识、基本原理及最新的科研成果相结合，特别强调近十年来该领域的学术贡献。

本书对能源材料领域的技术研发人员、高校学生及科研人员具有较高的参考价值。

**图书在版编目(CIP)数据**

高性能电池关键材料 / 黄昊编著.—北京：科学出版社，2020.3

(高性能高分子材料丛书/蹇锡高总主编)

“十三五”国家重点出版物出版规划项目

ISBN 978-7-03-063729-1

Ⅰ. ①高… Ⅱ. ①黄… Ⅲ. ①电池–材料–研究 Ⅳ. ①TM911

中国版本图书馆CIP数据核字(2019)第280719号

丛书策划：翁靖一

责任编辑：翁靖一 付林林 / 责任校对：王 瑞

责任印制：师艳茹 / 封面设计：东方人华

科 学 出 版 社 出版

北京东黄城根北街 16 号

邮政编码: 100717

http://www.sciencep.com

北京通州皇家印刷厂 印刷

科学出版社发行 各地新华书店经销

*

2020 年 3 月第 一 版 开本：720 × 1000 1/16

2020 年 3 月第一次印刷 印张：44 1/4

字数：860 000

**定价：198.00 元**

(如有印装质量问题，我社负责调换)

# 高性能高分子材料丛书

## 编　委　会

# 总　　序

自 20 世纪初，高分子概念被提出以来，高分子材料越来越多地走进人们的生活，成为材料科学中最具代表性和发展前途的一类材料。我国是高分子材料生产和消费大国，每年在该领域获得的授权专利数量已经居世界第一，相关材料应用的研究与开发也如火如荼。高分子材料现已成为现代工业和高新技术产业的重要基石，与材料科学、信息科学、生命科学和环境科学等前瞻领域的交叉与结合，在推动国民经济建设、促进人类科技文明的进步、改善人们的生活质量等方面发挥着重要的作用。

国家“十三五”规划显示，高分子材料作为新兴产业重要组成部分已纳入国家战略性新兴产业发展规划，并将列入国家重点专项规划，可见国家已从政策层面为高分子材料行业的大力发展提供了有力保障。然而，随着尖端科学技术的发展，高速飞行、火箭、宇宙航行、无线电、能源动力、海洋工程技术等的飞跃，人们对高分子材料提出了越来越高的要求，高性能高分子材料应运而生，作为国际高分子科学发展的前沿，应用前景极为广阔。高性能高分子材料，可替代金属作为结构材料，或用作高级复合材料的基体树脂，具有优异的力学性能。这类材料是航空航天、电子电气、交通运输、能源动力、国防军工及国家重大工程等领域的重要材料基础，也是现代科技发展的关键材料，对国家支柱产业的发展，尤其是国家安全的保障起着重要或关键的作用，其蓬勃发展对国民经济水平的提高也具有极大的促进作用。我国经济社会发展尤其是面临的产业升级以及新产业的形成和发展，对高性能高分子功能材料的迫切需求日益突出。例如，人类对环境问题和石化资源枯竭日益严重的担忧，必将有力地促进高效分离功能的高分子材料、生态与环境高分子材料的研发；近 14 亿人口的健康保健水平的提升和人口老龄化，将对生物医用材料和制品有着内在的巨大需求；高性能柔性高分子薄膜使电子产品发生了颠覆性的变化；等等。不难发现，当今和未来社会发展对高分子材料提出了诸多新的要求，包括高性能、多功能、节能环保等，以上要求对传统材料提出了巨大的挑战。通过对传统的通用高分子材料高性能化，特别是设计制备新型高性能高分子材料，有望获得传统高分子材料不具备的特殊优异性质，进而有望满足未来社会对高分子材料高性能、多功能化的要求。正因为如此，高性能高分子材料的基础科学研究和应用技术发展受到全世界各国政府、学术界、工业界的高度重视，已成为国际高分子科学发展的前沿及热点。

因此，对高性能高分子材料这一国际高分子科学前沿领域的原理、最新研究进展及未来展望进行全面、系统地整理和思考，形成完整的知识体系，对推动我国高性能高分子材料的大力发展，促进其在新能源、航空航天、生命健康等战略新兴领域的应用发展，具有重要的现实意义。高性能高分子材料的大力发展，也代表着当代国际高分子科学发展的主流和前沿，对实现可持续发展具有重要的现实意义和深远的指导意义。

为此，我接受科学出版社的邀请，组织活跃在科研第一线的近三十位优秀科学家积极撰写“高性能高分子材料丛书”，内容涵盖了高性能高分子领域的主要研究内容，尽可能反映出该领域最新发展水平，特别是紧密围绕着“高性能高分子材料”这一主题，区别于以往那些从橡胶、塑料、纤维的角度所出版过的相关图书，内容新颖、原创性较高。丛书邀请了我国高性能高分子材料领域的知名院士、“973”项目首席科学家、教育部“长江学者”特聘教授、国家杰出青年科学基金获得者等专家亲自参与编著，致力于将高性能高分子材料领域的基本科学问题，以及在多领域多方面应用探索形成的原始创新成果进行一次全面总结、归纳和提炼，同时期望能促进其在相应领域尽快实现产业化和大规模应用。

本套丛书于 2018 年获批为“十三五”国家重点出版物出版规划项目，具有学术水平高、涵盖面广、时效性强、引领性和实用性突出等特点，希望经得起时间和行业的检验。并且，希望本套丛书的出版能够有效促进高性能高分子材料及产业的发展，引领对此领域感兴趣的广大读者深入学习和研究，实现科学理论的总结与传承，科技成果的推广与普及传播。

最后，我衷心感谢积极支持并参与本套丛书编审工作的陈祥宝院士、李仲平院士、瞿金平院士、王玉忠院士、张立群教授、李光宪教授、郑强教授、王笃金研究员、杨小牛研究员、余木火教授、解孝林教授、王锦艳教授、张守海教授等专家学者。希望本套丛书的出版对我国高性能高分子材料的基础科学研究和大规模产业化应用及其持续健康发展起到积极的引领和推动作用，并有利于提升我国在该学科前沿领域的学术水平和国际地位，创造新的经济增长点，并为我国产业升级、提升国家核心竞争力提供该学科的理论支撑。

蹇锡高

中国工程院院士
大连理工大学教授

# 前　言

尽管从事电池材料研究很多年，写一本关于电池材料的书一直是我渴望去做但又不敢轻易起笔的事情。在我的设定里，这本书要承载全面而强大的功能。首先，它能给初学者提供必要的材料科学和电化学基础，能够告诉他们在材料表征中必要的实验手段。其次，它能作为电池材料研发人员的手边书，能够给他们提供相应的理论支持和细节。最重要的是，它能分享我们对高性能电池材料的理解，能够传播我们的科研思路和成果，最好能启发同行们的创新灵感。但预期越高，越心生怯意，畏缩不前。直到有一天，蹇锡高院士鼓励我们这样去做，并将该书放在他主持的丛书里。

能源是大自然的馈赠，是维持人类生息的根源。人们无法创造能源，能做的就是最大效率地利用能源。电池是实现能源利用和转化的器件，其中电极材料决定了电池的关键性能并引发了科研人员的高度兴趣和普遍关注。他们积极探索新型的材料和新颖的结构以实现电极长效高密度储能。他们的研究成果可以应用到大功率的动力电池，也可以应用到微电子器件供电。他们开发了离子电池、超级电容器、空气电池、燃料电池、固态电池等各类电池为极端气候条件、生物医用、军事战备等场景提供多样的储能方案。无论何种形态，电化学电池的电动势都是通过电极氧化还原反应得失电子造成的。由此，电极材料的作用可以分为两类：一类是作为反应物参与反应；另一类是本身不参与反应，而作为催化剂促进电极反应在其表面进行。为建立共性的理解，本书试图从热力学和动力学这些基本原理的角度，阐述两类电极材料在电化学反应中的响应特征和结构演变。

为了保证论述体系的完整，我们对电池隔膜材料和电解液做了规划。因为这不是我们的研究领域，为此特别邀请了河南师范大学杨书廷教授团队来完成这两章内容。杨教授多年来专注于锂离子隔膜研发，并早在 2004 年实现了隔膜产业化。团队的岳红云老师 2018 年冬天在大连理工大学做的新型电解液研究报告让我们耳目一新。尽管早有预料，但当这两章的书稿发来时，还是备感欣喜。他们用有限的篇幅对隔膜材料和电解液做了精准的解释。大多数做电极材料研究的人对隔膜材料和电解液了解不够，这部分内容有可能补足知识空缺，并帮助他们对电极/溶液的界面反应有着更深入的理解。另外，考虑到在电池生产一线的技术骨干的需求，本书还提供了锂离子电池、超级电容器和燃料电池相关的生产工艺和技术规范。

本书总结了近些年作者团队在高性能电池关键材料领域许多原创性亮点工作，并作为研究实例写入了部分章节，相信这些内容将成为本书的最大特色。衷心感谢团队老师李晓娜、胡方圆、吴爱民、董旭峰、丁昂，博士生靳晓哲、田瑞雪、刘佳、索妮、朱盛铭、杨影影、冉帅、邵文龙、利助民、于文华，硕士生周抒予、罗倩，河南师范大学老师杨书廷、岳红云、尹艳红等的科研贡献和在本书校稿、修改过程中给予的大力支持和帮助。感谢美国华盛顿大学曹国忠老师特意从美国赶来大连理工大学，与我们在一间简陋的会议室里认真审议了全书框架、逻辑结构和撰写的每个细节，这对本书的顺利完稿至关重要；并且在初稿完成后，曹国忠老师、齐民和姚曼老师还对全书内容进行了仔细审阅并提出了宝贵的修改建议。在本书组织过程中得到了责任编辑翁靖一女士无微不至的协作，没有她悉心的安排，我们很难顺利完成撰写工作。为此，特别感谢科学出版社相关领导和编辑对本书出版的支持和帮助！此外，感谢大连理工大学“新工科”系列精品教材项目(2018-061)的资助。

满心感谢人生挚友吴爱民，在我最需要帮助的时候，他给了我最好的研究条件并和我一起努力；感谢我的父母，他们不仅赐予我生命，还给了我面对人生的勇气和智慧；感谢我的妻子潘蓉，她总是那么细腻温柔地照顾着我；谢谢我的孩子们，是你们让我觉得每一天都很美好。

限于时间和精力，书中难免有疏漏或不妥之处，敬请广大读者批评指正。

2019 年 10 月

于大连理工大学

# 目　　录

## 第二篇　高性能电池电极材料

## 第四篇　电池性能预测评价及应用技术

# 第一篇　电池材料制备、表征及电化学行为

# 第1章

# 电池材料发展历史及研究现状

## 1.1 电池材料的发展历史

1780年，意大利解剖学家伽伐尼(Luigi Galvani)在做青蛙解剖时，两手分别拿着不同的金属器械，无意中同时碰在青蛙的大腿上，青蛙腿部的肌肉立刻抽搐了一下，仿佛受到电流的刺激，如果只用一种金属器械去触动青蛙，就无此种反应。伽伐尼认为，出现这种现象是因为动物躯体内部产生的一种电，他称之为“生物电”。他的发现引起了物理学家的极大兴趣，他们竞相重复伽伐尼的实验，企图找到一种产生电流的方法。意大利物理学家伏特(Volta)在多次实验后则认为：伽伐尼的“生物电”之说并不正确，青蛙的肌肉之所以能产生电流，大概是肌肉中某种液体在起作用。为了论证自己的观点，伏特把两种不同的金属片浸在各种溶液中进行实验，结果发现，这两种金属片中，只要有一种与溶液发生了化学反应，金属片之间就能够产生电流。1799年，伏特把一块锌板和一块银板浸在盐水中，发现连接两块金属的导线中有电流通过。于是，他就把许多锌片与银片之间垫上浸透盐水的绒布或纸片，平叠起来，用手触摸两端时会感到强烈的电流刺激。伏特用这种方法成功制成了世界上第一个电池——“伏特电堆”。这个“伏特电堆”实际上就是串联的电池组。1836年，英国的丹尼尔(Daniell)对“伏特电堆”进行了改良，又陆续有效果更好的“本生电池”和“格罗夫电池”等问世。然而在当时，无论哪种电池都需在两个金属板之间灌装液体，搬运很不方便，特别是蓄电池所用液体是硫酸，在挪动时很危险。1860年，法国的雷克兰士(George Leclanche)发明了碳锌电池，这种电池更容易制造，且最初潮湿水性的电解液逐渐用黏浊状类似糨糊的方式取代，于是装在容器内时，“干”性的电池出现了。1887年，英国人赫勒森(Wilhelm Hellesen)发明了最早的干电池。相对于液体电池而言，干电池的电解液为糊状，不会溢漏，便于携带，因此获得了广泛应用。

如今，干电池已经发展成为一个庞大的家族，种类达100多种，常见的有普通锌-锰干电池、碱性锌-锰干电池、镁-锰干电池等，不过，最早发明的碳锌电池依然是现代干电池中产量最大的电池。在干电池技术的不断发展过程中，新的问题又出现了。干电池尽管使用方便、价格低廉，但却无法重复利用。另外，以金属为原料容易造成原材料浪费，废弃电池还会造成环境污染。于是，能够经过多次充电放电循环，反复使用的蓄电池成为新的方向。事实上，蓄电池的最早发明同样可以追溯到1860年。当年，法国人普朗泰(Gaston Plante)发明出用铅作电极的电池。这种电池的独特之处是当电池使用一段时间电压下降时，可以给它通以反向电流，使电池电压回升。因为这种电池能充电，并可反复使用，所以称它为“蓄电池”。1890年，爱迪生(Edison)发明可充电的铁镍电池，1910年可充电的铁镍电池实现商业化生产。如今，充电电池的种类越来越丰富，形式也越来越多样，从最早的铅蓄电池、铅晶蓄电池，到铁镍蓄电池及银锌蓄电池，发展到铅酸蓄电池、太阳能电池及锂电池等。与此同时，蓄电池的应用领域越来越广，容量越来越大，性能越来越稳定，充电越来越便捷。

整个电池的发展史可以说是一个“试试各种金属能不能造电池”的历史。现在电池界最常用的金属是“锂”。锂，这个元素周期表的第一个金属元素，在所有的金属中，它最轻，密度低至0.534g/cm$^3$；它最小，相对原子质量小到6.94；它最活泼，极易与外界发生反应。1818年，身为矿物勘探爱好者的雅各布·贝采里乌斯(Jöns Jakob Berzelius)在他的个人日记中记录下他的最新发现，并在日后将此记录通信给一位当期刊编辑的好友。在他们的通信中，贝采里乌斯将自己新发现的这种金属用“lithion”命名，即希腊文中的“石头”，后经演化成“lithium”，也就是今天的“锂”。从1818年到1913年近一个世纪的时间里，人们都对这种易燃的金属敬而远之。1913年，美国的两位化学物理科学家吉尔伯特·牛顿·刘易斯(Gilbert Newton Lewis)和弗雷德里克·乔治·凯斯(Frederick George Keyes)在研究为军方提供更高效的储能装置时，发现了锂的电化学活性出奇的高。为此他们设计了经典的三电极实验，精确计算出锂的电极电势，并且在当时的元素周期表尚不完整时就大胆预言，锂是具有最低电势的电极材料。他们的先见之明直到今天依然适用，指引着无数人实现金属锂作为最终负极这一至高理想。当时科学家对锂的研究热情可能超出今天的想象，以至于一种宗教式的虔诚情绪普遍出现在严谨的科学界。在当时的学术论文中，科学家经常使用“holy grail”(圣杯)这样的称谓来指代锂对于电池的意义。最终在1958年，来自美国加利福尼亚大学伯克利分校的威廉·西德尼·哈里斯(William Sidney Harris)迈出了关键的一步，他成功筛选出了两种电解液，碳酸乙烯酯(ethylene carbonate，EC)和碳酸丙烯酯(propylene carbonate，PC)，并且就锂在水性电解液和有机电解液的不同行为展开了论述，最终确立了锂-有机电解液这一组合无可撼动的地位，直到今天依旧左右着锂离子电池的发展。哈里斯在最终EC和PC二选一的抉择中，认为二者电化学行为一致，故选择了低熔点的PC。而正是这样经典的错误引导，使得锂离子电池的面世推迟了20年[PC用于二次电池，与锂离子电池的石墨负极相容性很差，充放电过程中，PC在石墨负极表面发生分解，同时引起石墨层的剥落，造成电池的循环性能下降。

但在 EC 中却能建立起稳定的固态电解质界面(solid electrolyte interphase，SEI)膜]。在之后的时间里，SEI 膜成为最为重要的发现。SEI 膜是由金属锂和有机电解液反应产生的一层钝化膜，附着在金属锂的表面起着稳定和保护的作用。同时，能够来回传输电池中的锂离子。SEI 膜的发现似乎解决了锂应用于可充电电池的所有问题，人们距离得到“圣杯”看似只有一步之遥。

可是，还存在一个隐患——锂枝晶。由于锂离子电池负极材料为锂金属箔，在充电时负极会形成锂枝晶，当枝晶长到一定长度时就会穿透隔膜，造成正负极短路，引起电池起火，存在严重的安全隐患，因此只能作为一次电池使用。锂枝晶的形成过程很复杂，主要是由于锂离子在析出/沉积到锂金属上的过程复杂。首先它在锂金属上析出时经常发生结构变化，待到完成充放电循环后，沉积到锂金属这个过程中，锂金属容易聚集形成线，虽然这个线长度通常在纳米级别，但足以造成巨大的破坏力，导致电池短路乃至爆炸。科学家将此纳米线称为“枝晶”。直至 1990 年，索尼公司正式对外发布了一款全新的锂离子可充电电池。这款电池的优良性能震撼了世界：4.1V 的电压，80W·h/kg 的质量能量密度，200W·h/L 的体积能量密度，对当时流行的镍镉电池几乎是压倒性的优势。他们用石墨作为负极材料，碳家族材料有着低电势、高容量和资源丰富等一系列先天优势。把电解液重新换成了被抛弃 20 年之久的 EC，正极材料常用 $Li_xCoO_2$，也可用 $Li_xNiO_2$ 和 $Li_xMnO_4$。石墨作为负极材料无毒，且资源充足，锂离子嵌入碳中，克服了锂的高活性，正极 $Li_xCoO_2$ 在充、放电性能和寿命上均能达到较高水平，在整个充放电过程中没有金属锂形成，避免了锂枝晶的形成，极大地提高了锂离子电池的安全性，降低了其使用成本，真正实现了锂离子二次电池的商业化。

## 1.2　电池材料的研究现状

近年来，对高性能可充电电池的需求日趋迫切，锂离子电池、超级电容器、燃料电池和固态电池等多种新型储能器件迅速发展，这对电池的工作电压和能量密度有了更高的要求。而电池的工作电压和能量密度由正负极材料决定，所以，发展高性能电池电极材料至关重要。本书全面系统地阐述了高性能电池材料的相关内容，分为四个部分：电池材料制备、表征及电化学行为(第一篇)，高性能电池电极材料(第二篇)，高性能电池电解质及隔膜材料(第三篇)，电池性能预测评价及应用技术(第四篇)，共 13 章。

对电池材料本质特征的了解和探索有助于提高电极材料的性能，所以第一篇电池材料制备、表征及电化学行为是研究的基础。目前，随着纳米科学技术的迅猛发展，人们对一些介观尺度的物理现象，如纳米尺度结构、各种量子尺寸效应等已经进行了深入的研究，纳米材料也越来越为研究者所重视。在电池领域，纳米材料应用最为广泛[1,2]。纳米电池材料根据其结构主要可以分为零维、一维、二维、微孔与介孔和核壳结构，具有不同微观结构的纳米电池材料往往表现出不同的性质[3]。零维纳米材料在性质上来说，一般具有较强的活性，不同于单个原子和分子，纳米颗粒在电池材料中有着广泛的应用；一维纳米材料的定义是在两个维度上为纳米尺度的材料，种类主要包括纳米线或纳米棒、纳米管、同轴纳米电缆等；二维材料，是指电子仅可在两个维度的纳米尺度上自由运动(平面运动)的材料，如纳米电池材料中最常见的石墨烯和氧化石墨烯，常常用作电极材料，而二维层状过渡金属硫属化物也因为其具有优异的光电性质、带隙可控等性质，已经成为研究者的研究热点；多孔材料是纳米电池材料中非常常见的一类材料，在离子电池、燃料电池、超级电容器中得到了广泛的应用；核壳材料因其组成种类多、形貌多种多样、组分间具有协同效应等特点，已被广泛用于催化剂、新型储能材料、光电材料等新能源领域。

纳米电池材料的制备原理和形貌控制是材料制备的两个关键点。不同纳米电池材料，如零维、一维和二维的材料，制备原理和形貌控制都有所不同。化学反应的热力学和动力学基本原理、颗粒的形核-生长机理、纳米结构的气相-液相-固相转变方式等，为纳米电池材料制备提供理论基础。而对于纳米电池材料的形貌控制，主要通过控制形核速率、生长过程、后续的熟化过程和微观单元连接来完成。电池材料的制备方法主要分为化学法和物理法。化学法包括水热/溶剂热法、模板合成法和溶胶-凝胶法三种。水热/溶剂热法是制备纳米电池材料最常见的一种方法，具有合成工艺简单、可控性很强、可制备的材料广泛等特点。模板合成法也是较为简单的新型纳米材料合成方法，通过选用具有特定结构的物质作为模板来引导纳米材料的制备与组装，使制备的纳米材料具有与模板同样的结构，主要优势是可以控制制备出的纳米颗粒的尺寸、形状、均一性和分散性。溶胶-凝胶法是近年来制备有机-无机杂化材料的重要方法之一，通过该方法制备的杂化材料一般具备有机/无机材料的优点、在较低的温度下制备杂化材料十分绿色简便、具有很强的可控性等特点。相比于化学法，物理法虽然很难保证纳米材料具有非常均一的形貌，但更加有利于纳米材料大规模制备。溅射法、电弧等离子体蒸发法和高能球磨法在制备纳米电池材料中是最常见的方法。溅射法的优点主要是可在低气压下进行、溅射速率高，不仅可溅射金属靶，也可溅射绝缘靶等，电弧等离子体蒸发法具有蒸发速度快、易于大批量生产、可制备多种纳米材料等特点。近年来，这种方法不断得到改进和完善，应用领域也不断扩展，而高能球磨法是在电池电极材料制备过程中合成粉体的重要途径，相比于传统方法，该方法所需要的反应温度低、制备出的粉体量大、粉体粒径分布均匀，在大规模合成纳米粉体中起到了重要作用。关于纳米电池材料制备技术的详细内容见本书第 2 章。

纳米材料与块体材料相比，具有表面与界面效应、小尺寸效应、量子效应、量子隧道效应等。在储能领域，纳米材料因为其高比表面积、特殊的催化性质、储氢性能、高化学活性等独特的特性而得到了广泛的应用[4]。对纳米储能材料的表征与测试是鉴别这些材料、认识这些材料的独特结构、评价其特殊性能的根本途径[5]。对于纳米储能材料的表征，主要是确定其形貌、尺寸、粒径、成分、晶型等物理化学特性。纳米储能材料的表征分为以下几类：①晶体结构表征，主要介绍了 X 射线衍射、电子衍射等常见的表征储能材料微结构的方法；②形貌表征，主要包括电子显微镜和探针类显微镜；③成分表征，主要包括电子探针显微分析、X 射线荧光光谱、俄歇电子能谱仪、X 射线光电子能谱和电子能量损失谱；④性质表征，主要包括红外光谱、拉曼光谱和物理吸附测试。纳米储能材料大部分都是晶体，制备出的样品很多都是粉末，常规多晶物质的 X 射线衍射便采用粉末法，利用单色的 X 射线照射多晶体样品来进行。一般来说，X 射线衍射法可以进行纳米储能材料的物相分析、点阵常数和晶粒尺寸测定。此外，在常规的 X 射线衍射分析基础上，薄膜 X 射线衍射仪增加了薄膜分析功能，也常用于纳米储能材料的应用。此外，透射电子显微镜的选区电子衍射也能对纳米储能材料的晶体结构进行表征。对于场离子显微镜，主要可以进行点缺陷、界面缺陷的直接观察。纳米储能材料的形貌观察对于表征纳米储能材料和分析纳米储能材料所具有的性质十分重要，光学显微镜、电子显微镜都是将人眼所不能分辨的微小物体放大成像，以供人们提取显微结构信息的仪器。不同的是，光学显微镜是利用凸透镜的放大成像原理；扫描、透射电子显微镜是分别利用二次电子、经过加速和聚集的电子束的信号成像来观察样品的表面形态；原子力显微镜是利用微悬臂感受和放大悬臂上的尖细探针与样品表面原子之间的作用力，从而达到检测样品表面的目的。纳米储能材料的成分分析对于确定其各组成元素的种类十分重要。一般湿法或光谱化学分析等传统成分分析方法只能获得样品整体或平均的成分结果，它们很难处理样品中常发生的微观组织成分不均匀性问题，在分辨率、灵敏度、检测精度与适应性等方面，这些成分分析技术也难以满足当代科技发展的需要。电子探针显微镜、俄歇电子能谱仪等仪器可对纳米储能材料进行精确的化学成分分析。不同的是，电子探针显微镜被采样分析的区域体积约为几立方微米，具有高准确度和灵敏度；X 射线光电子能谱和俄歇电子能谱在纳米储能材料的表征中最为常用，可以获得有关表层化学成分的定性或定量信息。纳米储能材料的性质表征一般通过红外光谱、紫外光谱、拉曼光谱和物理吸附测试来完成。红外光谱指红外吸收光谱，将一束不同波长的红外线照射到物质的分子上，某些特定波长的红外线被吸收，形成这一分子的红外吸收光谱，以分析纳米储能材料中所具有的各类基团。拉曼光谱是一种散射光谱，主要对与入射光频率不同的散射光谱进行分析，以得到分子振动和转动方面信息，与红外光谱搭配应用于分子结构研究。紫外-可见吸收光谱法是利用某些物质的分子吸收光谱区的辐射来进行分析测定的方法，广泛用于有机和无机物质的定性和定量测定。物理吸附仪器主要利用氮气等气体的吸附、脱附来分析纳米储能材料的孔结构、比表面积、孔直径等性质。关于电池材料表征方法的详细内容见本书第 3 章。

了解电池电极材料的电化学行为，包括电极材料的两相(固相-液相)界面、电极反应和相关的电化学测试，以及了解与二次电池相关的常见的电化学概念，是做电池电极材料研发的基础。在常见的电化学研究中，主要形成的是电极/溶液界面[6]。理想极化电极界面模型是由 Helmholtz 等建立的，这个模型为理解电极/溶液界面提供了理论基础。电池中常见的界面分为固-固界面和液-固界面，固-固界面一般是电极材料在发生电化学反应过程中产生的两相界面，在首次充放电过程中，由于有机溶剂与负极材料进行电化学反应，在负极材料表面会形成一层固体电解质薄膜——SEI 膜，此时，电解质溶液与固体薄膜形成了液-固界面，这个界面也在电解液粒子的扩散、传质和电迁移过程中起到了重要的作用。对于大多数电极反应来说，电极电势都是最重要的影响因素，在电池中，电荷转移的过程中会在两相界面上发生化学变化，生成新物质，将化学能转换为电能，从而对外荷载做功提供能量。电极体系中，两类导体界面所形成的相间电势，即电极材料和电解液的内电势差。电池材料因电化学反应来储能，该反应包括化学反应和电荷传递两部分。电极电势的改变影响了电化学反应的活化能、改变了电极反应速率，电解液的浓度差、双电层结构也影响了电极反应的速率，这些都为研究电池材料的电极反应速率提供了理论基础，为读者后续理解不同的电池电极材料的电化学表现做铺垫。常见的电池电极材料的电化学测试主要包括稳态和非稳态测试。稳态测试中主要包括常见的电解电量分析、稳态电流密度-电势分析和旋转圆盘电极三种。电解电量分析利用外电源将被测量溶液进行电解，使待测量物质能在电极上不断析出，然后称量析出物质的质量，算出该物质在样品中的含量。稳态极化曲线图解法可以把过电势、极化电流密度(电极反应速率)和其他动力学参数之间的关系表示出来。旋转圆盘电极人为地给出一个十分明确的稳态传质方式，广泛地应用于研究电极表面电流密度的分布情况，也可以排除浓差极化对电流密度的影响，是电池的电化学测试中最常用的方法之一。非稳态测试主要包括电势阶跃实验、循环伏安测试和交流阻抗测试三种。电势阶跃实验是在电解液保持静止状态下进行的，只需要考虑由浓度梯度引起的扩散。循环伏安法和交流阻抗法常用于电池电极材料的电化学测试，循环伏安曲线可快速诠释反应体系的性质，是目前研究电极吸附和电极过程的常见技术，通过循环伏安曲线的形状可以判断电极反应的可逆程度、是否有中间相或新相形成、反应的性质、控制步骤和反应机理，也可以对电极反应参数、反应物浓度、交换电流密度、传递系数等参数进行定量测试。而交流阻抗法利用交流电的方法来研究界面电化学反应，交流阻抗法的奈奎斯特(Nyquist)图中可以提供电极材料的表面膜阻抗并反映离子的扩散行为。关于电池材料电化学行为的详细内容见本书第 4 章。

随着对电池材料的深入研究，研究者对于材料科学中不同子学科的关注重点也在发生改变：早期与电池相关的材料学研究中，研究者的研究重点更多放在电极材料的基础研究上；而在 20 世纪末纳米技术兴起时，研究者开始更多地关注电极材料的形态(表面涂层、孔隙率、尺寸和形状等)。纳米结构电池材料具有巨大的表面体积比、良好的输运性能、良好的物理性能和纳米尺度的约束效应等优点，在锂离子电池、空气电池、超级电容器、燃料电池和固态电池等与能源有关的应用中得到了广泛的研究[7]。本书的第二篇介绍了不同类型电池的电极材料的机理和性质。

离子电池工作原理是碱性金属离子在电池正负极间的反复嵌入脱出，并伴随着氧化还原反应，因此发生化学能与电能的相互转化。离子电池是物理学、材料科学和化学等学科研究的结晶，所涉及的物理机理是以固体物理中嵌入物理来解释的。嵌入是指可移动的客体粒子(分子、原子、离子)可逆地嵌入到具有合适尺寸的主体晶格中的网络空格点上。离子电池的正极和负极材料都是离子和电子的混合导体化合物，在嵌入离子的同时，要求由主体结构作电荷补偿，以维持电中性。电荷补偿可以由主体材料能带结构的改变来实现，因此电导率在嵌入前后会有变化。根据碱金属的种类可以将离子电池分为锂离子电池、钠离子电池、钾离子电池、镁离子电池等。由于金属锂和金属钠具有较高的活性，且离子半径较其他碱性金属小，在离子脱嵌过程中体现出显著的动力学优势，因此目前离子电池研究热点主要集中在这两种离子电池领域。其中以硫或其复合物代替传统的含碱金属多元化合物作为离子电池正极材料，碱金属作为负极材料组成的离子电池具有非常高的容量，该类电池被称为锂-硫电池和钠-硫电池。电极(包括正极、负极)是离子电池的核心，由活性物质和导电骨架组成，正负极活性物质是产生电化学能量的源泉，是决定电池基本特性的重要组成部分。离子电池工作过程中，电极材料通过发生氧化还原反应提供能量，其中涉及的热力学与动力学特性是决定电极材料电化学性能的关键因素。电极材料发生电化学反应的先决条件是满足热力学条件，即电化学反应的吉布斯自由能(Gibbs free energy，$\Delta G$)小于零；探索电极反应的热力学过程对开发新型电极关键材料具有重要意义，包括不同系统条件对离子电池平衡电位的影响，电流、电势、浓度和时间之间的关系，氧化还原反应过程熵变对应电极结构的变化等问题。离子电池电极材料的电化学反应伴随着离子扩散过程，并且涉及离子在固-液及固-固界面的传输，提高电极材料中离子的动力学性能，以及研究离子在不同界面的扩散特性是开发高效储能电极材料的理论基础。关于离子电池电极材料的详细内容见本书第 5 章。

空气电池是一种以金属作为阳极，空气中的氧气作为阴极的电化学装置，由金属阳极、空气阴极、电解质、隔膜构成。在放电时，负极金属失去电子后变为金属离子，游离到电解液中，穿过隔膜后迁移至正极；同时电子经外电路也流动至正极。二者与此处溶解的氧气相结合，发生氧还原反应(oxygen reduction reaction，ORR)后生成放电产物。在充电时，正极发生氧析出反应(oxygen evolution reaction，OER)，放电产物被分解为金属离子、氧气和电子。氧气向外界逃逸，而金属离子和电子则沿着同样的路径回到负极并重新生成金属。如此循环往复，完成空气电池中化学能和电能的转化。根据金属不同，可分为铝、锌、铁、钙、镁和锂等空气电池。在空气电池的组成部分中，以空气阴极上发生的反应最为复杂：氧还原反应和氧析出反应均在此发生，此外还存在各种副反应。典型的空气阴极包含三层：集流层、扩散层和催化层，核心组分为催化层，决定了空气电池的电化学性能。空气阴极催化剂主要包括：①贵金属基合金催化剂，该类催化剂具有最高的氧化还原催化活性，但是，其价格昂贵、资源稀缺，并且易腐蚀团聚；②各种结构的碳材料，包括碳纳米管、碳纳米纤维、石墨烯及纳米多孔碳等，杂原子掺杂可以显著提高碳材料的催化性能；③金属螯合物催化剂，可以有效促进过氧化氢的分解，提高电池的工作电压，但是，该类材料的制备工艺复杂、品种较少；④过渡金属氧化物催化剂，分为单金属氧化物和混合金属氧化物，与贵金属型催化剂相比，其具有储量丰富、价格低廉、制备简单及环境友好等优点；⑤钙钛矿型氧还原催化剂，容易吸收氧离子，具有良好的离子导电性和电子导电性，并且催化活性与晶粒的大小和比表面积有关，小颗粒、大比表面积的钙钛矿型氧化物的制备已经成为研究的热点。

相较于其他空气电池，锂-空气电池具有更大的理论容量。根据电解质的不同，通常将锂-空气电池分为：有机电解液体系锂-空气电池、水系锂-空气电池、固态锂-空气电池和有机-水混合系锂-空气电池。有机电解液体系的空气电池中氧气的存在会造成电解液分解产生大量 $Li_2CO_3$ 等副产物。$Li_2O_2$ 不溶于有机电解液并残留在正极材料中，阻塞原有的孔隙通道，外部电解液中游离的锂离子和氧气难以进入正极内部，只能在表面区域继续反应，造成电化学反应不充分，降低锂-空气电池的实际放电容量；此外，绝缘的放电产物 $Li_2O_2$ 会增加电池阻抗，造成严重的极化。针对上述问题，科学工作者从材料角度开展了大量的研究，改善锂-空气电池的电化学性能。关于空气电池电极材料的详细内容见本书第 6 章。

超级电容器是基于一些含有高比表面积材料在电极-电解液界面上进行充放电的一类特殊的电化学电容器[8]，主要由集流体、正/负电极材料、电解液及隔膜组成。与传统的静电电容器相比，超级电容器在构造上更类似于电池，正、负电极之间有电解液填充，电介质被隔膜所取代。其中正、负电极主要起电子导体的作用，电解液为离子导体，隔膜用于防止正、负两极的直接接触，阻止电子在两极之间传输，但同时又能起到保证离子自由通过的作用。正是由于这种特殊的构造，超级电容器在充电的过程中，电荷在电极与电解液的界面处发生分离，从而形成两个相互叠加的电场(双电层)。根据电荷存储机理，超级电容器可以分为三种类型，分别为双电层电容器、赝电容电容器及混合型电容器。超级电容器电极材料的选择决定电容器比电容值的大小，电解液的选用决定器件的工作电压；电极和电解液共同决定整个器件的等效串联电阻(equivalent series resistance，ESR)值。电极材料主要分为三类：碳材料、过渡金属氧化物和导电聚合物材料；碳材料是超级电容器电极材料中研究最早、应用最广、技术最为成熟的材料，这主要是由于碳材料的来源广泛，且碳元素多种杂化方式和成键方式赋予了碳多样的存在形态。过渡金属氧化物在储能过程中，表面发生快速可逆的氧化还原反应，显示出很强的赝电容行为，因此过渡金属氧化物具有高的比电容和能量密度，被认为是最有吸引力的超级电容器材料。导电聚合物经过化学或电化学掺杂后可获得较高的甚至类似金属的电导率，因此该类材料的电导率可以在 $10^{-10}$～$10^{5}$S/cm 的范围内变化。此外，导电聚合物还具有储量大、廉价、易制备、质轻、可设计为柔性器件的特点，有希望成为一类理想的超级电容器电极材料。电解液是超级电容器的最大限制因素，目前，主要分为水系电解液、有机电解液、离子液体和固态电解质。水系电解液存在价格便宜、电导率高、阻抗低、易于充分浸润电极材料、易处理等优点，一直被广泛应用于超级电容器体系中，但受限于其电压窗口。有机电解液因其高的工作电压使得功率密度和能量密度的进一步提升成为可能，因此有机系超级电容器占据了主要的超级电容器市场。离子液体以其可接受的黏度和离子电导率在电化学领域得到了普遍应用。此外，离子液体的电化学窗口宽阔、毒性低、化学稳定性好等特点，使得其可以替代部分有机电解液应用于超级电容器中。固态电解质，与传统的水系电解液相比，具有易于封装和成型、挥发性与可燃性低、机械可弯曲性及可伸展性优异等特点，同时，没有气体释放而导致电解质泄露的风险，不像水系电解液一样具有毒性或者有机电解液一样易燃[4,5]。关于超级电容器电极材料的详细内容见本书第 7 章。

氢气，来源于水，与氧气反应释放能量之后又生成水，这样一个能量循环体系正是人们苦苦寻找的。燃料电池从 1839 年到今天已经过了 180 年的发展。氢能源系统是一个复杂且庞大的系统，包括产氢、储氢、运氢、加氢、氢燃料电池五大部分，仅氢燃料电池就是一个相当复杂精细的系统。燃料电池分为碱性燃料电池、磷酸型燃料电池、熔融碳酸盐燃料电池、固体氧化物燃料电池、质子交换膜燃料电池，它们各有各的长处，在不同的领域为人们的生产生活提供能量。碱性燃料电池工作于太空，曾经参与了登月飞行。磷酸型燃料电池技术成熟，在燃料电池发电站工作。熔融碳酸盐燃料电池的发电效率高，可参与到大规模的工业加工和发电汽轮机中。固体氧化物燃料电池会产生高质量的废热，可应用于热电联用领域。质子交换膜燃料电池可快速启动、开关循环和低温工作，非常适合工作在便携式电源和运输工具中。质子交换膜燃料电池多以氢气为燃料，空气中的氧气为氧化剂，通过电化学反应将燃料中的化学能转化为电能。氢气从储氢装置中经管道出来之后被加湿。氢气和水蒸气的混合物在鼓风机的推动下进入流场，然后沿垂直流场的方向经扩散层扩散到催化层。氢气要穿过扩散层中错综复杂的网络和催化层中的孔隙到达反应的三相区，这个过程会对电池电压造成浓度损耗。氢气、催化剂和电解质的界面称为三相区，是氢气发生氧化反应的区域。氢气分子吸附在催化剂的活性位点上，然后将其电子留给催化剂，自身变为质子。电子经催化层、气体扩散层中的导电网络和流场板进入外电路而做功。质子通过催化层中的离子交换树脂传递到质子交换膜中，在水分子的帮助下穿过质子交换膜到达阴极催化层，该过程会对燃料电池电压造成欧姆损耗。在阴极，氧气穿过扩散层和催化层，与质子在氧气、催化剂、电解质的三相区发生反应，产物水经水管理系统排出电极。两个电极的电化学反应会对燃料电池电压造成活化损耗，其中阴极反应的活化损耗更大。电极处发生的电化学反应产生的活化损耗对燃料电池的性能影响很大，而活化损耗主要由催化剂决定。阳极催化剂主要催化氢氧化反应，目前活性最高的催化剂是碳载铂(Pt/C)催化剂。由于使用重整气作为燃料，存在催化剂 CO 中毒问题，因此抗 CO 催化剂的研究是阳极催化剂研究的重点[9]。PtRu 催化剂是目前研究最为成熟、应用最为广泛的抗 CO 催化剂[10]。PtSn 合金等一些二元合金和多元合金也被发现具有抗 CO 性能[11]。阴极的氧还原反应比阳极的氢氧化反应慢很多，因此氧还原催化剂是研究最为广泛的一类催化剂。性能最好的氧还原催化剂是铂基催化剂，主要有 Pt/C 催化剂、Pt-M/C 合金催化剂。该类催化剂的成本高昂、稳定性较差，是催化剂中的贵族。非铂基催化剂成本低廉，对于产业化有吸引力，但目前的活性和稳定性较差。非铂基催化剂主要包括过渡金属氮-碳化合物催化剂[12]、过渡金属氧化物催化剂[13]和杂原子掺杂碳催化剂[14]。关于燃料电池电极材料的详细内容见本书第 8 章。

固态电池的结构比传统液态电池更简单，它不需要液态电解质和隔膜，只由集流体、正极、负极和固态电解质构成。固态电池根据电解质不同分为混合固液锂电池和固态锂电池；根据负极材料不同分为固态锂电池和固态锂离子电池；根据结构尺寸不同分为体型固态电池、薄膜固态电池和 3D 薄膜固态电池。体型固态电池电极层较厚，能够承载更多的电极活性物质，能提供更大的输出功率和单位面积能量密度；薄膜固态电池电极薄膜十分致密，具有更高的能量密度、更低的自放电率和更快的充放电速率；3D 薄膜固态电池由于其较高的电极堆积密度和界面接触面积，可进一步提高电池的功率密度和单位面积能量密度。离子在固体中的传输是固态锂电池研究的重要基础科学问题，锂离子在固体中的输运主要利用扩散系数和离子电导率来描述。对于固态锂离子电池的实际体系，主要的扩散机理有间隙位扩散机理、空位机理、间隙位-格点位交换机理和集体输运机理。为了研究体相和晶界的电导行为，相关研究人员提出了串联层和并联层模型、砖层模型、有效介质模型等唯象模型。电解质/电极的界面问题是固态电池发展的关键问题，按照固态电解质与电极的界面结构，可细分为固态电解质与正极、固态电解质与负极的界面。正极/电解质界面问题以氧化物正极/硫化物固态电解质界面为典型，主要存在空间电荷层的形成、元素界面层的形成及界面应力的形成这三个方面的问题[15]。负极/电解质界面问题以金属锂/固态电解质为典型，主要体现在以下三个方面：①界面浸润性差，固固接触会显著提高界面阻抗；②充放电过程中金属锂裂解粉化，增加界面阻抗；③固态电解质中高价态金属阳离子还原生成高界面电阻相。为实现高安全性能和更长循环寿命的固态锂电池的实际应用，亟须解决电解质与电极的界面相容性和稳定性。关于固态电池电极材料的详细内容见本书第 9 章。

在电池的结构中，电解液和隔膜材料是非常重要的组成部分之一。电解液作为离子移动的介质，在正负极之间传输离子。电解液的选择是至关重要的，因为电解液的电导率很大程度上决定了电池的放电能力。隔膜的性能决定了电池的界面结构、内阻等，直接影响电池的容量、循环及安全性能等特性，性能优异的隔膜对提高电池的综合性能具有重要的作用。本书的第三篇将会介绍高性能电池电解质及隔膜材料。

电池中正极的强氧化性和负极的强还原性使电解液的稳定性受到了很大的挑战，因此提升电解液的氧化还原稳定性是电解液研究领域的一大课题。除此之外，作为锂离子电池电解液还应具备较高的离子电导率、较宽的电化学窗口、较好的安全性等。单一电解液组分已经很难满足电池的需求，研发新型的电解液已经非常迫切。电解液的稳定性是影响锂离子电池性能的重要指标，包括热稳定性、化学稳定性和电化学稳定性。电解液的热稳定性可以通过热重/差热分析进行测试，循环伏安法是测试电解液化学稳定性和电化学稳定性的常用方法。对于液态电解液来说，离子电导率是评估电解液的一个重要指标。此外，电解液的黏度对锂离子的迁移有着很重要的影响，电解液的黏度数据主要由黏度计测得。为了保证锂盐的溶解和高的离子传导，有机溶剂必须具备足够大的极性。溶剂的熔沸点与锂离子电池体系的实际工作温度密切相关，要使电池有尽可能宽的工作范围，则要求溶剂有着尽可能低的熔点和高的沸点。电极/溶液界面对电化学系统是至关重要的，因为它提供了离子转移的重要通道和电子的绝缘体，具有非常特殊的性质。电极和电解液之间的 SEI 膜在锂离子电池中起重要作用，SEI 膜的特点决定了锂离子电池的关键性能。正负极相互作用涉及过渡金属的溶解问题及正负极之间穿梭的电解液氧化还原产物，除了这些物质传输的相互作用外，还有很多非物质的相互作用[16]。有机溶剂一般可以分为质子溶剂及极性非质子溶剂，具有高介电常数、高流动性、低熔点、高沸点等特点。新锂盐的合成和表征一直是电解质研发的核心，作为锂离子电池的锂盐具有很苛刻的要求，应该具备离子电导率、高溶解度、高稳定性等。锂盐主要包括常规锂盐、含硫锂盐及新型硼酸锂盐。总之，新盐仍然是开发先进电解质配方的关键变量之一。添加少量外来化合物以改善电池的某方面性能，这些化合物被称为电解质添加剂。电解质添加剂按功能一般可以分为用于正负极与电解液界面修饰的成膜添加剂，增加电解液导电能力的导电添加剂，提升电池安全性能的阻燃添加剂，防止电池过充电的过充添加剂，以及改善多方面性能的多功能添加剂等。关于高性能电池电解质的详细内容见本书第 10 章。

隔膜的主要作用是使电池的正、负极分隔开来，防止两极接触而短路，此外还具有能使电解质离子通过的功能。隔膜需要具有电子绝缘性、一定的孔径和孔隙率、足够的化学和电化学稳定性、足够的吸液保湿能力、足够的力学性能、较好的平整性及较高的安全性。高分子化合物主要是由碳和氢两元素构成，除此之外，还有氧、氮、氯、硅、氟等元素。按主链的构成元素，可以将高分子化合物分为碳链高分子、杂链高分子及元素有机高分子。高分子材料的化学结构，即构成元素的种类及其连接方式、端基、支化与交联、结构缺陷、基团的空间位置等是决定其性能的主要化学因素。高分子化合物的相对分子质量及其分布和形态结构不仅影响材料的成型加工性能，而且影响其使用性能。在成型加工时，受到剪切和拉伸力的影响，高分子化合物的分子链将发生取向，依受力情况，取向作用可分为流动取向及拉伸取向。多数高分子化合物是在熔融状态下成型的，熔融时的流动性是其重要的性质，而熔体黏度是表示流动性的基本物性。隔膜的厚度、孔径和孔隙率、透气性、浸润性和吸液保液能力、隔膜的穿刺和拉伸强度、热收缩率、闭孔温度和破膜温度对其物理性质具有重要的影响，其测试手段主要有穿刺强度测试、抗拉强度测试、扫描电子显微镜、压汞仪和毛细管分析仪等。电池隔膜材料主要采用聚乙烯及聚丙烯微孔膜。高分子链可结晶性是影响聚合物最终形态的一个关键因素，聚丙烯均聚物的结晶度主要取决于分子链的立构规整度。此外，聚合物的形态在聚合物的结构、加工和使用性能间起到重要桥梁作用。聚丙烯添加剂不仅可以提高聚丙烯在加工和使用过程中的稳定性，还能起到改性的作用而得到不同性能和特性的聚丙烯，例如，成核剂能使聚丙烯结晶核增加。树脂的韧性在聚乙烯的物理机械性能中具有重要的地位，而系带分子对韧性具有重要的作用。聚乙烯的加工过程与其熔体的流变行为密切相关，这里指的是熔体的剪切流变行为和拉伸流变行为。其他隔膜聚合物材料还有聚偏氟乙烯、聚四氟乙烯及聚酰亚胺等。关于高性能电池隔膜材料的详细内容见本书第 11 章。

随着科学技术的发展，特别是计算材料学兴起之后，研究者探索材料的方式已经从之前单纯实验扩展到了计算模拟和实验相互结合的手段，通过计算模拟和实验相辅相成方式去探索材料是研究的趋势。本书的第四篇介绍电池性能预测评价及应用技术。

那么，计算与材料到底是什么关系呢？其实，计算材料主要包括两个方面的内容：一方面是计算模拟，即从实验数据出发，通过建立模型及数值计算，模拟实际过程；另一方面是材料的计算机设计，即直接通过理论模型和计算，预测评价或设计材料的结构与性能。前者使材料研究不是停留在实验结果和定性的讨论上，而是使特定材料体系的实验结果上升为一般的、定量的理论；后者则使材料的研究与开发更具方向性、前瞻性，有助于原始性创新，可以大大提高研究效率。因此，计算材料学是连接材料学理论与实验的桥梁。随着密度泛函理论的完善及计算机技术的发展，量子力学的第一性原理从头计算法和分子动力学方法是当前常用的材料计算模拟方法，以这些理论方法为基础而开发了计算模拟软件 VASP 和 Materials Studio 等，利用这些计算模拟的方法不仅可以加深对材料的认识，探究材料的结构稳定性、电子结构与性质，从原子尺度解释和预测所设计材料的热力学与动力学性能，如工作电压、容量、反应机理、载流子迁移率和离子扩散性等，还能引导实验、理性设计实验，更能节省时间，降低成本，对材料的设计、合成及评估等方面具有重要且实际的指导价值和理论意义，从而有助于开发出性能优良的高性能电池电极材料。所以，越来越多的研究者通过计算软件模拟与实验现象相结合，基于量子力学的第一性原理计算，从原子尺度解释、预测和评价电池的电极材料，降低研发成本，提高材料设计的成功率。随着计算材料学的不断进步与成熟，材料的计算机模拟与设计已不仅是材料物理及材料计算理论学家的热门研究课题，更将成为一般材料研究人员的一个重要研究工具。模型与算法的成熟、通用软件的出现，使得材料计算的广泛应用成为现实。因此，计算材料学基础知识的掌握已成为现代材料工作者必备的技能之一，由此可以预见，将来计算材料学必将更加普及并迅速发展。关于电极材料的性能预测与评价的详细内容见本书第 12 章。

电能的存储和再利用一直是支撑人类文明发展的关键技术[17]。电池就是一种能够存储电能的装置，自诞生之日起，就成为人类重要的和不可或缺的伙伴。因此，发展高性能电池应用技术引起了各个国家的重视，并投入了大量的人力和财力来推进和发展。随着高性能电池应用技术与器件的进一步发展，电池应用技术与器件除了以上的传统能源器件之外，经过近些年不断的科技创新，出现了一些先进能源器件，如柔性可穿戴电池、生物电池和军用电池等。关于传统能源器件和先进能源器件及其制备工艺和性能指标的详细内容见本书第 13 章。

## 参 考 文 献

[1] Dai L, Chang D W, Baek J B, et al. Carbon nanomaterials for advanced energy conversion and storage. Small, 2012, 8: 1130-1166.

[2] Gao M R, Xu Y F, Jiang J, et al. Nanostructured metal chalcogenides: synthesis, modification, and applications in energy conversion and storage devices. Chem Soc Rev, 2013, 42: 2986-3017.

[3] Ji L, Lin Z, Alcoutlabi M, et al. Recent developments in nanostructured anode materials for rechargeable lithium-ion batteries. Energy Environ Sci, 2011, 4: 2682-2699.

[4] Bruce P G, Scrosati B, Tarascon J M. Nanomaterials for rechargeable lithium batteries. Angew Chem Int Ed, 2008, 47: 2930-2946.

[5] Tarascon J M, Armand M. Issues and challenges facing rechargeable lithium batteries. Nature, 2001, 414: 359-367.

[6] Busche M R, Drossel T, Leichtweiss T, et al. Dynamic formation of a solid-liquid electrolyte interphase and its consequences for hybrid-battery concepts. Nat Chem, 2016, 8: 426-434.

[7] Zhang Q, Uchaker E, Candelaria S L, et al. Nanomaterials for energy conversion and storage. Chem Soc Rev, 2013, 43: 3127-3171.

[8] Conway B E. Electrochemical Supercapacitors, Scientific Fundamentals and Technological Applications. New York: Kluwer Academics & Plenum Publishers, 1999.

[9] Cao L, Liu W, Luo Q, et al. Atomically dispersed iron hydroxide anchored on Pt for preferential oxidation of CO in $H_2$. Nature, 2019, 565: 631.

[10] Takeguchi T, Yamanaka T, Asakura K, et al. Evidence of nonelectrochemical shift reaction on a CO-tolerant high-entropy state Pt-Ru anode catalyst for reliable and efficient residential fuel cell systems. J Am Chem Soc, 2012, 134: 14508-14512.

[11] Ioroi T, Siroma Z, Yamazaki S, et al. Electrocatalysts for PEM fuel cells. Adv Energy Mater, 2019, 9: 1801284.

[12] Edmund C M, Barile C J, Kirchschlager N A, et al. Proton transfer dynamics control the mechanism of $O_2$ reduction by a non-precious metal electrocatalyst. Nat Mater, 2016, 15: 754.

[13] Suntivich J, Gasteiger H A, Yabuuchi N, et al. Design principles for oxygen-reduction activity on perovskite oxide catalysts for fuel cells and metal-air batteries. Nat Chem, 2011, 3: 546.

[14] Ding W, Wei Z, Chen S, et al. Space-confinement-induced synthesis of pyridinic- and pyrrolic-nitrogen-doped graphene for the catalysis of oxygen reduction. Angew Chem Int Ed, 2013, 52: 11755-11759.

[15] Kato Y, Hori S, Saito T, et al. High-power all-solid-state batteries using sulfide superionic conductors. Nat Energy, 2016, 1: 16030.

[16] Zhang S S. A review on electrolyte additives for lithium-ion batteries. J Power Sources, 2006, 162:1379-1394.

[17] Aricò A S, Bruce P G, Scrosati B, et al. Nanostructured materials for advanced energy conversion and storage devices. Nat Mater, 2005, 4: 366-377.

# 第2章

# 纳米电池材料制备技术

## 2.1 纳米电池材料

### 2.1.1 零维纳米材料

自从 1984 年德国科学家 Gleiter 等利用惰性气体凝聚法制备了铁纳米颗粒以来，纳米材料的制备方法、性能和应用研究都取得了重大进展。对于纳米结构来说，由于表面原子占据了显著的比例，相对于总体原子，表面原子密度大大增加，人们将特征尺寸处于宏观和原子之间的微结构，称为零维纳米结构。零维纳米结构通常是指三维空间中三个维度上均处于纳米尺度范围(1～100nm)或由它们为基本单元构成的材料，这个范围相当于 10～100 个原子紧密排列在一起组成的尺度。从结构上来说，零维纳米材料既不属于分子，也不属于块体。零维纳米材料主要包括粒径比较小的颗粒、团簇、贵金属纳米颗粒、半导体材料等。纳米颗粒的分类较多，在纳米电池材料中，纳米颗粒主要是金属氧化物、硫化物、磷化物和碳颗粒等。从性质上来说，这些纳米颗粒一般具有较强的化学活性，既不同于单个原子和分子，又不同于固体和液体，而是介于气态和固态之间的物质结构的新形态。自 20 世纪 80 年代以来，零维纳米材料取得了很大的进展。在电池电极材料的应用中，零维纳米材料的物理化学性质显得极为重要，其比表面积很大、电化学活性位点较多，相对于微米材料和块体材料，更易于与锂离子、钠离子发生电化学反应而储存电能，更有利于氢气等物质的吸附而提高氢燃料电池的电化学性能。因此，零维纳米材料得到了研究者的广泛研究。但相比于一维纳米材料，零维纳米材料不具有各向异性而缺少导电通路，因此同种材料的零维结构与一维结构相比，导电性较差。

零维纳米材料的典型代表是纳米颗粒[1,2]。纳米颗粒的形貌一般为球形或类球形，如大多数碳纳米颗粒、金属氧化物纳米颗粒，球形纳米颗粒，如图 2.1 所示的 Nazar 等制备的有序介孔碳材料，其透射电子显微镜(TEM)图片显示所制备的有序介孔碳直径在 250nm 左右[3]；Lou 课题组制备的氧化镍、二氧化锰、氧化铜纳米颗粒具有四方体状纳米结构[4]。以碳纳米颗粒和金属氧化物纳米颗粒为例，说明零维纳米材料在电池材料中的应用。碳纳米颗粒主要包括无定形碳、纳米石墨、纳米金刚石、碳纳米笼等。这些新型碳纳米颗粒材料具有独特的形貌、结构和尺寸，因而具有独特的物理和化学性质，如良好的吸附性、机械稳定性、导电性等，使其在众多领域具有潜在的应用价值。在能源电池材料的应用中，纳米石墨和碳纳米笼是主要的使用材料，因为其均具有较大的比表面积和良好的导电性，易于作为活性位点实现电能与化学能的转化，同时因为具有良好的机械稳定性与其他纳米材料复合作为保护层避免该复合材料产生晶体畸变保护层保证复合材料整体的纳米结构的稳定性。纳米石墨是指纳米尺度大小的石墨颗粒，常用的制备方法主要有球磨法、化学气相沉积(CVD)法和电弧放电法等，目前已经制备出的纳米石墨主要包括纳米石墨薄片、纳米石墨粉和纳米石墨晶体等，它也是制备氧化石墨的原料，而还原氧化石墨烯因具有良好化学活性在纳米电池材料中有极为广泛的研究和应用[5-7]。碳纳米笼的笼状结构使得碳纳米颗粒之间存在空隙，很方便填充金属颗粒或其他分子，制备成具有特殊性质的纳米复合材料。碳纳米笼的结构和形貌多样，也具有一定的可控性[8]。但由于碳层之间具有较强的范德瓦耳斯力和大 π 键的作用，碳纳米颗粒往往团聚严重，不易分散，是近年来研究者主要解决的热点问题。

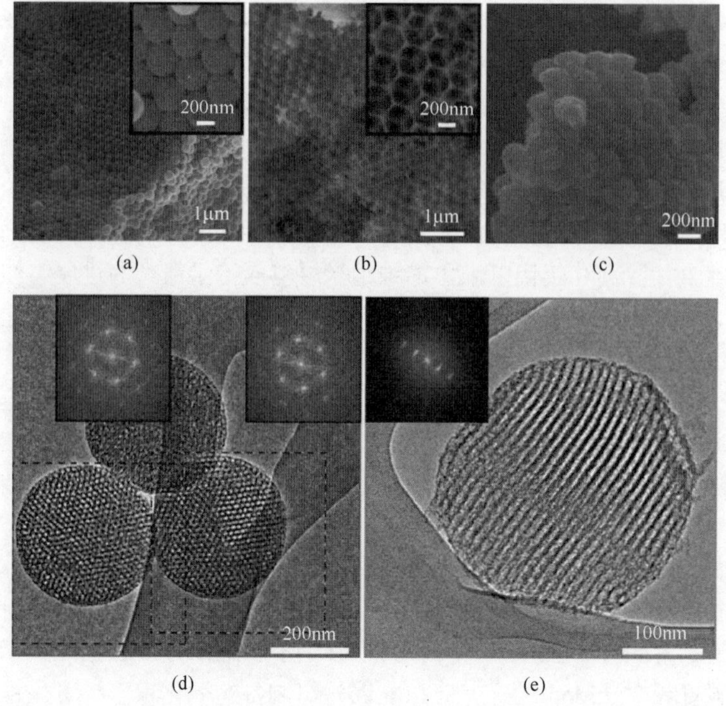


图 2.1 (a)聚甲基丙烯酸甲酯微球(模板)；(b)有序介孔结构的 SEM 图；(c)有序介孔碳的 SEM 图；(d)和(e)有序介孔碳的 TEM 图[3]

金属氧化物纳米颗粒作为一种常见的零维纳米电池材料也经常被人们通过各种方法合成，如溶胶-凝胶法、水解法、水热/溶剂热法等。著名的 Stöber 法合成单分散的二氧化硅颗粒，就是利用(具有高化学活性)的正硅酸乙酯在水中形成高浓度的过饱和溶液，然后过饱和溶液进行强制水解来保证二氧化硅颗粒形核过程的快速发生，产生了大量二氧化硅小晶核，最终形成了大量单分散的二氧化硅纳米颗粒，而且二氧化硅纳米颗粒的形貌和结构是可以通过控制水解、缩合反应的速率来进行调控[9]。如图 2.2 所示，Yu 课题组利用硫酸亚铁在 180℃下进行水热反应，通过柠檬酸钠对金属离子的螯合作用(由中心离子和某些合乎一定条件多齿配位体的两个或两个以上配位原子，键合而成具有环状结构的配合物的过程，称为络合反应)，这种相互作用加快了成核速率从而控制所形成的氧化铁的结构和形貌，最终制备氧化铁纳米颗粒，类球状氧化铁纳米颗粒形貌均一、结构稳定[10]。

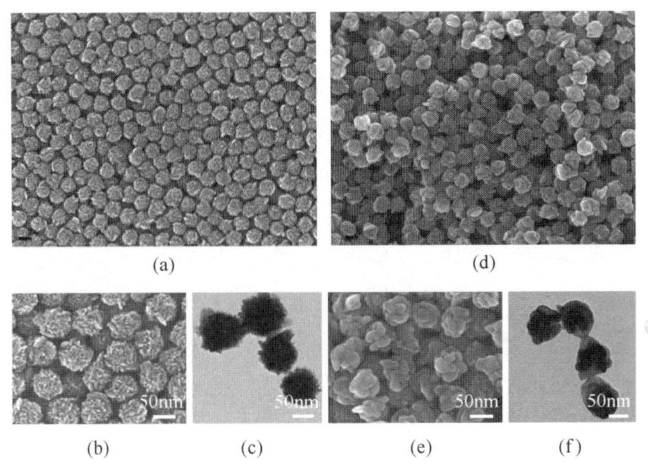


图 2.2　不同形貌的 $Fe_2O_3$ 纳米颗粒的 SEM 图[(a)、(b)、(d)、(e)]和 TEM 图[(c)、(f)][4]

### 2.1.2　一维纳米材料

一维纳米材料是指在两个维度上均为纳米尺度的材料，目前已经在纳米电子学、纳米光电子学、超高密度储存和扫描探针显微镜等领域有潜在的应用前景。从结构上来看，它的长度是几百纳米甚至是几毫米，横截面根据结构的不同分为圆形、四方形、矩形等。一维纳米材料主要包括纳米线或纳米棒、纳米管、同轴纳米电缆，如 Si 纳米线、Fe-Ni 合金纳米线、GaAs、InAs、MgO 和 SiC 一维纳米结构等。与零维纳米材料相比，一维纳米材料的制备与研究仍面临着巨大的挑战，其制备方法主要是气-液-固(VLS)生长法、模板合成法、应力诱导结晶法等。目前，关于一维纳米材料(结构特征通常为纳米管、纳米线、纳米棒、同轴纳米电缆)的制备研究，结构、性能表征已有大量报道，下面以碳纳米管为例介绍一维纳米材料。

碳纳米管的密度很低，仅为钢的1/6，但理论抗拉强度却是钢的100倍，同时部分碳纳米管可以呈现出金属性或半导体特性，这些特性使得碳纳米管在纳米电池材料中得到了广泛的应用[11,12]。例如，在氢燃料电池中，碳纳米管具有很强的储氢能力；在离子电池中，碳纳米管常常作为导电网络来使用。碳纳米管分为单壁碳纳米管和多壁碳纳米管。单壁碳纳米管是构成各种碳纳米管最基础的结构。多壁碳纳米管是由多个同轴的单壁碳纳米管嵌套而成。一定特性的多壁碳纳米管通常由不同螺旋性或者没有螺旋性的圆柱管混合构成，因此并非是排列整齐的石墨烯片层。直到1991年，日本NEC实验室的饭岛澄男(S. Lijima)首次使用碳阴极电弧放电制备了碳纳米管，并用高分辨电子显微镜观察到了碳纳米管是由多层同轴管构成[13]。1996年,美国斯莫利(Smalley)课题组合成了成行排列的单壁碳纳米管束，每一个碳纳米管束中含有许多碳纳米管，而这些碳纳米管的直径分布很窄[14]。长时间的研究表明，多壁纳米碳管一般由几个到几十个同轴单壁碳纳米管构成，管间距在0.34mm左右，长度为1～100nm，内径为1～3nm，外径为2～20nm，每个单壁管侧面由碳原子六边形组成。

如图2.3单壁碳纳米管模型示意图所示，单壁碳纳米管可能存在三种类型的结构，分别是单壁纳米管、锯齿形纳米管和手性形纳米管。从三类碳纳米管的主体管部分可以看作是由一层石墨烯片卷曲而成，两端各由半个富勒烯封口。这些类型的碳纳米管结构取决于碳原子的六角点阵二维石墨片是如何卷起来形成圆筒形的[8,9]。三种类型的碳纳米管可依据图2.3和图2.4进行解释[15,16]。图2.4中示出的$OABB'$方框为碳纳米管的一单胞，其中$A$点和$O$点在晶体学上等效。手性矢量$\mathbf{C}_h=n\boldsymbol{a}_1+m\boldsymbol{a}_2$，其中$\boldsymbol{a}_1$和$\boldsymbol{a}_2$为石墨烯片层的单位矢量；$n$和$m$为整数；手性角$\theta$为手性矢量$\mathbf{C}_h$与$\boldsymbol{a}_1$之间的夹角。当这个单胞$OABB'$卷起来，使$O$与$A$，$B$与$B'$重合，可以得到碳圆柱体，端部覆盖半个富勒烯封顶，由此形成碳纳米管。这样，不同类型的碳纳米管具有不同的$m$、$n$值。也就是说，不同的$m$和$n$值导致不同的纳米管结构。当$n=m$，$\theta=30°$时，形成单壁纳米管；当$n$或者$m$为0，$\theta=0°$时，形成锯齿形纳米管；当$\theta$处于0°和30°之间时，形成手性形纳米管。碳纳米管的性能取决于直径和手性角，这两个参数又取决于$n$和$m$值，因此，单壁碳纳米管的结构和性质均由$(n, m)$唯一确定。

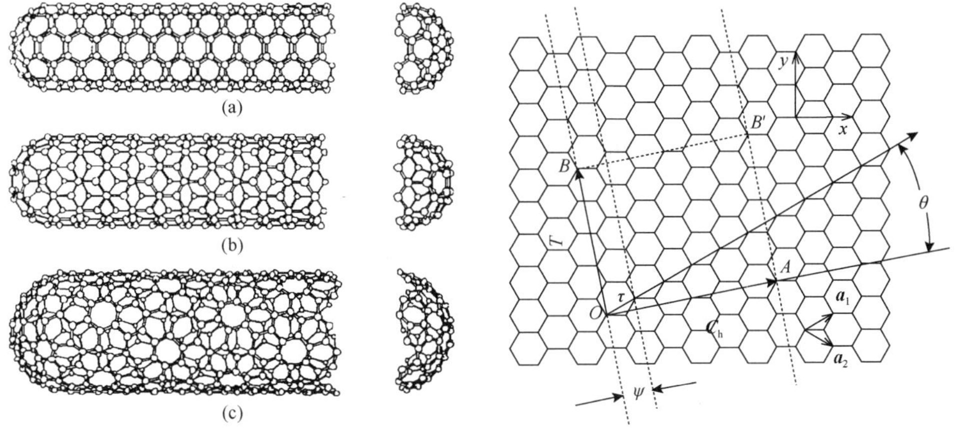


图 2.3　三种单壁碳纳米管模型示意图[15,16]　　图 2.4　单壁碳纳米管模型构建机理图[15,16]

对于碳纳米管的结构表征，一般会通过 X 射线衍射(XRD)分析其宏观的晶体结构，通过 SEM 和 TEM 分析其形貌和结构，通过氮气吸附测试(BET)分析其孔结构和比表面积，通过拉曼(Raman)光谱分析其光学特性。目前，已经得到很多研究工作证实的结论是，碳纳米管会在 $2\theta$=25.9°附近出现对应(002)晶面的晶面衍射峰，这个峰是碳纳米管最主要、峰值最强的一个峰，部分工作中在 $2\theta$=43°附近会出现对应(100)晶面的晶面衍射峰，但峰的强度较弱。在 SEM 和 TEM 对碳纳米管的形貌表征中，碳纳米管呈现出一维管状结构，其长度和直径根据不同的制备方法略有不同。碳纳米管两端大部分是封闭的，这也为碳纳米管的 BET 表征提供了方便——只需要考虑碳纳米管的外表面即可，而碳纳米管的比表面积、孔径分布需要根据制备方法来讨论。对于碳纳米管的拉曼光谱，与常见的其他石墨类材料(如热解石墨)一样，主峰在 1580$cm^{-1}$ 左右，称之为 G 峰(由碳环或长链中所有 $sp^2$ 原子对的拉伸运动产生)，在 1320$cm^{-1}$ 处有一个弱峰，称之为 D 峰(由碳纳米管中的无序结构和缺陷产生)。一般使用 D 峰与 G 峰的强度比(或拟合 G、D 两个峰后，两个峰所对应的面积比)来表示碳纳米管的无序程度，比值越高，碳纳米管的无序程度越高，结构中的缺陷越多[17,18]。

碳纳米管可以用电弧蒸发、热解、化学气相沉积、气-液-固生长等方法进行制备，不同的方法制备的碳纳米管结构和性能均有差异。单壁碳纳米管的制备要比多壁碳纳米管更难，因为它的半径更小，石墨层的卷曲曲率更大。在几乎所有的碳纳米管材料的制备中，其中都含有比较多的结构缺陷和杂质。尤其是在工业生产中，利用化学气相沉积法制备的单壁碳纳米管，生长温度较低造成了碳纳米管中通常有较多的结构缺陷，并伴随有大量杂质。而且碳纳米管材料总是与其他碳材料共存，如无定形碳、碳纳米颗粒，因此制备后的纯化过程很有必要。气相纯化一般是利用氧化反应处理掉碳纳米管中的纳米颗粒和无定形碳，但也会燃烧掉一些直径比较小的碳纳米管[19,20]。液相纯化利用高锰酸钾溶液去除掉碳纳米管中的杂质，但这种方法虽然保留了大量的碳纳米管、产量高，但获得的碳纳米管长度较短。

石墨中的碳-碳键是自然界中强度最高的共价键之一。高分辨率下的电子显微镜分析表明，碳纳米管是具有柔性的，很难折断，因此在柔性电极材料中也有着广泛的应用。单个碳纳米管的热导性很高，远大于石墨和块体材料。如图 2.5 所示，碳纳米管广泛地应用于电池材料，如离子电池、超级电容器、太阳能电池和燃料电池中[21,22]。而在其他方面，碳纳米管也常常在纳米电子和机械设备、纳米复合材料的制备中得到应用，其大规模制备技术在逐步提高，年产量也呈线性增长。

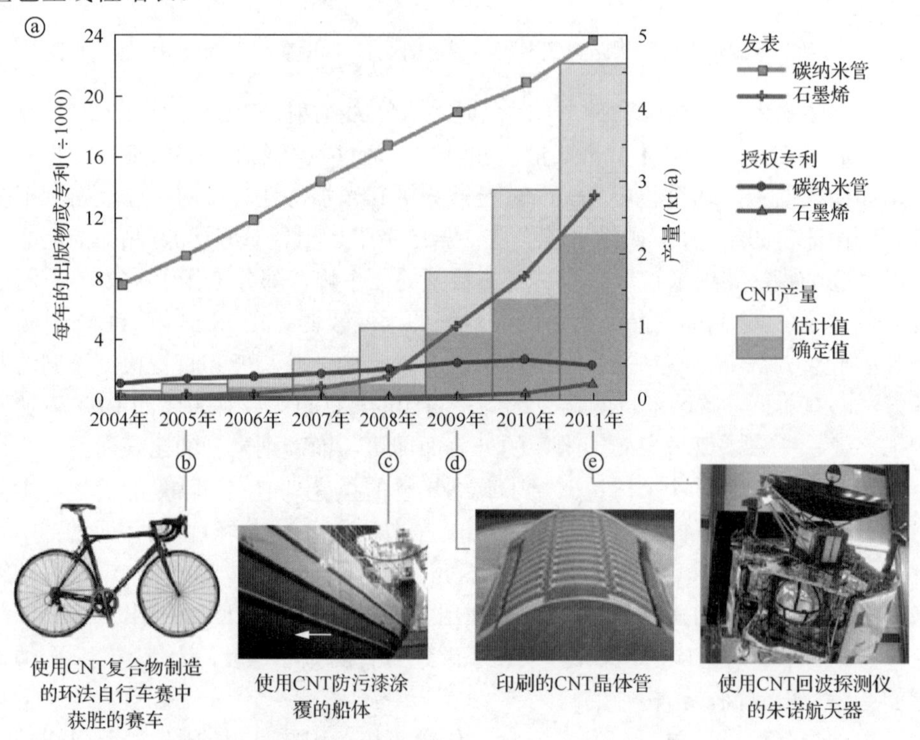


图 2.5　碳纳米管的年产量和主要的商业应用领域[22]

### 2.1.3　二维纳米材料

二维纳米材料是指电子可以在两个处于纳米级别(1～100nm)的维度上自由运动(平面运动)的材料，如纳米薄膜、超晶格、量子阱等。二维材料是伴随着 2004 年曼彻斯特大学 AndreGeim 小组成功分离出单原子层的石墨——石墨烯而提出的[23]。在本节，将介绍石墨烯、二维硫属化物和纳米薄膜这三类二维纳米材料。

如图 2.6 所示，图中的碳材料分别是石墨烯、少层石墨（由几层石墨分子堆叠而成）、碳纳米管和富勒烯[24]。2.1.2 节中已经对碳纳米管进行了介绍，在本节将主要介绍有关石墨烯的一些基础知识，碳纳米管和石墨烯均在纳米电池材料中有着极其广泛的应用。石墨烯是一种由碳原子通过 $sp^2$ 杂化构成的六边形蜂窝状二维碳纳米材料，从结构上来说，由多层石墨分子堆积而成的石墨（层与层之间是由范德瓦耳斯力结合）很难剥离导致了过去人们总认为单层的石墨分子根本不存在，石墨烯虽然被发现得最晚，但它却是形成少层石墨和碳纳米管的基本结构。图 2.6(b) 显示的 Bernal 堆垛形式（ABA）是最常见的石墨烯堆垛方式，由这种堆垛方式形成的少层石墨（一般少于 10 层）的层间距是 3.35Å。石墨烯的层数很大程度上决定了它的电学性质，石墨烯超过 10 层后实际上已经变成了石墨烯膜，此时将主要反映石墨的电学性质。当数层或数十层的石墨烯构成碳纳米管之后，石墨层与层间的距离相较于少层石墨更小，层与层之间结构更加紧密，相比于石墨烯，碳纳米管的强度和离子迁移率有所下降。而且，在呈现出弯曲管状结构的碳纳米管中，碳原子除了 $sp^2$ 杂化外，还有部分 $sp^3$ 杂化，导致了缺陷的增加。而呈现出弯曲足球形状（具有空心对称结构）的富勒烯，如图 2.6(d) 所示，在球状分子中碳原子的剩余电荷共同形成了大 π 键，导致富勒烯具有独特的芳香性[25]。另外，富勒烯的笼状结构由于内部中空，研究人员可以将其他物质引入到该球体内部来显著地改变富勒烯分子的物理、化学性质。

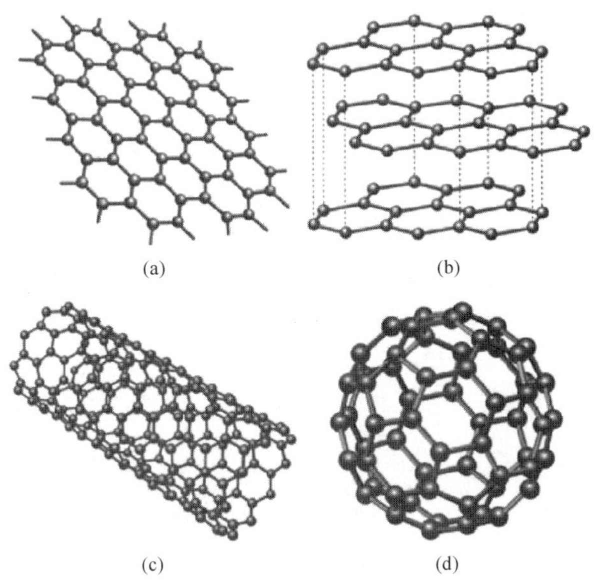


图 2.6　常见的石墨类碳材料结构示意图[24]

(a) 石墨烯；(b) 石墨；(c) 碳纳米管；(d) 富勒烯

实际上，石墨在自然界中广泛存在只是很难剥离，石墨片层之间具有较强的范德瓦耳斯力导致了石墨烯很晚才受到研究人员的广泛关注。在科学研究中，如何剥离石墨得到石墨烯是目前一个研究热点，微波辅助法、液相剥离法均是常见的剥离团聚石墨片层的方法。对石墨进行氧化是改性石墨并制备石墨烯最常见的方法。氧化石墨烯是石墨烯的氧化物，经过氧化处理(一般是酸化处理)后，氧化石墨烯仍然保持着片层状结构，但各个片层上引入了很多含氧官能团，具有一定的酸性[26]。氧化石墨烯的示意图如图 2.7 所示，在单层或少量石墨片层上存在着大量含氧官能团，如羟基、羧基等[27]。氧化石墨烯的层厚度为 1.1nm±0.2nm。Hummers 法是制备氧化石墨烯最常见的方法，时效性较好且制备过程比较安全[28]。工艺流程简要叙述如下：在 250mL 烧杯中加入一定量的浓硫酸，冰水浴中不断搅拌加入 2g 石墨粉和 1g 硝酸钠的固体混合物，再极少量地逐渐加入 6g 高锰酸钾，控制反应温度不超过 20℃，搅拌一段时间后，升温到 35℃，再搅拌一段时间，可得到氧化石墨烯。而后续的清洗过程主要是加入去离子水搅拌后加入适量过氧化氢，通过不断离心进行提纯和去除杂质，最终得到纯净的氧化石墨烯。随着含氧官能团的增加，石墨层间距增加，因此更容易被剥离形成氧化石墨烯。氧化石墨烯相较于石墨，化学性质更加活泼，更加具有化学活性，如亲水性、溶解性(溶于热水、乙醚、乙醇、丙酮和甘油等)、在各类溶剂中的分散性等，但导电性相较于石墨烯大幅下降。在纳米电池材料中，氧化石墨烯因具有高化学活性而得到了广泛的应用。在氧化石墨烯与其他材料发生反应后，可以对其进行还原最终形成石墨烯，来提高导电性。在经过清洗得到纯净的氧化石墨烯后，利用水热还原或水合肼还原所得到的还原氧化石墨烯是研究人员获得纯净石墨烯的常见方法[29]。

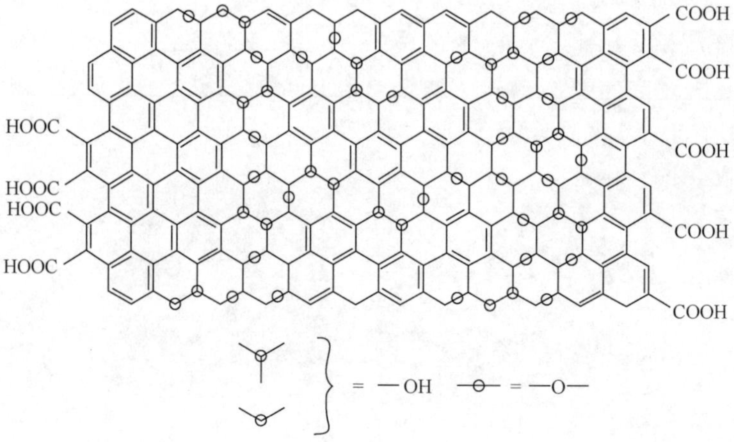

图 2.7　氧化石墨烯结构及官能团示意图[27]

目前，如何大规模、低成本地制备氧化石墨烯、石墨烯和石墨烯气凝胶(由石墨烯经过一系列反应制成，具有 3D 结构、多孔性、高弹性和强吸附性等性质)已经成为研究人员的关注重点。例如，利用化学气相沉积法制备了石墨烯薄膜。他们在硅衬底上添加一层 300nm 厚的镍，并在 1000℃的甲烷中进行加热，最后将甲烷的温度迅速降至室内温度。在这个过程中 6 层或 10 层石墨烯能够在镍层上沉积出来，这种方法不仅可以大规模、低成本、高质量、低缺陷度地制备石墨烯薄膜，更可以制备图案化的石墨烯薄膜。低缺陷也使得它们制备的这种石墨烯薄膜导电性能相较于正常石墨烯薄膜提高 30 倍，迁移率提高 20 倍。这些薄膜也可以应用于透光、可弯曲的电子产品。这项工作使得大规模生产低成本的柔性石墨烯电子产品成为可能[30]。最近，Qu 等开发了一种表面活性剂发泡溶胶-凝胶法，通过微泡模板有效地破坏和重建分散体系中的氧化石墨烯，与过去得到的氧化石墨烯水凝胶相比，这种方法能够获得大尺寸、结构完整的石墨烯水凝胶块。再经过简单冷冻和干燥后，得到的石墨烯气凝胶表现出的尺寸约为 $1m^2$、超弹性(99%压缩应变)和超低密度($2.8mg/cm^3$)。这些优异的性能使其在纳米电池材料中能够具有优异的特性，如结构稳定性、多孔性、高比表面积等。整个制备过程简单有效、成本较低，适用于大规模生产[31]。

二维层状过渡金属硫属化合物(TMDs)是硫、硒和碲(ⅥA 族)与过渡元素形成的层状的、非常稳定的二元化合物(通常用公式 $MX_2$ 表示，M 是ⅣB～ⅦB 族和Ⅷ族的过渡金属，X 是硫族元素，如 $MoS_2$、$MoSe_2$、$WS_2$、$WSe_2$ 等)。过渡金属 M 和硫族元素 X 以 X-M-X 的形式构成三明治式结构，主要形成六方和斜方两种晶体结构、三棱柱和八面体配位。如图 2.8(a)所示[32]，它们的层状结构类似于具有弱范德瓦耳斯相互作用的石墨，层与层之间通过较弱的范德瓦耳斯力连接(层间距 6～7Å)，但层内的 M-X 键是共价键(键长 3～4Å)。TMDs 的层状结构可以转变为性能良好的超薄结构和单层结构，这些超薄结构和单层结构具有与相应的块体材料明显不同的电子性能，例如，块体 $MoS_2$ 具有 1.2eV 的间接带隙，而单层 $MoS_2$ 具有 1.8eV 的直接带隙。TMDs 的带隙在 0～2eV 范围内跨度很大，主要与 s 和 p 轨道的杂化有关，由电子填充金属原子 d 轨道的形态所决定，因此是具有特殊化学性质的一类化合物。与石墨烯不同，TMDs 在 0eV(半金属)和 2eV(半导体)之间显示出可变的带隙，具体取决于元素组合、化合物层数、掺杂原子是否存在和掺杂原子的种类。因此，TMDs 的带隙和电化学性能是可以调节的。此外，TMDs 还具有催化性能，可通过选择性掺杂进行调节。在各类 TMDs 中，$MoS_2$(在自然界中可通过广泛存在的钼辉矿得到)在氢燃料电池、超级电容器、离子电池、太阳能电池中均得到了广泛的研究与应用。以锂离子电池为例，Mo 原子层与 S 原子层间的作用力为范德瓦耳斯力，有助于锂离子的插层，提高 $MoS_2$ 的电化学动力学性能，同时 Mo 原子与 S 原子均能与锂离子发生嵌入/脱嵌过程，因此具有高嵌锂理论比容量(约为 670mA·h/g)。但 2H 相(六方结构)的 $MoS_2$ 的导电性相对较差，与碳材料进行复合是改性 $MoS_2$，提高其导电性的常见方法。此外，解决 $MoS_2$ 本征电导率低问题的一个直接方法是直接合成制备金属 1T 相(正方结构)的 $MoS_2$，来促进电荷的快速转移。如图 2.8(b)所示[33]，在几何结构上，单层 2H 相 $MoS_2$ 上下两层 S 原子垂直 $z$ 方向上完全重合，堆垛方式为 ABA，金属原子为三棱柱配位，是带隙为 2.2eV 的半导体，也是 $MoS_2$ 最稳定的一种形态。1T 相为亚稳态的八面体配位，具有四方对称性，其中一层 S 原子与其他层相对滑移了一定角度，使上下两层 S 原子垂直 $z$ 方向不重合，堆垛方式为 ABC。2H 相的 $MoS_2$ 在结构上以两层为单位进行周期性排列，层数为奇数时，处于空间反演对称性破缺状态，层数为偶数时则为中心对称状态。$MoS_2$ 的晶格常数测量值为 $a$=$b$=3.16。在钠离子电池中，由于钠离子的离子半径(1.06Å)大于锂离子半径(0.76Å)，实现钠离子在电极材料体相中的嵌入更加困难，因此，过渡金属元素层与硫族原子层间通过范德瓦耳斯力相互作用的 TMDs 更加易于钠离子进行嵌入。此外，赝电容电荷存储是另一种重要的能量存储机制，发生的可逆的法拉第反应可实现高功率密度和能量密度。在 TMDs 电极材料中，由于具有允许离子快速扩散的较大的层间距和较弱的层间相互作用，这些电荷转移反应发生在活性材料的表面或近表面，可以进行快速的氧化还原反应，能够提供高比电容，进一步提升电极材料的电化学性能。

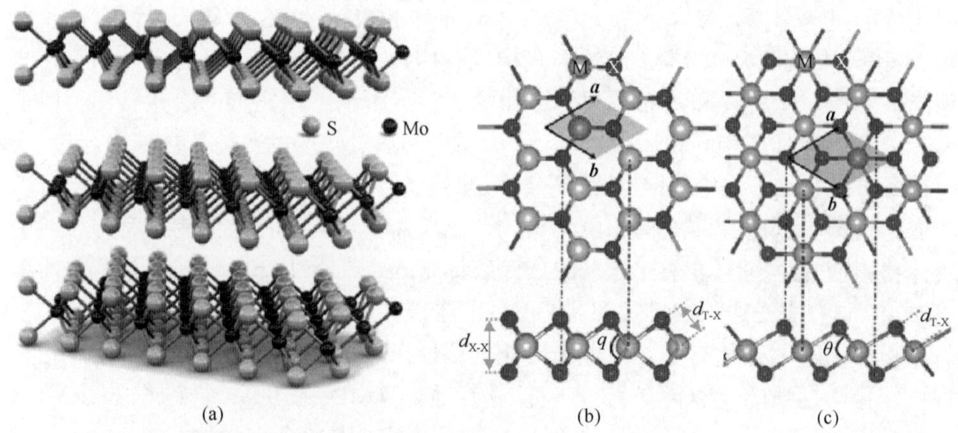


图 2.8 (a) $MoS_2$ 的晶体结构模型；(b) 2H 相 $MoS_2$ 的晶体结构俯视图(上)和侧视图(下)；(c) 1T 相 $MoS_2$ 的晶体结构俯视图(上)和侧视图(下)[32, 33]

此外，作为常见的二维纳米材料——薄膜，二氧化钛薄膜、硅薄膜、铁电聚合物复合纳米电介质薄膜等在太阳能电池、介电储能材料等中具有广泛的应用。近年来，制备薄膜的技术主要有物理气相沉积、化学气相沉积、原子层沉积和自组装技术等。例如，根据 Plueddemann 关于硅烷衍生物的理论，通过硅烷衍生物与表面羟基化的基体(二氧化硅、二氧化钛等)可以很容易地利用自组装技术形成单分子薄膜层[34]。

### 2.1.4　多孔材料

多孔材料是纳米电池材料中非常常见的一类材料，对于离子电池来说，多孔性不仅增加了电极材料的比表面积，也为离子脱出和嵌入电极材料提供了更多的通道，增加对电解液的浸润性和电极材料的离子导电性；对于燃料电池来说，多孔材料具有的高孔隙率和大比表面积使其具有优异的气体吸附性能、催化性能和能量储存能力；对于超级电容器来说，其性能的优劣与其电极材料的固液相界面有密切关系，多孔的电极材料无论对双电层电容器还是对赝电容电容器都具有显著的优势[35-37]。多孔固体依据其直径可分为以下三类：微孔材料(孔直径 $d<2nm$)、介孔材料($2nm<d<50nm$)和大孔材料($d>50nm$)。按照孔是否有序进行分类，多孔材料可分为有序孔材料和无序孔材料。

有序孔材料是以自组装表面活性剂为模板，并在其周围同时进行溶胶-凝胶凝结过程来制备纳米材料的。表面活性剂在溶液中的均一分布导致了结构的有序性。如图 2.9 所示，表面活性剂大多为有机分子，是由两个具有不同极性的部分所组成，一部分无极性，如烃链，具有疏水性和亲油性；另一部分是具有极性和亲水性的基团[38]。由于具有这样的分子结构，表面活性剂具有极性、亲水性的部分往往可以在溶液表面或者水的界面处富集，意味着亲水首部可以转向水溶液中，相互之间的结合能够减小界面能，而具有疏水和亲油性的部分集中在由亲水性基团包裹的内部，使得反应体系的基本结构分为两大部分——内核和外层。这样表面活性剂分子可以作为纳米晶核生长过程中的钝化层，降低晶核的生长速率，有利于获得形貌、粒径均一的纳米材料。表面活性剂分子一般分为四类：阴离子、阳离子、非离子和两性表面活性剂。

胶束是表面活性剂溶于水中后，单分子分散或被吸附在溶液的表面所形成的，是一个平衡过程。而表面活性剂分子在溶剂中缔合形成胶束的最低浓度为临界胶束浓度，如图 2.10 所示，这时表面张力的降低达到最大，再增加表面活性剂也无法使表面张力降低，最有利于形成形貌均一、分散性良好的纳米材料。当表面活性剂的浓度高于这个临界值后，胶束便形成了聚集物，此时胶束与非聚集表面活性剂分子处于平衡状态。当胶束浓度大于临界胶束浓度后，随着胶束浓度的提高，胶束形状会由原本的球形变为圆柱形、六方堆积柱形和层状。胶束的有利之处在于解决了一些两相体系均一化的问题，而且为一些在正常的两相体系中难以完成的化学反应提供了适宜的合成环境[39,40]。

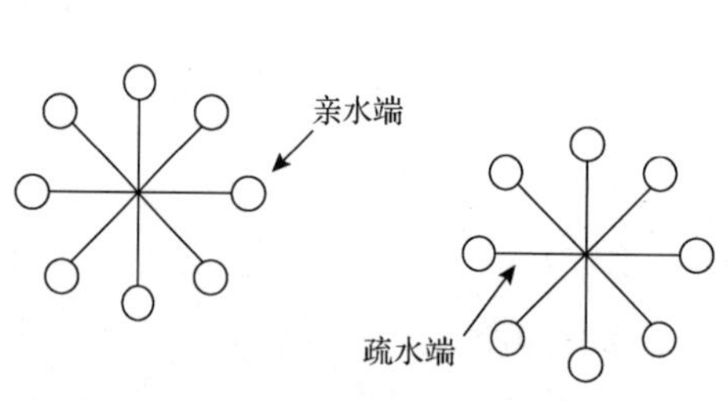


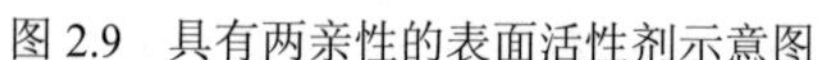

图 2.9　具有两亲性的表面活性剂示意图

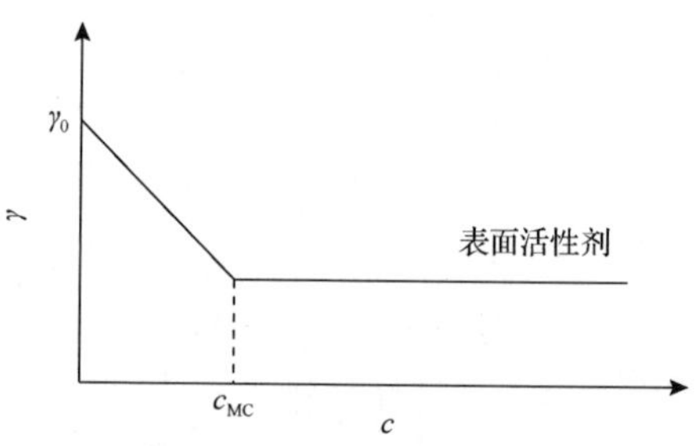


图 2.10　以表面活性剂为溶质形成临界胶束与其表面张力的示意图

与有序孔材料相比，无序孔材料的孔道是靠颗粒和颗粒之间的堆积形成的，孔径尺寸分布的范围较宽，孔道的形状复杂，不规则，一般不能相互连通，且在合成过程中具有不可预知的特性(包括孔径的大小和数量)[41-43]，可以通过多种不同方法得到。因为电极材料中无序孔材料主要是凝胶材料(干凝胶、气凝胶)，在这里主要介绍这类材料。干凝胶具有高孔隙率，一般在 50%左右，平均孔径在几纳米左右。相比于干凝胶，气凝胶具有更高的孔隙率，为 75%～99%。

在干凝胶形成工艺中，通过前驱体分子的水解和缩合反应形成纳米团簇，纳米团簇在后续反应中逐渐形成凝胶(凝胶由溶剂和固体的三维渗透网络所构成)。在后续干燥过程中，溶剂蒸发，凝胶网络部分坍塌形成无序孔结构[44]。如图 2.11 所示，构建导电聚合物的一维纳米结构(聚苯胺、聚吡咯等)，在干燥和后续碳化过程中都可以在去除水后得到具有无序孔结构的碳纳米材料[45]。

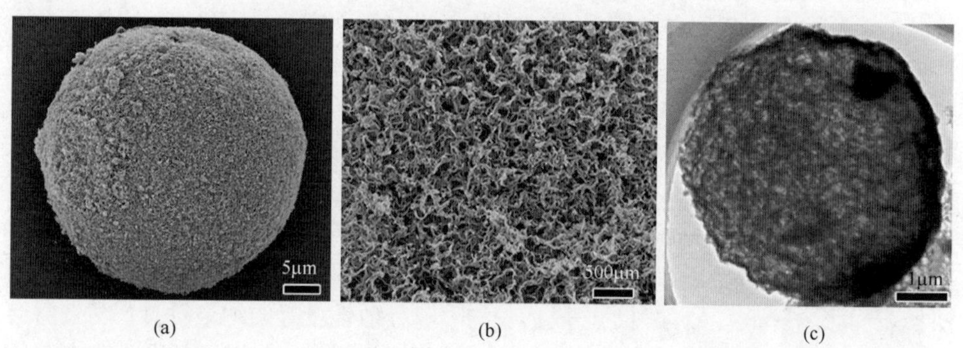


图 2.11　(a)、(b)N，S 掺杂碳微米球的 SEM 图；(c)N，S 掺杂碳微米球的 TEM 图

### 2.1.5　核壳结构材料

核壳结构材料因其组成种类多、形貌多种多样、组分间具有协同效应等特点，已被广泛用于催化剂、新型电池材料、光电材料等新能源领域[46-48]。核壳结构材料可以通过不同的包覆技术、晶核生长过程中速率的差异、晶粒熟化过程中密度

的不均一性进行制备。核壳结构不仅有效地避免了单一纳米颗粒的团聚问题，而且发挥了纳米颗粒优异的性能[49,50]。在纳米电池材料的应用中，核壳结构材料的核与壳一般具有不同但能够相互促进(协同作用)的性质，使其在许多方面的性能优于普通的纳米材料[51]。例如，在作为催化剂使用时，核壳结构提高了催化剂的稳定性和催化活性。能用于制备核壳结构的原材料种类十分广泛，如有机材料、无机材料、半导体材料、金属材料等均有大量的应用。核壳结构材料还有不同的核/壳组合，如有机/无机、无机/无机、有机/有机、半导体/金属、有机/金属等。核壳结构纳米材料的形成机理主要包括化学键作用机理、静电相互作用机理和吸附层作用机理[52]等。例如，在化学键作用机理中，$SiO_2$ 包裹 $TiO_2$ 就是利用这类氧化物可以在水中与水分子发生水合作用产生羟基，而这些活性基团可以与其他无机物颗粒表面的羟基或高分子链上的一些官能团形成化学键。而静电相互作用机理是利用核壳两种材料在溶液中所带的电荷不同产生静电作用力而形成的。吸附层作用机理一般是对无机颗粒进行表面处理，形成有机吸附层，从而提高无机颗粒与有机物的亲和力。包覆技术可以对内核微粒表面性质进行改性(内核表面电荷、官能团和反应特性等)。如图 2.12 所示，Cui 课题组制备的聚苯胺包覆纳米硅材料，聚苯胺作为常见的导电聚合物材料，在掺杂磷酸后具有优异的导电性，在碳化后可以实现结构稳定性的提升。另外，磷原子作为异质原子，提高了与电解液的润湿性，提升了电极材料的离子导电性，最终可以提高纳米硅材料的结构稳定性和导电性，同时也提高了硅内核的分散性与稳定性。能得到核壳结构的纳米复合材料的原理是通过植酸掺杂后的聚苯胺能与硅表面的羟基形成氢键，通过这种相互作用构成了 Si-C 核壳结构。Si 颗粒由原位聚合而成的磷掺杂聚苯胺包覆，这些聚苯胺形成了相互连接的三维导电网络。最终，由 Si 颗粒和聚苯胺形成的核壳结构使 Si-C 界面得到了改性，三维网络结构增加了复合材料的导电性，材料的多孔性有利于防止硅材料的体积膨胀。在后续的电化学测试中，复合材料在 1A/g 电流密度下循环了 1000 次，比容量稳定在 1600mA·h/g 左右；在 6A/g 电流密度

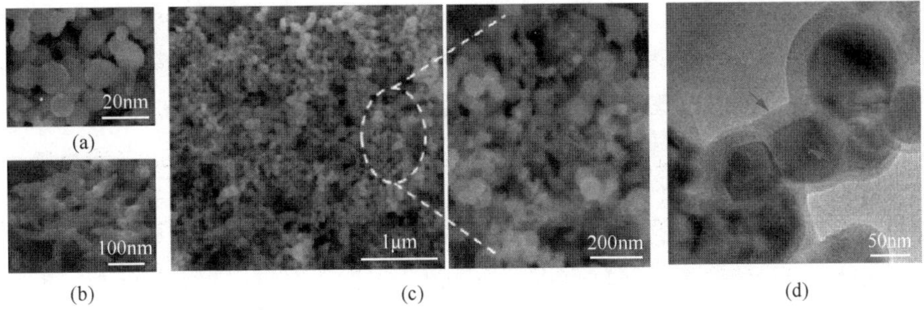


图 2.12　(a)纳米硅颗粒的 SEM 图；(b)纳米聚苯胺的 SEM 图；(c)、(d)聚苯胺包覆纳米硅复合材料的 SEM 及 TEM 图[53]

下的循环寿命达到了 5000 次，比容量稳定在 500mA·h/g 左右，保留了初始比容量的 90%[53]。纳米硅在应用于锂离子电池时，虽然具有仅次于金属锂的理论比容量(4200mA·h/g)，但结构稳定性较差，一般在循环 3～5 次后比容量会发生断崖式下降，但在包覆了聚苯胺之后，与单一的纳米硅材料相比，核壳结构材料具有了更高的结构稳定性，核壳结构材料整合了内外两种材料的性质，并互相补充各自的不足，具有很大的研究价值。

中空结构是核壳结构的扩展，在消除了核之后，具有更大的比表面积、更小的密度及更特殊的性能。例如，在锂离子/钠离子电池中，中空结构能够更加有效地防止核材料在锂/钠离子脱嵌过程中的体积膨胀[54,55]。去掉核而得到中空结构的途径主要有两种：酸/碱溶解法和煅烧法。在近年来发展制备的一些具有核壳结构的纳米材料中，多是利用酸刻蚀氧化物或碳化掉有机物模板来制备空心或多孔结构，主要有氧化铁、二氧化硅、聚苯乙烯微球等[56-58]。例如，可利用苯并噁嗪作为碳前驱体，二氧化硅为无机物模板，通过微乳液法和后续的溶解二氧化硅内核来制备锂离子电池的多孔碳负极[59]。而有机物模板主要有甲基橙染料、各类表面活性剂(如十二烷基硫酸钠、十六烷基三甲基溴化铵等)。

## 2.2 纳米电池材料的制备原理

### 2.2.1 化学反应原理简介

指导人们进行系统能量变化的原则是能量守恒和转化定律，即自然界中一切物质所具有的能量有各种不同的存在形式，且能够互相转化，在转化过程中，不生不灭，总值不变。对于热力学系统，这个定律变为：当系统由初始状态变为最终状态时，系统和环境之间传递的热 $Q$ 和功 $W$ 之和等于系统的热力学能 $U_e$ 的变化量 $\Delta U$，$\Delta U=Q+W$。

对于定容条件下，体积功为零，封闭系统从环境吸收热等于系统的热力学能增加，被称为定容反应热。而对于定压反应热，是指系统与外界环境保持相同的压力，因此体积功不为零，此系统只要不与环境交换物质就仍是封闭系统，这时的反应热称为定压反应热。如图 2.13 系统膨胀做功的示意图所示，在定压过程中，体积功 $W=-P\Delta V$。而焓是指一定质量的物质按定压可逆过程由一种状态变为另一种状态后，在此过程中吸入的热量，以 $H$ 表示。$\Delta H$ 是焓变，$\Delta H=H_2-H_1$，即在定压和不做非体积功的过程中，封闭系统从环境所吸收的热等于系统焓的增加。表示化学反应及其反应标准摩尔焓变关系的化学反应方程式，称为热化学方程式，如

$$H_2(g)+Cl_2(g)=\!=\!=2HCl(g) \quad \Delta_r H_m^{\ominus}=-183kJ/mol \tag{2.1}$$

该方程的意义是在标准态时，1mol $H_2$(g) 和 1mol $Cl_2$(g) 完全反应生成 2mol HCl(g)，反应放热 183kJ。

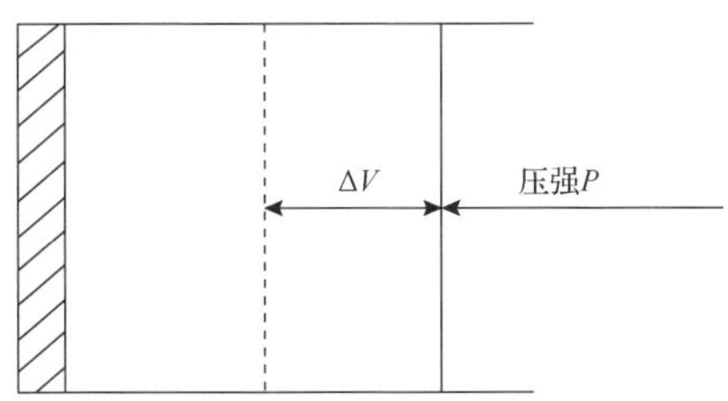


图 2.13　系统恒压膨胀做功示意图

对于所有化学反应，俄国化学家赫斯(Hess)于 1840 年通过实验总结出一条规律：化学反应无论是一步完成还是分几步完成，其总反应所放出的热或吸收的热总是相同的，即化学反应的焓变只与初始状态和最终状态有关，与途径无关，这一规律被称为 Hess 定律。

化学反应的反应热可以通过实验测定，但为了控制化学反应，还涉及两个问题：①在一定条件下化学反应能否发生？是如何结束的？换句话说，反应的方向和限度——化学平衡问题。②反应进行的快慢——反应速率问题。

在化学反应中，反应速率是表示反应快慢的物理量，这一概念总是与时间相联系。对于化学反应来说，反应物和生成物的物质的量(浓度)均随时间不断变化，表明化学反应总体速率即为该反应的平均速率，化学反应在某一时刻的速率则为瞬时速率。对于一般的化学反应 $a\text{A}+b\text{B} \longrightarrow \text{C}$，表明了反应速率与反应物浓度间的定量关系，即

$$r = -\frac{1}{a}\frac{\mathrm{d}[\mathrm{A}]}{\mathrm{d}t} = k[\mathrm{A}]^x[\mathrm{B}]^y \tag{2.2}$$

该方程称为化学反应速率方程。式中，$x$ 和 $y$ 分别为反应物 A 和 B 的浓度，即反应级数；[A]和[B]为给定反应物 A 和 B 的活度；$k$ 为反应速率系数。

对大多数化学反应来说，温度升高将导致反应速率增大。从化学反应速率方程可知，反应速率不仅与浓度有关，还与反应速率系数 $k$ 有关。不同反应具有不同的反应速率系数，同一反应在不同的温度下有不同数值的反应速率系数。温度对反应速率的影响主要体现在温度对反应速率系数的影响上。温度对反应速率影响的定量关系由瑞典化学家阿伦尼乌斯(Arrhenius)于 1889 年在研究蔗糖水解速率与反应温度的关系时提出，即

$$k = A\mathrm{e}^{-\frac{E_a}{RT}} \quad 或 \quad \ln k = -\frac{E_a}{RT} + \ln A \tag{2.3}$$

该式称为 Arrhenius 方程。式中，$E_a$为活化能，kJ/mol；$A$ 为频率因子。该式表明了 ln$k$ 与温度的倒数($1/T$)呈线性关系。Arrhenius 方程有许多重要应用，如计算反应的活化能 $E_a$。

当已知不同温度下的反应速率系数时，可以求出 ln$k$-$1/T$ 直线斜率，即可得到反应的活化能。也可以由两个不同温度下的 $k$ 值，求得 $E_a$，即

$$\frac{\mathrm{d}\ln k}{\mathrm{d}T} = \frac{E_a}{RT^2} \tag{2.4}$$

$$\ln\frac{k_2}{k_1} = \frac{E_a}{R}\frac{(T_2 - T_1)}{T_1 T_2} \tag{2.5}$$

式(2.5)体现出活化能对反应速率系数的显著影响。例如，在室温下，$E_a$值每增加 4kJ/mol，$k$ 值降低约 80%。当温度不变时，$E_a$值越大，$k$ 值越小。

为了研究活化能的物理意义，首先要从化学反应速率的微观本质出发。对于能够发生反应的分子来说，必须发生相互碰撞才能发生反应，因此反应速率与分子间的碰撞频率有关，而碰撞频率与反应物浓度有关，浓度越大，碰撞频率越高。但大部分分子的碰撞并不能发生化学反应。发生化学反应时，反应物分子内原子间的结合方式发生改变——部分化学键破裂，新的化学键形成。键的断裂要克服成键原子间的吸引作用，形成新键前又要克服原子间价电子的排斥作用，原子重排过程必须克服一定的能量壁垒。因此，能够发生反应，必须具有足够的最低能量，又称为临界能。只有达到甚至超过临界能，反应才能够发生。碰撞理论比较形象地反映了活化能的物理意义——分子从常态转变为容易发生化学反应的活跃状态所需要的能量。而活化络合物理论更加细致地反映动力学和热力学之间的联系。

活化络合物理论：当能够发生反应的分子以一定速度相互接近，分子所具有的动能转化为分子间相互作用的势能(分子间的相互作用和分子内原子间的相互作用，这些相互作用与分子相互间的位置有关)。反应开始时，将要发生反应的两种分子距离较远，相互作用弱、势能小。由于分子间的相互碰撞，动能转化为势能，原子的价电子发生重排，形成了势能较高的很不稳定的活化络合物。将活化络合物所处的状态称为过渡态——旧的化学键逐渐削弱，新的化学键逐渐形成。按照活化络合物理论，过渡态和初始的势能差为正反应的活化能。

根据托尔曼(Tolman)对活化能做出的统计学解释：活化分子的平均能量与反应物分子的平均能量之差，即活化能。它与温度有关。在一定温度下，反应有一

定的活化能，反应系统就有确定的活化分子分数。当温度一定时，随着反应物浓度增加，活化分子的数量增加。而在一定浓度下，随着反应温度升高，活化分子数量增加，反应速率系数增大，反应加快。该理论进一步说明了反应活化能的物理意义。

### 2.2.2　零维纳米材料制备原理

2.2.1 节中介绍的内容主要是通过化学变化由旧物质形成新物质所遵循的一些化学热力学和动力学规律，这些规律简要说明了发生化学反应的条件、限度、反应速率等。但为了研究材料的实际制备过程，需要更细致地理解化学反应后生成物及其结构，尤其是纳米材料/结构是如何形成的，这些内容化学热力学和动力学无法给出解答。在接下来的章节，将对零维、一维、二维纳米材料的制备原理做简要介绍。对于纳米材料，尤其是用于电池的纳米电池材料的制备，零维纳米材料主要是通过在化学反应完成后的液相结晶这种方式完成的。

凝固是物质的状态由液态转变为固态的过程。液态与固态最主要的差别是液态结构的原子排列是短程有序，长程无序；而固态结构是长程有序，短程无序。液态结构的短程有序结构并不是一成不变，而是尺寸不稳定的，这种现象称为结构起伏。

当固液两相可以共存时，固液两相的自由能相等，此时无法发生相变。液态转变为固态时一般发生在常压下，固液共存时固态和液态的温度相同。由热力学第二定律(熵增定律，即不可能把热从低温物体传到高温物体而不产生其他影响，不可能从单一热源摄取热使之完全转换为有用的功而不产生其他影响，在不可逆热力学过程中熵的微增量总是大于零)，只有当体系的自由能降低时，物质由液态转变为固态的过程才能自发进行。吉布斯自由能的减小是晶体成核与长大的驱动力。因此，如图 2.14 所示，只有温度低于相转变点时，新相才开始出现，此时的溶液是过冷液。

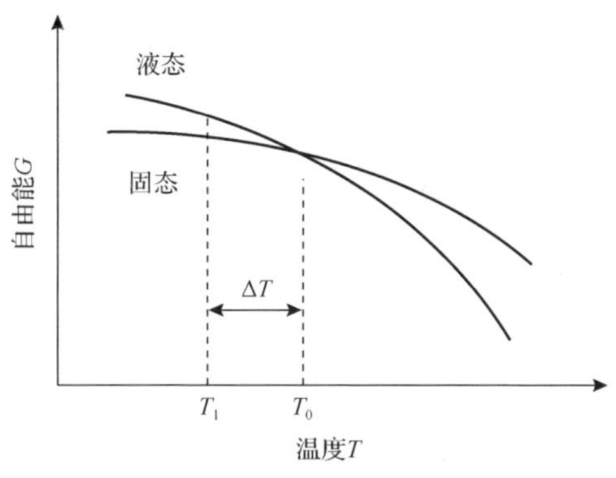

图 2.14　过冷度与体系自由能的关系图

液体中的原子热运动较强烈，在平衡态的时间较短，存在结构起伏。当温度处于熔点以下时，液相中处于结构起伏的原子集团便有可能成为均匀形核的晶胚，这时一方面原子由短程有序转变为一定区域内长程有序的晶态排列状态，降低了吉布斯自由能，成为形核的驱动力；另一方面新形成的晶态原子与原来的液态原子构成界面，增加了界面能，成为形核的阻碍。因此，当一个半径为 $r$ 的晶胚在

过冷液中出现时，总的吉布斯自由能变化可以表述为

$$\Delta G=\frac{4}{3}\pi r^3\Delta G_v+4\pi r^2\gamma \tag{2.6}$$

式中，$\Delta G_v$ 为单位体积吉布斯自由能；$\gamma$ 为单位面积表面能。在一定温度下，$\Delta G_v$ 和 $\gamma$ 是确定值，$\Delta G$ 是 $r$ 的函数。为使形核发生，总的吉布斯自由能变化 $\Delta G<0$，如图 2.15 所示($\Delta G$ 随 $r$ 的变化曲线)，$\Delta G$ 在半径为 $r^*$时达到最大值，即

$$r^*=-\frac{2\gamma}{\Delta G_v} \tag{2.7}$$

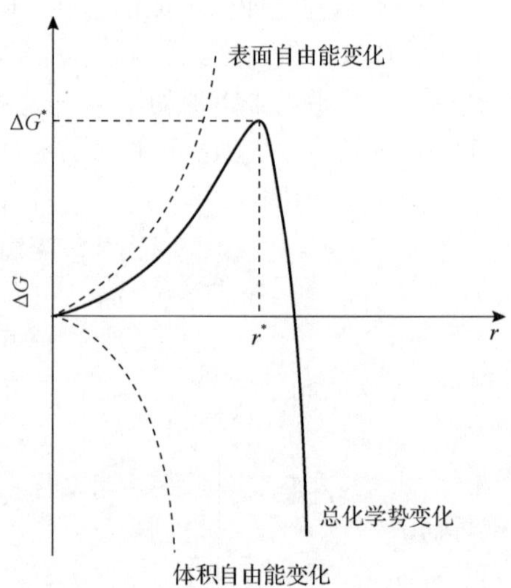


图 2.15　晶核半径与体系自由能的关系图

当 $\frac{\mathrm{d}\Delta G}{\mathrm{d}r}=0$ 时，新晶核在其半径超过临界尺寸 $r^*$时才能够稳定。当晶核半径小于 $r$ 时，不稳定的晶胚将溶解到溶液中，以降低总吉布斯自由能。当晶核半径大于 $r$ 时，晶胚将稳定存在并连续生长。当 $r=r^*$时，临界自由能 $\Delta G^*$定义为形核过程中必须克服的能垒，与过冷度有关，过冷度 $\Delta T$ 越大，临界半径 $r$ 越小，则形核的概率增加，$r$ 代表后续可以稳定形核的球形晶核的最小尺寸。而临界晶核表面积为

$$A=4\pi r^{*2}=\frac{16\pi\gamma^2}{\Delta G_v^2} \tag{2.8}$$

$$\Delta G^*=\frac{16\pi\gamma}{3\Delta G_v^2} \tag{2.9}$$

由此可知，当临界晶核形成时，体系的吉布斯自由能仍是升高的，增加值是表面能的三分之一。这意味着体系中固体、溶液间的体积自由能差值只能提供形成临界晶核所需能量的三分之二，另外三分之一需要由溶液中的能量起伏来提供。因此，结晶除了需要溶液具有一定过冷度，还要存在结构起伏和能量起伏，以提供不足的吉布斯自由能，促进均匀形核的发生。

形核率($N$)是指当溶液具备一定的过冷度，单位体积内单位时间所形成的晶核数正比于临界自由能，即达到临界自由能 $\Delta G^*$的概率 $P_0$(原子的扩散概率，即形核的物质由一处成功转移到另一处的概率)：

$$P_0 = \exp\left(\frac{-\Delta G^*}{RT}\right) \tag{2.10}$$

$$N = K_0 \exp\left(-\frac{Q_d}{RT}\right) \tag{2.11}$$

式中，$K_0$ 为比例常数；$\Delta G^*$为临界自由能；$Q_d$ 为扩散激活能；$T$ 为热力学温度。

当过冷度较小时，随着过冷度的增加，临界形核半径减小，形核率增加。但当过冷度达到某一数值并继续增加时，虽然临界形核半径继续减小，但扩散的速率进一步降低，此时形核率由扩散行为控制，导致形核率随着温度的降低而减小。根据对大多数液体的研究，有效的形核温度一般约等于 $0.2T_m$(熔点)。

当一种溶剂中的溶质浓度超过平衡溶解度时，称这种溶液为过饱和溶液。该体系具有高吉布斯自由能，为降低系统总能量，溶质将从溶液中分离。在电极材料的制备过程中，利用过饱和溶液制备纳米晶体是十分常见的方式，因此在这里简要介绍利用过饱和溶液进行纳米颗粒的制备。如图 2.16 所示，过饱和溶液的总吉布斯自由能通过形成固相和保持溶液平衡浓度的方式而减小。单位体积固相吉布斯自由能的变化 $\Delta G_v$ 依赖于溶质浓度：

$$\Delta G_v = \frac{-KT}{\Omega \ln\left(\frac{c}{c'}\right)} = \frac{-KT}{\Omega \ln(1 + a_n)} \tag{2.12}$$

式中，$c$ 为溶质浓度；$c'$为溶解度；$\Omega$ 为原子体积；$a_n$ 为过饱和度。如果形成半径为 $r$ 的球形核，吉布斯自由能或体积能量的变化与上述 $\Delta G_v$ 相同，而扩散速率为

$$R_d = \frac{c_0 KT}{3\pi\lambda^3\eta_s} \exp\left(-\frac{Q_d}{RT}\right) \tag{2.13}$$

式中，$R_d$ 为扩散速率；$c_0$ 为初始浓度；$\lambda$ 为形核物质的直径；$\eta_s$ 为溶液的黏度。

由式(2.13)可知，高初始浓度、低黏度、低临界能垒有利于提高形核率。而过饱和溶液的形核率超过平衡溶解度也无法发生形核，而是需要浓度超过溶解度一定程度后形核才可以进行，超过的浓度与成核所需能垒有关。

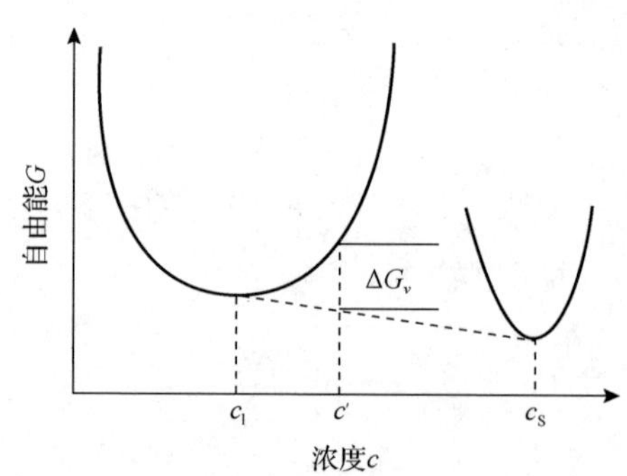


图 2.16　过饱和溶液中固液两相自由能的变化

$c_l$代表液相初始浓度；$c_S$代表固相初始浓度

如果液态金属、过饱和溶液中可以进行均匀形核，那么需要的过冷度很大，约为 $0.2T_m$。在非实验室的实际条件下，溶液中存在杂质颗粒可以促进结晶过程和晶核的形成，存在这些颗粒可以使形核所需的界面能降低，故而形核可以在更小的过冷度下发生。晶胚形核之后，晶体原子按照晶面原子的排列要求结合起来，晶粒逐步长大。

固液的相界面分为粗糙界面和光滑界面两种。固体表面基本为完整的原子密排面，从微观上相界面是光滑的，宏观上是由不同方向的小平面组成，故呈现出折线的形状，即光滑界面。而粗糙界面，从微观上看在固液两相之间都是高低不平的，存在几个原子层厚度的过渡层，但这个过渡层很薄，从宏观上看，界面很平直，不会出现曲折的小平面。当生长速率较慢时，液-固界面为曲折的小平面，随着过冷度的增大，生长速率很快时，形成粗糙界面。这个理论对理解凝固过程中界面形状是如何形成的有着重要的意义。

根据上述的光滑或粗糙界面，晶体长大的方式可分为连续长大、二维形核、螺型位错长大等方式。对于粗糙界面，界面上的原子处于松散状态，约有一半的位置没有原子排布，液相中的原子可以在这些位置上与固相中的原子结合，这种方式为连续生长。这种方式的生长速率随着过冷度的增大呈线性增大，平均生长速率与过冷度成正比。对于光滑界面，在有一定大小的单分子光滑平面薄层上，二维晶核在相界面上形成后，液相中的原子沿着晶核的侧面与光滑界面形成的台阶不断地附着上去，使薄层很快铺满整个平面，但铺满之后生长随之停止，在此之后需要在薄层上再次形成二维晶核，然后再次铺满薄层平面，如此反复进行。但这种生长方式是不连续的，生长速率可表示为

$$R = \mu_1 \exp(-b/\Delta T) \tag{2.14}$$

式中，$\mu_1$ 为比例系数，对于大部分金属 $\mu_1 \approx 1\text{cm/s}$；$\Delta T$ 为过冷度；$b$ 为常数。二维晶核所需的形核功较大且需要达到一定尺寸才能继续生长，因此当过冷度很小时，生长速率非常小，在实际的晶核生长过程中出现的次数较少。

若光滑界面上具有螺型位错，则在光滑界面上呈现出螺型位错的台阶，液相原子很容易在这种台阶上填充，离位错较近处需要的原子较少，离位错较远处需要的原子较多。这种方式的生长速率为

$$R' = \mu_2 \Delta T^2 \tag{2.15}$$

式中，$\mu_2$ 为比例系数，$\mu_2=10^{-4} \sim 10^{-2}\text{cm/(s·K)}$。由于界面上缺陷的数量有限，生长速率较小。

在过饱和溶液中，当溶质的浓度超过平衡浓度时也无法形核，其长大方式、速率和长大后的形态是主要的研究内容。形态、长大方式、速率决定了长大后晶体的结构形貌，进一步决定了晶体的性质。

如前所述，只有当溶质浓度大于溶解度一定程度后才出现成核，形核后物质的浓度逐渐减小。当浓度减小到临界值时，此时生长物质的浓度依旧高于平衡浓度，形核不再发生。但生长过程会一直持续直到生长物质浓度达到平衡浓度。在过饱和溶液中，形核与生长的关系是：一旦形核，生长就要同时发生。在最小浓度以上，成核与生长是不可分割的过程，但二者的速率不同。为了获得尺寸相似的晶粒尺寸，需要非常高的过饱和度，并在非常短的时间内完成形核过程，形成大量尺寸均一的晶核。如果再适当控制这些晶核的生长过程，可以获得尺寸分布均一的纳米颗粒。

后续生长过程很大程度上决定了纳米颗粒的尺寸分布。晶核生长主要包括生长物质的产生，生长物质扩散到生长表面，生长物质吸附到生长表面，生长物质结合到表面并促使表面生长。后三者决定了生长过程的速率，也决定了生长过程结束后晶粒的尺寸分布和形态性质。

由扩散行为控制的生长过程是在生长物质浓度低于形核所需的最小浓度后形核停止，但生长物质持续从溶液到晶粒表面进行扩散，导致生长继续进行，其生长速率和半径差为

$$\frac{\mathrm{d}r}{\mathrm{d}t} = \frac{D(c - c_\mathrm{s})V_\mathrm{m}}{r} \qquad r^2 = 2D(c - c_\mathrm{s})V_\mathrm{m}t + r_0^2 = k_0 t + r_0^2 \tag{2.16}$$

式中，$r$ 为球状晶核半径；$D$ 为扩散系数；$c$ 为液相浓度；$c_\mathrm{s}$ 为固体颗粒表面浓度；$r_0$ 为初始晶核半径；$V_\mathrm{m}$ 为晶核摩尔体积。由式(2.16)可以看出，半径差值随晶核半径值的增加和时间的延长而减小，因此由扩散行为控制的生长过程可以形成比

较均匀的晶体颗粒。

如果生长物质从液相到表面的扩散速率很快，生长过程由原子在表面时的生长过程所主导。表面过程包括单核生长和多核生长。在单核生长过程中，生长物质形成一层后再在这一层上形成下一层，生长速率正比于表面积，生长的半径差可根据生长速率求出。由此可知半径差随晶核半径的增加而增加，很难得到形貌均一的晶体颗粒。

$$\delta_r = \frac{r_0\delta_{r_0}}{r} = \frac{r_0\delta_{r_0}}{(k_0 t + r_0^2)^{\frac{1}{2}}} \tag{2.17}$$

$$\frac{\mathrm{d}r}{\mathrm{d}t} = k_{\mathrm{m}} c r^2 \tag{2.18}$$

式中，$\delta_{r_0}$ 为初始半径差。

在多核生长过程中，表面的边界层在第一层完成之前第二层便开始形成，也就是说生长速率为常数，因此粒子生长与时间成正比，而相对半径差反比于粒子半径和时间。这种机理与表面扩散控制的晶粒生长一样，也有利于形成尺寸均一的粒子。

Williams 提出晶粒生长过程包含上述三种机理[60]。当晶核较小时，以单核生长机理为主导，随着晶核长大，扩散行为在相对较大的晶粒生长过程中占主导，当晶粒很大时，多核生长机理占主导。

在电极材料的制备过程中，研究者比较希望得到尺寸均一的纳米电极材料。实际上，几乎所有尺度分布均一的纳米颗粒，均需要纳米颗粒的有限扩散生长，因此上述的扩散行为和多核生长控制生长过程是使纳米颗粒保持均一的常见方法。此外，增加溶液黏度、引入扩散能垒、控制生长物质(包括反应物和催化剂等)的供应量也是常用的使制备的纳米颗粒尺寸均一的方法。这些方法改性了纳米颗粒表面，有利于防止颗粒团聚，造成了纳米颗粒的均一合成与分散。

### 2.2.3 一维纳米材料制备原理

在用于电池电极的一维纳米材料制备过程中，一般分为有催化剂参与的气相(或溶液)-液相-固相生长(VLS 或 SLS)和无催化剂参与的气相-固相生长(VS)两种。自发生长过程是一个吉布斯自由能逐渐减小的过程，与气相或液相原子的过饱和度有关。吉布斯自由能的减小在纳米材料的后续生长过程中由相变、化学反应的能量释放或应力释放来实现。而一维纳米结构的形成来自晶粒沿着某一个特定方向的生长要比其他方向的生长速率快，以至于这个方向的晶体生长快过其他方向的晶体生长，最终形成一维纳米结构。此外，生长晶面上的缺陷(螺型位错等)、杂质的存在引起优先聚集或生长中毒，均对一维纳米材料的生长过程和最终形态有重要影响。

晶粒的自发生长驱动力来自过饱和度减小导致的吉布斯自由能降低，而一维纳米结构的形成来自生长过程的各向异性生长，例如在 Si 晶体中，(111)晶面的生长速率小于(110)晶面的生长速率。而晶体生长是非均相反应，生长过程主要包括：①生长物质从气相或液相扩散到生长物质的表面；②生长物质吸附、脱附到生长表面；③生长物质扩散到生长表面，并与表面上的活性点结合；④生长物质在生长表面生长，如果有副产物产生，副产物脱附，生长过程继续进行。

VS 生长与气相中原子的过饱和度有关，当过饱和度比较低时容易形核形成晶须；当过饱和度较高时容易进行均匀形核，形成粉体；当过饱和度中等时，晶体呈现树枝状或是小圆粒形状。杂质对 VS 产生晶须的影响不大。对于 VS 反应法制备一维纳米材料的原理目前有两种观点：顶部生长和底部挤出。顶部生长认为生长物质通过各类缺陷，从缺陷处扩散到顶部，进而不断生长。底部挤出认为生长物质在形成后，沉淀在反应容器底部。

Sears 首先通过螺型位错解释了位错诱导汞晶须的各向异性生长，在整个轴向生长过程中，晶须的半径保持不变，没有发生横向生长。而后续的研究中，Sears 通过 VS 法合成了各种其他金属晶须，如 Zn、Ag 等。从气相中冷凝的生长物质迁移到生长表面，由位错进行扩散，生长物质扩散到生长表面进行快速生长，可大幅度提高纳米线的生长速率。对于大部分 VS 法制备的一维纳米材料，缺陷和杂质诱导纳米材料的各向异性生长极为重要，缺陷主要包括螺型位错、孪晶和层错，可诱导具有较大生长速率、大长径比的纳米线生长。

在 20 世纪 60 年代，贝尔实验室制备了 SiC 晶须，发现杂质有利于晶须的生长。在 VLS 生长中，V 代表气相物质，L 代表液态催化剂，S 代表固态晶须，L 代表的催化剂能诱导生长物质在其表面聚集，在 VLS 法中作为杂质或催化剂促进晶体的各向异性生长，随后生长物质在生长表面产生一维结构。

VLS 法制备一维晶须分为两个阶段：第一个阶段晶须的径向长度不变，生长速率很快；第二个阶段晶须的径向长度增大，晶体形核，生长速率由扩散速率决定。杂质在 VLS 法中起到的作用十分重要，但与 VS 法不同的是，其生长方向上没有螺型位错或其他缺陷。杂质与反应物质形成 L-S 界面，反应物质由这个界面进行各向异性沉积而形成晶须。由于生长过程是在起到催化剂作用的 L-S 界面处进行，界面为气相和固相之间提供了一个中间阶段，因此 VLS 机理比 VS 机理所需要的活化能低很多。液相冷却后，变为小圆珠形状凝结在晶须头部，与 VS 机理有较为明显的区别。

在 40 多年前，Wagner 总结了 VLS 生长的必要条件[61]，主要为：催化剂液滴与晶体材料必须是液体，才能在沉积温度下进行生长；杂质或催化剂不能与生长物质发生副反应；小液滴的平衡蒸气压必须非常小，因为如果液滴逐渐减少，所有催化剂或杂质逐渐减少或无法再起到应有的作用，则纳米线的生长将最终停止。

目前，制备 Si 纳米线的主流工艺正是 VLS 生长技术，如图 2.17 所示，主要的工艺流程是：在 Si 衬底表面溅射或沉积一层很薄的、起到催化作用的金属，如 Au、Fe、Ni 等，随着反应容器内温度不断升高，金属与 Si 衬底发生共晶反应而形成小液滴，随后含有 Si 的源气体，如 $SiCl_4$、$Si_2H_6$ 等通入容器内，优先在含有杂质的液滴处凝聚成核，当该处变为过饱和溶液且生长物质浓度达到平衡溶解度以上后，开始结晶，析出晶须，各向异性生长为一维纳米结构，而生长的纳米结构直径尺寸由催化剂液滴的最小尺寸所决定。因此晶须是从衬底表面延伸，按照一定方向形成具有一定形状、长径比的 Si 纳米线。这种由 VLS 法生成的纳米线或纳米棒一般具有均一的直径，且形状一般为圆柱状。由于晶须的生长是在液滴中进行的，在此过程中不易形成螺型位错，因此在 VLS 生长过程中，位错所起到的作用较小。除了 SiC 晶须，Ge 纳米线、GaN 纳米棒均是利用前驱体通过 VLS 法进行制备。Ge 纳米线的制备与 Si 纳米线的制备相似，利用蒸发 Ge 靶材，产生 Ge 蒸气，最后在液滴处形核并各向异性生长为一维纳米线结构。

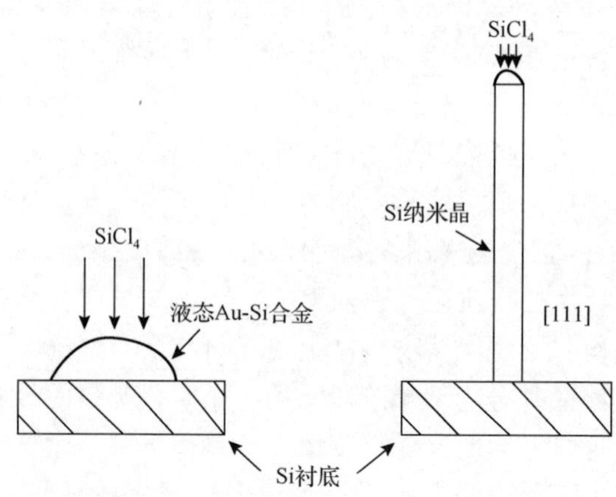


图 2.17 VLS 法制备 Si 纳米线示意图

VLS 法只能在高温和真空下生长纳米线，SLS 法与 VLS 法近似，由 Buhro 提出，并利用这种方法制备了 InP、InAs、GaAs 纳米线，但制备的纳米线为多晶或接近单晶。例如，InP 纳米线的制备是利用 $In(t\text{-}Bu)_3$ 和 $PH_3$ 为前驱体分别提供

In 元素和 P 元素，使 In 和 P 熔化后同时溶解在 In 液滴中，随后沉淀为 InP 纳米线。一维纳米结构之所以能够形成，是因为 InP 的[111]晶向是 InP 的最快生长速率方向，与 VLS 方法类似。而且 SLS 法与 VLS 法类似，纳米线的直径和长度可以通过液滴尺寸和生长时间来控制。

### 2.2.4　二维纳米材料制备原理

在前面二维纳米材料的介绍中，薄膜在纳米电池材料中具有广泛的应用，薄膜沉积技术在近一个世纪得到了广泛的研究，其原理也越来越为研究者所熟知。在这里，将简要介绍经典的薄膜沉积原理。

大多数薄膜沉积和表征都是在真空条件下进行的非均匀过程，包括非均匀化学反应、蒸发、生长表面上的吸附和脱附、非均匀成核和表面生长五个步骤。对于薄膜生长来说，基体和生长表面上的形核和长大过程是最重要的步骤。与纳米颗粒的形核过程一样，形核过程很大程度上决定了最终薄膜的结晶度和微观结构。但薄膜的形核和生长受到基体的影响，如图 2.18 所示，大量的实验观察发现存在三种基本的形核模式：岛状生长（Volmer-Weber 生长）、层状生长（Frank-van der Merwe 生长）、岛-层状生长（Saransk-Krastonov 生长）。

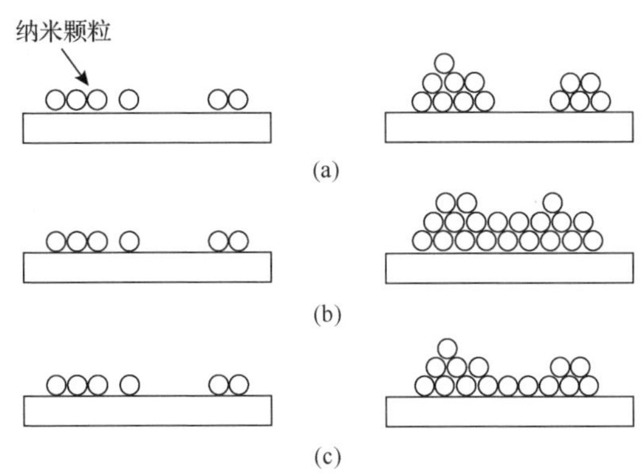


图 2.18　薄膜形成机理示意图

(a) 岛状生长；(b) 层状生长；(c) 岛-层状生长

当生长物质彼此间的结合力大于其与基体间的结合力时，生长物质自身变得更易团聚，无法形成厚度比较均一的薄膜，岛状生长发生后，在后续生长时才能导致岛状薄膜合并形成连续薄膜。当生长物质与基体间的结合力远远大于其他结合力时，发生层状生长，在基体上形成了第一层完整的单层膜后第二层才能够继续生长。而岛-层状生长是居于岛状和层状生长之间的一种生长模式，这种生长模式通常与应力相关。

对于岛状生长，因为生长物质之间存在一定角度，也就是接触角必须大于零，

则相应的杨氏方程(Young equation)为

$$\gamma_{sv} < \gamma_{fs} + \gamma_{vf} \tag{2.19}$$

式中，$\gamma_{sv}$为固气界面张力；$\gamma_{fs}$为固液界面张力；$\gamma_{vf}$为液气界面张力。

如果沉积时接触角为0°，说明生长物质之间没有呈一定角度，沉积时完全湿润基体，也就是发生了层状生长，相应的杨氏方程变为

$$\gamma_{sv} = \gamma_{fs} + \gamma_{vf} \tag{2.20}$$

当在沉积薄膜的原位处存在应力时，最初的沉积生长物质完全浸润基体，但随着生长的进行，当基体与生长物质的晶格不匹配时便会产生弹性应变并形成应变能，生长物质中的应变能不能释放出来，当应力超过临界点时，允许在初始沉积层上形核，因此同时存在岛状生长和层状生长。在这种情况下，基体的表面能超过沉积物表面能与基体-沉积物之间界面能的和，相应的杨氏方程为

$$\gamma_{sv} > \gamma_{fs} + \gamma_{vf} \tag{2.21}$$

在单晶硅薄膜的制备中，常常需要在单晶衬底(基片)上生长一层有一定要求的、与衬底晶向相同的单晶层，这种生长薄膜的方式称为外延生长。外延生长分为两种：均相外延和非均相外延生长。薄膜和基体是同种材料称为均相外延。薄膜和基体不是同种材料称为非均相外延。均相与非均相外延生长最重要的差别是薄膜与基体之间晶格是否匹配。均相外延生长时薄膜与基体之间晶格匹配，非均相外延生长时薄膜与基体之间晶格失配。晶格失配程度由式(2.22)给出：

$$f_0 = \frac{a_s - a_f}{a_f} \tag{2.22}$$

式中，$a_s$为基体无应变时的晶格常数；$a_f$为薄膜无应变时的晶格常数。如果$f_0>0$，则薄膜受到拉应力；如果$f_0<0$，则薄膜受到压应力。由于应力的存在，在薄膜中存在应变能，应变能可以通过式(2.23)计算：

$$E_s = 2\mu_1 f_0 \frac{1+\nu}{1-\nu} {\varepsilon_r}^2 h_1 A \tag{2.23}$$

式中，$\mu_1$为薄膜的剪切模量；$f_0$为晶格失配程度；$\nu$为泊松比；$\varepsilon_r$为平面或者横向应变；$h_1$为厚度；$A$为表面积。由式(2.23)可以得出，应变能随着膜厚、表面积、应变、错配、剪切模量的增大而增大。

### 2.2.5　纳米颗粒的形貌控制

纳米颗粒的形貌控制一直是纳米材料的研究重点。如上所述，纳米材料根据维度可以划分为零维、一维、二维材料和多级结构(如多孔结构等)，除了这些特异的纳米结构外，自身的形貌也对纳米材料的性能有着重要的影响。要实现对纳米晶的结构、尺寸、形貌、维度、均一性的控制，必须首先对于纳米晶的形成过程有清晰的了解。纳米晶的生长经历了从核子到晶核再到纳米晶的过程。从液相化学反应形成胶体颗粒的过程来看，一般起始物溶解度相对较高，首先形成澄清透明的溶液。降低温度使难溶的生成物出现，过饱和度上升，当过饱和度突破成核所需临界值时，难溶物结晶析出，成核阶段完成。之后溶液保持较低过饱和度，是纳米晶生长的过程。如果在这一生长阶段中，某一区域局部的过饱和度再次突破成核所需临界值，会再次成核。两次或多次成核造成胶体颗粒生长时间不一致，会导致产品粒度差异变大。这一成核——生长过程完毕后的“熟化”过程是一个大颗粒“吃”小颗粒的过程，它对于最终制备的晶粒形貌、尺寸和性质也有着显著影响。

前面已经介绍了均匀形核的热力学条件，如成核表达式[式(2.6)]、临界晶核表达式[式(2.7)]，以下将更加详细地介绍成核-生长过程中各个阶段是如何影响最终制备的晶粒形貌的。

对于纳米晶的成核生长过程来说，成核阶段的形核速率决定了纳米颗粒的尺寸是否均一，是否能够形成大量的纳米晶核，而不均匀性有利于降低形核位垒，起到促进成核的作用。随着过饱和度增大，使得维持所有晶面具有相同的、较大的过饱和度变得十分困难，晶面无法均匀生长，此时均匀性被破坏的晶面(相当于微观尺度下的粗糙面)由于具有高表面能而快速生长，而光滑面的生长速率较慢，最终改变了晶体的生长形貌。例如，低过饱和度的氯化钠溶液进行(100)晶面结晶，而高过饱和度的氯化钠溶液进行(111)晶面结晶。

任何反应的进行都是朝着能量最低的方向进行，同样包括纳米晶的成核过程。假设晶核内部是规则理想状态，将界面自由能$\gamma$定义为生成新表面所需要的能量：

$$\gamma=\left(\frac{\partial G}{\partial A}\right)_{n,T,P} \tag{2.24}$$

式中，$G$为吉布斯自由能；$A$为表面积。当新晶粒形成时，表面键合遭到破坏，为了降低能量，新表面原子倾向于跑到晶体内部，这时就需要一个力拉住表面原子，防止其回到晶体内部。根据这个理想模型，再给出$\gamma$的表达式：

$$\gamma=\frac{1}{2}N_{\mathrm{b}}\varepsilon\rho_{\mathrm{a}} \tag{2.25}$$

式中，$N_b$ 为表面原子未连接其他原子的键的数量；$\varepsilon$ 为键能；$\rho_a$ 为表面原子密度。不同形状面心立方晶格(FCC)纳米金属晶体形成路径如图 2.19 所示[61]，以 FCC 单晶体为例，通常纳米晶体的低指数晶面能为：$\gamma\{100\}=4(\varepsilon/a^2)$，$\gamma\{110\}=4.24(\varepsilon/a^2)$，$\gamma\{111\}=3.36(\varepsilon/a^2)$，则 $\gamma\{111\}<\gamma\{100\}<\gamma\{110\}$，其中 $a$ 代表晶面常数。理论上，单晶晶核最可能采取四面体或八面体形状，使{111}更多且能量尽可能小，但是这两种形状比立方体表面更多。真实情况中，晶核为截断八面体，外围被{111}和{100}包裹。除了单晶晶核，还存在孪晶晶核，被分为单层孪晶晶核和多重孪晶晶核。对于单层孪晶晶核，与单晶晶核相同，主要被{111}晶面依附着。对于多重孪晶晶核，因孪晶缺陷而造成的应变能将会随着晶核尺寸的增加而增加。

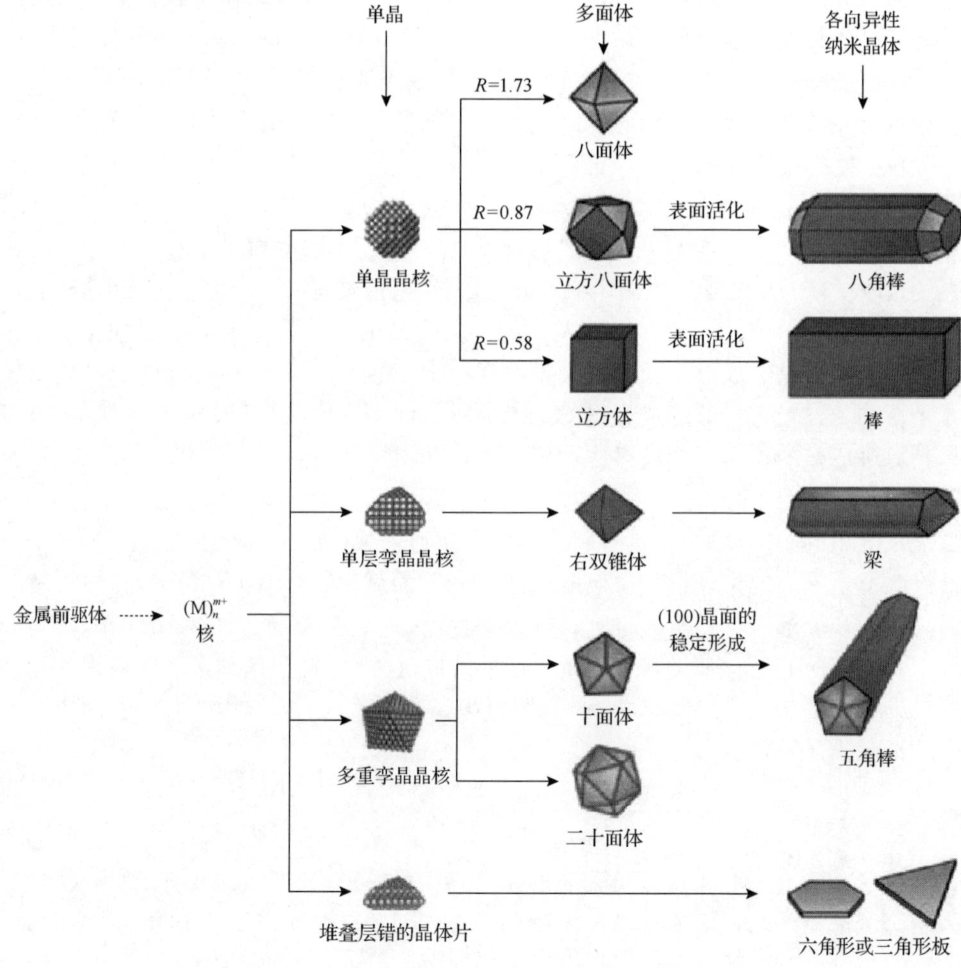


图 2.19　不同形状 FCC 纳米金属晶体形成路径[61]

在生长阶段，晶体生长理论中被广泛认可的是扩散理论，该理论认为晶体生长过程包括两个步骤。如图 2.20 所示，第一步是扩散过程，在浓度差驱动力下，待结晶的溶质通过扩散作用穿过晶体表面附近的一个静止流层，从溶液中转移到晶体的表面；第二步是表面反应过程，已经到达晶体表面的溶质借助浓度差为驱动力长入晶面，使晶体体积、质量增大，同时放出结晶热[62]。这两个过程可以通过式(2.26)和式(2.27)表示：

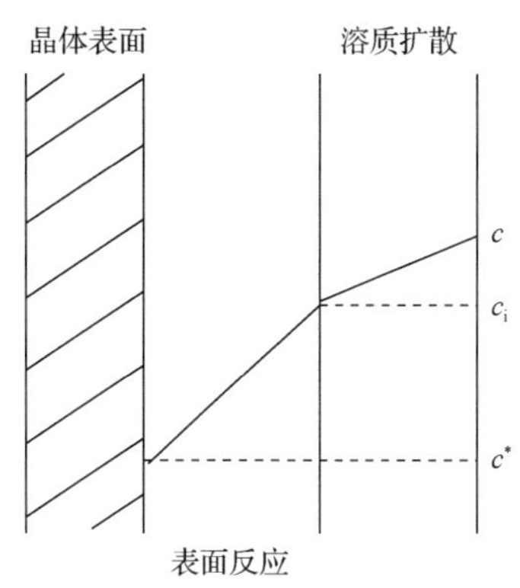

图 2.20　晶体生长两步法模型[62]

$$G_M = \frac{dM}{Adt} = k_d(c - c_i) \tag{2.26}$$

$$G_M = \frac{dM}{Adt} = k_r(c_i - c^*) \tag{2.27}$$

式中，$G_M$ 为单位面积生长物质的生长速率；$M$ 为扩散物质的相对原子质量；$A$ 为晶体的表面积；$k_d$ 为扩散系数；$c$ 为生长物质的初始浓度；$c_i$ 为扩散后生长物质的浓度；$k_r$ 为反应系数；$c^*$生长物质的最终浓度。

但是，反应活性高的反应物往往会带来过快的反应速率而导致生成物的形貌难以控制。在生长阶段，控制生长速率的主要手段是在反应物中加入非常细小的纳米颗粒作为晶种或在纳米颗粒表面制造“钝化层”来避免生长过程中晶核的尺寸不一。表面活性剂的加入就是为了对高活性表面的过快生长起到抑制作用。在液相合成中，表面活性剂的加入使得纳米晶可以择优取向生长——降低某个晶面的表面能而减缓某个晶面上的生长，使得其他生长速率过快的晶面因为过高的表面能而逐渐停止生长。例如，生长 CdSe 纳米晶时加入三正辛基氧膦(HOPO)和己基膦酸(HPA)，随着 HPA 浓度的提高，CdSe 的(100)和(110)晶面因为吸附了表面活性剂而生长速率降低，最终的纳米结构会随着 HPA 浓度的提高而逐渐由球状转化为棒状[62]。某些杂质的加入影响了反应物的过饱和度、某个晶面的表面能，更为重要的是，可以选择性地吸附在某一个晶面上，使这个方向的生长受到阻碍。而在反应物生长阶段，反应温度改变了晶体生长的激活能，例如，在低温下，表面反应是生长的决定性步骤；而高温下，扩散成为生长的决定性步骤。当单体扩散浓度较低时，扩散生长最终会形成球状纳米晶，中高单体扩散浓度纳米晶一般表现为轴状，高单体扩散浓度纳米晶表现为棒状或其他细长形的形貌。如图 2.21 所示，Peng 等根据不同单体浓度提出了 CdSe 的生长模型[63]，在单体浓度较高时，CdSe 纳米晶沿着(001)晶面延伸进行一维生长；当浓度较低时，扩散速率降低，各个晶面的生长速率差异不大，因此多个晶向上可以同时生长，也就是进行三维生长。

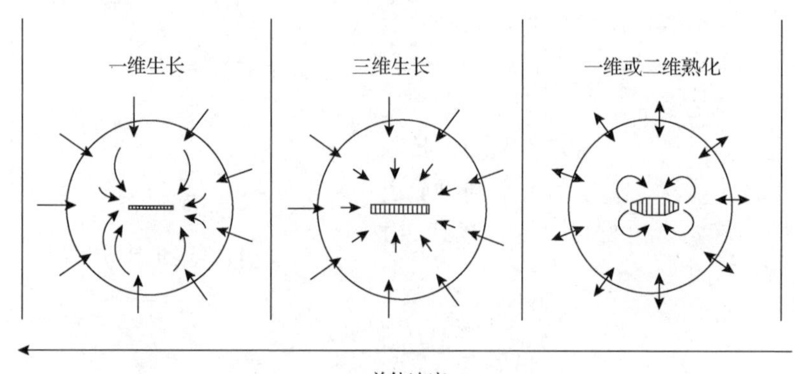


图 2.21　CdSe 纳米晶的生长模型[63]

在晶粒生长并形成沉淀后，Ostwald 熟化过程是一种反应物溶解-再沉淀使小尺寸的晶粒不断长大的过程[64]，例如，上述 CdSe 纳米晶生长模型，在浓度较低时，三维生长之后便会进行一维或二维的熟化过程，此时，大于成核临界半径的晶核晶粒直径会继续增大，因为此时的过饱和度已经降低，而小于成核临界半径的晶核会被溶解。对于此时的晶粒来说，逐渐沉淀的过程是大颗粒逐渐长大、表面能逐渐降低、整个体系的自由能逐渐降低以满足能量最低原理的过程。而当人们想要控制晶粒形貌时，这一阶段尤为重要。熟化过程过饱和度或生长物质密度的不均一性导致了不同的核壳结构，如图 2.22 所示[65]，对于低浓度四氟化钛形成的二氧化钛纳米晶，位于中心部分的晶粒尺寸比较小，随着熟化时间的延长，这部分晶粒为达到能量最低而会被逐渐溶解，这样就在纳米晶的中心留下了孔洞，而形成了核壳结构。对于通过尺度和密度变化而形成第二种核壳结构的过程来说，以硫化锌为例，Ostwald 熟化作用使硫化锌通过硝酸锌与硫脲在其表面发生反应不断长大，从溶液中吸引新的反应物不断形成新的“壳”，而在壳的内部，随着小尺寸晶粒或密度较小的纳米晶由于熟化过程中的溶解不断消失，新的核壳结构就形成了。这种核壳结构与第一种核壳结构的差别主要在于第一种主要发生在纳米晶的中心处，形成的是空心壳结构，而第二种发生在核与新形成的壳之间。

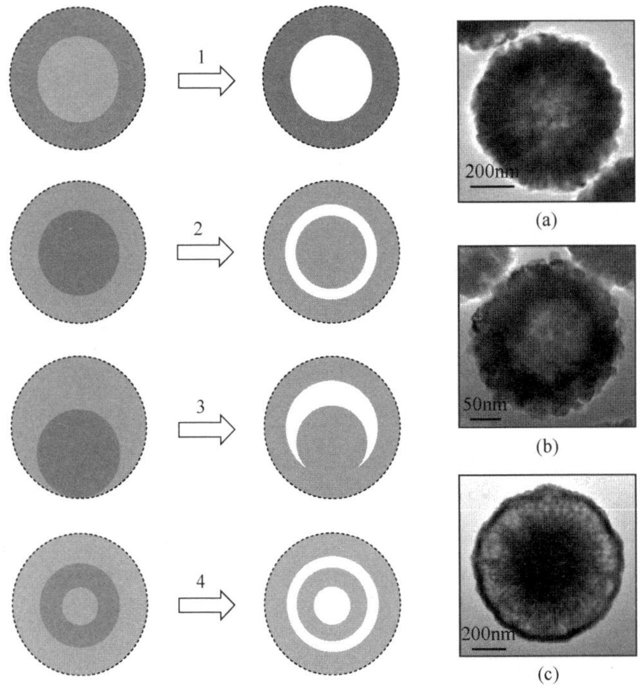


图 2.22　由 Ostwald 熟化形成的几种纳米晶内部空心结构[65]

(a) $TiO_2$ 空心球；(b) $Cu_2O$ 空心球；(c) ZnS 核壳空心球

上述内容主要说明了在成核-生长过程中纳米晶的形貌如何受到杂质、表面活性剂、温度等因素对单个晶核及其后续生长过程的影响，而在纳米晶形成过程中，晶核与晶核之间的相互作用也对最终纳米晶的形貌有重要影响，这其中最常见的就是晶核之间的聚集生长。聚集生长主要是利用自组装(基本结构单元自发形成有序结构)机理来完成的，根据聚集的结构单元不同，主要分为定向连接和介观连接两种。对于定向连接生长，具有高表面能的纳米晶在处于相同晶体学条件时会定向地和共面的粒子自组装对接从而降低体系总能量。Banfield 等利用水热法合成二氧化钛纳米晶，因为其(001)晶面的晶面能高于(121)和(101)晶面，因此该晶面最先消失，于是沿着[001]晶轴，可以形成链状的纳米结构[66]。而对于介观连接，一般是通过前驱体与有机模板之间的相互作用(如配位作用、静电作用等)。Chane-Ching 等利用具有亲水基团和疏水基团的表面活性剂——聚环氧烷嵌段共聚物在水溶液体系中先形成胶束，当这种表面活性剂浓度较高时，溶解在溶剂中的无机单体分子因与亲水端存在引力而沉积在胶束的空隙间，而浓度较高的表面活性剂在水中具有有序的六方结构，因此形成的金属氧化物在具有六方结构的空隙之间构成孔壁，最终合成了具有大比表面积的 $CeO_2$、$ZrO_2$ 和 $Al(OH)_3$ 纳米分子[61]。

# 2.3 纳米电池材料制备技术简介

## 2.3.1 化学法制备纳米电池材料

1. 水热/溶剂热法

目前水热/溶剂热法是制备纳米电池材料最常见的一种方法[67,68]。水热/溶剂热合成是指在一定温度(373～1273K)和压力(1～100MPa)条件下，反应物在密闭容器或高压反应釜中进行特定的化学反应所进行的合成。实验室中常用的是不锈钢高压反应釜，其机械强度大、耐高温、耐腐蚀、密封严密。需要注意的是，反应釜的填充度(反应混合物占密闭反应釜空间的体积分数)一般控制在 60%～80%，防止填充度过大产生压力过大而导致内部溶液溢出。

水热/溶剂热合成与其他固相合成的差别在于反应机理。固相反应主要以界面扩散为特点，而水热/溶剂热反应主要以液相中化学个体间的反应为特点。究其原因，在高温高压的条件下进行合成反应时，水或其他溶剂反应活性提高，物质在溶剂中的物理性质和化学性能也有很大改变，此时反应处于亚临界或超临界条件，有助于具有新颖结构的亚稳态物质生成。高温高压条件能够制备低熔点、高蒸气压且无法在熔体中生成的物质，也能够使高温条件下容易分解的物相在水热/溶剂热所提供的低温条件下结晶。而且低温条件有利于生长缺陷少的完美晶体，也易于控制产物晶体的粒度与形貌。

利用水热/溶剂热环境，可以合成各种各样的具有独特结构的无机功能材料，如二氧化钛纳米管，它是最常见的纳米电池材料，在能源领域(如太阳能电池、锂离子电池、燃料电池)中有重要的应用[69]。在大多数水热法制备二氧化钛纳米管的实验中，移到水热反应釜之前，二氧化钛或它的前驱体一般溶于一定浓度的氢氧化钠水溶液中形成一种混合物，常见的与氢氧化钠溶液混合的前驱体有钛酸丁酯等，在 110～150℃的温度范围内，管状的二氧化钛会由混合物通过 $H_2Ti_3O_7\cdot xH_2O \rightarrow H_2Ti_3O_7 \rightarrow H_2Ti_6O_{13} \rightarrow TiO_2$ 等一系列变化得到，最后，用水、乙醇等溶剂清洗后可得到近乎纯净的二氧化钛纳米管。制备二氧化钛纳米管的方法主要有阳极氧化法、水热法、模板法三种，如图 2.23 所示，Schwank 课题组对上述三种方法的优缺点进行了总结[70]，相较于另外两种方法，水热法具有制备方式简单，易于大规模制备均一形貌的二氧化钛纳米管，易于对纳米管进行改性和制备的二氧化钛纳米管长径比较大等优势；但缺点是反应时间较长，需要高浓度的氢氧化钠溶液和制备的二氧化钛纳米管尺寸不均一。根据这些制备方法和不同的制备条件，人们可以得到不同结构、不同形貌的纳米二氧化钛，在这里，将以水热法制备二氧化钛纳米管、二维硫属化物、一些常见的纳米电池复合材料为例，说明水热法在制备纳米材料中的特点和原理。

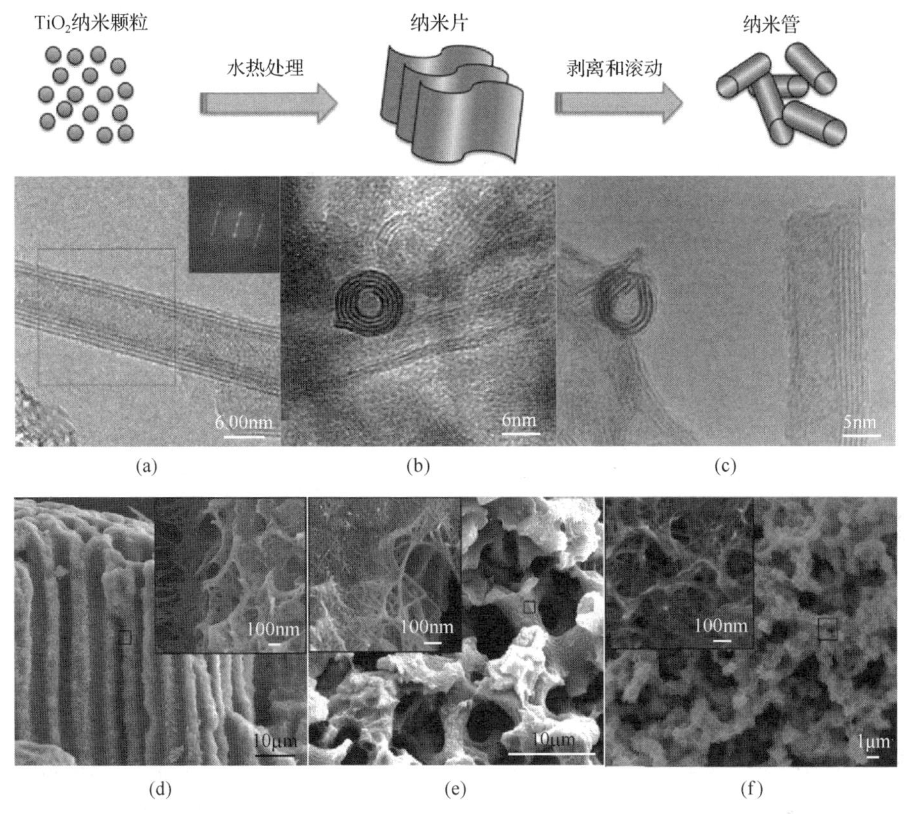


图 2.23　水热法制备 $TiO_2$ 纳米材料的示意图及相关 SEM 图[70]

例如，Piao 等利用水热法这种简单绿色的方法来制备二硫化钼纳米球和纳米片层两种纳米材料，经过电化学测试后发现，纳米球可以获得优异的储锂性能和循环稳定性[71]。之所以能够获得两种不同形貌的二硫化钼，是因为利用了不同的硫化剂，利用 L-半胱氨酸代替了传统的硫脲。在合成过程中，L-半胱氨酸可以与钼离子通过各种官能团形成多肽键而使二者相互作用形成一种复杂的多肽，这种多肽在合成过程中可作为一种合成二硫化钼纳米球的模板来使用，由此形成了二硫化钼的纳米球结构而非传统的纳米片结构。

由上例可以看出，利用水热/溶剂热法合成纳米材料的可控性很强。对于纳米电池材料，开发出的水热/溶剂热合成反应已有多种类型。在纳米电池材料的制备中，石墨类碳材料和无定形碳材料一直是研究者研究的热点。石墨烯、碳纳米管因其具有优异的力学、电学、化学性能而在电池材料领域得到了广泛的应用，除了研究石墨类碳材料本身的性质外，使石墨烯与其他无机物复合来改善一些无机物(包括很多半导体材料)的性质也引起了研究者的极大关注[72-75]。而无定形碳材料可由葡萄糖等有机物通过水热法、高温裂解法等方法进行碳化，原料来源广泛，合成工艺简单，因此，无定形碳材料（也作为纳米电池材料的原料）而得到了广泛的应用。水热法作为一种简单、直接、绿色的合成工艺，在制备这两类复合物过程中得到了广泛的应用。例如，在制备二维硫属化物与石墨类碳材料的复合物时利用水热法将二硫化钼与碳布进行复合，可利用二水合钼酸钠作为制备二硫化钼的前驱体，硫脲作为硫化剂，将碳布直接置于水热反应釜中进行水热反应，在高温高压下，二水合钼酸钠被硫脲硫化形成二硫化钼片层并自组装为三维花状结构，与碳布结合后形成了二硫化钼与碳材料的复合物[76]。利用水热法，以二水合钼酸钠为前驱体、硫脲为硫化剂制备二硫化钼/石墨烯纳米复合物，也可利用水热法将二硫化钨（$WS_2$）与还原氧化石墨烯（RGO）进行杂化[77, 78]。具体的制备工艺是一定浓度的氧化石墨（GO）溶液与二氯化钨（$WCl_2$）、硫代乙酰胺（TTA）混合后装入水热反应釜进行水热反应，在高温高压条件下，氧化石墨的各类含氧官能团得到大量还原，二氯化钨经过硫代乙酰胺硫化转化为二硫化钨，并且二者通过共价键结合，在这个过程中，有少量钨的氧化物残留，没有完全被硫化。这种材料当用于超级电容器时，还原氧化石墨烯增强了复合物的导电性和机械稳定性，而二硫化钨提供了高电容量，使得复合物表现出优异的循环稳定性和高电容量。

2. *模板合成法*

模板合成法是较为简单的新型纳米材料合成方法，是选用具有特定结构的物质作为模板来引导纳米材料的制备与组装，使制备的纳米材料具有与模板同样结构的方法。模板合成法的主要优势是可以可控制备具有一定尺寸、形状的纳米材料，同时解决纳米材料易于团聚，不易分散等问题[79]。在电极纳米材料制备过程中，模板合成法主要有硬模板合成法和软模板合成法两种。下面将通过对硬、软模板的简要介绍和相关实例来说明模板合成法。

硬模板主要是利用模板的内表面或外表面为模板，得到具有特定纳米结构、形貌的纳米颗粒、纳米线、空心球和多孔材料等。经常使用的硬模板包括碳纳米管、二氧化硅模板、聚苯乙烯微球等。在各类用作电池电极的纳米材料中，有很多都是通过模板合成法制备的。常见的模板主要有多孔氧化铝（AAO）和胶体球模板（CCT）两种，其中多孔氧化铝可以制备纳米管、纳米孔、纳米线、纳米颗粒等纳米结构，胶体球模板可以制备纳米线、纳米颗粒、壳状结构等。如上所述，一维纳米结构能够有效地提高电荷转移能力、减小体积膨胀、缓解内应力，并使材料具有较高的比表面积。空心结构、核壳结构、三维结构均对纳米材料的功能有所改性，更有利于纳米材料在电池材料应用中性能的提高。例如，$SnO_2$是锂/钠离子电池中常见的转换型负极材料，在与锂/钠离子发生的电化学反应中，$SnO_2$先与锂/钠离子反应生成 Sn 和 $Li_2O$/$Na_2O$，随后 Sn 与锂/钠离子发生合金化反应，生成

$Li_xSn/Na_xSn$。因为生成了 $Li_2O$ 这种导电性较差但结构稳定性较好的物质，因此 $SnO_2$ 与 Sn 相比，在锂/钠离子电池的负极材料应用中具有比较好的循环稳定性，引起了研究人员的广泛兴趣。利用介孔二氧化硅为模板进行 $SnO_2$ 多孔纳米球的制备也是制备特殊 $SnO_2$ 纳米结构的常见方法[80]，利用金属盐溶液（$SnCl_2 \cdot 2H_2O$，熔点约为37℃）为前驱体，在 100℃以下进行反应，使金属盐溶液能够扩散到二氧化硅的介孔壳中，在模板外的前驱体溶剂能够通过后续的清洗过程很容易地去除掉，然后通过可控的热处理（700℃）步骤，使金属盐原位地变为金属氧化物，在介孔二氧化硅内表面形成壳层，得到 $SnO_2$-$SiO_2$ 双壳层空心结构，最后用氢氟酸对复合物进行酸刻蚀，得到空心多孔 $SnO_2$ 纳米球。

多孔碳（包含介孔和微孔）在电化学电池器件领域已经逐渐引起越来越多研究者的关注。在锂离子电池中已经得到商业化应用的石墨烯，其理论比容量较低，只有 372mA·h/g，因此人们将关注的目光放在了多孔碳材料上。根据结构进行分类，多孔碳材料几乎囊括了所有的特殊纳米结构，如纳米纤维、纳米管、纳米片、纳米微球等，多孔碳也在多个电池材料领域有着重要的应用，如锂-空气电池、钠离子电池等。多孔碳的制备方法也是多种多样，如模板法、高温热解法、静电纺丝-碳化法等。Akiyama 等以 MgO 为硬模板制备多孔碳材料的多孔结构[81]。为形成 MgO 硬模板，将一定物质的量的硝酸镁溶于去离子水中，商业用的脱脂棉为碳材料的前驱体，利用脱脂棉的吸水性，使其吸收硝酸镁溶液，随后进行干燥，最后将干燥后的脱脂棉在管式炉中碳化，利用稀盐酸、去离子水、乙醇进行清洗，干燥后可以得到纯净的多孔碳。总体来说，这种方法比较可控，通过调节硝酸镁的浓度，可以调节形成的模板数量，从而调节多孔碳的比表面积、孔径分布、孔隙率等结构参数。而由硝酸镁经过热处理后形成氧化镁颗粒，最终由稀盐酸去除后，即可形成无序的、大小不均一的介孔或大孔结构，这是形成的氧化膜颗粒粒径不均一造成的。在碳化过程中，脱脂棉中的由硝酸镁溶液最终变为氧化镁后残余的水分子将随着碳化温度的升高而逐渐从碳结构中脱出，与碳材料本身的缺陷一起形成了大量微孔结构。这类硬模板合成法也是十分常见的形成空心结构、多孔结构的方法。

在纳米电池材料中，利用碳材料作为模板制备纳米电池材料的研究也在近年来逐渐成为热点。碳材料由于具有优异的力学、电学、化学性能，同时具有人们所希望的特殊纳米结构，因此以碳材料作为模板合成纳米电池材料已经得到了广泛的研究和深入的讨论。在 Kyotani 等的综述中，对模板碳材料做了详尽的了解[82]。如图 2.24 所示，利用阳极氧化铝是合成碳纳米管最常见的方法之一。阳极氧化铝在过去的研究中已经可以做到在长度为 0.1～70μm、宽度为 20～200nm 可控合成。在阳极氧化铝上利用化学气相沉积包裹一层有机聚合物，通过碳化使其转变为碳材料，最后利用酸刻蚀去除氧化铝，即可得到形貌结构可控的碳纳米管，而碳纳米管是否为空心结构也可以通过碳包覆过程进行控制。与阳极氧化铝同理，在沸石、介孔二氧化硅、碳酸钙等材料上包覆一层碳材料，去掉这些材料后即可制备有序或无序的介孔结构。而对于纳米电池材料来说，制备出的模板碳一般具有四个优势：①能够形成独特、均一、有序的一维、二维、三维或异质结构；②随着客体分子的引入，材料具有优异的多孔性；③材料具有高比表面积；④碳材料易于进行异质原子掺杂。这些优势在纳米电池材料中具有重要意义，例如，独特的纳米结构通常极大地影响着电池材料的导电性、传质特性和结构稳定性等性能；异质原子掺杂改变了电极材料的导电性和与电解液的润湿性；多孔性极大地影响着离子的传质特性等[83,84]。而当需要将这些模板用于电池材料的特殊纳米结构构建时，一般需要先对其进行表面改性使其具备一定的化学活性，再进行纳米电池材料的进一步制备。而当其他材料用作纳米电池材料的模板时，一般也可以形成独特的、人们所希望的纳米结构，相比于块体材料或易于团聚的纳米颗粒，一般也具有比较高的比表面积。模板合成法作为一种常见的方法，用于纳米电池材料的制备，更有利于纳米电池材料的改性和电化学性能的提高。

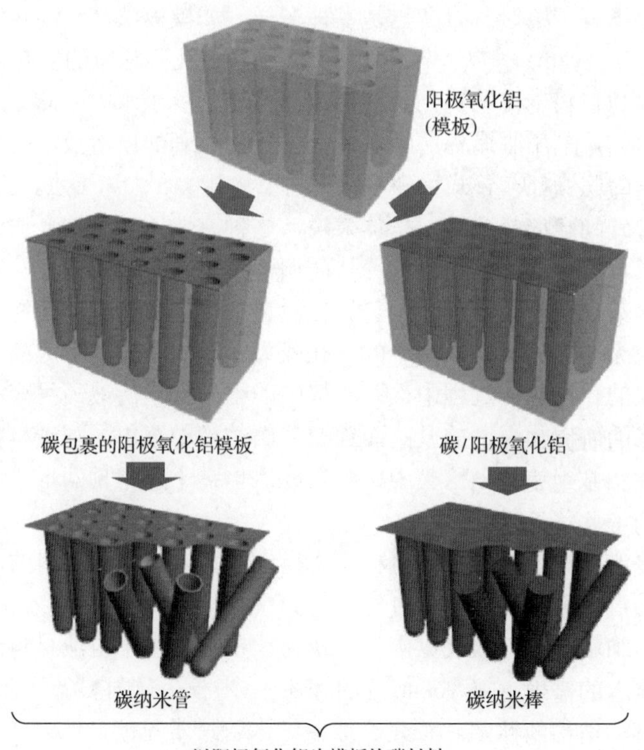


图 2.24　以阳极氧化铝为模板制备碳材料[82]

软模板通常是两亲性分子形成的有序聚集体，在电极材料的制备过程中，应用的软模板主要有胶束、微乳液等，这些模板分别通过控制有序结构的界面及亲水、亲油区域来控制纳米材料的结构、尺寸和形状。

在前面已经对胶束有了详细的介绍。作为另外一种常用的软模板，微乳液与胶束类似，是由表面活性剂、助表面活性剂、油、水或盐水等组分在合适配比下自发形成的具有热力学稳定性、均一、透明、各向同性、低黏度的分散体系[85,86]。其具有能够制备形貌均一纳米结构能力的原理与胶束类似。

3. 溶胶-凝胶法

溶胶-凝胶法是近年来制备有机-无机杂化材料的重要方法之一。通过溶胶-凝胶法制备的杂化材料一般具备有机/无机材料的优点。

溶胶-凝胶法是一种在较低的温度下制备杂化材料的化学方法，它一般是以具有高化学活性组分的化合物为前驱体，通过水解等缩合反应，在共溶剂、催化剂、溶剂的共同作用下，先在溶液中形成均一、稳定、透明的溶胶体系，溶胶经过陈化作用，缓慢聚合，形成凝胶三维网络，这种三维网络中一般包含水等溶剂，但这些溶剂已经失去了流动性。经过后续的干燥处理后，杂化材料中的水等溶剂不断失去，最终使材料不仅具有三维结构，还具有多孔性等结构特性。

溶胶-凝胶法具有很强的可控性。在大多数情况下，通过延长反应时间，颗粒的粒径便随之增大；反应温度越高，颗粒粒径越小，但单分散性也变差；随着水与前驱体的比例增加，颗粒均一性变好；前驱体的浓度越高，颗粒粒径越大。

作为制备纳米电池材料的常见方法，溶胶-凝胶法因为避免了大多数化学法中需要高温等苛刻条件而得到了广泛应用。利用溶胶-凝胶法制备纳米电池材料的例子有很多，二氧化钛是一种应用最广泛的半导体光催化剂，并且在离子电池等领域得到了广泛的研究和应用[87]。在这里，将主要以溶胶-凝胶法制备二氧化钛纳米颗粒为例，介绍其主要特点。如上所述，当材料纳米化后，会显示出和其块体材料截然不同的一些特性，如相对于内部原子，纳米材料中处在表面的原子增多；具有更高的表面能；更高的比表面积；更短的波长（更高的频率，具有更高的能量）等。而对于二氧化钛来说，它的电化学性能极大地受晶粒大小、比表面积、相结构、掺杂状态和浓度等因素所影响。溶胶-凝胶法作为一种简单绿色的合成方法，可以根据研究者的需求去合成符合人们需要的二氧化钛纳米分子。对于二氧化钛纳米分子形貌和结构的控制已经在近年来得到了广泛而深入的研究，应用的方法除了上述的一定温度下利用具有高化学反应活性的前驱体溶液外还有很多，例如，Suslick 等利用高温下的超声辅助方法来改变二氧化钛颗粒的形貌[88]。

## 2.3.2 物理法制备纳米电池材料

### 1. 物理气相沉积

物理气相沉积主要分为溅射、真空蒸镀、离子镀三类，在制备电池材料方面，应用较多的是溅射，因此本节主要介绍溅射的相关知识。

用高速离子轰击固体表面使固体中近表面的原子(或分子)从固体表面逸出，这种现象称为溅射。溅射是指具有足够高能量的粒子轰击固体表面使其中的原子发射出来。溅射与蒸发有本质的区别，溅射的原理是轰击粒子与靶粒子之间的动量传递，而蒸发时分子或原子之间不会发生碰撞；蒸发过程中生长表面没有活性，而溅射时由于生长表面受到电子轰击而保持着高能量、高活性状态。溅射主要有直流溅射、射频溅射、磁控溅射三种。下面将对这三种溅射的原理做简要介绍。

射频主要发生在溅射室内，作为电极的靶材通过与高能离子的相互作用被轰击出来，随后经过辉光放电区沉积到另一个电极的基体表面。各类溅射的原理基本相同，对于直流溅射，将一种惰性气体(常用气体是氩气)以一定气压[1～100mtorr(1torr=1.33322×$10^2$Pa)]引入到系统中，引发和维持整个放电过程，而直流电压(场强一般在每厘米几千伏特)起到在电极间引燃电弧并使电弧持续产生和自由离子加速的作用。加速后的离子使氩气电离，这时氩气的浓度十分重要，浓度太低电子不会与氩原子发生碰撞而是直接撞击到阳极上，但如果氩气的浓度太高，电子的撞击就无法使氩原子获得足够的能量而发生电离。射频溅射与直流溅射的行为类似，区别是射频的交流电源正负性发生周期交替，当溅射处于正半周时，电子流向靶面，中和其表面积累的正电荷，并且积累电子，使其表面呈现负偏压，在射频电压的负半周期吸引正离子轰击靶材，从而实现溅射。而磁控溅射是电子在电场的作用下加速飞向基片的过程中与氩原子发生碰撞，电离出大量的氩离子和二次电子，产生的二次电子会受到电场和磁场共同作用，产生类似于摆线的运动轨迹，而这样就增加了在靶材表面附近对氩气的电离，更多的氩离子轰击靶材，提高了沉积速率，同时也消耗了二次电子的能量，使得基板的温度不会快速升高。总体来说，溅射的优点主要是可在低气压下进行，溅射速率高；不仅可溅射金属靶，也可溅射绝缘靶。如图 2.25 所示，Cho 课题组利用磁控溅射法在铜箔上溅射一层导电性较差的硅原子，并将其应用于柔性锂离子电池电极材料中[89]。作为理论比容量仅次于金属锂的负极材料，硅材料具有高达 4200mA·h/g 的理论比容量，但在锂化过程中硅的体积膨胀也极为明显，造成了电极材料容量的快速下降。而磁控溅射法制备纳米硅材料可通过单个硅原子的沉积有效防止硅材料的团聚，同时以铜箔为模板增加电极材料的柔性，制备过程简单高效。当用于锂离子柔性电极时，循环 30 次后比容量仍然超过 2000mA·h/g，使硅纳米材料具有高比容量的同时具有优异的循环稳定性。

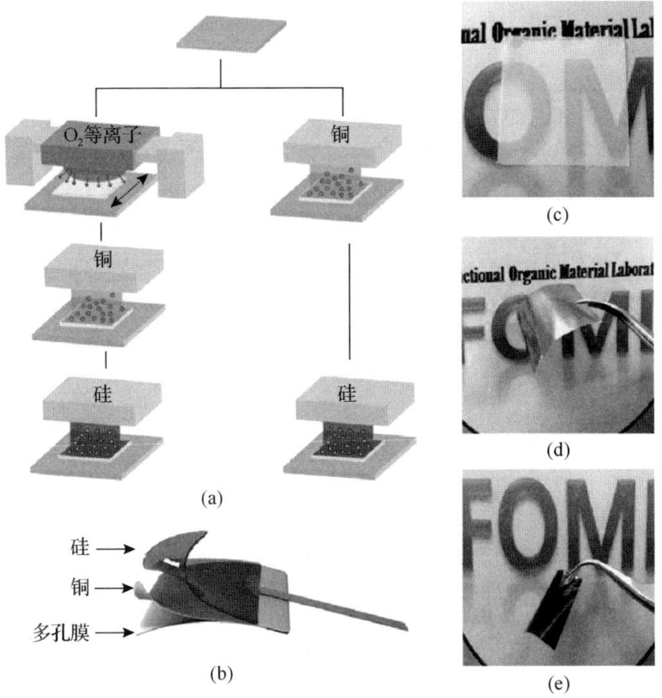


图 2.25　磁控溅射法在铜箔上溅射硅原子[89]

2. 电弧等离子体蒸发法

如图 2.26 所示，电弧等离子体制备纳米粉系统主要由制粉系统、循环气体系统、收粉系统、真空系统四部分组成。在制粉系统内，活性气氛(如氢气)通过高频、短路等方式被电离成高温等离子，并定向蒸发目标靶材，经过蒸发、形核、冷凝等过程最终在生成室的壁上形成纳米颗粒粉体。循环气体系统不仅可以为制粉室提供气体，还可以回收冷却后的气体，有效减少气体使用量，降低成本。收粉系统的作用是将冷却后的纳米金属粉末进行分级和收集。真空系统的作用是为整套设备提供高真空度以避免纳米粉与空气发生副反应。电弧等离子体技术可以制备多元金属、半导体纳米颗粒及复合纳米颗粒，可控性强，制备的材料纯度高，粒径分布均匀，制备速度快，易于获得多种形貌、不同杂原子掺杂的复合材料。等离子体作用后出现纳米颗粒的现象最初是由美国学者在 20 世纪 50 年代注意到并提出的，而宇田雅広等从 20 世纪 80 年代起，系统地对其进行了大量研究工作。总体来说，电弧等离子体技术在近年来不断得到改进和完善，应用领域也不断地扩展[90]。

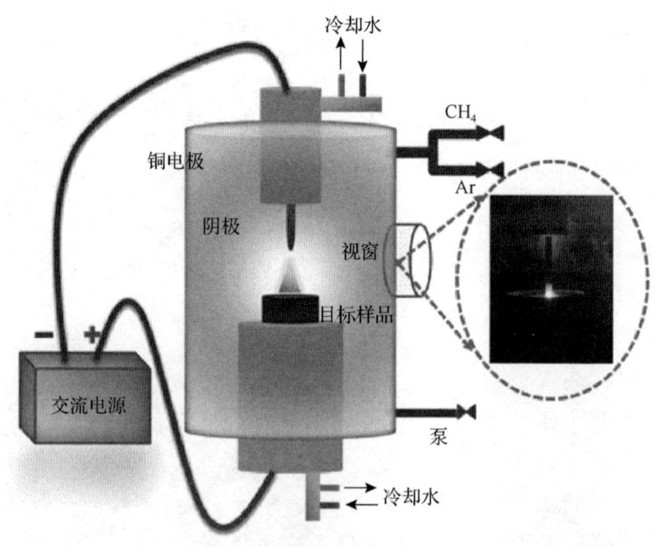


图 2.26　电弧等离子体制备纳米粉系统示意图

在电弧等离子体蒸发法中，金属纳米颗粒除了金属的加热引起直接热蒸发而形成外，更重要的是在氢气等不同活性气体产生的等离子体作用下而形成的，这种作用使纳米颗粒的合成速度提高十倍乃至数十倍。在等离子体状态下，氢气分解成氢原子或离子，可大量溶入熔融金属中，理论估算为气态状态下的 105～108 倍，当氢原子或离子进入熔融金属后温度迅速降低到 1500℃左右，氢原子的固溶达到过度饱和，从而结合成氢分子。当氢分子浓度进一步增加达到饱和时就会形成氢气气泡，此时金属原子也会蒸发到气泡中形成金属蒸气，由于此时的蒸发面积大、压力小，所以会有大量金属蒸气形成，当气泡长大到一定程度就会离开熔融金属，将金属蒸气带出，金属气体离开等离子体区冷却后就会形成纳米颗粒。氢气起着一种不被消耗的催化剂作用。为防止直接暴露在空气中发生自燃，纳米颗粒应在反应室中进行钝化处理。反应室中通入少量空气，静置 3h 以上，最终得到的金属纳米颗粒具有核壳结构，表面为相应的同质金属氧化物壳层。Huang 等以直流电弧等离子体蒸发法制备碳包覆铁基化合物纳米颗粒，通过后续的化学改性(氮化和硫化等)制备 $Fe_3N$ 与碳材料的复合物并用于锂离子电池中[91]。制备碳包覆 $Fe_3N$ 纳米颗粒的方法是在甲烷、氢气和氩气混合气氛中蒸发铁块，随后在含有氨气的环境中进行热处理，通过调节反应时间和反应温度，最终得到碳包覆 $Fe_3N$ 核壳型纳米颗粒。通过直流电弧等离子体蒸发法制备的碳包覆 $Fe_3N$ 制备的纳米复合材料具有球形形貌，粒径尺寸均一，在后续的电化学测试中，碳包覆 $Fe_3N$ 纳米颗粒表现出优异的储锂性能，首次充放电比容量分别为 545mA · h/g、675.8mA · h/g，经过 500 次循环后，其比容量仍保持在 385mA · h/g，第一性原理及放电后 XRD 测试结果均证实了 $Fe_3N$ 的放电产物为 Fe 和 $Li_3N$。通过与碳材料的复合和特殊的碳包覆纳米结构，锂离子电池电极材料能量密度低、循环稳定性差的关键问题得到了解决。

3. 高能球磨法

在电池电极材料制备过程中，高能球磨法是合成粉体的重要途径。相比于传统方法，该方法所需要的反应温度低、制备出的粉体量大、粉体粒径分布均匀，在合成粉体中起到了重要作用[92]。

无论是固相法、液相法还是气相法，为了使新物质(超细功能粉体)生成，高温处理导致化学键变化是最常见的材料制备方法。这些方法在粉体合成方面得到了广泛应用，但存在着各自的不足。物理法制得的超细颗粒粒径易控，但成本较高；化学法成本低、条件简单、粒子大小可控，但量产困难。高能球磨法将物理法和化学法结合，可以改善上述缺陷。其基本原理是通过球磨机的转动或振动使球对原料进行强烈的撞击、研磨和搅拌，晶体物质在这种机械力作用下，化学活性增强，使其在较低的温度下也能进行化学反应。从化学反应原理的角度来说，粉末原子的表面在球磨过程中会产生一系列的键断裂，晶格产生缺陷，随着球磨的进行，缺陷不断扩大化，最终把金属或合金粉末粉碎为纳米级微粒[93]。

高能球磨法所需设备少、工艺简单，主要影响因素有：①球料比。一般来说，球的数量越少，效率越低，但如果球过多，球与球之间的撞击受阻，击碎效果则较差。②分散剂添加量。在球磨过程中，存在一个最佳的分散剂使用量，当分散剂在这个范围之内时，可以有效地抑制粉体颗粒的集聚，达到最好的球磨效果。③搅拌轴转速。转速越高，带给球磨物质的能量越高，但也会使球磨系统温度升高过快。④球磨介质。关于球磨介质，主要需要考虑的是避免对样品的污染，防止与样品发生化学反应。⑤球磨时间。球磨时间对产物的组分、纯度和产物的粒径尺寸有直接的影响。

高能球磨法的原理可以概述为在机械力的作用下使原材料的结构、物理化学性质发生变化。近期高能球磨法已经在多种材料的合成等科研工作中取得了一定的成果，并且在新材料、纳米材料等领域得到了广泛应用，尤其是制备纳米复合材料。由高能球磨法制备的球磨粉体中会有部分机械能，可有效地防止粉体聚集，使不同组分的材料均匀分散，所以很适合制备复合材料，生成均一分散的复合结构。在离子电池的实际应用中，Sn 基材料是锂离子电池中得到广泛研究的一种材料，Sn 与锂离子通过合金反应机理进行电化学储能，其主要优势在于嵌锂电势较低，高理论比容量(1494mA·h/g，约为石墨烯理论比容量的 4 倍)，每个 Sn 原子能够与 4.4 个锂离子结合，但 Sn 基材料在嵌入/脱出锂离子过程中，电极材料会发生较大的体积变化(约 300%)，导致了材料粉化，与集流体失去电接触，活性材料的快速损失，比容量的快速下降。因此，如何防止 Sn 基材料比容量的快速下降是其研究的重中之重，减小晶粒尺寸是解决 Sn 基材料体积膨胀最常见的方式。减小晶粒尺寸，可以使 Sn 基材料容纳更大的因为嵌入/脱出锂离子所产生的严重的内应力。而 Sn-Ti、Sn-Ni、Sn-C-Al、Sn-Fe/C 等合金材料引起了人们的兴趣，这些金属或碳可以有效地防止 Sn 的体积膨胀，增加其循环稳定性，增加多次循环后 Sn 基材料的比容量。高能球墨法是合成纳米结构复合物的一种非常有效的方法，因操作简单、成本低可以应用于电极材料的大规模制备中。Zhu 等利用商业上成本较低的 Fe、Mn 和 Co 等过渡金属通过高能球磨法稳定纳米 $SnO_2$，在纳米 $SnO_2$ 与锂离子反应生成 Sn 和 $Li_2O$，Sn 与锂离子反应易于产生严重的体积膨胀时，这些过渡金属能起到导电和保持复合材料结构稳定性的作用，是一种解决金属氧化物在用于电池电极材料时易于发生体积膨胀这类问题的重要方法。这种方法简单、成本较低、易于大规模生产。在电化学测试中，这种合金用作锂离子电池负极材料时，在 2A/g 电流密度下循环 1300 次后，比容量约稳定在 800mA·h/g，说明 Sn 材料的循环稳定性通过合金化和高能球磨法得到了提升[94]。

## 参 考 文 献

[1] Haynes C L, van Duyne R P. Nanosphere lithography: a versatile nanofabrication tool for studies of size-dependent nanoparticle optics. J Phys Chem B, 2001, 105(24): 5599-5611.

[2] Balazs A C, Emrick T, Russell T P. Nanoparticle polymer composites: where two small worlds meet. Science, 2006, 314(5802): 1107-1110.

[3] Jörg Schuster, He G, Mandlmeier B, et al. Spherical ordered mesoporous carbon nanoparticles with high porosity for lithium-sulfur batteries. Angew Chem Int Ed, 2012, 51(15): 3591-3595.

[4] Yu X Y, Yu L, Shen L, et al. General formation of MS(M = Ni, Cu, Mn) box-in-box hollow structures with enhanced pseudocapacitive properties. Adv Funct Mater, 2014, 24(47):7440-7446.

[5] Wang Y, Shi Z Q, Huang Y, et al. Supercapacitor devices based on graphene materials. J Phys Chem C, 2009, 113(30): 13103-13107.

[6] Liu C G, Yu Z N, Neff D, et al. Graphene-based supercapacitor with an ultrahigh energy density. Nano Lett, 2010, 10(12): 4863-4868.

[7] Geim A K, Novoselov K S. The rise of graphene. Nat Mater, 2007, 6(3):183-191.

[8] Xie K, Qin X, Wang X, et al. Carbon nanocages as supercapacitor electrode materials. Adv Mater, 2012, 24(3): 347-352.

[9] Werner S, Arthur F, Ernst B. Controlled growth of monodisperse silica spheres in the micron size range. J Colloid Interface Sci, 1968, 26: 62-69.

[10] Zhou W, Zhu J, Cheng C, et al. A general strategy toward graphene@metaloxidecore-shell nanostructures for high-performance lithium storage. Energy Environ Sci, 2011, 4: 4954-4961.

[11] Thostenson E T, Ren Z, Chou T, et al. Advances in the science and technology of carbon nanotubes and their composites: a review. Comp Sci Tech, 2001, 61(13): 1899-1912.

[12] Iijima S, Ichihashi T. Single-shell carbon nanotubes of 1- nm diameter. Nature, 1993, 363(6430): 603-605.

[13] Iijima S. Helical microtubules of graphitic carbon. Nature, 1991, 354(6348): 56-58.

[14] Thess A, Lee R, Ikolaev P N, et al. Crystalline ropes of metallic carbon nanotubes. Science, 1996, 273: 483-487.

[15] Dresselhaus M S. Future directions in carbon science. Annu Rec Mater Sci, 1997, 27: 1-34.

[16] Dresselhaus M S, Dresselhaus G, Saito R. Physics of carbon nanotubes. Carbon, 1995, 33: 833-891.

[17] Dresselhaus M S, Dresselhaus G, Jorio A. Raman spectroscopy of carbon nanotubes in 1997 and 2007. J Phys Chem C, 2007, 111(48): 17887-17893.

[18] Suzuki S, Hibino H. Characterization of doped single-wall carbon nanotubes by Raman spectroscopy. Carbon, 2011, 49(7): 2264-2272.

[19] Ajayan P M, Ebbesen T W, Ichihashi T. Opening carbon nanotubes with oxygen and implications for filling. Nature, 1993, 362(6420): 522-525.

[20] Tsang S C, Harris P J F, Green M L H. Using carbon dioxide. Nature, 1993, 362(6420): 520-522.

[21] Baughman R H. Carbon nanotubes—the route toward applications. Science, 2002, 297(5582): 787-792.

[22] de Volder M F L, Tawfick S H, Baughman R H. Carbon nanotubes: present and future commercial applications. Science, 2013, 339(6119): 535-539.

[23] Novoselov K S. Electric field effect in atomically thin carbon films. Science, 2004, 306(5696): 666-669.

[24] Neto A H C, Guinea F, Peres N M R. The electronic properties of graphene. Rev Mod Phys, 2009, 81: 109-162.

[25] Thompson B C, Fréchet J M J. Polymer-fullerene composite solar cells. Angew Chem Int Ed, 2008, 47(1): 58-77.

[26] Dreyer D R, Park S, Bielawski C W, et al. The chemistry of graphene oxide. Chem Soc Rev, 2009, 39(1): 228-240.

[27] Lerf A, He H, Forster M, et al. Structure of graphite oxide revisited. J Phys Chem B, 1998, 102(23): 4477-4482.

[28] Hummers W S, Offeman R E. Preparation of graphitic oxide. J Am Chem Soc, 1958, 80: 1339.

[29] Bai H, Li C, Shi G. Functional composite materials based on chemically converted graphene. Adv Mater, 2011, 23(9): 1088.

[30] Kim K S, Zhao Y, Jang H, et al. Large-scale pattern growth of graphene films for stretchable transparent electrodes. Nature, 2009, 457: 706-710.

[31] Yang H, Li Z, Lu B, et al. Reconstruction of inherent graphene oxide liquid crystals for large-scale fabrication of structure-intact graphene aerogel bulk toward practical applications. ACS Nano, 2018, 12(11): 11407-11416.

[32] Radisavljevic B, Radenovic A, Brivio J, et al. Single-layer $MoS_2$ transistors. Nat Nanotechnol, 2011, 6(3): 147-150.

[33] Ataca C, Hahin, H, Ciraci S. Stable, single-layer $MX_2$ transition-Metal oxides and dichalcogenides in a honeycomb-Like structure. J Phys Chem C, 2012, 116(16): 8983-8999.

[34] Beck J S, Vartuli J C, Roth W J, et al. A new family of mesoporous molecular sieves prepared with liquid crystal templates. J Am Chem Soc, 1992, 114(27): 10834-10843.

[35] Zheng F, Bao S. Hierarchically structured porous materials for energy conversion and storage. Adv Funct Mater, 2012, 22(22): 4634-4667.

[36] Chen M, Zhang Y, Xing L, et al. Morphology-conserved transformations of metal-based precursors to hierarchically porous micro-/nanostructures for electrochemical energy conversion and storage. Adv Mater, 2017, 29(48): 1607015.

[37] Antink W H, Choi Y, Seong K D, et al. Recent progress in porous graphene and reduced graphene oxide-based nanomaterials for electrochemical energy storage devices. Adv Mater Interfaces, 2017, 5(5): 1701212.

[38] Zhao D Y, Huo Q S, Feng J L, et al. Nonionic triblock, star diblock copolymer oligomeric surfactant syntheses of highly ordered, hydrothermally stable, mesoporous silica structures. J Am Chem Soc, 1998, 120(24): 6024-6036.

[39] Martinek K, Levashov A V, Klyachko N, et al. Micellar enzymology. Eur J Biochem, 1986, 155(3): 453.

[40] Torchilin V P. Micellar nanocarriers: pharmaceutical perspectives. Pharm Res, 2007, 24(1): 1-16.

[41] Lu A H, Schüth F. Nanocasting: a versatile strategy for creating nanostructured porous materials. Adv Mater, 2010, 18(14): 1793-1805.

[42] Férey G. Hybrid porous solids: past, present, future. Chem Soc Rev, 2008, 37(1): 191-214.

[43] Kitagawa S, Kitaura R, Noro S. Functional porous coordination polymers. Angew Chem Int Ed, 2004, 43: 2334-2375.

[44] Elliott T, Plank T, Zindler A, et al. Element transport from slab to volcanic front at the Mariana arc. J Geophys Res, 1997, 102(B7): 14991.

[45] Qie L, Chen W M, Wang Z H, et al. Nitrogen-doped porous carbon nanofiber webs as anodes for lithium ion batteries with a superhigh capacity and rate capability. Adv Mater, 2012, 24(15): 2047-2050.

[46] Lauhon L J, Gudiksen M S, Wang D, et al. Epitaxial core-shell and core-multishell nanowire heterostructures. Nature, 2002, 420(6911): 57-61.

[47] Sun X, Li Y. Colloidal carbon spheres and their core/shell structures with noble-metal nanoparticles. Angew Chem Int Ed, 2004, 43(5): 597-601.

[48] Su L, Jing Y, Zhou Z, et al. Li ion battery materials with core-shell nanostructures. Nanoscale, 2011, 3(10): 3967-3983.

[49] Reiss P, Protière M, Li L. Core/shell semiconductor nanocrystals. Small, 2010, 5(2): 154-168.

[50] Chaudhuri R G, Paria S. Core/shell nanoparticles: classes, properties, synthesis mechanisms, characterization, and applications. Chem Rev, 2012, 112(4): 2373-2433.

[51] Wang F, Deng R B, Wang J, et al. Tuning upconversion through energy migration in core-shell nanoparticels. Nat Mater, 2011, 10: 968-973.

[52] Niell P. El templete and cuban neoclassicism: a multivalent signifier as site of memory. Bulletin of Latin American Research, 2011, 30(3): 344-365.

[53] Wu H, Yu G, Pan L, et al. Stable Li-ion battery anodes by in-situ polymerization of conducting hydrogel to conformally coat silicon nanoparticles. Nat Commun, 2013, 4: 1943.

[54] Caruso F. Nanoengineering of inorganic and hybrid hollow spheres by colloidal templating. Science, 1998, 282(5391): 1111-1114.

[55] Lou X W, Archer L A, Yang Z. Hollow micro-/nanostructures: synthesis and applications. Adv Mater, 2008, 20(21): 3987-4019.

[56] Madian M, Eychmüller A, Giebeler L. Current advances in $TiO_2$-based nanostructure electrodes for high performance lithium ion batteries. Batteries, 2018, 7: 36.

[57] Wang M, Ioccozi J, Sun L, et al. Inorganic-modified semiconductor $TiO_2$ nanotubearrays for photocatalysis. Energy Environ Sci, 2014, 7: 2182-2202.

[58] Galstyan V, Comini E, Faglia G, et al. $TiO_2$ nanotubes: recent advances in synthesis and gas sensing properties. Sensors, 2013, 13(11): 14813-14838.

[59] Guo D C, Han F, Lu A H. Porous carbon anodes for a high capacity lithium-ion battery obtained by incorporating silica into benzoxazine during polymerization. Chem Eur J, 2015, 21(4): 1520-1525.

[60] Williams R, Yocom P M, Stofko F S. Preparation and properties of spherical zinc sulfide particles. J Colloid Interface Sci, 1985, 106: 388-398.

[61] Xia Y, Xiong Y, Lim B, et al. Shape-controlled synthesis of metal nanocrystals: simple chemistry meets complex physics. Anqew Chem Int Ed, 2009, 48(1): 335-344.

[62] 唐爱利. 晶体生长行为的实验研究. 广州: 华南理工大学, 2014.

[63] Manna L, Scher E C, Alivisatos A P. Synthesis of soluble and processable rod-, arrow-, teardrop-, and tetrapod-shaped CdSe nanocrystals. J Am Chem Soc, 2000, 122: 12700-12706.

[64] Trentler T J, Goel S C, Hickman K M, et al. Solution-liquid-solid growth of indium phosphide fibers from organometallic precursors: elucidation of molecular and nonmolecular components of the pathway. J Am Chem Soc, 1997, 119: 2172-2181.

[65] Zeng H C. Synthetic architecture of interior space for inorganic nanostructures. J Mater Chem, 2006, 16: 649-662.

[66] Penn R L, Banfield J F. Morphology development and crystal growth in nanocrystalline aggregates under hydrothermal conditions: insights from titania. Geochim Cosmochim Acta, 1999, 63: 1549-1553.

[67] Li D, Müller M B, Gilje S, et al. Processable aqueous dispersions of graphene nanosheets. Nat Nanotechnol, 2008, 3(2): 101-105.

[68] Stankovich S, Dikin D A, Dommett G, et al. Graphene-based composite materials. Nature, 2006, 442(2): 282.

[69] Williams G, Seger B, Kamat P V. $TiO_2$-graphene nanocomposites. UV-assisted photocatalytic reduction of graphene oxide. ACS Nano, 2008, 2(7): 1487-1491.

[70] Lin N, Chen X Y, Zhang J L, et al. A review on $TiO_2$-based nanotubes synthesized via hydrothermal method: formation mechanism, structure modification, and photocatalytic applications. Catalysis Today, 2014, 225: 34-51.

[71] Park S K, Yu S H, Woo S, et al. A facile and green strategy for the synthesis of $MoS_2$ nanospheres with excellent Li-ion storage properties. Cryst Eng Comm, 2012, 14(24): 8323.

[72] Baughman R H, Zakhidov A A, Heer W A. Carbon nanotubes—the route toward applications. Science, 2002, 297(5582): 787-792.

[73] Treacy M M J, Ebbesen T W, Gibson J M. Exceptionally high Young's modulus observed for individual carbon nanotubes. Nature, 1996, 381(6584): 678-680.

[74] Kausar A, Rafique I, Muhammad B. Electromagnetic interference shielding of polymer/nanodiamond, polymer/carbon nanotube, and polymer/nanodiamond-carbon nanotube nanobifiller composite: a review. Journal of Macromolecular Science: Part D- Reviews in Polymer Processing, 2017, 56(4): 17.

[75] Ichikawa T,Hanada N, Isobe S, et al. Composite materials based on light elements for hydrogen storage. Mater Transactions, 2005, 46(1): 16.

[76] Ren W, Zhou W, Zhang H, et al. ALD $TiO_2$-coated flower-like $MoS_2$ nanosheets on carbon cloth as sodium ion battery anode with enhanced cycling stability and rate capability. ACS Appl Mater Interface, 2017, 9(1): 487-495.

[77] Chang K, Chen W, Ma L, et al. Graphene-like $MoS_2$/amorphous carbon composites with high capacity and excellent stability as anode materials for lithium ion batteries. J Mater Chem, 2011, 21(17): 6251-6257.

[78] Ratha S, Rout C S. Supercapacitor electrodes based on layered tungsten disulfide-reduced graphene oxide hybrids synthesized by a facile hydrothermal method. ACS Appl Mater Interfaces, 2013, 5(21): 11427-11433.

[79] Kim H, Lah M S. Templated and template-free fabrication strategies for zero-dimensional hollow MOF superstructures. Dalton Trans, 2017, 46: 6146-6158.

[80] Ding S, Chen J S, Qi G, et al. Formation of $SnO_2$ hollow nanospheres inside mesoporous silica nanoreactors. J Am Chem Soc, 2011, 133: 21-23.

[81] Zhu C, Akiyama T. Cotton derived porous carbon via an MgO template method for high performance lithium ion battery anode. Green Chem, 2016, 18: 2106-2114.

[82] Nishihara H, Kyotani T. Templated nanocarbons for energy storage. Adv Mater, 2012, 24(33): 4473-4498.

[83] Chandula W K, Ayoko G A, Cheng Y. Effects of heteroatom doping on the performance of graphene in sodium-ion batteries: a density functional theory investigation. Carbon, 2018, 140: 276-285.

[84] Hu C, Liu D, Xiao Y, et al. Functionalization of graphene materials by heteroatom-doping for energy conversion and storage. Progress Nat Sci Mater Int, 2018, 2 (28): 121-132.

[85] Chuenchom L, Kraehnert R, Smarsly B M. Recent progress in soft-templating of porous carbon materials. Soft Matter, 2012, 8 (42): 10801.

[86] Ajami D, Liu L, Rebek J. Soft templates in encapsulation complexes. Chem Soc Rev, 2015, 44 (2): 490-499.

[87] Suslick KS. Sonochemistry. Science, 1990, 247: 1439-1445.

[88] Macwan D P, Dave P N, Chaturvedi S. A review on nano-$TiO_2$ sol-gel type syntheses and its applications. J Mater Sci, 2011, 46 (11): 3669-3686.

[89] Jae Yong C, Dong J L, Yong M L, et al. Silicon nanofibrils on a flexible current collector for bendable lithium-ion battery anodes. Adv Funct Mater, 2013, 23: 2108-2114.

[90] Walsh F C, Low C T J, Wood R J K, et al. Plasma electrolytic oxidation (PEO) for production of anodised coatings on lightweight metal (Al, Mg, Ti) alloys. Transactions of the IMF, 2009, 87 (3): 122-135.

[91] Huang H, Gao S, Wu A M, et al. $Fe_3N$ constrained inside C nanocages as an anode for Li-ion batteries through post-synthesis nitridation. Nano Energy, 2017, 31: 74-83.

[92] Suryanarayana C. Mechanical alloying and milling. Prog Mater Sci, 2006, 46 (1-2): 1-184.

[93] Taghreed E S, Asmaa A, Mohamed E A, et al. Ball milling promoted N-heterocycles synthesis. Molecules, 2018, 23 (6): 1348.

[94] Hu R, Ouyang Y, Liang T, et al. Stabilizing the nanostructure of $SnO_2$, anodes by transition metals: a route to achieve high initial coulombic efficiency and stable capacities for lithium storage. Adv Mater, 2017, 29 (13): 1605006.

# 第3章

# 电池材料表征方法

## 3.1 电池材料微结构的表征方法

### 3.1.1 晶体学基础

固态物质分为晶体和非晶体两大类。非晶体一般为亚稳态，因此自然界的大多数固态物质都是晶体。经典晶体学认为物质内部质点(原子、离子、分子或原子团)在三维空间呈周期性重复排列，存在长程有序的固体为晶体。它具有整齐规则的几何外形、固定熔点和各向异性。1992 年，由于准晶的发现，国际晶体学会重新定义晶体为有明确衍射图案的固体，这个广义的晶体定义将传统晶体和准晶都包含其中。非晶体指组成物质的分子(或原子、离子)不呈空间有规则周期性排列的固体。它没有一定规则的外形、没有固定的熔点，表现为各向同性，如玻璃、松香、石蜡、塑料等。非晶材料原子无序分布的特点，决定了它的多数性能是按照统计规律显示的，其结构的描述相对简单。而晶体结构的描述较复杂，本章将简要介绍传统晶体学的基础知识[1]，以便在后续的结构和性能分析中使用。

常见晶体不一定是单晶体，很多是以多晶体形式出现，含有大量取向不同的晶粒，晶体的各向异性会被掩盖，表现出准各向同性。实际晶体里还含有大量缺陷，如杂质、空位、位错、层错和晶界等，它们会在一定程度上干扰和破坏晶体结构的完整性。本章只介绍没有任何缺陷的理想晶体。

#### 1. 晶体的正空间

为了分析晶体中质点排列的规律性，通常将完整无缺的理想晶体简化，如图 3.1(a)所示，把晶体中按周期重复的最小的那一部分结构单元抽象成等同几何点，称之为阵点，其在空间呈周期性规则排列并具有完全相同的周围环境。而由阵点在三维空间规则排列的阵列称为空间点阵，简称点阵。在空间点阵中选择具有代表性的最小平行六面体基本单元作为点阵的组成单元，称为晶胞。将晶胞做三维的重复堆砌就构成了空间点阵。在晶胞中取三个不相平行的单位矢量 $\boldsymbol{a}$、$\boldsymbol{b}$、$\boldsymbol{c}$ 和它们之间的夹角 $\alpha$、$\beta$、$\gamma$，如图 3.1(b)所示，来描述一个晶胞，这就是晶胞参数。

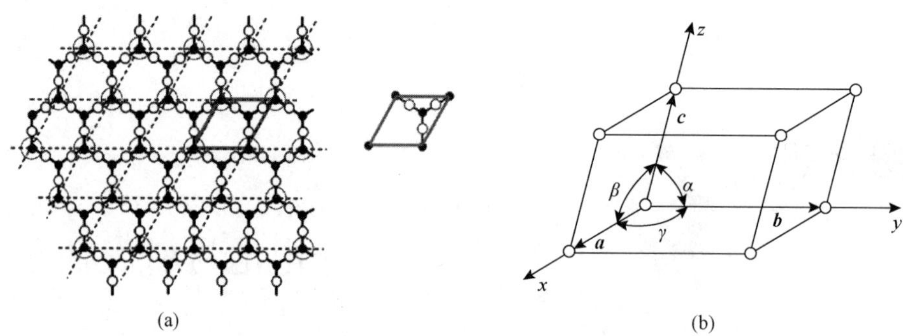


(a)　　　　(b)

图 3.1　(a)晶体结构与点阵；(b)平行六面体晶胞参数 ***a***、***b***、***c*** 和 $\alpha$、$\beta$、$\gamma$

空心点和实心点代表不同种类原子；虚线圆圈代表抽象的几何点的位置；虚线网格指示了阵点的排布规律；实线平行四边形代表三维晶胞的二维投影

对称是晶体所特有的最基本属性[2,3]。物质内部质点的高度有序排列的结果，使得晶体不仅具有方向上的旋转对称性，而且具有微观上的平移对称性，空间点阵就是平移对称性的几何描述。从某种意义上说，晶体所具有的自范性、均一性和各向异性等都是晶体对称性的反映。

1)晶体的宏观对称性

宏观对称性是指结晶多面体外形的对称性，主要包括对称中心($\overline{1}$)、对称面($m$)、对称轴($n$)和旋转反轴($\overline{n}$)。在晶体中，只可能出现轴次为一次、二次、三次、四次和六次的对称轴，而不可能存在五次及高于六次的对称轴。这就是著名的晶体对称定律(law of crystal symmetry)，即轴次 $n$=1、2、3、4、6，它们的基转角 $\alpha$ 分别为 360°、180°、120°、90°及 60°。

宏观对称要素中独立的对称要素只有 8 个，1、2、3、4、6、$\overline{1}$、$m$、$\overline{4}$。因为对称中心等效于一次反轴，对称面等效于二次反轴，所以晶体学中经常有宏观对称要素仅包含 10 根轴的说法(5 根正轴、5 根反轴)。

2)点群

在结晶多面体这一有限图形中，对称性可以包含一个对称要素，也可能是多个对称要素相交于晶体的几何中心，同时发挥作用。在遵守晶体对称定律和对称要素组合定理(欧拉定理)的前提下，将宏观对称要素组合在一个公共点，仅有 32 种组合方式，称为 32 个点群(point group)。点群就是宏观对称要素集合于一点的所有组合状况[4,5]。

根据 32 个点群的对称性特征(表 3.1)，可将晶体分成三大晶族、7 种不同形状的平行六面体类型，即 7 个晶系。表中还列出了点群国际符号的特征，以及晶族、晶系与点群的对应关系。国际符号的优点是可以一目了然地看出其规定的三个主要方向对称要素分布情况，它的三位分别对应这三个主要方向。在国际符号中对各个晶系三个主要方向的规定是不一致的，表 3.2 列出了国际符号对不同晶系对称性方向的规定，例如，在立方晶系中国际符号的三位分别对应 ***a***、***a***+***b***+***c***、***a***+***b*** 方向。

**表 3.1　32 种晶体点群**

| 晶族（对称特点） | 晶系（对称特点） | 点群：序号 | 点群：熊氏符号 | 点群：国际符号（全写） | 点群：国际符号（简写） | 点群：习惯符号 | 国际符号的特征 |
|---|---|---|---|---|---|---|---|
| 低级（无高次轴） | 三斜（无 $L^2$ 和 $P$） | 1 | $C_1$ | 1 | 1 | $L^1$ | 只有一位，且为一次轴 |
| | | 2 | $C_i(S_2)$ | $\bar{1}$ | $\bar{1}$ | $C$ | |
| | 单斜（$L^2$ 和 $P$ 不多于一个） | 3 | $C_2$ | 2 | 2 | $L^2$ | 只有一位，且非 2 即 $m$ |
| | | 4 | $C_s(C_{1h})$ | $m$ | $m$ | $P$ | |
| | | 5 | $C_{2h}$ | $2/m$ | $2/m$ | $L^2PC$ | |
| | 正交（斜方） | 6 | $D_2$ | 222 | 222 | $3L^2$ | 全是三位，且第一、二位非 2 即 $m$ |
| | | 7 | $C_{2v}$ | $mm2$ | $mm$ | $L^22P$ | |
| | | 8 | $D_{2h}$ | $2/m2/m2/m$ | $mmm$ | $3L^23PC$ | |
| 中级（必定有且只有一个高次轴） | 菱方（三方）（唯一的高次轴为三次轴） | 9 | $C_3$ | 3 | 3 | $L^3$ | 第一位全是三次轴 |
| | | 10 | $C_{3i}(S_6)$ | $\bar{3}$ | $\bar{3}$ | $L^3C$ | |
| | | 11 | $D_3$ | 32 | 32 | $L^33L^2$ | |
| | | 12 | $C_{3v}$ | $3m$ | $3m$ | $L^33P$ | |
| | | 13 | $D_{3d}$ | $\bar{3}2/m$ | $\bar{3}m$ | $L^33L^23PC$ | |
| | 四方（正方）（唯一的高次轴为四次轴） | 14 | $C_4$ | 4 | 4 | $L^4$ | 第一位全是四次轴，第二位非 2 即 $m$ |
| | | 15 | $S_4$ | $\bar{4}$ | $\bar{4}$ | $L_i^4$ | |
| | | 16 | $C_{4h}$ | $4/m$ | $4/m$ | $L^4PC$ | |
| | | 17 | $D_4$ | 422 | 42 | $L^44L^2$ | |
| | | 18 | $C_{4v}$ | $4mm$ | $4mm$ | $L^44P$ | |
| | | 19 | $D_{2d}$ | $\bar{4}2m$ | $\bar{4}2m$ | $L_i^4\,2L^22P$ | |
| | | 20 | $D_{4h}$ | $4/m2/m2/m$ | $4/m\ mm$ | $L^44L^25PC$ | |
| | 六方（六角）（唯一的高次轴为六次轴） | 21 | $C_6$ | 6 | 6 | $L^6$ | 第一位全是六次轴 |
| | | 22 | $C_{3h}$ | $\bar{6}$ | $\bar{6}$ | $L_i^6$ | |
| | | 23 | $C_{6h}$ | $6/m$ | $6/m$ | $L^6PC$ | |
| | | 24 | $D_6$ | 622 | 62 | $L^66L^2$ | |
| | | 25 | $C_{6v}$ | $6mm$ | $6mm$ | $L^66P$ | |
| | | 26 | $D_{3h}$ | $\bar{6}m2$ | $\bar{6}m2$ | $L_i^6\,3L^23P$ | |
| | | 27 | $D_{6h}$ | $6/m2/m2/m$ | $6/m\ mm$ | $L^66L^27PC$ | |
| 高级（高次轴多于一个） | 立方（等轴）（必定有四个三次轴） | 28 | $T$ | 23 | 23 | $3L^24L^3$ | 至少有 2 位，且第二位均为三次轴 |
| | | 29 | $T_h$ | $2/m\bar{3}$ | $m\bar{3}$ | $3L^24L^33PC$ | |
| | | 30 | $O$ | 432 | 43 | $3L^44L^36L^2$ | |
| | | 31 | $T_d$ | $\bar{4}3m$ | $\bar{4}3m$ | $3L_i^4\,4L^36P$ | |
| | | 32 | $O_h$ | $4/m\bar{3}2/m$ | $m\bar{3}m$ | $3L^44L^36L^29PC$ | |

表 3.2　点群国际符号标记的三个主要方向

| 晶系 | 对称性方向 | | |
|---|---|---|---|
| | 第一方向 | 第二方向 | 第三方向 |
| 三斜 | 任意 | | |
| 单斜 | $\boldsymbol{b}$ | | |
| 正交 | $\boldsymbol{a}$ | $\boldsymbol{b}$ | $\boldsymbol{c}$ |
| 四方 | $\boldsymbol{c}$ | $\boldsymbol{a}$ | $\boldsymbol{a}+\boldsymbol{b}$ |
| 菱方(取菱形晶胞) | $\boldsymbol{a}+\boldsymbol{b}+\boldsymbol{c}$ | $\boldsymbol{a}-\boldsymbol{b}$ | |
| 菱方(按六方取)* | $\boldsymbol{c}$ | $\boldsymbol{a}$ | |
| 六方 | $\boldsymbol{c}$ | $\boldsymbol{a}$ | $2\boldsymbol{a}+\boldsymbol{b}$ |
| 立方 | $\boldsymbol{a}$ | $\boldsymbol{a}+\boldsymbol{b}+\boldsymbol{c}$ | $\boldsymbol{a}+\boldsymbol{b}$ |

*菱方晶系的单胞常按照六方取，详见本篇的后续部分

3)点阵描述

空间点阵中各阵点列的方向称为晶向。通过空间点阵中任意一组阵点的平面称为晶面。国际上采用米勒指数标定晶向和晶面，即晶向指数和晶面指数[6,7]。

(1)晶向指数。

空间点阵中某一阵点的指标，可作从原点至该点的向量 $\boldsymbol{r}$，并将 $\boldsymbol{r}$ 用基础矢量 $\boldsymbol{a}$、$\boldsymbol{b}$ 和 $\boldsymbol{c}$ 表示为

$$\boldsymbol{r}=u\boldsymbol{a}+v\boldsymbol{b}+w\boldsymbol{c} \tag{3.1}$$

式中，$u$、$v$、$w$ 为阵点的坐标，也称晶向指数，可以是正值也可以是负值。

晶向指数的建立方法如下[图 3.2(a)]：①以晶胞中的某一阵点 $O$ 为原点，以过原点的晶轴为坐标轴 $x$、$y$、$z$，以晶胞的点阵常数 $\boldsymbol{a}$、$\boldsymbol{b}$、$\boldsymbol{c}$ 分别为 $x$、$y$、$z$ 轴上的长度单位，建立坐标系；②过原点 $O$ 作一直线 $OP$，使其平行于待定的晶向，在 $OP$ 上选取距原点 $O$ 最近的一个阵点 $P$，确定 $P$ 的三个坐标值；③化整数并加方括号：即$[uvw]$为待定晶向的晶向指数。如果 $u$、$v$、$w$ 中的某一数为负值，则在相应的指数上加一负号。

(2)晶面指数。

晶面指数表示晶体中每一个实际的或可能的晶面与三个晶轴 $a$、$b$、$c$ 的取向关系，每一晶面以三个整数并加圆括号$(hkl)$来表示。

晶面指数的建立方法如下[图 3.2(b)]：①建立坐标系，确定方法与晶向指数相同，将坐标原点 $O$ 选在距离待定晶面最近的阵点上，但是不能选在该晶面本身，以防止出现零截距；②求出特定晶面在三个坐标轴上的截距($OA$、$OB$、$OC$)；如果该晶面与某坐标轴平行，则其截距为∞；如果晶面与某坐标轴负方向相截，则

在此轴上的截距为负值；③取三个截距的倒数；④将上述三个截距的倒数按比例化为互质的整数 $h$、$k$、$l$，并加圆括号，即为待定晶面的晶面指数($hkl$)。

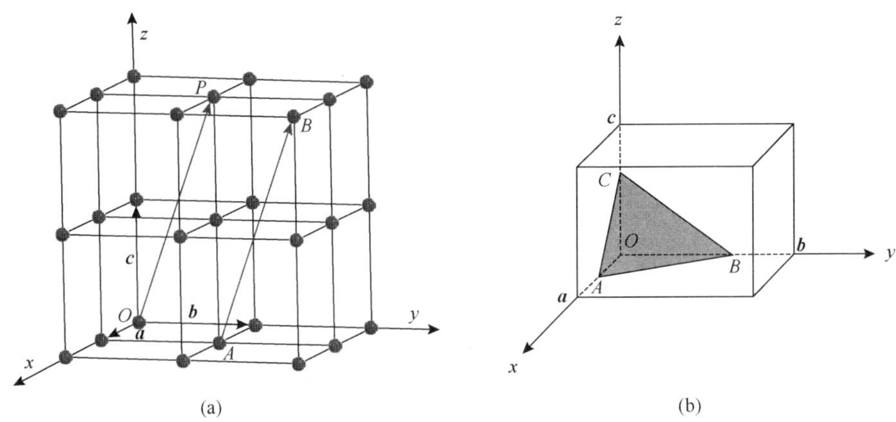


图 3.2　晶向指数(a)和晶面指数(b)的建立方法

一个晶面指数($hkl$)代表一组相互平行的晶面，经过所有阵点，所有指数为($hkl$)的晶面以等间距排列，两相邻平面间的垂直距离称为晶面间距，用 $d_{hkl}$ 表示或用简写 $d$ 表示。已知晶面指数可利用公式直接计算晶面间距，如立方晶系(晶胞参数为 $a$)晶面间距公式为

$$\frac{1}{d_{hkl}^2}=\frac{h^2+k^2+l^2}{a^2} \tag{3.2}$$

设晶面 $(h_1k_1l_1)$ 和晶面 $(h_2k_2l_2)$ 的晶面间距分别为 $d_1$ 和 $d_2$，则两个晶面的夹角 $\phi$ 也可以用公式计算得出，如立方晶系晶面夹角公式为

$$\cos\phi=\frac{h_1h_2+k_1k_2+l_1l_2}{\sqrt{(h_1^2+k_1^2+l_1^2)(h_2^2+k_2^2+l_2^2)}} \tag{3.3}$$

晶系不同，晶面间距和晶面夹角的计算公式就不同，七大晶系所对应的晶面夹角公式可由晶体学书籍方便地查到。

4) 晶带

平行于或经过某一晶向的所有晶面的组合称为晶带(crystal zone)，此晶向称为晶带轴(zone axis)，用晶向指数标定。这一组合中所有的晶面都称为晶带面(zone plane)。晶带轴[$uvw$]与该晶带的晶面($hkl$)之间满足如下关系：

$$hu+kv+lw=0 \tag{3.4}$$

此关系式称为晶带定律(zone law)，又称外斯晶带定律(Weiss zone law)。

5)晶体的微观对称性

如果从微观上看晶体结构，宏观晶体尺寸相对于微观的原子间距可视为无限大，从而晶体结构可视为是无限延伸的。无限延伸的晶体可以引入平移对称，晶体中的平移不是任意距离的，所有的移动依然要满足晶体对称性的要求。宏观的有限大小的物体因为有边界，不可能有平移对称[8-10]。

含平移的非点式对称操作，即晶体的微观对称性共有以下三大类。

(1)平移轴。

平移轴为一直线，沿此直线移动一定距离，可使晶体复原。沿着空间点阵中的任意一个行列移动一个或若干个阵点间距，都可使每一阵点与其相同的阵点重合。因此，空间点阵中的任一行列都是平移轴。在晶体学中平移总是与晶体学轴向相关地进行，因而晶体内部微观空间中所有平移均可由式(3-5)表达：

$$\boldsymbol{R}_{mnp}=m\boldsymbol{t_a}+n\boldsymbol{t_b}+p\boldsymbol{t_c} \tag{3.5}$$

式中，$\boldsymbol{t_a}$、$\boldsymbol{t_b}$及$\boldsymbol{t_c}$分别为单位晶胞与$\boldsymbol{a}$、$\boldsymbol{b}$及$\boldsymbol{c}$平行的基本矢量(周期平移矢量)；$m$、$n$及$p$为系数。式(3.5)中，$m$、$n$及$p$分别是0或整数±1，±2，…时，所表达的平移是单位晶胞周期的重复，称为周期平移。只在单位平行六面体八个顶点分布有阵点，称简单点阵($P$)；平行六面体中心有阵点，称体心点阵($I$)；只在一组对应面中心有阵点，称底心点阵($A$、$B$或$C$)；若所有对应面中心都有阵点，称面心点阵($F$)。上述所有有心点阵合并称为复杂点阵。平移包括简单点阵沿点阵矢量的平移，还包括复杂点阵(有心点阵)由顶角到面心或体心的平移，即小于一个点阵矢量的平移。晶体空间点阵中，各个方向上所有平移轴的集合所构成的对称群称为平移群。14种布拉维点阵描述了晶体中所有周期平移的可能状况，如图3.3所示。

(2)螺旋轴。

螺旋轴是旋转加平移的复合对称操作。它包括一个$n$次旋转轴和与此轴平行并具有一定移距($\boldsymbol{\tau}=s/n$)的平移操作。$n$为旋转轴的轴次，只能有1、2、3、4、6次，而$s$是一个小于等于$n$并只能等于1、2、3、4、5的数列。根据轴次和平移移距的不同，螺旋轴共有12种，其国际符号如下：

$1_1$

$2_1$

$3_1$，$3_2$

$4_1$，$4_2$，$4_3$

$6_1$，$6_2$，$6_3$，$6_4$，$6_5$

其中，$1_1$相当于没动，实际有效的螺旋轴只有11个。

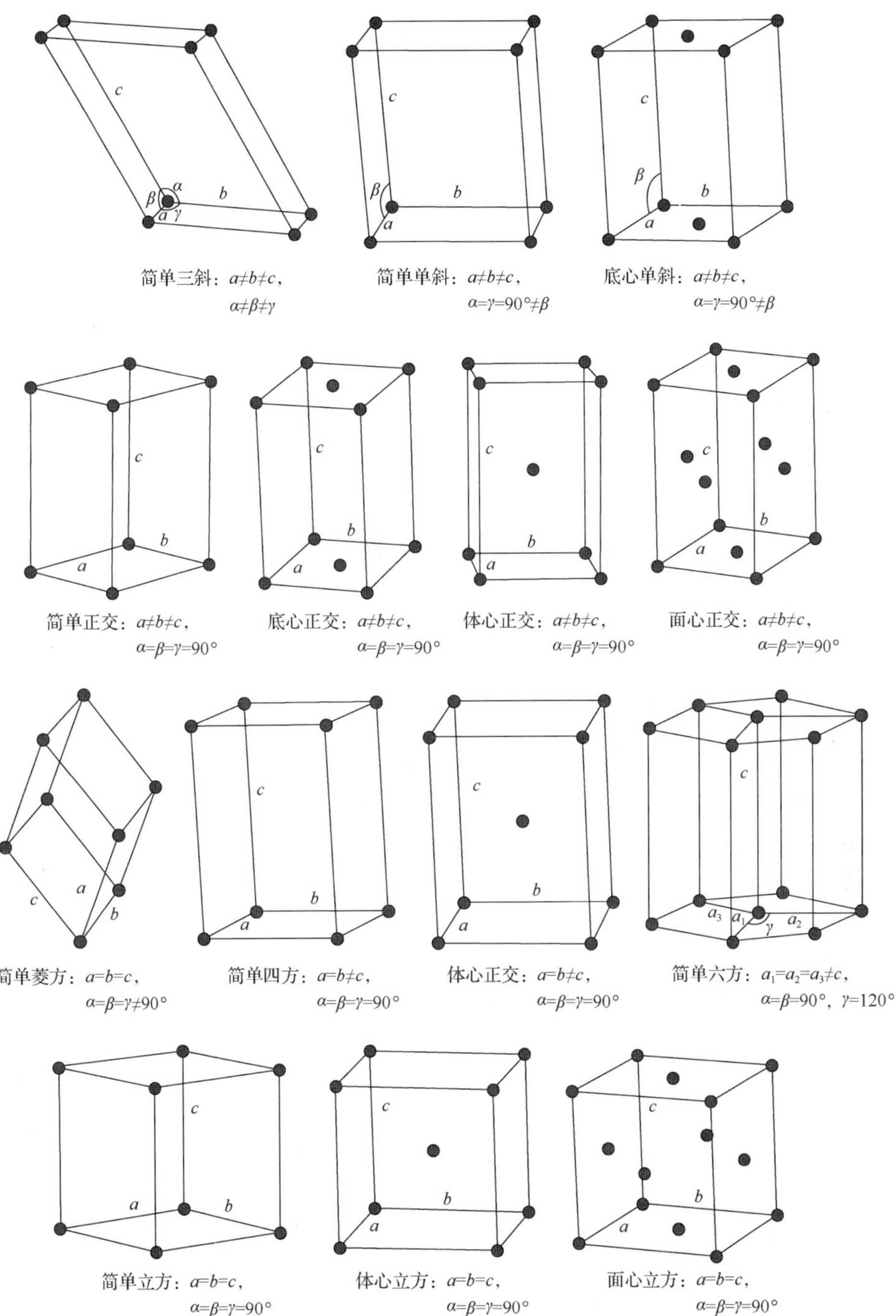


图 3.3　14 种布拉维点阵的示意图

(3)滑移面。

滑移面是对称面加平移的复合对称操作。它包括一个对称面和沿平行于对称面上某方向的平移，移距是该方向平移周期的一半或四分之一。

晶体学中对称面总是与晶体点阵中某一主要阵点平面平行或重合，平移总是与阵点列的方向重合。如果滑移面中的平移是沿着晶体基轴 $a$ 轴方向施行的，称之为 $a$ 滑移面；沿 $b$ 轴方向施行的，称之为 $b$ 滑移面；沿 $c$ 轴方向施行的，称之为 $c$ 滑移面；沿对角线方向施行的，称之为 $n$ 滑移面。$a$ 滑移面、$b$ 滑移面、$c$ 滑移面和 $n$ 滑移面的移距是所指定方向阵点周期的一半。$d$ 滑移面也是沿对角线方向施行的，但移距是所指定方向阵点周期的四分之一。滑移面的国际符号分别用 $a$、$b$、$c$、$n$、$d$ 表示。

6)空间群

晶体学中所有对称要素，包括宏观对称要素(点式)和微观对称要素(非点式)组合的所有可能性构成的集合，称为空间群(space group)[11]。即能使晶体结构(无限图形)复原的所有对称变换的集合。用 32 种晶体点群和 14 种布拉维点阵，再加上含有小于一个点阵矢量的非初基平移对称操作(包括螺旋轴和滑移面)合理组合就可以推导出共 230 个空间群。这些空间群按照编号顺序固定地编入了《晶体学国际表》第 A 卷[12]中。

空间群国际符号由两部分组成：前一部分(第一位)表示点阵类型，用字母 $P$、$A$、$B$、$C$、$I$、$F$、$R$ 分别表示简单、$A$ 型底心、$B$ 型底心、$C$ 型底心、体心、面心、菱心点阵；后一部分(后三位)表示原始对称要素的分布。空间群符号后三位所代表的方向与表 3.2 中规定的点群符号的方向完全一致。点群符号的规律也与空间群符号基本一致，所不同的是，空间群符号中多出了螺旋轴和滑移面的符号。

描述空间群有两种基本方式：一种是图解法，包括等效点分布图和对称要素分布图，如图 3.4 所示；一种是数学法，空间群操作用塞茨算符描述，它包括点对称操作矩阵 $\boldsymbol{R}$ 和平移 $\boldsymbol{t}$：$\{\boldsymbol{R}|\boldsymbol{t}\}\boldsymbol{r} = \boldsymbol{R}\boldsymbol{r} + \boldsymbol{t}$。

空间群 $Cmm2$：

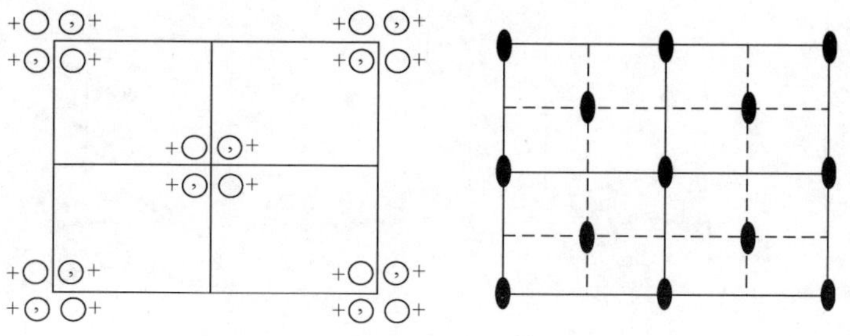

图 3.4　空间群图解表示举例

2. 晶体的倒易空间

倒易点阵是晶体点阵的倒易，对阐述晶体对 X 射线或电子衍射的原理是一种非常有利的工具。X 射线或电子在晶体中的衍射与光学干涉和衍射十分类似。衍射过程中作为主体的光栅与作为客体的衍射像之间存在一个傅里叶变换的关系。所以，晶体点阵及其倒易点阵之间必然存在一个傅里叶变换关系，在晶体结构分析中，把晶体结构称为正空间，而晶体对 X 射线或电子的衍射空间称为倒易空间[13,14]。

1) 倒易点阵的定义

设正点阵的原点为 $O$，基矢(basis vector)为 $\boldsymbol{a}$、$\boldsymbol{b}$、$\boldsymbol{c}$，倒易点阵的原点为 $O^*$，基矢为 $\boldsymbol{a}^*$、$\boldsymbol{b}^*$、$\boldsymbol{c}^*$，则有

$$\boldsymbol{a}^*=\boldsymbol{b}\times\boldsymbol{c}/V,\quad \boldsymbol{b}^*=\boldsymbol{c}\times\boldsymbol{a}/V,\quad \boldsymbol{c}^*=\boldsymbol{a}\times\boldsymbol{b}/V \tag{3.6}$$

式中，$V$ 为正点阵中单胞的体积，即

$$V=\boldsymbol{a}\cdot(\boldsymbol{b}\times\boldsymbol{c})=\boldsymbol{b}\cdot(\boldsymbol{c}\times\boldsymbol{a})=\boldsymbol{c}\cdot(\boldsymbol{a}\times\boldsymbol{b}) \tag{3.7}$$

表明某一倒易基矢垂直于正点阵中和自己异名的二基矢所成平面。

根据倒易点阵基矢的数学表达式，正倒空间基矢之间存在如下关系：

$$\begin{bmatrix}\boldsymbol{a}\\\boldsymbol{b}\\\boldsymbol{c}\end{bmatrix}\begin{bmatrix}\boldsymbol{a}^* & \boldsymbol{b}^* & \boldsymbol{c}^*\end{bmatrix}=\begin{bmatrix}1&0&0\\0&1&0\\0&0&1\end{bmatrix} \tag{3.8}$$

正点阵和倒易点阵的同名基矢点积为 1，不同名基矢点积为 0，即

$$\begin{cases}\boldsymbol{a}\cdot\boldsymbol{a}^*=\boldsymbol{b}\cdot\boldsymbol{b}^*=\boldsymbol{c}\cdot\boldsymbol{c}^*=1\\ \boldsymbol{a}\cdot\boldsymbol{b}^*=\boldsymbol{a}^*\cdot\boldsymbol{b}=\boldsymbol{b}\cdot\boldsymbol{c}^*=\boldsymbol{b}^*\cdot\boldsymbol{c}=\boldsymbol{c}\cdot\boldsymbol{a}^*=\boldsymbol{c}^*\cdot\boldsymbol{a}=0\end{cases} \tag{3.9}$$

倒易点阵中任意一个阵点可表示成

$$\boldsymbol{r}_{hkl}^*=h\boldsymbol{a}^*+k\boldsymbol{b}^*+l\boldsymbol{c}^* \tag{3.10}$$

式中，$\boldsymbol{r}_{hkl}^*$ 为倒易点阵矢量，$h$、$k$、$l$ 为该倒易阵点在倒易空间中的方位，均是整数；$\boldsymbol{a}^*$、$\boldsymbol{b}^*$、$\boldsymbol{c}^*$为倒易点阵基矢，如图 3.5 所示。

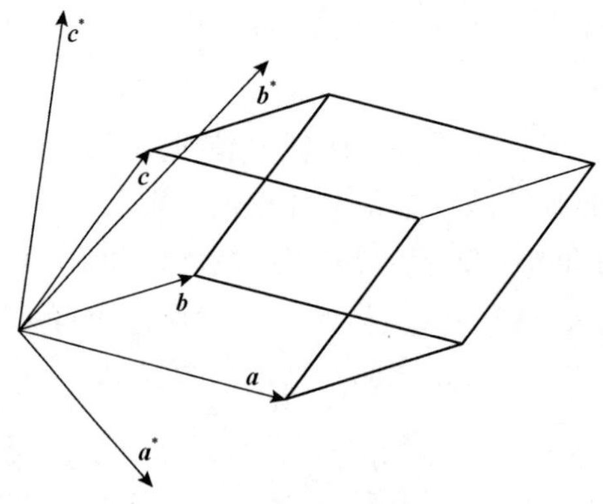


图 3.5 正倒空间基矢的空间对应关系

2) 倒易点阵的基本性质

(1) 任意倒易矢量 $\boldsymbol{r}_{hkl}^{*}=h\boldsymbol{a}^{*}+k\boldsymbol{b}^{*}+l\boldsymbol{c}^{*}$ 必然垂直于正空间中它所对应的 $(hkl)$ 晶面；

(2) 倒易矢量 $\boldsymbol{r}_{hkl}^{*}=h\boldsymbol{a}^{*}+k\boldsymbol{b}^{*}+l\boldsymbol{c}^{*}$ 的长度 $|\boldsymbol{r}_{hkl}^{*}|$ 等于正空间中它所对应的 $(hkl)$ 晶面间距的倒数

$$|\boldsymbol{r}_{hkl}^{*}|=1/d_{hkl} \tag{3.11}$$

根据这两条基本性质，任一倒易矢量的方向和大小都被正空间中它所对应的晶面完全确定，倒易点阵中的一点代表正点阵中的一组晶面，其坐标是正点阵的晶面指数，如图 3.6 所示。

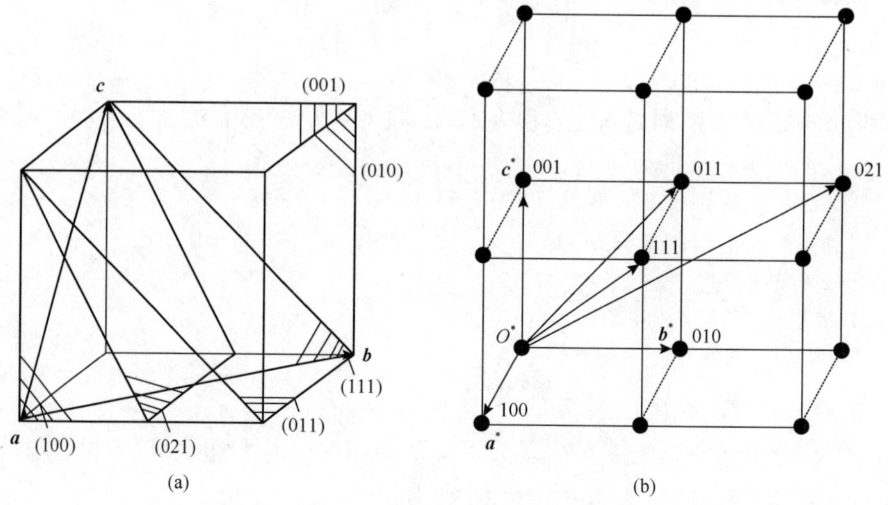


图 3.6 晶面与倒易矢量(倒易点)的对应关系

3) 正倒点阵的对应性

正倒空间相互转换时点阵类型存在下面的转化关系：正空间是简单点阵，倒易空间也是简单点阵；正空间是底心点阵，倒易空间也是底心点阵；正空间是体心点阵，倒易空间是面心点阵；正空间是面心点阵，倒易空间是体心点阵。复杂单胞出现如表 3.3 所示的倒易点阵系统消光(systematic extinction)规律。

**表 3.3　各种晶体点阵的倒易点阵系统消光规律**

| 正空间点阵 | 对应的倒易空间点阵 | 倒易点阵中的消光 |
| --- | --- | --- |
| 简单点阵 | 简单点阵 | 阵点无消光 |
| $A$ 底心点阵 | $A$ 底心点阵 | $hkl$ 类型阵点 $k+l=2n+1$ 消失 |
| $B$ 底心点阵 | $B$ 底心点阵 | $hkl$ 类型阵点 $h+l=2n+1$ 消失 |
| $C$ 底心点阵 | $C$ 底心点阵 | $hkl$ 类型阵点 $h+k=2n+1$ 消失 |
| 体心点阵 | 面心点阵 | $hkl$ 类型阵点 $h+k+l=2n+1$ 消失 |
| 面心点阵 | 体心点阵 | $hkl$ 类型阵点 $hkl$ 为奇数和偶数混杂时消失 |

表中 $h$，$k$，$l$ 为晶面指数，$n$ 为整数

### 3.1.2　X 射线衍射

X 射线衍射分析是利用 X 射线作为光源照射晶体产生衍射花样以分析物相结构的方法。

1. 原理简介

X 射线的波长与晶体材料的晶格参数数量级相同，当它入射到晶体物质时，会受到晶格散射，散射的 X 射线在某些方向上加强，从而显示与晶体结构相对应的特有衍射花样。X 射线在晶体中的衍射，实质是大量原子散射波互相干涉的结果。每种晶体所产生的衍射花样都是其内部原子分布规律的反映。衍射方向(衍射线在空间的分布规律)是由晶胞的大小、形状和位向决定，满足布拉格方程 $2d_{hkl}\sin\theta=\lambda$，而衍射强度是由原子的种类和它在晶胞中的位置决定，因此 X 射线衍射与实际晶体结构之间存在定性和定量的关系[15-17]。

2. 测试方法

1) 粉末(多晶)X 射线衍射

常规多晶物质的 X 射线衍射采用粉末法，即用单色的 X 射线照射多晶体样品，利用晶粒的不同取向来改变入射角 $\theta$，以满足布拉格方程。样品可采用粉末、多晶块、板、丝状等。

如图 3.7 所示，入射 X 射线的波长选定后，反射球半径恒定，多晶体中不同

间距的晶面对应于不同半径的同心倒易球面，这些倒易球面与反射球面相交得到一系列的同心圆，衍射线由反射球心指向圆上的各点，从而形成半顶角为 $2\theta$ 的衍射圆锥。实验过程中即使多晶试样不动，各倒易球面上的结点也有充分的机会与反射球面相交，产生衍射圆锥。在圆锥方向放置照相底片记录圆锥与底片的交线，或利用计数器沿反射圆周移动，扫描并接收不同方位的衍射线记录强度，就可得到由一系列衍射峰所构成的衍射谱线[18,19]。

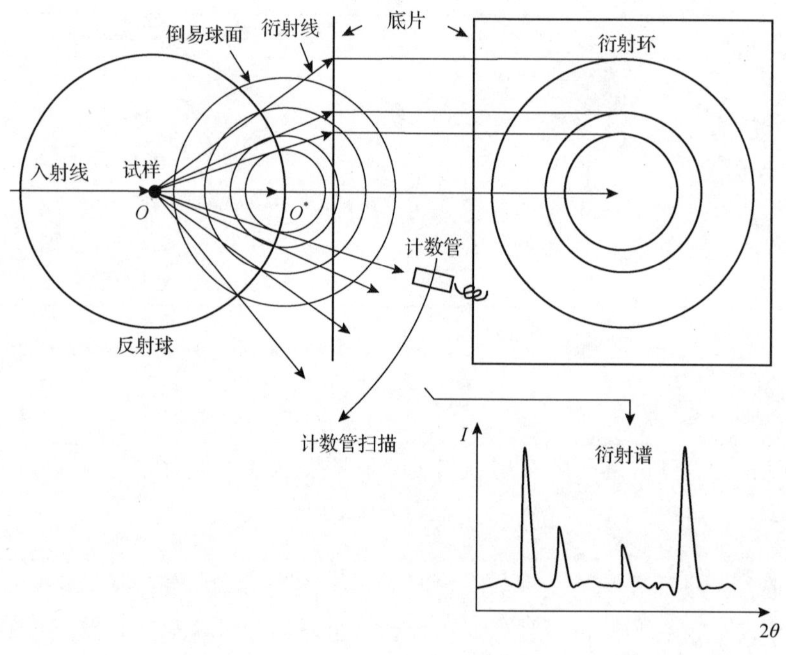


图 3.7　多晶体 X 射线衍射分析方法

粉末法是衍射分析中最常用的方法，主要特点在于试样获得容易、衍射花样反映晶体的信息全面，可以进行物相分析、点阵参数测定、应力测定、织构、晶粒度测定等，另外可以安装各种附件，如高低温衍射、小角散射、织构及应力测量等。

2) 薄膜 X 射线衍射

因为 X 射线对任何物质都有较大的穿透深度(微米量级以上)，所以 X 射线衍射一直被认为是表面不敏感的分析方法。但是，对于纳米量级的薄膜材料和块体材料表面进行物相分析、点阵参数测定、应力测定等面临较大困难。

掠入射衍射(GID)是克服这一限制的技术。掠入射是让入射 X 射线以与表面近平行的方式入射，其夹角可以从约 0.5°到几度范围变化，此时 X 射线穿透深度很浅，从而实现薄膜(尤其是纳米薄膜)及近表面的结构分析。GID 最大限度地保留了来自薄膜的信号，回避了基体的强衍射影响，增加了薄膜衍射体积和峰背比。通过改变掠射角还可以控制 X 射线的有效穿透深度，进行由表面指向基体的梯度分析。掠入射几何要求采用高平行度的 X 射线，Göbel 镜的发明极大地促进了掠入射 X 射线衍射技术及理论的发展。如图 3.8 所示，Göbel 镜可将发散的 X 射线转变为接近理想的平行光，在减少光源发散度的同时提高了薄膜的衍射强度。

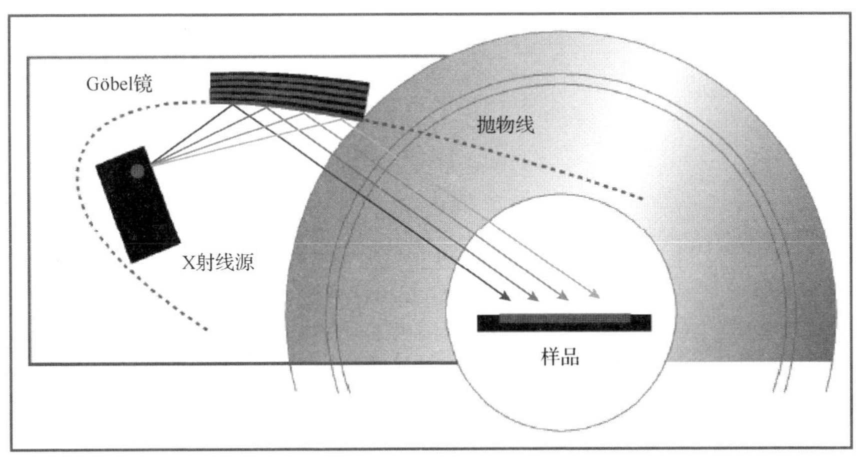


图 3.8　Göbel 镜衍射几何

薄膜 X 射线衍射仪是在普通粉末 X 射线衍射仪的所有功能基础上增加了薄膜分析功能，它不但带有六个自由度的样品台，而且可以搭配各种晶体单色器及狭缝，针对单晶外延薄膜进行高分辨 X 射线衍射分析，可以采用面内、面外多种分析模式。随着高强度 X 射线源(包括超高强度的转靶 X 射线源、同步辐射、高压脉冲 X 射线源)和高灵敏度探测器的出现及电子计算机分析的应用，使 X 射线学获得新的推动力。这些新技术的结合，不仅大大加快分析速度、提高精度，还可以进行瞬时的动态观察及对更为微弱或精细效应的研究。

3. 应用

1) X 射线物相分析

单相结晶物质都有特定点阵类型、晶胞大小、原子的数目和原子在晶胞中的排列等，所以当 X 射线通过单相晶体时会产生独特的衍射花样，花样的特征表现在衍射方向和强度差异上。而多相物质的衍射花样互不干扰、相互独立，只是各单独物相衍射线条的简单叠加。所以，对照单相晶体物质的标准衍射花样数据库，就可能从混合物相的衍射花样中将单个物相一一辨识出来[20,21]。

粉末衍射标准联合委员会(Joint Committee on Powder Diffraction Standards，

JCPDS）和国际衍射数据资料中心（International Centre for Diffraction Data, ICDD）联合负责收集衍射花样，建立标准衍射卡片、校订、编辑，并逐年更新，这些卡片称为粉末衍射卡片（powder diffraction file），简称 PDF 卡片。图 3.9 是 $Li_{12}Si_7$ 的粉末衍射卡片（PDF # 400942）。由此，利用衍射花样进行物相分析就可以变成简单的对照工作，即将样品的衍射花样与已知标准物质的衍射花样进行比较并从中找出与其相同者即可。目前使用的 X 射线衍射仪都配备计算机自动检索程序及标准衍射数据库，利用检索程序，只需操作者输入必要的检索参数，根据实测衍射谱中一系列晶面间距与相对强度，仪器就可快速且准确地自动检索出与其对应的物相类型。当然，计算机检索也不是万能的，如果使用不当，难免会出现漏检或误检的现象，需要人工复核。例如，图 3.10 是多晶 Cu 定性分析后的 XRD 分析结果。

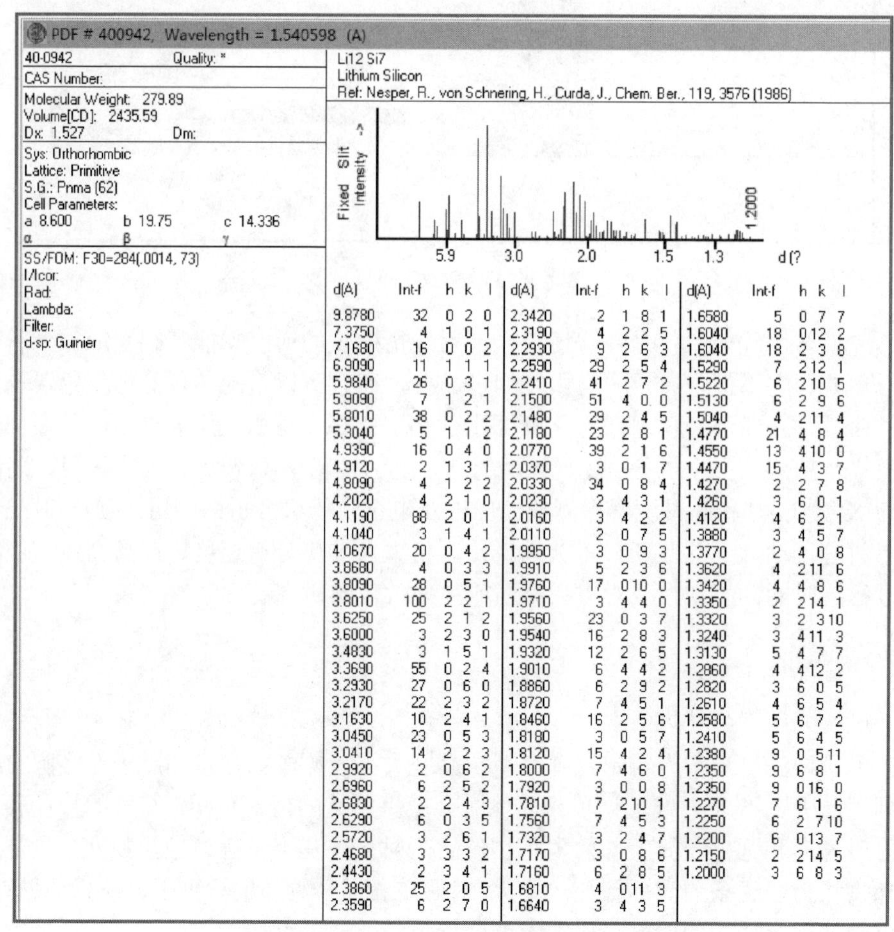

PDF # 400942, Wavelength = 1.540598 (A)

40-0942 Quality: *
CAS Number:
Molecular Weight: 279.89
Volume[CD]: 2435.59
Dx: 1.527 Dm:
Sys: Orthorhombic
Lattice: Primitive
S.G.: Pnma (62)
Cell Parameters:
a 8.600 b 19.75 c 14.336
α β γ
SS/FOM: F30=284(.0014, 73)
I/Icor:
Rad:
Lambda:
Filter:
d-sp: Guinier

Li12 Si7
Lithium Silicon
Ref: Nesper, R., von Schnering, H., Curda, J., Chem. Ber., 119, 3576 (1986)



| d(A) | Int-f | h | k | l |
|---|---|---|---|---|
| 9.8780 | 32 | 0 | 2 | 0 |
| 7.3750 | 4 | 1 | 0 | 1 |
| 7.1680 | 16 | 0 | 0 | 2 |
| 6.9090 | 11 | 1 | 1 | 1 |
| 5.9840 | 26 | 0 | 3 | 1 |
| 5.9090 | 7 | 1 | 2 | 1 |
| 5.8010 | 38 | 0 | 2 | 2 |
| 5.3040 | 5 | 1 | 1 | 2 |
| 4.9390 | 16 | 0 | 4 | 0 |
| 4.9120 | 2 | 1 | 3 | 1 |
| 4.8090 | 4 | 1 | 2 | 2 |
| 4.2020 | 4 | 2 | 1 | 0 |
| 4.1190 | 88 | 2 | 0 | 1 |
| 4.1040 | 3 | 1 | 4 | 1 |
| 4.0670 | 20 | 0 | 4 | 2 |
| 3.8680 | 4 | 0 | 3 | 3 |
| 3.8090 | 28 | 0 | 5 | 1 |
| 3.8010 | 100 | 2 | 2 | 1 |
| 3.6250 | 25 | 2 | 1 | 2 |
| 3.6000 | 3 | 2 | 3 | 0 |
| 3.4830 | 3 | 1 | 5 | 1 |
| 3.3690 | 55 | 0 | 2 | 4 |
| 3.2930 | 27 | 0 | 6 | 0 |
| 3.2170 | 22 | 2 | 3 | 2 |
| 3.1630 | 10 | 2 | 4 | 1 |
| 3.0450 | 23 | 0 | 5 | 3 |
| 3.0410 | 14 | 2 | 2 | 3 |
| 2.9920 | 2 | 0 | 6 | 2 |
| 2.6960 | 6 | 2 | 5 | 2 |
| 2.6830 | 2 | 2 | 4 | 3 |
| 2.6290 | 6 | 0 | 3 | 5 |
| 2.5720 | 3 | 2 | 6 | 1 |
| 2.4680 | 3 | 3 | 3 | 2 |
| 2.4430 | 2 | 3 | 4 | 1 |
| 2.3860 | 25 | 2 | 0 | 5 |
| 2.3590 | 6 | 2 | 7 | 0 |

| d(A) | Int-f | h | k | l |
|---|---|---|---|---|
| 2.3420 | 2 | 1 | 8 | 1 |
| 2.3190 | 4 | 2 | 2 | 5 |
| 2.2930 | 9 | 2 | 6 | 3 |
| 2.2590 | 29 | 2 | 5 | 4 |
| 2.2410 | 41 | 2 | 7 | 2 |
| 2.1500 | 51 | 4 | 0. | 0 |
| 2.1480 | 29 | 2 | 4 | 5 |
| 2.1180 | 23 | 2 | 8 | 1 |
| 2.0770 | 39 | 2 | 1 | 6 |
| 2.0370 | 3 | 0 | 1 | 7 |
| 2.0330 | 34 | 0 | 8 | 4 |
| 2.0230 | 2 | 4 | 3 | 1 |
| 2.0160 | 3 | 4 | 2 | 2 |
| 2.0110 | 2 | 0 | 7 | 5 |
| 1.9950 | 3 | 0 | 9 | 3 |
| 1.9910 | 5 | 2 | 3 | 6 |
| 1.9760 | 17 | 0 | 10 | 0 |
| 1.9710 | 3 | 4 | 4 | 0 |
| 1.9560 | 23 | 0 | 3 | 7 |
| 1.9540 | 16 | 2 | 8 | 3 |
| 1.9320 | 12 | 2 | 6 | 5 |
| 1.9010 | 6 | 4 | 4 | 2 |
| 1.8860 | 6 | 2 | 9 | 2 |
| 1.8720 | 7 | 4 | 5 | 1 |
| 1.8460 | 16 | 2 | 5 | 6 |
| 1.8180 | 3 | 0 | 5 | 7 |
| 1.8120 | 15 | 4 | 2 | 4 |
| 1.8000 | 7 | 4 | 6 | 0 |
| 1.7920 | 3 | 0 | 0 | 8 |
| 1.7810 | 7 | 2 | 10 | 1 |
| 1.7560 | 7 | 4 | 5 | 3 |
| 1.7320 | 3 | 2 | 4 | 7 |
| 1.7170 | 3 | 0 | 8 | 6 |
| 1.7160 | 6 | 2 | 8 | 5 |
| 1.6810 | 4 | 0 | 11 | 3 |
| 1.6640 | 3 | 4 | 3 | 5 |

| d(A) | Int-f | h | k | l |
|---|---|---|---|---|
| 1.6580 | 5 | 0 | 7 | 7 |
| 1.6040 | 18 | 0 | 12 | 2 |
| 1.6040 | 18 | 2 | 3 | 8 |
| 1.5290 | 7 | 2 | 12 | 1 |
| 1.5220 | 6 | 2 | 10 | 5 |
| 1.5130 | 6 | 2 | 9 | 6 |
| 1.5040 | 4 | 2 | 11 | 4 |
| 1.4770 | 21 | 4 | 8 | 4 |
| 1.4550 | 13 | 4 | 10 | 0 |
| 1.4470 | 15 | 4 | 3 | 7 |
| 1.4270 | 2 | 2 | 7 | 8 |
| 1.4260 | 3 | 6 | 0 | 1 |
| 1.4120 | 4 | 6 | 2 | 1 |
| 1.3880 | 3 | 4 | 5 | 7 |
| 1.3770 | 2 | 4 | 0 | 8 |
| 1.3620 | 4 | 2 | 11 | 6 |
| 1.3420 | 4 | 4 | 8 | 6 |
| 1.3350 | 2 | 2 | 14 | 1 |
| 1.3320 | 3 | 2 | 3 | 10 |
| 1.3240 | 3 | 4 | 11 | 3 |
| 1.3130 | 5 | 4 | 7 | 7 |
| 1.2860 | 4 | 4 | 12 | 2 |
| 1.2820 | 3 | 6 | 0 | 5 |
| 1.2610 | 4 | 6 | 5 | 4 |
| 1.2580 | 5 | 6 | 7 | 2 |
| 1.2410 | 5 | 6 | 4 | 5 |
| 1.2380 | 9 | 0 | 5 | 11 |
| 1.2350 | 9 | 6 | 8 | 1 |
| 1.2350 | 9 | 0 | 16 | 0 |
| 1.2270 | 7 | 6 | 1 | 6 |
| 1.2250 | 6 | 2 | 7 | 10 |
| 1.2200 | 6 | 0 | 13 | 7 |
| 1.2150 | 2 | 2 | 14 | 5 |
| 1.2000 | 3 | 6 | 8 | 3 |

图 3.9 $Li_{12}Si_7$ 的粉末衍射卡片（PDF # 400942）

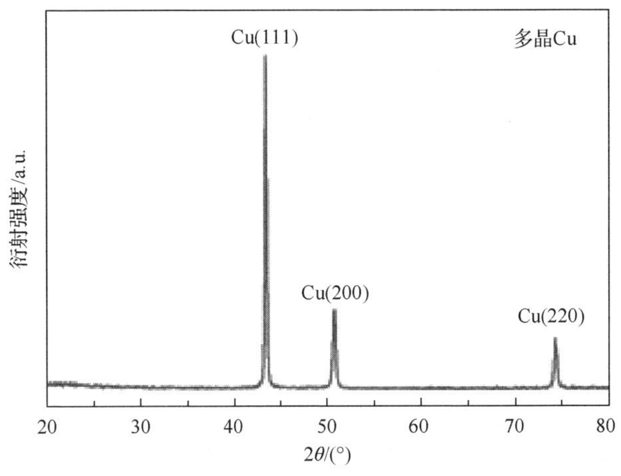


图 3.10　多晶 Cu 定性分析结果

2) 点阵常数的精确测定

点阵常数是晶体结构基本参数，在研究固态相变、确定固溶体类型、测定固溶体溶解度曲线、测定热膨胀系数等方面都需要关注点阵常数的微小变化(约为 $10^{-5}$nm 数量级)，因而通过各种途径测量点阵常数的精确数值变得十分必要。点阵常数的测定是通过 X 射线衍射峰的位置($\theta$)的精确测定而获得的[19-21]。

提高点阵常数的测量精度必须考虑两方面问题：入射波长的精度和布拉格角的测量精度。入射波长的精度已经在光管和衍射仪制造中严格控制。标定每个衍射峰的米勒指数后就可以根据不同的晶系用相应的公式计算点阵常数。晶面间距测量的精度随 $\theta$ 的增加而增加，$\theta$ 越大得到的点阵常数值越精确，因而点阵常数测定时应选用高角度衍射线。误差一般采用图解外推法和最小二乘法消除。

3) 晶粒尺寸和点阵畸变的测定

实际晶体都不是理想晶体，存在亚晶粒、点阵畸变、位错及层错等缺陷，故称为不完整晶体。晶体结构不完整，必然影响 X 射线衍射的强度，在偏离布拉格方向上也出现一定强度的衍射，造成 X 射线衍射峰形的变化，如导致衍射峰宽化和峰值强度降低等。所以进行衍射峰形分析，可以定量揭示不完整晶体的一些结构信息，如亚晶粒尺寸和显微畸变量等[19-21]。X 射线衍射峰宽的影响因素主要包括：①仪器光源及衍射几何光路等实验条件所导致的几何宽化效应；②实际材料内部组织结构所导致的物理宽化效应；③衍射线形中 $K_\alpha$ 双线及有关强度因子等。其中，所包含的真实线形(物理宽化)是反映材料内部真实情况的衍射线形，仅与材料组织结构有关，这种线形无法利用实验手段直接测量，只能通过各种校正及数学计算，从实测线形中将其分离出来。

4) 单晶取向和多晶织构测定

单晶取向的测定是为找出晶体样品中晶体学取向与样品外坐标系的位向关系。X 射线衍射进行单晶定向采用劳埃法，即根据底片上劳埃斑点转换的极射赤面投影与样品外坐标轴的极射赤面投影之间的位置关系进行测定。透射劳埃法只适用于厚度小且吸收系数小的样品；背散射劳埃法无须特殊制备样品，样品厚度大小等也不受限制，因而多用此方法。

多晶材料在很多场合下某晶面或晶向会按某一特定方向有规则排列，这种现象称为择优取向或织构。晶粒择优明显影响材料性能，因此，织构测量是材料研究的一个重要方面。X 射线衍射法测量多晶织构的理论基础仍然是衍射方向和衍射强度的问题。

无论是织构测量还是单晶定向，均包括两方面：进行 X 射线衍射实验；利用晶体学投影(极射赤面投影)描述织构和单晶取向。为反映织构的概貌和确定织构指数，有三种方法描述织构：极图、反极图和三维取向函数，这三种方法适用于不同的情况[1,19-21]。

### 3.1.3 电子衍射

在三维空间周期性排列的晶体不仅能衍射 X 射线，同样也可以衍射电子波。透射电子显微镜可以将这些电子衍射波聚焦放大投影到荧屏上或照相底片上，形成规则排列的斑点或线条，这就是电子衍射谱。弹性相干散射是电子束在晶体中产生衍射现象的基础。需要注意的是，这里弹性相干散射是指原子位置的相干性，不同于电子源的相干性[22,23]。

虽然电子衍射和 X 射线衍射都遵循布拉格定律，但电子衍射波长较短，衍射角 $\theta$ 很小(约为 $10^{-2}$rad)但强度要高得多，X 射线衍射角很大(最大可接近 90°)。电子在试样中的穿透深度很有限，所以在进行电子衍射操作时必须采用薄样品(小于 100nm)，薄样品的倒易阵点会沿着样品厚度方向拉长延伸成杆状，因此增加了倒易点阵和埃瓦尔德球相交截的机会，使略微偏离布拉格衍射条件的电子束也能发生衍射；同时电子波波长短使埃瓦尔德球半径增大，因此电子衍射很容易获得一个倒易点阵的二维截面，这使得晶体几何关系学的研究变得简单方便。

电子衍射与 X 射线衍射比较具有鲜明的优点：①分析灵敏度非常高，即使纳米量级的微小晶体也能给出清晰的衍射谱。②可以分析晶体取向关系，如晶体生长的择优取向，析出相与基体的取向关系等。对于未知的新结构，也可以利用三维倒易重构的方法解析结构，甚至测定空间群。③电子衍射物相分析可与形貌观察结合进行，得到有关物相的大小、形态、分布和原位成分等信息。

电子衍射虽然是一个比较精细的结构分析手段，但样品制备比较复杂，结果解析也需要一定时间，所以通常是将 X 射线物相分析与电子衍射相结合，这样能够快速得到比较精确的结构分析结果。

1. 透射电子显微镜的基本构造

电子显微镜的放大倍数最高可达一百万倍，由照明系统、成像系统、真空系统、观察记录系统和供电系统构成。从上到下主要部分有电子枪、聚光镜、聚光镜光阑、样品台、物镜、物镜光阑、选区光阑、中间镜、投影镜、荧光屏和照相机。图 3.11 为透射电子显微镜电子光学系统示意图[1]。

透射电子显微镜的一般性工作原理是：电子枪发射电子束，在真空镜筒中沿着光轴穿越聚光镜，通过聚光镜将其会聚成一束尖细、明亮而又均匀的光束，照射在样品上；透过样品后的电子束携带有样品内部的结构和形貌信息，经过物镜的会聚调焦和初级放大后，形成初级放大像(电子衍射像或形貌像)，然后经中间镜和投影镜进行综合放大，最终成像在荧光屏或电荷耦合器件(charge couple device, CCD)探头上[24-26]。

2. 电子衍射基本原理

如图 3.12 所示，用单色平行光(电子束)照明近轴小物 $O_1'O_0O_1$，成像于 $I_1I_0I_1'$。图示的相干成像分两步完成：第一步是入射电子束经样品晶体发生衍射，在透镜的背焦平面($F$)上形成一系列的衍射斑，衍射过程中作为主体的光栅(晶体点阵，正空间)与作为客体的衍射像(倒易空间)之间存在一个傅里叶变换的关系。第二步是将各个衍射斑作为新的光源，其发出的各个球面次波在像平面上进行相干叠加，像是干涉的结果，即干涉场。所以衍射斑(倒易空间)再经一次从倒易空间到正空间的变换，在物镜像平面上得到放大的正空间图像。这就是阿贝衍射成像原理，一个简单的放大像形成实际上经历了两次正倒空间的转换，即对应两次数学上的傅里叶变换。上述成像过程只进行第一阶段，即会形成本节讨论的电子衍射谱，如果两个阶段都进行完，就会形成形貌像，这部分将在 3.2.1.1 节讨论。

3. 选区电子衍射

选区电子衍射的基本思路是在透射电子显微镜所观察的区域内选择一个小区域，然后只对这个所选择的小区域做电子衍射。选区电子衍射方法在物相鉴定及

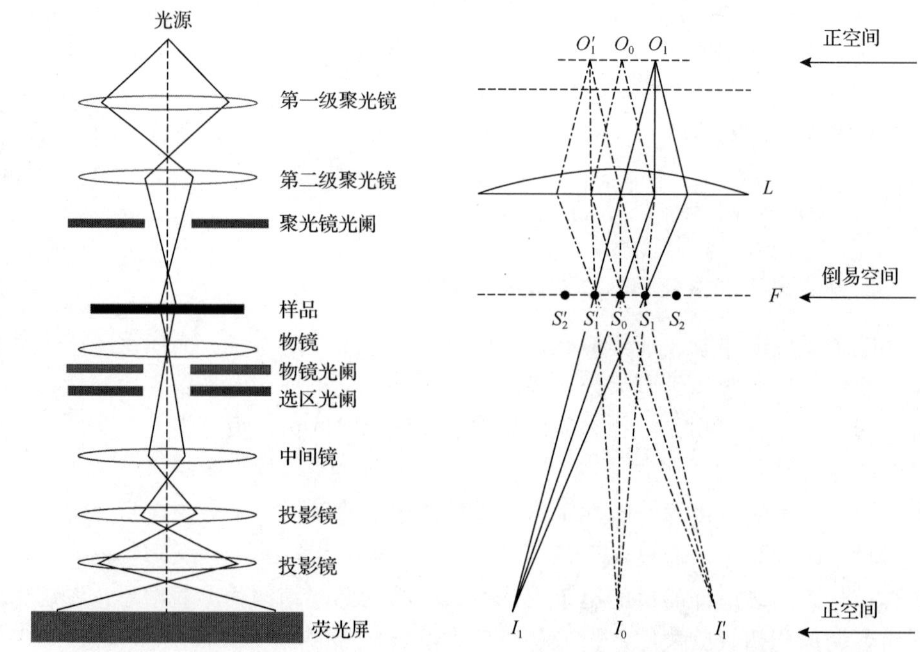


图 3.11 透射电子显微镜电子光学系统示意图

图 3.12 阿贝衍射成像原理示意图

衍衬图像分析中用途极广，如鉴别沉淀相的结构和取向、各种晶体缺陷的几何特征及晶体学特征等。通常将选区光阑放在物镜的像平面上，可以利用物镜的放大倍数使用较大的选区光阑，大大减小光阑制作的难度。由于选区衍射所选的区域很小，因此能在晶粒十分细小的多晶体样品内选取单个晶粒进行分析，从而为研究材料单晶体结构提供了有利的条件[27-29]。

图 3.13 为某渗氮样品，针对形貌像中圆圈选中区域进行衍射分析，可知样品上下两部分虽然结构一致，都是面心立方，但是有晶格常数的差别，上方渗氮区域 $a$=3.71Å，下方未渗氮区域 $a$=3.64Å[1]。

4. 电子衍射谱的种类

(1) 单晶体的电子衍射谱。

单晶体的电子衍射谱是一个经过结构消光后的二维倒易平面的放大，直接反映了靠近埃瓦尔德球面的倒易平面上阵点排列的规则性，这个面称为零阶劳厄带，它的法线为[$uvw$]方向。该倒易平面上所有倒易点的集合就代表正空间[$uvw$]晶带，满足晶带定律。

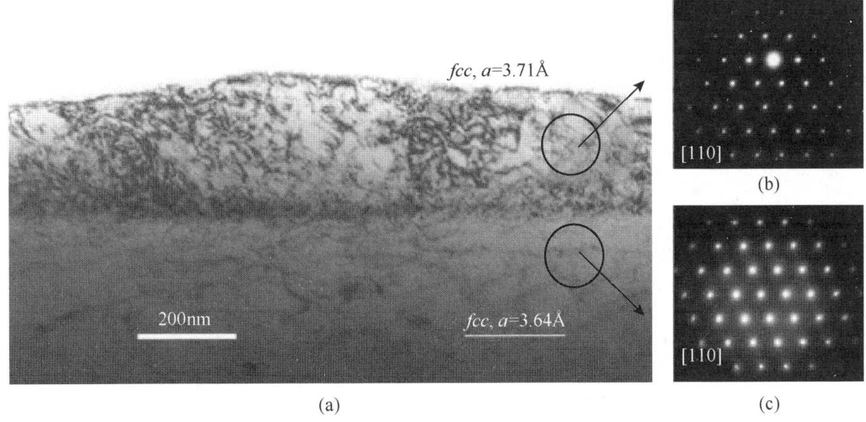


图 3.13　某渗氮样品的形貌(a)及选区电子衍射谱[(b)、(c)]

单晶电子衍射斑点分布具有周期性和对称性，这种对称性不仅表现在衍射斑点的几何配置上，而且当入射束与晶带轴平行时，衍射斑点的强度分布也具有对称性。由于不同晶面偏离布拉格条件的程度不同，则相应的衍射强度也不同。通常中心透射束的强度最高，散射强度随散射角 $\theta$ 增大(斑点离中心透射束越远)而减弱。同时散射强度也会随试样的结构不同而变化。图 3.14 为 Cu-Ni-Mo 合金电子衍射花样[30]；该衍射花样中包括：*fcc* 相、$Ni_4Mo$ 相孪晶和 $Ni_2Mo$ 相孪晶，且三相完全共格，取向关系为

$$[100]_{fcc}//[001]_{Ni_4Mo}//[100]_{Ni_2Mo}$$

$$(002)_{fcc}//(1\bar{3}0)_{Ni_4Mo}//(0\bar{1}3)_{Ni_2Mo}$$

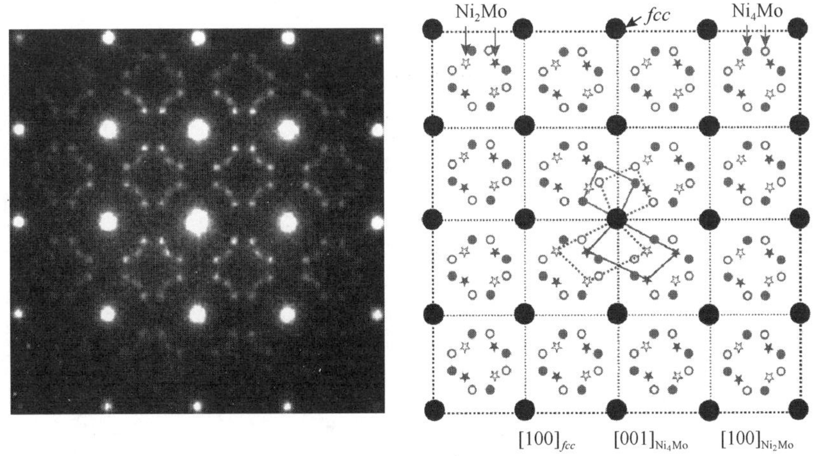


图 3.14　Cu-Ni-Mo 合金电子衍射花样及示意图[30]

(2)多晶电子衍射谱。

多晶电子衍射谱是一系列同心圆环，环越细越不连续，表示多晶体的晶粒越大，环越粗越连续，表示多晶体的晶粒越小。

由于完全无序的多晶体可以看成是一个单晶围绕一点在三维空间做 4π 球面角旋转，因此多晶体的 *HKL* 倒易点是以倒易原点为中心，(*HKL*)晶面间距的倒数为半径的倒易球面。那么多晶体中不同间距的晶面，就对应于不同半径的同心倒易球面。因此多晶体的倒易空间是一系列同心圆球，这些同心圆球与埃瓦尔德球面相截会产生若干个锥顶角为 $4\theta$ 的衍射圆锥，衍射圆锥经放大后与照相底片相截，就会产生多晶的电子衍射花样。多晶电子衍射谱类似于粉末 X 射线衍射谱，但比 X 射线衍射圆锥小，因此同心环数目要多，例如，图 3.15(a)和(b)分别为多晶 Cu 膜的形貌像和电子衍射谱。

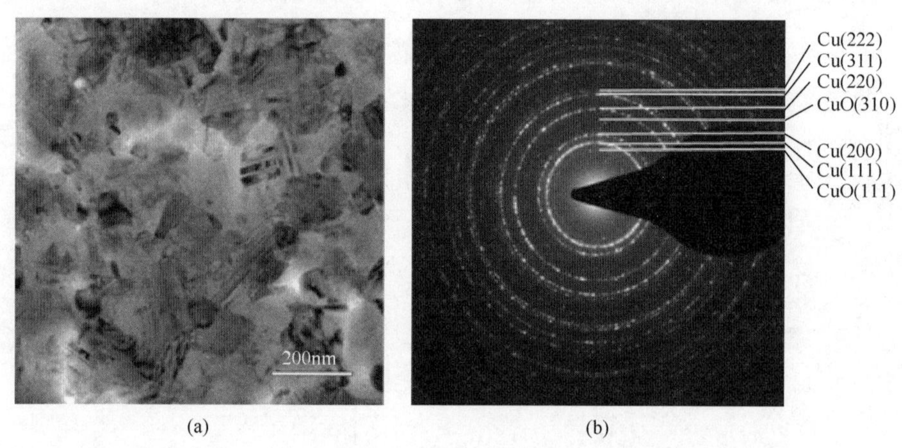


图 3.15　多晶 Cu 膜的形貌像(a)和电子衍射谱(b)

(3)非晶电子衍射谱。

非晶电子衍射谱一般只有一个较强且宽化的晕环(图 3.16)，晕环的边界很模糊，比较常见的还可以在第一晕环的外侧看到一个较弱的更加宽化的第二晕环。非晶材料因为没有周期性，所以只要看到其衍射特征判断为非晶体即可，不需要标定。

### 5. 电子衍射花样的标定

标定单晶电子衍射谱，目的就是确定零层倒易截面上各 $\boldsymbol{g}_{HKL}$ 矢量端点(倒易阵点)的指数，定出零层倒易截面的法向(即晶带轴[*uvw*])，并确定样品的点阵类型、物相及位向，是透射电子显微分析中最重要的部分，也是利用电子衍射方法研究材料晶体学问题的重要起点。

电子衍射谱的标定方法主要有三大类：用尺和计算器直接进行测量计算，查阅标准图谱(仅限于立方晶体和具有标准轴比的密排六方晶体)和表格的方法，借助于计算机软件标定衍射谱。尽管计算机标定衍射谱有速度快的优点，但计算法、查表法和标准图谱对照法仍然是最常用的方法。标准电子衍射谱非常直观地显示了倒易平面阵点的分布规律和指数关系，而基本数据表给出倒易矢量的长度和夹角关系及其他晶体学数据，这些都是标定电子衍射谱的重要依据。因此在标定过程，通常是几种方法同时使用，互相参照和比较，以提高标定的准确性[25,26]。

图 3.16　典型的非晶电子衍射谱

## 3.2　电池材料微观形貌的表征方法

### 3.2.1　电子显微镜

1. 透射电子显微镜

透射电子显微镜(transmission election microscope, TEM)除了能成不同的衍射像外，还可以成形貌像。透射电子显微镜形貌像的形成取决于入射电子束与样品的相互作用，由于样品的不同区域对电子的散射能力不同，强度均匀的入射电子束在经过样品散射后变成强度不均匀的电子束，因而，透射到像平面上的强度是不均匀的，这种强度不均匀的电子像称为衬度像[24-26]。

1)透射电子显微镜形貌像的衬度来源

衬度来源如下：①质量-厚度衬度(质厚衬度)：材料不同区域的质量和厚度差异造成的透射束强度差异而形成衬度的[图 3.17(a)]，属于振幅衬度。②衍射衬度：它来源于电子的弹性相干散射，是晶体样品满足布拉格衍射条件程度不同，使得对应样品下表面处有不同的衍射效果，形成随位置而异的衍射振幅分布，与此相应的强度分布形成的衬度称为衍射衬度[图 3.17(b)]。衍射衬度也是振幅衬度的一种，因为布拉格衍射取决于试样的晶体结构和位向，利用这种衍射来产生衬度，可获得试样晶体学结构特征。③相位衬度：当样品厚度在 10nm 以下时，样品中相邻晶柱透射的振幅差异不足以区分相邻的两个像点，这时得不到振幅衬度，但可利用电子束在试样出射表面上的相位不一致，使相位差转换成强度差而形成衬度，称为相位衬度[31-33]。如果让多束相干的电子束干涉成像，可以得到能反映物体真实结构的相位衬度像——高分辨像[图 3.17(c)]，高分辨像是一种相干的相位衬度像。

相位衬度和振幅衬度可以同时存在，当试样厚度大于 10nm 时，以振幅衬度为主；当试样厚度小于 10nm 时，以相位衬度为主。

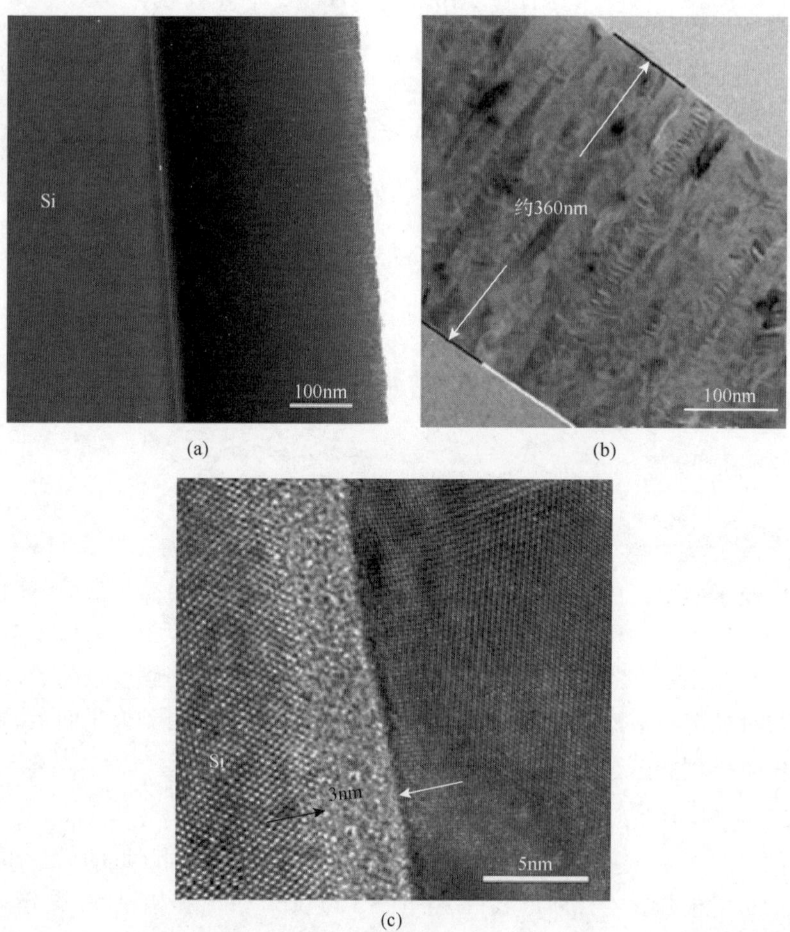


图 3.17 (a)单晶 Si 基体上生长非晶薄膜的质厚衬度像；(b)多晶 Cu 膜柱状晶截面的衍射衬度像；(c)Si/非晶 $SiO_2$/Cu 的相位衬度像

2)振幅衬度形貌像的种类

通常在单晶衍射谱上通过插入物镜光阑选择透射电子束斑或特定晶面的衍射电子束斑来成像。对于晶体试样，质厚衬度成像和衍射衬度成像之间存在差别。

对于质厚衬度成像，将物镜光阑放在透射束斑点的位置，得到明场像。而暗场像可来自任何衍射束。但对于衍射衬度成像，要使明场像和暗场像具有高的衍射衬度，需要满足双束条件，即除了透射束外，只有一个满足布拉格条件的晶面的衍射束最强，而其他晶面的衍射束强度非常弱。

假设晶体样品中只有两晶粒 A 和 B，它们取向不同，其中 A 与入射束不成布拉格角，强度为 $I_0$ 的入射束穿过试样时，A 晶粒不产生衍射，透射束强度等于入射束强度，即 $I_A=I_0$，而入射束与 B 颗粒满足布拉格衍射条件，产生衍射，衍射束强度为 $I_{HKL}$，透射束强度 $I_B=I_0-I_{HKL}$，如果用物镜光阑，让透射束通过物镜光阑，而将衍射束挡掉，则在荧光屏上 A 晶粒比 B 晶粒亮，这时得到的像是明场像[图 3.18(a)][20,25]。如果把物镜光阑孔套住 $HKL$ 衍射斑，让对应于衍射点 $HKL$ 的电子束 $I_{HKL}$ 通过，而把透射束挡掉，则 B 晶粒比 A 晶粒亮，这时得到的像是暗场像。在这种方式下，衍射束倾斜于光轴，故又称离轴暗场像[图 3.18(b)]。离轴暗场像的质量差，物镜的球差限制了像的分辨能力。如果通过倾斜照明系统使入射电子束倾斜 $2\theta$，让 B 晶粒的($\overline{HKL}$)晶面处于布拉格条件，产生强衍射，而物镜光阑仍在光轴上，此时只有 B 晶粒的 $\overline{HKL}$ 衍射束正好沿光轴通过光阑孔，而透射束被挡掉[图 3.18(c)]，这种方式称为中心暗场像。

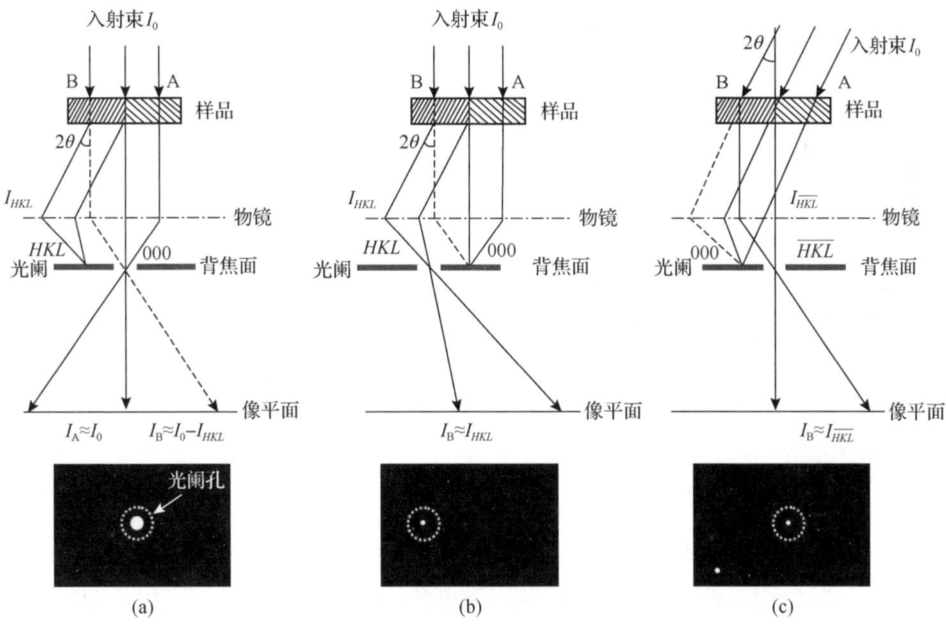


图 3.18　振幅衬度形貌像成像示意图

(a) 明场像；(b) 离轴暗场像；(c) 中心暗场像

双束近似下，明场像的衬度特征是与暗场像互补的，即某个部分在明场像中是亮的，则它在暗场像中是暗的，反之亦然。由衬度公式可以推知，暗场像的衬度明显高于明场像。图 3.19 是 Al-3%Li 在双束条件下的明场像和暗场像[34]。

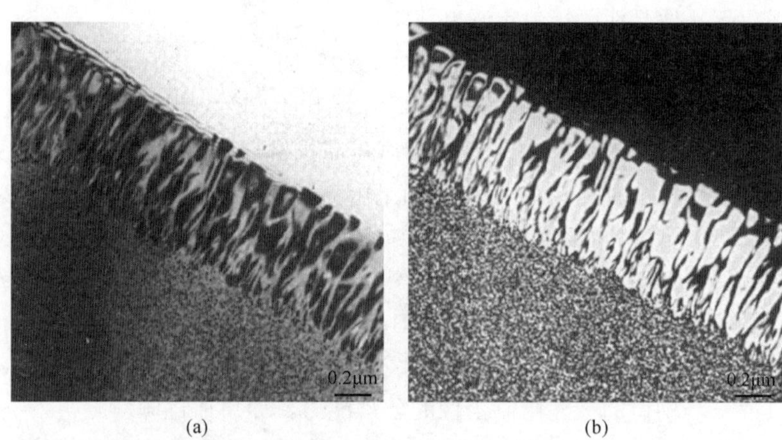


图 3.19　Al-3%Li 在双束条件下的明场像(a)和暗场像(b)[34]
可见明场像是与暗场像衬度互补的

在衍射衬度成像中，某一最符合布拉格衍射条件的(*HKL*)晶面族起十分关键的作用，它直接决定了图像衬度，特别是在暗场像条件下，像的亮度直接等于样品上相应物点在光阑孔所选定的方向上的衍射强度。正因为衍射衬度像是由衍射强度差别所产生的，所以，衍射衬度像是样品内不同部位晶体学特征的直接反映。

2. 扫描透射电子显微镜

扫描透射电子显微镜(scanning transmission electron microscopy, STEM)是在透射电子显微镜中加装扫描附件，是一种综合了扫描和普通透射电子显微分析原理的新型分析方式。它采用聚焦的高能电子束扫描，探测器位于样品下方，利用电子与样品相互作用产生的各种信息来成像、电子衍射或进行微观形貌分析。

1)扫描透射电子显微镜的工作原理

图 3.20(a)为 STEM 的成像示意图。在 STEM 成像中，采用细聚焦的高能电子束，通过线圈控制对样品进行逐点扫描，同时在样品下方对应于每个扫描位置的探测器接收信号，然后转换成电流显示在荧光屏或计算机显示器上。样品上的每一点与所产生的像点一一对应。从探测器中间孔洞通过的电子可以利用明场探测器形成一般高分辨的明场像，环形探测器接受的电子形成暗场像[23,25]。

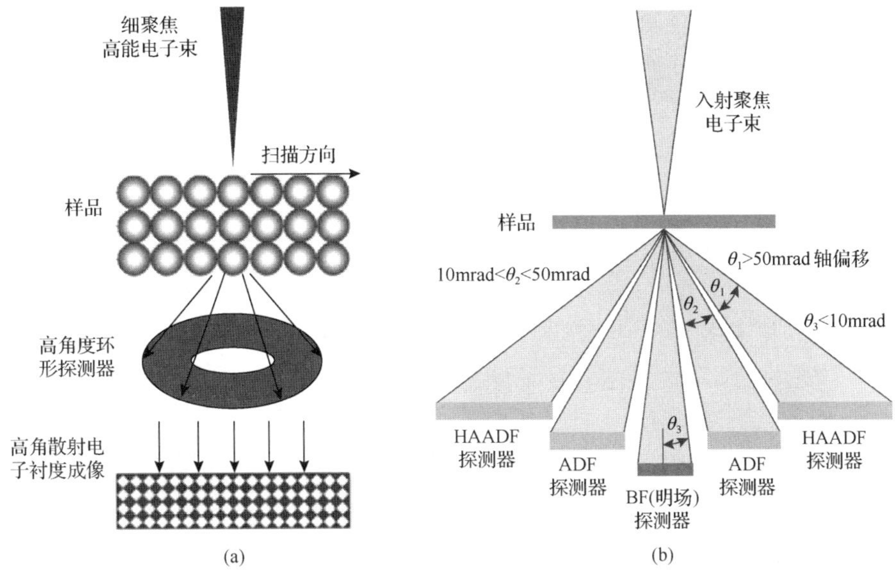


图 3.20 STEM 成像示意图(a)和散射角度与探测器的关系(b)

对于晶体材料，低角度散射的电子主要是相干电子，所以环形暗场(annular dark-field, ADF)图像包含衍射衬度，为了避免包含衍射衬度，要求收集角度大于50mrad，非相干电子信号才占有主要贡献，这就是高角度环形暗场接收器，如图 3.20(b)所示。随着接收角度的增加，相干散射逐渐被热扩散散射取代，晶体同一列原子间的相干影响仅限于相邻原子间的影响。在这种条件下，每一个原子可以看作独立的散射源，散射的横截面可以作散射因子。因为电子和原子核质量的差别，电子撞击原子核属卢瑟福散射，因此可以用相对论卢瑟福微分截面近似计算。卢瑟福微分截面 $\sigma$ 与原子序数平方 $Z^2$ 成正比，所以电子散射的截面对成分分析也很敏感，图像的衬度是原子衬度。

2) 扫描透射电子显微镜的特点

优点：①分辨率高。Z-衬度像几乎完全是非相干像，其分辨率高于同等放大倍数下的相干像；Z-衬度不随试样厚度或物镜聚焦有较大的变化，不会出现衬度反转，即原子或原子列在像中总是一个亮点；高角度环形暗场(high-angle annular dark-field, HAADF)探测器由于接收范围大，可收集约 90%的散射电子，比普通 TEM 中的一般暗场像更灵敏。②Z-衬度像具有较高的成分敏感性。在 Z-衬度像上可以直接观察夹杂物的析出，化学有序和无序及原子柱排列方式。③图像解释简明。非相干的 Z-衬度像不同于相干条件下成像的相位衬度像，它不存在相位的翻转问题，因此图像的衬度能够直接地反映客观物体。对于相干像，需要计算机模拟才能确定原子列的位置，最后得到样品晶体的信息。④STEM 图像衬度大。⑤STEM 对样品损伤小，可以应用于电子束敏感材料。⑥电子束斑小，可以实现微区衍射。⑦利用后接能量分析器的方法可以分别收集和处理弹性散射和非弹性散射电子，以及进行高分辨分析、成像及生物大分子分析。

缺点：①STEM 对环境要求高，特别是电磁场；②STEM 图像噪声大；③对样品洁净度要求高，如果表面有碳类物质，很难得到理想的图像。

3) 扫描透射电子显微镜的应用

图 3.21 为细菌附载 Ag 纳米颗粒的 STEM 环形暗场像，图 3.21(a)和(b)为样品的两个区域，放大倍数有差别。因 Ag 的原子序数较大，所以在图中显示更高的亮度，可由衬度差别直接分辨细菌细胞内部的 Ag 颗粒，还可以进行晶粒尺寸的直接测量。

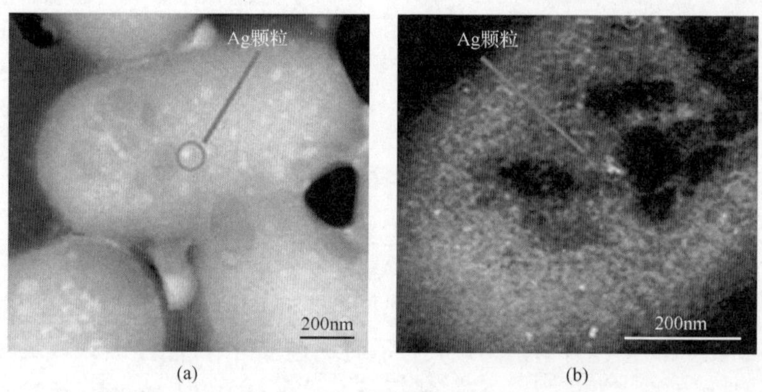


(a) (b)

图 3.21 细菌附载 Ag 纳米颗粒的 STEM 环形暗场像

STEM 利用会聚成纳米量级的电子束在样品的表面扫描，使得单位面积上电子束的能量减少，从而对样品的损伤较小。图 3.22(a)和(b)分别为 $SiO_2$ 包裹生长 Pt 纳米线的 TEM 明场像和 STEM 环形暗场像。在 TEM 模式下，Pt 纳米线被电子束照射后融化，形成不连续的状态；而在 STEM 模式下，可以观察到 $SiO_2$ 包裹非常完整的 Pt 纳米线，而且图像的衬度较 TEM 高。

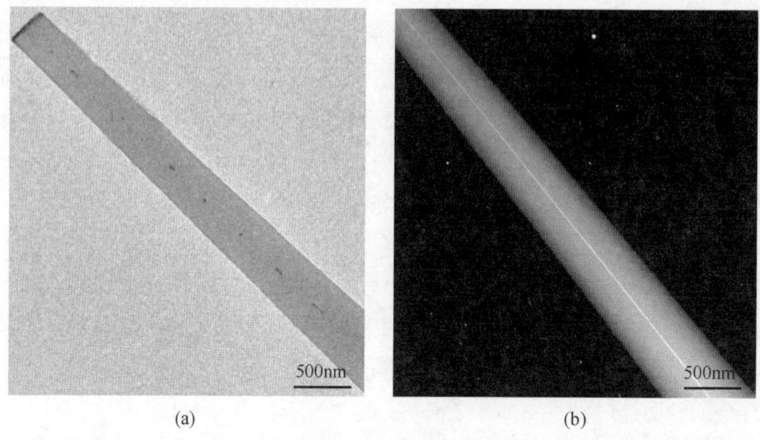


(a) (b)

图 3.22 $SiO_2$ 包裹生长 Pt 纳米线的 TEM 明场像(a)和 STEM 环形暗场像(b)

STEM 还可以同步电子能量损失谱仪(electron energy loss spectrometer, EELS)或能量色散 X 射线仪(energy dispersive X-ray spectrometer, EDS)进行样品的成分分析，例如，某半导体截面样品的 HAADF 像[图 3.23(a)]，针对 HAADF 像中直线 1，可以做 Si、O、C 元素的 EELS 线扫描分析[图 3.23(b)]，也可以做 Pt 元素的 EDS 线扫描分析[图 3.23(c)]。

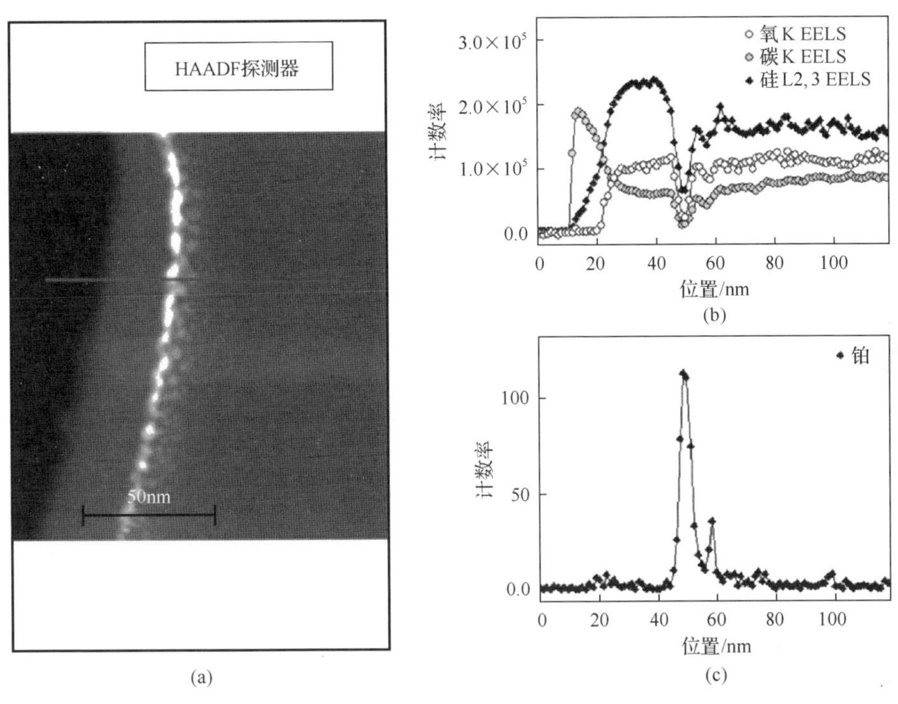


图 3.23 某半导体样品的 HAADF 像(a)、EELS 线扫描分析(b)和 EDS 线扫描分析(c)

STEM 的探测器也在不断发展更新中，先进的 STEM 系统通常带有多级环形明场和暗场探测器。图 3.24 是利用先进的球差校正扫描透射环形明场成像技术(STEM-ABF)，直接在正极材料 $LiFePO_4$ 中观察到锂离子，这是首次在部分充电的 $LiFePO_4$ 中观测到了锂离子的隔行脱出，类比于石墨中存在的“阶”的现象[35,36]。

3. 扫描电子显微镜

扫描电子显微镜(scanning electron microscope, SEM)是介于光学显微镜和透射电子显微镜之间的表面形貌分析设备。它用细聚焦电子束在样品表面扫描时激发产生的某些物理信号调制成像[37]。光学显微镜虽可以直接观察大块试样，但分辨本领、放大倍数、景深都比较低；透射电子显微镜分辨本领、放大倍数虽高，但对样品的厚度要求却十分苛刻，因此在一定程度上限制了它们的适用范围。扫描电子显微镜的出现和不断完善弥补了上述某些不足之处。它既可以直接观察大块的试样，又具有介于光学显微镜和透射电子显微镜之间的性能指标。扫描电子显微镜的突出优点是：样品制备简单、放大倍数连续调节范围大、景深大、分辨本领比较高。它尤其适合比较粗糙的表面，如金属断口和显微组织三维形态的观察研究。

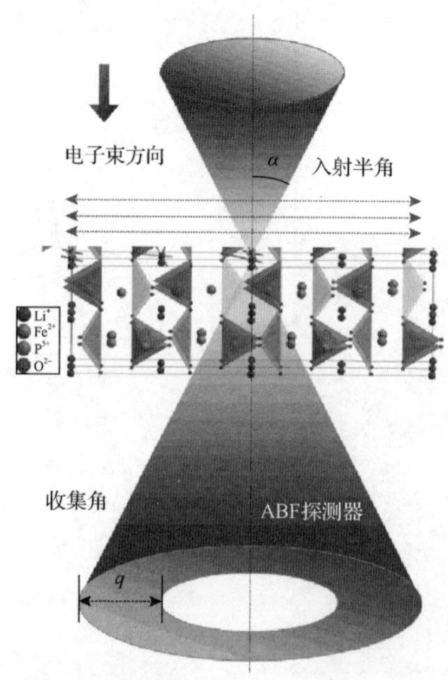


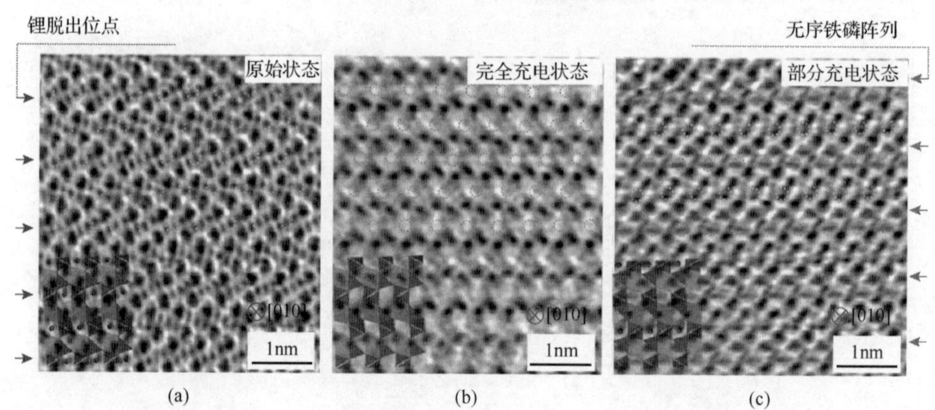


图 3.24* (a)初始 $LiFePO_4$ 沿[010]方向的环形明场像，其中黑色衬度代表原子，在 ABF 像中锂离子(黄圈)清晰可见；(b)完全充电状态，红圈代表锂离子脱出的位置；(c)部分充电状态，黄圈代表锂离子保留的位置，锂离子隔行脱出“阶”的现象呈现出来[35,36]

在实际分析工作中，往往在获得样品表面形貌放大像后，希望能在同一台仪器上进行原位化学成分或晶体结构分析，提供包括形貌、成分、晶体结构或位向在内

* 彩图以封底二维码形式提供，全书余同。

的丰富资料。为此，越来越多的附件被安装到扫描电子显微镜中用于获得上述样品信息，如 X 射线能量色散谱仪、电子能量损失谱和电子背散射衍射(electron backscatter diffraction，EBSD)仪等。

图 3.25 是扫描电子显微镜的工作原理示意图。由电子枪发射出来的电子束，经过 2～3 个电磁透镜所组成的电子光学系统，电子束会聚成针状电子束(光斑尺寸 5～10nm)，并在试样表面聚焦。物镜上方装有扫描线圈，在它的作用下，电子束在试样表面扫描。高能电子束与样品物质交互作用，产生了二次电子、背散射电子、吸收电子、X 射线等信号。这些信号分别可被相应的接收器接收，经放大器放大后成像[38-40]。

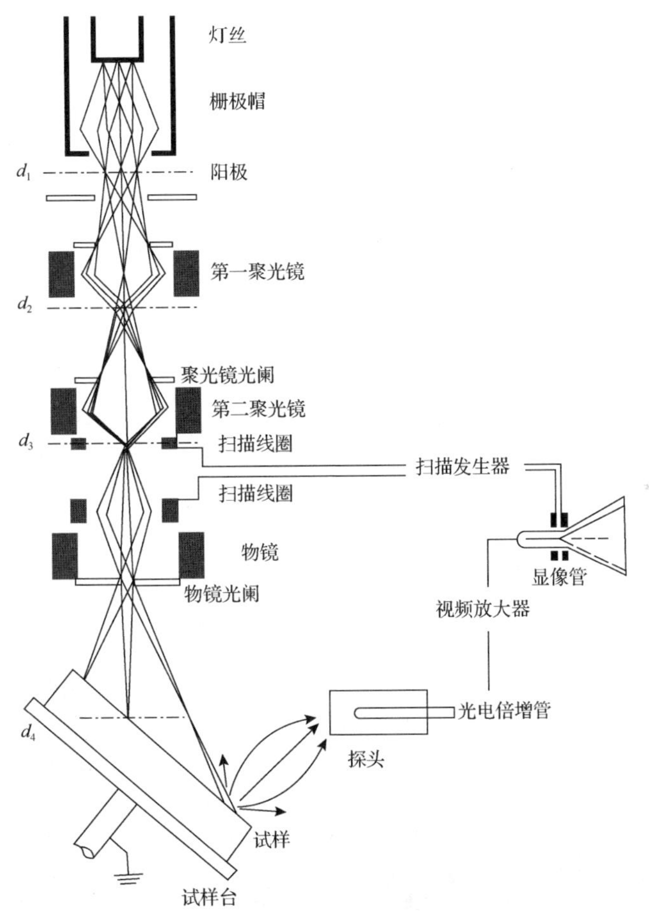

图 3.25　扫描电子显微镜工作原理示意图

扫描电子显微镜的镜筒结构与透射电子显微镜镜筒物镜上极靴以上很相似，它一般包括：电子光学系统、扫描系统、信号的检测及放大系统、图像的显示与记录系统、真空系统与电源系统。扫描电子显微镜的电子光学系统主要由电子枪、电磁聚光镜、光阑、样品室组成。它的作用是获得高能量细聚焦电子束，以此作为使样品产生各种信号的激发源。其中，电子枪构造和功能与透射电子显微镜完全一致，所不同的是加速电压比透射电子显微镜低。扫描电子显微镜中各电磁透镜都不做成像透镜用，而是聚光镜，它们的功能只是把电子枪的束斑(虚光源)逐级聚焦缩小，使原来直径约为50μm的束斑缩小成一个只有数个纳米的细小斑点，要达到这样的缩小倍数，必须用几个透镜来完成。通常扫描电子显微镜电子光学系统中一般由三级电磁透镜组成：第一聚光镜、第二聚光镜和末级聚光镜(即物镜)。前两个聚光镜是强磁透镜，用来缩小电子束光斑尺寸。第三个聚光镜是弱磁透镜，具有较长的焦距，该透镜下方放置样品。布置这个末级透镜的目的在于使样品室和透镜之间留有一定的空间，以便装入各种信号探测器。

影响扫描电子显微镜图像衬度的因素有很多，主要有表面凹凸产生的形貌衬度，原子序数差别产生的成分衬度。相应的扫描电子显微镜中最常用的两种图像是对表面凹凸敏感的二次电子像和对原子序数敏感的背散射电子像。

1)二次电子像

当样品原子的核外电子受入射电子激发(非弹性散射)获得了大于临界电离的能量后，便脱离原子核的束缚变成自由电子，其中那些处在接近样品表层而且能量大于材料逸出功的自由电子就可能从表面逸出成为真空中的自由电子，即二次电子。

试样表面微区形貌差别实际上就是各微区表面相对于入射束的倾角不同，因此电子束在试样上扫描时任何两点的形貌差别表现为信号强度的差别，从而在图像中形成显示形貌的衬度。二次电子像的衬度是最典型的形貌衬度，它对原子序数的变化不敏感，均匀性材料的电势差别也不明显。

二次电子像的应用举例——表面处理样品的形貌观察。图 3.26 是时效态 Cu-Ni-Al 合金样品的二次电子形貌。时效处理后该合金沿着晶界存在菜花状的不连续析出相[图 3.26(a)]，继续对基体进行放大，可以看到有大量的纳米球状析出相[图 3.26(b)]。通过二次电子像可以将表面立体细节显示得很清楚。

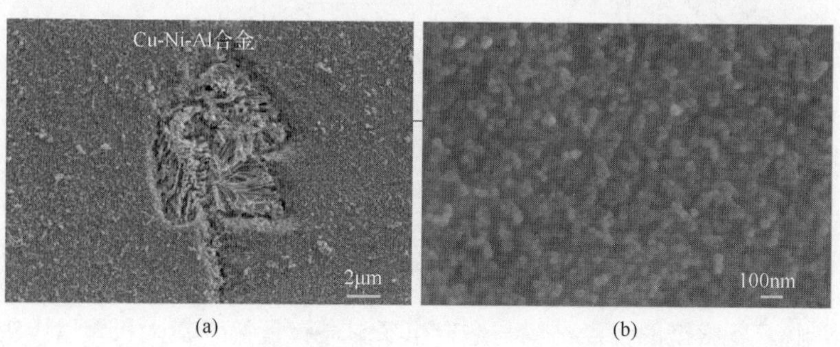


图 3.26　时效态 Cu-Ni-Al 合金样品的二次电子形貌

(a)晶界析出相；(b)晶内析出相

2) 背散射电子像

背散射电子是指受到固体样品原子的散射后又被反射回来的部分入射电子，约占入射电子总数的 30%。它主要由两部分组成，一部分是被样品表面原子反射回来的入射电子，散射角大于 90°的那些入射电子，称为弹性背散射电子。它们只改变了运动方向，本身能量没有损失(或基本没有损失)，所以弹性背散射电子的能量能达到数千到数万电子伏，其能量等于(或基本等于)入射电子的初始能量。另一部分是入射电子在固体中经过一系列散射后最终由原子核反弹或由核外电子产生的，散射角累计大于 90°，不仅方向改变，能量也有不同程度损失的入射电子，称为非弹性背散射电子。其能量大于样品表面逸出功，可从几电子伏到接近入射电子的初始能量。由于这部分入射电子遭遇散射的次数不同，所以各自损失的能量也不相同，因此非弹性背散射电子能量分布范围很广，数十至数千电子伏。图 3.27 是信号电子能量分布示意图，它清楚地显示了这一特点。在扫描电子显微镜中利用的背散射电子信号通常是指那些能量较高，其中主要是能量等于或接近入射电子初始能量的弹性背散射电子。

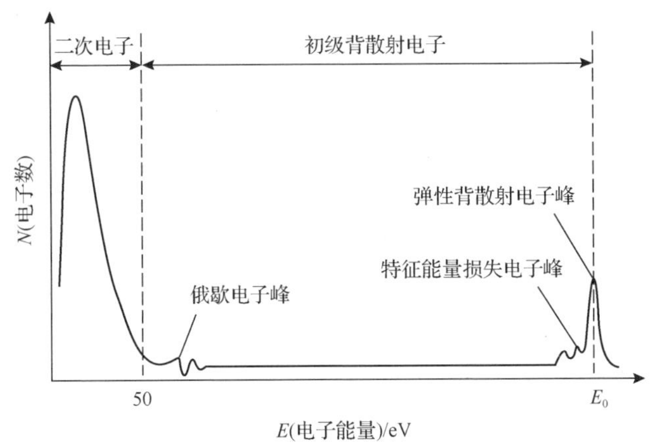


图 3.27　电子束作用下固体样品的信号电子能量分布示意图

背散射电子对样品的原子序数十分敏感，当电子束垂直入射(平样品)时，背散射电子的产额通常随样品的原子序数 $Z$ 的增加单调上升，尤其在低原子序数区，这种变化更为明显，但其与入射电子的能量关系不大。

根据背散射电子发射的机理和特点，可形成多种衬度的像，如成分衬度、形貌衬度、磁衬度、电子背散射衍射衬度、通道花样衬度等。背散射电子的信号既可用于形貌分析，也可用于成分分析。在进行晶体结构分析时，背散射电子信号的强弱是造成通道花样衬度的原因。

采集背散射电子成分像时，为避免形貌衬度对原子序数衬度的干扰，被分析的样品只进行抛光，而不必腐蚀。对有些既要进行形貌分析又要进行成分分析的样品，采用一对检测器收集样品同一部位的背散射电子，然后把两个检测器收集到的信号输入计算机处理，通过处理可以分别得到放大的形貌信号和成分信号。图 3.28 示意地说明了这种背散射电子检测器的工作原理。图中 A、B 表示一对半导体硅检测器，将其放在相互对称的位置上。这样，由原子序数不同所产生的衬度在 A、B 两检测器上是相同的，也就是说，在原子序数高的区域，A、B 两检测器都能检测到强的背反射电子信号，在原子序数低的区域，A、B 两检测器收集到的背散射电子信号都弱。当样品因凹凸不平使得 A 检测器接收到较强的背散射电子信号时，则因此区背离 B 检测器，使得进入 B 检测器的背散射电子信号减少，即由样品表面形貌产生的衬度效果在 A、B 两检测器上是相反的。图 3.28(a) 所示样品表面光滑，只有成分差别，因而 A、B 两检测器都显示相同的成分衬度，将两检测器信号相加，使衬度反差加倍。图 3.28(b) 所示样品表面凹凸不平，但成分均匀，因而 A、B 两检测器分别显示与形貌有关的相反衬度，将两检测器信号相减，得到衬度更明显的形貌像。图 3.28(c) 所示样品表面粗糙，成分也不均匀，因而在 A、B 两检测器上分别显示与成分和形貌都有关的混合像，但将两检测器信号相加，只得到了成分像，将两检测器信号相减，只得到了形貌像。

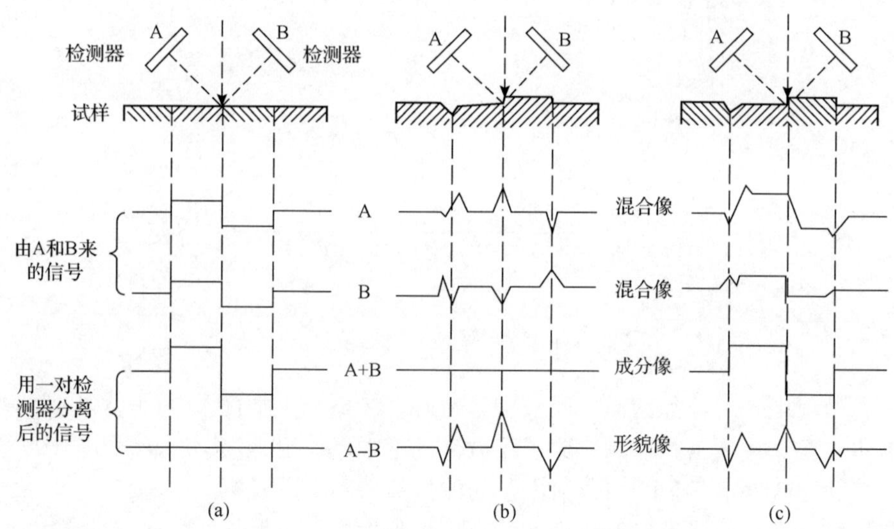


图 3.28 半导体硅对检测器信号处理示意图

(a) 成分有差别、形貌无差别；(b) 形貌有差别、成分无差别；(c) 成分、形貌都有差别

虽然背散射电子也能进行形貌分析，但无论是分辨率还是立体感，以及反映形貌的真实程度，背散射形貌像远不及二次电子像。因此，仅仅进行高质量形貌分析时，都不用背散射电子信号成像。

在原子序数 $Z<40$ 的范围内，背散射电子的产额对原子序数十分敏感。在进行分析时，样品上原子序数较高的区域由于收集到的背散射电子数量较多，故荧光屏上的图像较亮。因此，利用原子序数造成的衬度变化可以对各种金属和合金进行定性的成分分析。样品中重元素区域相对于图像上是亮区，而轻元素区域则为暗区。当然，在进行精度稍高的分析时，必须事先对亮区进行标定才能获得满意的结果[37]。例如，Cu-Zn 合金的二次电子像[图 3.29(a)]和背散射电子像[图 3.29(b)]，其中图 3.29(b)浅色区域为富 Zn 相，比较可看出背散射电子像能够显示成分偏析的信息。

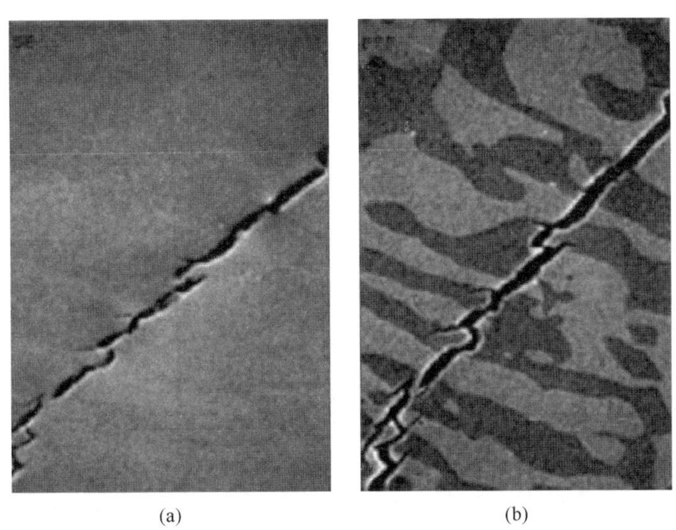


图 3.29　Cu-Zn 合金的二次电子像(a)和背散射电子像(b)

(b)中浅色区域为富 Zn 相

## 3.2.2　探针类显微镜

扫描探针显微镜是通过检测探针和样品之间的物理量，测量样品表面微区的形貌和物理特性的显微镜总称，如检测探针和样品之间隧道电流的扫描隧道显微镜(scanning tunneling microscope，STM)及检测探针和样品之间原子间作用力的原子力显微镜(atomic force microscope，AFM)[20,41]。

### 1. 扫描隧道显微镜

扫描隧道显微镜是利用尖锐金属探针在样品表面扫描，根据针尖与样品间纳米间隙的量子隧道效应引起隧道电流与间隙大小呈指数关系，获得原子级样品表面形貌特征图像的分析设备。扫描隧道显微镜具有如下特点：①具有原子级高分辨率，其平行和垂直于样品表面的分辨率分别可达 0.1nm 和 0.01nm，即可单原子分辨；②可实时得到正空间样品表面三维图像，用于周期性或非周期性表面结构研究，可实时观察表面扩散等动态过程；③可直接观察表面重构、吸附体的形态和位置；④可在真空、大气、常温等不同环境下工作，样品甚至可浸在水和其他溶液中，不需要特别的制样技术且探测过程对样品无损伤；⑤配合扫描隧道谱(STS)可以得到有关表面电子结构的信息，如表面不同层次的态密度、表面电子阱、电荷密度波、表面势垒的变化和带隙结构等；⑥利用扫描隧道显微镜针尖，可实现对原子和分子的移动和操纵；⑦不能探测深层信息，无法直接观察绝缘体。

扫描隧道显微镜的结构如图3.30所示，主要由五部分组成：①隧道针尖；②三维扫描控制器；③减振系统；④电子学控制系统；⑤在线扫描控制和离线数据处理软件。

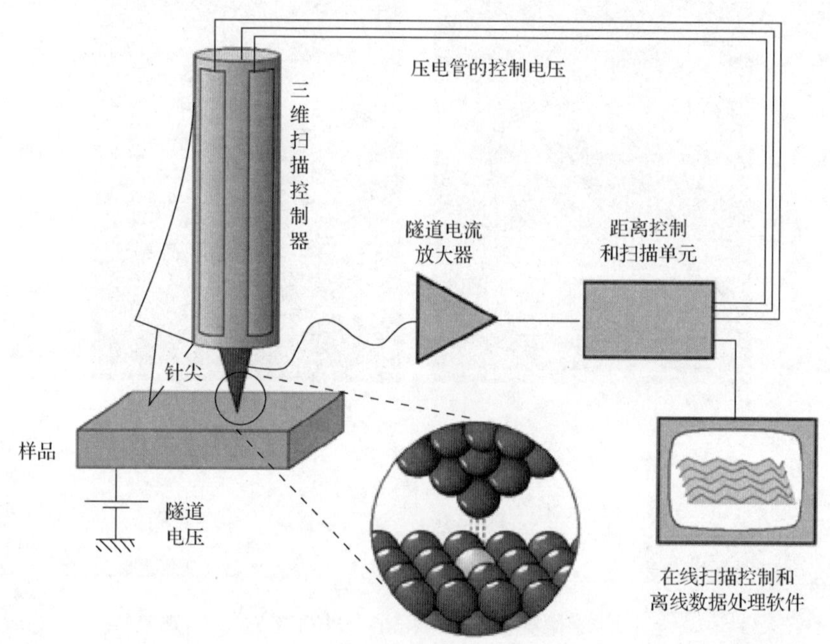


图3.30　扫描隧道显微镜的结构示意图

图3.31为中国科学院化学研究所的科技人员利用纳米加工技术在石墨表面通过搬迁碳原子而绘制出的世界上最小的中国地图。图3.32为对硅片进行高温加热和退火处理后，硅表面的原子重新组合，结构发生重构的扫描电子显微镜图像。图 3.33 为在电解液中观察到的硫酸根离子吸附在铜单晶(111)表面的扫描电子显微镜图像。图中硫酸根离子吸附状态的一级和二级结构清晰可见。

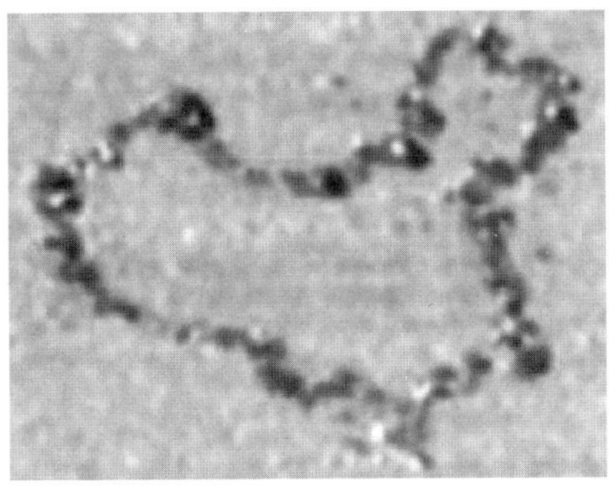

图 3.31　石墨表面通过搬迁碳原子而绘制出的世界上最小的中国地图

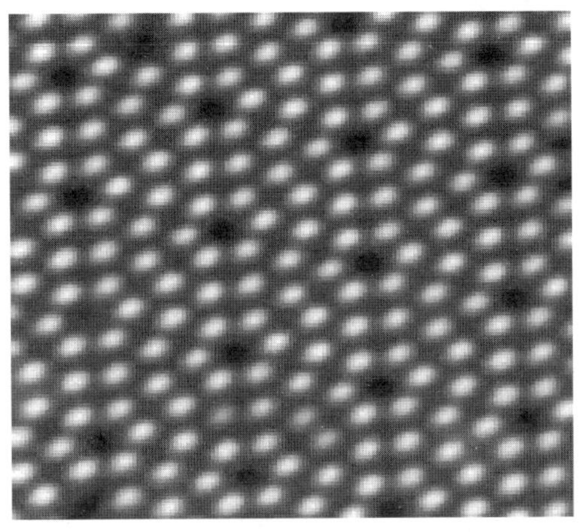

图 3.32　硅(111)表面原子重构的 STM 图像

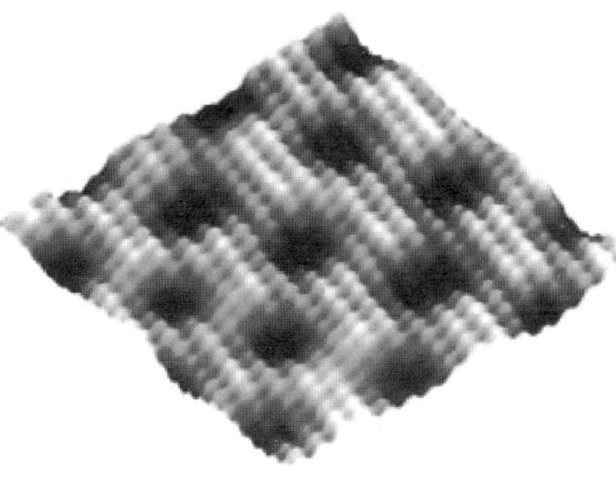

图 3.33　液体中观察到的硫酸根离子吸附在铜单晶(111)表面的 STM 图像

2. 原子力显微镜

为了克服扫描隧道显微镜不能测量绝缘体表面形貌的缺点，1986 年 G. Binnig（吉秉霖）提出原子力显微镜的概念，它是利用微悬臂感受和放大悬臂上的尖细探针与样品表面原子之间的作用力，从而达到检测样品表面的目的。它不但可以测量绝缘体表面形貌，达到接近原子分辨，还可以测量表面原子间的力，测量表面弹性、塑性、硬度、黏着力、摩擦力等性能。

1) 原子力显微镜的基本结构

原子力显微镜的基本结构如图 3.34 所示，主要由三部分组成，分别为力检测部分、位置检测与调节部分和控制及信息处理部分。

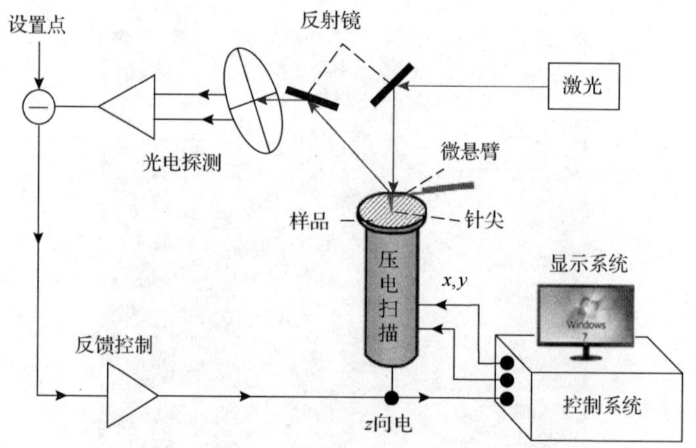


图 3.34　原子力显微镜的基本结构示意图

$x$、$y$ 代表探针平面移动位置；$z$ 代表探针高度变化

(1) 力检测部分。

原子力显微镜使用微悬臂检测原子之间力的变化量。微悬臂通常由一个 100～500μm 长和 500nm～5μm 厚的硅片或氮化硅片制成，顶端有一个尖锐针尖，用来检测样品与针尖之间的相互作用力。实际检测时，需要依照样品的特性和操作模式的不同来选择微悬臂的规格（长度、宽度、弹性系数及针尖的类型和形状）。原子力显微镜所要检测的力是原子间的范德瓦耳斯力，在不同的情况下，也可能是机械接触力、毛细力、化学键、静电力、开西米尔效应力、溶剂力等。

(2) 位置检测与调节部分。

位置检测与调节部分的作用是合理地控制样品与探针之间的距离，其主要是通过一组步进马达、压电陶瓷、激光器和激光探测装置实现。在原子力显微镜系统中，当探针靠近样品表面一定距离时，微悬臂会因为受到探针头和样品表面的交互作用力而遵从胡克定律弯曲偏移，偏移会由射在微悬臂上的激光束反射至光敏二极管阵列而测量到，较薄的微悬臂表面常镀上反光材质(如铝)以增强其反射，如图 3.44 所示。整个系统是依靠激光光斑位置检测器将偏移量记录下并转换成电信号，通过控制器做信号处理，然后驱动马达运动以调节位置。

(3) 控制及信息处理部分。

原子力显微镜的系统中，将信号经由激光检测器探测，并传入控制器，在控制器中进行分析处理，然后反馈作为内部的调整信号，并驱使由压电陶瓷管制作的扫描器做适当移动，以确保样品与针尖保持合适的作用力，测试结果与操作指令通过计算机程序控制。

2) 原子力显微镜的基本原理及工作模式

(1) 基本原理。

将一个对微弱力极敏感的微悬臂一端固定，另一端有一微小的针尖，针尖与样品表面轻轻接触或达到一定距离时，由于针尖尖端原子与样品表面原子间存在极微弱的排斥力，通过在扫描时控制这个力的恒定，带有针尖的微悬臂将对应于针尖与样品表面原子间作用力的等位面而在垂直于样品的表面方向起伏运动。利用光学检测法，可测得微悬臂对应于扫描各点的位置变化，从而获得样品表面形貌的信息。

当针尖与样品充分接近相互之间存在短程相互斥力时，检测该斥力可获得表面原子级分辨图像，一般情况下分辨力也在纳米级水平。原子力显微镜测量对样品无特殊要求，可测量固体表面、吸附体系等。

(2) 工作模式。

原子力显微镜的工作模式有以下三种。

(a) 接触模式。该模式针尖始终与样品保持接触，两者相互接触的原子中电子间存在库仑排斥力，大小通常为 $10^{-11}$～$10^{-8}$N。虽然它可以形成稳定的高分辨率的图像，但针尖在样品表面上的移动及针尖与样品间的黏附力，同样使样品产生相当大的形变并对针尖产生较大损害，从而在图像数据中产生假象。

(b) 非接触模式。该模式控制探针在样品表面上方 5～20nm 距离处扫描，所检测的是范德瓦耳斯吸引力和静电力等对成像样品没有破坏的长程作用力，但是由于针尖和样品间距比较大，分辨率较接触模式低。实际上由于针尖容易被样品表面的黏附力所捕获，因而非接触模式的操作是很困难的。

(c) 轻敲模式。该模式介于接触模式和非接触模式之间。针尖同样品接触，分辨率几乎和接触模式的一样好，同时因接触时间短暂而使剪切力引起的样品破坏几乎完全消失。轻敲模式的针尖在接触样品表面时，有足够的振幅(大于 20nm)来克服针尖与样品之间的黏附力。目前轻敲模式不仅用于真空、大气，在液体环境中应用也不断增多。

综上，非接触模式工作距离较大，并且针尖和样品的作用力始终是吸引力，接触模式则相反，工作在斥力区，而轻敲模式由于探针保持以一定振幅振动，并且和样品间隙接触，所以和样品的距离在一定范围内变化，样品和针尖的作用力是引力和斥力交互作用，如图 3.35 所示。

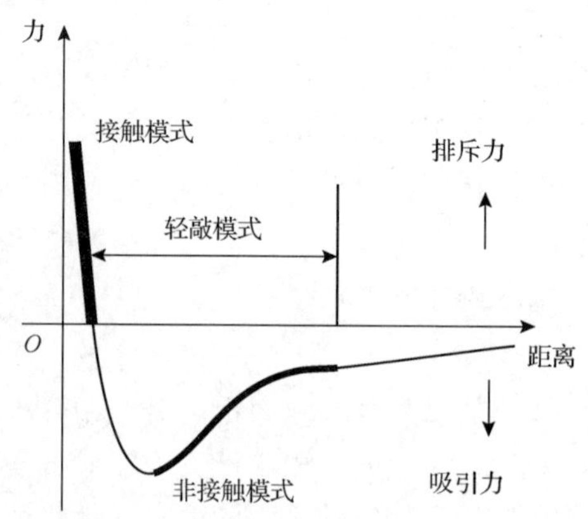


图 3.35 三种工作模式的力-距离曲线

3）原子力显微镜的应用与实例

原子力显微镜可用于材料表面观察、尺寸测定、表面粗糙度测定、颗粒度解析、凸起与凹坑的统计处理、成膜条件评价等。图 3.36 为不同成分高熵合金薄膜原子力显微镜形貌，可直观地测量表面粗糙度的变化。另外，在生物医学样品和生物大分子的研究中，原子力显微镜也已成为重要工具之一。

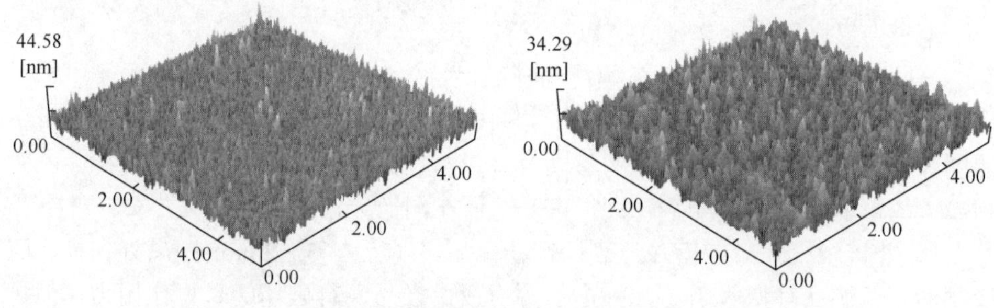


图 3.36 不同成分高熵合金薄膜形貌图

3. 综合型扫描探针显微镜

随着仪器制备技术的不断进步，目前越来越多生产厂商将扫描隧道显微镜和原子力显微镜的功能结合在一起，生产各种综合型号的新式扫描探针显微镜（scanning probe microscope，SPM）。这类显微镜的纵向分辨率达到 0.01nm，面内分辨率达到 0.02nm，分辨率远超其他观察设备，可以开展更广泛的物理性能的测量和评价。

1) 新式扫描探针显微镜的功能

功能如下：①纳米尺度的质量控制，主要包括表面粗糙度的测量、间距的测量、台阶高度的测量、角度的测量、颗粒分析等几个方面，可应用于有机和无机薄膜、透明电极、精细陶瓷、玻璃、聚合物、硅片、纳米压印、器件等。②纳米材料的分散性评价，主要包括微相分离结构、共混聚合物、纳米复合材料、薄膜、微颗粒表面及界面。③纳米级加工应用，较为适用于下一代纳米加工制备的纳米刻蚀和纳米操纵技术，如阳极氧化刻蚀、划痕加工等。④纳米级电气特性的评价，主要包括表面电势、导电性、电阻、漏电电流、静电电容、极化、掺杂分布，多种电气特性的成像等，可应用于复合材料、导电聚合物、液晶冷光屏、软材料、电池材料、电子器件及有机半导体，如高分子薄膜(电池材料)导电性成像评价，荷电调色剂表面的电势分布评价。⑤环境控制条件下的形貌和物理性能评价，不仅可以在一定的条件下控制测量环境，也可以在连续的条件下自动控制环境参数完成样品物理特性的高灵敏度检测。其真空度达到 $10^{-5}$Pa，加热冷却温度为–120～300℃，高温范围为室温至 800℃，相对湿度为 0%～80%。⑥力曲线/杨氏模量测量。将力曲线转换为加载-嵌入距离曲线，根据模型计算样品的杨氏模量。通过具有探针弹性系数校正、探针曲率半径计算功能的力曲线/模量测定软件，实现了微小区域的杨氏模量在 10MPa～10GPa 范围内的定量化。

2) 新式扫描探针显微镜的测量模式

(1) 形貌测量模式。

①STM 隧道电流：当金属探针和导电样品的距离小于几纳米时，通过在两者之间施加偏压就可以形成隧道电流。在扫描时控制隧道电流保持不变就可以获得样品表面的形貌，同时也可以观察到样品表面的电子状态。②AFM 接触模式：探针与样品之间的作用力被转换成悬臂的弯曲程度而被检测。通过控制悬臂的弯曲程度，扫描样品表面即可获得形貌图像。③动态力显微镜(dynamic atomic force microscope，DFM)非接触/间歇接触：DFM 模式下探针悬臂不停的振动。当探针靠近样品时，探针与样品间的作用力会发生变化，引起探针振动振幅的变化。探针振幅的变化可以被检测和控制，在扫描时控制振幅不变即可获得样品表面的形貌。DFM 模式的应用范围很广，如一些软材料和表面吸引力较强的样品都可以观察。④智能取样扫描(sampling intelligent scanning，SIS)：SIS 模式只在需要测量的点将探针迫近样品，获得形貌和物理性能，而在其他时候都将探针抬起远离样品；同时 SIS 模式具有智能扫描功能，可以根据样品形貌调节扫描速度。SIS 模式解决了普通 SPM 扫描时探针对样品的影响(如拖拽和变形)，以及探针与样品间相互作用带来的影响。这使得测量过程变得更加稳定，尤其对一些软材料、大面积不均匀或者黏性的样品更有利。在电流测量模式下，当样品较软时，SIS 模式可以在不破坏样品的同时获得电流图像和稳定的形貌图像；在相图模式下没有扫

描时形貌假象的影响，可以获得更优异的物理性能。

(2)机械/热学性能测量模式。

①相位像(phase imaging，PM)：在DFM模式中，样品的吸附力、硬度等对探针的共振相位产生影响，通过检测探针共振相位的延迟，对样品表面的物性差进行观察。②摩擦力像(FFM)：在AFM模式下，将探针和样品间的摩擦力转换成探针的扭曲量进而检测，可以同时得到形貌像和摩擦力像，如图3.37所示。③横向振动摩擦力像(LM-FFM)：在横向使样品微小的振动，通过检测探针横向的扭曲量获得摩擦力像。这种扫描模式消除了样品凹凸和扫描方向对测量的影响。④黏弹性像(VE-AFM/DFM)：在垂直方向上使样品振动，通过检测样品的黏弹性所引起的探针的弯曲振幅变化得到黏弹性像。⑤吸附力(adhesion)：样品在垂直方向上振动，并使探针与样品处在周期性的接触和非接触的状态下，通过检测探针和样品从接触状态变化至非接触状态瞬间的探针弯曲量以观察样品的吸附力分布。

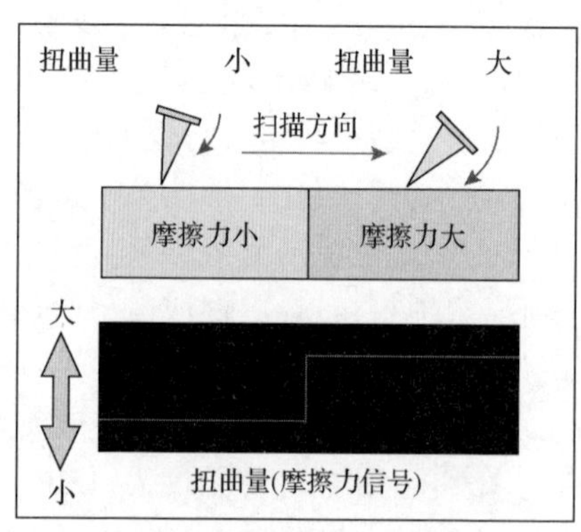

图3.37　探针移动状态和FFM信号

(3)电/磁性能测量模式。

①电流谱(current/pico-current/CITS)：在样品上施加偏压的同时进行扫描，检测探针和样品之间的电流，观察电流的分布。由于测定样品面内各个点的 *I-V* 曲线，所以可以观察任意电压下的电流分布。②扩散电阻(SSRM)：在样品上施加偏压，通过使用高导电性和高硬度的探针检测探针与样品接触位置的微小电流，可以观察样品表面的电阻分布，检测范围可以达到6位数以上，完全满足实用半导体掺杂浓度测定的要求。③介电率(SNDM)：在探针和样品之间施加交流电压，通过检测探针下的非线性介电率的频率变化，可以观察铁电材料的极化状态和半导体掺杂浓度分布；④高灵敏度SNDM(HSSNDM)测量：SNDM的灵敏度主要依赖检测器、FM调节器、锁相放大器的性能。由于搭载了最高性能的硬件设备，HSSNDM测量灵敏度与普通SNDM相比提高了近50倍。⑤压电响应(PRM)：在探针和样品之间施加交流电的同时，通过扫描检测铁电材料的应变成分，以观察应变的分布。⑥表面电势显微镜(KFM)：在导电性探针和样品之间施加交流和直流电压，控制由交流电压所引起的静电力为零，检测直流电压，并作为表面电势图像化。⑦静电力显微镜(EFM)：在导电性探针和样品之间施加交流或直流电压，将交流电压所引起的静电力成分图像化。KFM是直接检测样品表面的电势。虽然EFM并不是直接检测样品表面的电势，但响应性比KFM要好，所以作为定性分析样品的电气特性十分便利。⑧磁力显微镜(MFM)：磁力探针和样品在磁场的作

用下，磁性探针的位相将发生变化。MFM 就是检测这一变化并将其图像化，在真空中可以获得更高灵敏度和分辨率的磁畴像。

## 3.3 电池材料微观成分的表征方法

### 3.3.1 电子探针显微分析

电子探针显微分析仪(electron probe microscope analyser，EPMA)也称电子探针仪，是利用一束细聚焦高能电子束轰击样品表面，在一个有限深度与侧向扩展的微小体积内，激发和收集样品的特征 X 射线信息，并依据特征 X 射线的波长(或能量)确定微区内各组成元素的种类，同时可利用谱线强度解析样品中相关组元的具体含量[1,42-45]。

一般，湿法或光谱化学分析等传统成分分析方法只能获得样品整体或平均的成分结果，它们很难处理样品中常发生的微观组织成分不均匀性问题，在分辨率、灵敏度、检测精度与适应性等方面，这些成分分析技术难以满足当代科技发展的需要。电子探针仪可对材料的微小区域进行精确的化学成分分析，其元素定性和定量分析的空间分辨率达到微米乃至亚微米量级。与传统物理或化学的成分分析方法相比，它具有如下特点：①微区分析。电子探针仪常用工作电压为 1～40kV，对应能量区间的电子束在样品中的穿透深度和侧向扩展尺度约为 1μm 数量级，这决定了被采样分析的区域体积为几立方微米，质量处于 $10^{-10}$g 数量级。②高准确度与灵敏度。在基体修正的基础上，多数情况下电子探针能以优于±2%的相对误差对元素周期表中绝大部分元素进行定量分析。当样品组元的原子序数 $Z>22$ 时，其探测精度极限可达 100ppm($1ppm=10^{-6}$)；当 $10<Z<22$ 时，降为 1000ppm；而当 $Z<10$ 时，也有 0.1%～1%。一般，电子探针仪元素分析的相对灵敏度约为万分之一，由于其分析的样品微区质量在 $10^{-10}$g 左右，则绝对灵敏度可达 $10^{-14}$～$10^{-15}$g 数量级。③可分析的元素范围宽，实验操作易实现规范化与自动化。电子探针仪可检测分析元素周期表中 $_{4}Be$～$_{92}U$ 元素(元素前的下标数字为其原子序数)；操作过程易实现程序化，并可通过操作自动化提高工作效率。

#### 1. 理论基础

电子探针仪检测与分析的信号是样品受到高能电子束轰击产生的特征 X 射线。电子探针仪实现自身功能的理论基础是莫塞莱定律，即元素(对应于样品靶材中的组元)的特征 X 射线波长 $\lambda$ 与原子序数 $Z$ 存在如下关系：

$$\lambda = \frac{K}{(Z-\sigma)^2} \tag{3.12}$$

式中，对于某一特定跃迁过程 $K$ 为常数；$\sigma$ 为核屏蔽系数，K 系激发时等于 1。相应地，波长为 $\lambda$ 的 X 射线的能量 $E$ 为

$$E = \frac{\hbar c}{\lambda} = \frac{\hbar c(Z-\sigma)^2}{K} \tag{3.13}$$

式中，$c$ 为 X 射线的传播速度；$\hbar$ 为普朗克常量。

基于上述公式，如果检测到样品中各组元的特征 X 射线的波长(或能量)信息，就可依据莫塞莱定律推断它们的原子序数 $Z$，即确定被测组元的元素种类。而且，样品中某一组元的含量越多，其被激发出的特征 X 射线强度也相应越高。

设电子探针测得某一样品中 A 元素所产生的特征 X 射线强度为 $I_A$，以含 A 元素浓度已知的样品为参考标样，在同等条件下，测得其中 A 元素的同一特征 X 射线的强度为 $I_0$，则所测样品与参考标样中的 A 元素浓度值之比 $k_A$ 可表示为

$$k_A = \frac{c_A}{c_0} \propto \frac{I_A}{I_0} \tag{3.14}$$

式中，$c_A$ 和 $c_0$ 分别为被测样品和参考标样中 A 元素的浓度。

如果忽略特征 X 射线在样品中的吸收与荧光激发等效应的影响，则可将式(3.14)近似表达为

$$k_A = \frac{c_A}{c_0} = \frac{I_A}{I_0} \tag{3.15}$$

实际研究中，一般将 A 元素的纯物质作为参考标样，此时 $c_0$=100%=1，相应地，$c_A = I_A/I_0$。因此，根据所测样品与参考标样中某元素的特征 X 射线的相对强度值，就可推断所测样品中该元素的具体含量(即浓度)。电子探针仪就是基于这个基本原理进行微区成分的定量分析的。

2. 仪器构造

电子探针仪的镜筒构造与扫描电子显微镜类似，此外最重要的是检测 X 射线信号所需的部件。本质上，电子探针仪是电子光学系统与 X 射线光谱分析技术的综合体，前者负责在样品微区内激发特征 X 射线，后者负责检测 X 射线光谱实现成分分析。图 3.38 给出了电子探针仪的结构示意图。

近年来，电子光学系统已经完全等同于一台高分辨率的扫描电子显微镜，所以其结构就不再重复叙述，请参见 3.2 节。该系统除在样品微区内激发特征 X 射线外，还可提供样品相应区域的金相形貌、二次电子、背散射或吸收电子像等。样品室内还可安装电子通道花样拍摄装置等，同时实现形貌、结构取向等其他测试分析功能。

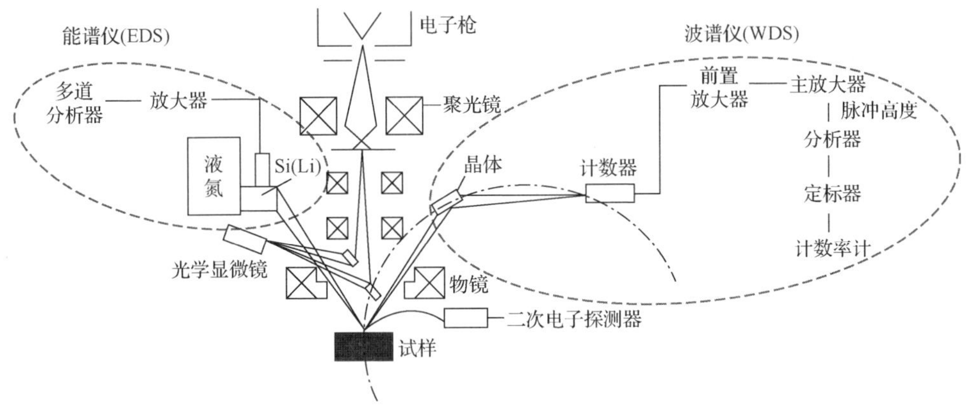


图 3.38　电子探针仪构造示意图

自样品表面射出的 X 射线透过样品室上方的窗口进入 X 射线谱仪室，经弯曲分光晶体或能谱探头展谱后由 X 射线观察记录系统接收、记录谱线的波长或能量、强度等信息。3.3.1.3 节将分别讨论两种不同谱线接收方式及相应的接收装置。

为满足某些实际研究的特殊需求，现代电子探针仪中还可装备一些附属装置，如样品加热、拉伸装置及高扫描速度的电视(TV)扫描观察系统等。

3. X 射线谱仪

X 射线谱仪是电子探针用以分析鉴定样品组元种类与含量的核心部件。一般情况下，样品中含有多种元素，高能电子束轰击样品会激发出各种波长的特征 X 射线，为了将各元素的谱线检测出来，就必须把它们分散开(即展谱)。

利用不同元素特征 X 射线的能量差异来展谱进行成分分析的仪器，称为能量色散 X 射线仪，简称能谱仪；基于特征 X 射线的波长不同来展谱进行成分分析的仪器，称为波长色散谱仪(wave dispersive spectrometer，WDS)，简称波谱仪。

1) 能谱仪

前面已经讨论过，特征 X 射线波长大小与核外电子能级跃迁时释放出的特征能量一一对应。能谱仪就是基于不同元素发出的特征 X 射线能量($\Delta E$)不同这一事实进行成分分析的。图 3.39 是能谱仪的结构示意图，来自样品的 X 射线信号穿过薄窗(或超薄窗)进入 Si(Li)探头，Si 原子吸收一个 X 射线光子产生一定量的电子-空穴对(其数量正比于 X 射线能量)，形成一个电荷脉冲，经前置放大器与主放大器进一步放大，并转换成一个正比于 X 射线能量的电压脉冲，而后将其输入多道脉冲高度分析器转换成数字信号，按数字信号的数字量大小对 X 射线进行分类、计数和存储，通过计算机进一步处理，以谱图或数据形式输出检测结果。

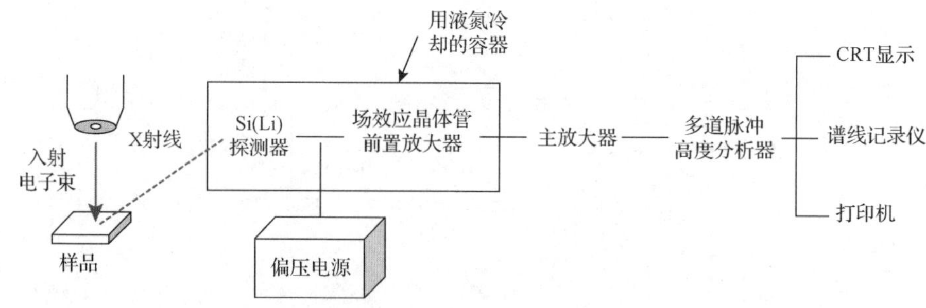


图 3.39 能谱仪结构示意图

能谱仪的主要性能指标：①分析元素范围，有 Be 窗口的范围为 $_{11}Na$～$_{92}U$；无窗或超薄窗口的为 $_4Be$～$_{92}U$；②分辨率，指分开/识别相邻谱峰的能力，目前能谱仪的分辨率可达约 121eV；③探测极限，将元素可测的最小百分浓度定义为能谱仪的探测极限，这与所测元素种类、样品的组分等因素有关，能谱仪的探测极限一般为 0.1%～0.5%。

能谱仪的优点：①分析速度快。能谱仪可瞬时同步接收和检测来自样品的所有不同能量的 X 射线光子，能在几分钟内分析和确定样品中所含的全部元素。②灵敏度高。能谱仪收集特征 X 射线的立体角较大，而且其核心 Si(Li)探测器不采用聚焦方式工作，因而不受聚焦圆的限制，探头可以靠近试样放置，收集强度几乎没有损失，所以灵敏度高，单位强度入射电子束所产生的特征 X 射线计数率可达 $10^4$cps/nA（1nA＝$10^{-9}$A）。此外，能谱仪可在低入射电子束流（约 $10^{-11}$A）条件下工作，这有利于提高分析的空间分辨率。③谱线重复性好。由于能谱仪没有机械传动部件，稳定性好，且没有聚焦要求，所以谱线峰位的重复性好且不存在失焦问题，适合粗糙表面的成分分析。

能谱仪的缺点：①能量分辨率低[121eV，比波谱仪（约 5eV）低很多]、峰背比低，而且谱线重叠现象严重，特别是能量相近的特征 X 射线，能谱仪难以分辨。另外，背散射电子或荧光 X 射线信号导致能谱仪测得的谱图的峰背比偏低。因此，能谱仪所能检测的元素浓度最低可达 1000ppm，高于波谱仪 10 倍。②分析轻元素受限。③工作条件严格。Si(Li)探头必须保持在液氦冷却状态工作。

2）波谱仪

波谱仪是通过晶体衍射分光的途径实现对不同波长的 X 射线分散展谱、鉴别与测量的。图 3.40 为波谱仪的工作原理示意图。其中，在样品上方放置了一块有适当晶面间距 $d_{hkl}$ 的平面晶体。根据布拉格衍射方程 $\lambda=2d_{hkl}\sin\theta$，对于任意一个给定的入射角 $\theta$，只有一个确定波长能满足晶体的“反射”条件。若连续地改变 $\theta$，就可在与入射方向呈 $2\theta$ 的方向上接收到不同波长的单色 X 射线，从而展示适当波长范围内的全部 X 射线谱信号。这就是波谱仪利用波长差异展谱的基本原理。

波谱仪主要包括分光系统(即波长分散系统)和信号检测系统，图 3.41 为其主要结构示意图。

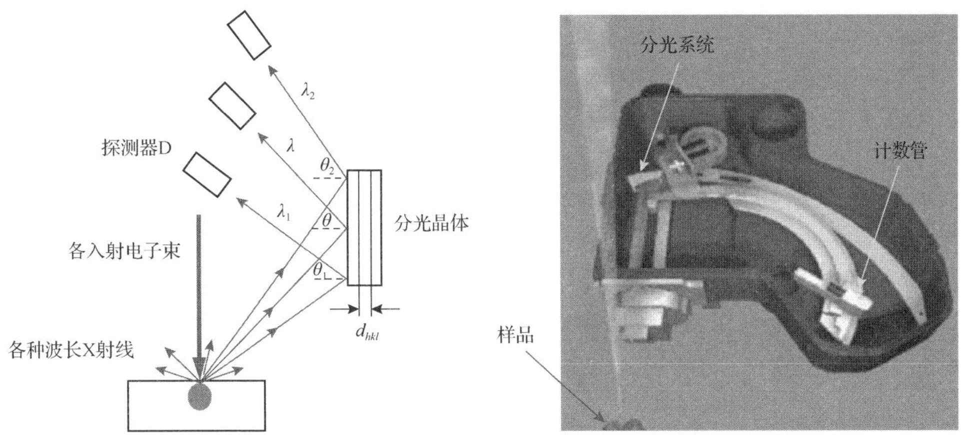


图 3.40　波谱仪的工作原理示意图

图 3.41　波谱仪的主要结构示意图

(1) 分光系统。分光晶体是分光系统的最关键部件。由于被测样品微区内含有多种组元，其受激发产生的 X 射线具有多种特征波长，且它们都以点光源的形式向四周发射，因此，对某个波长为 $\lambda$ 的特征 X 射线来说，只有从某些特定的入射方向进入晶体才能获得较强的衍射束。图 3.40 中示意给出了不同波长的 X 射线以不同方向入射时产生衍射束的情况。如果面向衍射束安置一个接收器，便可记录下这些不同波长的 X 射线衍射线。图中所示的平面晶体就是分光晶体，它可以将样品中被测微区内产生的不同波长的特征 X 射线分散并展示出来。由图 3.40 可见，X 射线与晶体的取向关系满足布拉格条件 $n\lambda=2dhkl\sin\theta$ 时就产生衍射，在衍射方向用探测器将其接收。

(2) 信号检测系统。信号检测系统的作用是将由分光晶体衍射所得的特征 X 射线信号接收、放大并转换成电压脉冲进行计数，通过计算机处理，进行定性或定量分析计算。该系统主要包括计数管、前置放大器、比例放大器、波高分析器、定标器、计数率表，以及计算机和打印机等输出设备。

波谱仪的主要性能指标：①分析的元素范围为 $_{4}$Be～$_{92}$U；②分辨率较能谱仪要高，可达 5～10eV；③探测极限为 0.01%～0.5%。

波谱仪的优点：①波谱仪分辨率高，其波长对应的能量分辨率为 5～10eV，可将波长十分接近的谱线清晰地分开；②谱线峰背比高，其所能检测的元素最低浓度是能谱仪的 1/10，一般达 100ppm；③不仅无须液氮冷却，而且可分析轻元素。

波谱仪的缺点：①由于经分光晶体衍射后，X 射线强度损失很大，其检测效率低，要保证分析的准确性和精度，采集时间必然要加长；②由于分光晶体在一种条件下只能对一种元素的 X 射线进行检测，故波谱仪检测与分析速度都较慢；③结构复杂，有机械传动部件，要求平面样品。

3）波谱仪与能谱仪的比较

表 3.4 比较了这两种 X 射线谱仪的主要性能指标。

**表 3.4　波谱仪与能谱仪的主要性能指标比较**

| 操作特征 | 波谱仪 | 能谱仪 |
| --- | --- | --- |
| 分析元素范围 | $Z \geqslant 4$ | $Z \geqslant 11$（铍窗）；$Z \geqslant 4$（无窗或超薄窗） |
| 分辨率 | 与分光晶体无关，约 5eV | 与能量有关，约 121eV |
| 几何收集效率 | 改变，＜0.2% | ＜0.2% |
| 量子效率 | 改变，＜30% | 约 100%（2.5～15keV） |
| 瞬时接收范围 | 谱仪能分辨的范围 | 全部有用能量范围 |
| 最大计数速率 | 约 50000cps（在一条谱线上） | 与分辨率有关，使在全谱范围得到最佳分辨率时，＜2000cps |
| 谱线显示 | 可同时使用 4 道波谱仪，显示所有谱线，定性分析时间长，1～20min 才完成 | 同时显示所有谱线，定性分析速度快，几十秒即可完成 |
| 分析精度（浓度＞10%，$Z>10$） | ±（1%～5%） | ≤±5% |
| 对表面要求 | 平整、光滑 | 较粗糙表面也适用 |
| 典型数据收集时间/min | ＞10 | 2～3 |
| 谱失真 | 少 | 主要包括：逃逸峰、峰重叠、电子束散射、铍窗吸收效应等 |
| 最小束斑直径/nm | 约 200 | 约 5 |
| 定量分析 | 精度高，能进行“痕量”元素、轻元素及有重叠峰存在时的分析 | 对中等浓度的元素可得到良好的分析精度，但对“痕量”元素、轻元素及有重叠峰存在时的分析，精度不高 |
| 定性分析 | 擅长作“线分析”和“面分析”图，因成谱速度慢，对未知成分的点分析不太好 | 获得全谱的速度快，作点分析方便，作“线分析”和“面分析”图不太好 |
| 探测极限/% | 0.01～0.1 | 0.1～0.5 |
| 其他 | 有复杂的机械系统，操作复杂，不易掌握，售价高 | 基本无可动部件，简单易操作，售价便宜 |

4. 电子探针仪

电子探针仪是研究微米数量级区域内元素浓度与分布的有力工具。其所测样品多限于固体，要求待测样品不能有蒸气或气体等物质放出。但含气体元素的化合物或者被样品吸附的非游离气体，是可作为分析对象进行测量分析的。

表面状态对入射电子在样品中的行程及 X 射线的产生和出射路径有极大影

响。鉴于表面的凹凸不平将降低检测与分析结果的可靠性，因而样品表面尽可能平整为好。一般，X 射线显微分析仪所用样品，其表面质量须达到可作光学显微镜金相观察程度。电子探针用样品与扫描电子显微镜样品要求接近，表面平整度和清洁度上要求更高一点，对于粉体和不导电性样品的处理方法与扫描电子显微镜相同。值得一提的是，如果为了导电而对样品进行喷镀，则入射电子的能量将会在喷镀层中损失一部分，而且由样品产生的 X 射线也会被这层喷镀膜部分吸收，所以 X 射线的强度也会受到影响。因此，在定量成分分析时，不仅对所要分析的样品，而且对标准样品及测量背底所用的样品都必须进行同样的喷镀。如果喷镀不在相同条件下进行，膜的厚度与质量差异会给测量带来误差。

电子探针仪有专门的标准样品用来进行元素的定量分析：是基于化学成分已知的样品(即标准样品)和未知样品所产生的 X 射线信号(强度)对比进行的。其中，选用的标准样品应满足：成分已知，且物理和化学性质稳定；在微米数量级范围内成分均匀。通常，采用仅含所测元素的单质(如各种纯金属)作为标准样品。有时却无法使用单质标准样品，如：①化学性质活泼的元素(如碱族和碱土族元素等)；②常温下为气体的非金属物质(如氧、氮、惰性气体等)；③存在峰值漂移(peak shift)问题的场合。这些情况下，就选取成分已知的化合物作为标准样品，并且尽可能要求化合物与待测样品的元素价态一致。

测量背底所用的样品，其重要性有时并不亚于标准样品。无论对标准样品还是未知样品的测量都需要这种样品，其主要选用原则是不含所需分析的元素，而且应当与相应样品的平均原子序数相近。此外，测量背底所用样品的物理、化学性质也尽量与待测样品相似。

#### 5. 电子探针分析方法

1)电子探针仪的三种基本工作方式

(1)点分析。

用聚焦电子束照射在样品表面的待测点或微区上，激发样品元素的特征 X 射线，如图 3.42 所示；如果用能谱仪探测并做全谱扫描，根据谱线峰值位置能量确定分析点区域中存在的元素，即可获得分析微区所含元素的定性结果，结合谱线的强度可进行元素半定量分析；如果用波谱仪，则根据谱线峰值位置的波长来确定元素种类，结合标准样品相同元素的分析结果，可针对样品中所有元素逐点进行成分的定量分析。

(2)线扫描分析。

确定所需测定的某一元素，根据其特征 X 射线的能量或波长信息，将谱仪(能谱仪或波谱仪)固定于相关测量位置，并使聚焦电子束在试样观察区内沿一感兴趣的指定路径作直线扫描，如图 3.43 所示，可探测到所测元素沿该直线的 X 射线强度的分布曲线，进而显示该元素在这一直线的浓度分布与变化情况；改变谱仪位置便可得到另一元素沿该直线的浓度变化曲线。线扫描分析时，也可使电子束不动而通过移动样品进行。

图 3.42　电子探针点分析模式示意图

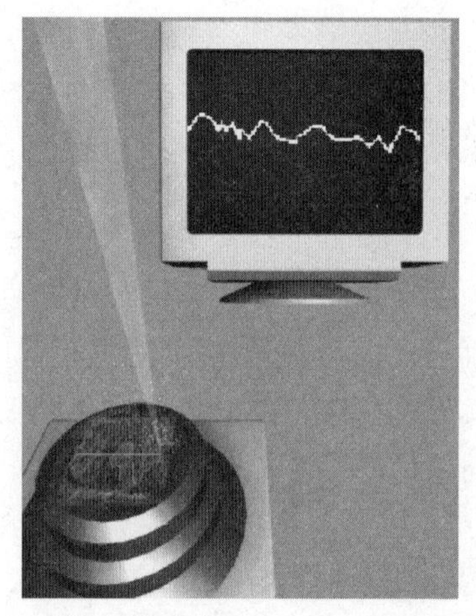

图 3.43　电子探针线扫描分析示意图

(3) 面扫描分析。

聚焦电子束使其在样品表面作二维光栅扫描，将谱仪(能谱仪或波谱仪)接收的信号(能量或波长)固定在某一元素特征 X 射线的位置上，利用该信号调制成像，此时荧光屏便显示该元素的面分布图像情况，如图 3.44 所示。

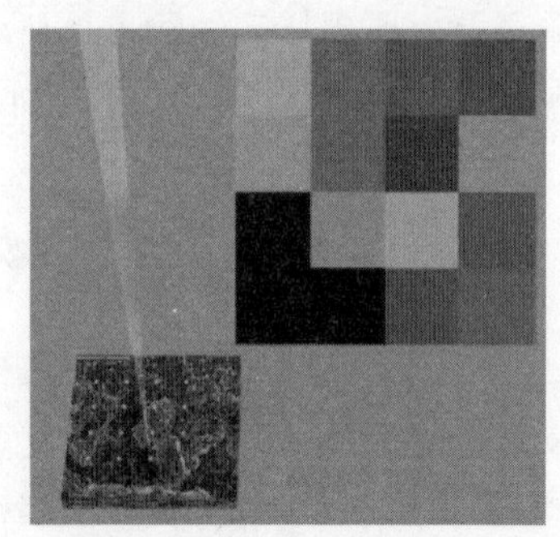

图 3.44　电子探针面扫描分析示意图

波谱仪和能谱仪都具有上述点分析、线扫描分析、面扫描分析三种工作方式。不同的是，能谱仪检测效率高，它进行点分析时，利用多道分析(MCA)，可使样品中所有元素的特征 X 射线信号同时被检测与显示；一般情况下，得到一个全谱定性分析的结果只需几十秒，比波谱仪分析快得多。类似地，能谱仪进行线扫描分析、面扫描分析时，也可同时检测并给出几十种元素的分布曲线或分布图结果。此外，能谱仪探头在接收 X 射线信号时，无须严格聚焦几何条件，它不要求平整的样品表面，可方便地研究断面上各种析出物或夹杂物成分。

2) 定量分析

如前面点分析中所述，通过电子探针仪所测的各组元特征 X 射线强度比直接推算样品组元浓度，只是一种精确度不大高的半定量分析方法。为达到±5%的高精度测量结果，必须计入“基体效应”的影响，以修正元素特征 X 射线的谱线强度比与其实际含量(浓度)间的关联。

具体地，样品“基体效应”(ZAF)主要包括原子序数效应、X 射线吸收效应和二次荧光效应。相应地，计入“基体效应”影响后，元素特征 X 射线的谱线强度比 $k_j$ 与其浓度 $c_j$ 间的关联将修正为

$$c_j=ZAFk_j \tag{3.16}$$

式中，$Z$ 为原子序数修正项；$A$ 为吸收修正项；$F$ 为二次荧光修正项。

一般情况下，对于原子序数大于 10 且质量分数(浓度)大于 10%的元素，修正后的浓度误差可限定在±5%之内。但是，这种引入“基体效应”影响因素的定量成分分析涉及的计算十分繁杂。然而，现代电子探针仪都有高性能计算机系统，并配备相关定量分析软件，X 射线强度的测量、基体效应校正及定量分析计算都可由计算机辅助完成。

需要指出的是，定量分析时涉及的元素谱线强度比计算，关系到样品与标准样品的元素谱线的实测强度，而这些强度值在采用前必须扣除背景计数引起的背底及计数器死时间对它的影响。

### 3.3.2　X 射线荧光光谱

X 射线荧光光谱主要使用 X 射线束激发荧光辐射。当材料暴露在短波长 X 射线下时，如果其入射能量大于或等于原子某一轨道电子的结合能，该轨道电子将被电离，形成一个空穴，使原子处于激发状态，外层电子向内层跃迁(需符合量子力学理论)所释放的能量以光子的形式放出，便产生了荧光 X 射线。荧光 X 射线的能量与入射能量无关，只等于两原子能级间的能量差，完全由该原子的壳层电子能级决定，故称为该元素的特征 X 射线。这种由入射 X 射线激发产生的特征 X 射线称荧光 X 射线或 X 荧光。这个仪器的主要功能是进行待测样品中各元素含量的定性和定量分析[1]。

图 3.45 是德国布鲁克公司生产的型号为 S4 Pioneer 的 X 射线荧光光谱。与电子探针分析一样，样品上被激发出的各种波长的荧光 X 射线，需要按波长或能量分开才能分别测量不同波长(或能量)的 X 射线强度，以进行定性和定量分析，为此 X 射线荧光(X-ray fluorescence，XRF)光谱仪可分为波长色散型和能量色散型两种。而 X 射线荧光光谱与电子探针的区别主要有两点：一是光源不同，分别是 X 射线和电子束，二是成像模式不同，X 射线荧光光谱只能调制元素的荧光 X 射线呈宏观图像，电子探针的成像模式比较多，如二次电子、背散射和特征 X 射线成像等。

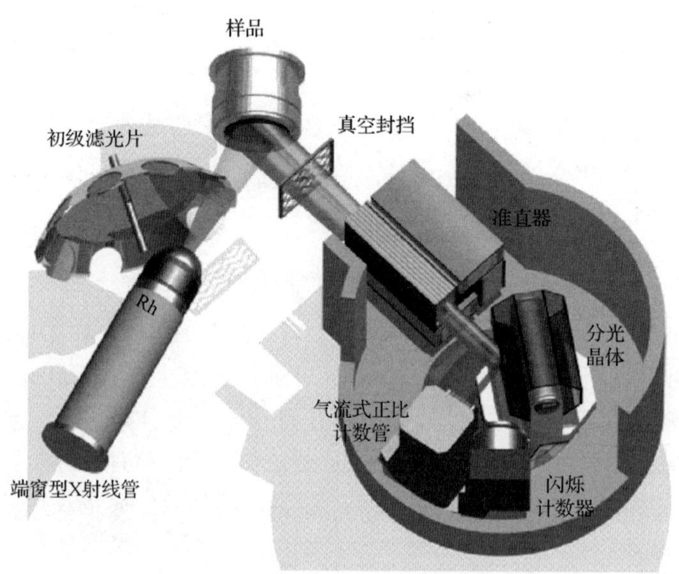


图 3.45 德国布鲁克 S4 Pioneer 型 X 射线荧光光谱

X 射线荧光光谱分析的特点是：①分析元素范围广，为 Be～U；②测量元素含量范围为 0.0001%($10^{-6}$ppm)～100%；③对分析试样物理状态不做要求，固体、粉末、晶体、非晶体均可；④不受元素化学状态的影响；⑤属于物理过程的非破坏性分析，试样不发生化学变化的无损分析；⑥可以进行均匀试样的表面分析。

1. X 射线荧光光谱的结构

X 射线荧光光谱主要由激发光源、波谱仪、能谱仪、检测记录系统几部分组成。

图 3.46 为端窗型 X 射线管的结构示意图。灯丝和靶密封在高真空的金属罩内，在两者间施加高压(一般为 40kV)，灯丝发射的电子经高压电场加速撞击在作为阳极的靶上，产生 X 射线。X 射线管产生的一次 X 射线，作为激发荧光 X 射线的辐射源。只有波长稍短于受激元素吸收限 $\lambda_{min}$ 的一次 X 射线才能有效激发出荧光 X 射线；大于 $\lambda_{min}$ 的一次 X 射线其能量不足以使受激元素激发。

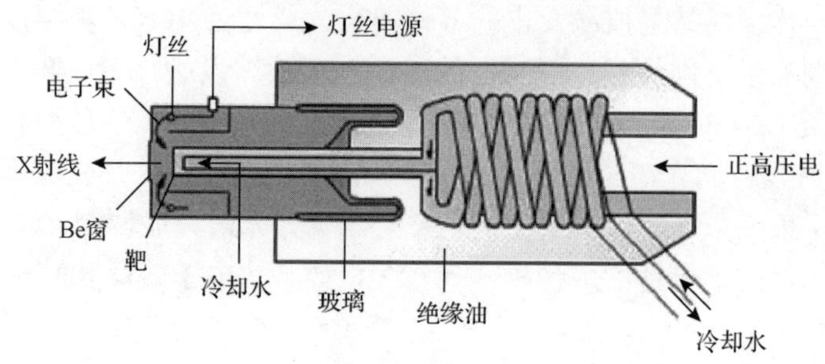


图 3.46 端窗型 X 射线管结构示意图

X 射线荧光光谱仪中使用的能谱仪和波谱仪同电子探针，这里不做详细介绍。检测记录系统常用的检测装置有两种：气流式正比计数管和闪烁计数器。气流式正比计数管主要由金属圆筒负极和芯线正极组成，适用于轻元素的检测。闪烁计数器主要由闪烁晶体和光电倍增管组成，适用于重元素的检测。

2. X 射线荧光光谱的应用

1) 定性、半定量分析

定性分析首先将分光晶体展开的谱线用测角仪进行角度扫描并记录于谱图，再解析谱图中的谱线以获知样品中所含元素的种类。其分析的基础是莫塞莱定律，即荧光 X 射线的波长与元素原子序数的一一对应关系。元素周期表中绝大部分元素的准确荧光 X 射线谱线均已测出，并储存在相关数据库中，扫描待测样品谱图后应用软件可直接匹配谱线。X 射线荧光光谱由多峰确定元素，相对准确，但也有干扰现象存在，会造成计算机误读，因此对仪器分析的误差校正尤为重要。

半定量分析需要使用专门的软件，如 UniQuant、SemiIQ、ASQ、SSQ 等。这些软件的共同特点是：所带标样只需在软件设定时使用一次；分析试样原则上可以是不同大小、形状和形态；分析元素范围 $_{9}F$～$_{92}U$；分析一个样品的时间是 15～30min。

2) 定量分析

X 射线荧光光谱定量分析是一种比较法，即需要和标准样品比对才能得到未知样中被分析元素的浓度。首先对具有浓度梯度的一系列标准样品用适当的样品制备方法处理，并在适当条件下测量得到分析线的净强度 $I_i$(扣除了背景和可能存在的谱线重叠干扰)；然后建立特征谱线强度与相应元素浓度 $c_i$ 之间的函数关系为 $c_i=f(I_i)$，最后测量未知样品中分析元素谱线强度，根据前述函数关系计算得到未知样品中分析元素的浓度。

基体(matrix)是样品中除待测元素以外的所有元素的总称。在含多种元素的试样中，每种元素都是其他元素基体的一部分，所以，在同一试样中，不同元素的基体也是不同的。基体元素对分析线强度产生影响，使分析线的强度增加或减小的现象称为基体效应。

基体效应可分成两大类：第一类包括粒度、表面结构、化学态和矿物结构等效应，可以通过适当的样品处理来消除或得到校正，通常是将标准样品和未知样品处理为相同的状态。第二类称为元素间吸收/增强效应。通常将激发源激发产生的荧光谱线称为一次荧光。Ni 和 Fe 的 K 系谱线波长都处在 Cr 的 K 系吸收限的短波侧，所以，Ni 和 Fe 的 K 系谱线一次荧光会被 Cr 吸收从而激发 Cr 的 K 系谱线，这种由一次荧光激发而产生的荧光称为二次荧光。同样，Ni 的 K 系谱线波长又在 Fe 的 K 系吸收限的短波侧，所以 Ni 的 K 系谱线也会被 Fe 吸收并激发产生 Fe 的 K 系谱线二次荧光。同理，Fe 的 K 系谱线二次荧光可以激发 Cr 的 K 系谱线三次荧光。如果考虑 Ni 和 Fe 两个元素之间的相互影响，Ni 的 K 系谱线强度因为被 Fe 吸收而降低了，而 Fe 的 K 系谱线强度则由于 Ni 的存在而增强了，这就是元素之间的吸收/增强效应。很显然，在多元素体系中，还会出现三次以上的荧光，但是 X 射线荧光光谱理论计算中，一般只考虑到三次荧光，因为四次以上的荧光强度对总荧光强度的贡献很小。

为了对第二类基体效应进行校正，分析工作者提出了各种定量分析方法，如校正曲线法、内标法、标准加入法和标准稀释法等，通常定量分析的过程由计算机程序进行。

### 3.3.3　俄歇电子能谱

高能电子束与固体样品相互作用，如果样品原子内层电子因电离激发而产生一个空位，外层电子将向这一能级跃迁释放能量，这个能量不仅可以以一个具有特征能量的 X 射线光子释放，也可以交给另外一个外层电子引起进一步的电离，从而发射一个具有特征能量的俄歇电子。检测俄歇电子的能量和强度可以获得有关表层化学成分的定性或定量信息，这就是俄歇电子能谱（Auger electron spectroscopy，AES）的基本分析原理[20]。

大多数元素在 50～100eV 能量范围内都有较高产额的俄歇电子，入射电子束的束斑直径 $d_p$ 会直接影响其有效激发体积与发射的深度。虽然俄歇电子的实际发射深度由入射电子的穿透能力决定，但真正能够保持其特征能量而逸出表面的俄歇电子却仅限于表层以下 0.1～1nm 的深度范围。这是因为大于这一深度处发射的俄歇电子，在到达表面以前就由于与样品原子的非弹性散射而被吸收，或者部分损失能量而混入大量二次电子波长范围。0.1～1nm 的深度只相当于表面几个原子层，这就是俄歇电子能谱仪作为有效的表面分析工具的依据。显然，在这样的浅表层内，入射电子束几乎不发生侧向扩展，其空间分辨率直接与束斑直径 $d_p$ 相当。目前，利用细聚焦入射电子束的“俄歇探针仪”可以分析大约 50nm 的微区表面化学成分。

#### 1. 俄歇电子能谱仪的结构

目前，由于超高真空（$1.33\times10^{-8}$～$1.33\times10^{-7}$Pa）和能谱检测技术的发展，俄歇电子能谱仪作为一种有效的表面分析工具，日益受到人们的重视。在人们最关注的俄歇电子能量范围内，由初级入射电子所激发产生的大量二次电子和非弹性背散射电子形成了很高的背景强度。俄歇电子的电流约为 $10^{-12}$A 数量级，而二次电子等的电流高达 $10^{-10}$A，所以俄歇电子能谱的信噪比（$S/N$）极低，检测相当困难，需要某些特殊的能量分析器和数据处理方法。

如图 3.47 所示，要直接利用收集到的俄歇电流信号绘制 $I(E)$-$E$ 能谱曲线（曲线 1），只能检测到微弱的俄歇电子峰，灵敏度是极差的。由于收集的电流信号 $I(E) \propto \int_E^{\infty} N(E)\mathrm{d}E$，其中 $N(E)$ 是能量为 $E$ 的电子数目，于是有

$$N(E) \propto \frac{\mathrm{d}I(E)}{\mathrm{d}E} \tag{3.17}$$

所以，曲线 2 也可以看作是 $N(E)$ 随 $E$ 的变化，即电子数目随能量分布的曲线，在二次电子等产生的较高的背景上叠加有微弱的俄歇电子峰。因俄歇电子峰高度较小，当信号较弱时，在 $N(E)$-$E$ 曲线上俄歇电子峰也不明显。如果对 $N(E)$-$E$ 曲线进行微分处理，曲线 3 则是电子能量分布的一次微分$\left[\frac{\mathrm{d}N(E)}{\mathrm{d}E}\right]$，此时，原来较低的俄歇电子峰转化为一对双重峰，使其表现为背景低而明锐（典型的相对能量分辨率可达 0.3%～0.5%，$S/N$ 比为 4000 左右），且计数清晰容易辨认，这是俄歇电子能谱仪常用的显示方式。双重峰极小值处的能量代表俄歇电子特征能量，极大值和极小值差代表俄歇电子计数，从俄歇电子峰的能量可进行元素定性分析，根据峰高度可进行半定量和定量分析。图 3.48 为实测某 Cu-C 薄膜的俄歇电子能谱图。

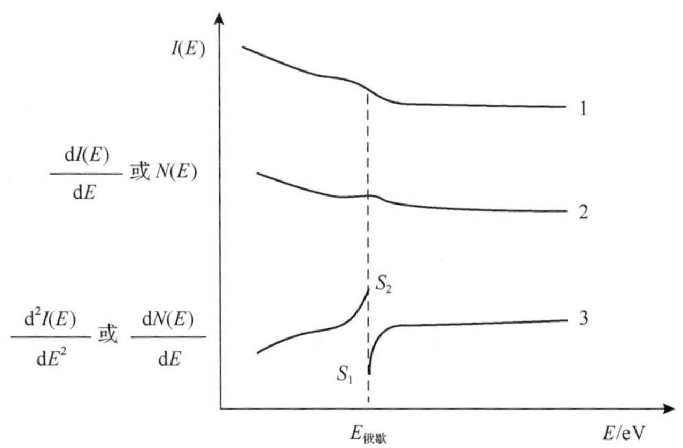


图 3.47　接收极信号强度的三种显示方式

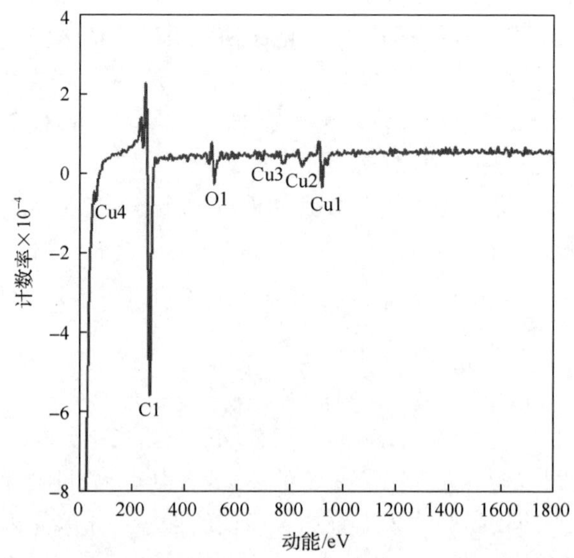


图 3.48　某 Cu-C 薄膜的俄歇电子能谱图

目前最常用的俄歇电子能量分析器是圆筒反射镜分析器(CMA)，如图 3.49 所示，它是由两个同轴的圆筒形电极所构成的静电反射系统，内筒上开有环状的电子入口和出口光阑，内筒和样品接地，外筒接偏转电压 $U$。两个圆筒的半径分别为 $r_1$ 和 $r_2$，典型的 $r_1$ 为 3cm 左右，$r_2=2r_1$。若光阑选择的电子发射角为 42°18′，则由样品上轰击点 $S$ 发射的能量为 $E$ 的电子，将被聚焦于距离 $S$ 点为 $L=6.19r_1$ 的 $F$ 点，并满足如下关系：

$$\frac{E}{Ue}=1.31\ln\frac{r_1}{r_2} \tag{3.18}$$

连续改变外筒的偏转电压 $U$，即可得到 $N(E)$ 随电子能量分布的谱线(同样进行微分处理)。通常采用电子倍增管作为电子信号的检测器。显然，这是一种“带通滤波器”性质的能量分析装置，因为只有满足式(3.18)的能量为 $E+\Delta E$ 的电子可以聚焦并被检测。$\Delta E$ 受反射镜系统的球差、光阑的角宽度(±3°)及杂散电磁场的限制，能量分辨率理论上可达到 0.04%，实际上一般在 0.1%左右。

俄歇电子能谱仪的电子枪常装在圆筒反射镜分析器的内筒腔里，形成同轴系统，而在侧面安放溅射离子枪作样品表面清洁或剥层之用(图 3.49)。

2. 俄歇电子能谱仪的应用

1) 定性表面成分分析

利用俄歇电子能谱仪的宽扫描程序，收集从 20～1700eV 动能区域的俄歇电

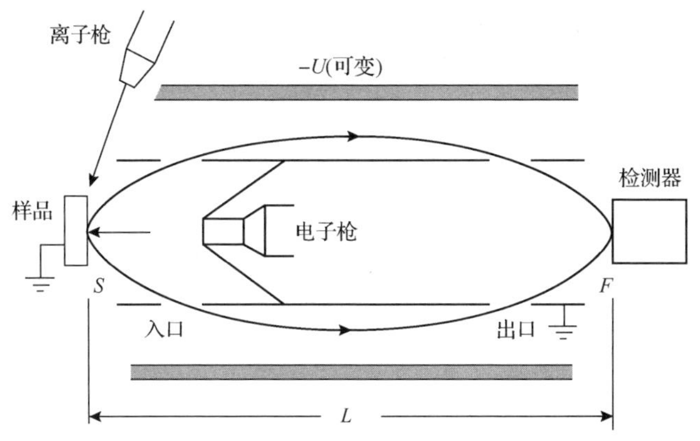


图 3.49　俄歇电子能谱仪所用的圆筒反射镜分析器

子能谱。为了增加谱图的信背比，通常采用微分谱进行定性分析，如图 3.48 所示。大多数元素的俄歇电子峰主要集中在 20～1200eV 的范围内，少量元素则需利用高能端的俄歇电子峰进行辅助定性分析。一般情况下，为了提高高能端俄歇电子峰的信号强度，需提高激发电子的能量。通常取俄歇微分谱双重峰极小值处的能量代表俄歇电子特征动能，进行元素的定性标定。在分析俄歇电子能谱图时，必须考虑荷电位移。一般来说，金属和半导体样品几乎不会荷电，因此不用校准；但对于绝缘体薄膜样品，需进行校准，以 C KLL 峰的俄歇动能(278.0eV)作为基准。在判断元素是否存在时，应同时考虑所有次强峰，如不能完全对应，则有可能是其他元素的干扰峰。

2)定量表面成分分析

目前，利用俄歇电子能谱仪进行表面成分的定量分析，精度还比较低，基本上只是半定量的水平，常规的情况下，相对精度约为 30%。如果能对俄歇电子的有效发射深度估计得较为正确，并充分地考虑到表面以下基底材料的背散射对俄歇电子产额的影响，精度可能提高到与电子探针相近，相对误差约 5%。

显然，微分俄歇电子能谱曲线(图 3.47 中曲线 3)的峰-峰幅值 $S_1S_2$($S_1$ 与 $S_2$ 之间的差值)的大小，应是有效激发体积内元素浓度的标志。为了把测量得到的峰-峰幅值 $I_A$(A 为某元素符号)换算成它的摩尔分数 $c_A$，需要采用特定的纯元素标准样品(银)，并通过式(3.19)计算

$$c_A = \frac{I_A}{I_{Ag}^0 S_A D_x} \tag{3.19}$$

式中，$I_{Ag}^0$ 为纯银标准样品的峰-峰幅值；$S_A$ 为元素 A 的相对俄歇灵敏度因数，考

虑了电离截面和跃迁概率的影响，可由专门的手册查得；$D_x$ 为一标度因数，当 $I_A$ 和 $I_{Ag}^0$ 的测量条件完全相同时，$D_x$=1。

如果测得俄歇电子能谱中所有存在元素(A、B、C、…、N)的峰-峰幅值，则摩尔分数的计算公式为

$$c_A = \frac{I_A / S_A}{\sum_{j=A}^{N} (I_j / S_j)} \tag{3.20}$$

3)深度剖析

深度剖析功能是俄歇电子能谱仪最有用的分析功能。它是一种破坏性分析方法，原理是先用 Ar 离子束把一定厚度的表面层溅射掉，然后用俄歇电子能谱仪分析剥离后的表面元素含量，结束后重复上述溅射和分析的过程，若干周期后即可获得元素在样品中沿深度方向的分布。溅射过程必然会引起表面晶格损伤、择优溅射和表面原子混合等现象。但当剥离速度很快、时间较短时，以上效应就不太明显，一般可以不用考虑。由于俄歇电子能谱的采样深度较浅，因此它的深度剖析比 X 射线光电子能谱(X-ray photoelectron spectroscopy，XPS) (3.3.4 节介绍)的深度剖析具有更高的深度分辨率。当离子束与样品表面的作用时间较长时，样品表面会产生各种效应。为了获得较好的深度剖析结果，应当选用交替式溅射方式，并尽可能地减少每次溅射间隔的时间。离子束/电子束的直径比应大于 10，以避免坑边效应。

3. 俄歇电子能谱仪的工作方式

微区分析是俄歇电子能谱分析的一个重要特点，可以分为点分析、线扫描分析和面扫描分析三种方式。

(1)点分析。

电子束激发的特点是束斑面积可以聚焦到非常小，因此，理论上俄歇电子能谱点分析的空间分辨率可以与束斑面积相当。点分析既可以选择很微小的区域进行，也可以选择一个大面积的宏观空间范围，后者一般采取移动样品的方法，使待分析区和电子束重叠，选点范围取决于样品架的可移动程度。利用计算机软件选点，可以对多点进行表面定性、定量成分分析，化合价态分析和深度剖析。这是一种非常有效的微探针分析方法。

(2)线扫描分析。

这种分析方法用于了解某一元素沿某一方向的分布状况，它也可以在微观和宏观的范围内(1～6000μm)进行，常应用于研究元素的表面扩散、界面分布等。

(3)面扫描分析。

面扫描即俄歇电子能谱元素分布图，它直观地显示某个元素在某一区域内的分布。结合俄歇电子能谱化学位移分析，还可以获得特定化合价态元素的化学分布图像。这种分析方法适合微型材料和技术，也适合表面扩散等领域的研究。在常规分析中，由于该分析方法耗时非常长，应用较少。

### 3.3.4　X 射线光电子能谱

X 射线光电子能谱是目前最广泛应用的表面分析方法之一，主要用于成分和化合价态的分析。X 射线光电子能谱仪可以获得丰富的化学信息，对样品的损伤轻微，缺点是由于 X 射线不易聚焦，因而照射面积大，不适合微区分析，不过近年来这方面已取得一定进展[20]。

X 射线光电子能谱进行表面分析研究不需要太高的真空度，这是其他方法做不到的。当用电子束激发时，如用俄歇电子能谱法，必须使用超高真空，以防止样品上形成碳的沉积物而掩盖被测表面。X 射线比较柔和的特性使得在中等真空度下对样品表面观察几个小时而不会影响测试结果。此外，化学位移效应也是 X 射线光电子能谱法不同于其他方法的另一特点，即采用直观的化学知识即可解释其中的化学位移，相比之下，采用俄歇电子能谱法解释起来就困难很多。

#### 1. X 射线光电子能谱的测量原理

具有一定能量的入射 X 射线光子与样品原子相互作用，光致电离产生光电子，在样品表面接收光电子后用能量分析器分析其动能，可以得到 X 射线光电子能谱。与俄歇电子完全一样，只有深度极浅范围内产生的光电子才能够能量无损地输运到表面，所以 X 射线光电子能谱得到的也是表面信息。它可进行定性分析：根据测得的光电子动能，确定表面存在什么元素以及该元素原子所处的化学状态。它也可进行定量分析：根据某种能量的光电子的数量，确定其在表面的含量。如果离子束溅射剥蚀表面和 X 射线光电子能谱分析两者交替进行，还可得到元素及其化学状态的深度分布，即深度剖析。

X 射线光电子能谱的测量原理很简单，它是建立在爱因斯坦光电发射定律基础之上的，对于孤立原子，其光电子动能 $E_k$ 为

$$E_k = \hbar\nu - E_b \tag{3.21}$$

式中，$\hbar\nu$ 为入射光子的能量；$E_b$ 为电子的结合能。$\hbar\nu$ 是已知的，$E_k$ 可以用能量分析器测出，于是可得出 $E_b$。同一种元素的原子，不同能级上的电子 $E_b$ 不同，所

以在相同的 $\hbar\nu$ 下，同一元素会有不同能量的光电子，在能谱图上就表现为不止一个谱峰。其中最强而又最易识别的就是主峰，一般也采用主峰进行分析。不同元素的主峰，$E_b$ 和 $E_k$ 不同，所以用能量分析器分析光电子动能，便能进行表面成分分析。

如图 3.50 所示，对于从固体样品发射的光电子，如果光电子出自内层，不涉及价带，由于逸出表面要克服逸出功(work function) $\varphi_s$，所以光电子动能为

$$E_k' = \hbar\nu - E_b - \varphi_s \tag{3.22}$$

此处 $E_b$ 是从费米能级算起的。

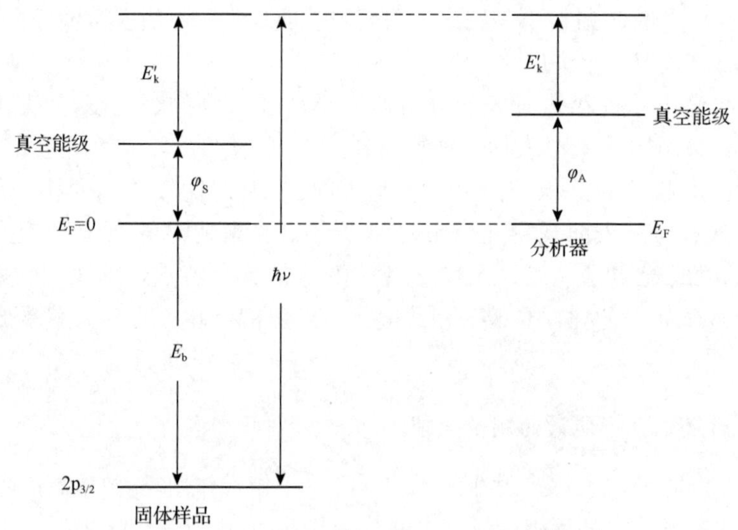


图 3.50 从固体发射的 $2p_{3/2}$ 光电子能量

$E_F$ 是费米能级

实际用能量分析器分析光电子动能时，分析器与样品相连，存在着接触电势差($\varphi_A - \varphi_s$)，于是进入分析器的光电子动能为

$$E_k' = \hbar\nu - E_b - \varphi_s - (\varphi_A - \varphi_s) = \hbar\nu - E_b - \varphi_A \tag{3.23}$$

式中，$\varphi_A$ 为分析器材料的逸出功。

在 X 射线光电子能谱中，电子能级符号以 $nl_j$ 表示，例如，$n$=2、$l$=1(即 p 电子)、$j$=3/2 的能级，以 $2p_{3/2}$ 表示。$1s_{1/2}$ 一般就写成 1s。图 3.50 表示 $2p_{3/2}$ 光电子能量，为清楚起见，其他内层电子能级及能带均未画出。

在式(3.23)中，如 $\hbar\nu$ 和 $\varphi_A$ 已知，测 $E_k$ 可知 $E_b$，便可进行表面分析。X 射线光电子能谱仪最适合研究内层电子的光电子能谱。如果要研究固体的能

带结构，则利用紫外光电子能谱(ultraviolet photoelectron spectroscopy，UPS)更为合适。

2. X 射线光电子能谱仪的结构

图 3.51 为 X 射线光电子能谱仪的基本结构框图，其主要部分为 X 射线源、样品和能量分析器，需要在高真空下，另外还有微弱信号检索及数据处理部分。

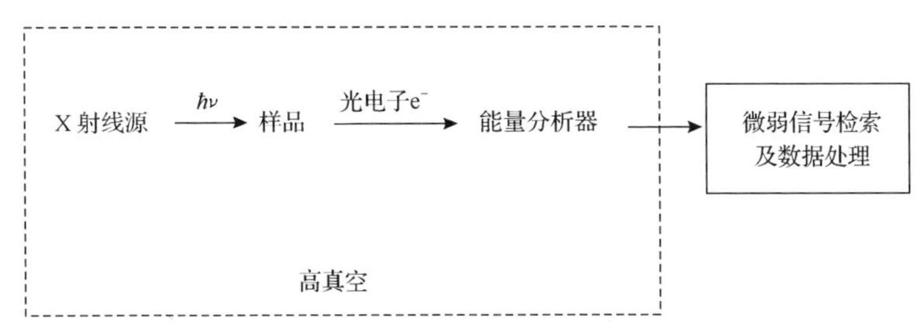


图 3.51 X 射线光电子能谱仪的结构框图

常用的 X 射线源有两种：

(1) Mg 的 $K_\alpha$ 线：能量为 125eV，线宽为 0.7eV；Mg 的 $K_\alpha$ 线稍窄一些，但由于 Mg 的蒸气压较高，用它作阳极时能承受的功率密度比 Al 阳极低。

(2) Al 的 $K_\alpha$ 线：能量为 1486eV，线宽为 0.9eV。

它们的 $K_\alpha$ 双线之间的能量间隔很近，因此 $K_\alpha$ 双线可认为是一条线。这两种 X 射线源所得射线线宽还不够理想，而且除主射线 $K_\alpha$ 线外，还产生其他能量的谱线，它们也会产生相应的光电子能谱峰，干扰光电子能谱的正确测量。此外，由于 X 射线源的韧致辐射还会产生连续的背底。测量小的化学位移时，解决上述问题的方法有：①用单色器可以使线宽变得更窄，且可除去 X 射线伴线引起的光电子能谱峰，以及除去因韧致辐射造成的背底。不过，采用单色器会使 X 射线强度大大削弱。②在数据处理时用卷积也能消除 X 射线线宽造成的谱峰重叠现象。

能量分析器的作用是选择样品发射的具有某种能量的光电子，而把其他能量的光电子滤除。选取的能量与加到分析器的某个电压成正比，控制电压就能控制选择的能量。如果加的是扫描电压，便可依次选取不同能量的光电子，从而得到光电子的能量分布，即 X 射线光电子能谱。常用的能量分析器主要有两种，一是带预减速透镜的半球或接近半球形偏转分析器(SDA)，二是具有减速栅网的圆筒反射镜分析器。

X 射线光电子能谱不用微分法，直接测出能谱曲线，例如，图 3.52 为 Cu(C)薄膜的 X 射线光电子能谱图。由于信号电流非常微弱，在 1～$10^5$cps 范围内，因此用脉冲记数法测量。与俄歇电子能谱相比，X 射线光电子能谱分析速度较慢。信号检索采用通道电子倍增器结合位敏检测器(PSD)，明显地提高了信号强度，一般检测极限大约为 0.1%。

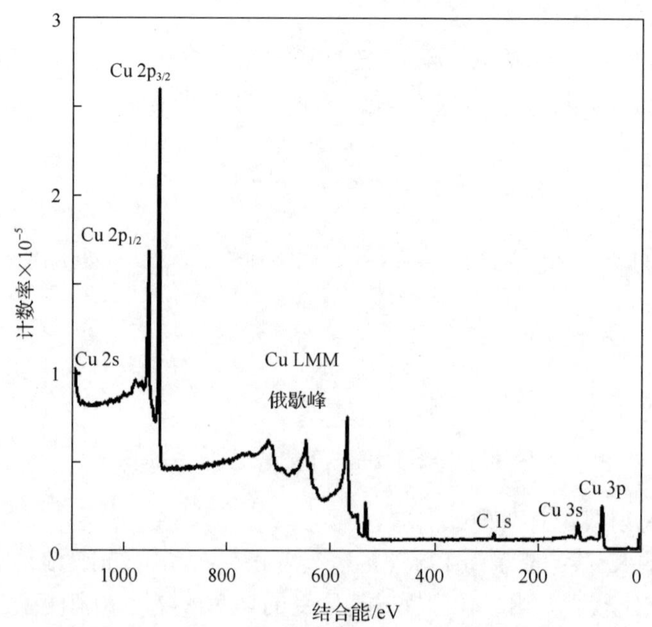


图 3.52　Cu(C)薄膜的 X 射线光电子能谱图

3. X 射线光电子能谱的应用

1)测量化学位移

原子所处的化学环境不同，使内层电子结合能发生微小变化，表现在 X 射线光电子能谱上，谱峰位置发生微小的移动，这就是 X 射线光电子能谱的化学位移。这里所指的化学环境，一是指所考虑的原子的价态，二是指在形成化合物时，与所考虑原子相结合的其他原子的情况。测量举例：

(1)氧化价态越高，结合能越大。

有三种不同状态的金属 Be，经 Al $K_\alpha$ 射线照射所得的 Be 1s 光电子能谱图如图 3.53 所示：①金属 Be 在 $1.33\times10^{-3}$Pa 下蒸发到基片上[图 3.53(a)]；②将样品在空气中加热，使金属 Be 完全氧化[图 3.53(b)]；③在蒸发 Be 样品的同时用锆作还原剂阻止氧化[图 3.53(c)]。对比这三张 Be 的 1s 光电子能谱图很容易看出，BeO 中 Be 的 1s 电子结合能比纯 Be 中 Be 的 1s 电子结合能要高大约 2.9eV。

(2)结合原子电负性越高，结合能也越大。

电负性反映原子在结合时吸引电子能力的相对强弱，仍以 Be 的 1s 光电子能谱为例。图 3.54 给出了 BeO 和 $BeF_2$ 中 Be 的 1s 光电子谱峰的相对位置。尽管在这两种化合物中，Be 都是正二价的，但是由于 F 的电负性比 O 的电负性高，在 $BeF_2$ 中 Be 的 1s 电子结合能就要大一些。

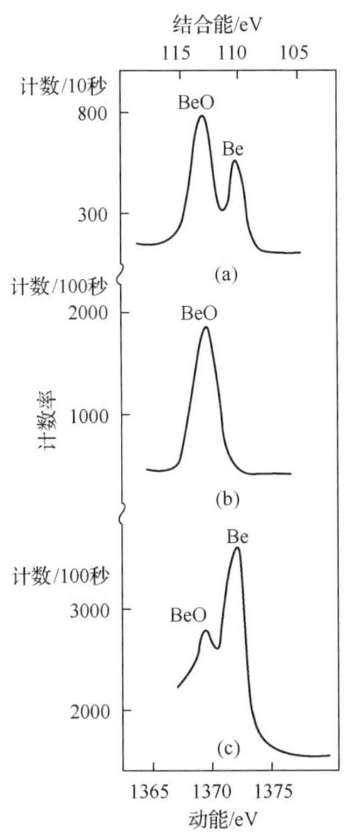


图 3.53　Be 的 1s 电子光电子能谱图

用 $AlK_\alpha$ 射线激发

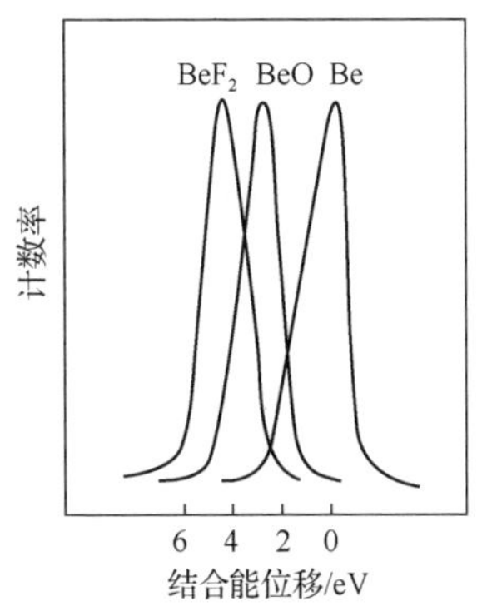


图 3.54　Be、BeO 和 $BeF_2$ 中 Be 的 1s 光电子能谱峰位移

元素在不同化合物中的化学位移是通过实验测量的。已有大量实验数据收集在 Perkin-Elmer 公司的《X 射线光电子能谱手册》中，Li 以上的各种元素都有一张实测的“化学位移表”，可供查阅。

2) X 射线光电子能谱的定性分析

根据测量所得光电子伴峰位置，可以确定表面存在哪些元素以及这些元素存在于什么化合物中，这就是定性分析。定性分析可借助于手册进行，最常用的手册就是 Perkin-Elmer 公司的《X 射线光电子能谱手册》。在此手册中有在 Mg $K_\alpha$ 和 Al $K_\alpha$ 照射下从 Li 开始的各种元素的标准谱图，谱图上有光电子能谱峰和俄歇电子峰的位置，还附有化学位移的数据。图 3.55(a) 和 (b) 是 Cu 的标准谱图，对照实测谱图与标准谱图，不难确定表面存在的元素及其化学状态。

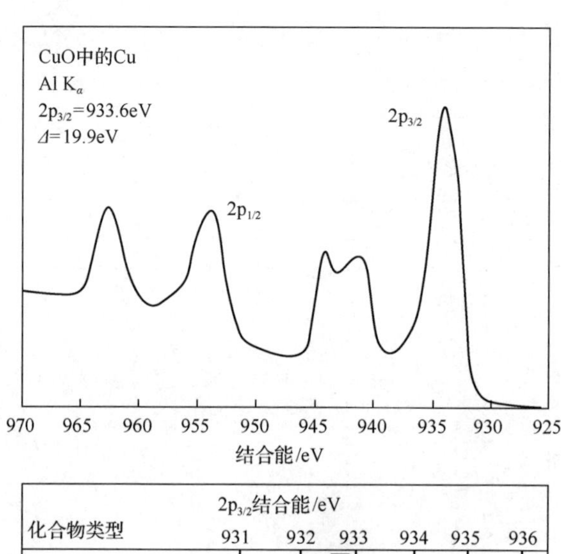


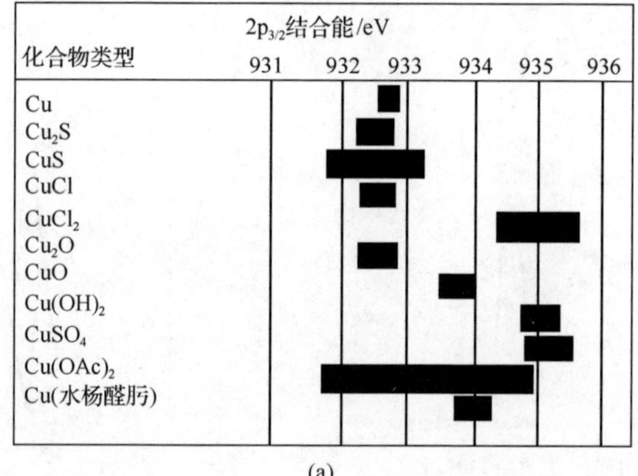


(a)

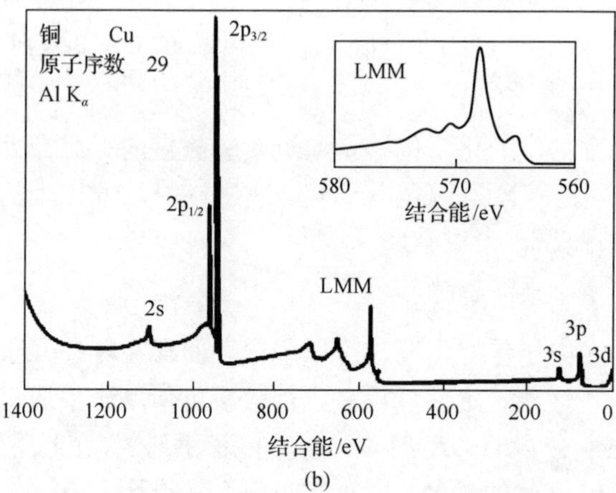


(b)

图 3.55 Cu 的标准谱(X 射线光电子能谱主峰和化学位移表)(a)和俄歇线(b)

定性分析所利用的谱峰，当然应该是元素的主峰(也就是该元素最强最尖锐的峰)。有时会遇到含量少的某元素主峰与含量多的另一元素的非主峰相重叠的情况，造成识谱的困难。这时可利用“自旋-轨道耦合双线”，也就是不仅看一个主峰，还看与其 $n$、$l$ 相同但 $j$ 不同的另一峰，这两峰之间的距离及其强度比是与元素有关的，并且对于同一元素，两峰的化学位移又是非常一致的，所以可根据两个峰(双线)的情况来识别谱图。

伴峰的存在与谱峰的分裂会造成识谱的困难，因此要进行正确的定性分析，必须正确鉴别各种伴峰及正确判定谱峰分裂现象。

一般进行定性分析首先进行全扫描(整个 X 射线光电子能量范围扫描)，以鉴定存在的元素，然后再对所选择的谱峰进行窄扫描，以鉴定化学状态。在 X 射线光电子能谱图中，C 1s、O 1s、C(KLL)、O(KLL)的谱峰通常比较明显，应首先鉴别出来，并鉴别其伴线。然后由强到弱逐步确定测得的光电子谱峰，最后用“自旋-轨道耦合双线”核对所得结论。

在 X 射线光电子能谱图中，除光电子谱峰外，还存在 X 射线产生的俄歇电子峰。对于某些元素，俄歇电子主峰相当强也比较尖锐。俄歇电子峰也携带着化学信息，如何合理利用它是一重要问题。

3)定量分析

定量分析是根据光电子谱峰强度，确定样品表面元素的相对含量，主要采用灵敏度因子法。光电子谱峰强度可以是峰的面积，也可以是峰的高度，一般用峰的面积，可以更精确些。计算峰的面积要正确地扣除背底。元素的相对含量可以是试样表面区域单位体积原子数之比 $n_i/n_j$，也可以是某种元素在表面区域的原子浓度 $c_i = n_i\Big/\sum_j n_j$（$j$ 包括 $i$）。

与俄歇电子能谱定量相比，X 射线光电子能谱没有背散射增强因子这个复杂因素，也没有微分谱造成的峰形误差问题，因此定量结果的准确性比俄歇电子能谱好，一般认为，对于不是太重要的样品，误差可以不超过 20%。显然 X 射线光电子能谱也是无标样定量分析。

#### 4. 几种表面微区成分分析技术的对比

综合前面所讲的几种表面微区成分分析技术进行对比，见表 3.5。

### 3.3.5 电子能量损失谱

电子能量损失谱是通过探测电子在穿透样品过程中所损失能量的特征谱图来研究材料的元素组成、化学成键和电子结构的显微分析技术。通过分析入射电子

表 3.5 几种表面微区成分分析技术的性能对比

| 分析性能 | 电子探针 | X射线光电子能谱 | 俄歇电子能谱 | X射线荧光光谱 |
|---|---|---|---|---|
| 激发源 | 电子束 | X射线 | 电子束 | X射线 |
| 空间分辨率/μm | 0.5～1 | 10 | 0.1 | — |
| 分析深度 | 0.5～2μm | 0.0005～0.01μm | <0.005μm | 一般为≤0.1mm（金属≤0.1mm；树脂≤3mm） |
| 采样体积质量/g | $10^{-12}$ | $10^{-8}$ | $10^{-16}$ | — |
| 可检测质量极限/g | $10^{-16}$ | $10^{-18}$ | $10^{-18}$ | 约 $10^{-2}$ |
| 可检测浓度极限/$\times10^{-6}$ | 50～10000 | 1000 | 10～100 | 1 |
| 可分析元素 | $Z\geqslant4$（$Z\leqslant11$ 时灵敏度差） | $Z\geqslant3$ | $Z\geqslant3$ | $Z\geqslant4$，通常用于 $Z\geqslant11$ |
| 定量精度（$w_c>10\%$） | ±(1%～5%) | — | — | 0.1% |
| 真空度要求/Pa | $1.33\times10^{-3}$ | $1.33\times10^{-5}$～$1.33\times10^{-8}$ | $1.33\times10^{-8}$ | — |
| 对样品的损伤 | 对非导体样品损伤大，一般情况下无损伤 | 损伤小 | 损伤小 | 无损伤 |
| 定点分析时间/s | 100 | — | 1000 | — |

与样品发生非弹性散射后的电子能量分布，可以了解材料内部化学键的特性、样品中原子对应的电子结构、材料的介电响应等。目前，电子能量损失谱的能量分辨率能够达到约 0.1eV，因而可以在纳米尺度下分析材料精细的电子结构，从而极大地拓展了电子能量损失谱的应用范围[20,34]。

1. 电子能量损失谱仪的基本结构

穿过薄膜样品的电子，即透射电子，将与样品薄膜中的原子发生弹性和非弹性两类交互作用，其中后者使电子损失能量，使透射电子显微镜中的成像电子经过一个静电或电磁能量分析器，按电子能量不同分散开来，即可获得电子能量损失谱。

电子能量损失谱仪由电子能量分析仪和电子探测系统组成，透射电子经过电子能量分析仪后会在能量分散平面按电子能量分布。采用并行电子探测系统的电子能量损失谱仪，通过多重四极透镜将电子能量分布放大，并投影到荧光屏上，使得由光敏二极管或电荷耦合探测器组成的一维或二维探测组元能对多个能量通道进行并行记录。

电子能量损失谱仪有两种类型：一种是磁棱镜谱仪，另一种是 Ω 过滤器。磁棱镜谱仪安装在透射电子显微镜照相系统下面，Ω 过滤器安装在镜筒内。下面以磁棱镜谱仪为例说明电子能量损失谱仪的工作原理，如图 3.56 所示。磁棱镜谱仪主要组成为扇形磁铁、狭缝光阑和电子能量接收与处理器。透过试样的电子能量各不相同，它们在扇形磁棱镜中的绝缘封闭套管中沿弧形轨迹运动，由于磁场的作用，能量较小的电子的运动轨迹的曲率半径较小，而能量较大的电子的运动轨迹的曲率半径较大。显然能量相同的电子在聚焦平面上到达的位置一样。那么具有能量损失的电子和没有能量损失的电子在聚焦平面上就会存在一定位移差，从而可以对不同位移差处的电子进行检测和计算。

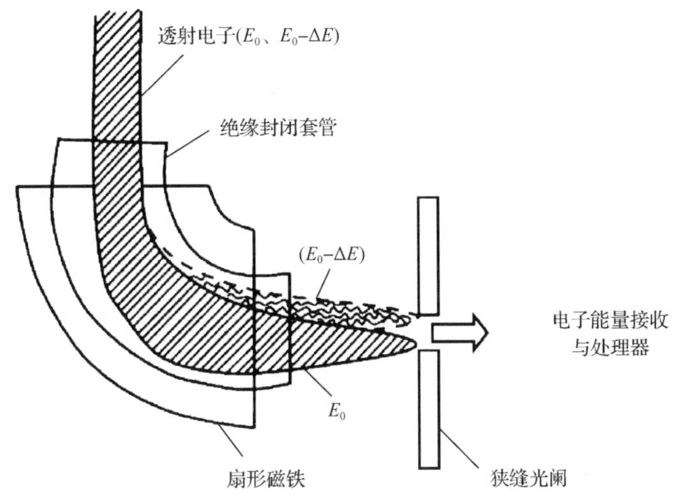


图 3.56　磁棱镜谱仪工作原理示意图

2. 电子能量损失谱的应用

1) 电子能量损失谱

图 3.57 为 Ni-O 化合物的电子能量损失谱示意图，大体上分为三个区域：零损失谱区、低能损失谱区（5～50eV）和高能损失谱区（>50eV）。零损失谱区包括未经过散射和经过完全弹性散射的透射电子，以及部分能量小于 1eV 的准弹性散射的透射电子贡献。通常情况下，零损失峰在电子能量损失谱中是无用的特征。

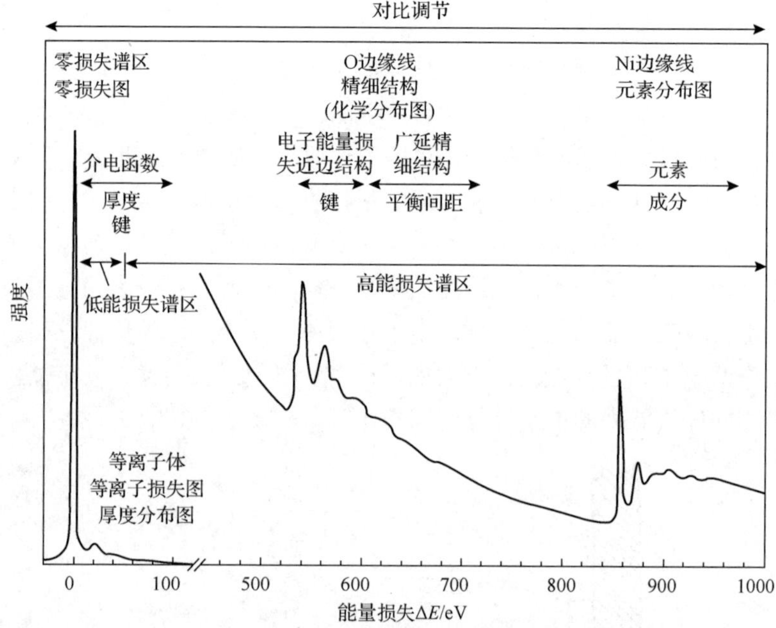


图 3.57 Ni-O 化合物的电子能量损失谱示意图

低能损失谱区是由入射电子与固体中原子的价电子非弹性散射作用产生的等离子峰和若干个带间跃迁小峰组成。等离子激发的入射电子能量损失为

$$\Delta E_{\mathrm{p}} = \hbar \omega_{\mathrm{p}} \tag{3.24}$$

式中，$\hbar$ 为普朗克常量；$\omega_{\mathrm{p}}$ 为等离子振荡频率。

等离子振荡频率是参与振荡的自由电子数目的函数。此外等离子振荡引起的第一个强度与零损失峰强度的比值和样品厚度与等离子振荡平均自由程的比值有关，而等离子振荡平均自由程又和入射电子能量及样品成分有关。那么，等离子激发能量损失 $\Delta E_{\mathrm{p}}$ 就与样品厚度、微区化学元素成分及浓度相关。因此低能损失谱区能够获得的信息有：①样品厚度、微区化学成分；②复介电系数；③价带和导带电子态密度、禁带宽度、电子结构等信息。

高能损失谱区(50～2000eV)由迅速下降的光滑背景和一般呈三角形状的电离吸收边组成。电离吸收边是元素的 K、L、M 等内壳层电子被激发产生的，是样品中所含元素的一种特征，用于元素的定性和定量分析。在电子能量损失谱中，电离损失峰通常为三角形或者锯齿形，它的始端能量也就是电离边等于内壳层电子电离所需的最低能量，因而可以成为元素鉴别的唯一特征能量。

电子能量损失谱中电离损失峰阈值附近，电子能量损失谱的形状是样品中原子空位束缚态电子密度的函数。原子被电离后产生的激发态电子可以进入束缚态，成为谱形的能量损失近边结构。从电离损失峰向更高能量损失的数百电子伏范围内，还存在微弱的振荡，称为广延精细结构。对这些谱区内电离吸收边精细结构和广延精细结构进行细致的分析研究，可以获得样品区域内元素的价键状态、配位状态、电子结构、电荷分布等。

2) 能量过滤成像系统

在 TEM 中高能电子束穿过样品时发生弹性散射和非弹性散射，通常弹性散射电子用于成像或衍射花样，而非弹性散射电子或被忽略或供电子能量损失谱仪进行分析。能量过滤成像系统是在平行电子能量损失谱仪的基础上发展起来的，它可以安装在各类电子显微镜的末端。利用该系统，电子能量损失谱不仅可以分析样品的化学成分、电子结构、化学成键等信息，还可以对电子能量损失谱的各区域选择成像，明显提高电子显微像与衍射谱的衬度和分辨率的同时，还能提供样品中的元素分布图(有效地表征材料的纳米或亚纳米尺度的组织结构特征)。

所以电子能量过滤成像可以呈现以下图像：①完全弹性散射电子像；②元素成分分布图；③其他特征能量电子过滤成像。

## 3.4 电池材料的光谱分析

### 3.4.1 红外光谱

红外光谱是指红外吸收光谱。将一束不同波长的红外线照射到物质的分子上，某些特定波长的红外线被吸收，形成这一分子的红外吸收光谱。由于分子中各原子在平衡位置附近做相对运动，分子不停地振动和转动从而产生红外吸收现象。每种分子都有由其组成和结构决定的独有的红外吸收光谱，多原子分子可组成多种振动图形[20]。红外吸收光谱是一种分子光谱。

近红外光谱是由分子的倍频、合频产生的；中红外光谱属于分子的基频振动光谱；远红外光谱则属于分子的转动光谱和某些基团的振动光谱。由于绝大多数有机物和无机物的基频吸收带都出现在中红外区，因此中红外区是研究和应用最多的区域，积累的资料也最多，仪器技术最为成熟。通常所说的红外光谱即指中红外光谱。

#### 1. 红外光谱仪的工作原理

现代红外光谱仪是以傅里叶变换为基础的仪器，采用傅里叶变换将以时间为变量的干涉图变换为以频率为变量的光谱图。傅里叶变换红外光谱仪是非色散型的，其核心部分是一台双光束干涉仪。当仪器中的动镜移动时，经过干涉仪的两束相干光间的光程差发生改变，探测器所测得的光强也随之变化，从而得到干涉

图，干涉光的周期是 $\lambda/2$。干涉光的强度可表示为

$$I(x)=B(\nu)\cos(2\pi\nu x) \tag{3.25}$$

式中，$I(x)$ 为干涉光信号强度，它与光程差 $x$ 相关；$B(\nu)$ 为入射光的强度，它是入射光频率的函数。

由于入射光是多色光，频率连续变化，干涉光强度为各种频率单色光的叠加，因此对式(3.25)进行积分，可以得到总的干涉光强度为

$$I(x)=\int_{-\infty}^{\infty}B(\nu)\cos(2\pi\nu x)\mathrm{d}\nu \tag{3.26}$$

经过傅里叶变换的数学运算后，就可以得到入射光的强度为

$$B(\nu)=\int_{-\infty}^{\infty}I(x)\cos(2\pi\nu x)\mathrm{d}x \tag{3.27}$$

傅里叶变换红外光谱仪工作原理如图 3.58 所示，主要由光源、干涉仪、计算机系统等组成，其核心部分是迈克耳孙干涉仪。测定红外吸收光谱，需要能量较小的光源。黑体辐射是最接近理想光源的连续辐射。满足此要求的红外光源是稳定的固体在加热时产生的辐射，如能斯特灯等。干涉仪由定镜、动镜、光束分离器和探测器组成，其中光束分离器是核心部分。它的作用是使进入干涉仪的光，一半透射到动镜上，一半反射到定镜上，又返回到光束分离器上，形成干涉光后送到样品上。当动镜、定镜到达探测器的光程差为 l/2 的偶数倍时，相干光相互叠加，其强度有最大值：当光程差为 l/2 的奇数倍时，相干光相互抵消，其强度有最小值；当连续改变动镜的位置时，可在探测器得到一个干涉强度对光程差和红外光频率的函数图。

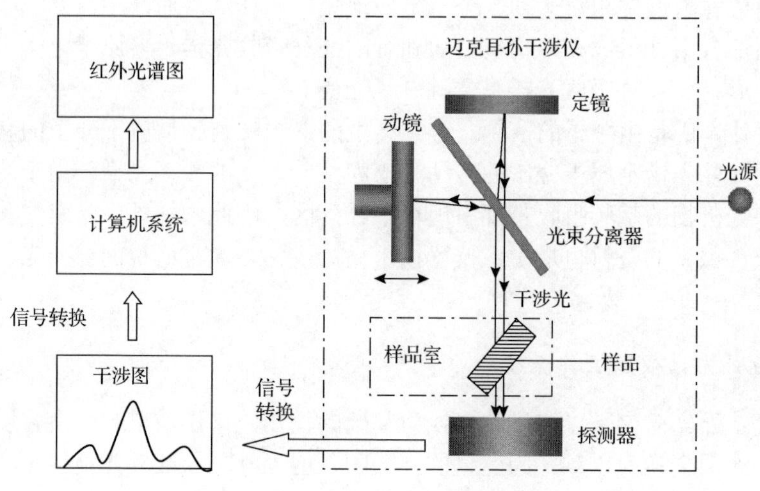


图 3.58　傅里叶变换红外光谱仪工作原理

由红外光源发出的红外光，经准直为平行红外光束进入干涉仪系统，经干涉仪调制后得到一束干涉光。干涉光通过样品获得含有光谱信息的干涉信号到达探测器(即检测器)上，由检测器将干涉信号变为电信号。此处的干涉信号是时间函数，即由干涉信号绘出的干涉图，其横坐标是动镜移动时间或动镜移动距离。这种干涉图经过信号转换送入计算机，由计算机进行傅里叶变换的快速计算，即可获得以波数为横坐标的红外光谱图。

2. 红外光谱的应用

红外光谱法主要研究在振动中伴随有偶极矩变化的化合物(没有偶极矩变化的振动在拉曼光谱中出现)。因此，除了单原子和同核分子如 Ne、He、$O_2$、$H_2$ 等之外，几乎所有的有机物在红外光谱区均有吸收。红外吸收带的波数位置、波峰的数目及吸收谱带的强度反映了分子结构上的特点，红外光谱分析可用于研究分子的结构和化学键，也可以作为表征和鉴别化学物种的方法。红外光谱具有高度特征性，可以采用与标准化合物的红外光谱对比的方法来做分析鉴定；利用化学键的特征波数来鉴别化合物的类型，并可用于定量测定。因此，红外光谱法与其他许多分析方法一样，能进行定性和定量分析。

红外光谱是物质定性的重要方法之一。它的解析能够提供许多关于官能团的信息，可以帮助确定部分乃至全部分子类型及结构。其定性分析有特征性高、分析时间短、需要的试样量少、不破坏试样、测定方便等优点。传统的利用红外光谱法鉴定物质通常采用比较法，即与标准物质对照和查阅标准谱图的方法，但是该方法对于样品的要求较高，并且依赖于谱图库的大小。如果在谱图库中无法检索到一致的谱图，则可以用人工解谱的方法进行分析，这就需要有大量的红外知识及经验。大多数化合物的红外光谱图是复杂的，即便是有经验的专家，也不能保证从一张孤立的红外光谱图上得到全部分子结构信息，如果需要确定分子结构信息，就要借助其他的分析测试手段，如核磁、质谱、紫外光谱等。尽管如此，红外光谱图仍是提供官能团信息最方便快捷的方法。

红外光谱定量分析法的依据是朗伯-比尔定律。红外光谱定量分析法与其他定量分析方法相比，存在一些缺点，因此只在特殊的情况下使用。它要求所选择的定量分析峰应有足够的强度，即摩尔吸光系数大的峰，且不与其他峰相重叠。红外光谱的定量分析方法主要有直接计算法、工作曲线法、吸收度比较法和内标法等，常用于异构体的分析。

分子中邻近基团的相互作用，使同一基团在不同分子中的特征波数有一定变化范围。红外光谱具有分析特征性强，气体、液体、固体样品都可测定并具有用量少、分析速度快、不破坏样品的特点。此外，在高聚物的构型、构象、力学性质的研究，以及物理、天文、气象、遥感、生物、医学等领域，也广泛应用红外光谱。

### 3.4.2 拉曼光谱

拉曼光谱(Raman spectrum)是一种散射光谱，主要对与入射光频率不同的散射光谱进行分析，以得到分子振动和转动方面信息，应用于分子结构研究[20]。

拉曼光谱的理论解释是，入射光子能量为 $\hbar\nu_0$，与分子发生非弹性散射，处于基态或者激发态的分子吸收频率为 $\nu_0$ 的光子，达到虚态后又发射 $\nu_0-\nu_1$ 的光子，同时分子从低能态跃迁到高能态(斯托克斯线，如图 3.59 所示)；处于基态或者激发态的分子吸收频率为 $\nu_0$ 的光子，达到虚态后又发射 $\nu_0+\nu_1$ 的光子，同时分子从高能态跃迁到低能态(反斯托克斯线)。处于基态或者激发态的分子吸收频率为 $\nu_0$ 的光子，同时也发射频率为 $\nu_0$ 的光子，分子从原来的能级到达虚态后又返回原来的能级，称为瑞利散射。频率对称分布在线两侧的谱线或谱带 $\nu_0\pm\nu_1$ 即为拉曼光谱，其中频率较小的成分 $\nu_0-\nu_1$ 又称为斯托克斯线，频率较大的成分 $\nu_0+\nu_1$ 又称为反斯托克斯线。靠近瑞利散射线两侧的谱线称为小拉曼光谱；远离瑞利散射线两侧出现的谱线称为大拉曼光谱。瑞利散射线的强度只有入射光强度的 $10^{-3}$，拉曼光谱强度大约只有瑞利散射线的 $10^{-3}$。

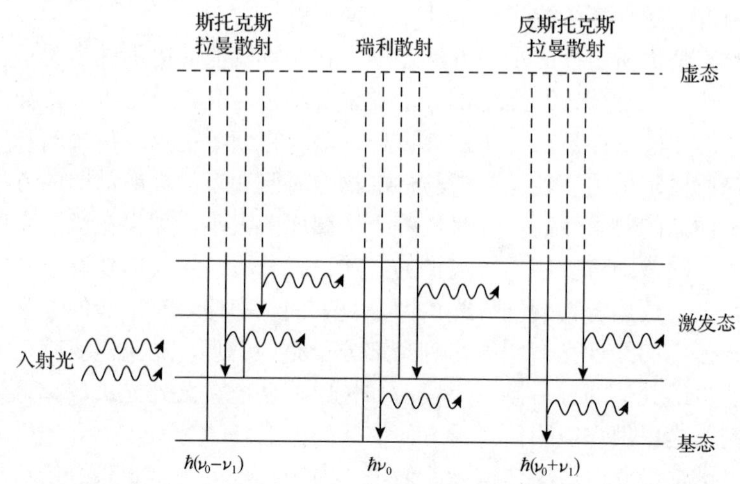


图 3.59 瑞利散射、斯托克斯拉曼散射及反斯托克斯拉曼散射的产生

分子能级的跃迁仅涉及转动能级，发射的是小拉曼光谱；涉及振动-转动能级，发射的是大拉曼光谱。与分子红外光谱不同，极性分子和非极性分子都能产生拉曼光谱。斯托克斯与反斯托克斯散射光的频率与激发光源频率之差 $\Delta\nu$ 统称为拉曼位移。斯托克斯散射的强度通常要比反斯托克斯散射强度强得多，在拉曼光谱分析中，通常测定斯托克斯散射光线。拉曼位移取决于分子振动能级的变化，不同的化学键或基态有不同的振动方式，决定了其能级间的能量变化，因此，与之对应的拉曼位移是特征的。这是拉曼光谱进行分子结构定性分析的理论依据。

1. 激光拉曼光谱仪的工作原理

激光拉曼光谱仪的结构主要包括光源、外光路、色散系统、接收系统、信号处理及显示系统等几部分，如图 3.60 所示。

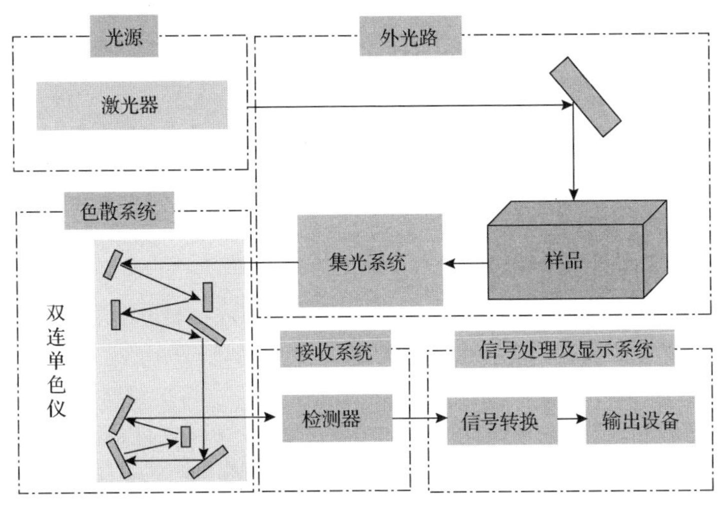


图 3.60　激光拉曼光谱仪工作原理

由光源发射的激光束经一块或两块焦距合适的透镜会聚后，照射到样品上，然后用透镜组或反射凹面镜作散射光的收集镜。在样品前面，典型的滤光部件是前置单色器或干涉滤光片，它们可以滤去光源中非激光频率的大部分光能。小孔光阑对滤去激光器产生的等离子线有很好的作用。在样品后面，用合适的干涉滤光片或吸收盒可以滤去不需要的瑞利散射线的一大部分能量，提高拉曼散射的相对强度。色散系统使拉曼散射光按波长在空间分开，通常使用单色仪。为了提取拉曼散射信息，常用的电子学处理方法是直流放大、选频和光子计数，然后用记录仪或计算机接口软件画出图谱。

2. 红外光谱与拉曼光谱的比较

(1) 相同点：对于一个给定的化学键，其红外吸收频率与拉曼位移相等，均代表第一振动能级的能量。因此，对某一给定的化合物，某些峰的红外吸收波数与拉曼位移完全相同，均在红外光区，两者都反映分子的结构信息。

(2) 不同点：①红外光谱的入射光及检测光均是红外光，通常用能斯特灯、碳化硅棒或白炽线圈作光源，而拉曼光谱的入射光大多数是可见光，散射光也是可见光，通常用激光作光源；②红外光谱测定的是光的吸收，横坐标用波数或波长表示，而拉曼光谱测定的是光的散射，横坐标是拉曼位移；③两者的产生机理不同：红外吸收是振动引起分子偶极矩或电荷分布变化产生的，主要反映分子的官能团，拉曼散射是键上电子云分布产生瞬间变形引起暂时极化，是极化率的改变，产生诱导偶极，当返回基态时发生的散射，散射的同时电子云也恢复原态，主要反映分子的骨架，用于分析生物大分子；④拉曼光谱和红外光谱可以互相补充，对于具有对称中心的分子来说，具有互斥规则，即与对称中心有对称关系的振动，红外光谱不可见，拉曼光谱可见；与对称中心无对称关系的振动，红外光谱可见，拉曼光谱不可见。

拉曼光谱的应用特点：①由于水的拉曼散射很微弱，拉曼光谱是研究水溶液中的生物样品和化学化合物的理想工具。②拉曼光谱一次可以同时覆盖 50～4000$cm^{-1}$ 的区间，可对有机物及无机物进行分析。相反，若让红外光谱覆盖相同的区间则必须改变光栅、光束分离器、滤波器和检测器。③拉曼光谱谱峰清晰尖锐，更适合定量研究、数据库搜索及运用差异分析进行定性研究。在化学结构分析中，独立的拉曼光谱区间的强度和功能基团的数量相关。④因为激光束的光斑只有 0.2～2.0mm，常规拉曼光谱只需要少量的样品，这是拉曼光谱相对常规红外光谱一个很大的优势。而且，拉曼显微镜物镜可将激光束进一步聚焦至 20μm 甚至更小，可分析更小面积的样品。⑤共振拉曼效应可以用来有选择性地增强大生物分子特征发色基团的振动，这些发色基团的拉曼光强能被选择性地增强 $10^3$～$10^4$ 倍。

拉曼光谱技术提供快速、简单、可重复，而且更重要的是无损伤的定性、定量分析，它无须样品准备，样品可直接通过光纤探头或者通过玻璃、石英和光纤测量。

### 3. 拉曼光谱的应用

碳纳米管的碳原子在直径方向上的振动，如同碳纳米管在呼吸一样，称为径向呼吸振动模式(RBM)，如图 3.61(a)所示[46]。其径向呼吸振动模式通常出现在 120～250$cm^{-1}$。图 3.61(b)是 $Si/SiO_2$ 基体上的单壁碳纳米管的拉曼光谱，156$cm^{-1}$ 和 192$cm^{-1}$ 的峰是径向呼吸振动峰，而 225$cm^{-1}$ 的台阶和 303$cm^{-1}$ 处的峰来源于基体。根据呼吸振动峰的信息可继续进行碳纳米管尺寸等的分析。

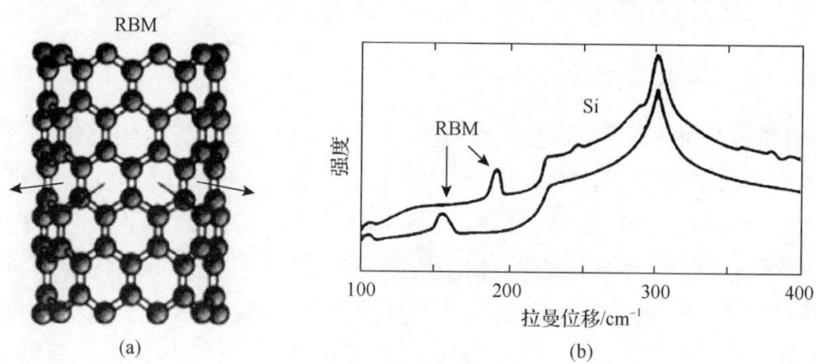


图 3.61　单壁碳纳米管的径向呼吸振动模式及其拉曼光谱[46]

(a)径向呼吸振动模式；(b)拉曼光谱，其中两条曲线来自不同的样品部位，显示了不同尺寸的单壁碳纳米管的信号

# 3.5 物理吸附仪

## 3.5.1 吸附

吸附指界面附近的分子、原子或离子的富集。互不相混溶的两相接触所形成的过渡区域称为界面，有气体参与形成的界面通常称为表面。当一定量的气体或蒸气与洁净的固体接触时，一部分气体将被固体捕获，若气体体积恒定，则压力下降，若压力恒定，则气体体积减小。从气相中消失的气体分子或进入固体内部，或附着于固体表面，前者称为吸收，后者称为吸附，两者统称为吸着。从气相吸附某些组分的固体物质称为吸附剂。在气相中可被吸附的物质称为吸附物，已被吸附的物质称为吸附质。

固气表面上的吸附现象可以分为物理吸附和化学吸附，两者的本质区别是气体分子与固体表面之间作用力的性质[47]，由分子间作用力(范德瓦耳斯力)产生的吸附称为物理吸附，其与化学吸附具体的特征差异详见表3.6。物理吸附提供了测定材料表面积、平均孔径及孔径分布的方法，这些均是表征固体多孔材料的主要参数。

**表3.6 物理吸附与化学吸附的基本区别**

| 性质 | 物理吸附 | 化学吸附 |
|---|---|---|
| 吸附力 | 范德瓦耳斯力 | 化学键力 |
| 吸附热 | 较小，与液化热相似 | 较大，与反应热相似 |
| 吸附速率 | 较快，不受温度影响，一般不需要活化能 | 较慢，随温度升高速率加快，需要活化能 |
| 吸附层 | 单分子层或多分子层 | 单分子层 |
| 吸附温度 | 沸点以下或低于临界温度 | 无限制 |
| 吸附稳定性 | 不稳定，常可完全脱附 | 比较稳定，脱附时常伴有化学反应 |
| 选择性 | 无选择性 | 有选择性 |

气体吸附法是表征多孔材料比表面积(单位质量的表面积)和孔径最普遍的方法，因为其孔径测量范围从0.35nm到100nm以上，涵盖了全部微孔和介孔，甚至延伸到大孔。该方法容易操作，成本较低。如果气体吸附法结合压汞法，则孔径分析范围就可以覆盖从0.35nm到1mm的范围。气体吸附法也是测量所有表面的最佳方法，包括不规则的表面和开孔内部的面积。

根据多孔材料中孔的尺寸大小，国际纯粹与应用化学联合会(International Union of Pure and Applied Chemistry，IUPAC)将材料中的孔分为大孔(macropore)(尺寸大于50nm)、中孔(mesopore)(2～50nm)和微孔(micropore)(小于2nm)。

### 3.5.2　物理吸附仪的测量原理

由于没有工具对固体多孔材料比表面积进行直接测量，人们就根据物理吸附的特点，以已知分子截面积的气体分子作为探针，创造一定条件，使气体分子覆盖于被测样品的整个表面(吸附)，被吸附的分子数目乘以分子截面积即认为是样品的比表面积。

目前用于比表面积分析的标准吸附物质是氮气，原因是：①高纯度的氮气很容易得到；②液氮作为最合适的冷却剂也很容易得到；③氮气与大多数固体表面相互作用的强度比较大；④氮气分子在 77.35K 时的截面面积为 0.162nm$^2$，在 BET 计算中已被广泛接受。

物理吸附仪是在已知的定体积中，用精确的高精度压力传感器监控因吸附过程引起的压力变化情况，测得在不同相对压力下一系列的气体吸附量。图 3.62 为 3H-2000PM 型物理吸附仪，仪器的关键部件已在图中标注。通常，测定仪器在相对压力范围 0.025～0.30 至少采集 3 个数据点。实验测定的数据以成对数值的方式进行记录：以在标准温度和压力(STP)下的体积(VSTP)表示气体吸附量，其对应的是相对压力($p/p_0$，其中 $p_0$ 是饱和蒸气压)。根据这些数据绘制的曲线称为吸附等温线。然后根据样品的特性，选择恰当的理论模型计算出样品的比表面积。

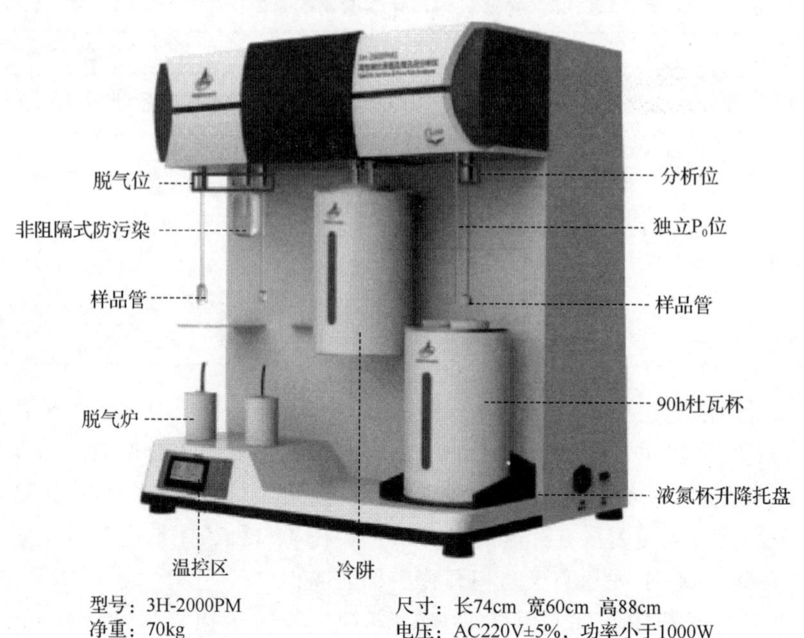


图 3.62　3H-2000PM 型物理吸附仪

气体吸附质分子在固体表面形成完整单分子吸附层的吸附量需要通过处

理吸附等温线数据求出。吸附等温线的测定方法分为静态法和动态法，前者有容量法、重量法等；后者有常压流动法、色谱法等。在此介绍常用的静态容量法，图 3.63 为其原理图。自动化的比表面测定仪由分析系统和计算机控制系统组成。分析系统有样品处理口和分析口，冷阱（液氮瓶）及饱和蒸气压测定管等，其中吸附测定系统与样品预处理系统互不干涉。操作程序控制系统的抽空、注气、加热处理、液氮瓶升降和数据采集等，可同时控制进行样品的预处理和吸附测定。数据处理程序可根据用户要求按不同方法处理数据，给出多种报告和关系曲线。

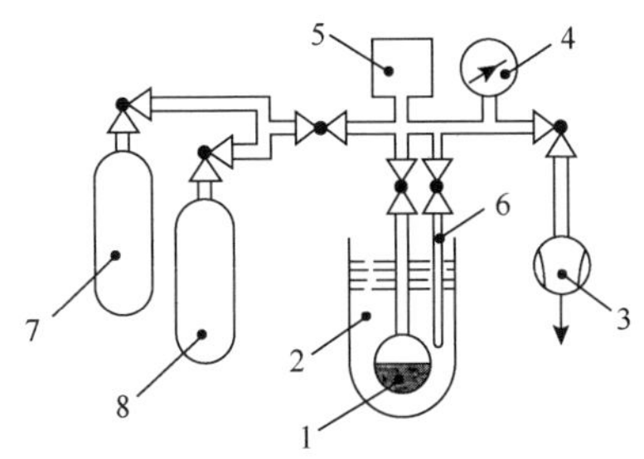


图 3.63　静态容量法物理吸附分析仪原理图

1.样品；2.低温杜瓦；3.真空泵系统；4.压力计（压力传感器）；5.校准体积（气体定量管）；6.饱和蒸气压测定管；7.吸附气体；8.死体积测定气体（He）

静态容量法测试通常在液氮温度下进行。在样品管中放置准确称量的经预处理的吸附剂样品，先抽真空脱气，再使整个系统达到所需的真空度，然后将样品管浸入液氮浴中，并充入已知量气体，吸附剂吸附气体会引起压力下降，待达到吸附平衡后测定气体的平衡压力，并根据吸附前后体系压力变化可计算吸附量。逐次向系统增加吸附质气体量改变压力，重复上述操作，测定并计算得到不同平衡压力下的吸附量值。要计算吸附剂的吸附量必须测定样品管的体积和样品的体积，或者直接测定样品管的自由体积。样品管自由体积是指样品管内未被样品占领的体积，也称死体积。吸附气体量由充入样品管自由体积内的气体量与吸附平衡后剩余气体量相减得到。因为大多数样品不吸附氦气，而且氦气具有理想气体特性，所以使用氦气测定样品管自由体积（但对于微孔物质，尤其是活性炭，氦气应谨慎使用）[48]。

### 3.5.3　测试结果分析

对物理吸附测试结果的分析，包括吸附等温线类型的判断、比表面积计算及孔径分布的计算。1985 年，IUPAC 建议将物理吸附等温线分为六种类型[49]，如图 3.64 所示。

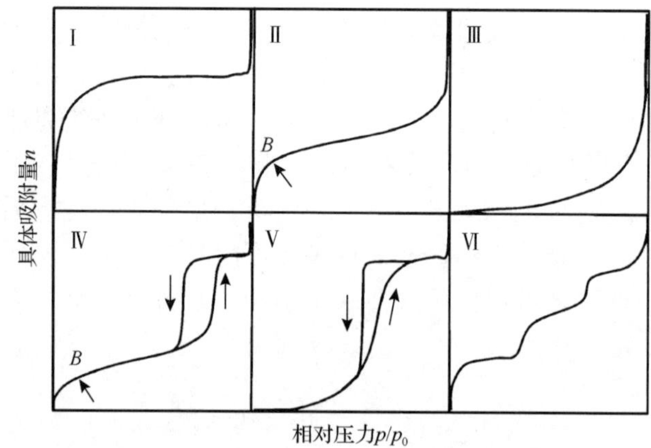


图 3.64 IUPAC 分类的六种吸附等温线[49]

Ⅰ型等温线：在较低的相对压力下吸附量迅速上升，达到一定相对压力后吸附出现饱和值。此型等温线往往反映的是微孔吸附剂(分子筛、微孔活性炭)上的微孔填充现象，饱和吸附值等于微孔的填充体积。

Ⅱ型等温线：反映非孔性或者大孔吸附剂上典型的物理吸附过程，这是 BET 公式最常说明的对象。由于吸附质与表面存在较强的相互作用，在较低的相对压力下吸附量迅速上升，曲线上凸。等温线拐点 $B$ 通常出现于单层吸附附近，随相对压力的继续增加，多层吸附逐步形成，达到饱和蒸气压时吸附层无穷多，导致实验难以测定准确的极限平衡吸附值。

Ⅲ型等温线：十分少见。等温线下凹，且没有拐点。吸附气体量随组分分压增加而上升。曲线下凹是因为吸附质分子间的相互作用比吸附质与吸附剂之间的强，第一层的吸附热比吸附质的液化热小，以致吸附初期吸附质较难吸附，而随吸附过程的进行，吸附出现自加速现象，吸附层数也不受限制。BET 公式中 $C$ 值小于 2 时，可以描述Ⅲ型等温线。

Ⅳ型等温线：与Ⅱ型等温线类似，但曲线后一段再次凸起，且中间段可能出现吸附回滞环，其对应的是多孔吸附剂出现毛细凝聚的体系。在中等的相对压力下，由于毛细凝聚的发生Ⅳ型等温线较Ⅱ型等温线上升得更快。中孔毛细凝聚填满后，如果吸附剂还有大孔径的孔或者吸附质分子相互作用强，可能继续吸附形成多分子层，吸附等温线继续上升。但在大多数情况下，毛细凝聚结束后出现一吸附终止平台，并不发生进一步的多分子层吸附。

Ⅴ型等温线：与Ⅲ型等温线类似，但达到饱和蒸气压时吸附层数有限，吸附量趋于一极限值。同时由于毛细凝聚的发生，在中等的相对压力下等温线上升较快，并伴有回滞环。

Ⅵ型等温线：一种特殊类型的等温线，反映的是无孔均匀固体表面多层吸附的结果(如洁净的金属或石墨表面)。实际固体表面大多是不均匀的，因此很难遇到这种情况。

通过判断实验测得的吸附等温线类型，可以定性地了解有关吸附剂表面性质、孔分布及吸附质与表面相互作用的基本信息(表 3.7)。在吸附等温线中，低相对压力段的形状反映吸附质与表面相互作用的强弱；中、高相对压力段反映固体表面有孔或无孔，以及孔径分布和孔体积大小等。

**表 3.7 吸附质与表面相互作用和孔径分布的关系**

| 类型 | 微孔(<2nm) | 中孔(2～50nm) | 大孔(>50nm) |
|---|---|---|---|
| 作用力强 | Ⅰ型等温线<br>(分子筛、微孔活性炭、细孔硅胶) | Ⅳ型等温线 | Ⅱ型等温线<br>(无孔粉体) |
| 作用力弱 | | | Ⅲ型等温线<br>(溴/硅胶) |

大量实验结果显示在Ⅳ型等温线上会出现回滞环，即吸附量随平衡压力增加时测得的吸附分支和压力减小时所测得的脱附分支，在一定的相对压力范围不重合，分离形成环状。在相同的相对压力时脱附分支的吸附量大于吸附分支的吸附量。这一现象发生在具有中孔(介孔)的吸附剂上，BET 公式不能处理回滞环。1911 年，Zsigmondy 将弯曲液面的蒸气压与曲率半径的关系——Kelvin 公式应用于多孔性固体中，提出了毛细凝聚理论，解释了多孔性固体吸附等温线的回滞环现象[50]。

毛细凝聚理论认为，在多孔性吸附剂中，若能在吸附初期形成凹液面，根据 Kelvin 公式，凹液面上的蒸气压总小于平液面上的饱和蒸气压，所以在小于饱和蒸气压时，凹液面上已达饱和而发生蒸气的凝结，发生这种蒸气凝结的作用总是从小孔向大孔，随着气体压力的增加，发生气体凝结的毛细孔越来越大；而脱附时，由于发生毛细凝聚后的液面曲率半径总是小于毛细凝聚前，故在相同吸附量时脱附压力总小于吸附压力。

回滞环多见于Ⅳ型等温线，根据最新的 IUPAC 的分类，可分为六种，如图 3.65 所示[51]。

H1 和 H2 型回滞环，吸附等温线上有饱和吸附平台，反映孔径分布较均匀。H1 型反映的是两端开口的管径分布均匀的圆筒状孔，H1 型回滞环可在孔径分布相对较窄的介孔材料和尺寸较均匀的球形颗粒聚集体中观察到(如 MCM-41)。而 H2 型回滞环反映的孔结构复杂，可能包括典型的“墨水瓶”孔、孔径分布不均的管形孔和密堆积球形颗粒间隙孔等。其中孔径分布和孔形状可能不好确定，孔径分布比 H1 型回线更宽。H2(a)型中脱附支很陡峭，主要是由于窄孔颈处的孔堵塞/渗或者空穴效应引起的挥发。H2(a)型回滞环常见于硅凝胶及一些有序三维介孔

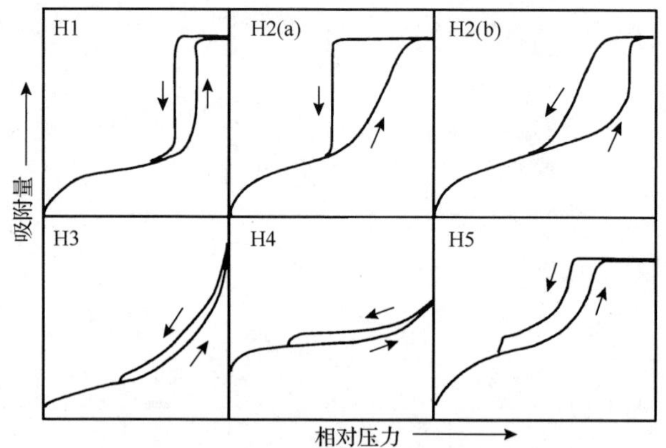


图 3.65　IUPAC 分类的六种回滞环类型[51]

材料，如 SBA-16、KIT-5。H2(b)型相对于 H2(a)型来说，孔颈宽度的尺寸分布要宽得多，常见于介孔泡沫硅(MCFs)和一些经过水热处理后的有序介孔硅材料(如 FDU-12 等)。

H3 和 H4 型回滞环，等温线没有明显的饱和吸附平台，表明孔结构很不规整。H3 型回滞环的吸附支和Ⅱ型等温线类似，脱附支下限一般位于空穴效应引发的相对压力。H3 型反映的孔包括平板狭缝结构、裂缝和楔形结构等。H3 型回滞环由片状颗粒材料，如黏土，或由裂隙孔材料给出，在较高相对压力区域没有表现出吸附饱和。H4 型回滞环相对于是Ⅰ型和Ⅱ型等温线的复合。H4 型出现在微孔和中孔混合的吸附剂中，以及含有狭窄的裂隙孔的固体中，如活性炭、分子筛。

H5 型回滞环较为少见，一般同时包含两端开口的和一端堵塞的孔。

根据吸附等温线的形状，结合对回滞环形状、宽度的分析，能获得吸附剂孔结构和织构特性的主要信息。但实际吸附剂孔结构复杂，实验得到的等温线和回滞环有时并不能简单地归于某一种分类，其往往反映吸附剂“混合”的孔结构特征[48]。

不同的理论模型给出的计算结果是不同的，所以要根据理论模型的假设条件，选择最适合样品性质的理论模型，如目前最流行的比表面积计算方法——多层吸附理论(简称 BET 方程)及用于中孔体积和分布的基本计算模型的 Kelvin 公式等。

图 3.66 为某样品的物理吸附测试结果，其呈现出典型的Ⅳ型等温线特点，在相对压力 $p/p_0$ 为 0.4～1.0 范围内有明显起伏，表现出介孔材料的特征吸附，证明样品中存在大量均匀分布的孔洞结构。经计算，样品的比表面积达到了 80.42m$^2$/g，孔径分布曲线说明了该样品中大部分孔的孔径分布在 2～50nm，该材料中的孔属于介孔。

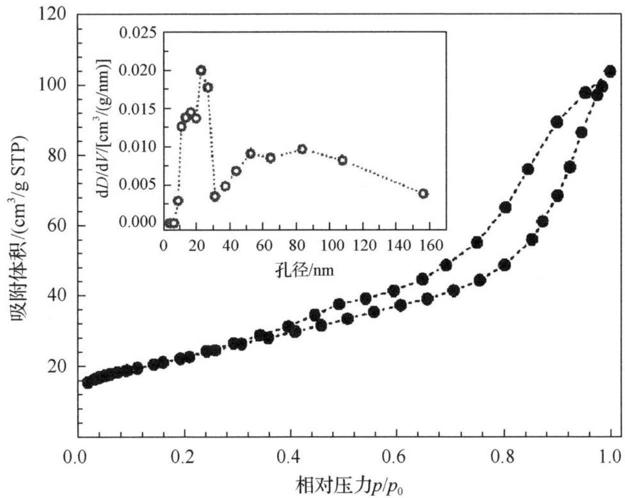


图 3.66 某样品物理吸附测试的吸附等温线及孔径分布曲线(内嵌)

## 参 考 文 献


[1] 李晓娜. 材料微结构分析原理与方法. 大连: 大连理工大学出版社, 2014.

[2] Buerger M J. Introduction to Crystal Geometry. New York: McGraw-Hill, 1971.

[3] Megaw H D. A Crystal Structure: A Working Approach. Philadelphia: Saunders, 1973.

[4] 王仁卉, 郭可信, 等. 晶体学中的对称群. 北京: 科学出版社, 1990.

[5] 俞文海, 等. 晶体结构的对称群. 合肥: 中国科学技术大学出版社, 1991.

[6] Koptsik V A. Shubnikov Groups (in Russian). Moscow: Univ. Press, 1966.

[7] Phillips F C. An Introduction to Crystallography. London: Longman, 1971.

[8] Smith J V. Geometrical and Structural Crystallography. New York: Wiley-VCH, 1982.

[9] Vainshtein B K. Modern Crystallography, 1. Symmetry of Crystals, Method of Structural. Berlin: Crystallography, Springer, 1981.

[10] 周公度. 晶体结构的周期性和对称性. 北京: 高等教育出版社, 1992.

[11] Burns G, Glazer A M. Space Groups for Soild State Scientists. New York: Academic Press, 1978.

[12] Hahn T. International Tables for Crystallography. Vol A. Space Group Symmetry. 2nd Revised Ed. Dordrecht: D. Reidel Publishing Company, 1987.

[13] 梁栋材. X 射线晶体学基础. 北京: 科学出版社, 1999.

[14] 梁敬魁. 粉末衍射法测定晶体结构. 北京: 科学出版社, 2003.

[15] 范雄. X 射线金属学. 北京: 机械工业出版社, 1981.

[16] 黄胜涛. 固体 X 射线学. 北京: 高等教育出版社, 1985.

[17] Zachariasen W H. Theory of X-ray Diffraction in Crystals. New York: Wiley-VCH, 1945; New York: Dover, 1968.

[18] 姜传海, 杨传铮, 等. X 射线衍射技术及其应用. 广东: 华南理工大学出版社, 2010.

[19] 祁景玉. X 射线结构分析. 上海: 同济大学出版社, 2003.

[20] 周玉. 材料分析方法. 北京: 机械工业出版社, 2004.

[21] 克鲁格·亚历山大. X 射线衍射技术. 盛世雄, 等译. 北京: 冶金工业出版社, 1986.

[22] 漆睿, 戎咏华, 等. X 射线衍射与电子显微分析. 上海: 上海交通大学出版社, 1992.

[23] Heimendahl M. Wolff, Electron Microscopy of Materials: An Introduction. Translated by Ursula E. New York: Academic Press, 1980.

[24] 赫什, 等. 薄晶体电子显微学. 北京: 科学出版社, 1983.

[25] 章晓中. 电子显微分析. 北京: 清华大学出版社, 2006.

[26] 刘文西, 黄孝瑛, 陈玉如. 材料结构电子显微分析. 天津: 天津大学出版社, 1989.

[27] 王富耻. 材料现代分析测试方法. 北京: 北京理工大学出版社, 2006.

[28] 陈世朴, 王永瑞. 金属电子显微分析. 北京: 机械工业出版社, 1982.

[29] 进藤大辅, 及川哲夫. 材料评价的分析电子显微方法. 刘安生, 译. 北京: 冶金工业出版社, 2001.

[30] Cheng X, Zhang Y, Li X, et al. Microstructure evolution and strengthening mechanism of $Cu_x[Ni_3Mo]$ alloys. Mater Sci Tech, 2019, 35(1): 98-106.

[31] 进藤大辅, 平贺贤二. 材料评价的高分辨电子显微方法. 刘安生, 译. 北京: 冶金工业出版社, 1998.

[32] 朱静, 叶恒强, 王仁卉, 等. 高空间分辨分析电子显微学. 北京: 科技出版社, 1987.

[33] 郭可信, 叶恒强. 高分辨电子显微学. 北京: 科学出版社, 1985.

[34] Williams D B, Barry Carter C. Transmission Electron Microscopy. New York: Plenum Press, 1996.

[35] Gu L, Zhu C, Li H, et al. Direct observation of lithium staging in partially delithiated $LiFePO_4$ at atomic resolution. J Am Chem Soc, 2011, 133(13): 4661-4663.

[36] He X, Gu L, Zhu C, et al. Direct imaging of lithium ions using aberration-corrected annular-bright-field scanning transmission electron microscopy and associated contrast mechanisms. Mater Express, 2011, 1(1): 43-50.

[37] 奥脱莱 C W. 扫描电子显微镜. 葛肇生, 刘旭平, 谢信能, 等译. 北京: 机械工业出版社, 1983.

[38] 朱宜, 汪裕苹, 陈文雄. 扫描电镜图像的形成处理和显微分析. 北京: 北京大学出版社, 1991.

[39] 利弗森 E. 材料的特征检测(第 I 部分). 材料科学与技术丛书. 第 2A 卷. 叶恒强, 等译. 北京: 科技出版社, 1988.

[40] Thornton P R. Scanning Electron Microscopy. London: Chapman and Hall, 1968.

[41] 白春礼, 田芳, 罗克. 扫描力显微术. 北京: 科学出版社, 2000.

[42] Holt D B, et al. Quantitative Scanning Electron Microscopy. New York: Academic Press, 1974.

[43] Birks L S. Electron Probe Microanalysis. Hoboken: John Wiley & Sons Inc., 1971.

[44] 刘永康, 等. 电子探针 X 射线显微分析. 北京: 科学出版社, 1973.

[45] Reed S J B. Electron Probe Microanalysis. Cambridge: Cambridge University Press, 1975.

[46] Jorio A, Pimenta M A, Souza Filho A G, et al. Characterizing carbon nanotube samples with resonance Raman scattering. New J Phys, 2003, 5(1): 139.

[47] 赵振国. 吸附作用应用原理. 北京: 化学工业出版社, 2005.

[48] 辛勤, 罗孟飞. 现代催化研究方法. 北京: 科学出版社, 2005.

[49] Sing K S W, Everett D H, Haul R A W, et al. Reporting physisorption data for gas-solid systems with special reference to the determination of surface area and porosity. Pure Appl Chem, 1985, 57(4): 603-619.

[50] Coasne B, Grosman A, Ortega C, et al. Adsorption in noninterconnected pores open at one or at both ends: a reconsideration of the origin of the hysteresis phenomenon. Phys Rev Lett, 2002, 88(1): 256102.

[51] Thommes M, Kaneko K, Neimark A V, et al. Physisorption of gases, with special reference to the evaluation of surface area and pore size distribution. IUPAC Technical Report. Pure and Applied Chemistry, 2015, 87(9-10).

# 第4章

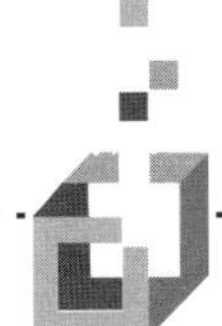

# 电池材料电化学行为

## 4.1 电化学的相及界面

### 4.1.1 构成界面的两相

人们一开始认为电极与电解液形成的界面在发生电化学反应时，其反应速率是非常快的，因此总是忽略界面的反应速率而仅仅考虑电极反应的扩散过程。实际上，对于电极材料的各种界面反应，都是直接在电极/溶液界面上实现物质的交换和电子的得失，界面反应本身非常缓慢却在研究电化学反应中十分重要。电极材料本身的性质、表面性质(如同一晶体的不同晶面)对电极反应速率有很大的影响，第 2 章简要介绍了化学反应速率方程，电极材料自身的性质很大程度上影响了方程中反应的活化能，从而影响了电极反应速率。另外，电极/溶液界面上的电场强度也对电极反应速率有极大的影响，不同的电场强度往往有着不同的电化学反应活化能，通过改变电极电势，有可能使反应速率改变几倍甚至几十倍。由此可知，研究电极/溶液的界面性质及该界面对发生的电化学反应带来了哪些影响，对于研究电极表面进行的电化学过程和附近薄层中电解液的传质过程都非常有必要[1-3]。

以锂/钠离子电池的负极材料为例，在第一次放电过程中，其负极材料与电解液之间的界面就发生了本质的变化，另外，对界面电容、界面对粒子的吸附量或界面剩余电荷量的计算也是常见的对电极/电解液界面的研究内容[4-6]。

在单独讨论材料结构时，一般讨论的是材料的体相结构，不同材料的原子利用不同的化学键结合，形成面心立方、体心立方等结构，不同的结合方式、键能也导致了材料性质(如导电性)的不同。但对于电池来说，它是一种通过有电子参与的氧化还原反应将化学能转换为电能的储能装置，需要达到人们所需的高能量密度、功率密度、循环寿命和安全性，而其中主要的组成部分是正极、负极电极材料，电解液和隔膜。电极材料一般也需要具有优越的综合电化学性能，在长时间的研究中，研究人员发现，电池的界面特性和电极表面的结构(而非体相结构)对电池的各方面性能均会产生重要影响。

电池中常见的界面分为固-固界面和液-固界面。固-固界面一般是电极材料在发生电化学反应过程中产生的两相界面，例如，锂离子正极材料中，脱/嵌锂离子过程产生的电极界面($LiFePO_4/FePO_4$、$Li_4Ti_5O_{12}/Li_7Ti_5O_{12}$)；另外，多晶的电极材料在晶粒和晶粒之间也可以形成晶界；在宏观上，黏结剂与电极材料、导电剂(炭黑)与电极材料、导电剂与黏结剂材料均可形成固-固界面。固-固界面对电荷转移过程有很大影响，在电化学反应过程中，不同相之间产生的极化作用也极大地影响着电极材料的电化学性能。固-固界面存在空间电荷层、缺陷，显著地影响着离子导电性和电子导电性及电极材料的稳定性，进而影响着电池电极材料的能量密度、功率密度、循环稳定性和安全性。如果电极材料中存在着大量的晶界，可作为离子脱出和嵌入的活性位点，增加电极材料的比容量，但与此同时，产生的极化作用也会导致电容型电阻的增加，影响电极材料的电化学反应动力学。相比于固-固界面，在电池中液-固界面更为重要，现在大多数电池采用的是有机溶剂作为电解质，电池中的电解质溶液也几乎代表了大多数电解质溶液在电极体系中所需要满足的需求，即呈现液态、具有高离子导电性、电化学稳定性好、能与电极发生氧化还原反应且非常纯净。在首次充放电过程中，由于有机溶剂与负极材料进行不可逆的电化学反应，在负极材料表面会形成一层固体电解质界面(SEI 膜)，此时电解质溶液与固体薄膜形成了液-固界面[7-9]。

### 4.1.2　电极/溶液界面

金属作为常见的电极，通过其离域轨道与溶液中离子或分子的某一局域轨道传递电子，从而完成电极表面的电子传递过程。例如，如果金属电极 M 与含有相应金属离子的溶液接触可传递 $n$ 个电子，正逆反应均可发生，则当逆向反应起主导作用，电极 M 将失去电子而带 $n$ 个正电荷。而金属具有良好的导电性，在其内部很难建立广泛的空间电荷区，因此这些正电荷只能位于电极表面，并吸引溶液中的阴离子到电极表面附近，由此在电极表面与相邻溶液的小区域内建立双电层，导致金属内部和溶液相处于不同的电势。对于具有电化学活性的电极，如锂/钠离子电池中的电极材料，流过的电流一方面对双电层进行充电，一方面导致了电极材料电化学反应的发生。一般来说，锂/钠离子电池中的电解液具有相对较高的分解电压，因此只要外电压低于电解液的分解电压，外电压的变化将改变电极材料内部双电层内的电荷数，则在此电压范围内，称为电极发生了电化学极化[10]。

在电极上施加某个数值的电势，会在电极表面积累一定带正电或负电的电荷，而在溶液的一层产生相应的静电响应，吸引与带电荷具有相反电性的离子和偶极子，使它们吸附到该带电电荷表面，形成双电层和电势差。电子转移的驱动力也来自电极与溶液界面处的电势差。显然，随着带异种电荷的离子逐渐到达电极表面，存在某个电势值使电极表面剩余电荷为零，此时将不再有阳离子或阴离子吸附到电极表面，这个电势称为零电荷电势 $E_{pzc}$。对于电池中的各类电极材料，在连通外电路进行充电和放电过程中发生的电化学反应而导致电极表面化学组成的改变，产生了法拉第电流[11]。而研究电极/溶液界面的实验中，需避免电极表面和溶液相组成发生改变，即电极/溶液界面不产生法拉第电流，因此在电池电极材料无法进行研究电极/溶液界面的实验。

汞电极和某些水溶液组成的电极体系在很宽的电势范围内几乎不发生电化学反应，不产生法拉第电流，接近于可研究界面结构的“理想化电极”，因此常被用于验证一些描述理想极化电极界面性质的模型的正确性[12]。

如图 4.1(a)所示，最初的理想极化电极界面模型是由 Helmholtz 建立的。该

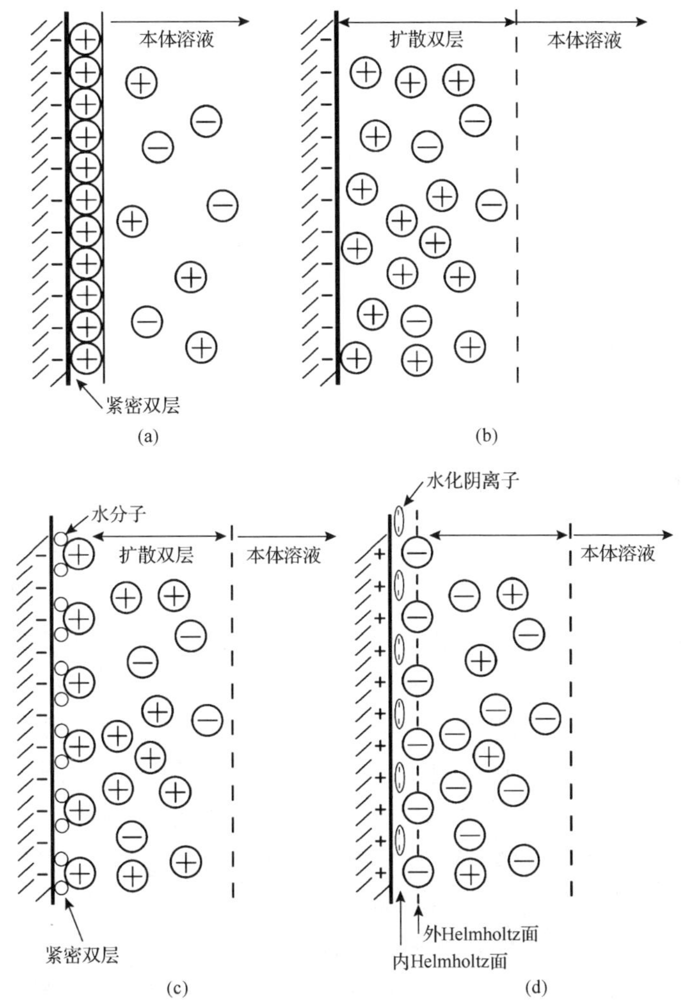


图 4.1　(a) Helmholtz 双电层模型示意图；(b) Gouy-Chapman 双电层模型示意图；(c)、(d) Gouy-Chapman-Stern 双电层模型示意图

模型认为电极表面的剩余电荷会迅速吸引溶液中的带电离子并达到电平衡，无论电极表面还是溶液相中受到吸引而形成的电荷层都是紧密的，同时在双电层内部发生急剧的线性的电势变化，而在双电层外的电极和溶液内部，对双电层的界面无显著影响，该模型即是人们所熟知的 Helmholtz 双电层模型[13,14]。

很显然 Helmholtz 双电层模型并没有考虑室温下离子可进行自由移动的热运动，Gouy 和 Chapman 首先考虑了热运动对在电极附近离子的影响，如图 4.1(b)所示。他们认为电极表面的过剩电荷与溶液内部的离子同样可以快速移动而达到电平衡，但这些来自溶液的离子可以进行自由运动，完全不会被束缚在电极表面处，由此形成了分散在电极表面附近较大范围的由正负离子组成的扩散双电层构造。显然，在越靠近电极表面处，与电极表面带异种电荷的离子浓度越高，而随着溶液中带电层到电极表面距离的增大，离子浓度在几纳米的范围内平滑地减小。而电势会先在表面处较快变化，然后不断缓慢地衰减。在实际情况中，离子会在水溶液中发生水化(尤其是阳离子)使离子的整体尺寸增大很多，此时离子中心表示的平面通常称为外 Helmholtz 平面。而阴离子常常具有很强的与金属形成化学键的能力，此时水化层部分完全从阴离子上剥离而更加靠近电极表面，形成内 Helmholtz 平面。此外，离子、偶极和中性分子均可以在电极表面进行吸附。这些粒子与带电表面的相互作用主要包括范德瓦耳斯力、库仑作用力、化学吸附。随着施加在电极上电势的升降，这种相互作用力也随之改变。对于阴离子来说，不只是可以通过静电作用吸附在带正电的电极表面，通过范德瓦耳斯力的相互作用，阴离子可以在带负电的电极表面发生特性吸附，产生内 Helmholtz 层。Gouy-Chapman 模型完全没有考虑到有内 Helmholtz 层存在。

如图 4.1(c)和(d)所示，Stern 提出了最接近现实的双电层模型，即 Helmholtz 双电层模型与扩散双电层模型的组合。该模型认为 Helmholtz 平面的位置将随着被吸引到电极表面的离子种类的变化而变化。根据 Helmholtz 平面的位置，双电层被分类为紧密双电层和扩散双电层。当表面层由水化阳离子和水分子组成时，水化壳层使离子尺寸大了很多，形成距离电极表面较远的紧密平面；当被吸引到电极表面的是水化的阴离子和特性吸附的阴离子时，阴离子和水化阴离子均可直接吸附到电极表面，此时产生了两种平面，如上所述，称为“内”和“外”Helmholtz 平面。从外 Helmholtz 平面到电解质溶液内部的电势(扩散双层电势，也是人们熟知的 Zeta 电势)以指数形式增降，而影响扩散层厚度的主要因素为离子的浓度，离子的浓度越高，扩散层越薄，甚至可以忽略。

电化学双电层可最简单地视为由两片平行的平板构成的电容器。双电层电容器平板上的电荷 $Q$ 与两平板之间的电势差成正比，其比例常数就是电容 $C$。如上所述，双电层分为紧密双电层和分散双电层，二者均具有各自的电容，整体的电

容值由两个串联的双电层组成[15]，即

$$\frac{1}{C}=\frac{1}{C_{紧密}}+\frac{1}{C_{分散}} \tag{4.1}$$

式中，$C_{紧密}$ 和 $C_{分散}$ 分别为紧密双电层电容和分散双电层电容，由此可以推知，电化学双电层电容是由这两个值中较小的一项决定。由于紧密双电层没有精细的结构模型，因此无法进行定量计算，但定量地描述分散层却是可行的。分散层的离子服从麦克斯韦-玻尔兹曼分布规律，在这里不对 $C_{分散}$ 求解公式的具体推导过程进行详述，而是直接给出 $C_{分散}$ 的测试公式：

$$C_{分散}=\frac{\mathrm{d}q_{分散}}{\mathrm{d}(\varphi_1-\varphi_2)}=F\left(\frac{2\varepsilon\varepsilon_0 C}{RT}\right)^{\frac{1}{2}}\cosh\frac{F(\varphi_1-\varphi_2)}{2RT} \tag{4.2}$$

式中，$\varphi_1$ 和 $\varphi_2$ 分别为外 Helmholtz 平面和电解液的电势；$q_{分散}$ 为分散双电层的电荷量；$\varepsilon$ 为实际介电常数；$\varepsilon_0$ 为真空介电常数。由于在 $E_{pzc}$ 处电极表面不带电荷，此时 $\varphi_1-\varphi_2=0$，也可以推知电容值将随着溶液的稀释而降低，在 $E_{pzc}$ 处附近，电容出现极小值。一个经典的实验，滴汞电极在 NaF 溶液中电容随电势变化的曲线呈现出的显著特征：电容值随着溶液的稀释而降低，在低浓度电解质中，电容曲线在 $E_{pzc}$ 处出现极小值。

除了理想化电极的双电层模型，电泳(在外加电场作用下胶体粒子的带电表面相对于固定液体运动)、电渗析(在电场作用下，利用半透膜的选择透过性分离不同的溶质粒子)等应用中的固体即使不是电子导体，但也可以在固液相界面产生双电层。

## 4.2 电 极 反 应

### 4.2.1 电极电势

相间电势是两相接触时在两相之间存在的电势差，是带电粒子在界面间的非均匀分布造成的。在电池充放电过程中，外部电源对电池电极材料进行充电，或外电路连通后，电极材料放电，都可以使两相在界面两侧集中出现剩余电荷，形成“双电层”。双电层一般是非稳定的，是指带电粒子在两相间的转移过程达到平衡后，在相界面区形成一种稳定的非均匀分布[16,17]。

在双电层中之所以可以出现电势差，是因为同一种粒子在不同相中所具有的能量状态是不同的。当两相接触时，粒子会自发地从能态高的相向能态低的相进行转移。对于在两相间进行转移的不带电粒子，它在两相中的化学位能之差即是自由能的变化。而最终建立的相间平衡，是粒子在两相中的化学位能相等[18]。如果这种粒子带电，在两相间转移的过程中除了化学能有变化外，电能也会发生变化。为达到相间平衡，带电粒子的电能也必须考虑。

相间电势一般分为以下几类：①外电势差，是直接接触的两相之间的外电势差，是可以直接测量的参数；②内电势差，是直接接触或通过温度相同的良好电子导电性材料连接的两相间的电势差，无法直接测量；③电化学电势差，例如，不同金属相互接触，由于两种金属对电子的束缚能力不同，具有更高能量的粒子具有更高的电子逸出能力，因此两种金属间具有电化学电势差。如果在相互接触的两个相中，一个是电子导电相，一个是离子导电相，则在这两个相界面上有电荷转移。电极既可以是电极材料，也可以是电子导体(如金属)。

在电池中，电荷转移的过程会在两相界面上发生化学变化，生成新物质。在电极体系中，两类导体界面所形成的相间电势，即电极材料和电解液的内电势差称为电极电势[19, 20]。电极材料和电解液之间的内电势差，其数值为电极的绝对电势，这个电势无法测量。在日常实验中，电池端电压 $E$(原电池电动势)是被测电极的相对电势，也就是在没有电流通过时电池的开路电压。因此，实际的电极电势，也就是两个正负电极的相对电势，并不仅指两个电极间的内电势差，还包括了电极与电解液的接触电势。

相互接触的、两个组分不同或浓度不同的电解质溶液之间的相间电势称为液体接界电势。形成电势的原因是两溶液相组成或浓度不同，溶质粒子将自发地进行相迁移，即扩散作用：从浓度高的相向浓度低的相迁移，从一个相向另一个相迁移。在扩散作用下，正、负离子形成的双电层产生了一定的电势差，所以液体接界电势也称为扩散电势。在本节讨论中考虑的是理想状态下的电极电势，扩散电势不予考虑。

主要研究的电化学体系分为三大类型：①电化学体系中的两个电极和外电路连通后，在两个电极间产生电势，驱动电流在外电路中做功，该体系称为原电池体系；②电解池与外部电源组成回路，电流通过并促使电化学反应发生，该体系称为电解池体系；③电化学反应能自发进行，但没有对外做功，只是破坏了金属，该体系称为腐蚀体系。在这里，主要讨论原电池(也称为自发电池)。

原电池由两种电化学性质不同的电极材料、电解液和导线组成，形成闭合回路，能够通过两个电极间的反应产生电流并供给外线路进行做功。原电池的电化学反应与普通的化学反应没什么本质差别——都是氧化还原反应[21-23]。但是，反应的结果却不相同：普通的化学反应中有放热或吸热而产生溶液温度的变化，而在原电池反应中，这部分能量变为电流对外电路的电子器件做功。放在不同的装置中两个相同的化学反应产生了不同的结果，这是因为在不同的装置中，反应进行的条件不同导致了能量的转换形式也不同。在化学反应中液-固界面在同一位置、同一时刻直接交换电荷，完成氧化还原反应。反应后物质的组成发生了改变，体系的总能量也随之发生了变化——热能的释放，总体来说，是将化学能转化为了热能。在原电池中，氧化反应和还原反应是分别在不同位置进行的，电子的得失将通过外线路中定向移动的自由电子和溶液中不断迁移的离子才能够实现。电池反应所引起的化学能变化转化为可以为外电路负载做功的电能。普通的氧化还原反应将化学能完全转化为热能，但原电池中发生的氧化还原反应将大部分化学能转化为电能，而非热能。因此，原电池是能将化学能直接转变为电能的电化学装置，也称为自发电池。

与原电池电化学反应相对的是电解池，电解池和原电池的电化学体系具有类似结构，但是它们发生的电化学反应是互逆的。电解池由直流电源连接两个电子导体并将它们插入电解质溶液组成，外电源输送电流，在两个电极上分别发生氧化反应、还原反应。这种将电能转化为化学能的电化学体系称为电解池。

在原电池中，发生电化学反应后，自由能变化 $\Delta G<0$，反应的结果是对外做功。在电解池中，体系自由能变化 $\Delta G>0$，需要吸收外界提供的电能转变为化学能，相当于负载。原电池的电动势反映了原电池做功的能力。电池电动势定义为电池中没有电流通过时两个电极之间的电势差，用符号 $E$ 表示。电动势 $E$ 与电量 $Q$ 的乘积值为电功值，即

$$W = EQ \tag{4.3}$$

式中，$Q$ 为电池反应时通过的电量。根据法拉第定律：$Q = nF$，其中 $n$ 为参与反应的电子数，所以

$$W = nEF \tag{4.4}$$

电池的可逆反应发生在恒温恒压下，因此所做的最大有用功等于体系自由能的减少。该电池体系自由能的减少$(-\Delta G)$，即

$$W = -\Delta G \tag{4.5}$$

$$\Delta G = -nEF \tag{4.6}$$

式中，$E$ 的单位是伏特，$\Delta G$ 的单位是焦耳。式(4.5)和式(4.6)表明了化学能与电能相互转化的定量关系，但只适用于可逆电池。

可逆电池化学热力学的相关公式在平衡状态下才成立。而只有可逆电池才能利用电化学热力学来研究。在后续的章节中，还会对电池的可逆性和不可逆性进一步的解释。在这里将简要地对电池的可逆性做一介绍。电池进行的是可逆变化

时，发生的化学变化可逆，能量转化可逆。因此，只有控制电流无限小、放电过程和充电过程在同一电压下完成，正逆反应所做的功相等。由此可见，完全可逆的电池反应是一种理想过程。

因为在实验中 $\Delta G$ 很难直接求出，为了求解式(4.6)中的电势 $E$，需要考虑电极电势与电解质溶液浓度的关系[24,25]。在一定浓度的稀电解质溶液中，与理想溶液不同的是，离子的周围是与它带有相反电荷的离子氛，随着电解质浓度的升高，离子氛浓度也随之增加。科学家为了描述溶液中离子的热力学性质，引入了活度这个概念来表示实际溶液偏离理想溶液的程度。如果假定实际溶液和理想溶液的区别仅仅由离子间相互作用所导致，那么理想溶液的化学势可以表示为非理想溶液的化学势与离子间相互作用产生的电势之和，即

$$\mu_{\mathrm{i}} = \mu_{\mathrm{i}}^{0} + RT\ln a_{\mathrm{i}} \tag{4.7}$$

式中，$a_{\mathrm{i}}$ 为 i 组分的活度；$\mu_{\mathrm{i}}^{0}$ 为单位活度时的化学势(即物质浓度为 1mol/L 时电极和溶液的 Galvani 电势差)；$\mu_{\mathrm{i}}$ 为两相间的内电势差，对于没有净电流流过的平衡态，这个值是可以直接计算的。对于金属 M 来说，可以分别用 $\psi_{\mathrm{M}}$ 和 $\psi_{\mathrm{S}}$ 来表示金属和溶液的内电势，假设电解液 S 与电极 M 间转移 $n_{\mathrm{e}}$ 个电子而达到平衡，则反应方程式为

$$\mathrm{S}^{0}(\mathrm{M}) \rightleftharpoons n_{\mathrm{e}}\mathrm{e}^{-}(\mathrm{M}) + \mathrm{S}^{n+}(\mathrm{aq}) \tag{4.8}$$

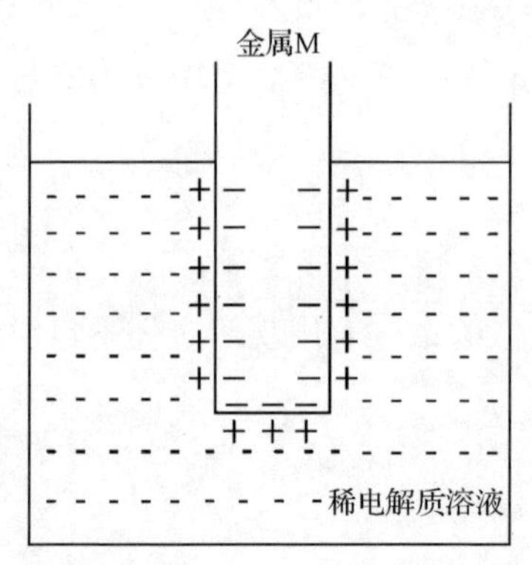


图 4.2 金属 M 与含有 M 的 $n_{\mathrm{e}}$ 价离子的电解质溶液在电极/溶液界面形成双电层

在金属刚与电解液接触时，并不会达到平衡，因此会发生某些化学反应使反应方程式[式(4.8)]成立。在这个化学反应过程中，将伴随着电荷的生成和消耗而产生电势差，如图 4.2 所示，两种相反的电势差会根据化学势的高低而产生，金属的电势较高而在金属和电解液的相边界产生了相反的双电层，也在界面区建立了相反符号的电势差，因此这类电势差需要在热力学方程中显示出来。如果将 1mol 的 $n_{\mathrm{e}}$ 价态离子从无穷远处移动到电势 $\varphi$ 的溶液内部，移动所做的功是 $n_{\mathrm{e}}F\varphi$，位于不同电势 $\varphi(\mathrm{I})$ 和 $\varphi(\mathrm{II})$ 的两相中组分 i 达到电化学平衡态时需要满足的电势电化学平衡的条件为

$$\mu_{\mathrm{i}}(\mathrm{I}) + n_{\mathrm{e}}F\varphi(\mathrm{I}) = \mu_{\mathrm{i}}(\mathrm{II}) + n_{\mathrm{i}}F\varphi(\mathrm{II}) \tag{4.9}$$

称 $\mu_i + n_i F\varphi$ 为电化学势，因此 $\mu_i + n_i F\varphi = \mu_i^0 + RT\ln a_i + n_i F\varphi$，则对于电解液 S 与电极 M 之间的平衡，则有

$$\mu_i^0(\mathrm{M}) + RT\ln a_i(\mathrm{M}) = \mu_{\mathrm{M}^{n+}}^0 + RT\ln a_{\mathrm{M}^{n+}} + n_e F\varphi_S + n_e\mu_{e^-}^0 + n_e RT\ln a_{e^-} - n_e F\varphi_M \quad (4.10)$$

$$\varphi_M - \varphi_S = \frac{\mu_{\mathrm{M}^{n+}}^0 - n\mu_{e^-}^0 + n\mu_{e^-}^0(\mathrm{M})}{n_e F} + \frac{RT}{n_e F}\ln a_i = \Delta\varphi_0 + \frac{RT}{n_e F}\ln a_i \quad (4.11)$$

式中，$\Delta\varphi_0$ 为物质浓度为 1mol/L 时电极和溶液的内电势差(Galvani 电势差)，也用 $E^0$ 来表示，因此对于平衡电势与溶液中离子的浓度之间的关系式为

$$E = E^0 + \left(\frac{RT}{n_e F}\right)\ln a_i \quad (4.12)$$

该式为能斯特方程。式中，$F$ 为法拉第常量；$n_e$ 为电极反应中转移的电子数。该式表明了氧化还原电极的平衡电势与溶液中各个物质活度的关系。同理，能斯特方程对于气体电极同样成立，即

$$E = E^0 + \left(\frac{RT}{n_e F}\right)\ln\frac{a_{\mathrm{Ox}}}{a_{\mathrm{Red}}} \quad (4.13)$$

对于电极处于没有净电流流过的平衡态时的 $a\mathrm{Ox} + n_e e^- = b\mathrm{Red}$ 反应，其电极自身的电势数值可以直接计算出来。

将电池电压的表达式 $E = -\Delta G/n_e F$ 对温度求微分，可以计算电动势与温度的关系：

$$\left(\frac{\partial E}{\partial T}\right)_p = -\frac{1}{n_e F}\left(\frac{\partial \Delta_r G}{\partial T}\right)_p = \frac{\Delta_r S}{n_e F} \quad (4.14)$$

从式(4.14)可以看出，在电池反应中随着熵的降低，体系有序度增加，电池的电动势随着温度的升高而降低。

### 4.2.2 可逆电极反应与不可逆电极反应

根据 4.2.1 节的介绍，与电化学热力学有关的能斯特方程只有在电极发生可逆反应时才成立。以原电池为例，两个电极如果插入到同一电解质溶液中便构成了单液电池，如果是两种不同的电解质溶液则是双液电池。以电解装置内的伏安行为来说明可逆反应与不可逆反应的差异，当外加电压达到离子的电解还原电压时，电解池内会发生氧化还原反应，其中 $U_{外}$代表外加电压，$R$ 代表回路阻抗，$U_{分}$代表

分解电压。如果此时电极材料能进行可逆反应，必须实现：①电极体系的电化学反应必须迅速达到平衡状态，平衡意味着两个电极在充电时的电极反应必须是放电时的逆反应，且只能发生单一的电化学反应，同时发生多个电化学反应的电极不可能构成可逆电极；②能量可逆性，充电时吸收的能量必须等于放电时放出的能量，需要电池工作时(无论充电还是放电)通过的电流必须无限小；③传质可逆性，即溶液中不存在液接电势。

在实际电化学反应过程中，使电解反应能持续进行的最小外加电压称为分解电压，在电压-电流示意图中，分解电压所对应的电流值位于曲线的转折点外，分解电压受电解液、电极、温度、测试条件等诸多因素影响。在实际电池测试过程中，随着电极上电荷定向移动，电极电势却难以在平衡电极电势下发生电化学反应，一般都会有所偏移。将电极极化时电极电势相对于可逆电势的偏离值称为过电势或超电势，用符号 $\eta_0$ 表示，而这个电化学反应为不可逆电极过程。通过电极材料的电流密度越大，超电势越大，电极的极化情况越严重。将电极反应迟滞所引起的极化称为电化学极化。而当电极的电化学反应发生在电极与溶液的界面上，电化学反应将改变电极表面附近溶液中离子的浓度，由于离子的传质需要一定时间，因此在远离界面和靠近界面的不同位置，溶液浓度不同，这种浓度差引起的极化作用称为浓差极化。

对于阳极来说，极化作用使极化电势高于可逆电势，而阴极则正相反，极化电势低于可逆电势，所以在电池充电过程中，加在电池两端的电势应高于可逆电势，同理，放电时两电极间产生的电动势也低于可逆电势，只有这样，电极材料才能发生电化学反应。

对于可逆电极的电势，可逆电极与溶液的两相，如金属与含有其相应离子的溶液构成的电化学体系、Pt 电极与含有氧化性物质的电解液构成的电化学体系等，是没有净电流流过的平衡态，电势值可以直接计算。所以可逆电极对于研究电极电势极为重要。可逆电极按照氧化态和还原态物质的不同分为三类：①金属电极、气体电极和汞齐电极。这类电极的显著特点是电极电势建立的过程中一般会有离子在金属电极和溶液中迁移，在溶液内部和电极/溶液界面处的离子建立平衡，这种界面与溶液间的浓差符合能斯特方程。此外，这类电极只具有唯一的相界面，属于两相电极；其电化学反应均是电极材料与在溶液中同一离子的极化反应。②难溶盐电极和难溶氧化物电极。其主要特点是电极中存在难溶盐或难溶氧化物，溶液中含有这些难溶物质的阴离子，难溶盐与难溶氧化物、电解质溶液之间存在两个界面，属于三相电极。电极电势与这些难溶物质的阴离子符合能斯特方程。③在同一溶液中存在某个离子的多个氧化态或还原态。这种电极以惰性电极为导体并发生电极反应，如 $Fe^{3+}$和 $Fe^{2+}$、$Cu^{2+}$和 $Cu^{+}$、$Sn^{4+}$和 $Sn^{2+}$等。其主要特点是：在电极反应过程中，只有电子而无其他物质穿越界面，电极电势由不同物质的活度决定，符合能斯特方程。

许多电极无法满足可逆电极条件——长时间处于平衡状态，称之为不可逆电极，产生的电极电势称为不可逆电势。它的数值不能由能斯特方程计算，只能由实验测定得到。它的电势既可以是稳定的，又可以是不稳定的：如果能够建立稳定的双电层，可以产生稳定的不可逆电势，否则是不稳定的不可逆电势。无论是可逆电极还是不可逆电极，电极的组成最为重要。不同的组成导致了不同的得失电子能力，形成了不同的电极电势。不可逆电极类型与可逆电极相对应，不可逆电极同样分为三类：①浸入不含金属离子溶液的金属；②浸在能生成金属的难溶盐或氧化物溶液中的金属；③浸入含有某种氧化剂的溶液中的金属，发生氧化还原反应。

### 4.2.3　电极电势对电化学反应活化能的影响

电化学反应过程是指反应物在电极/溶液界面得到或失去电子，进行氧化还原反应生成新物质的过程，该反应主要包括化学反应和电荷传递两部分。另外，一旦引发一个电化学反应，电极/溶液界面参与反应的物质浓度很有可能高于或低于电解液中这种物质的浓度，如果这个浓度差值过大，则还需要考虑传质对电极反应速率的影响。在这三种影响电化学反应进程的因素(电荷转移、电活性物质传质和耦合化学反应的相互作用)中，发生电化学极化时，极化规律就取决于电子转移过程的动力学。通过电极反应动力学，有助于人们控制电化学极化的反应速率和反应的进行方向[21]。

在研究电池材料电化学反应时，电极材料发生电化学反应的反应速率是非常重要的研究对象。而电极电势对电极反应速率有重要影响。当电化学反应处于平衡状态时，改变某些参与控制过程的粒子表面浓度，从而改变电极电势引起电极反应速率的变化，这类极化过程可以利用能斯特方程计算反应粒子的表面浓度，属于通过“热力学方式”影响电极反应速率。这种情况下，通过热力学计算平衡状态下电极电势的相关公式，就可以计算反应粒子的表面浓度，同时得出电极反应速率。但如果电化学步骤本身的反应速率比较小，改变了电极电势，就直接改变了整个电极反应的进行速率，此时热力学平衡已经遭到了破坏，需要按照“动力学方式”讨论。先来讨论处于平衡状态时可以按照“热力学方式”改变反应速率的情况。

当电极反应处于平衡状态时，电极电势对电极反应速率的影响是通过对反应活化能的影响实现的[22]。为了便于讨论，在这里先考虑单电子的电化学反应，此时电子传递是唯一的控制步骤，也就是说，电极/溶液界面上不存在任何吸附过程且无浓差极化产生[26,27]。例如，将 Ag 电极浸入 $AgNO_3$ 溶液中，Ag 电极的电化学反应为

$$Ag^+ + e^- \rightleftharpoons Ag \tag{4.15}$$

因为 $Ag^+$在电极/溶液界面的转移过程、电子的转移过程代表了整个电化学反应过程，$Ag^+$的化学能变化与电极反应的活化能变化相等。如图 4.3 所示，曲线 $aa'$表示 Ag 电极中 $Ag^+$逸出到 $AgNO_3$溶液时的势能变化；曲线 $bb'$表示 $Ag^+$从溶液转移到 Ag 电极时的势能变化；曲线 $ab$ 表示 $Ag^+$在两相间转移时的势能变化。

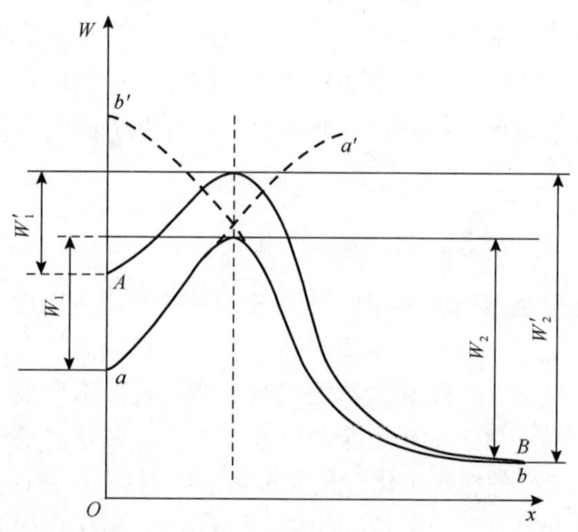


图 4.3 电极电势与 $Ag^+$势能的关系图

在不加电场时，$Ag^+$发生氧化还原反应时的势能变化就是曲线 $ab$ 中显示的高度差。但当 Ag 电极与 $AgNO_3$ 溶液界面间存在电极电势 $\Delta\varphi$ 时(按照假设，这时的界面符合理想的紧密双电层模型)，$Ag^+$的势能变化为 $F\Delta\varphi$。因此存在电极电势后，$Ag^+$在两相间的活化能变化情况可由曲线 $AB$ 表示，如果用 $W_1'$ 表示加上电极电势 $\Delta\varphi$ 后阳极反应($Ag^+$逸出到 $AgNO_3$ 溶液)的活化能，$W_2'$ 表示加上电极电势 $\Delta\varphi$ 后阴极反应($Ag^+$从溶液转移到 Ag 电极)的活化能，则可以得到

$$W_1' = W_1 - \beta F\Delta\varphi \tag{4.16}$$

$$W_2' = W_2 + \alpha F\Delta\varphi \tag{4.17}$$

式中，$W_1$ 为未加电极电势前阳极反应的活化能；$W_2$ 为未加电极电势前阴极反应的活化能；$\beta$ 为电极电势对阳极反应活化能的影响；$\alpha$ 为电极电势对阴极反应活化能的影响。$\alpha$ 和 $\beta$ 均为小于 1 且大于零的常数，分别称为传递系数和对称系数。而式(4.17)与式(4.16)相减可以得到 $\alpha + \beta = 1$。这两个公式表明电极电势的增加使得阳极反应的活化能增大而阴极反应的活化能减小，但总的势能不变，为 $F\Delta\varphi$。这个规律在电极反应处于平衡状态的多电子转移过程中同样适用，只是势能变化

为 $nF\Delta\varphi$ 。

### 4.2.4　电极电势对电极反应速率的影响

对于单电子参与的氧化还原反应 $a\text{Ox}+n_\text{e}\text{e}^- \rightleftharpoons b\text{Red}$，根据基本的化学反应速率方程可得阳极反应和阴极反应在没有电极电势时的反应速率分别为

$$v_a^0 = k_a c_a \exp\left(-\frac{W_1}{RT}\right) \tag{4.18}$$

$$v_b^0 = k_b c_b \exp\left(-\frac{W_2}{RT}\right) \tag{4.19}$$

当电极电势为零，反应只是单纯的氧化还原反应时，反应常数 $K^0 = k^0 \exp\left(-\frac{W^0}{RT}\right)$，如果用电流密度表示反应速率，则

$$j_a^0 = n_\text{e} F c_a K_a^0,\ j_b^0 = n_\text{e} F c_b K_b^0 \tag{4.20}$$

如果电极电势变化为 $\Delta\varphi$，则阳极反应的电流密度变化为

$$j_a = n_\text{e} F c_a K_a = n_\text{e} F c_a k_a \exp\left(-\frac{W_1 - n_\text{e}\beta F\Delta\varphi}{RT}\right) \tag{4.21}$$

整理可得

$$j_a = j_a^0 \exp\left(\frac{n_\text{e}\beta F\Delta\varphi}{RT}\right) \tag{4.22}$$

同理

$$j_b = j_b^0 \exp\left(-\frac{n_\text{e}\alpha F\Delta\varphi}{RT}\right) \tag{4.23}$$

将式(4.22)和式(4.23)分别改写成以 10 为底的对数形式，则有

$$\Delta\varphi = -\frac{2.303RT}{n_\text{e}\beta F}\lg j_a^0 + \frac{2.303RT}{n_\text{e}\beta F}\lg j_a \tag{4.24}$$

$$\Delta\varphi = \frac{2.303RT}{n_\text{e}\alpha F}\lg j_b^0 - \frac{2.303RT}{n_\text{e}\alpha F}\lg j_b \tag{4.25}$$

可以看到 $\Delta\varphi$ 与 $\lg j_b$、$\lg j_a$ 呈线性关系，这里的两个电流密度 $j_a$ 与 $j_b$ 分别代表同

一电极上同时发生的阳极反应和阴极反应。

当电化学过程处于动态平衡状态时，氧化反应和还原反应速率相等，虽然有物质交换，但没有生成物生成，电极上也没有净电流产生[28,29]。在这里，用一个统一的符号 $j_0$ 表示这两个反应速率，$j_0$ 就称为交换电流密度，简称交换电流，表示电势处于平衡电势时氧化反应和还原反应的绝对反应速率，即 $v_a^0 = v_b^0$ 或 $j_0 = j_a = j_b$，$j_0$ 是电化学步骤中的基本动力学参数。由于氧化反应速率与还原反应速率相等，可得

$$n_e F c_a k_a \exp\left(-\frac{W_1 - n_e \beta F \varphi_{平}}{RT}\right) = n_e F c_b k_b \exp\left(-\frac{W_2 + n_e \alpha F \varphi_{平}}{RT}\right) \tag{4.26}$$

取对数后整理可得

$$\varphi_{平} = \frac{W_1 - W_2}{n_e F} + \frac{2.303RT}{n_e F}\lg\frac{k_b}{k_a} + \frac{2.303RT}{n_e F}\lg\frac{c_0}{c_R} \tag{4.27}$$

式中，$c_0$，$c_R$ 分别为氧化还原反应中反应物与生成物的浓度。

如果设 $\varphi^0 = \frac{W_1 - W_2}{n_e F} + \frac{2.303RT}{n_e F}\lg\frac{k_b}{k_a}$，代表物质浓度为 1mol/L 时电极和溶液的内电势差，$\lg\frac{k_b}{k_a}$ 一项只与反应物及其产物的熵差值 $\Delta S$ 有关，即

$$\varphi_{平} = \varphi^0 + \frac{2.303RT}{n_e F}\lg\frac{c_0}{c_R} \tag{4.28}$$

通过这种方式得到的 $\varphi_{平}$ 与式(4.13)中氧化还原反应的能斯特方程是一致的，由此可知由热力学方式和动力学方式得到的电极处于平衡状态时的电势是相同的。

电极体系处于平衡状态时，交换电流密度 $j_0$ 是最重要的基本动力学参数，它的大小与反应物的浓度有关。当电极体系中某一反应物的浓度改变时，平衡电势 $\varphi_{平}$ 和交换电流密度 $j_0$ 的数值都会改变。所以，人们引出了另一个与反应物浓度无关的基本动力学参数——电极反应速率常数 $K$，以便避免反应物浓度对于不同电极体系交换电流密度的影响，即

$$K = A_0 E \mathrm{e}^{-\frac{n_e F \varphi_{平}}{RT}} \tag{4.29}$$

与阿伦尼乌斯公式相似，式中，$A_0$ 为指前因子，是一个只由反应本身决定而与反应温度及物质浓度无关的常数。电极反应速率常数 $K$ 可定义为电极电势为标准电极电势、反应物浓度为 1mol/L 时电极反应的绝对速率。电极反应速率常数是特殊

条件下电极反应表示交换电流密度的一个特例，它排除了浓度对电极反应速率的影响，此时无须注明反应物的浓度，为人们的计算提供了方便。但交换电流密度 $j_0$ 可以通过极化曲线直接测定，在实际的科学实验中，交换电流密度 $j_0$ 仍是电化学研究中使用最频繁的动力学参数。传递系数 $\alpha$ 和 $\beta$、交换电流密度 $j_0$ 和电极反应速率常数 $K$ 是描述电子转移步骤动力学特征的基本动力学参数。

在实际中，当电化学反应能够发生时，说明 $j_a > j_b$ 或 $j_a < j_b$，此时如果发生了氧化反应，说明 $\Delta\varphi = \eta_0 = \varphi - \varphi_{平} > 0$，发生还原反应则正好相反，$\varphi \neq \varphi_{平}$。$\eta_0$ 为超电势，定义为电极上有氧化/还原电流通过时所表现的电极电势与平衡电势之间差的绝对值，接下来将重点讨论这种情况。阳极电流和阴极电流的绝对值可分别用 $\eta_0$ 表示：

$$j_a = n_e F c_a K_a = j_a^0 \exp\left(\frac{n_e \beta F \eta_0}{RT}\right) \tag{4.30}$$

$$j_b = n_e F c_b K_b = j_b^0 \exp\left(-\frac{n_e \alpha F \eta_0}{RT}\right) \tag{4.31}$$

式 (4.30) 和式 (4.31) 说明在同一个电极上发生的还原反应和氧化反应产生的电流密度（反应的绝对速率）与电极电势呈指数关系。$\eta_0$ 越大，氧化反应速率越大，$\eta_0$ 越小，还原反应速率越大。所以，在电极材料、溶液成分、温度等因素不变的前提下，电极电势的改变决定了电化学反应的进行方向和反应速率。而总的电流密度值 $j = j_a - j_b$，如果反应体系处在平衡电势下，则 $j_0 = j_a^0 = j_b^0$，则总的净电流密度可以表示为

$$j = j_0\left[\exp\left(\frac{n_e \beta F \eta_0}{RT}\right) - \exp\left(-\frac{n_e \alpha F \eta_0}{RT}\right)\right] \tag{4.32}$$

该式就是著名的巴特勒-福尔默（Butler-Volmer）方程。

当电极上发生氧化还原反应时，说明电极上有净电流产生，即 $j_a \neq j_b$，此时的平衡条件被破坏，电极电势会一定程度上偏离平衡值，当电子转移步骤成为电极过程的控制步骤时，发生了电化学极化。

巴特勒-福尔默方程说明了电化学极化时的超电势与净电流密度、交换电流密度之间的相对大小关系。简单来说，当净电流密度一定时，交换电流密度越大，超电势越小，即反应越容易进行，越容易发生电化学极化，越不可逆；反之，则反应不容易进行，越难发生电化学极化，电极反应越可逆。影响电化学极化的决定性因素是净电流密度与交换电流密度的相对大小，下面将根据不同的情况分别进行讨论。

当净电流密度$|j| \ll j_0$时，交换电流密度值相较于净电流密度值大了很多，说明只要电极电势稍微偏离平衡电势，氧化电流密度和还原电流密度就会发生很大改变，因此净电流密度的大小等于氧化电流密度与还原电流密度的差值，称此时的电极反应状态为“可逆反应”。

当$|\eta_0| \ll \frac{RT}{n_e\beta F}$和$|\eta_0| \ll \frac{RT}{n_e\alpha F}$时，$j = j_0\left(\frac{n_e\beta F\eta_0}{RT} + \frac{n_e\alpha F\eta_0}{RT}\right) = j_0\frac{n_eF}{RT}\eta_0$，超电势与净电流密度成正比，此时的电极反应总是可逆的，很难发生电化学极化。

当净电流密度$|j| \gg j_0$时，交换电流密度值相较于净电流密度值中的某一项$j_a$或$j_b$小了很多，说明只要存在净电流密度，电化学反应的平衡就会受到很大的破坏，净电流密度值只由$j_a$或$j_b$中数值较大的那一项决定，此时$|\eta_0| \gg \frac{RT}{n_e\beta F}$或$|\eta_0| \gg \frac{RT}{n_e\alpha F}$。以阴极电流为例，当$|\eta_0| \gg \frac{RT}{n_e\alpha F}$时，则净电流密度值可以表示为

$$j = j_0\exp\left(\frac{n_e\alpha F\eta_0}{RT}\right) \tag{4.33}$$

$$\eta_0 = -\frac{2.303RT}{n_e\alpha F}\lg j_0 + \frac{2.303RT}{n_e\alpha F}\lg j \tag{4.34}$$

无论是阴极电流还是阳极电流，式(4.34)均可以归结为下面的形式：

$$\eta_0 = a + b\lg j \tag{4.35}$$

式中，$a = \frac{2.303RT}{n_e\beta F}\lg j_0$或$-\frac{2.303RT}{n_e\alpha F}\lg j_0$；$b = -\frac{2.303RT}{n_e\beta F}$或$\frac{2.303RT}{n_e\alpha F}$，这个半对数方程就是著名的塔费尔(Tafel)方程，$b$为Tafel斜率。需要说明的一点是，Tafel方程可在很宽的电流密度范围内使用。由于交换电流密度$j_0$很小，当电极中通过了很小的电流时也能导致电极电势发生很大的变化，此时称该电极为易极化电极，也称电极反应的可逆性小。

### 4.2.5 浓差极化对电极反应速率的影响

在前面几节讨论电极电势与电极反应速率的关系时，都假设净电流密度比由离子扩散引起的电流密度小得多，这样就排除了浓差极化的影响。但是随着电极电势不断增大，电流密度不断增加，导致双电层结构附近的离子浓度随之提高，以至于净电流密度逐渐接近极限扩散电流密度(用$j_d$表示)，这时浓差极化也将引起整个电极体系的电势降，此时浓差极化是无法忽略的[30, 31]。

对于电极过程为电子转移步骤和扩散步骤混合控制的情况，应该同时考虑两者对电极反应速率的影响。比较简便的方法就是在电化学极化的动力学公式中考虑浓差极化的影响。如果考虑浓差极化，即电极双电层表面附近的浓度梯度不可忽略，反应粒子的浓度应该是反应粒子的表面浓度，定义为 $c_s$，而不是整体的浓度 $c_a$ 或 $c_b$，则净电流密度和超电势为

$$j = \frac{c_s}{c^0} j_0 \exp\left(\frac{n_e \alpha F \eta_0}{RT}\right) \tag{4.36}$$

$$\eta_0 = -\frac{2.303RT}{\alpha n_e F} \lg\frac{j}{j_0} + \frac{2.303RT}{\alpha n_e F} \lg\frac{j_d}{j_d - j} \tag{4.37}$$

式(4.37)表明，存在浓差极化的电极体系，其超电势由两部分组成，第一项与电化学极化有关，用 $\lg\frac{j}{j_0}$ 表示，而第二项与浓差极化有关，数值取决于 $j_d$ 与 $j$ 数值的相对大小。在实际的电极过程中，电化学极化或浓差极化单独存在的情况非常少，一般情况下，常是电化学极化与浓差极化同时并存，即电极过程为电子转移步骤和扩散步骤混合控制，一个为主要，一个为次要。下面将通过比较 $j_d$、$j$ 与 $j_0$ 的大小，说明不同的电化学反应情况，尤其是讨论混合控制情况下的电极过程动力学规律。

当 $j_d \gg j \gg j_0$ 时，即扩散电流密度远大于交换电流密度和净电流密度，有足够的电解液且溶液中有很强的对流作用，无法形成浓差极化，电极过程才有可能完全被电子转移步骤控制，只出现电化学极化而不出现浓差极化；当 $j_d \gg j$，$j \ll j_0$ 时，即扩散电流密度远大于净电流密度，但净电流密度远小于交换电流密度，电极处于无法进行电荷传递的状态，此时电化学极化和浓差极化现象都不会出现；当 $j_d \approx j \gg j_0$ 时，即扩散电流密度远大于交换电流密度，且与净电流密度数值相差不大，浓差极化和电化学极化都无法忽略，$j$ 较小时，电化学极化起主要作用；当 $j_d \approx j \ll j_0$ 时，即扩散电流密度远小于交换电流密度，且与净电流密度数值相差不大，说明溶液中没有强制对流作用，因此浓差极化起主要作用。

### 4.2.6　双电层结构对电极反应速率的影响

在前面的讨论中，一直假设电极/溶液界面的双电层是紧密层，也就是认为分散层中电势差的变化对整个双电层电势差没有影响，但只有电极表面电荷密度很大、溶液浓度较高时，双电层才近似于紧密层结构，在实际情况中，如稀溶液中或有特性吸附发生时，界面双电层是无法进行这样的简化，串联组成的紧密层和分散层两部分均需要考虑[32]。将分散层中的电势变化设为 $\Delta\varphi_1$，在表面活性物质

发生如吸附或脱附或是电解液为稀溶液时，$\varphi_1$ 电势的变化通常都是很明显的，此时不能忽略 $\varphi_1$ 电势及其变化对电极反应速率的影响。$\Delta\varphi_1$ 对于电极反应速率的影响主要体现在两方面：改变电极/溶液界面上电解液液相界面的电势分布；当分散层电势降低后，紧密层的电势降发生了改变，变为 $\varphi-\Delta\varphi_1$。

在前面讨论电化学极化时忽略浓差极化的影响，将电极表面附近的反应粒子浓度 $c_s$ 等于该粒子的体浓度 $c$，而当 $\varphi_1$ 电势不能忽略时，紧密层平面的反应粒子浓度并不等于表面浓度。若以 $c^*$表示紧密层平面的反应粒子浓度，$z$ 表示反应粒子所带电荷数，则只有在反应粒子不荷电时才能忽略 $\varphi_1$ 电势对反应粒子浓度的影响[24]。所以，考虑到 $\varphi_1$ 电势时，应该用反应粒子在紧密层平面的浓度 $c^*$代替前几节推导的动力学公式中的体浓度 $c_0$ 或 $c_R$。

实际上，影响反应活化能和反应速率的电势差并不是整个双电层的电势差 $\Delta\varphi$，而应该是紧密层平面与电极表面之间的电势差，因为有浓差极化的影响，$\varphi_1$ 电势既能影响参与电子转移步骤的反应粒子浓度，又能影响电子转移步骤的反应活化能。首先，考虑 $\varphi_1$ 电势对反应粒子浓度的影响。将改变后的粒子浓度代入原有的公式中，考虑 $\varphi_1$ 电势后可以将超电势与净电流 $I$ 的公式表示为

$$-\frac{\alpha n_e F}{2.303RT}(\varphi-\varphi_1)=M+\lg I+\frac{Z_0 F\varphi_1}{2.303RT} \tag{4.38}$$

式中，$Z_0$ 为在电极/溶液界面上液相表面层粒子所带的电荷；$M$ 为常数。把式(4.38)与 Tafel 方程相比可知，当忽略分散层的存在时，式子右边前两项之和为常数，即 Tafel 方程中的常数 $a$，即忽略分散层时，净电流与超电势的关系是符合 Tafel 方程的。但当不能忽略 $\varphi_1$ 效应时，通过式(4.38)可以看出，在距离平衡电势较近的电势范围内，超电势与净电流 $\lg I$ 的关系偏离了 Tafel 方程。而距离平衡电势较远的电势范围内，$\varphi_1$ 电势不再影响超电势，又继续遵循 Tafel 方程表达的规律。

对于阴离子的氧化反应，当电极反应速率保持不变时，凡是能使 $\varphi_1$ 电势变正的因素均能使超电势增大。当超电势不变时，能使 $\varphi_1$ 电势变正的因素将使电极反应速率减小。而对于阳离子的还原反应，则要分两种情况：第一种，$\varphi_1$ 电势变负使反应粒子在电极表面的浓度增加，这有利于反应速率的增加；第二种，$\varphi_1$ 电势变负意味着电极电势朝着不利于发生还原反应的方向偏移，这不利于反应速率的提高。这里需要注意的是，实验证明许多无机阴离子都能在阴极上发生还原反应，强烈的 $\varphi_1$ 效应使电化学极化曲线表现出特殊形状。

最后需要指出的是，虽然本节讨论了 $\varphi_1$ 效应所带来的影响，但只是定性地去分析估计双电层结构发生变化时电极反应速率变化的趋势，定量结果则只能通过实验取得。这是因为讨论中 $\varphi_1$ 效应依据的是电极/溶液界面的双电层结构模型本身

是不精确的。而且，$\varphi_1$ 电势是有适用范围的，如在零电荷电势附近、在稀溶液中、有特性吸附等情况，否则无须考虑 $\varphi_1$ 电势的影响。

在本节中，主要考虑了电化学极化、浓差极化、$\varphi_1$ 效应对电极反应速率的影响。在实际的电化学反应中，很多电极反应涉及多个电子的转移，这些电子的转移并非是同时转移多个电子。对于有 $n$ 个电子参与的电极反应，即 $n \geq 2$ 时，一次不可能转移全部的 $n$ 个电子，多电子转移步骤是由一系列单电子转移步骤串联组成的。当进行电化学分析时，要先对电极反应速率的控制步骤进行分析，因为如果控制电极反应速率的步骤不同，其反应机理是不同的。当电极处于稳态极化时，反应中每个步骤的速率等于控制步骤的速率。与单电子反应一样，在这些连续进行的单电子转移步骤之中同样有一个速率控制步骤，只有满足这个控制步骤的特定电化学条件，下一个步骤才能开始。多电子电极反应的动力学规律取决于其中组成控制步骤的某一个单电子转移步骤，其基本动力学规律与单电子转移步骤相同，基本动力学参数(传递系数、交换电流密度等)都具有相同的物理意义，区别在于多电子电化学反应的过程更加复杂，如果要分析多电子的电极反应，应该按照不同的步骤逐一考虑，确定速率控制步骤是哪个再进行进一步的分析。

## 4.3　二次电池电化学

### 4.3.1　二次电池概述

化学电池是将氧化还原反应过程中产生的自由能转变成电能的一种装置。其中，一次电池是将化学能转化为电能，但这种转化不可逆，最常见的一次电池是原电池。原电池的放电将导致电池电极材料发生永久和不可逆的改变。相比之下，二次电池(又称为可充电电池)可对外放电做功，在充电之后，这种做功可以重复多次，所经历的氧化还原反应是可逆的，因此二次电池可以循环利用[33, 34]。二次电池除了具有可多次循环利用等优势外，还有在不消耗热能的前提下就可实现电能和化学能之间的能量转化，因此是一种高效率的储能方式。以锂离子电池为例，其结构如图 4.4 所示，主要结构包括正极、负极、隔膜(只能渗透离子，无法传递电子)和外部的电极壳[35]。这种结构能够实现多次充放电的原理是电池的正负极反应(氧化还原反应)不发生在同一区域，而是在各自的体系中发生。当外电路连通时，由正负极反应产生的电能经由外电路可以向负载提供电能。但电池也并非完全没有热能的损耗，在长期、高倍率的充放电时也会产生一定的放热现象。另外，电池有一种“自放电”的现象，即电极体系产生的自由能没有对外部负载提供电能，而是在电池内部以热能的形式散发掉，这样就造成了电能的损失。

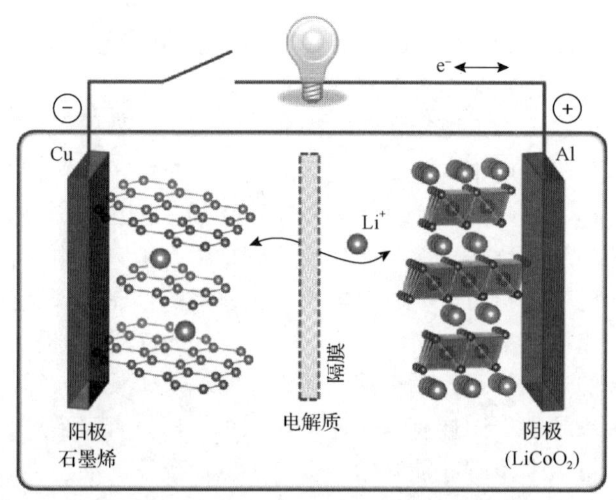


图 4.4　锂离子电池结构示意图[35]

二次电池主要有铅酸电池、镍镉电池、镍氢电池和锂离子电池[36-38]。对这些电池的要求是：体积小、质量轻(为了增加单位体积或单位质量的能量和功率、优异的电流贮藏性、高能量转化效率、安全、低成本)。目前二次电池已经在工业上得到了广泛应用，如手表、照相机、手机备用电池等，且具有小型化、轻量化等特点。下面主要对各种类型的二次电池做一简要介绍。

铅酸电池是目前世界上产量最大、用途最广的蓄电池。铅酸电池的电极材料主要是铅、二氧化铅，电解液是硫酸溶液。铅酸电池的优势主要在于成本低、原材料储量丰富、可回收，但缺点是倍率性能低、能量密度低、循环稳定性差。

镍镉电池最早应用于手机等电子设备中，通过直流进行供电，电极材料是氢氧化镍、氢氧化镉等，电解液是氢氧化钾溶液。镍镉电池的优势在于倍率性能好、维护简单，但在充放电过程中由于存在严重的“记忆效应”而导致使用寿命很短，并且存在污染问题。镍氢电池与镍镉电池相似，但没有记忆效应，无污染，目前在汽车等领域已经取得了一定的应用。

锂离子电池是一种目前得到广泛应用的二次电池，电极材料按照电化学反应原理主要分为嵌入型、合金型和转化型三类[39]，正负极材料可选择性很广泛，但仍存在能量密度难以达到人们的需求、高温下安全性很难保证、循环寿命低等缺点。

### 4.3.2　二次电池的主要参数

#### 1. 电池的电动势和开路电压

原电池是将氧化还原反应中的化学能转变成电能的装置，产生的大部分电能可以对外做功。而二次电池是指在电池放电之后可以通过充电使电池中的化学体系修复从而使其能够继续放电的电池[40]。目前，已经有越来越多的二次电池应用于手机、计算机、手表等领域。对于不同的应用领域，所需要的二次电池种类和标准也各不相同，但对于任何化学电池来说，人们都希望它们能够具有比较高的能量密度、功率密度，优异的循环稳定性，安全性等性质。换句话说，这些电池能够安全地对外做功，同时做功的大小和做功的快慢能够满足人们的需要。而评价电池对外做功一个非常重要的参数就是电池的电动势。原电池包括两个电极，它的电动势是指两个电极间在断路情况下的电势差，用符号 $E$ 表示，单位是伏特(V)。它的数值等于组成电池的各个相界面间电势差的代数和，但是分别计算这些界面的电势差十分困难，所以原电池的电动势可以通过热力学条件进行计算。原电池电动势的大小由电池中所进行的电化学反应的性质和条件决定，与电池的形状和尺寸无关。对于二次电池来说，它的电动势计算和原电池的电动势计算没有差别。

电池电动势与电池的开路电压是有区别的，电池的开路电压是实际测量值，指外电路中没有电流通过时两电极之间的电势差，用 $V$ 来表示，一般小于电池的电动势(只有当电池的两个电极均处于热力学平衡状态时二者才相等，但现实情况是大多数电极不能满足完全可逆这个条件，电池正极存在自放电现象，负极稳定存在时电压高于其平衡电势)。电池的开路电压只与电极材料、电解质、温度有关，而与电池的几何形状和尺寸大小无关。

#### 2. 电池的内阻

电池的内阻包括欧姆内阻和极化电阻两部分，指的是电流通过电池时所受到的阻力，通常用 $R$ 表示。在电池中，欧姆内阻主要包括电极材料、电解液、隔膜电阻和各个零件之间的接触电阻；极化电阻是由于电极材料在进行电化学反应时极化所引起的电阻(电化学极化电阻和浓差极化电阻)[41]，会随着充放电倍率的改变而改变。由于内阻的存在，电池的工作电压总是小于电池的电动势或开路电压。

#### 3. 电池的放电电压

电池的放电电压是指当有电流通过外电路时电池两极间的电势差，用 $U$ 来表示。内阻的存在导致了一定数值的电势降，所以放电电压总是低于开路电压，也低于电动势[42,43]。不同的电流值导致的电势降不同，所以不同的放电机理导致了不同的放电电压。

电池的放电方法主要有两种：①放电电流在放电过程中保持不变；②放电过程中电阻保持不变。在实际的电池恒流放电中，放电方法又分为连续放电与间歇放电两种。连续放电是指在规定的放电条件下电池在开路状态连续放电到终止电压(指电池放电时电压下降到不宜再继续放电的最低工作电压)。间歇放电是指在规定的放电条件下，电池进行间断放电，直至电压达到终止电压。

这里需要注意的是，终止电压的数值是人为规定的。对于二次电池来说，放电电压低于规定的终止电压时称为过放电。过放电一般会导致电池循环寿命的减少。

#### 4. 电池的放电电流

在不同的电流密度下，电池电极材料在循环过程中具有的比容量是不同的，这是因为电池的容量是受到放电电流影响的，所以在文献中往往看到充放电曲线通常是在某一个固定的电流密度下进行的。为了更加统一方便地表示放电电流，通常用放电率(电池放电时的速率)表示放电电流。放电率又分为放电时率和放电倍率。放电时率是指通过放电时间表示放电速率；放电倍率是指电池在规定的时间内放出额定容量时的放电电流，数值与额定容量的倍数相等[44]。例如，电池以 5 倍率放电，指的是放电电流的数值是额定容量的 5 倍；那么如果电池容量为 10A·h，那么放电电流为 50A，而放电时率就应该是 1/5h。

#### 5. 电池的充电电压

充电电压是指二次电池在充电时电池两端所加的电压。与放电时不同的是，充电电压不仅需要克服电池的开路电压，而且要克服电池内阻引起的电势降。

恒流充电是随着充电的不断进行，充电电压不断上升，当电压升到某一定值后，放电产物开始在这个电压下发生电化学反应并转化为活性物质，此时电压变化很慢。当放电产物全部转变成活性物质后，充电电压继续随时间快速上升，此时电池处于过充状态，电解液容易发生分解，导致电池的损坏。电池的充电方式还包括恒压充电，就是使充电电压恒定，充电电流随着充电时间而不断变化。开始充电后，因为只存在欧姆内阻而不存在极化电阻，充电电流数值较大。随着电化学反应不断进行，电化学极化增加，电流值不断降低。恒压充电的电压不会达到电解液的分解电势，所以优点是可以减少电解液的分解反应，但需要的反应时间较长。

#### 6. 电池的比容量和比能量

电池在一定放电条件下能对外提供的电量称为电池的容量，用 $C$ 表示，单位是安培时(A·h)或毫安时(mA·h)。根据不同的限定条件，电池的容量可分为理论容量 $C_0$ 和实际容量 $C$。为了让不同的电池有同一标准以便于进行比较，引入了比容量概念。比容量是指单位质量或单位体积电池所提供的容量。理论比容量可由式(4.39)计算：

$$C_0' = \frac{C}{m} \tag{4.39}$$

式中，$C$ 为实际容量；$m$ 为电池的质量。

电池的理论能量是放电过程处于平衡状态，放电电压为电池电动势，电极材料的利用率为 100%时电池放出的能量，其计算公式：

$$W_0 = \frac{1000}{q^+ + q^-} E = CU_v \tag{4.40}$$

式中，$q^+$、$q^-$ 为正、负极活性物质的电化学当量，指 1C 电量所产生出的电解产物量，g/(A·h)；$U_v$ 为电池工作时的平均电压；$E$ 为电池的电动势。

比能量是指单位体积或单位质量的电池所能输出的能量，常称之为能量密度，单位为 W·h/m$^3$ 或 W·h/kg。电池的理论质量比能量可以根据式(4.40)计算：

$$W_0' = \frac{CU_v}{m} \tag{4.41}$$

7. 电池的功率和功率密度

电池的功率是指单位时间内电池输出的能量，用 $P$ 表示，单位是 W 或 kW。与能量密度相似，功率密度是指单位体积或单位质量的电池所能输出的功率，单位分别为 W/m$^3$ 或 kW/m$^3$ 和 W/kg 或 kW/kg。

电池的功率分为理论功率 $P_0$ 和实际功率 $P_w$，可分别通过式(4.42)和式(4.43)进行计算：

$$P_0 = \frac{W_0}{t} = \frac{C_0 E}{t} = \frac{ItE}{t} = IE \tag{4.42}$$

$$P_w = IU = I(E - IR) = IE - I^2 R \tag{4.43}$$

式中，$R$ 为电池内阻。电池的功率和功率密度表示的是放电速率，代表了放电快慢，功率密度越大，表示电池在越大电流下容量不会因极化有过大的损失，代表着电池能够承受的电流越大。

8. 电池的自放电

电池的自放电是指电池在开路状态下容量依旧降低的现象。产生的主要原因是电极在电解液中处于热力学的不稳定状态，电池的两个电极各自发生了氧化还原反应的结果，如电池的负极为易于与水发生反应产生氢气的活泼金属，而正极材料中的杂质有可能导致正极材料的还原[30]。电池的自放电导致了电池内部储存电量的自动降低，使得可输出的电量降低，对电池来说是非常有害的。

电池自放电的能力通常用自放电速率表示，即单位时间内电池容量降低的百分数，可以根据式(4.44)计算：

$$自放电速率=\frac{C_1-C_2}{C_1T}\times100\% \tag{4.44}$$

式中，$C_1$、$C_2$分别为电池储存前后的容量；$T$为储存时间。如上所述，在电池的储存过程中，自放电是必须解决的重要问题。电池自放电速率主要取决于电极材料本身(性质、杂质、表面状态等)、电解液(组成和浓度、化学性质等)、储存条件(温度和湿度等)。减少电池自放电的措施主要有：提高原材料的纯度；改善储存环境(低温低湿储存)；在负极中加入氢过电势较高的金属；在电解液中加入无机或有机缓蚀剂。

9. 电池的循环寿命

在电池的电化学性能测试中，如锂离子电池，循环寿命是最常见的一项评价标准。二次电池的一次循环是指其进行一次放电和一次充电。而二次电池的循环寿命是指在一个特定充放电条件下，电池容量不低于某一个规定的标准值时，电池所经历的充放电循环次数。

以常见的锂离子电池负极材料为例，硅等合金型材料一般循环十几次，甚至循环几次后容量会快速下降至初始容量的不足10%。而常见的金属氧化物等转换型负极材料因为能与锂离子形成具有防护作用的一层钝化膜，增强了负极材料的结构稳定性而延长了其循环寿命，但容量不出现大规模下降也仅仅能够维持一百次左右。在商业应用中广泛使用的石墨类碳材料因为只与锂离子形成插层化合物，因此循环寿命很长，一般可达到几千次甚至上万次，但其比容量较低，导致电池的能量密度较低。因此，制备纳米结构负极材料并与碳材料进行复合是制备锂离子电池负极材料的常见策略。

除了电极材料上的活性物质脱落导致其粉化外，在充放电过程中，其他导致循环寿命降低的因素主要有：随着电极材料的结构被破坏，导致更多的界面和双电层，增强了极化作用；电极材料被腐蚀；电池因为产生枝晶而导致短路；隔膜被破坏等[45]。

## 4.4 纳米能源材料的电化学测试

### 4.4.1 稳态测试

1. 电解电量分析

电解电量分析是测量在电解过程中消耗的电荷量来计算被测物质含量的方法

(需要保证反应物、生成物在电解条件下具有化学稳定性，了解反应电子数和产率)[46,47]，根据分析的目标不同，主要分为电重量分析法和库仑分析法两类。电重量分析法是利用外电源将被测量溶液电解，使待测量物质能在电极上不断析出，然后称量析出物质的质量，算出该物质在样品中的含量。库仑分析法是在电重量分析法的基础上发展起来的分析方法，它不是通过称量电解析出物的质量，而是通过测量被测物质在 100%电流效率下电解所消耗的电量来定量分析的方法，依据的是法拉第定律。

无论是电重量分析法还是库仑分析法，电解过程都分为两种：控制电流和控制电势。控制电流电解的过程中，电流值是受控对象，基本上保持不变，外加电压一般比较大，保证电极上总有化学反应不断发生。电极表面电化学反应体系的氧化态和还原态比例决定了电极电势，电极电势是测试对象。而在控制电势电解的过程中，外加电压是受控对象，工作电极的电势将确定在某一定数值或某个小范围内波动，被测离子将不断在电极上析出，其他离子留在溶液中。在电解过程中，电流值是测试对象，随着溶液中被测离子不断消耗，电流值将不断下降，待被测离子完全析出后，电流则趋近于零。在电解过程中，电极电势决定了电极表面电化学反应体系的氧化态与还原态比例。

在控制电势电解时，反应物才有可能完全转化为产物，因此计算电解池的转化率不可避免。电重量分析法和库仑分析法的共同点是均以电解反应为基础且不需要基准物质和标准溶液；而不同点是电解分析可以通过称量沉积于电极表面物质的质量求被测组分含量，仅仅适用于常量组分的测定。电重量分析法比较适合高含量物质的测定。而库仑分析法是对化学量的绝对分析方法，根据的是电解过程中消耗的电量来求得被测组分含量，用于常量、微量组分的测试，分解电压和过电势、阳极析出电势、阴极析出电势的测定。

控制电流电重量分析法电解时电流控制为恒定值，外加电压或电极电势的数值不需要精确控制，因此该方法比较简单，仪器装置也不复杂。控制电流的电解分析法在电解以后可以直接称量电极上析出物质的质量，由此这种方法也可以用于分离其他物质，但一般只适用于溶液中只含有一种金属离子的情况。如果溶液中存在两种或两种以上的金属离子，其还原电势必须相差很大才能利用这种方法进行分离。控制电势电重量分析法电解时电势控制为恒定值，分析过程主要依靠电流-电势曲线。通过确定电流-电势曲线，可以将阴极电势控制在某一个范围，使需要的某一种离子定量析出而其他无法在这个电势范围内析出的离子仍然留在溶液中，同理，可以依次对这些离子进行测试。这种控制电势进行离子析出的方法常用于金属，在电解过程中，金属离子的析出次序与阴极电势密切相关。

库仑分析法是根据电量的测量进行相应分析的一种方法，同样分为控制电势和控制电流两种。控制电势的库仑分析主要应用于混合物质的测定；控制电流的库仑分析主要应用于微量元素含量的测定。对于库仑分析法，由法拉第定律可以表示电量 $Q$：

$$Q = \int I \mathrm{d}t = mn_{\mathrm{e}}F \tag{4.45}$$

式中，$I$ 为电流；$t$ 为时间；$m$ 为生成物的质量。因此，在电极上析出生成物质的质量可以通过式(4.46)计算：

$$W = \frac{MQ}{n_{\mathrm{e}}F} \tag{4.46}$$

式中，$W$ 为生成物质在电极上析出的质量；$M$ 为生成物质的相对分子质量；$n_{\mathrm{e}}$ 为转移的电子数；$F$ 为法拉第常量；$Q$ 为电量。由法拉第定律可知，当电解反应以100%的效率进行，即不发生副反应时，可以通过测量电解反应消耗的电量求电极上发生反应的物质质量。

对于库仑分析法来说，总电流等于被测物质、溶剂及溶剂的离子、杂质的电极反应产生的电解电流的总和。为了最大化电解反应的效率，消除干扰因素，溶剂、电解质中的杂质，溶液中可溶性气体，电极自身等因素的电极反应都应该尽量避免。

2. 稳态电流密度-电势分析

当电势偏离平衡电势时，极化电流产生，当界面和传质过程均为稳态时，极化电流和过电势之间的曲线称为稳态极化曲线。最初这种测试方法是通过手动方式逐点改变电流密度，直到每个密度下电势弛豫达到了稳定值之后再进行测量。现在，恒电势仪的出现可以使用慢速的电势扫描(相当于手动地使电势达到稳定值，即电化学体系达到稳态)，来测得稳态极化曲线。稳态极化曲线从平衡电势出发，向正方向移动获得阳极极化曲线，向负方向移动来获得阴极极化曲线，这两条曲线并不对称。

稳态极化曲线一般会经历三个阶段：①线性关系；②巴-伏关系；③Tafel 关系。利用稳态极化曲线求交换电流密度 $j_0$ 时，必须满足以下条件：①电极过程处于稳态；②电极反应起到决定性作用，其他步骤处于准可逆状态。因此，稳态极化曲线可以测量体系中的交换电流密度 $j_0$ 值，液相传质的速度是有限的，对于不同的对流状态，交换电流密度 $j_0$ 的上限不同。

稳态极化曲线图解法可以把过电势、极化电流密度(电极反应速率)和其他动力学参数之间的关系表示出来。其中，处于稳态时氧化还原反应的动力学规律与电极的电化学反应动力学规律(阴极极化曲线和阳极极化曲线)等价。阴极极化曲线和阳极极化曲线可以通过实验来测定。因此可以通过测量稳态极化曲线来求解基本动力学参数。

求解的方法和能够求解的动力学参数如下：①将阴极或阳极极化曲线的线性部分中的其中一条部分外推，与平衡电势线的交点即 $\lg j_0$，可以求得交换电流密度 $j_0$；②将阴极或阳极极化曲线线性部分外推到 $\lg j_0 = 0$ 处，在电极电势坐标轴上所得的截距是 Tafel 方程中的 $a$ 值；③$y$-$\lg j_0$，$y$ 为电压值，该曲线线性部分的斜率即为 Tafel 方程中的 $b$ 值；④在平衡电势附近测量极化曲线，其线性部分的斜率(靠近平衡电势的部分)即为极化电阻；⑤通过交换电流密度值 $j_0$ 可以计算电极反应速率常数 $K$。

### 3. 旋转圆盘电极

1942 年，Levich 首次提出了旋转圆盘电极理论，在随后的几年里，研究人员逐渐从实验中证实了这个理论。旋转圆盘电极因为可以人为地给出一个十分明确的稳态传质方式，超越了传统的静止电极(反应产物分布不均匀、产生的电流不均匀且水溶液中传质速率过小)，因而可以应用于研究电极表面电流密度的分布情况，也可以排除浓差极化对电流密度的影响[48-50]。例如，旋转圆盘电极可以检测电极反应产物的产量、稳定性、电极反应过程和反应机理。旋转圆盘电极实验装置简单、操作简便，主要由一个直径很小的抛光圆盘制成，如图 4.5 所示，外部被保护在一个绝缘的保护套中(圆盘和绝缘层相对于同一个轴对称)，仅是圆盘的前端与电解液接触，绝缘套和抛光圆盘保持水平。如果以电极圆盘的中心为原点，沿着垂直方向做一条轴线，在工作过程中，电极将以这个原点为圆心进行转动，这样由圆盘所引起的传质方式很容易被人们观察到(转速可控)。旋转圆盘电极工作时就像抽水泵一样，将下方的溶液垂直向上拉向圆盘，然后将这些溶液沿着与圆盘平行的方向抛飞出去，随着转速的逐渐增大，溶液的流速也逐渐增大[51, 52]。

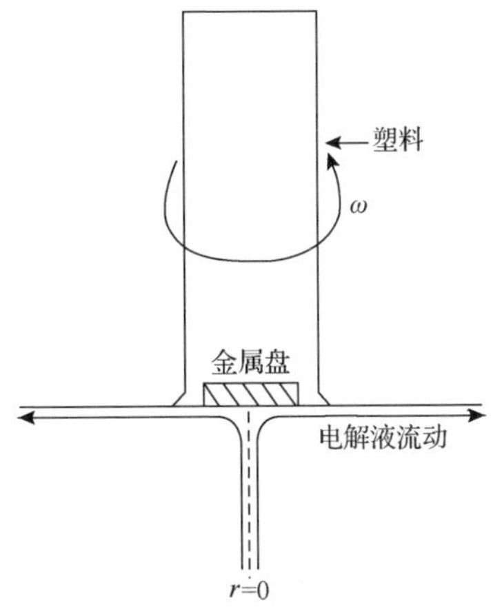


图 4.5 旋转圆盘电极示意图

圆盘的转速是一定的，但对于溶液的流速，可以很直观地了解到在原点 $O$ 处溶液相对于圆盘的流速为零，那么随着距离原点 $O$ 距离的减小，流速也逐渐减小，

即在接近圆盘 $O$ 点处，流速也应该小于稍远离 $O$ 点的流速。Levich 证明了在接近圆盘表面处轴向流速的变化可用式(4.47)表示：

$$v_x = \frac{-0.51\omega^{\frac{3}{2}}}{v^{\frac{1}{2}}} x^2 \tag{4.47}$$

式中，$x$ 为距离 $O$ 点的距离；$v_x$ 为在接近圆盘表面处的轴向流速；$v$ 为在远离圆盘表面处的轴向流速；$\omega$ 为圆盘旋转的角速度。但随着远离 $O$ 点，流速并不是一直加快的，溶液的径向流速会在一个较宽的范围内不断增加，在达到了最大值后，又会随着距离的增加而缓慢下降。

旋转圆盘电极描述的是对流扩散条件下电解质的浓度分布，但需要同时考虑对流和扩散十分复杂，数学计算也十分烦琐，因此常常将垂直于圆盘表面的方向作为最重要的研究对象，即不考虑靠近电极表面的对流作用，然后将垂直的向上流动的电解液分为距离电极较近的和距离电极较远的两个区域。此时可以近似认为处在靠近电极区域的电解液等价为完全静止，溶液内部只出现扩散传质过程；而在远离电极附近的区域，则是对流作用很强不会出现浓度极化现象的区域[53]。图 4.6 是与电极表面的距离为 $x$ 与在此处的电解液浓度 $c$ 的关系，旋转圆盘电极附近的溶液层被分为两部分：电解液完全静止和强对流不会出现浓差极化的本体溶液。在紧靠电极表面的一层溶液是完全静止的，在这部分仅出现溶质的扩散。在静止液层以外，对流作用逐渐增强，因此不会出现浓差极化。该模型是利用该假设而提出的。这个模型就是著名的能斯特扩散层模型，这种假设直至现在的利用圆盘电极进行电化学分析时仍然有效[54,55]。

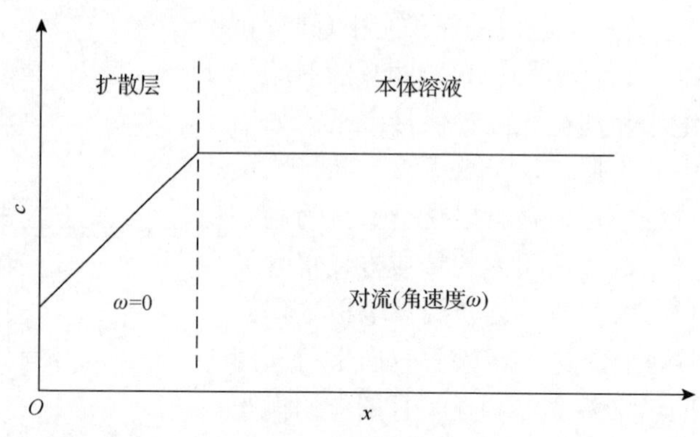


图 4.6　能斯特扩散层模型

根据 Levich 对流体力学定量描述的结论，可以得到电解质的质量传递系数：

$$K_0 = \frac{D^{\frac{2}{3}}\omega^{\frac{1}{2}}}{1.61\nu^{\frac{1}{6}}} \tag{4.48}$$

式中，$D$ 为扩散系数。

根据能斯特方程将电极附近的溶液流动情况简化后，可以推导出只在传质步骤(纯扩散，电化学步骤处于平衡状态，电极反应是可逆的)控制下旋转圆盘电极的电流密度公式，此时具有电化学活性的物质浓度为零，极限电流密度 $J$ 可以通过式(4.49)得出：

$$J = n_e FD\left(\frac{\mathrm{d}c}{\mathrm{d}x}\right)_{x=0} = n_e FcK_0 \tag{4.49}$$

代入质量传递系数 $K_0$，可以得到极限电流密度：

$$J = 0.62 n_e F\frac{D^{\frac{2}{3}}c}{\nu^{\frac{1}{6}}}\omega^{\frac{1}{2}} \tag{4.50}$$

从式(4.50)可以看到，极限电流密度与转速的平方根成正比，且作图后可得到过原点的直线，电流密度与电势无关。另外，由于此时电极反应是可逆的，电极表面的反应物和产物的浓度与电极电势之间遵守能斯特方程。当电极反应受到混合步骤(扩散和电化学步骤)共同影响时，超电势较大，电化学反应不再可逆，无法用能斯特方程处理。此时电极表面反应物的浓度将受到转速的影响，需要对浓度项进行修正(没有发生浓差极化)，得出的极限电流密度与转速的平方根依旧呈线性关系，只是这条直线没有经过原点。通过电流密度与转速的关系可以辨别电极反应的控制步骤是什么，也可以对扩散系数、动力学系数、反应级数等参数进行测量[56-58]。

旋转环盘电极是旋转圆盘电极的延伸，因为能利用旋转圆盘电极研究的均相反应(只在一个相发生的反应)数目有限，如果生成了中间相，利用旋转圆盘电极研究需要分成两部分(因为无法确定中间相有多少参与了后续的反应)，而利用旋转环盘电极则能进行这些关于中间相的实验。

旋转圆环电极的结构如图 4.7 所示，在圆盘电极同一平面加上一圈同心环电极，两电极通过绝缘层隔开，可以分别进行控制。在实验中，圆盘电极在溶液中以一定角速度 $\omega$ 旋转，在离心力的作用下使液体通过旋转轴的旋转输送到电极表面，然后沿电极径旋转方向甩出，此时环电极正好处在液流的下游，圆盘电极的生成物到达环电极表面。到达环电极表面的生成物多少由圆盘半径、环内外径、生成物在电解质中的稳定性和圆盘转速决定。由此可获得线性的曲线及不同转速下，减少或消除扩散层等因素后电流密度随电势的变化关系。

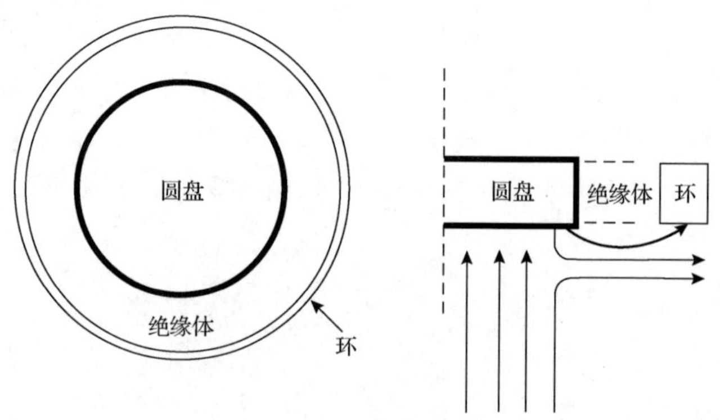


图 4.7 旋转圆环电极示意图

通过旋转圆环电极对环电极和圆盘电极分别控制，可以完成比较特殊的伏安特性测试，例如：①圆盘电极的电压恒定为反应物的反应电压，对环电极可以进行循环伏安测试，根据循环伏安曲线，可以确定圆盘电极上是否生成了可溶性的中间产物或产物，根据循环伏安曲线的电流大小，可以比较产物的多少或是否稳定，根据循环伏安曲线随转速的变化关系可研究均相反应的动力学；②固定环电极的电势，对圆盘电极进行循环伏安测试，可以识别特殊的中间产物，并给出大致的产生中间产物的电势范围。

### 4.4.2 非稳态测试

#### 1. 电势阶跃实验

在电极/溶液界面发生的电化学反应主要分为电荷传递和粒子传质过程，在确定好电极和电解液材料后，不可控的过程只有粒子的传质，简化电极/溶液双电层模型，电解质的传质主要包括由浓度梯度引起的扩散、外加机械力作用下引起的对流、电流通过电解液时产生的荷电组分在电场作用下的电迁移三种。电势阶跃实验是在电解液保持静止状态下进行的，电解质扩散导致电迁移过程可以忽略，因此只需要考虑由浓度梯度引起的扩散即可。

电势阶跃法是指控制工作电极的电势在一恒定值或控制工作电极的电势按照规定的某种规律变化，测量的值是电极电流 $i$ 随时间 $t$ 的变化规律或是电量 $Q$ 随时间 $t$ 的变化规律。如果是测量 $i$-$t$ 变化，则为计时电流法；如果是测量 $Q$-$t$ 变化，则为计时电量法。

单电势阶跃是指实验开始之前，电极电势处于开路电压，实验开始时，电极电势将快速跃迁到某一个指定值。如图 4.8 所示，双电势阶跃即电极电势在某一恒定值 $E_1$ 持续时间 $t_1$ 后，突变为另一个恒定值 $E_2$，持续时间 $t_2$ 后又突变为 $E_1$。对称方波电势阶跃则符合以下的关系：$E_1=-E_2$，$t_1=t_2$。

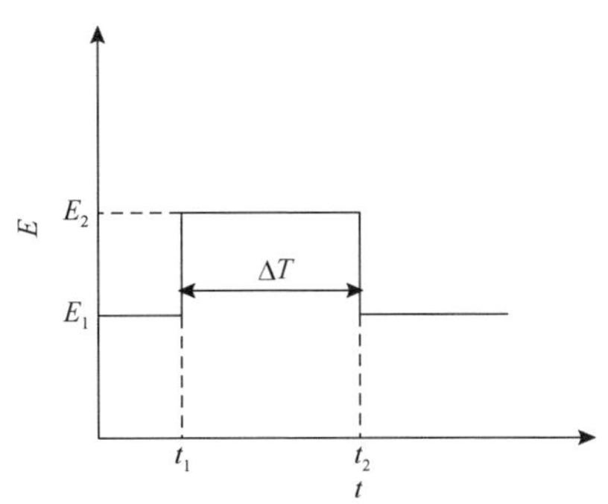

图 4.8　双电势阶跃示意图

在具体实验中，一般采用的电势扰动是不同的：小幅度电势扰动中，电极过程产生的极化超电势小于 10mV，此时只有电化学极化而无浓差极化，电化学反应处于线性极化区域，*i-E* 的曲线关系可以用电化学极化方程中的线性极化公式来表示。大幅度电势阶跃中，电极过程的极化超电势超过 10mV，此时分为完全电化学极化控制、完全浓差极化控制和混合控制三种，对于完全电化学控制，体系为完全不可逆体系(极化超电势超过 120mV 时，电极过程完全由电化学极化步骤控制)，此时的 *i-E* 曲线关系可以由 Tafel 方程来表示。对于完全浓差极化控制，即可逆的电极体系，此时的 *i-E* 曲线关系可以由 Nernest 方程来表示。对于电化学极化和浓差极化混合控制，则需要同时考虑正、逆反应速率。

2. 循环伏安测试

循环伏安测试已成为目前研究电极吸附和电极过程的常见技术，可快速诠释反应体系的性质[59-61]。循环伏安测试采用三角形的扫描电势波形($E$ 与 $t$ 呈线性关系，因此电势轴同样可以用时间轴来表示)，在工作电极上施加电压后并同时测量其电流响应。在实验中，设定电势范围一般会超过一个电极反应发生的电势区域，正向扫描后会通过反向扫描来检查电子转移反应产物是否稳定以及是否产生了其他电活性组分。

在伏安循环测试中，一般需要控制的实验变量主要有：①扫描电势区间、起始电势以及初始扫描方向；②电势扫描速率；③扫描次数；④其他实验条件，如反应物浓度、工作电极材料、pH 和温度。

反应物、中间产物和产物的初始浓度分布由起始电势决定，起始电势一般是电流密度为零的电势值，以便实验开始时在整个扩散层的浓度反应组分可以均匀分布。因此在锂/钠离子电池的循环伏安测试中，起始电势一般设置为电池的开路电压。在正电势方向反应体系发生氧化反应，而在负电势方向反应体系发生还原反应。电势扫描速率决定实验的时间范围，决定了反应体系内部非稳态扩散速度和耦合反应时间，在循环伏安结果中主要表现为电流峰的数量、峰电势、峰的形状、峰电流密度。通过多次扫描，能清晰地反映首次循环与第 2 次、第 *n* 次循环之间的区别。

对于循环伏安曲线，电极上发生的不同的电化学反应对应着不同的曲线形状。在循环伏安曲线上，都会出现相对平缓的区域和比较锋锐的电流峰形。如图 4.9 所示，在循环伏安曲线上可以经常看到的两种峰形，分别对应着反应速率是由非稳态扩散作为控制步骤和反应速率受限于电极表面活性点数量(如形成氧化还原反应、电解液中粒子的吸附填充、生成物溶解等)。

在电池电极材料和其他电化学储能材料中，与循环伏安测试最相关的是电极材料发生氧化还原反应时电流随着电势的响应情况，在这里，讨论 R 和 O 氧化还原体系的伏安循环曲线(以 O 和 R 分别代表电化学储能材料的氧化产物和还原产物，O、R 在电解液中均可溶)。在稳态扩散时，扩散层的厚度是固定不变的，也就是说，当电势改变，电流的变化取决于电势扫描时电极表面 R 或者 O 的浓度变化。先来考虑正向扫描，如图 4.9 所示，随着电势的改变，作为反应物的 R 在电极上不断发生氧化反应，有法拉第电流生成，R 的浓度不断下降，而朝向电极表面的反应物的传质不断增多，直到反应物在电极表面的浓度降低为零，此时电流也达到了最大值，但不再发生变化。而对于非稳态情况下，电势的变化要快得多，以至于浓度分布无法达到像稳态扩散时那样的厚度固定不变，而是出现非稳态扩散来减小浓度差，从而在体相溶液中出现浓度梯度。在这种非稳态实验中，因为所给予的扩散时间不够，电极表面反应物的浓度变化太快，扩散层的厚度也相应变薄，因此反应物的流量和电流都要比稳态实验大一些。在电极表面的反应物浓度降低到零之后，体相溶液中依旧存在着浓度分布，导致反应物的流量和电流会逐渐下降，因此可以在循环伏安曲线中观察到一个电流峰值。在达到了电流峰值之后，与之前稳态情况下的反应物流量和电流一样，反应体系逐渐转变为稳态体系，电流值会缓慢衰减到稳态状态下的极限电流。

对于反向扫描，如图 4.10 所示，当电势再次朝着正方向增大，R 的表面浓度也不受扫描方向的影响而始终保持为零，所以如果要生成 R，便需要通过 O 的还原，即电流也随着电势的反向而改变了方向，电极表面的电化学平衡越来越向着有利于生成 R 的方向发展。此时 O 与 R 同时存在，除非 O 全部转化为 R，如图 4.10 中的 *d* 点，或者 O 还没有发生转化，如图 4.10 中的 *a* 点。正向扫描和反向扫描中都会出现反应峰，并存在电势差，这个电势差是因为与同一电极发生氧化反应和还原反应的平衡电势值不同。当电极完全不可逆时，曲线中将无法出现对应的反应峰。

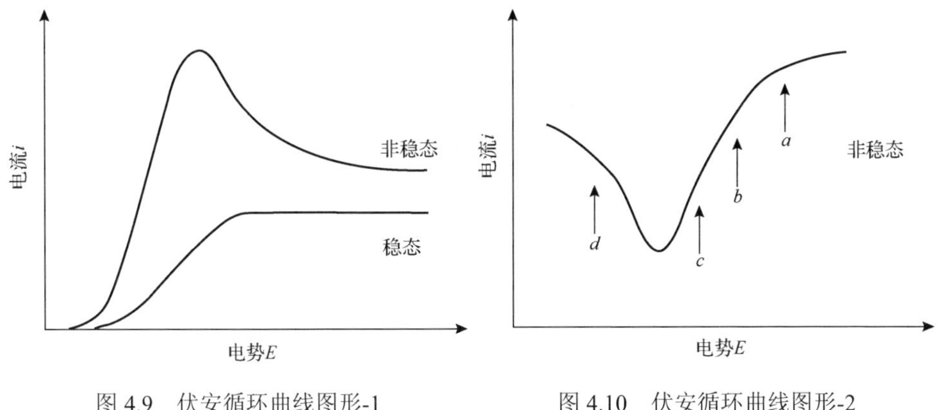


图 4.9　伏安循环曲线图形-1
本书中规定此时为正向扫描

图 4.10　伏安循环曲线图形-2
本书中规定此时为反向扫描

在常见的关于电池材料的循环伏安曲线中，时常会出现电流在高电势下反而为零的情况，这是因为电极材料能够发生氧化还原反应的活性位点有限，随着反应物的不断消耗，当反应结束反应物被完全消耗时，活性位点消耗殆尽而使电流值衰减为零。此时的循环伏安曲线的大致图案(氧化峰/还原峰，稳态过程/非稳态过程)与图 4.9 和图 4.10 都有所差别，当扫描电势接近反应的电势值时，电流也急剧上升，但当反应结束后，电流值衰减为零，但这两个过程的循环伏安曲线相对于这个电势值是相互对称的。刚开始和结束时的电流值均为零，此时证明反应已完全进行[62,63]。

总体来说，循环伏安曲线的形状可以判断电极反应的可逆程度、是否有中间相或新相形成、反应的性质、控制步骤和反应机理，也可以对电极反应参数、反应物浓度、交换电流密度、传递系数等参数进行定量测试[64-66]。

在对电化学反应参数的测试中，尤其是储能材料的电化学测试中，循环伏安测试是最重要的一项技术，涉及固液界面、离子扩散、电化学反应及耦合反应等，提供了电极材料进行电化学反应时的很多信息[6]。以图 4.11 的循环伏安曲线为例[68]，一对氧化还原峰对应着一个电极反应，峰电流的比值和峰电流所对应的两个电压的差值可以用来判断电化学反应是否可逆。在循环伏安曲线中，主要可以控制两个参数：电压窗口和电压扫描速率，对于电池来说，所响应的电流主要是法拉第电流响应。法拉第电流响应还可分为两类：赝电容和由于电极活性物质在体相中发生氧化还原反应而产生的法拉第电流。赝电容所产生的电流值主要来源于活性材料表面对电解液离子的吸附，产生的电流值与扫描速率成正比，而由活性物质体相的氧化还原反应产生的电流值与扫描速率的平方根成正比，总电流值 $i$ 可以由式(4.51)进行计算：

$$i = k_1 v + k_2 v^{\frac{1}{2}} \tag{4.51}$$

式中，$k_1$、$k_2$ 为比例系数；$v$ 为速率。

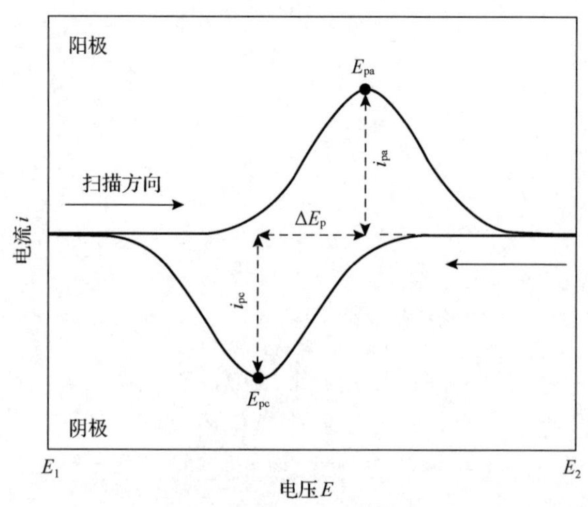


图 4.11 循环伏安测试图[68]

$E_{pc}$ 代表氧化反应电势；$E_{pa}$ 代表还原反应电势；$\Delta E_p$ 代表氧化还原反应对的电势差；$E_1$ 代表起始电势；$E_2$ 代表终止电势；$i_{pc}$ 代表氧化反应电流峰值；$i_{pa}$ 代表还原反应电流峰值

电池的电极材料会对电解液离子产生吸附/脱附，在大电流密度下，这种吸附/脱附将更加明显，所以赝电容代表高倍率下电池的大容量特性。纳米结构因为具有高比表面积而常常在具有优异倍率性能的电池中有所应用。而活性物质发生氧化还原反应时产生的电流值主要由扩散决定，对于扩散和电容共同控制的电化学体系，可根据式(4.52)计算不同循环伏安扫速下电池容量中电容贡献和扩散贡献的具体占比：

$$i = av^b \tag{4.52}$$

式中，$a$、$b$ 不是常数，是根据扫描速率不断变化的数值，$b$ 值的范围在 0.5 和 1 之间，分别对应着完全的离子扩散控制和完全的赝电容控制，$b$ 值接近 0.5 时说明扩散控制占主导，$b$ 值接近 1 时说明赝电容控制占主导。

3. 交流阻抗测试

交流阻抗法是利用交流电的方法研究界面电化学反应对界面阻抗响应的方法。采用这种方法是利用对称的交变电信号引起电极极化，当交流电的频率很高时，相当于每一次充放电的时间很短，不会在电极表面引起严重的浓差极化和电化学极化(双电层)[69-71]。对于电池材料来说，大小相同方向相反的交流电相当于不断地让同一电极发生氧化反应和还原反应，这两个反应正好相反，即使交流电测试的时间很长，也不会使电极发生极化现象，同时也不会对电极材料有所破坏。在常用电极材料的交流阻抗测试中，电极电势的振幅一般不超过 10mV，如常用的锂/钠离子电池负极材料的交流阻抗测试，其电极电势的振幅就是 5mV。交流阻抗法是电池储能材料中非常常用的一种无损检测技术，不会对被测材料造成影响。

电池电极材料在充放电过程中，涉及如传质、化学反应、吸附过程、电荷转移等，都会对电池的总电势降有贡献。直流电流只能测量 $R_E$(电解液电阻)或 $R_{ct}$(电荷转移电阻)。对于涉及与频率相关的非欧姆型复数电阻(通常与离子在电极材料中的扩散有关)，则与上述的纯欧姆电阻($R_E$、$R_{ct}$)不同。分析研究这些阻抗与频率的关系，可以研究离子在不同电极材料中的不同电化学行为，从而进一步分析电池性能。

通过交流阻抗法可以提供电极材料的表面膜阻抗并反映离子的扩散行为，但这种实验结果很难定性地解释出来，需要通过建立等效电路，将真实数据与等效电路进行匹配，来模拟电极反应的电化学行为。一般来说，电池电极材料的交流阻抗包括电荷转移电阻 $R_{ct}$、Warburg 阻抗 $Z_{im}$、双电层电容(与 $R_{ct}$ 和 $Z_{im}$ 并联)和电解液电阻 $R_E$。

在电池电极的交流阻抗实验中，会向电池施加一个小幅度的正弦交流电压信号：

$$E = \Delta E \sin(2\pi ft) \tag{4.53}$$

对于大多数电池电极的电流响应，通常是同一频率的正弦波，只是幅度和相位与外加电势不同：

$$i = \Delta I \sin(2\pi ft + \varphi_0) \tag{4.54}$$

两者之间之所以存在相位差 $\varphi_0$，是因为电极的电化学行为并非类似于一个纯欧姆电阻电路，而是由电阻和电容组成的等效电路。由于 SEI 膜等界面的存在，界面处产生极化效应，除了电极材料本身的电阻外，界面类似于等效电路中电容与电阻的并联，使得施加电压和电流响应间存在相位差。

Nyquist 图是用图解法表示系统频率特性的方法。如图 4.12 给出的理想的 Nyquist 图和对应的等价电路图所示[72, 73]，其中 $R_{int}$ 是电池体系固有电阻(主要是电解液电阻)，$C_{dl}$ 是双电层电容，$R_{ct}$ 是电荷转移电阻，$Z_{im}$ 是 Warburg 阻抗，它与电解液中离子半无限扩散的线性扩散有关，并与频率的平方根成反比。如图 4.12 所示，Nyquist 图由一个半圆和一条直线组成，高频区的半圆部分横坐标由 $R_{int}$ 开始，即这个圆的直径数值与电荷转移电阻 $R_{ct}$ 相等。低频区是近似 45°的直线，计

算电荷转移阻抗可由式(4.55)求得

$$R_{ct} = \frac{RT}{n_e F}\frac{1}{i_0} \tag{4.55}$$

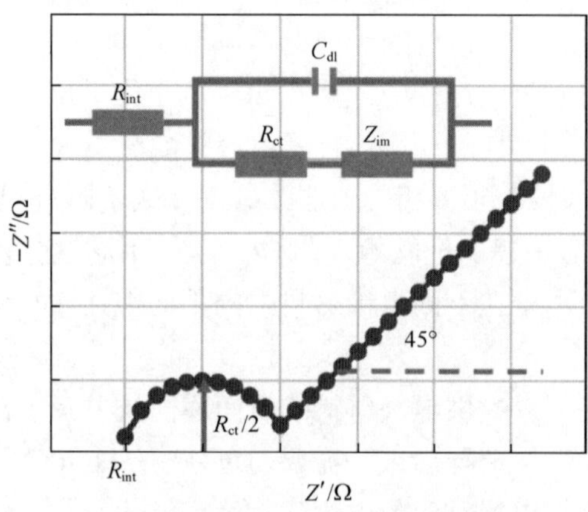


图 4.12　理想的交流阻抗 Nyquist 图和对应的等价电路图[72]

对于与电子转移密切相关的 SEI 膜阻抗和电化学反应阻抗，等于高中频的半圆直径。对于快速、慢速的电荷转移过程，阻抗谱中半圆的直径会分别变得较小或较大。而在低频区，主导电极电化学行为的是离子的扩散过程，扩散系数 $\delta$ 可由式(4.56)求得：

$$\delta = \frac{RT}{2^{\frac{1}{2}} n^2 F^2 A D^{\frac{1}{2}}}\left(\frac{1}{c_0} + \frac{1}{c_R}\right) \tag{4.56}$$

式中，$c_0$ 和 $c_R$ 分别为电极中发生氧化和还原反应的锂离子浓度；$F$ 为法拉第常量；$R$ 为摩尔气体常数；$T$ 为热力学温度；$A$ 为电解液与电极之间的接触面积；$n$ 为锂离子传输电子数。扩散的驱动力是化学梯度，电场的作用忽略不计，因此一般来说，电池的电极应具有高的电导率，则频率和双电层电容可分别由式(4.57)和式(4.58)求得

$$f = \frac{RT}{2\pi R_{ct} C_{dl}} \tag{4.57}$$

$$Z_{im} = \frac{1}{2\pi f C_{dl}} \tag{4.58}$$

由此式可以估算双电层电容的电容值 $C_{dl}$。

在高频时，Nyquist 图中半圆也代表着等效电路中的电容器在起作用。而当频率很低时，双电层电容相当于断路状态，此时的阻抗方程可以简化为

$$Z = R_{\text{int}} + R_{\text{ct}} + \sigma_0 \omega^{-\frac{1}{2}}(1-i) \tag{4.59}$$

式中，$\sigma_0$ 为 Warburg 常数。因此，理想的 Nyquist 图在低频部分会出现斜率为 45°的曲线。由式(4.59)可以得到 $Z_{\text{re}}$(Nyquist 图的实部)或 $Z_{\text{im}}$(Nyquist 图的虚部)与 $\omega^{-1/2}$($\omega$ 为角频率)之间呈现线性关系，由此可以根据式(4.60)计算出扩散系数

$$D = \frac{1}{2}\left(\frac{\mathrm{V_m}}{n_e F A \sigma_0}\frac{\delta E}{\delta x}\right) \tag{4.60}$$

在实际的电池体系中，电极表面并非完全光滑，存在赝电容(弥散效应)，使得高频区出现圆弧而不是半圆；另外，离子的实际扩散并非线性扩散，因此低频区的直线并不是 45°[74]。以下用一个锂离子电池碳负极材料的 Nyquist 图和等效电路图为例来具体说明这一点，如图 4.13 所示[75]。等效电路图第一部分主要表示由电解液形成的纯欧姆电阻，是电池体系所固有的电阻；第二部分代表锂离子嵌入碳电极，在首次放电循环中在电极表面形成 SEI 钝化膜；第三部分表示碳电极与锂离子发生电化学反应并在电解液中扩散。其中，$R_0$ 是电解液电阻，此时该电阻与前面 $R_{\text{int}}$ 无区别，都代表电池体系的固有电阻，主要由电解液电阻构成；$R_1$ 和 $R_{\text{ct}}$ 分别是法拉第阻抗和电荷转移电阻；$Z_{\text{im}}$ 是 Warburg 阻抗(碳电极中锂离子扩散引起的阻抗)，与半无限的线性扩散有关；$C_1$ 和 $C_2$ 分别是与 $R_1$ 和 $R_{\text{ct}}$ 相对应的电

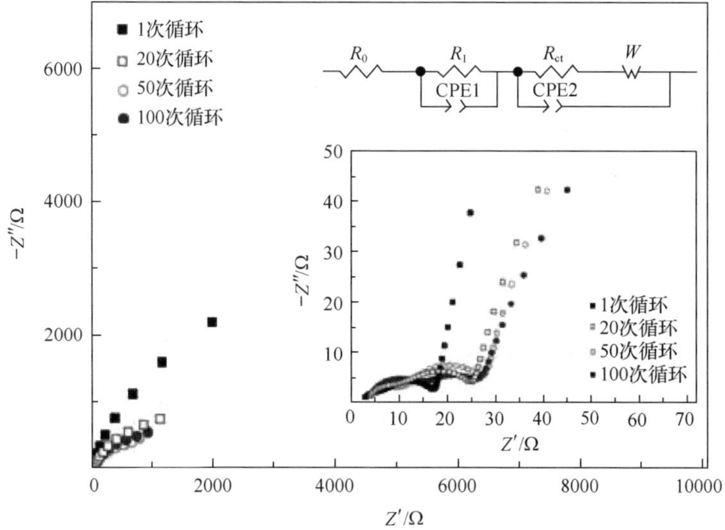


图 4.13 锂离子电池负极碳材料的交流阻抗 Nyquist 图和对应的等价电路图[75]

容。当交流阻抗测试开始对电池施加交变电压时，电极表面的电化学过程将随外加电压的频率而振荡。当频率较高时，电容 $C_1$ 和 $C_2$ 快速充放电，碳电极的电化学行为主要由锂离子与碳电极的电化学反应控制。当频率较低时，电极的电化学行为由锂离子在电极中的扩散行为控制。

## 参考文献

[1] Kim S P, Duin A C T V, Shenoy V B. Effect of electrolytes on the structure and evolution of the solid electrolyte interphase（SEI）in Li-ion batteries: a molecular dynamics study. J Pow Sources, 2011, 196: 8590-8597.

[2] 杨绮琴, 方北龙, 童叶翔. 应用电化学. 广州: 中山大学出版社, 2001.

[3] 贾梦秋, 杨文胜. 应用电化学. 北京: 高等教育出版社, 2004.

[4] 杨辉, 卢文庆. 应用电化学. 北京: 科学出版社, 2007.

[5] Xu K. Nonaqueous liquid electrolytes for lithium-based rechargeable batteries. Chem Rev, 2004, 10: 4303-4418.

[6] 郑洪河, 等. 锂离子电池电解质. 北京: 化学工业出版社, 2007.

[7] An S J, Li J, Daniel C, et al. The state of understanding of the lithium-ion-battery graphite solid lectrolyte interphase（SEI）and its relationship to formation cycling. Carbon, 2016, 105: 52-76.

[8] Izutsu K. Electrochemistry in Nonaqueous Solutions. Weinheim: Wiley-VCH, 2009.

[9] Peled E, Golodnitsky D, Arcdei G, et al. The SEI model-application to lithium-polymer electrolyte batteries. Electro Acta, 1995, 40(13): 2197-2204.

[10] Wang J. Analytical Electrochemistry. 3rd ed. New York: John Wiley & Sons, Inc., 2006.

[11] Zoski C G. Handbook of Electrochemistry. Amsterdam: Elsevier, 2007.

[12] Bard J, Faulkner L R. Electrochemical Methods. New York: John Wiley & Sons, Inc., 1980.

[13] 李荻. 电化学原理. 北京: 北京航空航天大学出版社, 2008.

[14] Bagotsky V S. Fundamentals of Electrochemistry. New York: John Wiley & Sons, Inc., 2006.

[15] Pletcher D A. First Course in Electrode Processes. The Royal Society of Chemistry. 2nd ed. University of Southapton, 2009.

[16] Delahay P. Double Layer and Electrode Kinetics. New York: Interscience, 1965.

[17] Parsons R. Advances in Electrochemsitry. New York: Interscience, 1961.

[18] Bard A J F, Faulkner L R. 电化学方法——原理和应用. 2 版. 邵元华, 等译. 北京: 化学工业出版社, 2005.

[19] 黄可龙, 王兆翔, 刘素琴. 锂离子电池原理与关键技术. 北京: 化学工业出版社, 2008.

[20] Gary H. Electrochemistry of Nanomaterials. Weinheim: Wiley-VCH, 2006.

[21] Plieth W. Electrochemistry for Materials Science. Amsterdam: Elsevier B. V., 2008.

[22] 肖友军, 李立清. 应用电化学. 北京: 化学工业出版社, 2013.

[23] Jean M T, Patrice S. Electrochemical Energy Storage. Britain：ISTE Ltd and John Wiley & Sons, Inc., 2015.

[24] Bockris J O'M, Khan S U M. Surface Electrochistry—A Molecular Level Approach. New York: Plenum Press, 1993.

[25] Hamann C H, Hamnett A, Vielstich W. Electrochemistry. Weinheim: Wiley-VCH, 2007.

[26] Bockris J O'M, Reddy A K N. Modern Electrochemistry. 2nd ed. New York: Kluwer/Plenum Press, 2000.

[27] 查全性, 等. 电极过程动力学导论. 北京: 科学出版社, 2002.

[28] Maier J. Nanoionics: ion transport and electrochemical storage in confined systems. Nat Mater, 2005, 4: 805-815.

[29] Hudson J L, Tsotsis T T. Electrochemical reaction dynamics: a review. Chem Eng Sci, 1994, 49(10): 1493-1572.

[30] Galus Z. Fundamentals of Electrochemical Analysis. Chichester: Ellis Horwood, 1994.

[31] Oldham K B, Myland J C. Fundamentals of Electrochemical Science. New York: Academic Press, 1994.
[32] Robinson R A, Stokes R H. Electrolyte Solutions. London: Butterworth, 1959.
[33] 马松艳, 赵东江. 二次电池的原理与制造技术. 哈尔滨: 黑龙江教育出版社, 2006.
[34] 屠海令. 先进电池: 电化学电源导论. 北京: 冶金工业出版社, 2006.
[35] Goodenough J B, Park K S. The Li-ion rechargeable battery: a perspective. J Am Chem Soc, 2013, 135: 1167-1176.
[36] 郭炳焜, 李新海, 杨松青. 化学电源: 电池原理及制造技术. 长沙: 中南大学出版社, 2009.
[37] 王力臻. 化学电源设计. 北京: 化学工业出版社, 2008.
[38] Julien C, Stoynov Z. Materials for Lithium Ions Batteries. Netherlands: Kluwer Academic Publishers, 2000.
[39] Park J K. Principles and Applications of Lithium Secondary Batteries. Weinheim: Wiley-VCH, 2012.
[40] John W. The Handbook of Lithium-Ion Battery Pack Design Chemistry, Components, Types and Terminology. Netherlands：Elsevier, 2015.
[41] Augustyn V, Come J, Lowe M A, et al. High-rate electrochemical energy storage through $Li^+$ intercalation pseudocapacitance. Nat Mater, 2013, 12: 518.
[42] Julien C, Mauger A, Vijn A, et al. Lithium Batteries-Science and Technology. Switzerland: Springer International Publishing, 2016.
[43] Pistoia G, Rome C. Lithium-Ion Batteries Advances and Applications. Amsterdam: Elsevier B. V., 2014.
[44] Jung K P. Principles and Applications of Lithium Secondary Batteries. Singapore：Markono Print Media Pte Ltd, 2012.
[45] 郭炳琨, 徐徽, 王先友, 等. 锂离子电池. 长沙: 中南大学出版社, 2002.
[46] 张鉴清. 电化学测试技术. 北京: 化学工业出版社, 2010.
[47] 贾铮, 戴长松, 王铃. 电化学测量方法. 北京: 化学工业出版社, 2006.
[48] Zhu Y, Gao T, Fan X, et al. Electrochemical Techniques for Intercalation Electrode Materials in Rechargeable Batteries. Acc Chem Res, 2017, 50:1022.
[49] 胡会利, 李宁, 蒋雄. 电化学测量. 北京: 国防工业出版社, 2011.
[50] Lu Y C, He Q, Gasteiger H A. Probing the lithium-sulfur redox reactions: a rotating-ring disk electrode study. J Phys Chem C, 2014, 118: 5733-5741.
[51] Higuchi E, Uchida H, Watanabe M. Effect of loading level in platinum-dispersed carbon black electrocatalysts on oxygen reduction activity evaluated by rotating disk electrode. J Electroanal Chem, 2005, 583: 69-76.
[52] Saravanakumar R, Pirabaharan P, Rajendran L. The theory of steady state current for chronoamperometric and cyclic voltammetry on rotating disk electrodes for EC' and ECE reactions. Electrochim Acta, 2019, 313: 441-456.
[53] 吴辉煌, 许书楷. 电化学工程导论. 厦门: 厦门大学出版社, 1994.
[54] 张祖训, 汪尔康. 电化学原理和方法. 北京: 科学出版社, 2000.
[55] 陆天虹. 能源电化学. 北京: 化学工业出版社, 2014.
[56] Suntivich J, Gasteiger H A, Yabuuchi N, et al. Electrocatalytic measurement methodology of oxide catalysts using a thin-film rotating disk electrode. J Electro Chem, 2010, 157(8): B1263-B1268.
[57] Guo S X, Zhao S F, Bond A M, et al. Simplifying the evaluation of graphene modified electrode performance using rotating disk electrode voltammetry. Langmuir, 2012, 28: 5275-5285.
[58] 王圣平. 实验电化学. 武汉: 中国地质大学出版社, 2010.
[59] Heinze J. Cyclic voltammetry-“electrochemical spectroscopy”. Angew Chem Int Ed, 1984, 23: 831-847.
[60] Pozio A, Francesco M D, Cemmi A, et al. Comparison of high surface Pt/C catalysts by cyclic voltammetry. J Power Sources, 2002, 105: 13-19.

[61] Richardson D E, Taube H. Determination of E20 - E10 in multistep charge transfer by stationary-electrode pulse and cyclic voltammetry: application to binuclear ruthenium ammines. Inorg Chem, 1981, 20: 1278-1285.

[62] Stoller M D, Ruoff R S. Best practice methods for determining an electrode material's performance for ultracapacitors. Energy Environ Sci, 2010, 3: 1294.

[63] Elgrishi N, Rountree K J, Mccarthy B D, et al. A Practical beginner's guide to cyclic voltammetry. J Chem Educ, 2018, 95(2): 197-206.

[64] 刘长久. 电化学实验. 北京: 化学工业出版社, 2011.

[65] Girard H L, Wang H, d'Entremont A, et al. Physical interpretation of cyclic voltammetry for hybrid pseudocapacitors. J Phys Chem C, 2015, 119: 11349-11361.

[66] Allagui A, Freeborn T J, Elwakil A S, et al. Reevaluation of performance of electric double-layer capacitors from constant-current charge/discharge and cyclic voltammetry. Sci Rep, 2016, 6: 38568.

[67] He Y, Huang J, Sumpter B G, et al. Dynamic charge storage in ionic liquids-filled nanopores: insight from a computational cyclic voltammetry study. Phys Chem Lett, 2015, 6: 22-30.

[68] Yang X, Rogach A L. Electrochemical techniques in battery research: a tutorial for nonelectrochemists. Adv Energy Mater, 2019, 9(25): 1900747.

[69] 史美伦. 交流阻抗谱原理及应用. 北京: 国防工业出版社, 2001.

[70] 曹楚南, 张鉴清. 电化学阻抗谱导论. 北京: 科学出版社, 2002.

[71] McCumbzer D E. Effect of ac impedance on dc voltage-current characteristics of superconductor weak-link junctions. J Appl Phys, 1967, 39: 3113-3118.

[72] Brett C M A. Electrochemistry: Principles, Methods, and Applications. Oxford: Oxford University Press, 1993.

[73] Chen W C, Wen T C, Hu C C, et al. Identification of inductive behavior for polyaniline via electrochemical impedance spectroscopy. Electrochim Acta, 2002, 47(8): 1305-1315.

[74] Takeno M, Fukutsuka T, Miyazaki K, et al. Investigation of electronic resistance in lithium-ion batteries by AC impedance spectroscopy. J Electro Soc, 2017, 164(14): 3862-3867.

[75] Zhang B, Qin X, Li G R, et al. Enhancement of long stability of sulfur cathode by encapsulating sulfur into micropores of carbon spheres. Energy Environ Sci, 2010, 3: 1531-1537.

# 第二篇　高性能电池电极材料

# 第5章

# 离子电池电极材料

## 5.1 概　　述

离子电池作为一种化学电源，指分别用两个能可逆地嵌入与脱嵌离子的化合物作为正负极构成的二次电池。当电池充电时，离子从正极中脱嵌，在负极中嵌入，放电时反之。离子电池是物理学、材料学和化学等学科研究的结晶。离子电池所涉及的物理机理，目前是以固体物理中嵌入物理来解释的。嵌入(intercalation)是指可移动的客体粒子(分子、原子、离子)可逆地嵌入到具有合适尺寸的主体晶格中的网络空格点上。电子输运离子电池的正极和负极材料都是离子和电子的混合导体嵌入化合物。电子只能在正极和负极材料中运动。已知的嵌入化合物种类繁多，客体粒子可以是分子、原子或离子。在嵌入离子的同时，要求由主体结构作电荷补偿，以维持电中性。电荷补偿可以由主体材料能带结构的改变来实现，电导率在嵌入前后会有变化。

锂是所有单质中质量最小(相对原子质量 $M_r = 6.94$，密度 $\rho = 0.53g/cm^3$)和电极电势最低(对标准氢电极为–3.04V)的金属，由锂组成的电池具有操作电压高、质量比容量高和能量密度大等特点。20 世纪 70 年代诞生了一次性锂电池，迅速成为计算器、手表及可移植医疗器件的首选电源。但是以金属锂为负极的锂二次电池在充放电过程中，锂离子在电极表面的不均匀溶出和沉积，使金属锂负极的形貌迅速改变：①导致锂在电极活性位点快速沉积，电极表面产生大量锂枝晶，持续生长的锂枝晶可以刺穿隔膜导致电池短路，引起电池大电流放电，导致电池过热燃烧，甚至爆炸；②锂枝晶在靠近基体部位的快速溶解使得锂枝晶与电极基体脱离，成为失去电化学活性的“死锂”，造成电极活性锂的减少，引起电极比容量的降低，并且高比表面积、高化学活性的“死锂”也会带来安全隐患。

自 20 世纪 90 年代锂离子电池在便携式设备中的成功应用，得到了快速的发展及广泛的研究，相较于其他二次电池，锂离子电池有着众多的优点，主要有以下几点：①能量密度大，锂离子电池是当前能量密度最大的蓄电池，比容量能够达到 160～170W·h/kg，是镍镉电池的 3 倍和镍氢电池的 1.5 倍；②工作电压较高，目前市场上较常用的锂离子电池的工作电压一般是3.6V，而镍镉电池和镍氢电池的工作电压一般为1.2V，使电池的小型化和便携化能够得以实现；③循环稳定性好，锂离子电池的循环寿命能够达到1000次以上并保持容量稳定，而当电流密度较小时，其循环寿命甚至能够达到上万次，表现出了极优秀的循环稳定性和长循环寿命；④绿色环保，锂离子电池的正负极材料及电解液和隔膜均不含有对自然界有害的物质；⑤无记忆效应，不同于镍镉电池和镍氢电池必须要等到电量放尽才能充电的特性，锂离子电池具有无记忆效应；⑥倍率性能好，在大电流密度下也能表现出极佳的稳定性，以满足动力汽车高强度的启动加速；⑦宽环境适应性，锂离子电池在环境温度–20～60℃都能够表现出优良的工作性能，若经过工艺处理甚至能够在环境温度低至–45℃时工作；⑧自放电性小，在室温下，满电状态放置30d后自放电率在10%左右。

钠与锂属于同主族，拥有相同的核外电子及类似的物理化学特性。与锂离子(0.76Å)相比，钠离子(1.02Å)具有更大的离子半径，更高的电极电势(对标准氢电极为–2.71V)，这些属性导致与锂离子电池相比，钠离子电池拥有更低的能量和功率密度。但是，钠的全球储量非常丰富，是第六大含量的元素(约2.6%)，而且可以从海水中获得大量的钠源。早期钠充电电池的研究主要集中在高温电池系统，如Na/$NiCl_2$和钠-硫电池，但是较高的工作温度(约300℃)和严重的腐蚀问题需要解决。相比锂离子电池，钠离子电池具有以下优势：①钠盐原材料储量丰富，价格低廉，采用铁锰镍基正极材料相比锂离子电池三元正极材料，原料成本降低一半；②由于钠盐特性，允许使用低浓度电解液(相同浓度电解液，钠盐电导率高于锂电解液20%左右)，降低成本；③钠离子不与铝形成合金，负极可采用铝箔作为集流体，可以进一步降低成本8%左右，降低质量10%左右；④由于钠离子电池无过放电特性，允许钠离子电池放电到零伏。钠离子电池能量密度大于100W·h/kg，可与磷酸铁锂电池相媲美，但是其成本优势明显，有望在大规模储能中取代传统铅酸电池。

除了锂和钠，钾、镁等碱性金属元素也具有类似的电化学活性应用于离子电池，但是目前的相关研究还较少，因此本章主要针对锂离子电池和钠离子电池展开研究，如果下面不做特殊说明，离子电池代表上述两种电池。

嵌入化合物只有满足结构改变可逆并能以结构弥补电荷变化才能作为离子电池电极材料，而控制离子电池性能的关键材料——正负极活性材料是这一技术的关键，这是国内外研究人员的共识。离子电池正极材料主要包括过渡金属氧化物和聚阴离子型材料，由于正极材料为离子电池提供金属离子源，因此锂离子电池和钠离子电池正极材料具有不同的元素组成，在5.3节将展开详细描述。而负极材料主要作为离子的寄宿体，一般不提供离子，因此锂离子电池与钠离子电池负极材料大部分相同，电化学机理相似，在 5.4 节将主要以锂离子电池为研究对象进行详细描述。本书将锂-硫电池和钠-硫电池归为离子电池部分，在 5.5 节主要对锂-硫电池展开详细介绍。

# 5.2　离子电池的原理

## 5.2.1　离子电池的组成与分类

离子电池工作原理是基于碱性金属离子在电池正负极间的反复嵌入脱出，并伴随着氧化还原反应，因此发生化学能与电能的相互转化。根据碱金属的种类可以将离子电池分为锂离子电池、钠离子电池、钾离子电池、镁离子电池等。由于金属锂和金属钠较高的活性，以及离子半径较其他碱性金属小，在离子脱嵌过程中具有显著的动力学优势，因此目前离子电池研究热点主要集中在这两种离子电池领域。其中以硫或其复合物代替传统的含碱金属多元化合物作为离子电池正极材料，碱金属作为负极组成的离子电池具有非常高的容量，该类电池被称为锂-硫电池和钠-硫电池。

锂离子电池因其具有能量密度高、电池电压高、工作温度范围宽、储存寿命长等优点，已经广泛应用于移动消费设备、电动工具等。下面将以锂离子电池作为模型对离子电池的构造组成进行介绍。

如图 5.1 所示的锂离子电池的基本组成及工作原理，主要组成包括正极、负极、隔膜及电解液。电极一般由活性物质、导电剂和黏结剂混匀涂敷在集流体上，

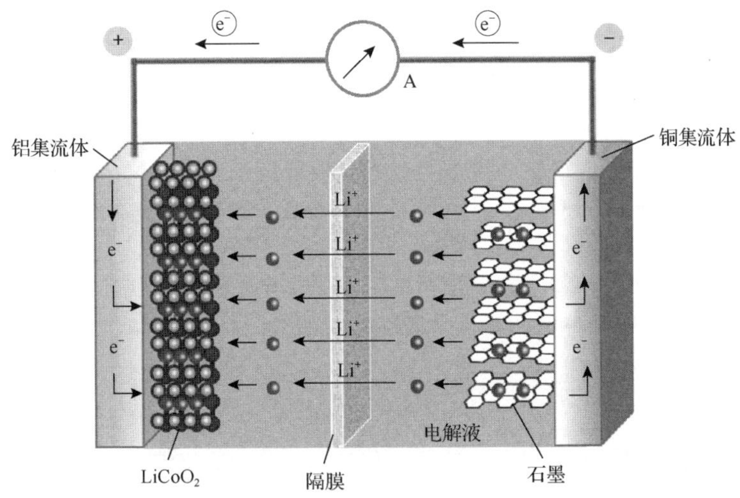


图 5.1　锂离子电池工作原理示意图(放电过程)

其中正极活性物质主要是含锂化合物，如 $LiCoO_2$、$LiNiO_2$、$LiMnO_2$、$LiFePO_4$ 等，集流体为铝箔；负极活性物质主要是石墨或者其他碳材料，集流体为铜箔。电解质为溶解锂盐(如 $LiPF_6$、$LiAsF_6$、$LiClO_4$)的有机溶液，有机溶剂主要包括碳酸乙烯酯(ethylene carbonate，EC)、碳酸丙烯酯(propylene carbonate，PC)和碳酸二甲酯(dimethyl carbonate，DMC)等。隔膜主要作用是隔离正极与负极，并含有贯通的微孔供锂离子迁移。锂离子电池隔膜主要分为两种：一种是用机械拉伸造孔工艺制造的聚烯烃隔膜，聚乙烯(polyethylene，PE)、聚丙烯(polypropylene，PP)、三层 PP/PE/PP 等；一种是无纺布/陶瓷颗粒复合隔膜。

以 $LiCoO_2$ 为正极，石墨为负极的锂离子电池为例，其电池反应式为

$$LiCoO_2 + 6C \rightleftharpoons Li_xC_6 + Li_{1-x}CoO_2 \tag{5.1}$$

锂离子电池实际上是一种锂离子浓差电池，充电时，$Li^+$从 $LiCoO_2$ 正极脱出，其中离子 $Co^{3+}$氧化为 $Co^{4+}$，$Li^+$经过电解质穿过隔膜嵌入到石墨负极形成 $Li_xC_6$，负极处于富锂状态，正极处于贫锂状态，同时电子的补偿电荷从外电路供给到石墨负极，以确保电荷平衡。放电时则相反，如图 5.1 所示，$Li^+$从石墨负极脱出通过电解质穿过隔膜迁移到 $LiCoO_2$ 正极，电子通过外部电路从负极迁移到正极。在正常充放电情况下，锂离子在层状结构的石墨和层状结构 $LiCoO_2$ 的层间嵌入和脱出，只会引起材料的层面间距变化，不破坏其晶体结构，因此锂离子电池反应是一种理想的可逆反应。锂离子电池及其衍生电池系统的优点是：能量密度高、功率密度大、充放电效率高、自放电率低。

### 5.2.2 离子电池的性能及特点

#### 1. 电压、比容量和能量密度

根据能斯特方程，一个电池中的电化学反应的理论电压可以通过反应的吉布斯自由能计算。对于典型的基于相转变反应的电池，如 Li/MnO 电池，其反应式如下

$$MnO + x\,Li \rightleftharpoons x/2\,Li_2O + x\,Mn + (1-x)\,MnO \tag{5.2}$$

其电池的理论电压 $E$ 通过式(5.3)计算

$$-xFE = \Delta_r G = (x/2)\Delta_F G(Li_2O) + x\Delta_F G(Mn) - x\Delta_F G(MnO) - x\Delta_F G(Li) \tag{5.3}$$

可以看出，该电池的电压与 $x$ 值无关，为 1.028V 定值。该电压 $E$ 的意义是由体相的 MnO 和 Li 组成的电池生成体相的 $Li_2O$ 与 Mn 的热力学平衡电极电势。在实际

电池中，由于反应物和产物的状态显著偏离理想材料，导致电压 $E$ 值不是定值。

如果单看电极电势，按照如下考虑：

正极

$$\mathrm{MnO + 2Li^+ + 2e^- \longrightarrow Li_2O + Mn} \tag{5.4}$$

$$\begin{aligned}-2\varphi^+ F = \Delta_r G = \Delta_F G(\mathrm{Li_2O}) + \Delta_F G(\mathrm{Mn}) - \Delta_F G(\mathrm{MnO}) - 2\Delta_F G(\mathrm{Li^+}) \\ - 2\Delta_F G(\mathrm{MnO}\text{电极内}\mathrm{e^-})\end{aligned} \tag{5.5}$$

式中，$\varphi^+$ 为由 MnO 电极与 $Li_2O$、Mn 组成的氧化还原电对的热力学平衡电极电势。

负极

$$\mathrm{2Li \longrightarrow 2Li^+ + 2e^-} \tag{5.6}$$

$$-2\varphi^- F = \Delta_r G = 2\Delta_F G(\text{溶液中}\mathrm{Li^+}) + 2\Delta_F G(\mathrm{Li}\text{电极内}\mathrm{e^-}) - 2\Delta_F G(\mathrm{Li}) \tag{5.7}$$

式中，$\varphi^-$ 为由 Li 与 $Li^+$组成的氧化还原电对的热力学平衡锂电极电势，标准状态下，该电势相对于标准氢还原电势(SHE)为–3.04V。

全电池的反应式(5.2)为反应式(5.4)与反应式(5.6)之和，假设 $2\Delta_F G$ (Li电极内$e^-$)与 $2\Delta_F G$(MnO电极内$e^-$)相等，对于全反应电池电势的计算将合并到式(5.3)计算，因此可以不需要考虑电子及锂离子的生成能(化学势)。

对于嵌入反应，例如：

$$\mathrm{LiCoO_2 \longrightarrow Li_{1-x}CoO_2} + x\mathrm{Li} \tag{5.8}$$

$$-xFE = \Delta_r G = \Delta_F G(\mathrm{Li_{1-x}CoO_2}) + x\Delta_F G(\mathrm{Li}) - \Delta_F G(\mathrm{LiCoO_2}) \tag{5.9}$$

由于 $\Delta_F G(\mathrm{Li_{1-x}CoO_2})$ 随 $x$ 值不断变化，因此该反应的 $E$ 值随着脱锂量 $x$ 发生变化。$Li_{1-x}CoO_2$ 的生成能可以通过点阵气体模型估算，或者通过第一性原理计算，或者通过实验直接测量。

通过上述计算方法，对于类似于式(5.2)的相转变反应，假设由不同的二元过渡金属化合物 NX 与金属 M 形成电池 M/NX，则通过计算 M/NX 电池的电压，可以比较由相同金属、不同材料 NX 组成的电池的电压高低。事实上，这些电池的电压存在着一般性规律：对于以相转变反应储能的同系 NX 材料，X 相同，M 相同，过渡金属 N 不同，且 N 具有相同的化学价，则基于相转变反应储能电池电压高低的顺序是按照元素周期表的逆序，Cu＞Ni＞Co＞Fe＞Mn＞Cr＞V＞Ti。对于同系列的 NX 材料，过渡金属 N 相同，M 相同，X 不同，则相转变反应储能电池电压高低的顺序是氟化物体系＞氧化物体系＞硫化物体系＞氮化物体系＞磷化物体系。对于同样的 NX，不同的 M，相转变反应储能电池电压高低的顺序是 Li 体系＞Na 体系＞Mg 体系＞Al 体系。

相转变反应的理论工作电压不随充放电过程发生变化，但是对于嵌入化学反应，由于生成能不断变化，电压在反应过程中存在一定的范围。从电器使用的角度，电压变化便于判断电池荷电量，或称之为电荷状态(state of charge，SoC)。但电压范围太宽不利于电器的使用，一般电器对放电截止电压有要求。从比较不同电池的角度，比较平均工作电压或中点电压有一定的参考价值。对于基于嵌入反应储能的体系，这方面的系统研究在文献中还不多，主要原因是对产物生成能的准确估算需要第一性原理的计算或者精确的热力学测量，而这方面的工作目前开展的还较少，不过根据相转变反应计算的电极材料电压的高低顺序，也基本适用于嵌入化学反应电压高低的定性判断。

电池容量是指在一定的放电条件下可以从电池获得的电量。对于给定的电极材料，可通过式(5.10)计算其理论比容量(常用单位为 mA · h/g)：

$$C_g = nF / (3.6 \times M) \tag{5.10}$$

式中，$n$ 为每摩尔电极材料在氧化或还原反应中转移电子的量；$F$ 为法拉第常量，96485C/mol；$M$ 为反应物的摩尔质量，g/mol。

对于锂离子电池负极而言，需要知道在金属锂析出电势之上，该材料最大能储存的锂的量。例如，对于锂离子电池的 Si 负极，Li 最多可以形成 $Li_{22}Si_5$，相当于每摩尔 Si 原子储存了 4.4 个电子和 4.4 个 $Li^+$，按照 Si 的摩尔质量计算，其理论比容量为 4200mA · h/g。对于合金类反应，由于能够与 Li 形成合金的材料的相图都已经测量，可以方便地根据合金相图和无机晶体学数据库计算理论比容量。对于相转变反应，如 MnO，Mn 的化合价为二价，其储锂反应 MnO 最多可以还原到 $Li_2O$ 与 Mn，因此该反应可以转移两个电子，按照相转变反应储能的电极容量可以方便地计算出来理论比容量。对于含锂的正极材料，电极材料的容量取决于最大脱锂量和最多可转移电子的量。以相转变反应 $LiFePO_4$ 正极材料为例，$Fe^{2+}$ 可以氧化为 $Fe^{3+}$，对应一个电子，同时允许一个 $Li^+$ 脱出，反应产物是 $FePO_4$，因此理论比容量可以按照式(5.10)准确计算。类似的 $LiNi_{0.5}Mn_{1.5}O_4$、$LiMn_2O_4$，其可转移电子数与可脱出 $Li^+$ 数相等，理论比容量同样可以计算。典型的锂离子电池的正极和负极材料的计算容量和电压(实际电压范围)如图 5.2 所示。在含有液体电解质的锂离子电池中，由于在低电势还存在形成 SEI 膜的反应及界面充电(interface charging)反应，实际储锂容量有时高于单纯按照主要的电化学反应计算的理论比容量。

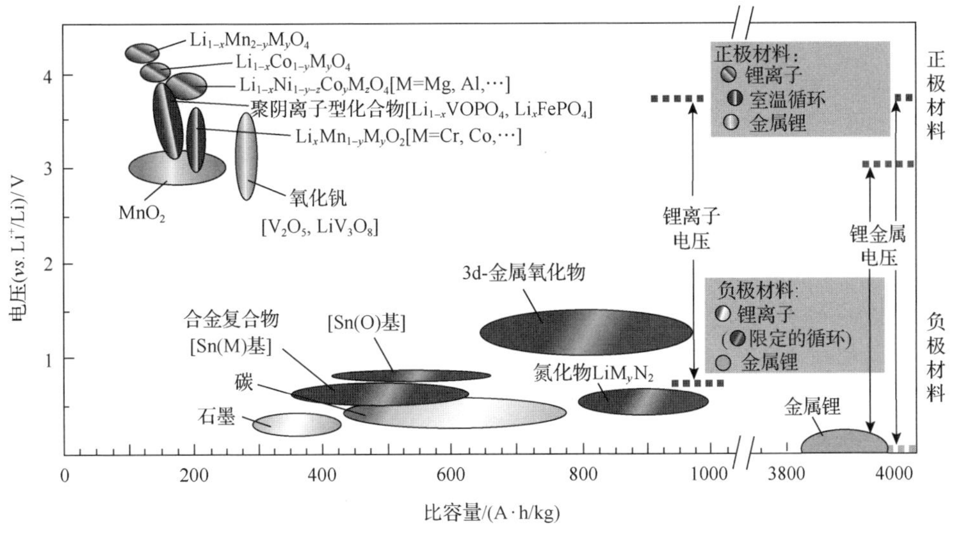


图 5.2　锂离子电池电极材料的储锂比容量和电压范围

电池在一定条件下对外做功所能输出的电能称为电池的能量，单位为 W·h。在等温等压条件下，当体系发生可逆变化时，对外所做的最大非体积功只有电功，则能量可以用 $\Delta_r G = -nFE$ 计算。单位质量或单位体积的电池所给出的能量，称为质量比能量(W·h/kg)或体积比能量(W·h/L)，也称为能量密度。

质量比能量定义为

$$W_M = \Delta_r G / \sum M \tag{5.11}$$

体积比能量定义为

$$W_V = \Delta_r G / \sum V \tag{5.12}$$

式中，$\sum M$ 为反应物摩尔质量之和；$\sum V$ 为反应物摩尔体积之和。

当反应物具有较低吉布斯生成能而生成物具有较高吉布斯生成能时，电化学体系将具有较高的能量密度。对于标准状态下物质的吉布斯自由能数据可通过热力学手册查找。对于吉布斯自由能尚不清楚的物质，如果已知所有参与反应物质的晶体结构，可以通过基于第一性原理的密度泛函方法，计算出材料的吉布斯自由能；如果不知道晶体结构，也可以通过第一性原理计算先获得弛豫后的晶体结构，然后计算获得。如果已知所有材料的吉布斯生成能，当反应体系为封闭体系时，则可以计算由该反应物组成的电池按照预计反应方程式工作时的理论能量密度。

2. 循环伏安特性和功率密度

伏安特性是电池的一项关键的数据，它提供了在任何给定电压下可获得多少电流的信息。以 $LiNiO_2$ 为正极的锂离子电池的伏安特性曲线如图 5.3 所示。把电流和与其相对应的电压相乘，所得结果就是电池功率，再将这个功率除以电池质量就可得到功率密度。离子电池的最大功率出现在电流最大即放电时间很短的情况下，但在如此高的放电电流下，电池的能量密度相对较低。对于任何电池，其能量密度和功率密度之间通常存在反比关系。

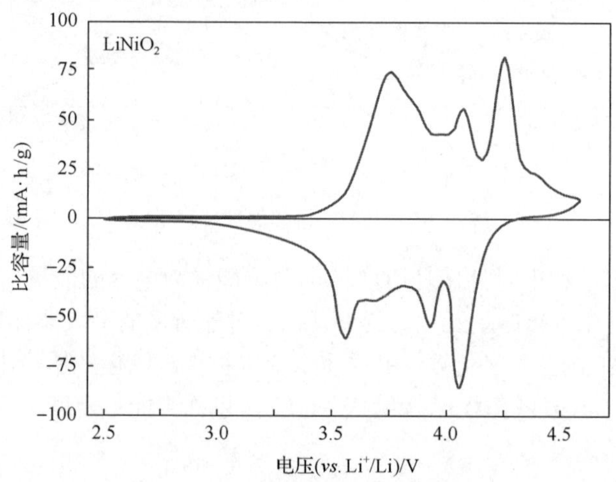


图 5.3　$LiNiO_2$ 电极的循环伏安曲线

3. 放电特性和循环性能

重复的充电和放电循环会影响锂离子电池的放电特性，放电条件、电性能和其他测量变量也可以使放电曲线存在不同的形式。一般放电条件包括恒流、恒功率和恒外电阻；电性能包括电池电压、电流和功率；而测量变量包括放电时间、容量和锂离子嵌入量。在相同材料和设计的电池中，可以根据测量条件产生不同的放电曲线，因此比较放电曲线可以更准确地了解电池的性能。由于电池组分差异，在实际操作中存在大量不同形式的放电曲线，典型放电曲线如图 5.4 所示。

图 5.4 是电池在恒流下放电时，电池电压随比容量变化的曲线。由于比容量与施加电流的时间成正比，图 5.4 也可以表示电压随时间的变化。此外，电池电压表示电池未连接到外部负载时的开路电压，或电路闭合时的工作电压。放电完成时的电池电压称为截止电压。

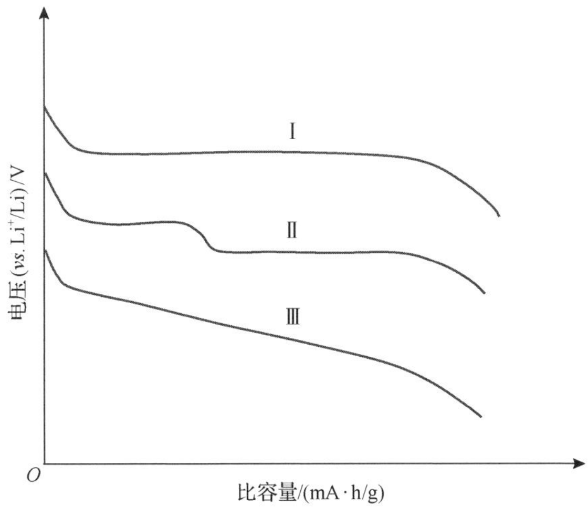


图 5.4　电化学反应中的放电曲线

在图 5.4 中曲线 I 的情况下，电池电压几乎不受放电期间电池内发生的反应的影响；曲线 II 显示由于反应机理变化而产生的两个平坦区域；在曲线 III 中，电池中的反应物、产物和内阻在放电过程中不断变化。

对于锂离子电池，充电/放电后电池电压的变化由阿曼德(Armand)方程给出：

$$E_{\text{cell}} = E_{\text{cell}}^0 - (nR_0T/F)\ln(\gamma/1-\gamma) + k_\gamma \tag{5.13}$$

式中，$\gamma$ 为锂离子嵌入率；$k_\gamma$ 为嵌入锂离子之间相互作用对电池电压的影响。

电池电压梯度随容量的变化由锂离子扩散速率、相变、晶格结构变化和溶解等直接因素，以及电极活性材料粒径、温度、电解质特性和隔膜的多孔性等间接因素决定。这些因素可能会改变 Armand 方程中 $\gamma$ 和 $k_\gamma$ 值。

在低电流密度条件下，电池的电压和放电容量均接近理论平衡值。然而，从图 5.5 中曲线(1)到曲线(4)的趋势可以看出，由于欧姆极化和过电势随着放电电流密度增大而增大，放电过程中电池电压逐渐降低。由于放电曲线的梯度增大，当电池放电超过其截止电压时，电池容量也会减小。放电电压的特性也随温度发生变化。如图 5.6 所示，当电池在低温下放电时，反应物的化学活性降低导致内阻增大。这会导致电池电压急剧下降，并伴随着容量下降。在较高的温度下，由于较低的内阻和较高的放电电压，电容会增大。但是，如果温度过高，化学活性增加可能导致自放电和其他不必要的化学反应。

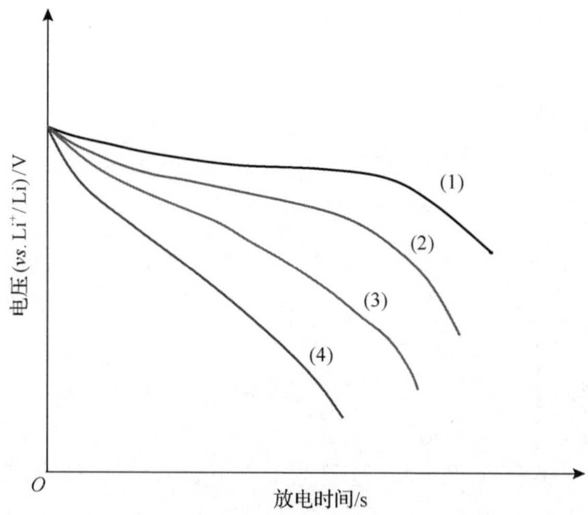


图 5.5 电流密度对电压的影响

电流密度：(4) > (3) > (2) > (1)

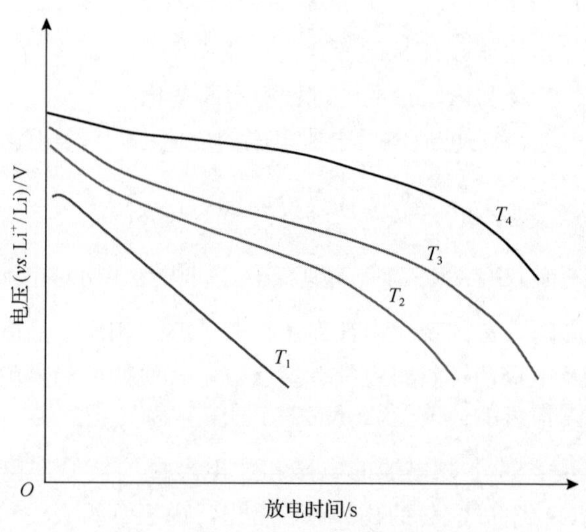


图 5.6 温度对电池容量的影响

温度：$T_4 > T_3 > T_2 > T_1$

循环寿命是指电池在其容量耗尽之前可以实现的充放电循环次数。高性能电池即使经过多次充电和放电循环后，其容量也几乎保持不变。锂离子电池在充放电过程中的循环寿命很大程度上取决于电极活性材料的结构稳定性。第 $N$ 次充放电循环后，容量保持率由 $C_N/C_1$ 得到，相对容量降低率为 $(C_1 - C_N)/C_1$。循环寿命通常受放电深度的影响，当在低放电深度反复充电时，锂离子电池的循环寿命较长，容量不会完全耗尽。

### 5.2.3　离子电池中的热力学及动力学

#### 1. 电极反应中的热力学过程

在应用电化学领域中，平衡电势和平衡电势对不同温度下电极活性材料组成的依赖关系是计算的基础。此外，平衡电势(EP，$\varphi$)与电化学反应的吉布斯自由能($\Delta G$)成正比，平衡电势温度系数(TCEP，$d\varphi/dT$)与过程熵($\Delta S$)成正比。换句话说，平衡电势和平衡电势温度系数是吉布斯自由能和熵，用电单位表示。对两种热力学函数的并行研究是一种强有力的理化分析工具。

许多物理化学或电化学教科书都很好地阐述了平衡电势，以及相关的开路电势(open circuit potential，OCP)、开路电压(open circuit voltage，OCV)和电动势(electromotive force，EMF)的概念。然而，要证明测量的 OCV 或 OCP 是平衡电势，需要一种方法，该方法针对待分析的电化学过程。对于电化学活性固相(electrochemical activity solid phase，EASP)电极来说，OCV[金属锂($Li|Li^+$)为参比电极]随时间的稳定性对锂离子浓度的独立性，是证明 OCP≡EP 关系的有利依据。根据 IUPAC 的定义，用于此类测量的电化学电路具有以下形式：

$$Li_xZ|\ Li^+(溶剂)|\ Li$$

也就是说，$Li|Li^+$是 0V 电势下的参比电极。因为参比电极影响测量，因此与其他参比电极一样，当引用对 $Li|Li^+$的 OCV 值时，应说明测量过程所用的参比电极类型。

Bazant 的理论工作充分利用了对 $LiFePO_4$ 纳米颗粒性质的深入理解。$LiFePO_4$ 是一种典型的锂离子电池正极材料，已知的特性包括相分离条件、锂离子输运机理、弹性相干应变、各向异性成核和生长、界面能等。Bazant 的工作和其他类似的方法描述了非平衡条件下的电化学过程，这对应用电化学的发展非常重要，尤其是对于推进插层材料在电池领域的发展。

如果可逆氧化还原反应：

$$Ox + ne^- \rightleftharpoons Red \tag{5.14}$$

在“理想溶液”中进行，平衡电势对反应物浓度[Ox]和产物浓度[Red]的依赖性遵循能斯特方程：

$$\varphi = \varphi^0 + \frac{R_0T}{nF}\ln\frac{[Ox]}{[Red]} \tag{5.15}$$

式中，$\varphi^0$ 为两种反应物标准浓度下的标准电势；$R_0$ 为摩尔气体常数；$T$ 为热力学温度；$F$ 为法拉第常量。

为了保留理想溶液热力学方程的形式，但使其适用于实际溶液，引入了活度概念。电解质溶液没有单一的状态方程，因此引入热力学活度的概念，其对浓度具有依赖性。根据 IUPAC 的定义，活度($a$)是化学势的反对数，不构成新的物理实体：

$$a = \exp\left(\frac{\mu - \mu^0}{R_0 T}\right) \tag{5.16}$$

活度的概念[式(5.16)]仅仅是化学势的另一种函数形式，并且便于计算。具体地说，热力学函数可以用理想溶液的公式计算，用活度代替浓度。换句话说，定义[式(5.16)]是为了保持理想溶液与实际溶液组分的化学势表达式保持一致。由于标准化学势等于假设溶液中物种的化学势，其中活度和活度系数均等于 1，因此无法直接测量。标准电势和活度(活度系数)都必须使用建模的方法进行计算。计算程序并不简单，一些问题本质上是不可解决的，例如，单个离子的活度系数问题，一般是用平均离子活度系数代替。在不同的水溶液中，许多离子的活度系数已经确定，但是非水系溶液中离子活度系数的统计很少。

上述内容涉及分析实际溶液的电化学过程的困难，而在确定由多个组分组成的固相的活度(或活度系数)时，出现了新的难题。例如，将溶液组分的浓度与它们的蒸气压结合起来的经验拉乌尔(Raoult)定律和亨利(Henry)定律几乎不能应用于固体。同样，范托夫(van't Hoff)的渗透压定律在形式上意味着理想气体到溶液的状态方程[1]不适用于固体。事实上，固溶体(如金属合金)成分的压力通常在较宽的温度范围内是无法测量的，固体中也没有检测到渗透压力。当锂分散在 EASP 主体中时，该问题尤为突出。

另外，在不同的物质状态下，电化学过程统一使用摩尔分数作为电化学方程中的浓度单位，这种浓度单位的选择意味着，平衡电势对协助电解质具有依赖性。根据这个逻辑，$Ag\,|\,Ag^+$电极在水系溶液(如 0.1mol/L 硝酸银溶液)中的电压与硝酸钠的添加有关，因为即使中性盐的添加不会改变 $Ag^+$的摩尔体积浓度，但是摩尔分数发生了改变。此外，用任何其他盐(钾盐、铵盐、烷基铵盐等)代替钠盐也会改变平衡电势值。在一般的电化学实践中，协助电解质被认为只影响活度系数。当银摩尔分数相等或银摩尔体积浓度相等时，理想的银汞和银金合金电极在硝酸银溶液中的电势是否相等，这是个悬而未决的问题。

上述问题也与 EASP 标准状态的选择有关。事实上，在 $Li_xZ\,|\,Li^+$电极上，无论是在 $x = 0$ 还是 $x = 1$，都不能建立锂交换的平衡条件。前面的推理表明，将热力学活度概念应用于 EASP 是不实际的，可能无法实现。

为了替代热力学活度，必须建立一些基本假设。首先，让 EASP 的氧化或还原反应在电解质(如锂离子)的一价阳离子的参与下进行。反应中：

$$Z + xLi^+ + xe^- \rightleftharpoons Li_xZ \tag{5.17}$$

式中，$Li_xZ$ 和 Z 分别为 EASP 的还原和氧化形式，而 $x \leqslant 1$，符号“$\rightleftharpoons$”表示反应可以可逆进行。然而，为了方便计算电化学反应电势，令 $Li^+$系数为 1，将式(5.17)修正为

$$pZ + Li^+ + e^- \rightleftharpoons LiZ_p \tag{5.18}$$

显然，平衡电势只能建立在部分放电的电极上，即 $1<p<0$(或 $0<x<1$)，但稳态开路电压是否等于平衡电势尚待证实。

根据修正式[式(5.18)]得到，$LiZ_p \mid Li^+$电极的平衡电势对溶液中锂离子浓度的依赖性与 $Li \mid Li^+$电极相同，即

$$\frac{\partial \varphi_{\text{EASP}}}{\partial[Li^+]} = \frac{\partial \varphi_{\text{Li}}}{\partial[Li^+]} \tag{5.19}$$

此外，平衡电势对溶液中锂离子浓度的依赖性与 $Li \mid Li^+$电极中的关系是相同的，与能斯特方程的应用和溶液中锂离子浓度的单位无关。因此，如果实验结果证实电池[$Li \mid Li^+$(溶剂)$\mid Li_xZ$]的开路电压与溶液中锂离子浓度无关，则 EASP 上的电势可视为平衡电势。

在 EASP 的还原过程中，可能形成几种类型的产物，这些产物在其平衡电势对 EASP 的充电程度(degree of charge, DoC)的依赖性方面有所不同。为方便和简单起见，假设能斯特方程适用于下述系统，并使用标准电解液。下面讨论四种不同的 EASP 还原产物和相关的 EP-DoC 关系。

(1)锂嵌入基体中形成一定组成范围的锂原子固溶体。例如，锂嵌入铝基体，金属铝不参加电化学反应，只起溶剂的作用，即 $xLi^+ + Al + xe^- \rightleftharpoons xLi\{Al\}$，该产物可用总式 $Li_xAl$ 表示，铝溶液中 $Li^0$ 的摩尔分数 $y = x/(1+x)$。由于产物密度与组成的关系，摩尔分数与摩尔体积浓度之间呈非线性关系。

电势决定反应式：

$$Li^+ + e^- \rightleftharpoons Li \tag{5.20}$$

相应的能斯特方程如下

$$\varphi = \varphi^0_{\mathrm{Li^+/Li^0\{Al\}}} + \frac{R_0 T}{nF}\ln\frac{c^0}{c} = \varphi' - \frac{R_0 T}{F}\ln c \tag{5.21}$$

式中，$c$ 为铝中锂的浓度；$c^0$ 为铝中锂的标准浓度；$n=1$。

式(5.21)中的平衡电势可用充电程度的显函数 $y = cM_2/(cM_2+\rho-cM_1) = x/(1+x)$ 表示，其中 $M_1$ 和 $M_2$ 分别为溶质(锂)和溶剂(铝)的摩尔质量；$\rho$ 为溶液密度(成分已知)。

(2)锂嵌入基体中形成固溶体，并在一定的组成范围内成为一部分新的非化学计量化合物。例如，锂-铌二硒化物($Li_xNbSe_2$)的形成，其中固体溶液在整个组成范围内形成($0<x<1$)：$NbSe_2 + xLi^+ + xe^- \rightleftharpoons Li_xNbSe_2$。

电势决定反应式：

$$p\mathrm{NbSe_2} + \mathrm{Li^+} + \mathrm{e^-} \rightleftharpoons \mathrm{Li(NbSe_2)}_p \tag{5.22}$$

此时，EP 与 DoC 遵循如下关系式：

$$\varphi = \varphi' + \frac{R_0 T}{F}\ln\frac{1-x}{x} \tag{5.23}$$

以及

$$\frac{\mathrm{d}\varphi}{\mathrm{d}\ln x} = \frac{R_0 T}{F}x(1-x) \tag{5.24}$$

也就是说，热力学实验证明上述两种类型是不同的。

(3)锂嵌入基体中形成溶解于基体中的非化学计量的含锂化合物的固溶体。这一结果在 Pozin 课题组的研究中提出[2]。在 $0<x<1$ 范围内，二氧化锰(Ⅳ)还原产物：$MnO_2 + xLi^+ + xe^- \rightleftharpoons Li_xMnO_2$。

电势决定反应式：

$$p(x)\mathrm{MnO_2} + \mathrm{Li^+} + \mathrm{e^-} \rightleftharpoons (\mathrm{LiMnO_2})_{p(x)} \tag{5.25}$$

然而在现实中，这一过程的特征是多重平衡：每一个 $x$ 值对应不同的平衡。因此，每一点都由一个独立的能斯特方程描述：

$$\varphi = \varphi'(x) - \frac{R_0 T}{F}\ln\frac{1-x}{x} \tag{5.26}$$

标准电势取决于 DoC：$\varphi^0 = \varphi^0(x)$。因此，平衡电势的改变是由式(5.26)的第二个分量和标准电势的变化引起的。

类似的现象在液态溶液中也可以发现，这种溶液通常具有平均配位数$\bar{n}$。当配体-金属比变化时(例如，最初溶液中只含有一定浓度的配体[L]，然后通过滴定，金属浓度[M]增加)，随着络合反应的进行，总配合物浓度和平均配位数都会发生变化，该过程同时改变络合物$ML_{\bar{n}}$的浓度及组分。金属(M)电极对不含络合物的金属离子溶液的电势变化$\Delta\varphi$可用式(5.27)表示：

$$\Delta\varphi = \varphi^0(\bar{n}) - \frac{R_0 T}{nF}\ln(ML_{\bar{n}}) \tag{5.27}$$

如果金属离子在高浓度电解液中溶解而不是形成络合物，金属离子的浓度与溶剂的摩尔体积的倒数相当可以解释此式的物理意义。

(4) 锂嵌入导致形成新的固体产物，其中一个或多个产物是含锂化合物。例如，CuO 的还原产物[3]：$CuO + 2Li^+ + 2e^- \longrightarrow Cu + Li_2O$；如果 $Cu_2O$ 作为中间产物，则发生的反应是：$2CuO + 2Li^+ + 2e^- \longrightarrow Cu_2O + Li_2O$。形成不同锂化程度的产物是电化学测试最困难的情况，原因如下。CuO 按以下方案进行转化：$CuO\longrightarrow Cu_2O\longrightarrow Cu$，伴随着 $Li_2O$ 的形成，$Cu_2O$ 的形成过程化学势保持不变，只有当 CuO 耗尽，金属 Cu 开始出现时，化学势才发生显著变化。因此，预期在电势-时间曲线图中存在两个平衡电势平台，从一个阶段到另一个阶段几乎瞬间过渡。然而，对于由化学计量化合物(如 CuO、$Cu_2O$、$Li_2O|Li^+$)组成的电极是否能建立平衡电势尚不清楚。

验证 EP 对 DoC 的依赖性同样非常困难，因为这种依赖性可能非常弱，并且很难与实验噪声区分。

此外，非平衡电化学测量的可行性至关重要，即使在平台内微小的电极平衡扰动(如施加几个毫伏电势阶跃或谐波，或低电流脉冲)也会显著改变电极的表面成分，很容易导致成分超出允许的范围。

然而，如果状态方程未知(即能斯特方程不适用)，则很难通过平衡电势曲线的形状来确定发生了上述哪种反应类型，所以需要利用另一种方法来确定，即计算反应的熵值。

解决电化学动力学的非稳态问题意味着获得电流、电势、浓度和时间之间的关系。通常，这些关系可以作为微分方程的解，称为菲克第二定律，具有相应的初始和边界条件。其中边界条件是：方程式 $j = j(\varphi)$ 或关系式 $\varphi = \varphi(c)$，其中，$j$ 为电流密度；$\varphi$ 为负载下的电极电势。根据理论或实验可推测出 $\varphi = \varphi(c)$ 依赖性。

为了充分考虑电极反应的熵，并说明同时考察熵变和吉布斯自由能的重要性，本书提出的计算方法与此直接方法有所不同。还原/氧化(或放电/充电)过程的熵是衡量电极结构变化的有效手段，包括可能的相变。统计热力学通过玻尔兹曼方程

$w = \exp(S/k)$ 提供了熵 $(S)$ 和热力学概率 $(w)$ 之间的直接联系，这是系统混乱的数值度量，其中，$k$ 为玻尔兹曼常数。晶体晶格具有一定的对称性，肯定会对电化学嵌入/脱出外来物种引起的有序-无序变化敏感。电化学电池中发生的氧化还原反应可以实现直接测量电池吉布斯自由能和熵变。

根据吉布斯-亥姆霍兹(Gibbs-Helmholtz)方程：

$$\Delta S = -nF\frac{E}{T} \tag{5.28}$$

式中，$E$ 为电化学电路的电动势。显然，因为平衡电势遵循式(5.29)，熵变取决于电极的 DoC：

$$\frac{\partial \Delta S}{\partial x} = -nF\frac{\partial(\varphi/T)}{\partial x} = -nF\frac{1}{T}\frac{\partial \varphi}{\partial x} \neq 0 \tag{5.29}$$

式(5.23)具有恒定的标准电势，式(5.26)中标准电势明显依赖于 DoC，两式可以用以下广义形式重写

$$\varphi = \varphi^0 + \varPsi(T,x) \tag{5.30}$$

因此，式(5.23)和式(5.26)将变为

$$\varphi(T,x) = \varphi_1'(T) + \varPsi_1(T,x) \tag{5.31}$$

以及

$$\varphi(T,x) = \varphi_2'(T) + \varPsi_1(T,x) \tag{5.32}$$

然后，从式(5.31)得出

$$\frac{\partial \varphi}{\partial T} = \frac{\partial}{\partial T}\varphi_1^0(T) + \frac{\partial}{\partial T}\varPsi_1(T,x) \tag{5.33}$$

或根据式(5.28)(令 $E=\varphi$)

$$\Delta S(T,x) = \Delta S_1^0(T) - nF\frac{\partial}{\partial T}\varPsi_1(T,x) \tag{5.34}$$

在相对较窄的温度范围内，远离熔点及绝对零度，导数 $\partial E/\partial T$ 为常数，即 $\partial^2 E/\partial T^2 = \partial \Delta S/\partial T = 0$。如果采用线性近似值，$\partial \Delta S^0/\partial T = 0$ 并且

$$\Delta S(x) = \Delta S_1^0 - nF\frac{\partial}{\partial T}\varPsi_1(T,x) \tag{5.35}$$

因为反应式(5.22)的 $\partial\Delta S^0/\partial y=0$，因此

$$\frac{\partial\Delta S}{\partial x}=-nF\frac{\partial^2}{\partial T\partial x}\Psi_1(T,y)\neq 0 \tag{5.36}$$

由于此反应 $\partial\Delta S^0/\partial T=0$，根据式(5.32)，由式(5.26)可得到

$$\frac{\partial\varphi}{\partial T}=\frac{\partial}{\partial T}\varphi_2^0(T)+\frac{\partial}{\partial T}\Psi_2(T,x) \tag{5.37}$$

结果为

$$\Delta S(x)=\Delta S_2'-nF\frac{\partial}{\partial T}\Psi_2(T,x) \tag{5.38}$$

与反应式(5.22)不同，这里 $\partial\Delta S^0/\partial y\neq 0$，因此

$$\frac{\partial\Delta S}{\partial x}=\frac{\partial}{\partial x}\Delta S_2^0(x)-nF\frac{\partial^2}{\partial T\partial x}\Psi_2(T,x)=\frac{\partial}{\partial x}\left[\Delta S_2^0(x)-nF\Psi_2(T,x)\right] \tag{5.39}$$

根据式(5.39)，$\partial\Delta S/\partial x$ 可能是零，即 $\Delta S_2^0(x)-nF\Psi_2(T,x)$ 为常数，这可能意味着标准熵的差异，即不同化合物 $Li_{p(x)}Z$ 的结构差异完全由锂含量决定，并没有发生实际的结构变化。由于确定反应最终产物的性质和组成有助于确定反应的机理，因此最好根据结构和组成分析计算熵。

2. 离子在电极反应中的扩散

以锂离子电池为例，图 5.7 显示了三种决定性的锂离子传输机理步骤[4-6]。第一种是锂离子通过电解液的运动，这个传输步骤可以通过外电路提供电子流补偿，因此不会改变电中性。电解液中的瞬态现象通常以纳秒级出现，具有介电特性(静电存储)，因此，电解液中的传输本质上是一个稳态过程，由离子的电化学势梯度($\tilde{\mu}$)驱动，传输系数为 $Li^+$电导率。第二种是在电解液/电极界面上，$Li^+$必须穿过相边界，驱动力为两侧的 $\tilde{\mu}_{Li^+}$ 差；相关传输系数由该过程(此处指准平衡过程，否则需要涉及电化学动力学)的交换率确定。存储过程具有界面电容的特征，通常发生在微秒级别。第三种是在电极中锂的储存，该过程会涉及 $Li^+$和 $e^-$的化学扩散，因此应当考虑时间依赖性。该类情况的驱动力是 Li 的化学势梯度 $\left[(\partial/\partial x)\mu_{Li}=\partial/\partial x(\mu_{Li^+}+\mu_{e^-})\right]$。传输系数是受 $Li^+$和 $e^-$双重影响双极性电导率 $\sigma\left[\sigma=\left(\sigma_{e^-}^{-1}+\sigma_{Li^+}^{-1}\right)^{-1}\right]$。如果该驱动力以 Li 浓度梯度$\left[(\partial/\partial x)c_{Li}\right]$表示，则传输系数的化学扩散系数 $D$ 包括 $\sigma$ 及化学电容 $C$(即 $\partial C_{Li}/\partial\mu_{Li}$)。尽管实际情况可能会更

复杂(存在相界、保护层等)，但这是需要考虑的三种主要传输模式。

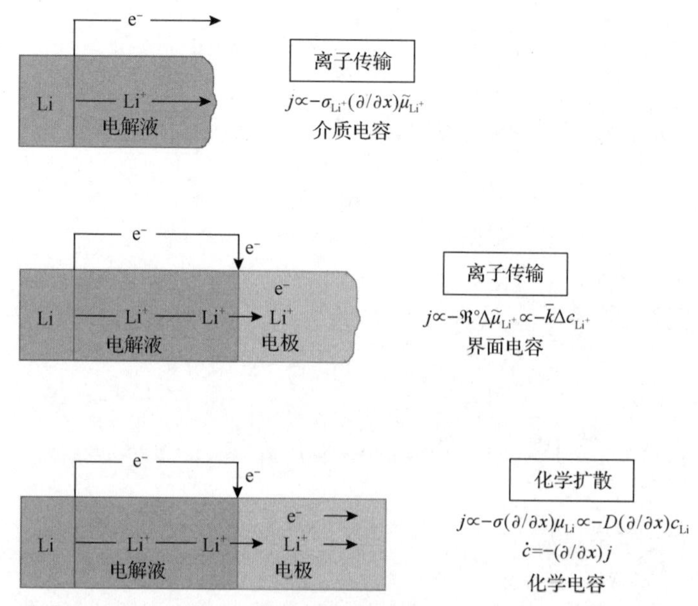


图 5.7 三种锂离子电池中的决定性锂离子传输机理步骤

$\Re$ 反应速率

“纳米化”的意义是什么？首先，可以通过几何效应增加流动性(更准确地说是减小空间阻力)。当$\partial x$出现在局部流量表达式的分母中时，$j \propto L^{-1}$ ($L$ 为样品的厚度)。关于储存时间($\tau_{eq}$)：由于$\dot{c} \propto -(\partial/\partial x)j$，所以$\tau_{eq} \propto L^2$ 值得注意的是，对于$D = 10^{-10}\text{cm}^2/\text{s}$的材料，当 $L$ 从 1mm 减少到 100nm 时，所需时间从 2 年减少到 1/2s！由于传输系数取决于载流子浓度和动力学参数(如迁移率或速率常数)，后者基本上由结构决定，因此缺陷浓度的变化至关重要(考虑稳定结构的 $L$ 依赖性)。

在一系列的参考文献中已经阐明了尺寸效应对运输和储存的影响[7-11]，本节只总结一些应用于锂离子电池中的要点。

在本节以下内容中，主要的参量是电荷载体的电化学势。在平衡状态下，它决定了载体的浓度，而在接近平衡的情况下，也决定了流量。电荷载体的电化学势包含两类：构型贡献和局域贡献。构型贡献是大量统计排列可能性和理想情况下的玻尔兹曼类型的结果[在非理想情况下，一旦位点(离子)或量子态(电子)的数量接近耗尽，就需要校正，如费米-狄拉克校正等]。在图 5.8 中局部贡献不仅起“能级”的作用，还包括电势项和适当的修正项(如相互作用)，图中基值($\mu^{\circ}$)是在不受电影响下，形成孤立缺陷的虚拟自由能。

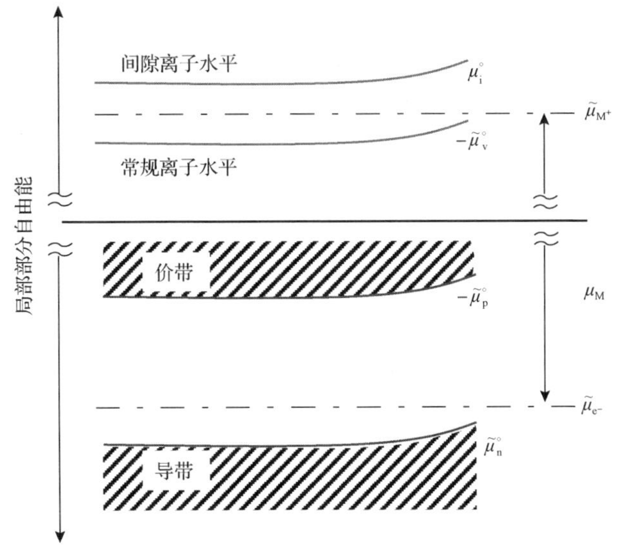


图 5.8　混合导体的接触热力学

$\tilde{\mu}_i^\circ$ 代表间隙处离子化学势；$\tilde{\mu}_v^\circ$ 代表空穴处离子化学势；$\tilde{\mu}_p^\circ$ 代表空穴化学势；$\tilde{\mu}_n^\circ$ 代表导带电子化学势

最重要的是界面电荷对电场的影响。将一个界面引入到含有电荷载体的块体(如含盐溶液或存在点缺陷的固体)中时，对称性就会被破坏，并且对阴、阳离子的亲和力不同，导致极显著的浓度变化。这些仅限于界面的紧邻区域(参见图 5.8 中的水平弯曲)。然而，在纳米系统中界面区的体积占总体积的几十分之一，这种效应可能是巨大的。研究表明，固态系统中的异质性可以将绝缘体转变为导体，电子导体转变为离子导体，间隙型导体转变为空位型导体等[12,13]。例如，卤化物的非均相掺杂(图 5.9)，如果将纳米多孔氧化铝用作第二相，则可导致 3 或 4 个数量级的导电性增强[8, 14-16]。当空间电荷区以极小的间距重叠时，可能在样品的任何地方都带电，实现介观现象[17]。例如，$CaF_2/BaF_2$[18]异质结结构或 $SrTiO_3$[19]纳米晶陶瓷，前者是在堆积层重叠，后者是在耗尽区重叠。

同时也会发生异常存储。当考虑 $\alpha$ 和 $\beta$ 的两相复合物，其中 $\alpha$ 相可以存储 $A^+$，但不能存储 $B^-$，而 $\beta$ 相则相反。这两个相都不能单独存储 AB，但复合物可以存储[9, 20-21]，图 5.9 给出的示例中：$A^+=Li^+$、$B^-=e^-$。

对 $\mu$ 的基值(即 $\mu^\circ$)的影响如下[13,22]：①对缺陷或电子云周围的微扰区的尺寸效应；②长程弹性效应及曲率效应导致 $\mu^\circ$的位置依赖性；③边角效应导致表面张力($\gamma$)具有尺寸依赖性。本节只关注重要的曲率效应。如果一个固体符合平衡形态(Wulff 形态)要求的弯曲形状(平均半径的倒数 $r^{-1}>0$)，平衡状态的特点是晶面 i($\gamma_i/r_i=\langle\gamma/r\rangle=\langle\gamma\rangle/\langle r\rangle$)的 $\gamma_i/r_i$ 是常数，则添加一个组分不仅会导致体积的增加，而且会增加表面积。对化学势的额外影响由 $2\langle\gamma/r\rangle v$ 得

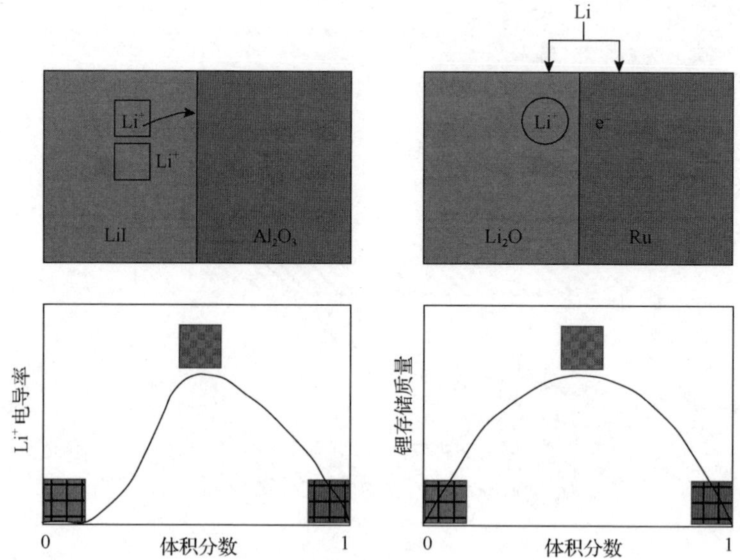


图 5.9　复合材料中导电性和存储的协同行为

两相系统中存在电导率和存储异常，电导率曲线不对称性来自渗透效应

到，其中 $v$ 为各自的偏摩尔体积，因此

$$\mu^{\circ}(r)=\mu^{\circ}(r=\infty)+2\langle\gamma/r\rangle v \tag{5.40}$$

附加项也可以认为是内压增加的结果（$\delta\mu/\delta p=v$）。增加的内压对复合物（$\mu_{\mathrm{MX}}^{\circ}$，$v=V_{\mathrm{MX}}$）、各构成组分（如 $\mu_{\mathrm{M}}^{\circ}$、$v_{\mathrm{M}}$）、离子（如 $\mu_{\mathrm{M}^{+}}^{\circ}$，$v_{\mathrm{M}^{+}}$）以及缺陷（如 $\mu_{V}^{\circ}$，$v_{V}$）产生影响[22]。根据式(5.40)可得以下结论：①复合物 MX[23]的熔点降低；②组分 M 或 X 的分压增加；③两种不同曲面材料界面处的部分电荷发生转移，以及在以下类型电池中具有非零电动势：

M(纳米)|$M^{+}$ - 导体|M (微米) 或 MX (纳米), … | $M^{+}$ - 导体 | MX (微米), …

关于该类电池电动势的变化和稳定性，特别是与电解液接触时的加速生长，更详细的研究可以参阅文献[24]～[26]。此外，尺寸效应由异常分布和相互作用现象引起，详尽叙述可参阅文献[13]。

下面以锂离子电池为例，介绍尺寸效应对电解液的影响。除了从界面到体心的结构跃迁外（$\delta\mu^{\circ}(x)=0$，$x=s$ 除外），如果忽略曲率效应（$\delta\langle\gamma/r\rangle=0$）以及材料内部的结构变化，那么主要的接触效应来自电荷载体的再分配。由于这些影响在导电性方面是最重要的，因此直接关系到优化电解液。Maekawa 课题组[16]通过利用介孔 $Al_2O_3$(图 5.10)异质掺杂使 LiI 在室温下获得显著的电导率，可达到 $10^{-3}$S/cm 左右。根据异质掺杂模型[12]，可以解释 $Li^{+}$吸附产生空位的影响，该显著的影响仅源于巨大的界面区域。

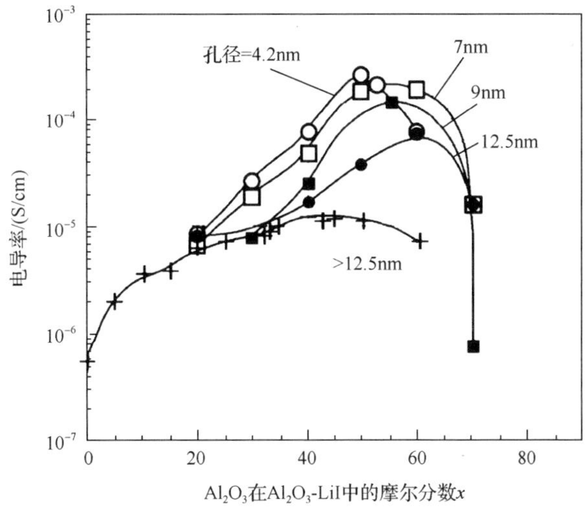


图 5.10　氧化铝与介孔氧化铝非均相掺杂碘化锂[16]

近年来，异质掺杂电解液方面得到了很多研究。有机溶剂的选择需要考虑是否能溶解锂盐 $Li^+X^-$(图 5.11)。通常情况下，溶剂的介电常数比水小得多，可分解成移动的自由载流子的离子对比较少。如果加入 $SiO_2$(注意，$SiO_2$ 优先吸附阴离子，与 $Al_2O_3$ 不同)，阴离子将被吸附而释放 $Li^+$。其他参数如比表面积、温度、介电常数(因不同溶剂而异)、表面活性(因不同的第二相而异)、盐浓度和特性的依赖性也得到了研究。底线以下的最终态与全氟磺酸(阴离子与框架以共价键结合)或粒子水合物相似(在表面水层存在质子导电)，细节可见参考文献[27]。

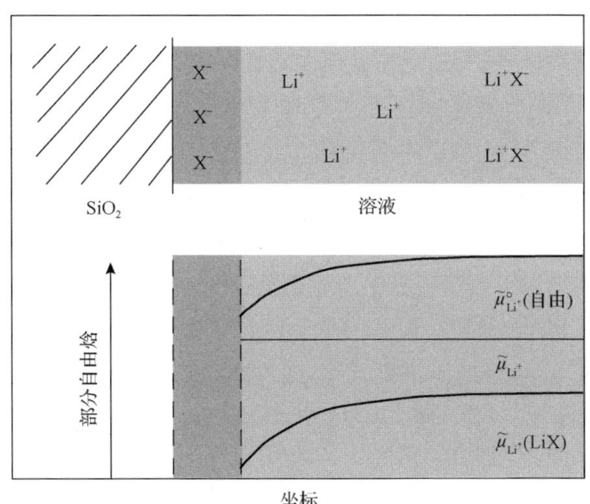


图 5.11　阴离子在氧化物表面吸附对电荷载流子浓度及能量的影响示意图

$\tilde{\mu}^{\circ}$：标准电化学势，$\tilde{\mu}$：电化学势

由于软质材料具有黏性和可塑性，因此除了导电性外电解质的机械性能也得到了提高。实验表明，使用“soggy sand”型(固液复合物)电解质可以省略隔膜并且提高电池的安全性。

为研究对电极的影响，假设粒子内部处在平衡状态，那么化学热力学将会得到简化。然而对于大颗粒，化学反应的平衡条件为：$\sum v_j \cdot \tilde{\mu}_j = 0$ (在反应项 $j$ 中，化学计量系数为 $v_j$)，由此得到电化学质量作用定律：$\prod_j \hat{c}_j^{v_j} = K æ$，其中，$K$ 为常规的质量作用定律；$æ$ 为电势效应。考虑到化学计量系数为 $v_j$ 的反应项 $j$ 的曲率效应，质量作用定律可修正为

$$\prod_j \hat{c}_j^{v_j} = K' æ \tag{5.41}$$

式中

$$K' = K \exp\left[ -\frac{\sum_j v_j (2\gamma_j / r_j) v_j}{R_0 T} \right] \tag{5.42}$$

如果考虑简单的局部反应($æ$=0)，其中只研究一个纳米相，例如

$$\text{M(微米)} + \cdots \rightleftharpoons \text{M(纳米)} + \cdots \tag{5.43}$$

与两侧都含有M(微米)的情况相比，电动势的改变可以由 $\langle 2\gamma/r \rangle V_M$ 得到。鉴于 $\gamma$、$r$、$V_M$ 的经验值，可以预测 100mV 或更低的电池电动势变化(值得注意的是，如果纳米材料是非晶态的，则会产生额外的贡献[28])。在简单的 M(纳米)|$M^+$(电极)|M(纳米)类型电池中，M 粒子在电解液中的接触张力起决定作用。

$M^+$在金属粒子内部或粒子间缓慢传输是晶粒相互接触的 M 粒子纳米晶阵列动力学稳定性的原因。一旦这种阵列的粒子与 $M^+$接触，就会出现一种特殊情况。$M^+$可以在电解液中穿梭，即使它们不直接接触，只要它们是电化学连接的，粒子 M 就可以迅速生长[26, 29]。合金或化合物 MX 的粒子即使在锂含量快速平衡的情况下，如果 X 是固定的，仍可能表现为亚稳态。然而，如果合金组相(或阴离子)可以在界面上交换，并且离子在电解液中流动，则晶粒也会长大。

由式(5.40)也可以得到，不同曲率(即不同粒径)或不同表面自由能的晶粒在平衡状态下具有不同的 Li 含量($\mu_{Li}$)，即尺寸分布会改变 Li 含量[9]。式(5.40)的另一个结果是影响放电曲线的斜率：充电或放电期间 $\gamma$ 或 $r$ 的变化引起 $\mu_{Li}$ 改变，因此即使宏观情况下状态稳定，电池电压也会发生变化。在这种情况下，预期平缓的曲线会发生倾斜。但是，通常情况下极化效应会主导实际的充放电曲线。

Poizot 课题组关于锂离子电池中转换反应的论文揭示了纳米尺度上微米相与纳米相间传输行为的巨大差异[30,31]。这里指的是，电极材料通过完全还原至金属(甚至合金)获得的容量，远远高于通过可逆插层获得的。微小的扩散长度使纳米复合材料表现出准流体的特性，至少部分发生逆反应，即从 $Li_2O$/金属复合材料中脱出锂再次形成初始的氧化物。此外，氟化物、氮化物和硫化物也可以发生类似反应[32-34]。$RuO_2$ 中良好的电子导电性、锂离子导电性、氧离子和/或金属离子传导，使其具有近 100%的脱锂性[35]。而对于 $IrO_2$，不具有类似良好的锂离子导电性，在首次循环中只能脱出 2/3 的 Li[36]。

这些纳米复合材料的另一个相关特征是低电势下的赝电容行为[9, 21]。虽然 $Li_2O$ 和 Ru 不会明显溶解 Li，但核磁共振结果证明复合材料可以像 $Li_2O$ 一样溶解 $Li^+$[35]。核磁共振结果也排除了来自 SEI 膜的形成或在 SEI 膜中的 $Li^+$储存(在 SEI 中储存大量的锂会使其成为混合导电型)。此外，详细的密度泛函理论(DFT)计算表明[20]：锂在界面或接近界面处被电离，而电子转移到金属，这在热力学条件下是可行的。令人惊讶的是，锂也可能在自由界面处储存，而电子被转移到氧化物的导带。这说明对小颗粒或纳米复合材料进行化学计量修订的重要性。

通过计算这种储能材料的比容量可以发现，如果空间电荷层重叠，通过这些界面机理可以达到接近均匀极限的值。在这种介观情况下，这种机理形成了静电电容器和电池电极之间的桥梁。图 5.12 显示了锂离子电池的基本存储机理：均匀引入(插层/嵌入)、新相形成和界面存储(异质存储)[9]。

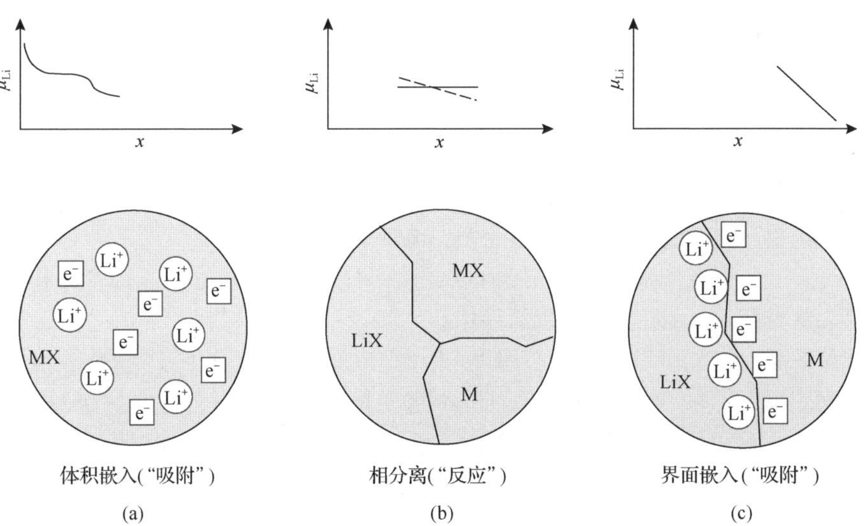


图 5.12　Li 在 MX 中存储的不同阶段

(a) 嵌入块体；(b) 转化反应；(c) 界面电荷机理

关于传质过程，图 5.13 展现了锂离子在导电材料中传输的四种模式：①锂离子在电解液中传输伴随着外电路中的电子流；②锂离子流伴随着晶体中的电子流；③锂离子流伴随着第二相的电子流；④沿晶界的电子流。只有②～④与所示材料内的大容量存储相关。

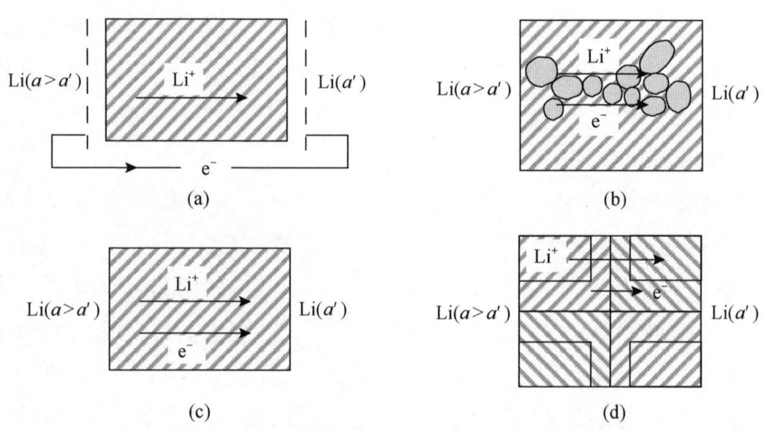


图 5.13　锂离子在导电材料中的各种传输方式

$a$ 代表左侧 $Li^+$的活度；$a'$代表右侧 $Li^+$的活度

对于以电子导电为主的材料，必须考虑类似的机理。如果材料兼具较差的锂离子导电性和电子导电性，则建议采用引入混合导电网络。例如，对 $SnS_2$ 作为锂离子电池电极材料的研究中引入碳材料[37]。首先利用等离子体制备 Sn 半填充碳纳米管，后期利用气相法硫化制备 $SnS_2$ 半填充碳纳米管($SnS_2$@CNT)纳米颗粒，纳米颗粒外层的碳纳米管可以提供良好的电子通道，这种情况下的锂离子及电子传输机理如图 5.13 所示。由于通道之间的间距仅为几纳米，所以尽管扩散系数较低，但锂离子在 $SnS_2$ 中的储存平衡时间可忽略不计。

为了提高电化学器件性能，研究相关材料的方法包括：首先是针对上面陈述的几何参数，对材料进行纳米化，可以减小整体阻抗和扩散时间，即使不影响局部扩散参数，但是对整体的性能具有显著影响；此外，制备新型化合物和复合结构，改变材料的迁移率($\mu$)和载流子浓度($c$)。由于块体材料并非所有组分都达到热力学平衡，因此可以通过调节温度($T$)、压力、各组分分压($P$)及凝固点等参数达到改变材料扩散参数的目的。通过不可逆地引入杂质进行均相掺杂(掺杂含量$C$)，该方式可以高效地提高材料的性能。不可逆地引入大尺寸缺陷(特别是界面)也是一种非常有效的手段，被称为异质掺杂。

如果材料的界面密度足够大，完全由界面控制，甚至显示出介观性质，则会展现其整体强度。因此，界面性质及界面间距都非常重要，而且会产生显著的影响。在不太高的温度下，界面效应引起的性能增强尤为显著，因此纳米离子学领域对锂离子电池领域具有强大的推动潜力。

锂离子电池放电和充电时的化学反应只发生在电极上，通常不涉及电解液。锂离子分别在负极/电解液和正极/电解液界面发生氧化还原反应后，锂在电极体中的扩散驱动力是锂在这些材料中的化学势梯度。这种梯度源于电活性锂的浓度变化，但考虑到电极材料中所有成分的化学势之间存在 Duhem-Margules 关系：

$$\sum N_n \mathrm{d}\mu_n = 0 \tag{5.44}$$

式中，$N_n$ 为组分 $n$ 的浓度或化学计量比；$\mu_n$ 为组分 $n$ 的化学势。尽管锂的浓度有所变化，但其他组分可能主要在电极中移动，这可能导致系统中三个或更多组分的局部成分远离平衡状态。这导致了热力学上不可预期的“动力学路径”[38,39]。除离子外，还必须考虑电子，因为与电活性组分有关的任何成分变化都必定伴随着电子浓度的变化。

电极中离子和电子的所有传输过程都是由化学成分的梯度引起的。作为驱动力，必须主要考虑活度梯度(菲克定律)和静电势梯度(欧姆定律)。主要的电场可能不是建立在导电电极上，而是在内部由扩散引起的电荷载体位移产生的。为了保持电中性，锂离子的增强或迟缓同时要求其他载流子运动。由于两个电极都是混合的电子-离子导体，所以主要将电子(或空穴)和一种离子(通常是锂离子)视为移动的；两者可以互相补偿彼此的电荷位移。其他导电物质在电极的初始平衡阶段不起作用，但是在长期过程中会非常重要。电子产生的内部电场可以大大增强两个主要的电荷载体的移动，而移动速度慢的载体决定整体传输速率。

与均匀样品中的随机扩散性相比，在活度梯度影响下的扩散行为增强。如果电子浓度比移动的电子缺陷数量小，则电子的迁移率远高于电子缺陷的迁移率[40]。如图 5.14 所示，在电子和离子的浓度梯度影响下，电极中电子常常比离子移动得快，造成局部电荷分离而生成内部电场，在该电场中可以加速移动较慢的粒子，减慢移动较快的粒子，以保持局部电荷中性，因此，最终以电子和离子相同的速度一起移动。

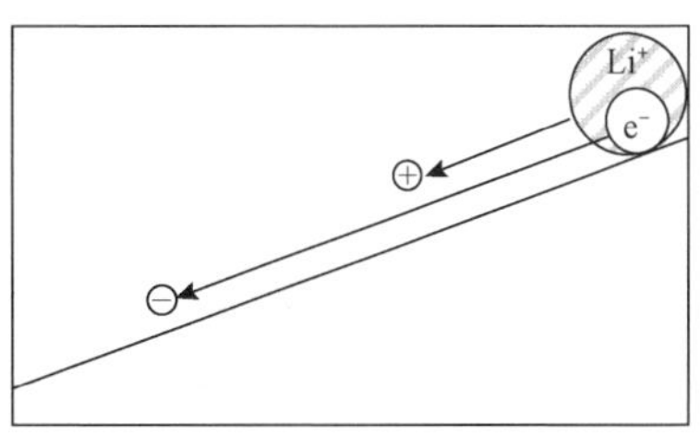

图 5.14　快速电子移动产生的内部高电场促进锂离子的扩散示意图

示意图(图 5.14)中的偏离代表实际情况中离子和电子之间的微小位移(“极化”)。但是，由于外部电压的存在，作用于电子和离子之间的电场无法测量。

如果电子的浓度很高，那么大量电子微小的位移就足以破坏任何可能存在的内部电场，从而不会加速离子的运动。换句话说，高电子浓度将保护任何电场不受离子的影响。因此，金属导体不是理想的电极材料，因为它不会形成内部强电场，也不会增强锂离子的扩散。半导体是主要的电子导体，满足电子电荷载体(比大多数金属更好)的高迁移率要求，同时具有较低的电子浓度，因此是较理想的电极材料，通过形成高的内部电场来获得高的化学扩散系数。与金属相比，半导体电极间具有更大的欧姆电阻，但远远小于电解质中的电阻，而且考虑到更好的动力学，该缺点是可以接受的。

完整的电池器件所应用的电极材料主要是二元或准二元系统，或者金属锂电极，通常发生的是固态化学反应。典型的二元或准二元系统，如二元 Li-Al、Li-Si、Li-C 负极，Li-Sb 和 Li-Bi 系统，以及作为正极的 $TiS_2$、$Li_xCoO_2$ 和 $Li_xNiO_2$ 层状化合物，其中后两种化合物在电化学反应储锂过程中会形成新的相，除锂以外的两种组分(即 Co∶O 和 Ni∶O)的比值不会改变，因此这两种元素可以视为热力学单一组分。

电池放电或充电时的电极化学反应可能产生多相混合物，其中除锂以外的其他组分在微观尺度上从第一相的一个晶粒到第二相的另一个晶粒发生局部重排。在低温下，这个过程通常不会达到热力学平衡，具有形成其他相的趋势。该过程可能会生成阻碍动力学的化合物，而影响进一步的电化学反应。

为了说明电活性组分以外的移动组分的运动路径和作用，下面以 $CuGeO_3$ 的还原为例进行分析。由于动力学成分的偏差，无法达到热力学平衡，而根据杜安-马居尔方程(Duhem-Margules equation)，在样品的每个位置上，所有组分的化学势都是相互关联的。对于三元化合物 $A_xB_yX_z$：

$$x\mathrm{d}\mu_{\mathrm{A}} + y\mathrm{d}\mu_{\mathrm{B}} + z\mathrm{d}\mu_{\mathrm{X}} = 0 \tag{5.45}$$

其中一种组分的化学势降低会使所有其他组分的化学势之和增加。在电解液和阴极之间的界面处，A(如锂)化学势的增加将从电极内部到界面产生组分 B 和组分 X 的驱动力，该过程将改变所有组分的浓度比。例如采用固体氧化物离子电解质对 $CuGeO_3$ 进行还原和再氧化的过程中，降低初始 $CuGeO_3$ 的氧活度将形成两种二元氧化物 $GeO_2$ 和 $Cu_2O$，Cu 和 Ge 会发生宏观移动(图 5.15)。随着氧分压的降低，在样品内部扩散的 Cu 活度不断增加，使表面仅剩 $GeO_2$。由于界面决定了电势，因此可以得到 Ge 和 $GeO_2$ 系统的平衡氧活度。在界面处的 $GeO_2$ 生成动力学决定了进一步还原反应的速率，而化学扩散系数低于铜化合物，因此还原过程非常缓慢。当样品最终完全还原并达到平衡时，Cu-Ge 的氧化将导致界面处的 Cu 含量降低，而 Cu 扩散到电极表面决定进一步氧化的动力学。与 $GeO_2$ 相比，CuO 具有更高的化学扩散系数，反应速率更快。电极的整体组成遵循热力学，但是局部存在极大的偏差。还原反应遵循二元分支 Ge-O，氧化反应遵循二元分支 Cu-O，样品内部的成分遵循相反的方向。如图 5.16 所示，在连续电流作用下，形成的电压平台对应反应过程中的三相平衡[38,39]。

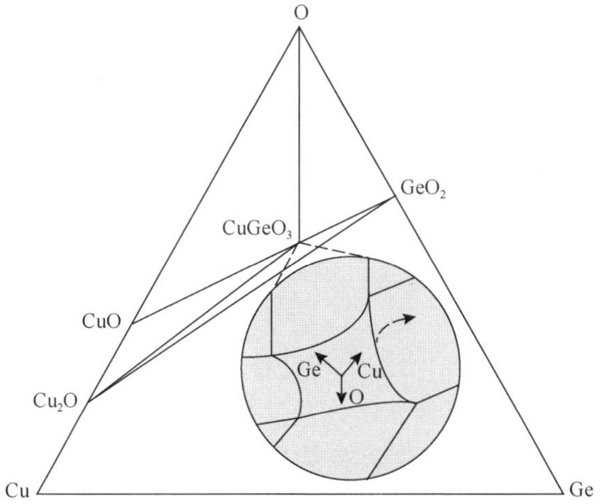


图 5.15　三元系统 Cu-Ge-$O_2$ 的相图及热力学还原路径

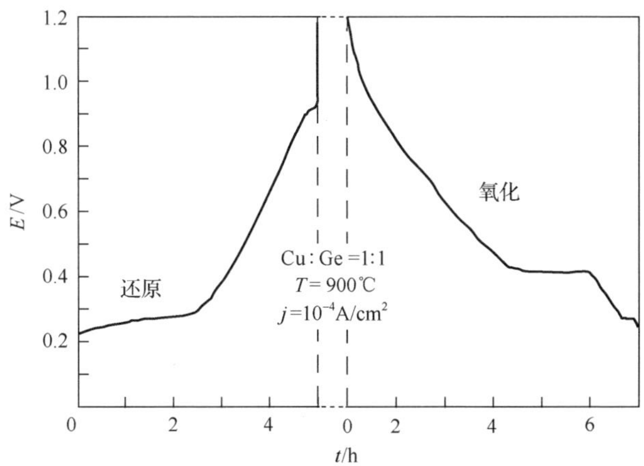


图 5.16　三元 $CuGeO_3$ 系统的还原与氧化动力学路径

造成电极界面成分不同的另一个原因是组分和杂质的分离。这种成分的变化可能对锂离子电池放电和充电过程的动力学有重要影响。此外，对于 $Cu_2O$，非化学计量完全取决于表面与体积比。这导致了空间电荷区缺陷浓度的大幅度变化，进而导致不同的动力学行为，对于半导体锂离子电池电极材料也有类似的影响。

## 5.3　正 极 材 料

正极材料(或称为阴极材料)是离子电池的一个关键组成部分。这种材料在确定电池能量/功率密度和循环寿命方面起着至关重要的作用。目前，高性能正极材料的发展是离子电池领域最重要的发展方向之一。目前，锂离子电池的正极材料主要有三种类型：橄榄石材料、尖晶石材料和层状材料，已经得到了广泛应用，特别是在新能源汽车中。钠离子电池的正极材料主要包括过渡金属氧化物材料、聚阴离子型材料等，是钠离子电池新型正极材料开发和探索的研究热点。

本节将主要基于锂离子电池和钠离子电池正极材料，分为过渡金属氧化物材料和聚阴离子型材料两部分进行讨论。

### 5.3.1　过渡金属氧化物正极材料

#### 1. 过渡金属氧化物正极材料的结构特性及储能机理

1) 层状 $LiCoO_2$/$LiNiO_2$ 锂离子电池正极材料

$LiCoO_2$ 锂离子电池正极材料的平均比容量相对较低，为 140～155mA·h/g，因为只有约 0.5 个 Li/Co 可以可逆循环，而不会因 $LiCoO_2$ 结构的相位变化造成严重的电池容量损失[41]。如图 5.17 所示，$LiCoO_2$ 具有 $\alpha$-$NaFeO_2$ 二维层状结构（空间群 $R\overline{3}m$），氧原子排列在一个立方体密排阵列中，摩尔质量为 97.87g/mol，理论比容量为 273.8mA·h/g，晶胞体积为 96.32Å$^3$，晶胞内原子数为 3。根据理论

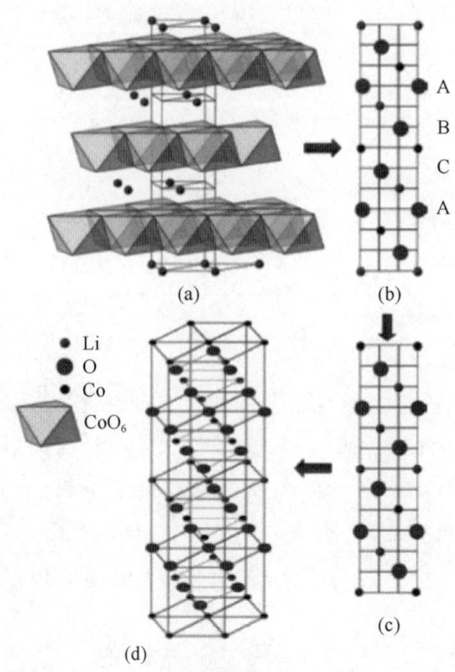


图 5.17　(a) $LiMO_2$ 的结构示意图（M=Co 或 Ni）；(b) $LiMO_2$ 结构构建的堆叠示意图，包括以…(ABCABC)…方式排列的氧层，也称为 O3 阵列；(c) 沿 (b) 中 $c$ 轴平移的示意图；(d) 有序岩盐 $LiMO_2$ 结构的六方晶胞

示意图 5.17(b) 和 (c) 中的原子投影在一个平面上

密度计算公式可知，$LiCoO_2$ 的理论密度约为 $5.06g/cm^3$，相比于 $LiNiO_2$、$LiNi_{0.5}Mn_{1.5}O_4$、$LiFePO_4$ 等材料，$LiCoO_2$ 具有最高的理论密度值，因此其在实际应用中的振实密度和压实密度在现有材料中都表现得十分突出，其体积能量密度至今无其他材料能够超越。

层状过渡金属氧化物材料 $LiCoO_2$ 的 $Li^+$ 与 $Co^{3+}$ 交替排布在 $O^{2-}$ 构成的骨架中，在不发生脱嵌锂的情况下，晶体结构内部维持着正、负离子交替排列的规律，材料结构稳定。但当充电开始时，会出现以下反应过程：①首先正极材料开始脱锂，脱锂位置必定从材料的表面开始；②$Li^+$ 脱出后 Li 层的 O 原子间失去阳离子阻隔产生排斥，表面结构变得不稳定；③$Li^+$ 持续脱出，表面处晶格氧活性提高到一定程度发生气体溢出；④气体溢出后，表面的 Co 原子稳定性变差，发生溶解；⑤高价 Co 元素也会氧化电解液，直接参与化学反应融入电解液。以上为材料表面层的“剥离”过程。随着充放电的进行，这种剥离过程会不断地进行导致材料性能变差。需要说明的是，在剥离过程中，Co 与 O 元素的溶出是一个同时进行的过程，并不存在严格意义上的先有 Co 溶出还是先有 $O_2$ 的产生。

电池充电电压越高，脱锂量越大，就会造成表面 $O^{2-}$ 与 Co 元素的活性越高。除了充电电压外，电池的循环温度也会对这一过程产生影响。电池在 45℃下循环比在 25℃下循环的衰减更加明显，过渡金属溶出现象也更加剧烈，这一现象在尖晶石 $LiMnO_2$ 材料中表现最为明显，在 $LiCoO_2$ 中也不例外[42-44]。

2) 层状 $LiNi_xCo_yMn_zO_2$ 锂离子电池正极材料

利用 Ni 和 Mn 取代 $LiCoO_2$ 上的 Co 位点可以合成 $LiNi_xCo_yMn_zO_2$(NMC) 材料。这种新型的层状正极材料引起了广泛的关注，并在锂离子电池领域得到了迅速的应用。关注的原因是 Ni、Mn 和 Co 在这种材料中的结合，与传统的层状结构 $LiCoO_2$ 和橄榄石结构 $LiFePO_4$ 正极材料相比，具有更高的容量、更低的成本和更好的热稳定性等优点。

三元正极材料 $LiNi_xCo_yMn_zO_2$ 中的三种金属离子对电化学性能有着不同的影响，Ni 作为电子供体，Co 维持层状结构的有序性，Mn 可以保持良好的化学稳定性。一般认为，增加 Ni 含量会增加初始放电容量，但在循环过程中会导致严重的容量衰减；增加 Co 含量可降低循环过程中的容量损失，但会导致材料成本显著增加，容量降低；增加 Mn 含量可以提高热稳定性，但 Mn 的掺杂大大降低了 $LiNi_xCo_yMn_zO_2$ 材料的放电容量。根据 Ni 和/或 Li 的含量，可将层状 $LiNi_xCo_yMn_zO_2$ 正极材料分为三类：①传统的三元层状材料 $LiNi_xCo_yMn_zO_2$（其中 $x \leqslant 0.5$，$x+y+z=1$），其中包括 $LiNi_{1/3}Co_{1/3}Mn_{1/3}O_2$、$LiNi_{0.4}Co_{0.2}Mn_{0.4}O_2$ 和 $LiNi_{0.5}Co_{0.2}Mn_{0.3}O_2$；②富锂层状正极材料；③富镍层状正极材料，其中包括 $LiNi_{0.6}Co_{0.2}Mn_{0.2}O_2$、$LiNi_{0.75}Co_{0.15}Mn_{0.1}O_2$ 和 $LiNi_{0.8}Co_{0.15}Mn_{0.05}O_2$[45-49]。

3）尖晶石型 $LiMn_2O_4$ 锂离子电池正极材料

尖晶石型锰酸锂属于不同的结构类别（图 5.18），与先前讨论的层状 $LiMO_2$ 材料（M=Co、Ni 和/或 Mn）不同。尖晶石型锰酸锂的分子式，通常表示为 $LiMn_2O_4$，其原子比为 1∶2∶4（Li∶Mn∶O）。高充电（脱锂）状态下的稳定性、成本效益和低毒性是 $LiMn_2O_4$ 最具吸引力的特性，这里"稳定"一词指的是脱锂过程中尖晶石材料不会释放氧气，这与层状材料形成鲜明的对比，层状材料在过充时更不稳定。尖晶石型 $LiMn_2O_4$ 的稳定性源于其结构中存在比层状 $LiMO_2$ 材料更强的 Mn—O 键。当 $LiMn_2O_4$ 释放近似能量密度时，其适度的比容量部分由高放电中值电压（4.05V *vs.* $Li^+$/Li）作为补偿。正极的近似能量密度（单位 W·h/kg）等于最大比容量（单位 A·h/kg）乘以正极的中值电压。

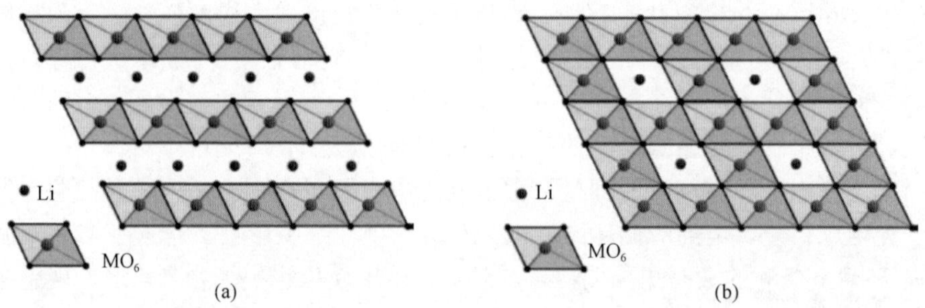


图 5.18 层状 $LiMO_2$（M=Co、Ni 和/或 Mn）(a) 和尖晶石型 $LiMn_2O_4$ (b) 的结构

尖晶石型 $LiMn_2O_4$ 正极材料的初始研发阶段受限于其循环寿命问题，尤其是在高温条件（≥55℃）下。$LiMn_2O_4$ 的容量衰减主要由以下两个因素影响：①$Mn^{2+}$ 在含有 $LiPF_6$ 的有机电解质溶液中的缓慢溶解；②$Li_xMn_2O_4$（$x$≥1）中 $Mn^{3+}$ 的普遍存在，导致过渡放电状态下的姜-泰勒（Jahn-Teller）畸变。随着主结构中 $Mn^{3+}$ 浓度的增加，在分子水平上发生的 Jahn-Teller 畸变的次数增加，导致尖晶石晶体结构由立方晶系到正方晶系畸变，并在反复循环时对正极结构完整性造成损害，容量随时间逐渐衰减。谨慎选择电压范围，避免 $Li_xMn_2O_4$ 正极过度放电，可以显著缓解容量衰减。尖晶石型 $LiMn_2O_4$ 电池的循环寿命损失主要是 $LiPF_6$ 水解产生的 HF 导致 $Mn^{2+}$ 在电解液中的溶解。该属性类似于 $LiCoO_2$ 正极材料在含 $LiPF_6$ 的电解质中的溶解，但 $Co^{4+}$ 的存在有助于 $LiCoO_2$ 的溶解过程，而在 $Li_xMn_2O_4$（$x$≥1）中，最易溶解的 $Mn^{2+}$ 源于 $Mn^{3+}$（$2Mn^{3+} \longrightarrow Mn^{2+} + Mn^{4+}$）的不均衡反应，这在过放电正极材料中较为常见[50]。

4）隧道型过渡金属氧化物钠离子电池正极材料

当过渡金属氧化物 $Na_xMO_2$ 中钠含量较低（$x$＜0.5，如 $Na_{0.44}MnO_2$ 等）时，以三维隧道结构为主。隧道型过渡金属氧化物具有独特的 S 形和五角形隧道

(图 5.19)。隧道结晶为正交结构，其中所有 $M^{4+}$和一半 $M^{3+}$占据八面体位置($MO_6$)，而其他 $M^{3+}$位于方形金字塔位置($MO_5$)。边缘共享的 $MO_5$ 单元通过顶点连接到一个三重链和两个双八面体链上，形成大的 S 形隧道(半圆形)和小的隧道(圆形)。隧道型过渡金属氧化物具有稳定的结构，为 $Na^+$提供了主要在 $c$ 轴方向上的快速扩散路径。

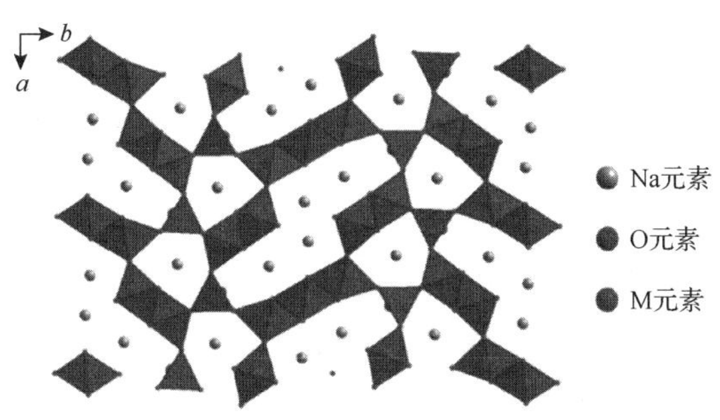


图 5.19　隧道型过渡金属氧化物的晶体结构示意图

$Na_{0.44}MnO_2$ 是一种典型的隧道型储钠材料，它属于正交晶系，空间群为 *Pbam*，主要由 $MnO_5$ 四棱锥和 $MnO_6$ 八面体构成 S 形和五角形的隧道，三种不同位点的 Na 处于隧道中(图 5.19)。大量的实验研究表明 $Na_{0.44}MnO_2$ 具有可逆的电化学储钠性能，理论比容量为 121mA·h/g，在 2.0～3.8V 电压范围内充放电过程存在 6 个两相反应区间，但是该隧道型正极材料可逆容量及循环性能较差。Kim 课题组[51]通过 DFT 方法研究了 $Na_{0.44}MnO_2$ 的结构和电化学特性，发现在脱钠产物 $Na_{0.22}MnO_2$ 结构中，S 形的隧道仍然存在部分 $Na^+$，同时一些中间相和两相反应也被验证。

总体来说，隧道型过渡金属氧化物由于存在 $MnO_6$ 八面体的相互支撑，$Na^+$ 在嵌入脱出过程中，材料结构仍然能够保持相对稳定，这大大提高了材料的循环稳定性。然而，这种材料初始钠含量过低，造成可逆容量较低。因此，提高材料钠含量，并保持稳定的隧道结构是这类材料的发展方向。

5) 层状过渡金属氧化物钠离子电池正极材料

当过渡金属氧化物中钠含量较高($x>0.5$)时，一般以层状结构为主，主要由 $MeO_6$ 八面体组成共边的片层堆垛而成，$Na^+$位于层间，形成 $MeO_2$ 层/Na 交替排布的层状结构(图 5.20)。根据 $Na^+$的配位类型和 O 的堆垛方式不同，可以将层状过渡金属氧化物分为不同的结构，主要包括 O3、P3、O2 和 P2 四种结构(图 5.20)[52]。其中，大写字母代表 $Na^+$所处的配位多面体(O：八面体；P：三棱柱)，数字代表 O 的最少重复单元的堆垛层数。由于充放电过程中时常发生晶胞的畸变或扭曲，这时需要在配位多面体类型上面加角分符号(′)。

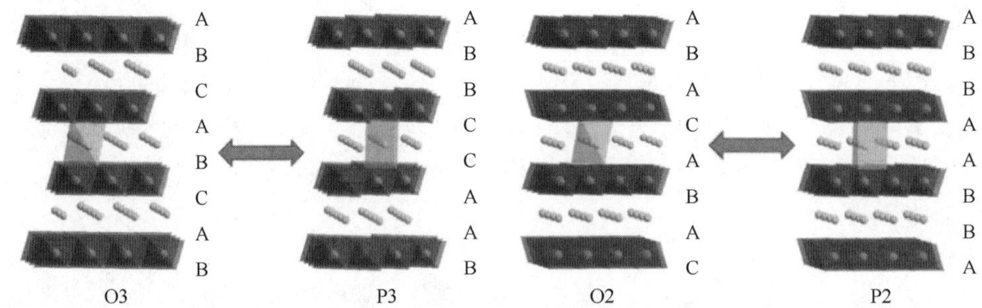


图 5.20　层状 O3、P3、O2、P2 相过渡金属氧化物的晶体结构示意图

氧化物的电化学性能由相结构的特点所决定，而相结构又与原始态的钠含量、层的稳定性、钠原子周围的环境等因素相关。同时，在电化学过程中 $Na^+$的迁移势必会造成氧层的滑移，常常伴随着一系列相变的发生，如 O3-P3 或 O2-P2 的相转变(图 5.20)。这些相转变一方面存在能垒，影响离子在体相的扩散；另一方面复合的相变过程存在较大的结构变化，造成循环过程结构的瓦解，影响循环性能。通常对于 O3 结构的氧化物($NaMeO_2$)来说，由于其具有更多的嵌钠位点，因此具有较高的容量。而 P2 相结构($Na_{0.67}MeO_2$)具有更大的层间距，使得 $Na^+$扩散较为容易，可以从一个三棱柱空位迁移到邻近的一个三棱柱空位，表现出更高的离子电导率。因此，在储钠层状氧化物材料的研究中，主要工作集中于材料体相元素掺杂或取代，以此来减弱相转变，提高材料的结构稳定性。

2. 过渡金属氧化物正极材料的瓶颈问题及优化研究

1) 层状过渡金属氧化物锂离子电池正极材料

由于只有约 0.5Li/Co 参与可逆反应，因此层状 $LiCoO_2$ 正极材料的平均比容量相对较低，为 140～155mA·h/g，但是不会因结构的相位变化造成严重的容量损失[41]。$LiCoO_2$ 正极材料与有机碳酸盐电解质发生表面相互作用导致容量损失，而表面涂层，如磷酸盐[53,54]或表面和/或晶格掺杂(如 Al、Mg 或 Ti)可提高正极材料在高温(≥50℃)下的循环寿命和容量衰减。通过将电解液中的 $Co^{4+}$与痕量 HF($H_2O$ 与 $LiPF_6$ 相互作用产生)的反应性降至最低，解释了 $LiCoO_2$ 正极表面涂层相关的保护机理。去除 HF 的来源也可以减少 $LiCoO_2$ 的容量损失，用二草酸硼酸锂(LiBOB)代替 $LiPF_6$ 或者加热到 550℃完全干燥 $LiCoO_2$，比容量可以提高至 180mA·h/g。

与结构特性间接相关的是锂离子在 $LiCoO_2$ 中的扩散系数，为 $5\times10^{-9}cm^2/s$。这种高扩散率保证了 $LiCoO_2$ 正极材料在高达 $4mA/cm^2$ 电流密度下的循环性能。然而，$LiCoO_2$ 的电导率随着锂化程度的不同而急剧变化，从 25℃时的 2～4 个数量级升高到较低温度时的 6 个数量级。由于 $LiCoO_2$ 的电导率随着锂化程度变化而变化，以及实际容量较低和相对较高的 Co 成本，因此需要开发其他层状结构的正极材料，如 $LiNi_{0.8}Co_{0.2}O_2$ 和 $LiNi_{0.8}Co_{0.15}Al_{0.05}O_2$ 等。

在高性能正极材料的发展过程中，层状结构的三元正极材料 $LiNi_xCo_yMn_zO_2$ 由于其毒性低、容量大、能量密度高等特点，比层状结构 $LiCoO_2$ 等材料受到更广泛的关注。但是该三元材料较低的电子传导率限制了它们的倍率和循环性能，以及结构不稳定导致电池电阻增大、容量衰减，甚至热失控。上述问题可能是由于锂离子与镍离子的混合、电导率相对较低、在循环过程中层状结构不稳定，这与材料的物理化学性质(如结构、形态、粒度分布、比表面积和振实密度)密切相关，而合成方法对材料的物理化学性质有很大的影响[46, 47, 49, 55, 56]。目前解决这些问题的方法可分为三类：①微量异质金属元素掺杂；②表面金属氧化物和金属氟化物包覆；③选择不同的原料并优化制备方法[45-47, 49, 55-57]。

(1) 掺杂。掺杂是通过保持 $LiNi_xCo_yMn_zO_2$ 正极材料的结构和热稳定性来提高性能的最简单和最有效的方法之一。例如，在层状 $LiNi_xCo_yMn_zO_2$ 正极材料中引入少量其他金属元素，如 Na[58]、Al[59]等。研究人员还试图通过添加高导电材料增强活性粒子和导电粒子之间的连通性来提高电极的导电性[60-62]。通过掺杂提高正极材料稳定性的机理与以下因素密切相关：①将电化学非活性元素引入主结构中；②防止从层状结构到岩盐状结构的相变；③通过掺杂剂促进 $Li^+$ 的输运[58-60, 62-64]。

另一种掺杂是阴离子掺杂，是提高锂离子电池正极材料电化学性能最常用的方法之一。氟是一种常用的掺杂剂，部分取代氧的氟掺杂通过阻止层状到尖晶石状的相转变稳定了放电电压平台。

(2) 表面包覆。用一些金属氧化物和金属氟化物进行表面包覆可以解决层状结构三元 $LiNi_xCo_yMn_zO_2$ 正极材料的问题。理想的包覆层可以充当物理保护屏障避免活性正极材料与电解质的直接接触，从而抑制过渡金属溶解、氧损失、相变和安全问题[56,65]。离子/电子导电性和结构/热稳定性可通过选择包覆材料调控，三种包覆合成路线分别为核壳结构包覆、超薄薄膜包覆和粗糙包覆。它们的一般制备方法、优点和缺点见表 5.1。

**表 5.1 核壳结构、超薄薄膜和粗糙包覆的总结与比较[65-75]**

| 类型 | 方法 | 优点 | 缺点 |
|---|---|---|---|
| 核壳结构包覆 | 两步法、共沉淀法 | 核：高容量，壳：高稳定性 | 厚度大、制备复杂、结构错配、机械应力大、有裂纹 |
| 超薄薄膜包覆 | 原子层、沉积(ALD)法、CVD 法 | 均匀、连续、纳米尺寸、厚度可调、精准调控 | 资源限制、电导率降低 |
| 粗糙包覆 | 共沉淀法、水热法、溶剂热法、喷雾干燥法、溶胶-凝胶法、球磨法 | 制备简单、可产业化 | 不连续、不均匀 |

(3) 原料选择和方法优化。采用不同的原料和优化制备方法可以改善 $LiNi_xCo_yMn_zO_2$ 正极材料的性能，其中共沉淀法是应用最广泛的一种，而合成条件

(pH、沉淀剂浓度、氨摩尔数、搅拌速度和反应时间)非常复杂，很难获得形状规则且单一的材料[67, 72, 75-77]。以不同锂源制备的正极材料具有不同的形貌和振实密度，这也直接影响其电化学储锂性能。不同煅烧温度制备的正极材料尺寸各异，因此温度也是决定 $LiNi_xCo_yMn_zO_2$ 正极材料电化学性能的关键因素之一。此外，通过优化制备方法制备不同形貌的正极材料可以提高热力学稳定性和降低表面活性，例如，多级孔道的微/纳电极材料既具有在动力学和容量上的优势，又获得微米级贴合成型的优势。

综上所述，为了提高常规三元层状正极材料 $LiNi_xCo_yMn_zO_2$ 的电化学性能(如倍率性能、循环性能和热稳定性)，掺杂、表面包覆、原料选择和方法优化等解决方案已经取得了显著的进展。然而，由于这些三元材料的本征比容量(150mA · h/g)较低，即使有表面保护也不能提高锂离子电池的能量密度。因此，解决目前对更高能量密度锂离子电池需求的方案之一是开发出比容量更高的新型正极材料。

2) 尖晶石类 $LiMn_2O_4$ 锂离子电池正极材料

作为锂离子电池的正极材料，$LiMn_2O_4$ 不仅价格低廉、可大电流使用、低温放电性能良好，而且环保，但是在高温环境(55℃以上)下循环能力衰退是实际应用的障碍。研究人员提出的 $LiMn_2O_4$ 可能的变质机理为[78-82]：①$Mn^{3+}$在歧化反应($2Mn^{3+} \longrightarrow Mn^{2+} + Mn^{4+}$)中溶解在电解质中；②电解质在高压下热分解；③Jahn-Teller 畸变引起的不可逆结构转变。针对上述衰退问题，类似层状过渡金属氧化物正极材料的掺杂和表面包覆等各种解决方案得到了大量研究。

Ni[83]和 Co[84,85]等过渡金属掺杂可以稳定 $LiMn_2O_4$ 的结构，提高其高温性能。但是，掺杂离子不能参与氧化还原反应，并且会降低容量，因此掺杂量需要控制在一定范围内。金属氧化物如 $TiO_2$[86]和 $V_2O_5$[87]用作表面包覆材料，可以减小电化学活性表面积并防止正极材料和电解质之间的副反应。但是，金属氧化物会阻碍 $Li^+$的脱嵌。因此，在不影响 $Li^+$在电极与电解质间转移的前提下，必须开发一种理想的包覆层来提高 $LiMn_2O_4$ 电极的界面稳定性。

此外，利用动力学分析研究如何抑制 $LiMn_2O_4$ 的衰变及优化其性能具有重要意义。导致锂离子电池慢充的许多动力学限制来自 $Li^+$在组成电极的微米粉末中的缓慢固态扩散。如果电极由纳米粉末制备，可以缩短扩散路径、减少充电时间。如图 5.21 所示，研究了四种晶体尺寸分别为 10nm、20nm、40nm 和 70nm 的纳米多孔 $LiMn_2O_4$ 粉末的充放电动力学[88]。晶粒较小的粉末具有较低的容量，但充放电速度更快，循环寿命更长，并且具有较高的基于动力学的电容贡献。而 $Li^+$嵌入较大的晶粒中引起的相变受到抑制，导致电容特性大幅度下降，呈现与小晶粒相反的趋势。

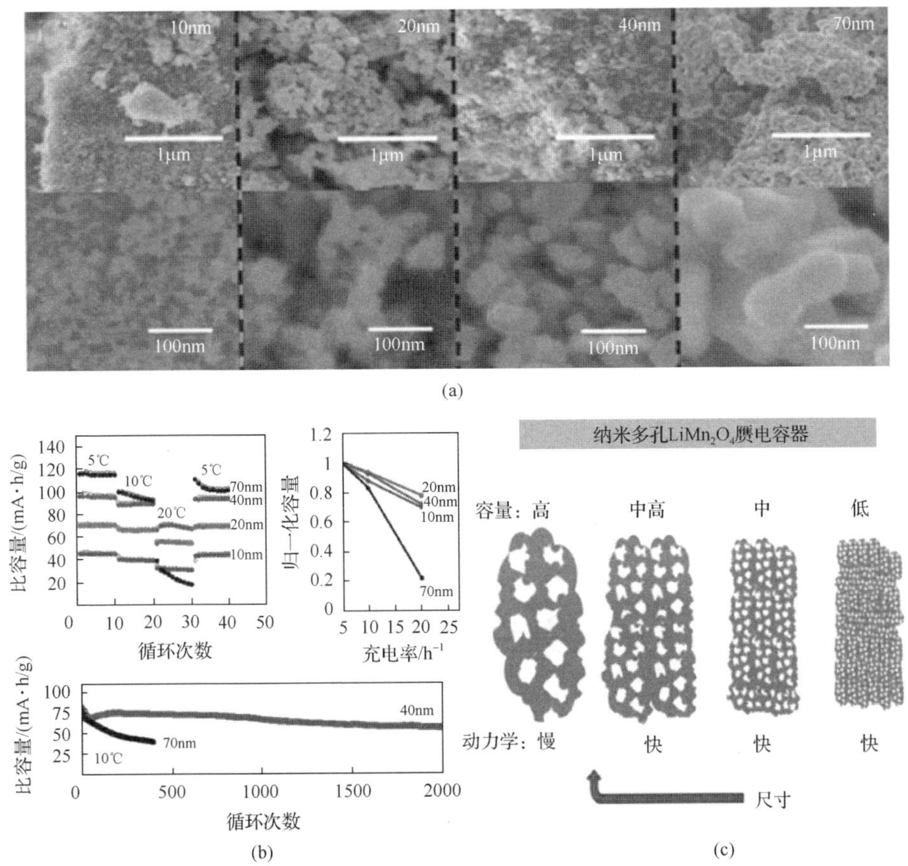


图 5.21　利用纳米尺度控制赝电容型纳米多孔 $LiMn_2O_4$ 粉体的电荷储存动力学

(a) 不同平均晶粒尺寸的纳米多孔 $LiMn_2O_4$ 粉末的 SEM 图；(b) 分别在 5℃、10℃和 20℃下对四种尺寸的纳米多孔 $LiMn_2O_4$ 粉体(作为浆料电极)进行恒流容量测试；(c) 粒径对动力学和容量影响的机理图

3) 过渡金属氧化物钠离子电池正极材料

与锂离子电池相似，过渡金属氧化物钠离子电池正极材料的电化学性能由相结构的特点所决定，因此，在储钠过渡金属氧化物材料的研究中，主要工作集中于材料体相元素掺杂或取代，以此来减弱相转变，提高材料的结构稳定性。而三维隧道结构的氧化物(如 $Na_{0.44}MnO_2$ 等)，具有独特的 S 形和五角形隧道，结构稳定，在空气中可以稳定存在，充放电过程中性能稳定，但是这种材料初始充电容量较低。

阳离子取代活性金属可以增强结构稳定性，是提高过渡金属氧化物循环性能的有效途径。可用于取代的非活性金属主要有 $Mg^{2+}$、$Ti^{4+}$和 $Ca^{2+}$。由于 Ti 取代的显著作用，Ti 基层状氧化物被广泛设计为高稳定性的钠离子电池正极材料，如 $Na(Ti_{0.5}Ni_{0.5})O_2$、$Na_{0.8}(Ni_{0.3}Co_{0.2}Ti_{0.5})O_2$、$Na_{0.8}(Ni_{0.4}Ti_{0.6})O_2$ 和 $Na_{0.6}(Cr_{0.6}Ti_{0.4})O_2$[89-92]。其中，充放电电压范围为 2.0～4.7V 时，$Na(Ti_{0.5}Ni_{0.5})O_2$ 的容量保持率为 93.2%(100 个周期)。

制备分层形貌(如分层柱状结构)有利于反应动力学，是提高过渡金属氧化物电化学性能的另一种有效方法。分层柱状 $Na(Ni_{0.60}Co_{0.05}Mn_{0.35})O_2$[图 5.22(a)和(b)]的电化学性能优于块体 $Na(Ni_{0.60}Co_{0.05}Mn_{0.35})O_2$[93]。如图 5.22(c)～(e)所示，分层柱状 $Na(Ni_{0.60}Co_{0.05}Mn_{0.35})O_2$ 在 15mA/g 电流密度下的初始比容量为 157mA·h/g，100 次循环后保持在 125.7mA·h/g。当与硬碳阳极结合形成全电池时，电池在 1.5～2.9V 的电压范围内工作良好，300 次循环后容量保持率为 80%。

简言之，单一金属氧化物 $Na_xMO_2$(M=Co、Mn、Fe、Cr、Ni 等)由于其化学和物理性质的不同，表现出不同的电化学行为和充/放电性能。然而，它们通常会表现出较差的循环性能，尤其是在追求高容量的情况下。在多种金属离子协同作用的基础上，形成多种金属氧化物可以提高材料的实用性能和循环寿命。

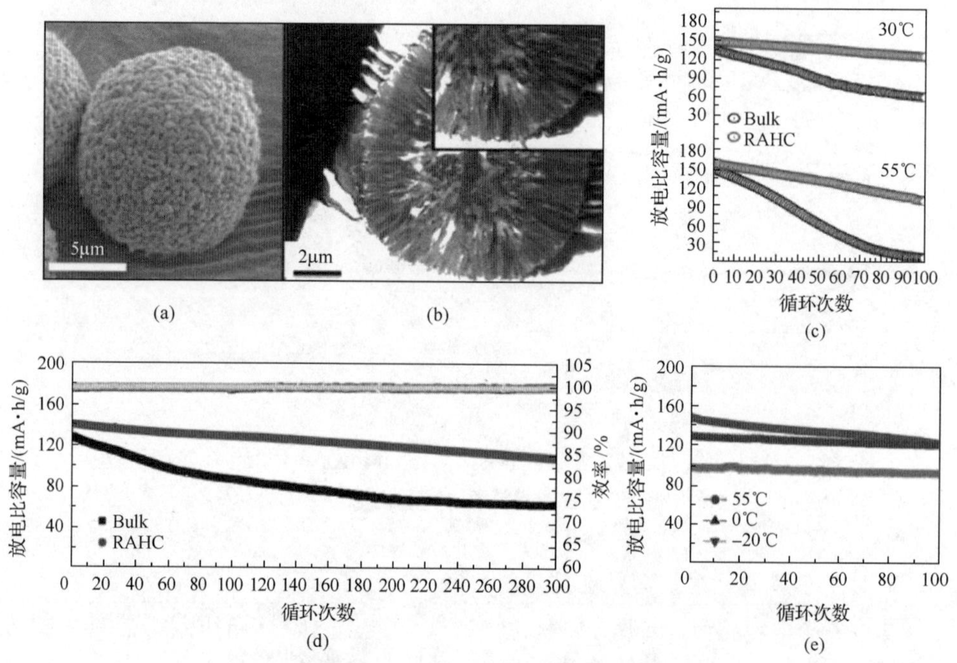


图 5.22　分层柱状 $Na(Ni_{0.60}Co_{0.05}Mn_{0.35})O_2$ 的微观形貌及电化学性能

(a) SEM 图；(b) 横截面 TEM 图；(c) 半电池的循环性能；(d) 全电池的循环性能；(e) 全电池在不同温度下的循环性能

Bulk 代表块体材料

### 5.3.2　聚阴离子型正极材料

#### 1. 聚阴离子型正极材料的结构特性及储能机理

1) 橄榄石型 $LiFePO_4$ 锂离子电池正极材料

$LiFePO_4$ 自从被 Padhi 等提出后[94]，随着学者的不断研究，它在下一代正极材料中应用前景很广。与传统的正极材料 $LiCoO_2$、$LiNiO_2$ 和 $LiMn_2O_4$ 相比，$LiFePO_4$ 有很多优势，如较高的理论比容量(170mA·h/g)，适中的操作电压，$Fe^{3+}/Fe^{2+}$的对锂氧化还原电势在 3.4V 处；与普通的有机和高聚物电解质相匹配，能量密度相对于 $Li^+/Li$ 为 580W·h/kg，热力学稳定，可逆性优良。

图 5.23 为 $LiFePO_4$ 的晶体结构，由小的 $PO_4$ 四面体和 $FeO_6$ 八面体组成。橄榄石相的 $LiFePO_4$ 有正斜结构单元($D_{16}^{2h-}$ 空间群 *Pmnb*)[94]，能够同时容纳四个单元的 $LiFePO_4$，与 $O^{2-}$组成六面体的闭合排列。$Fe^{2+}$再由四面连接的可选基本面组成了弯曲的八面体面。$Li^+$占据八面体位，在结构上形成了最基本的轨道，与角落上分布的 $FeO_6$ 八面体平行。由于存在强的共价键形成的 $PO_4^{3-}$单元，$LiFePO_4$ 比 $LiCoO_2$、$LiNiO_2$ 和 $LiMn_2O_4$ 更稳定。基于三维网络结构，$LiFePO_4$ 在较高温度下表现出热力学稳定性，并且在苛刻条件下安全系数高，这些优势大大增加了 $LiFePO_4$ 的吸引性；其中 Ptet-O-Feoct 的连接结构使得 $Fe^{3+}/Fe^{2+}$氧化还原能量在对锂电势 3.4V 处产生了电压平台[95]。优异的循环性能是因为 $LiFePO_4$ 和 $FePO_4$ 是异质核结构，在结构单元参数上有一点区别：在 $LiFePO_4$ 脱锂时体积瞬间就减小 6.81%，密度增大 2.59%。空的中间位为 $Li^+$迁移提供了更大的空间，并且电化学实验证明 $Li^+$能够可逆地从中间位嵌入和脱出[96]。

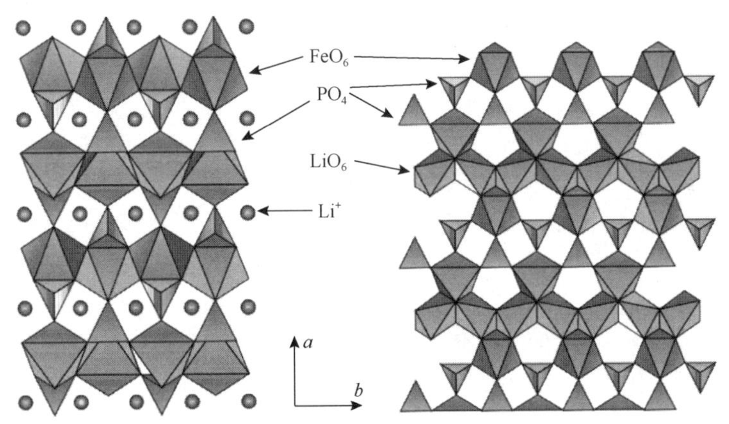


图 5.23　$LiFePO_4$ 的晶体结构示意图

2) 橄榄石型 $NaFePO_4$ 钠离子电池正极材料

橄榄石型 $NaFePO_4$ 具有与 $LiFePO_4$ 相似的晶体结构，金属原子(Na 和 Fe)分布在八面体一半的位置，P 在六方密排的氧阵列的八分之一四面体位置[94]。在橄榄石相中，边共享的 Na 八面体在交替的 *a-c* 平面中形成平行于 *c* 轴的线形链，每个 Na 八面体与两个 Fe 八面体、两个 P 四面体共享边。橄榄石型 $NaFePO_4$ 基于 $Fe^{3+}/Fe^{2+}$ 对的单电子反应提供 154mA·h/g 的理论比容量，电压平台为 2.9V(*vs.* $Na^+/Na$)。由于 $NaFePO_4$ 和 $FePO_4$ 之间的晶胞不匹配，出现了不可逆的充放电过程[97,98]。

2. 聚阴离子型正极材料的瓶颈问题及优化研究

$LiFePO_4$ 的电子电导率和离子扩散系数较低，分别为 $10^{-9}$S/cm 和 $10^{-10}$～$10^{-15}$cm$^2$/s，作为正极材料应用于锂离子电池表现出较差的倍率性能。除此之外，$LiFePO_4$ 的能量密度也不高。因此，现阶段对该材料的研究主要集中在提高能量密度和倍率性能方面。为提高其电化学性能，需要解决低电子和离子电导率的问题。改善材料导电性能的方法主要有包覆和掺杂两种。包覆法是在 $LiFePO_4$ 材料表面通过物理或化学方法包覆一层电子导体，以改善其电子传输性能。碳包覆一方面可增加粒子与粒子之间的导电能力，另一方面可抑制合成过程中颗粒的融合与长大，减小最终产物的粒径，同时还可起到还原剂的作用，避免 $Fe^{3+}$的生成，这就实现了从多方面改善 $LiFePO_4$ 类材料充放电性能的要求。离子掺杂是在 $LiFePO_4$ 晶格中掺入高价离子，能很大程度上提高 $LiFePO_4$ 的电化学性能。控制体相缺陷和缩短传输路径可以解决离子电导率低的问题。$Li^+$在橄榄石材料体相中主要沿着(010)方向一维扩散，扩散通道很容易被杂质堵塞或缺陷打断，导致 $LiFePO_4$ 材料实际扩散系数降低，所以通过设计材料结构和降低缺陷浓度可以改善 $Li^+$扩散速率并提高电化学性能。颗粒纳米化可以缩短 $Li^+$的迁移路径，减少颗粒内部的传输时间，提高倍率性能。此时，$LiFePO_4$ 电池倍率性能的决速步不再是 $Li^+$在颗粒内部的脱嵌，而是 $Li^+$或者电子在界面的传输速率。

界面包覆导电层，如导电子与导离子介质包覆、离子导体包覆、惰性介质包覆等，不仅可以提高导电性，还可以改善活性材料粒子的分散性和热稳定性，提高粒子的表面活性，隔离电解质溶液和正极材料以避免相互作用，促进材料的物理、化学和机械性能。碳包覆层的物理特征对于最终的电化学性能有很大的影响，如碳层的含量和碳层厚度、碳层的石墨化程度、碳的形态和分布、碳表面积和多孔性及碳前驱体的种类等[99-104]。

元素掺杂是提高 $LiFePO_4$ 倍率性能的重要途径，考虑到橄榄石结构的一维离子传输特性，离子掺杂很有可能在提高电子电导率的同时降低体系的离子电导率，因此在掺杂过程中一定要兼顾离子和电子的输运特性。掺杂通常分为四类，分别是金属铁位掺杂、金属锂位掺杂、铁锂位共掺杂及非金属掺杂。关于金属锂位掺杂，麻省理工学院(MIT)的 Chiang 课题组[105]在 $LiFePO_4$ 晶格中掺入高价离子，形成具有阳离子缺陷的 $Li_{1-x}M_xFePO_4$($M=Mg^{2+}$、$Al^{3+}$、$Ti^{4+}$、$Nb^{5+}$、$W^{6+}$等)，使其电导率提高 8 个数量级左右，达到 $10^{-2}$S/cm，极大地提高了 $LiFePO_4$ 的电化学性能。上述过程提高电子电导率的重要原因是 Li 或 Fe 的缺陷出现了 Fe 的混合价，形成了 p 型半导体。

纳米化是解决 $Li^+$在 $LiFePO_4$ 中传输问题的有效手段。计算及实验已证明 $LiFePO_4$ 的主要传输路径是沿着(010)方向一维传输[106,107]，其本征扩散系数为 $10^{-12}$～$10^{-8}$cm$^2$/s。根据菲克扩散定律，纳米化可缩短 $Li^+$传输路径从而提高传输效率，在纳米颗粒 30nm 距离中传输时间小于 1s。此外，纳米化可以增加颗粒与电解液的接触面积，提高电化学反应位点，从而提高 $Li^+$进出颗粒的速度；同时也增强与导电颗粒的接触，提高电子输运特性。总之，$LiFePO_4$ 纳米颗粒可以有效提高电池的倍率性能。

$LiFePO_4$ 纳米颗粒的微观传输机理会发生改变。例如，Amin 课题组[108]研究了 150℃条件下 $LiFePO_4$ 的 $Li^+$扩散系数，结果为 $10^{-10}$～$10^{-9}cm^2/s$，从传统的一维传输扩展到了二维和三维。一维 $Li^+$传输模式的缺点是传输过程中 $Li^+$很容易被通道内的缺陷所阻挡，而在二维或者三维传输通道中，$Li^+$可以利用缺陷实现多维传输。当反应位点量足够大时，就容易实现多维离子传输，这时 $LiFePO_4$ 的两相变化成为固溶反应机理，可以提高倍率性能。一般情况下遇到的缺陷类型包括：$Li^+$在 $Fe^{2+}$位、$Fe^{2+}$在 $Li^+$位、$Fe^{2+}$空位等，粒径、反应位点量和容量之间的关系如图 5.24 所示[109]。对颗粒电化学性能影响最大的是 $Fe^{2+}/Li^+$反位缺陷，此时 $Li^+$的传输通道被堵塞，影响到其正常脱嵌，表现出差的倍率性能，当缺陷含量较多时，会导致一部分 $Li^+$失去电化学活性，导致容量下降。

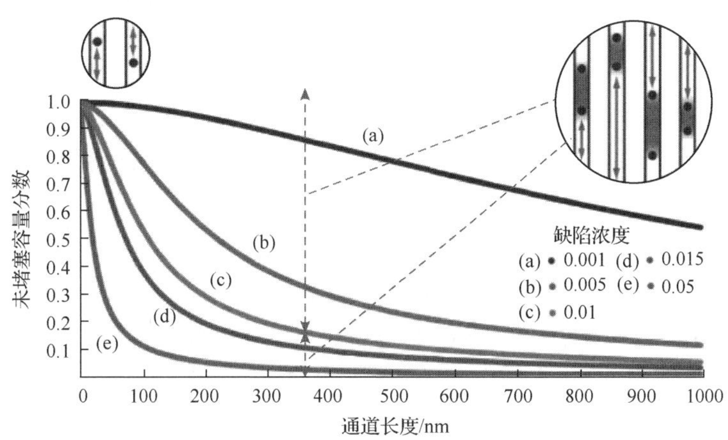


图 5.24　$LiFePO_4$ 颗粒的粒径、反应位点量和容量之间的关系

# 5.4　负极材料

## 5.4.1　嵌入型负极材料

### 1. 嵌入型负极材料的结构特性及储能机理

石墨是碳的一种同素异形体，沿着 $c$ 轴以规则间隔排列的石墨烯平面构成有序的三维结构。平面内和平面间 C—C 键的性质非常不一样，前者为共价键，后者为范德瓦耳斯键，相邻石墨烯的层间距为 0.34nm，因此是一种非常优异的插层材料，特别是脱/嵌锂反应。早在 20 世纪 50 年代就发现了锂在石墨中的化学嵌入，

层间弱范德瓦耳斯力使得带电分子或中性分子可以穿透层间，在 $c$ 轴方向扩张，这种嵌入反应一般逐步进行，两个连续插入层的碳层数 $n$ 称为嵌入反应 $n$ 段。如图 5.25(a)中阶段-3，两个相邻的嵌入锂层之间存在 3 层石墨烯，而阶段-2 和阶段-1 分别是 2 层和 1 层石墨烯。

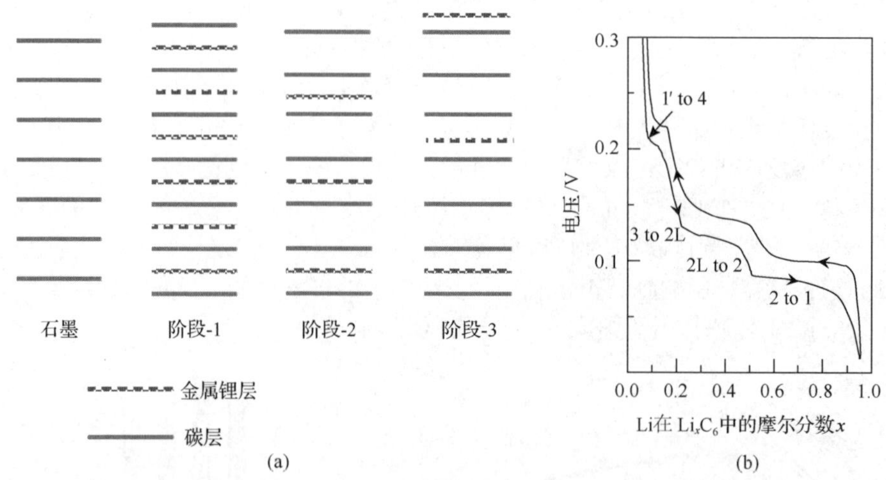


图 5.25 (a)石墨嵌锂阶段的示意图；(b) $C_{graphite}$//Li 电池的恒流曲线

1′ to 4 代表阶段-1′到阶段-4 转变；3 to 2L 代表阶段-3 到阶段-2L 转变；2L to 2 代表阶段-2L 到阶段-2 转变；2 to 1 代表阶段-2 到阶段-1 转变

作为锂离子电池负极材料，石墨的脱/嵌锂反应各个阶段的电化学特征是在恒流曲线上形成了不同的电压平台，如图 5.25(b)所示。锂通过电荷转移嵌入到石墨内形成 $Li_xC_6$ ($x\leqslant1$)，电压范围为 0.1～0.2V (*vs.* $Li^+$/Li)，理论比容量为 372mA · h/g。石墨具有非常高的导电性，在电化学嵌锂过程中可以发生快速的电荷转移，而且 $c$ 轴方向上的范德瓦耳斯力允许轻易的体膨胀促进 $Li^+$在层内的扩散。

石墨材料包括天然石墨、石墨中间相碳微球(MCMBs)、石墨碳纤维等，这些石墨材料作为锂离子电池负极材料具有以下共性：当锂插入石墨碳中时，SEI 膜的形成是一个重要的过程，这种薄膜的质量对电化学性能有明显的影响。SEI 膜形成包括两个步骤[110]：①SEI 膜在电压大于 0.5V (*vs.* $Li^+$/Li)时开始形成；②0.2～0.5V (*vs.* $Li^+$/Li)电压范围内是形成的主要阶段。从 0.2V (*vs.* $Li^+$/Li)开始形成嵌锂阶段化合物。如果 SEI 膜不稳定或不致密，则会发生电解质分解和溶剂共嵌入，导致碳结构恶化。

无定形碳具有更高的储锂容量(≥900mA · h/g)，但是随着循环进行容量衰减严重，并伴随着电压滞后。无定形碳的嵌锂电压从 1.1V 开始，但是并没有明显的电压平台或分段现象。目前已提出很多不定形碳的储锂机理，如 $Li_2$ 分子储锂、多层锂机理、晶格模型储锂、弹性球-弹性网模型储锂、层-边-面模型储锂、纳米石墨模型储锂、C-Li-H 模型储锂、单层石墨烯模型储锂，但是这些储锂机理无法合理地解释电压滞后及容量衰减的原因，因此微孔碳储锂机理越来越得到认可[111]。

无定形碳包含石墨微晶和非晶区域，其中非晶区域存在微孔，$sp^3$ 杂化碳原子和碳链(部分形成石墨烯分子)在微孔周围存在碳自由基等缺陷，微孔被视为“锂存储库”。如图 5.26 所示[112]，$Li^+$首先嵌入石墨微晶，然后嵌入周围的微孔形成锂簇或 $Li_x$ 分子($x \geqslant 2$)，当脱出时 $Li^+$先由石墨微晶，然后再由微孔中的锂簇或 $Li_x$ 分子脱出。由于石墨微晶的存在，无定形碳的嵌锂电势一般在 0V 左右，而且碳自由基等缺陷的存在使锂从微孔中脱出需要一定能量，造成电压滞后。微孔附近存在很多不稳定缺陷，反复的脱/嵌锂行为对其造成破坏而引起无定形碳的储锂容量衰减。

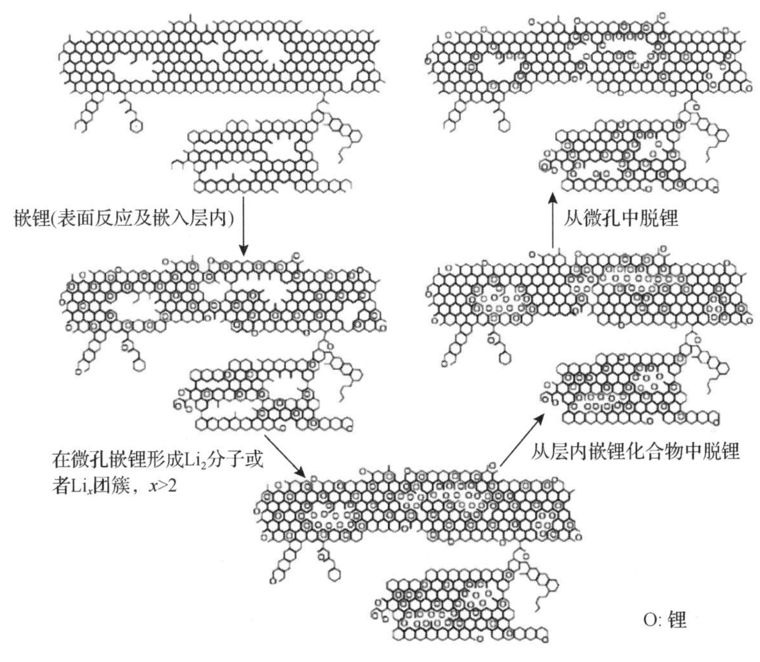


图 5.26　微孔碳储锂机理示意图

钛氧化物包括 $TiO_2$ 及其锂复合氧化物[如锐钛矿类 $Li_{0.5}TiO_2$、尖晶石类 $LiTi_2O_4$、尖晶石类 $Li_4Ti_5O_{12}$(LTO)]。类似于石墨，钛氧化物也是一种嵌入型锂离子电池负极材料，具有良好的可逆性、动力学性能和热力学稳定性，特别是 $Li_4Ti_5O_{12}$。在 1.3～1.9V(*vs.* $Li^+$/Li)电压范围内，Li 嵌入氧化物中影响 $Ti^{4+}/Ti^{3+}$氧化还原对，该电压窗口可以避免金属 Li 沉积造成的安全隐患。在 Li-Ti-O 三元化合物中，初始比容量和可逆容量与 $n_{Li}/n_{Ti}$ 有关，如图 5.27 所示[113]。当 $n_{Li}/n_{Ti}$ 比值为 0.5～0.8 时，初始比容量恒定，可逆比容量随着比值增加而升高；当 $n_{Li}/n_{Ti}$ 比值为 0.8～2.0 时，初始比容量和可逆比容量逐渐降低。

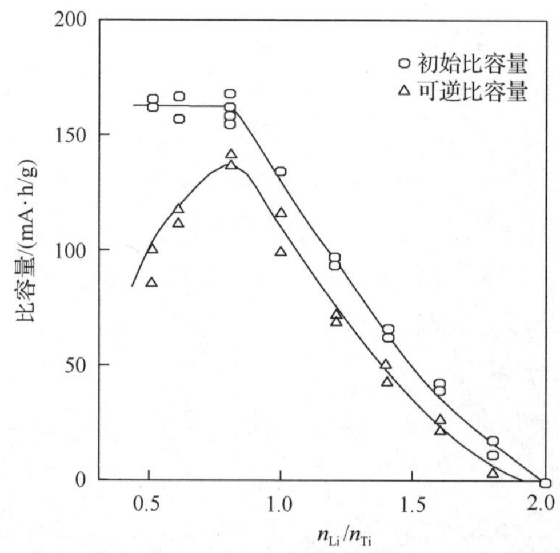


图 5.27 初始比容量和可逆比容量随 Li-Ti-O 三元化合物中 $n_{Li}/n_{Ti}$ 比值的变化

尖晶石类 $Li_4Ti_5O_{12}$ 属于 $Fd\bar{3}m$ 空间群，晶格参数 $a$=0.836nm，$O^{2-}$在 32$e$ 位点形成一个面心立方(FCC)晶格，一部分 Li 在四面体 8$a$ 位点，其他 Li 和 Ti 原子在 16$d$ 位点。当 Li 嵌入时，尖晶石类 $Li_4Ti_5O_{12}$ 可逆地转化为岩盐结构的 $Li_7Ti_5O_{12}$，反应式如下：

$$\underset{8a}{Li}(\underset{16d}{Li_{1/3}Ti_{5/3}})\underset{32e}{O_4} + Li^+ + e^- \rightleftharpoons \underset{16c}{Li_2}(\underset{16d}{Li_{1/3}Ti_{5/3}})\underset{32e}{O_4} \tag{5.46}$$

当外部 Li 原子插入到 $Li_4Ti_5O_{12}$ 的晶格中时，如图 5.28 所示[113]，Li 首先占据 16$c$ 位点。同时，尖晶石类 $Li_4Ti_5O_{12}$ 中在 8$a$ 位点的 Li 也移动到 16$c$ 位点，最终所有 16$a$ 位点都被 Li 占据。因此，可逆容量主要由能容纳 Li 的空隙八面体位点数量决定。嵌锂后出现 $Ti^{3+}$的还原态，还原产物 $Li_2(Li_{1/3}Ti_{5/3})O_4$ 的电子电导率高，

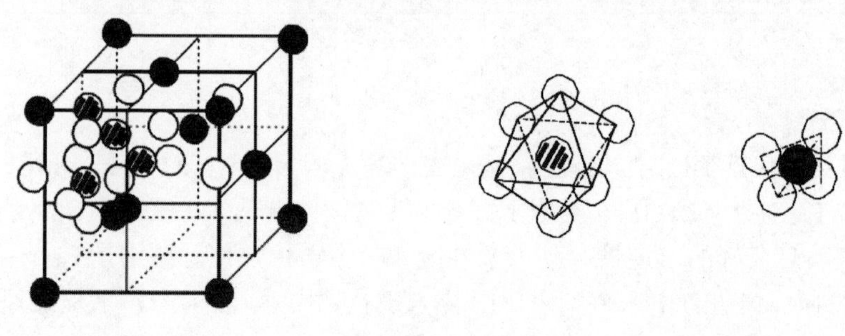


图 5.28 尖晶石类 $Li_4Ti_5O_{12}$ 的晶体结构

约为 $10^{-2}$S/cm。方程式(5.46)中所示的反应是通过两个相的共存进行的，$Li_2(Li_{1/3}Ti_{5/3})O_4$ 的晶格参数 $a$ 变化很小，仅从 0.836nm 增加到 0.837nm，被称为零应变电极材料，因此具有良好的循环稳定性。$Li_2(Li_{1/3}Ti_{5/3})O_4$ 负极材料的充放电曲线非常平缓，平均放电电压平台为 1.56V，理论比容量为 168mA·h/g。

$TiO_2$ 具有开放的晶体结构，$Ti^{4+}$ 具有多变的电子结构，因此 $TiO_2$ 可以接受来自不同离子的电子，并为插层阳离子(如 $Li^+$、$H^+$ 和 $Na^+$)提供空位。为了保持电荷的中性，电子伴随阳离子(如 $Li^+$)进入 $TiO_2$ 晶格。$TiO_2$ 的脱/嵌锂过程可以用式(5.47)表示：

$$TiO_2 + xLi^+ + xe^- \rightleftharpoons Li_xTiO_2 \tag{5.47}$$

式中，$x$ 为嵌锂系数，与 $TiO_2$ 的形貌、微观结构和表面缺陷有关，在嵌锂过程中由立方相转化为正交晶系的 $Li_xTiO_2$。作为锂离子电池负极材料，$TiO_2$ 的理论比容量是 330mA·h/g，具有以下特点：①高嵌锂电势(1.7V)，可以避免锂枝晶的形成；②有机溶剂中的溶解度低；③脱/嵌锂过程中结构变化小，避免充放电过程中严重的体积膨胀问题；④良好的循环寿命及性能。

与锂离子电池不同，石墨碳作为钠离子电池负极材料无法形成阶段-1 石墨嵌钠复合物，可逆比容量只有 12mA·h/g，原因是形成的 $NaC_6$ 或 $NaC_8$ 都是热力学不稳定的。因此，各种非石墨碳已用于钠离子电池负极材料的研究[114-119]。硬碳、无定形碳、缺陷石墨烯和官能化石墨的储能是热力学可行的，而且嵌钠程度与碳材料的结构有关。Stevens 和 Dahn 课题组[120]提出了储钠机理——“纸牌房”(card-house)模式：①$Na^+$在倾斜的电压范围内嵌入石墨烯片中；②$Na^+$在平缓的电压范围内填充纳米石墨域间的孔。但是，目前仍然缺乏对各种碳材料储钠机理的系统研究。

钛的氧化物也可以作为储钠负极材料，如 $TiO_2$、$Li_4Ti_5O_{12}$、Na-Ti-O 化合物。$TiO_2$ 的储钠机理与储锂机理有所不同：在初始放电过程中首先发生赝电容的反应，然后结构发生重组形成无定形状态，最后发生歧化反应生成 $Ti^0$ 和 $O_2$，后期循环过程在 $Na_x(TiO_2)$ 中发生可逆的脱/嵌钠。由于 $Na^+$和 $Li^+$半径不同，尺寸大的 $Na^+$几乎不占据四面体 $8a$ 位点，而是占据八面体 $16c$ 位点，因此 $Li_4Ti_5O_{12}$ 的储钠机理是三相共存反应：$Li_4Ti_5O_{12}$、$LiNa_6Ti_5O_{12}$ 和 $Li_7Ti_5O_{12}$。$Na_2Ti_3O_7$ 在 0.3V 处发生的氧化还原反应可以嵌入 2 个 $Na^+$形成 $Na_4Ti_3O_7$，Na 的配位数由初始的 9 和 7 减小到 6，Na 层的屏蔽效应导致 $c$ 轴参数减小。Na 位点环境的变化是源于 Ti-O 片的移动和 Ti-O 框架的修饰。$Na_2Ti_3O_7$ 还具有极低的储钠电压，根据结构的静电相互作用计算结果得出原因是嵌钠化合物不稳定，$Na_2Ti_3O_7$ 和 $Na_4Ti_3O_7$ 的静电能相差很大。

2. 嵌入型负极材料的瓶颈问题及优化研究

由图 5.25 可知，石墨类碳材料在低于 0.2V 范围的电化学嵌锂是分段过程，在阶段-1 时形成 $LiC_6$，这是嵌锂最高的阶段，此时层间距为 0.37nm，$Li^+$不会紧密分布避免发生强排斥，因此最高的嵌锂比容量为 372mA·h/g。由于没有 $sp^3$ 杂化碳原子石墨中石墨烯分子具有可移动性，因此石墨类碳材料展现出良好的电化学循环性能。

$Li_4Ti_5O_{12}$ 作为锂离子电池负极材料的主要问题是在循环过程中产生气体，伴随着容量损失。产生的气体包含 $H_2$ 和 $CO_2$，源于碳酸溶剂的分解和电解液中的痕量水，发生这些分解反应的原因是 $Li_4Ti_5O_{12}$ 的表面状态，特别是在(111)表面电子结构中存在的孔导致溶剂分子分解释放 $CO_2$。研究表明，与电解液的反应问题可以通过表面无机物包覆得到缓解，如 $AlF_3$ 包覆[121]。此外，$Li_4Ti_5O_{12}$ 的低电导率也是影响其电化学性能的因素，主要的改进方法包括掺杂、包覆和其他制备方法。例如，二价 Mg 取代 $Li^+$进行掺杂可以部分还原 $Ti^{4+}$为 $Ti^{3+}$来平衡电荷，电子电导率显著增加。

三种 $TiO_2$ 同质多形体的容量与形态特征有密切关系，提高电化学性能的方法主要解决以下几点：①提高离子电导率；②提高电子电导率；③降低首次循环中的不可逆容量。粒子纳米化可以缩短离子扩散路径和增加表面积，明显地提高电化学储锂动力学性能而增强电化学性能。掺杂或者与导电组分制备复合物可以有效提高电导率(由 $10^{-12}$S/cm 增加到 $10^{-7}$S/cm)。

嵌入型钠离子电池负极材料的低容量因素及改性方法与锂离子电池相似，不在此复述。

### 5.4.2 合金型负极材料

1. 合金型负极材料的结构特性及储能机理

在锂离子电池循环过程中，许多金属及半金属元素可以与金属锂形成合金，如ⅣA 族(Si、Sn、Ge、Pb)，ⅤA 族(P、As、Sb 和 Bi)及其他金属元素(Al、Au、In、Ga、Zn、Cd、Ag 和 Mg)[122-125]，因此称为合金型负极材料。合金型负极材料可以形成 $Li_{4.4}M$(M=Si、Sn 等)合金，具有特别高的比容量(4200mA·h/g、994mA·h/g)，因此该节主要介绍 Si 基和 Sn 基负极材料的电化学储能机理。

1)Si 基负极材料

晶体 Si 作为锂离子电池负极材料已得到了大量研究，首次锂化会导致显著的不可逆容量损失和大量的粒子粉化。对于晶体 Si 锂化过程中的结构变化和体积膨胀的研究，详细地揭示了晶体 Si 的锂化和非晶化与电化学性能的关系。

晶体 Si 基体的破碎需要很大的活化能：反应前 Si 附近需要高浓度的 Li 原子弱化 Si—Si 键，导致良好的锂化动力学[126,127]，因此晶体 Si 通过两步机理进行电化学锂化，Si 被消耗形成锂化非晶态 Si($Li_xSi$)。反应形成高度锂化的 Si 导致严重的体积膨胀，形成巨大的相变应变梯度。

在高温(415℃)条件下，Li 在 Si 电极中的平衡库仑滴定实验发现了四种中间平衡相[128]，分别为 $Li_{12}Si_7$、$Li_7Si_3$、$Li_{13}Si_4$ 和 $Li_{22}Si_5$，这些化合物的连续形成导致了高温电化学实验中的阶梯式恒流电压曲线，如图 5.29 所示。然而，室温下晶体 Si 电极在锂化过程中的恒流电压曲线显示，在 0.1V 左右出现相对平缓的电压平台，这表明整个锂化过程都存在两相区。室温下金属 Li 与晶体 Si 的合金化过程(图 5.29 中实线)观察到的单电压平台明显低于高温下平衡电压分布(图 5.29 中虚线)。这是因为室温下锂化过程涉及电化学固态非晶化，导致形成亚稳态非晶 $Li_xSi$ 相，而不是平衡的金属间化合物。固态非晶化的发生是因为平衡相的形成受到动力学阻碍，所以形成了非晶态相(其吉布斯自由能比反应物低)。

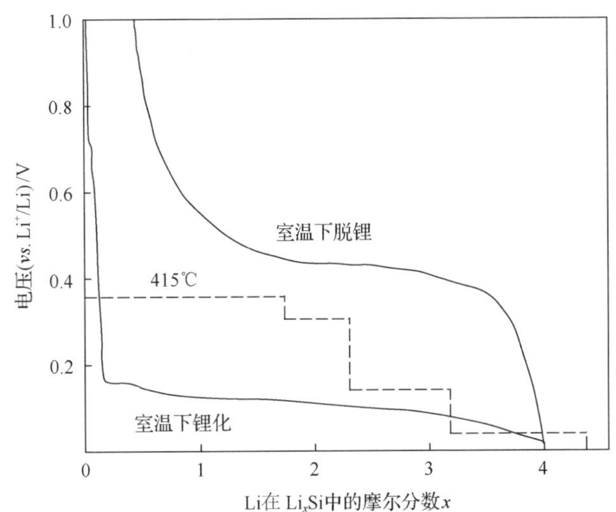


图 5.29　415℃下 Li-Si 系统的库仑滴定曲线(虚线)和室温下 Si 电极的恒流电压曲线(实线)[128]

根据高温(415℃)条件下平衡库仑滴定曲线和相图，$Li_{22}Si_5$ 是 Li-Si 体系中最富锂的相，因此 Si 的锂化最大理论比容量为 4200mA·h/g。然而，研究表明室温下 Si 的锂化最终阶段不是 $Li_{22}Si_5$。Obrovac 和 Christensen[129]利用非原位 XRD 研究了硅锂合金化过程中的结构变化，当电极电势低于 50mV 时，高锂化非晶态 Si 突然晶化形成 $Li_{15}Si_4$，而不是 $Li_{22}Si_5$，$Li_{15}Si_4$ 不是平衡相，而是亚稳态。所有 Si 原子都具有相同晶格位点，而且 12 个 Li 原子相邻的唯一晶体 Li-Si 相是 $Li_{15}Si_4$[130]。第一性原理模拟和实验表明[130,131]，在 $Li_{15}Si_4$ 结晶前的非晶态相中，Si 原子很分散，主要被 Li 原子包围，说明在局部原子环境中，锂化的非晶相和结晶的 $Li_{15}Si_4$ 的相似性可能有利于亚稳态的动力学结晶，而不是形成热力学稳定相。值得注意的是，$Li_{22}Si_5$ 可能在某些特定条件下存在[132,133]。

综上所述，室温下晶体 Si 作为锂离子电池负极材料的储锂过程是分两步反应进行的，电压降至 50mV 以下通常会形成亚稳态的 $Li_{15}Si_4$，总结如下

锂化

$$x\text{-Si} \xrightarrow{\text{Li}} \alpha\text{-Li}_x\text{Si} \xrightarrow{\text{Li}} x\text{-Li}_{15}\text{Si}_4 \tag{5.48}$$

去锂化

$$x\text{-Li}_{15}\text{Si}_4 \xrightarrow{-\text{Li}} \alpha\text{-Li}_z\text{Si} \xrightarrow{-\text{Li}} \alpha\text{-Si} \tag{5.49}$$

式中，$x$ 为晶相；$\alpha$ 为非晶相。

关于 Si 基材料在钠离子电池中的应用也得到了实验及理论研究，由相图可知 Si 完全钠化形成 NaSi，而且理论计算表明晶体 Si 具有非常差的 Na 扩散动力学：在块体 Si 中的扩散活化能大于 1eV[134]，Na 嵌入晶体 Si 中形成的键能是正值，因此晶体 Si 材料很难用作钠离子电池负极材料。

2) Sn 基负极材料

1997 年，富士公司首次将 Sn 基非晶态复合材料作为负极材料推向市场，从此对第ⅣA 和ⅤA 族元素(Ge、Sn、Sb 和 P)进行大量研究，这些元素也存在大量的锂化合金。Sn 可以计算得出 9 种锂化合金，其中锂化最少的是 $Li_2Sn_5$，锂化最多的是 $Li_{22}Sn_5$。原位 TEM 分析提出了金属 Sn 的锂化机理，在 Li 可逆的嵌入/脱出过程中发生了一系列的连续相变，如图 5.30 所示[135]。正方晶系的 Sn($I41/amd$, $a$ = 5.831Å, $c$ = 3.182Å)具有相对开放的晶体结构，可以容纳 Li 嵌入生成 $Li_2Sn_5$，随着锂嵌入的不断进行转化为 $Li_xSn_y$，最终得到最高锂化物 $Li_{22}Sn_5$。

金属 Sn 的可逆电化学储锂机理如下：

$$\text{Sn} + x\text{Li}^+ + x\text{e}^- \rightleftharpoons \text{Li}_x\text{Sn}(x \leqslant 4.4) \tag{5.50}$$

金属 Sn 具有比较低的嵌锂电势[0.3V ($vs.$ $Li^+/Li$)]，单个 Sn 原子最高嵌锂量是 4.4 个，形成 $Li_{4.4}Sn$，因此最高理论比容量为 994mA·h/g，远远高于传统的石墨碳材料。

关于 Sn 基材料在钠离子电池中的应用也得到了实验及理论研究，根据 Na-Sn 相图可知，一个 Sn 原子最多与 3.75 个 Na 原子形成合金相 $Na_{15}Sn_4$。利用 DFT 计算从理论上检验了 Sn 作为钠离子电池负极材料的可行性，在平均电压约为 0.2V

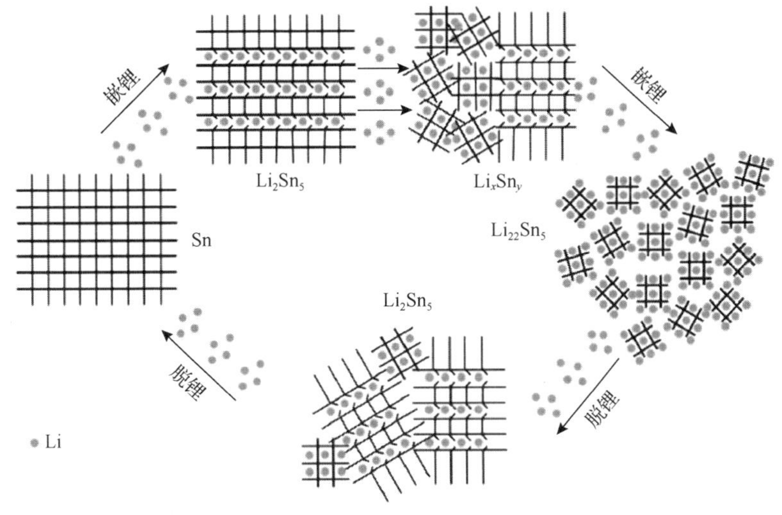


图 5.30　金属 Sn 的电化学储锂过程

方格表示 Sn 的晶体结构，黄色点表示 Li

时 Na 和 Sn 之间的电化学合金化反应生成 $NaSn_5$、NaSn、$Na_9Sn_4$ 和 $Na_{15}Sn_4$ 相[136]。通过电化学测试和原位结构表征手段证明了 Sn 作为负极材料的嵌钠电压曲线由四个不同的平台组成，与 DFT 结果一致，表明存在四个不同的中间相，而且嵌钠最终产物是 $Na_{15}Sn_4$[137]。因此，Sn 作为钠离子电池负极材料的最大理论比容量为 847mA · h/g。

2. 合金型负极材料的瓶颈问题及优化研究

由于不同晶面的界面移动性差异，晶体 Si 在锂化过程中发生了各向异性嵌锂导致体积膨胀，而且在电压为 0～1.0V(*vs.* $Li^+$/Li)时，每个 Si 原子可以结合 4.4 个 Li 形成 $Li_{4.4}Si$，在可逆脱/嵌锂过程中，Si 可从非晶态转变为晶态。此外，如图 5.31 所示，Si 颗粒发生聚集，主要是由于嵌锂后体积膨胀非常大，达到 440%[138]。而且在脱嵌过程中，一些嵌入的 Li 无法完全脱出，这样就不能恢复原来的形貌。在可逆的电化学储锂过程中，较大的体积膨胀/收缩会产生很大的应力，导致 Si 粒子的粉化并失去电接触，这种结构上的巨大变化严重影响 Si 基负极材料的电化学性能，包括循环稳定性、倍率性能等。此外，Si 属于半导体材料，电导率较低，充放电过程中电子无法有效地在电极内部运输也会降低锂离子电池的电化学性能。因此，Si 基负极材料在充放电过程中的结构保持及提高电导率对其电化学储锂性能至关重要。解决 Si 基负极材料结构失效问题的方法主要包括：①与应力消除缓冲基体复合；②表面包覆导电材料抑制体积膨胀并提高导电性；③利用纳米尺寸 Si 基材料。

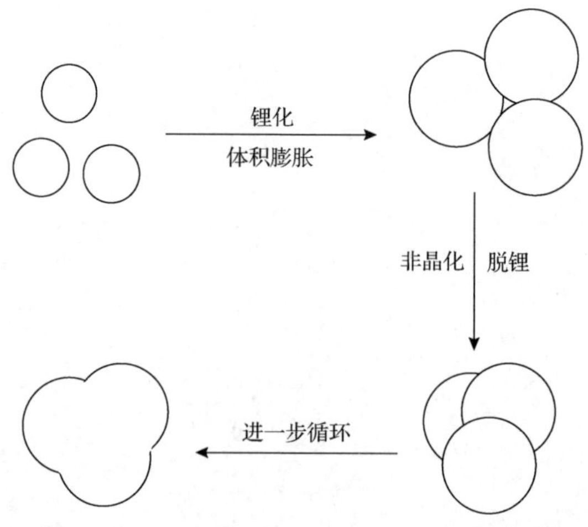


图 5.31 电化学循环过程中 Si 颗粒的聚集示意图

解决 Si 基负极材料结构失效的有效方法之一是将纳米 Si 分散到导电基体中，如将纳米 Si 分散在石墨、石墨烯、碳纳米管、石墨化 MCMB 等几种碳材料中发现不仅能保持 Si 基负极材料相对稳定，而且由于碳材料固有的导电性，也可以提高锂离子电池的整体电化学性能[122, 139-141]。在充放电过程中，Si 为电化学反应的活性中心，碳载体虽然具有脱/嵌锂性能，但主要起离子和电子的传输通道及结构支撑体的作用。这种体系的制备多采用高温固相反应法，通过将 Si 均匀分散于能在高温下裂解和碳化的高聚物中，再通过高温固相反应得到。这类体系的电化学性能主要由载体的性能、Si/C 摩尔比等因素决定。一般来说，碳基体的有序度越高、脱氢越彻底，两种组分间的协调作用越明显，循环性能越好。但是 Si/C 复合材料在高温过程中易生成惰性的 SiC，使得 Si 失去电化学活性，因此碳基体的无序度成为进一步提高其电化学性能的瓶颈问题。

导电层包覆可以最大限度地降低电解液与 Si 的直接接触，从而改善了由 Si 表面悬键引起的电解液分解问题。另外，由于 $Li^+$在固体中要克服导电层、Si/导电层界面的阻力才能与发生 Si 反应，因此在一定程度上可控制 Si 的嵌锂深度，从而降低 Si 的结构破坏程度，提高材料的循环稳定性。如图 5.32 所示[142]，核壳结构中的石墨烯包覆层不仅可以提高电子的转移速率，而且可以约束粉化的 Si 颗粒，保持电极结构完整；核壳结构和介孔特性可以提供充足的空间缓解体积膨胀，并具有较大的表面积促进锂离子的扩散。因此，该 Si 基复合材料具有优良的储锂性能。

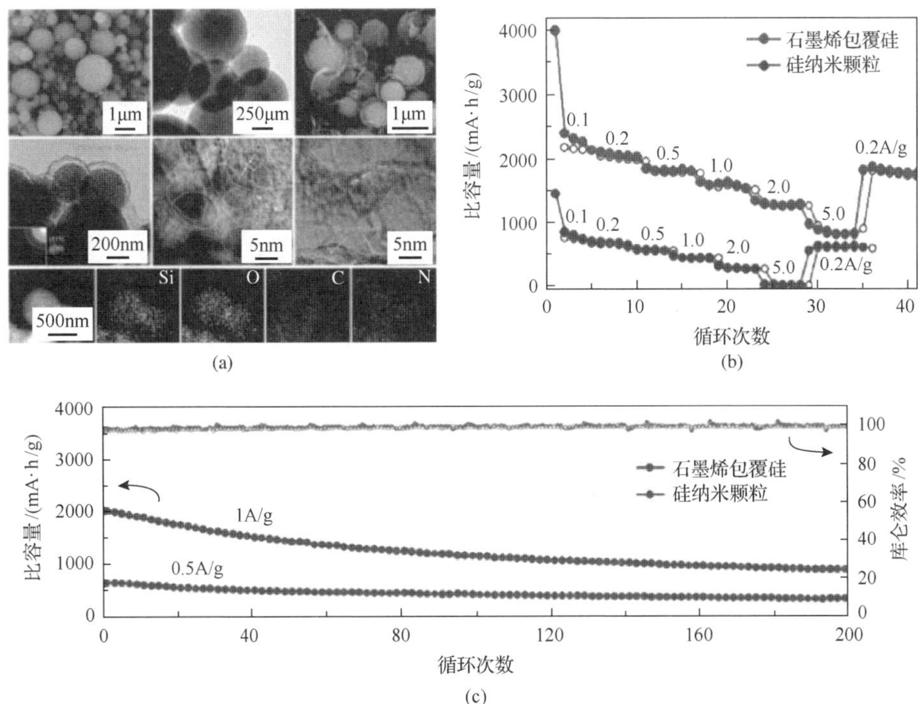


图 5.32　核壳结构的石墨烯包覆介孔硅颗粒的微观结构(a)及电化学储锂性能[(b)、(c)][142]

此外，控制 SEI 膜的生长对维持锂离子电池高容量、长效循环至关重要，通过巧妙的设计纳米结构可以有效地控制SEI膜生长。斯坦福大学崔屹教授课题组[143]设计的双层硅纳米管负极材料显示了绝对的电化学性能优势，如图 5.33 所示，硅纳米管的管壁由外层 $SiO_2$ 和内层 Si 组成，外层 $SiO_2$ 不仅可以允许 $Li^+$通过，而且

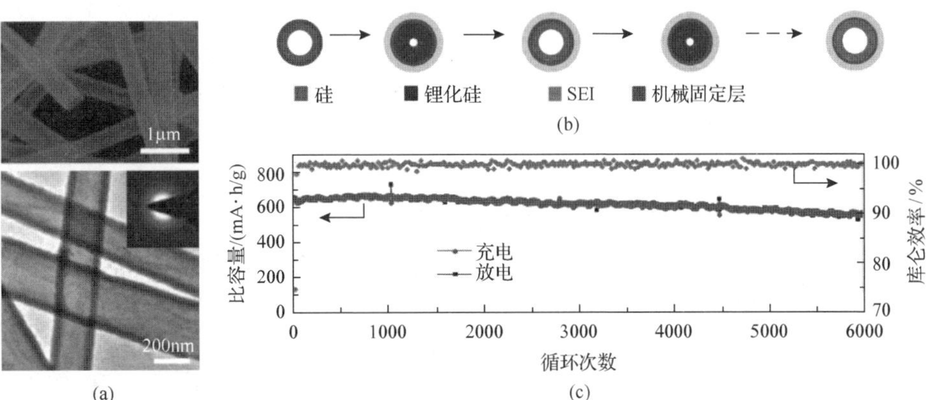


图 5.33　(a)双层硅纳米管的 SEM 图和 TEM 图；(b)在空心硅纳米管上设计一个机械约束层，可以防止硅在锂化过程中向外膨胀；(c)在 12C 下循环 6000 次的双层硅纳米管负极材料的电化学储锂性能[143]

可以有效地抑制硅纳米管向外膨胀。因此，在电化学脱/嵌锂过程中硅纳米管只沿着内部方向膨胀，纳米管内部可以提供足够空间允许体积膨胀而维持材料的结构完整性。独特的结构设计可以避免活性硅材料暴露在电解液中而在纳米管外部形成稳定的 SEI 膜。该结构设计概念展示了对 Si 锂化过程中体积膨胀引起化学机械效应具有有效的抑制作用。

与 Si 基负极材料相似，金属 Sn 在脱/嵌锂过程中体积变化大(甚至高达 300%)，导致材料的机械稳定性逐渐降低，从而逐渐粉化失效，限制了它们的实际应用。研究表明在较窄的电压范围内，Sn 发生低度锂化能降低连续合金化和脱合金引起的机械应力，但是这种储锂方式的代价是牺牲充放电容量，因此无法从根本上解决这种材料的瓶颈问题。将纳米 Sn 分散在导电的缓冲基体中可以有效地约束脱/嵌锂过程中的体积膨胀效应；此外，利用金属间化合物或复合物取代纯金属 Sn，可以显著改善 Sn 基负极材料的循环性能。

有效抑制 Sn 基负极材料体积膨胀的缓冲基体包括多孔碳、中空碳球、碳纳米管、石墨烯等，这些基体还具有良好的导电性。含碳纳米管的纳米材料由于其独特的物理性能，已成为锂离子电池电极材料的重要选择。大连理工大学黄昊教授课题组[144]在碳包覆材料制备及电化学储锂方面已取得大量成果，其中利用等离子体蒸发法制备的 Sn/C 复合材料(Sn@CNT)在抑制体积膨胀、提高电化学性能方面取得了显著成效。

Sn 基合金代替纯 Sn 作为锂离子电池负极材料，在一定点位下合金相中某组分可以发生可逆的脱/嵌锂反应，其他组分相对活性较差，甚至是惰性相，充当缓冲基体，可以缓解活性物质内部应力和体积膨胀，从而支撑和保护活性物质原有的微观结构，并且维持活性物质与集流体之间的结构完整。Sn-Fe 合金嵌锂时发生相变，生成 $Li_{4.4}Sn$ 和 Fe，Fe 作为惰性组分不与 Li 发生合金化反应，作为缓冲基体维持结构稳定。等离子体蒸发法制备的 Sn-Fe 合金纳米颗粒如图 5.34(a)和(b)所示，包括：$FeSn_2$、FeSn 和 Sn(由于金属 Sn 的蒸发速率较快，纳米颗粒中存在单质 Sn 相)[145]。由图 5.34(c)和(d)可知，Sn-Fe 电极的首次充放电比容量虽然比 Sn 电极低，但是展现了优异的循环稳定性，是活性组元 $FeSn_2$ 和惰性组元 FeSn 协同作用的结果。其中主相 $FeSn_2$ 具有四角形结构，Sn 原子占据晶格 8*h* 位置，Fe 原子占据晶格 4*a* 位置。存在于 Sn 原子之间的通道有利于 $Li^+$ 渗透至晶格内部，使其在晶格内部可以有效地发生氧化还原反应。FeSn 是六方形结构，Sn 原子分别占据着晶格 1*a* 和 2*d* 位置，Fe 原子占据 3*f* 位置，$Li^+$ 只可以和晶格表面上的 Sn 原子发生反应。尽管只有很少量的 FeSn 可以与 $Li^+$ 进行有效的氧化还原反应，但是在长期循环过程中 FeSn 作为惰性组元在稳定电极结构中起到极其重要的作用。

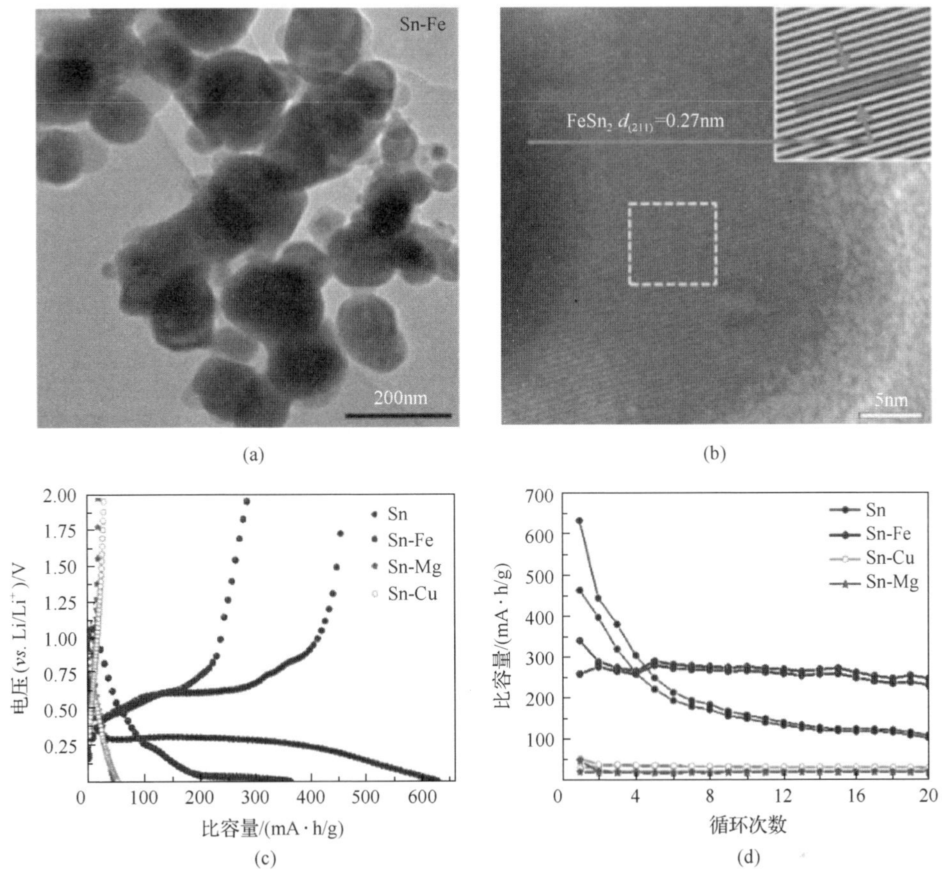


图 5.34　Sn-Fe 合金纳米颗粒的 TEM 图[(a)、(b)]和电化学性能[(c)、(d)]

除了 Sn-Fe 合金外，文献报道的 Sn-Ni、Sn-Co 等合金的循环性能都远优于单质 Sn[146,147]，因此利用金属间化合物或复合物取代纯金属 Sn 是一种提高电化学性能的有效方法，但是距离实际生产应用还有很多关键问题需要解决。

### 5.4.3　转化型负极材料

#### 1. 转化型负极材料的储能机理

转化反应(也称为置换反应)是一种可逆的电化学反应，其中过渡金属化合物($MX_y$，X= O、N、P、S 等)发生电化学解离，随后还原为金属($M^0$)。充电后，电化学还原的金属纳米颗粒理论上恢复到其原始状态($MX_y$)。但是，某些三元氧化物例外，无法完全可逆地生成初始材料，例如，$FeCo_2O_4$ 放电过程中还原得到 $Fe^0$ 和 $Co^0$，而充电时仅形成 FeO 和 $Co_3O_4$，后期循环依然如此[148]。各种化合物的整体转化机理如下：

$$M_xO_y + 2ye^- + 2yLi^+ \rightleftharpoons xM^0 + yLi_2O \quad (M = Ni, Co, Fe等) \tag{5.51}$$

$$M_xN_y + 3ye^- + 3yLi^+ \rightleftharpoons xM^0 + yLi_3N \tag{5.52}$$

$$M_xP_y + 3ye^- + 3yLi^+ \rightleftharpoons xM^0 + yLi_3P \tag{5.53}$$

$$M_xS_y + 2ye^- + 2yLi^+ \rightleftharpoons xM^0 + yLi_2S \tag{5.54}$$

由于转化反应为多电子参加反应，转换型电极材料能够提供比嵌入型材料(包括石墨)更高的可逆容量。与石墨阳极类似，转换型电极材料在首次循环中不可避免地发生电解质分解，导致活性粒子表面形成 SEI 层，其主要由不溶性无机副产物、聚合物膜等组成。因此，与石墨相比，转换型电极材料首次循环出现巨大的不可逆容量损失。转化反应发生在高电势下，并且存在较大的结构变化，因此与锂合金相比，这种反应通常具有更高的电势和更倾斜的电势-容量曲线。

$SnO_2$是一种典型的金属氧化物(MO)，金属 Sn 可以与 Li 发生合金化反应。在充放电过程中，首先与电解液中的$Li^+$结合，将$SnO_2$还原形成纳米尺寸的$Li_2O$和 Sn 颗粒，然后 Sn 颗粒与 Li 发生合金化反应。Sn 颗粒均匀分布在$Li_2O$基体中，可以缓冲 Sn-Li 合金化过程引起的机械应力，从而提高了循环稳定性，反应机理如式(5.55)、式(5.56)所示。但是由于$Li_2O$的不可逆性，消耗来自正极的有限锂源，导致首次循环具有较大的不可逆容量；并且形成的$Li_2O$基体的数量不足以完全分离锡锂合金颗粒之间的接触，导致长时间循环过程中 Sn 颗粒的团聚。

$$SnO_2 + 4e^- + 4Li^+ \rightleftharpoons Sn + 2Li_2O \tag{5.55}$$

$$Sn + 4.4e^- + 4.4Li^+ \rightleftharpoons Li_{4.4}Sn \tag{5.56}$$

Mn、Fe、Co、Ni 等过渡金属不能与 Li 发生合金化反应，因此这些金属的化合物的储锂机理与锡类化合物不同，按照式(5.51)～式(5.54)进行。

### 2. 转化型负极材料的瓶颈问题及优化研究

转化型负极材料的主要弊端是反应动力学速率慢(导致极化严重)、体积变化大、氧化还原电势高和循环过程中存在容量损失。

碳材料表面包覆或与含碳材料/惰性元素形成复合材料可以抑制体积变化，并提高循环稳定性。预处理(预锂化)电极是解决不可逆容量损失问题的有效方法之一，但它涉及使用三种电极配置或两步电池制造工艺[149]。转换型负极材料的氧化还原电势通过选择金属类型进行调整，也可以根据所需的能量密度进行定制。

金属氧化物固有导电性差、团聚严重，以及重复充放电过程中体积膨胀/收缩导致材料粉化，因而倍率性能较差，容量衰减严重。具有柔性碳基质(如碳纳米管和碳纤维)的层状混合碳纳米复合材料，不仅可以提供活性位点，而且可以调控充放电过程中的体积变化，因此有效克服金属氧化物负极材料的弊端，提高储锂容量和循环稳定性。这种柔性碳基体作为快速传递电子/离子的导电网络，还可以缓冲体积变化，以减缓反复充放电过程中体积变化产生的应力，从而保持电极材料的稳定结构。各种氧化物的电化学储锂/钠参数见表 5.2。

**表 5.2　二元氧化物储锂和储钠性能[150-154]**

| 化合物 | 电化学反应 | 理论比容量 /(mA·h/g)[a] | 理论电动势 (*vs.* $Li^+/Li$ 或 $Na^+/Na$) /V[b] | 体积膨胀率 /%[c] |
|---|---|---|---|---|
| $TiO_2$ | $TiO_2 + Li^+ + e^- \rightleftharpoons LiTiO_2$<br>$TiO_2 + Na^+ + e^- \rightleftharpoons NaTiO_2$ | 335 (Li, Na) | — | 4 (Li) |
| $\alpha$-$Fe_2O_3$ | $Fe_2O_3 + 6Li^+ + 6e^- \rightleftharpoons 2Fe + 3Li_2O$<br>$Fe_2O_3 + 6Na^+ + 6e^- \rightleftharpoons 2Fe + 3Na_2O$ | 1007 (Li, Na) | Li：1.629<br>Na：0.682 | 92.9 (Li)<br>215 (Na) |
| $Fe_3O_4$ | $Fe_3O_4 + 8Li^+ + 8e^- \rightleftharpoons 3Fe + 4Li_2O$<br>$Fe_3O_4 + 8Na^+ + 8e^- \rightleftharpoons 3Fe + 4Na_2O$ | 924 (Li, Na) | Li：1.596<br>Na：0.649 | 74.4 (Li)<br>181.8 (Na) |
| CoO | $CoO + 2Li^+ + 2e^- \rightleftharpoons Co + Li_2O$ | 715 (Li) | Li：1.801 | 84.9 (Li) |
| $Co_3O_4$ | $Co_3O_4 + 8Li^+ + 8e^- \rightleftharpoons 3Co + 4Li_2O$<br>$Co_3O_4 + 8Na^+ + 8e^- \rightleftharpoons 3Co + 4Na_2O$ | 890 (Li, Na) | Li：1.882<br>Na：0.935 | 101.5 (Li)<br>227.7 (Na) |
| NiO | $NiO + 2Li^+ + 2e^- \rightleftharpoons Ni + Li_2O$<br>$NiO + 2Na^+ + 2e^- \rightleftharpoons Ni + Na_2O$ | 717 (Li, Na) | Li：1.815<br>Na：0.868 | 91.6 (Li)<br>202.7 (Na) |
| CuO | $CuO + 2Li^+ + 2e^- \rightleftharpoons Cu + Li_2O$<br>$CuO + 2Na^+ + 2e^- \rightleftharpoons Cu + Na_2O$ | 674 (Li, Na) | Li：2.247<br>Na：1.299 | 74.2 (Li)<br>172.9 (Na) |
| $MoO_2$ | $MoO_2 + 4Li^+ + 4e^- \rightleftharpoons Mo + 2Li_2O$ | 838 (Li) | Li：1.530 | 98.0 (Li) |
| $\alpha$-$MoO_3$ | $MoO_3 + 6Li^+ + 6e^- \rightleftharpoons Mo + 3Li_2O$<br>$MoO_3 + 6Na^+ + 6e^- \rightleftharpoons Mo + 3Na_2O$ | 1117 (Li, Na) | Li：1.758<br>Na：0.810 | 76.0 (Li)<br>197.5 (Na) |

续表

| 化合物 | 电化学反应 | 理论比容量/(mA·h/g)[a] | 理论电动势 (*vs.* $Li^+/Li$ 或 $Na^+/Na$)/V[b] | 体积膨胀率/%[c] |
|---|---|---|---|---|
| MnO | $MnO + 2Li^+ + 2e^- \rightleftharpoons Mn + Li_2O$ | 756 (Li) | Li：1.031 | 69.7 (Li) |
| $Mn_2O_3$ | $Mn_2O_3 + 6Li^+ + 6e^- \rightleftharpoons 2Mn + 3Li_2O$ | 1018 (Li) | Li：1.389 | 68.7 (Li) |
| $Mn_3O_4$ | $Mn_3O_4 + 8Li^+ + 8e^- \rightleftharpoons 3Mn + 4Li_2O$ | 937 (Li, Na) | Li：1.249 | 72.8 (Li) |
| | $Mn_3O_4 + 8Na^+ + 8e^- \rightleftharpoons 3Mn + 4Na_2O$ | | Na：0.302 | 178.5 (Na) |
| ZnO | $ZnO + 2Li^+ + 2e^- \rightleftharpoons Zn + Li_2O$<br>$Zn + Li^+ + e^- \rightleftharpoons LiZn$ | 987 (Li) | Li：1.251 | 124 (Li) |
| $SnO_2$ | $SnO_2 + 4Li^+ + 4e^- \rightleftharpoons Sn + 2Li_2O$<br>$Sn + 4.4Li^+ + 4.4e^- \rightleftharpoons Li_{4.4}Sn$ | 1493 (Li) | Li：1.564 | 395 (Li) |
| | $SnO_2 + 4Na^+ + 4e^- \rightleftharpoons Sn + 2Na_2O$<br>$Sn + 3.75Na^+ + 3.75e^- \rightleftharpoons Na_{3.75}Sn$ | 1378 (Na) | Na：0.617 | 549 (Na) |

a 理论比容量根据式(5.10)计算而得；b 转化反应的理论电动势是利用能斯特方程基于热力学数据计算而得：$\Delta G = \sum\left[\gamma \Delta G_f(Li_2O/Na_2O) - \Delta G_f(M_xO_y)\right] = nFE$；c 理论体积膨胀率根据公式$\left\{\left[\text{产物总体积(包括}Li_2O/Na_2O\text{)} - \text{初始化合物体积}\right]/\text{初始化合物体积}\right\}\times 100\%$计算而得，表5.3同此

作为一种重要的二维碳纳米片，石墨烯或还原型氧化石墨烯(rGO)作为一种优良的碳基体被广泛应用于各种表面形貌独特的纳米负极材料的制备。石墨烯具有独特的结构优异的机械柔韧性和超高比表面积($2360m^2/g$)，可以承受体积变化所引起的应变，高导电性，提供连续的电子传导网络，对复合材料的电化学性能有明显的改善，是一种理想的基体材料。如图5.35所示，利用离子液体与rGO、SnO纳米颗粒相互作用产生的新型“桥接效应”制备$SnO_2$纳米颗粒嫁接离子液体氧化石墨烯($SnO_2$@IL-rGO)复合材料[155]。该复合材料中$SnO_2$与离子液体氧化石墨烯通过化学键结合，保证了材料的结构稳定性，而且rGO基体可以提高复合材料的导电性。离子液体的桥接作用使粉化的活性材料保持良好的电接触，而且增大了颗粒的比表面积，即提供了额外的储锂位点，导致随着循环进行容量逆生长。离子液体辅助法可以制备强结合、均匀分散的石墨烯-金属氧化物复合材料，有效提高了金属氧化物的电化学性能。

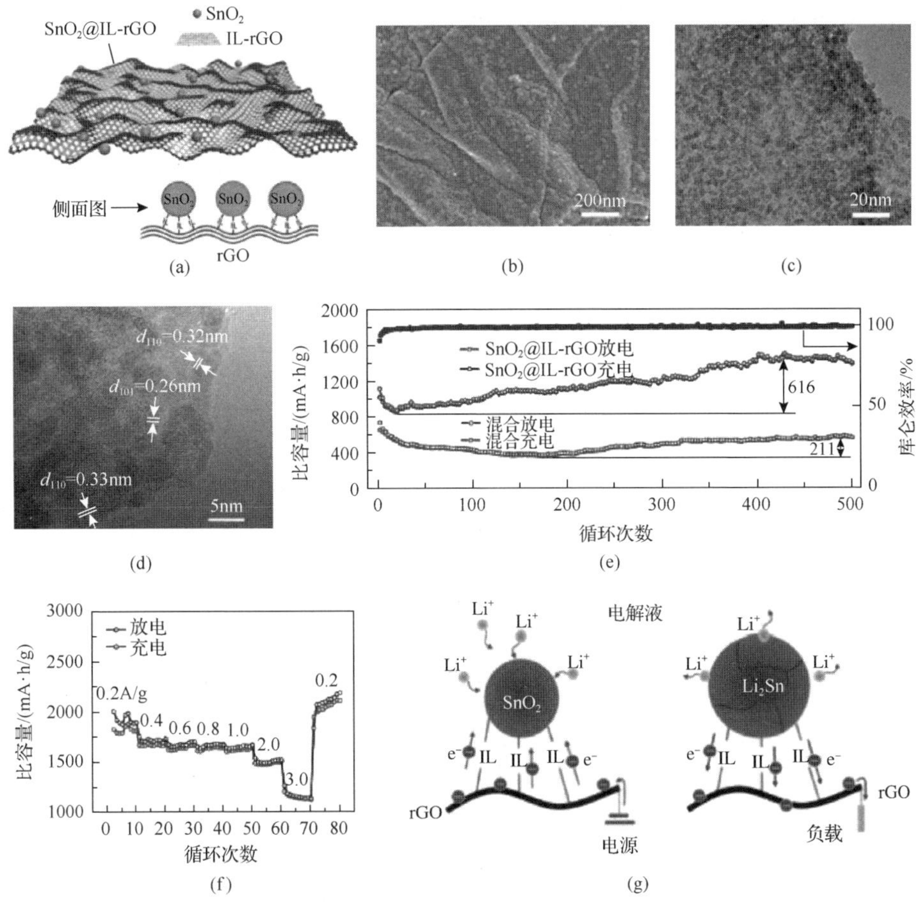


图 5.35　$SnO_2$-rGO 复合材料的结构示意图(a)、TEM 图[(b)～(d)]、电化学循环性能(e)、倍率性能(f)及储锂示意图(g)[155]

作为一种有吸引力的锂离子电池负极材料，金属硫化物具有高比容量、低氧化还原电势和长循环寿命。此外，与氧化物材料相比，硫化物在充放电过程中具有更好的电化学可逆性。其中，第ⅣB～ⅦB 族的过渡金属二维硫属化物(transition metal dichalcogenides，TMDs)通常以化学式 $MS_2$ 出现，表现为层状形貌，类似石墨烯的晶体结构，单个 $MS_2$ 层的厚度为 6～7Å，层间由弱范德瓦耳斯力结合。在层状 $MS_2$ 晶格中，过渡金属和硫原子分别呈现+4 和 –2 氧化态。尽管使用传统的转化反应公式计算得到较大的理论体积膨胀，但层状结构的 $MS_2$ 可以减轻体积膨胀引起的应变。层状 $MS_2$ 常见的晶型为 1T 相、2H 相和 3R 相，其中字母分别表示三方晶相、六方晶相和菱形晶相。单层 $MS_2$，仅有两种晶型，分别是三方晶相和八面体晶相。

如式(5.54)所示，金属硫化物发生转化反应后生成 $Li_2S$ 和金属纳米颗粒，因此会形成多种多硫化锂中间产物 $Li_2S_x$($2 < x < 8$)溶于电解质，并发生穿梭效应钝

化锂负极降低导电性(5.3 节将详细介绍)。此外，金属硫化物的体积膨胀及循环稳定性差也是亟须解决的关键问题，特别是非层状结构的 $MS_2$。常用硫化物的主要电化学储锂/钠性能见表 5.3。针对金属硫化物的缺陷，目前主要的解决方案是制备碳复合材料：①CNT-$MS_2$ 复合物。$MS_2$ 与 CNT 之间的界面能够促进电子和离子的转移达到高倍率性能；网络结构间的空隙可以缓冲 $MS_2$ 的体积变化，防止颗粒在循环期间聚集。②碳包覆 $MS_2$ 复合物。利用导电和弹性的碳层包覆 $MS_2$ 纳米颗粒形成核壳结构，可以显著提高硫化物的导电性，它还可以缓冲锂离子脱/嵌过程中体积变化产生的机械应力。此外，碳包覆层可以防止硫化物颗粒的聚集，并减少活性物质与电解质之间的副反应，形成稳定的 SEI 膜，以提高库仑效率。③多孔碳基体复合物。多孔碳材料的高比表面积提供了充分界面促进电荷转移，并且提供连续的离子输运路径，多孔结构空间可以调控体积变化。④石墨烯-$MS_2$ 复合物。石墨烯可以显著提高硫化物的电子导电性及离子传导，并且可以缓冲体积变化防止颗粒聚集，而硫化物可以有效减缓石墨烯的堆叠保持较大的比表面积。此外，两种材料都可以贡献储锂容量，提高复合材料的能量密度。

**表 5.3 金属硫化物储锂和储钠性能**[156-160]

| 化合物 | 电化学反应 | 理论比容量/(mA·h/g) | 理论电动势(*vs.* $Li^+/Li$ 或 $Na^+/Na$)/V | 体积膨胀率/% |
|---|---|---|---|---|
| $MoS_2$ | $MoS_2 + 4Li^+ + 4e^- \rightleftharpoons Mo + 2Li_2S$ | 670 (Li, Na) | Li：1.268 | 105 (Li) |
| | $MoS_2 + 4Na^+ + 4e^- \rightleftharpoons Mo + 2Na_2S$ | | Na：1.145 | 195 (Na) |
| $FeS_2$ | $FeS_2 + 4Li^+ + 4e^- \rightleftharpoons Fe + 2Li_2S$ | 894 (Li, Na) | Li：1.564 | 145 (Li) |
| | $FeS_2 + 4Na^+ + 4e^- \rightleftharpoons Fe + 2Na_2S$ | | Na：1.422 | 256 (Na) |
| CuS | $CuS + 2Li^+ + 2e^- \rightleftharpoons Cu + Li_2S$ | 561 (Li, Na) | Li：1.684 | 67.3 (Li) |
| | $CuS + 2Na^+ + 2e^- \rightleftharpoons Cu + Na_2S$ | | Na：1.560 | 136 (Na) |
| $CoS_2$ | $CoS_2 + 4Li^+ + 4e^- \rightleftharpoons Co + 2Li_2S$ | 871 (Li) | Li：1.583 | 175 (Li) |
| SnS | $SnS + 2Li^+ + 2e^- \rightleftharpoons Sn + Li_2S$<br>$Sn + 4.4Li^+ + 4.4e^- \rightleftharpoons Li_{4.4}Sn$ | 1173 (Li) | Li：1.411 | 197 (Li) |
| | $SnS + 2Na^+ + 2e^- \rightleftharpoons Sn + Na_2S$<br>$Sn + 3.75Na^+ + 3.75e^- \rightleftharpoons Na_{3.75}Sn$ | 1022 (Na) | Na：1.287 | 343 (Na) |
| $SnS_2$ | $SnS_2 + 4Li^+ + 4e^- \rightleftharpoons Sn + 2Li_2S$<br>$Sn + 4.4Li^+ + 4.4e^- \rightleftharpoons Li_{4.4}Sn$ | 1231 (Li) | Li：1.584 | 179 (Li) |
| | $SnS_2 + 4Na^+ + 4e^- \rightleftharpoons Sn + 2Na_2S$<br>$Sn + 3.75Na^+ + 3.75e^- \rightleftharpoons Na_{3.75}Sn$ | 1136 (Na) | Na：1.461 | 315 (Na) |

层状 $CdI_2$ 型的 $SnS_2$ 拥有 0.589nm 的层间距，有利于 $Li^+$ 的快速扩散，但是其储锂机理类似 $SnO_2$，转化反应生成金属 Sn 与 $Li^+$ 发生合金化反应，因此导致严重的体积膨胀影响其储锂容量及循环稳定性。针对 $SnS_2$ 在充放电过程中的问题，Xi 课题组将均匀超小的 $SnS_2$ 纳米晶生长在均匀分布的掺氮石墨烯片上(称为 $SnS_2$-NGS)，如图 5.36 所示[161]。$SnS_2$-NGS 为明显的二维结构，NGS 与 $SnS_2$ 的协同作用，制备的复合材料具有良好的电化学性能，如图 5.36(i)和(j)所示。当作为锂离子电池负极材料时，$SnS_2$-NGS 具有优异的电化学储锂容量及稳定性，得益于该材料的独特二维复合结构。因此，与导电碳材料进行特殊结构复合可以有效提高金属硫化物负极材料的电化学性能。

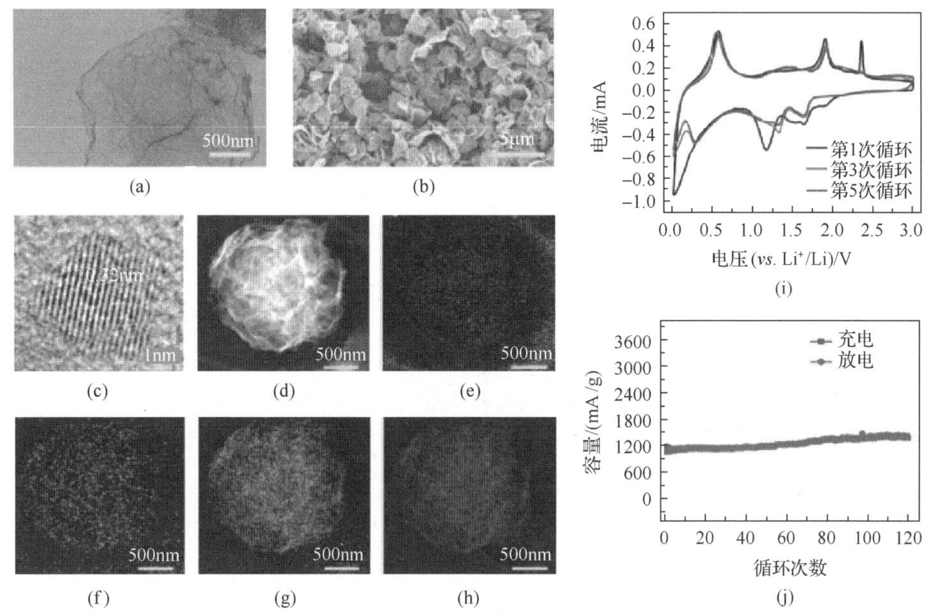


图 5.36　$SnS_2$-NGS 的 TEM 图(a)、SEM 图(b)、HRTEM 图(c)和 STEM 图(d)，不同元素[(e)C、(f)N、(g)Sn 和(h)S]的分布图，循环伏安曲线(i)，电流密度为 0.2A/g 时的循环性能(j)[161]

在众多含氮族元素材料中，由于 N、P 的相对原子质量较低，因此氮化物及磷化物具有较高的储锂容量。如式(5.52)、式(5.53)所示，金属氮/磷化物中 1mol N 或 P 可以与 3mol Li 通过转化反应形成 $Li_3N$/$Li_3P$。与氧化物、硫化物相比，氮化物和磷化物电极的极化较小，储锂电势低[≤1V (*vs.* $Li^+$/Li)]，低电势负极材料可以提高全电池电压而增大功率密度。研究发现，放电至 0.01V 时，摩尔比 $N_{金属}/N_{氮}>1$ 的金属氮化物通过转化反应可提供 400～500mA·h/g 的比容量，而充电时仍可观察到未反应的 $Li_3N$ 和金属颗粒，比容量保持在 350～400mA·h/g。对于摩尔比 $N_{金属}/N_{氮}=1$ 的金属氮化物，由于存在更多的 N 元素，比容量一般大于 1000mA·h/g。与金属氮化物相似，根据元素比金属磷化物也可分为两种：富金属相($MP_x$，$x\leq1$)

和富磷相($MP_x$, $x>1$)。富金属相多数情况用作氧析出反应(OER)或析氢反应(HER)催化剂；而富磷相用作离子电池负极材料的研究较多。但是，金属磷化物与金属氧化物或金属硫化物面临同样的问题，严重的体积膨胀及自身低电导率导致作为锂离子电池负极材料时无法获得预期的电化学性能。

针对过渡金属氮化物作为锂离子电池负极材料的弊端，黄昊课题组利用等离子体蒸发法制备碳包覆Fe(Fe@C)纳米颗粒，在$NH_3$环境中对Fe@C进行氮化制备碳包覆$Fe_3N$($Fe_3N$@C)纳米颗粒，如图5.37所示[162]。该颗粒具有典型的核壳

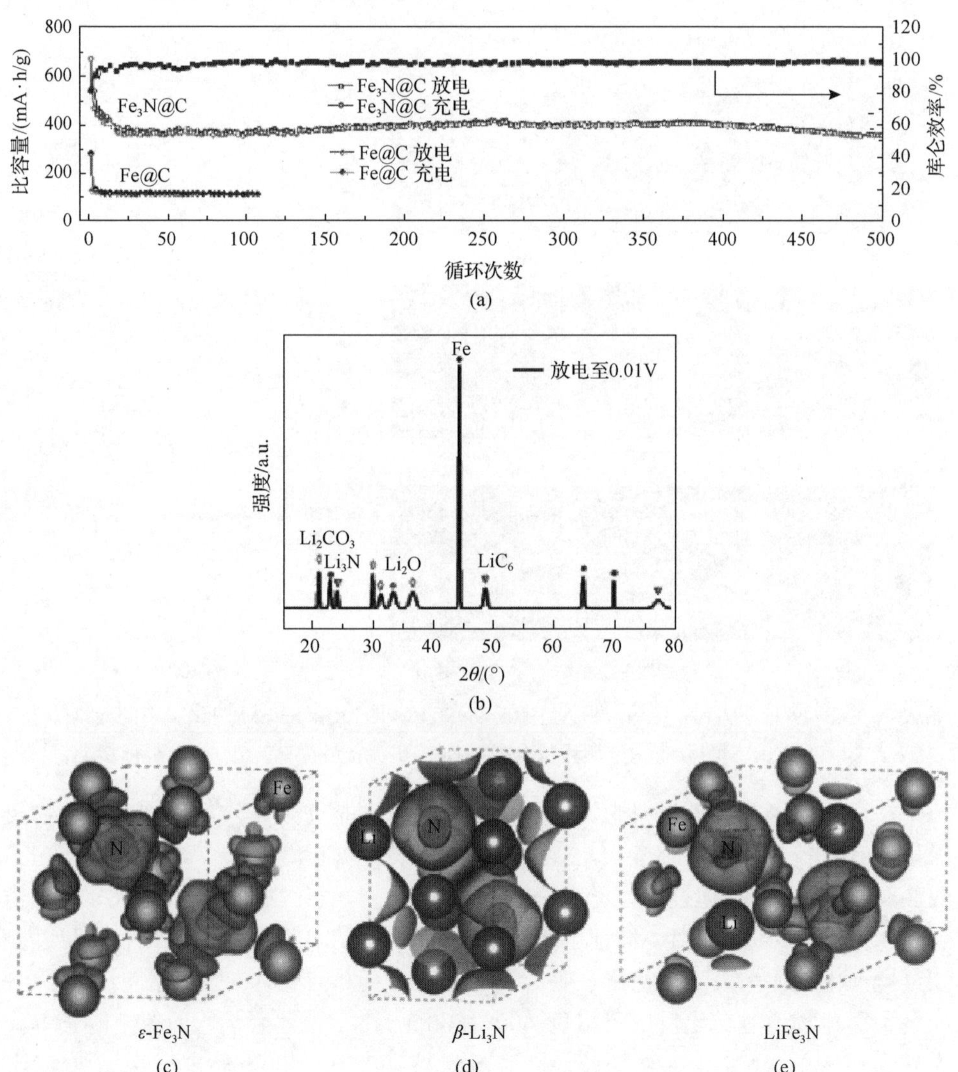


图5.37 $Fe_3N$@C纳米颗粒电极循环性能(a)和放电后的XRD图谱(b)；ε-$Fe_3N$(c)、β-$Li_3N$(d)和$LiFe_3N$(e)的差分电荷图[162]

结构，内核由体心立方的 Fe 转变为面心立方的 $Fe_3N$ 化合物。根据第一性原理计算结果及循环后电极非原位 XRD 测试证明，$Fe_3N$ 的储锂机理是与 Li 发生转化反应生成 $Li_3N$ 和 Fe。此外，通过对循环 20 次后阻抗谱拟合结果分析，得到碳层两侧的电容大小几乎相同，从而得出在碳层两侧双电容储能机理的结论。$Fe_3N$@C 纳米颗粒电极优异的电化学性能归因于颗粒表面起约束作用的碳层对缓冲整个电极的体积膨胀及提高电极载流子导通性起到重要的作用。

## 5.5　锂/钠-硫电池正极材料

### 5.5.1　锂/钠-硫电池的储能机理

锂-硫电池和钠-硫电池也是一种电化学储能装置，可以将电能存储在硫电极中。锂-硫电池与钠-硫电池具有相似的构造，通常由硫正极、聚合物隔膜、金属锂/钠负极及有机电解质组成。本节内容将以锂-硫电池为例介绍该类电化学储能装置的工作原理及问题，图 5.38 显示了单个电池中的组件及其工作的示意图。在放电过程中，锂金属在负极上被氧化，产生锂离子和电子，锂离子通过电解质内部穿过隔膜进入硫正极，而电子则通过外部电路进入正极。硫在正极接收电子及锂离子并还原为锂硫化物[163-165]。阴极和阳极的电化学过程可概括为以下反应：

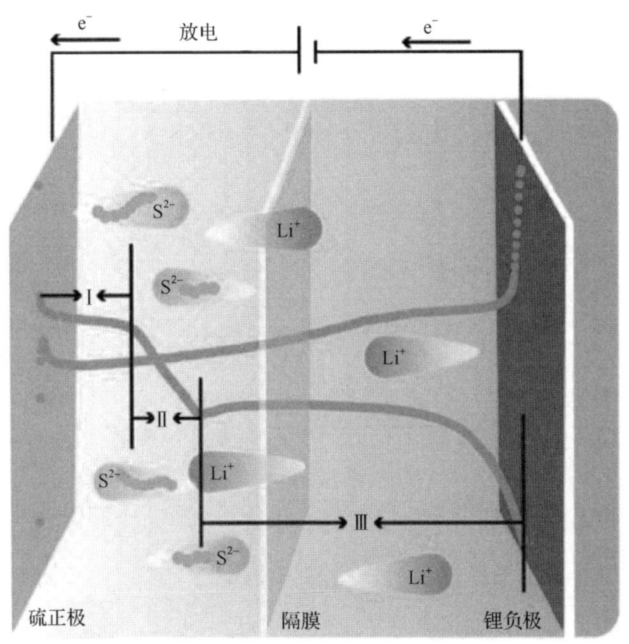


图 5.38　锂-硫电池电化学机理图

放电过程：

负极(氧化反应)

$$16Li \longrightarrow 16Li^+ + 16e^- \tag{5.57}$$

正极(还原反应)

$$S_8 + 16Li^+ + 16e^- \longrightarrow 8Li_2S \tag{5.58}$$

阶段Ⅰ

$$S_8 + 2e^- \longrightarrow S_8^{2-}, \quad 3S_8^{2-} + 2e^- \longrightarrow 4S_6^{2-} \tag{5.59}$$

阶段Ⅱ

$$2S_6^{2-} + 2e^- \longrightarrow 3S_4^{2-} \tag{5.60}$$

阶段Ⅲ

$$S_4^{2-} + 2e^- + 4Li^+ \longrightarrow 2Li_2S_2, \quad Li_2S_2 + 2e^- + 2Li^+ \longrightarrow 2Li_2S \tag{5.61}$$

充电过程：

负极(还原反应)

$$16Li^+ + 16e^- \longrightarrow 16Li \tag{5.62}$$

正极(氧化反应)

$$8Li_2S \longrightarrow S_8 + 16Li^+ + 16e^- \tag{5.63}$$

在放电过程中，硫正极完全反应由两个步骤组成：首先，硫还原为长链多硫化锂($S_8 \rightarrow S_8^{2-} \rightarrow S_6^{2-} \rightarrow 2S_4^{2-}$)，在 2.4V 时转移 $4e^-$，初始比容量约为 418mA·h/g。放电至 2.1 V 时，长链多硫化锂进一步还原为短链多硫化锂，比容量约为 1255mA·h/g。在充电过程中，硫化锂被氧化成多硫化物，最后成硫。因此，锂-硫电池的整体电化学反应可以提供 1675mA·h/g 的理论比容量。

### 5.5.2 锂/钠-硫电池正极材料的瓶颈问题

尽管锂-硫电池可以提供比较高的理论容量，但是在应用中依然面临大量的阻碍。单质硫和电化学中间产物($Li_2S_x$)是绝缘的，S 的电阻约为 $10^{-30}$S/cm，极大的内阻限制了充放电过程中电子的传输。与 S(2.07g/cm$^3$)相比，$Li_2S$ 的密度(1.66g/cm$^3$)更低，导致充放电过程中发生较大的体积变化(体积膨胀率 80%)，电极活性物质粉碎而脱离集流体，从而降低活性物质的利用率，产生不可逆的容量衰减。此外，长链 $Li_2S_x$ 可以溶解于有机电解质中，在正极与负极间穿梭，并与金属锂和硫反应，导致活性物质 S 的损失，这是抑制锂-硫电池应用的重要因素——穿梭效应，如图 5.39 所示[166]。

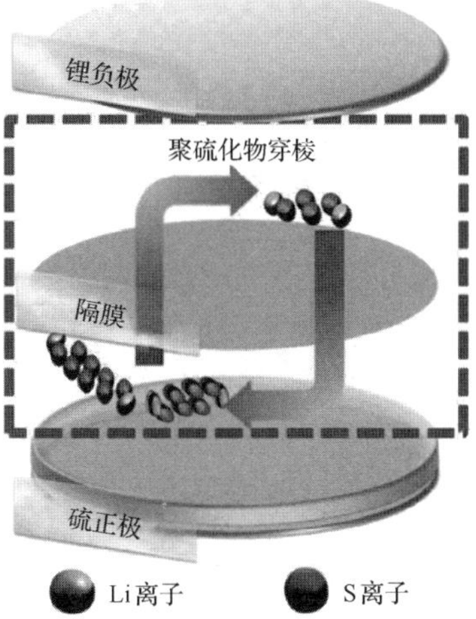

图 5.39　锂-硫电池中穿梭效应示意图

1. 穿梭效应

穿梭效应是导致锂-硫电池库仑效率低的主要原因。长链多硫化物向负极迁移，与锂金属反应还原为短链多硫化物，再迁移回正极形成长链多硫化物，如此反复[167]。严重的穿梭行为会导致不断的充电和低充电效率。

近年来，人们对多硫化物穿梭机理进行了深入的研究。由 Mikhaylik 和 Akridge 课题组[168]推导的穿梭方程可以评估穿梭行为的程度，包括电荷电流和多硫化物扩散速率的影响。电荷穿梭因子($f_C$)推导为

$$f_C = \frac{k_S q_{up}\left[S_{total}\right]}{I_C} \tag{5.64}$$

式中，$I_C$ 为电荷电流；$k_S$ 为穿梭常数(非均相反应常数)；$q_{up}$ 为高电压平台贡献的硫比容量和；$\left[S_{total}\right]$ 为总硫浓度。$q_{up}$ 为定值(419mA·h/g)，是锂-硫电池理论比容量的 1/4(每个硫原子的 0.5 个电子参与反应)。

具有不同电荷穿梭因子 $f_C$ 的模拟充电曲线如图 5.40 所示，当 $f_C$ 接近零时，没有穿梭效应，这意味着系统具有无限大的电流密度、无限小的穿梭常数或无限小的硫浓度。当 $f_C>1$ 时，充电曲线变为水平，无电压急剧上升。但是，长时间的穿梭反应可能导致锂阳极严重腐蚀，循环寿命缩短[167-169]。此外，充电过程中高电压平台的延长不是多硫化物的氧化，而是迁移所消耗的额外能量，导致充电效率降低。

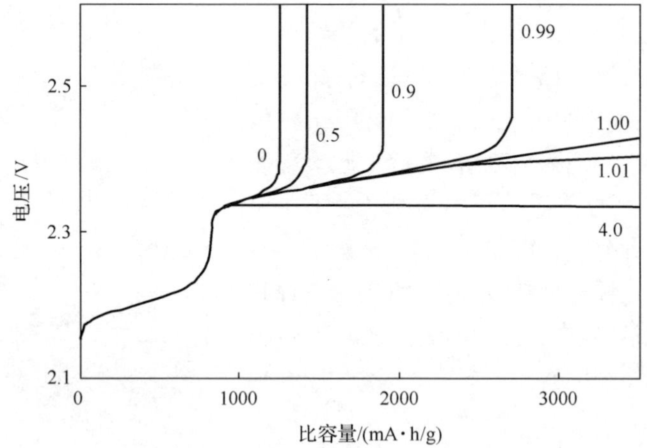


图 5.40　具有不同电荷穿梭因子 $f_C$ 的模拟充电平台

式(5.64)中假设反应速率与活性物质浓度成正比，因此考虑到穿梭常数和电流密度的影响，高电压平台的长链多硫化物浓度可由式(5.65)表示：

$$\frac{d[S_H]}{dt}=\frac{I_C}{q_{up}}-k_S[S_H] \tag{5.65}$$

式中，$[S_H]$为长链多硫化物的浓度。假设缓慢的电荷反应($k_S t_C \gg 1$)，并且高电压平台容量($Q_{up}$)取决于长链多硫化物的浓度和比容量，穿梭常数的倒数可由微分方程表示为

$$\frac{dQ_{up}}{dI_C}=\frac{1}{k_S} \tag{5.66}$$

当施加小的充电电流时，可以通过测量高电压平台的充电容量来获得穿梭常数 $k_S$。因此，电池穿梭常数越低，穿梭效应越弱。

2. 自放电现象

像镍镉电池或镍氢电池一样，锂-硫电池也存在严重的自放电现象。由于多硫化物在非水系电解液中不可避免地溶解，即使在静止状态下也会发生缓慢的多硫化物溶解，并且因为浓度差向负极迁移与金属锂反应，导致开路电压降低及放电容量损失。锂-硫电池自放电程度也可以通过穿梭方程确定。因此，Mikhaylik 等设计了数学方程表达高电压平台容量、静止时间($t_R$)和穿梭常数的关系[168]：

$$\frac{d\ln Q_{up}}{dt_R}=-k_S \tag{5.67}$$

该方程表明自放电行为与穿梭常数有密切关系，也就是说，穿梭效应与自放电效应都是源于锂-硫电池中活性物质的可溶性，因此需要设计新的电极结构及电池构造避免这些副反应发生。

### 5.5.3　锂/钠-硫电池正极材料的优化研究

针对 5.5.2 节叙述的关于目前锂-硫电池面临的问题，研究者做了大量的工作，研究开发良好纳米结构和性能的电极材料，提高导电性及减少穿梭效应，提高放电能力、循环性能和库仑效率[170]。下面将从纳米结构碳基材料、金属氧化物/硫化物和 $Li_2S$ 正极材料三方面介绍解决锂-硫电池瓶颈问题的方法。

#### 1. 纳米结构碳基材料

纳米结构碳基材料具有良好的导电性和较大的比表面积，可以保证电化学过程中有效的硫负载量和快速的电子/离子转移。因此，不同结构的硫-纳米结构碳基复合材料作为锂-硫电池正极材料可以提高电化学性能，增强循环稳定性。除了复合材料的各种结构外，碳基材料与硫的合理界面也对锂-硫电池的电化学性能具有重要影响。优化后的界面可以提供更快的电子/离子运输，加速中间产物的动力学转化，有利于提高锂-硫电池的比电容和速率性能等电化学性能。此外，更多的活性位点可以吸附充放电过程中形成的多硫化物，抑制穿梭效应，提高锂-硫电池的库仑效率。下面将分别讨论纳米结构碳基材料(包括活性炭、CNT、石墨烯及其复合材料)硫载体及碳材料与硫界面在锂-硫电池中的应用(表 5.4)[171]。

**表 5.4　纳米碳/硫复合正极材料电化学性能**

| 硫载体 | 硫含量 | 初始容量 | 倍率性能 | 最终容量 | 循环次数 |
|---|---|---|---|---|---|
| 碳球 | 42wt% | 1333(0.04A/g) | 730(1.2A/g) | 0.4A/g 下 650mA·h/g，容量保持 80% | 500 |
| 微孔碳 | 31wt% | 650(0.08A/g) | 250(4.8A/g) | 0.4A/g 下 500mA·h/g，容量保持 84.7% | 4020 |
| CMK-3 | 70wt% | 1320(0.01C) | — | 0.1C 下 1100mA·h/g，容量不变 | 10 |
| 中空多孔碳 | 70wt% | 1180(0.1C) | 450(3C) | 0.5C 下 974mA·h/g，容量保持 91% | 100 |
| 中空碳纳米纤维 | 70vol% | 1080(0.2C) | 930(0.5C) | 0.5C 下 730mA·h/g，容量保持 51% | 150 |
| 有序介孔微孔碳 | 60.6wt% | 1182(0.1C) | 605(2C) | 0.5C 下 837mA·h/g，容量保持 80% | 200 |
| MWCNT@中空多孔碳 | 71wt% | 1274(0.5A/g) | 550(6A/g) | 2A/g 下 647mA·h/g，容量保持 82.2% | 200 |
| CNT 泡沫 | 79wt% | 1039(0.1C) | — | 0.1C 下 450mA·h/g，容量保持 40.9% | 100 |
| 石墨烯泡沫 | 83wt% | 850(0.05C) | 538(2C) | 0.2C 下 645mA·h/g，容量保持 64.5% | 350 |
| 层状石墨烯/多孔碳 | 68wt% | 1000(0.2C) | 583(0.5C) | 0.5C 下 597mA·h/g，容量保持 70% | 100 |
| 石墨烯/CNT@多孔碳 | 50wt% | 1121(0.5C) | 810(10C) | 1C 下 877mA·h/g，容量保持 86.8% | 150 |

注：wt%代表质量分数；vol%代表体积分数；下同

通常化学激发法制备的活性炭材料具有多孔结构，采用熔融扩散法负载硫作为锂-硫电池正极材料。微孔碳球具有较大的比表面积和狭小的微孔，微孔可以容纳皇冠形环状结构的 $S_8$ 且可以约束小的 $S_2$～$S_4$ 分子，因此多硫化物与碳层之间的吸附作用可以有效抑制多硫化物的溶解，提高锂-硫电池的电化学性能。然而，以软/硬模板合成的有序多孔活性炭材料具有更短的离子传输路径及大量的有效硫负载表面积。多孔碳材料包含微孔、介孔和大孔不同尺寸的孔洞，微孔“核”可以作为小分子 S 存储器，介孔“壳”可以提供较短的 $Li^+$ 传输路径，并且足够的孔隙空间能够缓解体积膨胀/收缩及提高硫负载量。

但是，电中性纯活性炭是非极性材料，与极性充放电中间体的相互作用较弱，因此 C/S 界面无法有效地阻止多硫化物在电解液中的穿梭。优化活性炭材料界面特性可以增强 C/S 接触及材料在电解液中的浸润性，提高在界面处对多硫化物迁移的捕获，避免锂-硫电池中严重的穿梭效应。表面官能团可以提高非极性活性炭材料的极性，增强 C/S 电极界面在电解液中的浸润性，通过成键(如 C—S 和 S—O)可以实现 C 与 S 的紧密接触。极性官能团可以通过极性间的相互作用提供多硫化物的化学位点，有效抑制在负极与正极间的穿梭效应。通过化学处理的异质原子掺杂(如 O、N、B)活性炭材料可以实现表面官能化，如 N 掺杂碳材料通过“吡啶”N、“石墨”N 和“吡咯”N 增强界面极性和导电性，提高锂-硫电池的电化学性能。

与活性炭基材料相比，CNT 具有更好的导电性，在电化学过程中可以提供连续的电子和离子传输路径。CNT 独特的一维结构可以通过化学自组装、真空过滤或冷冻干燥法构建不同的宏观结构。

具有连续网络结构的 CNT 可以避免非导电黏结剂的加入，加快电化学过程中的离子/电子连续转移，减小正极的接触电阻。此外，高长径比($>10^4$)有利于制备自支撑 CNT/S 正极，提供充足的硫负载空间。制备 CNT/S 复合材料有两种方法，一是通过物理熔化扩散或化学沉积法在柔性 CNT 架构中嵌入活性 S 纳米颗粒；二是将含有 S 纳米颗粒的 CNT 组装成不同宏观结构的正极材料。CNT/S 正极材料中的连续 CNT 网络不仅可以为快速氧化还原反应提供高效的短程电子通道，同时也提高 S 的含量($>$95wt%)。但是，由于 CNT 的非极性特征，附着在外壁的 S 仍然会在充放电过程中发生穿梭效应而损失，因此改变极性可以解决该问题。通过杂原子掺杂(B、N、O 等)在 CNT 中引入极性官能团，这些官能团可以作为多硫化物的吸附位点有效抑制穿梭效应。此外，CNT 与活性炭的复合可以增加材料的比表面积，提高 S 的负载量而优化锂-硫电池的电化学性能[172]。

与 CNT 相比，石墨烯具有更大的比表面积，而且独特的二维结构可以组装制备石墨烯基叠层材料，为电极材料提供更大的载硫量。此外，石墨烯具有连续的导电网络，在充放电过程中正极或集流体中的电子/离子可以快速转移。与其他碳材料一样，通过杂原子掺杂及与活性炭复合提高材料对多硫化物的吸附作用，提高电极整体载硫量，都可以增强锂-硫电池的电化学性能及循环稳定性[173]。

2. 金属氧化物/硫化物

锂-硫电池的添加剂可以作为捕获可溶性多硫化物的吸附剂，或作为产生额外容量的辅助材料。吸附剂材料的氧化还原电势不应与 S[1.5～2.8V (*vs.* $Li^+$/Li)]的重叠，防止在充放电循环过程中发生不必要的电化学反应和结构变化。添加剂材料的密度和量不宜过大，否则降低电池的整体能量密度，而且必须与电解质具备良好的相容性。如果添加剂作为混合阴极中的第二相活性材料，必须在与 S 类似的电压窗口下工作良好。

金属氧化物、过渡金属硫化物具有良好的多硫化物吸附效应，可以作为锂-硫电池正极材料添加剂有效抑制电化学过程中的穿梭效应。但是尺寸效应严重影响材料的吸附能力和电子传输性能，各种不同大小的纳米氧化物颗粒的性能见表 5.5[166]。这些添加剂可以有效地解决多硫化物的扩散而提高电池的循环稳定性，而且在整个正极材料的质量占比很小(3.6wt% $TiO_2$～15wt% $Mg_{0.6}Ni_{0.4}O$)。制备 S-金属氧化物核壳结构材料是另一种复合方式。插层化合物可以在类似于 S 的电压范围内参与充放电反应，作为混合正极中的第二相活性材料。其他可能的混合正极第二相活性材料如 $VO_2$(2.0～3.0V)和 $TiO_2$(1.0～2.5V)，它们都具有与 S 兼容的工作电压窗口。

表 5.5　锂-硫电池正极材料添加剂参数

| 添加剂材料(含量) | 粒子尺寸/nm | BET 比表面积/($m^2$/g) | 硫含量/wt% | 初始放电比容量/(mA · h/g) | 循环比容量/(mA · h/g) | 倍率参数 |
|---|---|---|---|---|---|---|
| $Mg_{0.6}Ni_{0.4}O$(15wt%) | 30～50 | 7.97(复合物) | 20 | 1185 | 50 次，约 1000 | 0.1C, 1.5～3.5V |
| $Mg_{0.6}Ni_{0.4}O$(约 5wt%) | 20～50 | 17.1(复合物) | 30.8 | 1545 | 100 次，约 1130 | 0.1C, 1.0～3.0V |
| $\gamma$-$Al_2O_3$(10wt%) | 150 | — | 50 | 750 | 25 次，约 600 | 100mA/g, 1.5～3.0V |
| 介孔硅(9.5wt%) | — | 850(添加剂) | 59.85 | 1000 | 40 次，约 650 | 2mA/$cm^2$, 1.5～3.0V |
| $TiO_2$(3.6wt%) | 4～6 | 275(添加剂) | 48 | 1201 | 200 次, 877 | 1.0C, 1.5～2.8V |
| $TiO_2$ | 800(复合材料的 $TiO_2$ 涂层厚度为 15nm) | | 53 | 1030 | 1000 次，约 650 | 0.5C, 1.7～2.6V |

3. $Li_2S$ 正极材料

$Li_2S$ 是 S 放电最终产物，储锂的理论比容量为 1166mA · h/g，如果作为锂-硫电池的正极材料，则由于可以提供锂源，允许使用不含 Li 的负极，如 Si、Sn 或金属氧化物等，因此与单质硫正极材料相比，$Li_2S$ 可以提高电池的安全性能。但是 $Li_2S$ 的低电子和离子电导率、对水氧敏感及合成困难等缺点限制了其在锂-硫电池正极材料中的应用，并一度被认为是电化学不活泼的。崔屹教授课题组[174]发现在首次充电中施加更高的截止电压可以克服微尺寸 $Li_2S$ 首次充电开始时的势垒，并且该势垒在随后的循环中不再出现，如图 5.41(a) 所示。根据实验观察，$Li_2S$ 首次充电模型如图 5.41(b) 所示，在步骤 1 和步骤 2 中是一个单相反应，$Li_2S$ 部分脱锂形成 $Li_{2-x}S$，两者具有相同的晶体结构。该过程的电荷转移很慢，导致了较大的电荷转移电阻。在步骤 3 中，形成多硫化物，$Li_2S$ 和多硫化物的共存使得电荷转移比前面的步骤容易。一旦所有的 $Li_2S$ 在充电结束时转化为多硫化物(步骤 4)，多硫化物之间的电荷转移就非常容易。而在首次充电后，电解质中会存在多硫化物晶核，显著改善了后续循环中的电荷转移。该项研究提供了 $Li_2S$ 作为锂-硫电池正极材料的一种实用方法。

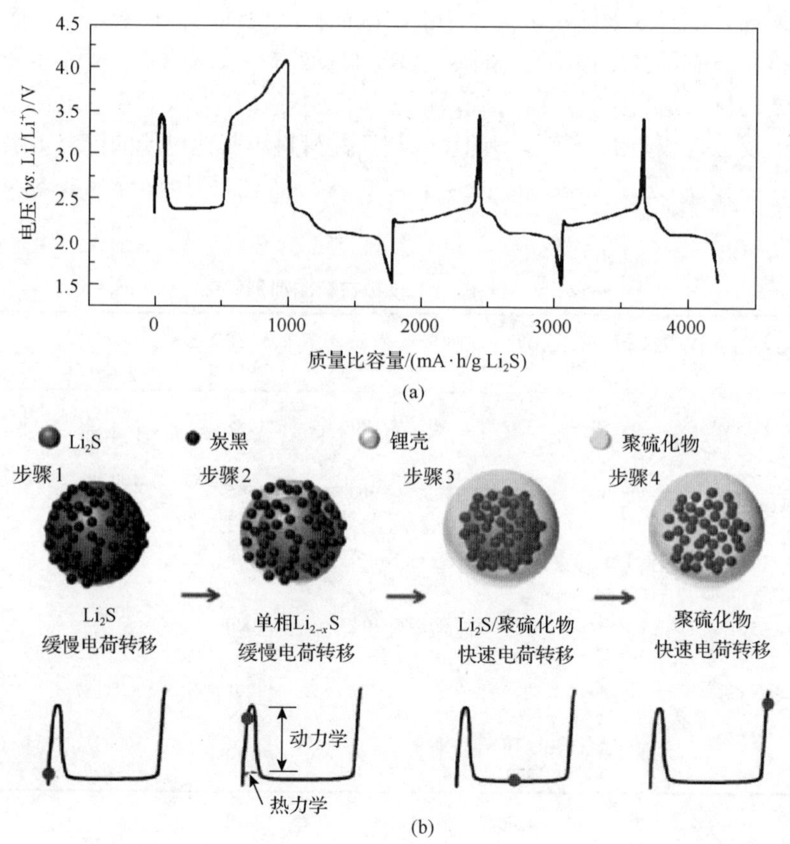


图 5.41　(a) 初始 $Li_2S$ 电极前三次循环的电压曲线；(b) $Li_2S$ 电极首次充电的模型

与单质硫正极材料类似，制备与C的复合材料是增强$Li_2S$导电性的常用方法，包括：球磨法将$Li_2S$粉末与C制备复合材料[175]、电火花等离子体法制备$Li_2S$-C复合材料[176]、机械球磨和湿化学法制备碳包覆$Li_2S$复合材料[177]，可以明显提高电化学性能，展现了优异的循环寿命。

## 5.6 研究实例：锂离子电池负极材料金属硫化物的制备及研究

开发具有成本效益、大容量和高速率的储能技术对便携式电子设备、电动汽车和智能电网至关重要。锂离子电池由于具有较高的能量密度，是目前最常用的满足这些应用的能量需求的电池。对于其他电池技术而言，锂-硫电池具有极高的能量密度，S电极的理论比容量高达1675mA·h/g。然而，如上所述，锂-硫电池的商业化受到一些关键问题的限制，包括S及其放电产物($Li_2S_2$/$Li_2S$)的绝缘性质、聚硫化合物($Li_2S_x$，$4\leqslant x\leqslant 8$)的穿梭效应等。为了解决这些问题，对金属硫化物进行了探索和研究，以寻找替代单质硫电极的可能性，提高其电化学性能。其中，$SnS_2$以其丰富的储量和较高的理论比容量(1232mA·h/g，基于转化反应和合金化反应)成为最有希望的竞争者之一。然而，由于电化学合金化过程中体积变化大和电子导电性差，$SnS_2$电极的容量衰减严重。

为了解决体积膨胀和不良的电子传导，提高循环稳定性，实现高可逆锂离子存储容量，采用等离子体蒸发法和后期硫化制备了$SnS_2$@CNT，制备过程如图5.42所示。首先采用等离子体蒸发法制备前驱体，以锡块为阳极，碳棒为阴极，将甲烷和氩的混合气作为工作气体通入真空腔室。在稳定的电流下引弧后，在高温等离子体中将锡块蒸发成纳米颗粒。为了防止蒸发过程中锡块的消耗造成等离子体中断，对两电极间的空间进行了连续监测。经过一系列的冷凝、沉积和钝化处理后，从水冷室壁上收集的产品为Sn半填充碳纳米管(Sn@CNT)。

合成$SnS_2$@CNT纳米结构：首先，将Sn@CNT粉末与硫均匀混合，在真空管式炉中加热。所得产物置于燃烧舟中，进一步通过加热升华去除多余的单质硫。冷却至室温后收集的最终产品为$SnS_2$@CNT纳米颗粒。由图5.43可知，硫化温度为300℃时完全生成$SnS_2$，因此，本研究实例选择300℃下硫化的产物作为研究对象。

所得纳米颗粒样品的微观结构利用XRD进行表征，碳结构利用拉曼(Raman)光谱进行表征。利用TEM分析样品的形态和微观结构，STEM对样品的选区电子衍射(SAED)和元素图谱进行分析。利用TGA和碳硫分析仪测定样品中锡和碳的含量；XPS技术分析了$SnS_2$@CNT纳米颗粒表面的元素形态，并在400～4000$cm^{-1}$的测量范围内测试了样品的FTIR光谱。

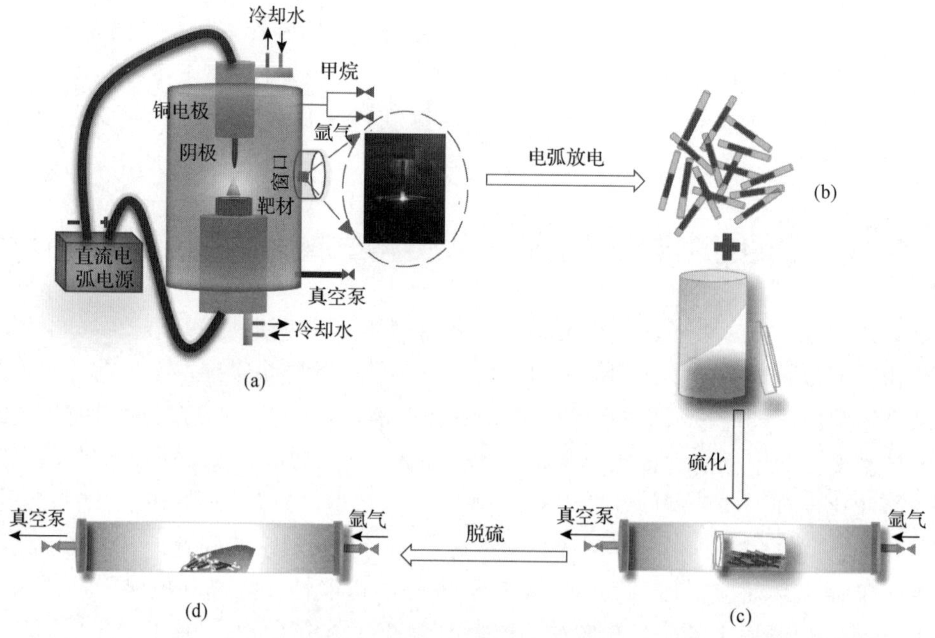


图 5.42　$SnS_2$@CNT 制备示意图

(a)等离子体蒸发法合成 Sn@CNT；(b) Sn@CNT 与硫混合；(c)硫化；(d)脱硫

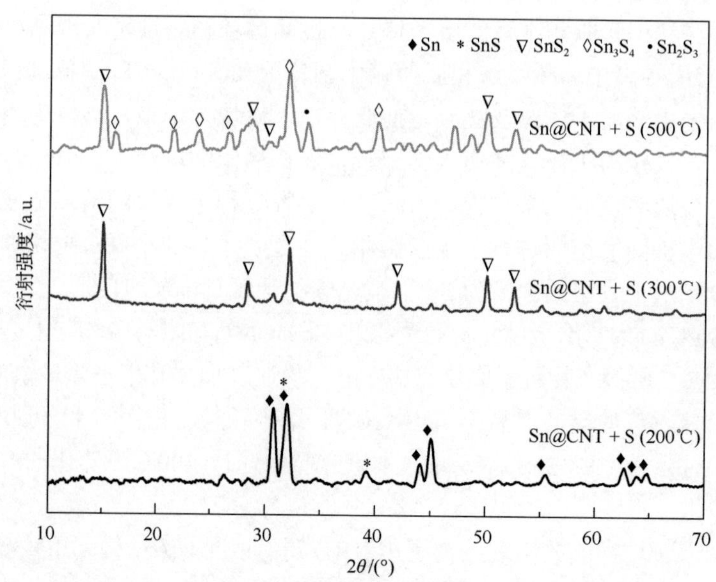


图 5.43　Sn@CNT 纳米颗粒硫化产物的 XRD 图谱

通过组装 CR2025 型纽扣电池对纳米颗粒的电化学性能进行表征。以制备的纳米粉体(80wt%)为活性物质、聚偏氟乙烯(PVDF，10wt%)为黏结剂，与导电剂

(Super P，10wt%)混合均匀，溶解在 *N*-甲基吡咯烷酮(NMP)形成泥浆状，制备工作电极。将所得泥浆以活性材料质量负载约 $1mg/cm^2$ 的标准涂覆到铜箔集流体上。在真空干燥箱 120℃下干燥 24h，然后切割成直径为 14mm 的圆形电极片。在手套箱中(水分和氧气含量均小于 0.1ppm)以金属锂片为对电极，1mol/L 的 $LiPF_6$ 碳酸乙烯酯/碳酸二乙酯(体积比 1∶1)溶液为电解液，聚丙烯为隔膜组装纽扣电池。利用蓝电测试系统测试电池电化学循环性能，电化学工作站测试循环伏安曲线及电化学阻抗谱。

图 5.44(a)为 Sn@CNT 和 $SnS_2$@CNT 纳米颗粒的 XRD 图谱，表明合成的 $SnS_2$ 具有 Berndite 晶体结构，晶格常数 $a = b = 3.649Å$，$c = 5.899Å$。由拉曼光谱图[图 5.44(b)]可知，以 $1334cm^{-1}$、$1565cm^{-1}$ 和 $2664cm^{-1}$ 为中心的三个强峰，分别对应于无序诱导的 D 带($A_{1g}$ 碳振动模式)、石墨 G 带($E_{2g}$ 碳振动模式)和碳的单 Lorentzian 剖面 2D 带，表明 CNT 中存在大量无序碳。

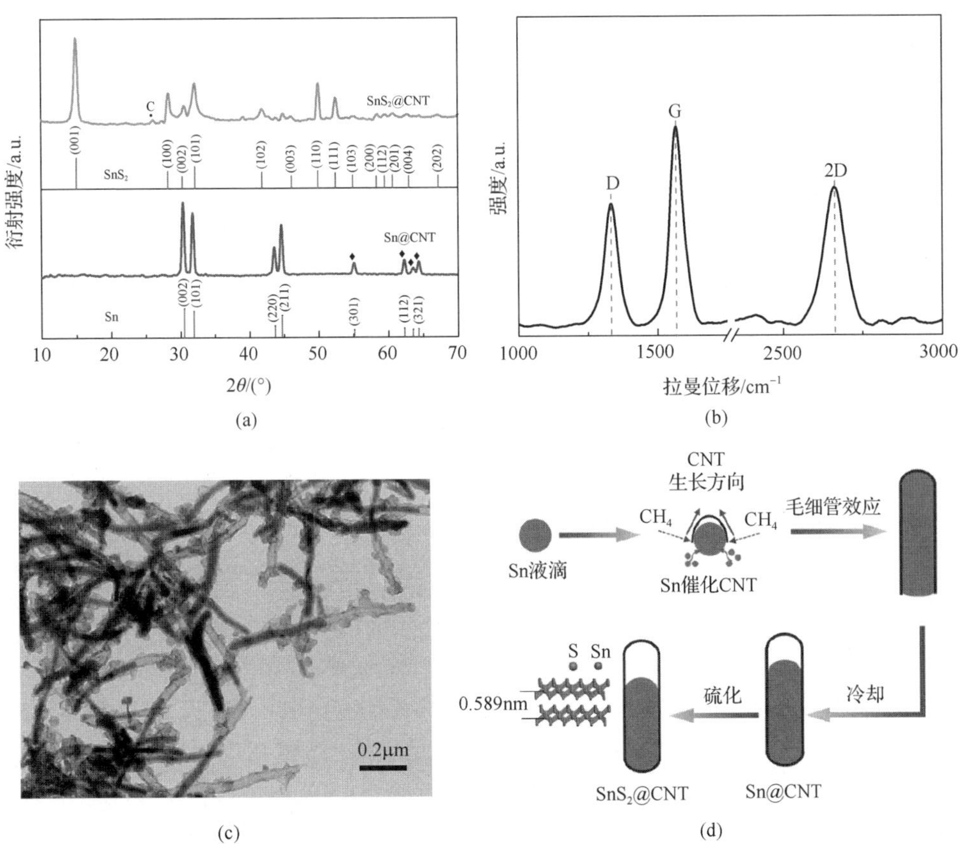


图 5.44　Sn@CNT 和 $SnS_2$@CNT 的 XRD 图谱(a)、拉曼光谱图(b)；(c) $SnS_2$@CNT 的 TEM 图；(d) $SnS_2$@CNT 的生长机理示意图

图 5.44(c)为 $SnS_2$@CNT 的 TEM 图，可知 $SnS_2$@CNT 纳米颗粒的形貌均一，大约 65%的 CNT 内腔充满了 $SnS_2$，保留了足够的空间。$SnS_2$@CNT 纳米结构的形成机理如图 5.44(d)所示，其中包括等离子体蒸发制备 Sn@CNT 和后期硫化形成 $SnS_2$@CNT。在等离子体蒸发过程中，锡靶材在超高温下分解成原子气态，$CH_4$ 裂解形成 C 原子，在冷却过程中，Sn 原子形成液滴，并催化 CNT 液滴表面生长。由于毛细管效应 Sn 进入 CNT 内部，呈现一维形态。由于 Sn 和 CNT 的热膨胀系数不同，随着温度的降低，液态 Sn 凝固体积收缩，在 CNT 内形成空隙。

图 5.45(a)和(b)为 $SnS_2$@CNT 纳米颗粒的 TEM 图，清晰地表明样品为半填充结构。由 $SnS_2$@CNT 纳米颗粒的高分辨率 TEM 图[图 5.45(c)]可知，碳壳由厚度约为 9nm 的洋葱状石墨组成。图 5.45(d)的不同元素分布图明确展示了 $SnS_2$@CNT 纳米颗粒中 $SnS_2$ 和 C 的分布，Sn 元素(绿色)作为内核均匀分布，CNT 的 C 元素(红色)展现了更宽的范围。但是，S 元素(橙色)与 C 元素的分布相同，而不是与 Sn 元素一致。因此假设，除了与 Sn 金属形成 $SnS_2$ 外，S 元素还分布在碳壁内。

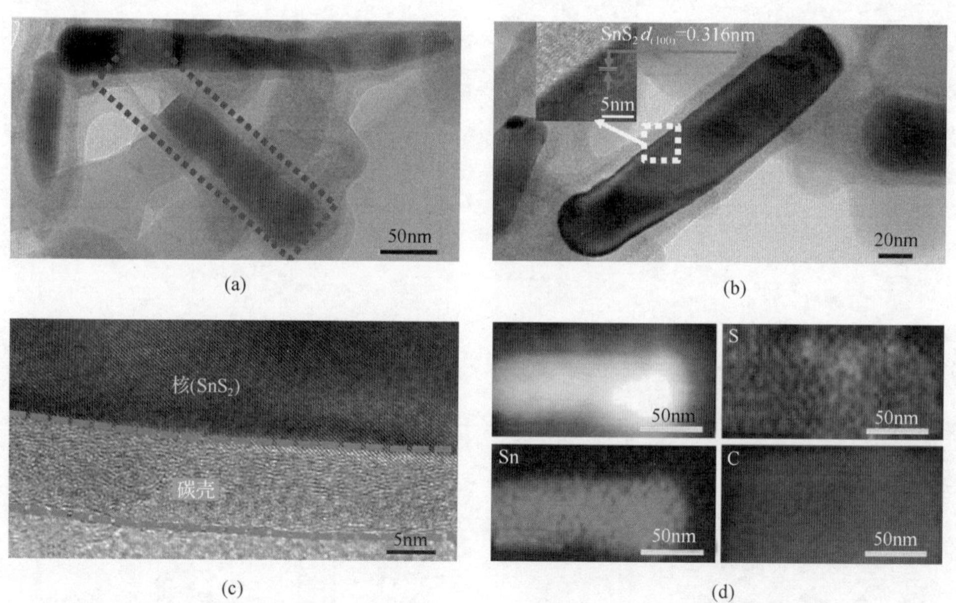


图 5.45　(a)～(c)不同分辨率下 $SnS_2$@CNT 纳米颗粒的 TEM 图；(d)不同元素的分布图
(d)中橙色为 S，绿色为 Sn，红色为 C

采用热重分析和元素分析仪测定了 $SnS_2$@CNT 复合材料中的 Sn、S 和 C 含量。元素分析仪根据 $SnS_2$@CNT 在 $O_2$ 气氛中燃烧时释放的 $CO_2$ 量，测得 C 的质量分数约为 13.2%。$SnS_2$@CNT 在 TGA 测试过程中发生的化学反应如下

$$SnS_2 + O_2 \longrightarrow SnO_2 + SO_2 \tag{5.68}$$

$$C + O_2 \longrightarrow CO_2 \tag{5.69}$$

根据 TGA 分析(图 5.46)，假设在 $SnS_2$@CNT 复合材料中 Sn 的含量为 $x$，则基于已知的 $SnO_2$($M_{SnO_2}$)和 Sn($M_{Sn}$)摩尔质量：

$$x \cdot \frac{M_{SnO_2}}{M_{Sn}} = 71.2\%，\quad x = 56.1\%$$

因此 $SnS_2$@CNT 复合材料中的 Sn 含量为 56.1%。假设在 $SnS_2$@CNT 中 $SnS_2$ 的含量为 $y$，则

$$y = x \cdot \frac{M_{SnS_2}}{M_{Sn}}，\quad y = 86.3\%$$

因此根据 Sn 含量计算，$SnS_2$@CNT 复合材料中 $SnS_2$ 的质量分数为 86.3%。

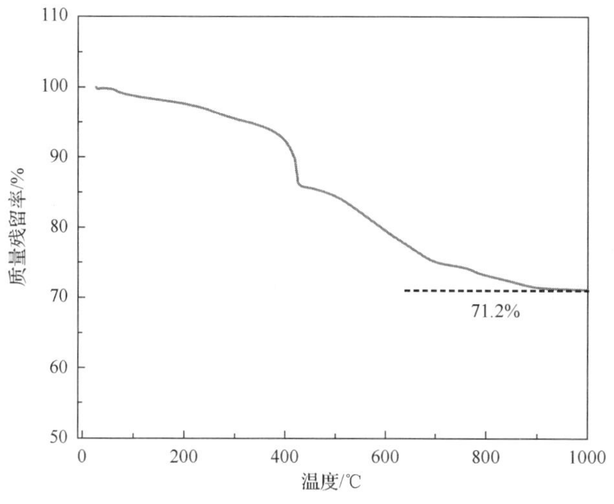


图 5.46 $SnS_2$@CNT 在空气中的 TGA 曲线

为了证实关于 S 在 CNT 管壁上分布的假设，并确定 S 的存在形式，对 $SnS_2$@CNT 试样进行了 XPS 研究，如图 5.47 所示。图 5.47(a) 中位于 284.60eV、285.30eV 和 285.52eV 处的 C 1s 峰分别对应于 C—C、C—OH 和 C—S 键。图 5.47(b) 中位于 486.80eV 和 495.18eV 处的两个特征峰，分别归因于 Sn 的二硫化物和 Sn 的二氧化物。$SnO_2$ 的存在是等离子体蒸发后表面钝化所致。图 5.47(c) 是不同价态 S 的 2p 光谱，在 161.74eV 处的主峰表示 $SnS_2$。位于 163.0eV 和 165.1eV 处的峰均对应于 C—S 键，说明 S 可以在碳壳中以成键的形式存在。在 164.2eV 处有一个弱峰归属于 S—S 键，表明去硫后碳层中仍有少量单质硫残余。众所周知，

理想 CNT 中的化学键完全以 $sp^2$ 杂化的 C 原子组成，与石墨类似，这些键为 CNT 提供了高强度。为了更深入地理解 CNT 硫化，进行了基于 DFT 的第一性原理计算。

以石墨烯为研究对象进行了 DFT 计算，以揭示 S 在所有可能的石墨烯结构上的吸附，包括理想型和缺陷型石墨烯。选择两种典型的缺陷进行讨论，即单空位(SV)和双空位(DV)。图 5.47(d)～(f)显示了优化结构和相应的吸收能($E_a$)。各构型的稳定性与吸收能有关，即负值越大，结构的稳定性越高。研究发现，理想型石墨烯可以在桥位捕获蒸发的 S 原子[图 5.47(d)]，吸收能为–0.97eV。此外，由于在缺陷型石墨烯表面 S 的吸收能较低[ $E_a$(SV) = –7.24eV；$E_a$(DV) = –2.04eV ]，因此更稳定。CNT 的固有缺陷对于在低温下形成稳定的 C—S 共价键至关重要。

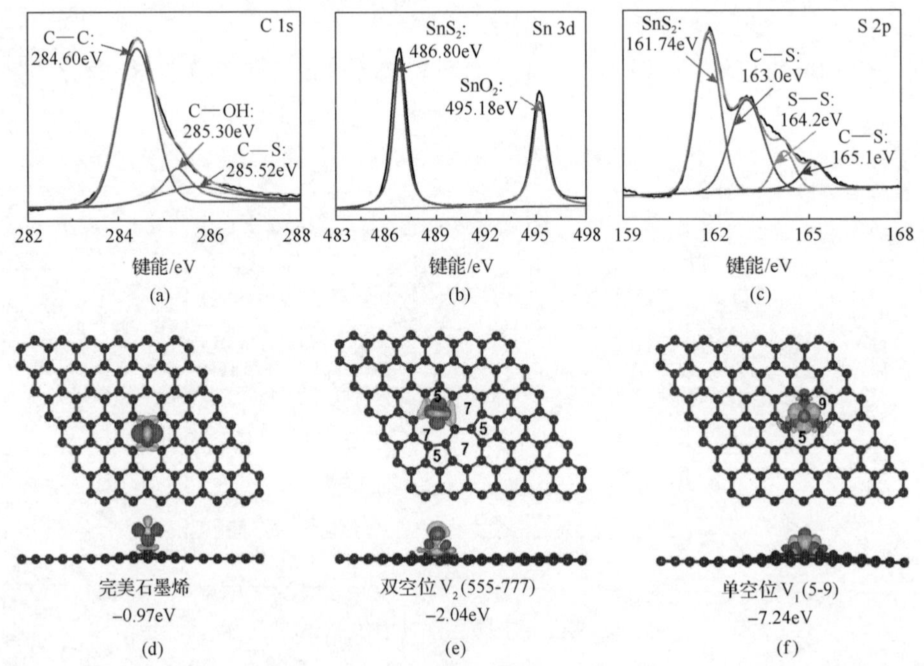


图 5.47　$SnS_2$@CNT 中 C 1s(a)、Sn 3d(b)和 S 2p(c)的高分辨率 XPS；三种典型石墨烯模型：完美石墨烯(d)、双空位 555-777(e)和单空位 5-9(f)

以 Li 金属为对电极，研究了 $SnS_2$@CNT 作为锂离子电池负极材料的电化学性能。通过恒电流放电/充电测量，研究了 $SnS_2$@CNT 的循环性能。图 5.48(a)为 $SnS_2$@CNT 电极在 0.01～3.00V(*vs*. $Li/Li^+$)和 0.3A/g 恒定电流密度下的充放电曲线。在 $SnS_2$@CNT 的第一放电曲线中，1.72V 的电压平台对应 $SnS_2$ 的锂化反应。在 1.25V 和 0.75V 处的电压平台与 $Li_xSnS_2$ 的进一步锂化有关。在充电曲线中 0.65V 左右处的电压平台归因于 $Li_{4.4}Sn$ 脱锂反应，氧化生成 Sn 和 $Li^+$。Sn 和 $Li_2S$ 在 1.89V

处反应回到 $SnS_2$。图 5.48(b)显示了不同电流密度下 $SnS_2$@CNT 的充放电性能，当电流密度从 0.1A/g 增加到 5.0A/g 时，平均可逆比容量呈下降趋势，但在超高电流密度 5.0A/g 时，$SnS_2$@CNT 电极仍能获得 200mA·h/g 的储锂比容量。此外，当电流密度恢复到 0.1A/g 时，可恢复到 878mA·h/g 的恒定比容量。

图 5.48(c)为 $SnS_2$@CNT 电极的恒电流循环性能，其初始放电和充电比容量分别为 1258mA·h/g 和 886mA·h/g，库仑效率为 70%。在前 100 次循环中，储锂比容量有明显的损失，是 $SnS_2$ 核的粉碎造成的。然而，不同于纯 $SnS_2$ 电极在随后的循环中比容量降至最低值，$SnS_2$@CNT 从第 100 次循环开始比容量逐渐恢复并且出现逆增长，在第 470 次循环放电比容量最大增长至 2733mA·h/g。即使在高电流密度下，也可以观察到反向比容量增长的异常现象[图 5.48(e)]。显然，当电池在电流密度分别为 0.5A/g 和 1.0A/g 的情况下充放电时，前 100 个循环周期内，比容量分别从 1178mA·h/g 下降到 439mA·h/g，从 847mA·h/g 下降到 356mA·h/g。在随后的循环中，比容量逐渐恢复，电流密度为 0.5A/g 时的比容量增量大于 1.0A/g 时的比容量增量。在另一种表达形式中，图 5.48(c)所示的第 5 次循环纽扣电池以 0.3A/g 的电流密度放电时，它可以维持近 3.0h；在第 470 次循环纽扣电池可以工作 9.0h 以上，比初始状态耐久近 3 倍。在 470 次循环后，由于长期的嵌/脱锂过程，$SnS_2$@CNT 电极的结构坍塌，并导致比容量在第 550 次循环时急剧下降至约 750mA·h/g。

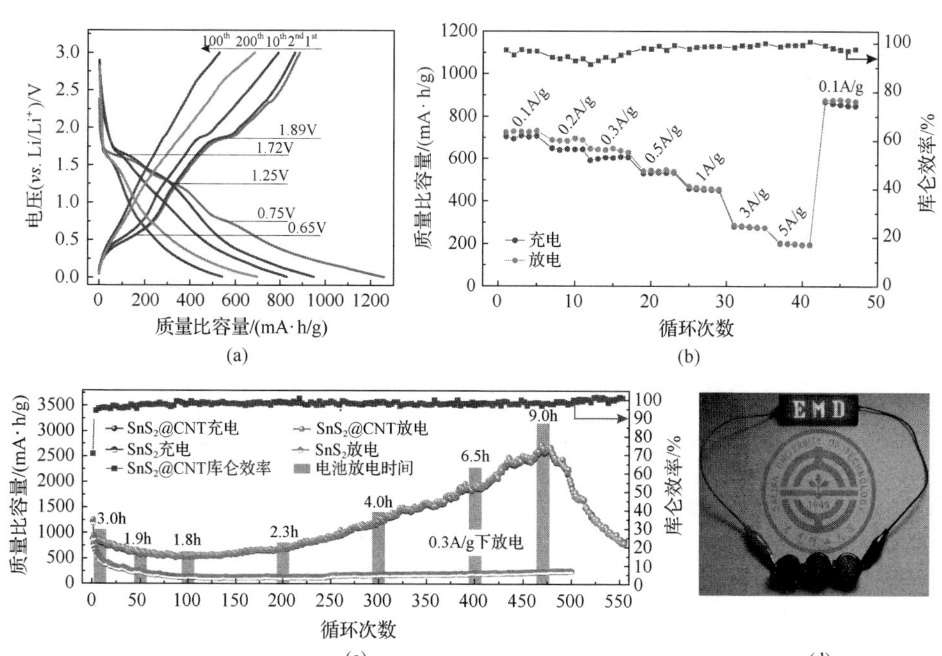

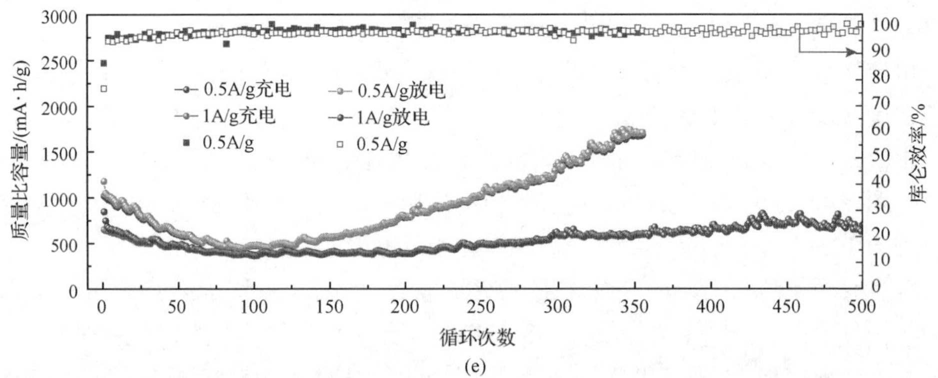

(e)

图 5.48 $SnS_2$@CNT 纳米颗粒电极的(a)电流密度为 0.3A/g 时的充放电曲线；(b)倍率性能(从 0.1A/g 增加到 5A/g)；(c)电流密度为 0.3A/g 时的循环性能；(d)由 CR2025 型电池串联点亮($SnS_2$@CNT 作为工作电极，开路电压为 5.4V)一个 LED 阵列面板(11×44 二极管，额定电压为 3.7V)；(e)电流密度分别为 0.5A/g 和 1A/g 时的循环性能

图 5.49(a)为 $SnS_2$@CNT 电极在 0.01～3.00V(*vs.* $Li/Li^+$)电压范围内扫描速率为 0.1mV/s 的循环伏安曲线。如图 5.49(b)所示，$SnS_2$@CNT 电极首次阴极扫描中 1.85V 处的还原峰在随后的循环中消失，这归因于 $SnS_2$ 中嵌入 $Li^+$不可逆地形成 $Li_xSnS_2$。在首次阴极扫描中，0.65V、1.26V 和 1.50V 处的还原峰对应于 $SnS_2$ 分解成金属形成 $Li_2S$：$Li_xSnS_2 + (4-x)Li^+ + (4-x)e^- \longrightarrow Sn + 2Li_2S$，以及 SEI 膜的形成。在 0.25V 处的还原峰与可逆形成 $Li_xSn$ 合金有关。在首次阳极扫描中，0.51V 和 0.62V 的氧化峰代表 $Li_xSn$ 合金的脱锂化反应，而 1.89V 处的另一个氧化峰则是在充电状态更高电势下的 Sn 氧化而产生的：$Sn + 2Li_2S \longrightarrow SnS_2 + 4Li^+ + 4e^-$。在 2.36V 处出现的氧化峰对应于低阶硫化锂在多硫化物反应过程中脱锂生成多硫化物 $LiS_x$($4 \leqslant x \leqslant 8$)，并输出较高的容量。在 0.10V 和 0.23V 处的氧化还原峰与 CNT 中的嵌/脱锂反应有关。

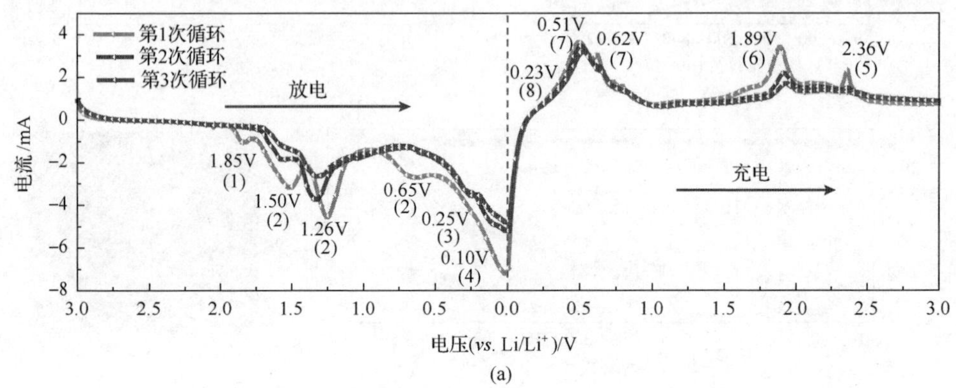

(a)

| 还原反应 | | 氧化反应 | |
|---|---|---|---|
| 1.85V | $SnS_2+xLi^++xe^-\longrightarrow Li_xSnS_2(1)$ | 2.36V | $Li_2S/Li_2S_2\longrightarrow LiS_x\quad 4\leqslant x\leqslant 8\,(5)$ |
| 1.50V | $Li_xSnS_2+(4-x)Li^++(4-x)e^-\longrightarrow Sn+2Li_2S(2)$ | 1.89V | $Sn+2Li_2S\longrightarrow SnS_2+4Li^++4e^-(6)$ |
| 1.26V | | | |
| 0.65V | | 0.62V | $Li_{4.4}Sn\longrightarrow Sn+4.4Li^++4.4e^-(7)$ |
| 0.25V | $Sn+4.4Li^++4.4e^-\longrightarrow Li_{4.4}Sn(3)$ | 0.51V | |
| 0.10V | $6C+yLi^++ye^-\longrightarrow Li_yC_6(4)$ | 0.23V | $Li_yC_6\longrightarrow 6C+yLi^++ye^-(8)$ |

(b)

图 5.49　$SnS_2$@CNT 电极在 0.01～3.00V (*vs*. $Li/Li^+$) 电压范围内扫描速率为 0.1mV/s 的循环伏安曲线 (a) 和循环伏安曲线对应的氧化还原峰反应方程式 (b)

图 5.50 (a)、(b) 为 $SnS_2$@CNT 电极循环后的 HRTEM 图。在 200 次充放电循环后，CNT 结构保持完整，而 $SnS_2$ 内核膨胀并充满 CNT 内的所有空间。由 HRTEM 图可知，CNT 有效地缓解了 $SnS_2$ 的体积膨胀，并在充放电循环期间约束粉化的 $SnS_2$ 颗粒。因此在长期循环过程中，完整而坚韧的 CNT 能彻底束缚 $SnS_2$ 颗粒。由图 5.50 (b) 可知，CNT 内粉化的颗粒晶面间距为 0.195nm，对应 $SnS_2$ 的 (003) 晶面。插图中的选区电子衍射 (SAED) 环分别对应 $SnS_2$ 的 (100)、(003)、(200)、(202) 和 (300) 晶面。与图 5.45 (c) 相比，$SnS_2$ 晶体在反复的锂化/脱锂化作用后分裂成晶界清晰的小颗粒。如图 5.50 (b) 内的插图所示，四个不同区域 (i～iv) 的反快速傅里叶变换分别对应于 $SnS_2$ 的 (003)、(101)、(202) 和 (302) 晶面。实验结果进一步证实了 $SnS_2$ 的晶体结构发生了严重的变化，甚至发生了非晶化。由于在 CNT 的约束下，$SnS_2$@CNT 电极中的 $SnS_2$ 颗粒被束缚在 CNT 口袋中，即使 $SnS_2$ 发生高度粉化，也能维持导电网络的完整性。由上面高分辨率透射电子显微镜和拉曼光谱分析可知，CNT 存在大量缺陷，为 $Li^+$ 通过碳壳渗透提供了通道。考虑到其导电性，CNT 有助于将电子从外部电源传输到 $SnS_2$，并在核内完成阴极反应。由于 CNT 的“口袋效应”，$SnS_2$ 颗粒的界面大量增加和 $Li^+$ 扩散路径的缩短，使其不利的粉化现象转变为容量增长的有利因素。随着界面电荷的增加，新生成的表面可以储存更多的离子，界面电荷的强度也随着 $SnS_2$ 晶粒尺寸的减小而进一步增强。如图 5.50 (c) 所示的循环后 $SnS_2$@CNT 电极的元素分布图，C (红色) 元素的分布最广，覆盖了 Sn 元素的轮廓，该元素分布图表明电缆状的纳米结构在 300 次循环后仍然保持不变。

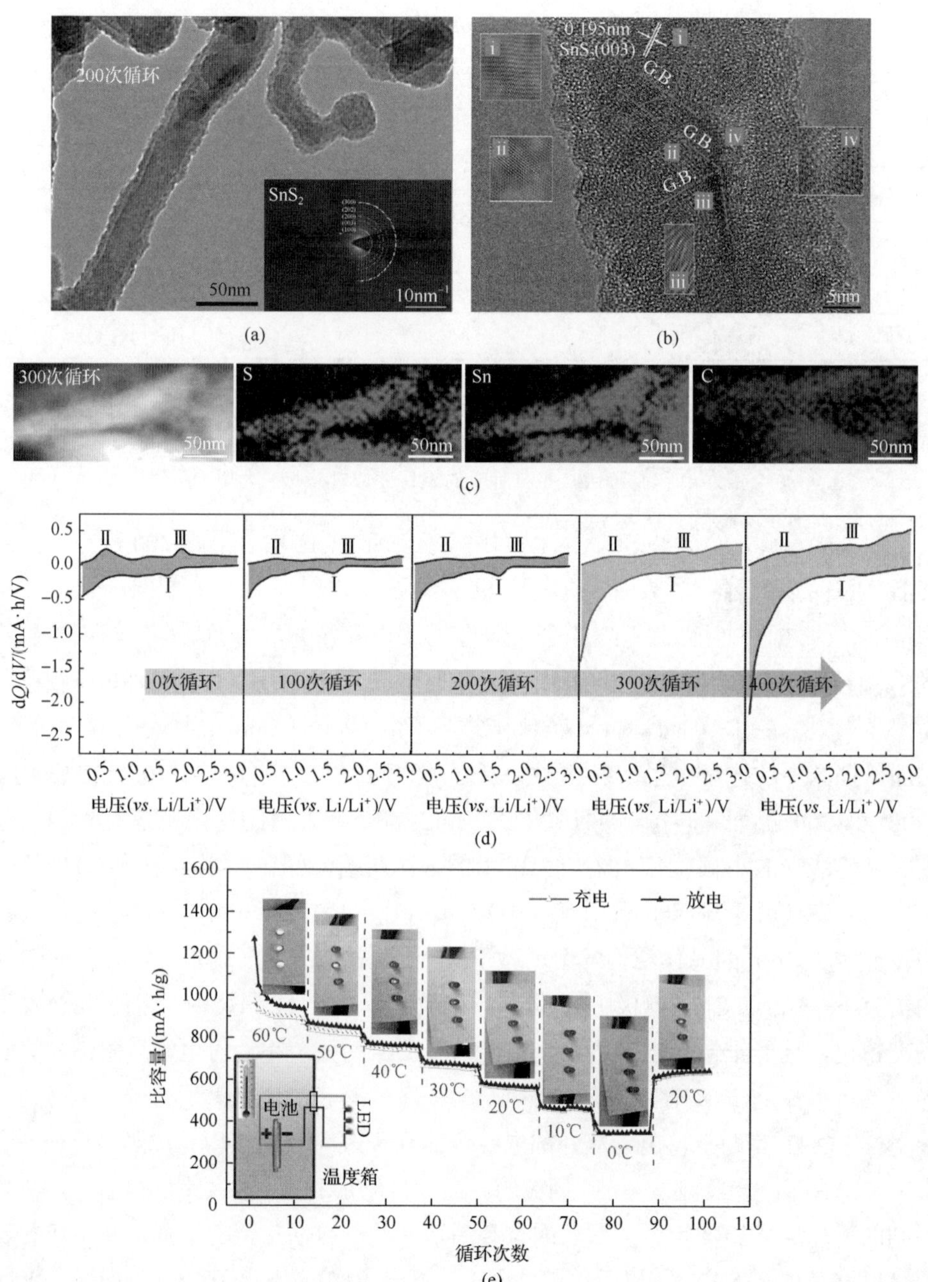


(a)　(b)　(c)　(d)　(e)

图 5.50　(a)和(b)在 0.3A/g 下充放电 200 次循环后 $SnS_2$@CNT 电极的 HRTEM 图，(a)中插图为相应的 SAED 图；(b)中插图为所选区域的反快速傅里叶变换，其中 G.B.表示晶界；(c)300 次循环后 $SnS_2$@CNT 电极的元素分布图，橙色为 S，绿色为 Sn，红色为 C；(d)$SnS_2$@CNT 电极所选循环中的容量微分图；(e)电流密度为 0.5A/g 时不同温度下的循环性能并点亮 LED

第 10 次、第 100 次、第 200 次、第 300 次和第 400 次循环中 $SnS_2$@CNT 电极的容量微分结果如图 5.50(d) 所示。随着循环次数的增加，$SnS_2$ 的氧化还原峰(锂化：1.63V；脱锂：0.52V 和 1.88V) 的强度逐渐减弱。经过 300 次循环后，氧化还原峰变得微弱模糊，伏安特性接近大多数双电层电容器的电容型。曲线中阴影部分的面积对应电池的容量，直到 100 次循环面积逐渐减小，然后在随后的循环中不断变大，与图 5.48(c) 中 $SnS_2$@CNT 电极循环性能趋势相同。氧化还原电势可以根据式(5.3) 得到，在循环初期，具有规则晶格的 $SnS_2$@CNT 电极的氧化还原反应具有恒定的 $\Delta G^0$ 值，因此可以表现出固定的电势。随着 $SnS_2$ 的不断粉化，对称性破坏的界面区占总体积的大部分，畸变能可以为电化学反应提供额外的驱动力。表面/近表面氧化还原反应可以提供更高的比容量。然而，由于缺陷形式的多样性，在宏观上氧化还原电势失去了其特征值。

在温度箱内研究了不同温度下 $SnS_2$@CNT 电极的电化学性能。如图 5.50(e) 所示，由 $SnS_2$@CNT 和金属 Li 组装的半电池在 60℃以 0.5A/g 的电流密度进行安全的充放电循环，放电比容量为 950mA · h/g。当温度降至 50℃、40℃、30℃、20℃、10℃和 0℃时，放电比容量分别降至 850mA · h/g、760mA · h/g、675mA · h/g、560mA · h/g、460mA · h/g 和 345mA · h/g。在温度箱中的不同温度下由一个半电池可以点亮并联的 3 个 LED，随着温度的降低，LED 的亮度降低；但是，在 0℃的低温下仍然可以点亮。在不同温度下 $SnS_2$@CNT 电极的循环伏安曲线如图 5.51 所示，当温度从 60℃降至 0℃时，氧化还原峰的峰值电流明显降低，这是导致低温条件下电池供电的 LED 亮度降低的原因。

在相同条件下，通过测试不同循环后 $SnS_2$@CNT 的电化学阻抗谱(electrochemical impedance spectroscopy，EIS)，表征电荷转移/输运的界面特性。图 5.52(a) 和 (b) 为初始状态及第 50 次、第 100 次、第 200 次、第 300 次和第 470 次循环后的 EIS 谱，以及拟合图，所提出的等效电路如图 5.52(a′) 和 (b′) 所示。$SnS_2$@CNT 电极第 50 次、第 100 次、第 200 次、第 300 次、第 470 次循环后的 EIS 由从高频到中频的三个半圆组成，不同于由两个半圆组成的初始 EIS，额外的半圆归因于在脱/嵌锂过程中形成的 SEI 膜。

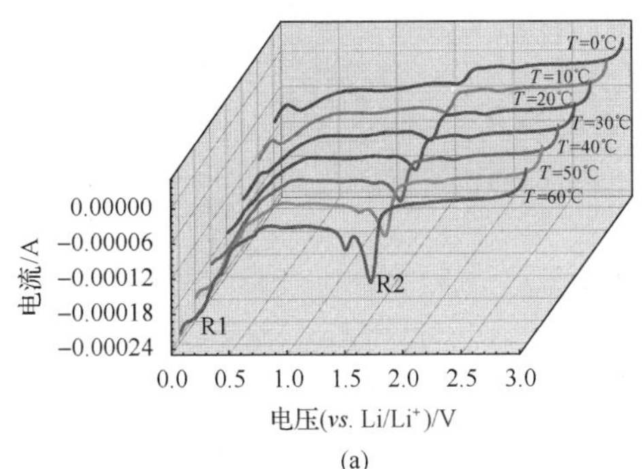


(a)

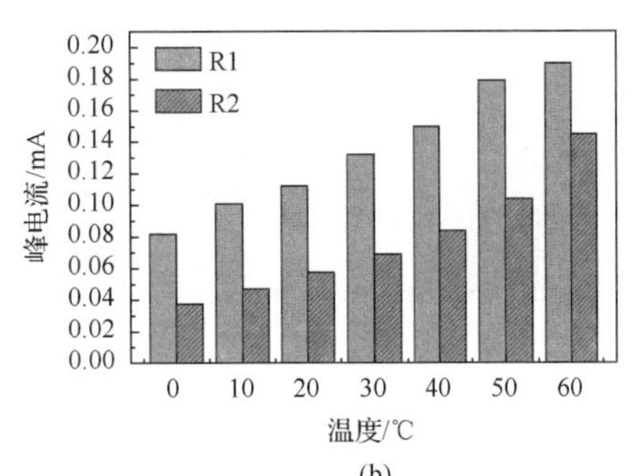


(b)

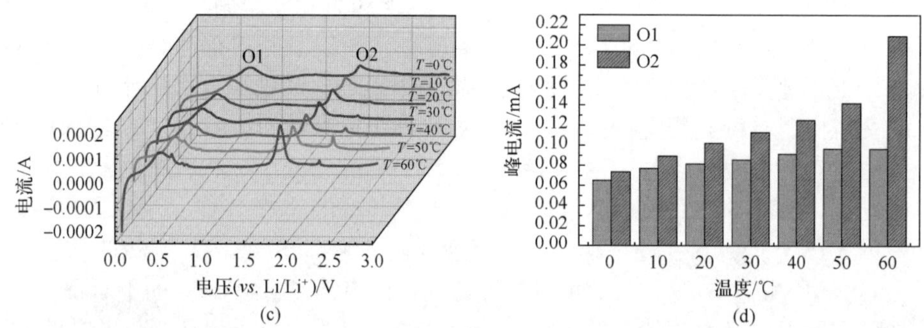


图 5.51 不同温度下 $SnS_2$@CNT 电极在 0.01～3.00V 电压范围内扫描速率为 0.1mV/s 的循环伏安曲线：(a) 还原过程，(c) 氧化过程；不同温度下的峰值电流：(b) 还原峰，(d) 氧化峰

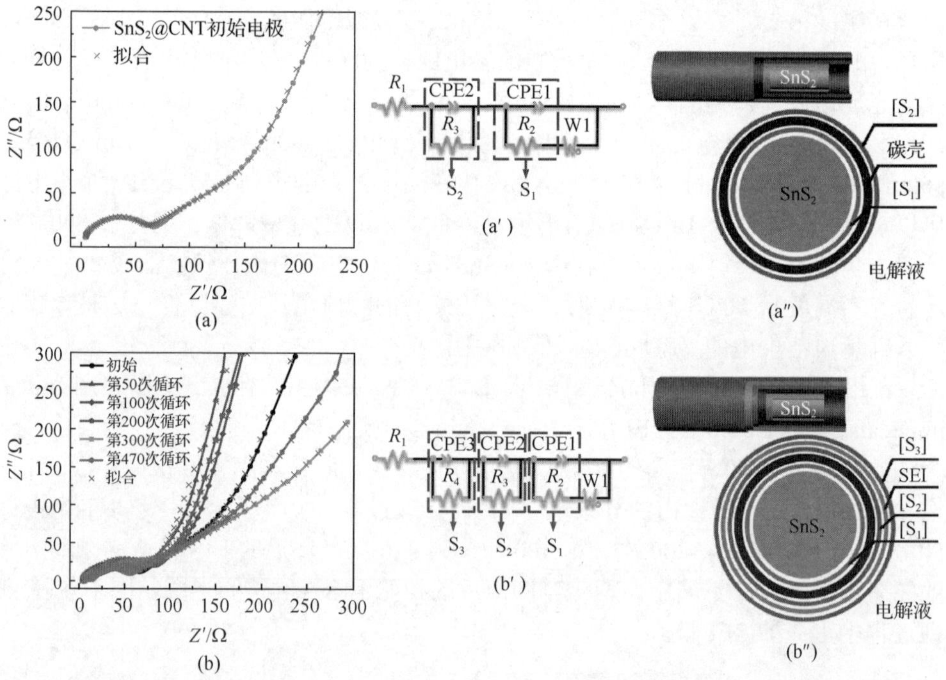


图 5.52 初始 $SnS_2$@CNT 电极的 EIS 谱及其拟合图 (a)、等效电路模型 (a′) 和界面结构图 (a″)；循环后 $SnS_2$@CNT 电极的 EIS 谱及其拟合图 (b)、等效电路模型 (b′) 和界面结构图 (b″)

$R_1$ 代表欧姆电阻，包括电解质、隔膜和电极中的体电阻；$R_2$ 代表 $SnS_2$/电解质界面 ($S_1$) 中的 $Li^+$ 转移电阻；$R_3$ 代表碳/电解质界面 ($S_2$) 中的电荷转移电阻；$R_4$ 代表 SEI 膜界面 ($S_3$) 中的电荷转移电阻；W1 代表 $Li^+$ 在 $SnS_2$@CNT 电极中的 Warburg 电荷扩散过程；CPE1 代表 $S_1$ 处的空间电荷电容；CPE2 代表 $S_2$ 处的空间电荷电容；CPE3 代表 $S_3$ 处的空间电荷电容

如图 5.52 (a″) 和 (b″) 所示，$SnS_2$@CNT 的界面结构由 $SnS_2$ 内核和 CNT 组成。包括电荷转移电阻 ($R_2$、$R_3$) 和空间电荷电容 (CPE2) 在内的拟合数据记录在表 5.6

中。界面 $S_2$ 上的法拉第电流密度($j$)和 $Li^+$扩散系数($D_0$)通过式(5.70)～式(5.72)计算而得，并记录在表 5.6 中：

$$Z' = R_1 + R_{ct} + \sigma\omega^{-0.5} \tag{5.70}$$

$$j = \frac{R_0 T}{nAFR_{ct}} \tag{5.71}$$

$$D_0 = 0.5\left(\frac{R_0 T}{AF^2\sigma c}\right)^2 \tag{5.72}$$

式中：$R_{ct}$ 为电荷转移电阻；$\sigma$ 为 Warburg 系数；$\omega$ 为角频率；$T$ 为温度，298K；$n$ 为氧化还原反应中每个分子转移的电子数；$A$ 为电极的表面积；$F$ 为法拉第常量，96485C/mol；$c$ 为 $Li^+$的摩尔浓度。$R_1$ 和 $R_{ct}$ 都是与频率无关的动力学参数。根据式(5.70)，$\sigma$ 为 $Z'$与角频率倒数平方根($\omega^{-0.5}$)关系图的斜率。

**表 5.6　不同循环中 $SnS_2$@CNT 电极的等效电路参数**

| 样品 | $R_2/\Omega$ | $R_3/\Omega$ | CPE1/F | CPE2/F | $\sigma/(\Omega\cdot cm^2/s^{0.5})$ | $D_0/(cm^2/s)$ | $j/(mA/cm^2)$ |
|---|---|---|---|---|---|---|---|
| 初始 $SnS_2$@CNT | 15.35 | 29.47 | $3.61\times10^{-7}$ | $4.88\times10^{-6}$ | 86.58 | $2.00\times10^{-12}$ | $3.35\times10^{-4}$ |
| 第 50 次循环 | 2.38 | 38.21 | $4.14\times10^{-6}$ | $2.78\times10^{-5}$ | 87.64 | $1.95\times10^{-12}$ | $2.84\times10^{-4}$ |
| 第 100 次循环 | 8.62 | 41.39 | $4.16\times10^{-6}$ | $2.98\times10^{-5}$ | 108.15 | $1.28\times10^{-12}$ | $2.82\times10^{-4}$ |
| 第 200 次循环 | 31.71 | 8.14 | $2.39\times10^{-5}$ | $1.83\times10^{-5}$ | 50.09 | $5.97\times10^{-12}$ | $4.35\times10^{-4}$ |
| 第 300 次循环 | 30.05 | 57.91 | $1.40\times10^{-3}$ | $1.07\times10^{-4}$ | 252.06 | $2.35\times10^{-13}$ | $2.51\times10^{-4}$ |
| 第 470 次循环 | 39.05 | 69.43 | $1.78\times10^{-3}$ | $1.96\times10^{-4}$ | 209.89 | $3.39\times10^{-13}$ | $2.22\times10^{-4}$ |

在前 100 次循环中，$R_3$ 值从 29.47Ω 增加到 41.39Ω，同时其 CPE2 从 $4.88\times10^{-6}$F 增加到 $2.98\times10^{-5}$F；而 $j$ 从 $3.35\times10^{-4}$mA/cm$^2$ 减少到 $2.82\times10^{-4}$mA/cm$^2$。这表明在界面上形成更多的电荷积累，可以增加 $R_3$ 值。然而，直到第 200 次循环，$j$ 和 $D_0$ 值分别突然增加到 $4.35\times10^{-4}$mA/cm$^2$ 和 $5.97\times10^{-12}$cm$^2$/s。扩散系数的提高主要是由于 $SnS_2$ 不断粉化，$Li^+$嵌入/脱出的活性位点增多，并且 $Li^+$扩散路径缩短。在第 470 次循环时，CPE1 和 CPE2 值分别逐渐增加到 $1.78\times10^{-3}$F 和 $1.96\times10^{-4}$F。这表明随着活性物质的粉化，界面上积累了更多的电荷。微小的 $SnS_2$ 颗粒和 CNT 均具有较高的界面能，提高了 $Li^+$的吸附能力。与前 200 次循环相比，第 470 次循环时 $D_0$ 和 $j$ 分别减小至 $3.39\times10^{-13}$cm$^2$/s 和 $2.22\times10^{-4}$mA/cm$^2$，说明通过氧化还原反应贡献的储锂容量逐渐减小，而 $SnS_2$@CNT 电极的容量逆生长的主要原因是长期充放电过程中界面吸附的 $Li^+$。

采用电弧法和后期硫化相结合的方法制备了半填充 CNT 的 $SnS_2$@CNT 纳米结构。$SnS_2$ 是一种具有双层六边形排列密堆积硫的 $CdI_2$ 型二硫化物，两层之间存

在着较大的 $Li^+$嵌入空间。$SnS_2$@CNT 纳米颗粒作为锂离子电池的负极材料，其比容量从初始的 1258mA·h/g 增加到第 470 次循环的 2733mA·h/g。由于 CNT 的口袋效应，经过多次循环后，当 $SnS_2$ 内核严重粉化时，CNT 内的晶粒被充分约束，保证了良好的电接触。由于增加了界面活性位点，缩短了 $Li^+$在 $SnS_2$ 中的扩散路径，从而大大提高了电极的容量。该实例中设计的半填充结构具有良好的电化学性能，表明微结构设计对储能材料的重要影响。

## 参 考 文 献


[1] Bard A J, Faulkner L R. Electrochemical Methods: Fundamentals and Applications. 2nd ed. New Jersey: Wiley-VCH, 2000.

[2] Ravdel B A, Pozin M Y, Tikhonov K I, et al. Thermodynamic properties of the electrochemica-cell-Li/$LiClO_4$ (propylene carbonate)/$Li_xMnO_2$. Sov Electrochem, 1987, 23(11): 1369-1374.

[3] Vinogrado-Vavolzhinskaya E G, Ravdel B A, Tikhonov K I, et al. Electrochemical reduction of copper(Ⅱ) oxide-films in propylene carbonate. Sov Electrochem, 1988, 24(5): 630-634.

[4] Maier J. Modern Aspects of Electrochemistry. Vol 38. New York: Springer, 2005.

[5] Maier J. Modern Aspects of Electrochemistry. Vol 41. New York: Springer, 2007.

[6] Masataka Wakihara O Y. Lithium Ion Batteries: Fundamentals and Performance. New Jersey: Wiley-VCH, 1999.

[7] Maier J. Defect chemistry and ion transport in nanostructured materials: Part Ⅱ. Aspects of nanoionics. Solid State Ionics, 2003, 157(1): 327-334.

[8] Yamada H, Bhattacharyya A J, Maier J. Extremely high silver ionic conductivity in composites of silver halide (AgBr, AgI) and mesoporous alumina. Adv Funct Mater, 2006, 16(4): 525-530.

[9] Jamnik J, Maier J. Nanocrystallinity effects in lithium battery materials aspects of nano-ionics. Part Ⅳ. Phys Chem Chem Phys, 2003, 5(23): 5215-5220.

[10] Maier J. Nano-sized mixed conductors (aspects of nano-ionics). Part Ⅲ. Solid State Ionics, 2002, 148(3): 367-374.

[11] Maier J. Thermodynamic aspects and morphology of nano-structured ion conductors: aspects of nano-ionics. Part I. Solid State Ionics, 2002, 154-155: 291-301.

[12] Maier J. Ionic conduction in space charge regions. Prog Solid State Ch, 1995, 23(3): 171-263.

[13] Maier J. Nanoionics: ion transport and electrochemical storage in confined systems. Nat Mater, 2005, 4(11): 805-815.

[14] Liang C C. Conduction characteristics of the lithium iodide-aluminum oxide solid electrolytes. J Electrochem Soc, 1973, 120(10): 1289-1292.

[15] Maier J. Defect chemistry and conductivity effects in heterogeneous solid electrolytes. J Electrochem Soc, 1987, 134(6): 1524-1535.

[16] Maekawa H, Tanaka R, Sato T, et al. Size-dependent ionic conductivity observed for ordered mesoporous alumina-LiI composite. Solid State Ionics, 2004, 175(1): 281-285.

[17] Maier J. Defect chemistry and ionic conductivity in thin films. Solid State Ionics, 1987, 23(1): 59-67.

[18] Sata N, Eberman K, Eberl K, et al. Mesoscopic fast ion conduction in nanometre-scale planar heterostructures. Nature, 2000, 408(6815): 946-949.

[19] Balaya P, Jamnik J, Fleig J, et al. Mesoscopic electrical conduction in nanocrystalline $SrTiO_3$. Appl Phys Lett, 2006, 88(6): 062109.

[20] Zhukovskii Y F, Balaya P, Kotomin E A, et al. Evidence for interfacial-storage anomaly in nanocomposites for lithium batteries from first-principles simulations. Phys Rev Lett, 2006, 96(5): 058302.

[21] Maier J. Mass storage in space charge regions of nano-sized systems (nano-ionics). Part Ⅴ. Faraday Discuss, 2007, 134: 51-66.

[22] Maier J. Nano-ionics: trivial and non-trivial size effects on ion conduction in solids. Z Phys Chem, 2003, 217: 415.

[23] Buffat P, Borel J P. Size effect on the melting temperature of gold particles. Phys Rev A, 1976, 13(6): 2287-2298.

[24] Schroeder A, Fleig J, Drings H, et al. Excess free enthalpy of nanocrystalline silver, determined in a solid electrolyte cell. Solid State Ion, 2004, 173(1): 95-101.

[25] Schröder A, Fleig J, Maier J, et al. Inherent emf relaxation of electrochemical cells with nanocrystalline Ag electrodes. Electrochim Acta, 2006, 51(20): 4176-4181.

[26] Schröder A, Fleig J, Gryaznov D, et al. Quantitative model of electrochemical ostwald ripening and its application to the time-dependent electrode potential of nanocrystalline metals. J Phys Chem B, 2006, 110(25): 12274-12280.

[27] Bhattacharyya A J, Maier J. Second phase effects on the conductivity of non-aqueous salt solutions: "soggy sand electrolytes". Adv Mater, 2004, 16(9-10): 811-814.

[28] Delmer O, Balaya P, Kienle L, et al. Enhanced potential of amorphous electrode materials: case study of $RuO_2$. Adv Mater, 2008, 20(3): 501-505.

[29] Mulder W H, Sluyters J H. Two mercury drops on a conducting surface in a mercurous ion solution as a model for electrochemical ostwald ripening. J Electroanal Chem, 1999, 468(2): 127-130.

[30] Poizot P, Laruelle S, Grugeon S, et al. Nano-sized transition-metal oxides as negative-electrode materials for lithium-ion batteries. Nature, 2000, 407(6803): 496-499.

[31] Poizot P, Laruelle S, Grugeon S, et al. Rationalization of the low-potential reactivity of 3D-metal-based inorganic compounds toward Li. J Electrochem Soc, 2002, 149(9): A1212-A1217.

[32] Badway F, Cosandey F, Pereira N, et al. Carbon metal fluoride nanocomposites: high-capacity reversible metal fluoride conversion materials as rechargeable positive electrodes for Li batteries. J Electrochem Soc, 2003, 150(10): A1318-A1327.

[33] Badway F, Pereira N, Cosandey F, et al. Carbon-metal fluoride nanocomposites: structure and electrochemistry of $FeF_3$ : C. J Electrochem Soc, 2003, 150(9): A1209-A1218.

[34] Li H, Richter G, Maier J. Reversible formation and decomposition of LiF clusters using transition metal fluorides as precursors and their application in rechargeable Li batteries. Adv Mater, 2003, 15(9): 736-739.

[35] Balaya P, Li H, Kienle L, et al. Fully reversible homogeneous and heterogeneous Li storage in $RuO_2$ with high capacity. Adv Funct Mater, 2003, 13(8): 621-625.

[36] Chowdari B V R, Rajapakse R M G, Seneviratne V A, et al. Solid State Ionics: Advanced Materials for Emerging Technologies. Singapore: World Scientific, 2006.

[37] Jin X, Huang H, Wu A, et al. Inverse capacity growth and pocket effect in $SnS_2$ semifilled carbon nanotube anode. ACS Nano, 2018, 12(8): 8037-8047.

[38] Weppner W. Reactivity of multinary solids. Solid State Ion, 1989, (32-33): 466-473.

[39] Weppner W, Poulsen F W. Transport-structure relations in fast ion and mixed conductors. Risø Nat Lab, 1985: 139-151.

[40] Weppner W, Huggins R A. Thermodynamic properties of the intermetallic systems lithium-antimony and lithium-bismuth. J Electrochem Soc, 1978, 125(1): 7-14.

[41] Scrosati B. Recent advances in lithium ion battery materials. Electrochim Acta, 2000, 45(15-16): 2461-2466.

[42] Shim J H, Lee K S, Missyul A, et al. Characterization of spinel $Li_xCo_2O_4$-coated $LiCoO_2$ prepared with post-thermal treatment as a cathode material for lithium ion batteries. Chem Mater, 2015, 27(9): 3273-3279.

[43] Amatucci G G, Tarascon J M, Klein L C. $CoO_2$, the end member of the $Li_xCoO_2$ solid solution. J Electrochem Soc, 1996, 143(3): 1114-1123.

[44] Li W, Song B, Manthiram A. High-voltage positive electrode materials for lithium-ion batteries. Chem Soc Rev, 2017, 46(10): 3006-3059.

[45] Ahn J, Susanto D, Noh J K, et al. Achieving high capacity and rate capability in layered lithium transition metal oxide cathodes for lithium-ion batteries. J Power Sources, 2017, 360: 575-584.

[46] Zhang H, Karki K, Huang Y, et al. Atomic insight into the layered/spinel phase transformation in charged $LiNi_{0.80}Co_{0.15}Al_{0.05}O_2$ cathode particles. J Phys Chem C, 2017, 121(3): 1421-1430.

[47] Zhang H, May B M, Serrano-Sevillano J, et al. Facet-dependent rock-salt reconstruction on the surface of layered oxide cathodes. Chem Mater, 2018, 30(3): 692-699.

[48] Xia H, Wang H, Xiao W, et al. Properties of $LiNi_{1/3}Co_{1/3}Mn_{1/3}O_2$ cathode material synthesized by a modified pechini method for high-power lithium-ion batteries. J Alloy Compd, 2009, 480(2): 696-701.

[49] Chen Z, Chao D, Lin J, et al. Recent progress in surface coating of layered $LiNi_xCo_yMn_zO_2$ for lithium-ion batteries. Mater Res Bull, 2017, 96: 491-502.

[50] Kuppan S, Shukla A K, Membreno D, et al. Revealing anisotropic spinel formation on pristine Li- and Mn-rich layered oxide surface and its impact on cathode performance. Adv Energy Mater, 2017, 7(11): 1602010.

[51] Kim H, Kim D J, Seo D H, et al. Ab initio study of the sodium intercalation and intermediate phases in $Na_{0.44}MnO_2$ for sodium-ion battery. Chem Mater, 2012, 24(6): 1205-1211.

[52] Delmas C, Fouassier C, Hagenmuller P. Structural classification and properties of the layered oxides. Physica B+C, 1980, 99(1): 81-85.

[53] Wang Z, Wu C, Liu L, et al. Electrochemical evaluation and structural characterization of commercial $LiCoO_2$ surfaces modified with MgO for lithium-ion batteries. J Electrochem Soc, 2002, 149(4): A466-A471.

[54] Cho J, Kim Y J, Kim T J, et al. Zero-strain intercalation cathode for rechargeable Li-ion cell. Angew Chem Int Ed, 2001, 40(18): 3367-3369.

[55] Li J, Yao R, Cao C. $LiNi_{1/3}Co_{1/3}Mn_{1/3}O_2$ nanoplates with {010} active planes exposing prepared in polyol medium as a high-performance cathode for Li-ion battery. ACS Appl Mater Inter, 2014, 6(7): 5075-5082.

[56] Hagen M, Cao W J, Shellikeri A, et al. Improving the specific energy of Li-ion capacitor laminate cell using hybrid activated carbon/$LiNi_{0.5}Co_{0.2}Mn_{0.3}O_2$ as positive electrodes. J Power Sources, 2018, 379: 212-218.

[57] Santhanam R, Jones P, Sumana A, et al. Influence of lithium content on high rate cycleability of layered $Li_{1+x}Ni_{0.30}Co_{0.30}Mn_{0.40}O_2$ cathodes for high power lithium-ion batteries. J Power Sources, 2010, 195(21): 7391-7396.

[58] Hua W, Zhang J, Zheng Z, et al. Na-doped Ni-rich $LiNi_{0.5}Co_{0.2}Mn_{0.3}O_2$ cathode material with both high rate capability and high tap density for lithium ion batteries. Dalton T, 2014, 43(39): 14824-14832.

[59] Ding Y, Zhang P, Long Z, et al. Morphology and electrochemical properties of al doped $LiNi_{1/3}Co_{1/3}Mn_{1/3}O_2$ nanofibers prepared by electrospinning. J Alloy Compd, 2009, 487(1): 507-510.

[60] Rao C V, Reddy A L M, Ishikawa Y, et al. $LiNi_{1/3}Co_{1/3}Mn_{1/3}O_2$-graphene composite as a promising cathode for lithium-ion batteries. ACS Appl Mater Inter, 2011, 3(8): 2966-2972.

[61] Li L, Song B H, Chang Y L, et al. Retarded phase transition by fluorine doping in Li-rich layered $Li_{1.2}Mn_{0.54}Ni_{0.13}Co_{0.13}O_2$ cathode material. J Power Sources, 2015, 283: 162-170.

[62] Liu X, Li H, Li D, et al. Pedot modified $LiNi_{1/3}Co_{1/3}Mn_{1/3}O_2$ with enhanced electrochemical performance for lithium ion batteries. J Power Sources, 2013, 243: 374-380.

[63] Kageyama M, Li D, Kobayakawa K, et al. Structural and electrochemical properties of $LiNi_{1/3}Co_{1/3}Mn_{1/3}O_{2-x}F_x$ prepared by solid state reaction. J Power Sources, 2006, 157(1): 494-500.

[64] Kitajou A, Komatsu H, Nagano R, et al. Synthesis of FeOF using roll-quenching method and the cathode properties for lithium-ion battery. J Power Sources, 2013, 243: 494-498.

[65] Shi J L, Qi R, Zhang X D, et al. High-thermal- and air-stability cathode material with concentration-gradient buffer for Li-ion batteries. ACS Appl Mater Inter, 2017, 9(49): 42829-42835.

[66] Kim Y, Kim H S, Martin S W. Synthesis and electrochemical characteristics of $Al_2O_3$-coated $LiNi_{1/3}Co_{1/3}Mn_{1/3}O_2$ cathode materials for lithium ion batteries. Electrochim Acta, 2006, 52(3): 1316-1322.

[67] Schipper F, Nayak P K, Erickson E M, et al. Study of cathode materials for lithium-ion batteries: recent progress and new challenges. Inorganics, 2017, 5(2): 32.

[68] Hu S K, Cheng G H, Cheng M Y, et al. Cycle life improvement of $ZrO_2$-coated spherical $LiNi_{1/3}Co_{1/3}Mn_{1/3}O_2$ cathode material for lithium ion batteries. J Power Sources, 2009, 188(2): 564-569.

[69] Li J, Wang L, Zhang Q, et al. Electrochemical performance of $SrF_2$-coated $LiNi_{1/3}Co_{1/3}Mn_{1/3}O_2$ cathode materials for Li-ion batteries. J Power Sources, 2009, 190(1): 149-153.

[70] Park B C, Kim H B, Myung S T, et al. Improvement of structural and electrochemical properties of $AlF_3$-coated $Li[Ni_{1/3}Co_{1/3}Mn_{1/3}]O_2$ cathode materials on high voltage region. J Power Sources, 2008, 178(2): 826-831.

[71] Yun S H, Park K S, Park Y J. The electrochemical property of $ZrF_x$-coated $Li[Ni_{1/3}Co_{1/3}Mn_{1/3}]O_2$ cathode material. J Power Sources, 2010, 195(18): 6108-6115.

[72] Kong J Z, Ren C, Jiang Y X, et al. Li-ion-conductive $Li_2TiO_3$-coated $Li[Li_{0.2}Mn_{0.51}Ni_{0.19}Co_{0.1}]O_2$ for high-performance cathode material in lithium-ion battery. J Solid State Electr, 2016, 20(5): 1435-1443.

[73] Cho J, Kim H, Park B. Comparison of overcharge behavior of $AlPO_4$-coated $LiCoO_2$ and $LiNi_{0.8}Co_{0.1}Mn_{0.1}O_2$ cathode materials in Li-ion cells. J Electrochem Soc, 2004, 151(10): A1707-A1711.

[74] Li X, Lin Y, Lin Y, et al. Surface modification of $LiNi_{1/3}Co_{1/3}Mn_{1/3}O_2$ with $Cr_2O_3$ for lithium ion batteries. Rare Metals, 2012, 31(2): 140-144.

[75] Hu R, Zhuo O, Xu B, et al. Influence of preparation methods on catalytic performance of Fe/NCNTs fischer-tropsch catalysts. Acta Chim Sinica, 2014, 72(9): 1017-1022.

[76] Zhang J, Li Z, Gao R, et al. High rate capability and excellent thermal stability of $Li^+$-conductive $Li_2ZrO_3$-coated $LiNi_{1/3}Co_{1/3}Mn_{1/3}O_2$ via a synchronous lithiation strategy. J Phys Chem C, 2015, 119(35): 20350-20356.

[77] Yang S, Wang X, Yang X, et al. Influence of Li source on tap density and high rate cycling performance of spherical $Li[Ni_{1/3}Co_{1/3}Mn_{1/3}]O_2$ for advanced lithium-ion batteries. J Solid State Electr, 2012, 16(3): 1229-1237.

[78] Quinlan F T, Sano K, Willey T, et al. Surface characterization of the spinel $Li_xMn_2O_4$ cathode before and after storage at elevated temperatures. Chem Mater, 2001, 13(11): 4207-4212.

[79] Amatucci G, Du Pasquier A, Blyr A, et al. The elevated temperature performance of the $LiMn_2O_4$/C system: failure and solutions. Electrochim Acta, 1999, 45(1): 255-271.

[80] Yang L, Takahashi M, Wang B. A study on capacity fading of lithium-ion battery with manganese spinel positive electrode during cycling. Electrochim Acta, 2006, 51(16): 3228-3234.

[81] Xu G, Liu Z, Zhang C, et al. Strategies for improving the cyclability and thermo-stability of $LiMn_2O_4$-based batteries at elevated temperatures. J Mater Chem A, 2015, 3(8): 4092-4123.

[82] Lee M J, Lee S, Oh P, et al. High performance $LiMn_2O_4$ cathode materials grown with epitaxial layered nanostructure for Li-ion batteries. Nano Lett, 2014, 14(2): 993-999.

[83] Zhong Q, Bonakdarpour A, Zhang M, et al. Synthesis and electrochemistry of $LiNi_xMn_{2-x}O_4$. J Electrochem Soc, 1997, 144(1): 205-213.

[84] Zhang L X, Wang Y Z, Jiu H F, et al. Controllable synthesis of Co-doped spinel $LiMn_2O_4$ nanotubes as cathodes for Li-ion batteries. Electron Mater Lett, 2014, 10(2): 439-444.

[85] Amarilla J M, Petrov K, Picó F, et al. Sucrose-aided combustion synthesis of nanosized $LiMn_{1.99-y}Li_yM_{0.01}O_4$ (M=$Al^{3+}$, $Ni^{2+}$, $Cr^{3+}$, $Co^{3+}$, $y$=0.01 and 0.06) spinels: characterization and electrochemical behavior at 25 and at 55℃ in rechargeable lithium cells. J Power Sources, 2009, 191(2): 591-600.

[86] Lai C, Ye W, Liu H, et al. Preparation of $TiO_2$-coated $LiMn_2O_4$ by carrier transfer method. Ionics, 2009, 15(3): 389-392.

[87] Ming H, Yan Y, Ming J, et al. Gradient $V_2O_5$ surface-coated $LiMn_2O_4$ cathode towards enhanced performance in Li-ion battery applications. Electrochim Acta, 2014, 120: 390-397.

[88] Tai Z, Subramaniyam C M, Chou S L, et al. Few atomic layered lithium cathode materials to achieve ultrahigh rate capability in lithium-ion batteries. Adv Mater, 2017, 29(34): 1700605.

[89] Guo S, Yu H, Liu D, et al. A novel tunnel $Na_{0.61}Ti_{0.48}Mn_{0.52}O_2$ cathode material for sodium-ion batteries. Chem Commun, 2014, 50(59): 7998-8001.

[90] Yu H, Guo S, Zhu Y, et al. Novel titanium-based O3-type $NaTi_{0.5}Ni_{0.5}O_2$ as a cathode material for sodium ion batteries. Chem Commun, 2014, 50(4): 457-459.

[91] Guo S, Yu H, Liu P, et al. High-performance symmetric sodium-ion batteries using a new, bipolar O3-type material, $Na_{0.8}Ni_{0.4}Ti_{0.6}O_2$. Energ Environ Sci, 2015, 8(4): 1237-1244.

[92] Wang Y, Xiao R, Hu Y S, et al. P2-$Na_{0.6}[Cr_{0.6}Ti_{0.4}]O_2$ cation-disordered electrode for high-rate symmetric rechargeable sodium-ion batteries. Nat Commun, 2015, 6: 6954.

[93] Hwang J Y, Oh S M, Myung S T, et al. Radially aligned hierarchical columnar structure as a cathode material for high energy density sodium-ion batteries. Nat Commun, 2015, 6: 6865.

[94] Padhi A K, Nanjundaswamy K S, Goodenough J B. Phospho-olivines as positive-electrode materials for rechargeable lithium batteries. J Electrochem Soc, 1997, 144(4): 1188-1194.

[95] Yun N J, Ha H W, Jeong K H, et al. Synthesis and electrochemical properties of olivine-type $LiFePO_4$/C composite cathode material prepared from a poly(vinyl alcohol)-containing precursor. J Power Sources, 2006, 160(2): 1361-1368.

[96] Hannoyer B, Prince A A M, Jean M, et al. Mössbauer Study on $LiFePO_4$ Cathode Material for Lithium Ion Batteries. Berlin, Heidelberg: Springer, 2007: 767-772.

[97] Casas-Cabanas M, Roddatis V, Saurel D, et al. Crystal chemistry of Na insertion/deinsertion in $FePO_4$-$NaFePO_4$. J Mater Chem, 2012, 22(34): 17421-17423.

[98] Galceran M, Saurel D, Acebedo B, et al. The mechanism of $NaFePO_4$(de)sodiation determined by *in situ* X-ray diffraction. Phys Chem Chem Phys, 2014, 16(19): 8837-8842.

[99] Yu H, Cao G, Zhao X, et al. Effects of optimized carbon-coating on high-rate performance of $LiFePO_4$/C composites. Acta Phys-Chim Sin, 2009, 25(11): 2186-2190.

[100] Wu X L, Jiang L Y, Cao F F, et al. $LiFePO_4$ nanoparticles embedded in a nanoporous carbon matrix: superior cathode material for electrochemical energy-storage devices. Adv Mater, 2009, 21 (25-26): 2710-2714.

[101] Wang Y, Wang Y, Hosono E, et al. The design of a $LiFePO_4$/carbon nanocomposite with a core-shell structure and its synthesis by an in situ polymerization restriction method. Angew Chem Int Ed, 2008, 47 (39): 7461-7465.

[102] Chang Z R, Lv H J, Tang H W, et al. Synthesis and characterization of high-density $LiFePO_4$/C composites as cathode materials for lithium-ion batteries. Electrochim Acta, 2009, 54 (20): 4595-4599.

[103] Doeff M M, Wilcox J D, Kostecki R, et al. Optimization of carbon coatings on $LiFePO_4$. J Power Sources, 2006, 163 (1): 180-184.

[104] Nien Y H, Carey J R, Chen J S. Physical and electrochemical properties of $LiFePO_4$/C composite cathode prepared from various polymer-containing precursors. J Power Sources, 2009, 193 (2): 822-827.

[105] Chung S Y, Bloking J T, Chiang Y M. Electronically conductive phospho-olivines as lithium storage electrodes. Nat Mater, 2002, 1 (2): 123-128.

[106] Islam M S, Driscoll D J, Fisher C A J, et al. Atomic-scale investigation of defects, dopants, and lithium transport in the $LiFePO_4$ olivine-type battery material. Chem Mater, 2005, 17 (20): 5085-5092.

[107] Nishimura S I, Kobayashi G, Ohoyama K, et al. Experimental visualization of lithium diffusion in $Li_xFePO_4$. Nat Mater, 2008, 7: 707.

[108] Chen D P, Maljuk A, Lin C T. Floating zone growth of lithium iron (Ⅱ) phosphate single crystals. J Cryst Growth, 2005, 284 (1): 86-90.

[109] Malik R, Burch D, Bazant M, et al. Particle size dependence of the ionic diffusivity. Nano Lett, 2010, 10 (10): 4123-4127.

[110] Peled E. The electrochemical behavior of alkali and alkaline earth metals in nonaqueous battery systems: the solid electrolyte interphase model. J Electrochem Soc, 1979, 126 (12): 2047-2051.

[111] 吴宇平, 戴晓兵, 马军旗, 等. 锂离子电池: 应用与实践. 北京: 化学工业出版社, 2004.

[112] Wu Y P, Wan C R, Jiang C Y, et al. Mechanism of lithium storage in low temperature carbon. Carbon, 1999, 37 (12): 1901-1908.

[113] Ohzuku T, Ueda A, Yamamoto N. Zero-strain insertion material of $Li[Li_{1/3}Ti_{5/3}]O_4$ for rechargeable lithium cells. J Electrochem Soc, 1995, 142 (5): 1431-1435.

[114] Wang H G, Yuan S, Ma D L, et al. Electrospun materials for lithium and sodium rechargeable batteries: from structure evolution to electrochemical performance. Energ Environ Sci, 2015, 8 (6): 1660-1681.

[115] Stevens D A, Dahn J R. An *in situ* small-angle X-ray scattering study of sodium insertion into a nanoporous carbon anode material within an operating electrochemical cell. J Electrochem Soc, 2000, 147 (12): 4428-4431.

[116] Thomas P, Billaud D. Electrochemical insertion of sodium into hard carbons. Electrochim Acta, 2002, 47 (20): 3303-3307.

[117] Wenzel S, Hara T, Janek J, et al. Room-temperature sodium-ion batteries: improving the rate capability of carbon anode materials by templating strategies. Energ Environ Sci, 2011, 4 (9): 3342-3345.

[118] Cao Y, Xiao L, Sushko M L, et al. Sodium ion insertion in hollow carbon nanowires for battery applications. Nano Lett, 2012, 12 (7): 3783-3787.

[119] Ding J, Wang H, Li Z, et al. Carbon nanosheet frameworks derived from peat moss as high performance sodiumion battery anodes. ACS Nano, 2013, 7 (12): 11004-11015.

[120] Stevens D A, Dahn J R. High capacity anode materials for rechargeable sodium-ion batteries. J Electrochem Soc, 2000, 147 (4): 1271-1273.

[121] Li W, Li X, Chen M, et al. $AlF_3$ modification to suppress the gas generation of $Li_4Ti_5O_{12}$ anode battery. Electrochim Acta, 2014, 139: 104-110.

[122] Holzapfel M, Buqa H, Scheifele W, et al. A new type of nano-sized silicon/carbon composite electrode for reversible lithium insertion. Chem Commun, 2005, (12): 1566-1568.

[123] Park C M, Kim J H, Kim H, et al. Li-alloy based anode materials for Li secondary batteries. Chem Soc Rev, 2010, 39(8): 3115-3141.

[124] Chou C Y, Kim H, Hwang G S. A comparative first-principles study of the structure, energetics, and properties of Li-M (M = Si, Ge, Sn) alloys. J Phys Chem C, 2011, 115(40): 20018-20026.

[125] Zhang W J. Lithium insertion/extraction mechanism in alloy anodes for lithium-ion batteries. J Power Sources, 2011, 196(3): 877-885.

[126] Key B, Morcrette M, Tarascon J M, et al. Pair distribution function analysis and solid state NMR studies of silicon electrodes for lithium ion batteries: understanding the (de) lithiation mechanisms. J Am Chem Soc, 2011, 133(3): 503-512.

[127] Liu X H, Wang J W, Huang S, et al. In situ atomic-scale imaging of electrochemical lithiation in silicon. Nat Nanotechnol, 2012, 7: 749.

[128] Wen C J, Huggins R A. Chemical diffusion in intermediate phases in the lithium-silicon system. J Solid State Chem, 1981, 37(3): 271-278.

[129] Obrovac M N, Christensen L. Structural changes in silicon anodes during lithium insertion/extraction. Electrochem Solid-State Lett, 2004, 7(5): A93-A96.

[130] Chevrier V L, Dahn J R. First principles model of amorphous silicon lithiation. J Electrochem Soc, 2009, 156(6): A454-A458.

[131] Key B, Bhattacharyya R, Morcrette M, et al. Real-time NMR investigations of structural changes in silicon electrodes for lithium-ion batteries. J Am Chem Soc, 2009, 131(26): 9239-9249.

[132] Ghassemi H, Au M, Chen N, et al. In situ electrochemical lithiation/delithiation observation of individual amorphous Si nanorods. ACS Nano, 2011, 5(10): 7805-7811.

[133] Kang K, Lee H S, Han D W, et al. Maximum Li storage in Si nanowires for the high capacity three-dimensional Li-ion battery. Appl Phys Lett, 2010, 96(5): 053110.

[134] Malyi O I, Tan T L, Manzhos S. A comparative computational study of structures, diffusion, and dopant interactions between Li and Na insertion into Si. Appl Phys Express, 2013, 6(2): 027301.

[135] Li Q, Wang P, Feng Q, et al. In situ TEM on the reversibility of nanosized Sn anodes during the electrochemical reaction. Chem Mater, 2014, 26(14): 4102-4108.

[136] Chevrier V L, Ceder G. Challenges for Na-ion negative electrodes. J Electrochem Soc, 2011, 158(9): A1011-A1014.

[137] Ellis L D, Hatchard T D, Obrovac M N. Reversible insertion of sodium in tin. J Electrochem Soc, 2012, 159(11): A1801-A1805.

[138] Saint J, Morcrette M, Larcher D, et al. Towards a fundamental understanding of the improved electrochemical performance of silicon-carbon composites. Adv Funct Mater, 2007, 17(11): 1765-1774.

[139] Gao P, Nuli Y, He Y S, et al. Direct scattered growth of MWNT on Si for high performance anode material in Li-ion batteries. Chem Commun, 2010, 46(48): 9149-9151.

[140] Chou S L, Wang J Z, Choucair M, et al. Enhanced reversible lithium storage in a nanosize silicon/graphene composite. Electrochem Commun, 2010, 12(2): 303-306.

[141] Wang G X, Yao J, Liu H K, et al. Electrochemical characteristics of tin-coated MCMB graphite as anode in lithium-ion cells. Electrochim Acta, 2004, 50(2): 517-522.

[142] Nie P, Le Z, Chen G, et al. Graphene caging silicon particles for high-performance lithium-ion batteries. Small, 2018, 14(25): e1800635.

[143] Wu H, Chan G, Choi J W, et al. Stable cycling of double-walled silicon nanotube battery anodes through solid-electrolyte interphase control. Nat Nanotechnol, 2012, 7(5): 310-315.

[144] Liu C, Huang H, Cao G, et al. Enhanced electrochemical stability of Sn-carbon nanotube nanocapsules as lithium-ion battery anode. Electrochim Acta, 2014, 144: 376-382.

[145] Gao S, Wu A M, Jin X Z, et al. Nanostructured Sn-M(M=Cu, Mg and Fe) intermetallic alloys and their electrochemical activity as anode electrodes in a Li-ion battery. J Alloy Compd, 2017, 706: 401-408.

[146] Beaulieu L Y, Dahn J R. The reaction of lithium with Sn-Mn-C intermetallics prepared by mechanical alloying. J Electrochem Soc, 2000, 147(9): 3237-3241.

[147] Ferguson P P, Todd A D W, Martine M L, et al. Structure and performance of tin-cobalt-carbon alloys prepared by attriting, roller milling and sputtering. J Electrochem Soc, 2014, 161(3): A342-A347.

[148] Reddy M V, Subba Rao G V, Chowdari B V. Metal oxides and oxysalts as anode materials for Li ion batteries. Chem Rev, 2013, 113(7): 5364-5457.

[149] Hassoun J, Croce F, Hong I, et al. Lithium-iron battery: $Fe_2O_3$ anode versus $LiFePO_4$ cathode. Electrochem Commun, 2011, 13(3): 228-231.

[150] Wang C, Yin L, Xiang D, et al. Uniform carbon layer coated $Mn_3O_4$ nanorod anodes with improved reversible capacity and cyclic stability for lithium ion batteries. ACS Appl Mater Inter, 2012, 4(3): 1636-1642.

[151] Zhao Y, Wang L P, Sougrati M T, et al. A review on design strategies for carbon based metal oxides and sulfides nanocomposites for high performance Li and Na ion battery anodes. Adv Energy Mater, 2017, 7(9): 1601424.

[152] Sakamoto S, Yoshinaka M, Hirota K, et al. Fabrication, mechanical properties, and electrical conductivity of $Co_3O_4$ ceramics. J Am Ceram Soc, 1997, 80(1): 267-268.

[153] Fan Z, Wen X, Yang S, et al. Controlled p- and n-type doping of $Fe_2O_3$ nanobelt field effect transistors. Appl Phys Lett, 2005, 87(1): 013113.

[154] Pomoni K, Sofianou M V, Georgakopoulos T, et al. Electrical conductivity studies of anatase $TiO_2$ with dominant highly reactive {001} facets. J Alloy Compd, 2013, 548: 194-200.

[155] Zhu S M, Dong X F, Gao S, et al. Uniformly grafting $SnO_2$ nanoparticles on ionic liquid reduced graphene oxide sheets for high lithium storage. Adv Mater Interfaces, 2018, 5(9): 1701685.

[156] Hermann A M, Somoano R, Hadek V, et al. Electrical resistivity of intercalated molybdenum disulfide. Solid State Commun, 1973, 13(8): 1065-1068.

[157] Sankapal B R, Mane R S, Lokhande C D. Successive ionic layer adsorption and reaction(silar) method for the deposition of large area (~10 $cm^2$) tin disulfide ($SnS_2$) thin films. Mater Res Bull, 2000, 35(12): 2027-2035.

[158] Reddy N K, Reddy K T R. Electrical properties of spray pyrolytic tin sulfide films. Solid State Electron, 2005, 49(6): 902-906.

[159] Uhlig C, Guenes E, Schulze A S, et al. Nanoscale $FeS_2$ (pyrite) as a sustainable thermoelectric material. J Electron Mater, 2014, 43(6): 2362-2370.

[160] Grozdanov I, Najdoski M. Optical and electrical properties of copper sulfide films of variable composition. J Solid State Chem, 1995, 114(2): 469-475.

[161] Jiang Y, Feng Y, Xi B, et al. Ultrasmall $SnS_2$ nanoparticles anchored on well-distributed nitrogen-doped graphene sheets for Li-ion and Na-ion batteries. J Mater Chem A, 2016, 4(27): 10719-10726.

[162] Huang H, Gao S, Wu A M, et al. $Fe_3N$ constrained inside C nanocages as an anode for Li-ion batteries through post-synthesis nitridation. Nano Energy, 2017, 31: 74-83.

[163] Zheng D, Zhang X, Wang J, et al. Reduction mechanism of sulfur in lithium-sulfur battery: from elemental sulfur to polysulfide. J Power Sources, 2016, 301: 312-316.

[164] Bruce P G, Freunberger S A, Hardwick L J, et al. Li-$O_2$ and Li-S batteries with high energy storage. Nature, 2011, 11: 19.

[165] Seh Z W, Sun Y, Zhang Q, et al. Designing high-energy lithium-sulfur batteries. Chem Soc Rev, 2016, 45(20): 5605-5634.

[166] Manthiram A, Fu Y, Chung S H, et al. Rechargeable lithium-sulfur batteries. Chem Rev, 2014, 114(23): 11751-11787.

[167] Cheon S E, Ko K S, Cho J H, et al. Rechargeable lithium sulfur battery: I. structural change of sulfur cathode during discharge and charge. J Electrochem Soc, 2003, 150(6): A796-A799.

[168] Mikhaylik Y V, Akridge J R. Polysulfide shuttle study in the Li/S battery system. J Electrochem Soc, 2004, 151(11): A1969-A1976.

[169] Lee Y M, Choi N S, Park J H, et al. Electrochemical performance of lithium/sulfur batteries with protected Li anodes. J Power Sources, 2003, 119-121: 964-972.

[170] Yang Y, Zheng G, Cui Y. Nanostructured sulfur cathodes. Chem Soc Rev, 2013, 42(7): 3018-3032.

[171] Zhang L, Wang Y, Niu Z, et al. Advanced nanostructured carbon-based materials for rechargeable lithium-sulfur batteries. Carbon, 2019, 141: 400-416.

[172] Chen T, Cheng B, Zhu G, et al. Highly efficient retention of polysulfides in "sea urchin"-like carbon nanotube/nanopolyhedra superstructures as cathode material for ultralong-life lithium-sulfur batteries. Nano Lett, 2017, 17(1): 437-444.

[173] Yang X, Zhang L, Zhang F, et al. Sulfur-infiltrated graphene-based layered porous carbon cathodes for high-performance lithium-sulfur batteries. ACS Nano, 2014, 8(5): 5208-5215.

[174] Yang Y, Zheng G, Misra S, et al. High-capacity micrometer-sized $Li_2S$ particles as cathode materials for advanced rechargeable lithium-ion batteries. J Am Chem Soc, 2012, 134(37): 15387-15394.

[175] Cai K, Song M K, Cairns E J, et al. Nanostructured $Li_2S$-C composites as cathode material for high-energy lithium/sulfur batteries. Nano Lett, 2012, 12(12): 6474-6479.

[176] Takeuchi T, Sakaebe H, Kageyama H, et al. Preparation of electrochemically active lithium sulfide-carbon composites using spark-plasma-sintering process. J Power Sources, 2010, 195(9): 2928-2934.

[177] Jeong S, Bresser D, Buchholz D, et al. Carbon coated lithium sulfide particles for lithium battery cathodes. J Power Sources, 2013, 235: 220-225.

# 第6章 空气电池电极材料

## 6.1 概　　述

相比燃料电池、离子电池，空气电池具有很多的优势。与燃料电池相比，空气电池的工作温度更低。另外，空气电池比容量远高于离子电池，能进一步满足电子设备的续航要求[1]，并具有成本低、无毒、环境友好、质量轻、内阻小、能量密度高、功率密度高等优点。它的阴阳极材料储备丰富，易获取，而且电极反应可逆，阴阳极材料可循环再生。空气电池结构简单，是很有发展和应用前景的新型能源。

锌、镁、铝空气电池已经接近于实际应用，相应的应用领域见图 6.1。空气电池因具有超高的比容量而具备极大的应用前景，但目前仍处于初级阶段，

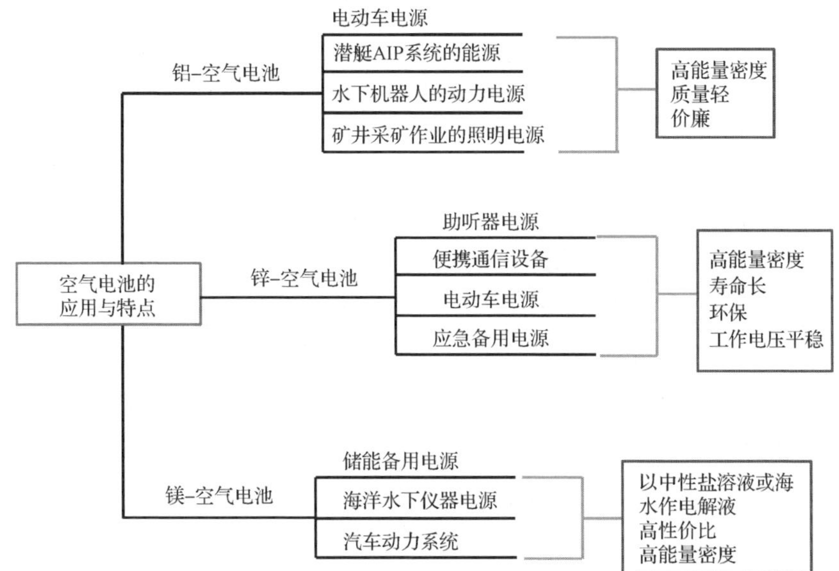


图 6.1　空气电池的应用及特点

AIP 代表不依赖空气推进系统的简称

它主要存在以下问题：①水系-空气电池一般以强碱溶液作为电解液，阳极容易与电解液发生析氢腐蚀；②空气电池需要与外界空气进行交换，空气中的 $CO_2$ 会使电解液变质，湿度也会影响电解液的浓度，影响电池性能；③充放电过程中会形成金属枝晶刺穿隔膜，造成电池短路；④长时间工作后，电解液会对集流体产生一定程度的腐蚀，影响电池性能。

## 6.2　空气电池的组成及电化学机理

空气电池是一种以金属作为阳极及空气中 $O_2$ 作为阴极的电化学装置，如图 6.2 所示，是由金属阳极、电解液、空气阴极构成。金属阳极和空气阴极被绝缘的多孔性膜隔开，电池内充满电解液，其中空气阴极按照催化层、集流层和疏水透气层由内到外排列。放电时，阳极金属发生氧化反应生成金属阳离子，反应释放出的电子通过外电路到达空气阴极。空气中 $O_2$ 通过疏水透气层、集流层及催化层，在催化剂作用下与电子结合形成 $OH^-$，完成 $O_2$ 的还原反应。

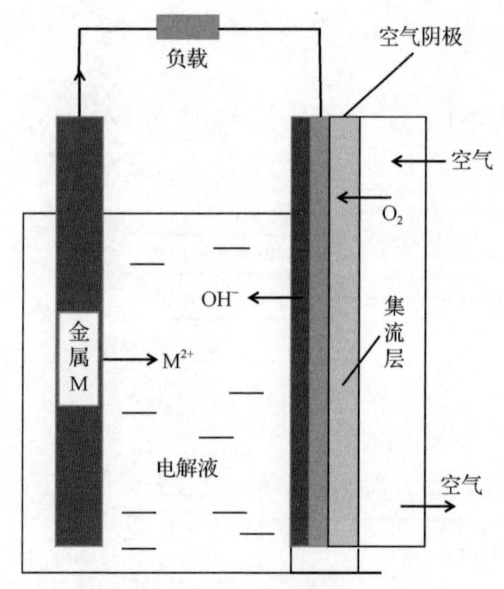


图 6.2　空气电池结构示意图

阴极反应式

$$O_2 + 2H_2O + 4e^- \longrightarrow 4OH^- \quad E_0 = 0.40V \tag{6.1}$$

阳极反应式

$$M \longrightarrow M^{n+} + ne^- \tag{6.2}$$

总反应式

$$4M + nO_2 + 2nH_2O \longrightarrow 4M(OH)_n \tag{6.3}$$

式中，M 为金属；$n$ 为金属氧化过程中的价态变化值。一般认为 $O_2$ 在碱性体系下被还原成 $OH^-$经历了以下几个过程（图 6.3）[2]：$O_2$ 通过四电子转移路径直接被还原成 $OH^-$（①）；通过二电子转移路径，将 $O_2$ 还原成中间产物 $HO_2^-$和 $OH^-$（②），然后根据催化剂的催化性能将中间产物 $HO_2^-$通过二电子转移路径还原成 $OH^-$（③）；扩散到电解液中（④），或中间产物歧化分解成 $O_2$ 和 $OH^-$（⑤）。

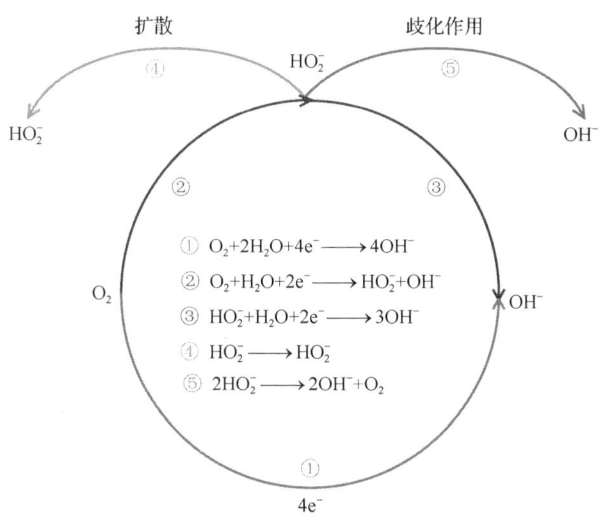


图 6.3　氧还原反应催化反应路径示意图

实现氧还原反应的四电子反应路径有三种方式：直接四电子反应路径(①)和连续两步二电子反应路径(②+③和②+⑤)。其中通过中间产物 $HO_2^-$含量可以判断可能的催化反应路径，直接四电子反应路径(①)是最优的，中间产物 $HO_2^-$的含量越高预示着催化剂的催化活性越差。

由于使用中性溶液或碱性溶液作为电解液，阳极金属会发生腐蚀或氧化，即 $M+nH_2O \longrightarrow M(OH)_n+n/2H_2$。

### 6.2.1　金属阳极

电解液的组成和阳极金属的种类会对阳极反应过程产生影响。电解液组成对阳极过程的影响很复杂，络合剂、活化剂、氧化剂、有机表面活性物质、阳极电流密度等都会产生影响。所以，若要把钝化金属转变为活化态，可以选择消除或削弱钝化因素，或者采取一些活化措施，也可以通过加入活化剂重新活化金属。表 6.1 列举了可作空气电池阳极的金属及对应的电化学性质。

表 6.1 常见空气电池的阳极参数

| 金属 | 相对原子质量 | 价态 | 密度/(g/cm$^3$) | 理论电压/V | 理论比容量/(A·h/g) |
|---|---|---|---|---|---|
| 锂 | 7 | 1 | 0.53 | –3.05 | 3.86 |
| 铝 | 27 | 3 | 2.7 | –2.35 | 2.98 |
| 镁 | 24 | 2 | 1.74 | –2.69 | 2.20 |
| 铁 | 56 | 2/3 | 7.8 | –0.88 | 0.96 |
| 锌 | 65 | 2 | 7.1 | –1.25 | 0.82 |
| 铅 | 207 | 2 | 13.3 | –0.126 | 0.51 |

由表 6.1 可以看出，锂、铝、镁、锌这四种空气电池的综合性能较好，因此受到科学家的广泛关注与深入研究，以期空气电池可以替代锂离子电池成为下一代高性能电池。作为新型储能电池，需要具备以下几个特点：①储量丰富，价格便宜。动力电池的金属储量丰富、成本低廉是其发展的优势。②能量密度高。采用不同的金属作阳极，空气电池的能量密度也就不相同。常见的四种空气电池的储量、能量密度及价格见表 6.2。③化学活性适中。金属锂太活泼，增加了锂-空气电池商用化的技术难度。金属铝、镁稍过活泼，在电解质中的阳极效率会降低，因此很多研究是围绕如何提高阳极效率展开的。金属锌的活泼性满足使用要求，但能量密度过低。④循环再生能力强。目前除锂-空气电池外，铝、镁、锌等空气电池均有完善的循环技术。

表 6.2 金属铝、锌、锂、镁的储量、能量密度及价格

| 金属 | 世界储量/亿 t | 中国储量/亿 t | 能量密度/(kW·h/kg) | 价格/(万元/t) |
|---|---|---|---|---|
| 铝 | 300 | 30 | 8.1 | 1.5 |
| 锌 | 1.9 | 0.4 | 1.3 | 1.6 |
| 锂 | 0.12 | 0.011 | 11.2 | 39 |
| 镁 | 40 | 5 | 6.8 | 1.6 |

1. 锌-空气电池

锌-空气电池的工作原理如图 6.4 所示，由锌阳极、空气阴极和电解液三部分组成，电解液一般为碱性溶液（常用 20%～30%氢氧化钾溶液）。锌阳极与氧气在催化剂作用下发生氧还原反应。放电时，阳极锌发生氧化反应生成氧化锌，向外电路提供电子，通过空气阴极中的催化剂和碳载体进行传递，阴极氧气发生还原反应生成 $OH^-$得到电子，在电解液中形成闭合回路。反应方程式如下：

阴极

$$\frac{1}{2}O_2 + H_2O + 2e^- \longrightarrow 2OH^- \quad E_0=0.40V \tag{6.4}$$

阳极

$$Zn + 2OH^- \longrightarrow ZnO + H_2O + 2e^- \quad E_0 = -1.25V \tag{6.5}$$

电池总反应

$$Zn + \frac{1}{2}O_2 \longrightarrow ZnO \quad E_{cell} = 1.65V \tag{6.6}$$

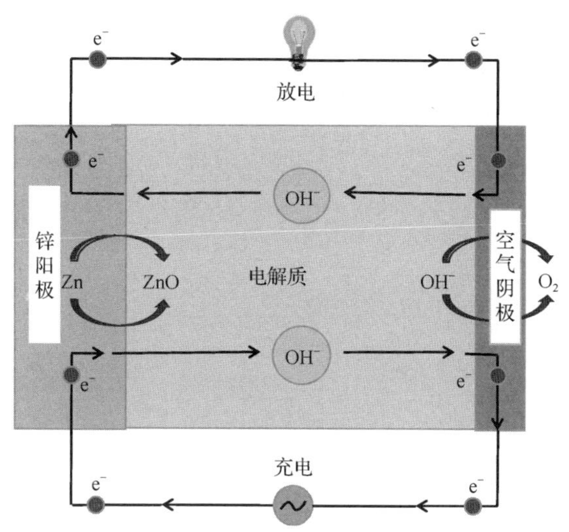


图 6.4　锌-空气电池的工作原理图

2. 镁-空气电池

与标准氢电极相比，镁具有更负的标准电极电势，在中性溶液中为–2.37 V（*vs.* SHE），具有较高的理论比容量（2.2 A·h/g），在常见的金属中仅比锂（3.86 A·h/g）、铝（2.98 A·h/g）小，远远大于锌（0.82 A·h/g）。同时，镁对环境友好、安全性高、可回收再利用，是空气电池中最有潜力的阳极材料之一。

镁-空气电池的工作原理如图 6.5 所示，由镁阳极、空气阴极和中性盐电解液三部分组成。镁及其合金在氯化钠溶液中有较负的电极电势。基于氯化钠溶液，镁-空气电池具有较高的电池电压，因此常采用中性氯化钠溶液作为电解液。放电时，阳极镁被氧化生成 $Mg^{2+}$，阴极氧气发生还原反应生成 $OH^-$，反应式如下：

阳极反应

$$Mg \longrightarrow Mg^{2+} + 2e^- \quad E_0 = -2.69V \tag{6.7}$$

阴极反应

$$O_2 + 2H_2O + 4e^- \longrightarrow 4OH^- \quad E_0 = 0.40V \tag{6.8}$$

总反应

$$Mg + \frac{1}{2}O_2 + H_2O \longrightarrow Mg(OH)_2 \quad E_{cell} = 3.09V \tag{6.9}$$

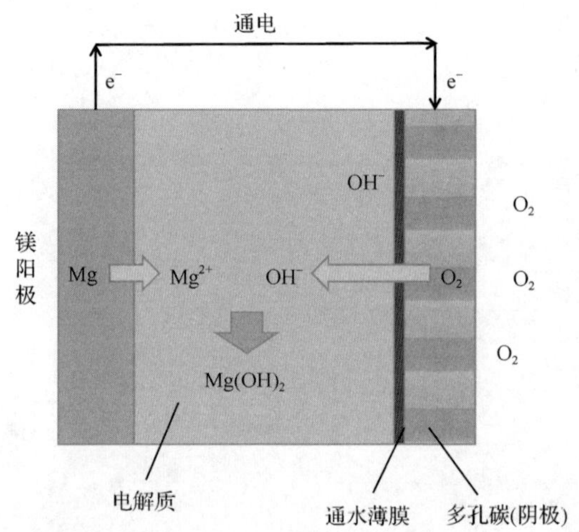


图 6.5 镁-空气电池的原理示意图

在电池发生反应过程中，阳极镁还会发生自腐蚀反应，生成氢气和氢氧化镁[式(6.10)]，降低了阳极镁的库仑效率，造成了电池的容量损失，测试其开路电压仅为 1.6V，远低于其理论电压。

$$Mg + 2H_2O \longrightarrow Mg(OH)_2 + H_2\uparrow \tag{6.10}$$

3. 铝-空气电池

铝是地壳中含量最高的金属元素，具有储量丰富、价格低廉及无毒环保等特点，同时，铝的理论比容量高达 2.98A · h/g，仅次于锂(3.86A · h/g)；铝相对于标准氢电极电势的负偏压为–1.66V，是空气电池的理想阳极材料。铝-空气电池的工作原理如图 6.6 所示，由铝阳极、空气阴极和电解液组成，电解液分为碱性(电解液是碱类)和中性(电解液是盐类，一般是盐水)。

在盐性条件(电解液为氯化钠、氯化铵水溶液或者海水)下的化学反应如下：

阳极

$$Al+3OH^- \longrightarrow Al(OH)_3 + 3e^- \quad E_0 = -2.81V \tag{6.11}$$

阴极

$$O_2+2H_2O + 4e^- \longrightarrow 4OH^- \quad E_0 = 0.40V \tag{6.12}$$

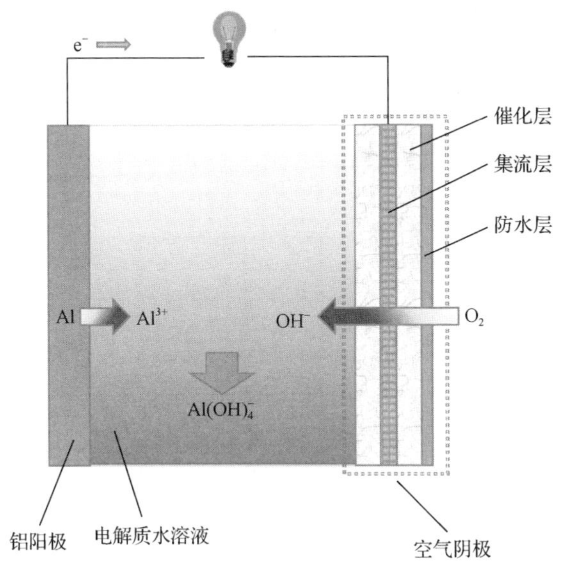


图 6.6　铝-空气电池的原理示意图

总反应

$$4Al + 3O_2 + 6H_2O \longrightarrow 4Al(OH)_3 \quad E_{cell} = 3.21V \tag{6.13}$$

在碱性条件(电解液为氢氧化钠、氢氧化钾溶液)下的化学反应如下：

阳极

$$Al+4OH^- \longrightarrow Al(OH)_4^- + 3e^- \quad E_0 = -2.35V \tag{6.14}$$

阴极

$$O_2+2H_2O + 4e^- \longrightarrow 4OH^- \quad E_0 = 0.40V \tag{6.15}$$

总反应

$$4Al+3O_2 + 6H_2O + 4OH^- \longrightarrow 4Al(OH)_4^- \quad E_{cell} = 2.75V \tag{6.16}$$

在两种条件下都会发生腐蚀反应：

$$2Al+6H_2O \longrightarrow 2Al(OH)_3 + 3H_2 \tag{6.17}$$

图 6.7 是铝在水溶液环境中的普尔贝图，展示了在不同 pH 条件下铝在电解液中的存在形式，竖线代表了 Al 在该 pH 条件下的极限溶解度。pH 在 6～7 附近时，主要以不溶物 $Al_2O_3 \cdot H_2O$ 形式存在，表现为在铝电极表面形成钝化层，阻碍了铝

电极的进一步溶解。随着 pH 的增大，铝的溶解度显著提高，即强碱性电解液中可以溶解更多铝的氧化产物，从而提高了铝-空气电池的理论容量。同时，在中性溶液中放电产物 $Al(OH)_3$ 呈凝胶状，增大了电池内阻，降低了电池效率，因而从电池效率来讲，电解液使用碱性溶液要优于中性溶液。

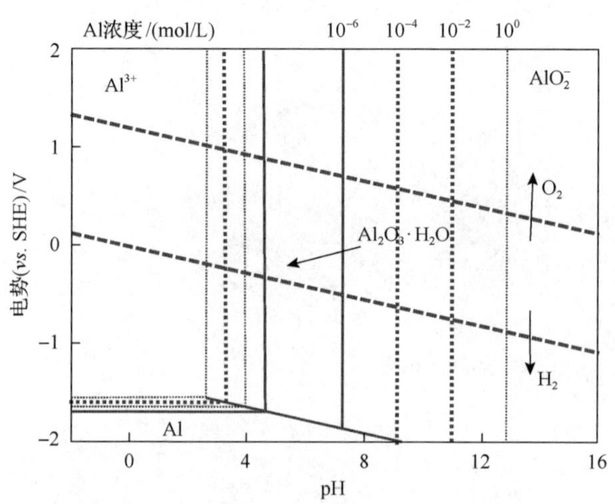


图 6.7 铝在水溶液环境中的普尔贝(Pourbaix)图

## 6.2.2 电解液

空气电池中采用的电解液主要分为水系和无水系两种。由于水本身的分解问题，水系空气电池电压较低，一般只有 1.2V。无水系空气电池中，锂-空气电池研究较广泛，理论电压可达 2.96V。然而在锂-空气电池反应过程中，过电势太高，电能利用率不高，并且充放电电压差过大导致电池电压不稳定。在锂-空气电池中，电压过高导致电解液分解一直是锂-空气电池研究中最棘手的问题。

水系空气电池所采用电解液一般是高浓度的碱性溶液，如 6.0mol/L KOH 溶液，使电解液在相应条件下具有较高电导率，同时增大空气阴极反应的动力学反应速率。镁-空气电池比较特殊，它的阳极对于电解液的酸碱性具有很强的选择性，电解液常采用中性或弱碱性溶液。

在有机系电解液中，电解液的整体效果受电解质影响不大，主要是受溶剂选择的影响，这也是困扰研究者的主要难题。2012 年以前，大部分研究者对于溶剂的选择常采用碳酸酯类有机物，但在 3V 左右的电压下碳酸酯类有机物会发生分解[3-5]。而一般锂-空气电池充电电压在 4V 以上，由此可见碳酸酯类有机物并不适用于电解液溶剂。2012 年以后，醚类有机物用作电解液溶剂进入了研究者视线。然而，空气电池的阴极一直处于与空气接触的环境中，醚类化合物易挥发，因此将它用于空气阴极时不适合长期暴露在空气中。不过综合考虑，目前应用最广泛的有机体系锂-空气电池的电解液依然是醚类有机物[6]。以锂-空气电池为例，表 6.3 中列举了非水系电解液的基本要求。

**表 6.3　锂-空气电池非水系电解液的基本要求**

| 指标 | 基本要求 |
| --- | --- |
| 电导率 | 足够高以满足预期的倍率需求 |
| 稳定性 | 充放电采用的电压在电化学窗口范围内<br>与 $O_2$ 及放电时的还原产物相接触<br>与 $Li_2O_2$ 及充电时的中间产物相接触<br>与阳极或阴极表面稳定的 SEI 层相接触 |
| 挥发性 | 在多孔 $O_2$ 阴极处具有最小的挥发性 |
| $O_2$ 的溶解度和扩散能力 | 能保证在向阴极的传输过程中有足够的速率 |
| 润湿性 | 可以润湿电极表面 |
| 促进 $Li_2O_2$ 的溶解 | 可以快速地与中间产物相互作用并增加 $Li_2O_2$ 的堆积密度 |
| 其他 | 安全、低成本和无毒 |

# 6.3　空气电池的空气阴极

## 6.3.1　空气阴极的结构特点

空气电池的空气阴极由防水透气层、集流层和催化层组成，如图 6.8 所示。

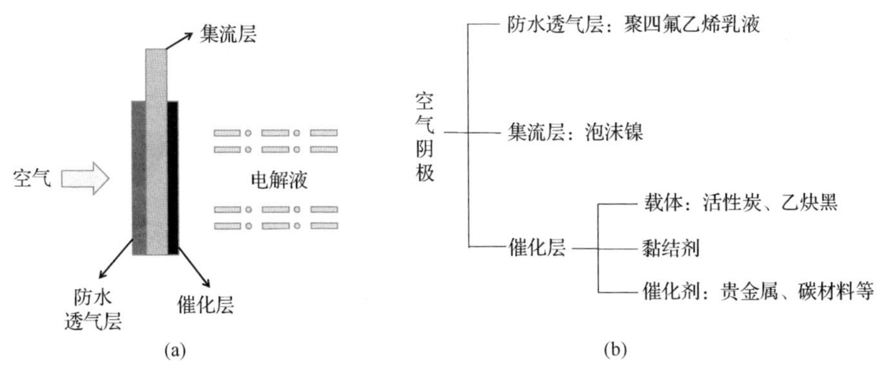


图 6.8　(a) 空气阴极示意图；(b) 一般空气阴极组成成分

活性催化层由载体、黏结剂和催化剂组成。催化剂载体对其性能影响很大，需要满足以下基本条件：①导电性较好；②比表面积较大；③对电池中的电解液具有良好的抗腐蚀性；④结构合适以提高电极催化层中三维立体结构的稳定性。目前，碳材料是氧还原催化剂载体的主要研究对象[7]，如炭黑、碳纳米管、碳纳米纤维、介孔碳和石墨烯等。石墨烯由于其特殊的二维结构、超大的比表面积、超高的电导率、超强的耐腐蚀性以及本身具有一定的氧还原催化活性，因此作为氧还原催化剂载体具有明显的优势和光明的前景。黏结剂采用的是聚四氟乙烯或聚偏氟乙烯。催化剂是用来促进氧还原与氧析出反应的活性物质，其种类与结构都会影响空气电池的比容量。

空气阴极的集流层需要满足三个条件：①导电性能优良；②耐腐蚀性好，在电极工作过程中不参与反应；③价格便宜。因此，空气阴极通常使用镍网或者价格更加低廉的镀镍铜网和不锈钢网。由于镍具有较好的导电性和耐腐蚀性，有些空气阴极会选择较昂贵的泡沫镍来追求更优良的电化学活性。

防水透气层又称为气体扩散层，是空气中的氧气进入电池内部进行反应的通道，也具有防止电解液泄漏的作用。气体扩散层通常由具有大量毛细孔的聚四氟乙烯等黏结剂制备而成，具有疏水性，当与电解液接触时，会呈凸液面（图 6.9），产生一个指向电解液的附加压强 $P$，从而保证了气体扩散层的疏水性和透气性。孔径分布对空气阴极的性能有很重要影响[8]，在气体扩散层中形成大量气孔可以提高氧气的气相传质速率，及时补充在三相界面反应消耗的氧气，提高空气阴极的性能。在制备气体扩散层时可以加入适量的造孔剂从而提高氧气的气相传质速率。

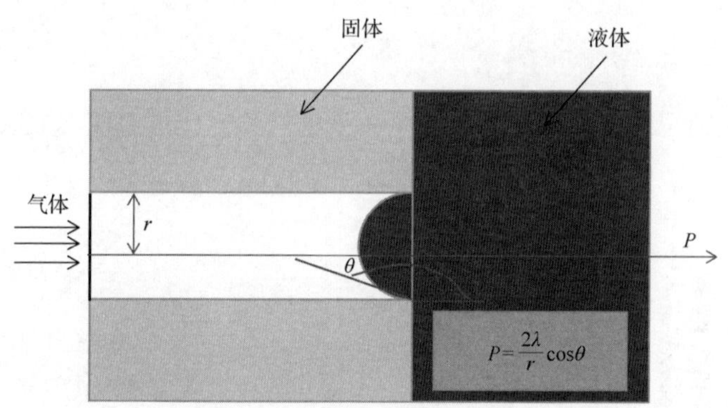


图 6.9 空气阴极防水原理示意图

$P$ 代表附加压强；$r$ 代表毛细孔半径；$\theta$ 代表角度

在空气阴极中，氧气通过气体扩散层进入催化层与电解液形成气、液、固三相界面并在三相界面上发生反应，反应产生的电子通过集流层输出到外接电路，从而产生电流。如图 6.10 所示，对于 ORR，在催化剂作用下，氧气在三相界面处被还原为 $OH^-$ 扩散到溶液中，OER 是 ORR 的逆反应，即在催化剂作用下，$OH^-$ 在三相界面处被氧化为氧气后扩散到气相中。因此电极内部能否形成尽可能多的有效三相界面将影响催化剂的催化效率。

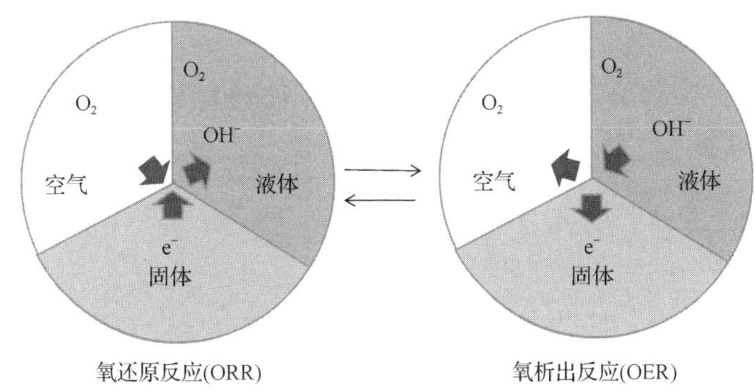


图 6.10　三相界面反应示意图

Will[9]通过提升电极实验证明高效气体电极的制备需在电极中拥有大量的液膜，使得气体容易到达并与整体溶液可以很好连通，这种电极必然是较薄的三相多孔电极。或者说高效气体电极内部既需要有足够的“气孔”，使得气体容易传到电极各处，还需要有覆盖在催化剂表面上的大量液膜。由于反应过程中气体活性物质的消耗及产物的及时移去都需要通过扩散来实现，因此扩散对于氧电极来说很重要，通常将这种电极称为气体扩散电极。

表 6.4 展示了高效气体电极的结构及性能。从表中可以看出，只有防水电极可以作为空气阴极，从而使得空气中的氧气被还原。防水电极通常由憎水颗粒和亲水性催化颗粒混合后喷涂或碾压并经过适当的处理而制成，即催化层。在催化层内部由于含有憎水材料，因此会形成一部分“气孔”，而催化剂表面是亲水的，因此在表面上是可以形成薄液膜的。这两个部分形成了可以进行气体电极反应的气、固、液三相反应界面。因此，催化剂的利用率、三相界面的稳定性和电极的传质过程会受到催化层各组分配比及成型工艺的影响[10]。

**表 6.4　高效气体电极的结构及性能**

| 种类 | 组成 | 气体工作压力/atm | 优点 | 缺点 |
|---|---|---|---|---|
| 双孔径电极 | 具有两类不同孔径的孔 | >1 | 输出功率高 | 能量密度低，需气体压力调节反应界面 |
| 防水电极 | 拥有憎水颗粒和亲水性催化颗粒 | 常压 | 气体无须加压 | 输出功率低 |
| 微孔隔膜电极 | 催化颗粒与微孔隔膜结合 | >1 | 制备容易、催化剂利用率高，且不可能“漏气”或“漏液” | 需要严格控制电解液的量和气体气压 |

注：1atm=1.01325×$10^5$Pa

## 6.3.2　空气阴极存在的问题

目前空气阴极存在的问题主要概括为以下几点：①大电流下空气阴极极化严

重，为减小空气阴极的极化现象需要提高氧气扩散速度，氧气扩散速度与透气层的孔率、曲折度及孔长有关，因此需要进一步优化空气阴极结构来提高氧气扩散速度，减小阴极极化。②催化剂工作不稳定，工作电流低，催化活性不高，因此需开发高效、实用、催化活性高且可以满足大电流放电要求的催化剂。③影响空气阴极发展的首要问题是空气阴极的渗液问题，即“冒汗”“冒盐”现象，这将严重影响空气阴极的性能及使用寿命。

### 6.3.3 空气阴极典型的催化剂

#### 1. 空气阴极中 $O_2$ 的电催化反应

$O_2$ 在通过气体扩散层到达催化层形成三相界面并发生电催化反应的过程中主要包括以下几个步骤：①氧气通过空气阴极扩散溶解到电解液中；②氧气在电解液中扩散，在电极表面进行化学吸附并发生还原反应；③$OH^-$在电解液中的传输；④电子在电极骨架上的传递。这个过程可以简要表示为

$$O_2 \xrightarrow{\text{溶解}} O_{2\text{溶}} \xrightarrow{\text{扩散}} O_{2\text{扩}} \xrightarrow{\text{吸附}} O_{2\text{吸}} \xrightarrow{\text{反应}} OH^- \xrightarrow{\text{脱附}} OH^- \xrightarrow{\text{扩散}} OH^-$$

催化剂的选择与空气阴极性能的好坏有直接关系，以电解液为水溶液时为例，研究了空气阴极上发生的电催化反应。

金属阳极会与酸性溶液反应，造成金属阳极的腐蚀，因此电解液常使用碱性溶液。但空气作为电池阴极反应物时，$CO_2$ 易溶于碱性溶液，使得碳酸盐离子的浓度增加，引起副反应的发生，进而造成电池性能下降。对于如何解决这一问题有两种想法：一种是使用纯 $O_2$ 作为阴极反应物；另一种是开发新型空气阴极，并采用 $O_2$ 选择透过膜。

$O_2$ 的电化学反应速率在水溶液中较慢。如果使用合适的催化剂，氧还原和氧析出反应的速率则可大大提高。空气电池中氧还原反应大致可分为以下几个步骤：$O_2$ 从空气扩散到催化剂表面并在表面吸附；$O_2$ 得到电子还原；O—O 键弱化和断裂；而氧析出反应却相反。实际上，$O_2$ 的电化学反应十分复杂，包括一系列多步电子传递过程。

在不同催化剂的作用下，$O_2$ 电化学反应过程的反应机理也不同。当前，研究者已经对金属和金属氧化物作为催化剂的反应机理进行了广泛的研究。在金属催化剂表面，由于 $O_2$ 吸附类型不同，氧还原反应有四电子反应和二电子反应两种。其中，四电子反应是发生在 $O_2$ 双吸附于催化剂表面(两个 O 原子同时吸附在催化剂表面)时发生的反应；二电子反应是当 $O_2$ 在催化剂表面头碰头单吸附(单个 O 原子垂直吸附在催化剂表面)时发生的反应。

四电子反应过程简单描述如下：

$$O_2+2H_2O+2e^- \longrightarrow 2OH_{ads}+2OH^- \tag{6.18}$$

$$2OH_{ads}+2e^- \longrightarrow 2OH^- \tag{6.19}$$

其中，ads 表示吸附。总反应式为

$$O_2+2H_2O+4e^- \longrightarrow 4OH^- \quad E_0=0.40V \tag{6.20}$$

二电子反应过程简单描述如下：

$$O_2+H_2O+e^- \longrightarrow O_2H_{ads}+OH^- \tag{6.21}$$

$$O_2H_{ads}+e^- \longrightarrow O_2H^- \tag{6.22}$$

总反应式为

$$O_2+H_2O+2e^- \longrightarrow O_2H^-+OH^- \quad E_0=-0.07V \tag{6.23}$$

二电子反应得到的$O_2H^-$可以继续得电子还原成$OH^-$或发生歧化反应生成$OH^-$和 $O_2$，即

$$O_2H^-+H_2O+2e^- \longrightarrow 3OH^- \quad E_0=0.87V \tag{6.24}$$

或者

$$2O_2H^- \longrightarrow 2OH^-+O_2 \tag{6.25}$$

$O_2$ 在金属氧化物催化剂表面的吸附过程与上述相同，但中间产物的电荷分布不同。金属氧化物表面一般会有很多氧空位。在水溶液中，水分子中的 O 原子一般会占据金属氧化物表面的氧空位。因此，催化剂从外电路得到电子后会形成质子化氧配位化合物，其过程如下：

$$M^{m+}—O^{2-}+H_2O+e^- \longrightarrow M^{(m-1)+}—OH^-+OH^- \tag{6.26}$$

$$O_2+e^- \longrightarrow O^-_{2,ads} \tag{6.27}$$

$$M^{(m-1)+}—OH^-+O^-_{2,ads} \longrightarrow M^{m+}—O—O^{2-}+OH^- \tag{6.28}$$

$$M^{m+}—O—O^{2-}+H_2O+e^- \longrightarrow M^{(m-1)+}—O—OH^-+OH^- \tag{6.29}$$

$$M^{(m-1)+}—O—OH^-+e^- \longrightarrow M^{m+}—O^{2-}+OH^- \tag{6.30}$$

氧还原催化路径和反应机理会随着催化剂材料及其电子结构的改变而改变。最新的研究表明，$\sigma^*$轨道和 M—O 的共价化是氧还原反应的速率控制步骤。由此可见，催化剂本身的电子结构在很大程度上决定了金属氧化物的催化活性。

金属氧化物催化氧析出反应过程也很复杂，它的催化机理可能因电极材料和金属阳离子的几何位点而异。催化氧析出反应的关键就是金属阳离子的可变化合价，通过改变金属离子的价态，诱导金属离子和氧中间体成键。金属阳离子的几何位点会影响催化反应过程，如改变催化剂表面 $O_2$ 的吸附能，或影响金属阳离子氧化态的活化能和配位数。对于可再充电式空气电池，一般需要阴极催化剂既能催化氧还原反应又能催化氧析出反应，而且催化剂表面反应应偏向右边进行。在碱性溶液中，析氧反应可以表示为

$$M^{m+}-O^{2-}+OH^- \longrightarrow M^{(m-1)+}-O-OH^-+e^- \tag{6.31}$$

$$M^{(m-1)+}-O-OH^-+OH^- \longrightarrow M^{m+}-O-O^{2-}+H_2O+e^- \tag{6.32}$$

$$2M^{m+}-O-O^{2-} \longrightarrow 2M^{m+}-O^{2-}+O_2 \tag{6.33}$$

2. 典型的空气阴极催化剂分类

空气阴极的反应包括 $O_2$ 的还原反应和还原态氧的析出反应，图 6.11 是典型的空气电池充放电循环示意图[11]，电池充放电过程中极化现象严重，过电势较高，影响了电池的电化学性能。$O_2$ 的 O═O 键键能很高(498kJ/mol，高于 H—O 键的 430kJ/mol、Cl—O 键的 267kJ/mol 及 F—O 键的 220kJ/mol)不易打开，使得 $O_2$ 动力学反应缓慢。为了提高 $O_2$ 扩散速度，加快动力学反应，降低电池极化，寻求透气性能良好的三相多孔电极以及选择导电能力强、化学性能稳定且催化活性较高的催化剂是至关重要的[12]。作为催化氧还原反应的催化剂应该满足以下要求：

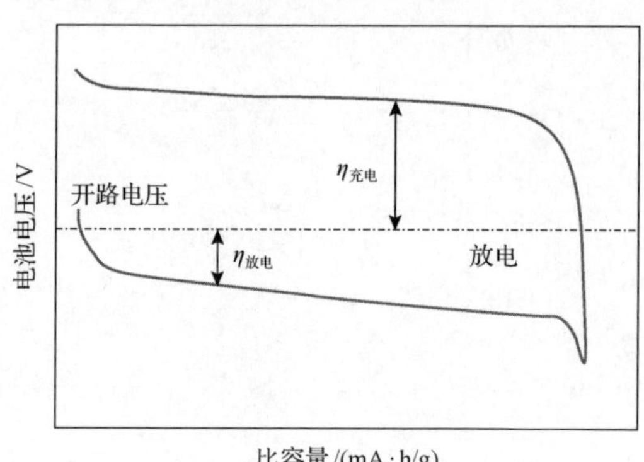


图 6.11 空气电池充放电循环示意图[11]

①对 $O_2$ 的还原及析出反应具有良好的催化活性；②较好的导电性和耐腐蚀性；③较大的比表面积，比表面积大具有更多的反应活性位点，从而显示出更高的催化活性；④资源丰富、价格便宜。

目前研究较多的锂-空气电池阴极催化剂有贵金属类催化剂、碳类催化剂和氧化物类催化剂等，其中具有双功能催化活性的贵金属类催化剂表现为具有突出的催化性能和循环效率，如图 6.12 所示[13]。

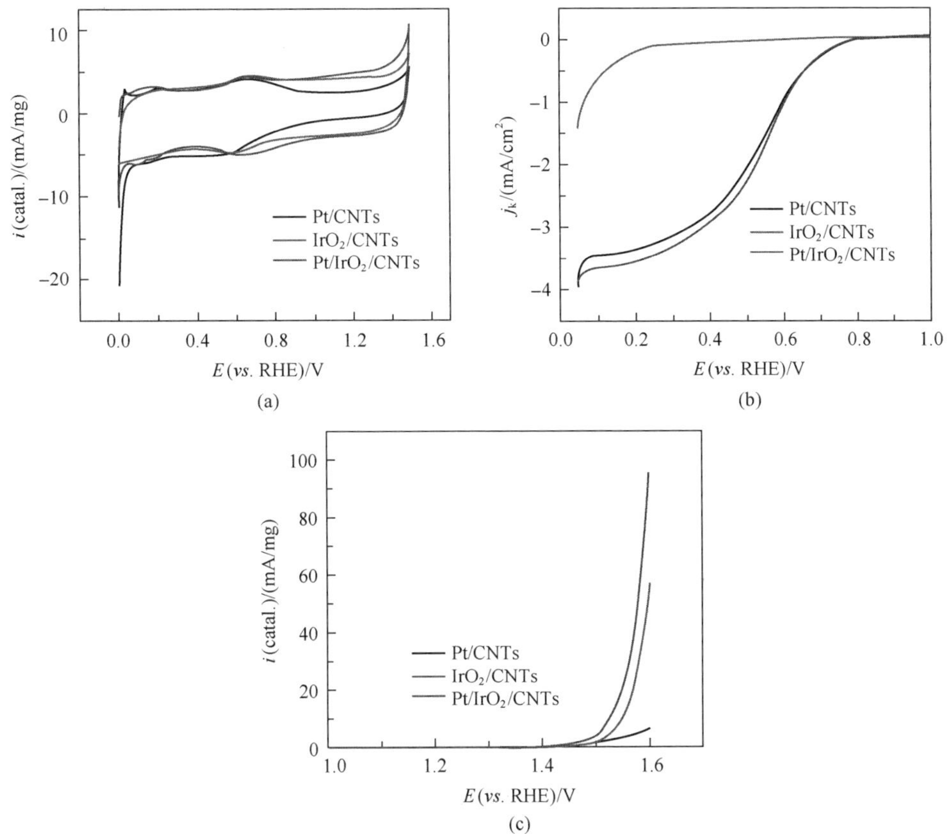


图 6.12　Pt/CNTs、$IrO_2$/CNTs 和 Pt/$IrO_2$/CNTs 的电化学性能表征[13]

(a) 循环伏安图；(b) ORR 极化曲线；(c) OER 极化曲线，RHE 代表可逆氢电极，reversible hydrogen electrode

1) 贵金属及合金

图 6.13 中是不同金属元素的氧还原活性与氧原子吸附能之间的关系，呈典型的火山形曲线[14]。当金属元素与氧原子吸附能太大时，含氧物质不易从金属表面的活性中心脱离，不利于氧还原反应的持续进行；当金属元素与氧原子吸附能太小时，氧气很难吸附到金属表面，不利于催化反应的发生。贵金属元素（Pt、Pd、Ag）d 电子轨道一般都不会填满，表面易吸附反应物且与氧原子吸附能适中，因

此具有很高的催化活性。Pt 是氧还原性能最好的贵金属类催化剂，可以实现四电子还原过程。

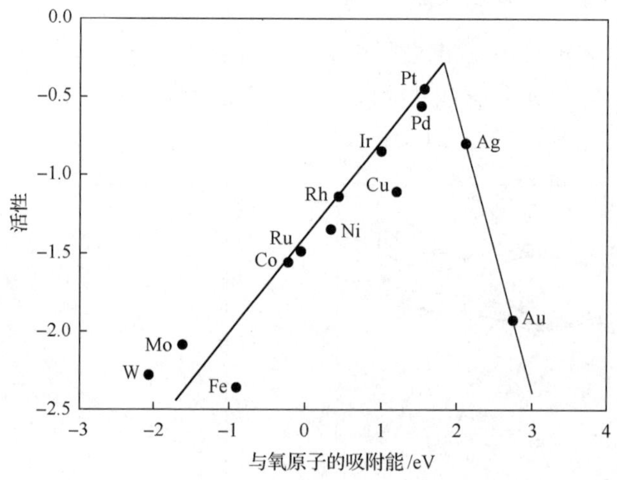


图 6.13　不同金属元素的氧还原活性与氧原子的吸附能之间的关系[14]

目前主要从两方面来提高 Pt 的利用率：①制备小尺寸颗粒、均匀分散、高比表面积以及暴露更多活性晶面的各类 Pt 基催化剂[15]，这些被认为是提高 Pt 基催化剂催化活性的最有效途径。将 Pt 分散在活性炭上可以提高其利用率。②将 Pt 金属与其他金属合金化。通过调整二元金属合金的电子结构和暴露更多的活性晶面，来提高 Pt 基催化剂的催化活性和稳定性。图 6.14 为采用 Au-Pt 作为双功能催化剂的示意图[16]。Au 和 Pt 分别提高了不同电催化过程的活性，从而整体提高了材料的性能。

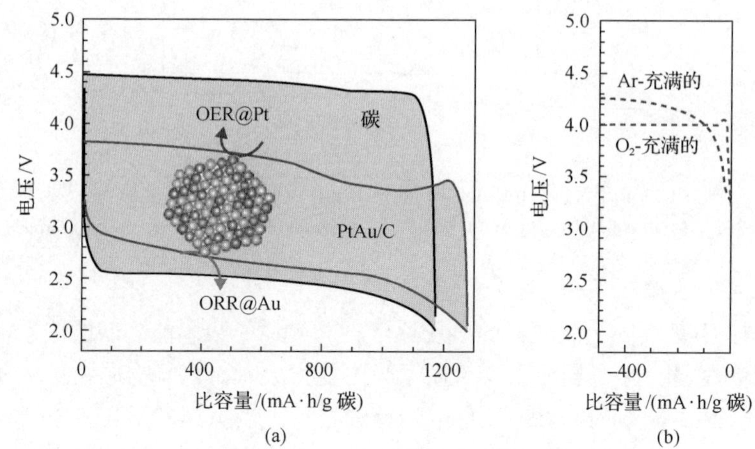


图 6.14　双功能催化剂催化 ORR 与 OER 的协同作用示意图[16]

2) 碳材料

碳材料不仅可以作为催化剂载体，还可以作为具有优异 ORR 催化性能的催化剂。碳材料大致可以分为三类：商业碳材料、功能化碳材料和掺杂碳，下面将详细讨论。当碳材料被 N、B、P 及 S 等杂原子掺杂后，其 ORR 催化性能有大幅度提升[17]。

(1) 商业碳材料。

商业碳材料(如导电炭黑、科琴黑 KB、Vulcan XC-72 和 BP 2000 等)已被研究为非水系空气电池的阴极材料。Meini 等报道了碳材料的比表面积与放电比容量有紧密联系[18]。例如，碳材料 Vulcan XC-72 和 BP 2000 的比表面积分别为 240$m^2$/g 和 1509$m^2$/g，对应的放电比容量分别为 183mA·h/g 和 517mA·h/g。商业碳材料具备作为空气阴极的条件，不过由于它存在低放电电压、高充电电压、倍率性能和循环性能差等问题，人们一般把商业碳材料用作非水系空气电池阴极导电剂或者催化剂载体，而不是反应位点。

(2) 功能化碳材料。

由于有独特的结构和大量的缺陷/空位，功能化碳材料在非水系空气电池阴极反应中展现出优异的性能。功能化碳材料包括一维碳纳米管、二维石墨和石墨烯、三维纳米多孔结构碳。碳纳米管包括单壁碳纳米管和多壁碳纳米管，它的优点在于高化学和热稳定性、高强度及高导电性。Tian 等报道了 CNT@NCNT 可以作为高效的无金属纳米碳电催化剂，褶皱的掺氮碳层外延生长在圆柱形碳纳米管外表面，这种特殊的结构可以在其表面聚集活性位点，降低了 ORR/OER 过电势，成为有发展前途的双功能电催化剂[19]。

石墨烯是由碳原子构成的单层二维蜂窝状结构的新型碳材料，优点在于导电性好、比表面积大(理论上单层是 2630$m^2$/g)及热和化学稳定性好。近年来，由于石墨烯具有放电容量高和循环效率高的优势，已成为有发展前途的空气电池阴极材料。Yoo 和 Zhou 将无金属石墨烯纳米片(graphene nanosheets，GNs)作为混合可充电锂-空气电池的催化剂，其充放电过电势为 0.56V，这说明 GNs 可以显著降低 ORR 和 OER 过电势。此高性能来源于边缘和表面缺陷位引起的 $sp^3$ 杂化，空气中的 $O_2$ 在这种边缘和表面缺陷条件下有利于分解为 O 原子，然后迁移到 GNs 表面，与 $H_2O$ 分子结合形成 $OH^-$[20]。

(3) 掺杂碳。

碳材料可以通过掺杂一定量的非金属元素(如 N、B、S、P)来提高其电化学性能。这是因为碳材料的化学和电子性质会随着异原子掺杂而改变，产生缺陷和官能团。Zhang 等研究了三维氮磷共掺介孔碳泡沫应用于锌-空气电池中时，表现出了优异的 ORR 和 OER 电催化性能。ORR 和 OER 的过电势分别为 0.44V 和 0.39V，如图 6.15(a)和(b)所示[21]。通过密度泛函理论计算表明，N、P 共掺杂和石墨烯边缘缺陷对双功能电催化活性有很重要的作用。Xia 等经过研究发现了一个能够准确描述共掺杂碳纳米材料的 ORR/OER 性能的特性描述符，认为双掺杂物间的相互作用是共掺杂碳基催化剂性能提高的主要来源[22]。在石墨结构中，当两个异原子掺杂且互相接近时，p 电子云相互重叠、相互作用，使得相邻 C 原子上的活性位点多于单元素掺杂形成的活性位点，从而降低了 ORR/OER 过电势，表明共掺杂是提高无金属碳基双功能催化剂活性的有效方式。

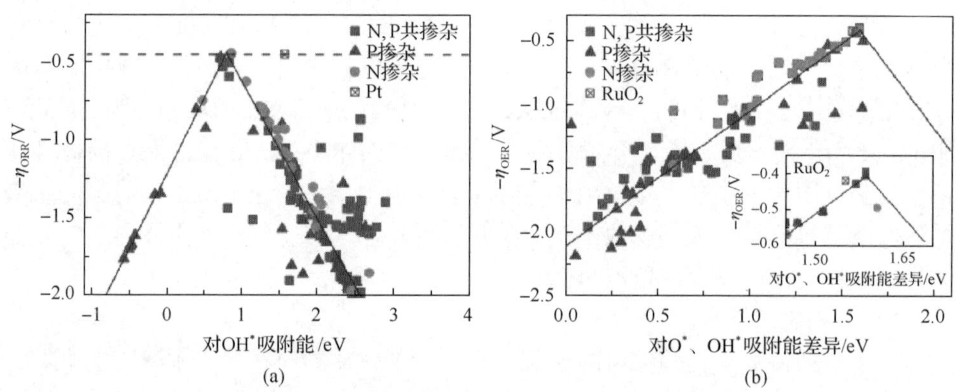


图 6.15　掺 N、P 石墨烯 ORR(a)和 OER(b)过电势对 OH*吸附能和对 O*、OH*吸附能差异的火山图[21]

近年来，氮掺杂石墨烯(GN)作为一种优良的氧还原催化剂备受关注。无掺杂和氮掺杂石墨烯在物理化学性能上区别很大，C 原子的自旋密度和电子云分布会受到掺入的 N 原子影响，形成“活性中心”，这些“活性中心”可以直接参与氧还原催化反应。有研究指出，氮掺杂石墨烯表面的 N 具有三种化学形态[23]，即嘧啶型氮、吡咯型氮和石墨型氮，详见图 6.16。嘧啶型氮是指连接在两个 C 原子上的 N 原子，对应的 XPS 结合能为 402～405eV。该 N 原子包含提供给共轭 π 键体系的电子和一对孤对电子，能够吸附 $O_2$ 分子及其中间体，从而在氧化还原过程中提高催化剂的氧还原催化效率。因此，在氮掺杂石墨烯中，嘧啶型氮越多，越有利于

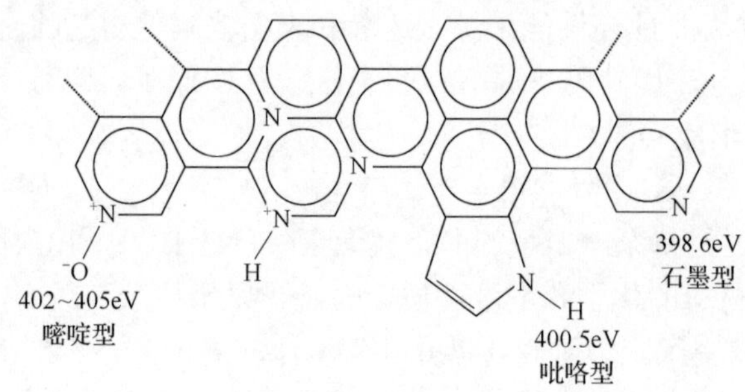


图 6.16　氮掺杂石墨烯中氮的类型及对应的 XPS 结合能

催化剂催化活性的提高。吡咯型氮是指带有两个 p 电子，并与 π 键体系共轭的 N 原子，对应的 XPS 结合能为 400.5eV。石墨型氮是指与三个 C 原子相连的 N，对应的 XPS 结合能为 398.6eV。还有大量文献报道了掺杂碳材料与过渡金属氧化物的复合氧还原催化剂，碳材料的主要作用是为低电导率的过渡金属氧化物提供导电网络，有效地分散氧化物催化剂，起到协同耦合的作用。

3) 金属螯合物

将金属螯合物作为空气阴极的催化剂，在中性、酸性和碱性介质中都可以应用。这种有机螯合大分子催化剂的形式主要包括过渡金属配位的四苯基卟啉、四甲氧基苯基卟啉和酞菁等。金属卟啉或金属酞菁及其衍生物可以有效促进 $H_2O_2$ 的分解，有利于提高电池的工作电压。这些金属螯合物一般将 Co、Fe、Mn 或 Ni 作为中心金属原子，其中将 Co 作为中心金属原子的螯合物活性更高，以 Fe 作为中心金属原子的螯合物更稳定。研究表明[24]，酞菁钴对 $H_2O_2$ 分解的催化速度是 $MnO_2$ 的 3 倍，通过改性酞菁钴获得的聚合衍生物具有较高的催化活性。然而，制备金属螯合物的工艺繁杂，并且金属螯合物的品种较少，因此这类催化剂的应用受到限制。

4) 单金属元素氧化物

锰氧化物因储量大、价态多而受到了广泛的研究。锰氧化物不仅可以应用于 ORR，还可以应用于 OER，是一种双功能的氧电极催化剂。Meng 课题组研究了不同晶体结构的 $MnO_2$，$\alpha$-$MnO_2$、$\beta$-$MnO_2$、$\delta$-$MnO_2$ 和无定形 $MnO_2$（AMO）对双功能氧催化活性的影响[25]，发现 ORR/OER 活性顺序：$\alpha$-$MnO_2$＞AMO＞$\beta$-$MnO_2$＞$\delta$-$MnO_2$。Cheng 等[26]研究发现，$\alpha$-$MnO_2$ 纳米球颗粒及纳米线因具有较高的比表面积，其催化性能要优于微颗粒，表明电化学整体活性与晶体结构和形貌有重要联系。

钴氧化物是一种常见的氧还原催化剂。与锰氧化物不同，钴氧化物具有很好的氧析出催化效果。例如，$Co_3O_4$ 材料是一种性能出色的双功能催化剂[27]。氧还原反应主要发生在与高价态阳离子关系密切的活性位点上，而 $Co_3O_4$ 材料中既有低价的 $Co^{2+}$ 又有高价的 $Co^{3+}$。这种材料表面暴露的 $Co^{3+}$ 是影响氧还原催化反应活性的重要因素，如果将 $Co_3O_4$ 材料进行纳米化，便可以暴露更多的 $Co^{3+}$，进一步提高氧还原催化性能。Zhao 等[17]合成出了纳米棒和纳米球 $Co_3O_4$ 材料，发现纳米棒 $Co_3O_4$ 材料展现了更优异的催化性能，甚至比贵金属 Pd 催化剂的催化活性还好，说明调控材料的形貌特征可以改变 $Co^{3+}$ 暴露的数量。

5) 复合金属氧化物

除了锰、钴氧化物以外，其他复合金属氧化物材料也具有优异的氧还原催化性能，如 $AB_2O_4$ 尖晶石型、$ABO_3$ 钙钛矿型及 $A_2B_2O_7$ 烧绿石型复合氧化物。$AB_2O_4$ 尖晶石型催化剂的 A 位点元素通常是二价金属元素，如 Mg、Fe、Co、Ni、Mn

和 Zn 等；B 位点元素通常是三价金属元素，如 Al、Fe、Co、Cr 和 Mn 等。这类催化剂在碱性电解液体系中表现出出色的氧还原和氧析出催化性能。在尖晶石材料中 $A^{2+}$和 $B^{3+}$分别占据部分或全部四面体和八面体间隙位置，适当调整 A 和 B 的含量可以提高催化剂的催化性能。具有混合金属离子的尖晶石型氧化物可以作为导体或半导体，因此可用作电极材料，其电子传输可通过阳离子价态变化实现，使活化能降低。

钙钛矿型材料是非常有前景的一种氧还原催化剂，其在碱性电解液中具有双功能催化作用[28]，化学通式为 $ABO_3$。可通过将 A 或 B 金属离子与其他金属离子进行部分交换而改变催化剂的性能。一般来说，替换 A 位点金属元素主要是改变材料吸附氧的能力，替换 B 位点金属元素主要是改变材料表面吸附氧的活性。钙钛矿型金属氧化物的结构如图 6.17 所示，是一种含有稀土元素的复合氧化物。图中 A 位置是立方体的中心，一般是碱金属、碱土金属或者镧系金属，离子半径较大，通常都大于 0.09nm。在立方体框架上的是氧离子，B 处于立方体的顶点，与 6 个氧配位，离子半径小，大于 0.05nm，一般为过渡金属或 Al、Sn 等。

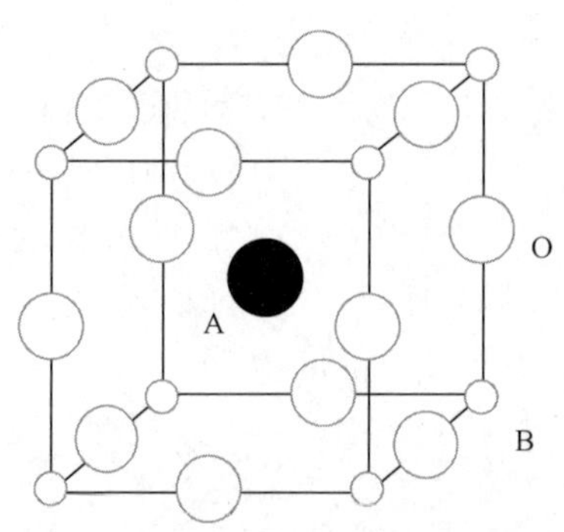

图 6.17 钙钛矿型金属氧化物的结构

钙钛矿型氧化物的稳定性主要来自刚性 $BO_6$ 八面体堆积的马德隆(Madelung)能(离子晶体中，带电荷为$\pm q$ 的离子间存在长程相互作用，包括异号离子间的静电吸引和同号离子间的静电排斥，离子晶体的结合能主要来自静电能，这一静电能被称为马德隆能)。在十二面体和八面体环境中，A 和 B 化合的可能性被 A 和 B 的稳定性限制。在钙钛矿型氧化物结构中，A 是较大的正离子，需要与氧离子形成立方密集堆积，所以 A 离子大小应大致等于氧离子大小；八面体配位氧离子是 B 离子的首选配位离子。由于钙钛矿型氧化物稳定的结构，其氧化物的催化活性可通过掺杂与 A 或 B 位点金属离子半径相当的元素来提高。

当钙钛矿型氧化物结构中 B—O 的距离为 $a/2$($a$ 为晶格参数)、A—O 距离为 $a/2$ 时，为理想的钙钛矿结构。若将 A、B 和 O 离子的离子半径分别用 $R_A$、$R_B$和 $R_O$ 表示，则离子半径应满足 $R_A > 0.090$nm，$R_B > 0.051$nm 且满足 $R_A + R_O = \sqrt{2}(R_B + R_O)$，研究发现当 $R_A$、$R_B$和 $R_O$不能满足上述关系式时，钙钛矿型氧化物仍能保持立方结构。Goldschmidt 等引入了一个概念——容限因子 $t_r$，当 $t_r$=1 时，为理想的钙钛矿型结构，当 $t_r$=0.75～1 时，氧化物具有稳定的钙钛矿型晶体结构。

A、B 两种金属离子组合影响着钙钛矿型氧化物的催化机理、催化作用。A 位以 La 和 Pr 两类氧化物活性最高，B 位的活性顺序一般为 Co＞Mn＞Ni＞Fe＞

Cr。阳离子和阴离子空位是催化作用中非常重要的点缺陷。在保持晶格结构的前提下，一些位于 A 和 B 的离子很容易被其他同等大小的金属阳离子取代，当 A 位被部分取代时，会产生更多的氧缺陷，并且缺陷的浓度随着温度、掺杂浓度及氧分压的变化而变化，当氧缺陷浓度达到一定值时，会形成缺陷的有序化结构。一般认为，B 离子起主要的催化作用，而 A 离子只起调节 B 离子的作用。

3. 催化剂评价方法

虽然有很多方法可检测空气电池的性能，但主要以功率密度和极化曲线表示[29, 30]。

1) 功率密度

功率密度是特殊的功率标准，是表示电极的活性面积或电池体积的功率，即

$$P_{\mathrm{d}} = \frac{P}{A} \tag{6.34}$$

或

$$P_{\mathrm{d}} = \frac{P}{V} \tag{6.35}$$

式中，$P_{\mathrm{d}}$ 为功率密度；$P$ 为总功率，W 或者 mW；$A$ 为电极面积，$\mathrm{cm}^2$；$V$ 为体系体积，$\mathrm{cm}^3$。空气阴极的表面积通常被认为是活性面积，主要在这里发生电化学反应。

2) 极化曲线

当电池有电流通过使电势偏离平衡电势的现象称为电极极化。描述电流密度与电极电势之间关系的曲线称为极化曲线。如图 6.18 所示，极化曲线可以反映出电压随着电流或电流密度改变的情况。极化曲线可以分为三段区域[31]：

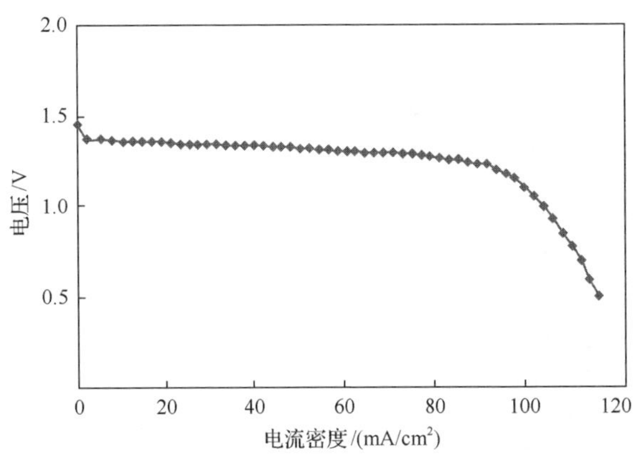


图 6.18　典型的锌-空气电池的极化曲线[31]

(1) 活性降低区域：电流密度为零的开路电压（OCV）到电压开始陡降。

(2) 欧姆降低区域：电压缓慢降低的过程。

(3)浓度降低区域：电压在高电流密度下迅速下降的过程。例如，在锌-空气电池中，最初阶段活性降低很明显，欧姆降低适度发生，使用大电流密度时则出现较大损失，使用中等电流密度时会以恒定的电压平稳放电。

4. 催化剂设计策略

由于氧还原、析出的电催化反应主要发生在与电解液接触的气-液-固三相界面处，因此催化剂的设计应重点考虑其表面结构及宏观、微观结构，以增加催化剂与产物的接触面积和催化活性位点。同时，构建具有较好稳定性、较高选择性的催化剂来减小空气阴极副反应的发生，增强电池的可逆性也是至关重要的。

下面以锂-空气电池为例，参考高睿等作者的文献[32]，主要从催化剂的晶面效应、缺陷工程、双效协同设计等方面入手。

1)空气电池纳米催化剂的晶面效应

将催化剂设计为纳米材料时，由于纳米材料的表界面效应和小尺寸效应，催化剂的表面积会提高、活性位点会增多、催化效率会提高。纳米材料暴露不同晶面时，材料表面的离子/原子种类会有差异，原子密度也分布不均匀，使得材料在多相催化中表现出了不同的催化活性，将这一效应称为催化剂的晶面效应。催化剂的晶面效应不仅会影响催化活性的高低，而且会对产物的催化选择性产生影响[33,34]。

在催化剂的晶面研究中，晶面不同主要会影响原子密度分布和成分的不同。贵金属晶胞中，不同的晶面主要是表面的原子密度和原子阶梯有差异，导致催化性能也有很大差异。例如，在面心立方晶胞中[35]，高指数晶面比低指数晶面具有更多的表面阶梯。金属氧化物中，离子/原子种类不同、氧离子分布不同使得氧化物不同晶面的催化性能呈现出较明显的差异。

2015年，Rui通过研究发现$Co_3O_4$作为锂-空气电池催化剂时，暴露单一晶面的催化性能要优于(100)晶面[36]。通过理论计算证明$Co_3O_4$的(111)晶面对$O_2$和$Li_2O_2$有更好的吸附能力，且对$Li_2O_2$具有较低的分解势垒，因此有利于ORR和OER的发生，其机理示意如图6.19所示。该项研究认为$Co^{2+}$密度是影响其催化性能的主要因素，(111)晶面含有更多的$Co^{2+}$，因此催化性能更好。Su课题组[37]证明了将$Co_3O_4$纳米晶作为锂-空气电池催化剂时，催化活性顺序为：(100)＜(110)＜(112)＜(111)。

2)空气电池催化剂的缺陷

晶体中点、线、面、体等缺陷的存在会造成晶体周期性、对称性上存在差异，使得晶体电子结构发生改变，从而影响了材料的生成焓、构型熵等，同时材料的物理化学性质也会发生改变[38,39]。在催化剂研究中，缺陷的存在(包括原子掺杂、

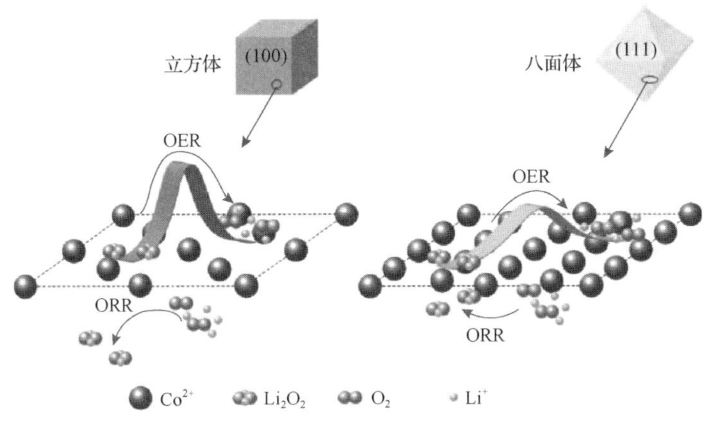


图 6.19 $Co_3O_4$ 晶面效应对锂-空气电池的影响机理图[36]

非整比缺陷、固溶体、异质结结构等)会影响离子的电导率，改变电子传导，还有一些缺陷可以提供额外的存储位点[40]。早期研究中，催化剂表面的空位型缺陷、杂质缺陷（掺杂）、填隙缺陷等都会促进催化剂的催化活性[41,42]。因此，可通过不同方法向材料中引入缺陷来使催化性能提高。

Gao 课题组设计合成了表面有氧空位的 CoO 材料[43]，氧空位的存在使晶格发生了改变，Co 向低价态偏移。缺陷主要有两方面作用：一是离子和电子电导率增加，加快了电荷在材料表面的转移过程；二是缺陷可以为氧提供吸附位点，使材料催化效率提高。图 6.20 是 CoO/C 作为空气电池催化剂的协同反应机理示意图[44]。

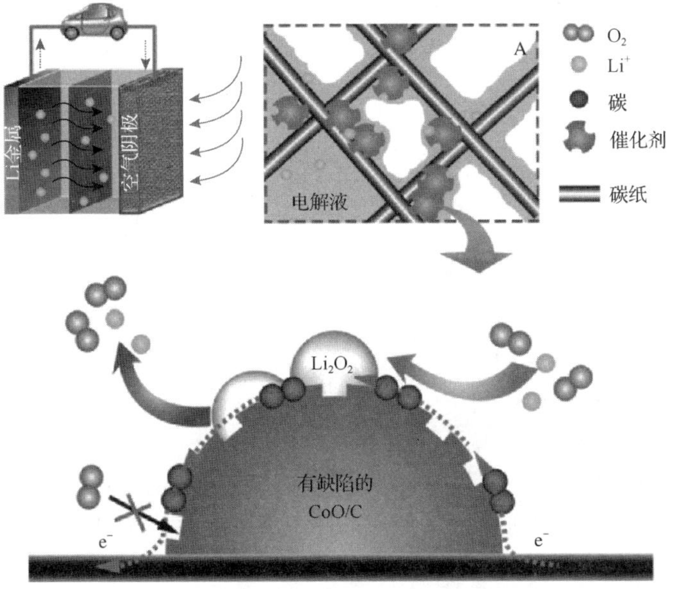


图 6.20 CoO/C 作为空气电池催化剂的协同反应机理示意图[44]

虽然如此，但随着放电反应的进行，催化剂表面的活性位点会被逐渐覆盖，使得充放电产物不能及时分解。因此，想要更好地发挥缺陷的作用，除了需要引入缺陷外，还应考虑增大材料的表面积。Wang 课题组曾得到了表面富含 $Co^{3+}$，而体相富含 $Co^{2+}$和氧缺陷的高效催化剂(其协同作用机理示意如图 6.21 所示）[45]，证明了材料中氧缺陷的存在有利于调节催化剂 OER 性能。

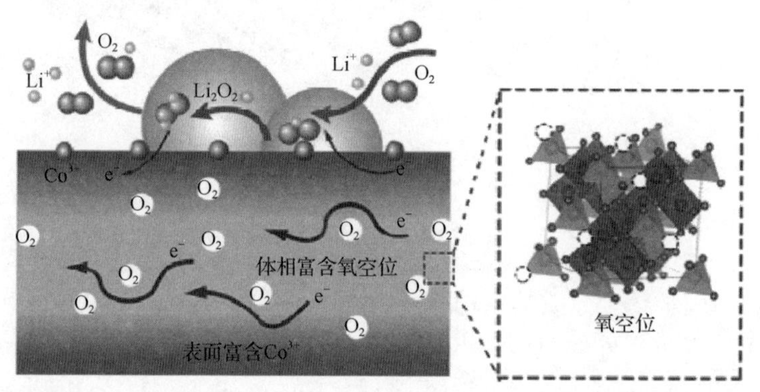


图 6.21 二维 $Co_3O_4$ 表面富含 $Co^{3+}$与体相富含氧缺陷的协同作用机理示意图[45]

3) 含碳催化剂的双效协同设计与调控

碳材料由于具有电导率良好、孔隙率大、比表面积大且质量轻等优点，常被用作 ORR 催化剂[46]。碳材料的较大比表面积可以为反应提供更多活性位点，更利于产物的扩散[47, 48]。研究发现，虽然碳材料具有良好的 ORR 催化活性，但放电时会引发严重的副反应，同时，碳材料催化 OER 效率也不高，使得充电极化增加，最终导致电池性能衰减严重。为了克服这一问题，可以开发不含碳的电极，或者选择碳基复合材料，来提高材料稳定性。Zhang 等[49]构建了一种 BMC(bimodal mesoporous carbon，双峰介孔碳)-CoO 复合体系。BMC 具有较大的比表面积，为反应提供足够多的活性位点，而 CoO 纳米颗粒改善了材料的 OER 催化活性。相比于纯 BMC 和 CoO 材料，CoO@BMC 具有更好的催化活性。图 6.22 给出了 BMC、CoC、CoC@BMC、CoC@CMK-3 复合材料的首次充放电性能对比，可看出 CoO 提升 OER 的效果明显。Xing 等合成了碳纳米片负载碳化钼（$MoC_{1-x}$）有序介孔微球，发现碳与 $MoC_{1-x}$之间强的作用使其具有更好的催化性能，证明了复合材料中两相间结合力很强[50]。

因此，设计碳基复合材料应有三个原则：足够大的比表面积、强的界面结合以及与碳材料匹配的催化性能。后者体现为碳材料不仅有良好的 ORR 性能，同时与其复合的材料应有较好的 OER 催化活性，而且复合后 OER 的活性位点不会被覆盖。

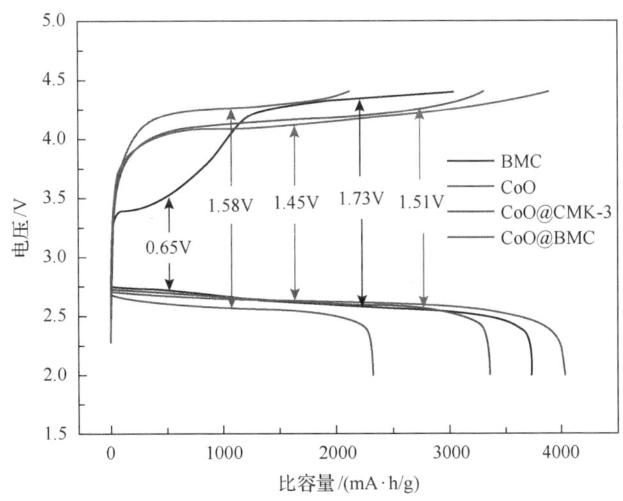


图 6.22 BMC、CoC、CoC@BMC、CoC@CMK-3 复合材料的首次充放电性能对比

电流密度为 0.075mA/cm$^2$，CMK 为有序介孔碳材料

在空气电池中，研究纳米催化剂的晶面效应、催化剂的缺陷及含碳催化剂的双效协同设计与调控可以更加有效地发挥催化剂的优势、克服结构缺点，使得催化剂的催化效率最大化。在今后研究中，应结合电化学性能分析并通过理论计算等揭示催化剂的催化机理，对以后推动空气电池发展是至关重要的。

## 6.4 锂-空气电池

### 6.4.1 锂-空气电池的工作原理及结构

金属锂具有较低的氧化还原电势[–3.03V(*vs.* SHE)]和金属元素中最小的电化学当量[0.259g/(A·h)]，所以相比于其他空气电池，锂-空气电池具有更大的理论比容量。由于其结构紧凑，质量轻便等优点，锂-空气电池成为研究热点。锂-空气电池是一种以金属锂为阳极，多孔导电材料为阴极，使用空气中的氧气作为阴极反应物质的空气电池。放电时，被氧化的锂离子在电解液中通过隔膜扩散至阴极。电子通过外电路传递至阴极，与锂离子和氧气结合发生氧还原反应生成放电产物。充电时，放电产物被分解，锂离子沿着相反的路径重新在阳极还原成金属锂，同时产生氧气。如此循环以完成电能和化学能的转化。

根据电解质性质的不同，可以将锂-空气电池分成四种[51]：有机电解液体系锂-空气电池、水体系锂-空气电池、有机-水混合系锂-空气电池和全固态锂-空气电池。由于所用电解质性质不同，电池内部发生的反应和需要解决的主要问题也有所不同。

1）有机电解液体系锂-空气电池

1996年，Abraham和Jiang首先报道了有机电解液体系锂-空气电池，电池开路电压3V，放电平台约2.5V，充电平台约4V，能量密度250～350W·h/kg，高于常规的锂离子电池，引起了研究者的关注[52]。有机电解液体系锂-空气电池原理示意如图6.23所示。

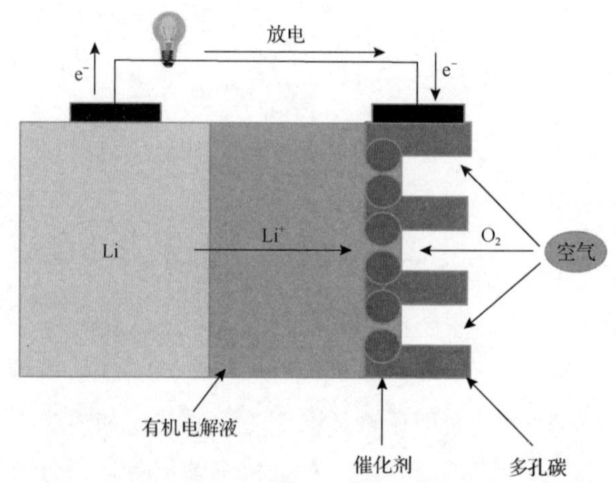


图6.23　有机电解液体系锂-空气电池的原理示意图

其阴极机理涉及的反应如下：

$$O_2 + Li^+ + e^- \longrightarrow LiO_2 \quad E_0 = 3.00V(vs.\ Li/Li^+) \tag{6.36}$$

$$2LiO_2 \longrightarrow Li_2O_2 + O_2 \tag{6.37}$$

$$LiO_2 + Li^+ + e^- \longrightarrow Li_2O_2 \quad E_0 = 3.10V\ (vs.\ Li/Li^+) \tag{6.38}$$

此反应通常称为氧还原反应。此外，在放电过程中可能存在不可逆反应在阴极生成$Li_2O$，即

$$4Li^+ + O_2 + 4e^- \longrightarrow 2Li_2O \quad E_0 = 2.91V \tag{6.39}$$

$$Li_2O_2 + 2Li^+ + 2e^- \longrightarrow 2Li_2O \quad E_0 = 2.72V \tag{6.40}$$

在有机电解液体系中，一般采用多孔碳材料作为阴极。多孔碳材料的孔隙一方面可以有效提高气体传输速率，减小极化；另一方面可以用来存储放电产物。阳极采用金属锂。其放电机理可认为是氧气在空气阴极表面被还原为$O_2^-$，接着与电解液中的锂离子结合生成过氧化锂或氧化锂。由于放电产物过氧化锂和氧化锂均不溶于有机电解液，因此会在空气阴极上产生沉积，逐渐堵塞空气阴极的孔道，

覆盖活性位点，导致整个电池性能的衰减。假如在阳极过量的情况下，放电的终止是放电产物堵塞空气阴极孔道所致。因为放电产物存储在阴极的孔隙中，所以在计算放电容量时会按照每克碳多少毫安时来计算。按 $4Li^{+}+O_2+4e^{-} \longrightarrow 2Li_2O$ (2.91V) 的反应，计算可得锂-空气电池的理论能量密度为 5200W·h/kg，由于空气中氧含量有限，在实际应用中的能量密度为 1140W·h/kg，仍远高于现有的锂离子电池和燃料电池的能量密度，在储能领域有着深远的发展前景。

有机电解液体系锂-空气电池目前的研究方向主要在于电解液。有机电解液工作时会分解，在金属锂表面形成一层 SEI 膜，可以保护锂与电解质进一步发生反应，影响电池性能。但其也面临着很多的问题，如上面提到的放电产物会堵塞空气阴极孔道，导致电池放电终止。除此之外，放电产物过氧化锂具有强氧化性，会与电解液产生不可逆反应，影响电池的循环效率。有机电解液还具有易挥发、有毒、易燃烧等缺点。近年来，研究人员做了大量的工作来改善电解液的稳定性，降低极化，提高电池的循环效率。

2) 水体系锂-空气电池

早在 1976 年，Littauer 等就提出了锂-空气电池的概念[53]，当时采用不同 pH 的水溶液作为电解液。因为在酸性和碱性电解液中，电池的反应原理不尽相同，又将水体系锂-空气电池细分为两类[54, 55]，其相应的电池原理示意如图 6.24 所示，反应机理为

酸性溶液中

$$2Li+\frac{1}{2}O_2+2H^{+} \longrightarrow 2Li^{+}+H_2O \quad E_0 = 4.27V \tag{6.41}$$

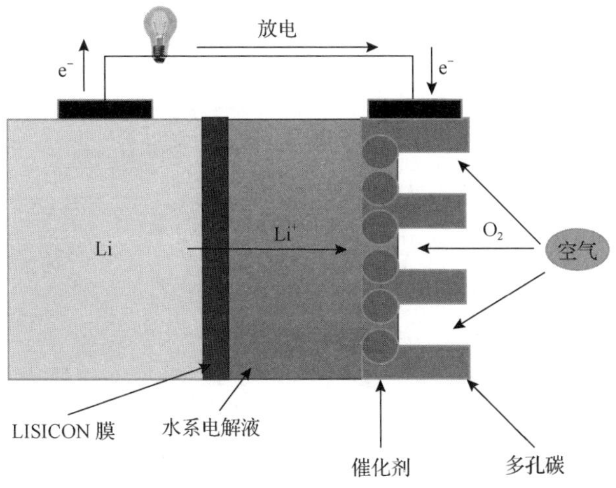


图 6.24　水体系锂-空气电池的原理示意图

碱性溶液中

$$2Li+\frac{1}{2}O_2+H_2O \longrightarrow 2LiOH \quad E_0=3.44V \tag{6.42}$$

水体系锂-空气电池具有很多优点：①采用水系电解液成本较低，环境友好，并且能从根本上解决易燃有机电解液的安全问题；②电池的电极极化较低，离子电导率高，具有较高的能量密度；③与有机电解液相比，锂-空气电池在水系电解液中的放电产物为可溶性的氢氧化锂，解决了多孔碳阴极的堵塞问题。

但水体系锂-空气电池也面临着很多的问题，最主要的问题在于金属锂会与水发生反应[56]，放出大量的热，如式(6.43)所示，带来一定的安全问题，同时消耗金属锂会影响电池的库仑效率。因此，研究人员的主要工作在于设计一层保护层阻止阳极与水发生反应。该保护层同时要具有良好的离子电导率、一定的机械强度和耐腐蚀性[57, 58]。

$$Li+H_2O \longrightarrow LiOH+\frac{1}{2}H_2 \tag{6.43}$$

3) 有机-水混合系锂-空气电池

在有机电解液体系中，放电产物会堆积堵塞气体扩散通道，使反应终止；在水系电解液体系中，金属阳极会与水反应产生安全隐患。为了从根本上解决这一问题，2009 年，Zhou 等提出了有机-水混合系锂-空气电池[59]。在该电池体系中，阴极一侧为水系电解液，阳极一侧为有机电解液，通过可以传导锂离子的隔膜将两侧电解液隔开，有效避免了金属锂腐蚀和放电产物塞积的问题。其相应的原理示意如图 6.25 所示，电池发生的反应如式(6.41)、式(6.42)所示。

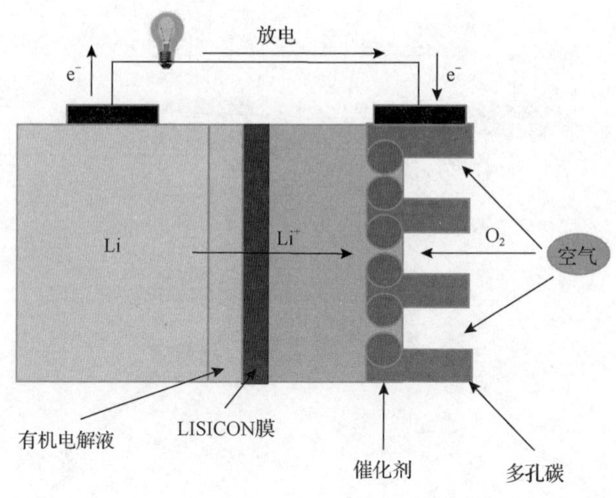


图 6.25　有机-水混合系锂-空气电池的原理示意图

固体陶瓷电解质在强酸或者强碱的环境中稳定性较差，在长时间工作过程中会逐渐腐蚀，有可能引起电池短路。因此对于有机-水混合系锂-空气电池而言，研究重点在于找到一种能够耐腐蚀，且具有较高离子传导能力的电解质隔膜。

4) 全固态锂-空气电池

液态电解液的锂-空气电池存在各种难以克服的问题。在 2010 年，Kumar 等报道了一种全新形式的锂-空气电池[60]。该电池以碳和玻璃纤维复合物作为阴极，以金属锂作为阳极，以玻璃陶瓷和聚合物构成的固态电解质。全固态锂-空气电池具有耐高温、循环寿命长、充放电极化低等优点。全固态锂-空气电池的原理示意如图 6.26 所示。

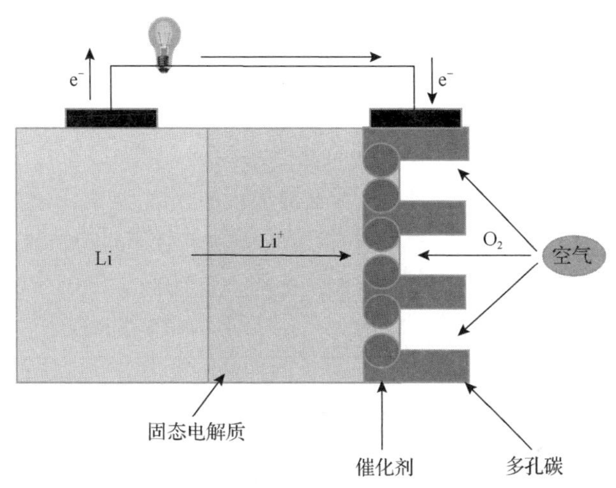


图 6.26　全固态锂-空气电池的原理示意图

全固态锂-空气电池的优点在于采用固态电解质材料，避免了液态电解质的缺点。常用的固态电解质包括无机电解质[61]、聚合物电解质[62]、类固态电解质[63]等。与有机电解液相比，首先，固态电解质能够提高电池的安全性能；其次，固态电解质的电化学窗口较宽，使电池的工作电压更高；最后，固态电解质不具有腐蚀性，能够有效保护阳极，提高电池的循环寿命。影响全固态锂-空气电池性能的主要因素在于固态电解质。固态电解质的离子电导率在常温下较低，导致电池内阻过大，影响电池性能。当提高工作温度时，电池的内阻和极化问题会有所改善，但是也会发生许多低温时没有的副反应。因此，目前全固态锂-空气电池发展的关键瓶颈在于如何有效提高固态电解质的离子电导率和改善界面问题[64]。

### 6.4.2　锂-空气电池的优点及存在的问题

锂-空气电池的主要优点有：①超高能量密度。以空气中的氧含量为标准，锂-

空气电池的能量密度为 1140W·h/kg，远高于现有的锂离子电池和燃料电池的能量密度。②循环寿命长。2006 年，Bruce 等报道了具有良好循环性能的锂-空气电池，采用合适的电化学催化剂能够有效延长电池的使用寿命。③与传统的化石燃料电池相比，锂-空气电池对环境友好。这得益于锂-空气电池超高的能量密度。如果可以进一步延长电池的使用寿命，将会引起新一轮的能源革命。

锂-空气电池有着深远的发展前景，但是仍有许多关键问题阻碍着大规模的应用。

1) 金属锂阳极的缺陷

首先是锂枝晶的问题，在充电过程中，锂离子会还原成金属锂，沉积在阳极表面形成枝晶状的金属锂。锂枝晶会刺破隔膜引起电池短路，产生安全隐患。另外，锂-空气电池处于一个开放的系统中，空气中的水蒸气、氧气都会与金属锂发生反应，造成电池容量损失。

2) 有机电解液的损耗

锂-空气电池使用的有机电解液大多是从锂离子电池中应用的电解液发展而来。但是与锂离子电池不同的是，锂-空气电池是一个开放的系统，会与外界发生交换，空气中的水分、二氧化碳等都会对电解液性能产生不利影响。目前锂-空气电池在实验室测试中，一般处在纯氧或者氧氩混合气体的环境中，就是为了避免空气中的某些成分对电池性能产生影响。另外，有机电解液会与氧气发生反应。在早期研究中锂-空气电池一般使用碳酸酯类电解液，研究者发现在电池工作时会有大量不可逆副反应发生，生成碳酸锂等，影响电池的循环寿命[65, 66]。研究人员对电解液进行了一系列的研究工作，但是到目前为止，仍未发现能够稳定工作的电解液。目前常用的有机电解液为二甲基亚砜（dimethyl sulfoxide，DMSO），但被报道会与氧和反应产物发生反应[67-69]，生成 LiOH、$Li_2CO_3$、$Li_2SO_3$、$Li_2SO_4$ 等副产物。另一种常用的电解液为四乙二醇二甲醚(tetraethylene glycol dimethyl ether，TEGDME)，在高电压（4.3V）下会被氧化[70]。因此，为了让锂-空气电池走向实际应用，必须找到一种稳定的电解液来延长电池的循环寿命。

3) 实际比容量低

锂-空气电池吸引研究者的主要原因是具有超高的理论比容量。然而在实际应用中，锂-空气电池的比容量远低于理论计算值。这是因为在电池工作过程中，放电产物会沉积在阴极的孔隙中，使氧气和锂离子难以进入电极，阻止电池反应进一步进行[71, 72]。而且，反应产物 $Li_2O_2$ 的电子电导率很小。当大量 $Li_2O_2$ 沉积在阴极内部，电池的极化电压迅速增大，最后电池停止工作。目前锂-空气电池首次循环的比容量为 2000～6000mA·h/g，但是经过数次循环后比容量会迅速下降。为了让电池能够长期循环，研究人员将电池的比容量控制在 500～1000mA·h/g，但是这就失去了锂-空气电池超高比容量的优势。因此，锂-空气电池走向成熟仍需要很长时间来发展。

4) 极化严重

锂-空气电池的极化分为三部分。首先，锂-空气电池在工作时反应发生在阴极、电解液和氧气的三相界面，反应速率有限，从而产生极化电压，影响电池的性能。其次，放电产物 $Li_2O_2$ 在阴极沉积，使电池阻抗增加。最后，有机电解液在工作时会产生不可逆的副产物，不但增加了极化电压，而且降低了电池的比容量。实际应用时，电池的能量效率要高于 90%，但是目前锂-空气电池通常只有 70%。研究人员的主要策略：一方面选择恰当的催化剂，提高三相界面的反应速率，降低极化电压；另一方面选择更稳定的有机电解液抑制副反应的发生。

5) 循环寿命短

如上所述，在不限制比容量时，锂-空气电池数次循环后比容量就会迅速衰减，因此研究人员采取控制电池比容量的方法来延长循环寿命，但是与锂离子电池数千次循环相比还是远远不够。其根本原因在于反应过程的本征动力学缺陷，过慢的反应速率无法达到长期稳定循环的要求。而且，电解液在富氧高电压下会发生大量不可逆反应，严重影响电池性能。此外，锂-空气电池处于一个开放系统，外界的水蒸气、杂质等都会对电解液产生不利影响，这也会影响电池的循环性能。

### 6.4.3 锂-空气电池的电化学过程

图 6.27 是 Swagelok™ 构型的 $Li-O_2$ 电池[65, 73, 74]，由金属锂箔、电解液润湿的隔膜、总比表面积约为 $0.1m^2$(几何面积约 $1cm^2$) 的多孔碳阴极及不锈钢网集流体组成。使用纯氧气替代空气以避免 $H_2O$、$CO_2$ 等对反应不利的污染问题。此装置连接了微分电化学质谱仪(differential electrochemical mass spectrometry，DEMS)，可以用来分析放电过程中的氧气消耗和充电过程中的氧气析出。该装置可以观察到 $Li-O_2$ 电池中的电化学反应过程[电池电势 $U(t)$ 与电流 $i(t)$]：基础动力学过电势、由反应物的输运引起的浓差极化（锂离子的输运、氧气的扩散及电荷转移)、电池阻抗中的 $iR$ 电压降、电池组成的稳定性等。

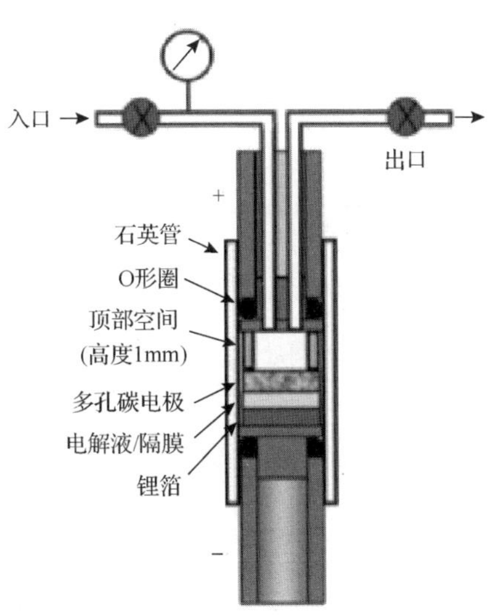

图 6.27　Swagelok™ 型 $Li-O_2$ 电池

图 6.28 中显示的是典型的 Swagelok™

型电池在 200mA/g 电流密度下的充放电曲线，即电势-容量($U$-$Q_t$)曲线[73]。该电池使用的电解液是 1mol/L LiTFSI [$LiN(CF_3SO_2)_2$]/DME(1,2-二甲氧基乙烷)。该图只是简单地测量了所有电化学过程的叠加，不能用来表征电池在工作时发生的具体化学过程。电解液主要使用醚类，因为醚类电解液是目前最为稳定的 Li-$O_2$ 电池电解液。

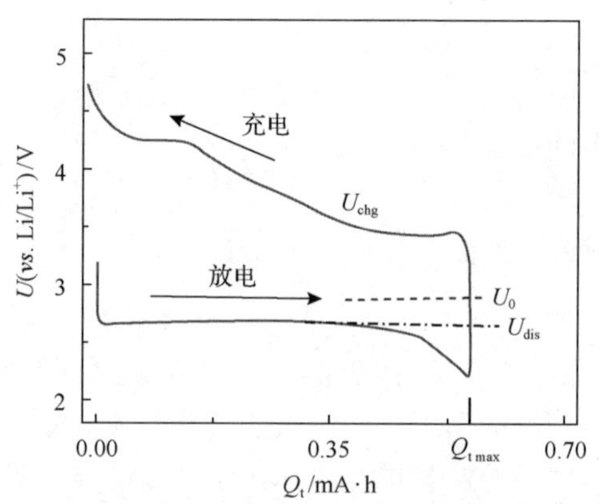


图 6.28 基于 1mol/L LiTFSI/DME 电解液和 Vulcan XC-72 炭黑阴极的 Swagelok™ 型电池在 200mA/g 电流密度下的充放电曲线[73]

以下主要讨论恒流充放电循环曲线中的几个特征：平衡电势 $U_0$，放电过程中相对于平衡电势的电压降 $U_{dis}$，在特定 $Q_{t\,max}$ 值时以 $U_{dis}$ 突然下降为特征的电池放电突然终止的现象，以及在起始只有轻微过电势，而后在充电电势连续增加过程中发生的复杂电势变化。$U_{dis}$、$Q_{t\,max}$ 和 $U_{chg}$ 的大小很大程度上依赖于电流 $i$。$Q_{t\,max}$ 和 $U_{chg}$ 都取决于阴极中所用碳材料的种类和数量，以及放电容量 $Q_{t\,dis}$ 的深度。

开路电压或者平衡电势 $U_0$ 在放电之前约 3.1V(vs. Li/Li$^+$)，放电结束后一般恢复至 2.85V，生成体相 $Li_2O_2$ 的热力学标准电势为 2.96V。但是，$U_0$ 实际上是表面反应 $2Li+O_2 \longrightarrow Li_2O_2$ 的平衡电势，无论是哪种表面，它可以与体相 $Li_2O_2$ 形成的标准电势不同。例如，$Li_2O_2$ 表面的反应平衡电势与碳电极表面(初始开路电压)的平衡电势就不一样，甚至 $Li_2O_2$ 表面的反应会依赖于晶面、晶面的端面、台阶、扭结等因素，因为 $2Li+O_2 \longrightarrow Li_2O_2$ 反应的自由能依赖于特定的表面能。

图 6.29 显示了不同电流下的恒流放电曲线。可以看出，$C_{g\,max}$ 和 $U_{dis}$ 与电流 $i$ 有紧密联系[74]。图 6.30 展示了两种不同类型的碳阴极所对应的 $U_{dis}$ 随 $i$ 的变化关系。$U_{dis}$ 随 $i$ 呈线性变化，表明 $U_{dis}$ 与电压降 $iR$ 有关。Vulcan XC-72 炭黑和 P50 碳纸对应的电阻 $R$ 分别是 40Ω 和 80Ω。虽然电池的其他组件也会对 $R$ 有贡献，但金属锂阳极表面形成的 SEI 膜对阻抗 $R$ 的贡献占了主要地位，即在任何放电过程中，由表面电化学反应所引起的放电过程动力学过电势都远小于图 6.30 中观察到的数值[75]。

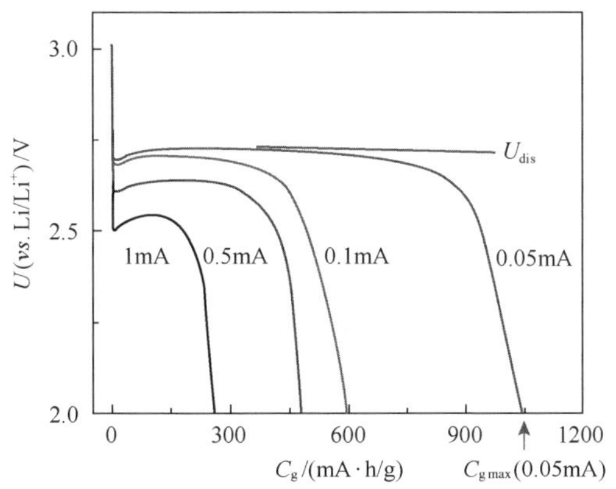


图 6.29　基于 1mol/L LiTFSI/DME 电解液和 Vulcan XC-72 炭黑阴极的 Swagelok$^{TM}$ 型电池在不同电流下的恒流放电曲线

比容量 $C_g$ 按照该领域常用的归一化方法进行处理，即转移电量除以阴极上负载的碳的质量

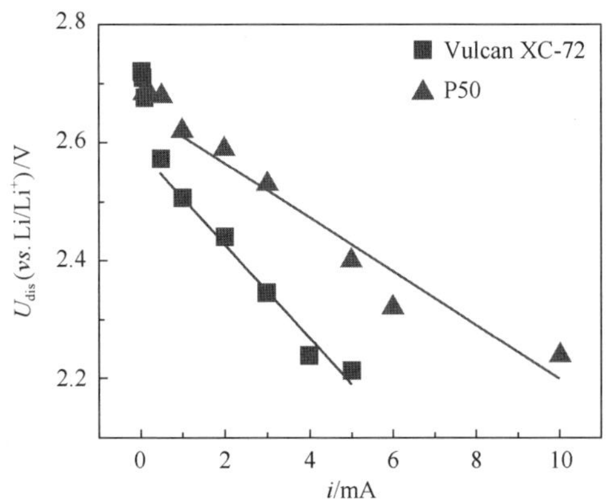


图 6.30　两种不同类型的碳阴极所对应的 $U_{dis}$ 随 $i$ 的变化关系

Swagelok$^{TM}$ 型电池由金属锂阳极，1mol/L LiTFSI/DME 电解液，50μm 厚的 Celgard 隔膜，P50 碳纸或者用 PTFE 涂覆在不锈钢网上的 Vulcan XC-72 炭黑阴极构成

在早期使用的碳酸酯类电解液实验中，可以观察到充电电压 $U_{chg}$ 几乎直接上升至 4V，而该电压的升高可认为是充电时碳酸酯类电解液发生电化学分解，造成了碳酸盐/羧酸盐在 $Li_2O_2$/电解液界面上沉积。在恒流充电时，当固态的电解液分解产物逐渐覆盖 $Li_2O_2$/电解液界面时，增大过电势是保持充电电流不变的唯一方法。但是充电电压升高会使得电解液发生更剧烈的分解，造成了更多副产物在界面的沉积。这一过程显示在图 6.31 中[76]。$U_{chg}$ 对 $Q_t/Q_{t\ dis}$ 的依赖关系可以简单地归因于 $R_{OER}/R_d$ 的比值而与 $Li_2O_2$ 的生成量无关，其中 $R_{OER}$ 为 $Li_2O_2$ 发生氧气析出过程的反应速率；$R_d$ 为电解液分解过程的反应速率。在充电过程中，当有 $CO_2$ 产生并生成 $Li_2CO_3$ 时，$U_{chg}$ 的升高速率会变快，这与上述结论“充电电压的升高是由碳酸盐/

羧酸盐等不溶性分解产物在 $Li_2O_2$/电解液界面沉积引起的”相一致。如果电解液(和阴极)分解生成可溶性产物，那么 $U_{chg}$ 将不会快速升高。

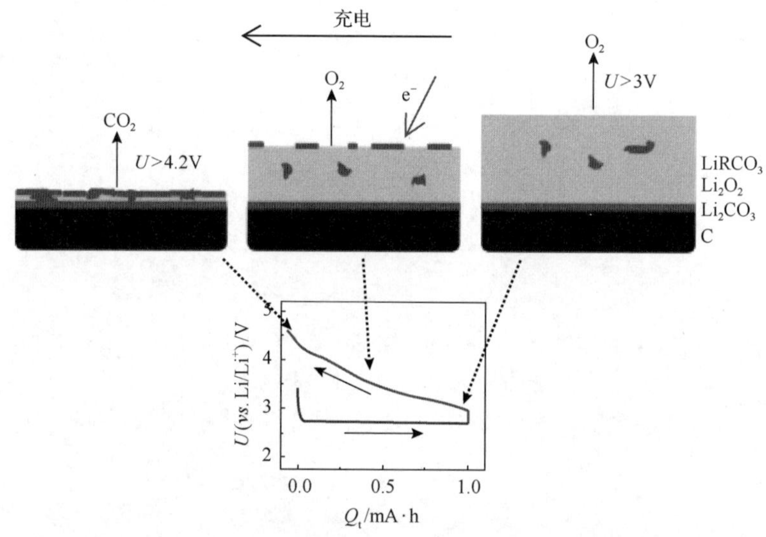


图 6.31　上半图为阴极(黑色部分)在充电过程中导致充电电压不断上升的沉淀反应。大致为单层的 $Li_2CO_3$ 沉积在碳的表面；在充电过程中，一些可能来自电解液分解的零散碳酸盐出现在 $Li_2O_2$ 沉淀中，并在电解液的界面上形成单层。$e^-$代表那些生成羧酸盐或者其他固态不溶物的未知电化学过程。图中所显示的产物间比例并不是准确量化的。插图显示的是恒流放电/充电电压曲线。虚线箭头指的是三个分图所分别对应的大致充电阶段[76]

1. 充放电化学过程

早期研究中，锂-空气电池的电解液大部分采用碳酸酯类作为溶剂，因为其被普遍应用于锂离子电池，且在锂金属上可以形成稳定的 SEI 膜。早期研究主要集中在电池的循环性能以及使用催化剂降低过电势上[77, 78]。但是结合谱学技术对产物进行表征后发现，在碳酸酯类溶剂中生成的 $Li_2O_2$ 是很难保持化学稳定的，会迅速形成以碳酸盐($Li_2CO_3$)和羧酸盐($LiRCO_3$)为主的替代物[79, 80]。当分别以碳酸酯类、醚类和碳酸酯/醚类混合物为电解质时，发现只有纯醚类作为电解质时放电产物才是 $Li_2O_2$(图 6.32 和图 6.33)。

图 6.34 给出了采用不同溶剂的电池放电后再进行恒流充电的 DEMS 检测结果[78]。采用纯 DME 溶剂时，电池充电后会有大量 $O_2$ 产生，采用碳酸酯类溶剂和混合电解液时，都会观察到 $Li_2CO_3$ 和 $LiRCO_3$ 的氧化分解产物 $CO_2$。可认为是 $Li_2CO_3$ 和 $LiRCO_3$ 的存在导致了充电时的高过电势，这也是在最初观察到有明显催化作用的根源[81]。但即使采用纯醚类作为溶剂，放电时仍会有副产物产生[82-85]，因此该领域的研究重点应放在寻找更稳定的电解液上。

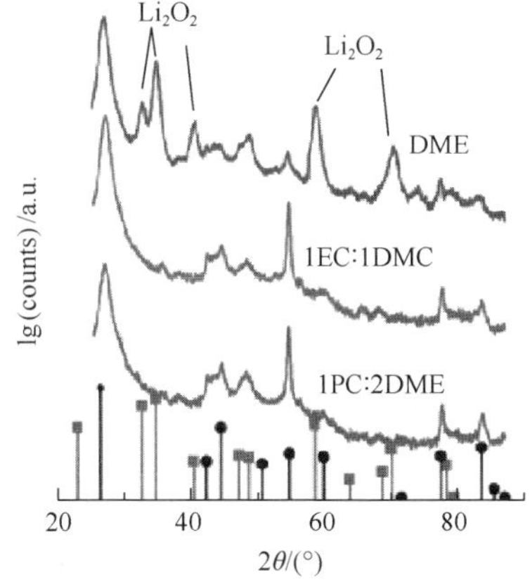


图 6.32　不同电解液体系放电结束后碳阴极的 XRD 图谱

■表示过氧化锂的峰，●表示石墨的峰

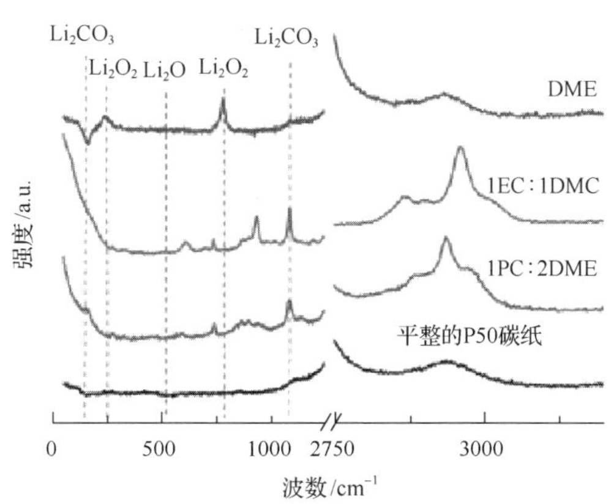


图 6.33　采用不同溶剂的电池放电后碳阴极的拉曼谱图

这些溶剂有 DME、混合碳酸酯类电解液、碳酸酯类和醚类的混合电解液；放电条件为：在 1bar（1bar=$10^5$Pa）的氧压下以 0.1mA/$cm^2$ 的电流密度放电至 2V

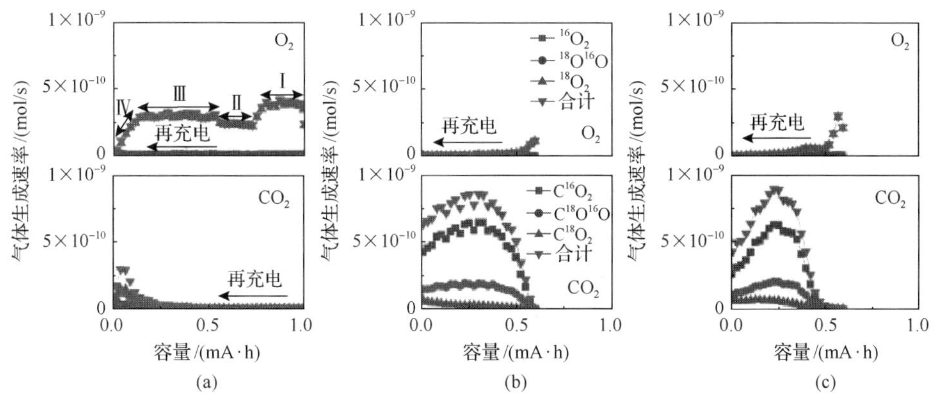


图 6.34　采用不同电解液的电池在放电后再进行充电时所释放的同位素标记的 $O_2$ 和 $CO_2$ DEMS 检测结果

（a）DME；（b）1EC：1DMC；（c）1PC：2DME

## 2. 动力学过电势

图 6.29 是 Swagelok™ 构型的 Li-$O_2$ 电池的恒流放电曲线（$U$-$C_g$），图 6.30 是这些电池的 $U_{dis}$-$i$ 曲线。图 6.35（a）显示了 Li-$O_2$ 电池在不同电流 $i$ 下的恒流放电曲线，所用电解液与图 6.29 和图 6.30 中的电池相同。在这个电池中，放电产物 $Li_2O_2$ 在玻碳（glassy carbon，GC）表面形成连续的薄膜[75]。从图 6.35（a）中可以看到，在放电初期，电压有一定的下降，这是由于动力学过电势 $\eta_{dis}$ 的存在。随着 $Li_2O_2$ 薄膜越来越厚，电阻性的电压降 $iR$ 增加，使得电压 $U$ 随着 $Q_{t\,dis}$ 的增加而呈线性减小，

而 $U$ 的下降导致了电池性能的急剧下降，此种现象归因于 $Li_2O_2$ 薄膜对电荷转移的阻碍作用[75]。

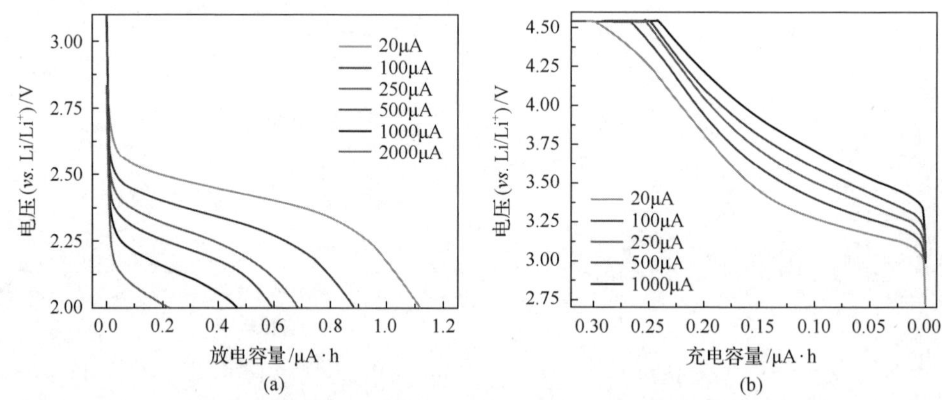


图 6.35 不同电流条件下电池中 GC 电极进行的恒电流放电(a)和在放电至 0.33μA·h 后进行的恒流充电(b)[75]

在本节中，只讨论在 $Q_{t\,dis}\approx 0$ 时，$U$ 的初始电压降以及其与电流 $i$ 的关系。定义 $U_{dis}(Q_{t\,dis}=0)$ 为放电曲线初始部分（$iR$ 下降区域）线性外推到 $Q_{t\,dis}=0$ 时的值。这决定了 $Li_2O_2$ 逐步生长机理的动力学过电势 $\eta_{dis}$（当 $U_0$ 是已知的），可认为在电池放电时，电化学反应是由该机理主导的[86, 87]。图 6.35(b)显示了不同电流下的恒流充电曲线($U$-$Q_{t\,chg}$)，这些电池提前在 20μA 电流下恒流放电至 $Q_{t\,dis}=0.33\mu A\cdot h$。这个容量与 20μA 下电池性能急剧衰减时容量的 1/3 相近。为了保持恒定的充电电流，电压 $U$ 随着充电容量 $Q_{t\,chg}$ 的增加而上升。此电压的增加单纯只是因为电解液与 $Li_2O_2$ 界面上杂质产物的积累而造成的。定义初始电压 $U$ 为首次充电至约 0.05μA·h 线性外推至 $Q_{t\,chg}=0$ 的电压。给定放电容量下的初始充电电势为 $U_{chg}(Q_{t\,dis})$。在其他放电容量 $Q_{t\,dis}$ 下重复实验，并由 $U_{chg}(Q_{t\,dis})$ 外推 $Q_{t\,dis}=0$，可给出没有薄膜 $iR$ 降低引起失真的充电过电势。

图 6.36 为充放电的 Tafel 曲线，如 $\lg(j)$-$U_{dis}(Q_{t\,dis}=0)$ 和上述定义的 $\lg(j)$-$U_{chg}(Q_{t\,dis}=0)$。如果 $Li_2O_2$ 覆盖了其表面，开路电压或平衡电势的值 $U_0$ 约为 2.85V (*vs.* Li/Li$^+$)。该图说明了充放电的动力学过电势都很小。在电流密度为 10μA/cm$^2$ 下，$U_{dis}(Q_{t\,dis}=0)$ 与 $U_{chg}(Q_{t\,dis}=0)$ 之间的电势差小于 0.4V，说明电池只受动力学过电势的限制，电效率 $1-(U_{chg}-U_{dis})/U_0$ 理论上应达到约 85%。放电过程的 Tafel 曲线呈高度非线性，而充电过程呈轻微的非线性。

3. 电荷传输限制

在放电过程中，阴极会发生电化学钝化现象。这是因为放电时生成的 $Li_2O_2$ 不溶于电解液，而是沉积在阴极表面。$Li_2O_2$ 是宽禁带绝缘体[88]，在沉积一定量后电化学钝化现象就会发生，所以在一定放电容量 $Q_{t\ max}$ 下，电池的性能就会急剧衰减。图 6.37 是典型的 Li-$O_2$ 电池必要反应物输运的示意图，$Li^+$和 $O_2$ 通过电解液就可以到达 $Li_2O_2$/电解液界面发生电化学反应，而电荷的传输必须得通过(或者绕过)$Li_2O_2$ 绝缘体才能到达这个活性界面。

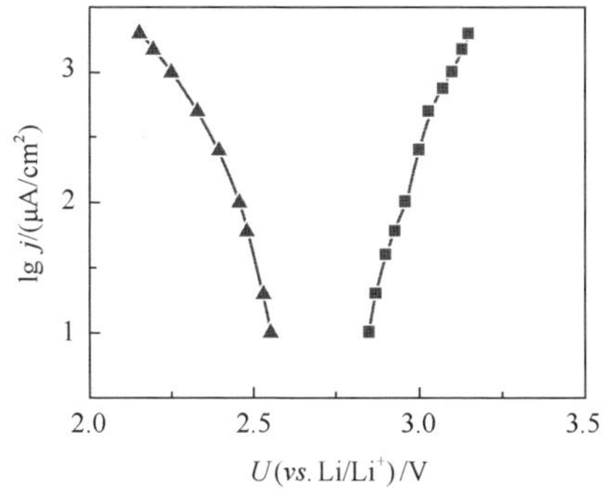


图 6.36 根据 Li-$O_2$ 电池放电(ORR，三角)和放电后的充电(OER，方块)曲线所做的 Tafel 曲线

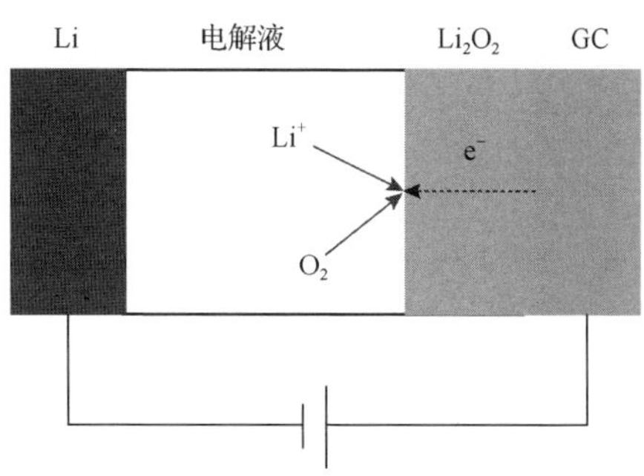


图 6.37 典型的 Li-$O_2$ 电池必要反应物输运的示意图

在 Li-$O_2$ 电池中，$Li_2O_2$ 纳米颗粒的表面和体相可以同时发生电荷传输[88]，并且相比于在体相中传输来说，在表面上更容易。但电流密度较大时，为了保持恒流放电，体相电荷传输占据主导地位。这是 Li-$O_2$ 电池中电荷传输的重要机理。

恒流放电的电流表示的是电化学反应速率(或者电流 $i$)，它与通过 $Li_2O_2$ 膜且可以驱动所需电流的电荷传输速率有关。根据恒流放电的需求，当 $Li_2O_2$ 膜厚增加时，为了提供足够的电荷传输以维持电化学反应速率常数不变，通过 $Li_2O_2$ 膜时的电压降 $U_{bias}$ 必须增大。如果电荷传输保持约束条件不变，$U_{bias}≈0$。如果不满足这个条件，随着膜厚 $d$ 或者 $Q_{t\ dis}$ 的增加，$U_{bias}$ 将呈指数增加。其行为如图 6.38 所示。将 $Q_{t\ dis}$ 和临界厚度称为隧道长度。

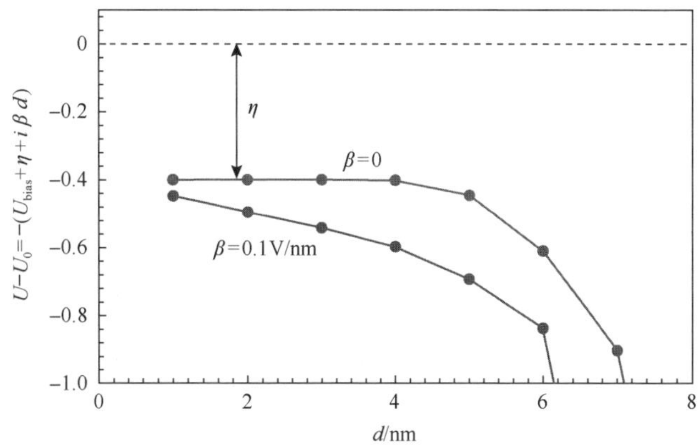


图 6.38 电流密度为 1μA/cm² 时电化学恒流放电受限于电荷传输的理论计算

在 Li-$O_2$ 电池中，恒流充电时，电压($U_{chg}$)会随着充电容量($Q_{t\ chg}$)的增加而升高，可认为是在 $Li_2O_2$/电解液界面上，电解液分解生成副产物导致的，而沉积的副产物只要超过几层就会使 $U_{chg}$ 上升到很高的电势(＞4V)。同时，当使用碳作为氧电极时，它会与 $Li_2O_2$ 发生反应生成 $Li_2CO_3$，使得稳定性问题变得更严重。因此，寻找电化学稳定的电解液和电极材料，避免 $Li_2O_2$/电解液界面副产物的产生是很重要的。另外，绝缘体 $Li_2O_2$ 的沉积会使得具有活性的氧电极发生电化学钝化，因此，氧电极上生成的 $Li_2O_2$ 薄膜厚度是有一定极限的。这使得容量和电流之间呈负相关关系，从而使得既具有高能量密度又具有高功率密度的锂-空气电池难以实现。另外值得注意的是，隧道长度决定了电荷传输的距离，这个长度也决定了在可实现的电流密度下，电池能够达到的最大容量值。想要突破这个难关，必须设计一个新的电荷传输机理。

### 6.4.4 研究实例：锂-空气电池电极催化剂过渡金属碳化物催化活性预测及实验验证

#### 1. 问题分析

过渡金属碳化物是一种高效的锂-空气电池电极催化剂。对其进行催化性能定量预测，确定具有最高催化活性的过渡金属碳化物[89]，并进行了实验制备及电化学性能测试[90]。

#### 2. 第一性原理预测过渡金属碳化物催化活性

采用第一性原理的计算方法，构建界面耦合模型，对 NaCl 相 3d-过渡金属碳化物体系作为锂-空气电池电极催化剂的催化活性进行反应自由能计算来描述反应路径。

$$\Delta G = E_t - E_0 + \Delta n_{\mathrm{Li}}(\mu_{\mathrm{Li}} - eU) + \Delta n_{\mathrm{O_2}}\mu_{\mathrm{O_2}} \tag{6.44}$$

式中，$E_t$ 和 $E_0$ 为反应处于不同阶段的能量；$\Delta n_{\mathrm{Li}}$ 和 $\Delta n_{\mathrm{O_2}}$ 为 $Li^+$ 和 $O_2$ 吸附/解离的数目；$\mu_{\mathrm{Li}}$ 和 $\mu_{\mathrm{O_2}}$ 为 $Li^+$ 和 $O_2$ 的化学势。催化表面选择稳定的(100)表面，与后续实验制备的立方体 TiC 纳米颗粒属于同一晶面族。过电势的计算方法采用 Hummelshøj 等提出的方法[91]，反应中间产物 $Li_2O_2$ 在后续实验过程中得到检测，结果显示 TiC 具有最佳的催化活性。

图 6.39 显示了 3d-过渡金属碳化物表面的 ORR 和 OER 能量图。反应中间体在不同表面的最稳定吸附位点的俯视图沿反应路径所示。具体的充放电电势数值也在图中进行描述。接下来根据 $\eta_{\mathrm{ORR}} = U_0 - U_{\mathrm{Dc}}$，$\eta_{\mathrm{OER}} = U_{\mathrm{C}} - U_0$，$\eta_{\mathrm{TOT}} = \eta_{\mathrm{ORR}} + \eta_{\mathrm{OER}}$ 计算了 3d-过渡金属碳化物各表面充放电过电势和总的过电势，见表 6.5，其

中 $U_{Dc}$ 为放电过电势，$U_C$ 为充电过电势。结果表明，$\eta_{ORR}$、$\eta_{OER}$ 和过电势总和最低值分别对应于 TiC、FeC 和 TiC，这表明 TiC 可以有效地催化 ORR，而 FeC 可以有效地催化 OER。综合比较，TiC 具有最佳的 3d-过渡金属碳化物催化活性。

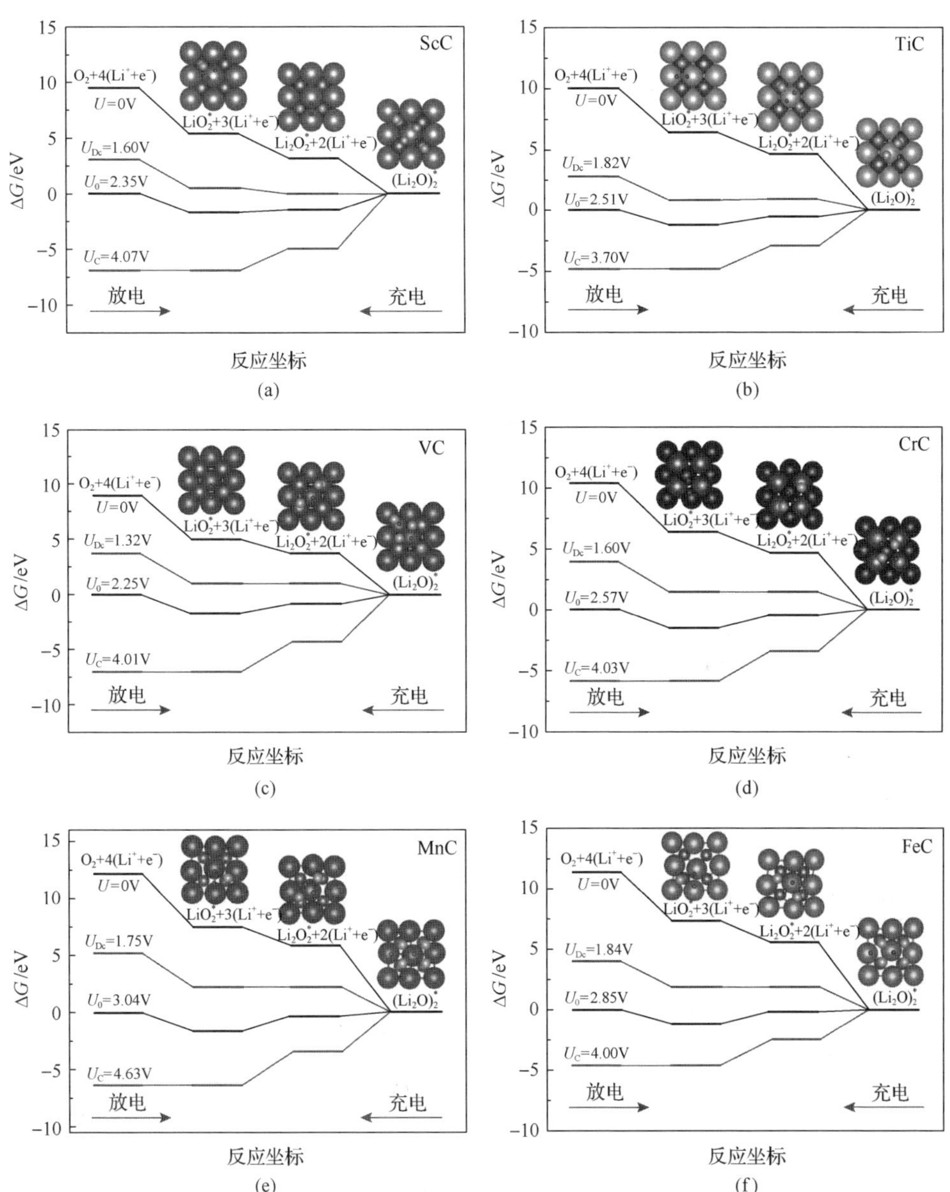

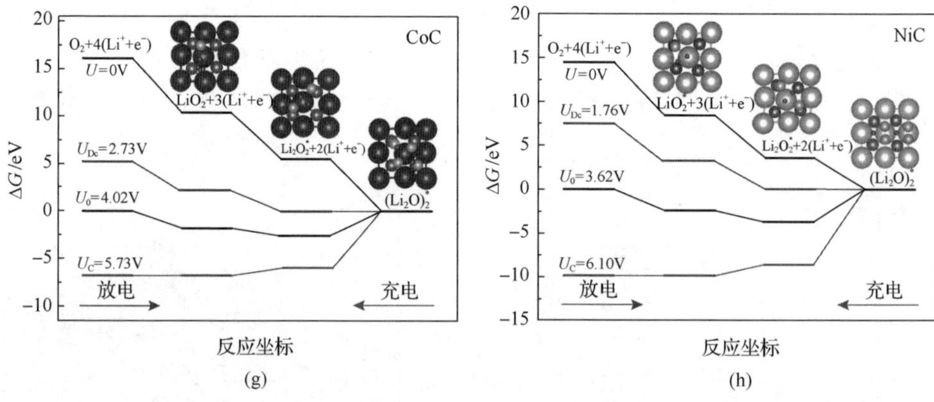


图 6.39 ORR 和 OER 在 ScC(a)、TiC(b)、VC(c)、CrC(d)、MnC(e)、FeC(f)、CoC(g)和 NiC(h)表面的反应路径

**表 6.5 3d-过渡金属碳化物各表面对应的放电过电势 $\eta_{ORR}$、充电过电势 $\eta_{OER}$ 和总过电势 $\eta_{TOT}$**

| 指标 | ScC | TiC | VC | CrC | MnC | FeC | CoC | NiC |
|---|---|---|---|---|---|---|---|---|
| $\eta_{ORR}$/V | 0.75 | 0.69 | 0.93 | 0.97 | 1.29 | 1.01 | 1.29 | 1.86 |
| $\eta_{OER}$/V | 1.72 | 1.19 | 1.76 | 1.46 | 1.59 | 1.15 | 1.71 | 2.48 |
| $\eta_{TOT}$/V | 2.47 | 1.88 | 2.69 | 2.43 | 2.88 | 2.16 | 3.00 | 4.34 |

基于 3d-过渡金属碳化物的计算数据，拟合了充放电过电势与部分材料性质之间的关联性。分析发现，Li 和 $LiO_2$ 的吸附能是影响 3d-过渡金属碳化物表面 ORR/OER 过电势的可能因素。图 6.40(a)表明 ORR 过电势与 Li 的吸附能成反比，相关系数 $R_t^2$=0.96。这种关系表明较弱的 Li 吸附导致 3d-过渡金属碳化物的 ORR 催化活性较高。图 6.40(b)表明 ORR 过电势也与 $LiO_2$ 的吸附能成反比，相关系数 $R_t^2$=0.93。这种关系意味着较弱的 $LiO_2$ 吸附诱导 3d-过渡金属碳化物的 ORR 催化活性较高。图 6.40(c)表明 OER 过电势与 Li 吸附能的相关性较差，这通过 $R_t^2$=0.61 的低相关系数得到证实。图 6.40(d)显示 OER 过电势与 $LiO_2$ 的吸附能成反比，$R_t^2$=0.72。这种关系意味着较弱的 $LiO_2$ 吸附诱导 3d-过渡金属碳化物的较高 OER 催化活性。TiC 的显著催化活性与充电过程中 Li 和 $LiO_2$ 的最小吸附能密切相关。

### 3. 实验制备 TiC 验证催化活性

#### 1)制备方法

在直流电弧等离子体纳米粉体制备设备内，将纯度为 99.99%的金属钛块作为阳极，钨棒作为阴极。封闭腔体，用真空泵抽至 $10^{-3}$Pa。随后，通入 0.01MPa 甲烷和 0.02MPa 氩气作为反应气体。引弧并保持电流为 90A，使钛块在该电弧下蒸发 15min。生成粉体沉积在腔体内壁，2h 后，通入 0.025MPa 空气钝化 12h，所得粉体即为 TiC 纳米颗粒。

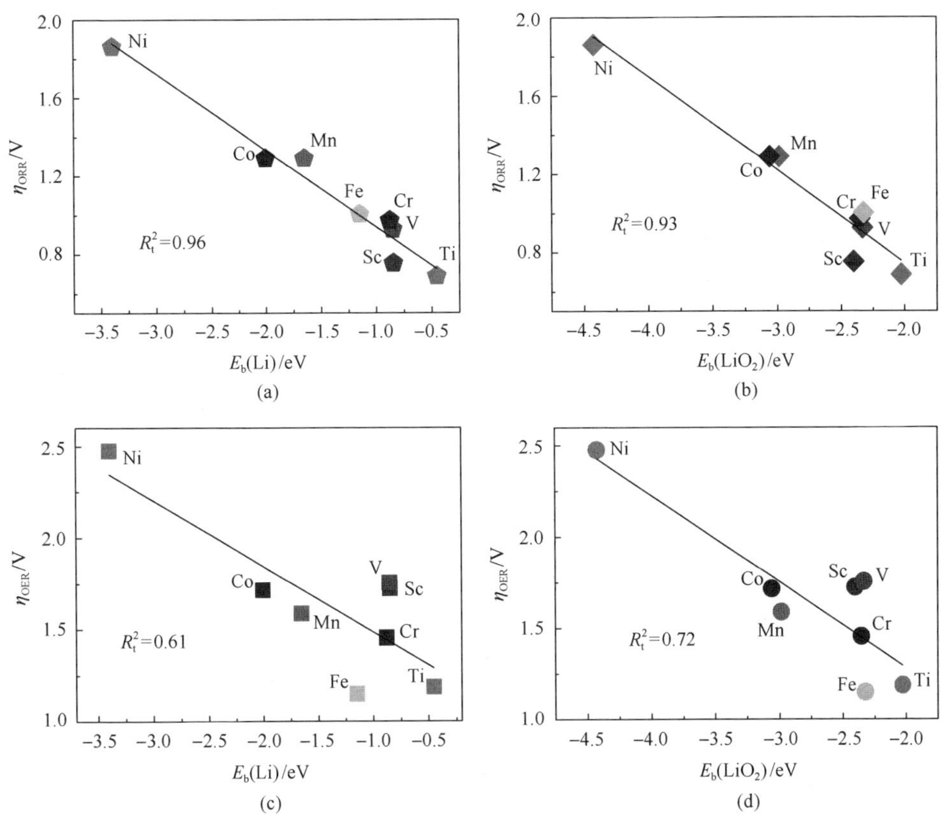


图 6.40　ORR 过电势随 Li(a)和 $LiO_2$(b)的吸附能变化关系；OER 过电势随 Li(c)和 $LiO_2$(d)的吸附能变化关系

2) 材料表征

由图 6.41(a)可明显地观察到 TiC 纳米颗粒呈现立方体结构，粒径为 40～90nm。由图 6.41(b)测量其晶格间距约为 0.22nm，对应 TiC 的(200)晶面。图 6.41(c)为其 XRD 图谱，可看出所制备纳米颗粒衍射峰与 TiC 标准谱图(PDF# 32-1383)完全一致，说明产物为单一相的 TiC。在图中可看出 $2\theta$=35.9°、41.7°、60.5°、72.4°和 76.1°分别是 TiC 对应的(111)、(200)、(220)、(311)和(222)晶面衍射峰，峰形规整尖锐，说明材料晶化程度良好。

如图 6.42(a)所示，经首次放电后，在 $2\theta$=32.9°、35.0°和 64.1°处出现 $Li_2O_2$ 标准峰(PDF# 09-0355)，没有探测到其余反应副产物。而再充电之后，阴极片上 $Li_2O_2$ 的特征峰完全消失，与初始电极片基本相同，说明 $Li_2O_2$ 已经完全分解。这说明以 TiC 纳米颗粒作阴极催化剂时，锂-空气电池的充放电过程具有优良的可逆性。FTIR 图谱进一步证实了 TiC 阴极在充放电过程中的变化。由图 6.42(b)可知，放电后，在约 550cm$^{-1}$ 处出现 $Li_2O_2$ 的特征峰，充电后该峰完全消失。另外，放电后，在大约 900cm$^{-1}$ 和 1550cm$^{-1}$ 处出现的峰可能是 $HCO_2Li$、$CH_3CO_2Li$、$Li_2CO_3$ 这些放电副产物引起的，主要是电解液的部分分解导致。但是，经充电后，$HCO_2Li$、$CH_3CO_2Li$、$Li_2CO_3$ 这些物质的特征峰也完全消失，说明这些副产物在充电过程中也是可以分解的。

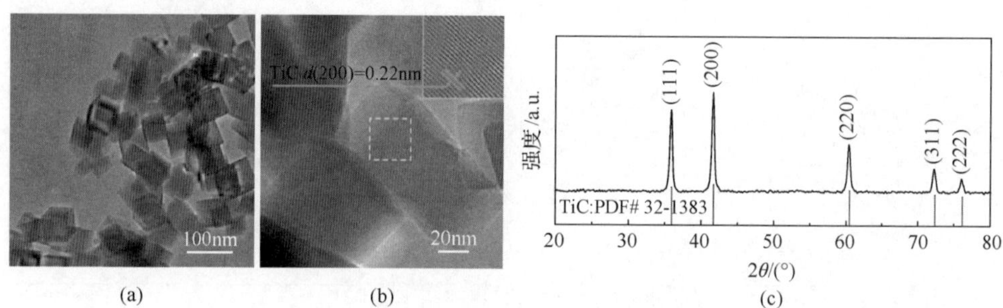


图 6.41　制备 TiC 纳米颗粒的结构表征图

(a)分辨率为 100nm 的 TEM 图；(b)分辨率为 20nm 的 TEM 图；(c)XRD 图谱

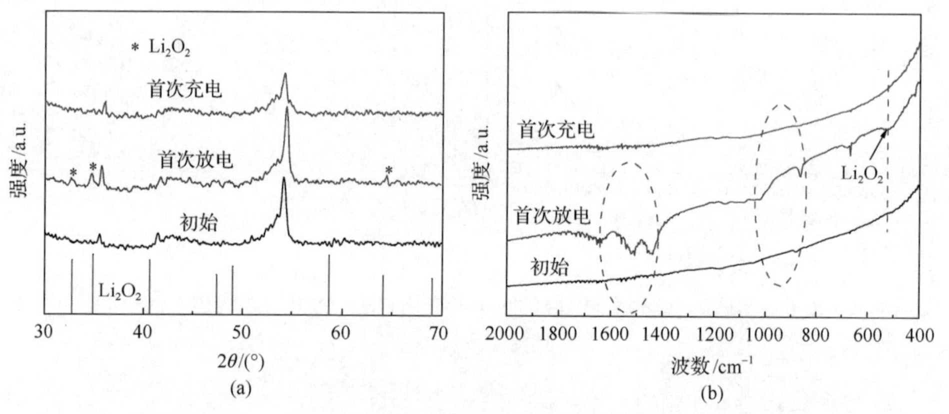


图 6.42　TiC 电极在初始、首次放电、首次充电状态下的物理表征

(a)XRD 图谱；(b)FTIR 图谱

为了更加直观地认识 TiC 阴极在充放电过程中的变化，采用场发射扫描电子显微镜对 TiC 阴极片的形貌进行分析。图 6.43(a)和(d)是 TiC 阴极片的原始形貌，可以观察到 TiC 纳米颗粒和导电剂 Super P、黏结剂 PVDF 均匀混合在一起。在放电之后[图 6.43(b)和(e)]，TiC 电极表面出现放电产物 $Li_2O_2$。该放电产物 $Li_2O_2$ 呈尺寸大约为 800nm 的圆片状结构。图 6.43(c)和(f)对应的是再充电之后 TiC 阴极的形貌，可以看出片状 $Li_2O_2$ 完全消失，阴极片基本恢复到原始状态。XRD、FTIR、SEM 结果表明，TiC 纳米颗粒作锂-空气电池催化剂时，$Li_2O_2$ 的生成与分解反应具有很好的可逆性，有效避免了大量反应副产物积累的问题。

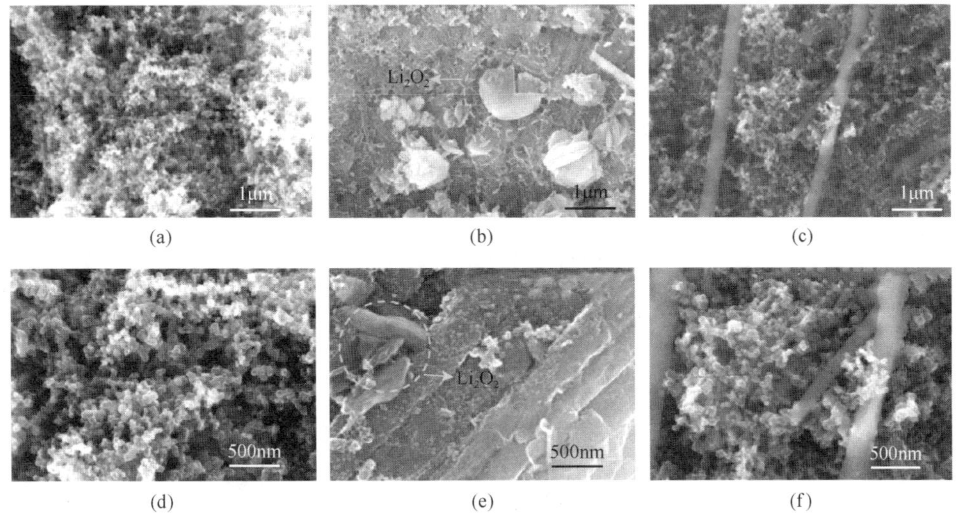


图 6.43　TiC 阴极在不同状态下的 SEM 图

(a)和(d)初始状态；(b)和(e)首次放电；(c)和(f)首次充电

3)电化学性能测试

(1)旋转圆盘电极测试。

图 6.44(a)是 TiC 纳米颗粒在扫描速率为 5mV/s、转速为 400～2025r/min 时的 ORR 线性扫描伏安曲线(LSV)，由图可知，TiC 的 ORR 电流密度随转速增大而增加。图 6.44(b)是根据 TiC 的 ORR 极化曲线所得 Koutecky-Levich(K-L)曲线，TiC 在电压为 0.35V、0.40V、0.45V 和 0.50V 时均具有良好的线性关系，且斜率基本一致。图 6.44(c)是 GC、商业 Pt/C(20wt%)和 TiC 催化剂在转速为 2025r/min 时的 OER 极化曲线，以此来分析 TiC 的 OER 催化活性。由图可知，TiC 的 OER 响应电流密度明显高于 Pt/C 和 GC，且增加速度最快，说明 TiC 本身具有更强的 OER 催化活性。

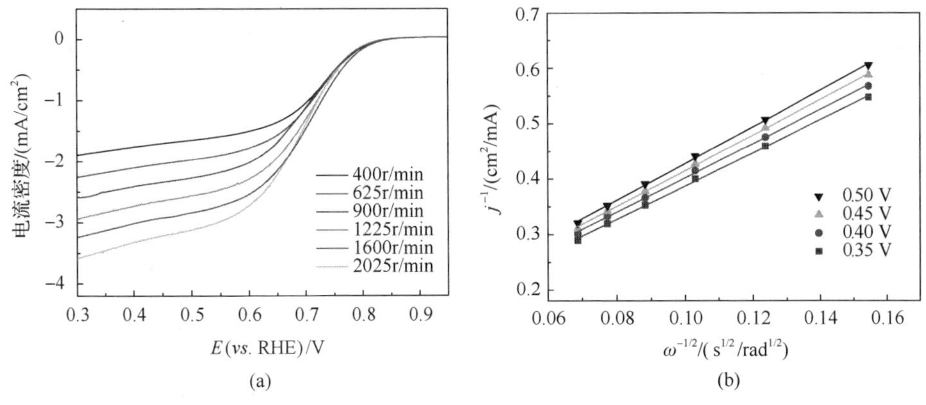

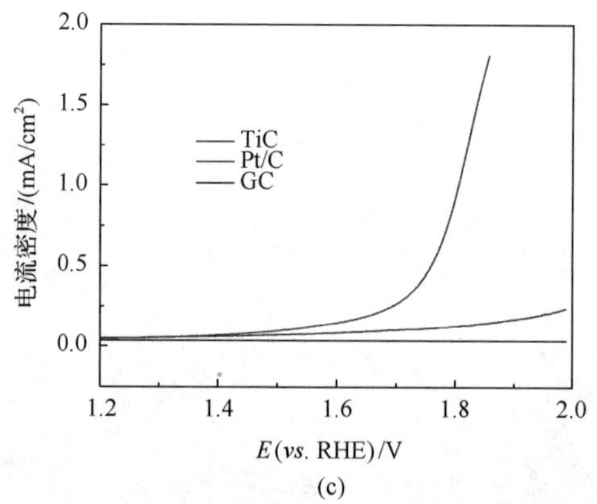

(c)

图 6.44 (a) TiC 催化剂在氧饱和的 0.1mol/L KOH 中不同转速下的 ORR 极化曲线，扫描速率为 5mV/s；(b) TiC 催化剂在电压为 0.35V、0.40V、0.45V 和 0.50V 时的 Koutecky-Levich 曲线；(c) GC、Pt/C 和 TiC 催化剂在转速为 2025r/min 时的 OER 极化曲线

(2) 循环曲线。

图 6.45(a) 分别是 SP(Super-P)、TiC 纳米颗粒电极在电流密度为 100mA/g SP 下的首次充放电曲线。如图所示，放电时，二者的放电平台和放电比容量都很接近，都约为 1000mA·h/g，说明二者都具有良好的 ORR 催化活性。而在充电过程中，TiC 电极的充电电压比 SP 电极降低约 280mV，说明 TiC 纳米颗粒具有更强的 OER 催化活性。TiC 和 SP 电极电化学性能的对比表明，TiC 纳米颗粒的加入促进了 OER 过程，进而降低锂-空气电池充电过电势。图 6.45(b) 是 TiC 电极在电流密度为 50mA/g SP、100mA/g SP 和 150mA/g SP 下的首次充放电曲线。电流密度为 50mA/g SP 时，锂-空气电池放电比容量达到 1267mA·h/g；当增大充放电电流密度时，锂-空气电池的充放电平台基本不变，即使将电流密度增大 2 倍至 150mA/g SP，取得了 778mA·h/g 的比容量，体现了 TiC 纳米颗粒作为催化剂时锂-空气电池优良的倍率性能。图 6.45(c) 是 TiC 电极在电流密度为 100mA/g SP、

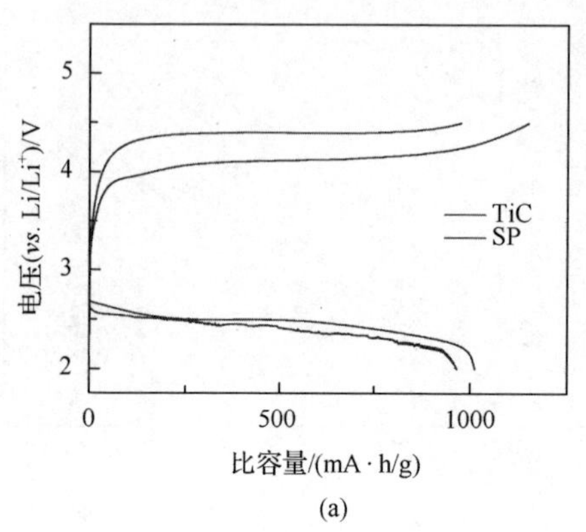

(a)

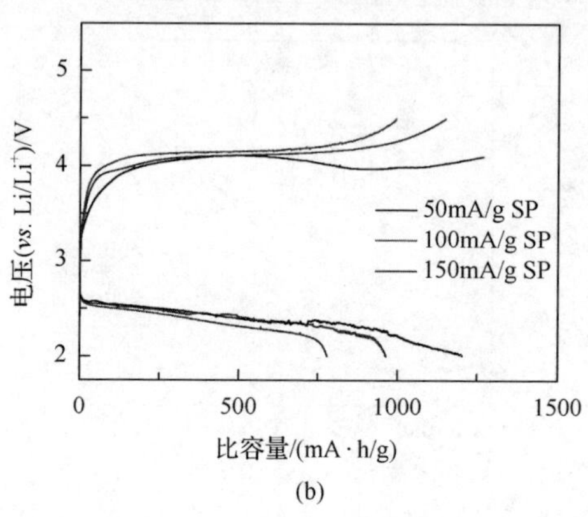

(b)

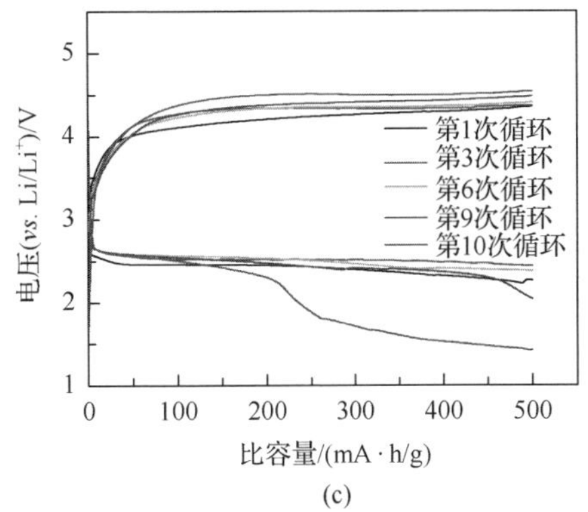


图 6.45　TiC 纳米颗粒电极的电化学性能表征

(a) SP 电极与 TiC 电极的首次充放电曲线；(b) TiC 电极在 50mA/g SP、100mA/g SP 和 150mA/g SP 的首次充放电曲线；(c) TiC 电极在比容量为 500mA·h/g，电流密度为 100mA/g SP 的循环曲线

比容量为 500mA·h/g 时的循环曲线。如图所示，循环过程中总的趋势是：随着循环次数的增加，充电过电势持续上升，说明电池性能的不断衰减。TiC 电极经过 10 次循环之后，电池因极化严重充放电终止。

(3) 循环伏安曲线。

图 6.46(a) 是 TiC 电极在 0.5mV/s 下的循环伏安曲线，扫描范围为 2.0～4.5V。对于 TiC 电极，首次负向扫描时，在大约 2.65V 处出现很强的还原峰，该峰位对应 ORR: $2Li^{+}+O_2+2e^{-}\longrightarrow Li_2O_2$，说明 TiC 纳米颗粒具有优良的氧还原催化性能；当正向扫描时，在约 4.25V 处出现明显的氧化峰，该峰位对应 OER: $Li_2O_2\longrightarrow 2Li^{+}+O_2+2e^{-}$，说明 TiC 纳米颗粒同时兼具优良的氧析出催化性能。第 2 次扫描时，循环伏安曲线基本未发生变化，表明 TiC 纳米颗粒作为锂-空气电池

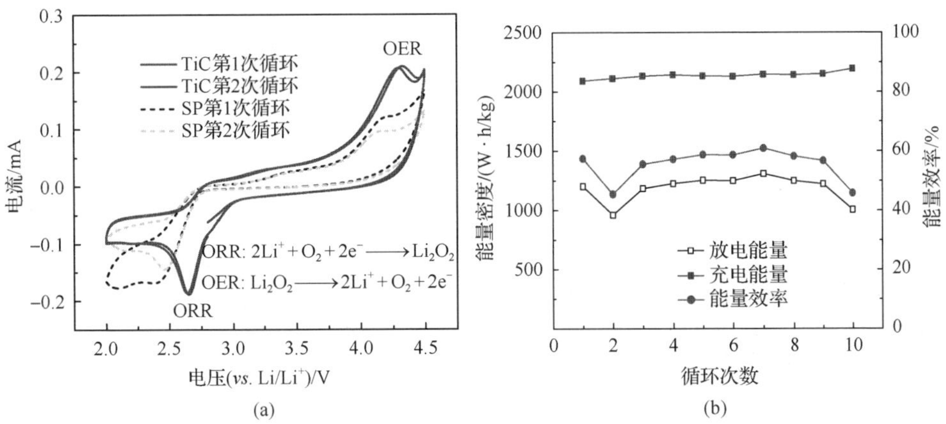


图 6.46　(a) TiC 电极的循环伏安曲线；(b) TiC 电极在比容量为 500mA·h/g，电流密度为 100mA/g SP 的能量效率图

催化剂时，$Li_2O_2$的生成与分解反应具有良好的可逆性，能有效地避免大量反应副产物积累的问题。而SP电极的氧化峰明显比TiC弱，这与SP本身较弱的OER催化活性相一致；并且在第2次扫描时，SP电极的氧化峰和还原峰均明显减弱，说明SP催化活性已经开始下降。从图6.46(b)可以看出，TiC电极的能量效率基本保持在60%左右，其中，第2次循环效率为45%，这可能是由测试环境的波动引起；而第10次循环效率的明显降低是TiC电极发生极化所导致。将电极催化剂中催化活性最好的TiC，采用直流电弧等离子体法制备了立方体结构的TiC纳米颗粒，表现出了良好的电化学特性。

## 参 考 文 献

[1] Chen Z, Yu A, Higgins D, et al. Highly active and durable core-corona structured bifunctional catalyst for rechargeable metal-air battery application. Nano Lett, 2012, 12(4): 1946-1952.

[2] Chen D, Chen C, Baiyee Z M, et al. Oxides as low-cost and highly-efficient oxygen reduction/evolution catalysts for low-temperature electrochemical devices. Chem Rev, 2015, 115(18): 9869-9921.

[3] Jiao F. Nanostructured cobalt oxide clusters in mesoporous silica as efficient oxygen-evolving catalysts. Angew Chem Int Ed, 2010, 48(10): 1841-1844.

[4] Tulloch J, Donne S W. Activity of perovskite $La_{1-x}Sr_xMnO_3$ catalysts towards oxygen reduction in alkaline electrolytes. J Power Sources, 2009, 188(2): 359-366.

[5] Yu E H, Krewer U, Keith S, et al. Principles and materials aspects of direct alkaline alcohol fuel cells. Energies, 2010, 3(8): 1499-1528.

[6] Jian Z L, Liu P, Li F J, et al. Core-shell-structured CNT@$RuO_2$ composite as a high-performance cathode catalyst for rechargeable Li-$O_2$ batteries. Angew Chem Int Ed, 2014, 126: 452-456.

[7] Shuihua T, Gongquan S, Jing Q, et al. New carbon materials as catalyst supports in direct alcohol fuel cell. Chinese J Catal, 2010, 31(1): 12-17.

[8] Neburchilov V, Wang H, Martin J J, et al. A review on air cathodes for zinc-air fuel cells. J Power Sources, 2010, 195(5): 1271-1291.

[9] Will F G. Electrochemical oxidation of hydrogen on partially immersed platinum electrodes. J Electrochem Soc, 1963, 110: 145-151.

[10] Lamminen J, Kivisaari J, Lampinen M J, et al. Preparation of air electrodes and long run tests. J Electrochem Soc, 1991, 138(4): 905-908.

[11] Cao R, Lee J S, Liu M, et al. Recent progress in non-precious catalysts for metal-air batteries. Adv Energy Mater, 2012, 2(7): 816-829.

[12] Ge X, Sumboja A, Wuu D, et al. Oxygen reduction in alkaline media: from mechanisms to recent advances of catalysts. ACS Catal, 2015, 5(8): 4643-4667.

[13] Huang K, Li Y, Xing Y, et al. Increasing round trip effiency of hybrid Li-air battery with bifunctional cataltsts. Electrochim Acta, 2013, 103: 44-49.

[14] Nørskov J K, Rossmeisl J, Logadottir A, et al. Origin of the overpotential for oxygen reduction at a fuel-cell cathode. J Phys Chem B, 2004, 108(46): 17886-17892.

[15] Stacy J, Regmi Y N, Leonard B M, et al. The recent progress and future of oxygen reduction reaction catalysis: a review. Renew Sust Energ Rev, 2017, 69(Complete): 401-414.

[16] Lu Y C, Xu Z, Gasteiger H A, et al. Platinum-gold nanoparticles: a highly active bifunctional electrocatalyst for rechargeable lithium-air batteries. J Am Chem Soc, 2010, 132(35): 12170-12171.

[17] Xu J B, Gao P, Zhao T S. Non-precious $Co_3O_4$ nano-rod electrocatalyst for oxygen, reduction reaction in anion-exchange membrane, fuel, cells. Energ Environ Sci, 2012, 5(1): 5333-5339.

[18] Meini S, Piana M, Beyer H, et al. Effect of carbon surface area on first discharge capacity of Li-$O_2$ cathodes and cycle-life behavior in ether-based electrolytes. J Electrochem Soc, 2012, 159(12): A2135-A2142.

[19] Tian G L, Zhang Q, Zhang B S, et al. Toward full exposure of "active sites": nanocarbon electrocatalyst with surface enriched nitrogen for superior oxygen reduction and evolution reactivity. Adv Funct Mater, 2014, 24(38): 5956-5961.

[20] Yoo E, Zhou H. Li-air rechargeable battery based on metal-free graphene nanosheet catalysts. ACS Nano, 2011, 5(4): 3020-3026.

[21] Zhang J T, Zhao Z H, Xia Z H, et al. A metal-free bifunctional electrocatalyst for oxygen reduction and oxygen evolution reactions. Nat Nanotechnol, 2015, 10(5): 444-452.

[22] Zhao Z H, Xia Z H. Design principles for dual-element-doped carbon nanomaterials as efficient bifunctional catalysts for oxygen reduction and evolution reactions. ACS Catal, 2016, 6(3): 1553-1558.

[23] Biddinger E J, Deak D V, Ozkan U S. Nitrogen-containing carbon nanostructures as oxygen-reduction catalysts. Top Catal, 2009, 52(11): 1566-1574.

[24] Vasudevan P, Mann N, Santosh, et al. Electroreduction of oxygen on some novel cobalt phthalocyanine complexes. J Power Sources, 1989, 28(3): 317-320.

[25] Meng Y, Song W, Huang H, et al. Structure-property relationship of bifunctional $MnO_2$ nanostructures: highly efficient, ultra-stable electrochemical water oxidation and oxygen reduction reaction catalysts identified in alkaline media. J Am Chem Soc, 2014, 136(32): 11452-11464.

[26] Cheng F, Yi S, Jing L, et al. $MnO_2$-based nanostructures as catalysts for electrochemical oxygen reduction in alkaline media. Chem Mater, 2014, 22(3): 898-905.

[27] Han L, Dong S, Wang E. Transition-metal (Co, Ni, and Fe)-based electrocatalysts for the water oxidation reaction. Aadv Mater, 2016, 28(42): 9266-9291.

[28] Suntivich J, May K J, Gasteiger H A, et al. ChemInform abstract: a perovskite oxide optimized for oxygen evolution catalysis from molecular orbital principles. Science, 2012, 43(11): 1383-1385.

[29] Ma Z, Pei P, Wang K, et al. Degradation characteristics of air cathode in zinc air fuel cells. J Power Sources, 2015, 274: 56-64.

[30] Ma H, Wang B, Fan Y, et al. Development and characterization of an electrically rechargeable zinc-air battery stack. Energies, 2014, 7(10): 6549-6557.

[31] Sapkota P, Kim H. Zinc-air fuel cell, a potential candidate for alternative energy. J Ind Eng Chem, 2009, 15(4): 445-450.

[32] 高睿，王俊凯，胡中波，等. 锂-空气电池正极催化剂表界面调控及构效关系研究进展. 电化学，2019(1): 77-88.

[33] Zhou K, Li Y. Catalysis based on nanocrystals with well-defined facets. Angew Chem Int Ed, 2012, 51(3): 602-613.

[34] Xie X, Shen W. Morphology control of cobalt oxide nanocrystals for promoting their catalytic performance. Nanoscale, 2009, 1(1): 50-60.

[35] Nicholas J F. An Atlas of Models of Crystal Surfaces. New York: Gordon & Breach, 1965.

[36] Rui G. Facet-dependent electrocatalytic performance of $Co_3O_4$ for rechargeable Li-$O_2$ battery. J Phys Chem C, 2015, 119(9): 4516-4523.

[37] Su D, Dou S, Wang G. Single crystalline $Co_3O_4$ nanocrystals exposed with different crystal planes for Li-$O_2$ batteries. Sci Rep-UK, 2014, 4: 5767.

[38] Yan D, Li Y, Huo J, et al. Defect chemistry of nonprecious-metal electrocatalysts for oxygen reactions.Adv Mater, 2017, 29(48): 1606459.

[39] Casascabanas M, Binotto G, Larcher D, et al. Defect chemistry and catalytic activity of nanosized $Co_3O_4$. Chem Mater, 2009,21(9): 1939-1947.

[40] Xia L U, Hong L I. Fundamental scientific aspects of lithium batteries（Ⅱ）. Defect chemistry in battery materials. Energy Storage Sci Tech, 2013, 2(2): 157-164.

[41] Hong J, Jin C, Yuan J, et al. Atomic defects in two-dimensional materials: from single-atom spectroscopy to functionalities in opto-/electronics, nanomagnetism, and catalysis. Adv Mater, 2017, 29(14): 1606434.

[42] Chen C F, King G, Dickerson R M, et al. Oxygen-deficient $BaTiO_{3-x}$ perovskite as an efficient bifunctional oxygen electrocatalyst. Nano Energy, 2015, 13: 423-432.

[43] Gao R, Liu L, Hu Z, et al. The role of oxygen vacancies in improving the performance of CoO as a bifunctional cathode catalyst for rechargeable Li-$O_2$ batteries. J Mater Chem A, 2015, 3(34): 17598-17605.

[44] Gao R, Li Z Y, Zhang X, et al. Carbon-dotted defective coo with oxygen vacancies: a synergetic design of bifunctional cathode catalyst for Li-$O_2$ batteries. ACS Catal, 2015, 6(1): 400-406.

[45] Wang J, Gao R, Zhou D, et al. Boosting the electrocatalytic activity of $Co_3O_4$ nanosheets for a Li-$O_2$ battery through modulating inner oxygen vacancy and exterior $Co^{3+}/Co^{2+}$ ratio. ACS Catal, 2017, 7(10): 6533-6541.

[46] Sun B, Chen S, Liu H, et al. Mesoporous carbon nanocube architecture for high-performance lithium-oxygen batteries. Adv Funct Mater, 2015, 25(28): 4436-4444.

[47] Park J B, Lee J, Yoon C S, et al. Ordered mesoporous carbon electrodes for Li-$O_2$ batteries. ACS Appl Mater Inter, 2013, 5(24): 13426-13431.

[48] Guo Z, Zhou D, Dong X, et al. Ordered hierarchical mesoporous/macroporous carbon: a high-performance catalyst for rechargeable Li-$O_2$ batteries. Adv Mater, 2013, 25(39): 5668-5672.

[49] Zhang X, Gao R, Li Z, et al. Enhancing the performance of CoO as cathode catalyst for Li-$O_2$ batteries through confinement into bimodal mesoporous carbon. Electrochim Acta, 2016, 201: 134-141.

[50] Xing Y, Yang Y, Chen R, et al. Strongly coupled carbon nanosheets/molybdenum carbide nanocluster hollow nanospheres for high-performance aprotic Li-$O_2$ battery. Small, 2018, 14: 1704366.

[51] Lu J. Aprotic and aqueous Li-$O_2$ batteries. Chem Rev, 2014, 114(11): 5611-5640.

[52] Abraham K M, Jiang Z. ChemInform abstract: a polymer electrolyte-based rechargeable lithium/oxygen battery. Cheminform, 1996, 27(19): 1-5.

[53] Littauer E L. Anodic behavior of lithium in aqueous electrolytes. J Electrochem Soc, 1980, 127(3): 521-524.

[54] Shimonishi Y, Zhang T, Johnson P, et al. A study on lithium/air secondary batteries: stability of NASICON-type glass ceramics in acid solutions. J Power Sources, 2010, 195(18): 6187-6191.

[55] Shimonishi Y, Zhang T, Imanishi N, et al. A study on lithium/air secondary batteries: stability of the NASICON-type lithium ion conducting solid electrolyte in alkaline aqueous solutions. J Power Sources, 2011, 196(11): 5128-5132.

[56] Zhang T, Imanishi N, Yasuo T, et al. Aqueous lithium/air rechargeable batteries. Chem Lett, 2011, 40(7): 668-673.

[57] Zhu J, Yang J, Zhou J, et al. A stable organic-inorganic hybrid layer protected lithium metal anode for long-cycle lithium-oxygen batteries. J Power Sources, 2017, 366: 265-269.

[58] He P, Zhang T, Jiang J, et al. Lithium-air batteries with hybrid electrolytes. J Phys Chem Lett, 2016, 7(7): 1267-1280.

[59] Wang Y, Zhou H. A lithium-air battery with a potential to continuously reduce $O_2$ from air for delivering energy. J Power Sources, 2010, 195(1): 358-361.

[60] Kumar B, Kumar J, Leese R, et al. A solid-state, rechargeable, long cycle life lithium-air battery. J Electrochem Soc, 2010, 157(1): A50-A54.

[61] Tan P, Shyy W, An L, et al. A gradient porous cathode for non-aqueous lithium-air batteries leading to a high capacity. Electrochem Commun, 2014, 46(9): 111-114.

[62] Adams B D, Black R, Williams Z, et al. Towards a stable organic electrolyte for the lithium oxygen battery. Adv Energy Mater, 2014, 5(1): 1400867.

[63] Heine J, Rodehorst U, Badillo J P, et al. Chemical stability investigations of polyisobutylene as new binder for application in lithium air-batteries. Electrochim Acta, 2015, 155: 110-115.

[64] Kitaura H, Zhou H. Electrochemical performance and reaction mechanism of all-solid-state lithium-air batteries composed of lithium, $Li_{1+x}Al_yGe_{2-y}(PO_4)_3$ solid electrolyte and carbon nanotube air electrode. Energ Environ Sci, 2012, 5(10): 9077-9084.

[65] Mccloskey B D, Bethune D S, Shelby R M, et al. Solvents' critical role in nonaqueous lithium-oxygen battery electrochemistry. J Phys Chem Lett, 2011, 2(10): 1161-1166.

[66] Freunberger S A, Chen Y, Drewett N E, et al. The lithium-oxygen battery with ether-based electrolytes. Angew Chem Int Ed, 2011, 50(37): 8609-8613.

[67] Kwabi D G, Batcho T P, Thomas P, et al. Chemical instability of dimethyl sulfoxide in lithium-air batteries. J Phys Chem Lett, 2014, 5(16): 2850-2856.

[68] Mozhzhukhina N, Méndez D L, Lucila P, et al. Infrared spectroscopy studies on stability of dimethyl sulfoxide for application in a Li-air battery. J Phys Chem C, 2013, 117(36): 18375-18380.

[69] Mozhzhukhina N, Marchini F, Torres W R, et al. Insights into dimethyl sulfoxide decomposition in Li-$O_2$ battery: understanding carbon dioxide evolution. Electrochem Commun, 2017, 80: 16-19.

[70] Lim H D, Park K Y, Gwon H, et al. The potential for long-term operation of a lithium-oxygen battery using a non-carbonate-based electrolyte. Chem Eng Commun, 2012, 48(67): 8374-8376.

[71] Liu J, Rahimian S K, Monroe C W. Capacity-limiting mechanisms in Li/$O_2$ batteries. Phys Chem Chem Phys, 2016, 18(33): 22840-22851.

[72] Welland M J, Lau K C, Redfern P C, et al. An atomistically informed mesoscale model for growth and coarsening during discharge in lithium-oxygen batteries. J Chem Phys, 2015, 143(22): 224113.

[73] 今西诚之, 艾伦 • C • 伦兹, 彼得 • G. 布鲁斯, 等. 锂空气电池. 解晶莹，郭向欣，孙毅，等译. 北京: 化学工业出版社, 2017.

[74] Mccloskey B D, Scheffler R, Speidel A. On the mechanism of nonaqueous Li-$O_2$ electrochemistry on C and its kinetic overpotentials: some implications for Li-air batteries. J Phys Chem C, 2012, 116(45): 23897-23905.

[75] Viswanathan V, Nørskov J K, Speidel A, et al. Li-$O_2$ kinetic overpotentials: Tafel plots from experiment and first-principles theory. J Phys Chem Lett, 2013, 4(4): 556-560.

[76] Mccloskey B D, Speidel A, Scheffler R, et al. Twin problems of interfacial carbonate formation in nonaqueous Li-$O_2$ batteries. J Phys Chem Lett,2012, 3(8): 997-1001.

[77] Débart A, Bao J, Armstrong G, et al. An $O_2$ cathode for rechargeable lithium batteries: the effect of a catalyst. J Power Sources, 2007, 174(2): 1177-1182.

[78] Prabu M, Ketpang K, Shanmugam S. Hierarchical nanostructured $NiCo_2O_4$ as an efficient bifunctional non-precious metal catalyst for rechargeable zinc-air batteries. Nanoscale, 2014, 6(6): 3173-3181.

[79] Freunberger S A, Chen Y, Peng Z, et al. Reactions in the rechargeable lithium-$O_2$ battery with alkyl carbonate electrolytes. J Am Chem Soc, 2011, 133(20): 8040-8047.

[80] Wu X, Viswanathan V V, Wang D, et al. Investigation on the charging process of $Li_2O_2$-based air electrodes in Li-$O_2$ batteries with organic carbonate electrolytes. J Power Sources, 2011, 196(8): 3894-3899.

[81] Mccloskey B D, Scheffler R, Speidel A, et al. On the efficacy of electrocatalysis in nonaqueous Li-$O_2$ batteries. J Am Chem Soc, 2011, 133(45): 18038-18041.

[82] Gowda S R, Brunet A, Wallraff G M, et al. Implications of $CO_2$ contamination in rechargeable nonaqueous Li-$O_2$ batteries. J Phys Chem Lett, 2013, 4(2): 276-279.

[83] Ryan K R, Trahey L. Limited stability of ether-based solvents in lithium-oxygen batteries. J Phys Chem C, 2014, 116(37): 19724-19728.

[84] Veith G M, Nanda J, Delmau L H, et al. Influence of lithium salts on the discharge chemistry of Li-air cells. J Phys Chem Lett, 2012, 3(10): 1242-1247.

[85] Xu W, Hu J, Engelhard M H, et al. The stability of organic solvents and carbon electrode in nonaqueous Li-$O_2$ batteries. J Power Sources, 2012, 215: 240-247.

[86] Viswanathan V, Thygesen K S, Hummelshoj J S, et al. Electrical conductivity in $Li_2O_2$ and its role in determining capacity limitations in non-aqueous Li-$O_2$ batteries. J Chem Phys, 2011, 135(21): 214704.

[87] Hummelshoj J S, Luntz A C, Norskov J K. Theoretical evidence for low kinetic overpotentials in Li-$O_2$ electrochemistry. J Chem Phys, 2013, 138(3): 034703.

[88] Radin M D, Rodriguez J F, Tian F, et al. Lithium peroxide surfaces are metallic, while lithium oxide surfaces are not. J Am Chem Soc, 2012, 134(2): 1093-1103.

[89] Yang Y, Qin Y, Xue X, et al. Intrinsic properties affecting the catalytic activity of 3d transition-metal carbides in Li-$O_2$ battery. J Phys Chem C, 2018, 122(31): 17812-17819.

[90] 秦振海, 黄昊, 吴爱民, 等. 立方相碳化钛在锂空电池中的电化学行为. 材料工程, 2019, 47(2): 34-41.

[91] Hummelshøj J S, Blomqvist J, Datta S, et al. Communications: elementary oxygen electrode reactions in the aprotic Li-air battery. J Chem Phys, 2010, 132(7): 071101.

# 第 7 章

# 超级电容器电极材料

## 7.1 概　　述

传统静电电容器尽管有较大的功率密度，但能量密度较低，不能满足实际需求。同时，随着新能源电动汽车的快速发展，其对电源功率的要求越来越高，现有电池的性能往往难以达到其要求。与传统电池相比，超级电容器具有更高的功率密度(300～5000W/kg)、更快的充放电速度(充电 10s～10min 可达到其额定容量的 95%以上)以及更长的使用寿命、更高的储电放电效率(能量循环效率超过 90%)，因此在新能源领域超级电容器得到了广泛的关注。超级电容器主要应用于需要快速充放电循环和短期能量存储的场合，目前已经在汽车的启停系统(减速或短停车时将动能转化为电能储存在超级电容器里，在加速时电容器放电从而达到节油的目的)、超级电容公交车、城市轨道交通及物流搬运车等领域开启商用化进程。

本章从超级电容器的发展历史引入，介绍了与超级电容器相关的基本概念；之后对现阶段超级电容器的分类及其工作机理进行了详细描述；在此基础上，简述了超级电容器的组成。其中，对超级电容器电极材料的种类、优缺点及改进措施进行了重点介绍。最后，结合编者的研究工作介绍了一种开发高性能超级电容器电极材料的有效手段，为高性能超级电容器的研发提供方向与思路。

## 7.2 超级电容器的发展历史

电容器在储能领域的应用实际上比电池的出现还要早。最早出现的电容器是在 18 世纪中叶，由荷兰莱顿大学的马森布罗克(Pieter van Musschenbrock)和德国科学家冯·克莱斯特(Ewald Georg von Kleist)研制出的莱顿瓶，它是由一个内外都贴有银箔的玻璃瓶组成的早期电容器[1,2]。这种储能装置利用了平板电容器原理，当瓶外的银箔接地，瓶内的银箔用静电发生器或者静电源进行充电后，就能从这个小而相对简单的器件中产生强放电。但是这种储能装置的储存容量较小，且容器体积大，放电持续时间短[1,2]。到 1799 年，意大利物理学家亚历山德罗·伏打

(Alessandro Volta)将铜片、锌片和盐水或醋浸湿的纸片叠在一起，制备了伏打电池(voltaic pile)，它能够持续地对外输出电流，同时可以通过叠加的铜片和锌片的数量对其电压进行调节。伏打电池是第一个实际意义上的电化学电池[3]。1879 年，德国科学家亥姆霍茨首次发现了双电层结构的电化学电容器并首次建立了双电层模型[4]。虽然由于对溶剂极化、离子扩散和电极表面态等方面的研究不够全面，模型被不断改进，但这一理论的提出为超级电容器的发展和研究建立了坚实的理论基础。到 1957 年，Becker 代表美国通用公司以多孔活性炭为电极申请了第一个电化学电容器专利，使电容器的产品化有了新的突破。此后经美孚石油公司和美国标准石油公司(SOHIO)公司等不断改进，设计了目前常见的电化学电容器结构，SOHIO 公司在 1969 年首次实现了碳材料电化学电容器的商业化。到 20 世纪 70 年代，电化学电容器得到了迅猛的发展，其容量得到了很大的提升，达到法拉级(F)，因而被称为“超级电容器”。1979 年，日本的 NEC 公司开始生产超级电容器，至 1983 年，NEC 公司实现了超级电容器的商业化生产。随后，超级电容器的赝电容储能机理被 Conway 等提出，他们首次以金属氧化物为活性物质，制备了高能量密度的超级电容器。与此同时，Econd 公司和 Elit 公司推出了可用于大功率启动动力场合的电化学电容器。目前，Panasonic、NEC、EPCOS、Maxwell 等公司在超级电容器领域的研究越来越活跃，其应用领域也不断扩大。例如，超级电容器被当作应急电源对波音飞机的紧急门进行供电。美国、日本的公司还将其进一步应用于导弹制导、大型飞机、军用备用电源等军事领域[5]。

超级电容器是基于一些具有高比表面积材料的电极-电解液界面上进行充放电的一类特殊的电容器[2]，常用的材料为多孔碳、金属氧化物和导电聚合物。超级电容器储能的基本原理与传统电容器一致，但是超级电容器的电极具有更大的有效比表面积，且电极间的电解质更薄。这些优点赋予了超级电容器更高的比电容值，其电容和能量比传统电容器高出一万多倍，因此，单个电化学电容器的额定容量能达到数百甚至数千。同时，由于超级电容器能像常规电容器一样以高度可逆的方式进行电荷存储，其内部较低的等效串联电阻使其能够在高的功率密度下工作。由于传统电池的电荷存储机理为化学/法拉第机理，与超级电容器的静电/非法拉第机理不同，因此，超级电容器不应当被认为是电池的替代物，而是与电池形成互补的储能元件。此外，通过适当的单元设计，可以有效地调控超级电容器的能量密度和功率密度，将其制备成具有特定用途的独立功能元件，或与电池结合作为一个混合器件。

按照超级电容器储能机制和器件构造的不同，可以将超级电容器分为三种：①双电层电容器(electrical double-layer capacitor，EDLC)；②氧化还原型电化学电容器(赝电容电容器)；③双电层电容器和赝电容电容器的混合体系(混合型电容器)[5]。目前对电容器的研究主要集中在开发新颖的电极材料、选择合适的电解液、优化电容器的组装技术等方面。目前电极材料主要分为三类：碳材料、过渡金属氧化物和导电聚合物材料。虽然后两种材料作为电极时其性能要优于碳材料，但是过渡金属氧化物材料价格相对昂贵，导电聚合物材料性能不稳定，使得目前对它们的研究仅限于实验室阶段。不同形式的碳材料是目前商业化的双电层电容器中研究和应用最为广泛的电极材料[6-8]。

超级电容器以其众多优点，一经问世便受到人们的广泛关注，并已经成功应用于电子行业、电动汽车、发电装置、军事、航空航天等诸多领域中。超级电容器可以在短时间内完成充电，提供比较大的能量，可将其当作备用电源应用于存储器、微型计算机等电子产品中。当主电源中断或者由于接触不良等原因引起系统电压降低时，超级电容器就可以起后备补充作用，避免突然断电对仪器造成的影响[9]。超级电容器还可以用于在相当苛刻环境中工作的数据记录设备上，柱形脉冲超级电容器体积小、轻便等特点使其最先被实用化。由于电动汽车在启动、加速、爬坡时对电池的功率需求会突然增大，包括燃料电池在内的二次电池在这一方面表现出一定的局限性，因此在电动汽车动力电池组上搭配使用超级电容器，可以满足电动汽车在大功率下的使用要求，延长电池组的使用寿命。在本田公司开发出的 FCX-V3 和 FCX-V4 电动车中，超级电容器被用来取代二次电池，减少了汽车的质量和体积，使系统效率提高，同时在刹车过程可以回收能量，提高了能量的利用率。2006 年，上海奥威科技开发有限公司与上海巴士电车合作推出的超级电容器电车，在上海实现了商业化运营，为城市公交提供了全新的思路。此外，在航空航天领域，新一代的航天飞行器在发射阶段需要用到“致密型超高功率脉冲电源”，该类电源需要常规高能量密度电池和超大容量电容器组合构成，通过对脉冲释放率、脉冲密度、功率等参数调整，使脉冲电起飞加速器等装置在脉冲状态下能达到任何平均功率水平的状态[9]。今后对超级电容器的研究重点仍是通过开发和设计新材料，通过获得理想的体系和材料，制备出性能好、价格低的储能器件以满足市场的需求。

## 7.3　超级电容器的基本概念

### 7.3.1　电容与电势能

典型的电容器是两个由真空或介电材料隔开的导电平行板组成的，能够在一个静电场储能而不是化学形式储能的无源元件。当给电容器充电时，电路板将具有相等和相反的电荷量，表明电容器上的净电荷量为零。两块电极板都是导电材料，因此电荷将均匀分布在两块电极板的表面，该电容器在一段时间内能看成一个电压源，产生的电势差记作 $\mu_i$。电荷量 $Q$ $(Q=|Q^+|+|Q^-|)$ 与两极间的电势差 $\mu_i$ 的比值为电容器的电容 $C$，即

$$C = \frac{Q}{\mu_i} \tag{7.1}$$

电容器的电容值和电容器板上的累积电荷无关，电容主要取决于带电板的组成与几何形状。电容的单位是法拉，其中 1 法拉(F)=1 库仑/伏特(C/V)。对于典型的平板电容器，电容取决于介电材料的介电常数 $\varepsilon$、电极表面积 $A$ 和两个平面电极之间的距离 $d$，即

$$C = \frac{\varepsilon A}{d} \tag{7.2}$$

式(7.2)表明如果电容器的材质是固定的，则电容值将取决于介电常数值 $\varepsilon_i$，该 $\varepsilon_i$ 是真空下的介电常数值。对于非真空电解质，材料的相对介电常数定义为 $\varepsilon_r = \varepsilon/\varepsilon_i$，其中 $\varepsilon$ 为材料的介电常数。每种介电材料具有不同的介电常数，导致不同的电容，因此式(7.2)可以改写为

$$C = \frac{Q}{\mu_i} = \frac{\varepsilon A}{d} = \frac{\varepsilon_r \varepsilon_i A}{d} \tag{7.3}$$

为了使电容器电极板带电，必须通过外部电力的驱动。在充电开始时，电容器电极板间的净电荷为零。施加电压后，电荷将在电极板上聚集，然而随后电极板之间将自发形成电场，电荷的累积将变得越来越困难，导致随后的过程需要更多的能量。该过程由外部电源(电池)将能量转换为电势能 $E_t$，存储在介电材料内部的电场中。式(7.4)可以用来计算电荷增量和所需做功量的关系，可以用于计算电容器上电荷转移形成电势差 $\mu_i$、需要外部的做功量 $\mathrm{d}W$：

$$\mathrm{d}W = \mu_i \mathrm{d}q = \frac{q}{C}\mathrm{d}q \tag{7.4}$$

做功完成时，电容器内部存储的电势能 $E_t$ 为

$$E_t = \int \mathrm{d}W = \frac{1}{C}\int_0^q q\mathrm{d}q = \frac{q^2}{2C} \tag{7.5}$$

式(7.5)中电容值是独立的，可以提出后积分。结合式(7.5)和式(7.1)，可以得到计算存储在电容器中能量的通式

$$E_t = \frac{q^2}{2C} = \frac{1}{2}C{\mu_i}^2 \tag{7.6}$$

电容器的能量在电压最大时达到最大值，而其电压受限于电介质的击穿强度。同时理想情况下，存储在电容器中的能量和电容器存储的电容电荷不会消散，并且会无限期保留，直到放电。然而，实际上由于介电材料的泄漏，电容器的自放电率比电池更高。

### 7.3.2　电压窗口

当给平板电容器以一定的外部电源充电时，会在电极表面聚集一定量的净电荷 ($q$)，形成电极-电解液的双电层。因此，当电解液的浓度达到一定程度，足以形成 Helmholtz 层时，双电层之间的电势差 ($\mu_i$) 可以用式 (7.7) 表示

$$\mu_i = \frac{q}{C_{dl}} \tag{7.7}$$

式中，$C_{dl}$ 为双电层电容器的电容值，$F/cm^2$。式 (7.7) 表明，理论上只要在电极表面聚集足够的净电荷量，电容器的电势差就能达到一个期望值。然而，因为随着电势差的增大，一些因素的制约作用越来越明显，导致电势差不可能无限的增大。例如，如果电极-电解质界面含有石墨碳电极和 1.0mol/L 的 NaI 水溶液，当电极电势从 0V (*vs.* NHE) 增大到 0.6V (*vs.* NHE) 时，氧化态的 $I^-$ 会失去电子变为 $I^0$ (两个 $I^0$ 将形成 $I_2$)，阻止了电势差的进一步增大。在表面 $I^-$ 耗尽后，电极电势将进一步增大，当电势接近 0.8V (*vs.* NHE) 时，溶液中的水将被氧化生成 $O_2$。在电势差增大的过程中，当电势差高于 0.2V (*vs.* NHE) 时，石墨也会发生一定程度的氧化，阻止电势差进一步扩大。在同一个电极上，当电势低至–0.6V (*vs.* NHE) 时，水将被还原为 $H_2$。当电势进一步降低至–3.0V (*vs.* NHE) 时，溶液中的 $Na^+$ 将会被还原。因此，只有当电势范围为–0.6～0.2V (*vs.* NHE) 时才不会发生电化学反应。这就是电容器的电压窗口，只有在该电势范围内，电极可以稳定地进行充放电过程而不受电化学反应的干扰。

在电化学中，当电极在相当宽的电势范围内不发生电极反应时，将该电极称为理想的可极化电极、完全可极化电极或全极化电极。因此，电极的行为就像一个电容，在一个确定的电势范围内只有电容性的电流流动，可以说上述碳/NaI 电极在–0.6～0.2V (*vs.* NHE) 电势范围内是一个理想的可极化电极。同样，理想的非极化电极是不可极化的，即使施加大电流时，理想的非极化电极的电势也不会从其平衡电势发生变化。大多数电极-电解质界面处于理想的可极化和不可极化电极之间。

在双电层电容器的实际应用中，双电层越宽，电荷存储容量越高，而其电压窗口依赖于电极材料、电解质和所用溶剂。超级电容器中最实用的电极材料是碳基材料，在电解质溶液中具有几近理想的可极化电压窗口。对于电解质溶剂，由于其特有的电化学属性而需要经过一定的匹配和筛选过程。例如，水在室温下的电化学分解窗口为 1.23V，如果使用水作为电解质溶液，则其最大的电压约为 1.23V。此外，乙腈的电极电压窗口约为 2.0V，不同的溶剂具有不同的电压窗口，表 7.1 列出了几种常见溶剂及其对超级电容器的潜在电压窗口。

表 7.1 典型的超级电容器电解质溶剂及其潜在电压窗口[10-13]

| 溶剂 | 电解质 | 温度/℃ | 电压窗口/V |
|---|---|---|---|
| 水 | KOH, 4mol/L | 25 | 1 |
| | $H_2SO_4$, 2mol/L | 25 | 1 |
| | KCl, 2mol/L | 25 | 1 |
| 碳酸丙烯酯 | $Et_4NBF_4$, 1mol/L | 25 | 2.7 |
| 乙腈 | $Et_4NBF_4$, 1mol/L | 25 | 2.7 |
| 离子液体 | $[EtMeIm]^+[BF_4]^-$ | 25 | 4 |
| | $[EtMeIm]^+[BF_4]^-$ | 100 | 3.25 |

### 7.3.3 等效串联电阻和漏电电阻

理论上，如果在理想的电容器上施加正弦交流电流，输出电压与输入电压应存在 90°的相位差。但是在超级电容器中，输出电压与输入电压的相位差通常小于 90°，这是因为电容器内部存在一定的电阻，这些组件的电阻值定义为等效串联电阻(ESR)。在超级电容器中，ESR 是真实存在的串联电阻，它包括：集流体层和电极层之间的接触电阻；电极层的多孔和颗粒性质导致的电极层间的电阻；外部引线的接触电阻；电解质的电阻；当交流频率高于几百兆赫时，内部溶剂和离子的介电损耗引起的电阻。ESR 是评价超级电容器性能，特别是功率密度的一个重要参数，因为 ESR 限制了在给定电流或电压作用下电容器的充放电速率。

电容器内阻产生的电压降影响电池的充电和放电容量，这种非理想的损耗限制了可用电荷存储的有效区域，从而限制了电池的充电容量。损失的电荷主要以热能的形式消散。非理想的电阻功率损耗会在短时间内产生大量的热量，即使是商用的低电阻电容器，如 Maxwell K2 电容器也会在短时间内快速聚集热量。如果热量没有被安全地引导离开器件，这种小体积内大量热量的产生将导致器件性能快速降低，损坏电子部件，导致电解质膨胀并熔化壳体材料。电容器可以在故障前短时间内处理这种大电流，但是设备内部的 ESR 也限定了超级电容器的实际最大电流为 88A[14]。

在理想的双电层电容器中，当电极电势在一定的范围内充电时，一般认为电荷不会穿过双电层界面。通过超级电容器的电流($i_{dl}$)为双电层的充电或者放电的电流密度。然而，当电极电势超过电解质或溶剂的电化学分解极限值时，将会出现漏电电流($i_{lk}$)和法拉第漏电电流($i_{iF}$)，这将造成法拉第反应的发生，导致电荷在双电层上转移，那么超级电容器充电的总电流将变为

$$i_{cell}(充电) = i_{dl} + i_{lk} + i_{iF} \quad i_{cell}(放电) = i_{dl} - i_{lk} - i_{iF} \tag{7.8}$$

式(7.8)表明，漏电电流和法拉第漏电电流的存在，使得给超级电容器的充电电流

大于预期值。这两种类别的漏电电流将导致超级电容器的自放电现象，在实际应用中是需要尽量避免的。法拉第漏电电流与电极电势密切相关，其可以表示为动态电流($i_k$)和扩散极限电流($i_d$)间的关系，即

$$i_{iF} = \frac{i_d i_k}{i_k + i_d} \tag{7.9}$$

由于电解质和溶剂的浓度较高，$i_k$ 的值比 $i_d$ 大得多，因此动态电流 $i_k$ 是影响法拉第漏电电流 $i_{iF}$ 的主要因素。基于漏电电流的定义，可以将漏电电阻或漏电并联电阻定义为 $R_p$。通常，$R_p$ 的值可以很大且要远大于 $R_{esr}$，因此除非在低倍率下充放电，否则它对超级电容器的充放电过程的影响是微不足道的。此外，其他种类的非法拉第过程也会引起超级电容器的自放电现象。例如，沿孔隙表面电荷接受的不均匀现象，以及由不正确密封导致的两电极间的短路现象。

即使是器件与外部没有连接，在电容器长时间静止储能的过程中，电容器的不稳定性以及电荷的扩散和孔隙中离子的重构(电荷不平衡)等现象都可能导致电荷损失[14]。可以通过以下方式测量自放电电压来确定漏电行为：①通过施加慢电压对器件充电(1～50mV/s)；②可选择保持电压以保持稳态；③将设备切换到开路状态，并随着时间的推移监控电压。此外，法拉第漏电电流的测量还取决于温度($\lg I$-$1/t$)，其斜率由反应机理的活化能决定。因此，法拉第漏电电流对电容器高温性能有重要影响。在工业上，可以通过施加直流电压，测量维持电容器满电状态所需要的电流来测量漏电电流。漏电电流随着时间的推移快速下降，几天后达到稳定值，由此测量得出的漏电电流可以作为器件漏电电流对比的依据。

### 7.3.4　能量密度和功率密度

能量密度是评估电化学电容器的最重要的参数之一。以简单的双电层电容器为例，其体积能量密度计算式为

$$W_v = \int_0^q U_{sc} \mathrm{d}q = \int_0^q \frac{q}{C_{dl}^T} \mathrm{d}q = \frac{1}{2}\frac{q^2}{C_{dl}^T} = \frac{1}{2}\frac{(C_{dl}^T U_{sc})^2}{C_{dl}^T} = \frac{1}{2} C_{dl}^T U_{sc}^2 \tag{7.10}$$

式中，$U_{sc}$ 为超级电容器的电压，V；$q$ 为超级电容器中存储的总电荷量，$C/cm^2$；$C_{dl}^T$ 为超级电容器的电容值，$F/cm^2$。在实际应用中，质量能量密度更为常用，其定义式为

$$W_m = \frac{1}{2}\frac{C_m}{m} U_{sc}^2 = \frac{1}{2} C_{sp} U_{sc}^2 \tag{7.11}$$

$$W_M = \frac{1}{2}\frac{C_m}{M}U_{sc}^2 \tag{7.12}$$

式中，$W_m$ 为基于电极片上活性物质的质量能量密度，W·h/kg；$C_m$ 为实际材料构成电容器的电容值，F；$m$ 为电极材料活性物质的质量，g；$C_{sp}$ 为该电容器的比电容值，F/g；$W_M$ 为基于整个器件质量的质量能量密度，W·h/kg；$M$ 为整个器件的质量，g。当超级电容器处于完全充电状态时，将会出现一个最大的电压值，此时的能量密度即为最大能量密度。然而在实际应用过程中，放电期间的线性电压降会产生额外的电路限制。二次电压降意味着在可用电压范围内，电压降低 50%时，其已经释放了 75%的存储能量。对剩余 25%能量的利用，将会变得更加复杂和昂贵，因为需要将电压调节至适宜的水平，以使电路能正常运行。因此，在实际设计应用中，电容器的最大可用能量的计算常使用的电压窗口为峰值电压 $U_{sc}^0$ 至半峰值电压，即[15]

$$(W_M)_{usable} = \frac{3}{8}\frac{C_m}{M}(U_{sc}^0)^2 \tag{7.13}$$

能量密度很大程度上取决于所用的材料。例如，不同的电解质具有不同的电压窗口，直接影响电池电压；不同的电极材料具有不同的粒径和孔隙率，将导致不同的电容。集流体材料的不同也将导致电容器能量密度的差异。此外，电解质离子和电极层间的相互作用还会改变差分电容从而影响超级电容器的能量密度。

对于给定的电解液，电极材料对超级电容器的能量密度的影响可以表示为

$$(\Delta W_m)_{max} = (W_m)_{max}\frac{\Delta C_m}{C_m} \tag{7.14}$$

对于给定的电极材料，电解液对超级电容器的能量密度的影响可以表示为

$$(\Delta W_m)_{max} = 2(W_m)_{max}\frac{\Delta U_{sc}^0}{U_{sc}^0} \tag{7.15}$$

例如，假设电容器的电容值（$C_m$）从 100F 变为 150F，即 $\Delta C_m$=50F，当电压窗口为 1.2V 时，能量密度 $(W_m)_{max}$ 为 10W·h/kg，增加的能量密度为 5W·h/kg。然而，当电容值固定为 100F，电压窗口从 1.2V 增加到 1.8V，能量密度将增大 10W·h/kg。这表明，相比于使用更高电容的电极材料，通过使用具有高电压窗口的电解质溶液来增加电池的电压能更有效地提高电容器的能量密度。理论上，ESR 对材料的能量密度没有影响，但是它能减缓放电速率，从而降低电容器的功率密度。漏电电阻本身的自放电现象将使电容器的能量密度降低。

超级电容器的另一个重要性能指标是功率密度，它决定了存储在器件中的能量传递到外部负载的速度。功率密度($P_d$)是电容器的放电电压和电池放电电流密度的乘积，即

$$P_d = \frac{I_{cell} V_{cell}}{m} \tag{7.16}$$

式中，$P_d$ 为电容器的功率密度，W/kg；$I_{cell}$ 为电容器的放电电流密度，A/cm$^2$；$V_{cell}$ 为电容器的放电电压，V；$m$ 为活性物质质量，kg/cm$^2$。

通过公式推导，能得到最大功率密度计算公式为

$$(P_d)_{max} = \frac{1}{4m} \frac{(U_{sc}^0)^2 \left[\exp\left(-\frac{t}{R_p C_{dl}^T}\right)\right]^2}{R_{esr} + R_p\left[1-\exp\left(-\frac{t}{R_p C_{dl}^T}\right)\right]} \tag{7.17}$$

根据式(7.17)，在放电的初期，即 $t$=0 时，最大功率密度应该为

$$(P_d)_{max}^{t=0} = \frac{1}{4m} \frac{(U_{sc}^0)^2}{R_{esr}} \tag{7.18}$$

当 $R_p$ 趋于无穷时，式(7.18)可以简化为

$$(P_d)_{max} = \frac{1}{4m} \frac{(U_{sc}^0)^2}{R_{esr} + \frac{t}{C_{dl}^T}} \tag{7.19}$$

ESR、漏电电流、放电时间对电容器的最大功率密度均有影响，值得注意的是，在放电的初始时刻，ESR 对最大功率密度的影响最大。而且除非漏电电阻很小，否则漏电电阻对最大功率密度影响并不明显，而在实践中，漏电电阻通常很大，因此在放电期间其对最大功率密度的影响可以忽略不计。在匹配整体阻抗的情况下计算功率密度时，可以预估放电能量的一半以电能的形式释放，另一半则以热能的形式流失，仅有 50%的效率使其不能满足大多数的应用。美国先进电池联盟(USABC)规定，电化学电容器的工作效率要达到 95%，该值将是对实际输出功率更为有效的估计。使用调整后的效率值($\varepsilon_0$)，峰值功率密度变为

$$(P_d)_{max} = \frac{9}{16}(1-\varepsilon_0)(U_{sc}^0)^2 / R_{esr} \tag{7.20}$$

理想情况下，确定可用功率和能量的最准确方法是使用恒功率测试。该方法主要监测电容器以恒功率输出能量时，电容器随时间推移产生的电压降(至

$U_{sc}^0/2$），然后用回馈电路控制电流，将其维持在预设水平以提供稳定的功率输出。实际的平均功率和放电时间可以用于电容器能量密度的计算：

$$(P_d)_{average} = \frac{W_m}{t} \tag{7.21}$$

随着电容器输出功率增加，电容器的放电时间将减少(能量输出降低)，有效电压$U_{sc}^0$会降低。电容器也有可能在短时间内产生极大的功率，但是这需要以电容器不可逆损耗增大和产生更高的 ESR 为代价。在实际应用中，恒功率测试法并未得到充分的利用，这是因为它需要一个能够输出高电流(高功率材料)的电容测试系统，并且，电流的响应速度必须足够快以在电压快速下降时保持恒定的功率值。

### 7.3.5 Ragone 图：能量密度和功率密度的关系

在实际应用中，决定超级电容器性能的最重要因素是能量密度和功率密度，密度越高，装置运行越良好。然而，对于包括传统电池、燃料电池和超级电容器在内的所有电化学装置，较高的能量密度不一定意味着高的功率密度。Ragone 图是以能量密度对功率密度作图，得出的用以说明能量密度和功率密度之间关系的图像[16]。Ragone 图常用于评估和比较电化学储能装置的性能。

图 7.1 展示了各种电化学能量存储和转换装置的 Ragone 图。该图表明，与其他类型的设备相比，超级电容器具有较高的功率密度和较低的能量密度。因此，克服超级电容器低能量密度的挑战，是目前超级电容器研究和开发的焦点。为了获得 Ragone 图中显示的关系，假设超级电容器的外部负载是$R_L$，内部等效串联电阻为$R_{esr}$，在假定漏电电流不存在的情况下，负载可用的能量密度($W_{mL}$)可以表示为

$$W_{mL} = \frac{1}{2}C_{sp}(U_{sc}^0)^2\frac{R_L}{R_L + R_{esr}} = (W_m)_{max}\frac{R_L}{R_L + R_{esr}} \tag{7.22}$$

外部负载可用的功率密度($P_{dL}$)为

$$P_{dL} = \frac{U_L^2}{mR_L} = \frac{(U_{sc}^0)^2 R_L}{m(R_L + R_{esr})} = \frac{(U_{sc}^0)^2}{4mR_{esr}}\frac{4R_L R_{esr}}{(R_L + R_{esr})^2} = (P_d)_{max}\frac{4R_L R_{esr}}{(R_L + R_{esr})^2} \tag{7.23}$$

结合式(7.22)和式(7.23)将得到体现器件能量密度和功率密度关系的表达式[式(7.24)]与相应的 Ragone 图：

$$W_{mL} = \frac{1}{2}(W_m)_{max}\left(1 + \sqrt{1 - \frac{P_L}{(P_d)_{max}}}\right) \tag{7.24}$$

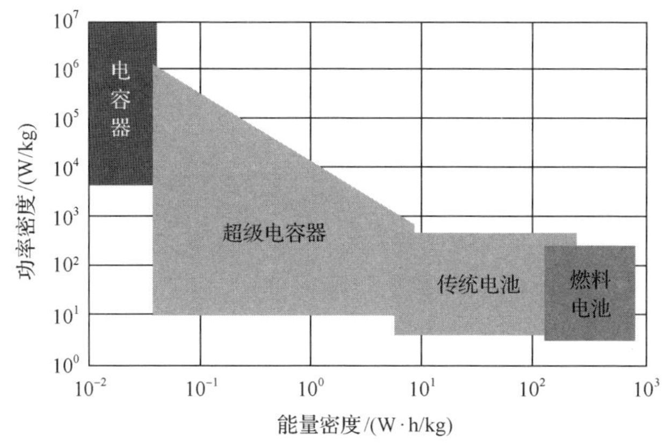


图 7.1　传统电池、燃料电池和超级电容器等能量转换与存储器件的 Ragone 图

计算结果表明，当增加或者降低负载电阻时，可用的能量密度将减少，导致功率密度增大，直到负载电阻达到与 ESR 相同的电阻值。同样地，进一步增加或降低负载电阻将导致功率密度降低。因此，在能量密度和功率密度之间存在一种平衡。值得注意的是，对于双电层电容器，其最大功率密度和能量密度是在开始放电时，放电开始后，它们的幅度将逐渐减小，因此当 Ragone 图用于超级电容器时，有必要指出其最大能量密度和功率密度。

# 7.4　超级电容器的机理及分类

## 7.4.1　超级电容器的特性

作为介于传统电容器和电池之间的一种新型储能装置，超级电容器和传统电容器、电池之间的性能对比列于表 7.2 中。

**表 7.2　传统电容器、碳 EDLC 和传统电池的性能对比**

| 特征 | 传统电容器 | 碳 EDLC | 传统电池(铅酸、镍镉) |
|---|---|---|---|
| 作用机理 | 静电 | 静电 | 化学 |
| 能量密度/(W·h/kg) | <0.1 | 1～10 | 20～150 |
| 功率密度/(W/kg) | ≫10000 | 500～10000 | <1000 |
| 充电时间 $t_d$ | $10^{-6}$～$10^{-3}$s | 数秒到数分钟 | 0.3～3h |
| 放电时间 $t_c$ | $10^{-6}$～$10^{-3}$s | 数秒到数分钟 | 1～5h |
| 循环寿命/次 | ≫$10^6$ | >$10^6$ | 约 1500 |
| 电荷存储影响因素 | 充电极极板间的力、电极的几何面积、电介质 | 电极稳定性、电极/溶液界面、电极微结构、电解液 | 整个电极、活性物质质量、热动力学 |
| 自放电 | 低 | 中等 | 低 |

在具有质量轻、污染小、安全环保等特性的同时，超级电容器具有超高的电容量，能达到 6000F，其电容值是传统铝电容器的数千倍，可以满足复杂设备的运行。从表 7.2 可以看出，超级电容器输出功率密度可达 10kW/kg，是化学电池的数百倍，可以在短时间内释放出上千安的电流，可以对高功率设备进行能量输出。此外，由于超级电容器的充放电过程主要是物理过程或者电极表面的快速可逆的化学过程，可以采用大电流充电，因此可以在数秒到数分钟内充电完成。由于在充放电过程中不易出现活性物质晶型的转变、脱落等现象，碳基电容器的使用寿命可以达到十万次以上，远高于化学电池的使用寿命(约 1500 次)。超级电容器还具有使用温度范围宽、充放电效率高(可达 98%)等特性。

### 7.4.2　双电层电容器

#### 1. 双电层电容器的基本原理

双电层电容器是目前电化学电容器中发展最快的一类，其由多种具有高比表面积的碳材料制成。自 2000 年以来，有大量的关于多种碳材料在双电层电容器上应用的实验研究，典型的例子包括：活性炭、模板碳、碳化物衍生碳、碳纳米管、石墨烯等。当前的研究主要从两个方面出发，即开发新材料和探索较为基础的能量存储机理。

双电层最简单的模型是 Helmholtz 模型[17]，是指假定电解液一侧的双电层是由一个紧凑排列的反离子层组成，该反离子层正好能抵消电极表面的电荷层，形成 Helmholtz 层。这种电荷的双层结构类似于一个常规的平板电容器，这也解释了双电层名称的由来。双电层电容器电容的计算式与传统电容器计算式相近，即

$$C_{\mathrm{H}} = \frac{\varepsilon_{\mathrm{r}}\varepsilon_{\mathrm{i}}A}{d} \tag{7.25}$$

式中，$\varepsilon_{\mathrm{r}}$ 为双电层内部的相对介电常数；$\varepsilon_{\mathrm{i}}$ 为真空条件下内部的介电常数，F/m；$A$ 为电极的表面积，$m^2$；$d$ 为表面电荷层和反离子层的间距(致密层厚度)，m。在双电层电容器中，$d$ 主要受反离子在电极上吸附方式的影响：如果离子和电极之间不存在溶剂，那么 $d$ 定义为裸离子的大小；否则，$d$ 主要由溶剂化的离子大小决定。致密层电解质的介电常数 $\varepsilon_{\mathrm{r}}$ 通常无法很好的定义，这是由于电极/电解质界面的溶剂结构与溶剂本体的明显不同，在致密层中电场大小能达到 $10^8 \sim 10^9$V/m 的数量级，导致致密层溶剂介电常数与本体有显著差异。

电极表面的电荷完全被 Helmholtz 层中的反离子屏蔽仅仅只是一个理想的情况，这种假设并不总是切合实际。因为实际工作时，由于分子热运动的影响，一些反离子会分散到致密层相邻的扩散层中。双电层实际是由一个斯特恩层和一个扩散层串联构成的，该模型被称为古埃-查普曼-斯特恩(Gouy Chapman Stern，GCS)

模型，如图 7.2 所示。在 GCS 模型的框架中，斯特恩层具有相当于 Helmholtz 层的物理意义，它们的关系非常近似于反离子与电极表面的关系，它的电容受双电层(electrical double layer，EDL)的厚度及介电常数的影响。

双电层相当于两个串联在一起的电容器，其电容可以表示为

$$\frac{1}{C_{\mathrm{dl}}}=\frac{1}{C_{\mathrm{H}}}+\frac{1}{C_{\mathrm{diff}}} \tag{7.26}$$

式中，$C_{\mathrm{dl}}$ 为双电层电容器的电容，$F/cm^2$；$C_{\mathrm{H}}$ 为致密层的等效电容，$F/cm^2$；$C_{\mathrm{diff}}$ 为扩散层的等效电容，$F/cm^2$。

当电解液的浓度很高时，扩散层的电容将会很大。相比较而言，致密层的电容较小，那么扩散层对电容的贡献可以忽略不计，整个双电层的电容受致密层电容的控制[18]。即使用高浓度电解液可显著减小扩散层的有效厚度，导致电解质一侧的双层结构可以简化为 Helmholtz 层。

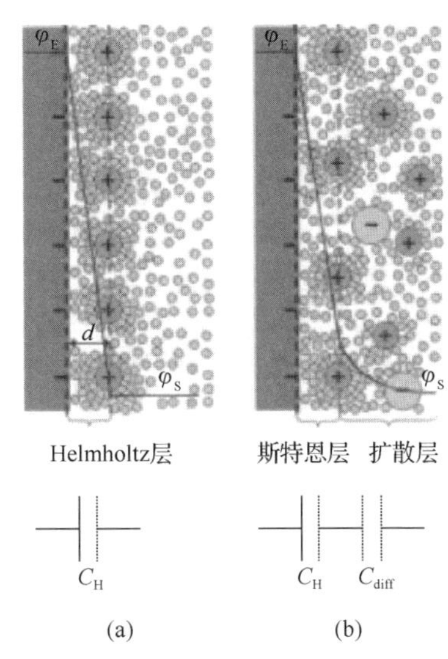


图 7.2　平面的双电层模型[18,19]

(a) Helmholtz 模型；(b) 古埃-查普曼-斯特恩模型；$\varphi_{\mathrm{E}}$ 代表电极表面电势，$\varphi_{\mathrm{S}}$ 代表扩散层电势，$d$ 代表致密层厚度

但是，图 7.2(b) 中双电层模型无法用于解释基于传统半导体电极的电容器的储能过程，因为除了界面处的 Helmholtz 层和电解液一侧的扩散层，电极一侧的空间电荷层还可以延伸到电极体相内部[19]。即对于半导体材料，电极侧空间电荷层的存在导致电容器实际由三个串联的电容器组成：致密层($C_{\mathrm{H}}$)、扩散层($C_{\mathrm{diff}}$)和空间电荷层($C_{\mathrm{SC}}$)，那么电容($C_{\mathrm{dl}}$)表示为

$$\frac{1}{C_{\mathrm{dl}}}=\frac{1}{C_{\mathrm{H}}}+\frac{1}{C_{\mathrm{diff}}}+\frac{1}{C_{\mathrm{SC}}} \tag{7.27}$$

碳基电容器的文献中很少会考虑空间电荷层，这是因为大多数碳材料的导电性良好，高电荷载流子浓度的作用效果与高电解液浓度的效果类似，结果是$C_{SC}$值很大，其对总电容值的贡献可以忽略不计。然而石墨基面的碳基电容器则必须考虑空间电荷层，因为石墨基的电容器电容-电势曲线表现出对称的V形形状，基面两侧的电容都随电压的增大而线性增加，这可以由石墨中垂直于基面方向的空间电荷层来解释。

在双电层电容器中，电极材料通常具有高孔隙率，因此在多孔表面的双电层行为将更加复杂。基于密度泛函理论计算、实验数据分析以及引入适当的曲率条件以考虑孔壁的曲率来计算电容，美国橡树岭国家实验室 Meunier 等对双电层建模提出了另外一种方法[20,21]。研究发现，对于明显的大孔材料，可以用传统的双电层电容器理论来描述该类电容器，因为这类孔的曲率不明显，可以近似为平面。然而，考虑具有较小孔曲率的中孔时，电容的计算与电极表面特性和电解质特性显示出一种修正的关系。将中孔假设为圆柱形时，溶剂化的反离子进入孔中到达圆柱孔壁，吸附的离子会在圆柱内表面形成一个带电双层柱电容器(electrical double-layer column capacitor，EDCC)。对于微孔而言，由于孔的宽度有限，不能轻易容纳一个溶剂化的反离子，因此微孔内部通常为单列排布的去溶剂化的离子，形成电线芯圆柱电容器(electrical wire-core cylindrical capacitor，EWCC)。该模型对各种碳和电解液显示出了普适性，同时解释了超微孔碳电极容量的反常增加的现象。

2. 双电层电容器的构造

双电层电容器的构造与电池类似，主要包括两个浸入电解液的电极，和防止电极接触的离子渗透膜，如图 7.3 所示。充电状态下，电解液中阴离子移向正极，同时阳离子移向负极，这会导致正负极与电解液界面分别形成两个双电层，在组件的内部形成电势差，同时整个组件结构可以视为两个电容器串联的结构。当电容器的两个电极相同时，电容器的电容$C_{cell}$(单位 F)为

$$\frac{1}{C_{cell}}=\frac{1}{C_+}+\frac{1}{C_-} \tag{7.28}$$

式中，$C_+$和$C_-$分别为电容器的正极电容和负极电容。假设对称电容器的正负极电容值相等，那么电容器的电容则为单个电极电容的一半，即

$$C_{cell}=\frac{C_e}{2} \tag{7.29}$$

式中，$C_e=C_+=C_-$。

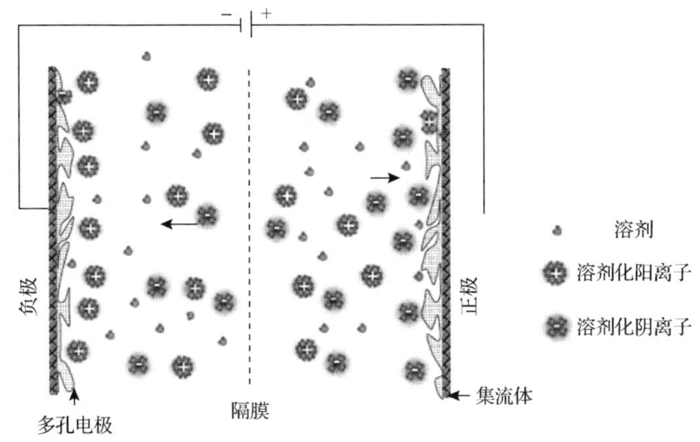


图 7.3　双电层电容器的示意图[22]

因此，在比较不同来源的电容值时，详细说明该值代表的是电极的电容(三电极测试电容值)，还是整个单元组件的电容(两电极测试电容值)是非常重要的，通常三电极测试的值要高于实际的电容值。此外，一般会比较相对比电容的值，电极的质量比电容 $C_e$ (单位 F/g) 的计算公式如下：

$$C_e = \frac{2C_{cell}}{m_e} \tag{7.30}$$

式中，$m_e$ 为单个电极活性物质的质量，g。将式(7.30)除以 4 即可得到基于活性物质的器件的质量比电容。标准比电容是基于单位面积的比电容，其单位为 $\mu F/cm^2$，定义式为

$$C = \frac{C_e}{A} \times 100 \tag{7.31}$$

式中，$A$ 为活性物质的表面积，$m^2/g$。此外，由于许多电容器的应用受限于器件的体积，通常需要使用体积比电容来描述电容器的性能，电容器的体积比电容(单位 $F/cm^3$) 可以由质量比电容除以活性物质的密度获得。

电极材料和电解液是影响双电层电容器性能的主要因素。其中，电极材料决定器件的电容大小，电解液影响电容器的工作电压。不同的电极材料和电解液的匹配将综合影响电容器的 ESR。高的内阻将影响电容器的功率密度，限制电容器的应用。

1) 电极材料

碳材料具有良好的化学稳定性、良好的电导率、来源丰富、成本低等特点，很早就被应用到双电层电容器中。活性炭是一种同时具有高电导率和高比表面积

的常见碳材料，其具有成熟的制备工艺。此外，活性炭通常具有较大的比表面积和较宽的孔径分布，还可以通过物理活化、化学活化对其比表面积和孔结构进行调控，对制备双电层电容器而言是一种很有吸引力的材料。

原则上，活性炭材料的比表面积越大，器件的比电容越高。但实际上，这种对应关系并不很明确，比表面积和电容值并不一定呈线性关系。对于一些具有宽孔径分布或者含有极细孔的碳材料而言，这种非线性关系更为明显。这是因为首先离子无法进入小直径的微孔，不会对双电层的形成起作用[23]，实验结果表明，只有尺寸大于 0.5nm 的孔是水溶液电化学可进入的孔。其次，对于孔壁厚度小于 1nm 的碳材料，孔壁的电荷容易聚集引起电容的饱和，在一定空间范围内限制其他电荷的聚集[24]。此外，多数前驱体制备的活性炭含有一定比例的氮、氧等杂原子，由于在充放电过程中法拉第充放电反应的存在，杂原子能提供额外的电容，且杂原子的存在也会影响碳的导电性、可浸润性、自放电特征等性能。因此在评估一种电极材料时，应综合考虑材料的前驱体、孔径分布、电解质离子、表面浸润性和孔的可进入性等方面。

另外在一些研究中，已经能通过模板技术制备孔径均匀且分布均匀的模板碳。通过碳前驱体渗透进入模板的孔隙中，随后除去模板的方式，制备与模板相反的复制品碳质多孔材料，制备的多孔碳具有非常均匀的孔径和形貌。相对于传统的活性炭，这种方式制备的多孔碳具有更窄的孔径分布，且模板碳间相互连通的孔结构有利于改善离子的迁移和功率特性。但是模板碳的研究也存在一些弊端，包括有限的模板材料种类和成本较高的模板的制备，与此同时模板碳的制备过程中可能使用一些危险的化学试剂等，限制了其商业化应用。

2) 电解液

超级电容器中存储的能量正比于电容器两端所加电压，而这个电压则与系统的电化学稳定窗口相关，该参数由电解质和溶剂的电化学稳定性决定。因此，在电极保持稳定的情况下，电解液是影响超级电容器性能的最关键因素。其中电解液最重要的参数是导电性、电化学稳定性和热稳定性等。电解液的导电性与电解液中离子的浓度、离子迁移率、溶剂和温度相关。因此在选择电解质盐时，是以使电解液具有良好导电性为首要标准的。例如，在有机电解液中，较为受欢迎的是具有良好溶解性、导电性和高介电常数的季铵盐阳离子，如常用的四乙基四氟硼酸铵(tetraethylammonium tetrafluoroborate，$TEABF_4$)，它可以避免过载时在正极上产生钝化的碱金属。溶剂的选用则取决于溶剂对电极活性物质或电极材料的响应能力、溶剂的介电常数和极化度以及溶剂电化学窗口的稳定性，常用的有碳酸乙烯酯(EC)、碳酸丙烯酯(PC)、二甲氧基乙烷(DME)、四氢呋喃(tetrahydrofuran，THF)、乙腈(acetonitrile，ACN)等[25]。另外，溶剂的电化学稳定性取决于溶剂的阴极电势、阳极电势和溶剂内部杂质的含量，即使是痕量的氧气和水对有机电化学系统也是非常有害的，因此要求溶剂的电化学电势必须比超级电容器的偏移电势要宽，同时必须控制杂质的含量。目前，大多数对超级电容器的研究都是在常温环境下进行的，而对大多数的应用，超级电容器的使用温度范围需要在–30～70℃，在太空中使用的电子设备甚至要求超级电容器至少能在–55℃下工作[26]，常用有机溶剂(ACN、PC)的熔点较高，无法在该领域使用，因此低熔点电解液的设计使用也越来越受到人们的关注。目前，超级电容器的电解液主要分为水系电解液、有机电解液、离子液体和固态电解质。

(1) 水系电解液。

水系电解液存在价格便宜、电导率高、阻抗低、易于充分浸润电极材料、易处理等优点，一直被广泛应用于超级电容器体系中。水系电解液的电导率比有机电解液、离子液体要高出至少一个数量级，且不需要特殊的处理环境，更易于工业化生产。通常在选取水系电解液时，要考虑水合离子的大小和迁移率、电解液对电极的腐蚀作用和电解液的电压窗口、使用温度等因素。一般，电解质水溶液可以是任何酸、碱、盐或其任意组合，其中 $H_2SO_4$、KOH、LiOH、$Na_2SO_4$ 等水溶液是最为常用的水系电解液。按照电解质的种类，又可以将水系电解液分为酸性水系电解液、碱性水系电解液和中性水系电解液。其中酸性和碱性水系电解液的可使用电压范围受水分解的制约而被限制在 1.23V 以内，而中性水系电解液的最高使用电压可以达到 2.2V。典型的介孔碳超级电容器在水系电解液中的比电容为 100～200F/g，能量密度为 10～50W·h/kg[27-30]。

对于双电层电容器，使用中性水系电解液的电容器的比电容值均低于以 $H_2SO_4$ 和 KOH 为电解质的电容器。这是因为虽然中性水系电解液内部 $H^+$ 和 $OH^-$ 的浓度较低，析氢反应和氧析出反应会需要更高的电势，电化学稳定窗口增加，但是与酸性和碱性水系电解液相比，使用中性水系电解液的超级电容器的等效串联电阻较大。一般来说，高浓度电解液应用于电容器将获得较高的比电容，而对于中性水系电解液来说，能否获得高浓度盐溶液也是一个重要的问题。但是中性水系电解液比强酸性和强碱性水系电解液的腐蚀性低，且其对环境产生的影响较小，因此对中性水系电解液的开发利用也逐渐受到人们的关注。

由于多数金属氧化物在酸性电解质水溶液中极其不稳定，所以只有少量的赝电容电极材料可以应用到 $H_2SO_4$ 的水溶液中。其中 $RuO_2$ 作为一种适用于 $H_2SO_4$ 电解液的金属氧化物被广泛研究报道，其比电容可以达到 1000F/g[31]。此外，表面含醌类基团的材料在酸性水系电解液中，也存在赝电容效应，这是因为质子氢可以参与醌类基团的转化反应提供赝电容，而在碱性水系电解液中将不存在类似的反应。相比于酸性水系电解液，碱性水系电解液更适用于一些过渡金属氧化物($NiO_x$、$CoO_x$、$MnO_2$ 等)、氢氧化物[$Ni(OH)_2$、$Co(OH)_2$]、硫化物和氮化物等电极材料，例如，实验室制备的 3nm 以下的 $Co_3O_4$ 纳米薄膜，在 2mol/L KOH 电解液中的比电容可达 1400F/g[32]。研究表明，碱性电解质浓度对等效串联电阻、比电容和氧析出反应均有影响。碱的浓度增大有助于提高电解液的电导率，但是使用浓碱性电解质容易使电极表面腐蚀，电极材料容易脱落，因此需要对超级电容器电解液的浓度进行优化。此外，碱性电解质离子的嵌入和脱嵌作用，对赝电容材料的比容量有很大影响，例如，$MnO_2$ 以 LiOH 作为电解质时超级电容器的比电容要比 KOH 和 NaOH 作为电解质时高，这是因为相比于 $K^+$和 $Na^+$，$Li^+$的半径更小，更利于离子的嵌入/脱嵌。中性水系电解液在赝电容电容器中的应用也早有报道，$MnO_2$ 是中性水系电解液中使用最为广泛的赝电容材料，通过调控中性水系电解液的 pH、阴离子和阳离子种类、盐浓度、改变电解液的温度等，可以有效地调控电容器的性能。特别地，中性水系电解液中使用碱土金属阳离子代替一价阳离子，会使 $MnO_2$ 基超级电容器的比电容倍增，这是因为当一个二价离子嵌入 $MnO_2$ 中时，它可以平衡两个 Mn 离子从+4 价到+3 价的变化。为了进一步提高超级电容器的性能，有研究提出向电解液中引入氧化还原添加剂或者介质，添加的介质可以直接参与氧化还原反应，在电极电解液表面上形成赝电容，改善电容器的性能。例如，Komaba 等将少量的 $Na_2HPO_4$、$NaHCO_3$、$Na_2B_4O_7$ 加入到中性的 $Na_2SO_4$ 中，发现改性后的 $MnO_2$ 电极的比电容从 190F/g 增加到 200～230F/g，同时循环性能显著提高[33]。

(2)有机电解液。

虽然水系超级电容器赢得了人们极大的研究热情，但是其能量密度受电压窗口(约 1V)的约束明显，因此具有 2.5～2.8V 工作电压的有机系超级电容器占据了主要的超级电容器市场。这是因为高的工作电压使得功率密度和能量密度的进一步提升成为可能。而且相比于水系超级电容器，有机电解液的腐蚀性较小，降低了电容器的封装材料的成本。但是有机电解液昂贵、易挥发、毒性大，且对封装环境要求苛刻，也为有机系超级电容器的工业化生产带来一定的阻力。有机电解液由电解质盐、有机溶剂和添加剂组成。目前，对于有机电解液的研究主要集中在电解质盐的开发和溶剂体系的研发两个方面，通过提高电解液的电导率、降低电解液黏度提升电容器的性能。

通常，有机电解质盐的结构将对电解质的溶解性和电离度有很大影响，这将进一步影响电解液的电导率。同时，电解质盐对电压的耐受程度将直接影响电解液对电压的耐受性。因此，提升电解质盐的溶解性、电导率和稳定性，是目前关于电解质盐的研究重点。$TEABF_4$ 由于具有较宽的电化学窗口、良好离子导电性，成为目前最常用的烷基铵盐类电解质盐，其在 ACN 或 PC 中的运行电压能达到 2.8V，但是 $TEABF_4$ 在许多电解液中的溶解性有待改善以获得更优异的性能。据报道在 PC 溶剂中，比 $TEABF_4$ 溶解度大的三乙基四甲基四氟硼酸铵(triethylmethylammonium tetrafluoroborate，$TEMABF_4$)表现出更高的比电容[34]，这主要是因为适当的提高电解液浓度将有效地提高电解液的电导率。此外，阳离子半径对电容器的比电容也有很大的影响，表现为阳离子半径较小的季铵盐能使电容器的比电容得到较大幅度的提升，主要是小尺寸的阳离子通常在电解液中具有更高的离子浓度、更易于在电解液中扩散以获得更高的电导率，同时能够更好地进入电极材料的孔道中，从而提高电容器的容量。研究表明，电导率一般按照阳离子 $TEA^+$＞$Pr_4N^+$＞$Bu_4N^+$＞$Li^+$＞$Me_4N^+$的顺序递减，按照阴离子 $BF_4^-$＞$PF_6^-$＞$ClO_4^-$＞$CF_3SO_3^-$的顺序递减[35]。此外，烷基鏻盐类、烷基锍盐类、金属盐类电解质盐也有报道，但是烷基鏻盐类电解质盐电导率低，烷基锍盐类电解质盐电化学稳定性差、循环寿命短，金属盐类电解质盐在有机溶剂中的溶解度较小，且多数金属盐在大电压下都会发生氧化还原反应，使它们的实际使用受到限制。

有机溶剂是有机电解液的重要组成部分，理想的有机溶剂应该具备以下特点：对电解质盐有良好的溶解性、宽泛的电化学窗口、良好的电化学稳定性和热稳定性、低黏度、安全无毒。目前常用的有机溶剂主要有 ACN、PC、*N*,*N*-二甲基甲酰胺(*N*,*N*-dimethyl formamide，DMF)、THF、环丁砜(tetramethylene sulfone，SL)等。ACN 类电解液具有低黏度、低凝固点(–45℃)、高介电常数等特点而在前期被广泛研究，但是 ACN 类电解液对环境污染较大，限制了其大规模的应用。具有高燃点、低毒性、宽电化学窗口的 PC 类电解液则越来越引起人们的关注。但是 PC 类电解液的黏度较大、电导率较低，因此以 PC 为电解液的超级电容器的能量密度低于 ACN 基超级电容器。单独的 ACN 和 PC 电解液的工作电压都较低，在 2.5～2.8V，难以满足大容量超级电容器的要求，因此需要对单一溶剂进行改性。目前对有机溶剂的改性主要有两种方式：侧基取代溶剂分子以提高其抗氧化性；通过添加第二甚至第三组分，制备综合性能优异的混合溶剂。研究发现，当 2,3-碳酸丁烯酯的 4 号或 5 号位被甲基取代后，产物可耐 3.5V 的高电压，比单独的 PC 电解液工作电压高得多[36]。Yu 等研究发现，往黏度较大的 PC 溶剂体系中加入低黏度的 DMC 时，二元溶剂体系的电解液黏度明显降低，导电性增加。另外在较宽的温度范围内，PC+DMC+EC 三元混合溶剂的电导率将更高[37,38]。特别地，赝电容电容器和混合型电容器的电解液常以 $LiClO_4$、$LiPF_6$、$NaClO_4$ 等为电解质盐，以有机溶剂 PC、ACN 或不同溶剂的混合体系作为溶剂。据报道，以硬碳和活性炭为电极材料，以 $LiPF_6$/EC+DEC+PC 为电解液的锂离子混合型电容器，可以表现出 82W·h/kg 的能量密度[39]。目前，锂离子电容器所用电解液的电导率较低、石墨负极容量较低是人们不得不面对的关键问题，也是新型锂离子电容器电解液发展需要克服的挑战。此外，新兴的钠离子电容器电极、电解液的匹配也是亟待解决的问题。

(3) 离子液体。

离子液体是完全由阴、阳离子组成，常温下为液体的一类熔盐。离子液体以其可接受的黏度和离子电导率在电化学领域得到了普遍应用。此外，离子液体的电化学窗口宽阔、毒性低、化学稳定性好等特点，使得其可以替代部分有机电解液应用于超级电容器中。通常，使用离子液体作为电解质的电容器的工作电压可以高于 3V，高于有机电解液的工作电压(2.5～2.8V)，同时离子液体在高温下的稳定性要远优于有机电解液，因此基于离子液体的超级电容器可以在高温下代替基于有机电解液的超级电容器使用。然而，多数离子液体的黏度高、离子电导率较低[40-42]，表现为常用的 1-乙基-3-甲基咪唑四氟硼酸盐离子液体(1-ethyl-3-methylimidazolium tetrafluoroborate，[EMIM][$BF_4$])的电导率(14mS/cm)和黏度(41cP)，远低于 $TEABF_4$/ACN 的电导率(59.9mS/cm)和高于其黏度(0.3cP)，这些缺点限制了在超级电容器中的应用。

通常离子液体可以分为非质子型离子液体和质子型离子液体。对于非质子型离子液体，其阴离子的氢键接受能力与黏度有关。Shi 等[43]以石墨烯为电极材料，以一系列离子液体([EMIM][$BF_4$]、[EMIM][$NTF_2$]、[EMIM][DCA]、[EMIM][OAc]等)为电解质，探究了电解质对电容器性能的影响。结果表明，虽然[EMIM][DCA]的电化学稳定窗口较小(2.3V)，但是以它为电解液的超级电容器具有较高的比电容，这主要是因为[EMIM][DCA]体系的黏度较低，内部较小尺寸的离子易于扩散，体系内阻小。多数研究也表明，离子液体中离子尺寸减小容易导致电化学窗口减小，但是该类离子液体的黏度较低、导电性好，这在一定程度上弥补了电化学窗口较小的缺陷，获得更高能量密度的电容器[44,45]。常用的质子型离子液体有质子型吡咯烷硝酸盐(pyrrolidine nitrate，[PYR][$NO_3$])、三乙基铵双(三氟甲基磺酰)亚胺(triethylmethy lammonium bis(trifluorosulfonyl)imide，[$Et_3NH$][TFSI])等。相比于非质子型离子液体，质子型离子液体相对容易合成、价格便宜，同时电导率较高，但是其作为超级电容器电解液时工作电压只有 1.2～2.5V。质子型离子液体中的质子可以用于氧化还原反应，如将二氧化钌作为电极材料时，可以明显地观察到电极/电解质界面处的氧化还原反应的发生[46]。

目前，针对离子液体成本高、黏度高、导电性低等缺点，可以通过共混法制备离子液体/离子液体、离子液体/有机溶剂、离子液体/离子盐等混合溶剂，来改善其应用现状。Thomberg 等[47]将(0～90vol%)的 1,2-乙二醇二甲醚与[EMIM][TFSI]混合作为超级电容器电解液时，对混合溶剂的黏度和电导率进行探究，结果显示混合溶剂的电导率为 24.21mS/cm，远高于未改性的纯离子液体的电导率(5.67mS/cm)，电容器存储的功率值也从 13kW/kg 增加到 20.5kW/kg。这表明混合溶液的制备可以改善纯离子液体的电解液渗透性和离子迁移率。

(4)固态电解质。

固态电解质是结构和性质介于正常晶体和液体电解质之间，内部存在许多缺陷结构，具有与半导体和液态电解质相当的电导率的电解质材料。利用固态电解质取代液体便可得到全固态离子器件，全固态离子器件的发展是未来安全电化学储能的重要方向。理想的固态电解质需要满足以下要求：良好的离子电导率（$10^{-4}$～$10^{-1}$S/cm）；极低的电子电导率；良好的化学稳定性；较高的分解电压；环境友好、廉价易得。目前，固态电解质主要分为三类，即无机固态电解质（inorganic solid electrolytes，ISEs）、固态聚合物电解质（solid polymer electrolytes，SPEs）、复合固态电解质（composite solid electrolytes，CSEs）。其中，无机固态电解质在动力蓄电池、太阳能电池中应用较为广泛，在超级电容器中报道还较少。这里主要介绍固态聚合物电解质及其复合物。

固态聚合物电解质按基质可以分为五大类[48-51]：聚环氧乙烷（polyethylene oxide，PEO）基、聚偏氟乙烯（polycvinylidene fluoride，PVDF）基、聚甲基丙烯酸甲酯（polymethyl methacrylate，PMMA）基、聚丙烯腈（polyacrylonitrile，PAN）基、聚氯乙烯（polyvinyl chloride，PVC）基聚合物电解质。PEO 是环氧乙烷经开环反应制备的，具有 80%结晶度的半结晶聚合物，室温下离子电导率较低，结构内部丰富的给电子基团和醚链段能有效固定阳离子，与阳离子形成稳定的络合体系。PAN 基固态电解质则由于本身离子导电能力有限，一般不能直接应用于电容器中，可以以 PAN 为基体，与非水电解质溶剂进行混合，制备凝胶聚合物电解质。该类电解质的电化学稳定窗口大于 4.7V，具有良好的应有前景。PMMA 与金属锂电极的界面阻抗较低，有良好的界面稳定性，但是 PMMA 的亲和力强，难以独立成膜，因此一般都将 PMMA 与 PVDF、PVC、丙烯腈-丁二烯-苯乙烯（acrylonitrile butadiene styrene，ABS）等混合使用。而 PVDF 的结晶度通常较高（30%～50%），导致其机械性能差，可以通过共聚的方式降低其结晶度，提高电导率。

由于固态聚合物电解质在室温下的离子电导率很低，通常难以直接应用。研究表明，以含有碱金属盐的有机溶剂处理凝胶基体，可以形成凝胶电解质，该类电解质具有较高的离子电导率的同时，又具有良好的加工性能，可以很好地应用在柔性器件中。凝胶电解质实际上是一种增塑体系，是将溶剂分子固定于分子链间，形成高分子膨胀体系。常用的有机增塑剂有碳酸亚乙酯（EC）、碳酸二甲酯（DMC）、碳酸二乙酯（diethyl carbonate，DEC）、$\gamma$-丁内酯（gamma butyrolactone，GBL）等。按照电解盐的不同，凝胶聚合物电解质又可以分为锂离子凝胶聚合物电解质、质子导电凝胶聚合物电解质、碱性凝胶聚合物电解质和其他离子凝胶聚合物电解质。Huang 等[52]以 PAN 为骨架，DMF 为增塑剂，$LiClO_4$ 为电解质盐，制备的凝胶电解质电压窗口在 2.1V，离子电导率可以达到 $6.9\times10^{-3}$S/cm。此外，PMMA/$LiClO_4$、PVA/$H_2SO_4$、PVA/$H_3PO_4$、PEO/KOH/$H_2O$、PVA/KOH/$H_2O$ 等体系的凝胶聚合物电解质也相继被报道，且它们都表现出良好的离子电导率，为柔性超级电容器的开发奠定了良好的基础。

### 7.4.3 赝电容电容器

赝电容电容器又称为法拉第电容器。赝电容电容器的储能机理是在电极材料表面，通过电化学活性物质发生高度可逆的化学吸附和脱附、电化学氧化和还原反应、电化学掺杂和脱掺杂引发电容。当给赝电容电容器施加一个电压时，电极的表界面会产生与充电电势$\varphi$相关的电容，存储的电荷$q$与充电电势和电容的关系如式(7.32)所示：

$$C = \frac{\mathrm{d}q}{\mathrm{d}\varphi} \tag{7.32}$$

相比于双电层电容器，赝电容电容器表现出截然不同的储能机理，且对于使用纯碳材料的双电层电容器，其可达到的极限比电容为100～200F/g，具体大小取决于电容器的电解质。而赝电容电容器的比电容要高出双电层电容器1～2个数量级，可以有效改善超级电容器的能量密度。虽然赝电容电容器的比电容主要来自电极表面氧化还原反应的累积，一般不考虑双电层的贡献，但是在电极材料/电解质界面处仍然存在部分双电层电容，所占比例为5%～10%。赝电容电容器的储能机理主要包括离子掺杂、氧化还原、离子插层等机理。总体来讲，赝电容材料主要分为：导电聚合物、过渡金属氧化物、富含杂原子(N、O)的碳材料和静电吸附氢的纳米多孔碳。除了赝电容电极材料外，赝电容效应也可以发生在化学吸附或者电解液的氧化还原反应中。

1. 离子掺杂型赝电容电容器

离子掺杂型赝电容电容器的电极材料为具有π共轭结构的导电聚合物，它们能够通过聚合物链的共轭π键的氧化还原反应来储存和释放电荷[53-61]。在外部电压作用下，当聚合物被氧化时，π键上将会失去一个电子形成带正电的空穴，而余下的电子变得易于移动因此具有导电性，为了保持电中性，聚合物电极必须在某个过程中吸收阴离子，称该过程为导电聚合物被阴离子p型掺杂。当该聚合物被还原时，骨架上的离子释放到电解液中，即电化学去掺杂过程。理论上，共轭聚合物也能被还原，给未成对的电子填充一个电子使之饱和，这被称作导电聚合物的n型掺杂，掺杂过程如图7.4所示。实际上多数的导电聚合物能够被氧化掺杂形成p型材料，但是n型掺杂聚合物种类较少[62]。不同于双电层电容器，导电聚合物电极整个有效体积均可用于电荷存储，并可以通过快速的掺杂/去掺杂反应进行离子交换。因此其储存的能量要比双电层电容器高得多，且其特殊的储能过程减小了电容器的自放电率。常见的应用于超级电容器电极材料的导电聚合物包括聚苯胺(polyaniline，PANI)、聚吡咯(polypyrrole，PPy)及聚噻吩(polythiophene，PTh)等。

$$P^-X^+ \underset{\text{还原掺杂}}{\overset{\text{去掺杂}}{\rightleftharpoons}} P \underset{\text{去掺杂}}{\overset{\text{氧化掺杂}}{\rightleftharpoons}} P^+A^-$$

P：聚合物；$A^-$：阴离子；$X^+$：阳离子

图 7.4　导电聚合物中反离子的掺杂和去掺杂

2. 氧化还原型赝电容电容器

氧化还原型赝电容电容器的赝电容是通过一定电压作用下，离子与电极表面活性物质发生高度可逆的氧化还原反应而得到的。氧化还原型赝电容电容器的电极材料一般为过渡金属氧化物。例如，$RuO_2$ 是最早被关注的材料之一，其因具有理论比电容高、电化学可逆性高、循环性能好等优点而受到人们的关注。$RuO_2$ 的电荷储存机理是通过电化学质子化作用进行的，其反应式如下[63,64]：

$$RuO_2 + \delta H^+ + \delta e^- \rightleftharpoons RuO_{2-\delta}(OH)_\delta \quad 0 \leqslant \delta \leqslant 1$$

据报道，在酸性电解液中，以水合物形式存在的 $RuO_2 \cdot xH_2O$ 具有的比电容能高达 720F/g，远高于双电层电容器。但是 $RuO_2$ 的价格比较昂贵，因此难以在实际中广泛应用，为了降低 $RuO_2$ 的使用成本，目前许多研究主要将其与碳材料或其他金属氧化物进行复合。此外，廉价过渡金属(如 Ni、Co、Mn、Sn 等)的氧化物作为赝电容电容器的电极材料的研究也引起了广泛关注。

3. 离子插层型赝电容电容器

离子插层型赝电容电容器的储能与放电主要是通过离子快速地嵌入与脱出材料的通道或晶格层间来实现的，该过程不造成材料晶体结构的相变化。离子插层型赝电容电容器的电极材料主要为具有层状结构的过渡金属氧化物或氢氧化物，如层状氧化钒、氢氧化镍等[65]。例如，氢氧化镍的充放电反应式如下[66]：

$$Ni(OH)_2 + OH^- \rightleftharpoons NiOOH + H_2O + e^-$$

相对于氧化还原型赝电容电容器，离子插层型赝电容电容器的电极材料具有规整开放的层状结构，更易于离子的扩散，其储能过程主要由动力学控制，因此具有更高的倍率性能与功率密度，并且不需要材料具有很高的比表面积就可以获得很高的比电容。然而其对于电极材料的晶型具有严格的要求，合成条件苛刻，并且很难得到高纯度的材料，这些缺点都限制了其大规模的应用[65]。

4. 利用可逆吸附过程的赝电容电容器

可逆吸附过程产生赝电容效应的典型代表是多孔碳材料在水系电解液中进行

的吸附氢的过程[67-72]。当对多孔碳材料进行负电势扫描时，电解液中水被还原而产生的氢被多孔碳材料吸附，这些吸附的氢在阳极氧化时又被释放出来，具体过程如下：

$$\mathrm{H_2O} + \mathrm{e}^- \longrightarrow \mathrm{H} + \mathrm{OH}^- \text{（阴极极化下的水分解反应）}$$

$$<\mathrm{C}> + x\mathrm{H} \rightarrow <\mathrm{CH}_x> \text{（产生的氢被吸附到多孔碳电极的孔道中）}$$

$$<\mathrm{C}> + x\mathrm{H_2O} + x\mathrm{e}^- \rightleftharpoons <\mathrm{CH}_x> + x\mathrm{OH}^- \text{（总的可逆吸附反应）}$$

式中，$<\mathrm{C}>$和$<\mathrm{CH}_x>$分别表示纳米结构的碳基底和吸附氢之后的碳基底。碳电极的氢吸附/脱附过程能在大电流下进行，这使其可以作为该类赝电容电容器的负极材料。需要注意的是，电极可逆吸附氢的过程一般发生在超微孔(孔径小于 0.7～0.8nm)中，氢的可逆吸附/脱附为典型的扩散控制过程，因此氢吸附赝电容电容器由于法拉第反应的扩散限制，需要稍微较长的充电时间。

5. 利用特殊电解质溶液的赝电容电容器

为获得具有赝电容特性的电容器，除了利用以上几种能提供赝电容特性的电极材料外，还可以以具有氧化还原活性的电解质作为赝电容的来源。在这种情况下，电解质是电容的主要来源，因为该类电解质有多个不同的氧化态。可以利用的电解质有碘、溴和羟基喹啉等[73,74]。考虑到在电解液/电极表面的法拉第效应，因此必须选择合适的碳材料。

例如，碳/碘界面间能得到优异的电化学性能，并且已经成功地应用于超级电容器[73]。这种电容器的电荷存储是利用碘离子的特殊吸附作用，同时碘离子可以在–1 价到+5 价间发生稳定的可逆氧化还原反应。碘离子在作为电解质时拥有良好的离子导电性，同时也作为法拉第反应的来源。利用 pH=7 的 1mol/L 碘化钾溶液作为电解液，阐明该类赝电容电容器的反应机理为

$$3\mathrm{I}^- \rightleftharpoons \mathrm{I}_3^- + 2\mathrm{e}^-$$

$$2\mathrm{I}^- \rightleftharpoons \mathrm{I}_2 + 2\mathrm{e}^-$$

$$2\mathrm{I}_3^- \rightleftharpoons 3\mathrm{I}_2 + 2\mathrm{e}^-$$

$$\mathrm{I}_2 + 6\mathrm{H_2O} \rightleftharpoons 2\mathrm{IO}_3^- + 12\mathrm{H}^+ + 10\mathrm{e}^-$$

实验中也可以利用伏安法和恒电流法测定该类电容器的电压范围，与之前提出的反应热力学值匹配良好。该类电容器的阴极在一个很窄的电压范围内工作，同时该阴极能提供超过 1840F/g 的比电容。典型的赝电容电极材料受到扩散的限

制，并且只能在一定范围内才能观察到，该类电容器与其相反，在高达 50A/g 的电流密度下也能达到 125F/g 的比电容。这种创新的电化学概念被成功地应用来提高超级电容器的性能。

### 7.4.4　混合型电容器

由于双电层电容器普遍能量密度较低，因此其用途是有限的，不能完全满足近期市场多种性能的需求。为了满足市场需求通常需要将双电层电容器的体积能量密度提高到 20～30W·h/L，这大约是现有的双电层电容器（5～10W·h/L）的体积能量密度的两倍或更多。为了实现这一高体积能量密度，包括非水系的氧化还原材料的混合电容器系统正不断被研究，近年来也得以不断发展。这类电容器的正、负极选用不同的电极材料，其负极材料利用双电层机理储能，而正极材料则利用赝电反应机理储能。通过两种电化学性质不同的电极间的组合，以获得工作电压窗口较宽（1.6～2.0V）的电容器，达到提高能量密度和功率密度的目的。因此，混合型电容器同时具备双电层电容器和赝电容电容器的优势，可以更好地满足动力设备对能量密度和功率密度的实际需求。混合型电容器按电解质溶液的种类一般可以分为水系混合型电容器、离子液体基混合型电容器、锂离子混合型电容器（lithium ion hybrid capacitor，LIC）和钠离子混合型电容器（sodiumion hybrid capacitor，SIC）等。而对于混合型电容器的电极材料来说，双电层电极材料在各类电解液中均能发生有效的电荷吸附/脱附过程，但赝电容电极材料在不同类别电解液中表现出的性能差异较大。因此，获得具有优异性能的混合型电容器的关键是正、负极材料的合理优化和匹配。

具体来说，与对称器件相比，混合器件可以有效地扩大单元的最大工作电压。例如，在水系电解液中，碳基电化学电容器由于气体的生成反应和碳材料的氧化，其表现出有限的器件工作电压，最大的工作电压仅为 1.23V，但是实际电压在 1V 以内。因此，每个碳电极不得不在一个有限的电化学窗口内工作，大约只有 0.5V。这意味着碳基对称电容器的电容仅是三电极测试电极电容的 1/4。法拉第电极与双电层电极的结合可以拓宽电容器的工作窗口，电容器的电压将增大到 1V 以上，这将导致碳电极能在整个电化学窗口对应的电压范围内工作，该类电容器的电容值要远高于碳基对称电容器的电容值。

下面以活性炭（active carbon, CA）/$PbO_2$ 电容器为例，说明混合型电容器的主要要求。基于法拉第可充电的 Pb/$PbO_2$ 电极和非法拉第的碳基电极的混合型电容器是最早的一类混合型电容器。在非对称的 AC/$PbO_2$ 器件中，正极和电解液与传统的铅酸电池一致，正极反应机理为

$$PbO_2 + 3H^+ + HSO_4^- + 2e^- \longrightarrow PbSO_4 + 2H_2O$$

负极双电层碳基电极的充放电机理为

$$n\,C_6^{x-}(H^+)_x \rightleftharpoons n\,C_6^{(x-2)-}(H^+)_{x-2} + 2H^+ + 2e^-$$

混合型电容器的整体净容量由两个电容中较小的一极决定，电容 $C_T$ 的表达式为

$$\frac{1}{C_T}=\frac{1}{C_P}+\frac{1}{C_n} \tag{7.33}$$

式中，$C_P$ 和 $C_n$ 分别为正极和负极的电容，虽然正极拥有极大的电容值，但是其对整体电容的贡献较小，意味着 $C_T$ 的值将接近碳材料的电容值，且负极的全部电容能得到充分的利用。此外，由于 $PbO_2$ 的氧化还原过程为二电子反应，$PbO_2$ 的质量当量为 119g，而碳材料的有效质量当量为 200g，其质量当量取决于材料的比表面积和比电容值。因此，要在混合电极体系中实现电荷平衡，需要调整两电极的质量。最早报道的 AC/$PbO_2$ 混合型电容器的能量密度为 20～25W·h/kg。

因此，对混合型电容器的正极和负极的主要要求为：

(1) 正、负极的电化学工作窗口要互补，混合型电容器的工作电压必须比对称型电容器提高 30%，以获得明显的能量密度的增加。

(2) 每个电极都需要具有优异的长循环性能，这样才能保证构成的混合型电容器拥有良好的循环稳定性。

(3) 正极和负极的比电容值尽量保持一致，以便于电极质量比的平衡。某一个电极不成比例的比电容值，将有可能难以保证在长时间的循环过程中电化学窗口的稳定。

(4) 混合型电容器的比电容受碳基电极比电容的限制，这样法拉第型电池电极可以在合理的充电状态 (SOC) 下工作。通常，SOC 不能超过 10%～50%，这是因为电极的深度充电会导致电极比电容的衰退，影响其循环稳定性。一般可以通过限制充电深度以提高电极材料的循环稳定性，主要是在这种条件下，只有部分电极材料受到电化学循环的影响，限制了其结构和微结构的变化。

(5) 充放电倍率要与法拉第电极相适应，因此混合型电容器的充放电时间通常比对称型电容器的充放电时间多出 1～2 个数量级，为 100～1000s，而这将限制混合型电容器的功率密度。

除了水系的混合型电容器外，由非水的氧化还原材料组成的高能量密度混合型电容器中，LIC 也特别受到关注[75,76]。LIC 的正极和负极分别为 AC 和石墨电极，充放电过程为锂离子在石墨电极的嵌入/脱嵌和发生在 AC 电极上的阴离子(如 $BF_4^-$)的吸附/脱附过程。整个过程不像锂离子电池一样的摇椅式反应。由于石墨负极在高于 0V 的电压下发生反应，因此 LIC 的工作电压能达到 3.8～4.0V，这种高的工作电压使得 LIC 在具有 5000W/kg 功率密度的同时，能量密度能达到 20～

30W·h/kg。LIC 良好的性能，使得其被认为是很有前途的下一代电化学超级电容器。

近年来，随着锂资源不断被消耗，对廉价储能设备的探究越来越引起人们的关注。由于钠资源丰富、价格低廉，且与锂的物理化学性质相似，SIC 作为锂离子储能体系的有效替代产品，发展势头迅猛。SIC 具有和 LIC 相同的组成和工作方式。为了获得高性能同时价格低廉的 SIC，有研究利用松锥壳衍生碳作为混合型电容器的负极，优化制备工艺，获得具有片层结构的碳材料用于钠离子的嵌入和脱嵌。同时，从分子设计出发合成多种杂原子本征掺杂的、具有高比表面积的层次孔有机聚合物，将其作为电容器的正极材料。通过合理的正负极质量匹配，组装出的 SIC 在 280W/kg、5555W/kg 功率密度下，能量密度分别为 83.4W·h/kg、47.8W·h/kg，且器件在 10A/g 的电流密度条件下，经过 10000 循环后容量保持率为 87%，库仑效率接近 100%。

下一代高能量密度电容器正在被积极地开发研究中，混合型电容器由于其高电压承受能力和能量密度的提高而引起人们广泛关注，事实上，LIC 和 SIC 的出现无疑标志着新一代电容器的到来，如果将成本继续降到足以满足市场的需求，那么它们肯定会在商业化方面得到发展。

## 7.5　超级电容器的组成

电极、电解液和隔膜等是超级电容器的重要组成部件。通常超级电容器是由浸润于电解液中的，两个由绝缘多孔隔膜隔开的电极组成。因此开发高比电容、高稳定性、环境友好的电极材料和高导电性、电化学稳定、安全无毒的电解液是获得高性能超级电容器的关键。本节就常用的超级电容器电极材料进行分类说明。

### 7.5.1　电极材料

电极是超级电容器的核心组成部分，其主要用于积累电荷。因此理想的电极材料应该具有较大的比表面积、不与电解液反应、导电性良好等优点。目前应用较多的超级电容器电极材料主要分为三类：碳材料、过渡金属氧化物和导电聚合物。近几年，随着对超级电容器电极材料的研究深入，发现单一电极材料总有难以避免的问题，制约了其电容性能的进一步提升。因此，研究人员更倾向于选择双电层与赝电容混合的复合材料作为新型电极材料，发挥不同材料的优点，以获得综合性能优异的电极材料。下面将对研究较为广泛的几类电极材料分别进行介绍。

#### 1. 碳材料

在众多超级电容器电极材料中，研究最早、应用最广、技术最为成熟的电极材料为碳材料，且当前市场上 80%的超级电容器都是碳基超级电容器。这主要是由于碳材料的来源广泛，且碳元素多种杂化方式和成键方式赋予了碳多样的存在形态。例如，碳的同素异形体就包括零维的富勒烯、一维的碳纳米管、二维石墨烯、三维金刚石等，其多种形态也使碳材料的性能各异，导致其应用领域相当广泛。碳材料通常具备化学惰性、比表面积大、孔隙发达、纯度高、导电性好、价格低廉等优点，使其成为制备超级电容器电极的首选材料。目前应用于超级电容器电极的碳材料主要包括活性炭、活性碳纤维、石墨烯、碳纳米管、碳气凝胶等。

活性炭是最早应用于超级电容器的碳电极材料，其具有比表面积高、价格低廉等特点。通常木材、椰壳、树皮、花生壳等植物类原料，煤炭、沥青、石油焦等矿物类原料，通过高温炭化过程和活化过程均可制备活性炭。其中，活化过程是活性炭制备过程中的关键步骤，可以有效地调控活性炭的比表面积和孔隙结构。常用的活化方法为物理活化、化学活化及物理-化学活化法。物理活化是将碳基前驱体置于空气、$CO_2$ 和水蒸气等具有氧化特性的气体中，在高温(700～1200℃)下进行热处理。化学活化得到的活性炭材料则是通过碳基前驱体在较低温度(400～700℃)下与含氧酸、钾碱、氢氧化物和金属氯化物等活化剂混合处理制备的，其中 KOH 作为活化剂时可以得到超高的比表面积、微孔分布集中、孔隙均匀发达的活性炭材料，因此在近年来受到研究者的特别关注。目前，商用的活性炭比表面积通常为 700～2200$m^2$/g，在水系电解液中的比电容为 70～200F/g。研究表明，对活性炭材料的组成和结构进行调控，可以有效地提升碳材料的电子电导率和比电容。其中杂原子(N、O、S、P)掺杂，可以在电极表面引入赝电容反应，提高电极材料的比电容。例如，Hu 等[77]从分子设计出发，制备含 N、O 杂原子的二腈单体(DPDN)，在特定条件下进行聚合制得 N、O 杂原子均相分布的多孔有机网络材料(porous heteroatom-containing carbon frameworks，PHCFs)。由于杂原子可以产生赝电容，因此 PHCFs 系列材料的比电容高于传统碳材料，PHCFs@550 的比电容可达 378F/g。此外，该类材料具有优异的循环稳定性，即 PHCFs@550 经过 20000 次循环充放电过程后，其容量保持率高达 120%。此外，研究表明通过主客体掺杂制备的氟掺杂的多孔有机网络材料，在 1mol/L 硫酸电解液中的电化学稳定电压窗口可以拓宽至 1.4V，相比于未掺杂的材料，其能量密度从 1A/g 下的 3.78W·h/kg 增加至 8.1W·h/kg，且循环 10000 次后，电容器容量保持率为 98.5%[78]。

活性碳纤维是由黏胶基、酚醛基、沥青基和聚丙烯腈基等纤维经高温炭化、活化制备的，具有孔径分布窄、微孔含量丰富、良好的成型性等优点的一类理想的超级电容器用碳材料。活性碳纤维的孔隙 90%以上是微孔，且开口于纤维表面，孔径一般为 1～4nm，通畅的孔道利于电解液的传输，减小体系的阻抗。同时活性碳纤维还具有相当高的电导率(200～1000S/cm)，这使得活性碳纤维基电容器表现出优异的电化学性能。利用 KOH 在 900℃下对酚醛基纤维进行活化，制备的活性碳纤维比电容可达 264F/g。但是活性碳纤维的价格较高，这限制了它在超级电容器中的应用。通过溶胶-凝胶法制备的碳气凝胶，具有连续的三维网络结构、可调的密度、贯通的孔结构，是继活性炭和活性碳纤维后又一理想的电极材料。其比表面积可达 600～1100m$^2$/g，电导率为 10～25S/cm，作为超级电容器电极材料时呈现出较好的倍率性能。但是在有机电解液和水系电解液中，碳气凝胶的比电容为 50～100F/g，较低的比电容限制了它的能量密度，同时还面临着制备工艺复杂、生产周期长、难以规模化生产等问题，因此碳气凝胶的商业化应用仍面临着巨大的挑战。

石墨烯是一种由 sp$^2$ 杂化碳原子构成的二维网状结构，其结构稳定性高。当前制备石墨烯的方法众多，如机械剥离法、化学气相沉积法和石墨氧化还原法等，目前制备超级电容器用石墨烯材料的主流方法是石墨氧化还原法，主要是因为该种方法利于批量化生产，前景较好。石墨烯独特的二维纳米结构、室温下的高电导率(700S/m)、高比表面积(2630m$^2$/g)、稳定的化学性质，使其在超级电容器的应用中具有独特的优势。在水系电解液中，石墨烯的比电容在 0.2A/g 时可达 160F/g，经氮掺杂后比电容可以提升至 420F/g[79]。然而，由于二维平面结构特点及较强的 π 电子相互作用，石墨烯及还原氧化石墨烯在制备时极易堆叠，从而减小了比表面积且不利于与电解液接触，因而影响和制约了其在环境、能源及生物等领域中的实际应用。目前主要通过活化造孔、三维结构构建及复合化等方法控制石墨烯的形貌以增加石墨烯材料的比容量。CNT 可认为是石墨层卷曲而成的纳米尺度无缝管，具有石墨的本征特性，同时一维的管状结构赋予 CNT 较快的离子传输特性，使其具有良好的倍率性能。但是 CNT 的比表面积相对较小，导致其比电容较低，仅有 20～80F/g。研究发现，对 CNT 进行活化改性或者在其表面引入官能团，能很好地提升其电化学性能[80]，例如，用浓硝酸处理后的 MWCNT 的比电容可以由原来的 80F/g 增大到 137F/g。然而，CNT 同样存在制备成本较高、比表面积较低、比电容较低等问题，使得 CNT 基超级电容器距实用化还有一定的距离。此外，有研究表明利用化学气相沉积等技术，也可以制备出结构和性能优异的碳材料。Huang 等[81]以 $C_2H_2$ 为碳源，通过微波等离子体辅助化学气相沉积的方法，成功制备了包覆在镍网上的高孔隙率碳膜(PCF)，制备的碳膜具有均匀、致密的三维交联纳米网络结构，同时具有高的石墨化程度。结果表明，在功率为 1000W 的微波下制备的样品具有良好的电化学性能。该材料的循环伏安测试曲线近似矩形，显示了典型的双电层电容器的特性，并且在 2.0A/g 电流密度下表现出的比电容为 62.75F/g，且经过 10000 次的充放电循环后，电容保持率为 95%。

2. 过渡金属氧化物

过渡金属氧化物可以通过表面快速的氧化还原反应，利用强的赝电容行为进行能量存储，因此过渡金属氧化物具有高的比电容和能量密度，被认为是最有吸引力的超级电容器材料。通常，过渡金属氧化物的比电容能达到碳基材料比电容的 10～100 倍，而适用于超级电容器电极的金属氧化物一般需要具有以下特征：①金属氧化物应具有电子电导性，以保证材料具有较好的倍率性能；②金属元素应具有两个或两个以上可以共存的氧化态，且在发生氧化还原反应时，其结构稳定不发生相变；③其晶格间可允许质子自由的插入和脱出。目前应用于超级电容器的过渡金属氧化物主要包括 $RuO_2$、$MnO_2$、$Co_3O_4$、NiO、$Fe_3O_4$ 等。

在众多的过渡金属氧化物中，最早被应用于超级电容器的是 $RuO_2$。在 20 世纪 90 年代，就有研究发现 $RuO_2$ 具有导电性好、稳定性高、比电容大等优点，且具有多种不同的氧化态，在进行循环伏安测试时，多个氧化还原反应峰经过叠加后，使 $RuO_2$ 的测试曲线表现为类矩形形状。$RuO_2$ 稳定的化学特性使其可以在强酸溶液中使用，在 1mol/L 的硫酸溶液中，由水合 $RuO_2$ 构筑的赝电容电容器最大的比电容可达 734F/g，且在功率密度为 92W/kg 时，其能量密度可达 25W·h/kg[82]。此外，通过控制 $RuO_2$ 的合成过程，可以得到多孔薄膜、纳米棒、纳米片等不同形貌的 $RuO_2$ 材料，可以有效地提高 $RuO_2$ 的电性能。例如，通过阳极氧化铝模板制备的水合 $RuO_2$ 纳米管阵列电极，其最高比电容可达 1300F/g，功率密度可达 4320W/kg，此时还表现出 7.5W·h/kg 的能量密度[83]。虽然 $RuO_2$ 拥有令人满意的电化学性能，但因价格昂贵、资源稀缺及适用电压范围窄等缺点限制了其在超级电容器中的应用。为了解决这一类问题，目前主要通过在低成本的基底(碳材料、导电聚合物)上沉积 $RuO_2$ 以降低其成本，或通过探寻低成本、资源丰富的金属氧化物($MnO_2$、$Co_3O_4$、NiO、$Fe_3O_4$ 等)来替代 $RuO_2$，应用于超级电容器中。

Mn 基金属氧化物由于价格便宜、资源广泛、绿色环保等优点，成为超级电容器电极材料的研究热点。Goodenough 等[84]首次研究了 $MnO_2$ 的赝电容行为，发现 $MnO_2$ 在 KCl 电解液中的循环伏安曲线也是类矩形形状，比电容可达 200F/g。通常认为质子或阳离子在 $MnO_2$ 的体相中迁移难度较大，导致只有部分的活性物质被应用。研究表明，对 $MnO_2$ 进行表面改性或者制备含锰二元氧化物、纳米结构 $MnO_2$ 混合物，可以有效提高 $MnO_2$ 的比电容。其中，Liu 等[85]通过两步法合成的具有分级结构的 Mn 基纳米线/纳米片复合材料，在 0.25A/g 电流密度下的比电容可达 657F/g。此外，具有低成本、高氧化还原活性、高理论比电容(3560F/g)的 $Co_3O_4$ 材料也被应用于超级电容器中，包括纳米层、纳米线、纳米管、纳米棒在内的多种结构的 $Co_3O_4$ 电极被合成应用。其中，$Co_3O_4$ 纳米层由于其独特的三维结构，赋予该材料快速的电子和离子传输特性，使其比电容能达到 2735F/g[86,87]。

另外，NiO、$V_2O_5$、$Fe_3O_4$ 等过渡金属氧化物应用于超级电容器的报道也层出不穷，然而过渡金属氧化物的电性能主要受限于材料较差的导电性、差的循环稳定性，目前主要通过制备金属氧化物/碳材料、金属氧化物/金属氧化物等复合材料，利用各组分之间的协同效应来获得性能优异的电极材料。例如，利用水热法制备的 CNT/Ni(OH)$_2$ 复合材料，通过将 CNT 均匀分散在 Ni(OH)$_2$ 中，获得了极高的比电容，在 5A/g 电流密度下材料的比电容可达 1244.2F/g，即使在 20A/g 电流密度下材料的比电容仍有 771.3F/g[88]。Huang 等[89]利用简单、低成本的直流电弧放电法，结合空气中的焙烧过程，得到了一系列碳笼包覆 $Mn_3O_4$ 纳米颗粒的复合材料 $Mn_3O_4$@C，高缺陷程度的碳外壳可以促进离子交换，而 $Mn_3O_4$ 内核可以通过稳定的法拉第反应提供赝电容，因此该类核壳结构的电极材料表现出优异的电性能。测试结果表明，在 200℃下焙烧得到的 $Mn_3O_4$@C 复合材料的比电容最高为 422F/g，能量密度可达 36W·h/kg，且经过 1000 次循环充放电过程后，其容量保持率为 81%。

### 3. 导电聚合物

导电聚合物是指能够导电的，或者经化学、电化学“掺杂”或复合等手段后可以导电的一类高分子材料。本征态导电聚合物的电导率通常在绝缘体和半导体之间($10^{-10}$～$10^{-4}$S/cm)，但是经过化学或电化学掺杂后可获得较高的甚至类似金属的电导率，因此该类材料的电导率可以在 $10^{-10}$～$10^{5}$S/cm 范围内变化。此外，导电聚合物还具有储量大、廉价、易制备、质轻、可设计为柔性器件的特点，使其成为理想的超级电容器电极材料。

通常，在氧化过程中，导电聚合物被阴离子 p 型掺杂；而在还原过程中，其会被阳离子 n 型掺杂。基于导电聚合物掺杂的原理，单独使用导电聚合物作为电极的电容器可以分为四类[90]：①Ⅰ型电容器(对称结构)，其两个电极为相同的 p 型掺杂聚合物。当充电时，正极完全氧化而负极保持中性，放电时两极均呈半氧化态，因此该类电容器电压较低(0.50～0.75V)，且可利用的掺杂容量仅有 50%。②Ⅱ型电容器(非对称结构)，其两个电极为不同的 p 型掺杂聚合物。该类电容器电压稍有提高，为 1.00～1.25V，可利用的掺杂容量为 75%。③Ⅲ型电容器(对称结构)，其两个电极用相同的导电聚合物，但是该聚合物既可以被 p 型掺杂又可以被 n 型掺杂。完全充电时，正极被完全氧化而负极被完全还原，因此该类电容器的电压处于 1.3～3.5V 范围内，电容器利用的掺杂容量为 100%。④Ⅳ型电容器(非对称结构)，其利用不同 p 型掺杂和 n 型掺杂的导电聚合物作为电极。该类电容器与Ⅲ型电容器同样具有较高的电压和大的容量利用率。

目前，超级电容器电极材料领域内具有代表性的导电聚合物有 PANI、PPy、PTh 及 PTh 的衍生聚合物。PANI 具有原料易得、合成简单、高掺杂、良好的热稳定性等优点，成为进展最快的导电聚合物。PANI 的合成方法分为化学聚合和电化学聚合两大类，其中通过电化学方法获得的 PANI 具有更高的比电容(1500F/g 左右)。但实际使用时，PANI 只有在水系酸性电解液中才表现出较高的容量，这是因为 PANI 的充放电过程需要质子的参与。而 PPy 可以被很好地应用在Ⅰ型电容器和 II 型电容器中，它不同于 PANI，在多数电解液中都具有良好的电活性，但是其器件的比电容相比于 PANI 却要低得多，仅有 100～500F/g，这主要是由于 PPy 材料的形貌相对致密，不利于电解液的充分浸润。因此，在水系电解液中 PPy 拥有更好的电性能，同时性能最好的 PPy 电极通常是以薄膜电极的形态存在。特别地，PTh 聚合物既可以被 p 型掺杂又可以被 n 型掺杂，因此可以应用在Ⅲ型和Ⅳ型电容器中。但是，PTh 的电导率较低，由其组装的电容器表现出高的自放电率和差的循环寿命。研究表明，被吸电子基取代后，PTh 的稳定性可以得到显著的改善。如聚 3,4-乙烯二氧噻吩(poly3,4-ethylenedioxythiophene，PEDOT)是一种比较受欢迎的 PTh 衍生物，它在 p 型掺杂状态下具有高的电导率(300～500S/cm)、良好的电化学动力学和良好的循环性能(循环 50000 次后容量仅衰减 2%)[91]。

目前导电聚合物应用在超级电容器中面临着一个共性问题，即循环稳定性较差，主要是导电聚合物储能过程涉及反离子在聚合物中的掺杂和去掺杂，这一过程的反复进行将使聚合物在循环过程中发生不可避免的体积变化，最终导致聚合物结构的破坏。为了改善导电聚合物的电极性能，通常将导电聚合物与碳材料进行复合，形成的复合材料不仅可以改善单独导电聚合物电容器的循环寿命，还可以提升材料的导电性，提高电容器的能量密度和功率密度[92-94]。例如，Zhang 等将 PANI 沉积于 CNT 上，制备的复合材料的比电容可以达到 1030F/g，且具有良好的循环稳定性[95]。

### 7.5.2 研究实例：N、O 共掺杂多孔网络材料的设计及其对电容器电性能的影响分析

碳材料由于其成本低、来源丰富、导电性良好、热稳定性和电化学稳定性优异而被认为是理想的超级电容器电极材料，但它们也面临着容量低、倍率性能不佳等问题。研究表明，在碳骨架上引入杂原子可以有效地提高电极材料的电性能，如 N 原子的引入可在充放电过程中引入赝电容效应，从而提高电极材料的比电容。多种杂原子共掺杂将发挥协同作用，是获得高性能电极材料的重要方法。然而，目前改性方式主要是通过对碳材料进行后处理以达到引入杂原子的目的，但是通过该方法制备的掺杂碳材料存在杂原子位置、种类和含量不可控等问题。针对上述问题，Hu 等[96]利用含多种杂原子的单体，在特定条件下制备多种杂原子均匀分布的层次孔有机网络材料，实现杂原子的本征掺杂，可以有效地解决这类问题，制得的层次孔有机网络材料含有丰富且分布均匀的杂原子。此外，该类材料内部为微-介孔结构，其孔径分布在 0.5～4.0nm，使得电极材料既有较高的比电容又有理想的倍率性能。该类材料可作为超级电容器电极的理想材料。该研究从分子设计出发，制得含 N、O 杂原子单体——4,4′-[4-氧代邻苯二嗪-1,3(4*H*)-二基]二苄腈(OPDN)，在催化剂作用下，制得含多种杂原子的多孔网络材料(multi-heteroatom porous carbon frameworks，MPCFs）。OPDN 单体结构、聚合原理及 MPCFs 的拓扑结构如图 7.5(a)和(b)所示。

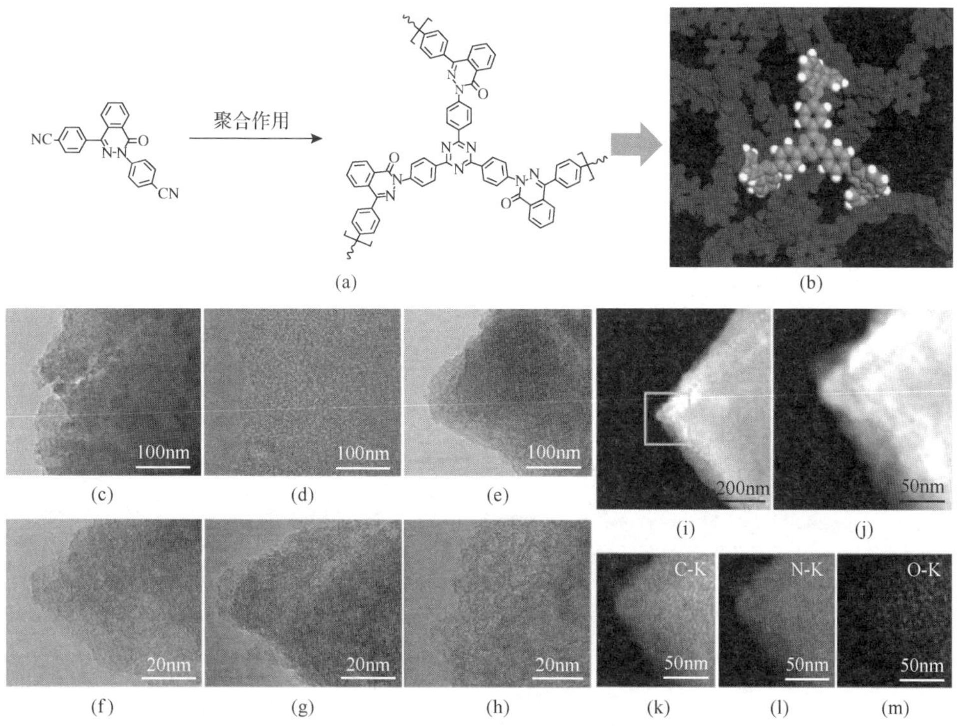


图 7.5　(a)OPDN 单体结构及其聚合反应过程示意图；(b)MPCFs 的拓扑结构；(c)～(h)MPCFs@600、MPCFs@650 和 MPCFs@700 的透射电子显微镜图片；(i)～(m)MPCFs@700 的扫描透射电子显微镜图片及元素分布

该研究对材料的形貌成分和结构进行了表征。其中图 7.5(c)～(h)为 OPDN 在 600℃、650℃、700℃下聚合产物 MPCFs@600、MPCFs@650、MPCFs@700 的 TEM 测试图，结果表明材料内部为多孔结构。MPCFs@700 的 STEM[图 7.5(i)、(j)]和元素分布[图 7.5(k)～(m)]证实了该方法制备的 MPCFs 中，杂原子有着均匀的分布。氮气吸脱附测试表明，随着聚合温度升高，材料比表面积逐渐增大，分别为 $1009m^2/g$、$1245m^2/g$ 和 $1638m^2/g$。XPS 测试表明，MPCFs@600、MPCFs@650 和 MPCFs@700 的 N 原子含量分别为 7.18at%(原子分数，后同)、5.72at%和 4.36at%。当采用 1mol/L $H_2SO_4$ 作为电解液，对其进行循环伏安(cyclic voltammetry，CV)测试和恒流充放电(galvanostatic charge，GC)测试时，得到的电性能测试曲线如图 7.6(a)和(b)所示。由图可知，循环伏安测试曲线在 0.1～0.6V 存在一个宽的氧化还原峰，这是 $H^+$ 在充放电过程中与杂原子(N、O)发生质子化反应造成的。此外，MPCFs 材料的恒流充放电测试曲线在充放电过程中呈现等腰三角形，表明

该材料具有良好的充放电可逆性。通过对比发现，MPCFs@700 材料在同一电流密度下具有更长的放电时间，表明具有更高的比电容，计算表明在 0.1A/g 电流密度下，MPCFs@700 的比电容为 302F/g，且在 10A/g 电流密度下，经过 30000 次循环充放电过程后，MPCFs@700 的容量保持率可达 112%，如图 7.6(c)所示。

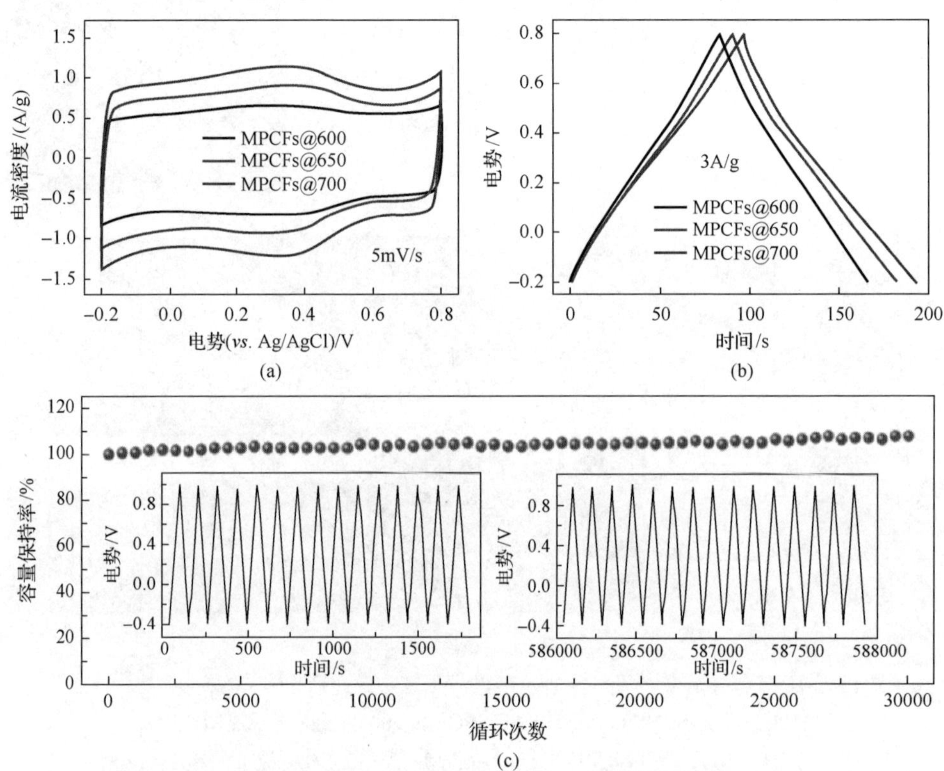


图 7.6 MPCFs 材料的循环伏安测试曲线(a)和恒流充放电测试曲线(b)；(c)MPCFs@700 在 10A/g 电流密度下的循环寿命曲线及循环初始和循环结束时的恒流充放电曲线(内嵌)

将 MPCFs@700 作为正负极，以 $TEABF_4$/ACN 为电解液，组装成两电极体系，对其电性能进行考察，如图 7.7(a)所示。由图可知，由于电解液的改变，电压窗口可扩展到 2.5V，其 CV 曲线为类矩形形状。这是因为在有机电解液中，电极表面和电解液离子间不存在质子化反应，因而体系表现出明显的双电层特征。结果表明，即使是在 500mV/s 的大扫描速率下，MPCFs@700 的 CV 测试曲线仍为明显的矩形，表明该器件具有良好的倍率性能。此外，该器件还具有优异的循环稳定性，即在 $TEABF_4$/ACN 电解液中，经过 30000 次循环充放电过程后，其容量保持率为 95%。

为了获得更高的能量密度，采用离子液体 1-丁基-3-甲基咪唑四氟硼酸盐(1-butyl-3-methylimidazolium tetrafluoroborate，[BMIM][$BF_4$])为电解液，对 MPCFs@700

进行两电极测试，其 CV 测试结果如图 7.7(b)和(c)所示。在[BMIM][$BF_4$]电解液中，电容器的工作电压可以扩展到 3.5V，且即使是在 0～3.5V，MPCFs@700 的 CV 曲线仍保持为类矩形，这表明该材料在充放电过程中呈现出双电层特性。在[BMIM][$BF_4$]电解液中，MPCFs@700 的能量密度最高可达 65W·h/kg，功率密度最高可达 8810W/kg，显著高于传统的碳材料。

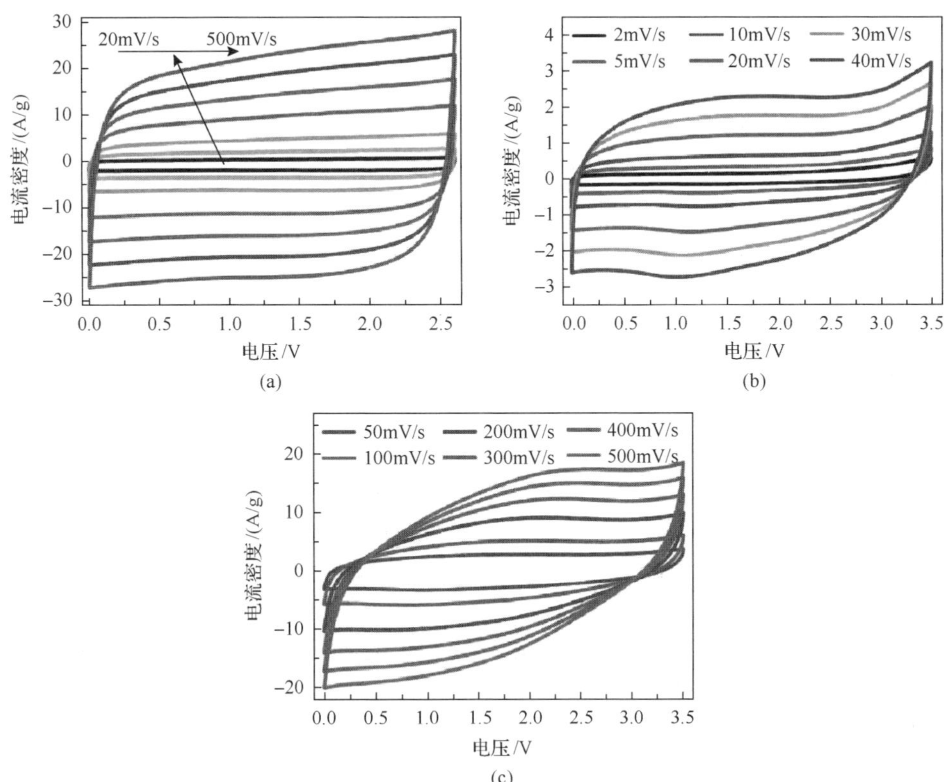


图 7.7　MPCFs@700 材料在 $TEABF_4$/ACN 电解液(a)和[BMIM][$BF_4$]电解液[(b)和(c)]中不同扫描速率下的 CV 测试曲线

因此从分子设计出发，本征引入多种杂原子，设计合成组成和结构可调的多孔网络有机材料的方法是开发高性能超级电容器电极材料的一种有效手段，也为高性能超级电容器的研发提供了新的设计思路[97]。

## 参考文献

[1] Williams H S. A History of Science. Vol. Ⅱ, Part Ⅵ. New York: Harper and Brothers, 1904.

[2] Conway B E. Electrochemical Supercapacitors, Scientific Fundamentals and Technological Applications. New York: Kluwer Academics and Plenum Publishers, 1999.

[3] Dell R M, Rand D A J. Understanding Batteries. Cambridge: Royal Society of Chemistry, 2001.

[4] Kobe D H. Helmholtz's theorem revisited.Am J Phys, 1986, 54(6): 552-554.

[5] 杨盛毅, 文方. 超级电容器综述. 现代机械, 2009, 4: 82-84.

[6] Sarangapani S, Tilak B V, Chen C P. Materials for electrochemical capacitors theoretical and experimental constraints. J Electrochem Soc, 1996, 143: 3791-3799.

[7] Burke A. Ultracapacitors: why, how, and where is the technology. J Power Sources, 2000, 91(1): 37-50.

[8] Simon P, Gogotsi Y. Materials for electrochemical capacitors. Nat Mater, 2008, 7(11): 845-854.

[9] 杨常玲. 超级电容器炭基电极材料制备及其电容性能研究. 山西: 太原理工大学, 2010.

[10] Davies A, Yu A. Material advancements in supercapacitors: from activated carbon to carbon nanotube and graphene. Can J Chem Eng, 2011, 89(6): 1342-1357.

[11] Burke A. R&D considerations for the performance and application of electrochemical capacitors. Electrochim Acta, 2008, 53(3): 1083-1091.

[12] Lewandowski A, Galinski M. Practical and theoretical limits for electrochemical double-layer capacitors. J Power Sources, 2007, 173(2): 822-828.

[13] Ricketts B W, Tonthat C. Self-discharge of carbon-based supercapacitors with organic electrolytes. J Power Sources, 2000, 89(1): 64-69.

[14] Linden D, Reddy T. Handbook of Batteries. New York: McGraw Hill, 2010.

[15] Ragone D V. Review of battery systems for electrically powered vehicles. Sae Transactions, 1968, 1(1): 6804534.

[16] Portet C, Yushin G, Gogotsi Y. Effect of carbon particle size on electrochemical performance of EDLC. J Electrochem Soc, 2008, 155(7): A531-A536.

[17] Helmholtz H. Ueber einige gesetze der vertheilung elektrischer ströme in körperlichen leitern mit anwendung auf die thierisch-elektrischen versuche. Annalen der Physik und Chemie, Ann Phys-Berlin, 1853, 89: 211-233.

[18] Huang J, Sumpter B G, Meunier V, et al. Curvature effects in carbon nanomaterials: exohedral versus endohedral supercapacitors. J Mater Res, 2010, 25(8): 1525-1531.

[19] Gerischer H. The impact of semiconductors on the concepts of electrochemistry. Electrochim Acta, 1990, 35(11-12): 1677-1699.

[20] Huang J, Sumpter B G, Meunier V. A universal model for nanoporous carbon supercapacitors applicable to diverse pore regimes, carbon materials, and electrolytes. Chem Eur J, 2008, 14(22): 6614-6626.

[21] Huang J, Sumpter B G, Meunier V. Theoretical model for nanoporous carbon supercapacitors. Angew Chem Int Ed, 2010, 47(3): 520-524.

[22] Frqckowiak E, Béguin F. Supercapacitors Naterials, Systems and Applications. New York: John Wiley & Sons, Inc., 2013.

[23] Frackowiak E, Lota G, Gryglewicz G, et al. Electrochemical capacitors based on highly porous carbons prepared by KOH activation. Electrochim Acta, 2004, 49(4): 515-523.

[24] Barbieri O, Hahn M, Herzog A, et al. Capacitance limits of high surface area activated carbons for double layer capacitors. Carbon, 2005, 43(6): 1303-1310.

[25] Aurbach D, Daroux M, Faguy P, et al. ChemInform abstract: the electrochemistry of noble metal electrodes in aprotic organic solvents containing lithium salts. ChemInform, 1991, 22(12): 225-244.

[26] Brandon E J, West W C, Smart M C, et al. Extending the low temperature operational limit of double-layer capacitors. J Power Sources, 2007, 170(1): 225-232.

[27] Inagaki M, Konno H, Tanaike O. Carbon materials for electrochemical capacitors. J Power Sources, 2010, 195(24): 7880-7903.

[28] Ghosh A, Lee Y H. Carbon-based electrochemical capacitors. ChemSusChem, 2012, 5 (3) : 480-499.

[29] Zhai Y, Dou Y, Zhao D, et al. Carbon materials for chemical capacitive energy storage. Adv Mater, 2011, 23 (42) : 4828-4850.

[30] Yang Z, Ren J, Zhang Z, et al. Recent advancement of nanostructured carbon for energy applications. Chem Rev, 2015, 115 (11) : 5159-5223.

[31] Conway B E. Electrochemical Supercapacitors: Scientific Fundamentals and Technological Applications. New York: Springer Science & Business Media, 2013.

[32] Feng C, Zhang J, He Y, et al. Sub-3nm $Co_3O_4$ nanofilms with enhanced supercapacitor properties. ACS Nano, 2015, 9 (2) : 1730-1739.

[33] Komaba S, Tsuchikawa T, Toomita M, et al. Efficient electrolyte additives of phosphate, carbonate, and borate to improve redox capacitor performance of manganese oxide electrodes. J Electrochem Soc, 2013, 160 (11) : A1952-A1961.

[34] Xiang G, Gu C, Wang X, et al. Deep eutectic solvents (DESs) -derived advanced functional materials for energy and environmental applications: challenges, opportunities, and future vision. J Mater Chem A, 2017, 5 (18) : 8209-8229.

[35] Ue M, Ida K, Mori S. Electrochemical properties of organic liquid electrolytes based on quaternary onium salts for electrical double-layer capacitors. J Electrochem Soc, 1994, 141 (11) : 2989-2996.

[36] Chiba K, Ueda T, Yamaguchi Y, et al. Electrolyte systems for high withstand voltage and durability Ⅱ. alkylated cyclic carbonates for electric double-layer capacitors. J Electrochem Soc, 2011, 158 (12) : A1320-A1327.

[37] Shi Z, Yu X, Wang J, et al. Excellent low temperature performance electrolyte of spiro- (1,1′) -bipyrrolidinium tetrafluoroborate by tunable mixtures solvents for electric double layer capacitor. Electrochim Acta, 2015, 174: 215-220.

[38] Yu X, Wang J, Wang C, et al. A novel electrolyte used in high working voltage application for electrical double-layer capacitor using spiro- (1,1′) -bipyrrolidinium tetrafluoroborate in mixtures solvents. Electrochim Acta, 2015, 182: 1166-1174.

[39] Khomenko V, Raymundo-Piñero E, Béguin F. Optimisation of an asymmetric manganese oxide/activated carbon capacitor working at 2V in aqueous medium. J Power Sources, 2006, 153 (1) : 183-190.

[40] Huddleston J G, Visser A E, Reichert W M, et al. Characterization and comparison of hydrophilic and hydrophobic room temperature ionic liquids incorporating the imidazolium cation. Green Chem, 2001, 3 (4) : 241-272.

[41] Zhou Z B, Matsumoto H, Tatsumi K. Low-melting, low-viscous, hydrophobic ionic liquids: 1-alkyl (alkyl ether) -3-methylimidazolium perfluoroalkyltrifluoroborate. Chem Eur J, 2004, 10 (24) : 6581-6591.

[42] Zhong C, Deng Y, Hu W, et al. A review of electrolyte materials and compositions for electrochemical supercapacitors. Chem Soc Rev, 2015, 44 (21) : 7484-7539.

[43] Shi M, Kou S, Yan X. Engineering the electrochemical capacitive properties of graphene sheets in ionic-liquid electrolytes by correct selection of anions. ChemSusChem, 2014, 7 (11) : 3053-3062.

[44] Huang P L, Luo X F, Peng Y Y, et al. Ionic liquid electrolytes with various constituent ions for graphene-based supercapacitors. Electrochim Acta, 2015, 161: 371-377.

[45] Rennie A J R, Martins V L, Torresi R M, et al. Ionic liquids containing sulfonium cations as electrolytes for electrochemical double layer capacitors. J Phy Chem C, 2015, 119 (42) : 23865-23874.

[46] Rochefort D, Pont A L. Pseudocapacitive behaviour of RuO in a proton exchange ionic liquid. Electrochem Commun, 2006, 8 (9) : 1539-1543.

[47] Jänes A, Eskusson J, Thomberg T, et al. Ionic liquid-1,2-dimethoxyethane mixture as electrolyte for high power density supercapacitors. J Energy Chem, 2016, 25 (4) : 609-614.

[48] Fenton D E, Parker J M, Wright P V. Complexes of alkali metal ions with poly (ethylene oxide). Polymer, 1973, 14 (11): 589.

[49] Armand M. Polymer solid electrolytes—an overview. Solid State Ion, 1983, 9: 745-754.

[50] Clericuzio M, Perker W O, Soprani M, et al. Ionic diffusivity and conductivity of plasticized polymer electrolytes: PMFG-NMR* and complex impedance studies. Solid State Ion, 1995, 82 (3): 179-192.

[51] Raghavan P, Manuel J, Zhao X H, et al. Preparation and electrochemical characterization of gel polymer electrolyte based on electrospun polyacrylonitrile nonwoven membranes for lithium batteries. J Power Sources, 2011, 196 (16): 6742-6749.

[52] Huang C W, Wu C A, Hou S S, et al. Gel electrolyte derived from poly (ethylene glycol) blending poly (acrylonitrile) applicable to roll-to-roll assembly of electric double layer capacitors. Adv Funct Mater, 2012, 22 (22): 4677-4685.

[53] Peng C, Zhang S W, Jewell D, et al. Carbon nanotube and conducting polymer composites for supercapacitors. Prog Nat Sci, 2008, 18 (7): 777-788.

[54] Li H L, Wang J, Chu Q, et al. Theoretical and experimental specific capacitance of polyaniline in sulfuric acid. J Power Sources, 2009, 190 (2): 578-586.

[55] Gupta V, Miura N. High performance electrochemical supercapacitor from electrochemically synthesized nanostructured polyaniline. Mater Lett, 2006, 60 (12): 1466-1469.

[56] Kim D W, Sivakkumar S R, Macfarlane D R, et al. Cycling performance of lithium metal polymer cells assembled with ionic liquid and poly (3-methyl thiophene) /carbon nanotube composite cathode. J Power Sources, 2008, 180 (1): 591-596.

[57] Kim J H, Lee Y S, Sharma A K, et al. Polypyrrole/carbon composite electrode for high-power electrochemical capacitors. Electrochim Acta, 2007, 52 (4): 1727-1732.

[58] Fang Y, Liu J, Yu D J, et al. Self-supported supercapacitor membranes: polypyrrole-coated carbon nanotube networks enabled by pulsed electrodeposition. J Power Sources, 2010, 195 (2): 674-679.

[59] Laforgue A, Simon P, Sarrazin C, et al. Polythiophene-based supercapacitors. J Power Sources, 1999, 80 (1-2): 142-148.

[60] Arbizzani C, Mastragostino M, Soavi F. New trends in electrochemical supercapacitors. J Power Sources, 2001, 100 (1): 164-170.

[61] Sandler J, Shaffer M S P, Prasse T, et al. Development of a dispersion process for carbon nanotubes in an epoxy matrix and the resulting electrical properties. Polymer, 1999, 40 (21): 5967-5971.

[62] Novák P, Müller K, Santhanam K S, et al. Electrochemically active polymers for rechargeable batteries. Chem Rev, 1997, 28 (19): 207-282.

[63] Stefan I C, Mo Y, Scherson D A. In situ Ru $L_{II}$ and $L_{III}$ edge X-ray absorption near edge structure of electrodeposited ruthenium dioxide films. J Phys Chem B, 2002, 106 (48): 12373-12375.

[64] Mckeown D A, Hagans P L, Lpl C, et al. Structure of hydrous Ruthenium oxides: implications for charge storage. J Phys Chem B, 1999, 103 (23): 4825-4832.

[65] Acharya R, Subbaiah T, Anand S, et al. Effect of preparation parameters on electrolytic behaviour of turbostratic nickel hydroxide. Mater Chem Phys, 2003, 81 (1): 45-49.

[66] 邴雪峰. 炭基超级电容器电极材料的制备与结构控制及其电化学性能研究. 上海: 华东理工大学, 2017.

[67] Jurewicz K, Frackowiak E, Buguin F. Towards the mechanism of electrochemical hydrogen storage in nanostructured carbon materials. Appl Phys A, 2004, 78 (7): 981-987.

[68] Vix-Guterl C, Frackowiak E, Jurewicz K, et al. Electrochemical energy storage in ordered porous carbon materials. Carbon, 2005, 43 (6): 1293-1302.

[69] Bleda-Martínez M J, Pérez J M, Linares-Solano A, et al. Effect of surface chemistry on electrochemical storage of hydrogen in porous carbon materials. Carbon, 2008, 46(7): 1053-1059.

[70] Fang B, Kim M, Kim J H, et al. Controllable synthesis of hierarchical nanostructured hollow core/mesopore shell carbon for electrochemical hydrogen storage. Langmuir, 2008, 24(20): 12068-12072.

[71] Babeł K, Jurewicz K. KOH activated lignin based nanostructured carbon exhibiting high hydrogen electrosorption. Carbon, 2008, 46(14): 1948-1956.

[72] Lota G, Fic K, Frackowiak E. Carbon nanotubes and their composites in electrochemical applications. Energ Environ Sci, 2011, 4(5): 1592-1605.

[73] Lota G, Fic K, Frackowiak E. Alkali metal iodide/carbon interface as a source of pseudocapacitance. Electrochem Commun, 2011, 13(1): 38-41.

[74] Roldán S, Blanco C, Granda M, et al. Towards a further generation of high-energy carbon-based capacitors by using redox-active electrolytes. Angew Chem Int Ed, 2011, 50(7): 1699-1701.

[75] Yoshino A, Tsubata T, Shimoyamada M, et al. Development of a lithium-type advanced energy storage device. J Electrochem Soc, 2004, 151(12): A2180-A2182.

[76] Khomenko V, Raymundopinero E, Beguin F. A new type of high energy asymmetric capacitor with nanoporous carbon electrodes in aqueous electrolyte. J Power Sources, 2010, 195(13): 4234-4241.

[77] Hu F Y, Wang J Y, Hu S, et al. Inherent N, O-containing carbon frameworks as electrode materials for high-performance supercapacitors. Nanoscale, 2016, 8: 16323-16331.

[78] Hu F Y, Zhang T P, Wang J Y, et al. Simple fabrication of high-efficiency N, O, F, P-containing electrodes through host-guest doping for high-performance supercapacitors. ACS Sustain Chem Eng, 2018, 6(11): 15764-15772.

[79] Li L Z, Xin Z, Ji H, et al. Nitrogen doping of graphene and its effect on quantum capacitance, and a new insight on the enhanced capacitance of N-doped carbon. Energ Environ Sci, 2012, 5(11): 9618-9625.

[80] Jurewicz K, Babeł K, Pietrzak R, et al. Capacitance properties of multi-walled carbon nanotubes modified by activation and ammoxidation. Carbon, 2006, 44(12): 2368-2375.

[81] Wu A M, Feng C C, Huang H, et al. Microwave plasma-assisted chemical vapor deposition of porous carbon film as supercapacitive electrodes. Appl Surf Sci, 2017, 409: 261-269.

[82] Jang J H, Kato A, Machida K, et al. Supercapacitor performance of hydrous Ruthenium oxide electrodes prepared by electrophoretic deposition. J Electrochem Soc, 2006, 153(153): A321-A328.

[83] Hu C C, Chang K H, Lin M C, et al. Design and tailoring of the nanotubular arrayed architecture of hydrous $RuO_2$ for next generation supercapacitors. Nano Lett, 2006, 6(12): 2690-2695.

[84] Lee H Y, Goodenough J B. Supercapacitor behavior with KCl electrolyte. J Solid State Chem, 2015, 144(1): 220-223.

[85] Wang H, Xiao F, Yu L, et al. Hierarchical $\alpha$-$MnO_2$ nanowires@$Ni_{1-x}Mn_xO_y$ nanoflakes core-shell nanostructures for supercapacitors. Small, 2014, 10(15): 3181-3186.

[86] Yuan C, Yang L, Hou L, et al. Growth of ultrathin mesoporous $Co_3O_4$ nanosheet arrays on Ni foam for high-performance electrochemical capacitors. Energ Environ Sci, 2012, 5(7): 7883-7887.

[87] Xu J, Gao L, Cao J, et al. Preparation and electrochemical capacitance of cobalt oxide ($Co_3O_4$) nanotubes as supercapacitor material. Electrochim Acta, 2010, 56(2): 732-736.

[88] Chen S, Zhu J, Zhou H, et al. One-step synthesis of low defect density carbon nanotube-doped $Ni(OH)_2$ nanosheets with improved electrochemical performances. Rsc Adv, 2011, 1(3): 484-489.

[89] Camacho R A P, Wu A M, Gao S, et al. $Mn_3O_4$ nanoparticles encapsulated in carbon cages as the electrode of dual-mechanism supercapacitors. Mater Today Chem, 2019, 12: 361-372.

[90] Irvin J A, Irvin D J, Stenger-Smith J D. Handbook of Conducting Polymers. New York: CRC Press, 2007.

[91] Ryu K S, Lee Y G, Hong Y S, et al. Poly(ethylenedioxythiophene) (PEDOT) as polymer electrode in redox supercapacitor. Electrochim Acta, 2004, 50(2): 843-847.

[92] Chen W C, Wen T C. Electrochemical and capacitive properties of polyaniline-implanted porous carbon electrode for supercapacitors. J Power Sources, 2003, 117(1): 273-282.

[93] Lin Y R, Teng H. A novel method for carbon modification with minute polyaniline deposition to enhance the capacitance of porous carbon electrodes. Carbon, 2003, 41(14): 2865-2871.

[94] Hu C C, Li W Y, Lin J Y. The capacitive characteristics of supercapacitors consisting of activated carbon fabric-polyaniline composites in $NaNO_3$. J Power Sources, 2004, 137(1): 152-157.

[95] Hao Z, Cao G, Wang Z, et al. Tube-covering-tube nanostructured polyaniline/carbon nanotube array composite electrode with high capacitance and superior rate performance as well as good cycling stability. Electrochem Commun, 2008, 10(7): 1056-1059.

[96] Hu F Y, Wang J Y, Hu S, et al. Engineered fabrication of hierarchical frameworks with tuned pore structure and N, O-*co*-doping for high performance supercapacitors. ACS Appl Mater Inter, 2017, 9(37): 31940-31949.

[97] 胡方圆, 刘东明, 李佳乐, 等. 高性能聚合物在新型储能领域的应用进展. 中国材料进展, 2019, 38(10): 990-998.

# 第8章

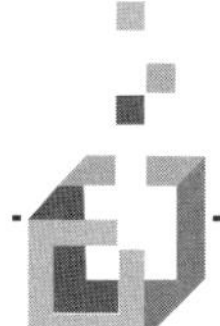

# 燃料电池电极材料

## 8.1 概　　述

燃料电池是一种将储存在燃料和氧化剂中的化学能通过催化剂的作用直接转化成电能的发电装置，因具有能量转换效率高、环境污染小、燃料源多样、噪声低等优点，被认为是高效、清洁、绿色环保的发电技术[1-3]。美国《时代周刊》将燃料电池技术评为21世纪对人类生活具有重大影响的高新科技之一。燃料电池与常规电池不同之处在于，常规电池是一种集能量存储与转换为一体的装置，先储存能量然后在使用时释放能量，而燃料电池本身更像是一个能量转换工具，只要有燃料的不断输入，就有源源不断的电流产生。在这个过程中，燃料电池的电极不发生变化，只为电化学反应的发生提供场所，因此燃料电池可以依靠补充燃料实现快速充电。本章将对燃料电池漫长的发展历程做一个简要的回顾。

燃料电池技术并不是一项全新的技术，它的历史最早可追溯到1838年，瑞士教授 Schönbein 发现铂电极上的氢与氧发生反应产生电流，这一现象即为燃料电池效应。1839年，英国化学家 Grove 爵士将两条铂电极分别放入装有氢气和氧气的密封玻璃瓶中，当这两个玻璃瓶一起浸入到稀硫酸溶液中时，两个铂电极之间开始有电流流过，同时在装有氧气的瓶内生成了水。Grove 将四个这样的装置串联起来提高电压，构成气体电池，这个装置就是现代燃料电池的雏形，如图 8.1 所示[4]。关于燃料电池工作理论的解释，当时出现了两派观点："接触"理论和"化学"理论。"接触"理论认为物质的物理性接触就足以产生电流；而"化学"理论则坚持电流是通过化学反应产生[5]。两方面的观点在科学界引起了激烈争论，其中 Grove 的支持者瑞士科学家 Schönbein 赞同"化学"理论。正是因为 Schönbein 和 Grove 两位燃料电池的奠基人和发明人所做出的贡献，每年在瑞士卢塞恩市举办的欧洲燃料电池论坛设有以 Schönbein 命名的奖项以及每两年在英国召开一次以 Grove 命名的燃料电池国际会议来纪念他们。1889年，化学家 Mond 与其助手 Langer 把具有较大比表面积镀铂的铂片以及硫酸填充的多孔陶瓷基底分别用作氢气-氧气电池的电极和电解质成功产生了电流，并正式提出燃料电池这一名词。但是，由于当时电池价格昂贵、结果重复性不好、性能衰减较快等因素，电池的实际应用和商业价值并未体现出来。1893 年，Ostwald 通过实验测定了燃料电池各组成部分如电极、电解质、氧化剂、还原剂、阴离子和阳离子的作用以及它们之间的关系。1894 年，他在德国电化学杂志 *Zeitschrift fur Elektrochemie* 中提出燃料电池通过电化学反应产生电能，并建立燃料电池工作原理的基本理论，从这之后燃料电池的研究工作得以大量展开。Ostwald 提出的关于燃料电池的理论为后来的研究者奠定了坚实基础，它因此于 1909 年获得诺贝尔化学奖。

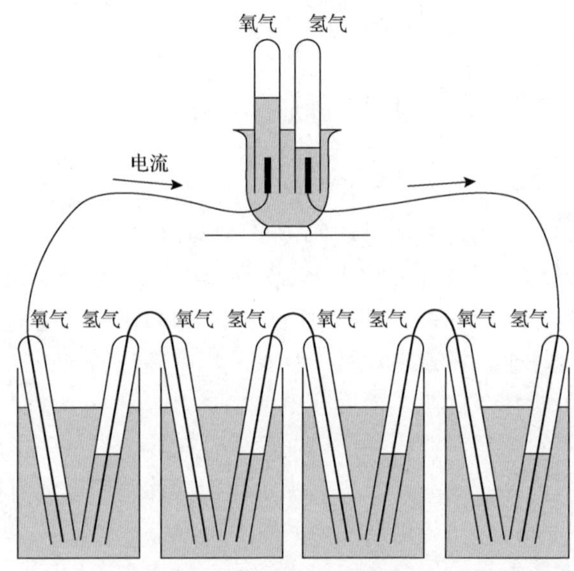


图 8.1 Grove 气体电池

资料来源：http://deacademic.com/pictures/dewiki/71/Grove%27s_Gaseous_Voltaic_Battery.png

20 世纪初是燃料电池研究的一个高峰期，燃料电池的部件及其电解质种类都得到极大发展。1902 年，Reid 提出碱性燃料电池的概念，从而增加了燃料电池的种类。1932 年，剑桥大学工程学教授 Bacon 着手改进早期 Mond-Langer 电池，采用早在 1923 年 Schmid 就已提出的多孔气体扩散电极，碱性电解质 KOH 替代强腐蚀性的酸性溶液制成了碱性燃料电池。为了阻止气体穿过电极，Bacon 使用经 KOH 热溶液处理过的镍粉制成了抗腐蚀性更强的锂化镍电极，还将与电解质接触的电极一侧涂覆了具有细孔但不能渗透气体的阻隔层。直到 1959 年，他设计制造出一个输出功率可达 5kW 的碱性燃料电池组，称为 Bacon 电池堆。Bacon 电池堆示范样机引起了科技界的广泛关注，许多国家都在这一领域开展了大规模的研究与设计工作，这便是第一次燃料电池研究热潮。1932 年，Heise 将蜡作为防水剂制备出了憎水电极，这是现在气体扩散电极的雏形。美国通用电气公司（General Electric Co.，GE）和联合碳化物公司（Union Carbide Co.）于 20 世纪 50 年代分别制备出了以聚四氟乙烯为憎水剂的多孔气体扩散电极，这与目前氢氧燃料电池常用的气体扩散电极已经非常接近。1959 年，Ihrig 开发的 Allis-Chalmers 农用拖拉机被证明是历史上第一台燃料电池车。该农用拖拉机包含 1008 个小型碱性燃料电池，可提供 15kW 功率，足以让其拉动 3000lb（1lb=0.453592kg）重物。Allis-Chalmers 燃料电池拖拉机目前陈列在史密斯森研究所（Smithsonian Institute）。

20 世纪 60 年代，在美国国家航空航天局（National Aeronautics and Space Administration，NASA）的大力资助下，GE 公司成功开发出了一种使用固体离子交换膜作为电解质的新型燃料电池——聚合物电解质膜燃料电池，并将其应用于双子星座飞船的探测任务。后来，普惠公司（Pratt&Whitney，P&W）获得 Bacon 专利的使用权，通过一系列的改进，如简化原始设计减小 Bacon 电池质量、引入 85% 的高浓度 KOH 溶液使气体压力大幅度降低，成功研制了比 GE 公司的聚合物电解质膜燃料电池更加稳定且更长寿命的碱性燃料电池。这一燃料电池系统作为 Apollo 登月飞船的主电力源，应用于 Apollo 登月计划。碱性燃料电池在航天领域中的优异表现大大增加了人们对燃料电池技术的信心，因此 60 年代后期，从事燃料电池研究工作的机构不断增加。

从 20 世纪 70 年代开始，燃料电池的研究进入快速发展阶段，不同类型的燃料电池纷纷问世。例如，美国 DuPont 公司从 1972 年开始研发一种以 Nafion 为商标的新型聚合物离子交换膜，这种交换膜解决了长期困扰人们的燃料电池固体电解质膜材料的关键问题，对中小型电源的发展产生了重要影响。美国洛斯阿拉莫斯国家实验室（Los Alamos National Laboratory，LANL）于 1986 年发明了电极立体化设计的方法，这一发明可以大大降低铂催化剂的用量从而降低成本。1993 年，加拿大巴拉德动力系统公司（Ballard Power System, Inc.，BLDP）研制出世界上第一辆以质子交换膜燃料电池为动力源的公共汽车，其动力方面的显著提升证实了质子交换膜燃料电池具有很好的实用化前景。

21 世纪是燃料电池实用化的一个黄金时期，各种类型的燃料电池以及使用燃料电池的设备纷纷问世。质子交换膜燃料电池广泛应用于汽车领域，2000 年悉尼奥运会以及 2008 年北京奥运会都有示范性质子交换膜燃料电池汽车行驶街头。通用汽车公司、戴姆勒-克莱斯勒公司、福特汽车公司、本田汽车公司等世界多家知名企业也都开发出了以质子交换膜燃料电池作为动力源的汽车。除了在汽车行业展示出广阔的应用前景外，质子交换膜燃料电池也被应用在摄像机、笔记本电脑、残疾人专用车、便携式电源、家用发电系统及分散式供电系统等方面。欧洲最现代化造船公司——霍瓦兹德意志造船厂有限公司甚至建造了世界第一艘燃料电池驱动的潜艇 U31“克拉西号”，供德国海军使用。碱性燃料电池和磷酸型燃料电池主要用于航空航天领域、区域供电及一些特殊用途。熔融碳酸盐燃料电池和固态氧化物燃料电池的发展较快，在国外已经进入商业化阶段，这两种燃料电池可用燃料的范围很广，不止天然气和氢气，重整气、生物废气等气体也可以被利用。

除此之外，它们还都具有可以在高温下工作的特性，因此受到了世界各国的重视和关注，很多国家都投入大量资金和人力致力于将其应用于地面发电，目前已经建造了很多兆瓦级发电站。

综上，在这几种燃料电池中，质子交换膜燃料电池已广泛应用于交通动力和小型电源装置；碱性燃料电池发展速度最快，主要为空间站任务提供动力和饮用水；磷酸型燃料电池是民用燃料电池的首选并已进入商业化阶段；熔融碳酸盐燃料电池也已完成工业实验阶段；固体氧化物燃料电池虽然起步较晚，但是作为发电领域最有应用前景的燃料电池，是未来大规模清洁发电站的优选对象。燃料电池的进一步发展还需要依赖于氢能问题的解决和自身成本的降低。

## 8.2 燃料电池的分类、结构及工作原理

### 8.2.1 燃料电池的分类

燃料电池可以依据燃料来源、工作温度和电解质类型进行分类。

(1) 按燃料来源，可分为三类：①直接式燃料电池，即直接采用纯 $H_2$ 作为燃料；②间接式燃料电池，首先通过重整方式将 $CH_4$、$CH_3OH$ 或其他烃类化合物转化为 $H_2$ 或含 $H_2$ 的混合气后，再供应给燃料电池；③再生式燃料电池，把燃料电池中的产物水经某种方法分解成 $H_2$ 和 $O_2$，再将产生的 $H_2$ 和 $O_2$ 重新输送给燃料电池进行发电。

(2) 按工作温度，可分为三类：①低温燃料电池(60～100℃)，如碱性燃料电池和质子交换膜燃料电池；②中温燃料电池(100～300℃)，如磷酸型燃料电池；③高温燃料电池(600～1000℃)，如熔融碳酸盐燃料电池和固体氧化物燃料电池。

(3) 按电解质类型，可分为五类，这也是一种最常用的分类方式：①碱性燃料电池，电解质采用 KOH 等碱性溶液，工作温度在 90℃以下；②磷酸型燃料电池，电解质为纯的或高浓度的液态 $H_3PO_4$，工作温度为 180～210℃；③熔融碳酸盐燃料电池，电解质采用 $Li_2CO_3$ 和 $K_2CO_3$ 的熔融混合物，运行温度为 600～700℃；④固体氧化物燃料电池，电解质为复合氧化物陶瓷，最常用的材料是氧化钇($Y_2O_3$)稳定化的氧化锆($ZrO_2$)，简写为 YSZ，工作温度为 800～1000℃；⑤质子交换膜燃料电池，质子交换膜充当电解质，运行温度在 80℃以下。

#### 1. 碱性燃料电池

碱性燃料电池(alkaline fuel cell，AFC)被最早开发且已获得成功，在 20 世纪 60 年代被用于宇宙飞船和登月飞行。AFC 采用碱性溶液为电解质，$H_2$ 或者 $NH_3$、$N_2H_2$ 裂解的 $H_2$ 为还原剂，空气或 $O_2$ 为氧化剂，贵金属、过渡金属或由它们组成的合金为催化剂。这种燃料电池稳定性、耐久性及电化学效率均较高，迄今为止

仍然最适合使用在太空领域[6]。

AFC 最大的特点是电解质中迁移的物质为 $OH^-$，从阴极交换过来的 $OH^-$会在阳极与 $H_2$ 发生反应，生成的水扩散到阴极与 $O_2$ 反应再次生成 $OH^-$，电子则通过外电路由阳极流向阴极。$H_2$-$O_2$ 碱性燃料电池的示意如图 8.2 所示，具体的电极反应如下

阳极反应：

$$2H_2+4OH^- \longrightarrow 4H_2O+4e^- \tag{8.1}$$

阴极反应：

$$O_2+2H_2O+4e^- \longrightarrow 4OH^- \tag{8.2}$$

总反应：

$$2H_2+O_2 \longrightarrow 2H_2O \tag{8.3}$$

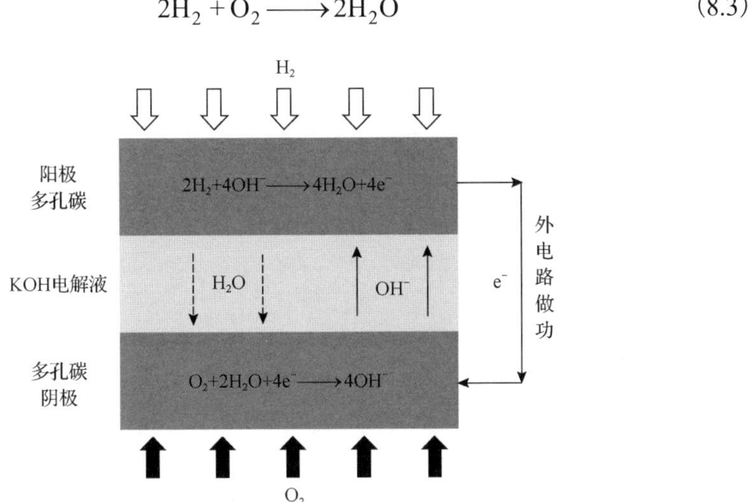


图 8.2　$H_2$-$O_2$ 碱性燃料电池示意图

与其他类型的燃料电池相比，AFC 具有一些显著的优点[7]：①在碱性电解液中的反应条件较温和，很多非贵金属催化剂都可以在其中稳定存在，这些材料的使用可以大幅度地降低催化剂的成本。②Ni 在碱性条件下可以稳定存在，它作为电池的双极板，价格远低于石墨板，这又在一定程度上降低了电池总成本。③AFC 的阴极活化过电势比相同温度下的酸性燃料电池小很多。因为氧还原反应动力学过程在碱性环境下比在酸性环境下进行得快，所以 AFC 的操作电压较高，一般为 0.80～0.95V，电池效率高达 60%～70%，可以在室温下快速启动，并迅速达到额定负荷。如不考虑热电联供，AFC 可达到的电池效率是所有燃料电池中最高的。

当然，与优点相比，其缺点也是致命的。AFC 需要纯 $H_2$ 和纯 $O_2$ 分别作为燃料和氧化剂，这是因为 AFC 的电解液为高浓度 KOH 溶液，空气中的 $CO_2$ 易与 KOH 反应使电解液中的 $OH^-$浓度降低，同时生成的碳酸盐会不断从电解液中析出，填满电极空隙造成电池失活。$CO_2$ 清洗器的采用和新鲜 KOH 电解液的持续供应会在某种程度上缓解这个问题，但是这两种方法都必然会导致额外的装置和费用。由 AFC 反应机理可知，阳极产水速度是阴极耗水速度的两倍，若多余水不从系统中排出，便会稀释 KOH 电解液从而导致燃料电池性能下降。综上可知，从经济方面考虑，AFC 不适用于大多数陆地上的供电系统，但它惊人的效率和高功率密度，使得其在航空工业领域应用显著。

2. 磷酸型燃料电池

磷酸型燃料电池(phosphoric acid fuel cell，PAFC)以纯的或高浓度的液态磷酸为电解液，$H_2$ 为燃料，空气或 $O_2$ 为氧化剂，贵金属或其合金为催化剂。图 8.3 为 PAFC 的示意图，$H_2$ 分子在阳极催化剂的作用下生成 $H^+$和电子，$H^+$在电解液中从阳极交换传递到阴极，而电子则通过外电路流入阴极。由外部供给的空气(或 $O_2$)与交换而来的 $H^+$及电子在阴极发生还原反应生成水并释放热量。总反应为 $H_2$ 和 $O_2$ 结合生成水，燃料电池通过外电路给外界提供电力。阳极和阴极发生的化学反应及总反应如下所示

阳极反应：

$$H_2 \longrightarrow 2H^+ + 2e^- \tag{8.4}$$

阴极反应：

$$1/2\,O_2 + 2H^+ + 2e^- \longrightarrow H_2O \tag{8.5}$$

总反应：

$$2H_2 + O_2 \longrightarrow 2H_2O \tag{8.6}$$

在人们所熟知的酸性溶液中，盐酸具有很强挥发性；硝酸的稳定性较差；硫酸虽然稳定却是一种强腐蚀性酸，在工作过程中会对电极材料造成破坏。于是，具有较好稳定性、较弱酸性和氧化性的磷酸被选为酸性燃料电池的电解质。纯磷酸在 42℃时凝固，因此 PAFC 的工作温度必须高于 42℃。由于冻结-解冻循环会引起严重的应力问题，处于待命状态的 PAFC 通常要保持在该温度之上。当温度高于 210℃时，磷酸会发生不利的相变，使之不再适合作为电解质。为了使电池性能最佳，PAFC 的工作温度一般选取在 180～210℃范围内。将碳化硅粉末

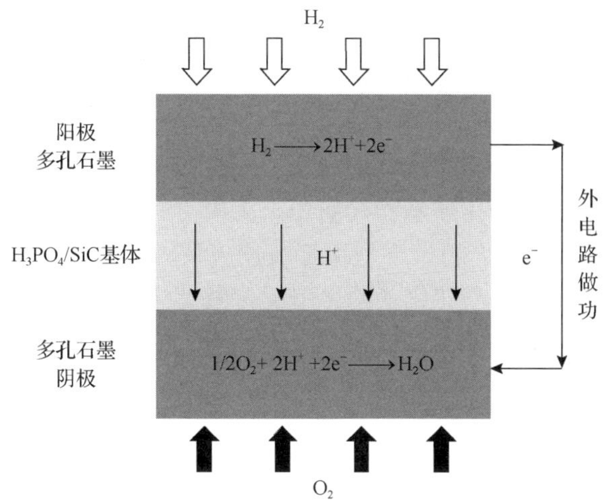


图 8.3　$H_2$-$O_2$ 磷酸型燃料电池示意图

和聚四氟乙烯(poly tetra fluoroethylene，PTFE)黏结而成厚度为 100～200μm 的薄板用作电解质基体，电解质两边分别是附有催化剂的多孔石墨阳极板和阴极板，孔道为气体提供了传输通道。在阴阳两极之上再放置两块致密的石墨分隔板，以便确保电池堆中各单体的分离，使得阴极气体和阳极气体之间不能相互渗透而发生混合。磷酸溶液会不断挥发，尤其在高温状态，因此在工作时必须不断对其加以补充。

PAFC 的生产技术已成熟，并实现了大规模的市场化应用。利用 PAFC 的发电厂有两种类型：分散型发电厂，容量为 10～20MW，安装在配电站；中心电站型发电厂，容量在 100MW 以上，可以作为中等规模热电厂。PAFC 发电厂相较于一般发电厂具有如下优点：在发电负荷较低时，仍然保持高的发电效率；模块结构的采用使其现场安装简单，省时且发电厂易扩容。美国联合技术公司(United Technologies Corporation，UTC)研制的 200kW PC25 磷酸燃料电池发电厂是首个燃料电池发电厂，在世界各地均有分布，如欧洲、亚洲、南美、北美等，发电厂数量已达 260 多座，单座发电厂的工作时间已经超过 57000h。另外，日本也一直致力于燃料电池技术的研发，在 FCG-1 计划中，先后开发了 4.5MW 和 11MW 的 PAFC 发电厂，后者更是成为世界目前最大的燃料电池发电厂，发电效率可达 41.1%，热电效率为 72.7%。但是，燃料电池发电厂的运行成本要远远高于电网价格，因此价格因素一直是限制其发展的最大障碍。

### 3. 熔融碳酸盐燃料电池

熔融碳酸盐燃料电池(molten carbonate fuel cell，MCFC)的示意图如图 8.4 所示，其使用的电解质是一种固定在 $LiOAlO_2$ 基体中的碱金属碳酸盐(如 $Li_2CO_3$ 和

$K_2CO_3$)的熔融混合物。MCFC 作为一种高温燃料电池工作温度在 600～700℃范围内，这时熔融碳酸盐会以液体的形式存在，因此这种燃料电池与 PAFC 相似，同样需要将电解质保存在多孔的陶瓷基体中。通常 MCFC 的电极为镍基，可提高电极的抗腐蚀性，阳极和阴极材料分别为镍铬合金和经锂化处理的镍氧化物。阳极中添加的铬可提高电极的孔隙率和表面积，阴极中经锂化处理的镍氧化物可降低镍的溶解。$O_2$ 在阴极催化剂的作用下和 $CO_2$ 反应生成 $CO_3^{2-}$，生成的导电离子 $CO_3^{2-}$ 在电解质中传递到阳极并在催化剂的作用下与 $H_2$ 反应生成 $CO_2$、$H_2O$ 和电子。电子通过外电路返回阴极，并在该过程中产生电流。电极反应如下所示

阳极反应：

$$H_2 + CO_3^{2-} \longrightarrow CO_{2,a} + H_2O + 2e^- \tag{8.7}$$

阴极反应：

$$1/2O_2 + CO_{2,c} + 2e^- \longrightarrow CO_3^{2-} \tag{8.8}$$

总反应：

$$H_2 + 1/2O_2 + CO_{2,c} \longrightarrow H_2O + CO_{2,a} \tag{8.9}$$

式中，下角标 a 和 c 分别为阳极(anode)和阴极(cathode)。在整个电极反应过程中，$CO_2$ 在阴极不停地消耗又同时在阳极不断地产生。为了维持系统中 $CO_2$ 的平衡，需要在阴极反应过程中补充 $CO_2$，这也是 MCFC 与其他燃料电池最大的不同之处。同时，阳极处生成的 $CO_2$ 尾气不会直接排放到大气中，而是与 $H_2$ 混合一并通入阴极，实现 $CO_2$ 的再次循环利用。

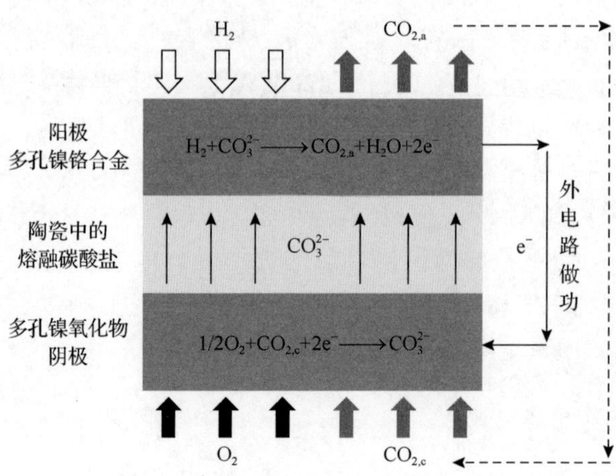


图 8.4 $H_2$-$O_2$ 熔融碳酸盐燃料电池示意图

MCFC 作为一种高温燃料电池，与低温燃料电池相比有以下几大特性：①燃料多样性。在高温下 $H_2$ 和 CO 皆可作为燃料，而低温时 CO 易使催化剂中毒。②催化剂成本低。高温环境使得阳极和阴极反应都具有较高活性，Ni 等常见的非贵金属就能发挥出很好的催化性能。③发电效率高。MCFC 能够有效地利用高温下排放出的大量热能而实现热电联供，发电效率可达 45%～60%，因此很容易制备出大功率电池堆。④电池结构简单。电解质中传递的 $CO_3^{2-}$ 不以水为介质，直接免去了低温燃料电池中复杂的水管理设备。

不过，高温同样也会带来一些问题。这种电池需要很长时间才能达到工作温度，不便用于交通运输，而其电解质具有的高温和腐蚀特性表明它们用于家庭发电又不太安全。由于在启动/关闭中电解液的冻结-解冻循环会产生应力，MCFC 最适合用作尺寸固定的供电装置。MCFC 的发电效率约 50%，若结合热力与动力装置，效率可高达 90%，其较高的发电效率对大规模的工业加工和发电汽轮机具有极大的吸引力。

### 4. 固体氧化物燃料电池

固体氧化物燃料电池(solid oxide fuel cell，SOFC)以固态陶瓷为电解质，最常用的电解质是 $Y_2O_3$ 稳定的 $ZrO_2$ 复合氧化物。其中，$ZrO_2$ 无导电性，当 $Y_2O_3$ 掺杂量约为 10%时，$Y^{3+}$ 取代晶格中的 $Zr^{4+}$ 致使 $O^{2-}$ 空穴生成，$O^{2-}$ 靠电势差和浓度差的作用在陶瓷材料中运动。因此，SOFC 的工作原理是 $O_2$ 在阴极发生还原反应生成 $O^{2-}$，$O^{2-}$ 利用空穴在电解质中实现传递，然后与 $H_2$ 在阳极发生氧化反应生成水[7]，电极反应如下

阳极反应：

$$H_2 + O^{2-} \longrightarrow H_2O + 2e^- \tag{8.10}$$

阴极反应：

$$1/2O_2 + 2e^- \longrightarrow O^{2-} \tag{8.11}$$

总反应：

$$H_2 + 1/2O_2 \longrightarrow H_2O \tag{8.12}$$

图 8.5 为 $H_2$-$O_2$ SOFC 的示意图。SOFC 的工作温度在 600～1000℃范围内，高温环境对阳极和阴极材料的要求相对严格。最常用的阳极材料为一种陶瓷和金属的混合物(镍-YSZ 金属陶瓷)，镍可提高导电性和催化活性，而 YSZ 则可增强离子传导性、热膨胀兼容性、机械稳定性，同时还保持了阳极结构的高孔隙率。

阴极通常是一种能传导离子和电子的陶瓷性混合导体，典型的阴极材料包括掺锶亚锰酸镧盐(LSM)、锶镧铁酸盐(LSF)、锶镧钴酸盐(LSC)、锶镧铁钴酸盐(LSCF)，这些材料能够提高阴极的抗氧化性和催化活性。

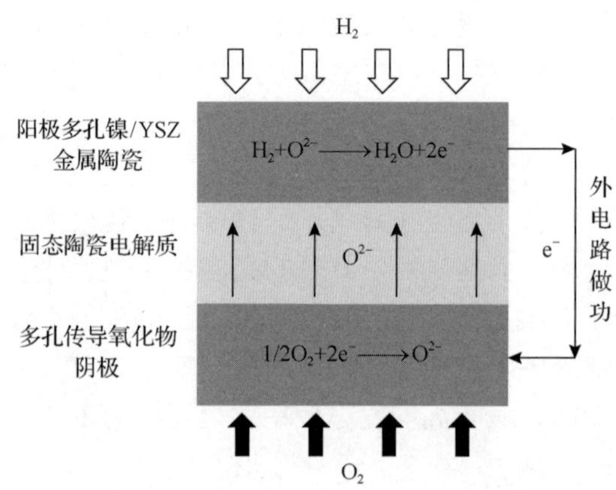


图 8.5　$H_2$-$O_2$ 固体氧化物燃料电池示意图

较高的工作温度不仅会带来优势同样也存在一定劣势。高温使 SOFC 能够抵御 CO 污染，省去了通过重整从燃料中提取氢的环节，还可以使其直接利用石油或天然气作为燃料；较高的工作温度要求 SOFC 的电解质、电极以及连接单电池的内部连接器等全部组件都必须由陶瓷构成。然而，把不同材质的陶瓷材料合为一体是一项高难度的技术，归因于体系中没有像液体或高分子膜一样柔软的部分，陶瓷材料在受热膨胀时因所受到的热应力无释放余地而易发生破裂。此外，为了避免燃料与空气的泄漏，还必须保证整个系统具有良好的气密性；在所有燃料电池中，SOFC 对硫的耐受性最大；由于使用固态电解质，SOFC 比 MCFC 更稳定；SOFC 发电效率为 50%～60%，若考虑热电联供，最高可达到 90%。

5. 质子交换膜燃料电池

质子交换膜燃料电池(proton exchange membrane fuel cell，PEMFC)的电解质为一种全固态高分子聚合物，因可以实现 $H^+$的传递，被称为质子交换膜，其中 DuPont 公司生产的全氟磺酸 Nafion 膜应用最为广泛。PEMFC 的单电池由端板、双极板、气体扩散层、催化层和质子交换膜构成。图 8.6 给出了 $H_2$-$O_2$ PEMFC 的装置示意图，增湿的燃料 $H_2$ 和氧化剂 $O_2$ 均先流经双极板上的气体通道，再通过气体扩散层到达催化层界面，并吸附在催化剂表面。$H_2$ 在阳极催化剂的作用下发生氧化反应生成 $H^+$和电子，$H^+$以 $H_3O^+$的形式通过质子交换膜上的运输载体磺酸基(—$SO_3H$)到达阴极催化层界面，电子经外电路流过负载到达阴极。$O_2$ 与交换而来的 $H^+$及电子在阴极发生还原反应，生成水并释放热量。阳极、阴极和电池总反应式如下阳极反应：

$$H_2 \longrightarrow 2H^+ + 2e^- \tag{8.13}$$

阴极反应：

$$1/2O_2 + 2H^+ + 2e^- \longrightarrow H_2O \tag{8.14}$$

总反应：

$$H_2 + 1/2O_2 \longrightarrow H_2O \tag{8.15}$$

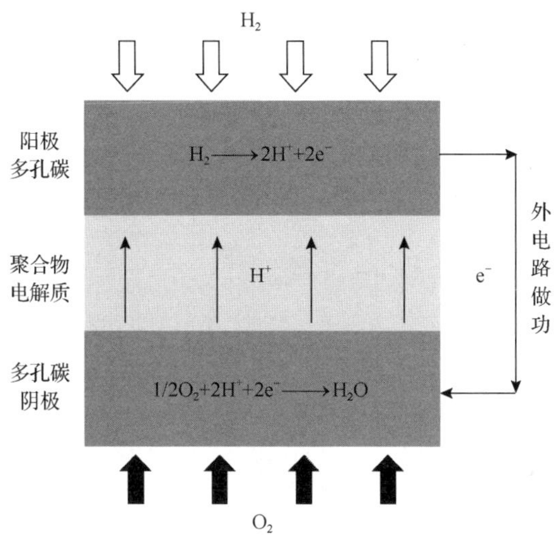


图 8.6　$H_2$-$O_2$ 质子交换膜燃料电池示意图

PEMFC 的工作温度须限制在 60～80℃范围内，该温度低于水的沸点，这使得在阴极处生成的液态水若未及时去除会导致电极被淹没而造成气体通道堵塞。同时，较低的工作温度使铂基材料成为目前唯一的实用催化剂，这就要求必须将燃料中 CO 的浓度降至最低，因为 CO 在低温环境下会使 PEMFC 中的铂基催化剂因中毒而失活。

PEMFC 的燃料除 $H_2$ 外，也可以是液态醇类，目前研究最多的是直接通过氧化甲醇以提供电力的直接甲醇燃料电池(direct methanol fuel cell，DMFC)。由于 DMFC 使用液态甲醇作为燃料，因此解决了一直困扰人们的氢气储存和运输问题。但是，这种电池目前仍然存在两大技术难题：一是甲醇氧化反应所需的过电势较大，高活性的电催化剂目前正处于研制阶段；二是甲醇分子会在质子交换膜中发生渗透现象，从阳极运动到阴极导致电池失活。

### 8.2.2 燃料电池的结构及工作原理

#### 1. 燃料电池的结构

PEMFC 的单元结构如图 8.7 所示，包括质子交换膜(proton exchange membrane，PEM)、催化层、气体扩散层(gas diffusion layer，GDL)、双极板、端板部件。其中，由 PEM、催化层和多孔疏水的 GDL 构成的膜电极组件(membrane electrode assemblies，MEA)作为 PEMFC 的核心部分，是保证电化学反应能高效进行的关键，直接影响电池性能，而且对降低电池成本、提高电池功率密度和能量密度也至关重要[8]。组成 MEA 的所有组件一般是单独制造，然后在高温和高压下压制成一体，并置于两个双极板之间[9]。PEMFC 单元结构中各组成部件的具体作用如下。

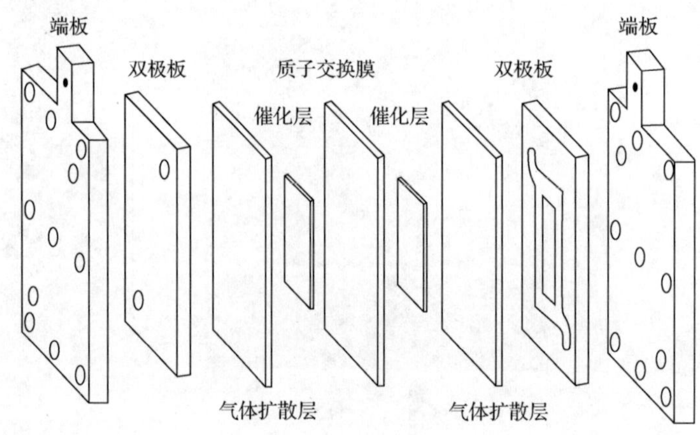


图 8.7 PEMFC 单元结构

1) 质子交换膜

质子交换膜是一种质子导体，能把阳极上 $H_2$ 氧化生成的 $H^+$输送至阴极区，提供阴极反应所需要的 $H^+$，并使电池形成电回路。因此，质子交换膜最主要的性能是要有很好的质子导电性。PEMFC 中最常用的质子交换膜是商品名为 Nafion 的全氟磺酸聚合物(图 8.8)，该膜具有聚四氟乙烯骨架以增强机械稳定性，通过氟碳侧链终点的磺酸基(—$SO_3H$)促进质子传导[10]。因为 $H^+$在 Nafion 膜内的扩散要伴随水的迁移，并以水合离子的形式存在，所以保持膜的适度湿润性非常重要。虽然质子交换膜的厚度越薄越有利于减小电池的内阻和提高 $H^+$的迁移速率，但膜太薄会导致 $H_2$ 和 $O_2$ 的相互渗透。由于气体的透过率与膜的厚度成反比，因此 Nafion 膜的厚度也要在适当范围内。

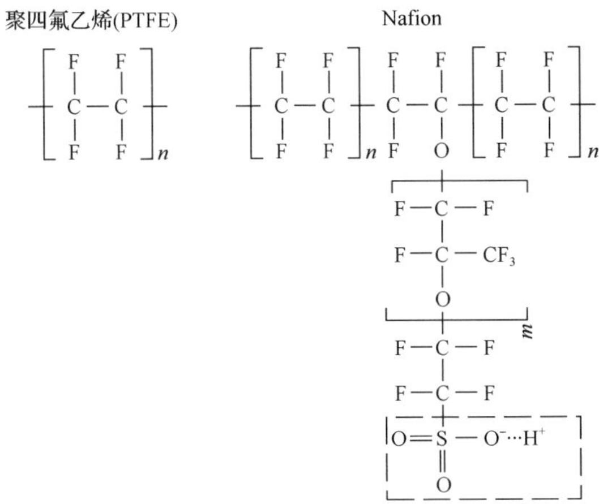


图 8.8 Nafion 的化学结构

2) 催化层

MEA 中催化层和扩散层的组合称为电极。其中，催化层与质子交换膜的界面是 PEMFC 电极中发生电化学反应的场所，必须同时具有电子、质子、反应气体(燃料及氧化剂)的连续传输通道，产物水的及时排出也是保证该反应顺利进行的重要因素。因此，催化层材料一般包括催化剂、载体、质子导体与添加剂(如疏水性聚四氟乙烯、亲水性陶瓷材料和造孔剂等)[11]。催化剂是 PEMFC 最关键的材料之一，其功能为加速电极与电解质界面上的电化学反应动力学过程，从而影响电池系统的性能和寿命。催化剂颗粒需要与黏合剂 Nafion 溶液相互连接，目的在于使其与具有离子导电性的质子交换膜紧密接触，以确保质子的高迁移率。在大多数 MEA 中，催化剂被电解质 Nafion 膜全覆盖或部分覆盖，为质子良好的迁移率提供了“桥梁”，同时还提高了氧气的溶解度[12]。催化层中的电化学反应发生在固相-催化剂/液相-质子导体/气相-反应气体的交界处，即三相反应区。在该反应区，电子传导通道由具有导电性的催化剂实现；质子传导通道由质子导体 Nafion 膜构建；反应气体和产物水的传导通道由各组成材料间形成的多孔结构实现。适当添加质子导体会使三相界面增加，添加剂的选择主要依据电池操作条件和电池应用，其主要作用是改善孔洞结构和亲疏水性。降低催化剂的载量并保持最佳的电池性能在燃料电池应用中非常重要。

3) 气体扩散层

气体扩散层(图 8.9)由大孔基底层和微孔层两部分组成[13]。基底层通常有碳纸、碳布、非织造布及炭黑纸，最常用的基底材料为多孔碳纸和碳布，主要起支撑微孔层和催化层的作用。微孔层又称为中间过渡层，是为了改善基底层的孔隙结构而在其表面喷涂的一层碳粉，用于降低催化层和基底层之间的接触电阻，实现反应气体和产物水在流场和催化层之间的再分配，以及防止催化层“水淹”和催化层在制备过程中渗漏到基底层[14]。在气体扩散层中，经憎水剂聚四氟乙烯处理的憎水性孔道充当气体扩散通道，而未经憎水剂处理的亲水性孔道充当产物水的传递通道。作为基底材料的碳纸或碳布以及微孔层的碳粉都具有良好的导电性，可以完成电流收集的任务。综上可知，理想的气体扩散层应同时满足良好的气体传导性、排水性和导电性三个条件[15]。

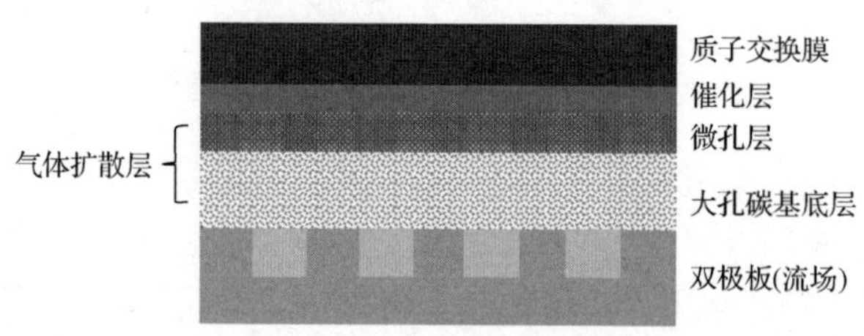


图 8.9　气体扩散层结构示意图

4) 双极板

为了便于引导反应气体流动方向，并确保反应气体均匀分配到电极各处，在双极板的两侧刻有导气通道即流场，因此双极板又称为流场板[16]。极板一侧导气通道的首末端分别连接燃料的进出孔，另一侧则与氧化剂的进出孔相连，四个通气孔分别位于双极板的四个角上。双极板的主要功能是分隔阳极燃料与阴极氧化剂，并通过流场将其分配和输送至燃料电池内部，以及收集并传导电流和支撑膜电极，同时还承担整个燃料电池系统的散热和排水功能[17]，因此，对它有多种性能要求。例如，双极板必须具有合理的流场结构，使反应气体在气室内均匀分布和流动，并带出生成的水汽，以保证电池具有较好的性能和稳定性；由于要分隔开燃料和氧化剂，双极板还需要有阻气功能，不能采用多孔材料；因起到支撑膜电极、维持电池堆结构稳定的作用，要求其材料必须具有一定的强度；同时，还需满足质量轻、易加工成型、价格低廉、抗腐蚀性良好等特点；此外，还必须是电和热的良导体，应具有较小的面电阻、体电阻以及与 MEA 扩散层之间的接触电阻等条件。选择合适的双极板材料和制备工艺均可极大地改善电池性能。

目前 PEMFC 中广泛使用的双极板材料有石墨板、金属板和复合双极板三种类型[18]。传统使用的石墨板虽然具有良好的导电导热性和耐腐蚀性，但其是一种多孔脆性材料，导致后加工成本过高，不易制备厚度小于 3mm 的薄板[19]。如何降低 PEMFC 的生产成本，减小电池组的质量，是实现燃料电池产业化的基本条件。目前，寻找双极板替代品对减小电池尺寸和质量有重要意义。

Wu 等[20]采用脉冲偏压电弧离子镀技术，通过改变 $N_2$ 流量在不锈钢基体上制备了一系列 CrN 薄膜作为 PEMFC 的双极板。当沉积膜的氮含量为 0.28at%～0.50at%时，相结构由 $Cr+Cr_2N$、$Cr_2N$、$Cr_2N+CrN$ 的混合态转为纯 CrN 态。样品与碳纸间的界面接触电阻在 1.2MPa 压力下为最小值（$5.8m\Omega\cdot cm^2$）。通过电势极化测试研究了沉积 CrN 薄膜的不锈钢基体双极板在模拟 PEMFC 条件下的电化学腐蚀性能，发现在 0.6V(*vs*. SCE)时，其腐蚀电流密度最低为 $5.9\times10^{-7}A/cm^2$。选择具有最小接触电阻的 CrN 薄膜所涂覆的不锈钢基底作为双极板组装电池，在 $500mA/cm^2$ 下实现了 0.62V 的平均电压值，接近于镀银双极板电池的平均电压值。

Zhang 等[21]采用脉冲偏压电弧离子镀工艺在不锈钢基底上制备了 CrN/Cr 多层膜，用作 PEMFC 双极板。在 1.4MPa 压力下，界面接触电阻为 $8.4m\Omega\cdot cm^2$，这说明具有 CrN/Cr 多层膜的双极板的界面导电性得到了明显提高。在模拟的 PEMFC 环境中，进行动电势法和恒电势法测试，实验结果表明，在 0.5mol/L $H_2SO_4$+5ppm $F^-$溶液中，70℃加压空气吹扫条件下，该双极板在 0.6V(*vs*. SCE)时的腐蚀电流密度约为 $10^{-8}A/cm^2$，表明其抗腐蚀性能良好。腐蚀前后的扫描电子显微镜和红外光谱结果表明其在电化学上相当稳定。镀覆 CrN/Cr 多层膜的双极板结合了界面导电性好和耐腐蚀性好的特点，在 PEMFC 中具有广阔的应用前景。

5) 端板

当燃料电池接有负载时，输出电压要小于单体电池的理论电压。为了满足一定输出功率和输出电压的需求，通常将多个单体电池以串联方式层叠组合构成燃料电池堆。鉴于 PEMFC 的平板结构，电池堆通常采用压滤机式设计，即将多个单体电池夹在两个端板之间。为了避免在压紧过程中变形，以及确保在整个电池表面提供均匀的压力，要求端板必须足够厚重。

### 2. 质子交换膜燃料电池的工作原理

以 $H_2$ 作燃料，$O_2$ 作氧化剂为例。$H_2$ 流经双极板上的流场，并通过气体扩散层到达阳极催化层，在阳极催化剂的作用下发生电化学氧化反应生成 $H^+$和电子，反应机理如图 8.10 所示[22]。$H^+$直接穿过质子交换膜，由阳极迁移至阴极区，由于

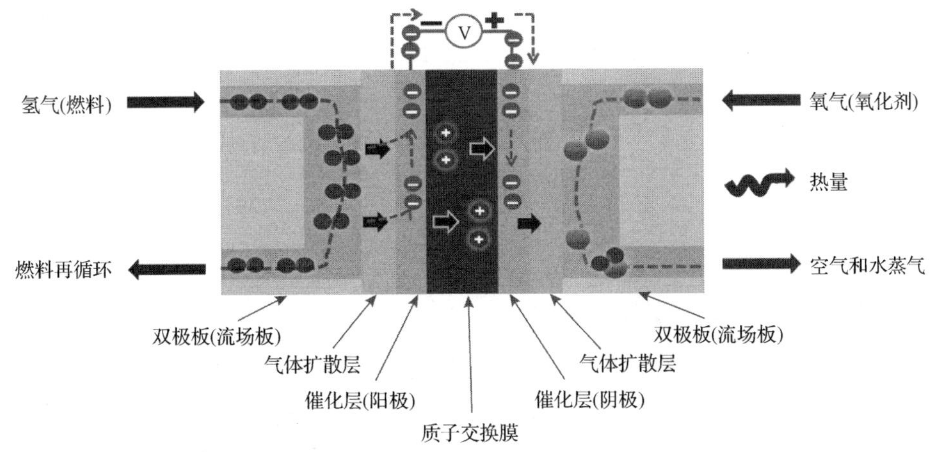


图 8.10　质子交换膜燃料电池的单元结构与工作原理示意图

质子交换膜不导电子，因此电子在迁移到阴极区过程中经过外电路做功形成回路，产生电流，从而将化学能转化为电能[1]。$O_2$ 从阴极进入，在阴极催化剂的作用下得电子被还原，与进入阴极区的 $H^+$结合生成水，并释放热量。只要阳极不断输入 $H_2$，阴极不断输入 $O_2$，电化学反应就会连续不断地进行下去，从而持续形成电流带动负载工作[8]。

长期以来，Pt 一直是氢氧化反应(hydrogen oxidation reaction，HOR)和氧还原反应(ORR)最有效的催化剂。由于 ORR 的速率比 HOR 慢 5 个数量级[23]，因此，阴极需要比阳极多 10 倍以上的 Pt 催化剂以加速 ORR[24]，这就是为什么近几十年来 PEMFC 催化剂的研究主要集中在阴极 ORR 动力学上。

ORR 是能量转换系统中的重要反应之一，是一个多电子反应，涉及许多中间体，其反应机理非常复杂。此外，ORR 高度依赖于电极材料、催化剂和电解液的性质。催化剂可以加快燃料电池化学反应中发生在电极与电解液分界面上的电荷转移速度。整个 ORR 过程可以简单地分为两个途径：$H_2O_2$(或 $HO_2^-$)作为中间产物的二电子反应途径和 $H_2O$(或 $OH^-$)作为最终产物的四电子反应途径[25]。酸性和碱性介质中的二电子和四电子还原途径见表 8.1[26, 27]。由表 8.1 可知，在碱性电解质条件下，四电子反应路径可以为燃料电池提供更高的电压和更大的电流。由于氧分子中 O—O 键的解离能比 $HO_2^-$ 中的大，因此，当催化活性不是很强时，容易发生二电子反应或二电子与四电子的混合反应。二电子反应中的产物 $HO_2^-$ 具有很强的氧化性与腐蚀性，会对催化剂、催化剂载体及质子交换膜造成损伤，加速其老化。为了最大限度地提高燃料电池的工作效率，应该合成具有较强催化活性的催化剂，促使氧还原时发生四电子反应。

**表 8.1　在酸性与碱性电解液中的阴极 ORR 路径**

| ORR 路径 | 四电子反应 | 二电子反应 |
|---|---|---|
| 酸性电解质 | $O_2+4H^++4e^- \longrightarrow 2H_2O[E^{0*}=1.23V(vs.\ RHE)]$ | $O_2+2H^++2e^- \longrightarrow H_2O_2[E^0=0.67V(vs.\ RHE)]$ |
| | | $H_2O_2+2H^++2e^- \longrightarrow 2H_2O[E^0=1.77V(vs.\ RHE)]$ |
| 碱性电解质 | $O_2+2H_2O+4e^- \longrightarrow 4OH^-[E^0=0.40V(vs.\ RHE)]$ | $O_2+H_2O+2e^- \longrightarrow HO_2^-+OH^-[E^0=0.07V(vs.\ RHE)]$ |
| | | $H_2O+HO_2^-+2e^- \longrightarrow 3OH^-[E^0=0.87V(vs.\ RHE)]$ |

*表示标准条件下的热力学平衡电势

一些缺点阻碍了铂基催化剂在燃料电池中的广泛应用。一个是 Pt 的可用性非常有限，价格很高，约占燃料电池堆成本的 50%。另一个具有挑战性的问题是 Pt 在工作条件下稳定性差的技术问题，如导致性能下降的溶解、烧结和结块[28]。此外，铂基催化剂的甲醇耐受性差，因为甲醇产生的 CO 会阻塞 Pt 的活性位点，使活性位点数量减少。因此，合理设计稳定、耐甲醇、低铂量的铂基纳米材料和接近或高于 Pt 的 ORR 活性的非铂基纳米材料是燃料电池研究的核心。

通过活性元素的掺杂、高比表面积和特殊的结构控制，可提高非铂基纳米材料的 ORR 活性，且其稳定性和抗甲醇性皆优于 Pt。但是，非贵金属纳米材料与商业 Pt/C 催化剂之间的 ORR 活性仍存在较大差距。这一差距可以通过考虑在阴极添加更多的非贵金属催化剂来弥补，从而为 ORR 提供更多的活性催化位点。

然而，在燃料电池中引入更多的催化剂也会引起问题，如质量增加，以及质量传输性能方面的技术问题。例如，在 10mm 厚的铂基催化剂层中，催化剂利用率仅为 30%～50%[29]。催化剂层越厚，催化剂利用率越低。因此，迄今为止，使用非贵金属催化剂的较厚阴极尚未显示出足够高的性能[30]。使用高活性元素掺杂、具有适当的微孔/中孔以改善质量传输，在活性、稳定性和耐甲醇性方面大大提高 ORR 性能是非常可取的。然而，长期以来一直缺乏高度控制 ORR 性能的化学合成方法。

1) 氧还原反应机理

过电势为热力学平衡电势 $E^0$ 和实验应用电势之差，用于驱动 ORR，其与燃料电池效率直接相关，过电势越高，效率越低[31]。因此，高效的 ORR 催化剂可以在低过电势下达到所需的电流密度[32]。为了提高 ORR 催化剂的催化活性，有必要对 ORR 动力学进行深入了解，但由于 ORR 过程复杂，这仍然是一个很大的挑战。

阴极 ORR 的主要机理如图 8.11 所示，可大致分为以下三步。

(1) 首先，氧分子扩散并物理吸附于电极表面，形成吸附氧分子 $O_2^*$($O_2^*$中*代表电极表面上的一个活性位点)。

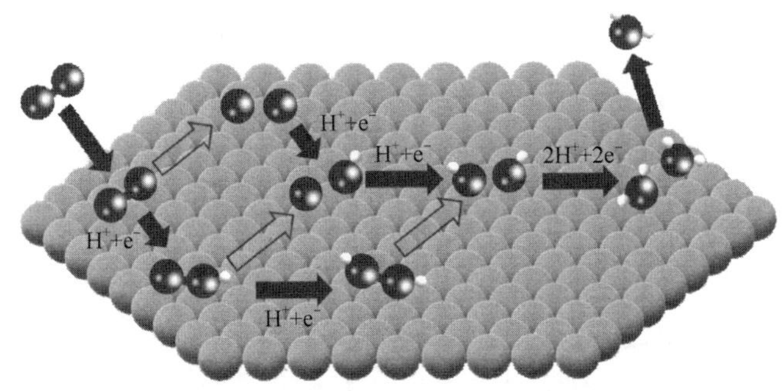


图 8.11 氧还原反应路径[33]

(2) $O_2^*$的还原有三种途径，区别在于 O—O 键裂解步骤的顺序不同[33]。第一种相对简单，为解离途径，O—O 键活化直接断裂形成 $O^*$中间体，$O^*$再依次被还原为 $OH^*$和 $H_2O^*$。第二种称为结合途径，$O_2^*$先形成 $OOH^*$，O—O 键断裂，再生

成 $O^*$和 $OH^*$中间体。第三种是过氧途径，在 O—O 键断裂前，$O_2^*$依次还原为 $OOH^*$和 $HOOH^*$。在不同条件下，氧气经过哪种途径被还原可以通过估算自由能垒进行判断[34]。

(3)最终被还原的产物离开电极表面并扩散到电解液中。

其中步骤(1)和步骤(3)受扩散速率的控制，而步骤(2)受反应动力学的控制。

2)氧还原反应催化剂的电化学评价

在评价催化材料的氧还原催化性能时，需要组装成 MEA 在实际的燃料电池中对其进行测试，并在相同工作条件下对不同催化剂进行测试并比较它们的氧还原催化性能[34]。然而，在实践中，要想排除不同工作条件及制造不同催化层所采用的不同方法而带来的影响是一重大挑战。除此之外，这种类型的测试仅显示了被测催化剂的总体性能，并未深入探究其表面的反应机理。旋转圆盘电极(rotating disk electrode，RDE)和旋转环盘电极(rotating ring-disk electrode，RRDE)检测手段可以在干扰较小的情况下对催化剂电化学性能进行简单评估。图 8.12 为催化剂典型的 ORR 极化曲线，该曲线可划分为三部分，每部分中的氧还原动力学被不同方式控制[33]。在动力学控制区，氧还原反应速率很慢，电流密度随电势的降低而略有增加。在动力学-扩散混合控制区，反应随电势的下降而加速，反映出电流密度的显著增加。在扩散控制区，电流密度由反应物扩散速率决定，并在一定的转速下保持不变[35, 36]。从这三部分的结合点处可读取起始电势($E_{onset}$)和半波电势($E_{1/2}$)两个参数，它们通常用于定性验证催化剂的活性，即电势越大，催化剂的氧还原催化活性越高。

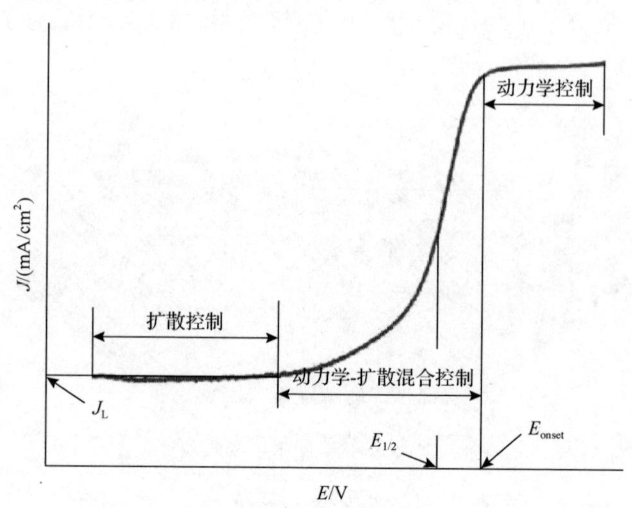


图 8.12 典型的 ORR 极化曲线[33]

电势从右向左为降低；电流密度从上到下为增大

动力学电流密度($J_K$)是评价氧还原催化活性的另一标准，可通过 Koutechky-Levich 方程[37][式(8.16)]从质量传输校正极化曲线中获得。

$$1/J=1/J_K+1/J_L \tag{8.16}$$

式中，$J$ 为测量的电流密度；$J_L$ 为质量传输控制的极限扩散电流密度；$J_K$ 为动力学控制的电流密度。不同催化剂的动力学电流密度通常在相对较高的电势下进行比较，这样可以确保传质校正的不准确度相对较小[38]。例如，铂基催化剂体系一般选取的动力学电流密度对比电势为 0.90V(*vs.* RHE)，而具有高活性的铂合金则为 0.95V(*vs.* RHE)。此外，还应考虑电容电流密度对被测电流密度的干扰，以获得真正的 ORR 动力学电流密度。通过降低电化学测试中所采用的扫描速率，可以将干扰降至最低。然而，离子在一些材料(如多孔碳)表面上的吸附非常显著，会导致明显的双电层电流，所以需要通过氧气中测量的电流密度值减去氮气中的测量值来消除背景贡献。

电子转移数和中间产物 $HO_2^-$ 产率也是表征催化活性的重要参数，可以从 RDE[式(8.16)和式(8.17)]或 RRDE[式(8.18)和式(8.19)]结果中确定。

$$J_L=B\omega^{1/2}=0.62nFC_O\left(D_O\right)^{2/3}\upsilon^{-1/6}\omega^{1/2} \tag{8.17}$$

$$n=4\frac{I_d}{I_d+I_r/N} \tag{8.18}$$

$$HO_2^-(\%)=200\frac{I_r/N}{I_d+I_r/N} \tag{8.19}$$

式中，$B$ 为 Levich 参数；$\omega$ 为 RDE 的角速度；$n$ 为 ORR 中每个氧分子的电子转移数；$F$ 为法拉第常量，96485C/mol；$C_O$ 为氧的体积浓度，$1.20\times10^{-3}$mol/L；$D_O$ 为氧扩散系数，$1.90\times10^{-5}cm^2/s$；$\upsilon$ 为电解质的运动黏度，$1.13\times10^{-2}cm^2/s$[39, 40]；$I_d$ 和 $I_r$ 分别为 RRDE 测试中的盘电流和环电流；$N$ 为 Pt 环的电流收集效率。

## 8.3　燃料电池电极反应热力学与动力学

### 8.3.1　电极反应热力学

燃料电池实质上是一种将化学能直接转化为电能的能量转换装置，在阳极和阴极处发生的电化学反应遵从热力学定律。因此，应用热力学理论是理解燃料电池中能量转化过程的关键。热力学基本原理的应用可以提供燃料电池性能的理论极限或理想情况。热力学能够判断燃料电池中化学反应能否自发进行，以及反应所能达到的电压上限和燃料电池各参数的理论边界值。

首先明确几个基本热力学参数的含义：

(1) 内能($U_e$)：恒温恒压下建立一个系统所需要的能量。

(2) 焓($H$)：系统的内能加上为系统创建相应空间所做的功。

(3) 熵($S$)：描述一个系统内在的混乱程度。

(4) 吉布斯自由能($G$)：系统的焓减去系统可以从周围环境中自发传热而获取的能量。

(5) 亥姆霍兹自由能($F_H$)：恒温条件下，系统的内能减去系统可以从周围环境中自发传热而获取的能量。

结合热力学第一定律与第二定律，将系统内能、焓、熵、吉布斯自由能、亥姆霍兹自由能等关联起来，得

$$U_e = U_e(S,\ V)\ dU_e = TdS - PdV \tag{8.20}$$

$$H = U_e + PV\ dH = TdS + VdP \tag{8.21}$$

$$G = U_e - TS + PV\ dG = -SdT + VdP \tag{8.22}$$

$$F_H = U_e - TS\ dF_H = -SdT - PdV \tag{8.23}$$

在热力学中，自由能是指在一个热力学过程中，系统减少的内能中用于对外做功的那部分能量，也可以理解为系统对外输出的“有用能量”。自由能分为亥姆霍兹自由能和吉布斯自由能。利用热力学第一定律和第二定律可确定理想条件下系统内能转化为电能的上限。燃料的热潜能可通过燃料的燃烧热或反应焓得到，但并非全部的热潜能都能够转化为有用功，燃料做功的潜能可通过吉布斯自由能得到。吉布斯自由能与燃料电池能输出的最大电能、化学反应能否自发发生以及燃料电池的理论电压都息息相关，接下来对此一一探讨。

1. 吉布斯自由能与电能的关系

吉布斯自由能是一个系统做功潜能的关键，根据式(8.21)和式(8.22)，表示为

$$G = H - TS\ dG = dH - TdS - SdT \tag{8.24}$$

保持温度不变，式(8.24)利用物质的量可表示为$\Delta g = \Delta h - T\Delta s$，其中$\Delta g$、$\Delta h$、$\Delta s$分别为每摩尔气体的吉布斯自由能变化量、焓变化量、熵变化量。通过$\Delta g$计算燃料电池的做功潜能，即从燃料电池中提取的最大电功。在考虑机械功和电功的前提下，dG 表示为

$$dG = -SdT + VdP - dW_{elec} \tag{8.25}$$

式中，$W_{elec}$ 为电功。因此，恒温恒压（$dT=0$，$dP=0$）条件下，一个系统的吉布斯自由能变化的负值即该系统能输出的最大电功。式(8.25)利用物质的量可以写成

$$W_{elec}=-\Delta g \tag{8.26}$$

2. 吉布斯自由能与反应自发性的关系

吉布斯自由能的符号可以反映一个化学反应的自发性。如果 $\Delta G<0$，反应在能量学上有利，可能自发发生；如果 $\Delta G=0$，能量学平衡，则无法从化学反应中提取电功，反应也不能自发发生；如果 $\Delta G>0$，反应在能量学上处于不利地位，属于非自发反应，不仅不能从中提取电功，还必须输入电功才能使这个反应发生。

一个自发反应在能量学上有利，并不意味着反应就一定会发生，很多自发反应由于动力学障碍而不能自发发生。

3. 吉布斯自由能与电压的关系

吉布斯自由能与燃料电池能获得的最大热力学理论电压息息相关。从前面的介绍中已经得到了电功和吉布斯自由能的关系。电功是通过在电势差 $E$ 下移动电荷 $Q$ 来实现的，表达式为

$$W_{elec}=EQ \tag{8.27}$$

若电荷是由电子携带，则有

$$Q=xF \tag{8.28}$$

式中，$x$ 为迁移电子的物质的量；$F$ 为法拉第常量。结合式(8.26)、式(8.27)与式(8.28)可得

$$\Delta g=-xFE \tag{8.29}$$

因此燃料电池在标准状态下的可逆电压为

$$E^0=-\Delta g^0/xF \tag{8.30}$$

式中，$E^0$ 为标准状态下的可逆电压；$\Delta g^0$ 为标准状态下的吉布斯自由能变化。由此可知，燃料电池的可逆电压由发生的化学反应确定，不同的化学反应会产生不同的电压值。

4. 非标准状态下燃料电池可逆电压的预测

标准状态下的燃料电池可逆电压($E^0$ 值)只适用于标准状态条件下。然而，燃料电池在运行中要面临工作温度、反应物浓度和活度等的变化，因此电压会受到温度、压强及浓度等因素的影响，如下所示。

(1)温度对可逆电压的影响。式(8.22)在等压条件下为

$$\left(\frac{\mathrm{d}G}{\mathrm{d}T}\right)_P = -S \tag{8.31}$$

对于摩尔反应量，可得到

$$\left[\frac{\mathrm{d}(\Delta g)}{\mathrm{d}T}\right]_P = -\Delta s \tag{8.32}$$

式(8.32)联合式(8.29)得到电池可逆电压随温度的变化为

$$\left[\frac{\mathrm{d}E}{\mathrm{d}T}\right]_P = \frac{\Delta s}{xF} \tag{8.33}$$

在压力不变，任意温度下的电池可逆电压 $E_T$ 可以通过式(8.34)计算

$$E_T = E^0 + \frac{\Delta s}{xF}(T - T_0) \tag{8.34}$$

大多数燃料电池反应的 $\Delta s$ 是负的，因此燃料电池的热力学可逆电压会随着温度升高而下降。但是，实际应用中的燃料电池的可逆电压同时受热力学和动力学的影响。随着温度升高，虽然燃料电池的热力学可逆电压会下降，但是动力学损耗会下降，导致燃料电池的总体性能随着温度的升高而提高。

(2)压强对可逆电压的影响。与温度对可逆电压影响的推导相似，式(8.22)在等温条件下为

$$\left(\frac{\mathrm{d}G}{\mathrm{d}P}\right)_T = V \tag{8.35}$$

对于摩尔反应量，可得到

$$\left[\frac{\mathrm{d}(\Delta g)}{\mathrm{d}P}\right]_T = \Delta v \tag{8.36}$$

式(8.36)联合式(8.29)得到的电池可逆电压随压强的变化为

$$\left(\frac{\mathrm{d}E}{\mathrm{d}P}\right)_T=-\frac{\Delta v}{xF} \tag{8.37}$$

通常只有气体物质能够产生一个可测的体积变化，在假设理想的气体定律适用前提下，将式(8.37)改写为

$$\left(\frac{\mathrm{d}E}{\mathrm{d}P}\right)_T=-\frac{\Delta x_{\mathrm{g}}RT}{xFP} \tag{8.38}$$

式中，$\Delta x_{\mathrm{g}}$ 为反应中气体总的物质的量变化。如果 $x_{\mathrm{p}}$ 表示生成物中气体物质的量，$x_{\mathrm{r}}$ 表示反应物中气体物质的量，则有 $\Delta x_{\mathrm{g}}=x_{\mathrm{p}}-x_{\mathrm{r}}$。

由上述结果可知，压强与体积变化会影响电池的热力学可逆电压。当体积变化为负时，电池的热力学可逆电压随着压强的增大而增大。

(3)浓度对可逆电压的影响。化学物质浓度改变，系统的自由能也相应改变，而自由能的变化反过来会影响燃料电池的可逆电压。物质浓度改变其实是在改变化学物质的化学势，而化学势可以用来度量系统的吉布斯自由能如何随着系统化学性质的变化而变化。系统中每种化学物质都具有一个化学势，定义为

$$\mu_i^{\alpha}=\left(\partial G/\partial x_i\right)_{T,P,x_{j\neq i}} \tag{8.39}$$

式中，$\mu_i^{\alpha}$ 为物质 $i$ 在 $\alpha$ 相的化学势；$\left(\partial G/\partial x_i\right)_{T,P,x_{j\neq i}}$ 为当温度、压强和系统中其他物质的数量保持不变，物质 $i$ 的量有一个无穷小的增加时，系统吉布斯自由能的变化。化学势和浓度通过活度 $a_i$ 相联系，其关系式为

$$\mu_i=\mu_i^0+RT\ln a_i \tag{8.40}$$

式中，$\mu_i^0$ 为物质 $i$ 在标准状态下的参考化学势；$a_i$ 为物质的活度。

对于包含 $i$ 种化学物质的系统，吉布斯自由能的变化为

$$\mathrm{d}G=\sum_i\mu_i\mathrm{d}x_i=\sum_i\left(\mu_i^0+RT\ln a_i\right)\mathrm{d}x_i \tag{8.41}$$

以化学反应 $x_{\mathrm{A}}\mathrm{A}+x_{\mathrm{B}}\mathrm{B}\rightleftharpoons x_{\mathrm{M}}\mathrm{M}+x_{\mathrm{N}}\mathrm{N}$ 为例，系数为各物质的物质的量。这一反应的 $\Delta g$ 可以通过反应物和生成物的化学势来计算，方程为

$$\Delta g=\left(x_{\mathrm{M}}\mu_{\mathrm{M}}^0+x_{\mathrm{N}}\mu_{\mathrm{N}}^0\right)-\left(x_{\mathrm{A}}\mu_{\mathrm{A}}^0+x_{\mathrm{B}}\mu_{\mathrm{B}}^0\right)+RT\ln\frac{a_{\mathrm{M}}^{x_{\mathrm{M}}}a_{\mathrm{N}}^{x_{\mathrm{N}}}}{a_{\mathrm{A}}^{x_{\mathrm{A}}}a_{\mathrm{B}}^{x_{\mathrm{B}}}} \tag{8.42}$$

在这个方程中，标准态的摩尔自由能变化

$$\Delta g^0 = \left( x_{\mathrm{M}} \mu_{\mathrm{M}}^0 + x_{\mathrm{N}} \mu_{\mathrm{N}}^0 \right) - \left( x_{\mathrm{A}} \mu_{\mathrm{A}}^0 + x_{\mathrm{B}} \mu_{\mathrm{B}}^0 \right) \tag{8.43}$$

故吉布斯自由能和电池可逆电压的关系式如下

$$\Delta g = \Delta g^0 + RT \ln \frac{a_{\mathrm{M}}^{x_{\mathrm{M}}} a_{\mathrm{N}}^{x_{\mathrm{N}}}}{a_{\mathrm{A}}^{x_{\mathrm{A}}} a_{\mathrm{B}}^{x_{\mathrm{B}}}} = -xFE \tag{8.44}$$

由此可得电池可逆电压与活度的函数关系式为

$$E = E^0 - \frac{RT}{xF} \ln \frac{a_{\mathrm{M}}^{x_{\mathrm{M}}} a_{\mathrm{N}}^{x_{\mathrm{N}}}}{a_{\mathrm{A}}^{x_{\mathrm{A}}} a_{\mathrm{B}}^{x_{\mathrm{B}}}} \tag{8.45}$$

将其写成任意一个由多个生成物(products)和反应物(reactants)组成的系统的通式如下

$$E = E^0 - \frac{RT}{xF} \ln \frac{\prod a_{\text{生成物}}^{x_i}}{\prod a_{\text{反应物}}^{x_i}} \tag{8.46}$$

式中，$x_i$ 为物质 $i$ 的化学当量系数。在任意温度 $T$ 下，能斯特方程需要加以修正，得

$$E = E_T - \frac{RT}{xF} \ln \frac{\prod a_{\text{生成物}}^{x_i}}{\prod a_{\text{反应物}}^{x_i}} \tag{8.47}$$

式中，$E_T = E^0 + \frac{\Delta s}{xF}(T - T_0)$。

通过以上方程可以看出，增强反应物气体分压给燃料电池加压可以提高可逆电压，但是该压强项是出现在对数项中，所以从热力学角度来讲增加燃料电池电堆压强能够提高的电压很微小。在实际应用中，几乎所有燃料电池都是在空气中工作而不是在纯氧气中工作，在空气条件下氧气的摩尔分数大约是 0.21，这对室温下燃料电池的热力学可逆电压影响不大。

在实际燃料电池工作的过程中，除了热力学损耗，还存在不可逆动力学损耗和燃料利用损耗，所以实际燃料电池效率总是低于理想燃料电池效率。理想的燃料电池热力学可逆效率为化学反应所做的有用功与总能量的比值，用公式表示如下

$$\varepsilon'_{\text{热力学}} = \frac{\Delta g}{\Delta h} \tag{8.48}$$

然而燃料电池的实际热效率会由于燃料利用损耗和电压损耗而降低，其计算公式为

$$\varepsilon'_{实际} = \varepsilon'_{热力学} \times \varepsilon'_{电压} \times \varepsilon'_{燃料} \tag{8.49}$$

式中，$\varepsilon'_{电压}$ 为燃料电池的电压效率，即燃料电池的实际工作电压($V$)和热力学可逆电压($E$)的比值，其表达式为

$$\varepsilon'_{电压} = V/E \tag{8.50}$$

燃料利用率($\varepsilon'_{燃料}$)为用来产生电流的那部分燃料和提供给燃料电池总燃料的比值，其表达式为

$$\varepsilon'_{燃料} = \frac{i / xF}{v_{燃料}} \tag{8.51}$$

式中，$i$ 为燃料电池产生的电流；$v_{燃料}$为燃料电池提供燃料的速率。综合上述可逆热力学效率、电压效率及燃料利用率，可以得到燃料电池的实际利用率为

$$\varepsilon'_{实际} = \left(\frac{\Delta g}{\Delta h}\right) \times \left(\frac{V}{E}\right) \times \left(\frac{i / xF}{v_{燃料}}\right) \tag{8.52}$$

### 8.3.2　电极反应动力学

燃料电池反应属于电化学反应，包含吸附在电极表面的化学物质与电极表面间的电子传输过程。燃料电池的电极反应是热力学有利的，而燃料电池就是利用反应中的电子传输过程从化学能中提取电能。学习电化学反应的动力学，其实就是在学习电子传输过程发生的机理。每一个电化学反应中传输的电子数不是固定的，而燃料电池产生的电流取决于电化学反应的速率。因而，提高电化学反应速率对于燃料电池性能的改善是至关重要的。

#### 1. 电荷传输

与化学反应相同，电化学反应中的电荷传输发生在两种化学物质之间，且没有自由电子的释放。而电化学反应与化学反应的本质区别是电子传输只能发生在电极和电解质之间的界面上。例如，氢气的氧化反应这一电化学过程，其化学反应式为

$$H_2 \rightleftharpoons 2H^+ + 2e^-$$

如图 8.13 所示，氢气在电极与电解质的交界处发生电化学反应，生成两个质子和两个电子。质子扩散至电解质中，电子通过电极流入外电路产生电流。氢气发生氧化反应的速率越快，产生的电流 $i$ 也越大，所以电化学反应产生的电流 $i$ 是电化学反应速率的直接度量。在外电路中，根据法拉第定律可知，电流还可用来表示电荷的传输速率。如果对电流积分，将得到以库仑计量的累计电荷量 $Q$，那么产生的全部电量将正比于电化学反应中反应物质的物质的量。由于电化学反应只发生在界面处，所以电流与界面的面积成正比。因而，单位面积产生的电流更能反映催化剂的性能好坏。单位面积产生的电流命名为电流密度，符号为 $j$，单位为 $A/cm^2$，表达式为

$$j = \frac{i}{A} \tag{8.53}$$

式中，$A$ 为面积。与电流密度相对应，设定单位面积反应速率 $u$ 为

$$u = \frac{1}{A}\frac{dN_M}{dt} = \frac{i}{xFA} = \frac{j}{xF} \tag{8.54}$$

式中，$N_M$ 为时间 $t$ 内反应掉的反应物或生成物的量。

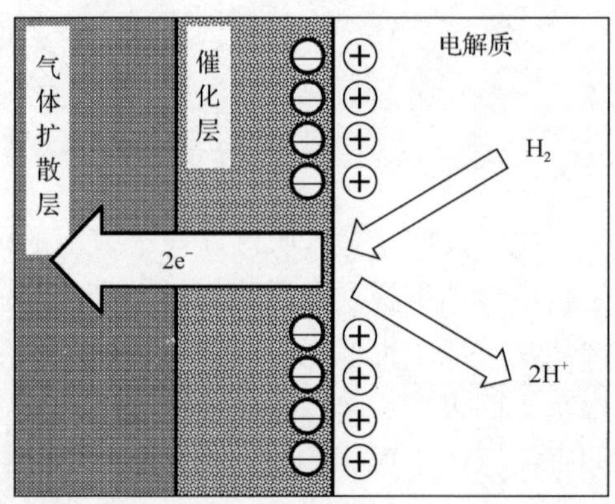


图 8.13　氢气的电极氧化电化学反应过程示意图

电子能量的高低往往决定电子的流动方向，通常用电势来量化。对于金属电极，其电子的能量由费米能级表示。在电化学反应中，通过控制电极电势可以控制电化学系统中的电子能量，以此来影响反应的方向。如图 8.14 所示，当金属电极电势比平衡电势更负，电子将流向反应物。如果金属电极电势比平衡电势更正，反应物将流向电极。

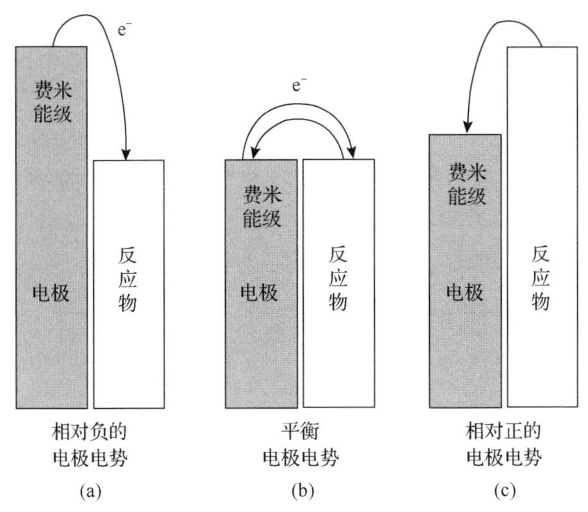


图 8.14 通过操纵电极电势可以触发还原反应(a)、氧化反应(c)及热力学平衡电势(b)对应的氧化反应和还原反应的平衡状态

电化学反应的速率不会无限增大，这意味着电化学反应产生的电流是有限的。如图 8.15 所示，反应物向生成物转化过程中的“活化能垒”阻碍反应的进行，导致有限的反应速率。反应物的自由能越过“活化能垒”的概率决定了反应速率。下面以 $H_2 \rightleftharpoons 2H^+ + 2e^-$反应为例，介绍电化学反应中影响反应速率的因素。该反应实际上包含了以下五个中间反应步骤。

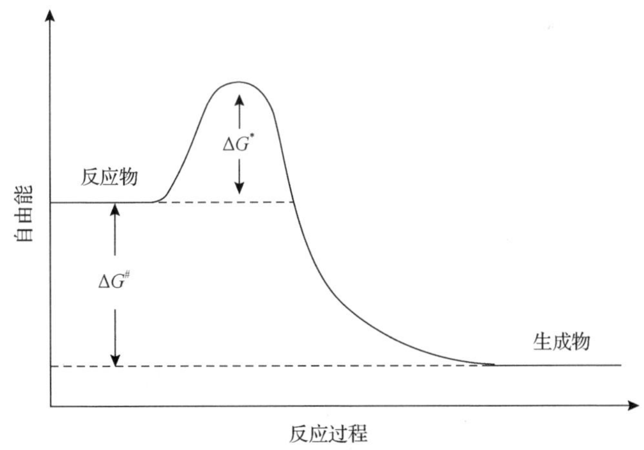


图 8.15 自由能随反应过程的变化曲线

步骤 1：氢气被传输到电极附近

$$H_2 \longrightarrow H_{2(\text{电极附近})}$$

步骤 2：氢气吸附到电极表面

$$H_{2(电极附近)}+M \longrightarrow M\cdots H_2$$

步骤 3：氢气分子发生化学吸附，并分裂成两个吸附氢原子

$$M\cdots H_2+M \longrightarrow 2M\cdots H$$

步骤 4：吸附氢原子的电子转移到电极中，并释放 $H^+$

$$2M\cdots H \longrightarrow 2(M+e^-)+2H^+_{(电极附近)}$$

步骤 5：$H^+$从电极到电解质的传质过程

$$2H^+_{(电极附近)} \longrightarrow 2H^+_{(远离电极)}$$

总反应速率将受这五个基本步骤中最慢步骤的限制。假设步骤 4 是上面氢气氧化反应的速控步骤，该反应的物理描述如图 8.16 所示。

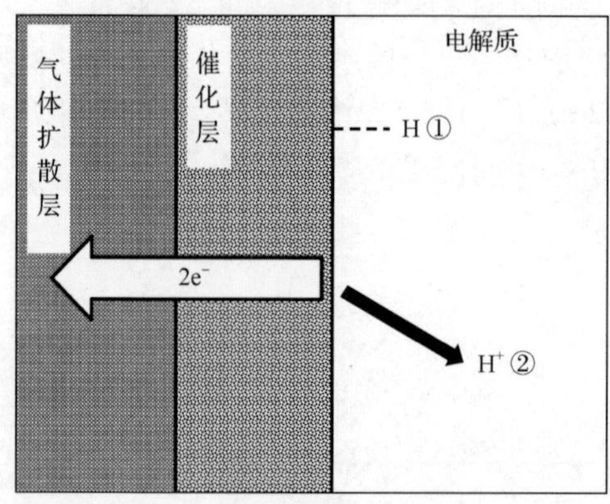


图 8.16 化学吸附的氢电荷传输反应示意图

图 8.17 演示了相应的能量学变化。曲线①描述了吸附氢原子自由能与表面间距的关系，表面间距表示氢原子与金属电极表面间的距离。氢原子吸附到金属电极表面，其自由能降低，相比吸附前的稳定性提高。曲线②描述了电解质中 $H^+$ 的自由能与 $H^+$与金属电极表面间距离的关系。随着 $H^+$远离金属电极表面，$H^+$的自由能逐渐减小。

图 8.17 中黑色实线③表示发生步骤 4 反应的最低能量路径，该路径包含一个需要克服的自由能最大值。曲线③中的 *a* 点表示活化态，反应物只有克服自由能垒达到活化态才能不受任何阻碍地转化为生成物。

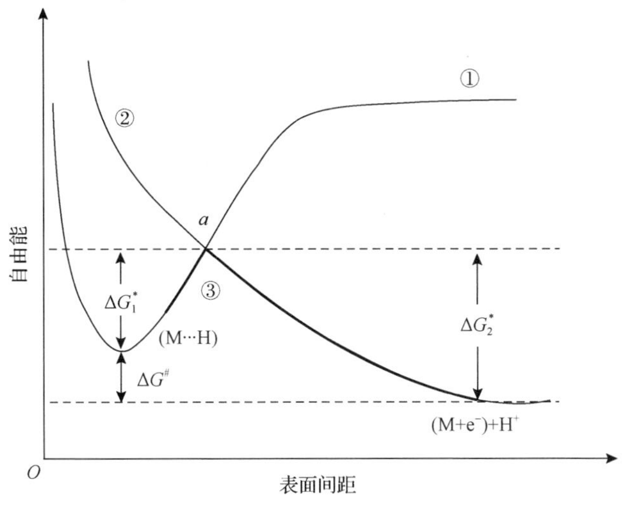


图 8.17　吸附氢电荷转移反应能量示意图

2. 反应速率

物质只有达到活化态才能发生从反应物到生成物的转化，实际上只会有一部分反应物能够达到活化态。因此，反应物达到活化态的概率会影响其转化速率。物质处于活化态的概率与活化能垒之间存在式(8.55)中的指数关系：

$$P_{活化} = e^{-\Delta G_1^*/RT} \tag{8.55}$$

式中，$P_{活化}$ 为反应物处于活化态的概率；$\Delta G_1^*$ 为反应物和活化态之间能垒的大小；$R$ 为摩尔气体常数；$T$ 为热力学温度。反应速率的计算其实是一个统计过程，影响因素主要有单位面积上可以参与反应的反应物数量、反应物处于活化态的概率、处于活化态物质衰变成生成物的速率。活化态物质衰变成生成物的速率取决于活化物质的寿命和它转化为生成物的概率。式(8.56)为正向反应速率的计算公式：

$$u_1 = c_{反} \times f_1 \times P_{活化} = c_{反} f_1 e^{-\Delta G_1^*/RT} \tag{8.56}$$

式中，$u_1$ 为从反应物到生成物的反应速率；$c_{反}$ 为反应物表面浓度；$f_1$ 为衰变速率。

一个反应同时存在正向反应速率和逆向反应速率，净反应速率为正向反应速率与逆向反应速率的差值。假设正向反应速率为 $u_1$，逆向反应速率为 $u_2$，则净反应速率 $u_0$ 定义为

$$u_0 = u_1 - u_2 \tag{8.57}$$

通常，正向和逆向的反应速率不相等。当正向反应的活化能垒比逆向反应的活化

能垒小时，正向反应速率比逆向反应速率大，则净反应速率可用活化能垒表示为

$$u_0 = c_{反} f_1 e^{-\Delta G_1^*/RT} - c_{生} f_2 e^{-\Delta G_2^*/RT} \tag{8.58}$$

式中，$c_{反}$ 为反应物的表面浓度；$c_{生}$ 为生成物的表面浓度；$\Delta G_1^*$ 为正向反应的活化能垒；$\Delta G_2^*$ 为逆向反应的活化能垒。从图 8.17 中可以看出：

$$\Delta G^{\#} = \Delta G_1^* - \Delta G_2^* \tag{8.59}$$

式(8.58)可以用正向反应的活化能垒 $\Delta G_1^*$ 表达成

$$u_0 = c_{反} f_1 e^{-\Delta G_1^*/RT} - c_{生} f_2 e^{-(\Delta G_1^* - \Delta G^{\#})/RT} \tag{8.60}$$

因而，式(8.60)表明一个反应的净反应速率与正向活化能垒 $\Delta G_1^*$ 指数相关。

1) 平衡状态下的反应速率：交换电流密度 $j_0$

电流密度与活化能间的“桥梁”是电极反应速率。电流密度 $j$ 和反应速率的关系为 $j=xFu$。因而，正向电流密度可以表示成

$$j_1 = xFc_{反} f_1 e^{-\Delta G_1^*/RT} \tag{8.61}$$

逆向电流密度可以表示成

$$j_2 = xFc_{生} f_2 e^{-(\Delta G_1^* - \Delta G^{\#})/RT} \tag{8.62}$$

在热力学平衡状态下，净电流密度为零，即

$$j_1 = j_2 = j_0 \text{（平衡状态）} \tag{8.63}$$

式中，$j_0$ 为反应的交换电流密度。平衡状态下，正向反应和逆向反应均以 $j_0$ 的速率进行，净反应速率为零。

当正向反应速率比逆向反应速率快时，电荷迅速增加，并在金属电极积聚，$H^+$在电解质中积聚，在反应界面处会产生电势差($\Delta\varphi$)。当电势差恰好能够抵消反应物和生成物间的化学自由能差，体系的净能量达到平衡。这一净能量平衡导致了正向反应速率和逆向反应速率相等，平衡反应的速率与交换电流密度相当。

2) 电势和速率：Butler-Volmer 方程

在平衡状态下，正向反应的电流密度和逆向反应的电流密度都为交换电流密度。远离平衡状态时，可以由交换电流密度开始并考虑正向活化能垒和逆向活化能垒的变化，将新的正向电流密度或逆向电流密度写成

$$j_1 = j_0 e^{\alpha' xF\eta_{活化}/RT} \tag{8.64}$$

$$j_2 = j_0 \mathrm{e}^{-(1-\alpha')xF\eta_{活化}/RT} \tag{8.65}$$

净电流密度 $(j_1\text{–}j_2)$ 则为

$$j = j_0\left(\mathrm{e}^{\alpha' xF\eta_{活化}/RT} - \mathrm{e}^{-(1-\alpha')xF\eta_{活化}/RT}\right) \tag{8.66}$$

以上等式是建立在电极处反应物和生成物的浓度不受净反应速率影响的假设基础上。实际上，反应物和生成物的表面浓度会受到净反应速率的影响，当正向反应速率急剧增加而逆向反应速率急剧减小时，反应物的表面浓度将趋于耗尽。在这种情况下，式(8.67)可以清晰地反映交换电流密度对浓度的依赖性

$$j = j_0^0\left(\frac{c_{反}}{c_{反}^0}\mathrm{e}^{\alpha' xF\eta_{活化}/RT} - \frac{c_{生}}{c_{生}^0}\mathrm{e}^{-(1-\alpha')xF\eta_{活化}/RT}\right) \tag{8.67}$$

式中，$\eta_{活化}$为活化过电势；$x$ 为电化学反应中转移的电子数；$\alpha'$为传输系数；$c_{反}$ 和 $c_{生}$ 分别为反应中速率有限反应物和生成物的实际表面浓度；$j_0^0$ 为参考点处的测量值，此处反应物和生成物的浓度分别为 $c_{反}^0$ 和 $c_{生}^0$。实际上，$j_0^0$ 代表了“标准浓度”下的交换电流密度。

式(8.66)或式(8.67)是众所周知的 Butler-Volmer 方程，阐述了电化学反应产生的电流随活化过电势指数增加的规律。活化过电势表示为了克服同电化学反应相关的活化能垒而损失的电压，这部分电压损耗是不可避免的，只能设法降低。Butler-Volmer 方程的函数曲线如图 8.18 所示，在低电流密度区曲线呈线性关系，在高电流密度区曲线呈指数关系。

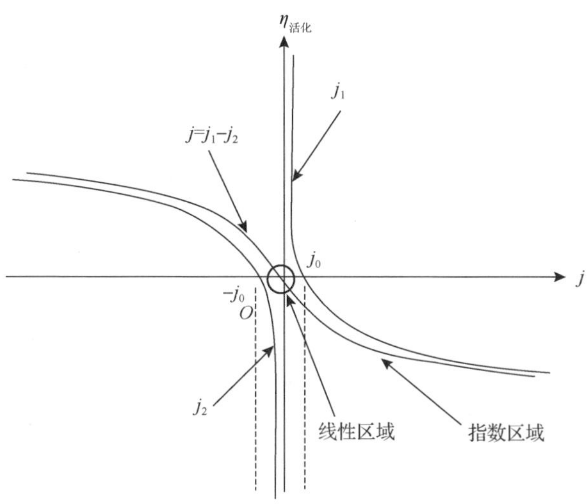


图 8.18　Butler-Volmer 方程给出的 $\eta_{活化}$和 $j$ 的关系[10]

Butler-Volmer 方程可以应用在所有单步骤电化学反应中，或者应用于速率控制步骤明显比其他步骤慢许多的多步电化学反应中。对于每步固有速率几乎相同的多步电化学反应，Butler-Volmer 公式需要做一定的修正。对于这类复杂的多步反应，通常证明 Butler-Volmer 方程仍然是很好的一级近似。

对于简单的电化学系统，反应之间的变化与 Butler-Volmer 方程中相应的动力学参数变化相对应。反应动力学使燃料电池的 $j$-$E$ 曲线出现特征的指数形状的损失，如图 8.19 所示。该曲线从反应的热力学电压开始，电压随着电流密度的增加而降低，其与理想电压的差值即为活化过电势 $\eta_{活化}$。反应的动力学参数决定了活化过电势的大小。由图 8.19 可知，活化过电势特别依赖于交换电流密度的大小，交换电流密度越大，活化过电势越小。因此，具有一个高交换电流密度对于好的电池性能绝对至关重要。

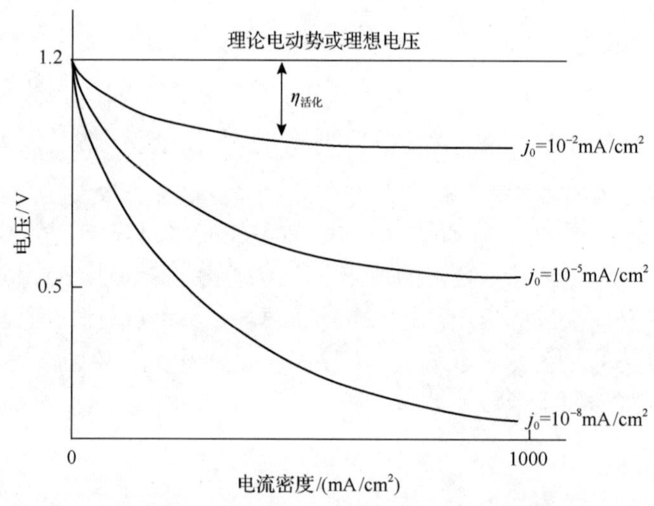


图 8.19　活化过电势对燃料电池性能的影响[10]

3) 交换电流和电催化：如何改善动力学性能

提高交换电流密度可改善动力学性能。交换电流密度代表平衡状态下反应物和生成物间“交换速率”，此时的正向反应速率和逆向反应速率相等。考虑反应物浓度的影响，交换电流密度可表示为

$$j_0 = xFc_{反} f_1 e^{-\Delta G_1^* / RT} \tag{8.68}$$

在式(8.68)中，$x$、$F$、$f_1$ 和 $R$ 不变，因而只有 3 种方法提高交换电流密度。实际上，有 4 种方法可以提高交换电流密度，第 4 种方法在式中不能体现。

(1) 增加反应物的浓度 $c_{反}$。

在热力学上，由于能斯特方程的对数形式，增加反应物浓度的影响很小。在

动力学上，增加反应物浓度的影响是显著的，与交换电流密度呈线性关系。而在实际的燃料电池中，反应物浓度变化对动力学的影响通常是不利的。原因主要有两点：首先，实际工况中燃料电池使用空气而不是纯氧。与纯氧相比，使用空气将使纯氧还原动力学下降 5 倍。其次，当实际电流密度很高时，由于质量传输的限制，电极处的反应物浓度趋于下降

(2) 降低活化能垒 $\Delta G_1^*$。

活化能垒的降低与催化剂表面的催化活性提高直接相关。活化能垒位于指数项，即使很小的变化也会引起很大的效果。因而提高催化剂的催化活性是一种非常高效的提高交换电流密度的方法。催化剂通过改变反应表面自由能来降低活化能垒，反应表面自由能依赖于催化剂的性质。

对于氢氧化反应，[M⋯H]键适中时的催化效果最好。如果[M⋯H]键过弱，H 很难吸附在催化剂表面，进而难以发生电荷转移。如果[M⋯H]键过强，H 吸附在催化剂表面太牢固，难以释放 $H^+$，而且催化剂表面会覆盖未反应的[M⋯H]，影响催化反应的进一步进行。

(3) 提高温度 $T$。

改变温度对交换电流密度有指数的影响。提高反应温度，系统的热能增加，反应物达到活化态的概率增加，因而反应速率增加。

(4) 增加可能反应场所的数目(如增加反应界面的粗糙度)。

单位面积的电极的可能反应场所数目增加，电流密度势必会增加。增加电极的比表面积和活性位点数量，并通过设计电极的结构来暴露更多的催化活性位点，可提供更多的反应场所，从而导致更大的交换电流密度。

4) 简化的活化动力学：Tafel 等式

Butler-Volmer 方程在处理燃料电池动力学问题时过于复杂，在特定条件下可适当进行简化以便于分析问题。在活化过电势非常小时，交换电流密度的测量会受到欧姆损失、传质、杂质电流等的干扰，很难精确测量。所以，交换电流密度通常在过电势较高时测量得到。当活化过电势很大(室温下大于 50～100mV)时，正反应方向起决定性作用，这相当于一个完全不可逆反应过程。这时 Butler-Volmer 方程可以简化为

$$j = j_0 \mathrm{e}^{\alpha' x F \eta_{活化} / RT} \tag{8.69}$$

解此方程得

$$\eta_{活化} = -\frac{RT}{\alpha' x F}\ln j_0 + \frac{RT}{\alpha' x F}\ln j \tag{8.70}$$

$\eta_{活化}$-$\ln j$ 曲线应该是一条直线。式(8.70)可以概括为以下形式

$$\eta_{\text{活化}} = a + b\lg j \tag{8.71}$$

此式称为 Tafel 公式，$b$ 称为 Tafel 斜率。这一方程对电化学动力学至关重要。

在燃料电池的应用中，一般追求获得大的净电流，对应于正反应占主要地位的不可逆反应过程，此时的 $\eta_{\text{活化}}$ 很大。因此，活化过电势很大时的 Tafel 公式适用于燃料电池。图 8.20 为式(8.70)的图像示意图，经过拟合后得到斜率和截距，可进一步计算出 $j_0$ 和 $\alpha'$。

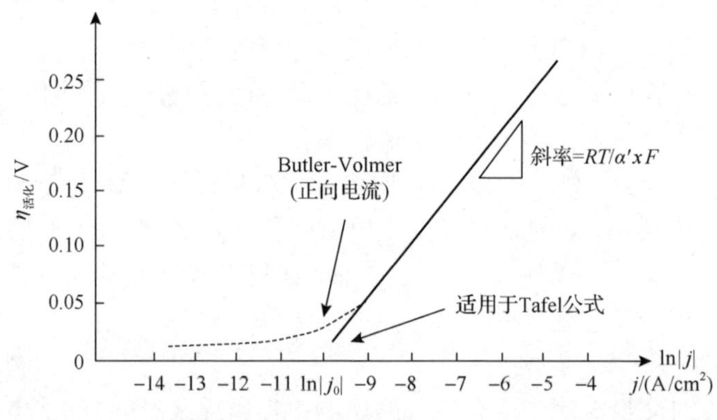


图 8.20　设想的电化学反应 $j$-$\eta_{\text{活化}}$ 描述[10]

## 8.4　燃料电池催化剂

### 8.4.1　阳极催化剂

氢气是 PEMFC 的最佳燃料，而 Pt/C 催化剂是目前催化活性最高的 HOR 催化剂[41-43]。由于使用重整气作为燃料，存在 CO 中毒问题，因此抗 CO 催化剂的研究是阳极催化剂研究的重点[44]。

1) PtRu 催化剂

PtRu 催化剂是目前为止研究最成熟、应用最广泛的抗 CO 催化剂[45]，已应用于 PEMFC 和 DMFC 中。它通过 Pt 和 Ru 的协同作用降低 CO 的氧化电势，使电池在含 CO 燃料时的性能明显提高[46]。但在以纯氢为燃料时，PtRu 的催化活性略低于 Pt 催化剂[47, 48]。

关于 PtRu 催化剂抗 CO 性能提高的原因，主要有促进机理和本征机理这两种观点。其中，促进机理认为[49-51]，由于 Ru 的氧化电势低于 Pt，水分子在 Ru 上能以较低的电势解离形成高活性的羟基(—OH)。吸附于 Ru 上的—OH 与邻近 Pt 上吸附的 CO 反应生成 $CO_2$ 而释放出 Pt 活性位点用于氢氧化反应，从而提高电催化剂的抗 CO 性能[52]。促进机理可表达为式(8.72)和式(8.73)：

$$Ru + H_2O \longrightarrow Ru—(OH)_{ads} + H^+ + e^- \tag{8.72}$$

$$Pt—(CO)_{ads} + Ru—(OH)_{ads} \longrightarrow Pt + Ru + CO_2 + H^+ + e^- \tag{8.73}$$

促进机理预测 Pt 与 Ru 原子比为 1∶1 的催化剂的抗 CO 性能最好。Schmidt 等[53]研究发现 $Pt_{0.5}Ru_{0.5}$ 合金表现出最好的抗 CO 性能，该实验结果与预测相吻合。本征机理认为[49-51]，Ru 的加入改变了 Pt—CO 化学键的电子授受状况，从而使 CO 在 Pt 上的吸附强度减弱，即降低了 CO 在 Pt 上的覆盖度。Watanabe 等[54]利用傅里叶变换红外光谱技术研究了 CO 在 Pt 和 PtRu 上的吸附情况，发现 CO 在 PtRu 上的伸缩频率比在 Pt 上的高，表明 CO 在 PtRu 上的吸附能得到了降低[47]。

2) PtSn 催化剂

虽然 PtSn 催化剂相较于 PtRu 催化剂没有得到十分广泛的应用与研究，但 PtSn 催化剂也具有较好的抗 CO 性能。Gasteiger 等[55]研究发现，$H_2$ 在 $Pt_3Sn$ 合金电极的催化作用下氧化较快，与 Pt 电极活性相近，而 CO 在 $Pt_3Sn$ 电极上的氧化电势与 Pt 电极和 PtRu 电极相比分别降低了 500mV 和 150mV。他们指出 CO 在 PtSn 和 PtRu 电极上的氧化机理不同，以及 PtSn 合金的稳定性也是值得研究的问题[45]。

不止 PtRu 和 PtSn，研究者还探究了 Pt 与其他金属组成的二元合金催化剂的抗 CO 性能，如 PtMo，发现 PtMo 催化剂的抗 CO 性能高于 Pt[56]，其性能改善的机理类似于 PtRu，即利用在 Mo 上形成的含氧物质将邻近 Pt 上吸附的 CO 氧化移除[52]。除了二元组合外，对多元合金催化剂的研究也越来越多[57]。Gotz 等[58]研究了 PtRuW/C、PtRuMo/C 和 PtRuSn/C，发现 PtRuW/C 和 PtRuMo/C 的抗 CO 性能优于 PtRu/C。Ma 等[59]研究发现 PtFeAu/C 三元催化剂也具有很好的抗 CO 活性，并提出 Au 催化 CO 氧化的机理。多元催化剂的使用不仅能够降低贵金属 Pt 的使用量，还可以利用多元催化剂的“协同效应”有效减少催化剂的中毒现象[60]。

### 8.4.2 阴极催化剂

燃料电池中的电催化反应包括发生在催化剂电极上的阴极氧还原反应和阳极氢氧化反应。长期以来，碳材料负载高分散的铂(如 Pt/C 催化剂)及其合金一直是商业化 PEMFC 中氧还原反应和氢氧化反应最有效的催化剂。由于氧还原是多电子反应，其反应速率比氢氧化反应慢几个数量级，因此阴极需要比阳极更多的铂基催化剂用来加速氧的还原[24, 61]。此外，反应过程中生成的中间产物还会使交换膜降解，从而影响电池的性能与稳定性。氧还原反应动力学较慢引起的阴极性能损失是造成燃料电池性能较低的主要原因。由此可见，燃料电池的性能受阴极氧还原反应的影响更大，这就是为什么近几十年来对 PEMFC 催化剂的研究主要集中在阴极氧还原反应动力学上的原因。阴极方面主要是选择能够快速催化氧还原的催化剂，对阴极催化剂的改进是提高电池性能的关键。

1. 铂基催化剂

1) Pt/C 催化剂

尽管铂基催化剂中贵金属的产量稀少、价格昂贵，但由于它们在强酸性电解质中的高稳定性和高氧还原催化活性，因此目前无论在基础研究还是应用开发领域，铂黑及高分散 Pt/C 催化剂都是低温燃料电池电催化剂的主要活性物质[62]。

Johnson Matthey 公司的科学家[54]在不同炭黑载体上担载了同量粒径为 2～6nm 的 Pt，将其用作 PEMFC 阴极催化剂在 80℃下进行单电池测试，发现这几种碳载铂催化剂的比表面活性相差不大。Appleby 等[63]研究发现，氧还原反应比表面活性随 Pt 粒径(在 2～12nm 范围内)的减小而降低，以及 Pt 的(111)和(100)晶面是氧还原活性位点。相对于晶面原子，晶格角与棱上的原子对氧还原反应表现出一定的惰性，当 Pt 粒径小于 1nm 时这些原子所占比例很大，直接导致比表面活性降低[64]。Wilson 等[65]研究发现 Pt/C 催化剂的粒径在 4nm 左右时，其氧还原反应比质量活性最大。

2) PtM/C 合金催化剂

PtM/C 合金催化剂是指将其他过渡金属 M 掺杂到 Pt/C 中所形成的二元或多元合金。PtM 合金粒子的高分散度和组分的均匀性是获得较高氧还原反应催化活性的重要因素[66]。目前，学术界关于过渡金属 M 的加入提高了氧还原反应催化活性的机理的观点较多，主要有以下几种[67]：①电子效应：过渡金属 M 增加了 Pt 的 d 带空穴数；②结构效应：PtM 合金中 Pt—Pt 键长的缩短有利于氧分子的双位解离吸附；③雷尼效应：过渡金属 M 的流失增加了 Pt 表面粗糙度进而提高了 Pt 的利用率；④过渡金属 M 能够有效避免 Pt 颗粒的团聚，提高催化剂的稳定性；⑤PtM 合金中 Pt 优势晶面得到增加；⑥PtM 合金中以氧化物形式存在的过渡金属 M 提高了 Pt 周围的润湿度，增加 Pt 气体扩散电极的三相界面；⑦PtM 合金由于改变了阴离子与水的吸附势，因此降低了氧吸附的活化能。

在 PtM/C 催化剂中，Mukerjee 等[68]在研究 PtNi/C、PtCr/C 和 PtCo/C 催化剂的氧还原行为时发现，三种合金的氧还原反应催化活性均高于 Pt/C，活性增强主要归因于晶格结构的变化。此外，还探究了 Pt/C 及 PtCr/C、PtMn/C、PtFe/C、PtCo/C 和 PtNi/C 五种合金催化剂在氧还原反应过程中结构和电性质的变化，发现合金中 Pt 的 d 带空穴增多、Pt—Pt 键长缩短、Pt 配位数增加。因此，他们认为催化活性提高是电子因素(Pt 的 d 带空穴)和几何因素(Pt 的配位数)的共同作用以及它们对 OH 物种化学吸附行为的影响[69]。

2. 非铂基催化剂

铂基催化剂是目前催化氧还原反应最有效的催化剂，但其存在的寿命短、效率低、成本高和储量少等问题是限制 PEMFC 广泛应用的主要因素。所以开发高氧还原反应催化活性、良好稳定性及甲醇耐受性的低成本非铂基阴极催化材料一直是 PEMFC 研究领域的艰巨任务，无论对基础研究还是商业开发都具有极其重要的意义。这里只简单介绍几种研究较多的非铂基催化剂。

1) 过渡金属碳氮化合物催化剂

过渡金属碳氮化合物由于具有与 Pt 类似的表面电子结构，在很大范围内具有与 Pt 族金属相类似的催化性能，被誉为“准铂催化剂”。因而，碳化物和氮化物被认为是有希望替代 Pt 作为 PEMFC 的阴极催化剂。许多碳化物、氮化物具有很高的电导率，还具有很好的耐腐蚀能力和电化学活性，确定了其在 PEMFC 中应用的可行性。

关于 Me-N-C 催化剂的研究最早可追溯到 1964 年，Jasinski 等[70]首次发现钴酞菁在碱性条件下具有一定的氧还原催化活性，开启了氧还原催化剂研究的新方向。随后，人们开始广泛研究了具有不同中心金属及配体的大环化合物对氧还原反应的催化行为，如 Mn、Fe、Co、Ni 和 Cu 中心金属，配体包括酞菁(phthalocyanine，Pc)、四苯基卟啉(tetraphenylporphyrin， TPP) 和四甲氧基苯基卟啉(tetramethoxyphenyl porphyrin，TMPP) 等。这些过渡金属大环化合物的催化活性和抗甲醇能力较好且成本低，但也存在稳定性差及使用寿命短等问题。该化合物中的过渡金属起着至关重要的作用，它决定了氧还原反应过程中发生的是四电子反应还是二电子反应。在酞菁化合物中，中心金属不同导致催化活性的顺序如下：Fe＞Co＞Ni＞Cu≈Mn[71]。Fe 大环化合物能促进氧气的四电子还原，但是在高于 50℃的酸性环境下会发生裂解，较差的稳定性阻碍了其进一步的应用。Co 大环化合物则具有良好的电化学稳定性，但只能催化氧气使其发生二电子还原反应。1976 年，Jahnke 等[72]研究发现 $N_4$-螯合物经过高温退火处理后，催化活性和稳定性均得到了明显提高。研究表明，$N_4$-螯合物经过 500～700℃的高温热解处理，可以达到最高的催化活性，而应用于 PEMFC 的螯合物催化剂，需要高于 800℃的热处理才有稳定的催化性能。此后，过渡金属大环化合物的热处理引起了广大研究者的兴趣。

2) 过渡金属氧化物催化剂

钙钛矿型和烧绿石型的过渡金属氧化物由于特殊的结构原因，有利于氧交换反应进行。尤其是烧绿石型的氧化物，在碱性溶液中活性较高。其他一些过渡金属氧化物，如氧化镍、尖晶石、二氧化铬等均可作为燃料电池阴极氧还原催化剂，但这类氧化物的不稳定性是制约其发展的主要因素。

3) 杂原子掺杂碳催化剂

在大多数过渡金属氮碳催化剂中，活性位点为金属-氮配位中心[73]。为了排除过渡金属对氧还原催化性能的影响，2009 年，Gong 等[74]合成了垂直排列的氮掺杂碳纳米管并利用电化学氧化法去除材料中的过渡金属 Fe，结果发现其仍具有很高的氧还原反应催化活性。这个实验结果说明碳-氮也可作为催化活性位点，为氧还原反应无金属催化剂的合成开辟了新途径。为了缓解氧还原催化反应对金属资源的严重依赖，人们也越来越关注无金属催化剂，特别是具有良好导电性和稳定性、环保和廉价等特点的碳基材料。但其催化活性较低，有效的解决方法是将非金属元素掺入碳材料结构中，影响其表面活性，进而改善氧还原催化性能[75]。杂原子主要包括 N、S、P、B 及卤素等。近年来，各种非金属杂原子掺杂的氧化或还原石墨烯、石墨烯量子点、多层石墨、碳纳米管、碳纳米笼、碳纳米球、纳米碳纤维及介孔碳等碳基材料相继被用作氧还原催化剂[76-81]，在燃料电池的氧还原反应领域有着独特地位。

### 8.4.3 研究实例：碱性电解液中甲烷浓度对碳膜氧还原性能的影响

氧还原反应速率由阴极材料的催化活性决定。如果反应速率太慢，能量转换效率会明显下降[82, 83]。商用 Pt/C 催化剂虽然能够有效地催化氧气，但仍存在一些严重的问题，如较差的稳定性和甲醇耐受性。此外，铂原材料的高价格和短缺也阻碍了燃料电池的大规模商业化应用[84]。因此，开发高效、稳定、耐甲醇、低成本的新型催化剂是十分必要的。

近年来，作为铂基材料替代品的杂原子(B、N、P、S[85-88]等)掺杂碳基(石墨、石墨烯、碳纳米管、介孔碳、金刚石等[85, 86, 89-91])催化剂受到了广泛关注。由于燃料电池在运行中产生大量热量，为了提高燃料电池的工作效率，迫切需要具有较高导热性的催化材料。在这种情况下，热导率[2000W/(m·K)]比石墨[129W/(m·K)]高得多的金刚石更适合用于催化材料。在以往的研究中，硼掺杂石墨化多孔金刚石也显示出良好的氧还原活性。结果与 Macpherson 等[92]的报道一致，在含 $sp^2$-C 表面的硼掺杂金刚石(boron doped diamond，BDD)上观察到 ORR 峰，并与 $sp^3$-C 表面相比，BDD 没有 ORR 性能。对于 $sp^3$ 杂化轨道，四个价电子形成四个高度稳定的 σ 键，而对于 $sp^2$ 杂化轨道，三个价电子形成三个 σ 键，第四个价电子形成弱 π 键。本征碳缺陷能激活 $sp^2$-C 的 π 电子，产生氧还原活性[81]。上述事实表明，$sp^2$ 键合碳对氧还原的催化活性也起着重要作用[93, 94]。显然，为了使碳催化剂的催化潜力最大化，有必要研究 $sp^2$-C 含量对 ORR 性能的影响。

利用热丝化学气相沉积(hot filament chemical vapor deposition，HFCVD)技术在直径为 18mm、厚度为 1.0mm 的钛片基底上制备未掺硼的纯碳膜[95]。所有钛片分别在丙酮、乙醇和去离子水中超声清洗 10min、10min 和 5min，氮气吹干备用。将预处理后的钛片置于反应室的样品台上，基底与钽丝之间的距离约为 5mm，并将本底真空抽至约 0.13Pa。甲烷与氢气的混合体作为气源，使反应室内的总压强维持在 $5.33\times10^3$Pa。甲烷与氢气的体积比分别为 1.0%、1.5%、2.0%、2.5%、3.0%和 3.5%。沉积时间固定为 6h。

在甲烷浓度为 1.0%～3.5%所制备的碳膜的高分辨率 C1s XPS 图谱如图 8.21(a)～(f)所示。以石墨烯 C 1s 峰(284.2eV)为基准[85]，可将样品的 C1s 峰分为 284.3eV

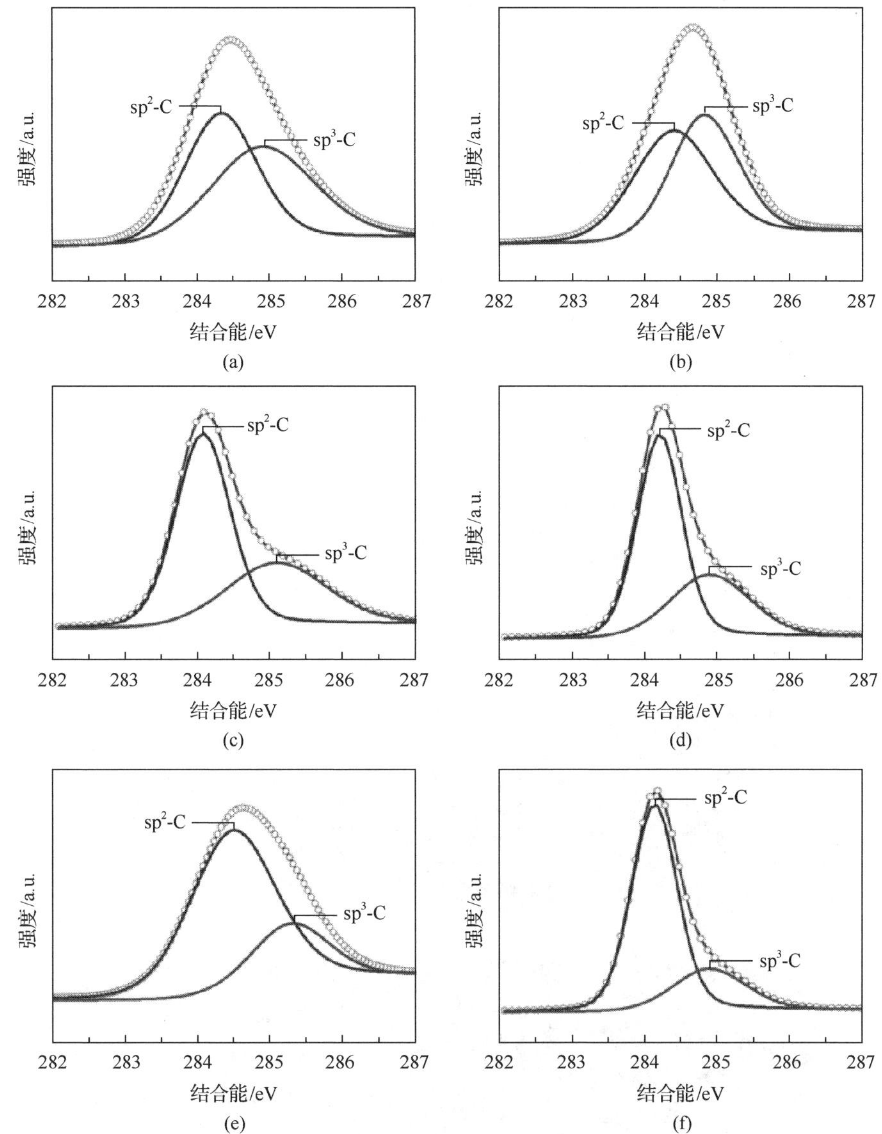


图 8.21　甲烷浓度分别为 1.0%(a)、1.5%(b)、2.0%(c)、2.5%(d)、3.0%(e)和 3.5%(f)时制备的碳膜的高分辨率 C 1sXPS 图谱

和 285.0eV 处的 $sp^2$-C 峰和 $sp^3$-C 峰[96, 97]。当甲烷浓度从 1.0%升到 3.5%时，$sp^2$-C 峰和 $sp^3$-C 峰的积分面积比($sp^2/sp^3$ 值)从 0.98 逐渐增加到 3.86，如图 8.22 所示，表明了碳膜中非金刚石含量随着甲烷浓度的增加而增多。

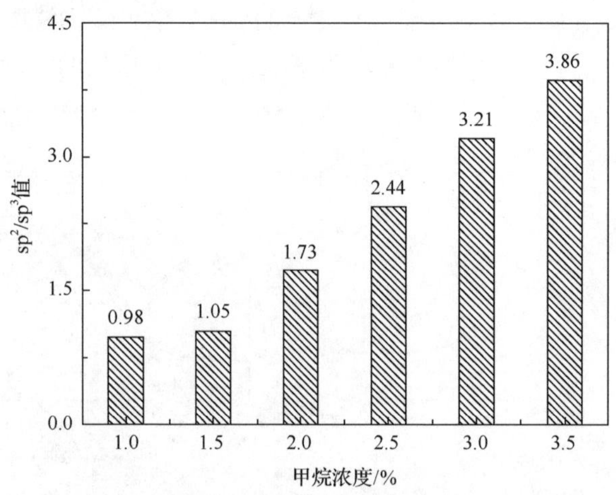


图 8.22　$sp^2/sp^3$ 值与甲烷浓度之间的关系柱状图

图 8.23 显示了 $sp^2/sp^3$ 值在 0.98～3.86 范围内沉积的各碳膜的 SEM 图。从图中可以观察到，随着 $sp^2/sp^3$ 值的增加，金刚石颗粒尺寸逐渐减小，薄膜表面变得光滑。如图 8.23(a)和(b)所示，当 $sp^2/sp^3$ 值为 0.98～1.05 时，薄膜呈现出良好的金刚石特征。随着 $sp^2/sp^3$ 值从 1.73 进一步增大到 3.86，沉积的碳膜形貌因石墨碳的不完全蚀刻而显示出花椰菜状，且花椰菜状颗粒中存在大量的细小碳颗粒。除此之外，在 $sp^2/sp^3$ 值较大的情况下，薄膜存在明显的裂缝，如图 8.23(c)～(f)所示。

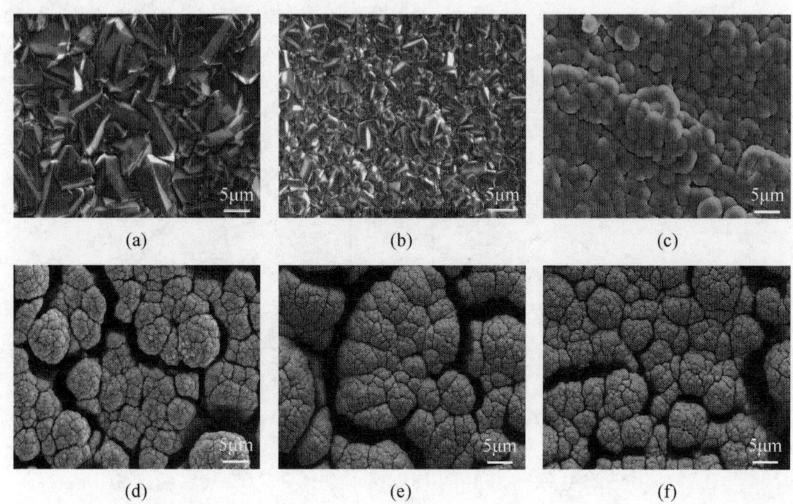


图 8.23　$sp^2/sp^3$ 值分别为 0.98(a)、1.05(b)、1.73(c)、2.44(d)、3.21(e)和 3.86(f)碳膜的 SEM 图

含 100% $sp^2$ 组分的原始石墨与 $sp^2/sp^3$ 值分别为 0.98、1.73 和 3.21 时样品的 TEM 图如图 8.24 所示。与原始石墨相比，所制备的样品随着 $sp^2/sp^3$ 值的增加逐渐呈现层片状。图 8.24(c) 中的插图为高分辨率 TEM 图，展示了 $sp^2/sp^3$ 值为 3.21 时样品的结构为片状，证实了 SEM 的观察结果。从图 8.24(d) 中的插图可观察到原始石墨的石墨片堆叠并聚集形成致密层。TEM 结果表明，$sp^2/sp^3$ 值为 3.21 样品的表面积大于原始石墨的表面积。

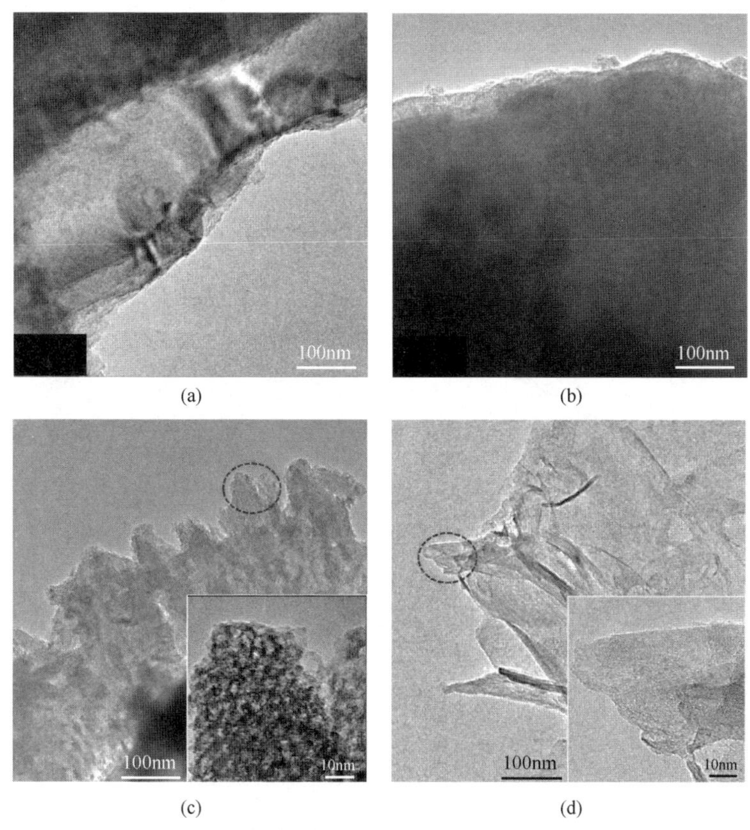


(a)　(b)　(c)　(d)

图 8.24　$sp^2/sp^3$ 值分别为 0.98(a)、1.73(b) 和 3.21(c) 的碳膜与原始石墨(d) 的典型低分辨率 TEM 图

插图为对应虚线所圈封闭区域的高分辨率 TEM 图

不同 $sp^2/sp^3$ 值碳催化材料的拉曼光谱图及其高斯拟合结果如图 8.25 所示。$sp^2/sp^3$ 值为 0.98 的样品有两个分别在 1332cm$^{-1}$ 和 1511cm$^{-1}$ 处的 Raman 峰，但当 $sp^2/sp^3$ 值达到 1.05 时则出现三个峰，它们分别位于 1332cm$^{-1}$、1350cm$^{-1}$ 和 1474cm$^{-1}$ 处。1332cm$^{-1}$ 处的衍射峰为金刚石特征峰，其强度随 $sp^2/sp^3$ 值的增大而降低。1350cm$^{-1}$、1474cm$^{-1}$ 和 1511cm$^{-1}$ 处的弱峰分别对应于 D 峰、晶界处反式聚乙炔中 C═C 键的拉伸振动模式[98]和无定形碳。其中，D 峰是由石墨边缘的无序结构所

引起的[99]，在 $sp^2/sp^3$ 值继续增大，金刚石特征峰消失之时出现。C═C 键的拉伸振动模式与薄膜中氢的存在有关。与石墨中 $E_{2g}$ 振动模式有关，用来表征石墨化程度的 G 峰[100]从 1575cm$^{-1}$ 移至 1597cm$^{-1}$，说明了石墨相的有序度增加。D 峰与 G 峰的面积积分比 $I_D/I_G$ 用以表征结构缺陷的数量[79, 81, 101]，其与 $sp^2/sp^3$ 值的关系列于表 8.2 中。从表中可知，随 $sp^2/sp^3$ 值的增加，$I_D/I_G$ 值先逐渐增大，在 $sp^2/sp^3$ 值为 3.21 时达到最大值，即此时产生的结构缺陷最多。当 $sp^2/sp^3$ 值继续增大时，$I_D/I_G$ 值反而开始减小，这是由于碳原子有序度的增强降低了结构缺陷的数量。

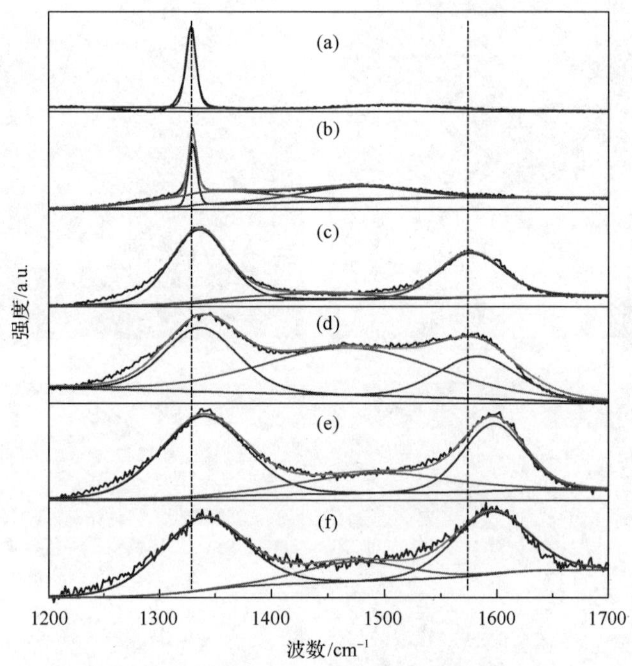


图 8.25　$sp^2/sp^3$ 值分别为 0.98(a)、1.05(b)、1.73(c)、2.44(d)、3.21(e)和 3.86(f)合成碳膜的拉曼光谱

**表 8.2　$I_D/I_G$ 与 $sp^2/sp^3$ 值之间的关系**

| $sp^2/sp^3$ | 0.98 | 1.05 | 1.73 | 2.44 | 3.21 | 3.86 |
|---|---|---|---|---|---|---|
| $I_D/I_G$ | — | — | 1.40 | 1.44 | 1.51 | 1.31 |

在氧气饱和 0.1mol/L KOH 电解液中以 50mV/s 的扫描速率对具有不同 $sp^2/sp^3$ 值的未掺硼碳材料和仅含 $sp^2$ 组分的纯石墨进行 CV 测试，分析其 ORR 催化性能，结果如图 8.26(a)所示。$sp^2/sp^3$ 值为 0.98 的未掺硼碳材料由于导电性差，毫无疑问不具有 ORR 催化活性，而包括纯石墨在内的其他样品均显示出了明显的催化活性，见图 8.26(a)。随着 $sp^2/sp^3$ 值从 1.05 增至 3.21，氧还原峰电势从–0.704V 右移到–0.273V，氧还原活性逐渐增强。当 $sp^2/sp^3$ 值大于 3.21 时，峰电势不再发生变

化，保持在–0.273V 处，与纯石墨的峰电势一致。此外，包括含有百分之百 $sp^2$ 组分的纯石墨在内的所有样品，它们的峰电流密度随 $sp^2/sp^3$ 值的增加先增大后减小，在 $sp^2/sp^3$ 值为 3.21 时，峰电流密度达到最大值 1.825mA/cm$^2$。这些实验结果说明，在 $sp^2/sp^3$ 值为 3.21 时所合成的样品具有最高的氧还原催化活性。

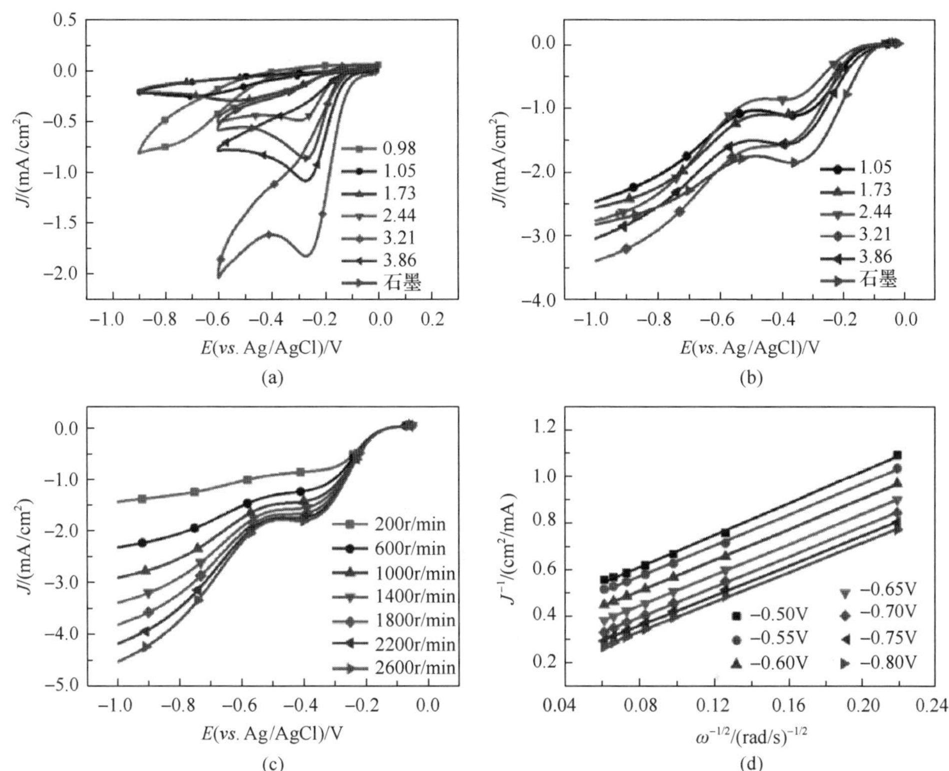


图 8.26 (a)纯石墨与 $sp^2/sp^3$ 值分别为 0.98、1.05、1.73、2.44、3.21 和 3.86 的沉积样品在氧气饱和 0.1mol/L KOH 溶液中，扫描速率为 50mV/s 时测试的 CV 曲线；(b)样品在氧气饱和 0.1mol/L KOH 溶液中，扫描速率为 5mV/s 以及旋转速率为 1400r/min 时测试的 LSV 曲线；(c) $sp^2/sp^3$ 值为 3.21 时制备的样品在氧气饱和 0.1mol/L KOH 溶液中，不同转速与扫描速率为 10mV/s 条件下的 LSV 曲线；(d) $sp^2/sp^3$ 值为 3.21 时制备的样品在氧气饱和 0.1mol/L KOH 溶液中，不同电极电势下的 Koutecky-Levich 曲线

使用旋转圆盘电极在氧气饱和 0.1mol/L KOH 电解质溶液中以 5mV/s 的扫描速率和 1400r/min 的旋转速率对 $sp^2/sp^3$ 值在 1.05～3.86 范围内的样品与纯石墨进行线性扫描伏安(linear sweep voltammetry，LSV)测试，以进一步探究其 ORR 催化性能，如图 8.26(b)所示。从 LSV 极化曲线中可观察到两个起始电势，这说明了在氧还原过程中发生的主要是两步二电子路径[102]。对于所有进行 LSV 测试的样品，$HO_2^-$ 都是在第一个起始电势–0.07V 处产生，并在第二个起始电势–0.50～

–0.41V 范围内进一步分解为 $H_2O$。$sp^2/sp^3$ 值为 3.21 的样品具有最高的起始电势(–0.41V)和最大的极限扩散电流密度，表明样品的还原动力学最强。然而，当 $sp^2/sp^3$ 值超过 3.21 时，包括纯石墨在内，样品的 ORR 活性开始衰减，归结于样品中 $sp^2$-C 含量的增多。通过拉曼光谱分析发现 $sp^2$-C 有序度增强，作为活性位点的缺陷则减少，而 $sp^2$-C 含量为 100%的纯石墨，其 $sp^2$-C 的有序度最高。

图 8.26(c)显示了 $sp^2/sp^3$ 值为 3.21 的样品在不同旋转速率下的一系列 LSV 极化曲线。通过这一系列 LSV 曲线获得不同电势下的 Koutecky-Levich(K-L)曲线($J^{-1}$-$\omega^{-1/2}$)，如图 8.26(d)所示。根据式(8.16)和式(8.17)，用 K-L 曲线的斜率计算出氧还原过程中的电子转移数量。$sp^2/sp^3$ 值为 3.21 的样品在–0.80～–0.50V 范围内，估算的 $n$ 值为 2.6～2.8，表明该样品的 ORR 过程主要由两步二电子路径控制。样品的高催化活性是由较大的结构紊乱程度和大量的缺陷两个因素所引起的，这些缺陷可提高 $O_2$ 吸附能和加速电荷转移[103]。

采用计时电流法在–0.80V 时对 $sp^2/sp^3$ 值分别为 0.98、1.05、1.73、2.44、3.21 和 3.86 的样品与纯石墨及 Pt/C 催化剂进行 35000s 的稳定性测试，如图 8.27(a)所示。这些样品的相对电流密度在最初的 3000s 内，从 9.83%降至 36.88%，然后保持稳定。相同条件下，Pt/C 催化剂在 35000s 后衰减率高达 41%。衰减率高的原因是二电子氧还原途径中生成的中间产物 $HO_2^-$ 优先吸附在 ORR 活性位点上，导致活性较高的催化剂更易失活，进而加速稳定性的下降[104]。图 8.27(b)给出了 $sp^2/sp^3$ 值对样品甲醇耐受性的影响。在实验过程中 300s 处将 3mol/L 甲醇注入通过饱和氧气的 0.1mol/L KOH 电解液内，整个测量过程持续 1500s，发现样品对甲醇的耐受性随着 ORR 催化活性的增强而下降。相对于 Pt/C 催化剂而言，这些样

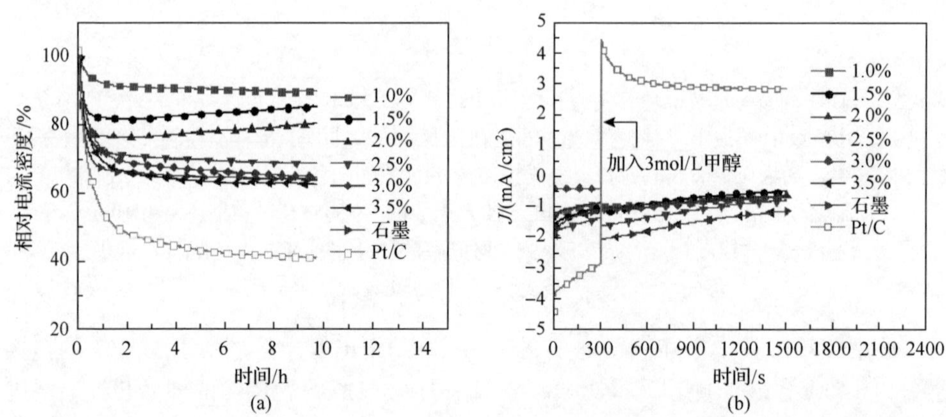


图 8.27　$sp^2/sp^3$ 值分别为 0.98、1.05、1.73、2.44、3.21 和 3.86 的沉积样品与纯石墨及 Pt/C 催化剂在–0.80V 时的计时电流响应

(a)持续 35000s 的稳定性测试；(b)300s 时在溶有 3mol/L 甲醇的 KOH 水溶液中进行的甲醇耐受性测试

品在电解液中添加甲醇后电流密度损失较小，而 Pt/C 催化剂的电流密度却从负电流急剧变成正电流，这归因于其能快速促进甲醇的氧化[105]。

在此研究实例中，利用 HFCVD 技术，在改变甲烷浓度的条件下制备了一系列未掺硼的碳膜。随着甲烷浓度从 1.0%增至 3.5%，碳膜的表面形貌由多晶金刚石特征向花椰菜状转变，金刚石颗粒的尺寸逐渐减小，薄膜变得光滑，同时，$sp^2/sp^3$ 值由 0.98 增加到 3.86。拉曼分析显示，$I_D/I_G$ 值也随着甲烷浓度的增加而逐渐增大，并在 $sp^2/sp^3$ 值为 3.21 时达到最大值 1.51。ORR 催化性能测试结果表明，$sp^2/sp^3$ 值为 0.98 的碳膜在饱和氧气 0.1mol/L KOH 电解液中未出现氧还原峰。$sp^2/sp^3$ 值在 1.05～3.21 范围内的碳膜的氧还原峰电势逐渐正移，并在 $sp^2/sp^3$ 值为 3.21 时保持恒定为–0.273V。同时，峰电流密度与起始电势也在持续增大，在 $sp^2/sp^3$ 值为 3.21 时达到最大值，分别为 1.825mA/cm$^2$ 和–0.41V，表明该碳膜的催化活性最高。计时电流的测试结果表明，具有较好 ORR 催化活性的碳膜，它的稳定性和抗甲醇性相对较差。但与 Pt/C 催化剂相比，所有合成的碳膜都具有较好的催化稳定性与抗甲醇干扰能力。

## 参 考 文 献


[1] 衣宝廉. 燃料电池——原理·技术·应用. 北京: 化学工业出版社, 2003.

[2] Khalef M S, Soba A, Korsgren J. Study of EGR and turbocharger combinations and their influence on diesel engine's efficiency and emissions. SAE 2016 World Congress and Exhibition, 2016,（DOI: 10.4271/2016-01-0676）.

[3] 孙世刚, 陈胜利, 等. 电催化. 北京: 化学工业出版社, 2013.

[4] 陆天虹, 郑军伟. 能源电化学. 北京: 化学工业出版社, 2014.

[5] 卓小龙. 科学鬼才: 燃料电池应用 44 例. 北京: 人民邮电出版社, 2012.

[6] 靳文. 聚苯胺/铂复合材料的制备及其在甲醇燃料电池催化剂中的应用研究. 上海：上海师范大学, 2019.

[7] 卢思奇. 碱性条件下燃料电池阳极反应电催化剂的制备及性能研究. 北京：北京化工大学, 2018.

[8] 王吉华, 居钰生, 易正根, 等. 燃料电池技术发展及应用现状综述(上). 现代车用动力, 2018, 2(2): 7-12.

[9] Litster S, Mclean G. PEM fuel cell electrodes. J Power Sources, 2004, 130: 61-76.

[10] 王晓红, 黄宏. 燃料电池基础. 北京:电子工业出版社, 2007.

[11] Xing W, Yin G P, Zhang J J. Rotating Electrode Methods and Oxygen Reduction Electrocatalysts. Amsterdam: Elsevier, 2014.

[12] Kilner J A, Skinner S J, Irvine S J C, et al. Functional Materials for Sustainable Energy Applications. Cambridge: Woodhead Publishing Limited, 2012.

[13] Jayakumar A, Singamneni S, Ramos M, et al. Manufacturing the gas diffusion layer for PEM fuel cell using a novel 3D printing technique and critical assessment of the challenges encountered. Materials, 2017, 10: 796.

[14] 王晓丽, 张华民, 张建鲁, 等. 质子交换膜燃料电池气体扩散层的研究进展. 化学进展, 2006, 18: 507-513.

[15] 黄倬, 屠海令, 张冀强, 等. 质子交换膜燃料电池的研究开发与应用. 北京: 冶金工业出版社, 2000.

[16] Bai D R, Chouinard J G, Elkaïm D. Flow field plate for use in fuel cells: US 7524575 B2. 2009-04-28.

[17] 冷巧辉, 马利, 文东辉, 等. 燃料电池双极板材料及其流场研究进展. 机电工程, 2013, 30: 513-517.

[18] 林政宇, 张杰, 刘兵, 等. PEMFC 双极板的材料及制备工艺综述. 电源技术, 2012, 36(1): 136-138, 145.

[19] 陶景超, 李飞, 倪红军, 等. 质子交换膜燃料电池用双极板材料及制备工艺的研究进展. 材料导报, 2005, 3: 83-85.

[20] Wu B, Fu Y, Xu J, et al. Chromium nitride films on stainless steel as bipolar plate for proton exchange membrane fuel cell. J Power Sources, 2009, 194 (2) : 976-980.

[21] Zhang H B, Lin G Q, Hou M, et al. CrN/Cr multilayer coating on 316L stainless steel as bipolar plates for proton exchange membrane fuel cells. J Power Sources, 2012, 198 (15) : 176-181.

[22] Taherian R. A review of composite and metallic bipolar plates in proton exchange membrane fuel cell: materials, fabrication, and material selection.J Power Sources, 2014, 265: 370-390.

[23] Larminie J, Dicks A L. Fuel Cell Systems Explained. 2nd ed. Hoboken: Wiley-VCH, 2003.

[24] Gasteiger H A, Panels J E, Yan S G. Dependence of PEM fuel cell performance on catalyst loading. J Power Sources, 2004, 127 (1-2) : 162-171.

[25] 王瀛, 张丽敏, 胡天军. 金属空气电池阴极氧还原催化剂研究进展. 化学学报, 2015, 73 (4) : 316-325.

[26] Tiwari J N, Tiwari R N, Singh G, et al. Recent progress in the development of anode and cathode catalysts for direct methanol fuel cells. Nano Energy, 2013, 2 (5) : 553-578.

[27] Liu J, Song P, Ning Z G, et al. Recent advances in heteroatom-doped metal-free electrocatalysts for highly efficient oxygen reduction reaction. Electrocatalysis, 2015, 6 (2) : 132-147.

[28] Wang Y J, Wilkinson D P, Zhang J J. Noncarbon support materials for polymer electrolyte membrane fuel cell electrocatalysts. Chem Rev, 2011, 111 (12) : 7625-7651.

[29] Chen Z W, Higgins D, Yu A P, et al. A review on non-precious metal electrocatalysts for PEM fuel cells. Energy Environ Sci, 2011, 4: 3167-3192.

[30] Proietti E, Jaouen F, Lefèvre M, et al. Iron-based cathode catalyst with enhanced power density in polymer electrolyte membrane fuel cells. Nat Commun, 2011, 2: 416.

[31] Gewirth A A, Thorum M S. Electroreduction of dioxygen for fuel-cell applications: materials and challenges. Inorg Chem, 2010, 49 (8) : 3557-3566.

[32] 封常乾. 多孔碳及碳基纳米复合材料的制备与电催化性能研究. 青岛：青岛科技大学, 2019.

[33] Xia W, Mahmood A, Liang Z B, et al. Earth-abundant nanomaterials for oxygen reduction. Angew Chem Int Ed, 2016, 55: 2650-2676.

[34] 王光华. 生物质衍生碳基非贵金属氧还原/氧析出催化剂的制备与研究. 广州：华南理工大学, 2018.

[35] 张爱爱. Au-Cu-(2–$x$) M/碳纳米管 (M=O, S) 纳米复合催化剂的可控构筑及氧还原性能研究. 呼和浩特：内蒙古大学, 2019.

[36] 王海涛. 钴、铁改性氮掺杂碳基氧还原电催化剂的制备及性能研究. 武汉：华中科技大学, 2018.

[37] Bard A J, Faulkner L R. Electrochemical Methods : Fundationals and Applications. 2nd ed. New York : Wiley, 2001.

[38] Gasteiger H A, Kocha S S, Sompalli B, et al. Activity benchmarks and requirements for Pt, Pt-alloy, and non-Pt oxygen reduction catalysts for PEMFCs. Appl Catal B, 2005, 56 (1-2) : 9-35.

[39] Zhou X M, Yang Z, Nie H G, et al. Catalyst-free growth of large scale nitrogen-doped carbon spheres as efficient electrocatalysts for oxygen reduction in alkaline medium. J Power Sources, 2011, 196 (23) : 9970-9974.

[40] Zhu S M, Chen Z, Li B, et al. Nitrogen-doped carbon nanotubes as air cathode catalysts in zinc-air battery. Electrochim Acta, 2011, 56 (14) : 5080-5084.

[41] Costamagna P, Srinivasan S. Quantum jumps in the PEMFC science and technology from the 1960s to the year 2000: Part I. Fundamental scientific aspects. J Power Sources, 2001, 102 (1-2) : 242-252.

[42] Wee J H, Lee K Y. Overview of the development of CO-tolerant anode electrocatalysts for proton-exchange membrane fuel cells. J Power Sources, 2006, 157(1): 128-135.

[43] Baschuk J J, Li X G. Carbon monoxide poisoning of proton exchange membrane fuel cells. Int J Energy Res, 2001, 25(8): 695-713.

[44] 王文心. 铂单原子层修饰型低温燃料电池阴极氧还原催化剂的制备与性能研究. 济南：山东大学, 2015.

[45] 刘虹. Pt-Sn/碳微球催化剂的结构表征及电化学性能的研究. 太原：太原理工大学, 2010.

[46] 张建鲁. 质子交换膜燃料电池电催化剂和阴极电极结构研究. 大连：中国科学院大连化学物理研究所, 2005.

[47] 马丽. Au 在质子交换膜燃料电池电催化剂中的应用研究. 大连：中国科学院大连化学物理研究所, 2007.

[48] Acres G J K, Frost J C, Hards G A, et al. Electrocatalysts for fuel cells. Catal Today, 1997, 38(4): 393-400.

[49] Hoogers G, Thompsett D. Catalysis in proton exchange membrane fuel cell technology. Cattech, 1999, 3: 106.

[50] Antolini E. Review in applied electrochemistry. Number 54 recent developments in polymer electrolyte fuel cell electrodes. J Appl Electrochem, 2004, 34(6): 563-576.

[51] Christoffersen E, Liu P, Ruban A, et al. Anode materials for low-temperature fuel cells: a density functional theory study. J Catal, 2001, 199(1): 123-131.

[52] 梁永民. 质子交换膜燃料电池抗 CO 电催化剂的研究. 大连：中国科学院大连化学物理研究所, 2006.

[53] Schmidt V M, Ianniello R, Oetjen H F, et al. DEMS and single cell measurements of a direct methanol fuel cell. Proc Electrochem Soc,1995,23: 267-277.

[54] Watanabe M, Motoo S. Electrocatalysis by ad-atoms: Part Ⅲ. Enhancement of the oxidation of carbon monoxide on platinum by ruthenium ad-atoms. J Electroanal Chem Interfacial Electrochem, 1975, 60(3): 275-283.

[55] Gasteiger H A, Markovic N M, Ross P N. Electrooxidation of CO and $H_2$/CO mixtures on a well-characterized $Pt_3Sn$ electrode surface. J Phys Chem, 1995, 99(22): 8945-8949.

[56] Ioroi T, Fujiwara N, Siroma Z, et al. Platinum and molybdenum oxide deposited carbon electrocatalyst for oxidation of hydrogen containing carbon monoxide. Electrochem Commun, 2002, 4(5): 442-446.

[57] Papageorgopoulos D C, Keijzer M, Bruijn F A. The inclusion of Mo, Nb and Ta in Pt and PtRu carbon supported electrocatalysts in the quest for improved CO tolerant PEMFC anodes. Electrochim Acta, 2002, 48(2): 197-204.

[58] Götz M, Wendt H. Binary and ternary anode catalyst formulations including the elements W, Sn and Mo for PEMFCs operated on methanol or reformate gas. Electrochim Acta, 1998, 43(24): 3637-3644.

[59] Ma L, Zhang H M, Liang Y M, et al. A novel carbon supported PtAuFe as CO-tolerant anode catalyst for proton exchange membrane fuel cells. Catal Commun, 2007, 8(6): 921-925.

[60] 程康, 辛阳珍, 温尔康. 质子交换膜燃料电池关键技术的研究进展. 汽车工程师, 2011, (5): 15-18.

[61] Liu Y, Cheng D J, Xu H X, et al. Unveiling the high-activity origin of single-atom iron catalysts for oxygen reduction reaction. P Natl Acad Sci USA, 2018, 115: 6626-6631.

[62] 党王娟. PEMFC 用介孔碳为载体制备电催化剂及其性能研究. 南京：南京航空航天大学, 2007.

[63] Appleby A J. Oxygen reduction on oxide-free platinum in 85% orthophosphoric acid: temperature and impurity dependence. J Electrochem Soc, 1970, 117(3): 328-335.

[64] 黄建书. 新型氧还原催化剂的制备及催化性能. 乌鲁木齐：新疆大学, 2007.

[65] Wilson M S, Gottesfeld S. Thin-film catalyst layers for polymer electrolyte fuel cell electrodes. J Appl Electrochem, 1992, 22(1): 1-7.

[66] 钟新仙. 有机物改性直接醇类燃料电池电催化剂研究. 长沙：湖南大学, 2008.

[67] 肖钢. 燃料电池技术. 北京：电子工业出版社, 2009.

[68] Mukerjee S, Srinvasan S. Enhanced electrocatalysis of oxygen reduction on platinum alloys in proton exchange membrane fuel cells. J Electroanal Chem, 1993, 357(1-2): 201-224.

[69] 黄赟. 碳化钨基氧电极催化剂的制备及其催化性能研究. 杭州：浙江工业大学, 2009.

[70] Jasinski R. A new fuel cell cathode catalyst. Nature, 1964, 201: 1212-1213.

[71] Wiesener K, Ohms D, Neumann V, et al. $N_4$ macrocycles as electrocatalysts for the cathodic reduction of oxygen. Mater Chem Phys, 1989, 22: 457-475.

[72] Jahnke H, Schonborn M, Zimmermann G. Organic dyestuffs as catalysts for fuel cells. Top Curr Chem, 1976, 61: 133-181.

[73] Lefèvre M, Proietti E, Jaouen F, et al. Iron-based catalysts with improved oxygen reduction activity in polymer electrolyte fuel cells. Science, 2009, 324: 71-74.

[74] Gong K P, Du F, Xia Z H, et al. Nitrogen-doped carbon nanotube arrays with high electrocatalytic activity for oxygen reduction. Science, 2009, 323: 760-764.

[75] Mane G P, Talapaneni S N, Anand C, et al. Preparation of highly ordered nitrogen-containing mesoporous carbon from a gelatin biomolecule and its excellent sensing of acetic acid. Adv Funct Mater, 2012, 22: 3596-3604.

[76] Liu Z W, Peng F, Wang H J, et al. Phosphorus-doped graphite layers with high electrocatalytic activity for the $O_2$ reduction in an alkaline medium. Angew Chem Int Ed, 2011, 50: 3257-3261.

[77] Liu Z W, Peng F, Wang H J, et al. Novel phosphorus-doped multiwalled nanotubes with high electrocatalytic activity for $O_2$ reduction in alkaline medium. Catal Commun, 2011, 16: 35-38.

[78] Li Q Q, Zhang S, Dai L M, et al. Nitrogen-doped colloidal graphene quantum dots and their size-dependent electrocatalytic activity for the oxygen reduction reaction. J Am Chem Soc, 2012, 134: 18932-18935.

[79] Zhang C Z, Mahmood N, Yin H, et al. Synthesis of phosphorus-doped graphene and its multifunctional applications for oxygen reduction reaction and lithium ion batteries. Adv Mater, 2013, 25: 4932-4937.

[80] Liu Z W, Peng F, Wang H J, et al. Preparation of phosphorus-doped carbon nanospheres and their electrocatalytic performance for $O_2$ reduction. J Nat Gas Chem, 2012, 21: 257-264.

[81] Jiang Y F, Yang L J, Sun T, et al. Significant contribution of intrinsic carbon defects to oxygen reduction activity. ACS Catal, 2015, 5: 6707-6712.

[82] Steele B C H, Heinzel A. Materials for fuel-cell technologies. Nature, 2001, 414: 345-352.

[83] Suntivich J, Gasteiger H A, Yabuuchi N, et al. Design principles for oxygenreduction activity on perovskite oxide catalysts for fuel cells and metal-air batteries. Nat Chem, 2011, 3: 546-550.

[84] Liang Y Y, Li Y G, Wang H L, et al. $Co_3O_4$ nanocrystals on graphene as a synergistic catalyst for oxygen reduction reaction. Nat Mater, 2011, 10: 780-786.

[85] Sheng Z H, Gao H L, Bao W J, et al. Synthesis of boron doped graphene for oxygen reduction reaction in fuel cells. J Mater Chem, 2012, 22: 390-395.

[86] Rao C V, Ishikawa Y. Activity, selectivity, and anion-exchange membrane fuel cell performance of virtually metal-free nitrogen-doped carbon nanotube electrodes for oxygen reduction reaction. J Phys Chem C, 2012, 116: 4340-4346.

[87] Yang D S, Bhattacharjya D, Inamdar S, et al. Phosphorus-doped ordered mesoporous carbons with different lengths as efficient metal-free electrocatalysts for oxygen reduction reaction in alkaline media. J Am Chem Soc, 2012, 134: 16127-16130.

[88] Seredych M, Idrobo J C, Bandosz T J. Effect of confined space reduction of graphite oxide followed by sulfur doping on oxygen reduction reaction in neutral electrolyte. J Mater Chem A, 2013, 1: 7059-7067.

[89] Zhang X F, Guo J J, Guan P F, et al. Catalytically active single-atom niobium in graphitic layers. Nat Commun, 2013, 4:1924.

[90] Nagaiah T C, Bordoloi A, Sanchez M D, et al. Mesoporous nitrogen-rich carbon materials as catalysts for the oxygen reduction reaction in alkaline solution. ChemSusChem, 2012, 5: 637-641.

[91] Dilimon V S, Narayanan N S V, Sampath S. Electrochemical reduction of oxygen on gold and boron-doped diamond electrodes in ambient temperature, molten acetamide-ureaammonium nitrate eutectic melt. Electrochim Acta, 2010, 55: 5930-5937.

[92] Macpherson J V. A practical guide to using boron doped diamond in electrochemical research. Phys Chem Chem Phys, 2015, 17: 2935-2949.

[93] Shen A L, Zou Y Q, Wang Q, et al. Oxygen reduction reaction in a droplet on graphite: direct evidence that the edge is more active than the basal plane. Angew Chem Int Ed, 2014, 53: 10804-10808.

[94] Zhang L H, Lu Z H, Li D M, et al. Chemically activated graphite enhanced oxygen reduction and power output in catalyst-free microbial fuel cells. J Clean Prod, 2016, 115: 332-336.

[95] Suo N, Huang H, Wu A M, et al. Effect of methane concentration on oxygen reduction reaction of carbon films in alkaline solution. Int J Hydrogen Energy, 2018, 43 (39): 18194-18201.

[96] Xu L, Li S K, Wu Z G, et al. Growth and field emission properties of nanotip arrays of amorphous carbon with embedded hexagonal diamond nanoparticles. Appl Phys A, 2011, 103 (1): 59-65.

[97] Feng S L, Li X, He P P, et al. Porous structure diamond films with super-hydrophilic performance. Diamond Relat Mater, 2015, 56: 36-41.

[98] Brivio G P, Mulazzi E. Theoretical analysis of absorption and resonant Raman scattering spectra of trans-$(CH)_x$. Phys Rev B, 1984, 30 (2): 876-882.

[99] Kudin K N, Ozbas B, Schniepp H C, et al. Raman spectra of graphite oxide and functionalized graphene sheets. Nano Lett, 2008, 8 (1): 36-41.

[100] Shin Y R, Jung S M, Jeon I Y, et al. The oxidation mechanism of highly ordered pyrolytic graphite in a nitric acid/sulfuric acid mixture. Carbon, 2013, 52: 493-498.

[101] Alonso-Lemus I L, Rodriguez-Varela F J, Figueroa-Torres M Z, et al. Novel self-nitrogen-doped porous carbon from waste leather as highly active metal-free electrocatalyst for the ORR. Int J Hydrogen Energy, 2016, 41 (48): 23409-23416.

[102] Ohsaka T, Mao L Q, Arihara K, et al. Bifunctional catalytic activity of manganese oxide toward $O_2$ reduction: novel insight into the mechanism of alkaline air electrode. Electro Chem Commun, 2004, 6 (3): 273-277.

[103] Choi C H, Park S H, Woo S I. Binary and ternary doping of nitrogen, boron, and phosphorus into carbon for enhancing electrochemical oxygen reduction activity. ACS Nano, 2012, 6 (8): 7084-7091.

[104] Li Q, Wang X, Chen H, et al. K-supported catalysts for diesel soot combustion: making a balance between activity and stability. Catal Today, 2016, 264 (15): 171-179.

[105] Zhao L, Wang Z B, Sui X L, et al. Effect of multiwalled carbon nanotubes with different specific surface areas on the stability of supported Pt catalysts. J Power Sources, 2014, 245 (1): 637-643.

# 第9章

# 固态电池电极材料

## 9.1 概　　述

近年来，大容量锂离子电池在电动汽车、飞机辅助电源方面出现了严重的安全事故，这些问题的起因与锂离子电池中采用可燃的有机溶剂有关。虽然通过添加阻燃剂、采用耐高温陶瓷隔膜、正负极材料表面修饰、优化电池结构设计、优化电池管理系统（battery management system，BMS）、在电芯外表面涂覆相变阻燃材料、改善冷却系统等措施，能在相当程度上提高现有锂离子电池的安全性，但这些措施无法从根本上保证大容量电池系统的安全性。

为了克服现有商业液态锂离子电池所面临的问题，科研人员正在大力发展基于固态电解质的锂离子电池，它具有如下显著的优点：①与商用锂离子电池相比，固态电池最突出的优点是安全性。固态电解质不可燃、无腐蚀、不挥发、不存在漏液问题，因而固态电池具有更高的安全性和更长的使用寿命。②固态电池有望获得更高的能量密度。能量密度是比容量和电池电压的乘积。固态电解质比有机电解液普遍具有更宽的电化学窗口，有利于进一步拓宽电池的电压范围。在发展大容量电极方面，固态电解质能阻止锂枝晶的生长，因而也就从根本上避免了电池的短路现象，使金属锂用作负极成为可能。③固态电池有望获得更高的功率密度。固态电解质以锂离子作为单一载流子，不存在浓差极化，因而可在大电流条件下工作，提高电池的功率密度。④固态材料内在的高低温稳定性，为固态电池在更宽的温度范围内工作提供了基本保证。⑤固态电池还具有结构紧凑、规模可调、设计弹性大等特点。固态电池既可以设计成厚度仅几微米的薄膜电池，用于驱动微型电子器件，也可制成宏观体型电池，用于驱动电动车、电网储能等领域，并且在这些应用中，电池的形状也可根据具体需求进行设计。

固态电池发展目前面临着诸多挑战，由于固态电池的电解质材料均为固体，导电过程是点接触，因此电池制造过程中需要解决基于界面阻抗的问题。此外，因所有电池在充电和放电过程中均会产生体积膨胀和收缩，固态电池可能会出现材料开裂的情况，就现阶段技术水平而言，固态电池的循环性能还有较大的提升空间。

总体来说，固态电池是电池科研与工业界公认的下一步电池发展的主流方向之一，随着固态电池研发力度加强，技术难题不断攻克，相信不久的将来固态电池能够实现大规模商业化应用，为新能源汽车、化学储能和智能电网等带来革命性变化。

## 9.2　固态电池的结构及分类

### 9.2.1　固态电池的结构

如图 9.1 所示，固态电池的结构比传统液态锂离子电池更简单，它不需要液态电解质和隔膜，只由集流体、正极、负极和固态电解质所构成。其中，集流体的作用是将电池活性物质产生的电流汇集起来以便形成较大的电流对外输出，因此集流体应与活性物质充分接触且内阻尽可能小。集流体主要采用金属箔，如正极采用铜箔，负极采用铝箔。正负极是发生锂离子动力学脱嵌及电化学反应的电极，应与电解质接触稳定且具有适用的工作电压。固态电解质是具有离子导电性的固态物质，一般具有一定浓度点缺陷及特殊结构，从而为离子提供快速传输通道。这种简化的结构可以实现更高的能量密度，但锂离子界面迁移方式由“固态电极—液态电解质—固态电极”变成了“固态电极—固态电解质—固态电极”，这就导致了界面电阻较大的相关问题。

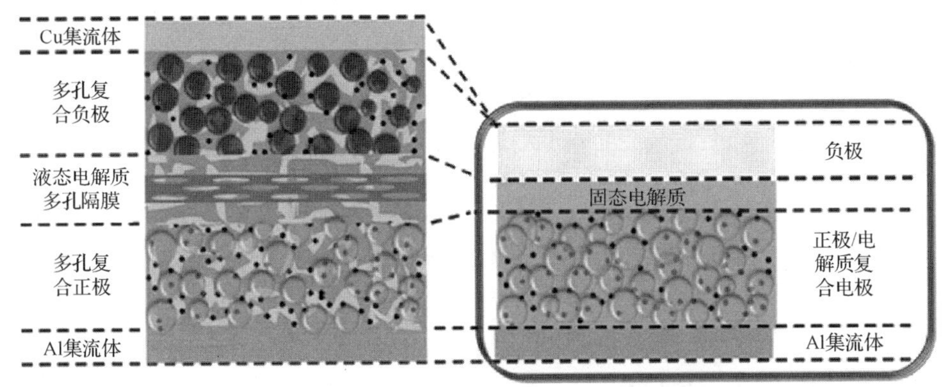


图 9.1　传统液态锂离子电池与固态电池的结构示意图[1]

### 9.2.2　固态电池的分类

固态电池的分类有以下多种方式：①根据电解质不同，分为混合固液锂电池和固态锂电池两大类。混合固液锂电池的电芯中同时存在固态电解质和液态电解质，包括半固态锂电池、准固态锂电池和固态锂电池。在电芯电解质相中，当固/液态电解质的质量或体积各占一半时称为半固态锂电池；当液态电解质的质量占比或体积占比小于固态电解质时称为准固态锂电池；当电芯中含有较高质量或体积比的固态电解质和少量液态电解质时称为固态锂电池。固态锂电池的电芯由固态电极和固态电解质材料构成，并且电芯在工作温度范围内不含有任何质量及体积分数的液态电解质。其中能够充放电循环的固态锂电池可进一步称为固态锂二次电池或固态电解质锂二次电池。②根据负极材料不同，分为负极为金属锂的固态金属锂电池(简称固态锂电池)和负极不含金属锂的固态锂离子电池。③根据结构尺寸不同，分为体型固态电池、薄膜固态电池和 3D 薄膜固态电池(图 9.2)。以下主要介绍三种不同结构的固态电池。

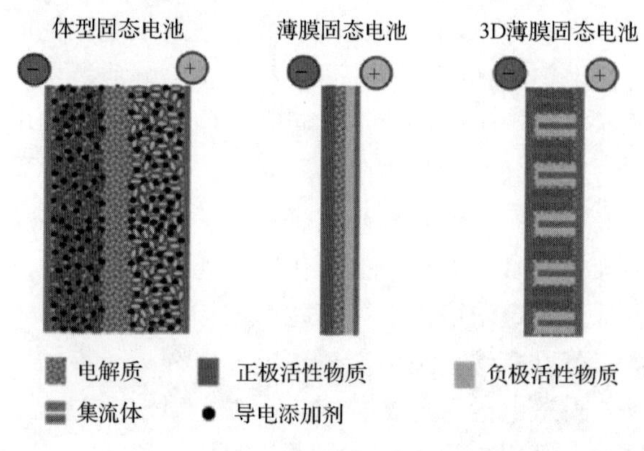


图 9.2　固态电池的结构示意图[1]

固态锂电池的构造可分为三类：体型固态电池、薄膜固态电池和 3D 薄膜固态电池。体型固态电池容量高、成本低，有着更广阔的应用前景。体型固态电池电极层较厚，能够承载更多的电极活性物质，因而能提供更大的输出功率和能量密度。如图 9.3 所示，为充分利用电极活性物质，电极的设计采用液态电池电极的理念，即由锂离子导电材料、电子导电材料和电极活性物质混合组成复合电极。体型固态电池可以采用自支撑，而不需要额外的支撑基体。起支撑作

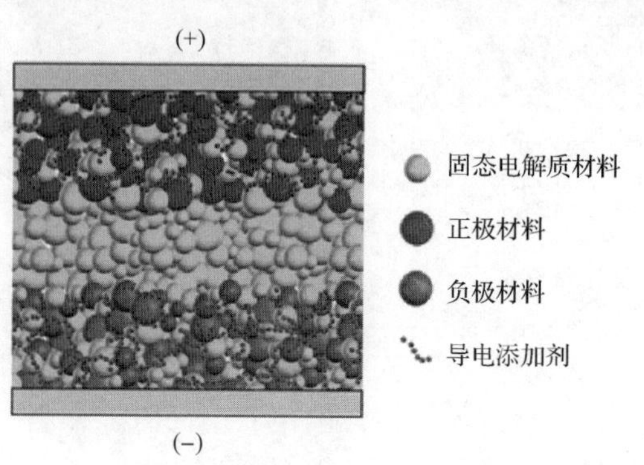


图 9.3　体型固态电池的结构示意图[2]

用的部分既可以是较厚的复合电极，也可以是较厚的电解质，或是二者共同组成的电池整体。对于复合电极支撑的情况，仍可采用薄膜电解质以达到最小化电解质电阻的目的。对于后两种支撑情况，则要求电解质材料具有高的电导率和足够的机械强度。另外，体型固态电池一般运用涂布、挤压、高温烧结等工艺进行规模化制备。

将电池的各组成部分通过适当的薄膜制备技术(如气相沉积、离子溅射、溶胶-凝胶、激光脉冲沉积等)按照电池结构顺序在基底上依次沉积正极集流体、正极膜、固态电解质膜、负极膜、负极集流体，并根据需要在薄膜电池上沉积 3.0～5.0μm 厚的封装层对薄膜电池进行保护，即可形成薄膜固态电池。基于以上制备工艺，薄膜固态电池具有以下三个方面的特点：①电极薄膜十分致密，在保证电极与电解质接触良好的情况下有效避免二者间发生反应，与体型固态电池的多孔电极相比电极材料的利用率可有效提高，可实现更高的能量密度，更低的自放电率(每年小于 1%)。②由于薄膜固态电池的电解质和电极在制备时为原子或分子团簇叠加成膜，具有极薄电解质层，电极/电解质界面接触良好，与体型固态电池相比可以更有效地解决固-固界面上的微观缺陷，构筑完美结合的固-固界面，可实现快速充放电。③电池可设计性更高，体积小，与半导体生产工艺匹配，可在电子芯片内集成。然而，由于受镀膜工艺的限制，目前薄膜电极厚度通常为微米级，存在着单位面积比容量较低的缺点。目前主要的薄膜固态电池结构有经典的包裹结构和直立的三明治结构(图 9.4)。Bates 等[3]研制出了一种经典的薄膜电池叠层结构，该结构的集流体在一个平面上，与多数器件兼容，且容易集成在器件上并适用于大多数正负极体系，但是制备过程中掩膜相对复杂，对功能层沉积尺寸精度要求较高。另一种是直立的三明治结构，该结构的界面接触面积能实现最大化，且正负极连接简单，但极易短路、不易封装。

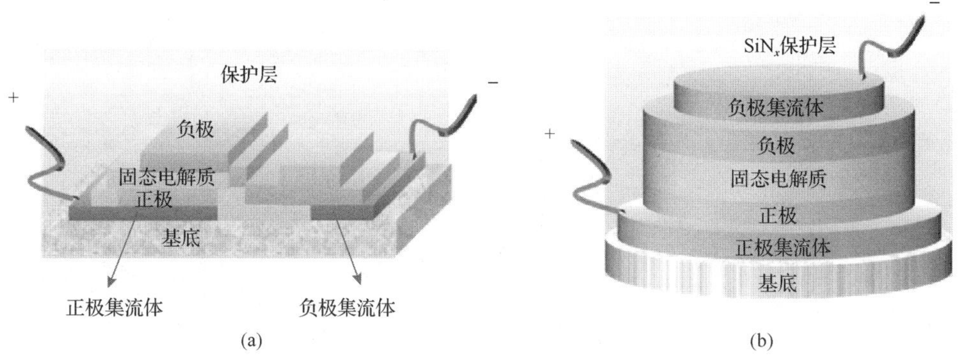


图 9.4　薄膜固态电池经典的包裹结构(a)和直立的三明治结构(b)

借助模板法、光刻技术、气凝胶法、等离子刻蚀法等技术将薄膜固态电池制成三维结构，这些结构提高了电极堆积密度和界面接触面积，可以进一步提高电池的功率密度和单位面积能量密度。如表 9.1 所示，近年来最受关注的 3D 薄膜固态电池结构主要包括以下三种：①3D 微孔状结构。考虑到未来薄膜固态电池可能直接利用光伏电池基板进行一体化制备，在表面点阵刻蚀硅片的柱状孔内层层沉积电池功能层。Notten 等[4]提出了可以和太阳能电池联用的 3D 微柱状薄膜电池(thin film batteries，TFB)结构，利用点阵状柱状孔，大幅度提高电池比表面积，而这些可控制备的微孔为电池之间的绝缘隔绝提供了最佳支撑。②阵列状结构。考虑到未来薄膜固态电池可能直接在芯片上制备，与集成电路一体化，Lethien 等[5]通过深反应离子刻蚀，直接在硅片上原位制备纳米硅阵列作为负极，之后分别沉积 LiPON 和 $LiFePO_4$，形成阵列状电池。③纤维状结构。传统电池因隔膜等缺乏柔韧性，而 3D 薄膜固态电池因组件薄且致密而具有较好的柔韧性。Ruzmetov 等[6]通过在纳米硅线外表“层层沉积”电池功能层，制备了纤维状薄膜固态电池，使电池有望随身穿戴而不再成为独立的负担。由于电池直径仅数百纳米，可以直接观察全电池在充放电过程中微结构及表面形貌的变化。随着电池与器件一体化研究的深入，这些电池结构必将更深入而广泛地应用于薄膜固态电池中，显著提高其性能与实用价值。然而遗憾的是，由于 3D 薄膜固态电池的制备技术成本较高，难以实现大规模应用。

**表 9.1 不同结构的 3D 薄膜固态电池[3]**

| 结构类型 | 结构示意图 | 实例 |
| --- | --- | --- |
| 3D 微孔状结构[4] | 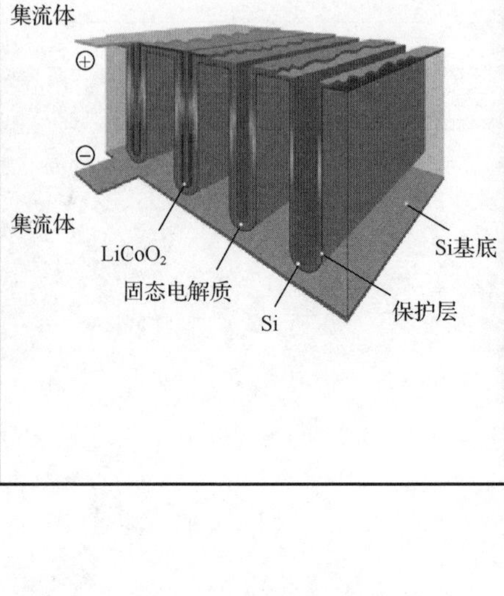 集流体 ⊕ ⊖ 集流体 $LiCoO_2$ 固态电解质 Si Si基底 保护层 | 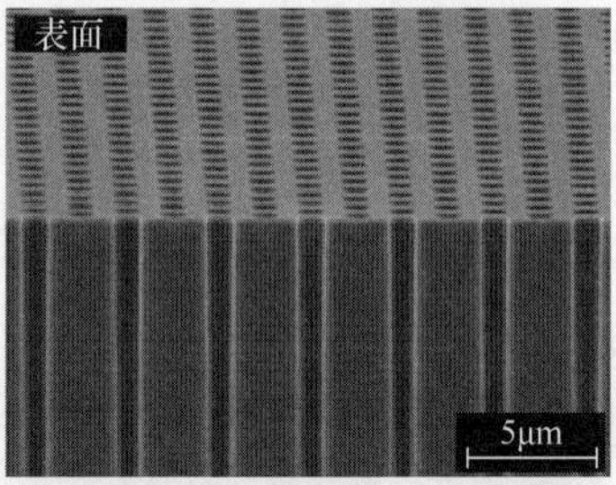 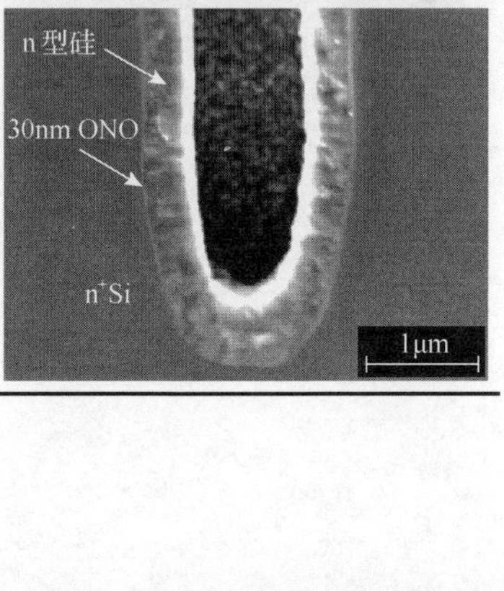 表面 5μm n型硅 30nm ONO $n^+Si$ 1μm |

续表

| 结构类型 | 结构示意图 | 实例 |
|---|---|---|
| 阵列状结构[5,7] | 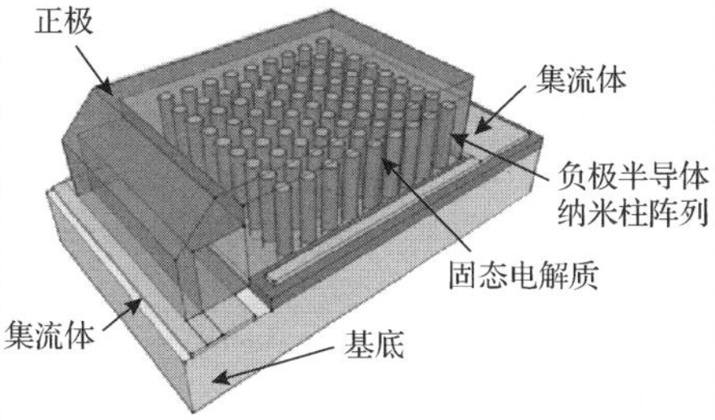 正极<br>集流体<br>负极半导体纳米柱阵列<br>固态电解质<br>集流体<br>基底 |  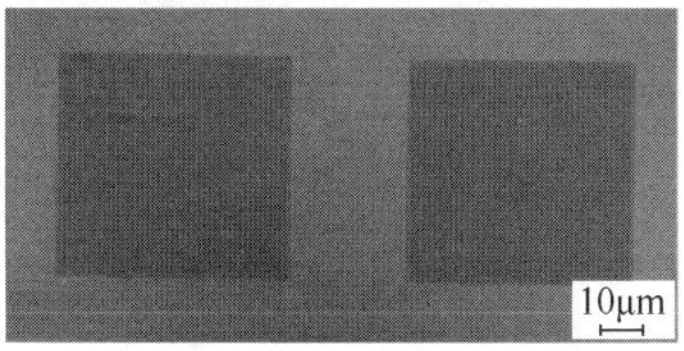 10μm<br>10μm |
| | 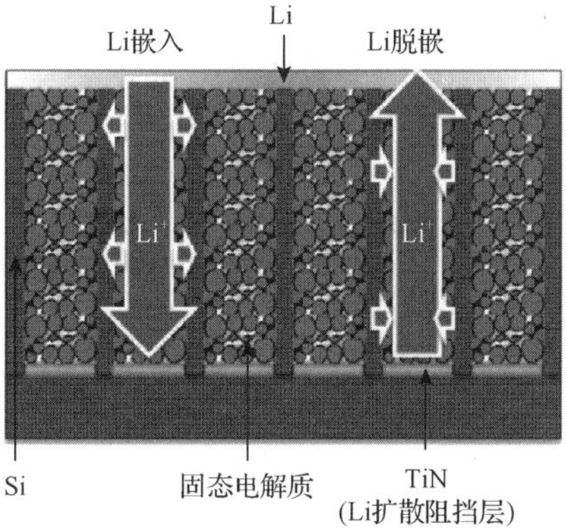 Li<br>Li嵌入<br>Li脱嵌<br>$Li^+$<br>$Li^+$<br>Si<br>固态电解质<br>TiN<br>(Li扩散阻挡层) | 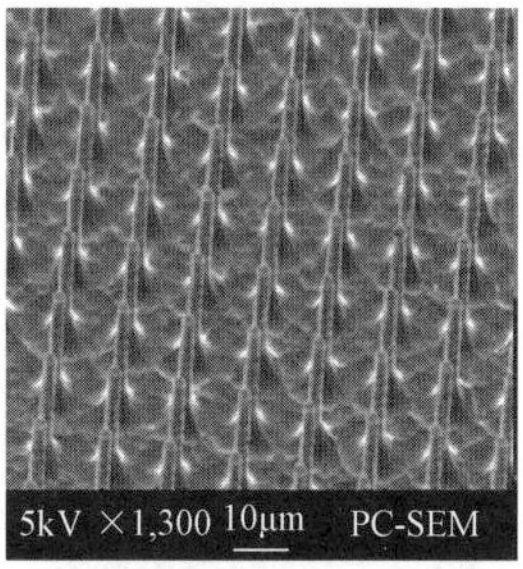 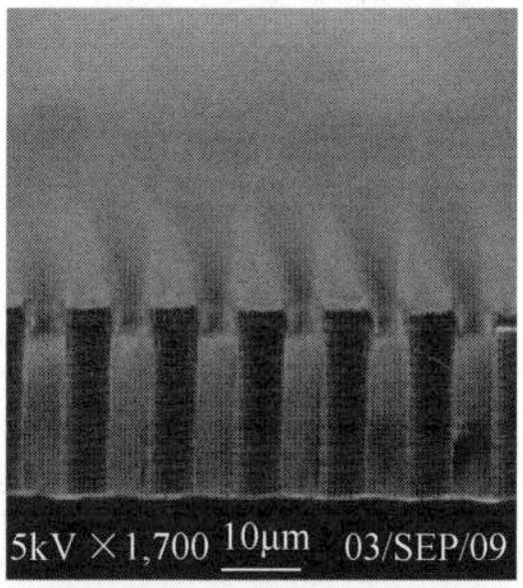 5kV ×1,300 10μm PC-SEM<br>5kV ×1,700 10μm 03/SEP/09 |
| 纤维状结构[6] | 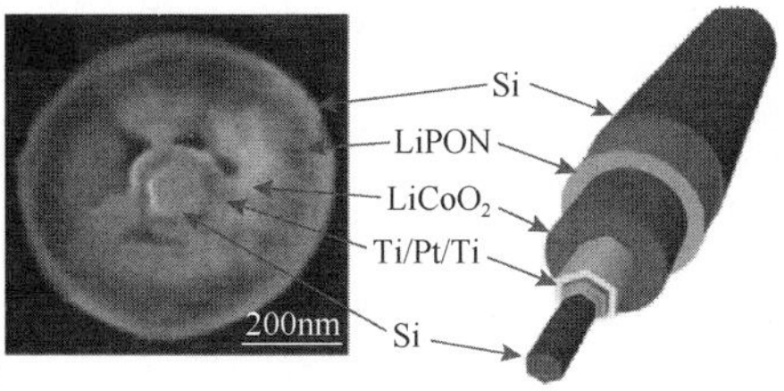 Si<br>LiPON<br>$LiCoO_2$<br>Ti/Pt/Ti<br>Si<br>200nm | 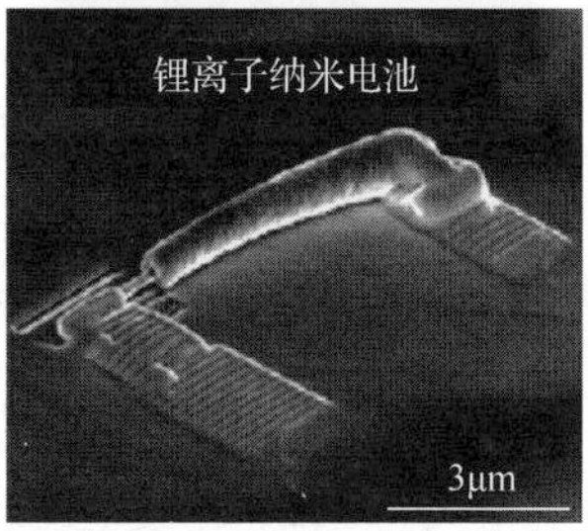 锂离子纳米电池<br>3μm |

# 9.3 固态电池的电极反应及传质机理

## 9.3.1 固态电池的电极反应

电极反应是指在电极上发生的失去或获得电子的电化学反应。失去电子的反应称为氧化反应或阳极反应，发生该反应的电极称为阳极；获得电子的反应称为还原反应或阴极反应，发生该反应的电极称为阴极。

电极反应分为六种：①简单电子迁移反应。电极/电解质界面中电解质一侧的氧化或还原物种借助于电极得到或失去电子，生成还原态或氧化态的产物而电极在经历电化学反应后其物理化学性质和表面状态等并未发生变化。②金属沉积反应。电解质中的金属离子从电极上得到电子还原为金属，附着于电极表面，电极表面状态与沉积前相比发生了变化。③表面膜的转移反应。覆盖于电极表面的物质(电极一侧)经过氧化还原反应形成另一种附着于电极表面的物质，可能是氯化物、氧化物、氢氧化物和硫酸盐等。④多孔气体扩散电极中的气体氧化或还原反应。气相中的气体渗入电解质中，再扩散到电极表面，在气体扩散电极上得到或失去电子，气体扩散电极的使用提高了电极过程的电流效率。⑤气体析出反应。存在于电解质中的非金属离子借助于电极反应发生氧化或还原反应产生气体而析出，在整个反应过程中电解质中非金属离子的浓度不断减小。⑥腐蚀反应。即金属的溶解反应，金属或非金属在一定介质中发生溶解而导致质量不断减轻。

目前的电极反应机理主要有以下四种：

(1) CE 机理。其中 C 代表化学反应(chemical reaction)，E 代表电子迁移反应(electron migration reaction)。在发生电子迁移反应之前发生了化学反应，其通式可表示为

$$\mathrm{X} \rightleftharpoons \mathrm{Ox} + n\mathrm{e}^- \rightleftharpoons \mathrm{Red} \tag{9.1}$$

在给定的电势区间，电解质中反应物的主要存在形式 X 是非电活性物质，不能在电极表面进行电化学反应，必须通过化学步骤先生成电活性物质 Ox，再进行电极上的电荷传递，如金属配离子的还原、弱酸性电解质中氢气的析出及异构化为前置步骤的有机电极过程等。

(2) EC 机理。在电极/电解质界面发生电子迁移反应后又发生了化学反应，其通式可表示为

$$\mathrm{Ox} + z\mathrm{e}^- \rightleftharpoons \mathrm{Red} \rightleftharpoons \mathrm{X} \tag{9.2}$$

随后质子转移过程的有机物还原及金属电极在含配合物介质中的阳极溶解等均属于这类反应。

(3) 催化机理。属于 EC 机理中的一种，指在电极和电解质之间的电子传递反应，电极表面物种氧化-还原的媒介作用，使反应在比裸电极低的超电势下发生，这种催化反应属于“外壳层”催化作用，其通式可表示为

$$\mathrm{Ox} + n\mathrm{e}^- \rightleftharpoons \mathrm{Red}$$

$$\mathrm{Red} + \mathrm{X} \rightleftharpoons \mathrm{Ox} + \mathrm{Y}$$

总反应：

$$\mathrm{X} + n\mathrm{e}^- \longrightarrow \mathrm{Y} \tag{9.3}$$

(4) ECE 机理。氧化还原物种先在电极上发生电子迁移反应，接着发生化学反应，在两反应后又发生了电子迁移反应，生成产物。

电极反应速率用来衡量电极反应动力学，即单位电极面积在单位时间内的电极反应产物量。电极反应速率可以用电流密度来表述，电流密度越大，电极反应速率越快；另外，电极极化(超电势)也越大。电极反应速率与电极电势关系密切。一个电极处于平衡电势(电极上没有净电流流过)时，其阳极反应(氧化反应)和阴极反应(还原反应)的速率相等，阳极反应电流密度和阴极反应电流密度相同，称之为交换电流密度(简称交换电流)。对于一个给定的电极(材质、表面状态一定)，在溶液的浓度和温度不变的情况下，交换电流密度是一个常数，它表征平衡电势下电极反应的能力。具有较大交换电流密度的电极，其阳极反应和阴极反应的速率都较大，反之都较小。电极处于极化状态下时，阳极反应电流密度(反应速率)与阴极反应电流密度不同，即这两个相反方向的电极反应的极化电流密度不同，于是电极上有可测量的净电流(又称外电流)流过，其值等于阳极和阴极反应电流密度之差，电极反应表现出单向(阳极或阴极)进行。在这种情况下，不管是哪个单向反应，凡交换电流密度很大的电极，都可在电极较小的极化电势(超电势)下获得较大的净电流密度(即较大的单向电极反应速率)。相反，如果交换电流密度很小，则只有电极在相当大的极化电势(超电势)下才能获得较大的净电流密度(即较大的电极反应速率)。利用电极极化电势或超电势与电流密度的关系来描述电极反应的动力学规律，是电极过程动力学的核心内容。

### 9.3.2　固态电池的传质机理

固态锂离子电池在充放电过程中，锂离子需要在电极活性材料、导电添加剂、黏结剂及固态电解质形成的固-固界面中进行传输。一般而言，固相内部及固相之间的离子传输是电池动力学过程中相对较慢的步骤，因此离子在固体中的传输是固态锂离子电池研究的重要基础科学问题。

1. 传质参数

离子的输运是在各种梯度力的作用下，如浓度梯度、化学势梯度、电场梯度所产生的宏观的扩散或者迁移行为。锂离子在固体中的输运主要使用扩散系数(diffusion coefficient，$D$)和离子电导率(ionic conductivity，$\sigma$)来描述。

对于理想体系，物质 e 存在的浓度梯度 $c_e$ 驱动其扩散的过程可以由菲克第一定律(Fick first law)和菲克第二定律(Fick second law)来描述，即

$$J_e = -D\nabla c_e \tag{9.4}$$

$$\partial c_e / \partial t = \nabla \cdot (D\nabla c_e) \tag{9.5}$$

菲克第一定律描述了浓度梯度驱动的物质流，物质 e 将沿其浓度场决定的负梯度方向进行扩散，其扩散流大小与浓度梯度成正比。扩散通量 $J_e$ 表示物质 e 单位时间内通过垂直于扩散方向的单位截面积的扩散流量。扩散系数 $D$ 反映了物质 e 扩散的能力，单位是 $cm^2/s$。菲克第二定律描述了物质 e 在介质中的浓度分布随时间发生变化的扩散。菲克定律是一种宏观现象的描述，它将浓度以外的一切影响物质扩散的因素都包括在扩散系数中。

对于非理想体系，用化学势梯度 $\nabla u_e$ 来代替浓度梯度 $\nabla c_e$。设某多组分体系中，e 组分的质点沿 $x$ 方向扩散所受到的力 $F_e$ 应等于该组分化学势 $u_e$ 在 $x$ 方向上梯度的负值，即

$$F_e = -\partial u_e / \partial x \tag{9.6}$$

相应的质点运动平均速度 $v_e$ 正比于作用力 $F_e$，即

$$v_e = u_e F_e = -u_e \, \partial u_e / \partial x \tag{9.7}$$

式中，$u_e$ 为单位力作用下组分 e 质点的平均速率，或称为迁移率(mobility)，$m^2/(s \cdot V)$。

$$J_e = c_e v_e = -c_e u_e (\partial u_e / \partial x) \tag{9.8}$$

式中，$c_e$ 为该组分的浓度。由菲克第一定律比较可得

$$D = c_e u_e (\partial u_e / \partial c_e) \tag{9.9}$$

由于

$$c_e / c = N_e，\mathrm{dln}c_e = \mathrm{dln}N_e \tag{9.10}$$

则有

$$D = u_e (\partial u_e / \partial \ln N_e) \tag{9.11}$$

对于非理想体系，物质 e 的化学势：

$$\mu_e = \mu_e^0 + RT(\ln N_e + \ln \gamma_e) \tag{9.12}$$

因此有

$$\partial \mu_e / \partial \ln N_e = RT(1 + \partial \ln \gamma_e / \partial \ln N_e) \tag{9.13}$$

式中，$\gamma_e$ 为组分 e 的活度系数。于是可以得到扩散系数的一般热力学关系式：

$$D = u_e RT(1 + \partial \ln \gamma_e / \partial \ln N_e) \tag{9.14}$$

式中，$(1 + \partial \ln \gamma_e / \partial \ln N_e)$ 为扩散系数的热力学因子。根据扩散系数的一般热力学关系式，对于理想混合体系，则有 $D = D^* = u_e RT$，通常称 $D^*$ 为自扩散系数，$D$ 为本征扩散系数。对于理想混合体系，分为两种情况：①当 $(1 + \partial \ln \gamma_e / \partial \ln N_e) > 0$ 时，则 $D > 0$，称为正常扩散，即物质流将从高浓度处流向低浓度处，扩散的结果使溶质趋于均匀化；②当 $(1 + \partial \ln \gamma_e / \partial \ln N_e) < 0$ 时，则 $D < 0$，称为反常扩散或逆扩散，扩散的结果使溶质偏聚或分相。

当外电场加到材料上时，电流或快或慢地会达到一个稳态直流值。可以通过在电场存在下出现的带电粒子数和它们的迁移速率表示稳态过程。电流密度 $j_e$ 与迁移速率 $v_e$ 之间有

$$J_e = n_e q_e v_e \tag{9.15}$$

式中，$q_e$ 为载流子 e 的电荷量。电导率 $\sigma$ 定义为

$$\sigma = j / \nabla \Phi \tag{9.16}$$

式中，$\Phi$ 为考虑到任何场畸变的电场强度，因此

$$\sigma = c_e q_e (v_e / \nabla \Phi) \tag{9.17}$$

迁移速率正比于局部作用的电场强度，迁移率由以下比值确定

$$u_e = v_e / \nabla \Phi \tag{9.18}$$

因此，电导率是载流子浓度和迁移率的乘积，即

$$\sigma = c_e q_e u_e \tag{9.19}$$

由于材料的实际电导率由多种载流子贡献而成，则

$$\sigma = \sum \sigma_e \tag{9.20}$$

由此定义迁移数(transference number)为

$$t_{e}=\sigma_{e}/\sigma \tag{9.21}$$

迁移数是指各种可动的导电粒子在导电过程中的导电份额。对于电极材料而言，希望电子和离子的输运速度都比较高，对于电子和离子迁移数的比值没有严格要求。对于电解质材料而言，希望对于电子是绝缘体，电子的迁移数应小于1%，以防止内部短路和自放电。希望电解质材料工作离子的输运对电流起主要作用，即锂离子电池电解质中锂离子的迁移数尽可能高。对于固态锂离子导体而言，这一要求多数情况下能满足。对于锂离子导体而言，电解质材料的离子迁移数应大于0.99。阴离子的迁移对离子电流做出了较大贡献，这会引起在电极侧的极化，增大了界面传输的电阻。

根据斯托克斯-爱因斯坦(Stokes-Einstein)方程，离子的迁移速率与离子受到的所有作用力的总和成正比，在同时存在化学势梯度与电场梯度驱动力时，离子迁移速率=离子迁移率×(化学势作用力+电场作用力)，即

$$v_{e}=-u_{e}(\nabla u_{e}+\nabla \Phi) \tag{9.22}$$

在稀溶液体系中，化学势梯度与浓度梯度有如下关系

$$\nabla u_{e}=(RT/c_{e})\nabla c_{e} \tag{9.23}$$

由式(9.22)和式(9.23)可得

$$-v_{e}=\frac{u_{e}RT}{c_{e}}\left(\nabla c_{e}+c_{e}\frac{\nabla \Phi}{RT}\right) \tag{9.24}$$

由此可以得到离子的流量表达式

$$-j_{e}=-c_{e}v_{e}=u_{e}RT\left(\nabla c_{e}+c_{e}\frac{\nabla \Phi}{RT}\right)=D_{e}\left(\nabla c_{e}+c_{e}\frac{\nabla \Phi}{RT}\right) \tag{9.25}$$

该式也称为能斯特-普朗克(Nernst-Planck)方程，也可以看作是扩散系数的定义。其中扩散系数和迁移率的关系如下

$$D_{e}=u_{e}RT \tag{9.26}$$

需要指出的是，以上为一般性的关于浓度梯度、化学势梯度及电场梯度驱动下带电粒子输运的讨论，未考虑固体材料的结构特点。在固体中，离子的输运机理与结构有关，存在不同的输运机理。固体中浓度梯度、电场梯度的建立与材料的结构、电子及离子的电导率有关。

## 2. 传质机理

### 1) 晶格内传质机理

从微观上看，在一定的温度下，粒子在凝聚态物质(包括液体和固体)的平衡位置存在着随机跳跃。在一定的驱动力作用下，粒子将偏离平衡位置，形成净的宏观扩散现象。离子在晶体中扩散的微观机理主要包括 Schottky 类型的空位传输机理和 Frenkel 类型的间隙位传输机理。对于固态锂离子电池的实际体系，扩散机理更为复杂，主要的扩散机理有间隙位扩散机理、空位机理、间隙位-格点位交换机理和集体输运机理。

间隙位扩散机理适用于间隙固溶体中间隙原子的扩散。在间隙固溶体中，尺寸较大的骨架原子构成了相对固定的晶体点阵，而尺寸较小的间隙原子处在点阵的间隙中。由于间隙固溶体中间隙数目较多，而间隙原子数量又很少，意味着在任何一个间隙原子周围几乎都存在间隙位置，这就为间隙原子向周围扩散提供了必要的结构条件。尺寸较小的间隙原子在固溶体中的扩散就是按照从一个间隙位置跳动到其近邻的另一个间隙位置的方式进行的。这种方式也称为直接间隙扩散机理(图 9.5)，也是最简单的一种扩散机理。

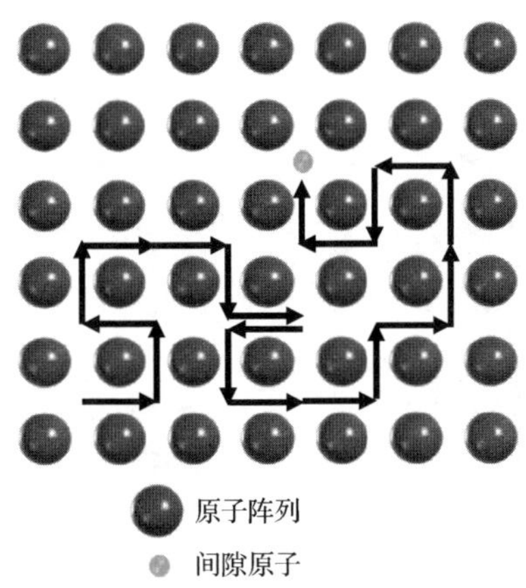


图 9.5　直接间隙扩散机理

空位机理适用于置换式固溶体的扩散，原子通过跳跃到邻近的空位实现扩散。如图 9.6 所示，晶格中的结点并非完全被原子所占据，而是存在一定比例的空位。空位的数量随温度的升高而增加，在一定温度下对应着一定的空位浓度。由于熵的增加，在一定温度下存在一定浓度空位的晶体热力学能量更低。在置换式固溶体(或纯金属)中，由于原子尺寸相差不太大(或者相等)，因此不能进行间隙扩散。空位机理在这类固体中起到了重要的作用。在设计固态电极与电解质材料时，通过掺杂产生空位，通常是提高离子电导率的重要方式。当空位团聚时，还可能存在多空位机理，如图 9.6(b)所示的双空位机理，其中 $LiCoO_2$ 中锂的扩散被认为是双空位机理，如图 9.6(c)所示。

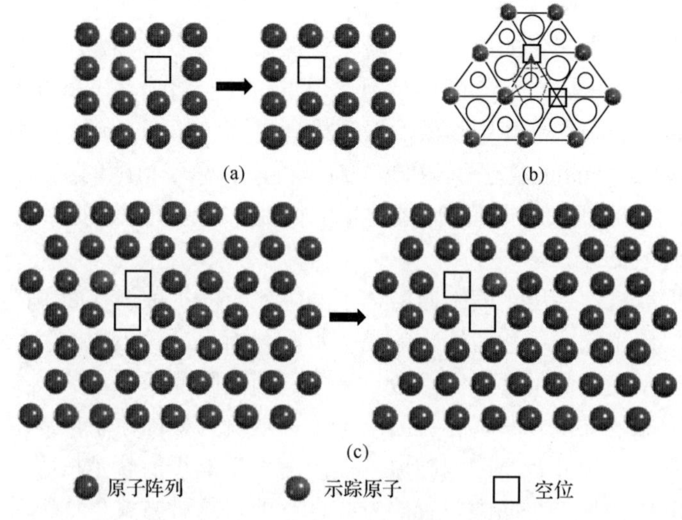


图 9.6　空位机理

当间隙原子同时占据间隙位和格点位时，原子可以通过间隙位-格点位交换的形式输运，如图 9.7 所示。间隙方式的扩散系数通常要远高于取代方式的扩散系数，然而，间隙位“溶质”原子的浓度却小于取代位原子的浓度。在这种情况下，

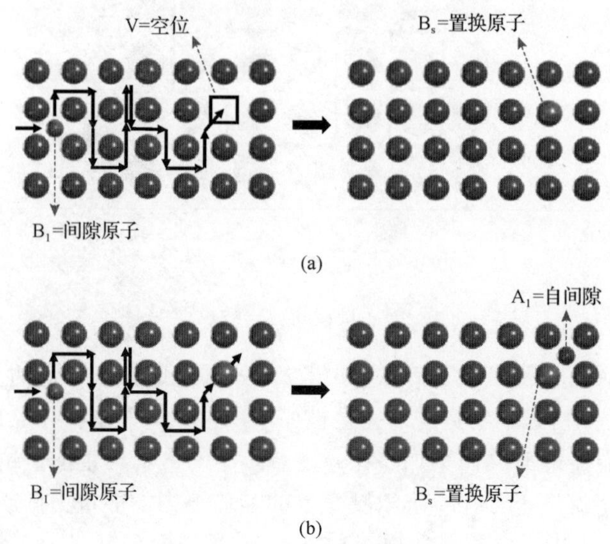


图 9.7　间隙位-格点位交换机理

(a)解离机理；(b)踢出机理

输运为间隙位-取代位共同作用机理。如果这种输运是通过空位来完成的，则称为解离机理(dissociative mechanism)；如果输运仅通过自间隙原子来完成，则称为踢出机理(knock-off mechanism)。

除了前述的三种主要机理，还可能存在集体输运机理，即几个原子同时运动的机理，原子的集体运动方式类似于链状或者履带状。这种机理适用于无定形体系，图 9.8(a)为无定形态 Zr-Ni 合金。固态电解质 $Li_3N$ 中锂离子输运也遵循此机理，如图 9.8(b)所示。另外，碱金属离子在氧化物离子导电玻璃中的输运也属于该机理。如图 9.8(c)所示，推填子机理(interstitialcy mechanism)和自间隙位机理(self-interstitials mechanism)同样属于集体输运机理，因为离子跃迁过程不止一个原子运动。

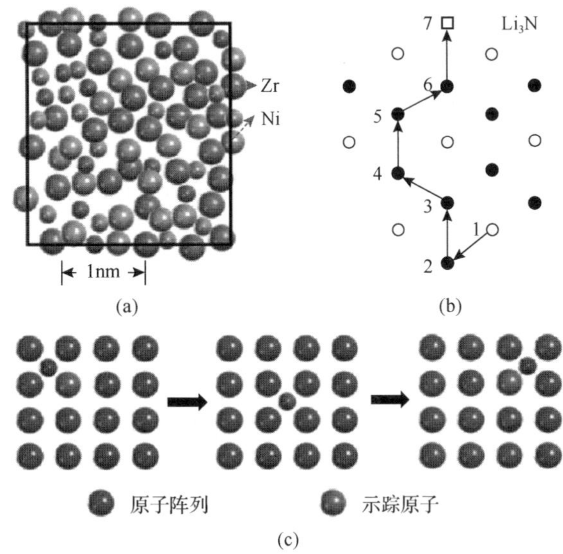


图 9.8　集体输运机理

2) 晶界处传质机理

如图 9.9(a)所示，多晶结构中的晶界是由结构不同或者取向不同的晶粒互相接触而形成的，它与晶粒的取向、成分、成键状态及形貌大小等有很大关系。通常可以用阻抗谱来研究体相和晶界的离子电导及电子电导，图 9.9(b)为其对应的等效电路。该模型由三个并联部分组成，分别为：界面电阻 $R_b$ 与界面电容 $C_b$ 并联、晶界电阻 $R_{gb}$ 与晶界电容 $C_{gb}$ 并联以及电极电阻 $R_e$ 与电极电容 $C_e$ 并联。

为了描述所测得的两相混合物导电性质的阻抗谱，最早提出的模型是串联模型和并联模型(平行层模型)[图 9.10(a)]。这两个模型描述了两种极端情况，其中没有一个相是连续的，因此可能与一些材料的微结构相差较大。后来，Beekmans 和 Heyne 提出了砖层模型，将两种极端情况融为一体，如图 9.10(b)所示。它是由立方形晶粒堆砌而成，晶粒之间由上平面的晶粒间界分开。假定电流是一维的，

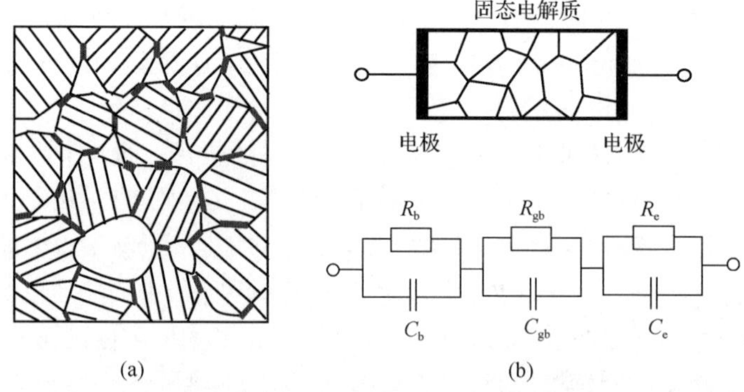


图 9.9　(a) 多晶结构；(b) 等效电路图

电流在晶粒角上的弯曲忽略不计，这样电流只能沿着两条途径进行：通过晶粒并穿过晶界[图 9.10(b) 左]，或者沿着晶界[图 9.10(b) 右]。砖层模型假定在个别晶粒之间有一连续的晶界，但是很多情况下，晶界上一些区域晶粒间接触良好。Bauerle 提出有效介质模型并将这些区域称为“捷径”(short-circuit) [图 9.10(c) 左]，其等效电路如图 9.10(c) 右侧两图所示，两者是等价的。

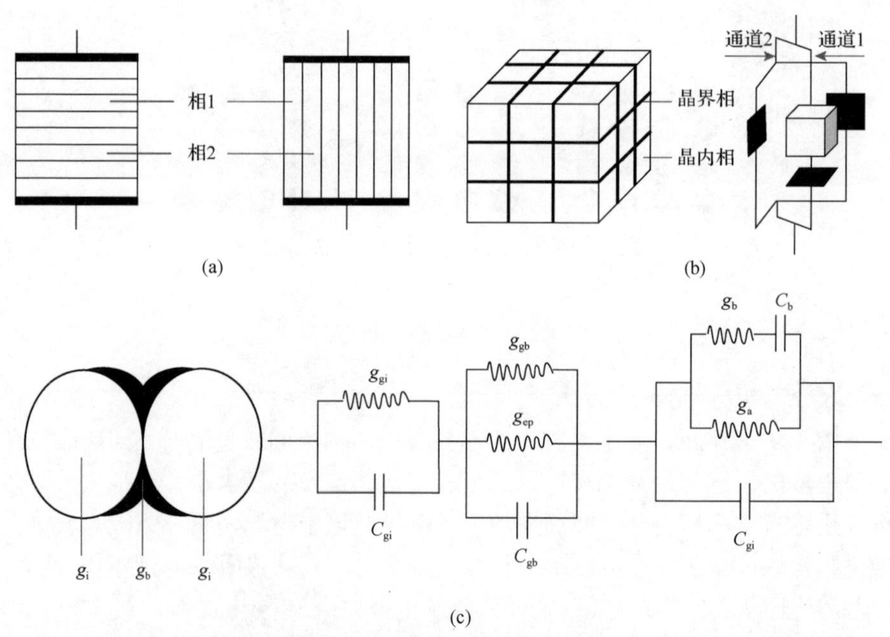


图 9.10　两相混合物等效电路模型

(a) 串联和并联模型；(b) 砖层模型；(c) 有效介质模型，$g_{gi}$ 代表晶粒内部电导率，$C_{gi}$ 代表晶粒内部电容，$g_{gb}$ 代表晶界电导率，$g_{ep}$ 代表简单路径传导的电导率，$C_{gb}$ 代表晶界电容，$g_b$ 代表界面电导率，$C_b$ 代表界面电容，$g_a$ 代表无电容路径传导的电导率

为了解释复合物电解质体系电导率的整体提高，Dudney 还提出了晶界、体相

和表面相串并联的电阻网络模型(resistor-network model)[图 9.11(a)]。整体的电导率可以描述为

$$\sigma=(1-x)\sigma_{\mathrm{b}}+x\sigma_{\mathrm{a}}+2\left[\frac{1}{r_{\mathrm{b}}}+x\left(\frac{1}{r_{\mathrm{a}}}-\frac{1}{r_{\mathrm{b}}}\right)\right]\times \tag{9.27}$$

$$\frac{\sigma_{\mathrm{b/b}}(1-x^2)r_{\mathrm{a}}^2+2\sigma_{\mathrm{b/a}}(1-x)xr_{\mathrm{a}}r_{\mathrm{b}}+\sigma_{\mathrm{a/a}}x^2r_{\mathrm{b}}^2}{[(1-x)r_{\mathrm{a}}+xr_{\mathrm{b}}]^2}$$

式中，$x$ 为分散体在整个体系中的体积分数；$r_{\mathrm{b}}$ 和 $r_{\mathrm{a}}$ 分别为主体相和分散体相的晶粒半径；$\sigma_{\mathrm{b/b}}$、$\sigma_{\mathrm{b/a}}$、$\sigma_{\mathrm{a/a}}$ 为相应界面的电导率。这一模型解释了主体相与分散体相颗粒大小以及分散体相在整个体系中所占的体积分数对电导率的影响。考虑到分散体团聚或均匀分散的不同情况，Uvarov 等提出了改进的形态学模型(morphological model)，如图 9.11(b)所示。当分散体相在主体相中团聚时[图 9.11(b)左]，电导率可以表示为

$$\sigma_{\mathrm{a.c.}}=\sigma_{\mathrm{s}}(\lambda/r_{\mathrm{b}})(\beta/\gamma)(1-f)^2+\sigma_{\mathrm{s}}'(\lambda'/r_{\mathrm{b}})(\beta/\gamma)f(1-f) \tag{9.28}$$

当分散体相在主体相中均匀分散时[图 9-11(b)右]，电导率可以表示为

$$\sigma_{\mathrm{a.c.}}=\sigma_{\mathrm{s}}(\lambda/r_{\mathrm{b}})(\beta/\gamma)(1-f)^2+\sigma_{\mathrm{s}}'(\lambda'/r_{\mathrm{a}})(\beta'/\gamma')f(1-f) \tag{9.29}$$

式中，$\sigma_{\mathrm{s}}$ 和 $\sigma_{\mathrm{s}}'$ 分别为主体相-主体相、主体相-分散体相界面的电导率；$\lambda$ 和 $\lambda'$ 分别为主体相-主体相、主体相-分散体相界面的厚度；$r_{\mathrm{b}}$ 和 $r_{\mathrm{a}}$ 分别为主体相和分散体相的晶粒半径；$\beta$、$\beta'$、$\gamma$、$\gamma'$ 为与样品形貌相关的量纲为 1 的几何因子；$f$ 为分散体的体积分数。为了阐释电导率与分散体相体积分数的关系，Bunde 提出了渗流模型[图 9.11(c)]。当分散体相为绝缘体时，电导率随着分散体的体积分数的提高而显著增大，超过临界值后又会减小。分散体相(深色方块)在主体相(白色方块)中随机分布，两相分界面为高电导率的界面相。分散体体积分数小于临界值，界面相随分散体增多而增多；当超过临界值时，分散体继续增多，导致分散体团聚在一起，界面相反而减少。

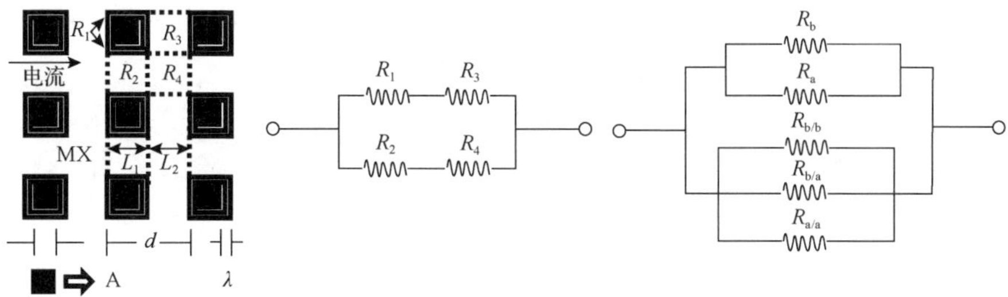

(a)

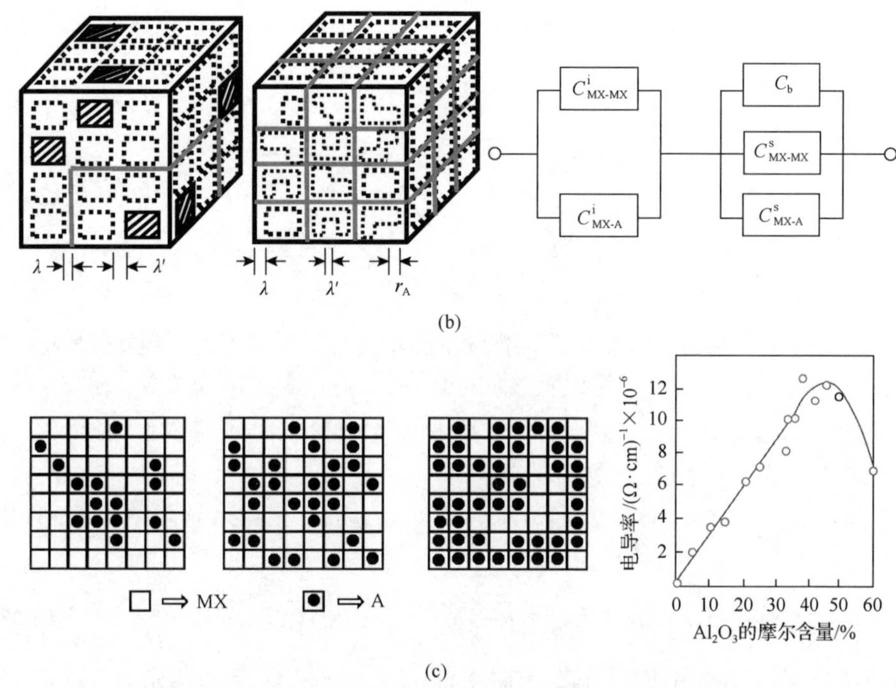


图 9.11 (a) 电阻网络模型；(b) 形态学模型；(c) 渗流模型

上述唯象的模型便于理解两相复合材料的导电性增强行为，但不涉及离子在界面处传输性质的变化。为了分析复合材料由界面引起的不同于体相的离子导电行为，把晶界附近的结构分成主体基质、分散体、表面三部分，对于电导率低的分散体，其自身的电导率贡献通常可以忽略。因此，表面部分电导率对总电导率的提高做出主要贡献。Jow 和 Wagner 提出电荷的空间分布模型，该模型假设在主体基质和分散体之间存在空间电荷的区域分布，这一区域产生过量的缺陷浓度(间隙位和空位浓度，如图 9.12(a)所示)，缺陷浓度的径向分布函数采用了不同模型来描述，表述了单一分散体附近载流子浓度、电导率的变化。如图 9.12(b)所示，在浓度梯度模型中，主体(AgI)/分散体(氧化物颗粒)界面上化学相互作用产生的浓度梯度导致复合电解质体系导电性增强。如图 9.12(c)所示，在迁移率增强模型中，由于移动离子的积累与吸附，在界面空间电荷层附近形成浓度梯度，降低了移动离子在界面附近的迁移能量，从而提高迁移率及导电性。

综上所述，虽然实际晶界所处的环境情况复杂多变，前述的各种界面模型及空间电荷层模型还是能提供从不同角度思考界面离子传输行为的理论指导。

3) 影响传质的因素

对于固态电池而言，由于锂离子在固态电解质和电极/电解质界面处的阻抗较大，因此离子电导率是衡量其传质动力学的重要物理指标，接下来将详细介绍温度、晶体结构和离子性质、化学组成、离子置换/掺杂/插入和材料晶态对离子电导率的影响。

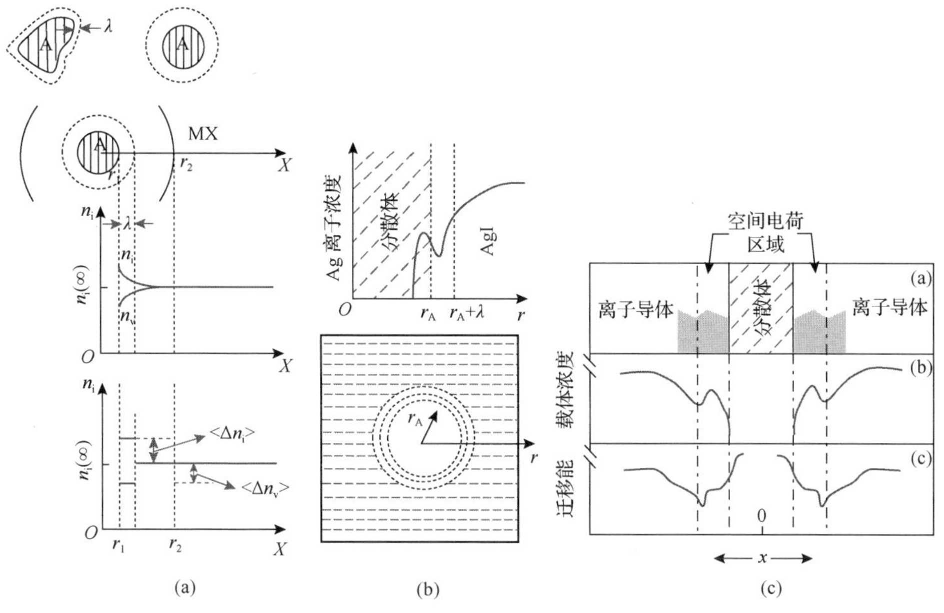


图 9.12　电荷的空间分布模型

(a) Jow 和 Wagner 模型；(b) 浓度梯度模型；(c) 迁移率增强模型

(1) 温度对离子电导率的影响。

固态电解质的导电类型属于离子导体，载流子可以是阳离子、阴离子或离子空位，电子电导率则甚低，一般电导率随温度上升而增加。与正常固体相比较，活化能低(一般仅为正常固体的 1/10～1/5)是造成固态电解质电导率高的主要原因。因此，在一定温度下，固态电解质的离子运动比正常固体中的离子运动快，其离子电导率也相应地比正常固体相高。降低活化能与提高电导率的可能机理之一是离子间的协同运动。

温度影响晶格的无序度，而无序度会对离子运动产生影响，从而影响材料的电导率。一般来说，电导率与温度的关系存在三种典型变化：①在相变点时无序度突然降为零，电导率发生突变。②无序度连续变为零，电导率与温度的线性关系有转折。③无序度的变化在较宽的温度范围内发生，无确定的相变点，电导率随温度升高而连续升高。经过转变后，无序度发生变化，使迁移离子亚晶格呈液体或类液体状态，电导率显著上升，可以达到与熔盐电导率相同的数量级。

若不考虑离子的长程关联作用，电导率和迁移率与温度的关系符合 Arrhenius 方程，即在一定温度范围内电导率的对数与温度的倒数呈线性关系，若考虑到离子与晶格矩阵长程关联的耦合作用(如无定形的聚合物、玻璃相等)，通常可以用基于准热力学模型的 Vogel-Tammann-Fulcher（VTF）方程更好地拟合电导率与温度间的关系：

$$\sigma = \sigma_0 T^{-\frac{1}{2}} \exp\left(-\frac{B}{T - T_0}\right) \tag{9.30}$$

式中，$B$ 为表观活化能（apparent activation energy）。因此随温度升高，电导率增大。图 9.13 给出了现阶段各种锂离子电解质材料的离子电导率与温度的关系曲线。可以看出，无机电解质多服从 Arrhenius 方程，聚合物电解质与处于低温时的有机电解质服从 VTF 方程。

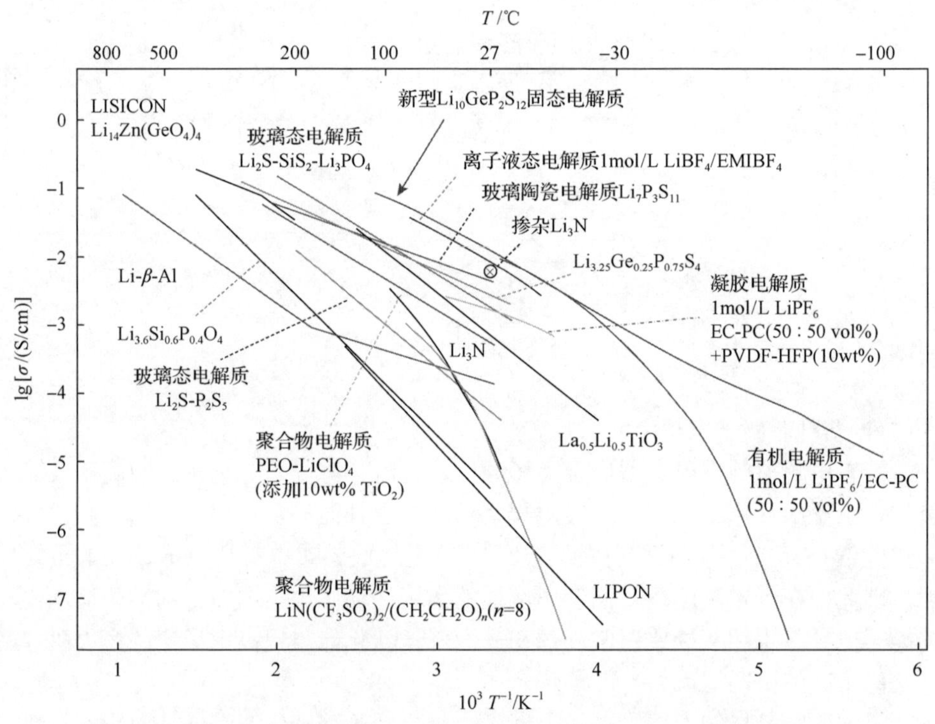


图 9.13 锂离子电解质材料的离子电导率与温度的关系曲线[8]

(2) 晶体结构和离子性质对离子电导率的影响。

晶体结构中离子迁移通道、特定结构和离子性质（大小、极化率等）共同决定了离子的传导作用。

晶体结构对离子电导率的影响体现在两方面。一方面，晶体结构不同，其空位浓度不同，可供离子迁移的通道网不同，则离子迁移的能垒不同，即离子迁移的活化能不同，造成离子电导率不同。大多数快离子导体的晶体结构内含有较迁移离子更多的大量可占据的位置，离子在这些位置间分布，形成相当多的离子空位和较大的离子无序度。在固体中，只有当离子的紧邻环境中包含有能量上可以达到的空位时，离子才能跳跃，从而对离子电导率做出贡献。因此，离子跳跃必须满足以下三个条件：①晶格所含的位置必须比填充离子的数目多，并且这些位置在能量上是相似的。②离子可以跳跃到附近的空位上去，因此在互相邻近的等效位置之间的能垒不能过大。③必须有贯穿晶格的连接通道，否则，即使存在着大的跳跃速率也不会有显著的直流传导。另外，晶体结构不同，可供离子迁移的通道大小不同，从而使离子扩散系数不同，造成电导率不同。

一般而言，离子性质(极化率、离子半径、离子价态)对电导率的影响在于：极化率大的离子构成的在某种程度上具有共价结合的晶体比极化率小的离子构成的理想离子晶体更易于发生离子传导。因此，碘化物(离子半径越大，极化率越大)的离子电导率一般较大。在离子价态方面，高价离子由于与晶格的吸引作用较强，处于较低的势能状态，较难在晶格内迁移，离子电导率较低，因此提高温度是升高这类离子电导率的一个重要方法。

(3) 化学组成对离子电导率的影响。

当基体物质与其他物质形成固溶体，且空位浓度小时，电导率随空位浓度的增大而增大。但是随着添加物含量的增大，空位浓度增大，电导率达到最高点后开始减小。这是由于形成了带电复合体(一种缺陷被固定于晶体结构中某特定位置的状态，可以看成一种局部的规则排列)，当复合体的浓度变大时，可以认为整个晶体结构具有规则构造，正是这种规则化使电导率急剧下降。因此，添加物的含量存在一个最佳配比，使电导率达到最大。

(4) 离子置换/掺杂/插入对离子电导率的影响。

当电解质中的客体离子被同价态的离子置换时，随着置换离子半径的逐渐增大，传导活化能存在先减小后增大的趋势，因此存在一个最佳的离子半径使离子电导率最大。而当客体离子被高价阳离子置换时，其离子电导率会下降。这是由于阳离子电荷数多，与导电面内的阴离子间的静电力作用强，其传导活化能也就变大，使离子电导率下降。

掺杂在增大离子电导率方面的主要作用有：加强晶体结构的稳固性；减弱迁移离子和骨架结构之间的相互作用力；使迁移离子的扩散通道变大；增大迁移离子的浓度[9]。对于 NASICON(钠超离子导体)型固态电解质材料，电化学性质的改变以掺杂为主。一方面，较低价态离子的掺杂会增加固相中填隙 $Li^+$的数量；另一方面，掺杂离子的电负性及离子半径大小会影响结构中骨架的大小，进而改变传输瓶颈大小使其更适合 $Li^+$的迁移，以上两方面均能提高 $Li^+$的导电能力，从而使 $Li^+$电导率增大。而对于 $\beta$ 氧化铝的掺杂可以起到三方面的作用。当掺杂低价阳离子，如 $Mg^{2+}$取代 $Al^{3+}$时，可以增加能导电的 $Na^{+}$，除去阻碍 $Na^{+}$迁移的间隙 $O^{2-}$，以及与 $Na^{+}$保持电荷平衡的带负电的 $Al^{3+}$空位。而当掺杂离子取代的是 $Na^{+}$时，则使扩散离子的浓度减小，离子电导率降低。当掺杂的离子半径不同时，基体材料中被取代的离子不同，使其对离子电导率的增加或减小的贡献不同，故离子掺杂存在最佳配比，使离子电导率达到最大。

离子插入对离子电导率的影响体现在四个方面：①插入量。对于层状物质，在客体离子的插入不改变其结构的情况下，如果插入离子与层间的作用力小，则离子的插入会使层间距离增大，使离子的扩散变得容易，电导率增大。但当离子的插入量达到一个特定的临界值时，范德瓦耳斯层会被拉开至足够的程度，使离子电导率发生突变。②插入位置。对于非层状物质，不同的插入离子在基体材料中占据的位置不同，其占据的位置与离子大小和配位数有关。这样，其在基体中传输时需要越过的能垒不同，进而导致离子的迁移率不同，离子电导率则不同。③插入离子半径。离子的半径不同，则在插入时所占据的空位不同，既能占据八面体(TAP)位置，又能占据三方棱柱(TP)位置。一般来说，随着插入碱离子半径的增大，稳定 TP 相；随着碱离子插入量的增大，则稳定 TAP 相。④插入离子扩散路径。插入化合物中的离子扩散有两种途径：从 TP 位置到 TP 位置，以及从 TAP 位置经四面体位置至 TAP 位置。由于占据 TAP 位置的离子迁移时必须能过小得多的四面体位置，所以对这些插入化合物的离子来说，后一种扩散路径的活化能大于前者，使离子扩散变得不易，从而使离子电导率下降[10]。

(5) 材料晶态对离子电导率的影响。

对于晶态离子导体，晶格缺陷和无序性对增大离子电导率有重要意义。而对玻璃态离子导体而言，因玻璃态本身有相当大的无序度，可以促进离子传导过程，所以玻璃态离子导体的离子电导率比相应的晶态离子导体的离子电导率高。但在电子电导率方面，由于玻璃的晶格缺陷结构对电子具有散射作用，并有低的电子迁移率，所以玻璃的电子电导率很低。玻璃态锂离子固态电解质中玻璃具有不规则的连续网络结构，离子传输通道的瓶颈大小不尽相同，因此不利于半径较大的阳离子通过，而锂离子的半径相对较小，在传输时不会产生离子阻塞问题，所以玻璃态固态电解质的锂离子电导率较高。

4) 正极材料的传质

正极材料在充电时，锂离子从晶格中脱出，扩散或迁移到对电极上，同时过渡金属离子的价态也发生相应的变化，以图 9.14 的 $LiFePO_4$ 电极为例，$Fe^{2+}$被氧化成 $Fe^{3+}$。在这个过程中，锂离子需要在正极材料的晶格中扩散和迁移，要求正极材料需要有一定的离子电导率，同时这个过程还伴随着过渡金属离子氧化反应，这就要求正极材料同时也要有一定的电子电导率。

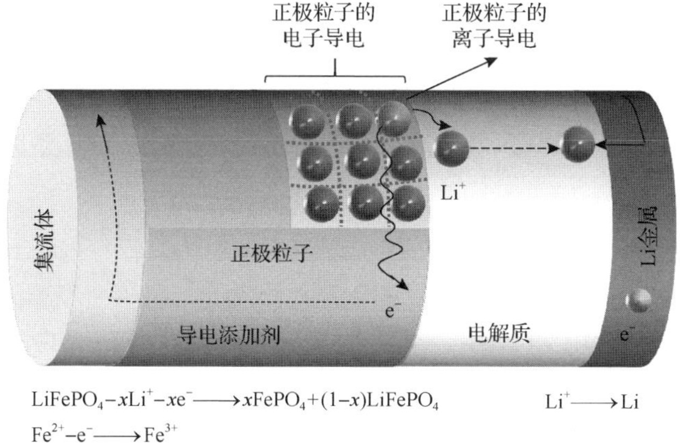


图 9.14 锂离子电池正极材料 $LiFePO_4$ 充电过程中的离子和电子输运过程示意图

与电解质材料不同，电极材料为混合离子导体。在电极材料中，电子和锂离子都会在电场的作用下运动，在这个过程中，电子与离子的相互作用将会对离子电导率产生影响。例如，$LiAlO_2$、$LiNiO_2$ 和 $LiCoO_2$ 三种材料具有类似的晶格结构，但是后两种具有较高的电子电导率和离子电导率，而 $LiAlO_2$ 的电子电导率和离子电导率都较低。

在开发锂离子电池正极材料时，反应电压、储锂容量是优先考虑的因素。据此选择的材料体系确定后，需要考虑其本征的电子电导率、离子电导率和扩散系数。表 9.2 给出了 3 种正极材料的锂离子扩散系数和电子电导率，其中 $LiCoO_2$ 的锂离子扩散系数和电子电导率均高于 $LiMn_2O_4$ 和 $LiFePO_4$。

**表 9.2 正极材料中锂离子的扩散系数和电子电导率**[11]

| 正极材料 | $D_{Li^+}$/(cm²/s) | $\sigma$ /(S/cm) |
|---|---|---|
| $LiCoO_2$ | $10^{-10}\sim10^{-8}$ | $10^{-4}$ |
| $LiMn_2O_4$ | $10^{-11}\sim10^{-9}$ | $10^{-6}$ |
| $LiFePO_4$ | $10^{-15}\sim10^{-14}$ | $10^{-9}$ |

在锂离子电池中，由于电极材料的电子电导率和离子电导率对器件的动力学特性有显著影响，包括能量密度和循环性能，在设计电池体系时需要综合考虑电子电导率和离子电导率的关系和影响。当材料的离子电导率较低时，在不影响其他电化学性能的前提下，可以通过前述影响离子电导率的因素对材料进行结构上的调整，其中减小材料尺寸是降低离子输运阻抗的最有效方法之一。材料的电子电导率较低时可以通过表面修饰、掺杂来改善，典型的例子是在 $LiFePO_4$ 上的碳包覆方法。

目前，由于在可重复的高纯样品制备上的困难以及各类测量方法存在的局限性，正极材料本征输运性质，包括扩散系数、离子电导率、迁移率、载流子浓度、离子在晶格中的跃迁频率、平均跳跃距离、昂萨格系数等物理量并没有精确获得，故没有公认的权威数据。正极材料在充放电过程中，锂离子在晶格中的浓度不断发生变化，甚至引起相变，导致了输运特性随嵌锂量的不同而发生变化。此外，各种材料改性的方法对离子-电子混合输运特性均有一定影响，都是后续研究应该关注的科学问题。

5) 负极材料的传质

目前，在商业上广泛使用的负极材料基本上都是各种碳材料，如天然石墨、人造石墨、中间相碳微球(MCMB)、非石墨化的软碳、硬碳材料。在不同的碳材料中，测量获得的锂离子扩散系数也不同(表 9.3，测量结果均为锂离子的化学扩散系数)。

**表 9.3　锂离子在各种碳材料中的化学扩散系数[11]**

| 负极材料 | $D_{Li^+}$/(cm²/s) | 测试方法 |
|---|---|---|
| 天然石墨 | $10^{-10}\sim10^{-8}$(室温)<br>$10^{-11}\sim10^{-10}$(−35℃) | PSCA<br>(恒电势阶跃法) |
| 中间相碳微球 | $10^{-9.5}\sim10^{-7.7}$<br>(几何区域) | GITT<br>(恒电流间歇滴定法) |
| 石墨化中间相碳微球 | $10^{-10}\sim10^{-9}$( $0.15<x<0.8$ ，嵌入)<br>$10^{-10}\sim10^{-8}$( $0.15<x<0.8$ ，脱出) | PRT<br>(电势弛豫法) |
| 石墨 | $10^{-11}\sim10^{-7}$[ $0.025V<E(vs.\ Li/Li^+)<0.25V$ ] | PITT<br>(恒电势间歇滴定法) |
| 高定向热解石墨<br>(HOPG) | $1.14\times10^{-12}\sim3.84\times10^{-11}$(块体)<br>$1.42\times10^{-12}\sim1.82\times10^{-11}$(粉末) | EIS<br>(电化学阻抗法) |
| | $5.36\times10^{-12}\sim5.89\times10^{-11}$(块体)<br>$0.70\times10^{-12}\sim0.30\times10^{-11}$(粉末) | PSCA |

锂离子在石墨类材料中的输运涉及连续的相转变，从而在开路电压曲线中形成明显的电压平台(图 9.15)。由图 9.15(a)可以看出，0.8～0.9V 的放电平台是石墨表面钝化膜生成的特征平台，0.3V 以下的平台对应着锂嵌入石墨形成的不同阶的层间化合物。由于石墨的层间结合力远比层内小，且层间距离大，因此在石墨层间容易嵌入一些其他原子、基团或离子，形成石墨层间化合物(GIC)。在 GIC 中，每层中嵌入一些其他原子、基团或离子称为一阶 GIC，若每隔 $n$ 个石墨碳原子层有一层插入物质则称为 $n$ 阶 GIC。Li-GIC 主要有四阶、三阶、二阶($LiC_{18}$)、一阶($LiC_6$)四种化合物，生成的电势($vs.$ $Li/Li^+$)分别为 0.09V、0.12V、0.14V 和 0.20V，其中四阶和三阶的化合物并不确定，四阶的化合物范围为 $LiC_{44}\sim LiC_{50}$，三阶的化合物范围为 $LiC_{25}\sim LiC_{30}$，这两种阶的化合物的相转变应该是连续的，与电压平台之间的平滑过渡相对应。不同阶结构中，锂离子的扩散系数不同。

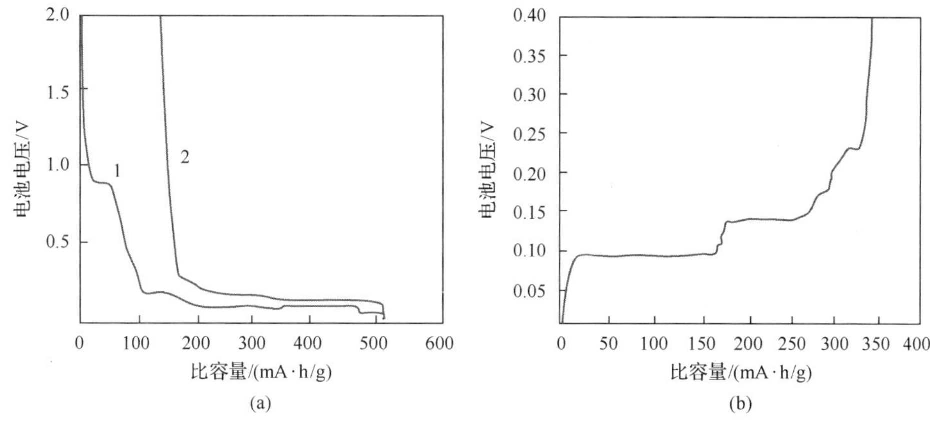


图 9.15　(a) 锂/天然石墨半电池的首周充放电曲线；(b) 在近平衡态下石墨负极脱锂过程中的电势平台

1 代表第 1 周放电曲线；2 代表第 1 周充电曲线

锂离子在各类碳材料中的输运过程，还伴随着 SEI 膜的形成和穿过 SEI 膜的动力学过程。SEI 膜主要是由电解液还原分解产生，组成成分包括碳酸锂、烷基氧锂、烷基碳酸酯锂和氟化锂等，而 SEI 膜的结构与诸多因素有关，如充放电电流密度、温度、电解液中的添加剂、溶剂和所使用的锂盐等。离子在 SEI 膜中的输运受到了膜的结构和厚度的影响。10nm 厚的 SEI 膜的体相电阻为 10～1000Ω·cm$^2$，而晶界电阻则有 10～100Ω·cm$^2$，因此晶界对于离子在 SEI 膜中的输运有重要的影响。同时，因为减小颗粒尺寸后增加的表面积会增大 SEI 膜的体积分数，导致界面电阻的增加，使得试图通过单纯降低电极材料颗粒尺寸来减少锂离子输运电阻往往达不到应有的效果。目前，对于锂离子在 SEI 膜中的输运机理并不十分清楚，还需要更加细致的研究。

目前，广泛研究的负极材料还包括尖晶石结构的钛酸锂负极 ($Li_4Ti_5O_{12}$) 及硅负极。前者钛酸锂负极为三维锂离子导体，是一种由金属锂和低电势过渡金属钛的复合氧化物，具有优异的离子输运性质，最大的特点就是其"零应变性"，在嵌入或脱出锂离子时晶格常数和体积变化都很小，小于 1%。这种零应变性能够避免由电极材料的来回伸缩而导致结构的破坏，从而提高电极的循环性能和使用寿命，具有非常好的耐过充、过放特征。后者在嵌脱锂后会形成无定形 Li-Si 合金，离子的输运在无定形相中发生。硅负极在充放电过程中具有比石墨负极更大的极化，目前还不清楚是与离子输运性质有关还是与相边界推移速率有关。

6) 固态电解质的传质

为了提高锂离子电池的安全性，采用固态电解质的固态锂离子电池引起了广泛的关注。固态电解质又称快离子导体，具有许多优点，包括较宽的电化学窗口和更好的安全性。一种材料在常温下的离子电导率至少要达到 $10^{-3}$S/cm 才能够作为锂离子电池的电解质，目前已经研究的固态电解质材料有几百种，包括氧化物、硫化物及聚合物固态电解质。

广泛研究的氧化物固态电解质包括石榴石型固态电解质、钙钛矿型固态电解质、NASICON 型固态电解质和反钙钛矿型固态电解质。一般而言，氧化物固态电解质材料是受晶界控制的离子导体，要使电解质的总体电导率提高，必须调控并改善材料的晶界，制备出致密的产物。

由于 Li-S 的相互作用比 Li-O 的相互作用弱，一般硫系电解质具有更高的离子电导率。玻璃态硫化物固态电解质室温下离子电导率大约为 $10^{-4}$S/cm。2011 年，日本东京工业大学通过传统的固相合成法制备了室温下离子电导率接近 $10^{-2}$S/cm 的 $Li_2S$-$GeS_2$-$P_2S_5$ 系硫化物固态电解质材料。但是，硫化物固态电解质在应用时存在很多问题，如室温条件下在空气中不稳定、遇到水汽易发生反应生成有毒的 $H_2S$ 气体、高温遇到氧气会发生氧化燃烧反应等。

目前，不含液态增塑剂的纯聚合物固态电解质在室温下离子电导率可以达到 $10^{-3}$S/cm，100℃时离子电导率达到 $5\times10^{-2}$S/cm。聚合物固态电解质离子电导率高的原因主要是锂盐与聚合物链上的基团发生强烈的相互作用，导致锂盐发生解离，解离出的锂离子与聚合物链上的阴离子基团发生相互作用而络合，随着高柔性链段的运动而向前传递，被阴离子基团解络后与下一个基团络合，这种反复络合-解络的方式促使锂离子在空间上发生位移，实现快速迁移。因此，聚合物固态电解质锂离子电导率的高低依赖于聚合物与锂盐相互作用的程度及聚合物链段的运动能力。聚合物与锂盐之间的相互作用越强，解离出来的锂离子数目越多，离子电导率越高，而聚合物链段的运动能力越强，离子迁移的速率越快。

为了提高电池的安全性，固态锂离子电池引起了广泛的关注。研究离子输运机理、输运通道、界面对离子输运的影响，新的固态电解质材料成为当前热点。

## 9.4 固态电池的电极材料

### 9.4.1 负极材料

根据固态电池性能的需求，负极材料应满足以下特征：①嵌锂电压不能太高，否则会大幅降低全电池的能量和功率密度，也不能低到接近 0V，否则会引起锂沉积；②在长周期循环后，仍然能保持结构稳定性，并且拥有较快的电子电导率和离子脱嵌速率；③价廉、储量丰富和对环境友好。固态电池的负极材料按反应类型不同，主要分为金属锂及锂合金、脱嵌反应型材料、合金化反应型材料和转化反应型材料。

最早应用在固态锂离子电池中的负极材料为金属锂。金属锂具有电势低、理论比容量高(3860mA·h/g)、循环特性好等优点，成为固态锂离子电池最主要的负极材料之一。然而金属锂在循环过程中会有锂枝晶的产生，不但会使可供脱嵌的锂量减少，更严重的是会造成短路等安全问题。此外，金属锂还存在熔点低(180℃)、对水和氧气敏感等问题，给电池的组装和应用带来困难。加入其他金属与锂组成合金是解决上述问题的主要方法之一，这些合金材料一般都具有高的理论容量，并且金属锂的活性因其他金属的加入而降低，可以有效控制锂枝晶的生成和电化学副反应的发生，从而促进了界面稳定性。锂合金的通式是 $Li_xM$(M=In、B、Al、Ga、Sn、Si、Ge、Pb、As、Bi、Sb、Cu、Ag、Zn 等)。然而，锂合金负极存在着一些明显的缺陷，主要是在循环过程中电极体积变化大，严重时会导致电极粉化失效，循环性能大幅下降，同时，由于锂仍然是电极活性物质，所以相应的安全隐患仍存在。目前，可以改善这些问题的方法主要包括合成新型合金材料、制备超细纳米合金和复合合金体系(如活性/非活性、活性/活性、碳基复合及多孔结构)等。

代替金属锂及锂合金的负极材料按反应机理可分为脱嵌反应型、合金化反应型及转化反应型负极材料。脱嵌反应型负极材料包括 $V_2O_5$、$Li_4Ti_5O_{12}$、$TiO_2$ 等多种负极材料(图 9.16)，这类材料均有着与石墨相类似的层状结构。与 $Li^+$从石墨嵌入/脱出过程相类似，在充放电过程中，$Li^+$会逐步从此类材料层间嵌入和脱出，在此过程中材料晶格不会发生明显变化，确保在长期循环过程中电池性能的稳定。但这类材料工作电压偏高，比容量较低。合金化反应型负极材料以 Si、Sn、Ge、Sb、Zn 等一些金属或半导体材料为代表。虽然这类材料具有较高的比容量(780～4200mA·h/g)，但是在合金化反应的过程中电极材料会发生较大的体积变化，电极因在循环过程中受较大的应力而变形破碎，导致容量的急剧衰减(图 9.17)。目前主流的解决方法主要有以下几种：①将活性物质粒径从微米尺度减小至纳米尺度，减小离子在活性物质中的扩散距离；②将活性物质与导电缓冲物质进行复合；③对活性材料进行纳米结构形貌控制。转化反应型负极材料由于可以与 $Li^+$发生氧化还原反应通常都有着较高的理论比容量(500～1000mA·h/g)，目前所研究的转化反应型负极材料包括金属氧化物、磷化物、氮化物、硫化物等($M_xN_y$，其中 M=Fe、Co、Cu、Mn 和 Ni，N=O、P、S 和 N)。它们与 $Li^+$均有着相类似的反应方程：

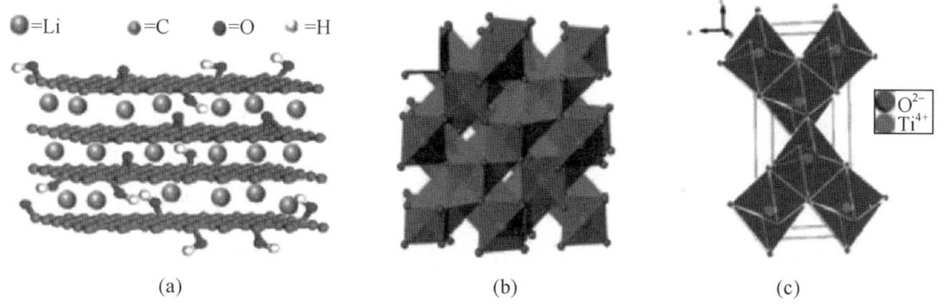


图 9.16　典型的脱嵌反应型负极材料

(a)扩张石墨层[12]；(b) $Li_4Ti_5O_{12}$[13]；(c) $TiO_2$[14]

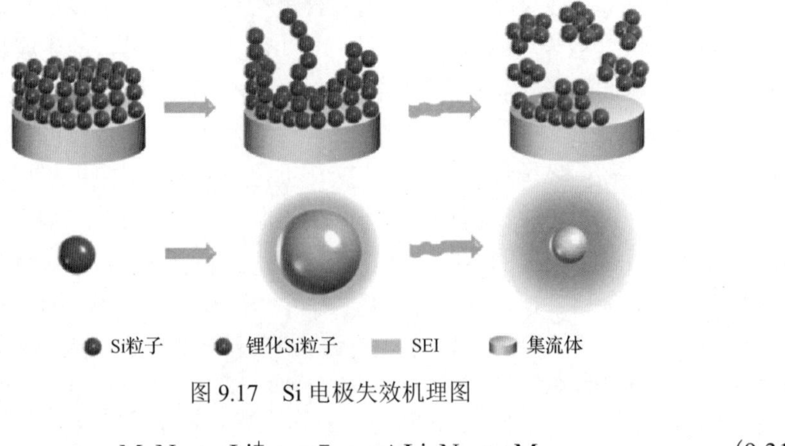


图 9.17 Si 电极失效机理图

$$M_xN_y + zLi^+ + ze^- \rightleftharpoons Li_zN_y + xM \tag{9.31}$$

其转化反应机理如图 9.18[15]所示。

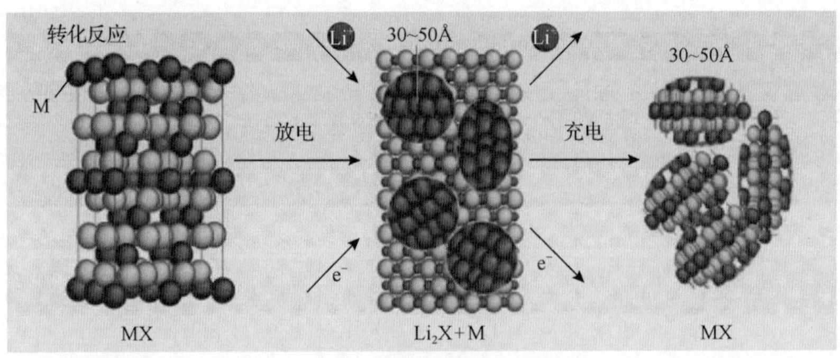


图 9.18 转化反应机理示意图

### 9.4.2 正极材料

根据固态电池高性能正极材料发展的需求，正极材料应该满足以下特征：①该材料含锂过渡金属氧化物，易与锂离子发生可逆氧化还原反应，反应前后结构变化较小；②能够嵌脱锂的数量多、速率快，反应平台电压高，同时具有高的电子电导率，这样能够使正极材料有较高的能量密度和功率密度；③该材料在使用过程中结构稳定，不会发生结构坍塌、衰退或者过充等现象，同时其成本低、环境污染小。固态电池的正极一般采用复合电极，除了电极活性物质外还包括固态电解质和导电剂，在电极中起到传输离子和电子的作用。其中正极材料按照其晶体结构类型，可分为层状 $LiMO_2$、橄榄石型 $LiFePO_4$ 和尖晶石型 $LiMn_2O_4$。

层状过渡金属氧化物($LiMO_2$，M 是 Co、Ni、Mn 等)拥有 $\alpha$-$NaFeO_2$ 六方层状结构，属于 $R3m$ 空间群，氧原子以面心立方密堆积排列，过渡金属离子和 $Li^+$ 占据着八面体间隙，其中氧原子、过渡金属离子和锂离子分别占据了 $6c$、$3a$ 和 $3b$ 位置。由于 Li—O 键比 M—O 键更容易断裂，使得锂离子能够较容易地在过渡金属氧化物层间进行嵌入和脱出。其中，应用最普遍的锂离子电池正极材料是 $LiCoO_2$，具有工作电压高、合成简单、循环性能稳定、工作寿命长等优点。如图 9.19[16]所示，$LiCoO_2$ 为层状 $\alpha$-$NaFeO_2$ 结构，其中的氧呈立方紧密堆积排列，锂离子在层状结构的锂离子所在平面进行脱嵌，完全脱锂时，氧层发生重排，与 Co 形成六方紧密堆积，在这些不同的组成之间产生不同程度的氧晶格畸变。

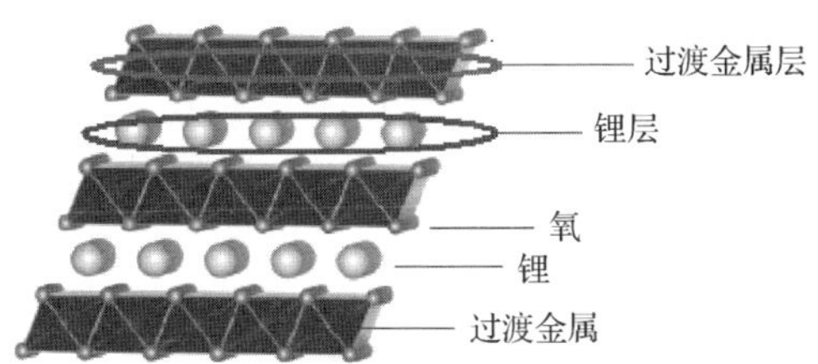


图 9.19　$LiCoO_2$ 的晶体结构

$LiFePO_4$ 正极要比 $LiCoO_2$ 正极拥有更好的热稳定性，理论比容量(170mA·h/g)也更高。如图 9.20[17]所示，$LiFePO_4$ 具有橄榄石型的晶体结构，每个单胞包含 4 个 $LiFePO_4$，O 原子形成六方密排点阵，一半的八面体位置被 Li 和 Fe 占据，1/8 的四面体位置被 P 占据。$LiFePO_4$ 在完全失去 $Li^+$ 后对应的理论比容量为 170mA·h/g，通过拓扑相转换变成了另一种橄榄石型的晶体结构，并发生 4%的体积变化。然而，$LiFePO_4$ 存在着电子电导率低($10^{-9}$S/cm)的问题，倍率性能不佳。通过纳米化、掺杂和碳包覆可以提高倍率性能，例如，碳包覆能将 $LiFePO_4$ 的电子电导率从 $10^{-9}$ S/cm 提升到 $10^{-6}$～$10^{-5}$ S/cm。

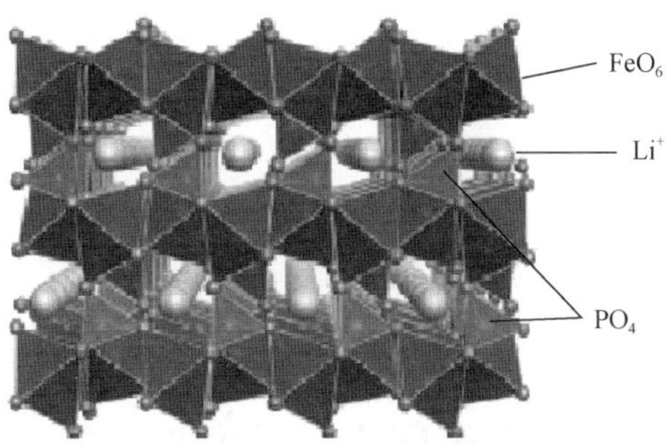


图 9.20　$LiFePO_4$ 的晶体结构

尖晶石型 $LiMn_2O_4$ 是 1981 年由 Hunter 首次制得，具有较高的容量和平台电压、安全性高、环境友好、价格低廉等优点，适合作为高功率动力电池的正极材料。如图 9.21[18]所示，$LiMn_2O_4$ 可以看成是由共边或共面的 $MnO_6$ 八面体排列而成，其结构中有两种四面体间隙，分别为 8*a* 和 8*b*。其中 8*a* 处于由多个 $MnO_6$ 八面体形成的三维通道中(图 9.21 中黄色四面体)，8*b* 位于由四个共边 $MnO_6$ 八面体形成的间隙中。虽然 $LiMn_2O_4$ 正极的容量比 $LiCoO_2$ 稍低，但它的电压平台比 $LiCoO_2$ 更高，价格也相对便宜，而且原材料储量丰富，对环境没有污染。尽管 $LiMn_2O_4$ 正极拥有诸多优势，但其也存在着本征电子电导率低和容量衰减等问题。根据研究结果，容量衰减的原因主要为两方面：一个是 Mn 从正极材料中脱落溶解在电解液中；另一个则是姜-泰勒(Jahn-Teller)畸变引起的结构衰退，使得 $LiMn_2O_4$ 在电解液中发生溶解而损耗($2Mn^{3+} \longrightarrow Mn^{2+} + Mn^{4+}$)，导致循环容量保持率较低，尤其在高温下较低。目前，表面包覆和离子掺杂是解决 Mn 溶解的两种常用的手段。表面包覆可以避免电解液和 $LiMn_2O_4$ 直接接触，从而有效阻止 Mn 的溶解，如 $TiO_2$ 包覆、$Al_2O_3$ 包覆及 ZnO 包覆等。离子掺杂主要是用其他离子(如 Li、B、Mg、Ni、Co、Al、Fe、Ti 或 Zn)部分取代锰离子，通过形成更强的离子键来减小 Mn 的溶解。

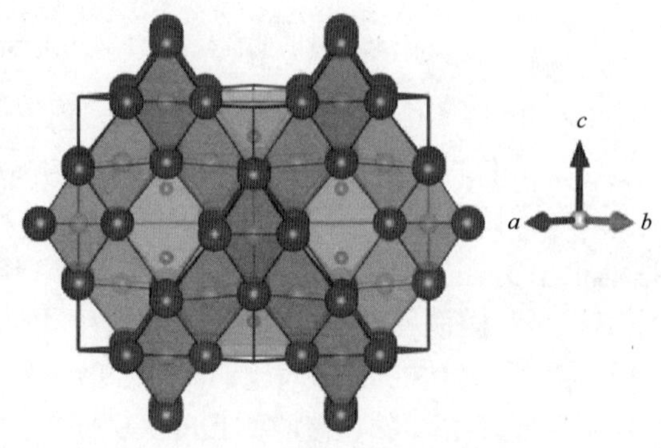


图 9.21　$LiMn_2O_4$ 的晶体结构

氧原子(红色)、锰原子(青色)、锂原子

综上所述，固态电池的电极材料对提升全电池的整体性能发挥着重要的作用。虽然固态电解质与电极材料界面基本不存在固态电解质分解的副反应，但是固态特性使得电极/电解质界面相容性不佳，界面阻抗太高严重影响了离子的传输，最终导致固态电池的循环寿命低、倍率性能差。因此，在开发高性能电极材料的同时，应考虑电极/电解质界面相容性的关键科学问题。

## 9.5　固态电池的电解质材料

固态电解质是固态锂电池的核心组件。具有高锂离子电导率，高锂离子迁移数，优良电化学及热稳定性、机械性能，与电极具有良好兼容性的固态电解质，是发展固态锂电池的必要条件。固态电解质种类繁多，主要包括氧化物、硫化物及聚合物固态电解质。

## 9.5.1　无机固态电解质

### 1. 氧化物

按物质结构，氧化物固态电解质可以分为晶态电解质和非晶态(玻璃态)电解质。晶态电解质包括石榴石型固态电解质、钙钛矿型固态电解质和 NASICON 型固态电解质。非晶态电解质有反钙钛矿型固态电解质。

1)石榴石型固态电解质

石榴石型结构是由 Thangadurai 等[19]于 2003 年发现的一种无机固态电解质，其通用化学式为 $A_3B_2(XO_4)_3$(A 为氧离子的八配位，A=Ca、Mg、Y 等；B 为氧离子的六配位，B=Al、Fe、G 等；X 为氧离子的六配位，X=Si、Ge、Al)。石榴石型固态电解质具有良好的室温离子电导率($10^{-4}$S/cm)、低的电子导电性、高的化学稳定性和与电极材料良好的相容性，在解决传统有机电解液的泄漏等安全问题方面具有很好的应用前景。

含 Li 的石榴石型固态电解质 $A_3B_2(LiO_4)_3$ 为体心立方结构，空间群为 *Ia*-3*d*。如图 9.22 所示，$AO_8$ 十二面体和 $BO_6$ 八面体通过共面的方式交错连接构成三维骨架，骨架间隙则由 O 构成的八面体空位和四面体空位填充，其中两个相邻的四面体通过与一个八面体的两个相对面共面而发生桥接。对 A 或 B 位元素进行异价元素取代可以调节 Li 元素含量。例如，在 B 位置上，用 2 个正六价的阳离子(如 $W^{6+}$)取代 5 个正三价的阳离子时，根据电荷守恒原理，会多出 3 个电子，即可以引入 3 个 $Li^+$，得到含 3 个 Li 的石榴石型离子导体(如 $Li_3La_3W_2O_{12}$ 材料)。以此类推，可以得到不同 Li 含量的石榴石型固态电解质材料(图 9.23)。此外，在改变了锂空位浓度的同时，由于引入元素的半径不同，晶格常数也发生了变化，这就为 $Li^+$的快速输运创造了便利。

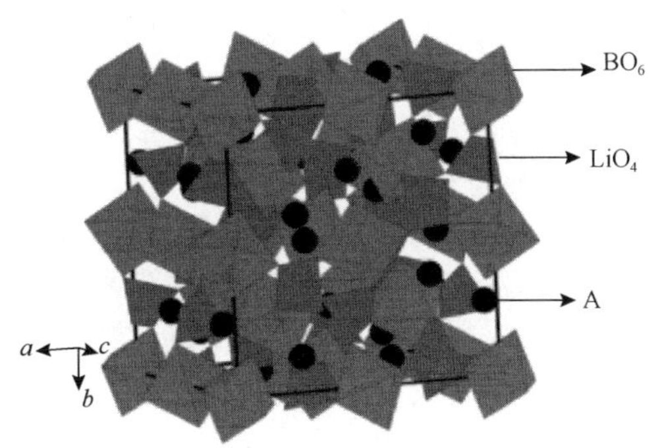


图 9.22　石榴石型固态电解质的晶体结构[20]

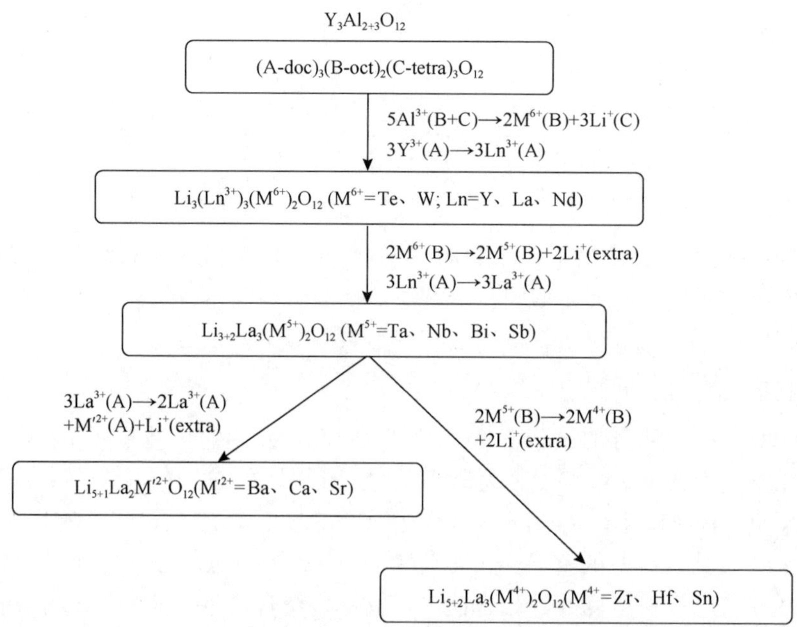


图 9.23　石榴石结构锂离子固态电解质家族演化史

extra 表示额外的 $Li^+$

最典型的石榴石型固态电解质 $Li_7La_3Zr_2O_{12}$(LLZO)因其较高的离子电导率、对 Li 较好的稳定性而受到研究者的青睐，并且已经成功应用于一些二次锂离子全固态电池中。根据 $Li^+$在晶格中占据位置的不同，LLZO 可以分为立方相和四方相。如图 9.24 所示，两种晶体的结构框架都是由八配位的 $LaO_8$ 六面体和六配位的 $ZrO_6$ 八面体构成。对于立方相，$Li^+$部分占据两种位置，分别为 $LiO_4$ 四面体中的 24*d* 位[Li(1)]和高度无序的 $LiO_6$ 八面体中的 48*g*(96*h*)位[Li(2)]。因此，Li 的排列可以简化为由四面体位置 Li(1)和八面体位置 Li(2)构成的环状单元在整个空间的重复排列。由于 $Li^+$的迁移路径对应着 Li 在 LLZO 晶体结构中的排列方式，因此立方相 LLZO 中 $Li^+$的三维扩散路径是 24*d*—96*h*—48*g*—96*h*—24*d*。如图 9.25(a)所示，环结构中四面体 Li(1)$O_4$ 和八面体 Li(2)$O_6$ 共面，形成非常短的 Li-Li 间距，同时由于 Li(1)和 Li(2)都是部分占据，空位较多，载流子 $Li^+$表现出单个跃迁的特性，更容易迁移(迁移激活能为 0.1～0.3eV)，因此其离子电导率较高($10^{-4}$S/cm)。对于四方相，$Li^+$完全占据三种位置，分别为四面体中的 8*a* 位[Li(1)]和八面体中的 16*f* 位[Li(2)]与 32*g* 位[Li(3)]。由于四方相中 $Li^+$呈高度有序化排布，其迁移表现出多个离子同步迁移的特性，迁移激活能约为 0.4eV，因此其离子电导率($10^{-6}$S/cm)比立方相低两个数量级。由于四方相与立方相离子电导率的差异，研究者更倾向于制备得到离子电导率较高的立方相 LLZO。

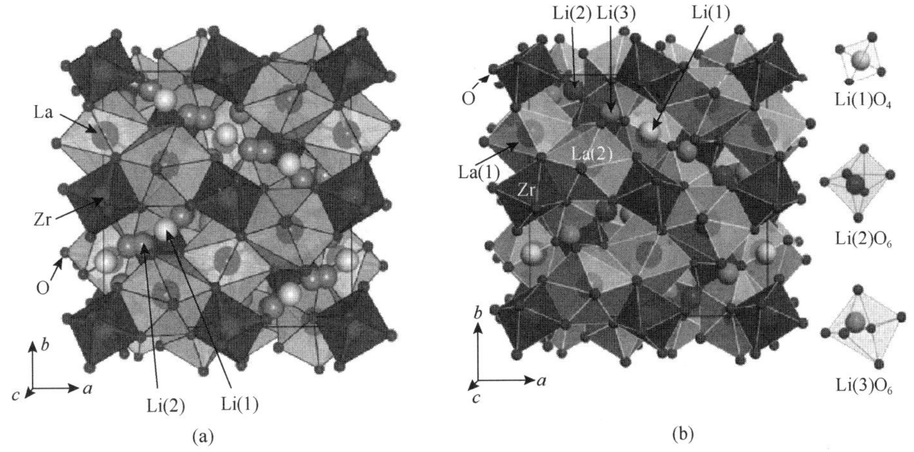


图 9.24 LLZO 的晶体结构

(a) 立方相[21]；(b) 四方相[22]

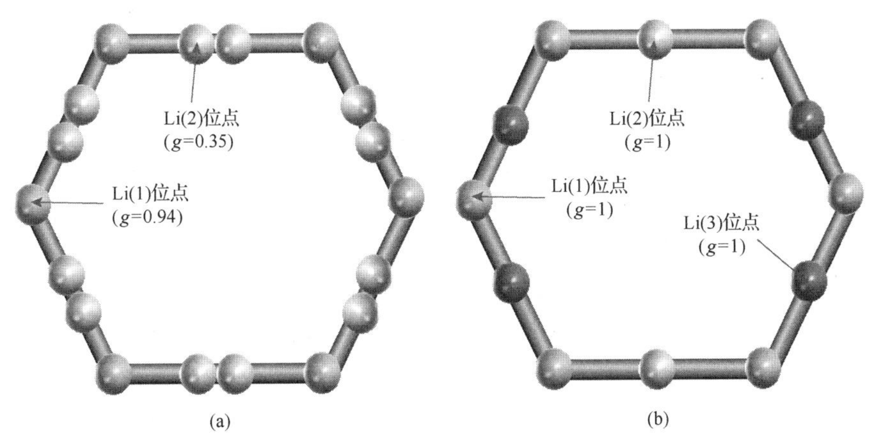


图 9.25 锂离子通道环

(a) 立方相 LLZO；(b) 四方相 LLZO，*g* 代表位点占据率

目前主要采用元素掺杂的改性方法来提高石榴石型固态电解质的离子电导率。元素掺杂一方面可以利用电价守恒控制石榴石型固态电解质中的 $Li^+$浓度，有效提高结构中的锂空位浓度，增加 $Li^+$排列的无序度，达到稳定相结构、优化离子电导率的目的；另一方面可以对骨架结构进行调控，利用离子半径不等的元素对骨架结构进行掺杂或者替换，以使晶胞中的 $Li^+$通道大小适宜 $Li^+$的迁移。以室温电导率为 $3.0\times10^{-4}$S/cm 的立方相 LLZO 固态电解质为例，主要是对 Li 位、La 位、Zr 位三个位置进行掺杂。在 Li 位的掺杂主要引入的元素一般是原子半径比较小的三价金属离子(如 $Al^{3+}$、$Ga^{3+}$、$Fe^{3+}$)，利用超价的额外正电荷来促进锂空位的形成，从而提高 LLZO 离子电导率。Zhang 等[23]研究了 Al 掺杂 LLZO 晶胞结构中 $Li^+$浓度与电导率的关系，当 $Li^+$浓度为 6.35mol/L 时，晶粒的体相电导率最高，为 $1.35\times10^{-3}$S/cm。

在 La 位的掺杂主要引入的元素是二价的碱土金属离子(如 $Ba^{2+}$、$Ca^{2+}$、$Sr^{2+}$)，能够有效增加 LLZO 结构中更容易迁移的 Li(2)位上的锂含量，同时减少 Li(1)位上的锂含量，因而碱土金属掺杂对锂离子电导率的提高具有积极作用。Dumon 等[24]通过传统固相合成法制备得到了 Sr 掺杂立方相 LLZO，其室温离子电导率高达 $4.95\times10^{-4}$S/cm。在 Zr 位的掺杂可以引入多种元素，主要有 Nb、Ta、Y、Si、Ge、W、In 等。Sun 等[25]通过传统热压烧结制备得到了致密度高达 99.6%的 $Li_{6.4}La_3Zr_{1.4}Ta_{0.6}O_{12}$ 陶瓷片，成功将 Ta 掺杂 LLZO 的离子电导率提升到了 $1.6\times10^{-3}$S/cm。

石榴石型锂离子导体由于其优异的电化学稳定性、较低的电子电导率和高的离子电导率，在未来的固态锂离子电池的运用和发展中具有较高的研究价值和较好的应用前景。但其锂离子电导率相比于传统的液态有机电解液仍低了两个数量级，且目前大多数的制备方法都无法满足大规模生产的需求。因此，如何在减少制备成本、降低烧结温度、缩短合成周期的同时提高锂离子电导率仍是石榴石型固态电解质未来的研究方向和重点。

2) 钙钛矿型固态电解质

典型钙钛矿结构氧化物分子式为 $ABO_3$($A=Ca^{2+}$、$Sr^{2+}$、$Ba^{2+}$、$La^{3+}$等；$B=Ti^{4+}$、$Nb^{5+}$、$Ta^{5+}$、$Al^{3+}$、$Zr^{4+}$等)，为稳定的立方晶格结构。其中 Li 掺杂的钛酸镧陶瓷 $Li_{3x}La_{2/3-x}TiO_3$(LLTO) 电解质具有结构稳定、制备工艺简单、成分可变范围大等优势，其体电导率是已知无机晶态固态电解质中最高的。Inaguma 等[26]率先制备了 $Li_{0.34}La_{0.51}TiO_{2.94}$ 钙钛矿型固态电解质，室温体电导率高达 $1\times10^{-3}$S/cm。

依据制备方法的差异和晶体内空位数量的不同，LLTO 材料呈现出四种不同的晶体结构(立方相、四方相、正交相和六方相)。四方相 LLTO 的晶体结构如图 9.26(a)所示[27]，其中 $Li^+$和 $La^{3+}$随机分布在由八个 $TiO_6$ 八面体形成的空隙 *A* 位点上，八面体的相邻边构成四边形的离子迁移通道[图 9.26(b)]，而 $Ti^{4+}$占据 *B* 顶角位置。

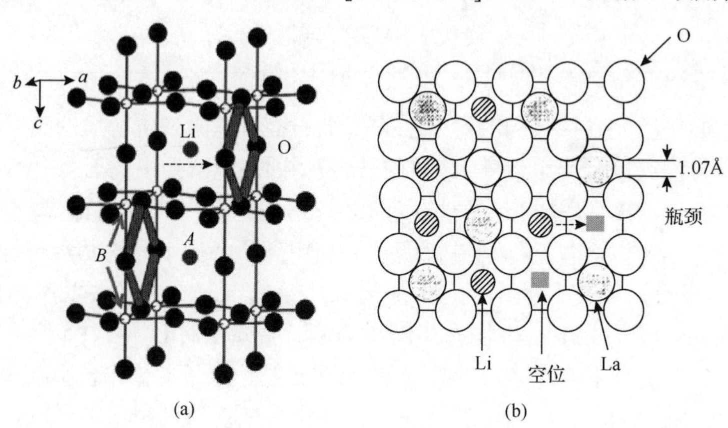


图 9.26 四方相 $Li_{3x}La_{2/3-x}TiO_3$

(a) 晶体结构；(b) $Li^+$迁移通道

LLTO 的晶体结构决定了 $Li^+$的跃迁机理。$Li^+$定向跃迁至相邻的空位而产生锂离子电导，这是一种空位跃迁机理。LLTO 中 $Li^+$跃迁至相邻的 *A* 空位需要通过由四个 $TiO_6$ 八面体构成的四边形孔道，根据理想的钙钛矿晶体结构计算得出孔道大小约为 0.107nm，人们将这样的孔道结构定义为“瓶颈”。LLTO 的体电导率受载流子浓度和传输瓶颈影响。在 LLTO 中，$Li^+$和 $La^{3+}$在 *A* 位点随机分布，故 *A* 位点的空穴也随机分布，载流子浓度由 $Li^+$和空位浓度共同决定。只有合适的 $Li^+$浓度才能使体电导率最高。在一般情况下，LLTO 体电导率与 $Li^+$浓度的关系可以表示为

$$\sigma = q_e \frac{x - 6x^2}{(1/3 + x)v_s} \mu_e \tag{9.32}$$

式中，$q_e$ 为 $Li^+$电荷量；$\mu_e$ 为 $Li^+$迁移率；$v_s$ 为 LLTO 晶胞体积，当 $x = 0.075$ 时，体电导率取得最大值。“瓶颈”大小(B—O 键长)影响 $Li^+$迁移的难易，决定了载流子迁移速率和 $Li^+$迁移活化能。

LLTO 钙钛矿型固态电解质的总离子电导率较低，并且与金属锂负极间的稳定性较差，这是限制 LLTO 实际应用的瓶颈问题。提高总离子电导率主要有以下方法：①大半径阳离子掺杂。在 LLTO 的 *A* 位点和 *B* 位点采用大半径阳离子掺杂可以使 LLTO 晶胞体积增大，从而使“瓶颈”增大，活化能降低。Inaguma[28]在 $Li_{1/2}La_{1/2}TiO_3$ 的 *A* 位点掺杂 5mol%的 $Sr^{2+}$，在 27℃下可达到 $1.5\times10^{-3}$S/cm 的体电导率。用 Sr 置换 La 和 Li 增加了钙钛矿结构的晶格常数，从而增加了 $Li^+$的扩散空间，提高了离子电导率。然而，掺杂在改变“瓶颈”大小的同时也会引入新的点缺陷，带负电荷的点缺陷与带正电的 $Li^+$在静电引力作用下会形成缺陷缔合体，使可迁移 $Li^+$浓度降低。②晶界修饰。在晶界处引入非晶层能有效消除 LLTO 晶粒外层的各相异性，提高电解质的离子电导率。Mei 等[29]将非晶 $SiO_2$ 引入到 LLTO 基体中，30℃时其总电导率达到 $1\times10^{-4}$S/cm。

LLTO 的另一个瓶颈问题在于与金属 Li 负极间的稳定性较差，在低于 1.8V (*vs.* Li/$Li^+$)的电压下，金属 Li 能够将 $Ti^{4+}$部分还原为 $Ti^{3+}$而引入电子电导，因此，必须用其他元素代替 Ti 以提高电化学稳定性。为了解决这个问题，Thangadurai 等[30]合成了一种新的钙钛矿型固态电解质 $LiSr_{1.65}Zr_{1.3}Ta_{1.7}O_9$，由于 $Zr^{4+}$和 $Ta^{5+}$的氧化态稳定且不易被还原，因此它能与 Li 稳定接触。然而，$LiSr_{1.65}Zr_{1.3}Ta_{1.7}O_9$ 的离子电导率在 30℃时低至 $1.3\times10^{-5}$S/cm。为了提高离子电导率，Chen 等[31]进一步研究了 $Li_{2x-y}Sr_{1-x}Ta_yZr_{1-y}O_3$ 体系的钙钛矿型固态电解质，发现 $Li_{3/8}Sr_{7/16}Ta_{3/4}Zr_{1/4}O_3$(LSTZ)的离子电导率最高，30℃下体电导率和晶界电导率分别为 $2\times10^{-4}$S/cm 和 $1.33\times10^{-4}$ S/cm。同时，LSTZ 在高于 1.0V(*vs.*Li/$Li^+$)的电压下稳定存在，与许多低电势的阳极材料兼容，具有较高的电化学稳定性。

钙钛矿型固态电解质作为一种新型的高离子导电材料，是一种非常有应用前

景的固态电解质。尽管人们在钙钛矿型固态电解质的电导率优化上做了一系列工作，如何改善晶界结构及提高晶界电导率仍是当下的研究重点。

3) NASICON 型固态电解质

Hong 和 Goodenough 等在 1976 年首次报道了 $Na_{1+x}Zr_2Si_xP_{3-x}O_{12}$（$0 \leqslant x \leqslant 3$）材料的合成与表征[32]，发现该材料在 300℃具有高达 0.25$(\Omega \cdot cm)^{-1}$ 的钠离子电导率，因此该结构被称为 NASICON。固态电解质的化学通式是 $AM_2(PO_4)_3$（A=Li、Na、K 等，M=Ge、Ti、Hf 等），常见的 NASICON 型固态电解质有 $Li_{1+x}Al_xTi_{2-x}(PO_4)_3$（LATP）、$Li_{1+x}Al_xGe_{2-x}(PO_4)_3$（LAGP）及其掺杂、取代物等。NASICON 型固态电解质具有较高的离子电导率，宽的电化学窗口（约 7V），并且对水、空气具有优异的稳定性等优点。

以 LATP 为例，NASICON 的结构如图 9.27(a) 所示，具有菱形的晶胞，属 $R\overline{3}c$ 空间群，每个晶胞由六个基元组成，每个基元由 $TiO_6$ 八面体与 $PO_4$ 四面体通过共用顶角共同形成。其中，每个 $TiO_6$ 八面体与六个 $PO_4$ 四面体相连，每个 $PO_4$ 四面体与四个 $TiO_6$ 八面体相连，形成平行于 $c$ 轴的离子迁移通道。在 NASICON 结构中，根据结构的畸变和碱金属离子的半径不同，碱金属离子会占据不同的位置[图 9.27(b)]：①M(1) 位[Wyckoff 位置 $6b$(0, 0, 0)]，被六个氧原子包围处于反转中心，最多可被一个 $Li^+$ 占据；②M(2) 位[Wyckoff 位置 $18e$($x$, 0, 1/4)]，在两个 M(1) 位之间不规则的氧配位具有三轴对称配置；③M(3) 位[Wyckoff 位置 $36f$(0.07, 0.34, 0.07)]，六个 M(3) 位距离 M(1) 位 1.65Å；④M(12) 位[Wyckoff 位置 $36f$(0.47, 0.31, 0.25)]。以上这些位点及其之间的离子迁移通道组成了 NASICON 结构的三维离子传导网络，这是 NASICON 材料具有高离子电导率的根本原因。

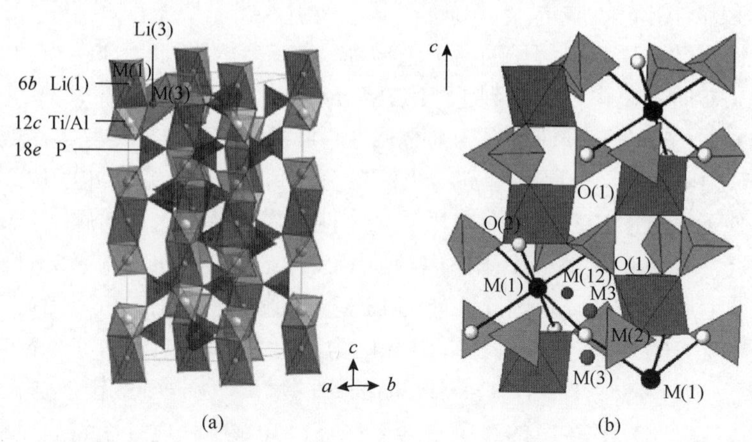


图 9.27　NASICON 型固态电解质

(a) LATP 固态电解质的晶体结构[33]；(b) NASICON 结构中碱金属离子占据位示意图[34]

NASICON 型固态电解质的离子迁移与离子占据位点、迁移离子大小及传导路径中的瓶颈有关：①不同位点的相对占据数是决定 NASICON 离子迁移的关键因素。例如，当 M(1)位被 $Li^+$完全占据时，$Li^+$的长程运动将被阻塞，而 M(1)因具有较低的能量而被优先占据，故 $LiTi_2(PO_4)_3$的离子电导率较低。②三维离子通道和迁移离子的大小决定离子扩散系数和活化能。当离子半径太小时，离子会处于结构中静电吸引作用最大的位点，离子局域化将导致参与扩散的离子浓度降低，同时离子不容易扩散使得活化能增加；当离子半径太大时，离子需要更大的力才能通过离子导体结构中瓶颈位置，使扩散系数降低且活化能增加。③传导路径中的瓶颈对离子运动活化能产生影响。$Li^+$通过在不同位点之间连续跳跃，实现在离子导体中的长程运动，$Li^+$的迁移率主要受传导路径中的瓶颈(即最狭窄点)控制。在 NASICON 结构中 $Li^+$迁移的瓶颈位于三个 O 原子组成的等腰三角形(如图 9.28 所示，其中 Li(1)为绿色球体，Li(2)为黄色球体，O 为红色球体，$MO_6$为蓝色八面体)。Iglesias[37]通过不同四价离子掺杂 $LiM_2(PO_4)_3$(M=Ge、Ti、Sn、Hf)，研究 M(1)位与 M(2)位之间瓶颈的尺寸与 $Li^+$运动的活化能之间的关系。当瓶颈尺寸小于 2.04Å 时，活化能随着瓶颈尺寸的增大而快速减小；当瓶颈尺寸大于 2.04Å 时，活化能基本上保持不变(0.33～0.35eV)。

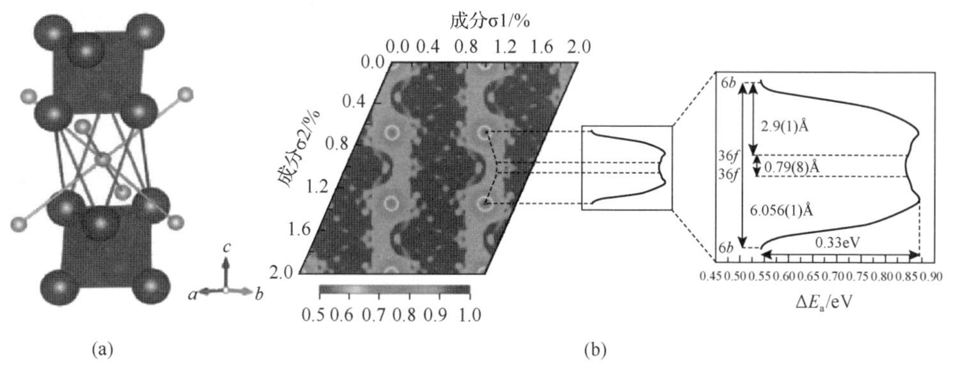


图 9.28　NASICON 型固态电解质瓶颈及活化能

(a) NASICON 结构中瓶颈位置(红色三角形区域)[35]；(b) NASICON 结构晶胞(0, 1, –4)晶面锂的单粒子势(OPP)和 Li(1)-Li(3)-Li(3)-Li(1)线上的活化能[36]

通常采用三种主要的方法来提高 NASICON 型固态电解质的离子电导率。一是通过改变晶体中 $Li^+$在两个位点之间传导瓶颈的尺寸来改善其电导率。例如，在 $LiMM'(PO_4)_3$[M/M'=$Ge^{4+}$ (0.53Å)]中使用更大尺寸的 M 离子[M/M' = $Hf^{4+}$ (0.71Å)]来增大瓶颈尺寸，可将锂离子电导率提高 4 个数量级。二是通过相对化合价较小的异价离子(如 $Al^{3+}$、$Sc^{3+}$、$Ga^{3+}$、$Fe^{3+}$、$In^{3+}$、$Cr^{3+}$、$Sr^{2+}$等)进行部分取代，产生 $Li^+$补偿，增加晶格中移动 $Li^+$的浓度和流动性，从而提高材料的离子电导率。同时，通过这些异价离子掺杂可以减小陶瓷电解质的气孔率，提高离子电导率[38]。例如，通过用 $Sc^{3+}$部分代替 $Ti^{4+}$和 $Ge^{4+}$，可以使 Ti 和 Ge 基材料的导电性大大增强[39]。三是通过添加多晶 $Li_3PO_4$ 或 $Li_3BO_3$ 化合物作为黏合剂，增大材料的密度，从而改善 NASICON 型材料的总体锂离子电导率。例如，通过在 $LiTi_2(PO_4)_3$ 中加入 $Li_3BO_3$，可以得到致密的电解质，并且由于提高晶界离子电导率并增强晶粒间的接触，形成的 $LiTi_2(PO_4)_3$-$0.2Li_3BO_3$ 在 25℃时的离子电导率高达 $3\times10^{-4}$S/cm。

4）反钙钛矿型固态电解质

2012 年，赵予生等[40]首次发现的一种卤族新型快离子导体材料 $Li_3OX$(X=F、Cl、Br、I)，与钙钛矿结构相比，由于该材料是通过等价的阴阳离子交换位置且富含 60 at%的 Li，故称之为富锂反钙钛矿。反钙钛矿结构锂离子导体具有成本低、环境友好、室温离子电导率高($2.5\times10^{-2}$S/cm)、活化能低(0.26eV)、电子绝缘、电化学窗口宽(＞5V)和与金属 Li 接触稳定等特性，是一种具备诸多优点的氧化物固态电解质材料。

反钙钛矿 $Li_3OX$(X = F、Cl、Br、I)材料具有与传统 $ABO_3$ 型钙钛矿材料非常相似的晶体结构，不同的是阴阳离子的位置发生了互换。如图 9-29(a)所示，在典型的反钙钛矿结构 $Li_3OCl$(LOC)中，Cl 原子占据立方体的体心，O 原子占据八面体的中心，$Li^+$占据八面体的顶点，属 $Pm\overline{3}m$ 空间群，形成一种简单立方的富 Li 结构。通过高价阳离子(如 $Mg^{2+}$、$Sr^{2+}$、$Ca^{2+}$、$Ba^{2+}$)的掺杂，阳离子的存在使得晶格中产生大量的空位，从而增加了 $Li^+$的传输通道[图 9.29(b)]，降低了 $Li^+$扩散的激活能，提高了电解质的离子导电能力。

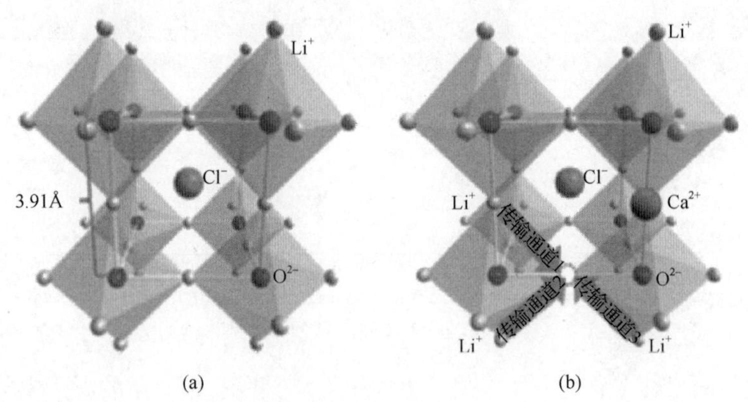


图 9.29　反钙钛矿 $Li_3OCl$[41]

(a)晶体结构；(b)离子传输通道

目前对 LOC 离子传输机理的研究主要有两种模型：①锂空位模型。Zhang 等[42]基于第一性原理分子动力学研究了 $Li^+$在 LOC 材料内的输运机理。模拟结果表明，LOC 材料虽然富 Li，但由于晶体结构的高对称性，$Li^+$都被牢牢地束缚在格点上且 $Li^+$满格占据，所以在完美晶体中 LOC 不是快离子导体，缺陷(锂空位或锂间隙位)是产生这种超离子导体的主要驱动力。但这种锂空位模型的 $Li^+$活化能(约 0.3eV)高于实验值(0.26eV)。②哑铃型锂间隙位模型。为了解释实验中低的活化能，Emly 等[43]提出了一种哑铃型锂间隙位模型，并认为三原子协同跃迁是产生这种快离子导体的主因。如图 9.30 所示，该模型 $Li^+$的迁移能垒仅为 0.17eV，远低于实验值。但是，该模型的缺陷形成能很高(1.94eV)，意味着其具有很小的缺陷浓度，虽然解释了低的活化能，但是很难解释高的电导率。因此，LOC 材料中 $Li^+$的输运机理还有待进一步研究。

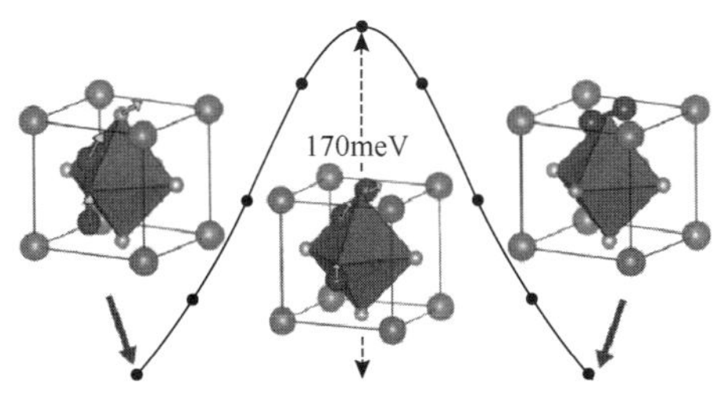


图 9.30　哑铃型锂间隙位模型低能扩散路径[43]

提高反钙钛矿型固态电解质离子电导率的方法主要有卤素混合及高价氧离子掺杂，这两种方法可以提高缺陷浓度并促进锂空位的晶格位机理跃迁；同时可以通过掺杂取代扩大晶格参数，使得 $Li^+$经过瓶颈的输运更加容易。如图 9.31 所示，图中扁平的椭球暗示了浅而平的能垒，使 $Li^+$的跃迁概率得到加强。具体的改性方法如下：①卤素混合。Deng 等[44]通过第一性原理计算研究了不同 Br 掺杂比例下 $Li_3OCl_{1-x}Br_x$( $0.235 \leqslant x \leqslant 0.395$ )对材料电导率的影响，通过从头算分子动力学(AIMD)模拟，预测 $Li_3OCl_{0.75}Br_{0.25}$结构具有最高的离子电导率。②高价阳离子掺杂。通过高价阳离子掺杂使晶体中产生大量的锂空位，增加了 $Li^+$的扩散通道，从而降低了活化能，提高了离子电导率。Braga 等[45]通过高价阳离子掺杂($Ca^{2+}$、$Mg^{2+}$、$Ba^{2+}$)和卤素离子混合的方法成功合成了一批玻璃态的 LOC 固态电解质材料的衍生物 $Li_{3-2x}M_xAO$(M=2 价阳离子，A=卤素离子)，该材料具有目前为止固态电解质中最高的室温离子电导率($2.5\times10^{-2}$S/cm)。

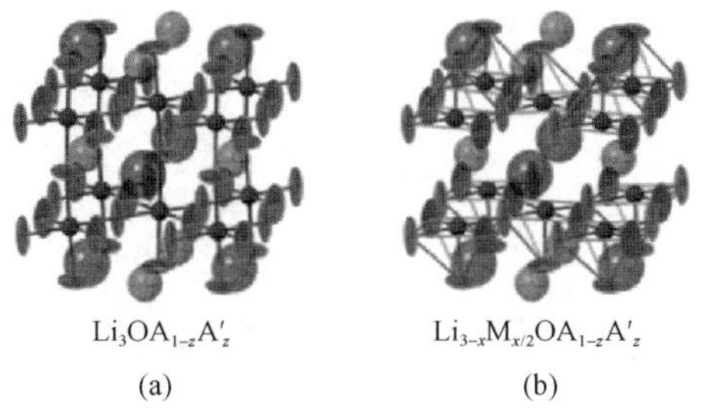


(a)　(b)

图 9.31　反钙钛矿型固态电解质改善离子电导率的途径示意图[44]

(a)卤素混合；(b)高价阳离子掺杂

反钙钛矿型固态电解质既具备较高的室温锂离子电导率，又能与金属 Li 稳定接触，所以其作为固态锂电池的电解质潜力非常大。然而，迄今为止学术界对 $Li^+$ 的输运机理仍未达成共识，LOC 材料的机械特性、热力学特性、表面及界面特性等还未见报道，因此对反钙钛矿结构固态电解质的未知问题还需进行深入探究。

2. 氮化物

1) 氮化锂

单晶氮化锂($Li_3N$)是最早被研究的固态电解质之一，是由马克斯-普朗克研究所(MPI)发现的一种对金属 Li 稳定且具有较高离子电导率的锂离子导体，室温下单晶电导率可达到 $10^{-3}$S/cm[46]。

$Li_3N$ 的晶体结构如图 9.32[47]所示。$Li_3N$ 由六边形的 $Li_2N$ 层组成，$Li_2N$ 层通过 N—Li—N 桥键与纯 Li 层连接，并且 $Li^+$可以在较大的二维通道内传输。由于 $Li_2N$ 层平面内具有锂空位，因此 $Li_3N$ 单晶的室温离子电导率高达 $10^{-3}$S/cm。Huq 等[48]发现 $Li_3N$ 在压力下会发生相变，在压力较小的情况下为简单六边形排列的 $\alpha$-$Li_3N$ 相[图 9.32(a)]，在超过 0.6GPa 的高压下则为密排六方排列的 $\beta$-$Li_3N$ 相[图 9.32(b)]。$\alpha$-$Li_3N$ 的扩散机理涉及 $Li_2N$ 层平面内的扩散，而 $\beta$-$Li_3N$ 则为纯 Li 层平面内的扩散。

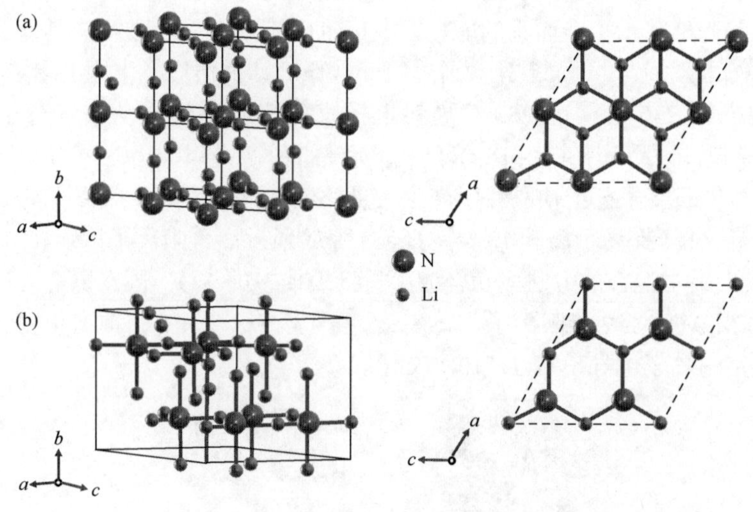


图 9.32　$Li_3N$ 的晶体结构[47]

(a) $\alpha$-$Li_3N$；(b) $\beta$-$Li_3N$

尽管具有高离子电导率，但 $Li_3N$ 的生成自由能低，电导率存在着各向异性，而且稳定性很差，在高于 1.74V(*vs.* Li/$Li^+$)的电压下可与阴极材料(包括 $TiS_2$、$PbI_2$、PbS 和 $AlI_3$)反应，电化学稳定窗口较窄，使其应用受到较大限制。为了解决分解电压较低的瓶颈问题，人们在 $Li_3N$ 中加入 MX(M=Li、Na、K、Rb；X=Cl、Br、I)形成 $Li_3N$-MX 固溶体。根据所加入卤化物的不同，氮化锂卤化物可以分为三类：①$Li_3N$-LiCl 体系。Sattlegger 和 Hahn[49]首先报道了 $Li_9N_2Cl_3$ 和 $Li_{11}N_3Cl_2$ 两种化合物。其中，$Li_9N_2Cl_3$ 属于立方反萤石型结构，空间群为 *Fm*3*m*，是三维传导的锂离子导体[50]。$Li_9N_2Cl_3$ 的分解电压高于 2.5V，且对金属 Li 稳定，但其室温电导率大大下降，仅为 $2.5\times10^{-6}$S/cm。②$Li_3N$-LiBr 体系。③$Li_3N$-MI(M=Li、Na、K)体系。Hatake 等[51]在 600℃下通过固相反应制备出 $3Li_3N$-MI 固态电解质，其室温电导率为 $7.0\times10^{-5}$～$1.1\times10^{-4}$S/cm，分解电压提高到 2.5～2.8V。

提高 $Li_3N$ 的离子电导率主要有如下两种方法：①异价阳离子的部分取代。通过适当掺杂，增加快离子导体化合物中缺陷和亚晶格无序度，从而降低离子迁移活化能。因此，用尺寸较大的离子进行部分置换，可以使高温无序相在低温时稳定下来，以减缓低温有序化转变时电导率降低的现象。例如，Al 掺杂立方反萤石结构 $Li_3AlN_2$ 晶体的室温离子电导率为 $5\times10^{-8}$S/cm，在 104℃下的分解电压为 0.85V；采用热压法制备的 $LiSi_2N_3$ 固态电解质在 327℃下最高离子电导率为 $1.2\times10^{-3}$S/cm；Ca 掺杂的 $LiSi_2N_3$ 也可以提高离子电导率，其中 $Li_{0.85}Ca_{0.075}Si_2N_3$ 在 25℃时的离子电导率为 $1.6\times10^{-7}$S/cm。②电解质致密化。例如，加入 $Y_2O_3$、$CaF_2$ 或 $B_2O_3$ 可使 $LiSi_2N_3$ 电解质致密化。相比于纯相的 $LiSi_2N_3$，$B_2O_3$ 掺杂的 $LiSi_2N_3$ 在 1600℃的烧结温度下表现出较高的离子电导率(在 327℃下高达 $7.0\times10^{-3}$S/cm)。

尽管人们对 $Li_3N$ 型固态电解质做了一系列改进工作，由于其一系列衍生物的离子电导率和分解电压仍然较低，因此无法在高能量密度的固态电池中应用。

2) LiPON 薄膜固态电解质

1992 年，美国橡树岭国家实验室的 Bates 等[52]首次在高纯氮气中，通过射频磁控溅射高纯的 $Li_3PO_4$ 靶得到了相对稳定的无机锂磷氮氧(LiPON)电解质薄膜，这是电源史上的一个里程碑。该电解质材料具有良好的综合性能，室温离子电导率为 $2.3\times10^{-6}$S/cm，电化学窗口达 5.5V，热稳定性高，且与 $LiMn_2O_4$、$LiCoO_2$ 等常用正极和金属 Li 负极相容性良好。因此，非晶的 LiPON 被认为是全固态薄膜电池电解质材料的最佳候选之一。

$Li_3PO_4$ 向 LiPON 的转化过程如图 9.33[53]所示。未掺 N 的 $\gamma$-$Li_3PO_4$ 晶体呈四面体结构[图 9.33(a)]，四面体结构的中心位置是 P 原子，四个顶角处是 O 原子。P 原子最外层有 5 个电子($3s^23p^3$)，其中有 4 个构成 $sp^3$ 杂化轨道。而 $Li^+$与 $O^{2-}$间以离子键形式连接，此离子键牵制了 $Li^+$的移动，降低了 $Li_3PO_4$ 材料的离子电导率。$Li_3PO_4$ 氮化后形成 LiPON，使得离子电导率得到改善，主要有三方面原因：①氮结合效应。在形成 LiPON 固态电解质的过程中，N 原子部分取代了 $Li_3PO_4$

结构中的 O 原子，形成氮双配位键(P—N═P)或氮三配位键(P — N$<^{P}_{P}$)结构。这种成键方式一方面增加了 LiPON 薄膜中的孔隙率及网状交联结构以利于 $Li^+$的传输，另一方面导致可与 $Li^+$形成离子键的氧含量降低，使自由移动的 $Li^+$含量升高，从而提高了离子电导率。②非晶特性。非晶态 LiPON 固态电解质的结构是各向同性的，因此离子扩散的途径各向同性，并且电解质中颗粒界面阻抗小，使得离子迁移更为容易。③键结合能降低。在 $Li_3PO_4$ 向 LiPON 转化的过程中，因为取代 $O^{2-}$的 N 原子的有效离子半径比 $O^{2-}$大，Li—O 键键长由 1.99Å 增加到 2.0Å，导致键能减小，因此大大提高了 LiPON 的离子电导率。同时，不少科学研究结果表明 N 元素的含量越高，LiPON 电解质的离子电导率越大。目前为止，科研人员所能通过射频磁控溅射方式得到的最高的 N 掺杂量约为 6%[54]。

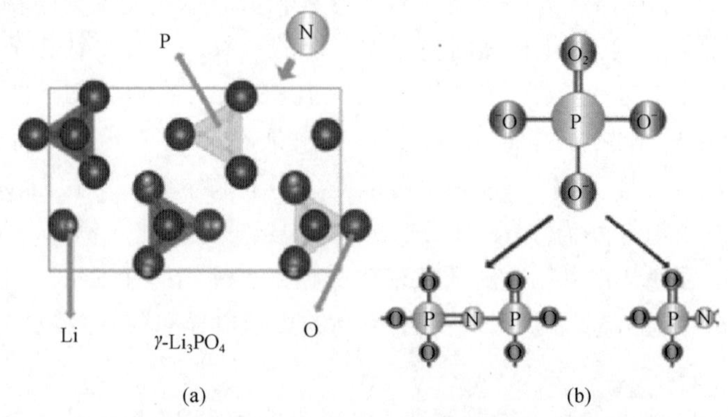


图 9.33　$\gamma$-$Li_3PO_4$ 向 LiPON 的转化过程结构示意图

(a) $\gamma$-$Li_3PO_4$ 四面体晶体结构；(b) 含氮双配位键 $N_d$(═N—)和氮三配位键 $N_t$(—N$<$)结构的 LiPON

LiPON 的综合性能优良，但其较低的离子电导率仍然限制了薄膜电池的进一步发展。提高 LiPON 电解质的离子电导率，主要有以下两种方法：①提高 N 含量。如前所述，随着 N 含量的增加，LiPON 薄膜电解质中的自由 $Li^+$含量升高，因此离子电导率增大。②异质元素掺杂。Lee 等[55]提出了“混合网络形成体效应”，他们以$(1-x)Li_3PO_4$-$xLi_2SiO_3$ 作为靶材，采用射频磁控溅射法制备了 LiSiPON 薄膜电解质。Si 的引入增强了电解质中的网络交联结构，进一步增加了 $Li^+$迁移的通道，即“混合网络形成体效应”，从而导致电解质膜的离子电导率增大，能够达到 $1.24\times10^{-5}$S/cm。此外，在 LiPON 中引入过渡金属元素(Ti、Al、W、In 等)和其他非金属元素(S、B 等)，也可以提高电解质的离子电导率，然而其改性机理目前还没有完全一致的说法。Joo 等[56]采用 S 替代 P 制备 $Li_{0.29}S_{0.28}O_{0.35}N_{0.09}$ 化合物，室温离子电导率达 $2.0\times10^{-5}$S/cm，电化学窗口高达 5.5V。Wu 等[57]通过 Ti、Si 部分取代 P 元素得到 Li-Ti-Si-P-O-N 体系薄膜，室温离子电导率为 $3.6\times10^{-7}$～$9.2\times10^{-6}$S/cm。

LiPON 固态电解质薄膜是具有较好性能的固态电解质薄膜之一，但其对制备工艺也提出了较高的要求。同时，LiPON 固态电解质薄膜对空气中水汽和二氧化碳的敏感性使其较难存储，因此 LiPON 固态电解质的商用还面临很大挑战。

3. 硫化物

硫化物固态电解质是目前离子电导率最高的一类固态电解质，室温下可达 $10^{-4}$～$10^{-3}$S/cm，电化学窗口在 5V 以上，且具有较低的晶界电阻和高的氧化电势，在固态锂离子电池中有巨大的应用前景。

硫化物固态电解质较高的离子电导率及电化学稳定性得益于以下几个方面：①$S^{2-}$半径大，当 $S^{2-}$对氧化物固态电解质结构中的 $O^{2-}$进行取代时，构建了更大的 $Li^+$传输通道；②$S^{2-}$相对于 $O^{2-}$更易极化，相应的阴离子骨架与 $Li^+$之间作用力较弱，有利于 $Li^+$的迁移；③S 的电负性比 O 低，弱化了 $Li^+$与相邻骨架结构间的键合作用，增大了自由 $Li^+$浓度；④许多主族元素与 S 能够形成更强的共价键，所得到的硫化物更稳定，不与金属 Li 反应，使得硫化物固态电解质具有更好的化学和电化学稳定性。

硫化物固态电解质按结晶形态分为晶态硫化物固态电解质、玻璃态及玻璃陶瓷硫化物固态电解质。

1) 晶态硫化物固态电解质

2000 年，Kanno 等[58]提出用硫替代 LISICON 中的氧得到硫代锂超离子导体(thio-LISICON) 型晶态硫化物固态电解质。thio-LISICON 化学通式可以表示为 $Li_{4-x}A_{1-y}BS_4$(A=Si、Ge 等，B=Zn、Al、P 等)。

Kanno 等最早制备出 $Li_2S$-$GeS_2$、$Li_2S$-$GeS_2$-ZnS 和 $Li_2S$-$GeS_2$-$Ga_2S_3$ 体系的 thio-LISICON 型固态电解质，并发现合理地用异价元素进行取代可以形成 $Li^+$空穴，从而有效地提高 thio-LISICON 的离子电导率。例如，$Li_4GeS_4$ 在室温下的离子电导率很低($2\times10^{-7}$S/cm)，通过在 $Li^+$与 $Ge^{4+}$位进行 $Ga^{3+}$的部分取代得到 $Li_{4.275}Ge_{0.61}Ga_{0.25}S_4$，其室温离子电导率可达 $6.5\times10^{-5}$S/cm。对于 $Li_4GeS_4$ 的 thio-LISICON 型固态电解质，存在两种提高离子电导率的掺杂策略：空位掺杂(如 $Li_{4-2x}Zn_xGeS_4$、$Li_{4-x}Ge_{1-x}P_xS_4$)和间隙掺杂(如 $Li_{4+x}Ge_{1-x}Ga_xS_4$)，从而在结构中产生锂空位或锂间隙。其中，空位掺杂的 $Li_{4-x}Ge_{1-x}P_xS_4$($0.6<x\leqslant0.8$)所对应的 thio-LISICON 相拥有特殊的单斜超晶格结构及更高的室温离子电导率($>10^{-3}$S/cm)。

2011 年，Kamaya 等[59]报道了一种具有 $Li^+$三维扩散通道的 thio-LISICON 型固态电解质 $Li_{10}GeP_2S_{12}$(LGPS)，其室温离子电导率达到与液态电解液相当的 $1.2\times10^{-2}$S/cm，即使在低温下，LGPS 在–30℃和–45℃下的离子电导率仍分别达到 $1\times10^{-3}$S/cm 和 $4\times10^{-4}$S/cm。同时，LGPS 在 $Li^+$作用下电化学稳定电压高达 5V(*vs.* Li/$Li^+$)。如图 9.34(a)所示，LGPS 整体上是一个由$(Ge_{0.5}P_{0.5})S_4$ 四面体、$PS_4$

四面体、$LiS_4$四面体及$LiS_6$八面体构成的三维离子通道。LGPS 晶胞中有 4*d* 和 2*b* 两种四面体位置，其中 4*d* 四面体位置被 Ge 和 P 占据，而较小的 2*b* 四面体位置只被 P 所占据。Li 则占据 16*h*、4*d* 和 8*f* 三个位置。如图 9.34(b)所示，$(Ge_{0.5}P_{0.5})S_4$四面体和$LiS_6$八面体通过共边的方式沿 *c* 轴构建一维长链，各个一维长链之间通过$PS_4$四面体相互连接组成三维骨架。如图 9.34(c)所示，LGPS 的一维$Li^+$传输通道由$LiS_4$四面体的 8*f* 和 16*h* 位构成，$Li^+$从 8*f* 和 16*h* 位向两个 16*h* 位间隙或 8*f* 和 16*h* 位间隙移动，沿 *c* 轴方向形成一维传输通道。

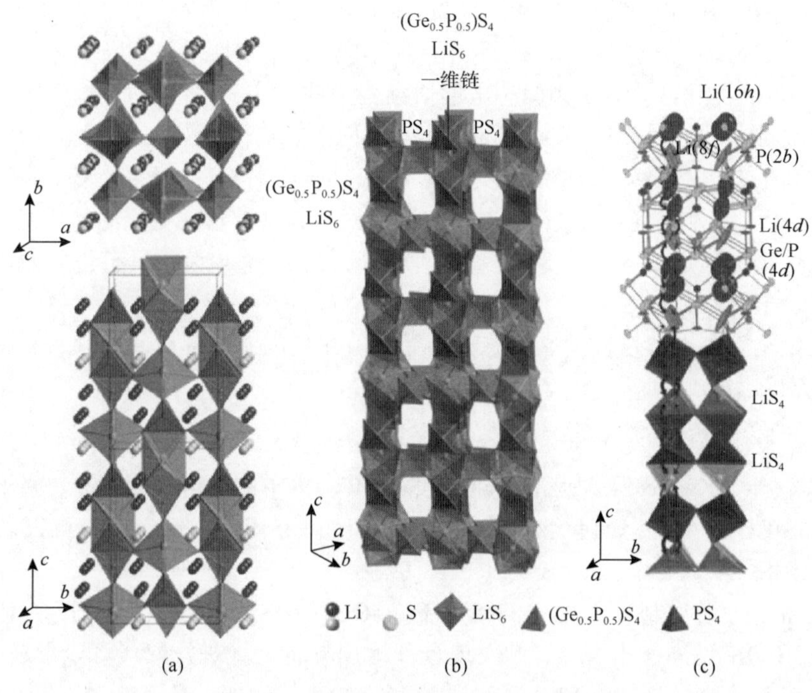


图 9.34 thio-LISICON 型固态电解质 LGPS[59]
(a)参与离子传输的$Li^+$在 LGPS 骨架中的位置；
(b)LGPS 的骨架结构；(c)$Li^+$的传导通道

尽管$Li_2S$-$GeS_2$-$P_2S_5$体系的 thio-LISICON 固态电解质具有很高的室温离子电导率，但由于其与金属 Li 之间较差的化学匹配性、对水分敏感及 Ge 昂贵的价格等问题，寻找其他硫化物(如$SnS_2$、$SiS_2$等)来代替$GeS_2$，合成具有高离子电导率的 thio-LISICON 十分重要。

2)玻璃态及玻璃陶瓷硫化物固态电解质

玻璃态硫化物固态电解质主要有$Li_2S$-$SiS_2$和$Li_2S$-$P_2S_5$体系。1986年，Kennedy[60]首先通过熔融淬火的方法得到了$Li_2S$-$SiS_2$电解质，它的电化学性质不稳定，本征电导率只有$10^{-8}$～$10^{-6}$S/cm。如图 9.35 所示，硫化物固态电解质$SiS_2$玻璃大分子是由

$SiS_4$四面体以共顶点$(E^{(0)})$、共边$(E^{(2)})$或既共顶点又共边$(E^{(1)})$的形式结合成链状结构。$SiS_4$四面体的微结构单元以$Q_n$表示，$n$为桥硫键数目。其可产生更多的供$Li^+$迁移的间隙数，使得电导率得以提高。$Li_2S$是离子化合物，当其加入$SiS_2$中发生化学反应，$SiS_4$四面体链状结构断开，增加了许多以离子键结合的$Li^+$。

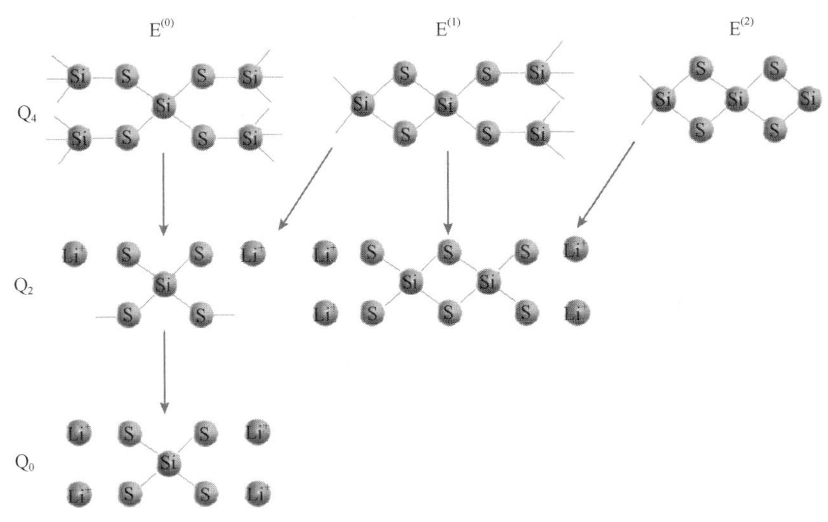


图 9.35　$Li_2S$-$SiS_2$玻璃态硫化物固态电解质的结构

提高玻璃态硫化物固态电解质的离子电导率的方法主要有：①掺杂改性。掺杂改性是一种常用的改善固态电解质性能的方法，可以改变空隙和通道的大小，减弱骨架和迁移离子的作用力，同时引入新型的网络形成体，从而提高电导率，这也被称为“混合阴离子效应”。目前掺杂组分主要有氧化物、硫化物、卤化物和锂盐。Morimoto 等[61]以$Li_2S$、$SiS_2$、$Li_4SiO_4$为原料，通过机械研磨法合成了$(100-y)(0.6Li_2S\cdot 0.4SiS_2)\cdot yLi_4SiO_4(0\leqslant y\leqslant 5)$。因为 O 元素的加入，使得$Li_2S$-$SiS_2$-$Li_4SiO_4$体系活化能降低，电导率提高到$10^{-4}$S/cm。此外，阴离子掺杂也可以提高硫化物固态电解质的稳定性。Rangasamy 等[62]通过对$\beta$-$Li_3PS_4$和 LiI 进行混合得到了新的$Li_7P_2S_8I$相。虽然$Li_7P_2S_8I$室温下的离子电导率并不是很高$(6.3\times 10^{-4}$S/cm$)$，但其电化学稳定窗口可以高达 10V（*vs.* Li/$Li^+$）。②优化制备方法。玻璃态硫化物固态电解质的制备方法主要有高温熔融法和高能球磨法两种，进一步加热退火后能提高其结晶度，进而增大了离子电导率。研究表明，$Li_2S$-$P_2S_5$玻璃陶瓷的离子电导率高低与退火温度有很大关系，除了结晶程度的影响外，在不同温度下退火所得到的$Li_2S$-$P_2S_5$玻璃陶瓷组成实际上也是不同的。Mizuno 等[63]发现高能球磨法制得的$70Li_2S$-$30P_2S_5$玻璃陶瓷在 240℃下热处理 2h 后有新相生成，由此获得的$70Li_2S$-$30P_2S_5$玻璃陶瓷的离子电导率高达$3.2\times 10^{-3}$S/cm。③增强界面接触。采用高温熔融法和高能球磨法制备得到玻璃态硫化物固态电解质颗粒间界面接触阻抗较大，不利于离子在界面的传输。Seino 等[64]将 $70Li_2S\text{-}30P_2S_5$ 玻璃在 94MPa 的高压下压实后在 280℃下热处理 2h，有效地消除了离子迁移的晶界阻力。通过这种高温析晶处理可得到玻璃陶瓷固态电解质 $70Li_2S\text{-}30P_2S_5$，其室温离子电导率可以达到 $1.7\times10^{-2}$S/cm，超过常用液态电解液的离子电导率。如图 9.36(a)所示，从 SEM 图可以看出，仅通过简单冷压得到的 $70Li_2S\text{-}30P_2S_5$ 玻璃陶瓷内部实际上还存在着许多间隙和晶界，而经过热处理后[图 9.36(b)]此类间隙和晶界明显变少，阻抗也相应地大幅降低[图 9.36(d)]。通过高温析晶处理可使玻璃粉末发生软化，降低电解质中的界面电阻从而得到玻璃陶瓷固态电解质，其离子电导率可达到 $10^{-4}\sim10^{-2}$S/cm。

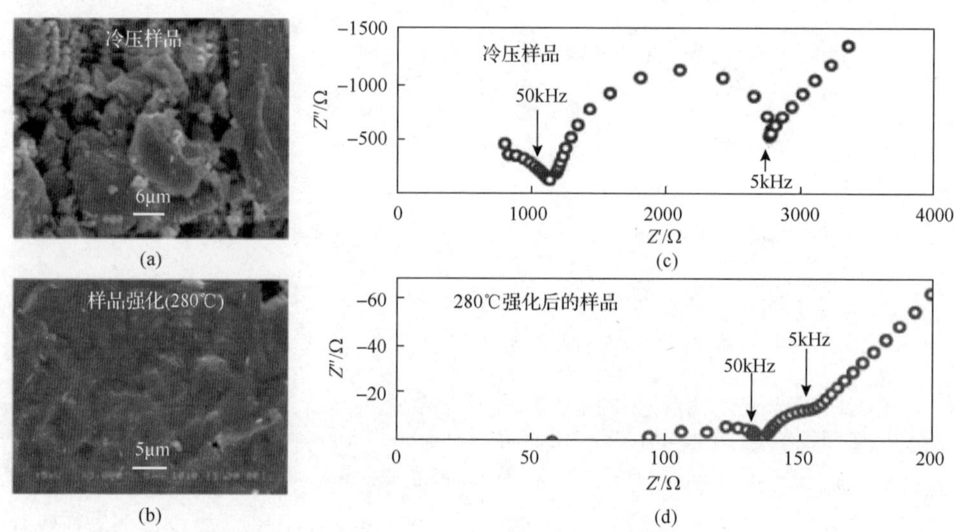


图 9.36　$70Li_2S\text{-}30P_2S_5$ 玻璃陶瓷硫化物固态电解质[64]

(a)简单冷压产物的 SEM 图；(b)280℃热处理产物的 SEM 图；
(c)简单冷压产物在−35℃下的电化学阻抗谱；(d)280℃热处理产物在−35℃下的电化学阻抗谱

尽管硫化物固态电解质在锂-硫电池中的应用已经取得了较大的进展，但目前仍面临以下四个问题：①用于制备高电导率的硫化物电解质的原料($Li_2S$、$GeS_2$)价格较为昂贵，且原料纯度要求较高，电解质制备成本高、工艺复杂；②硫化物电解质的化学性质不稳定，易被氧化，制备条件较为苛刻，且对于样品材料的表征相对较为困难；③相比于传统的电解液，硫化物电解质的离子电导率有待提高，电解质与正极材料之间的界面阻抗较大，在电池充放电过程中存在元素间的相互扩散作用，使得电极材料和电解质的结构发生变化，从而对于固态电池的充放电性能、循环性能、倍率性能均有很大程度的影响；④硫化物电解质与正极材料和负极材料之间的相容性较差，界面间容易发生反应，从而降低了电池的能量密度。

随着新材料的引入及人们对内在机理理解的加深，应用硫化物固态电解质的固态电池的性能将获得更大幅度的提升，相信在未来其将作为一种新型的高容量、高安全性电池体系发挥重要作用。

### 9.5.2 聚合物固态电解质

聚合物固态电解质通常是由极性高分子和金属盐络合而成，因其具有高的安全性、力学柔性、黏弹性和易成膜等诸多优点，被认为是下一代高能存储器件用最具潜力的电解质之一。

聚合物固态电解质的研究最早可以追溯到 1973 年，Fenton 等[65]发现通过将聚环氧乙烷(PEO)与碱金属钠盐络合可以形成具有离子导电性的电解质。1979 年，Armand 等[66]正式提出将聚合物固态电解质用于锂离子电池，从此锂离子电池用聚合物固态电解质引发了国内外的广泛研究，主要包括离子传输机理的探索及新型聚合物固态电解质体系的开发。

在固态聚合物电池体系中，聚合物固态电解质在正极与负极之间，充当电解质和隔膜的作用，因此聚合物固态电解质的性能对整个电池的性能影响至关重要。作为锂离子电池用聚合物固态电解质，根据电池的应用需要，其应满足以下几点要求：①高的离子电导率。作为电解质，其必须具有优异的离子导电性和电子绝缘性，使其发挥离子传输介质的功能，同时减少本身的自放电。聚合物固态电解质的室温离子电导率一般要达到 $10^{-4}$S/cm 才能满足商业的要求，实现电池的正常充放电。②高的锂离子迁移数。低的锂离子迁移数首先会使有效离子电导率降低，同时会造成电解质在充放电过程中产生严重的浓差极化，使锂离子沉积不均匀，影响电池的循环倍率性能。因此，应尽可能提高聚合物固态电解质的锂离子迁移数，当锂离子迁移数达到 1 时是最为理想的。③优异的力学性能。由于与正负极直接接触，聚合物固态电解质应该具有较强的韧性，在电池组装、储存及使用过程中能够承受应力的变化，不能发生脆裂；同时作为隔膜使用，也要具有相当的机械强度来抑制锂枝晶的产生与刺穿，防止正负极的短路。④宽的电化学稳定窗口。电化学窗口指的是在正极发生氧化反应与在负极发生还原反应的电势差。当下为了发展高能量密度的电池，高电压体系也不断被开发，因此开发匹配高电压正极的电解质材料至关重要。一般说来，聚合物固态电解质的电化学窗口应该达到 4～5V 才能与电极材料匹配。⑤良好的化学和热稳定性。聚合物固态电解质应该与电池中的各个组成成分化学兼容，不能与正极、负极、集流体发生强烈的化学反应，同时要具有优异的热稳定性，确保电池在工作温度升高时能够正常地安全使用。

固态聚合物锂离子电池的传输机理是锂离子在特定位置与聚合物链上的极性基团(如—O—、═O、—S—、—N—、—P—、C═O、C≡N 等)配位，通过聚合物链局部的链段运动，产生自由体积，从而使锂离子在链内与链间实现传导。目前大部分研究认为聚合物固态电解质中的离子传输只发生在玻璃化转变温度

($T_g$)以上的无定形区域，因此链段的运动能力也是离子传输的关键。

由于聚合物固态电解质离子传输机理的复杂性，其电导率随温度变化的关系不能通过一个物理模型简单描述，其一般遵循两种机理：Arrhenius 型或 Vogel-Tamman-Fulcher(VTF)型。Arrhenius 型用公式表示为

$$\sigma = \sigma_0 \exp\left(\frac{-E_a}{kT}\right) \tag{9.33}$$

指前因子 $\sigma_0$ 与载流子的数目相关，离子传输的活化能 $E_a$ 可以通过 $\lg\sigma$ 与 $1/T$ 的线性拟合得出。符合 Arrhenius 型的行为时，一般离子传输与聚合物的链段运动无关，如在 $T_g$ 以下的无定形聚合物、玻璃相、无机离子导体等。VTF 型能更好地描述聚合物固态电解质的离子导电行为，其可用公式表示为

$$\sigma = \sigma_0 T^{-\frac{1}{2}} \exp\left(\frac{-B}{T - T_0}\right) \tag{9.34}$$

式中，$B$ 为常数，主要是用来描述电导率与温度之间的关系，与活化能大小有关，$B = \frac{E_a}{K}$；$T_0$ 为热力学平衡状态下的玻璃化转变温度，$T_0 = T_g - 50\text{K}$。符合 VTF 型的行为时，一般离子传输与聚合物链段的长程运动相关，所以用该模型能更好地描述聚合物固态电解质在 $T_g$ 以上的离子导电行为，同时其还适用于凝胶电解质、离子液体体系等。

如前所述，聚合物的离子传输是通过无定形区域的链段运动实现的，室温离子电导率低也是聚合物固态电解质最重要的问题。为了提高离子电导率，主要从两点出发：①增加聚合物基体无定形相的百分数；②降低玻璃化转变温度，同时也要兼顾其他性能需求。为此，相关研究人员做了大量的改性工作，其中主要有共混、共聚、交联等。

(1)共混。通过聚合物共混的方式能够增加聚合物固态电解质的无定形区域，同时也能综合多种聚合物的优点，提高综合性能。Choudhary 等[67]将 PEO 与聚甲基丙烯酸甲酯(PMMA)共混，既提高了 PMMA 的柔韧性、减少了其脆性，同时也增加了 PEO 的无定形区域。当 PEO 含量为 92wt%时，电导率达到了 $2.02\times10^{-5}$S/cm(30℃)，与纯的 PEO 或 PMMA 相比提高了 1～2 个数量级。Tao 等[68]将热塑性聚氨酯(thermoplastic polyurethane，TPU)与 PED 以 1∶3 的质量比例混合，所制备的电解质具有 $5.3\times10^{-4}$S/cm 的离子电导率，并且在 60℃时电化学稳定性高于 5V。

(2)共聚。共聚与共混类似，通过不同单体的共聚形成共聚物，能够降低聚合物的结晶度，提高链段的运动能力，同时发挥不同嵌段的功能，从而增强聚合物

固态电解质的性能。Angulakhsmi 等[69]在 PEO 中加入聚苯乙烯(polystyrene，PS)，它的添加能提高共聚物体系的机械强度，为共聚物提供良好的尺寸稳定性。Li 等[70]通过硅氢加成反应在聚甲基氢硅氧烷(polymethylhydrosiloxane，PMHS)主链上共聚接枝上梳状的 PEO 链段以及高介电常数的环状碳酸酯(PC)作为侧链，PMHS 提供柔顺的骨架，增强链段的运动能力，PEO 链段提供 $Li^+$传输通道，PC 则能促进锂盐的解离，当侧链上 PC/PEO=6∶4(摩尔浓度比)时，能获得最高的离子电导率[$1.5\times10^{-4}$S/cm(25℃)]，并在 25～100℃均有较好的循环性能。

(3)交联。交联是通过构造交联网状结构的聚合物电解质，能够一定程度上抑制聚合物基质的结晶，同时还能显著提高聚合物电解质的机械性能。交联可以采用物理交联、化学交联或辐射交联等方式。Xu 等[71]利用氨基与环氧基团的化学反应，一步法简便地合成了具有交联网状结构的聚合物电解质三羟甲基丙烷三缩水甘油醚-乙二醇二胺(trimethylopropane triglycidyl ether-ethylene glycol diamine，TMPEG-NPEG)，通过改变 TMPEG 和 NPEG 的比例可以有效地调控交联网状结构，发现当环氧基团/氨基基团=2∶1(摩尔浓度比)时，制得的聚合物电解质 TMPEG-NPEG4K[2∶1]-16∶1 具有最佳的综合性能，离子电导率为 $1.1\times10^{-4}$S/cm(30℃)，好的热稳定性和机械性能，电化学窗口达到 5.4V，在 $LiFePO_4$/Li 的电池体系中展示了比纯 PEO 基电解质更为优异的循环倍率性能。

按照基体的不同，聚合物固态电解质主要包括聚环氧乙烷、聚硅氧烷和聚碳酸酯等几种类型。

### 1. 聚环氧乙烷基聚合物固态电解质

聚环氧乙烷基聚合物固态电解质是研究最早、最多也是最全的一类体系。1973 年，英国 Sheffield 大学教授 Wright 等[65]发现 PEO 加入碱金属盐后，具有离子传导性。Armand 等[66]建议将 PEO 用于聚合物电解质材料。

为深刻理解聚合物固态电解质结构与电化学性能的构效关系，科学家对聚环氧乙烷基聚合物固态电解质的离子传导机理，电极/聚合物电解质界面性质及聚合物与导电盐相互作用等相关基础问题进行了研究。1993 年，Bruce 等[72]利用 DSC、NMR、交流阻抗谱等技术研究发现锂离子在 PEO 晶相中是可以发生迁移的(图 9.37)。之后，华东师范大学 Wei[73]等通过高分辨 C 二维交叉固态核磁共振技术证实，离子在 PEO 晶相中的定向迁移伴随着两个过程：一个是伴随离子迁移的聚合物分子链段的局部运动；另一个则是离子运动伴随着离子配位位置在聚合物链内和链间的变换。美国犹他大学 Smith 和 Borodin[74]通过分子动力学模拟证实离子传导主要在 PEO 无定形区域内进行，一个 Li 约与五个醚氧原子发生配位作用，且 $Li^+$的传输与 PEO 链段的局域松弛密切相关。最近，美国佛罗里达州立大学国家强磁场实验室的 Hu 等[75]通过选择性同位素标记高分辨固态核磁技术研究了 $Li^+$的局域结构环境，并追踪到 $Li^+$在 PEO/LLZO 复合固态电解质中的迁移路径，这有利于人们更深刻地洞察复合固态电解质的离子传输机理。

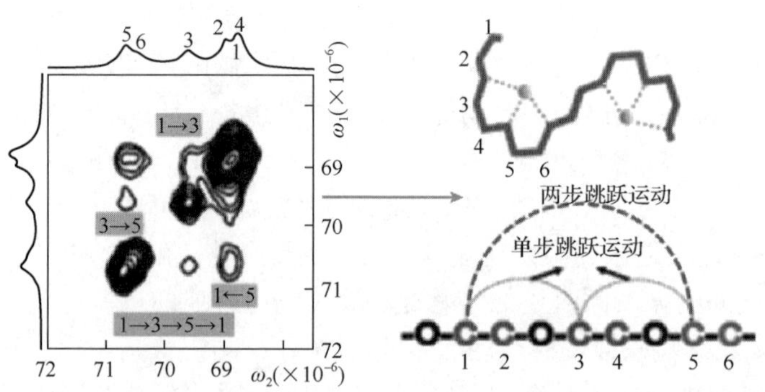


图 9.37 PEO/$LiCF_3SO_3$ 的核磁共振碳谱图

纯 PEO 聚合物固态电解质的室温离子电导率为 $10^{-8}$～$10^{-7}$S/cm，原因主要归结于 PEO 结晶度高，限制了聚合物链段的局部松弛运动，进而阻碍了 $Li^+$在聚合物中离子配位点之间的快速迁移。针对聚环氧乙烷基聚合物固态电解质所存在的问题，科研人员主要从抑制聚合物结晶(接枝共聚、嵌段共聚、掺杂纳米颗粒和无机快离子导体)、降低玻璃化转变温度、增加载流子浓度、提高锂离子迁移数及增加聚合物电解质与锂电极之间的界面稳定性等方面开展了一系列工作(图 9.38)。Seki 等[76]采用有机无机复合理念制备出可用于高电压电池的聚合物固态电解质体系；Khurana 团队[77]利用交联方法得到聚乙烯/聚环氧乙烷聚合物固态电解质，可有效抑制锂枝晶的生长，提高其长循环和安全特性；斯坦福大学的 Lin 等[78]采用原位合成 $SiO_2$ 纳米微球和聚环氧乙烷的制备工艺，降低基体材料的结晶度，提高室温离子电导率；法国 Bouchet 等[79]开发了一种单离子聚合物固态电解质，离子迁移数接近 1，可以显著降低浓差极化，提高充放电速率，但这款聚合物电解质需要在高温(60℃及以上)下才可以运行。

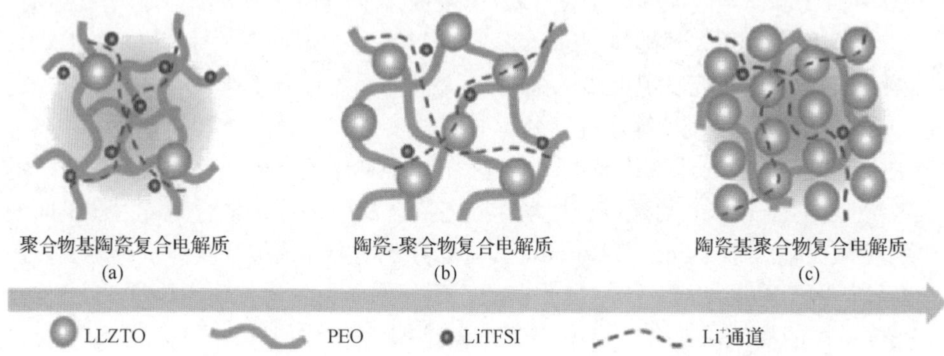


图 9.38 PEO/LLZTO/LiTFSI 不同比例复合固态电解质示意图

虽然改性后的 PEO 聚合物固态电解质的室温离子电导率已经接近 $10^{-5}$～$10^{-4}$ S/cm，但仍难以满足固态聚合物锂离子电池对室温离子电导率和快速充放电的要求。与此同时，还需要进一步提升聚环氧乙烷基聚合物固态电解质的抗高电压稳定性和尺寸热稳定性等多方面性能，可以考虑在 PEO 链段上引入抗高电压的官能团及引入高耐热的聚合物刚性骨架材料。

2. 聚硅氧烷基聚合物固态电解质

不同于聚环氧乙烷，聚硅氧烷尺寸热稳定性好，不容易燃烧，并且其玻璃化转变温度较低，因此制备得到的聚合物固态电解质安全性更高，室温离子传导更容易。相关聚硅氧烷基聚合物固态电解质的相关性质列于表 9.4。

**表 9.4　聚硅氧烷基聚合物固态电解质的化学结构式及其电化学性能**

| 聚合物结构 | 聚合物重均相对分子质量/(g/mol) | 电解质表示式/物质的量比 | 室温离子电导率/(S/cm) |
|---|---|---|---|
| 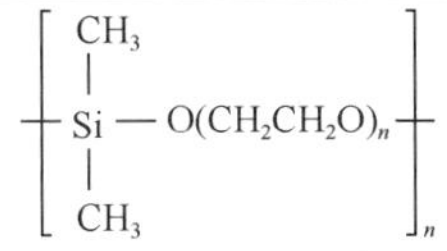 $\left[\mathrm{Si(CH_3)_2}—\mathrm{O(CH_2CH_2O)}_n\right]_n$<br>$n$=2,3,4,5,6.4,8.7,13.3 | 4000～5500 | DMS-3EO/NaBF$_4$<br>[NaBF$_4$]/[DMS-3EO]=0.534 mol/kg | $3\times10^{-4}$ |
| 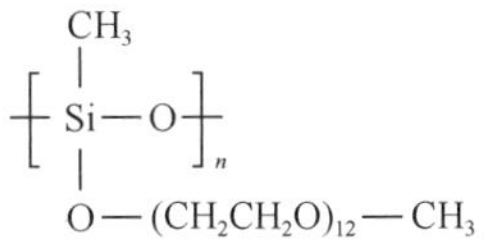 $\left[\mathrm{Si(CH_3)}(\mathrm{O—(CH_2CH_2O)_{12}—CH_3})—\mathrm{O}\right]_n$ | 17000 | PMMS/LiClO$_4$<br>[Li]∶[EO]=1∶25 | $7\times10^{-5}$ |
| 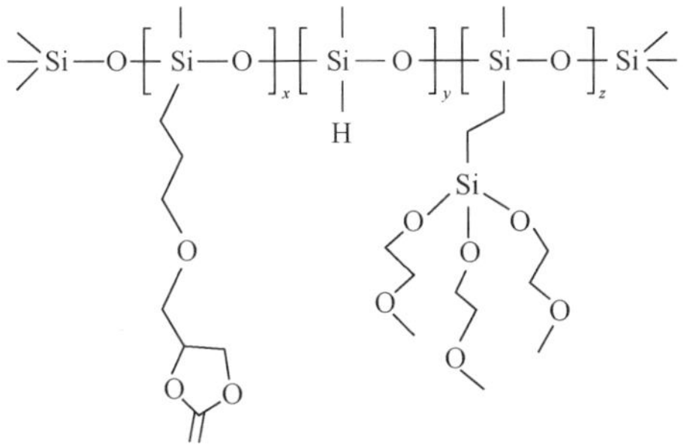 Si—O—[Si—O]$_x$—[Si(H)—O]$_y$—[Si—O]$_z$—Si（侧链含 O、环状碳酸酯及 Si(O…O)$_3$ 结构） | 未知 | VC-PMHS/PVDF/LiTFSI<br>[VC-PMHS]∶[PVDF]∶[LiTFSI]<br>=1∶0.2∶0.3<br>（质量比） | $1.55\times10^{-4}$ |
| 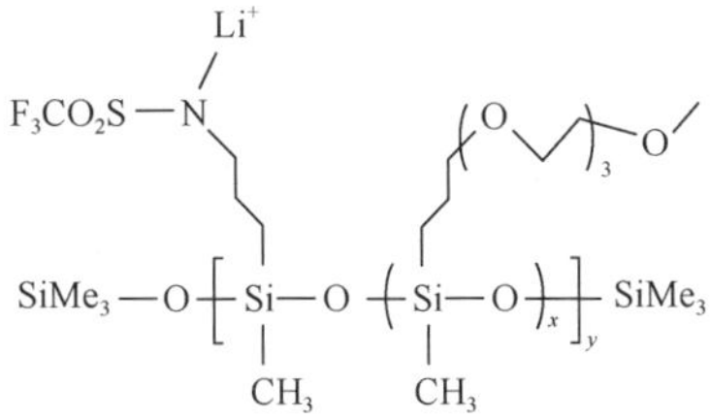 $\mathrm{SiMe_3}$—O—[Si(CH$_3$)—O—[Si(CH$_3$)—O]$_x$]$_y$—$\mathrm{SiMe_3}$；侧链：F$_3$CO$_2$S—N(Li$^+$)—，—(O—)$_3$O— | 约 8000 | PS-TFSI<br>[Li]∶[EO]=1∶26 | $1.3\times10^{-6}$ |

将硅氧烷链段与低聚氧化乙烯链段结合的方式进行分子设计，使聚合物兼具无机聚合物和有机聚合物的特性，以提高聚合物固态电解质的综合性能。Macfarlan 等[80]从降低聚合物固态电解质玻璃化转变温度的角度出发，设计合成了一系列主链为—Si—O—$(CH_2CH_2O)_n$—的硅氧烷类聚合物。结果表明该聚合物的玻璃化转变温度介于聚硅氧烷和聚氧化乙烯之间，且该聚合物固态电解质体系的离子电导率高于聚氧化乙烯类电解质体系。Fish 等[81]将聚硅氧烷作为主链，聚氧化乙烯链段作为侧链，制备得到了新的聚合物体系，其室温离子电导率最高为 $7\times10^{-5}$S/cm。

通过调节聚合物中聚氧化乙烯链段和碳酸酯链段的相对含量可以进一步调整聚合物体系的玻璃化转变温度和介电常数。Li[82]等以三甲氧乙氧基硅丙基和碳酸丙烯酯基为侧链，设计合成了表 9.4 所示的 VC-PHMS 聚合物。该聚合物固态电解质的室温离子电导率为 $1.55\times10^{-4}$S/cm（其中碳酸丙烯酯基与三甲氧乙氧基硅丙基的比例为 6∶4）。为解决聚合物固态电解质离子迁移数偏低的瓶颈问题，Siska 和 Shriver[83]将单离子导体—N—$SO_2$—$CF_3$ 结构引入到聚硅氧烷的侧链上，实现束缚阴离子迁移，提高锂离子迁移数，设计合成了如表 9.4 所示的 PS-TFSI 聚合物体系，该聚合物的玻璃化转变温度为–67℃，室温离子电导率为 $1.3\times10^{-6}$S/cm。

聚硅氧烷基聚合物固态电解质虽然具有诸多优点，但是其从基础研究到中试放大甚至产业化，还是需要解决如下问题：成本问题、制造加工成型及与正负极的界面相容性等。

### 3. 聚碳酸酯基聚合物固态电解质

要获得室温离子电导率更高的聚合物固态电解质，就要对聚合物官能团和链段结构进行精心设计和有效选择才能够有效减弱阴阳离子间相互作用。链段柔顺性好的无定形结构聚合物是一类理想的聚合物固态电解质基体材料，聚碳酸酯就是其中一类。聚碳酸酯基固态聚合物含有强极性碳酸酯基团，介电常数高，是一类高性能聚合物固态电解质，主要包括聚三亚甲基碳酸酯、聚碳酸乙烯酯、聚碳酸丙烯酯和聚碳酸亚乙烯酯等，其结构式见表 9.5。

**表 9.5　四种脂肪族聚碳酸酯的结构式**

| 名称 | 聚三亚甲基碳酸酯 | 聚碳酸乙烯酯 | 聚碳酸丙烯酯 | 聚碳酸亚乙烯酯 |
|---|---|---|---|---|
| 结构式 | 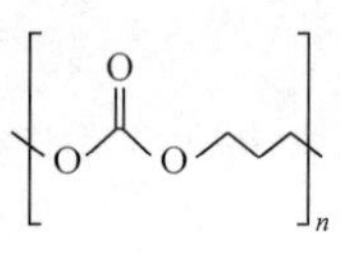 [O, O, O]$_n$ | 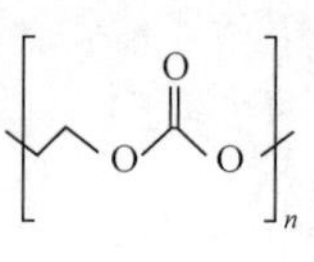 [O, O, O]$_n$ | 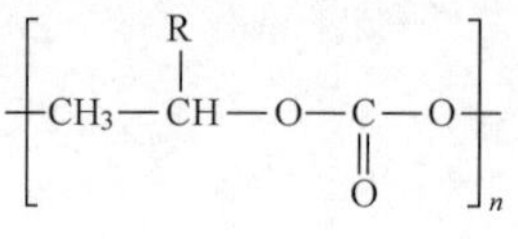 [—$CH_3$—CH(R)—O—C(=O)—O—]$_n$ | 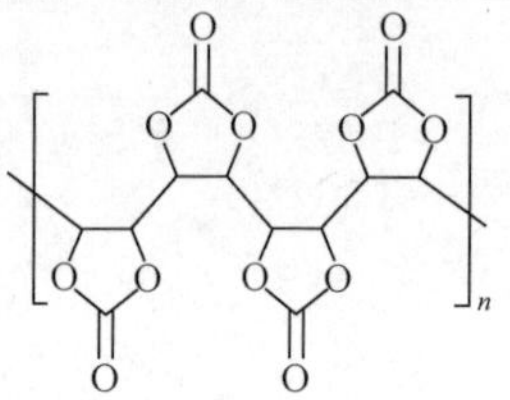 [O, O, O]$_n$ |

聚三亚甲基碳酸酯是一种在室温下呈橡胶态的无定形聚合物，尺寸热稳定性好。聚三亚甲基碳酸酯基聚合物固态电解质的电化学窗口普遍在 4.5V 以上，但由于其化学结构和空间位阻的影响，其室温离子电导率偏低。

聚碳酸丙烯酯(PPC)是一种由二氧化碳和氧化丙烯共聚反应得到的新型可降解聚碳酸酯，每一个重复单元中也都有一个极性很强的碳酸酯基团。Zhang 等[84]通过调节不同取代基和侧链官能团，设计出一种 PPC 室温聚合物固态电解质，室温离子电导率达到 $10^{-4}$S/cm。原因在于 PPC 具有无定形结构，且具有更加柔顺的链段，“刚柔并济”聚合物电解质的设计理念更有利于实现锂离子在链段中的迁移。为进一步提升离子电导率，该课题组[85]进一步构建了 PPC/LLZTO 的有机无机复合全固态电解质，并利用分子动力学模拟，进一步研究了高室温离子电导率的内在原因。

探索新型聚合物固态电解质的成型工艺，对于制备高性能固态聚合物锂离子电池也是十分必要的。众所周知，在液态锂离子电池中，碳酸亚乙烯酯(VC)常被用作 SEI 成膜剂。基于碳酸亚乙烯酯中存在可聚合双键以及减少固态锂电池中固固接触阻抗等方面的考虑，Chai 等[86]以 VC 为单体，在引发剂存在情况下，原位构筑了聚碳酸亚乙烯酯基聚合物固态电解质。结果表明，该聚合物固态电解质的室温离子电导率高($2.23\times10^{-5}$S/cm)、电化学窗口宽(4.5V)、固固接触阻抗低，大大提升了固态聚合物锂离子电池的倍率充放电性能及长循环稳定性。

聚碳酸酯基聚合物固态电解质固然具有耐热性好、离子电导率相对较高等优点，但离子电导率仍需进一步的提升以满足固态锂电池对倍率充放电的苛刻要求；同时还需要充分研究和考察其与各种电极材料的电化学和化学兼容性，为进一步开发高性能固态聚合物锂离子电池储备更多技术和经验。

## 9.6　固态电池的电极/电解质界面

虽然将固态电解质引入固态锂电池中提高了电池的安全性，但是固态锂电池仍然存在电极体积膨胀、电极/电解质的界面阻抗大、循环稳定性低等问题。其中，电极/电解质的界面问题成为固态电池发展的关键问题。由于固态锂电池中固态电解质取代液态电解质，导致电极与电解质之间的界面接触由固液接触变为固固接触。由于固相无润湿性，因此固-固界面将形成更高的接触电阻。同时，固态电解质，尤其是陶瓷固态电解质中有大量的晶界存在，因为较高的晶界电阻不利于锂离子在正负极之间传输，而且通常晶界电阻高于材料本体电阻，因此晶界电导率对固态电解质总电导率有显著影响。界面问题主要体现在物理和化学两方面：①物理接触问题。电解质与电极间维持点接触，这使得电解质和电极之间容易产生裂缝和气孔等缺陷。缺陷的存在限制了锂离子在界面处的传输。同时，锂离子在传输过程中界面处的体积膨胀也对固-固界面的稳定性提出了更高要求。②化学接触问题。电解质和电极间发生副反应，固-固界面稳定性降低，界面阻抗增大，无法实现锂离子的快速迁移等。高可塑性和延展性的固态电解质和电极材料有助于改善电解质-电极的接触条件，低弹性模量和高硬度电解质可抑制电极结构碎化和锂枝晶生长。

Zhu 等[87]指出，目前关于界面层形成机理及其对固态锂电池性能的影响报道较少，但是界面层对界面电阻和固态锂电池整体性能影响显著。例如，电解质持续分解会导致界面退化和低的库仑效率。根据现有的理论及实验数据支撑，Zhu 等提出 3 种界面层形成机理：①由于外加电压超过电解质电化学窗口，电解质发生氧化或者还原反应而生成界面层；②由于固态电解质与电极材料不相容，二者发生化学反应而生成界面层；③由于固态锂电池在循环过程中电极与电解质界面处发生电化学反应而生成界面层。

按照固态电解质与电极的界面结构，可细分为固态电解质与正极、固态电解质与负极的界面。

### 9.6.1　正极/电解质界面

正极/电解质界面问题以氧化物正极/硫化物固态电解质界面为典型，主要存在空间电荷层(space charge layer，SCL)的形成、元素界面层的形成及界面应力的形成这三个方面的问题。

空间电荷层的形成是由电极和电解质功函数差引起的离子定向注入的结果。当电极层和电解质层相接触时，电化学势平衡的热力学要求电荷载流子在两相界面进行重排以达到热力学稳定态。两接触介质的功函数差导致电子在界面尖端区形成聚集，载流子发生定向注入形成具有内建电场的空间电荷层，从而增大界面电阻，增加极化。氧化物正极材料通常为混合导体，具有较高的电子电导，而硫化物固态电解质为单一锂离子导体。当氧化物正极材料与硫化物固态电解质发生接触时，由于锂离子在二者之间存在较大的化学势差，氧化物正极材料中氧对锂离子的吸引大于硫化物电解质中的硫，因而锂离子会从硫化物固态电解质一侧向氧化物正极材料一侧移动，造成电解质一侧贫锂，并且电极与电解质同时形成空间电荷层(图 9.39)。然而，氧化物正极材料同时具有电子和离子导电性，电子能够消除电极一侧锂离子浓度梯度，从而使得电极一侧的空间电荷层消失。而硫化物电解质一侧的锂离子化学势要达到平衡，必然会继续向正极方向移动，空间电荷层继续生成，最终导致电解质一侧出现贫锂层，形成非常大的界面电阻。高电阻空间电荷层的形成将大大降低界面处的锂离子迁移动力学。此外，即使固态电池采用离子电导率与电解液相当的固态电解质，也无法达到与氧化物正极/电解液体系相当的功率密度，因此锂离子迁移的决速步骤不是在固态电解质的体相中，而是在氧化物正极/硫化物固态电解质的界面处。

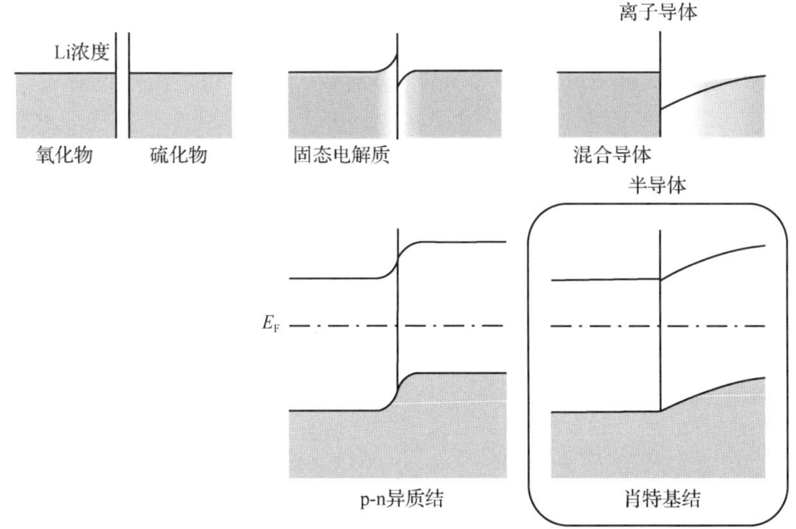


图 9.39　离子导体或半导体异质结形成后的电势变化

元素界面层的形成与界面元素扩散有关。在电池制备过程中的热处理工艺及后续电池的电化学充放电过程中，电极/电解质界面上还会发生元素的扩散，界面层的形成同样也会造成高的界面电阻。Woo 等[88]采用 HRTEM 和 EDS 发现钴酸锂电极与硫基电解质匹配的电池中，S 和 O 阴离子化学组成上的差异，造成电极与电解质界面不相容。因此，随着循环的进行，Co 元素会通过界面向电解质扩散，在电极与电解质界面上逐渐形成一层厚度约为 30nm 的 CoS 元素界面层(图 9.40)。这种元素界面层导电性极差，同时又不利于锂离子的传导，从而导致电池内阻增加。

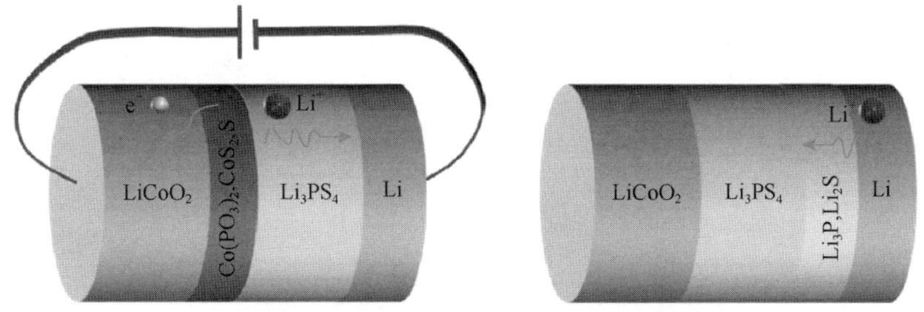


图 9.40　离电极/固态电解质的界面反应

界面应力源于电极在循环过程中产生的体积效应。电极在电化学反应中由于自身体积效应的存在出现膨缩，这种界面应力会导致电极局部变形或者晶型的坍塌等结果，使电荷转移电阻增加。

因此，如何有效抑制正极/固态电解质中空间电荷层、元素界面层及界面应力的产生，是降低界面电阻，提高固态锂电池高倍率放电性能的关键科学问题。

抑制空间电荷层的主要方法有引入缓冲层和正极自生保护层两种方法。引入缓冲层抑制空间电荷层的形成过程如图 9.41 所示，通过喷涂技术、溶胶–凝胶法或脉冲激光沉积(PLD)等方法在电极/电解质界面处加入一层离子导电而电子绝缘的氧化物层，在新形成的电极/氧化物层界面由于离子导电，$Li^+$化学势相近故没有锂离子梯度的存在，而氧化物层的电子绝缘性也阻止了电解质一侧的空间电荷层的生成。关于包覆层的选择，它需要满足的条件有三个：①具有较高的离子电导率，而不具备电子电导率。因此寻找高离子电导率的包覆材料是提高电池倍率性能的关键。实验发现，非晶态的 $LiNbO_3$ 离子电导率为 $10^{-6}$～$10^{-5}$S/cm，降低界面阻抗的效果更好。②厚度足够薄。Ohta 等[89]采用喷涂技术在 $LiCoO_2$ 表面包覆了一层不同厚度的纳米 $Li_4Ti_5O_{12}$，实验结果表明，随着缓冲层厚度的增加，抑制 $Li^+$迁移和空间电荷层的形成作用更加明显。但是随着缓冲层厚度进一步增加，由于 $Li_4Ti_5O_{12}$ 的离子电导率低，电池的倍率性能逐渐降低。因此，寻找最佳的包覆厚度至关重要。③薄层的阴离子对 $Li^+$有足够的吸引力，即应为氧化物。表 9.6 总结了不同正极材料或电解质的电池体系所采用的包覆层。抑制空间电荷层的另一种方法是正极自生保护层。Xu 等[90]通过对已合成的 $LiAl_xCo_{1-x}O_2$ 材料加以高能球磨，然后再采用高温处理的方法，使材料自组装形成了核壳结构的 $LiAl_xCo_{1-x}O_2$ 材料。核壳结构内大多数 Al 占据了 Co 的位置，形成了层状结构更明显的 $LiAl_yCo_{1-y}O_2$ 固溶体，而其余的 Al 分布在颗粒的表面，形成富 Al 层，富 Al 层的电子电导率较低，有利于抑制正极材料的电子电导性，进而抑制空间电荷层的产生。

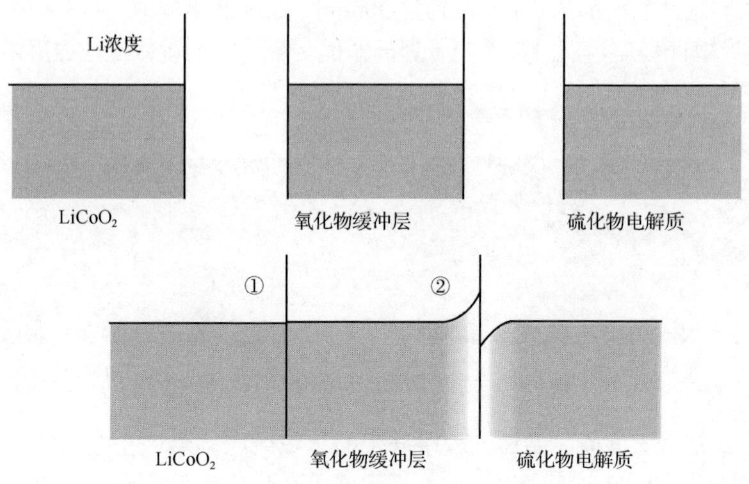


图 9.41　氧化物缓冲层降低空间电荷层效应示意图

表 9.6　不同电池体系所采用的各种缓冲层材料[91]

| 缓冲层 | 正极材料 | 硫化物固态电解质 | 电流密度 /(mA/cm$^2$) | 电极阻抗/Ω |
|---|---|---|---|---|
| $Li_4Ti_5O_{12}$ | $LiCoO_2$ | $Li_{3.25}Ge_{0.25}P_{0.75}S_4$ | 10 | 44 |
| $LiNbO_3$ | $LiCoO_2$ | $Li_{3.25}Ge_{0.25}P_{0.75}S_4$ | 10 | <20 |
| $Li_2O$-$SiO_2$ | $LiCoO_2$ | $80Li_2S$-$20P_2S_5$ | 6.4 | 160 |
| $LiTaO_3$ | $LiCoO_2$ | $Li_{3.25}Ge_{0.25}P_{0.75}S_4$ | 未知 | <20 |
| $Li_2Ti_2O_5$ | $LiCoO_2$ | $80Li_2S$-$20P_2S_5$ | 6.4 | 100 |
| $Li_4SiO_4$-$Li_3PO_4$ | $LiCoO_2$ | $80Li_2S$-$20P_2S_5$ | 6.4 | 48 |
| $Li_4Ti_5O_{12}$ | $LiNi_{1/3}Co_{1/3}Mn_{1/3}O_2$ | $80Li_2S$-$19P_2S_5$-$1P_2O_5$ | 3.8 | 100 |
| $Li_4Ti_5O_{12}$ | $LiMn_2O_4$ | $80Li_2S$-$20P_2S_5$ | 2.6 | 100 |
| $Li_4Ti_5O_{12}$ | $LiNi_{0.8}Co_{0.15}Al_{0.05}O_2$ | $70Li_2S$-$30P_2S_5$ | 10 | 48 |

抑制元素界面层的产生主要方法有以下两种：①表面包覆。Woo 等[88]采用原子层沉积法在$LiCoO_2$表面包覆$Al_2O_3$，在很大程度上抑制了$LiCoO_2$和$Li_{3.15}Ge_{0.15}P_{0.85}S_4$之间 Co、P、S 元素的扩散。②增强正极/固态电解质的接触。Xu 等[90,92]研究发现，将正极材料采用高能球磨法减小其颗粒尺寸，去除其表面杂质，可增大电极材料与电解质的接触面积。将高能球磨后的正极材料再次高温后处理，可消除球磨产生的表面缺陷，有效抑制元素界面层的产生，从而提高其在固态电池中的电化学性能。将 $LiNi_{0.8}Co_{0.15}Al_{0.05}O_2$ 材料、高能球磨后的 $LiNi_{0.8}Co_{0.15}Al_{0.05}O_2$ 材料及高能球磨后再次高温处理的 $LiNi_{0.8}Co_{0.15}Al_{0.05}O_2$ 材料与 $Li_{10}GeP_2S_{12}$/Li-In 体系分别组装成固态电池，测试其界面阻抗分别为 652Ω·cm$^2$、480Ω·cm$^2$ 和 198Ω·cm$^2$，电池的首次放电比容量分别为 46.7mA·h/g、89mA·h/g 和 146mA·h/g，首次库仑效率分别为 40.9%、56%和 76%。

减小界面应力的主要方法是表面包覆应力缓冲层。在电极表面包覆碳等材料作为缓冲层，能够一定程度上消除界面应力。Okumura 等[93]实验证明加入 $NbO_2$ 膜能够有效减小界面应力。

### 9.6.2　负极/电解质界面

负极/电解质界面问题以金属锂/固态电解质为典型，主要体现在以下四个方面：①不同于固液接触，固态电解质与金属锂形成的界面浸润性差，固固接触会显著提高界面阻抗。②金属锂负极在充放电过程中的体积形变会导致金属锂表面裂解，甚至粉末化，破坏良好的界面接触，增加界面阻抗。③对于采用冷压技术制备的硫化物固态电解质而言，在大电流密度(> 1mA/cm$^2$)下，金属锂溶出-沉积过程中倾向于优先在固态电解质的空隙和晶界处沉积生长，严重时可导致硫化物固态电解质出现局部破裂而产生短路。④由于金属锂还原性强，极易使固态电解质中某些高价态金属阳离子得电子而被还原，在金属锂负极与电解质界面上生成不利于锂离子传导，导电性差的高界面电阻相，导致化学稳定性变差。持续的界面反应可能导致界面劣化和电池低的库仑效率，进而影响到固态锂电池的电化学性能。其中，金属锂负极较差的化学稳定性是制约这种固态锂电池性能的瓶颈问题。

如图 9.42 所示，Wzenzel 等[94]将金属锂/固态电解质之间的界面分为三种不同的类型：①热力学稳定界面，即固态电解质与金属锂不发生反应，二者之间形成明显的二维界面，这种情况基本不会影响到电池的性能。②混合导体界面，即反应生成的混合界面同时具有电子和离子导电性，界面可能会继续向电解质一侧生长，进而改变材料整体的性质，并且电池在充放电过程中极易存在自放电过程，甚至直接短路。由于大部分电解质含有多价阳离子，因此与金属锂接触易于形成混合导体界面，这种界面层的产生占大多数。③类固态电解质界面，即反应产生电子绝缘而离子导电的界面层，界面有应力的存在，但界面不会向电解质一层的深处延伸。如果电子电导率足够低，界面相足够薄，SEI 膜在循环过程中稳定，那么电池性能依赖于 SEI 膜的离子导电性能。这种情况下对电池性能的影响较小，但容易使内阻增加。

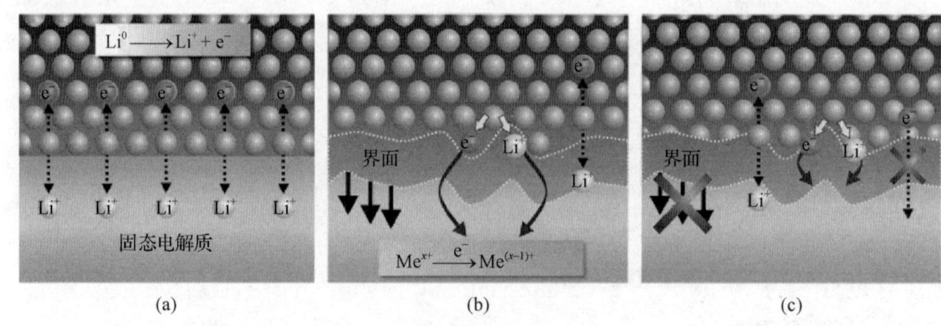


图 9.42 金属锂/固态电解质界面

(a)热力学稳定界面；(b)混合导体界面；(c)类固态电解质界面

针对上述金属锂/固态电解质存在的四个问题，人们采用合适的手段对金属 Li 和固态电解质形成的固-固界面进行修饰，从而改善固态锂电池的电化学性能。对于界面浸润性差的问题，Zhao 等[95]采用磁控溅射法对 LLZTO 陶瓷片表面进行 Au、Nb 和 Si 薄膜修饰，改善其与金属 Li 的润湿性，将金属 Li 与 LLZTO 的接触电阻由 1960Ω/cm$^2$ 分别降低至 32Ω/cm$^2$、14Ω/cm$^2$ 和 5Ω/cm$^2$。为了解决金属 Li 负极循环过程中由于较大的体积效应而产生粉化裂解的现象，最近有研究者分别将亲锂性的碳纤维和石墨烯作为骨架材料与金属 Li 复合，极大地抑制了金属 Li 负极在电池循环过程中的体积变化。针对硫化物固态电解质中锂枝晶沿晶生长导致内部短路的问题，目前一种可行的解决方案是提高固态电解质的致密度并尽量消除其晶界。

目前，关于固态电池锂负极稳定性的研究相对较少，而如何有效阻止金属 Li

与电解质直接接触发生化学反应，从而抑制高阻抗界面层的产生是解决固态电池负极稳定性差的关键。解决上述问题主要通过在电解质表面修饰、金属 Li 表面修饰和引入聚合物缓冲层三种途径。电解质表面修饰是在热稳定差的电解质表面加入一层电导率较差的电解质来构成双电解质层，虽然一定程度上会牺牲电导率，但增加了界面的稳定性。例如，虽然 $Li_{10}GeP_2S_{12}$ 的室温离子电导率（$1.2\times10^{-2}$S/cm）比 $Li_3PS_4$ 的高，但是 $Li_{10}GeP_2S_{12}$ 在低的电压范围内稳定性比 $Li_3PS_4$ 差，因此 Shin 等[96]通过在 $Li_{10}GeP_2S_{12}$ 电解质与 $Li_{0.5}In$ 合金中间引入一层稳定性好、电导率相对较低的 $Li_3PS_4$ 电解质，构造双电解质层结构，解决了上述稳定性差的问题。金属 Li 表面修饰是在金属 Li 表面修饰一层 Al、Sn、Si 和 In 等薄层，有效抑制金属 Li 对固态电解质的还原，从而显著提高了电池的循环性能。Ogawa 等[97]采用激光脉冲沉积法在金属 Li 的表面沉积了一层厚度为 20nm 的 Si，采用 $LiCoO_2$ 正极材料和 $Li_2S$-$P_2S_5$ 电解质进行电化学性能测试。结果表明，未沉积 Si 层的固态电池在循环 100 次后容量保持率仅为 76%，而沉积 Si 层后的电池在循环 1000 次后，容量保持率接近 100%。引入聚合物缓冲层是在电解质与金属 Li 之间增加一层聚合物隔膜，从而减少界面副反应的产生。Hasegawa 等[98]在固态电解质表面溅射了一层 1μm 厚的 LiPON 电解质薄膜，阻止 $Li_{1.3}Al_{0.3}Ti_{1.7}(PO_4)_3$ 电解质与金属锂发生反应，同时提供良好的导电性。Kotobuki 等[99]在 $Li_{1+x}Al_xGe_{2-x}(PO_4)_3$ 电解质与金属 Li 之间增加了一层厚度为 300μm、室温离子电导率为 $10^{-3}$S/cm 的 PMMA 凝胶聚合物缓冲层，以阻止界面副反应的发生。

为实现高安全性能和更长循环寿命的固态锂电池的实际应用，急需解决电解质与电极的界面相容性和稳定性。目前的界面电阻值在 $200\Omega\cdot cm^2$ 左右，而界面电阻期望值应在 $100\Omega\cdot cm^2$ 以内。因此，如何通过引入稳定的导电缓冲层消除或减弱空间电荷层效应，抑制界面层生成，降低界面电阻，是未来固态锂电池领域面临的共同挑战。

## 参 考 文 献

[1] Palacin M R. Recent advances in rechargeable battery materials: a chemist's perspective. Chem Soc Rev, 2009, 38(9): 2565-2575.

[2] Jung Y S, Oh D Y, Nam Y J, et al. Issues and challenges for bulk-type all-solid-state rechargeable lithium batteries using sulfide solid electrolytes. Isr J Chem, 2015, 55: 472-485.

[3] Bates J, Gruzalski G, Dudney N, et al. Rechargeable thin-film lithium microbatteries. Solid State Technol, 1993, 36(7): 59-64.

[4] Notten P H, Roozeboom F, Niessen R A, et al. High energy density all-solid-state batteries: a challenging concept towards 3D integration. Adv Funct Mater, 2008, 18(7): 1057-1066.

[5] Lethien C, Zegaoui M, Roussel P, et al. Micro-patterning of LiPON and lithium iron phosphate material deposited onto silicon nanopillars array for lithium ion solid state 3D micro-battery. Microelectron Eng, 2011, 88(10): 3172-3177.

[6] Ruzmetov D, Oleshko V P, Haney P M, et al. Electrolyte stability determines scaling limits for solid-state 3D Li ion batteries. Nano Lett, 2011, 12(1): 505-511.

[7] Trevey J E, Wang J, Deluca C M, et al. Nanostructured silicon electrodes for solid-state 3-d rechargeable lithium batteries. Sens Actuators A, 2011, 167(2): 139-145.

[8] Kamaya N, Homma K, Yamakawa Y, et al. A lithium superionic conductor. Nat Mater, 2011, 10(9): 682-686.

[9] Zhang B K, Tan R, Yang L Y, et a1. Mechanisms and properties of ion-transport in inorganic solid electrolytes. Energy Storage Mater, 2018, 10: 139-159.

[10] Marcinek M, Syzdek J, Marczewski M, et al. Electrolytes for Li-ion transport—review. Solid State Ionics, 2015, 276: 107-126.

[11] 郑浩, 高健, 王少飞, 等. 锂电池基础科学问题(Ⅵ)——离子在固体中的输运. 储能科学与技术, 2013, 2(6): 620-635.

[12] Wen Y, He K, Zhu Y J, et al. Expanded graphite as superior anode for sodium-ion batteries. Nat Commun, 2014, 5: 2003-2016.

[13] Zhu G N, Wang Y G, Xia Y Y. Ti-based compounds as anode materials for Li-ion batteries. Energy Environ Sci, 2012, 5: 6652-6667.

[14] Chen Z H, Belharouak I, Sun Y K, et al. Titanium-based anode materials for safe lithium-ion batteries. Adv Funct Mater, 2013, 23: 959-969.

[15] Armand M, Tarascon J M. Building better batteries. Nature, 2008, 451: 652-657.

[16] 刘宝生. 锂离子电池富镍正极材料 $LiNi_{0.8}Co_{0.15}Al_{0.05}O_2$ 制备及改性研究. 哈尔滨: 哈尔滨工业大学, 2017.

[17] Andersson A S, Kalasa B, Häggström L, et al. Lithium extraction/insertion in $LiFePO_4$: an X-ray diffraction and Mössbauer spectroscopy study. Solid State Ion, 2000, 130(1): 41-52.

[18] Ohzuku T, Kitagawa M, Hirai T. Electrochemistry of manganese dioxide in lithium nonaqueous cell Ⅲ. X-ray diffractional study on the reduction of spinel-related manganese dioxide. J Electrochem Soc, 1990, 137(3): 769-775.

[19] Thangadurai V, Kaack H, Weppner W J F. Novel fast lithium ion conduction in garnet-type $Li_5La_3M_2O_{12}$ (M: Nb, Ta). J Am Ceram Soc, 2003, 34(27): 437-440.

[20] Thangadurai V, Narayanan S, Pinzaru D. Garnet-type solid-state fast Li ion conductors for Li batteries: critical review. Chem Soc Rev, 2014, 43(13): 4714-4727.

[21] Awaka J, Takashima A, Kataoka K, et al. Crystal structure of fast lithium-ion-conducting cubic $Li_7La_3Zr_2O_{12}$. Chem Lett, 2011, 40(1): 60-62.

[22] Awaka J, Kijima N, Hayakawa H, et al. Synthesis and structure analysis of tetragonal $Li_7La_3Zr_2O_{12}$ with the garnet-related type structure. J Solid State Chem, 2009, 182(8): 2046-2052.

[23] Zhang Y, Chen F, Tu R, et al. Effect of lithium ion concentration on the microstructure evolution and its association with the ionic conductivity of cubic garnet-type nominal $Li_7Al_{0.25}La_3Zr_2O_{12}$ solid electrolytes. Solid State Ion, 2016, 284: 53-60.

[24] Dumon A, Huang M, Shen Y, et al. High Li ion conductivity in strontium doped $Li_7La_3Zr_2O_{12}$ garnet. Solid State Ion, 2013, 243: 36-41.

[25] Sun J, Sun B, Zhu D, et al. HMGA2 regulates CD44 expression to promote gastric cancer cell motility and sphere formation. Am J Cancer Res, 2017, 7(2): 260-274.

[26] Inaguma Y, Chen L, Itoh M, et al. High ionic conductivity in lithium lanthanum titanate. Solid State Commun, 1993, 86(10): 689-693.

[27] Stramare S, Thangadurai V, Weppner W. Lithium lanthanum titanates: a review. Cheminform, 2003, 34(52): 3974-3990.

[28] Inaguma Y. Candidate compounds with perovskite structure for high lithium ionic conductivity. Solid State Ion, 1994, 70-71(94): 196-202.

[29] Mei A, Wang X, Nan C W, et al. Role of amorphous boundary layer in enhancing ionic conductivity of lithium-lanthanum-titanate electrolyte. Electrochim Acta, 2010, 55(8): 2958-2963.

[30] Thangadurai V, Shukla A K, Gopalakrishnan J. ChemInform abstract: $LiSr_{1.65}6t_{0.35}M^1{}_{1.3}M^2{}_{1.7}O_9$ ($M^1$: Ti, Zr; $M^2$: Nb, Ta): new lithium ion conductors based on the perovskite structure. Cheminform, 2010, 30(20): 006.

[31] Chen C H, Xie S, Sperling E, et al. Stable lithium-ion conducting perovskite lithium-strontium-tantalum-zirconium-oxide system. Solid State Ion, 2004, 167(3-4): 263-272.

[32] Goodenough J B, Hong Y P, Kafalas J A. Fast $Na^+$ ion transport in skeleton structures. Mater Res Bull, 1976, 11(2): 203-220.

[33] Epp V, Ma Q, Hammer E M, et al. Very fast bulk Li ion diffusivity in crystalline $Li_{1.5}Al_{0.5}Ti_{1.5}(PO_4)_3$ as seen using NMR relaxometry. Phys Chem Chem Phys, 2015, 17: 32115-32121.

[34] Arbi K, Hoelzel M, Kuhn A, et al. Structural factors that enhance lithium mobility in fast-ion $Li_{1+x}Ti_{2-x}Al_x(PO_4)_3$ ($0 \leqslant x \leqslant 4$) conductors investigated by neutron diffraction in the temperature range 100～500 K. Inorg Chem, 2013, 52(16): 9290-9296.

[35] Francisco B E, Stoldt C R, M'Peko J C, et al. Lithium-ion trapping from local structural distortions in sodium super ionic conductor (NASICON) electrolytes. Chem Mater, 2014, 26(16): 4741-4749.

[36] Monchak M, Hupfer T, Senyshyn A, et al. Lithium diffusion pathway in $Li_{1.3}Al_{0.3}Ti_{1.7}(PO_4)_3$ (LATP) superionic conductor. Inorg Chem, 2016, 55(6): 2941-2945.

[37] Iglesias J E. Relationship between activation energy and bottleneck size for $Li^+$ ion conduction in nasicon materials of composition $LiMM'(PO_4)_3$; M, M'=Ge, Ti, Sn, Hf. J Phys Chem B, 1998, 102(2): 372-375.

[38] Feng J K, Lu L, Lai M O. Lithium storage capability of lithium ion conductor $Li_{1.5}Al_{0.5}Ge_{1.5}(PO_4)_3$. J Alloys Compd, 2010, 501(2): 255-258.

[39] Kahlaoui R, Arbi K, Sobrados I, et al. Cation miscibility and lithium mobility in NASICON $Li_{1+x}Ti_{2-x}Sc_x(PO_4)_3$ ($0 \leqslant x \leqslant 0.5$) series: a combined NMR and impedance study. Inorg Chem, 2017, 56(3): 1216-1224.

[40] Zhao Y S, Daemen L L. Superionic conductivity in lithium-rich anti-perovskites. J Am Chem Soc, 2012, 134: 15042-15047.

[41] Braga M H, Ferreira J A, Stockhausen V, et al. Novel $Li_3ClO$ based glasses with superionic properties for lithium batteries. J Mater Chem A, 2014, 2(15): 5470-5480.

[42] Zhang Y, Zhao Y S, Chen C F. Ab initio study of the stabilities of and mechanism of superionic transport in lithium-rich antiperovskites. Phys Rev B, 2013, 87: 134303.

[43] Emly A, Kioupakis E, Ven A V D. Phase stability and transport mechanisms in antiperovskite $Li_3OCl$ and $Li_3OBr$ superionic conductors. Chem Mater, 2013, 25: 4663-4670.

[44] Deng Z, Radhakrishnan B, Ong S P. Rational composition optimization of the lithium-rich $Li_3OCl_{1-x}Br_x$ anti-perovskite superionic conductors. Chem Mater, 2015, 27: 3749-3755.

[45] Braga M H, Stockhausen V, Oliveira J C R E, et al. The role of defects in $Li_3ClO$ solid electrolyte: calculations and experiments. MRS Proceedings, 2013, 526: mrsf12-1526-tt09-05.

[46] Quartarone E, Mustarelli P. Electrolytes for solid-state lithium rechargeable batteries. Chem Soc Rev, 2011, 40: 2525-2546.

[47] Li W, Wu G T, Araujo C M, et al. $Li^+$ ion conductivity and diffusion mechanism in $\alpha$-$Li_3N$ and $\beta$-$Li_3N$. Energy Environ Sci, 2010, 3(10): 1524-1530.

[48] Huq A, Richardson J W, Maxey E R, et al. Structural studies of $Li_3N$ using neutron powder diffraction. J Alloys Compd, 2007, 436(1): 256-260.

[49] Sattlegger H, Hahn H. Über das system $Li_3N$/LiCl. Z Anorg Allg Chem, 1971, 379: 293-299.

[50] Jia Y Z, Yang J X. Study of the lithium solid electrolytes based on lithium nitride chloride $Li_9N_2Cl_3$. Solid State Ion, 1997, 96: 113-117.

[51] Hatake S, Kuwano J, Miyamori M, et al. New lithium-ion conducting compounds $3Li_3N$-MI(M=Li, Na, K, Rb) and their application to solid-state lithium-ion cells. J Power Sources, 1997, 68(2): 416-420.

[52] Bates J B, Dudney N J, Gruzalski G R, et al. Electrical properties of amorphous lithium electrolyte thin films. Solid State Ion, 1992, 53-56: 647-654.

[53] 李林. LiPON 固态电解质与全固态薄膜锂离子电池制备及特性研究. 兰州: 兰州大学, 2018.

[54] 曹乾涛，吴孟强，张树人. 全固态薄膜锂离子电池负极和电解质材料的研究进展. 材料导报，2008，22: 242-246.

[55] Lee S J, Bae J H, Lee H W, et al. Electrical conductivity in Li-Si-P-O-N oxynitride thin-films. J Power Sources, 2003, 123: 61-64.

[56] Joo K H, Sohn H J, Vinatier P, et al. Lithium ion conducting lithium sulfur oxynitride thin film. Electrochem Solid State Lett, 2004, 7(8): A256-A258.

[57] Wu F, Liu Y, Chen R, et al. Preparation and performance of novel Li-Ti-Si-P-O-N thin-film electrolyte for thin-film lithium batteries. J Power Sources, 2009, 189(1): 467-470.

[58] Kanno R, Hata T, Kawamoto Y, et al. Synthesis of a new lithium ionic conductor, thio-LISICON-lithium germanium sulfide system. Solid State Ion, 2000, 130(1): 97-104.

[59] Zhao Y R, Wu C, Peng G, et al. A new solid polymer electrolyte incorporating $Li_{10}GeP_2S_{12}$ into a polyethylene oxide matrix for all-solid-state lithium batteries. J Power Sources, 2016, 301: 47-53.

[60] Kennedy J H, Sahami S, Shea S W, et al. Preparation and conductivity measurements of SiS2-Li2S glasses doped with LiBr and LiCl. Solid State Ionics, 1986, 18-19: 368-371.

[61] Komiya R, Hayashi A, Morimoto H, et al. Solid state lithium secondary batteries using an amorphous solid electrolyte in the system $(100-y)(0.6Li_2S\cdot 0.4SiS_2)\cdot yLi_4SiO_4$ obtained by mechanochemical synthesis. Solid State Ion, 2001, 140: 83-87.

[62] Rangasamy E, Liu Z, Gobet M, et al. An iodide-based $Li_7P_2S_8I$ superionic conductor. J Am Chem Soc, 2015, 137(4): 1384-1387.

[63] Mizuno F, Hayashi A, Tadanaga K, et al. New, highly ion-conductive crystals precipitated from $Li_2S$-$P_2S_5$ glasses. Adv Mater, 2005, 17(7): 918-921.

[64] Seino Y, Ota T, Takada K, et al. A sulphide lithium super ion conductor is superior to liquid ion conductors for use in rechargeable batteries. Energy Environ Sci, 2014, 7(2): 627-631.

[65] Fenton D E, Parker J M, Wright P V. Complexes of alkali metal ions with poly(ethylene oxide). Polymer, 1973, 14: 589.

[66] Armand M B, Chabagno J M, Duclot M J. Fast Transport in Solids. New York: Elsevier, 1979.

[67] Choudhary S, Dhatarwal P, Sengwa R J. Temperature dependent dielectric behavior and structural dynamics of PEO-PMMA blend based plasticized nanocomposite solid polymer electrolyte. Indian J End Mater S, 2017, 24(2): 123-132.

[68] Tao C, Gao M H, Yin B H, et al. A promising TPU/PEO blend polymer electrolyte for all-solid-state lithium ion batteries. Electrochim Acta, 2017, 257: 31-39.

[69] Angulakhsm N, Thomas S, Nair Jijeesh R, et al. Cycling profile of innovative nanochitin-incorporated poly (ethylene oxide) based electrolytes for lithium batteries. J Power Sources, 2013, 228: 294.

[70] Li Y J, Fan C Y, Zhang J P, et al. A promising PMH/PEO blend polymer electrolyte for all-solid-state lithium ion batteries. Dalton T, 2018, 47 (42): 14932-14937.

[71] Chen B, Xu Q, Huang Z, et al.One-pot preparation of new copolymer electrolytes with tunable network structure for all-solid-state lithium battery. J Power Source, 2016, 331: 322-331.

[72] Lighyfoot P, Mehta M A, Bruce P G. Crystal structure of the polymer electrolyte poly (ethylene oxide)$_3$: $LiCF_3SO_3$. Science, 1993, 262: 883-885.

[73] Wei L, Liu Q H, Gao Y W, et al. Phase structure and helical jump motion of poly (ethylene oxide) /$LiCF_3SO_3$ crystalline complex: a high-resolution solid-state $^{13}C$ NMR approach. Macromolecules, 2013, 46 (11): 4447-4453.

[74] Borodin O, Smith G D. Mechanism of ion transport in amorphous poly (ethylene oxide) /LiTFSI from molecular dynamics simulations. Macromolecules, 2006, 39 (4): 1620-1629.

[75] Zheng J, Tang M X, Hu Y Y. Lithium ion pathway within $Li_yLa_3Zr_2O_{12}$-polyethylene oxide composite electrolytes. Angew Chem Int Ed, 2016, 55 (40): 12538-12542.

[76] Seki S, Kobayashi Y, Miyashiro H, et al. Fabrication of high-voltage, high-capacity all-solid-state lithium polymer secondary batteries by application of the polymer electrolyte/inorganic electrolyte composite concept. Chem Mat, 2005, 17 (8): 2041-2045.

[77] Khurana R, Schaefer J L, Archer L A, et al. Suppression of lithium dendrite growth using cross-linked polyethylene/poly (ethylene oxide) electrolytes: a new approach for practicallithium-metal polymer batteries. J Am Chem Soc, 2014, 136 (20): 7395-7402.

[78] Lin D C, Liu W, Liu Y, et al. High ionic conductivity of composite solid polymer electrolyte via in situ synthesis of monodispersed $SiO_2$ nanospheres in poly (ethylene oxide). Nano Lett, 2016, 16 (1): 459-465.

[79] Bouchet R, Maria S, Meziane R, et al. Single-ion BAB triblock copolymers as highly efficient electrolytes for lithium-metal batteries. Nat Mater, 2013, 12: 452-457.

[80] Sun J, Macfarlane D R, Forsyth M. Ion conductive poly (ethylene oxide-dimethyl siloxane) copolymers. J Polym Sci, Part A: Polym Chem, 1996, 34 (17): 3465-3470.

[81] Fish D, Khan I M, Smid J. Conductivity of solid complexes of lithium perchlorate with poly {[$\omega$-methoxyhexa (oxyethylene) ethoxy]methylsiloxane}. Makromol Chem, Rapid Commun, 1986, 7 (3): 115-120.

[82] Li J, Lin Y, Yao H, et al. Tuning thin-film electrolyte for lithium battery by grafting cyclic carbonate and combed poly (ethylene oxide) on polysiloxane. ChemSusChem, 2014, 7 (7): 1901-1908.

[83] Siska D P, Shriver D F. $Li^+$ conductivity of polysiloxane-trifluoromethyl sulfonamide polyelectrolytes. Chem Mater, 2001, 1390 (12): 4698-4700.

[84] Zhang J J, Zhao J H, Yue L, et al. Safety-reinforcedpoly (propylene carbonate) -based all-solid-state polymer electrolyte for ambient-temperature solid polymer lithium batteries. Adv Energy Mater, 2015, 5 (24).

[85] Zhang J J, Zang X, Wen H J, et al. High-voltage and free-standing poly (propylene carbonate) /$Li_{6.75}La_3Zr_{1.75}Ta_{0.25}O_{12}$ composite solid electrolyte for wide temperature range and flexible solid lithium ion battery. J Mater Chem A, 2017, 5: 4940-4948.

[86] Chai J C, Liu Z H, Ma J, et al. In situ generation of poly (vinylene carbonate) based solid electrolyte with interfacial stability for $LiCoO_2$ lithium batteries. Adv Sci, 2017, 4 (2): 1600377.

[87] Zhu Y, He X, Mo Y. First principles study on electrochemical and chemical stability of the solid electrolyte-electrode interfaces in all-solid-state Li-ion batteries. J Mater Chem A, 2016, 9(4): 3253-3266.

[88] Woo J H, Trevey J E, Cavanagh A S, et al. Nanoscale interface modification of $LiCoO_2$ by $Al_2O_3$ atomic layer deposition for solid-state Li batteries. J Electrochem Soc, 2012, 159: A1120-A1124.

[89] Ohta N, Takada K, Zhang L, et al. Enhancement of the high-rate capability of solid-state lithium batteries by nanoscale interfacial modification. Adv Mater, 2006, 18(17): 2226-2229.

[90] Xu X, Takada K, Watanabe K, et al. Self-organized core-shell structure for high-power electrode in solid-state lithium batteries. Chem Mater, 2011, 23(17): 3798-3804.

[91] 郑碧珠，王红春，马嘉林，等. 固态电池无机固态电解质/电极界面的研究进展. 中国科学：化学，2017(5): 85-99.

[92] Peng G, Yao X, Wan H, et al. Insights on the fundamental lithium storage behavior of all-solid-state lithium batteries containing the $LiNi_{0.8}Co_{0.15}Al_{0.05}O_2$ cathode and sulfide electrolyte. J Power Sources, 2016, 307: 724-730.

[93] Okumura T, Nakatsutsumi T, Ina T, et al. Depth-resolved X-ray absorption spectroscopic study on nanoscale observation of the electrode-solid electrolyte interface for all solid state lithium ion batteries. J Mater Chem, 2011, 21(27): 10051-10060.

[94] Wenzel S, Leichtweiss T, Krüger D, et al. Interphase formation on lithium solid electrolytes-an in situ approach to study interfacial reactions by photoelectron spectroscopy. Solid State Ion, 2015, 278: 98-105.

[95] Zhao N, Fang R, He M, et al. Cycle stability of lithium/garnet/lithium cells with different intermediate layers. Rare Met, 2018, 37(6): 473-479.

[96] Shin B R, Nam Y J, Oh D Y, et al. Comparative study of $TiS_2$/Li-in all-solid-state lithium batteries using glass-ceramic $Li_3PS_4$ and $Li_{10}GeP_2S_{12}$ solid electrolytes. Electrochim Acta, 2014, 146: 395-402.

[97] Ogawa M, Kanda R, Yoshida K, et al. High-capacity thin film lithium batteries with sulfide solid electrolytes. J Power Sources, 2012, 205: 487-490.

[98] Hasegawa S, Imanishi N, Zhang T, et al. Study on lithium/air secondary batteries-stability of NASICON-type lithium ion conducting glass-ceramics with water. J Power Sources, 2009, 189(1): 371-377.

[99] Kotobuki M, Hoshina K, Kanamura K. Electrochemical properties of thin $TiO_2$ electrode on $Li_{1+x}Al_xGe_{2-x}(PO_4)_3$ solid electrolyte. Solid State Ion, 2011, 198(1): 22-25.

# 第三篇　高性能电池电解质及隔膜材料

# 第10章

# 高性能锂离子电池电解质

电解液作为离子移动的介质，通常由溶剂和锂盐组成。液体电解液一般由有机溶剂组成，固态电解质一般由无机物或者聚合物组成，聚合物电解质一般由聚合物和锂盐组成。电解液一般指的是液体电解液。锂离子电池电极材料能可逆地插嵌锂离子，两电极由隔膜物理隔离。电解质起到在正负极之间传输离子的作用。锂二次电池的工作电压和能量密度由正负极材料决定，但是电解液的选择也是非常重要的，因为电解液的电导率很大程度上决定了电池的放电能力。

理论上讲，电解液在电池循环的过程中不会发生化学变化，所有的电流都是由电极上的氧化还原反应产生。电解液的电化学稳定性在电池中一般通过动力学的方式实现，这在可充电电池中是非常重要的。电池中正极的强氧化性和负极的强还原性使电解液的稳定性受到了很大的挑战。因此提升电解液的氧化还原稳定性是电解液研究领域的一大课题。

电化学稳定性仅仅是电解液的要求之一，作为锂离子电池电解液还有其他要求：①应该具有较高的离子电导率且电子绝缘，因此具有较好的离子传输性能并且抑制自放电；②应该具有较宽的电化学窗口，使电解液在正负极的电压范围内都保持稳定；③对电池的其他组件保持惰性，如集流体、隔膜等；④安全性能较好，对电、热和机械冲击等具有一定的耐受能力；⑤成分环保，无毒性；⑥原料简单易得；⑦对电极和隔膜的浸润性好。

近几年由于人类对高能量密度电池的迫切需求，科学家研究了各种新型电极材料。硅基负极、合金负极和金属氧化物负极材料具有超高的比容量，展示出较大的应用潜力，高比容量意味着大量锂的嵌入，更大的体积效应，因此新型负极的界面在循环过程中总是重复的破裂与重新生成，这对现有电解液体系提出了很大的挑战。传统锂离子电池的正极界面几乎不存在问题，因为它们的截止电压一般小于4.2V，这远小于目前碳酸酯类电解液的承受极限。但是一些新型正极材料的电压一般在4.5V以上，高于现有电解液的耐受电压，导致电解液在循环过程中持续分解。除此之外，锂离子电池在电动汽车上的应用对电解液的安全性能提出了更高的要求。随着锂离子电池应用领域的不断扩张，各种特殊用途的电解液需求越来越旺盛，如钻井平台使用的锂离子电池要耐受200℃的高温。

鉴于正极和负极对电解液的要求越来越苛刻，研发新型的电解液已经非常迫切。单一电解液组分已经很难满足电池的需求，所以研究人员为了满足不同电池的需求研发了各种电解液配方，包括研发新型溶剂、新型锂盐和新型电解液添加剂等。总之，电解液对于二次电池来说是极其重要的，但是与电解液相关的资料相对匮乏，本章将聚焦于二次电池电解液基础材料，现状及发展的综述与总结。

## 10.1　液态电解液的特点与表征

液态电解液在常温常压下呈流动态，在锂离子电池中起着传导离子的作用，所以被俗称为电池的“血液”。它是锂离子电池必不可少的一部分，是高压、高性能锂离子电池的保证。有机电解液是锂离子电池发展的重要部分，良好的液态有机电解液一般从以下五个方面评估[1]：①离子电导率高，它决定了电池的内阻和倍率性能；②电化学窗口宽，它是衡量电解液稳定的一个重要参数；③热稳定性好，实际应用温度范围广，能够更好地防止在荷电状态下电解液的氧化还原反应，同时可以提高电池的循环稳定性；④化学性能稳定，在电极表面除了有锂离子的迁移外，不发生其他副反应；⑤安全，无污染，对环境友好。

液态电解液一般由锂盐、溶剂和功能性添加剂组成。液态电解液一般分为以水为溶剂的电解液体系及非水电解液体系。水的理论分解电压仅为 1.23V，在传统的铅酸电池中以水作为溶剂电池电压最高只有 2V 左右[2]。一般情况下，锂离子电池的工作电压高达 3～4V，所以以水为溶剂的电解液不适用于锂离子电池中。因此必须采用非水电解液体系作为锂离子电池的电解液。其中非水有机溶剂是电解液的重要组成部分，电解液的许多性能都与溶剂的性能息息相关，如溶剂的黏度、介电常数、熔点、沸点等对电池使用温度、对电解质锂盐的溶解度、电极电化学性能和电池的安全性能都有重要的影响[3]。优良的溶剂是实现锂离子电池低内阻、长寿命和高安全性的重要保障。

电解液性能的提升源于人们对电解液微观世界的不断探究，离不开最基础的表征手段的支撑。下面对锂离子电池液态电解液的常用表征方法和参数进行简单介绍。

### 10.1.1　电解液的稳定性

电解液的稳定性是影响锂离子电池循环性能的重要因素。电解液的稳定性包括热稳定性、化学稳定性和电化学稳定性[4]。电解液的热稳定性是指电解液在高温下的工作能力以及在高温下工作时的安全性能，良好稳定的电解液需要具有较宽的工作温度范围[5]。化学稳定性是指电解液在电池内部不会与电极材料、隔膜及集流体发生化学反应，并且在较宽的电化学窗口不发生分解反应[6]。例如，在锂离子电池中采用 $LiPF_6$ 在常温下是稳定的，但是超过 60℃后，$LiPF_6$ 则变成电解液分解、界面膜溶解的触发剂或催化剂，是导致锂离子电池热稳定性恶化的主要原因。电解液的热稳定性可以通过热重/差热分析进行测试[7]，其中热重分析法是通过控温条件下材料质量的变化来测量材料的组分和热稳定性。

在实际应用中，锂离子电池中电解液很难达到化学稳定性高这一要求。电解液与电池内部其他部件发生化学反应是造成电池自放电的根本原因，并且会造成电池的循环性能和安全性能的下降。同时电解液的化学稳定性关系到锂离子电池的性能和安全。一般情况下，电解液要求在其工作电压范围内不会在电极表面发生副反应。而事实情况下，锂离子电池在充放电过程中，电解液或多或少都会发生分解作用，并产生混合气体。循环伏安法是测试电解液化学稳定性的常用方法。循环伏安法可以探究物质的电化学活性，测量物质的氧化还原电势以及电化学反应过程的可逆性和反应机理。在进行测量时选择不会发生电极反应的某一初始电势 $\varphi_1$，控制电极电势按照指定的方向和速度随时间线性变化，当电极电势扫描至某一电势 $\varphi_2$ 后，再以相同的速度逆向扫描至 $\varphi_1$，同时测定响应电流随电极电势的变化关系。对循环伏安曲线进行数据分析，可以得到峰电流($i_p$)、峰电势($\varphi_p$)、反应动力学参数、反应历程等诸多化学信息。电化学稳定窗口为发生氧化反应的电势 $E_{ox}$ 与发生还原反应的电势 $E_{red}$ 的电势差。锂离子电池的电解液，$E_{red}$ 应低于金属锂的氧化电势，$E_{ox}$ 应高于正极材料的嵌入电势，简而言之就是在宽的电势范围内不发生还原(负极)和氧化反应(正极)。

提高电解液的稳定性是锂离子电池的重要研究工作，例如，对于在反应过程中发生的副反应产生的气体，可以通过气相色谱等技术进行测试；对于在电极表面生成的固体产物可以通过 X 射线光电子能谱、拉曼光谱等技术进行测试；而电解液的分解产物可以通过红外光谱和质谱等技术进行测试。电解液在电极表面发生的化学和电化学反应会通过电极材料的损失和界面钝化体现出来，可以将电池充电后放置一段时间再进行放电或测试阻抗随时间的变化能够获得电解液分解的信息。

### 10.1.2　离子电导率

离子电导率是评估电解液性能的一个重要指标。锂离子电池电解液一般会选择溶解度大的锂盐，具有高介电常数和低黏度性质的溶剂[8]。但是普通的单一溶剂无法同时满足这一特性，因此在电解液的研究过程中，通常会将高介电常数溶剂和另一种低黏度的溶剂混合来增加锂盐电导率。电导率的测试原理是将相互平行且距离是固定值 $L$ 的两块极板放到被测溶液中，在极板的两端加上一定的电势，通过电导仪测量电解液的离子电导率。可以根据公式来计算电导率的数值：

$$K_s=Q_sG_s \tag{10.1}$$

式中，$G_s$ 为溶液的电导；$Q_s$ 为溶液的电导池常数，也称为电极常数，$Q=L/A$；$A$ 为测量电极的有效极板面积；$L$ 为两极板之间的距离。在电极间存在均匀电场的情况下，电极常数可以通过几何尺寸算出。当两个面积为 $1cm^2$ 的方形极板，距离间隔 1cm 组成电极时，用此对电极测得电导值 $G_s$=1000μS，则被测溶液的电导率 $K_s$=1000mS/cm。

### 10.1.3　黏度

电解液的黏度对锂离子的迁移有着很重要的影响，在一定温度下理论上电解液的电导率可以表示为

$$K_s=\sum_i[(Z_i)^2Fc_i]/6\pi\eta\gamma_i \tag{10.2}$$

式中，$Z_i$ 和 $c_i$ 分别为电荷传输的离子数和摩尔浓度；$F$ 为法拉第常量；$\eta$ 为电解液的黏度，$\gamma_i$ 为 $i$ 离子的溶剂化半径[9]。从式(10.2)中可以看出，电解液的电导率与黏度成反比，因此电解液要具有高的离子电导率则必须要有低的黏度。黏度越大则分子间的作用力越大，锂离子迁移越缓慢，离子电导率越小，所以良好的电解液需要低的黏度[10]。电解液的黏度除了与有机溶剂本身的特性有关外，还与锂盐的浓度及阴离子半径的大小有关。锂盐的浓度和阴离子半径越大，电解液的黏度越大[11]。

电解液的黏度数据主要由黏度计测得。黏度计的操作简单方便，并且有着很好的实验精度，是最常使用的测试黏度方法之一。黏度计的测量原理为当液体产生流动时，流动的液体层之间存在内部摩擦力，如果液体通过管子，则需要一部分功来克服流动的阻力。在流速低时管中的液体沿着管壁平行的直线方向前进，在最靠近管壁的液体实际上是静止的，与管壁距离越远，流动的速度也越大。流层之间的切向力 $f$ 与两层间的接触面积 $A$ 和速度差 $\Delta v$ 成正比，而与两层间的距离 $\Delta x$ 成反比。

### 10.1.4　溶剂的介电常数

为了保证锂盐的溶解和高的离子电导率，有机溶剂必须具备足够大的极性。有机溶剂的极性可以用介电常数来表征，介电常数越大，则极性越大，这些性质

影响锂盐和溶剂之间的静电吸引作用。只有介电常数足够大的有机溶剂才能降低正负离子之间的静电吸引作用，使离子能够变成溶剂化的自由离子，也就是锂盐越容易溶解。离子间的静电吸引作用可以表示为

$$E_{\text{ion–ion}} = -Z_1^+ Z_2^- / \varepsilon r^2 \tag{10.3}$$

式中，$Z_i$ 为正负电荷；$\varepsilon$ 为介电常数；$r$ 为离子溶剂化半径。从式(10.3)可以看出，离子间相互作用与有机溶剂的介电常数成反比。在电解液中，介电常数越大，锂盐越容易溶解，则电解液中可自由移动的锂离子就越多，电解液的电导率就越高。一般情况下，当有机溶剂的介电常数小于 15 时，锂盐就很难在溶剂中溶解了。如果有机溶剂能与锂离子配位形成螯合物则会极大地促进锂盐在有机溶剂中的溶解，例如，在 EC 电解液中加入 DME 将会极大地提高电解液的电导率，螯合作用越强，则锂盐的溶解度越高。

相对介电常数 $\varepsilon_r$ 可以利用静电场按如下方式测量：首先在两块极板之间为真空时测试电容器的电容 $C_0$，然后用同样的电容极板间距但在极板间加入电介质后测得电容 $C_x$，最后相对介电常数用式 $\varepsilon_r=C_x/C_0$ 计算。在标准大气压下，不含二氧化碳的干燥空气的相对介电常数 $\varepsilon_r=1.00053$。因此，在电极构型中，用空气中的电容 $C_a$ 代替 $C_0$ 来测量相对介电常数 $\varepsilon_r$ 时，也有足够的准确度。对于时变电磁场，物质的介电常数和频率相关，通常称为介电系数。

### 10.1.5　溶剂的熔点和沸点

溶剂的熔点和沸点与锂离子电池体系的实际工作温度密切相关，要使电池有尽可能宽的工作范围，则要求溶剂有着尽可能低的熔点和高的沸点，同时要求蒸气压低。良好的电解液需要溶剂的黏度小、介电常数大、沸点高，但是在实际应用中以上参数又相互制约，所以通常采用混合溶剂来弥补各组分的缺点。例如，在烷基碳酸酯中，直链碳酸酯可以自由旋转、黏度小、介电常数小，如 DMC、DEC 等，而环状碳酸酯的分子间作用力较强、黏度较大，锂离子在其中移动速度慢，如 EC、PC 等，为了获得高离子导电性的电解液，一般都会采用混合溶剂，如 PC+DEC，EC+DMC 等[12]。

## 10.2　电解液与负极界面

### 10.2.1　负极界面概述

界面是由两个不同相接触而产生的。电极/电解液界面对电化学系统是至关重要的，因为它提供了离子转移的重要通道和电子的绝缘体。电极/电解液界面是电极与电解液在电化学反应过程中产生的，这个界面具有非常特殊的性质。

电化学反应通常分为两类：自发性的和非自发性的。由于所有电化学反应都与电子转移有关，并且电子交换只能发生在电极/电解液界面，所以界面的调控是控制可充电电池系统的重要部分。可再充电池界面的稳定性很大程度上决定了电池反应是否可逆，另外，界面的性质还决定了电池的工作电压和循环稳定性[13]。

在目前的可充电电池中，锂离子电池由于电极间具有较高的电势差，同时电极材料具有较高的比容量，而具有较高的质量比能量和体积比能量，被视为混合动力电动车和电动车运输行业能源供给的重要选择。然而，锂离子电池商业化的主要障碍是成本高、安全性低、寿命短及功率密度较小。电解质与电极材料的相互作用和反应是造成这些障碍的主要原因之一[14]。

已经确定非水系电解液在锂金属或锂化石墨的表面是热力学不稳定的，这会导致电解液在初始循环期间的还原分解，电解液分解产物沉积在电极表面形成界面膜，这层界面膜允许 $Li^+$传输但抑制电子的转移，从而抑制电解液的进一步还原分解。界面沉积层被称为“固态电解质界面膜”（SEI 膜）。自锂离子电池诞生以来，锂离子电池的这一复杂组成部分就引起了人们的极大兴趣[15]。科学工作者已经广泛探讨了各种因素，包括石墨结构、电解质组成和 $Li^+$溶剂化等对 SEI 膜形成机理的影响[16]。

### 10.2.2　负极界面化学

#### 1. SEI 膜的形成机理

SEI 膜概念最初是由 Peled 等提出的，主要是根据碱金属电极的钝化现象而提出的。有机系电解液中的碱金属在电池循环过程中必然会被界面层覆盖，因为碱金属的电势远低于溶剂或锂盐的分解电势，所以 SEI 膜是金属与电解液的反应形成的。一旦表面层累积到一定厚度就会抑制电解液在锂金属电极表面进一步还原。这就是“SEI 膜的 2D 模型”。考虑到完全锂化的石墨和锂金属的电势相近，这表明两种情况下 SEI 膜的化学性质应该是相似的。Dahn 等发展了 Peled 等的锂金属界面模型，并将其扩展到碳质电极[17]。

早期的研究证明溶剂在分解之前可以共嵌入石墨层中。Besenhard 等提出了 SEI 膜形成的机理，其中涉及锂碳化合物的形成及其在石墨的边缘位置上的分解，由此形成 SEI 膜[18]。十年后，根据之前的研究工作，Besenhard 等通过原位 XRD 与循环伏安法研究了 PC 基电解质在石墨上的还原，证实了锂碳化合物的形成，这种形成机理被称为“SEI 膜的 3D 模型”。

#### 2. 锂金属负极的 SEI 膜

具有环状结构的有机碳酸酯包括 EC 和 PC 等，链状结构包括 DMC、DEC 和碳酸甲乙酯(EMC)，因为它们可以在石墨和过渡金属氧化物上形成稳定的界面膜，所以是电解液溶剂的主要成分。早期研究者认为 SEI 膜的主要成分是 $Li_2CO_3$，它是 PC 通过双电子机理分解的产物。AES 和 XPS 的结果进一步证实了这一结论[19]。但是 Aurbach 等认为 SEI 膜中的主要成分不是 $Li_2CO_3$，而是烷基碳酸锂盐，它是单电子还原机理，然后通过一定的链反应形成[20]。这一反应机理的直接证据是在红外光谱中观察到在约 $1650cm^{-1}$ 处的羰基伸缩振动信号。通过 XPS 表面分析也发现了锂盐的分解产物是烷氧基化合物或氧化物。然而，当溶剂中含有 EC 时，SEI 膜的主要成分是碳酸烷基酯，这主要是因为 EC 还原反应活性更强。

Kanamura 等利用 XPS 和 FTIR 研究了 $LiBF_4$/PC，$LiBF_4$/$\gamma$-GBL 和 $LiBF_4$/THF 的 SEI 膜组成，通过溅射锂金属电极的表面，得到了界面成分随深度的变化。结果表明，烷基碳酸锂盐位于 SEI 膜的外层，$Li_2O$ 在内层[21]。在整个 SEI 膜中都检测到了 LiF 的存在，并且发现 LiF 的含量并不随溅射时间变化。他们认为 LiF 的产生有两个主要原因：①HF 与碳酸烷基酯或 $Li_2CO_3$ 之间的反应；②通过锂直接还原 $BF_4^-$。

3. *石墨负极的 SEI 膜*

早期的研究认为 PC 使石墨剥离是通过一种简单的双电子还原过程，主要产物是 $Li_2CO_3$ 和丙烯，与 PC 在锂金属表面的还原相同。后期提出了一种自由基机理。由于在该还原过程一个分子仅失去一个电子，因此该机理被称为“单电子”还原途径。在这种单电子机理中，有一半的有机物以气体形式损失，而其余部分沉积在电极表面形成 SEI 膜，主要是碳酸烷基酯或碳酸盐。碳酸烷基酯和碳酸盐对水分极其敏感，遇到微量水分瞬间可以转化为 $Li_2CO_3$。早期认为负极界面膜的主要成分是 $Li_2CO_3$ 可能是限于当时有限的分析手段。通过 XPS 分析[22]，揭示了水分如何影响非原位的表面分析，这有助于揭示电极表面 $Li_2CO_3$ 的来源。除碳酸烷基酯外，其他几种物种也被确认为石墨负极的 SEI 膜成分，包括无机物(如 LiF、$Li_xPF_y$)和一些解离产物等。

### 10.2.3　负极界面膜的形成

1. *化学组成*

环状碳酸盐表面还原的机理是单电子还原途径。EC 的还原产物二碳酸乙烯锂(lithium ethylene dicarbonate，LEDC)可以有效钝化石墨负极材料，这种界面允许 $Li^+$的嵌入/脱嵌。这一开创性概念解释了 EC 是所有电解质组合物中不可或缺的助溶剂的事实，因此在电化学界中得到广泛接受。几年后，Ein-Eli 发现基于 DMC

和 EMC 的电解质也能够支持石墨负极的可逆循环，把这些单电子还原途径扩展到线型碳酸盐中[23]。

2. 形成机理

21 世纪初，SEI 膜形成机理的三维模型已经建立。随后采用交流阻抗来分析电荷转移阻抗和活化能[24]，这一研究促进了三维模型的发展。这个模型指出在第一次充电过程中，溶剂化的 $Li^+$会进入石墨层，然后迫使石墨烯层间距离变大，直到溶剂化的 $Li^+$被容纳在 1.59nm 的间隙中，对应的电势约为 1.5V。当电势降至 1.0V 以下时，石墨烯中间层具有很强的还原性，溶剂分子会接受来自 $sp^2$ 杂化碳 p 轨道的电子而被还原。在还原过程中石墨烯层间距离回到 0.35nm，以此往复循环。SEI 膜的形成会穿透石墨烯边缘位置，充当“黏合剂”，以防止石墨膨胀，同时还起到“絮凝”的作用，其迫使 $Li^+$在锂化之前去溶剂化。$Li^+$溶剂化与电解液组成的关系密切，不难想象界面处 $Li^+$与溶剂之间的密切关系。SEI 膜的主要成分是 EC 的还原产物，当电解液中 EC 含量超过 30%时，在 SEI 膜组分中也可以观察到线型碳酸酯的分解产物。

为了进一步研究界面膜成分与电解液组成的关系，Xu 等采用 NMR 技术来区分各种电解液中的界面产物[26]。在他们以前的工作中，已经合成了高纯度的准碳酸盐，包括 LEDC、甲基碳酸锂（lithium methyl carbonate，LMC）和碳酸乙烯锂（lithium ethylene carbonate，LEC），分别对应于 EC、DMC 和 DEC 的还原产物，如图 10.1 所示[25]。这些纯化合物的 NMR 为科学工作者对界面膜成分及来源的判断提供了

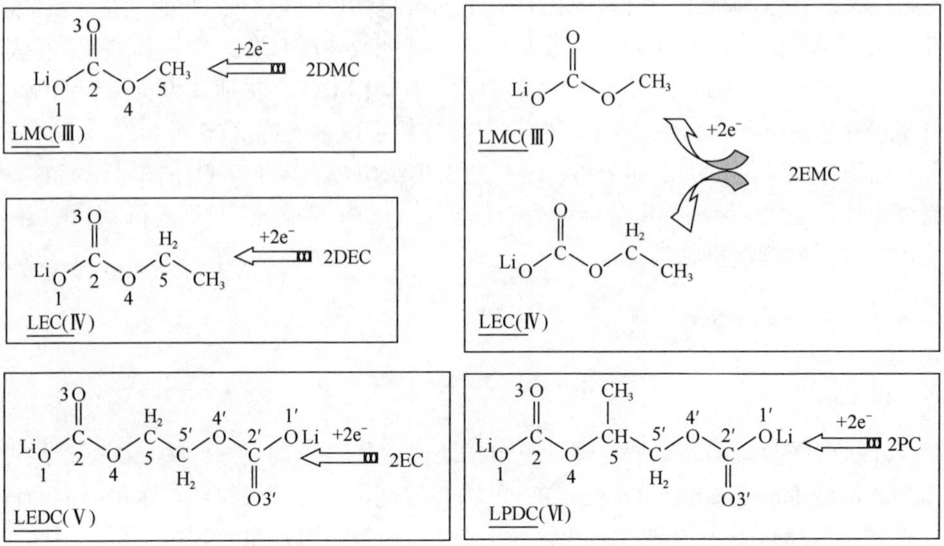

图 10.1　各种有机溶剂及其在电池中的还原产物[25]

重要参考。对于 EC/DMC(50∶50，体积比)的电解液体系，他们发现界面膜主要由 EC 产生的 LEDC 组成，而 EC/DMC 体积比为 10∶90 时，DMC 的还原产物主要存在于溶剂化 $Li^+$中。对于 EC/EMC 系统，EMC 的还原产物主要堆积在石墨负极表面。随后 Onuki 课题组得出了类似的结论，他们使用 1.0mol/L $LiPF_6$ $^{13}C$ 标记的碳酸乙烯酯($^{13}C$-EC)和碳酸二乙酯($^{13}C$-DEC)电解液体系装配 C/$LiNi_xCo_yAl_{1-x-y}O_2$ 电池，然后将电池存储在 85℃，通过气相色谱分析储存期间产生的气体，发现在热储存过程中会有 $CO_2$、CO、$H_2$ 和 $C_2H_4$ 等气体释放[27]。

### 10.2.4 负极界面膜的特点

#### 1. 生长特点

由于石墨电极表面的多孔性和成分的不均匀性，在某些情况下，电极上的 SEI 膜厚度不能精确测量，基于光谱数据可以确定大概范围为 3.0～7.0nm，与锂金属的界面膜相当。利用扫描隧道显微镜确定了 SEI 膜的最小厚度应该大于 2nm，因为这是最大的电子隧穿距离。在循环期间界面的厚度与其形成期间消耗的电解质的量成正比，初始循环中的不可逆容量通常可用于量化厚度，作为 SEI 膜厚度的度量。高精度的库仑法可以研究石墨表面 SEI 膜的生长，实验结果表明时间和温度是 SEI 膜增长的主要因素，循环圈数对其影响不大[28]。后来 Shenoy 等采用分子动力学模拟研究 EC、DMC 及这两种溶剂在锂金属负极的 SEI 膜的形成和生长[29]。在他们的工作中，电解液组成和温度变化很大程度上决定了锂金属电极上 SEI 膜的组成和结构。他们证实 SEI 膜在 EC 中的生长速度更快，DMC 中生长速度较慢。

#### 2. 离子传输

与 SEI 膜的化学组成、结构和形成机理的研究相比，$Li^+$在充放电中穿过 SEI 膜的离子传输机理没有引起太多关注。Aurbach 提出 SEI 膜中的 $Li^+$与电解液中的 $Li^+$是动态沉淀和溶解的过程[30]。SEI 膜传输 $Li^+$可能通过几种不同的机理进行。一种机理是由于 SEI 膜是多孔的，去溶剂化后的 $Li^+$直接通过孔隙；另一种机理类似于质子交换膜，去溶剂化后的 $Li^+$与 SEI 膜进行离子交换。Harris 和 Lu 通过同位素标记法对 SEI 膜中离子传输机理进行了详细研究[31]。他们将在 $LiClO_4$ EC/DEC 电解液中预先形成 SEI 膜的三个铜电极浸入 1mol/L $^6LiBF_4$ EC/DEC 电解液中不同的时间，浸渍后，用 DMC 溶剂冲洗电极，然后使用飞行时间二次离子质谱仪(TOF-MS)进行分析，结果如图 10.2 所示。浸入 $^6LiBF_4$ 电解液后，$^6Li^+/^7Li^+$ 值的增加表明电解质 $^6Li^+$出现在 $^7LiClO_4$ 形成的 SEI 膜中。浸没 30s 和 3min 的样品，$^6Li^+/^7Li^+$值在表面附近达到峰值。

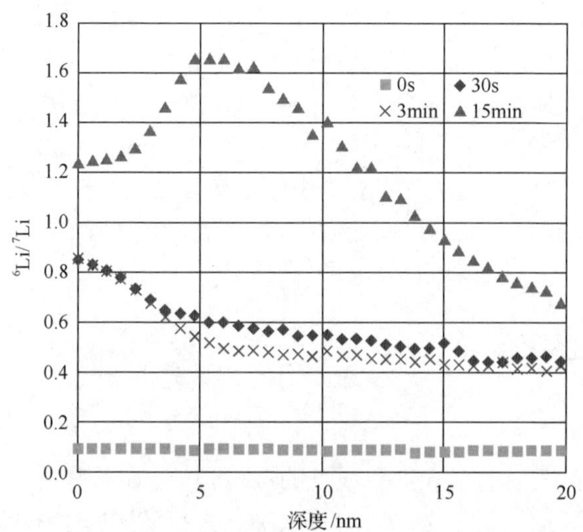


图 10.2　界面膜中 $^6Li^+$含量随深度的变化以及浸润时间的影响[31]

3. 热稳定性

SEI 膜的生成可防止电解质的持续分解，因此锂离子电池电极上的 SEI 膜应保持物理完整性，以避免来自酸性电解液溶液的溶解和化学腐蚀。在实际应用中，锂离子电池不可避免地会在高温下工作，因此，高温下 SEI 膜的稳定性对电池的循环稳定性至关重要。Wan 等通过 EIS 和原位 FTIR-DSC 研究了 $LiPF_6$ 和 $LiClO_4$ EC/DEC 电解液中形成的 SEI 膜的热稳定性[32]。$LiPF_6$ EC/DEC 电解液中形成的 SEI 膜在 85℃下储存后，经历周期性损坏与重新形成，导致电池的阻抗不稳定。实验证实强路易斯酸 $PF_5$ 是导致电解液不稳定的主因，它是 $LiPF_6$ 的热分解产物。由于在 $LiClO_4$ EC/DEC 电解液中不存在路易斯酸 $PF_5$，形成的 SEI 膜即使暴露于高温后也显示出显著的热稳定性。结果表明，当电池经历化成时，锂盐的类型对 SEI 膜的热稳定性具有很大影响。

Zhao 等通过热重分析-差热分析结合质谱(TG-DTA/MS)和 XPS 研究了在 $LiPF_6$ EC/DMC 电解液中天然石墨电极上形成的 SEI 膜的热稳定性和化学结构[33]。研究发现，放电状态下在石墨电极上形成的 SEI 膜在 330℃和 430℃左右分解并伴随着 $CO_2$ 的释放。推测 330℃和 430℃下的 $CO_2$ 释放主要是由烷基碳酸锂和草酸锂的分解引起的。草酸锂是锂离子嵌入期间烷基碳酸锂的还原形成的。

Xu 等广泛研究了 SEI 膜的稳定性，以及 LEDC、LMC、LEC 和丙烯碳酸锂(lithium propylene dicarbonate，LPDC)的热稳定性[25]。他们利用 TGA 监测这些烷基单碳酸酯和二碳酸锂在 30～550℃温度范围内的质量损失情况，结果如图 10.3 所示。烷基单碳酸酯显示出更高的热稳定性。两种二碳酸锂(LEDC、LEPC)在约 150℃

开始失重，最大失重在 200℃或低于 200℃，比两种烷基单碳酸酯低 60～100℃。

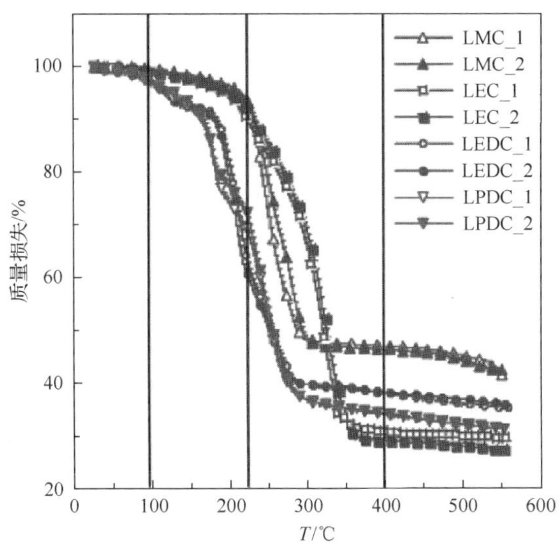


图 10.3　SEI 膜的不同成分的热稳定性测试[25]

电极和电解液之间的 SEI 膜在锂离子电池中起重要作用，SEI 膜的特点决定了锂离子电池的关键性能，如循环性、温度依赖性、功率密度和安全性等。在过去的几十年中，通过多种分析技术和计算方法的结合，充分研究了负极/电解液界面的化学组成、结构、热力学和形成机理。

基于对 SEI 膜在石墨负极上形成机理的研究，可以通过调整 SEI 膜的结构和化学性质来改善锂离子电池的性能。添加剂的应用实现了 SEI 膜的精准构筑。许多添加剂已广泛用于商用锂离子电池中。SEI 膜添加剂的成功应用促进了锂离子电池技术在人们日常生活中的应用。

## 10.3　电解液与正极界面

### 10.3.1　正极界面概述

虽然石墨负极上 SEI 膜的阻抗一般比正极的界面阻抗要大，但是正极界面的阻抗一般会增长较快，并且最终会替代负极成为电池的主要阻抗来源，特别是长循环或者在高温下循环的电池会加速这个过程。相比于对负极 SEI 膜的研究，科学家对正极界面膜(CEI 膜)的化学组成或者形成机理研究较少。

与 SEI 膜的成分不同，CEI 膜的成分复杂，目前还不是特别明确，而造成这种现象的原因主要有以下几点。首先，碳负极较弱的范德瓦耳斯力使其在循环过程中容易形成溶剂共插嵌，负极较低的电势导致溶剂的还原分解，这些都会导致电池的损坏。而早期较低电压的正极材料对于常规的有机系电解液是热力学稳定的，在循环过程中结构不会发生很大变化，正极材料较强的结合力也不会发生溶剂共插嵌的问题，这就导致科学家对其研究较少。其次，CEI 膜复杂的化学成分难以辨别出是哪一种电解液的电化学氧化分解产物。很多正极材料本身就存在一层 $Li_2CO_3$ 膜，而形成原因可能是一些嵌锂氧化物正极材料（Mn、Co、Ni）与空气中的 $CO_2$ 反应的结果，也可能与材料本身含有的 $CO_3^{2-}$ 有关，并且这层 $Li_2CO_3$ 膜也会与酸性电解液发生反应[34]。尽管这些化合物最终会成为 CEI 膜的一部分，但是在首圈循环过程中的不可逆反应以及正极材料的相变使最终的界面成分和形貌发生很大变化。大多数正极材料的工作电势与电解液的氧化稳定极限电势相差甚小，而正极材料一直处于高电势状态，在充电末期电极电势甚至可以高达 4.2V，局部甚至超过 4.3V，并且随着 5V 高电压材料 $LiNi_{0.5}Mn_{1.5}O_4$、$LiCoPO_4$ 的出现，使正极材料表面的电压已经超过了电解液中的有机成分的耐受极限，这会加速电解液在电极表面的氧化分解，使正极界面内阻增加，CEI 膜明显增厚，从而引起广大科研人员对 CEI 膜的重视。

CEI 膜的形成大致分为三个阶段：①电极材料的制备及加工过程中天然界面膜的生成；②这层天然界面膜与电解液的自发化学反应；③在电池初始充电过程中，形成的化学物质发生化学重排。对 CEI 膜的研究近几年得到了重视，也涌现出不少优秀的综述，本节对前人发现的一些重要机理和最新进展进行总结，特别是高电压正极界面。

### 10.3.2 正极界面化学

正极材料的合成、储存和运输的过程全部是在空气中进行的，特别是过渡金属氧化物正极材料，在与 $CO_2$ 接触后会与正极表面的 $Li_2O$ 发生化学反应而生成 $Li_2CO_3$，在与酸性的电解液接触后会生成 LiF 和 $CO_2$ 等物质，而正极表面的成分就会被 $Li_2CO_3$、LiF、$PO_xF_y$ 等物质取代。Wang 等证实在这个过程中会伴随着一些气体的形成，如 $CO_2$、$O_2$、烷烃、烯烃等[35]。在此过程中也存在过渡金属的还原过程，如 $LiCoO_2$ 还原成 $Co_3O_4$ 等[36]。这些结果表明即使电池不在充放电过程中，电池内部可能也存在氧化还原反应。

目前，正极表面原生的表面膜成分在 CEI 膜中扮演的角色尚不清楚。Ménétrier 等通过核磁共振的方法对界面的变化进行了解析。他们证实在充放电过程中，正极表面以无机物为主的表面膜逐渐转化为以有机聚合物为主要成分的 CEI 膜[37]。Lei 等使用原位测量技术对 CEI 膜厚度进行了分析，发现 CEI 膜的厚度在充电过程中变化更快，这说明 CEI 膜的重组过程确实存在[38]。Wang 等认为 $PF_6^-$ 在正极表面的氧化会产生 LiF，且只有在电压超过 4.9V 时才会发生[39]。但是 LiF 与 $Li_2CO_3$ 之间的关系尚待研究。环状碳酸酯类的氧化聚合也是一种可能的 CEI 膜形成机理[40]。由于碳酸酯类化合物具有较多的羰基，所以其在高电压下的稳定性值得怀疑。

### 10.3.3　电解液的氧化分解与 CEI 膜

尽管目前已经有很多报道称碳酸酯基的电解液能使高电压正极材料稳定循环[41]。科学家普遍认为 CEI 膜一般只能耐受最高 4.5V 的电压，超过 4.5V 就会发生持续的电解液分解[42]。Yang 等证实了 $LiNi_{0.5}Mn_{1.5}O_4$ 正极在 EC/DMC/DEC 体系中当电压超过 4.5V 时会发生持续的电解液分解[40]，通过 FTIR 测试证实 CEI 膜的主要成分为有机聚合物。Dedryvére 课题组也证实在 $LiMn_{1.6}Ni_{0.4}O_4$ 正极表面 CEI 膜的主要成分也是有机物，这与 SEI 膜的主要成分颇为不同[42]。

也有很多研究人员得到了不同的结论。Demeaux 等认为在 CEI 膜中也存在大量的 LiF 和 $Li_xP_yO_z$ 等盐类[41]。Caroll 等也得出了相同的结论。他们研究了 $LiNi_{0.5}Mn_{1.5}O_4$ 的复合电极和薄膜电极在碳酸酯类电解液中的界面现象，发现只有很少的分解产物沉积在薄膜电极上。因此，他们认为尽管 $LiNi_{0.5}Mn_{1.5}O_4$ 具有超高的电压，但是其对碳酸酯类电解液本质上是稳定的，而在电极界面的氧化分解主要是由电极上的非活性物质导致的，如炭黑、黏结剂等。$LiCoPO_4$ 正极相对于 $LiNi_{0.5}Mn_{1.5}O_4$ 具有更高的电压，其对电解液的挑战也更加严峻。Markevich 等认为这是橄榄石结构的 $LiCoPO_4$ 在脱锂状态下易受氟化物的攻击所致[43]，而氟化物在 $LiPF_6$ 基电解液中是非常常见的。为克服电解液的分解，科学家提出了多种方法，如使用电解液添加剂[44]、使用抗氧化的氟代溶剂[45]等。

## 10.4　正负极界面的相互作用

在很长一段时间内科学家普遍认为正负极界面膜的生成彼此是相互孤立的，但越来越多的证据表明正极和负极之间存在某种形式的相互作用，因为在一个电极上产生的界面物质经常出现在另一个电极上。科学家首先认识到的一种正负极相互作用应该就是过渡金属的溶解问题了。Delacourt 等认为锰离子在正极溶解之后，通过电解液，在负极还原嵌入 SEI 膜中，催化电解液的还原分解[46]。Zhan 等持有不同的观点，认为锰在负极主要是以二价的状态存在，锰离子在 SEI 膜中的存在主要是一种离子交换过程[47]。Mahootcheianasl 等对高电压电池衰减的原因进行了探究[48]。他们使用一个能导锂离子的固态电解质阻碍锰离子的传输，以测试电池循环性能的衰减是过渡金属的溶解还是过渡金属沉积在负极所致。事实证明过渡金属的溶解是电池性能衰减的主因，所以目前有大量工作投入在抑制过渡金属溶解中，如惰性氧化物包覆、电解液添加剂等，这些将在后续章节介绍。

最近，另一个引起较多关注的是能在正负极之间穿梭的电解液氧化还原产物。Dedryvère 等使用高电压正极 $LiMn_{1.6}Ni_{0.4}O_4$ 与 $Li_4Ti_5O_{12}$ 配对构成全电池，由于 $Li_4Ti_5O_{12}$ 的电势较高，所以在负极表面不存在 SEI 膜[42]。但是在此电池体系中依然观察到了负极表面有机物的积累，这可能是正极氧化产物传输到负极，在电解表面沉积所致[49]。电化学氧化过程中会产生荧光，利用这一特点更加直观地证明了正极氧化产物会溶解在电解液中[50]。虽然以上工作能证实电解液中确实存在这些物质，但是这些物质的具体化学成分依然有待探究。

## 10.5　液态电解质溶剂

### 10.5.1　有机溶剂

水的分解电压为1.23V，加上氢氧的过电势也会在2V以下。锂二次电池的工作电压一般在3V以上。所以传统的水系电解液已经很难满足锂离子电池的要求，必须采用非水溶剂作为锂离子电池电解液的溶剂体系。

有机溶剂一般可以分为质子溶剂，如甲醇、乙醇、乙酸等；极性非质子溶剂，如碳酸酯类、醚类；惰性溶剂，如四氯化碳。作为锂离子电池电解液的理想溶剂应具有以下特点：①高介电常数，使它能够溶解足够浓度的锂盐；②高流动性(低黏度)，使离子易于传输；③低熔点、高沸点和高闪点；④无毒，低成本。锂离子电池中一般含有较活泼的锂化合物，极易与质子发生反应，所以质子溶剂一般不用作锂离子电池电解液。极性非质子类溶剂一般含有羰基(C═O)、腈(C≡N)、磺酰(S═O)和醚键(—O—)等极性基团，这能使溶剂对锂盐具有较高的溶解度，且具有较高的氧化稳定性，所以多被选择作为锂离子电池的溶剂体系。尽管这类溶剂作为电解液溶剂具有诸多优势，但是单一溶剂也很难满足电解液的要求。幸运的是，不同结构的溶剂的各种性质具有较大差异，所以多种溶剂按一定比例的混合基本能满足锂离子电池的工作需求。例如，为了提高电解液中锂盐的溶解度，一般选择介电常数较高且黏度低的溶剂，但实际情况是介电常数高的溶剂黏度大，黏度小的溶剂介电常数低。所以，在实际应用时一般结合两种溶剂的优缺点，将介电常数高的溶剂与黏度小的溶剂相混合使用，得到黏度与介电常数满足要求的溶剂体系。这种混合也使得锂离子电池电解液的各种物理化学性质能在较大的范围内优化，为配制特殊使用条件的电解液提供了多种可能性。

虽然碳酸酯类溶剂具有较高的稳定性，但是由于碳质负极(电池最常用的负极材料)的充电电势通常低于大多数有机溶剂的还原电势，因此，碳酸酯类在负极表面依然表现出热力学不稳定性。以石墨为负极的电池之所以能在碳酸酯类溶剂中稳定循环是由于产生了一层钝化负极表面的保护层，使负极表面处于动力学稳定状态。这种钝化层可以通过还原分解有机电解质或其他电解质组分形成，通常称为SEI膜。由于SEI膜具有非常重要的作用，所以能否形成一个稳定的SEI膜成为评价一种新的锂离子电池电解液的主要指标。

随着高能电极材料的发展，有机电解质也随之发展改进。在负极一侧，与新型大容量负极材料兼容的电解质的需求越来越大。在正极一侧，为提高电池储能量，电池充电截止电压逐步提升，而传统的碳酸酯类溶剂在高电压下结构不稳定，用于高压电解质的新型溶剂也在快速发展。此外，随着动力电池的发展，锂离子电池的安全性能对于交通运输行业也是至关重要的。本节将详细讨论应用于先进锂离子电池中的有机溶剂和新型溶剂。

### 10.5.2　碳酸酯类溶剂

碳酸酯类溶剂是最早用于锂离子电池电解质的一类有机溶剂，目前在锂离子电池产业中具有不可替代的地位，常用的溶剂分为环状碳酸酯类和链状碳酸酯类。环状碳酸酯类一般具有较高的黏度，尽管具有较高的介电常数，但是依然不能单独用作电解质的溶剂。

1) 环状碳酸酯类

EC、PC、碳酸丁烯酯(2,3-butylene carbonate，BC)和碳酸亚乙烯酯(VC)是比较常见的几种环状碳酸酯类溶剂。PC 在常温常压下是一种无色具有香味的液体，相对介电常数为 66.1，具有较好的低温性能。PC 是较早的使用在以金属锂为负极的商业电池中的溶剂，其与 DME 等量混合用于一次锂离子电池。PC 用在二次锂离子电池中最大的缺点是不能在石墨负极形成有效的 SEI 膜，导致其与锂离子的共插嵌，使石墨层状脱落，电池的循环性能下降[51]。所以，PC 一般与其他能成膜的溶剂或者添加剂共同使用。由于 PC 对碳质负极的破坏作用，目前被广泛应用于电解液中来评价负极 SEI 膜添加剂的性能。另外 PC 还具有一定的吸湿性，这对电解液的水分控制带来一定的影响。

EC 在结构上比 PC 少了一个甲基，就是这一个甲基的区别使二次锂离子电池的面世延后了许多年。EC 在常温常压下是无色固体，介电常数为 89.6，远高于 PC 甚至高于水。EC 的加入使锂盐在有机溶剂中的溶解度和电离度大幅度上升，对提升锂离子电池电解质的电导率非常有利，正是这个性质使 EC 成为目前商用锂离子电池电解质的必要成分之一，最重要的是 EC 能在石墨负极形成稳定的 SEI 膜。除此之外，EC 的热稳定性也非常突出，但是在碱性条件下容易发生分解。EC 的缺点是熔点较高(36.4℃)、黏度较高 1.90cP(40℃)，抑制了锂离子的迁移，因此不得不与黏度和熔点较低的链状碳酸酯类混用。

BC 也称碳酸-2,3-丁二醇酯，常温常压下为一种无色透明液体，能溶于乙醇和乙醚，不溶于水。BC 的介电常数为 55.9，略低于 PC 远低于 EC，但是其黏度却略高于 PC 远高于 EC，所以其作为电解液溶剂与 EC 相比相差甚远。Chung 研究了 BC 作为电解液溶剂的性能，由于其空间位阻大，插入到石墨中的行为受到了抑制，循环效率及低温性能都比较理想，但 BC 的成膜性差，通常要配上 EC 以促进 SEI 膜的形成[52]。

VC 在常温常压下是一种无色透明液体，目前常用作成膜添加剂与过充电保护添加剂，还可作为制备聚碳酸乙烯酯的单体。

2) 链状碳酸酯类

常见的链状碳酸酯类有 DMC、EMC、DEC 和碳酸甲丙酯(methyl propyl carbonate，MPC)等。由于链状碳酸酯类一般具有较低的黏度和熔点，所以常与环状碳酸酯类一起组合成两元或者三元溶剂构成锂离子电池电解液的溶剂体系。也有含甲氧基的少数几种链状碳酸酯类溶剂可以在电解液中单独使用[53]。

DMC 与 DEC 的结构接近，常温常压下均为无色液体。DMC 分子结构也有独特之处，其分子内含有羰基、甲基和甲氧基等基团，因此具有多种反应活性应用于化工合成。DEC 的熔点非常低(–74.3℃)，能溶于常见有机溶剂，难溶于水。DMC 与 DEC 作为链状碳酸酯类都具有较低的黏度和介电常数，一般作为环状碳酸酯类的共溶剂使用。

EMC 和 MPC 具有相似的结构，都是不对称型链状碳酸酯类，但是熔点、沸点和闪点与 DMC 性质相近；热稳定性较差，在受热或者碱性条件下易发生酯交换反应生成 DMC 和 DEC。但是 EMC 和 MPC 作为单一溶剂用作锂离子电池电解液溶剂具有良好的电化学性能。

总之，碳酸酯类溶剂依然是锂离子电池电解液溶剂的主流，但是为了满足高电压、高能量密度的需求，氟代碳酸酯类也非常有应用前景。来自学术界和工业界的研究人员正在积极开展这方面的工作，这些氟化电解质的广泛使用可能为高能锂离子电池的广泛应用提供更优的循环性能、更低的成本和更高的安全性能。

### 10.5.3 羧酸酯类和内酯类溶剂

羧酸酯类和内酯类与链状和环状碳酸酯类具有相似的结构，因此它们的物理性质相近。图 10.4 是一些常见的羧酸酯类和内酯类。由于羧酸酯类和内酯类的氧化态较低，所以其氧化稳定性一般低于碳酸酯类，但是目前锂离子电池的发展趋势是电压越来越高，所以羧酸酯类和内酯类作为电解液溶剂的应用前景不被看好。但是这类化合物也有其优点，黏度和熔点较低，所以可以在电解液中做稀释剂使用来改善电解液的低温性能。GBL 是研究较多的羧酸酯类化合物，经常被用来替代环状碳酸酯类用作电解液溶剂。与 EC 一样，GBL 具有介电常数高、锂盐溶解度高、沸点高(204℃)、熔点低(–43.5℃)等优点。GBL 与 $LiBF_4$ 配对形成电解液已经得到大量研究。Takami 等证实使用 GBL/EC/$LiBF_4$ 配制的电解液在复合层状薄膜锂离子电池中表现出良好的性能[54]。2003 年，Chagnes 等对 GBL 为溶剂溶解各种锂盐作为电解液在石墨中的循环性能进行了探究[55]，发现只有 $LiBF_4$ 具有可逆插嵌的能力。此后，大多数研究者都默认将 $LiBF_4$ 作为 GBL 的配对锂盐。为了提升 GBL 基电解质的循环性能，Kinoshita 等提出使用 EC、PC、VC 等环状碳酸酯类作为添加剂来修饰负极界面[56]，成功提升了 $LiCoO_2$/石墨电池的循环性能。

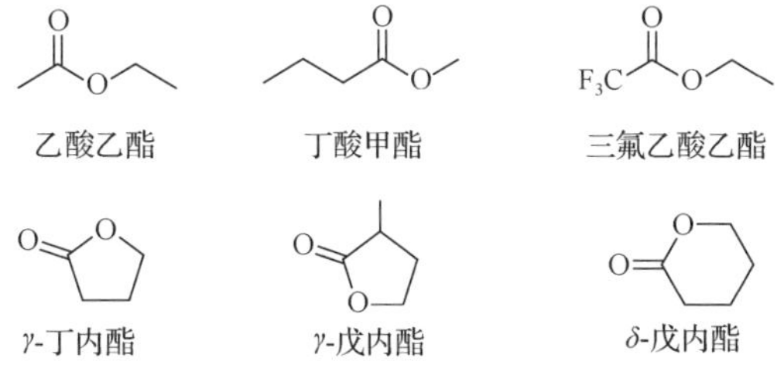

乙酸乙酯 丁酸甲酯 三氟乙酸乙酯

γ-丁内酯 γ-戊内酯 δ-戊内酯

图 10.4 各种酯类化合物的结构

羧酸酯类一样也可以通过卤代的方法提高其抗氧化能力。α 位氟取代的 GBL 熔点为 26.5℃，而 GBL 的熔点为–43.5℃。α-F-GBL 的介电常数约是 GBL 的两倍，遗憾的是氟取代之后也会使其黏度提高，这就导致虽然其对锂盐具有较高的溶解度，但是电导率并没有实质性的提高。氟取代之后确实能明显提升其氧化电势，$LiFP_6$/F-GBL 基电解液在 $LiCoO_2$/Li 电池中的表现要优于 GBL，但是循环性能与 PC 基电解液相比落于下风[57]。

### 10.5.4 醚类溶剂

1) 醚类有机溶剂

醚类有机溶剂的介电常数较低，黏度较小。由于醚类的性质比较活泼，抗氧化能力较差，所以常用于 4V 以下锂离子电池的电解液。锂-硫电池和锂-空气电池常用醚类有机溶剂作为电解液溶剂。

环状醚类主要包括四氢呋喃(THF)、2-甲基四氢呋喃(2-methyltetrahydrofuran，2Me-THF)、1,3-二氧戊烷(1,3-dioxolane，DOL)等。应用最广的是 DOL，其最初与 PC 一起应用在一次锂离子电池中，但是 DOL 稳定性较差，容易开环聚合。2Me-THF 具有较强的溶剂化能力，常用作共溶剂来提升电池的低温循环性能。线状的醚类主要包括二甲氧甲烷(dimethoxymethane，DMM)、DME 和二甘醇二甲醚(diglyme，DG)等。DME 是使用最广的溶剂，常与介电常数较高的溶剂混合使用。DME 具有较低的黏度和较强的阳离子螯合能力，能显著提升电解液的电导率。与其他醚类溶剂一样，DME 的稳定性也很差。

典型的醚类有机溶剂 DOL、DME、四乙二醇二甲醚(TEGDME)等被研究作为锂金属电池的电解质溶剂。但是醚类有机溶剂固有的低氧化电势使得其只能用于低电压的锂离子电池体系，如锂-硫电池[58]和锂-空气电池[59]。

2) 卤化醚类

醚类的卤化也是提升其稳定性的一种方法。目前报道最多的氟化醚是 1,1,2,2-四氟乙醚(1,1,2,2-tetrafluoroethyl 2,2,3,3-tetrafluoropropyl ether，F-EPE)[45, 60]，氟化的

乙醚氧化电势可以提升至 7.24V。氟化醚除具有阳极稳定性外，还具有较宽的液相范围，不燃性、热稳定性高，均为汽车用锂离子电池的必要性能。Nakajima 等研究了链状氟化单醚类在 EC/DEC 和 EC/DEC/PC 电解质中的影响，发现氟化醚类可以有效提升石墨负极的不可逆容量[61]。Kitagawa 等研究了 1,1,2,2-四氟-3-(1,1,2,2-四氟乙氧基)-丙烷(1,1,2,2-tetrafluoro-3-(1,1,2,2-tetrafluoroethoxy)-propane，TFTFEP)作为电解液共溶剂在 Li/$LiCoO_2$ 电池中的性能，发现这种电解液可以在此电池体系耐受 4.5V 的电压循环 30 次以上。Arai[62]将不可燃的氢氟醚纳米氟丁基醚(methyl nonafluorobutyl ether，MFE)和乙基纳米氟尿嘧啶醚(ethyl nonafluorobutyl ether，EFE)用于 $LiCoO_2$/石墨和 $Li_{1+x}Mn_2O_4$/石墨体系，这些氢氟醚几乎没有黏度，但是这些低极性的溶剂介电常数也非常小，导致它们对锂盐的溶解度非常有限。适量碳酸酯类溶剂的掺入能有效提升其对锂盐的溶解度，MFE/EMC(8∶2，体积比)的溶剂体系溶解 LiTFSI 电导率能达到 0.97ms/cm。还有一些氢氟单醚被用作高电压或者安全电解液的共溶剂，如 2-三氟甲基-3-甲氧基过氧戊烷(2-trifluoromethyl-3-methoxyperf-luoropentane，TMMP)[63]、2-(3,3,3-三氟-2-氟-3-二氟丙基)-3-二氟-4-氟-5-三氟戊烷(2-(trifluoro-2-fluoro-3-difluoropropoxy)-3-difluoro-4-4-fluoro-5-trifluoro pentane，TPTP)[64]、双(2,2,2-三氟乙基)醚[65]等各种氟代单醚类的结构式如图 10.5 所示。

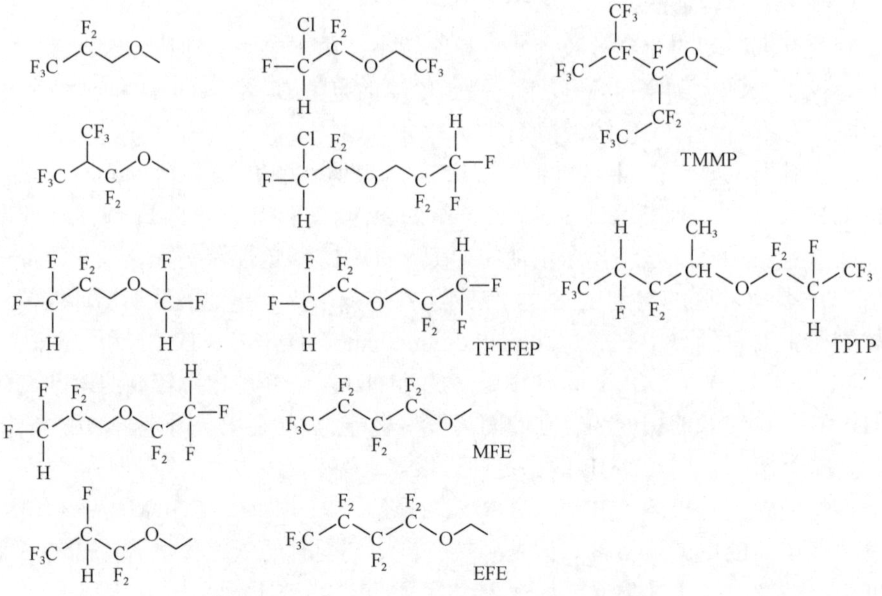

图 10.5　各种氟代单醚类的结构式

氟化多醚也能作为电解液的共溶剂使用。Sasaki 等对氟化多醚化合物对锂二次电池性能的影响进行分析[66]，发现 $LiCoO_2$/Li 电池在氟化的 1-乙氧基-2-甲氧基乙烷(1-ethoxy-1-methoxyethane，EME)和 1,2-二乙氧基乙烷(1,2-diethoxyethane，DEE)与 EC 共溶中得到较好的循环性能。将双(2,2,2-三氟乙醚)醚[bis(2,2,2-trifluoroethyl) ether，BTFE]作为共溶剂用于锂-硫电池可以有效抑制其自放电效应。各种氟代二醚的结构式如图 10.6 所示。

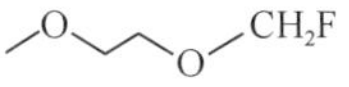

$CH_2F$ FEME　$CH_2F$ EFEE

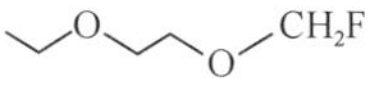

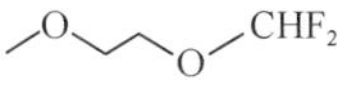

$CHF_2$ DFEME　$CHF_2$ EDFEE

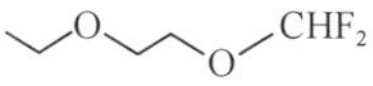

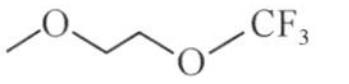

$CF_3$ TFEME　$CF_3$ ETFEE

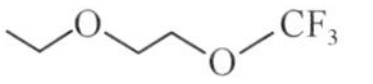

图 10.6　各种氟代二醚的结构式

### 10.5.5　砜类溶剂

砜类溶剂在电解液中的应用可以追溯到 20 世纪 80 年代[67]。自从碳酸酯类溶剂出现并在锂离子电池中表现出无可比拟的电化学性能，人们对砜类溶剂的电解液研究热度有所下降。砜类溶剂一般具有较高的沸点，可用于电池的高温电解液配制。2005 年最初报道了应用于锂离子电池的砜类电解液[68]。现在大量研究人员正在进一步探索这类溶剂的应用潜力。近年来，由于新一代正极材料对工作电压的要求远远高于传统碳酸酯基电解质的氧化稳定极限，砜基电解质具有较高的氧化电势而引起了广泛关注[69]。根据量子化学计算和实验证实砜的氧化电势一般在 5V 以上[70]，这使得其成为高电压锂离子电池的电解液溶剂的重要选择之一。结构简单的砜类化合物一般都具有较高的熔点和黏度，所以相比于碳酸酯类电解液离子电导率相对较低，导致电池倍率性能较差。为克服这一问题，在设计电解液时会加入一些其他化合物以降低电解液的黏度[70]。Xiang 等报道了 $PP_{14}$/环丁砜(tetramethylenesulfone，TMS)形成的电解液具有不燃性[71]。他们发现 TMS 的加入能有效提升电解液对锂盐的溶解度，提升电解液的电导率，实验证实此电解液对高电压正极 $Li_{1.2}Ni_{0.2}Mn_{0.6}O_2$ 具有较好的兼容性。

但是实验发现砜类化合物不能在石墨负极形成有效的 SEI 膜[72]，使用成膜添加剂或者共溶剂的方法可以形成有效的 SEI 膜。Mao 等证实 LiBOB-SL/DMS 电解质不仅具有优异的成膜性能，在石墨电极表面界面膜的热稳定性也很好[73]。Alvarado 等发现环丁砜(SL)作为溶剂，LiFSI 作为高电导率锂盐，在正负极界面均可形成有效的界面膜(CEI/SEI)[74]。实验证实 LNMO/Li 电池能在 SL 基电解液中稳定循环，LiFSI 能在锂金属负极形成一层富含 LiF 和 $LiO_2$ 的 SEI 膜。

砜类电解液具有很高的安全性能。日本宇部兴产株式会社已经开发出高安全性电解质，包括用于混合动力电车的 TMS 溶剂。避免热失控的方法之一是应用的材料即使在高温下也能尽量少的产生热量。他们发现了常规电解质中的热量产生主要来源是 EC，并选择使用 TMS 进行替代，成功减少了电池的产热量。在穿刺实验中使用 TMS 的软包电池几乎没有明显变化，而使用 EC 的电池发生爆炸。

### 10.5.6 腈类溶剂

由于氰基官能团具有很强的吸电子能力，所以腈类溶剂一般具有较强的极性，对盐具有很高的溶解度。另外，腈类化合物具有较高的氧化电势和较低的黏度，所以腈类有机溶剂配制的电解液一般具有较高的电导率和较宽的电化学窗口。虽然腈类有机溶剂一般具有很好的抗氧化能力，但是其还原稳定性不够理想，金属锂能与乙腈剧烈反应，并且不能形成稳定的 SEI 膜[75]，这些固有缺陷使其在锂离子电池上的应用蒙上了一层阴影。

随着人们对高电压、高能量密度电池的需求与开发，腈类化合物作为电解液溶剂引起了科学家的兴趣。为了解决负极界面的问题，科学家研究了很多用于界面修饰的添加剂。Gmitter 等研究了 VC 和氟代碳酸乙烯酯(monofluoroethylene carbonate，FEC)分别作为腈基电解液的 SEI 成膜添加剂，发现 FEC 在腈类电解液中对石墨负极 SEI 的修饰作用比较明显[76]。2014 年，Yamada 等把乙腈作为电解液溶剂，将 LiTFSI 用作锂盐，并将浓度提升到 4.2mol/L，发现在这种情况下乙腈与锂金属的反应得到明显抑制，并且可以使锂离子在石墨负极中可逆的插嵌[77]。他们发现这种电解质还具有较高的离子电导率和倍率性能。这是科学家对高浓度电解质溶液中电极和电解质之间的相互作用认识的巨大提升，对腈类化合物在锂离子电池中的应用是一个巨大突破。

腈类溶剂在电解液溶剂中作为碳酸酯类化合物的替代品，其功能与砜类相似，但是其黏度相对较低、液程较长，目前对腈类化合物的研究还很匮乏，为了更好地理解和利用腈类溶剂作为高级锂离子电池电解质的成分，还需要科学家进行更深入的研究。

### 10.5.7 含磷溶剂

目前在锂离子电池中使用的有机溶剂电解质是高度易燃的，这些很可能导致灾难性的安全问题。通常，含磷有机物是大家公认的并且已经用于阻燃方向的关键材料[78]。含磷有机物，如烷基膦和相关化合物，可以用于锂离子电池电解质中的不可燃组分。

在锂离子电池中使用烷基膦用作不可燃电解质，其中将膦酸三甲酯

(trimethylphosphine，TMP)作为碳酸酯类电解质的阻燃共溶剂电解液[79]。大多数碳酸酯类溶剂对 TMP 作为共溶剂展示了良好的兼容性，图 10.7 展示了 TMP 在碳酸酯类电解液中作为共溶剂时的自熄灭测试结果[80]。在 EC/TMP 体系中 TMP 的体积分数超过 20%时显示出出色的安全性，在 DEC/TMP 体系中 TMP 的含量需要超过 50%[81]。阻燃烷基膦类的加入对电池的电化学性能也有影响。由于 TMP 的黏度比 EC 高但是低于 DMC 和 DEC，实验显示在 EC/DEC(1∶1，体积比)体系中，$LiPF_6$ 为锂盐时，TMP 的量增加会使电解液的电导率下降，这可能是溶液的黏度随着 TMP 含量的增加而增加所致。然而，在 $LiBF_4$ 溶液中，电导率随着 TMP 混合而增加，当 TMP 的含量高于 80%后电导率随着 TMP 的增加而降低。Wang 等对电池的性能进行了表征[78]，发现 TMP 的大量添加会增加石墨负极的不可逆容量，这就是 TMP 不能在石墨负极表面形成稳定的界面膜所致。在电解液中加入成膜添加剂可以解决这个问题，如在含有大量 TMP 的电解液中加入适量的 VC+(乙烯基碳酸亚乙酯，vinyl ethylene carbonate)有效提升了石墨负极的循环稳定性[82]。其他烷基膦类也有用作阻燃共溶剂使用的，如甲基膦酸二甲酯(dimethyl methyl phosphate，DMMP)[83]等。

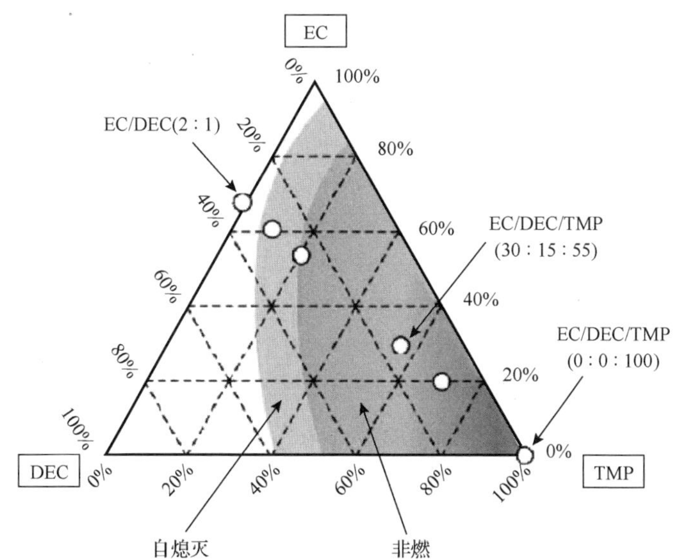


图 10.7　EC/DEC/TMP 各种溶剂的含量对电解液可燃性的影响[84]

TMP 对电解液的热稳定性也具有很大影响。$LiPF_6$ 在约 60℃或更高温度下会发生热分解，在 EC 基电解液中加入超过 20%的 TMP 可以有效抑制 $LiPF_6$ 的分解[80]。Shigematsu 等研究了含有 TMP 的电解液在充满电的石墨负极和 $LiCoO_2$ 的热稳定性[84]。实验发现 TMP 可以有效提升 $LiCoO_2$ 正极的热稳定性，但是并不能抑制负极石墨表面的放热现象。所以他们认为 TMP 只能在一定程度上提升电池的热稳定性。

## 10.6　液态电解质锂盐

过去三十年来，新锂盐的合成和表征一直是电解质研发的核心。随着以石墨为负极的锂离子电池的商业化，$LiPF_6$成为锂离子电池电解质的主要锂盐。但是新型材料和新型电池(如 Si 合金负极、高压正极、锂-空气、锂-硫)的出现，以及对电池安全性，高/低温度工作，更高耐久性/更长寿命的需求等对新型电解质配方的需求越来越迫切。研发新型锂盐替代 $LiPF_6$ 或者研发新型添加剂是锂离子电池电解质发展的一个重要方向。

20 世纪 70 年代早期的锂电池电解质研究使用的主要锂盐是 $LiClO_4$、$LiAlCl_4$、$LiBF_4$、$LiPF_6$和 $LiAsF_6$。当时致力于对金属锂负极的可逆剥离电镀[85]，以及嵌入电极的使用。在所研究的盐中，$LiPF_6$ 的锂金属剥离/电镀效率并不是最好的[86]，并且最初发现碳负极在 $LiPF_6$中的循环也是有问题的[87]。直到碳焦取代锂金属(后来被石墨取代)，$LiPF_6$发展才成为锂离子电池电解质的最重要的盐。1991 年索尼公司首次商业化生产的锂离子电池对电解质溶剂进行了优化[88]。多数用于锂盐的阴离子最初是为了产生酸性更强的超强酸而开发的，用锂离子取代酸质子，得到相应的锂盐。

开发新型锂盐始于 20 世纪 70～80 年代，当时开发了全氟烷基硫酸盐(如$SO_3CF_3^-$)和双(全氟烷磺酰)亚胺[如 $N(SO_2CF_3)_2^-$]，在接下来的三十年里，新的盐类的开发工作也取得了很多成果。但是没有一种开发出来的新盐类具有明显的优势还同时保留了 $LiPF_6$的优点。因此，截至目前 $LiPF_6$仍然是大多数商业锂离子电池电解液的主要锂盐。

一些新的锂盐作为电解液主盐优势不明显，但是作为电解质-电极界面改性的电解质添加剂作用非常明显。一些对于电池电解质要求苛刻的场合，如低/高温操作和安全性能要求较高的场合，仅使用 $LiPF_6$ 是无法满足这些要求的，其他锂盐作为锂离子电池电解液的锂盐部分取代 $LiPF_6$ 具有很大前景[89]。因此，目前仍然需要对锂盐加大研发力度，以满足锂离子电池的各种需要，这也是世界范围内大力改进车辆和固定能源存储技术的重点。

作为锂离子电池的锂盐具有很苛刻的要求，下面列出一些主要要求：①离子电导率：$Li^+$的传输速率在宏观上的表现就是锂离子电池的倍率性能，高离子电导率是实现大功率充放电的必要条件[90]。②盐溶解度：锂盐在电解质溶剂中要具有相当高的溶解度，这样才能提供足够的电荷载体来实现离子的快速传导。③稳定性：一般来说，在电池充放电反应过程中，要求电解液不与其他电池组件发生任何反应，并且在较高的温度下可以以低容量的损失实现数千次充放电循环。④SEI 膜形成：SEI 膜是电极表面和电解质之间通过电解质组分和电极材料的分解形成的界面膜[16]。理想情况下，好的锂盐能促进 SEI 膜的生成，并形成高离子电导率的界面。⑤铝箔腐蚀：在商业化锂离子电池中，一般使用铝箔作为正极集流体。好的锂盐可以钝化电解液-铝界面，以防止在高电势时对集流体产生腐蚀。⑥水解稳定性：许多锂盐的阴离子遇水会水解，特别是在高温下，常常导致 HF 的形成。这导致盐的制备、储存和处理相关的成本增加，同时也影响了电池的循环寿命[91]。

目前实验室和工业生产中常用的锂盐一般选择阴离子半径较大且氧化和还原性稳定的锂盐，以尽量满足以上特性。如果不能满足其中一个或多个要求，会阻碍锂盐在锂离子电池中的实际使用。

### 10.6.1　常规锂盐

1) 六氟磷酸锂($LiPF_6$)

$LiPF_6$几乎占领了商用锂离子电池的所有市场。到目前为止，这种盐已经证明了具有作为锂离子电池电解质主盐所必需的基本性能[16, 92]。当与碳酸酯类溶剂一起使用时，含有 $LiPF_6$的电解质在高电势下与 Al 集流体反应使集流体钝化，并且与石墨电极形成稳定的 SEI 膜。但是，P—F 键是不稳定的，因此这种盐容易发生水解，遇极少量水时即可发生反应放出腐蚀性气体 HF，进而增大电极界面电阻；$LiPF_6$的热稳定性相对较低，即使是在高纯状态也会发生分解，并产生气体给电池带来安全问题。$LiPF_6$ 具有较高的电化学稳定性，耐氧化电压至 5.1V，远高于普通锂离子电池要求的 4.2V。总之，$LiPF_6$ 综合性能优于其他锂盐，因此目前仍主导着商品化锂离子电池的锂盐市场。但是含有 $LiPF_6$ 的电解质在循环的过程中会产生 HF，对电池性能的影响是该盐使用的主要问题之一。

2) 六氟砷酸锂($LiAsF_6$)

$LiAsF_6$是另一种性能优良的锂盐，和 $LiClO_4$在 20 世纪 70～80 年代被广泛用于电解质研究。它与醚类有机溶剂构成的电解液具有非常高的电导率。选择合适的电极使用 $LiAsF_6$电解液具有优良的电化学性能。$LiAsF_6$具有非常高的稳定性，曾经用于商品化的一次锂离子电池。$LiAsF_6$ 与 $LiPF_6$ 具有许多共同的性质，但 $LiAsF_6$的潜在危害在很大程度上阻碍了其商业化应用。虽然五价砷氧化态无毒，但可能由电化学还原形成的三价砷和零价砷毒性较大。研究发现，与 $LiClO_4$等电解质相比，锂金属负极在 $LiAsF_6$基电解质中的循环效率明显较高。

3) 四氟硼酸锂($LiBF_4$)

相同条件下与含有 $LiPF_6$的电解质相比，含有 $LiBF_4$的电解质电导率较低[93]，这是其在商业化锂离子电池中使用的主要障碍。B—F 键与 P—F 键相比稳定性更好，因此 $LiBF_4$ 比 $LiPF_6$ 更不易水解，热稳定性更高，含有这种盐的电解质在高电势下也会钝化 Al[94]。尽管电导率较低，但与含有 $LiPF_6$基电解质的电池相比，

含有 $LiBF_4$ 的电解质在低/高温下提高了电池循环性能，这是因为形成了电阻较小的 SEI 膜和改善了电解液的热稳定性。$LiBF_4$ 同样可以作为含有 $LiPF_6$ 电解质的添加剂使用，它也可以使用 GBL 作为电解质溶剂组成电解液体系用于特殊用途。

4) 高氯酸锂($LiClO_4$)

$LiClO_4$ 是锂离子电池中研究历史最长、应用最早的锂盐，其构成的电解液电导率较大，在非质子溶剂中的溶解度高，热/电化学稳定性好，还能形成良好的 SEI 膜。同其他锂盐相比，$LiClO_4$ 还具有价格低廉，易于制备和纯化等特点。$LiClO_4$ 在碳负极材料上的还原产物不含 HF 等成分，而且界面阻抗低于 $LiBF_4$、$LiPF_6$ 等电解液体系。但 $LiClO_4$ 中的氯处在最高价态，使阴离子具有较强氧化性，在一些极端条件(如高温、高电流密度等)下容易与有机溶剂发生强烈反应，带来安全隐患[95]。这在很大程度上抑制了 $LiClO_4$ 在商业化电池上的应用，因此 $LiClO_4$ 目前一般只用于实验室模拟和测试。

### 10.6.2 含硫锂盐

1) 三氟甲基磺酸锂($LiCF_3SO_3$)

含有几种非质子溶剂的 $LiSO_3F$ 基电解质与含有其他锂盐如 $LiCF_3SO_3$ 的电解质具有相似的氧化稳定性[96]。1954 年首次报道了三氟甲磺酸($HSO_3CF_3$)和相应的钠盐[97]。然后，1956 年，美国明尼苏达矿务及制造业(3M)公司在专利中报道了全氟烷基磺酸和相应的钠盐、钾盐的制备[98]。

$LiCF_3SO_3$ 是最早工业化的有机锂盐之一。作为 $LiPF_6$ 潜在的替代品，$LiCF_3SO_3$ 与 $LiPF_6$ 的电化学性能相近，具有较高的氧化稳定性和热稳定性[99]，且不容易水解。$LiCF_3SO_3$ 的各种电解液具有较高的库仑效率和放电能力[100]。$LiCF_3SO_3$ 的缺点在于构成的电解液的电导率小，如在 25℃时 1.0mol/L $LiCF_3SO_3$/PC 溶液中的电导率只有 $1.7\times10^{-3}$S/m，远低于同浓度下 $LiPF_6$/PC 的电导率[101]。这主要是由于 $LiCF_3SO_3$ 在有机溶剂中容易缔合形成离子对，减少了可用于传输电荷的粒子的数目。$LiCF_3SO_3$ 的另一个缺点是在电解液中腐蚀铝箔集流体。由于 $CF_3SO_3^-$ 与铝的特殊作用，铝在电压约为 2.7V 时就开始溶解，在约 3.0V 时发生凹陷。在正常充电电压约 4.0V 时，阳极腐蚀电流密度约为 20mA/cm，铝表面的钝化基本被破坏[102]。因此，这类盐不能用于以铝箔作集流体的锂离子电池中。

2) 双三氟甲基磺酸亚胺锂[$LiN(SO_2CF_3)_2$, bistrifluoromethanesulfonimide lithium salt，LiTFSI]

$LiN(SO_2CF_3)_2$ 的应用始于 20 世纪 90 年代，由 3M 公司商品化。从 $N(SO_2CF_3)_2^-$ 的结构可以看出，电负性中心氮原子和两个硫原子同含有强烈吸电子能力的—$CF_3$ 官能团或氧原子相连，使阴离子的电荷分布比较分散，因此 $LiN(SO_2CF_3)_2$ 的性质

与 $LiCF_3SO_3$ 近似。由于阴离子半径更大，$LiN(SO_2CF_3)_2$ 具有非常高的解离度，其电解液电导率远大于 $LiCF_3SO_3$ 电解液的电导率，甚至高于 $LiClO_4$，接近于 $LiPF_6$ 和 $LiAsF_6$ 的电解液[103]。$LiN(SO_2CF_3)_2$ 还具有良好的热稳定性，加热到 236℃开始融化，360℃才开始分解[104]。从电化学稳定性上看，$LiN(SO_2CF_3)_2$ 的稳定电压约为 5V，略小于 $LiBF_4$ 和 $LiPF_6$，但仍可以满足实际生产的需要。交流阻抗分析表明，$LiN(SO_2CF_3)_2$ 电解液在充电时，负极和电解液之间保持稳定的阻抗，表明负极表面生成了均匀的钝化膜，与负极具有良好相容性[100]。同 $LiCF_3SO_3$ 相似，$LiN(SO_2CF_3)_2$ 电解液同样腐蚀铝箔集流体[105]。

研究发现，以下三种方法可以降低 $LiN(SO_2CF_3)_2$ 与铝之间的反应，使 $LiN(SO_2CF_3)_2$ 在锂离子电池中的应用取得了一定的成功：①在 $LiN(SO_2CF_3)_2$ 电解液中加入可以使铝钝化的其他锂盐，可使铝箔在 4.25V 稳定。②通过引入长碳链的—$CF_2CF_3$ 等官能团改变 $N(SO_2CF_3)_2^-$的结构，降低 $N(SO_2CF_3)_2^-$的活性。当电解液使用全氟烷基亚胺锂 $LiN(SO_2C_2F_5)_2$ 和 $LiN(SO_2C_4F_9)(SO_2CF_3)$ 等锂盐时，电压分别可以达到 4.5V 和 4.8V 也不溶解铝箔集流体。③在电解液中加入添加剂降低 $LiN(SO_2CF_3)_2$ 对铝箔的腐蚀性。例如，$LiN(SO_2CF_3)_2$ 在电压 3.7V 时将严重腐蚀铝箔，加入含氰基基团的添加剂则能使铝在 4.15V 的电压下保持稳定。

在 $N(SO_2CF_3)_2^-$中引入吸电子基团同样可以制备出多种新型的亚胺锂盐。这一过程既可以只改变一个—$SO_2CF_3$ 官能团，也可以改变两个官能团，还可以只对—$SO_2CF_3$ 官能团上的 $CF_3$ 或 $SO_2$ 进行修饰。由于结构的关系，这些锂盐一般具有以下特点：①由于其 C—F 键非常稳定且阴离子较大，所以一般具有较高的溶解度和热稳定性。随着阴离子半径的增加，这些亚胺盐的热稳定性显著增加，阴、阳离子间的缔合程度降低，溶解度增大。例如，$LiN(SO_2C_2F_5)_2$ 的分解温度大于 350℃，它在 PC、DME 等溶液中的溶解度大于 2mol/L[106]。②较高的电导率和电化学稳定性。由于阴离子体积的增大，电荷的离域化和阴、阳离子的缔合能力降低，二者协同作用的结果使这类锂盐的电导率较 $LiN(SO_2CF_3)_2$ 有所下降，但仍高于 $LiCF_3SO_3$。另外，吸电子基团的引入也增加了该类锂盐的电化学稳定性。$LiN(SO_2C_2F_5)_2$ 和 $LiN(SO_2C_4F_9)(SO_2CF_3)$ 的氧化电势分别增加到 4.5V 和 4.62V，而 $LiN(SO_2CF_3)_2$ 的氧化电势只有 3.5V。③对金属铝的腐蚀性小[106]。这些新型亚胺锂盐相对于 $LiCF_3SO_3$、$LiN(SO_2CF_3)_2$ 和 $LiN(SO_2C_2F_5)_2$ 等对铝的腐蚀速率显著降低，基本上接近于 $LiPF_6$ 的水平，克服了 $LiCF_3SO_3$、$LiN(SO_2CF_3)_2$ 等有机锂盐容易腐蚀铝箔集流体的缺点，使亚胺锂盐在锂离子电池中的应用成为可能。

3）双（全氟乙基磺酰）亚胺锂[$LiN(SO_2C_2F_5)_2$，lithium bisperfluoroethylsulfonyl imide，LiBETI]

含有 LiBETI 的电解质电导率一般低于含有 LiPF 或 LiTFSI 的电解质，但是这种盐具有极高的热稳定性，并且由于 C—F 键的高稳定性而不发生水解。此外，与 LiTFSI 不同的是，含有 LiBETI 的电解液即使在高电势下对铝的腐蚀性也不强[102, 107]。目前这些盐的大多数性质尚未得到充分研究。

4) 三(三氟甲基磺酰) 甲基锂[$LiC(SO_2CF_3)_3$]

$LiC(SO_2CF_3)_3$可以看作是无机锂盐$Li_2CO_3$中的氧原子被—$SO_2CF_3$取代而成。该盐具有良好的热稳定性，熔点为 271～273℃，加热到 340℃时才发生分解[108]。$LiC(SO_2CF_3)_3$在不同非水溶剂中的溶解度都非常大，形成的电解液也具有较高的电导率，某些温度下甚至高于 $LiAsF_6$。在低温度(<–20℃)下 $LiAsF_6$和 $LiN(SO_2CF_3)_2$电解液的电导率急剧下降，甚至开始析出固体。而含有 $LiC(SO_2CF_3)_3$的电解液仍维持液态，电导率为(1.1～3.5)×$10^{-3}$S/cm[109]。同时，$LiC(SO_2CF_3)_3$的电化学稳定性也非常强。例如，在 $LiC(SO_2CF_3)_3$/THF 溶液中，当阳极电势为 4.0V 时 THF 开始分解，而 $LiC(SO_2CF_3)_3$仍未发生反应[110]。当电压超过 4.5V 时，$LiC(SO_2CF_3)$开始腐蚀铝箔[111]，限制了它在锂离子电池中的应用。$LiCH(SO_2CF_3)_2$是另一种常见的同类锂盐，同样具有非常高的热稳定性，加热到 280℃才开始分解，但电化学窗口相对较窄。

三(全氟烷基磺酰基) 甲基化的锂盐对电池电解质也有一些影响，特别是含有$C(SO_2CF_3)_3^-$阴离子的盐(TriTFSM⁻)。尽管 TriTFSM⁻的酸度比 TFSI⁻更高，并且计算表明前一种阴离子具有较弱的阳离子亲和力(即较低的离子缔合倾向)，但含有 LiTriTFSM 的聚醚基电解质的电导率低于 LiTFSI 基电解质，这可能是 TriTFSM⁻的尺寸/质量更大导致的。有研究发现含有锂盐 LiTFSM 的 PEO 电解质的氧化和还原电化学稳定性比含有 LiTFSI 的电解质更低，而另一项研究表明含有这种 LiTFSM 的电解质是稳定的，具有约 4.5V 的电化学稳定窗口。与 LiTFSI 和 LiTriTFSM 相比，LiTFSM 倾向于塑化 PEO，导致其具有相对较高的电导率，但是略低于 LiTFSI 基电解质[116]。

5) 双(氟磺酰) 亚胺锂[$LiN(SO_2F)_2$，lithium bis(fluorosulfonyl) imide，LiFSI]

氟磺酰基阴离子(—$SO_2F$)引起了人们极大的兴趣，其中最主要的是 LiFSI[112]。双(氟磺酰基) 酰亚胺酸或 HFSI[$HN(SO_2F)_2$]于 1962 年被首次报道[113]，1995 年报道了 LiFSI 的合成[114]，但这种盐的可用性有限，其高成本限制了它在研究中的应用，直到最近又引起了人们的关注。含有 LiFSI 的电解质通常具有较高的电导率[112]。由于 S—F 键(相对于 C—F 键)的稳定性较差，所以 FSI⁻阴离子的热稳定性和水解稳定性低于 TFSI⁻阴离子。而 LiFSI 相对于 $LiPF_6$具有更好的热/水解稳定性。有报道称在电解质中使用 LiFSI 会在高电势下严重腐蚀铝箔[115]。但最近的研究表明，这可能是盐中的氯化物杂质导致的。LiFSI 另一个优点(相对于 $LiPF_6$)是其电解质有较宽的液态范围。

6) 非氟磺酸盐

非氟化三(烷基磺酰基)甲基化锂对电池电解质的适用性已经得到了验证[117]。$LiC(SO_2CH_3)_3$ 在 EC/DMC 中的溶解性较差(<0.1mol/L)，但在二甲基亚砜(DMSO)中的溶解性良好(约 0.5mol/L)。增加烷基链长度可以提升其溶解度，如 $LiC(SO_2C_2H_5)_3$ 的溶解度在 EC/DMC 中约为 0.3mol/L 和在 DMSO 中大于 4mol/L，同时使用不对称烷基链长度[如 $LiC(SO_2CH_3)(SO_2C_2H_5)_2$]可以进一步提高盐溶解度，在 EC/DMC 中约为 0.5mol/L 和在 DMSO 中大于 4mol/L。然而，在 25℃时，与含有 0.5mol/L $LiPF_6$ 的 DMSO 电解质相比，这些盐的电导率相当低(4.3mS/cm)。

### 10.6.3　硼酸锂盐

硼酸锂盐种类繁多且对环境友好，近年来越来越引起人们的重视。这类锂盐多以硼为中心原子，与含氧的配体相结合，形成一个大 π 共轭体系，分散了中心离子的负电荷，使阴离子更加稳定的同时又减小了阴、阳离子的相互引力。另外，配合物阴离子中一般不含有—OH、—Cl 和—Br 等强极性基团，避免了这些基团在负极表面的还原[118]。

根据硼原子上的取代基不同，可以将硼酸锂盐分为两类：芳基硼酸锂盐和烷基硼酸锂盐。在芳基硼酸锂盐中，阴离子多含有数目不等的芳香基团。此外，还可以使用—F、—Cl 或—$CH_3$ 等基团取代硼酸锂盐阴离子上的氧，形成更复杂的锂盐。若采用吸电子能力较强的氟烷基、羰基等与含负电荷的硼相结合，可得到一系列的烷基硼酸锂盐[119]，如双丙二酸硼酸锂(LiBMB)、双草酸硼酸锂(LiBOB)等。这类烷基硼酸锂盐同样具有较高的热稳定性、水解稳定性和氧化稳定性[118]。

相对于目前使用的 $LiPF_6$ 等锂盐，有机硼酸锂盐主要有以下几个方面的特点：①较高的稳定性。这类锂盐的热分解温度均在 250℃以上，有些甚至高于 320℃。对于芳基硼酸锂盐，双[3,5,6-三氯水杨酸基(2-)]硼酸锂{lithium bis[3,5,6-trichlorosalicylato(2-)]borate，TCLBSB}、双[水杨基(2-)]硼酸锂{lithium bis[salicylato(2-)]borate，LBSB}、双[3,5-二氯水杨酸基(2-)]硼酸锂{lithium bis[3,5-dichlorosalicylato(2-)]borate，DCLBSB}和双[3-甲基水杨酸基(2-)]硼酸锂{lithium bis[3-methylsalicylato(2-)]borate，3-MLBSB)}在空气中的分解温度分别为 260℃、290℃、310℃和 320℃，在氮气中均超过 300℃[104, 120]。后两种锂盐的热稳定性已经接近 $LiN(SO_2CF_3)_2$ 和 $LiN(SO_2C_2F_5)_2$。烷基硼酸锂盐的热稳定性相对于芳基硼酸锂盐略低，LiBOB 和 LiBMB 的分解温度分别为 302℃和 245℃[121]。含有氟烷基的 $LiB[OC(CF_3)_2]_4$ 在 120℃熔化成液态，但 280℃才开始分解[122]。②较高的溶解度和电导率。芳基硼酸锂盐和烷基硼酸锂盐的溶解性并不完全相同，但是均随阴离子体积的大小或官能团的数目而变化。对于芳基硼酸锂盐，苯环的数目和取代基团的类型决定了锂盐的溶解性和电导率。例如，在 EC/DMC 混合溶剂中，当苯环数目相同时，含有6个氯原子的TCLBSB的溶解度小于含有4个氯原子的DCLBSB的溶解度；而TCLBSB和DCLBSB的溶解度则小于只含有两个甲基的3-MLBSB的溶解度[104]。芳基硼酸锂盐电解液的最大电导率可达 $10^{-3}$S/cm 以上，但小于常见无机锂盐电解液的电导率，这对芳基硼酸锂盐的实际应用是非常不利的。③烷基硼酸锂盐的溶解性和电导率具有阴离子依赖性。常见的烷基硼酸锂盐可按照阴离子是否含有氟烷基再进行区分。含有氟烷基的硼酸锂盐的溶解度一般大于烷基硼酸锂盐的。例如，$Li[B(OCORX)]_4$(R 为烷基，X 为卤素原子)在低介电常数溶剂 THF、DMC、DME、DEC 中的溶解度大于 1mol/L。$Li\{B[OCO(CF_3)_2]_4\}$在 DMC、DEC 中溶解度可以超过 2mol/L，大于 LiBOB 的溶解度(1.6mol/L)[122]。烷基硼酸锂盐在部分溶剂中的电导率很高，甚至接近水溶液的电导率。④较宽的电化学窗口。芳基硼酸锂盐的分解电压与阴离子芳环上吸电子基团的数目有关，一般为3.6～4.6V，尚难以满足锂离子电池的实际需要[118]。烷基硼酸锂盐的电化学窗口一般也在 4V 左右，其中 LiBOB 约为 4.5V。

1) 二氟草酸硼酸锂(LiDFOB)

LiDFOB 也曾受到锂离子电池研究界的极大关注。这种盐在 2000 年最先在台湾信德玻璃股份有限公司的专利中报道，然后在 2006 年的美国陆军研究实验室(ARL)出版物中报道[123]。许多研究现已证明 LiDFOB 作为主要盐(替代 $LiPF_6$)或者作为 $LiPF_6$ 电解质的添加剂效果都非常明显[123]。LiDFOB 在线型碳酸酯类溶剂中具有比 LiBOB 更高的溶解度，但仍然低于其他盐，如 $LiBF_4$、LiTFSI 和 $LiPF_6$。含有 LiDFOB 的电解质对铝箔集流体的钝化效果要优于含有 LiBOB 的电解质，并且含有 LiDFOB 的电解质具有更高的电导率[124]，但是略低于含有 $LiPF_6$ 或 $LiClO_4$ 的电解质的电导率。在以 LiBOB 为主盐的电解质中加入 LiDFOB 作为添加剂时能提升电池的性能，这种体系的电解液对电压高达 5V(*vs.* Li)的正极材料的循环性能也有很明显的促进作用。这是在正极和负极界面上形成稳定的界面层所致[92]。

2) 四(卤代酰氧基)硼酸锂$[LiB(CO_2R)_4]$

1971 年，Harriss 等首次报道了含有 $B(CO_2CF_3)_4^-$阴离子的酸和铯盐[125]。随后在 1972 年报道了相应的锂盐$[LiB(CO_2CF_3)_4]$[126]。含有这些非螯合盐的电解质具有较高的电导率(但是低于 $LiPF_6$)和氧化稳定性，并且在石墨电极中有很高的循环效率。其中导电性最强的是 $LiB(CO_2CF_3)_4$(与具有 LiTFSI 的电解质的电导率相当)。这种盐随着氟烷基链从—$CF_3$ 到—$C_2F_5$ 延长电导率会逐渐降低，用氯原子取代氟原子也是如此[127]。

$LiBF_3Cl$ 盐在非质子溶剂中的溶解度比 $LiBF_4$ 高，并且在低温下具有较好的循环性能[128]。$LiBF_3Cl$ 盐在高电势下也可以钝化铝箔，并且在石墨负极形成的 SEI 膜更好。

3) 双草酸硼酸锂(LiBOB)

LiBOB 在各类新型的有机硼酸锂盐中是最可能替代 $LiPF_6$ 的锂盐之一。LiBOB 的阴离子以硼原子为中心，呈独特的四面体结构。LiBOB 晶体中锂与阴离子中草酸官能团的两个氧原子配位，键长为 0.19～0.21nm，夹角 O—Li—O 几乎接近于 90°。同时，锂还与分属于三个不同阴离子的三个氧原子相互作用(键长为 0.21～0.30nm)，形成层状的晶体结构。这种五重配位的形式使得锂很容易再结合其他分子，形成更稳定的正八面体配位结构[129]。因此，LiBOB 具有很强的吸湿性，与空气接触后常以更稳定的六重配位 $Li[B(C_2O_4)_2]\cdot H_2O$ 结晶水合盐的形式存在。

在 2001 年第一次报道了 LiBOB[130]，但是 1999 年 Metallgesellschaft AG 公司为这种盐申请了德国专利[131]。1994 年，已经报道了 $BOB^-$(称为硼二乙酸盐)及相关阴离子的酸和四烷基铵盐[132]。从 LiBOB 的结构中不难看出，其中不含—F、$—SO_3$ 和—CH，一般认为这几种基团会导致锂盐的热稳定性差、腐蚀铝箔集流体和电导率低等问题。由于具有强烈吸电子能力的硼原子与草酸根中的氧原子相连，因此电荷分布比较分散，使阴、阳离子间的相互作用较弱，为该盐在有机溶剂中具有高的溶解度、电导率和热稳定性提供了保证。

同其他硼酸盐相似，LiBOB 具有很强的吸湿性，吸水后转化为 $LiBOB\cdot H_2O$ 等形式的水合物或分解为无毒的 $LiBO_2$ 和 LiOOCCOOH 等。LiBOB 的热稳定性不如 $LiClO_4$、$LiCF_3SO_3$ 等盐，但明显优于 $LiPF_6$ 和 $LiBF_4$，在 302℃时开始分解[121]。室温下，LiBOB 在大多数常用有机溶剂，如 DME、DMSO、DMF、THF、DMC、PC 中的溶解度能够达到 1mol/L 以上。因此，LiBOB 所构成的电解液一般具有非常高的电导率[133]。另外，当温度低于 25℃时，LiBOB 在 PC 中的浓度为 0.5～1.0mol/L 时，溶液的电导率基本保持恒定，与 LiBOB 的浓度无关，这一点不同于常见的其他锂盐[119]。LiBOB 的电解液对正负极材料有很好的热稳定性。在 $LiMnO_2$、$LiCo_{1/3}Ni_{1/3}Mn_{1/3}O_2$ 及 $LiFePO_4$ 等作为正极的锂离子电池中，过充电情况下以 LiBOB 为锂盐的电解液所产生的热量低于以 $LiPF_6$ 为锂盐的电解液，这对锂离子电池的安全性非常有利。此外，LiBOB 构成的电解液还能在 PC 基电解液中形成稳定有效的钝化膜，并且具有不腐蚀集流体、高温条件下放电容量不衰减的特点，是颇具发展前景的电解液锂盐[134]。

在过去的三十年，已经为用于锂离子电池电解质应用的锂盐制备了各种各样的阴离子。大多数阴离子最初是为了产生更强的超强酸而制备的。通常，选择性地使阴离子氟化会降低阴离子与锂离子的相互作用，从而增加相应电解质溶液的电导率。阴离子的氟化一般会增强锂盐在高电势下的氧化稳定性，这是用于高压电池的电解质锂盐的重要要求。近年来，氰基基团的取代也是增加氧化稳定性的一种重要方法。然而，在某些情况下并不希望盐具有好的稳定性。例如，改善电解液性能的常用方法是使用盐添加剂改善其电解质的界面稳定，从而显著改善电池性能。因此，新盐仍然是开发先进电解质配方的关键变量之一。

## 10.7 液态电解质添加剂

添加少量外来化合物以改善电池的某方面性能，这些化合物被称为电解质添加剂。它们在电解质中的质量分数通常不超过 5%。电池中使用的大多数电解液都会含有少量添加剂，这些微量成分的添加会对电池的多方面性能产生巨大影响。例如，在高电压下工作的电池正极与电解液界面处于热力学不稳定状态，加入适量的成膜添加剂可以使电池的循环性能得到极大的提升。目前使用的电解液溶剂都是易燃有机液体，加入少量的阻燃添加剂可以显著改善电池的安全性能[82, 135]。

### 10.7.1 负极成膜添加剂

石墨负极材料独特的表面化学过程为 $Li^+$在石墨负极的可逆嵌入/脱出提供了关键支持，石墨的嵌锂电势已经超出非水电解质的稳定极限，这在热力学上是不稳定的。但是，在实际操作中石墨负极可以在 EC 基电解液中稳定循环，这就促使了负极/电解质界面成为电解液相关研究的焦点。锂离子电池中负极与电解质之间的界面通常被称为 SEI 膜，这个术语最初用于描述锂离子电池中金属锂的表面层[136]，这层膜具有较高的导离子性且可以隔绝溶剂分子和电子，这能有效地避免溶剂的共插嵌效应对电极造成破坏，同时避免电解液在负极表面的还原造成电解液的不可逆消耗和对电极的破坏。SEI 膜的化学组成、结构及稳定性是决定电解液和负极兼容性的关键因素[137]，因此，优化 SEI 膜的性质是提升电解液与电极兼容性的一个重要途径。解决这一问题的关键是寻找合适的成膜添加剂，使电池在化成过程中形成稳定的界面膜，从而提升电池的循环稳定性[138]。在嵌锂过程易粉化的负极材料，如硅负极、金属氧化物负极等，SEI 膜还可以充当弹性层来保持负极颗粒的结构完整性[139]。理想的 SEI 膜应该具有良好的循环稳定性、热稳定性和长期储存稳定性。目前石墨负极依然是锂离子电池负极的主力，本节将主要聚焦于石墨负极界面修饰的添加剂。

1) 含有不饱和碳碳键的化合物

1992 年，日本三洋电子公司发现的 VC 是目前最知名的添加剂，也可用作二次锂离子电池的溶剂[140]，常用于碳负极表面 SEI 膜的构筑。由于碳环（$sp^2$ 杂化轨道）的不稳定性，VC 在电池放电过程中参与开环反应并在负极表面聚合以形成更稳定的结构。乙烯基的存在使这种化合物具有可聚合的特性，仅通过少量 VC 的添加就可以成功构建 SEI 膜，抑制碳层的剥落和与电解质的直接反应来降低碳负极的不可逆容量并延长电池寿命。这一添加剂对 PC 基电解液特别有效。VC 的另一个优点是对添加量的要求很宽松，即使添加过量电池的性能也不会受到影响，这使 VC 在工业上的应用更加简单方便。尽管对 VC 的研究已经有二十多年的历史，但其在电池中的工作机理仍存在争议。一些研究者认为 VC 与自由基/阴离子聚合有关，也已经有这种机理的实验证据[141]，也有学者提出了涉及 VC 与 EC 还原产物相互作用的机理，并且观察到了 CO 和 $CO_2$ 等气体的释放[142]。1998 年，日本三菱化学公司研发出一种含有氯代碳酸亚乙酯和 VC 为混合添加剂的 PC 基电解液。由此引发了一股负极添加剂的热潮，乙烯基碳酸酯、羧酸乙烯酯、乙酸乙烯酯、己二酸二乙烯酯、甲基乙烯基碳酸酯、炔丙基碳酸酯、炔丙基磺酸酯、烯丙基碳酸酯[143]等酯类化合物先后被研发出来抑制 PC 的共插嵌。随后科学家发现在三键存在下形成的界面膜与双键存在时相比更致密更薄，显然这是由于反应活性更强且可聚合的三键有助于将更多的有机成分沉积在界面膜上[143]。将这些添加剂与具有双键的添加剂混合使用，能得到更薄的 SEI 膜(厚度约 2nm)，且能大幅度降低阻抗，提升循环性能，这可能是这些不同不饱和化合物共聚作用导致的[143]。据 Hu 报道，四氯乙烯也能作为负极添加剂使用[144]，它在 1.3～1.5V 下还原分解并形成界面膜，可以抑制 PC 的共插嵌和石墨结构的剥离。但是 LiCl 在电解液中具有较高的溶解度导致氧化还原穿梭效应，降低电池的库仑效率。

2) 含硫化合物

一类有效的含硫化合物是磺酸盐类。1,4-丁烷磺内酯可以替代 EC 用作溶剂。1,3-丙磺酸内酯(1,3-propane sultone，PS)、丁烯亚硫酸酯(1,4-butane sultone，BS)等用于电解液添加剂以抑制 PC 的分解[145]，据计算这些化合物具有较低的最低未占据轨道(LUMO)值，这说明它们具有更高的还原活性。通过各种检测手段证明这些化合物衍生得到的界面膜主要成分并不是传统的碳酸烷基酯类化合物，而是嵌入 $Li_2S$ 的 PEO 类聚合物。Li 等报道了磺酸酯类的化合物在 PC 基电解质中能形成有效 SEI 膜的特点，他们还总结出可通过改变烷基环上的取代基及不饱和度来调节它们的还原电势[146]，这使硫系添加剂的选择和设计有了理论依据。

环状硫酸盐及不饱和的环状硫酸盐可以对电解液产生积极影响。砜类化合物，如二甲基亚砜、丁基亚砜、甲乙基亚砜和二炔丙基砜可以用作电解液添加剂。这些化合物的还原电势一般为 1.0～1.5V，低于相应的硫酸酯类化合物的还原电势，但是高于普通碳酸酯类化合物，可以优先在负极表面成膜保护。如果砜类化合物的烷基氢被氟所取代可以进一步提升其还原电势，并且得到的 SEI 膜更加稳定[147]。需要注意的是，很多硫基化合物通常是有毒性的，在锂离子电池 LIBs 行业大规模应用之前，必须考虑它们对环境的影响。

3) 含卤素化合物

卤代成膜添加剂主要是卤代有机酯类，包括氟代、氯代、溴代有机碳酸酯、膦酸酯等。这一类化合物一般都是借助于卤素原子较高的吸电子能力，使添加剂能在较高的电势下还原。例如，1, 2-三氟乙酸乙烷[1,2-bis-(trifluoracetoxy)-ethane，BTE]在碳负极表面 1.75V 就能发生成膜反应；氯代 EC 在石墨表面 1.5V 就能发生还原反应[148]。这些物质形成的界面膜能有效抑制 PC 分子的还原共插嵌，且能允许 $Li^+$自由出入，能大幅提高电池的循环效率。

FEC 最常用作硅负极成膜添加剂，近几年也用于金属锂负极的表面修饰[149]。一般认为 FEC 构筑的界面膜更密集更薄，无 FEC 电解质中形成的界面多孔且可以渗透，所以在含有 FEC 的电解质中循环的硅负极一般具有较好的容量保持率和库仑效率[150]。但是 FEC 修饰的界面具体组分依然存在争议，特别是界面是否有 LiF 生成，以及 LiF 是否有利于电化学反应存在着明显分歧，可以确定的是在含有 FEC 的电解质中循环的负极表面含有更多的氟化物[151]。Etacheri 等提出了一种 FEC 在 Si 表面的还原途径，首先产生 LiF 然后聚合成聚碳酸亚乙烯酯(polyvinyl carbonate)[152]。

4) 含氮化合物

*N*-甲基吡咯烷酮和 *N*，*N*-二甲基乙酰胺可以用作负极添加剂。2003 年，Santner 等证明丙烯腈也可以作为电解液添加剂使用[153]。他们证实丙烯腈会在 1.3V 左右还原(高于碳酸酯类)，且还原产物具有良好的成膜性质。这主要是氰基较强的吸电子能力使亚乙烯基具有较强的亲电子还原性，从而在石墨表面形成较稳定的 SEI 膜。

5) 含磷和含硼化合物

1998 年，深圳市威尔逊科技有限公司发现具有不饱和键的膦酸酯类，如膦酸三烯丙酯和膦酸三丙酯，可以用作添加剂使用。Hitoshi 等发现乙烯膦酸乙酯(ethylene ethyl phosphate，EEP)可以在不可燃溶剂 TMP 基电解液中有效成膜[81]。证明加入 EEP 形成的界面膜具有更好的热稳定性。

很多含硼化合物具有比碳酸酯类更高的还原电势，这使得其成为负极添加剂的有力候选者。Dahn 等研究了三甲氧基环硼氧烷(trimethoxyboroxine，TMBOX)作为电解液添加剂，发现电解质与电极之间有复杂的电化学反应，当 TMOBX 的浓度小于 1%时可以降低电池阻抗，提高电池库仑效率，但是浓度提高之后作用相反[154]。Lee 等发现含有硼酸二乙醇酯的 PC 和 EC 基电解液对金属锂和碳负极具有较好的相容性[155]。硼化合物之所以能够提升电池的循环性能，这可能是由于硼在电极表面的还原抑制了电解质的还原分解。但是这些添加剂会对电池的首圈不可逆容量造成一定损失，并且添加量增加会导致电池的热稳定性下降，所以添加量一般在 2%以下。

6) 离子添加剂

电解液添加剂的选择不限于分子化合物，离子化合物有时也能参与界面膜的形成。草酸二丙酯和草酸炔丙酯等草酸盐可以作为添加剂使用。一些无机盐，如 $K_2CO_3$、$KClO_4$、$K_2SO_3$ 也被研究用来作为电解液的成膜添加剂，研究表明这些盐会明显提高电池的首圈可逆容量和库仑效率，界面膜的阻抗降低为原来的 1/5，使电池的倍率性能得到明显提升。

LiBOB 最初用于电解质锂盐，后经研究发现其对电极表面的 SEI 膜的生成具有主导作用。LiBOB 作为电解质的主盐会带来一定的负面影响，如电池阻抗较大、低温循环性能较差等。Xu 等对其作为电解液添加剂的性能进行了系统研究[156]，发现浓度在 5%时石墨负极的 SEI 膜已经被 LiBOB 主导，这种由其主导的 SEI 膜可以抑制 PC 在石墨中的共插嵌。当其浓度低于 5%时可以观察到石墨不同程度的剥离。测试表征表明，在添加 LiBOB 的电解液中碳负极表面首先形成 LiBOB 的重排产物 $BO_3$ 和草酸酯类化合物，它们可以与溶剂的还原产物相结合，这可以大幅度提升 SEI 膜的韧性、均匀性，从而提升石墨负极的电化学性质。尽管 LiBOB 有较好的成膜性能，但是如果其用量高于一定限度会大幅度提高电池的阻抗，这会增加电池的极化现象，所以其用量一般限制在 10%以内。LiDFOB 的结构类似于 LiBOB 和 $LiBF_4$ 的混合，这也继承了这两种阴离子的优点，其还原电势在 1.7V 左右[157]。由 LiDFOB 衍生的界面膜阻抗更低，因此被认为是比 LiBOB 更有前景的添加剂。

7) 气体添加剂

$CO_2$ 是最早被用来作为电解液添加剂的气体[158]。据报道，$CO_2$ 可以在一定程度上改善负极与电解液的兼容性，作用机理是与锂离子发生还原反应形成 $Li_2CO_3$ 组成负极 SEI 膜，这能有效抑制电解液的还原反应，减小不可逆容量。问题是 $CO_2$ 在电解液中的溶解度有限，改善负极界面的效果达不到要求。$SO_2$ 也被用来作为负极成膜添加剂，并且其得电子能力比 $CO_2$ 更强，所以对石墨负极的成膜效果更加明显[159]。但是以亚硫酸盐为主的 SEI 膜的稳定性不太好，易分解为 $LiO_2$，这会增加界面阻抗，因此 $SO_2$ 作为电解液添加剂可以明显改善电池性能，但是界面膜稳定性较差，导致电池循环稳定性较差。

### 10.7.2 锂负极保护添加剂

锂负极保护添加剂应属于负极成膜添加剂，由于近期对于锂负极的研究非常火热，这里单独列出做简单介绍。

锂负极由于其极高的比容量(3860mA·h/g)、较低的密度、较负的电势可以极大地提高锂离子电池的能量密度，所以受到了广泛关注[160]。作为锂负极保护添加剂一般需要满足以下条件：①有较低的 LUMO 值，这样才能确保其在金属锂表面提前反应成膜；②反应产物应该在化学和电化学环境下保持稳定，具有良好的导离子能力，电子绝缘；③成膜均匀致密，不易于溶解；④形成的界面膜具有一定的刚度，能抑制锂枝晶的生成。

2002 年，Mogi 等使用原子力显微镜对比了 VC、FEC 和亚硫酸乙烯酯(ethylene sulfite，ES)等添加剂在 PC 基电解液中对锂金属沉积形貌的影响[161]。他们发现加入 FEC 之后能形成致密的界面膜，金属锂以颗粒的形状沉积，而加入 VC 和 ES 的电解液形成的 SEI 膜的阻抗更大。2004 年，Ota 等发现金属锂在 EC/DMC 基的电解液中的沉积行为受到温度的影响[162]，在高温下 VC 的加入有利于形成更薄的 SEI 膜，但是随着温度的降低在含有 VC 的电解液中循环的锂金属电池循环效率明显下降，这可能是由于低温下锂离子迁移能力受到限制。FEC 是一种重要的电解液添加剂，被用在很多电解质体系中[163]。但是，FEC 的作用效果对添加量具有很大的依赖性，添加高浓度的 FEC 往往能延长电池的循环寿命，因此虽然 FEC 衍生的 SEI 膜可以有效保护金属锂负极，但是会随着循环的增加逐渐消耗[164]。Miao 等使用 LiFSI 和 LiTFSI 作为锂盐来解决锂枝晶的问题[165]，LiFSI 可以有效促进 SEI 膜的生成，一定程度上解决了锂枝晶问题，抑制电解液分解，提高库仑效率，得到较好的循环稳定性。硝酸锂是金属锂负极常用的添加剂。2012 年，Zhang 研究了硝酸锂在锂-硫电池中的应用，证实硝酸锂在锂-硫电池中能促进锂负极 SEI 膜的生成，有效抑制多硫化物的氧化还原穿梭[166]。Rosenman 等在 2015 年也研究了硝酸锂在锂-硫电池中的应用[167]。这些都是在醚类溶剂中的应用，由于硝酸锂在酯类溶剂中的溶解度很小，所以相应的研究很少。直到 2018 年，Yan 等成功利用氟化铜($CuF_2$)络合的方法将硝酸锂溶于酯类溶剂中[168]，并研究了金属锂在酯类溶剂中的沉积行为。他们证实硝酸锂能在酯类溶剂中提前还原，在锂负极表面形成一层含有 $LiN_xO_y$、$Li_3N$ 等化合物的 SEI 膜，使金属锂以球形沉积，提高了电池的库仑效率，在与三元系正极材料 NCA 高电压正极配对成电池时得到了较好的循环性能。

1995 年，Osaka 等提出以 $CO_2$ 为电解液添加剂来促进锂金属的循环性能[169]。他们证实加入 $CO_2$ 后能使电池的循环寿命增加一倍，再加入高达 3000ppm 的水后 $CO_2$ 的效果依然显著。这可能是 $CO_2$ 在金属锂表面还原生成富 $Li_2CO_3$ 的 SEI 膜，抑制电解液的分解和锂枝晶的生成。Qian 等于 2015 年报道在电解液中控制痕量的水(25～50ppm)可以有效抑制锂枝晶生成[170]。他们发现这是由于在含有 $LiPF_6$ 的电解液中水在负极界面会电化学还原产生富 LiF 的 SEI 膜。

### 10.7.3 正极添加剂

对正极界面的研究相对负极界面比较有限，直到近几年才研发出了较多的稳定正极/电解质界面的添加剂。这主要是因为碳酸酯类电解质与常规的锂过渡氧化物材料(如 $LiCoO_2$、$LiMn_2O_4$ 和 $LiFePO_4$)是热力学稳定的。但是，正极/电解质界面实际上仍然存在问题，如过渡金属氧化物的催化作用将导致电解质在正极表面发生副反应。此外，电解质中的一些活性物质(如基于 $LiPF_6$ 的电解质中的 HF、$PF_5$ 和 $POF_3$)可以攻击正极材料，导致过渡金属离子溶解到电解质中，溶解产生的过渡金属离子可迁移到负极，在负极表面被还原并沉积。并且负极上沉积的过渡金属物质将催化更多的电解质分解，形成更厚、阻抗更大的 SEI 膜[36, 47]。对于高压正极，如 $LiNi_{0.5}Mn_{1.5}O_4$(LNMO，5V)和 $LiCoPO_4$(4.8V)，碳酸酯类电解质在带电正极上不具有热力学稳定性，如果不提供保护，则会发生电解质的氧化分解。因此，随着动力锂电池的发展，CEI 膜的研究也引起了大家的重视。

1)含硼化合物

LiBOB 作为添加剂被广泛应用，不仅能用于石墨、金属锂负极，还能用于正极的保护。将 LiBOB 应用于改善高压正极与电解质的界面，电池的容量保持率和库仑效率均显著提高，并且阻抗降低：①LiBOB 在正极表面氧化分解，覆盖原来暴露的催化活性位点，这可以避电解液被氧化；②LiBOB 在正极界面形成一层界面膜可以抑制过渡金属离子的溶解。$LiBF_4$ 也被用来促进正极界面膜的修饰[171]。通过实验证实其能使 $LiNi_{0.5}Mn_{0.3}Co_{0.2}O_2$ 正极的容量保持率有所提高，库仑效率和电池阻抗得到改善，有趣的是使用 $LiBF_4$ 后在正极界面几乎没有 LiF 存在，而在基础电解液中 LiF 含量比较高。

2)含磷化合物

膦酸酯类早期常用作阻燃共溶剂使用。三(三甲基-硅基)膦酸酯[tris(trimethylsilyl) phosphate，TMSP]作为电解液添加剂[172]可以在 $Li(Li_{0.2}Mn_{0.54}Ni_{0.13}Co_{0.13})O_2$ 正极表面形成 CEI 膜，有效抑制副反应的发生。TMSP 能在正极表面有效成膜，并抑制过渡金属的溶解。

一些三价膦的化合物由于具有较低的氧化态，比较容易氧化成膜。三(五氟-苯基)膦[tris(pentafluorophenyl) phosphine，TPFPP]作为电解液添加剂[173]，可以有效降低电池的氧化电流，参与正极界面膜的构建。除了这些，还有很多其他含磷的电解液添加剂被开发出来，如膦酸三乙酯(triethyl phosphate，TEP)[174]、三(2,2,2-三氟乙基)亚膦酸酯[tris(2,2,2-trifluoroethyl) phosphate，TTFP][175]、亚膦酸三苯酯(triphenyl phosphite，TPPi)[176]、TMP[177]、2-(噻吩甲基)膦酸二乙酯[diethyl (thiophen-2-ylmethyl) phosphonate，DTYP][135]等。

3)芳香和杂环化合物

芳香化合物最早被用作抗过充添加剂，有些化合物在高电压下会产生气体使电池停止工作，另外聚合之后产生的聚合物堆积在电极表面增加电池阻抗甚至使电池断路停止工作，但是这需要添加较多的添加剂才能达到想要的效果。Abe 等发现把这些化合物的添加量降低到 0.2%，能使电池的高电压循环性能得到明显改善[178]。他们提出这些化合物有比碳酸酯类化合物更高的 HOMO 值，所以在高电压正极表面更容易被氧化而形成钝化膜。这些化合物通常具有共轭结构，所以具有导电子能力，这层界面膜只能覆盖正极表面的催化位点，但是并不能抑制电解液持续的分解。Yang 等描述了一种正极成膜添加剂 2,5-二氢呋喃(DHF)[179]，其并不能像芳香化合物那样聚合，但是对 $Li_{1.17}Mn_{0.58}Ni_{0.25}O_2$ 正极仍然有效。多巴胺是一种常见的神经性药物，Lee 等研究了其作为电解液添加剂的成膜效果[180]，理论计算结合电化学测试发现仅 0.1%的多巴胺就能在正极表面氧化成膜，显著提升高电压电池的循环稳定性，通过非原位表征发现这是多巴胺聚合成聚多巴胺造成的。Qiu 等研究了碳酸二苯酯(diphenyl carbonate，DPC)和 MPC 作为电解液添加剂对高电压软包电池 $LiNi_{0.8}Mn_{0.1}Co_{0.1}O_2$/石墨的循环性能的影响[181]，发现这两种添加剂都能降低电池的阻抗，DPC 会增加化成过程中的产气量，而 MPC 则恰恰相反。还有很多用于正极保护的芳香族电解液添加剂，如二苯基二甲氧基硅烷(diphenyl-dimethoxysilane，DPDMS)[182]、三苯基氧膦(triphenylphosphine oxide，TPPO)[183]、二苯醚(diphenyl ether，DPE)[184]等。

### 10.7.4 抗过充添加剂

锂离子电池过充电时，如果从正极中提取过量的锂，之后晶体内部释放氧，结构变得不稳定。此外，在负极处发生过量的锂嵌入，这导致锂金属的沉积。这些都是电极界面的不稳定因素，它们会导致电解质中的有机溶剂分解，发生放热反应，导致电池异常放热，对电池的安全性产生极大威胁。尽管存在如隔膜熔合闭孔的方法和使用电子电路防止短路的安全措施，但是由于防过充添加剂效果显著，所以已经得到了大量研究和报道。

1)氧化还原对型

当电池电压增加到一定水平以上时，氧化还原穿梭添加剂充当正极和负极之间的可逆氧化还原介体消耗过量的电流，可以有效防止 $Li^+$的过度释放和过量沉积。理想地，氧化还原穿梭添加剂在电池的正常工作期间应保持电化学惰性，并且当通过过充电激活时应严格可逆。氧化还原穿梭添加剂的优点是它们不会干扰电池正常工作，因此电池组的性能不会受到影响。然而，没有氧化还原穿梭添加剂是完全可逆的，尤其在真实电池中添加剂会随着时间逐渐消耗，最终不能防止过充。因此，氧化还原穿梭的化学稳定性是过充保护性能的重要标准。向 2V 的 $Li/TiS_2$ 电池中添加正丁基二茂铁是第一例氧化还原穿梭添加剂应用的实例[185]。当电池超过其截止电压时，正丁基二茂铁在正极表面发生氧化反应，其反应产物会转移到负极，同时负极上的正丁基二茂铁被还原并输送回正极，该循环重复进行从而抑制了电压的持续上升，防止了电池过充。但是这种化合物氧化电势太低，不适用于目前的高电压电池体系。2005 年，Dalhousie 大学的 Buhrmester 等首次研究了一系列对苯二酚醚作为氧化还原穿梭添加剂[186]，这引发了对这类氧化还原穿梭添加剂的研发热潮。结果表明，2,5-二叔丁基-1,4-二甲氧基苯(1,4-di-tert-dutyl-2,5-dimethoxybenzene，DDB)可以在 3.9V 下可逆地氧化，非常适合 $LiFePO_4$ 正极[187]。用苯取代的卤素元素的苯甲醚结构可以用作 3V 级别电池中的抗过充添加剂[188]。当电池电压超过 4.3V 时，这些化合物通常会发生氧化还原反应，消耗电流。基于以上研究，科学家对以上化合物进行了改进，合成了各种氧化还原穿梭添加剂。在 1,4-二甲氧基[189]或直接在苯环[190]上引入吸电子基团已经证明氧化电势可提高到 4.8V，适用于 5V 电池的过充保护。

2) 聚合型

电聚合保护的原理是在电解液内部添加某种聚合物单体分子，当电池充电到一定电压，单体分子被氧化成自由基离子，然后自由基离子在电解液中偶合成聚合物并沉积在正极和贴近正极的隔膜表面逐渐向负极延伸。当聚合物单体的浓度足够大，电极片与电解液的有效接触面积足够大，生成的聚合物能够穿透隔膜，在正负极之间形成导电桥，造成内部微短路，从而降低电池电压。如果聚合物单体的浓度较小，电极片与电解液的有效接触面积不够大，生成的聚合物在电极和隔膜表面形成高聚物，减小电池电流，提高电池的安全性。这些添加剂的典型化合物主要是芳香族化合物，如联苯[191]、环己基苯[192]和二甲苯[193]。Li 等研究发现二苯胺(diphenylamine，DPAn)在电势为 3.6V 的锂离子电池中具有较好的防过充性能[194]。将质量比 5%的 DPAn 加入酯类的电解液中，在 $LiFePO_4$/石墨组成的全电池中进行 1C 过充测试，DPAn 能使电池电势维持在 3.58V 附近。Lee 等报道苯基环己烷和联苯的组合效率更高，对电池防过充更加有效[195]。这两种化合物在 4.65V 以上会发生共聚，使电池的抗过充能力达到 12V/2A。日本电气股份有限公司(NEC)发现 3-氯噻吩和呋喃等芳香族化合物可以作为抗过充添加剂使用。Wang 等发现 *N*-苯基马来酰亚胺(*N*-phenylmaleimide，NPM)在酯类电解液中电压为 3.8～4.2V 时发生聚合[196]，在正极表面生成了一层薄的聚合膜，可有效阻止电压失控。在过充实验中，未添加 NPM 的电池迅速升高到 5V，而添加 5%NPM 的电池在 3.8～4.0V 有一个长的平台，对电池起到了良好的过充保护。同时，添加 NPM 的电池与未添加 NPM 的电池容量随循环次数变化的趋势并无差异。Chen 等研究了二甲氧基二苯基硅烷(diphenyldimethoxysilane，DDS)对电池防过充性能的影响[197]。将 5%的 DDS 加入到 1mol/L 酯类电解液中，经测试发现该电池在 4.85～5.00V 有一个充电平台，6h 后才上升到截止电压，体现了良好的防过充保护性能。不过 DDS 会引起电池放电容量略微下降。这类氧化还原添加剂对于很小的过电流是有效的，但是如果大电流充电时就需要较高浓度才能起效果，但是高含量的添加剂可能就对电池的循环性能产生影响。

### 10.7.5　阻燃添加剂

二次锂离子电池在过度充放电、短路和大电流长时间工作的情况下放出大量的热，这些热量成为易燃电解液的安全隐患，可能导致灾难性热击穿甚至爆炸。因此，安全性问题已经成为锂离子电池市场创新的重要前提，特别是电动汽车的应用对电池安全性能的要求更高。阻燃添加剂可以使易燃电解质变成难燃或者不可燃的电解液，因此阻燃添加剂的研制已经成为近几年来锂离子电池安全提升的重要方向。

根据燃烧机理，阻燃添加剂主要通过降低电解液产生燃烧自由基的方式来阻止或抑制电解液燃烧。降低电解液产生气相燃烧自由基的能力主要通过采用一些无闪点、低熔点或不挥发的溶剂来实现。一般认为阻燃添加剂或溶剂主要作用机理是自由基捕获。阻燃添加剂或溶剂在受热时，会释放出大量能够捕获气相中氢/氢氧自由基，从而阻断自由基的链式反应，使电解液的燃烧过程无法进行或难以进行。目前用作锂离子电池电解液阻燃剂的化合物大多为膦酯化合物、有机卤化物和磷-卤、磷-氮化合物等。下面对这几种阻燃剂进行讨论。

1) 膦酯化合物

研究最早的是短碳链烷基膦酸酯类阻燃添加剂[198]，如 TMP、TEP、膦酸三丁酯(tributyl phosphate，TBP)等，捕捉燃烧自由基能力强，阻燃效果良好。但是这些烷基膦酸酯通常黏度较大且与电极材料(尤其碳基负极)兼容性差，加入添加剂后在提高电解液阻燃性的同时会降低电解液的离子电导率并极大缩短电池循环寿命。

2) 磷-卤化合物

卤代膦酸酯含有卤素和磷两种阻燃元素，阻燃效果较为显著。He 等在 2007 年报道了膦酸三($\beta$-氯乙基)酯[tri($\beta$-chloromethyl) phosphate，TCEP]作为阻燃剂的研究成果[199]，这种化合物同时含有氯和磷两种阻燃元素，其分解产物氯乙烷不但具有阻燃性，而且具有强烈的制冷作用。遗憾的是这种化合物对电池的循环性能具有明显的副作用。为了最大限度地减少 TCEP 对电池电化学性能的影响，Baginska 等通过原位聚合的手段将 TCEP 包裹在核-壳结构的聚脲醛树脂微胶囊中[200]。实验证实 TCEP 在正常情况下被包裹，对电池的循环性能没有影响，高温下会释放出大量的 TCEP 产生阻燃效果。Aspern 等报道了膦酸三(2,2,3,3,3-五氟丙基)酯(1*H*,1*H*-pentafluoropropyl acrylate，5F-TPrP)、亚膦酸三(1,1,1,3,3,3-六氟丙基)酯[tris(1,1,1,3,3,3-hexafluoro-2-propyl) phosphite，THFPP]和膦酸三(1,1,1,3,3,3-六氟-2-丙基)酯[tris(1,1,1,3,3,3-hexafluoro-2-propyl) phosphate，HFiP]作为电解液阻燃添加剂[201]。研究发现，这三种化合物少量的添加都有助于电池的稳定循环，但是大量添加会对电池的循环性能有一定影响。

3) 磷-氮化合物

磷腈类化合物也具有较强的阻燃能力，其添加量一般在 15%以内，对锂离子电池的循环性能影响较小，主要分为环状的小分子化合物和链状的高分子化合物。2002 年，Xu 等报道了 TMP、TEP 和六甲氧基环三磷腈(hexamethoxycyclotriphosphazene，HMPN)在酯类电解液中的阻燃性。实验结果表明，TMP 和 TEP 在电解液中容易在负极表面还原。Wu 等报道了一种磷腈小分子三乙氧基磷腈-*N*-磷酰二乙酯(triethoxyphosphazen-*N*-phosphoryldiethylester，PNP)作为电解液阻燃剂使用[202]。实验发现，在含有 10% PNP 的电解液中循环的电池安全性能明显提升，同时电池的电化学性能并没有受到明显影响。最近，Xu 等[203]将阻燃添加剂 PFPN 与成膜添加剂联用，既能大幅度提高 5V 高电压 $LiNi_{0.5}Mn_{1.5}O_4$/石墨全电池的长循环性能，又能提升电池的安全性能。Liu 等研究了乙氧基五氟环三磷腈[ethoxy-(pentafluoro)-cyclotriphosphazene，PFN]作为电解液添加剂对高电压正极 $LiNi_{0.5}Mn_{1.5}O_4$ 性能的影响[204]。他们发现添加剂含量大于 5%时具有明显的阻燃效果，同时由于 PFN 能在正极表面形成有效的 CEI 膜，还能有效提升电池的循环性能和倍率性能。

## 10.8 研究实例：高电压锂离子电池电极电解液界面构筑[205]

可携带电子设备的不断智能化和多功能化发展以及电动汽车的快速发展对锂离子电池的能量密度提出了更高的要求。传统正极材料比容量较低，是限制电池能量密度提高的关键因素之一。这就需要研究开发更高比容量的正极材料。目前具有较好发展前景的正极材料 $LiNi_{0.5}Mn_{1.5}O_4$、$xLi_2MnO_3\cdot(1-x)LiMO_2$(M=Ni, Co, Mn)等，这些都是高电压材料，只有电压达到 4.5V 以上才能充分发挥其容量。然而，常用的商业电解液在高电压下会发生剧烈的氧化分解，导致其循环性能很差。科学工作者虽然进行了广泛的研究，尝试多种方法来解决这一问题，但是效果依然不理想，所以寻找耐氧化的电解液来匹配高电压正极材料依然是研究的热点之一。

本节利用功能性成膜添加剂四(三甲基硅基)钛酸酯[tetrakis(trimethylsiloxy) titanium，TT]构筑高稳定性有机无机复合电极/电解液界面膜。有机硅化合物能有效隔离电解液和电极，提高界面膜的机械强度，钛氧化物作为界面膜的填料能有效吸收电解液中的水酸，有效缓解过渡金属的溶解，显著提升电池的循环稳定性。使用 $Li_{1.17}Ni_{0.25}Mn_{0.58}O_2$(LLO)/石墨(Gr)体系对这种添加剂进行了测试，1mol/L 的 $LiPF_6$ 溶于 EC/EMC(3：7，质量比)体系中作为基础电解液(EE37)，TT 分别以 0.5%、1.0%的质量分数溶于基础电解液中待测。

为了测试 TT 对基础电解液电化学窗口的影响，首先对含与不含 TT 的电解液进行了 LSV 测试，如图 10.8 所示。基础电解液的曲线在 6.2V 时电流上升非常明显，这是电解液的氧化产生电子转移而产生电流所致。但是在加入 TT 之后同样大的氧化电流拓展到 6.6V，这说明 TT 的加入有效提升了电解液的抗电氧化能力。因此，猜测含有 TT 的电解液在 LLO/Gr 体系中有希望提升电解液的抗氧化能力，抑制界面反应，获得较为优良的电化学性能。

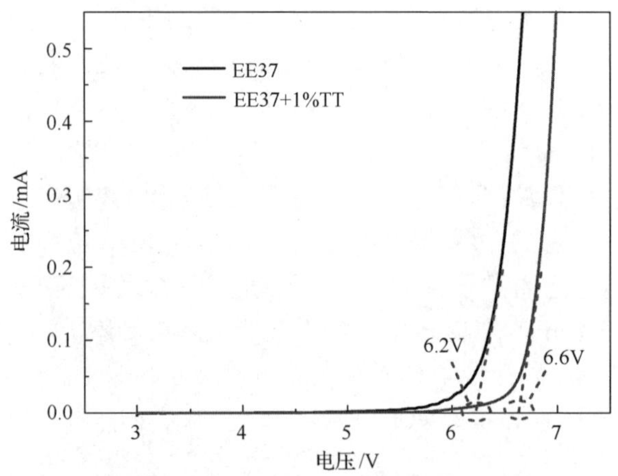


图 10.8 基础电解液与含 TT 电解液的 LSV 测试对比

为了验证上述猜想，用含不同质量分数 TT 的电解液装配了 LLO/Gr 电池进行循环性能测试，如图 10.9 所示。常温（25℃）下，在基础电解液中循环的电池在 150 次循环之后容量保持率仅为 33%[图 10.9(a)]，然而在加入 TT 的电解液中循环的电池容量保持率得到大幅度提高（150 次循环后保持率为 81%）。在高温（55℃）下循环容量衰减更为剧烈[图 10.9(b)]，150 次循环之后容量保持率仅为 13%，加入 TT 后 150 次循环容量保持率提高至 70%。另外，在加入 TT 的电解液中循环的电池无论在常温还是在高温下都显示出较高的循环效率，这意味着 TT 已经有效提升了界面稳定性，抑制了电解液的氧化分解。如果加入过量的 TT，无论在常温还是高温下

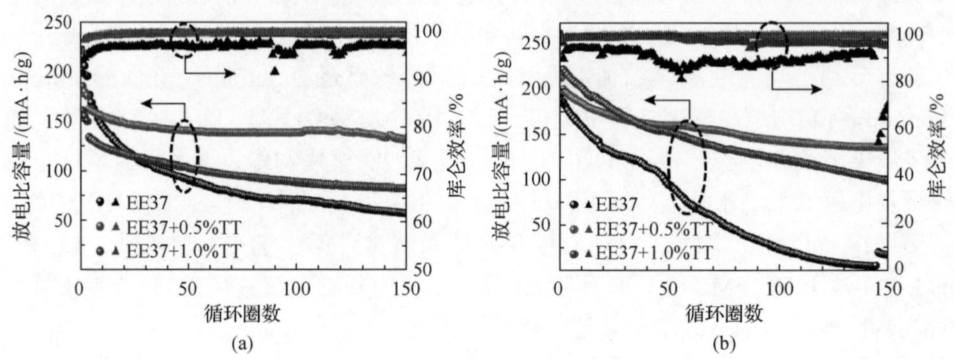


图 10.9 不同电解液的电池的循环性能对比

(a)常温循环性能；(b)高温循环性能

都会导致循环效率和容量保持率的降低，这可能是由于过量的 TT 分解并附着在电极表面，阻碍了 $Li^+$的传输。综上，0.5%含量的电解液具有最好的性能，所以下面的物理化学表征主要聚焦于含有 0.5%TT 的电解质和在其中循环的电池极片。

图 10.10 是在 LLO/Gr 电池中循环前后的 LLO 正极材料的形貌表征，很明显未经循环的 LLO 颗粒表面很干净光滑[图 10.10(a)、(d)、(g)]。从 SEM 图中可以看出，LLO 在基础电解液中进行 150 次循环后表面覆盖了一层很厚且又不均匀的膜[图 10.10(b)、(e)]，另外从 TEM 图中可以看出 LLO 颗粒表面的膜厚度为 20～90nm[图 10.10(h)]。由于不均匀的界面膜不能有效地保护 LLO 正极材料，电解液中的 $LiPF_6$ 由于水解的作用会产生 HF，无效的界面膜很难保护正极颗粒不受腐蚀，这会导致过渡金属的溶解(后续测试会证明这一点)，进而导致容量衰减。在电解液中加入 TT 后，LLO 正极颗粒表面形成了一层超薄且均匀的界面膜[约 15nm，图 10.10(c)、(f)、(i)]，这层保护膜有效地隔离了电解液与 LLO 颗粒的直接接触，避免电解液在高电压下的氧化分解。另外，均匀的保护层可以有效包覆 LLO 颗粒，避免与电解液中的水酸接触，避免 LLO 颗粒被酸刻蚀。综上所述，TT 加入电解液后，在循环的过程中可以形成有效的界面保护膜，这层膜可以有效抑制电解液的氧化和 LLO 颗粒的腐蚀，从而大幅提升电池的循环性能。

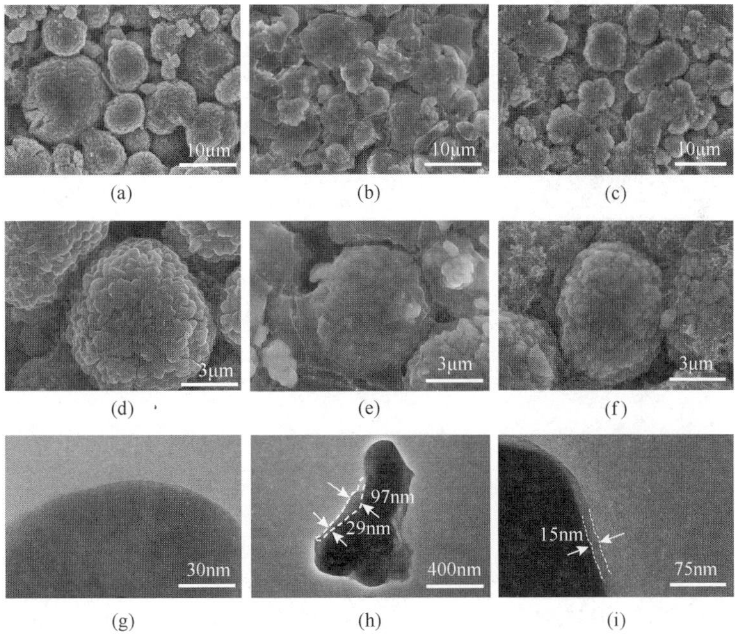


图 10.10　未经循环的 LLO 正极材料的 SEM 图[(a)、(d)]和 TEM 图(g)；在基础电解液中循环后的 LLO 材料的 SEM 图[(b)、(e)]和 TEM 图(h)；在含 TT 的电解液中循环的 LLO 材料的 SEM 图[(c)、(f)]和 TEM 图(i)

以上物理表征已经说明了界面膜的成功构筑，以下通过化学手段对界面膜的成分进行表征分析。界面膜的主要成分通过 TOF-SIMS(图 10.11)进行表征。与之前报道的非水电解液体系一样，界面膜的主要有机成分为 $C_3H_5O_2^-$，如图 10.11 所示，这种物质对应于烷基锂($ROCO_2Li$)[206]。除此之外，在正负极表面同时检测到了 $TiO_2^-$和 $SiC_3H_9^-$的存在，并且其含量几乎不随深度的变化而变化。这两种物质都是 TT 的分解产物，说明 TT 同时参与了正负极成膜，且这种界面膜是含硅有机物和含钛无机成分的复合。另外，在电极表层也检测到了 $TiF_4^-$和 $TiOF_2^-$的存在，并且其含量随深度的变化逐渐减小并最后消失[图 10.11(b)]，这些物质是 $TiO_2$ 和 HF 在电极表面的反应产物。这个测试结果说明 $TiO_2$ 是界面膜的有效无机成分，可以有效地反应掉电解液中存在的 HF，降低了电解液的酸性，有效地保护电极不受酸的攻击，抑制过渡金属的溶解。

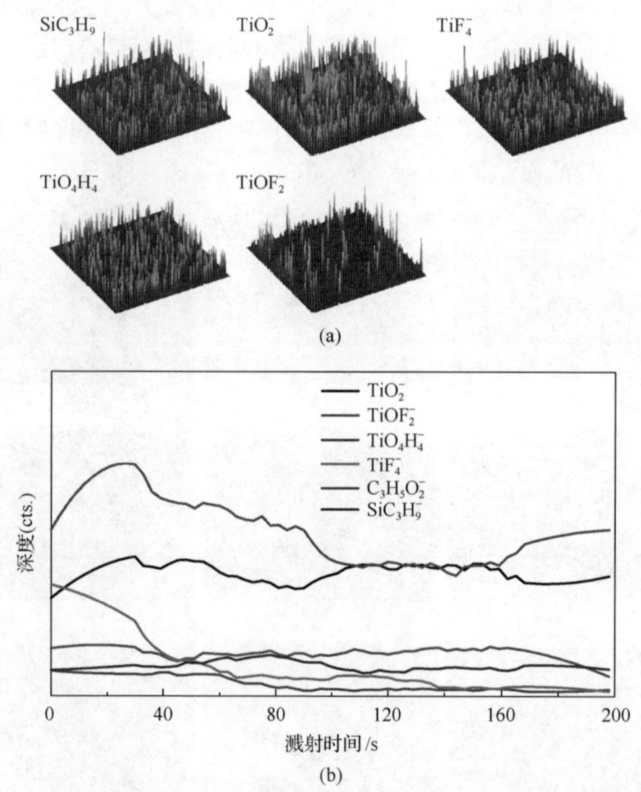


图 10.11　(a)在含 TT 的电解液中循环的极片表面 $SiC_3H_9^-$、$TiO_2^-$、$TiF_4^-$、$TiO_4H_4^-$、$TiOF_2^-$物质的分布情况；(b)$SiC_3H_9^-$、$TiO_2^-$、$TiF_4^-$、$TiO_4H_4^-$、$TiOF_2^-$物质的含量随深度的变化情况

对电解液中水酸的消耗可以抑制其对锂盐和电极的刻蚀，提升循环稳定性。为检测 TT 对抑制过渡金属溶解的贡献，进行了 ICP 测试，如表 10.1 所示。对比

很明显，TT 的加入可以明显抑制过渡金属的溶解，基础电解液中循环的电池 Ni 和 Mn 溶解量分别为 64.5mg/L 和 125.6mg/L，而加入 0.5%的 TT 后其溶解量分别降为 28.1mg/L 和 47.7mg/L。这也是 TT 能显著提升电池循环性能的主要原因之一。

**表 10.1　在不同电解液中循环的电池过渡金属溶解量统计**　（单位：mg/L）

| 电解液 | $c_{Ni}$ | $c_{Mn}$ |
|---|---|---|
| EE37 | 64.5 | 125.6 |
| EE37+0.5%TT | 28.1 | 47.7 |

基于以上表征和分析，推测出了 TT 的作用机理，如图 10.12 所示。在基础电解液中循环的电池，由于电解液的大量持续分解，电极表面覆盖了一层不均匀的电解质膜，这会导致电池阻抗的增加。另外电解质膜的不均匀性导致部分 LLO 颗粒直接暴露在电解液中，这会给电解液中的水酸可乘之机，导致过渡金属的溶解和电极颗粒的崩塌。另外，大量分解产物堆积在电极表面，导致电池的阻抗大幅提升。这些问题由于人工混合界面膜的构建得到完美解决。在电池循环过程中，TT 的分解构筑了一个薄的均匀的混合界面膜（见 SEM 结果），这层界面膜由有机组分 $(CH_3)_x$—Si—和无机组分 $TiO_2$ 组成。其中的有机组分 $(CH_3)_x$—Si—可以有效阻止电极和电解液的直接接触，其中的硅组分可以有效提升电池的化学和热稳定性[207]，抑制电解液的持续分解。另外，由于电解液中的水酸不能直接与电极接触，这也有效避免了正极材料被水酸腐蚀。最后，由于无机填料 $TiO_2$ 的存在，水酸的副作用被进一步抑制，$TiO_2$ 可以有效消耗水酸，保护正极材料。总之，TT 的加入在电极表面构筑了一层有机无机混合电解质膜，这层膜有效提升了电极电解液的界面稳定性，高电压锂电池 LLO/Gr 的循环性能得到有效提升。

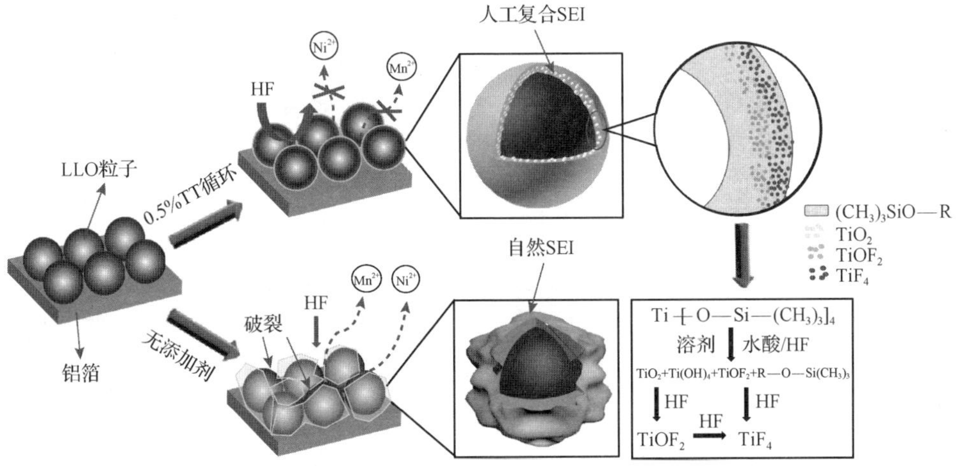


图 10.12　LLO 的失效机理及 TT 对此电池体系的贡献

## 参 考 文 献

[1] 杨军, 解晶莹, 王久林. 化学电源测试原理与技术. 北京: 化学工业出版社, 2006.

[2] Wu Y, Li G D, Liu Y, et al. Overall water splitting catalyzed efficiently by an ultrathin nanosheet-built, hollow $Ni_3S_2$-based electrocatalyst. Adv Funct Mater, 2016, 26 (27): 4839-4847.

[3] Kumar R, Sekhon S S. Effect of molecular weight of PMMA on the conductivity and viscosity behavior of polymer gel electrolytes containing $NH_4CF_3SO_3$. Ionics, 2008, 14 (6): 509-514.

[4] Xia L, Qiu K, Gao Y, et al. High potential performance of cerium-doped $LiNi_{0.5}Co_{0.2}Mn_{0.3}O_2$ cathode material for Li-ion battery. J Mater Sci, 2015, 50 (7): 2914-2920.

[5] Ravdel B, Abraham K M, Gitzendanner R, et al. Thermal stability of lithium-ion battery electrolytes. J Power Sources, 2003, 119-121: 805-810.

[6] 杨续来, 汪洋, 曹贺坤, 等. 锂离子电池高电压电解液研究进展. 电源技术, 2012, 36 (8): 1235-1238.

[7] Arai J, Matsuo A, Fujisaki T, et al. A novel high temperature stable lithium salt ($Li_2B_{12}F_{12}$) for lithium ion batteries. J Power Sources, 2009, 193 (2): 851-854.

[8] Hu L B, Zhang S S, Zhang Z C. Electrolytes for lithium and lithium-ion batteries. Green Energy & Technology, 2015, 59 (1): 30-33.

[9] 庄全超, 武山, 刘文元, 等. 锂离子电池有机电解液研究. Electrochemistr, 2001, 7 (4): 403-412.

[10] 李伟宏, 戴永年, 姚耀春, 等. 锂离子二次电池有机电解液研究进展. 化工期刊, 2004, 18 (3): 1-4.

[11] 李萌, 邱景义, 余仲宝, 等. 高功率锂离子电池电解液中导电锂盐的新应用. 电源技术, 2015, 39 (1): 191-193.

[12] 秦虎, 杨宝军, 甘朝伦, 等. 羧酸酯作为锂离子二次电池电解液溶剂的应用研究. 电池工业, 2017, 21 (2): 1-3.

[13] Xu K, von Cresce A. Interfacing electrolytes with electrodes in Li ion batteries. J Mater Chem, 2011, 21 (27): 9849-9864.

[14] Manthiram A. Materials challenges and opportunities of lithium ion batteries. J Phys Chem Lett, 2011, 2 (3): 176-184.

[15] Wang Y, Nakamura S, Ue M, et al. Theoretical studies to understand surface chemistry on carbon anodes for lithium-ion batteries: reduction mechanisms of ethylene carbonate. J Am Chem Soc, 2001, 123 (47): 11708-11718.

[16] Xu K. Nonaqueous liquid electrolytes for lithium-based rechargeable batteries. Chem Rev, 2004, 104 (10): 4303-4418.

[17] Fong R, von Sacken U, Dahn J R. Studies of lithium intercalation into carbons using nonaqueous electrochemical cells. J Electrochem Soc, 1990, 137 (7): 2009-2013.

[18] Besenhard J O, Winter M, Yang J, et al. Filming mechanism of lithium-carbon anodes in organic and inorganic electrolytes. J Power Sources, 1995, 54 (2): 228-231.

[19] Nazri G, Muller R H. In situ X-ray diffraction of surface layers on lithium in nonaqueous electrolyte. J Electrochem Soc, 1985, 132 (6): 1385-1387.

[20] Aurbach D. Identification of surface films formed on lithium in propylene carbonate solutions. J Electrochem Soc, 1987, 134 (7): 1611.

[21] Kanamura K. XPS analysis of lithium surfaces following immersion in various solvents containing $LiBF_4$. J Electrochem Soc, 1995, 142 (2): 340-347.

[22] Malmgren S, Rensmo H, Gustafsson T, et al. Nondestructive depth profiling of the solid electrolyte interphase on $LiFePO_4$ and graphite electrodes. ECS Transactions, 2010, 25 (36): 201-210.

[23] Ein-Eli Y. A new perspective on the formation and structure of the solid electrolyte interface at the graphite anode of Li-ion cells. Electrochem Solid-State Lett, 1999, 2(5): 212-214.

[24] Xu K. "Charge-transfer" process at graphite/electrolyte interface and the solvation sheath structure of $Li^+$ in nonaqueous electrolytes. J Electrochem Soc, 2007, 154(3): A162-A167.

[25] Xu K, Zhuang G V, Allen J L, et al. Syntheses and characterization of lithium alkyl mono-and dicarbonates as components of surface films in Li-ion batteries. J Phys Chem B, 2006, 110(15): 7708-7719.

[26] Xu K, Lam Y, Zhang S S, et al. Solvation sheath of $Li^+$ in nonaqueous electrolytes and its implication of graphite/electrolyte interface chemistry. J Phys Chem C, 2007, 111(20): 7411-7421.

[27] Fukushima T, Matsuda Y, Hashimoto H, et al. Studies on solvation of lithium ions in organic electrolyte solutions by electrospray ionization-mass spectroscopy. Electrochem Solid-State Lett, 2001, 4(8): A127-A128.

[28] Smith A J, Burns J C, Zhao X, et al. A high precision coulometry study of the SEI growth in Li/graphite cells. J Electrochem Soc, 2011, 158(5): A447-A452.

[29] Kim S P, Duin A C T V, Shenoy V B. Effect of electrolytes on the structure and evolution of the solid electrolyte interphase (SEI) in Li-ion batteries: a molecular dynamics study. J Power Sources, 2011, 196(20): 8590-8597.

[30] Aurbach D. Review of selected electrode-solution interactions which determine the performance of Li and Li ion batteries. J Power Sources, 2000, 89(2): 206-218.

[31] Lu P, Harris S J. Lithium transport within the solid electrolyte interphase. Electrochem Commun, 2011, 13(10): 1035-1037.

[32] Lee H H, Wan C C, Wang Y Y. Thermal stability of the solid electrolyte interface on carbon electrodes of lithium batteries. J Electrochem Soc, 2004, 151(4): A542-A547.

[33] Zhao L, Watanabe I, Doi T, et al. TG-MS analysis of solid electrolyte interphase (SEI) on graphite negative-electrode in lithium-ion batteries. J Power Sources, 2006, 161(2): 1275-1280.

[34] Dupré N, Martin J F, Oliveri J, et al. Aging of the $LiNi_{1/2}Mn_{1/2}O_2$ positive electrode interface in electrolyte. J Electrochem Soc, 2009, 156(5): C180.

[35] Wang Z, Huang X, Chen L. Performance improvement of surface-modified $LiCoO_2$ cathode materials: an infrared absorption and X-ray rhotoelectron spectroscopic investigation. J Electrochem Soc, 2003, 150(2): A199-A208.

[36] Aurbach D, Markovsky B, Salitra G, et al. Review on electrode-electrolyte solution interactions, related to cathode materials for Li-ion batteries. J Power Sources, 2007, 165(2): 491-499.

[37] Ménétrier M, Vaysse C, Croguennec L, et al. $^7Li$ and $^1H$ MAS NMR observation of interphase layers on lithium nickel oxide based positive electrodes of lithium-ion batteries. Electrochem Solid-State Lett, 2004, 7(6): A140-A143.

[38] Lei J, Li L, Kostecki R, et al. Characterization of SEI layers on $LiMn_2O_4$ cathodes with in situ spectroscopic ellipsometry. J Electrochem Soc, 2005, 152(4): A774.

[39] Wang Z, Sun Y, Chen L, et al. Electrochemical characterization of positive electrode material $LiNi_{1/3}Co_{1/3}Mn_{1/3}O_2$ and compatibility with electrolyte for lithium-ion batteries. J Electrochem Soc, 2004, 151(6): 629-634.

[40] Yang L, Ravdel B, Lucht B L. Electrolyte reactions with the surface of high voltage $LiNi_{0.5}Mn_{1.5}O_4$ cathodes for lithium-ion batteries. Electrochem Solid-State Lett, 2010, 13(8): A95-A97.

[41] Demeaux J, Caillon-Caravanier M, Galiano H, et al. $LiNi_{0.4}Mn_{1.6}O_4$/electrolyte and carbon black/electrolyte high voltage interfaces: to evidence the chemical and electronic contributions of the solvent on the cathode-electrolyte interface formation. J Electrochem Soc, 2012, 159(11): A1880-A1890.

[42] Dedryvère R, Foix D, Franger S, et al. Electrode/electrolyte interface reactivity in high-voltage spinel $LiMn_{1.6}Ni_{0.4}O_4/Li_4Ti_5O_{12}$ lithium-ion battery. J Phys Chem C, 2010, 114(24): 10999-11008.

[43] Markevich E, Sharabi R, Gottlieb H, et al. Reasons for capacity fading of $LiCoPO_4$ cathodes in $LiPF_6$ containing electrolyte solutions. Electrochem Commun, 2012, 15(1): 22-25.

[44] Zhao W, Zheng J, Zou L, et al. High voltage operation of Ni-rich NMC cathodes enabled by stable electrode/electrolyte interphases. Adv Energy Mater, 2018, 8(19): 1800297.

[45] Hu L, Zhang Z, Amine K. Fluorinated electrolytes for Li-ion battery: an FEC-based electrolyte for high voltage $LiNi_{0.5}Mn_{1.5}O_4$/graphite couple. Electrochem Commun, 2013, 35: 76-79.

[46] Delacourt C, Kwong A, Liu X, et al. Effect of manganese contamination on the solid-electrolyte-interphase properties in Li-ion batteries. J Electrochem Soc, 2013, 160(8): A1099-A1107.

[47] Zhan C, Lu J, Kropf A J, et al. Mn(Ⅱ) deposition on anodes and its effects on capacity fade in spinel lithium manganate-carbon systems. Nat Commun, 2013, 4(9): 2437.

[48] Mahootcheianasl N, Kim J H, Pieczonka N P W, et al. Multilayer electrolyte cell: a new tool for identifying electrochemical performances of high voltage cathode materials. Electrochem Commun, 2013, 32: 1-4.

[49] Li S R, Chen C H, Xia X, et al. The impact of electrolyte oxidation products in $LiNi_{0.5}Mn_{1.5}O_4/Li_4Ti_5O_{12}$ cells. J Electrochem Soc, 2013, 160(9): A1524-A1528.

[50] Norberg N S, Lux S F, Kostecki R. Interfacial side-reactions at a $LiNi_{0.5}Mn_{1.5}O_4$ electrode in organic carbonate-based electrolytes. Electrochem Commun, 2013, 34: 29-32.

[51] Takami N, Satoh A, Hara M, et al. Structural and kinetic characterization of lithium intercalation into carbon anodes for secondary lithium batteries. J Electrochem Soc, 1995, 142: 2.

[52] Chung G. New cyclic carbonate solvent for lithium ion batteries: *trans*-2,3-butylene carbonate. Electrochem Commun, 1999, 1(10): 493-496.

[53] Ein Eli Y, McDevitt S F, Laura R. The superiority of asymmetric alkyl methyl carbonates. J Electrochem Soc, 1998, 145(1): L1-L3.

[54] Takami N, Ohsaki T, Hasebe H, et al. Laminated thin Li-ion batteries using a liquid electrolyte. J Electrochem Soc, 2002, 149(1): A9-A12.

[55] Chagnes A, Carré B, Willmann P, et al. Cycling ability of $\gamma$-butyrolactone-ethylene carbonate based electrolytes. J Electrochem Soc, 2003, 150(9): A1255-A1261.

[56] Kinoshita S C, Kotato M, Sakata Y, et al. Effects of cyclic carbonates as additives to $\gamma$-butyrolactone electrolytes for rechargeable lithium cells. J Power Sources, 2008, 183(2): 755-760.

[57] Takehara M, Ebara R, Nanbu N, et al. Electrochemical properties of fluoro-$\gamma$-butyrolactone and its application to lithium rechargeable cells. Electrochemistry, 2003, 71: 1172-1176.

[58] Zheng M S, Chen J J, Dong Q F. The research of electrolyte on lithium/sulfur battery. Adv Mater Res, 2012, 476-478: 1763-1766.

[59] Girishkumar G, McCloskey B, Luntz A C, et al. Lithium-air battery: promise and challenges. J Phys Chem Lett, 2010, 1(14): 2193-2203.

[60] Ohmi N, Nakajima T, Ohzawa Y, et al. Effect of organo-fluorine compounds on the thermal stability and electrochemical properties of electrolyte solutions for lithium ion batteries. J Power Sources, 2013, 221: 6-13.

[61] Nakajima T, Dan K I, Koh M, et al. Effect of addition of fluoroethers to organic solvents for lithium ion secondary batteries. J Fluorine Chem, 2001, 111(2): 167-174.

[62] Arai J. No-flash-point electrolytes applied to amorphous carbon/$Li_{1+x}Mn_2O_4$ cells for EV use. J Power Sources, 2003, 119-121: 388-392.

[63] Naoi K, Iwama E, Honda Y, et al. Discharge behavior and rate performances of lithium-ion batteries in nonflammable hydrofluoroethers(Ⅱ). J Electrochem Soc, 2010, 157(2): A190-A195.

[64] Naoi K, Iwama E, Ogihara N, et al. Nonflammable hydrofluoroether for lithium-ion batteries: enhanced rate capability, cyclability, and low-temperature rerformance. J Electrochem Soc, 2009, 156(4): A272-A276.

[65] Gordin M L, Dai F, Chen S, et al. Bis(2,2,2-trifluoroethyl)ether as an electrolyte co-solvent for mitigating self-discharge in lithium-sulfur batteries. ACS Appl Mater Interfaces, 2014, 6(11): 8006-8010.

[66] Sasakia Y, Shimazakia G, Nanbua N, et al. Physical and electrolytic properties of partially fluorinated organic solvents and its application to secondary lithium batteries: partially fluorinated dialkoxyethanes. ECS Transactions, 2009, 16(35): 23-31.

[67] Takeda Y. Cathodic polarization phenomena of perovskite oxide electrodes with stabilized zirconia. J Electrochem Soc, 1987, 134(11): 2656-2661.

[68] Sun X G, Angell C A. New sulfone electrolytes for rechargeable lithium batteries. Electrochem Commun, 2005, 7(3): 261-266.

[69] Su C C, He M, Redfern P C, et al. Oxidatively stable fluorinated sulfone electrolytes for high voltage high energy lithium-ion batteries. Energy Environ Sci, 2017, 10(4): 900-904.

[70] Shao N, Sun X G, Dai S, et al. Electrochemical windows of sulfone-based electrolytes for high-voltage Li-ion batteries. J Phys Chem B, 2011, 115(42): 12120-12125.

[71] Xiang J, Wu F, Chen R, et al. High voltage and safe electrolytes based on ionic liquid and sulfone for lithium-ion batteries. J Power Sources, 2013, 233: 115-120.

[72] Xu K, Angell C A. Sulfone-based electrolytes for lithium-ion batteries. J Electrochem Soc, 2002, 149(7): A920.

[73] Mao L, Li B, Cui X, et al. Electrochemical performance of electrolytes based upon lithium bis(oxalate)borate and sulfolane/alkyl sulfite mixtures for high temperature lithium-ion batteries. Electrochim Acta, 2012, 79: 197-201.

[74] Alvarado J, Schroeder M A, Zhang M H, et al. A carbonate-free, sulfone-based electrolyte for high-voltage Li-ion batteries. Mater Today, 2018, 21(4): 341-353.

[75] Rupich M W. Characterization of reactions and products of the discharge and forced overdischarge of Li/$SO_2$ cells. J Electrochem Soc, 1982, 129(9): 1857-1861.

[76] Gmitter A J, Plitz I, Amatucci G G. High concentration dinitrile, 3-alkoxypropionitrile, and linear carbonate electrolytes enabled by vinylene and monofluoroethylene carbonate additives. J Electrochem Soc, 2012, 159(4): A370-A379.

[77] Yamada Y, Furukawa K, Sodeyama K, et al. Unusual stability of acetonitrile-based superconcentrated electrolytes for fast-charging lithium-ion batteries. J Am Chem Soc, 2014, 136(13): 5039-5046.

[78] Wang X, Yasukawa E, Kasuya S. Nonflammable trimethyl phosphate solvent-containing electrolytes for lithium-ion batteries: Ⅰ. fundamental properties. J Electrochem Soc, 2001, 148(10): A1058-A1065.

[79] Wang X, Yasukawa E, Kasuya S. Nonflammable trimethyl phosphate solvent-containing electrolytes for lithium-ion batteries: Ⅱ. the use of an amorphous carbon anode. J Electrochem Soc, 2001, 148(10): A1066-A1071.

[80] Morita M, Niida Y, Yoshimoto N, et al. Polymeric gel electrolyte containing alkyl phosphate for lithium-ion batteries. J Power Sources, 2005, 146(1-2): 427-430.

[81] Ota H, Kominato A, Chun W J, et al. Effect of cyclic phosphate additive in non-flammable electrolyte. J Power Sources, 2003, 119-121: 393-398.

[82] Wang X, Yamada C, Naito H, et al. High-concentration trimethyl phosphate-based nonflammable electrolytes with improved charge-discharge performance of a graphite anode for lithium-ion cells. J Electrochem Soc, 2006, 153 (1): A135-A139.

[83] Feng J K, Sun X J, Ai X P, et al. Dimethyl methyl phosphate: a new nonflammable electrolyte solvent for lithium-ion batteries. J Power Sources, 2008, 184 (2): 570-573.

[84] Shigematsu Y, Ue M, Yamaki J. Thermal behavior of charged graphite and $Li_xCoO_2$ in electrolytes containing alkyl phosphate for lithium-ion cells. J Electrochem Soc, 2009, 156 (3).

[85] Dampier F, Brummer S. The cycling behavior of the lithium electrode in $LiAsF_6$/methyl acetate solutions. Electrochim Acta, 1977, 22 (12): 1339-1345.

[86] Tobishima S I, Hayashi K, Saito K I, et al. Ethylene carbonate-based ternary mixed solvent electrolytes for rechargeable lithium batteries. Electrochim Acta, 1995, 40 (5): 537-544.

[87] Zaghib K, Tatsumi K, Abe H, et al. Electrochemical behavior of an advanced graphite whisker anodic electrode for lithium-ion rechargeable batteries. J Power Sources, 1995, 54 (2): 435-439.

[88] Sekai K, Azuma H, Omaru A, et al. Lithium-ion rechargeable cells with $LiCoO_2$ and carbon electrodes. J Power Sources, 1993, 43 (1-3): 241-244.

[89] Hu L, Zhang Z, Amine K. Electrochemical investigation of carbonate-based electrolytes for high voltage lithium-ion cells. J Power Sources, 2013, 236: 175-180.

[90] Park C K, Zhang Z, Xu Z, et al. Variables study for the fast charging lithium ion batteries. J Power Sources, 2007, 165 (2): 892-896.

[91] Sharabi R, Markevich E, Borgel V, et al. Raman study of structural stability of $LiCoPO_4$ cathodes in $LiPF_6$ containing electrolytes. J Power Sources, 2012, 203: 109-114.

[92] Aravindan V, Gnanaraj J, Madhavi S, et al. Lithium-ion conducting electrolyte salts for lithium batteries. Chem Eur J, 2011, 17 (51): 14326-14346.

[93] Jow T R, Ding M S, Xu K, et al. Nonaqueous electrolytes for wide-temperature-range operation of Li-ion cells. J Power Sources, 2003, 119 (6): 343-348.

[94] Zhang S, Jow T. Aluminum corrosion in electrolyte of Li-ion battery. J Power Sources, 2002, 109 (2): 458-464.

[95] Gnanaraj J S, Zinigrad E, Asraf L, et al. The use of accelerating rate calorimetry (ARC) for the study of the thermal reactions of Li-ion battery electrolyte solutions. J Power Sources, 2003, 119 (6): 794-798.

[96] Sirenko V I, Prisyazhnyi V D, Zmievskaya T A, et al. Aprotic electrolytes containing lithium fluorosulfonate. Russ J Electrochem, 1999, 35 (10): 1133-1136.

[97] Haszeldine R, Kidd J. Perfluoroalkyl derivatives of sulphur. Part Ⅰ. Trifluoromethanesulphonic acid. J Chem Soc, 1954: 4228-4232.

[98] Brice T, Trott P. Fluorocarbon sulfonic acids and derivatives: US 2732398, 1956-01-24.

[99] Venkatasetty H V. Lithium Battery Technology (Electrochemical Society Series). New York: John Wiley & Sons, Inc. 1984.

[100] Zhang S, Tsuboi A, Nakata H, et al. Database and models of electrolyte solutions for lithium battery. J Power Sources, 2001, 97 (97-98): 584-588.

[101] Ue M, Takeda M, Takehara M, et al. Electrochemical properties of quaternary ammonium salts for electrochemical capacitors. J Electrochem Soc, 1997, 144 (8): 2684-2688.

[102] Krause L J, Lamanna W, Summerfield J, et al. Corrosion of aluminum at high voltages in non-aqueous electrolytes containing perfluoroalkylsulfonyl imides; new lithium salts for lithium-ion cells. J Power Sources, 1997, 68(2): 320-325.

[103] Croce F, D'Aprano A, Nanjundiah C, et al. Conductance of solutions of lithium tris (trifluoromethanesulfonyl) methide in water, acetonitrile, propylene carbonate, *N,N*-dimethylformamide, and nitromethane at 25℃. J Electrochem Soc, 1996, 143(1): 154-159.

[104] Sasaki Y, Handa M, Kurashima K, et al. Application of lithium organoborate with salicylic ligand to lithium battery electrolyte. J Electrochem Soc, 2001, 148(9): A999-A1003.

[105] Kramer E, Passerini S, Winter M. Dependency of aluminum collector corrosion in lithium ion batteries on the electrolyte solvent. ECS Electrochem Lett, 2012, 1(5): C9-C11.

[106] Kita F, Sakata H, Sinomoto S, et al. Characteristics of the electrolyte with fluoro organic lithium salts. J Power Sources, 2000, 90(1): 27-32.

[107] Morita M, Shibata T, Yoshimoto N, et al. Anodic behavior of aluminum in organic solutions with different electrolytic salts for lithium ion batteries. Electrochim Acta, 2003, 47(17): 2787-2793.

[108] Dominey L A, Koch V R, Blakley T J. Thermally stable lithium salts for polymer electrolytes. Electrochim Acta, 1992, 37(9): 1551-1554.

[109] Walker C W, Cox J D, Salomon M. Conductivity and electrochemical stability of electrolytes containing organic solvent mixtures with lithium tris(trifluoromethanesulfonyl) methide. J Electrochem Soc, 1996, 143(4): L80-L82.

[110] Walker R F, Codd E E, Barone F C, et al. Oral activity of the growth hormone releasing peptide His-D-Trp-Ala-Trp-D-Phe-Lys-$NH_2$ in rats, dogs and monkeys. Life Sci, 1990, 47(1): 29-36.

[111] Yang H, Kwon K, Devine T M, et al. Aluminum corrosion in lithium batteries an investigation using the electrochemical quartz crystal microbalance. J Electrochem Soc, 2000, 147(12): 4399-4407.

[112] Han H B, Zhou S S, Zhang D J, et al. Lithium bis(fluorosulfonyl) imide (LiFSI) as conducting salt for nonaqueous liquid electrolytes for lithium-ion batteries: physicochemical and electrochemical properties. J Power Sources, 2011, 196(7): 3623-3632.

[113] Rolf A, Gerhard E. Die synthese des imidobisschwefelsäurefluorids, $HN(SO_2F)_2$. Chem Ber, 1962, 95(1): 246-248.

[114] Christophe M, Michel A, Jeanyves S, et al. Ionic conducting material having good anticorrosive properties: EP19950914390, 1995-03-21.

[115] Abouimrane A, Ding J, Davidson I. Liquid electrolyte based on lithium bis-fluorosulfonyl imide salt: aluminum corrosion studies and lithium ion battery investigations. J Power Sources, 2009, 189(1): 693-696.

[116] Alloin F, Sanchez J Y. Electrochemical investigation of organic salts in polymeric and liquid electrolytes. J Power Sources, 1999, 81: 795-803.

[117] Mandala B, Sooksimuanga T, Griffinb B, et al. New lithium salts for rechargeable battery electrolytes. Solid State Ion, 2004, 175(1): 267-272.

[118] 薛照明, 陈春华. 锂离子电池非水电解质锂盐的研究进展. 化学进展, 2005, 17(3): 399-405.

[119] Xu W, Shusterman A J, Marzke R, et al. LiMOB, an unsymmetrical nonaromatic orthoborate salt for nonaqueous solution electrochemical applications. J Electrochem Soc, 2004, 151(4): A632-A638.

[120] Nanbu N, Shibazaki T, Sasaki Y. Thermal and electrolytic behavior of lithium chelatoborates and application to lithium batteries. Electrochemistry, 2003, 71(12): 1205-1213.

[121] Xu W, Angell C A. Weakly coordinating anions, and the exceptional conductivity of their nonaqueous solutions. Electrochem Solid-State Lett, 2001, 4(1): E1-E4.

[122] Xu W, Angell C A. A fusible orthoborate lithium salt with high conductivity in solutions. Electrochem Solid-State Lett, 2000, 3(8): 366-368.

[123] Zhang S S. An unique lithium salt for the improved electrolyte of Li-ion battery. Electrochem Commun, 2006, 8(9): 1423-1428.

[124] Jie L, Xie K, Lai Y, et al. Lithium oxalyldifluoroborate/carbonate electrolytes for $LiFePO_4$/artificial graphite lithium-ion cells. J Power Sources, 2010, 195(16): 5344-5350.

[125] Harriss M, Milne J. The trifluoroacetic acid solvent system. Part Ⅲ. The acid, $HB(OOCCF_3)_4$, and the solvent autoprotolysis constant. Can J Chem, 1971, 49(22): 3612-3616.

[126] Harriss M, Milne J. The trifluoroacetic acid solvent system. Part Ⅳ. Triple ions. Can J Chem, 1972, 50(23): 3789-3798.

[127] Yamaguchi H, Takahashi H, Kato M, et al. Lithium tetrakis(haloacyloxy) borate: an easily soluble and electrochemically stable electrolyte for lithium batteries. J Electrochem Soc, 2003, 150(3): A312-A315.

[128] Sheng S Z. $LiBF_3Cl$ as an alternative salt for the electrolyte of Li-ion batteries. J Power Sources, 2008, 180(1): 586-590.

[129] Zavalij P Y, Yang S, Whittingham M S. Structural chemistry of new lithium bis(oxalato) borate solvates. Acta Crystallogr B, 2004, 60(6): 716-724.

[130] Xu W, Angell C. LiBOB and its derivatives: weakly coordinating anions, and the exceptional conductivity of their nonaqueous solutions. Electrochem Solid-State Lett, 2001, 4(3): L3.

[131] Lischka U, Wietelmann U, Wegner M. Lithium bisoxalatoborate used as conducting salt inlithium ion batteries: 19829030 C1, 1999-10-07.

[132] Ue M, Shima K, Mori S. Electrochemical properties of quaternary ammonium borodiglycolates and borodioxalates. Electrochim Acta, 1994, 39(18): 2751-2756.

[133] 高阳, 谢晓华, 解晶莹, 等. 锂离子蓄电池电解液研究进展. 电源技术, 2003, 27(5): 479-483.

[134] Xu K, Zhang S S, Lee U, et al. LiBOB: is it an alternative salt for lithium ion chemistry? J Power Sources, 2005, 146(1-2): 79-85.

[135] Zhu Y M, Luo X Y, Zhi H Z, et al. Diethyl(thiophen-2-ylmethyl) phosphonate: a novel multifunctional electrolyte additive for high voltage batteries dagger. J Mater Chem A, 2018, 6(23): 10990-11004.

[136] Paled E. The electrochemical behavior of alkali and alkaline earth metals in nonaqueous battery systems—the solid electrolyte interphase model. J Electrochem Soc, 1979, 126: 2047-2051.

[137] Xu K, Zhang S, Jow R. Electrochemical impedance study of graphite/electrolyte interface formed in LiBOB/PC electrolyte. J Power Sources, 2005, 143(1-2): 197-202.

[138] Chung G C, Kim H J, Yu S I, et al. Origin of graphite exfoliation an investigation of the important role of solvent cointercalation. J Electrochem Soc, 2000, 147(12): 4391-4398.

[139] Jung H M, Park S H, Jeon J, et al. Fluoropropane sultone as an SEI-forming additive that outperforms vinylene carbonate. J Mater Chem A, 2013, 1(38): 11975-11981.

[140] Nishio K, Fujimoto M, Yoshinaga N, et al. Characteristics of a lithium secondary battery using chemically-synthesized conductive polymers. J Power Sources, 1991, 34(2): 153-160.

[141] El Ouatani L, Dedryvère R, Siret C, et al. The effect of vinylene carbonate additive on surface film formation on both electrodes in Li-ion batteries. J Electrochem Soc, 2009, 156(2): A103-A113.

[142] Ushirogata K, Sodeyama K, Okuno Y, et al. Additive effect on reductive decomposition and binding of carbonate-based solvent toward solid electrolyte interphase formation in lithium-ion battery. J Am Chem Soc, 2013, 135(32): 11967-11974.

[143] Abe K, Miyoshi K, Hattori T, et al. Functional electrolytes: synergetic effect of electrolyte additives for lithium-ion battery. J Power Sources, 2008, 184(2): 449-455.

[144] Hu Y. Tetrachloroethylene as new film-forming additive to propylene carbonate-based electrolytes for lithium ion batteries with graphitic anode. Solid State Ion, 2005, 176(1-2): 53-56.

[145] Xu M Q, Li W S, Zuo X X, et al. Performance improvement of lithium ion battery using PC as a solvent component and BS as an SEI forming additive. J Power Sources, 2007, 174(2): 705-710.

[146] Li B, Xu M, Li B, et al. Properties of solid electrolyte interphase formed by prop-1-ene-1,3-sultone on graphite anode of Li-ion batteries. Electrochim Acta, 2013, 105: 1-6.

[147] Wu M S, Chiang P C J, Lin J C, et al. Effects of copper trifluoromethanesulphonate as an additive to propylene carbonate-based electrolyte for lithium-ion batteries. Electrochim Acta, 2004, 49(25): 4379-4386.

[148] Naji A, Ghanbaja J, Willmann P, et al. New halogenated additives to propylene carbonate-based electrolytes for lithium-ion batteries. Electrochim Acta, 2000, 45(12): 1893-1899.

[149] Yan C, Cheng X B, Tian Y, et al. Dual-layered film protected lithium metal anode to enable dendrite-free lithium deposition. Adv Mater, 2018, 30(25): e1707629.

[150] Fridman K, Sharabi R, Elazari R, et al. A new advanced lithium ion battery: combination of high performance amorphous columnar silicon thin film anode, 5V $LiNi_{0.5}Mn_{1.5}O_4$ spinel cathode and fluoroethylene carbonate-based electrolyte solution. Electrochem Commun, 2013, 33: 31-34.

[151] Nakai H, Kubota T, Kita A, et al. Investigation of the solid electrolyte interphase formed by fluoroethylene carbonate on Si electrodes. J Electrochem Soc, 2011, 158(7): A798-A801.

[152] Etacheri V, Haik O, Goffer Y, et al. Effect of fluoroethylene carbonate (FEC) on the performance and surface chemistry of Si-nanowire Li-ion battery anodes. Langmuir, 2012, 28(1): 965-976.

[153] Möller K C, Santner H J, Kern W, et al. In situ characterization of the SEI formation on graphite in the presence of a vinylene group containing film-forming electrolyte additives. J Power Sources, 2003, 119-121: 561-566.

[154] Nie M, Xia J, Dahn J R. Development of pyridine-boron trifluoride electrolyte additives for lithium-ion batteries. J Electrochem Soc, 2015, 162(7): A1186-A1195.

[155] Herstedt M, Stjerndahl M, Gustafsson T, et al. Anion receptor for enhanced thermal stability of the graphite anode interface in a Li-ion battery. Electrochem Commun, 2003, 5(6): 467-472.

[156] Xu K, Zhang S, Jow T R. LiBOB as additive in $LiPF_6$-based lithium ion electrolytes. Electrochem Solid-State Lett, 2005, 8(7): A365-A368.

[157] Yang L, Furczon M M, Xiao A, et al. Effect of impurities and moisture on lithium bisoxalatoborate (LiBOB) electrolyte performance in lithium-ion cells. J Power Sources, 2010, 195(6): 1698-1705.

[158] Besenhard J O, Castella P, Wagner M W. Corrosion protection of $LiC_n$ anodes in rechargeable organic electrolyte batteries. Mater Sci Forum, 1992, 91-93: 647-652.

[159] Ein Eli Y, Thomas S R, Koch V R. New electrolyte system for Li-ion battery. J Electrochem Soc, 1996, 143(9): L195-L197.

[160] Cheng X B, Zhang R, Zhao C Z, et al. Toward safe lithium metal anode in rechargeable batteries: a review. Chem Rev, 2017, 117(15): 10403-10473.

[161] Mogi R, Inaba M, Jeong S K, et al. Effects of some organic additives on lithium deposition in propylene carbonate. J Electrochem Soc, 2002, 149(12): A1578-A1583.

[162] Ota H, Shima K, Ue M, et al. Effect of vinylene carbonate as additive to electrolyte for lithium metal anode. Electrochim Acta, 2004, 49(4): 565-572.

[163] Markevich E, Salitra G, Chesneau F, et al. Very stable lithium metal stripping-plating at a high rate and high areal capacity in fluoroethylene carbonate-based organic electrolyte solution. ACS Energy Lett, 2017, 2(6): 1321-1326.

[164] Jung R, Metzger M, Haering D, et al. Consumption of fluoroethylene carbonate (FEC) on Si-C composite electrodes for Li-ion batteries. J Electrochem Soc, 2016, 163(8): A1705-A1716.

[165] Miao R, Yang J, Feng X, et al. Novel dual-salts electrolyte solution for dendrite-free lithium-metal based rechargeable batteries with high cycle reversibility. J Power Sources, 2014, 271: 291-297.

[166] Zhang S S. Role of $LiNO_3$ in rechargeable lithium/sulfur battery. Electrochim Acta, 2012, 70: 344-348.

[167] Rosenman A, Elazari R, Salitra G, et al. The Effect of interactions and reduction products of $LiNO_3$, the anti-shuttle agent, in Li-S battery systems. J Electrochem Soc, 2015, 162(3): A470-A473.

[168] Yan C, Yao Y X, Chen X, et al. Lithium nitrate solvation chemistry in carbonate electrolyte sustains high-voltage lithium metal batteries. Angew Chem Int Ed, 2018, 57(43): 14055-14059.

[169] Osaka T, Momma T, Tajima T, et al. Enhancement of lithium anode cyclability in propylene carbonate electrolyte by $CO_2$ addition and its protective effect against $H_2O$ impurity. J Electrochem Soc, 1995, 142(4): 1057-1060.

[170] Qian J, Xu W, Bhattacharya P, et al. Dendrite-free Li deposition using trace-amounts of water as an electrolyte additive. Nano Energy, 2015, 15: 135-144.

[171] Zuo X, Fan C, Liu J, et al. Lithium tetrafluoroborate as an electrolyte additive to improve the high voltage performance of lithium-ion battery. J Electrochem Soc, 2013, 160(8): A1199-A1204.

[172] Zhang J, Wang J L, Yang J, et al. Artificial interface deriving from sacrificial tris(trimethylsilyl) phosphate additive for lithium rich cathode materials. Electrochim Acta, 2014, 117: 99-104.

[173] Xu M, Liu Y, Li B, et al. Tris(pentafluorophenyl) phosphine: an electrolyte additive for high voltage Li-ion batteries. Electrochem Commun, 2012, 18: 123-126.

[174] He M, Su C C, Peebles C, et al. Mechanistic insight in the function of phosphite additives for protection of $LiNi_{0.5}Co_{0.2}Mn_{0.3}O_2$ cathode in high voltage Li-ion cells. ACS Appl Mater Interfaces, 2016, 8(18): 11450-11458.

[175] Wang L, Ma Y, Li Q, et al. Improved high-voltage performance of $LiNi_{1/3}Co_{1/3}Mn_{1/3}O_2$ cathode with tris(2,2,2-trifluoroethyl) phosphite as electrolyte additive. Electrochim Acta, 2017, 243: 72-81.

[176] Zhou Z, Ma Y, Wang L, et al. Triphenyl phosphite as an electrolyte additive to improve the cyclic stability of lithium-rich layered oxide cathode for lithium-ion batteries. Electrochim Acta, 2016, 216: 44-50.

[177] Li Z D, Zhang Y C, Xiang H F, et al. Trimethyl phosphite as an electrolyte additive for high-voltage lithium-ion batteries using lithium-rich layered oxide cathode. J Power Sources, 2013, 240: 471-475.

[178] Abe K, Ushigoe Y, Yoshitake H, et al. Functional electrolytes: novel type additives for cathode materials, providing high cycleability performance. J Power Sources, 2006, 153(2): 328-335.

[179] Yang L, Lucht B L. Inhibition of electrolyte oxidation in lithium ion batteries with electrolyte additives. Electrochem Solid-State Lett, 2009, 12(12): A229-A231.

[180] Lee H, Han T, Cho K Y, et al. Dopamine as a novel electrolyte additive for high-voltage lithium-ion batteries. ACS Appl Mater Interfaces, 2016, 8(33): 21366-21372.

[181] Qiu W, Xia J, Chen L, et al. A study of methyl phenyl carbonate and diphenyl carbonate as electrolyte additives for high voltage $LiNi_{0.8}Mn_{0.1}Co_{0.1}O_2$/graphite pouch cells. J Power Sources, 2016, 318: 228-234.

[182] Deng B, Wang H, Ge W, et al. Investigating the influence of high temperatures on the cycling stability of a $LiNi_{0.6}Co_{0.2}Mn_{0.2}O_2$ cathode using an innovative electrolyte additive. Electrochim Acta, 2017, 236: 61-71.

[183] Beltrop K, Klein S, Nolle R, et al. Triphenylphosphine oxide as highly effective electrolyte additive for graphite/NMC811 lithium ion cells. Chem Mater, 2018, 30 (8): 2726-2741.

[184] Yue H Y, Han Z L, Tao L L, et al. Artificial interface derived from diphenyl ether additive for high-voltage $LiNi_{0.5}Mn_{1.5}O_4$ cathode. ChemElectroChem, 2018, 5 (11): 1509-1515.

[185] Behl W K. Electrochemical overcharge protection of rechargeable lithium batteries. J Electrochem Soc, 1988, 135 (1): 16-21.

[186] Buhrmester C, Chen J, Moshurchak L, et al. Studies of aromatic redox shuttle additives for $LiFePO_4$-based Li-ion cells. J Electrochem Soc, 2005, 152 (12): A2390-A2399.

[187] Dahn J R, Jiang J, Moshurchak L M, et al. High-rate overcharge protection of $LiFePO_4$-based Li-ion cells using the redox shuttle additive 2,5-ditertbutyl-1,4-dimethoxybenzene. J Electrochem Soc, 2005, 152 (6): A1283-A1289.

[188] Moshurchak L M, Buhrmester C, Dahn J R. Spectroelectrochemical studies of redox shuttle overcharge additive for $LiFePO_4$-based Li-ion batteries. J Electrochem Soc, 2005, 152 (6): A1279-A1282.

[189] Moshurchak L M, Lamanna W M, Bulinski M, et al. High-potential redox shuttle for use in lithium-ion batteries. J Electrochem Soc, 2009, 156 (4): A309-A312.

[190] Zhang L, Zhang Z, Wu H, et al. Novel redox shuttle additive for high-voltage cathode materials. Energ Environ Sci, 2011, 4 (8): 2858-2862.

[191] Xiao L, Ai X, Cao Y, et al. Electrochemical behavior of biphenyl as polymerizable additive for overcharge protection of lithium ion batteries. Electrochim Acta, 2004, 49 (24): 4189-4196.

[192] Xu M Q, Xing L D, Li W S, et al. Application of cyclohexyl benzene as electrolyte additive for overcharge protection of lithium ion battery. J Power Sources, 2008, 184 (2): 427-431.

[193] Zhang Q, Qiu C, Fu Y, et al. Xylene as a new polymerizable additive for overcharge protection of lithium ion batteries. Chin J Chem, 2009, 27 (8): 1459-1463.

[194] Li S L, Ai X P, Feng J K, et al. Diphenylamine: a safety electrolyte additive for reversible overcharge protection of 3.6V-class lithium ion batteries. J Power Sources, 2008, 184 (2): 553-556.

[195] Lee H, Lee J H, Ahn S, et al. Co-use of cyclohexyl benzene and biphenyl for overcharge protection of lithium-ion batteries. Electrochem Solid-State Lett, 2006, 9 (6): A307.

[196] Wang B, Xia Q, Zhang P, et al. N-phenylmaleimide as a new polymerizable additive for overcharge protection of lithium-ion batteries. Electrochem Commun, 2008, 10 (5): 727-730.

[197] Chen L, Xu M Q, Li B, et al. Dimethoxydiphenylsilane (DDS) as overcharge protection additive for lithium-ion batteries. J Power Sources, 2013, 244: 499-504.

[198] Hess S, Wohlfahrt Mehrens M, Wachtler M. Flammability of Li-ion battery electrolytes: flash point and self-extinguishing time measurements. J Electrochem Soc, 2015, 162 (2): A3084-A3097.

[199] He Y B, Liu Q, Tang Z Y, et al. The cooperative effect of tri ($\beta$-chloromethyl) phosphate and cyclohexyl benzene on lithium ion batteries. Electrochim Acta, 2007, 52 (11): 3534-3540.

[200] Baginska M, Sottos N R, White S R. Core-shell microcapsules containing flame retardant tris (2-chloroethyl phosphate) for lithium-ion battery applications. ACS Omega, 2018, 3 (2): 1609-1613.

[201] von Aspern N, Röser S, Rezaei Rad B, et al. Phosphorus additives for improving high voltage stability and safety of lithium ion batteries. J Fluorine Chem, 2017, 198: 24-33.

[202] Wu B B, Pei F, Wu Y, et al. An electrochemically compatible and flame-retardant electrolyte additive for safe lithium ion batteries. J Power Sources, 2013, 227: 106-110.

[203] Xu G J, Pang C G, Chen B B, et al. Prescribing functional additives for treating the poor performances of high-voltage (5 V-class) $LiNi_{0.5}Mn_{1.5}O_4$/MCMB Li-ion batteries. Adv Energy Mater, 2018, 8(9): 14.

[204] Liu J, Song X, Zhou L, et al. Fluorinated phosphazene derivative: a promising electrolyte additive for high voltage lithium ion batteries: from electrochemical performance to corrosion mechanism. Nano Energy, 2018, 46: 404-414.

[205] Yue H Y, Yang Y E, Wang L, et al. In situ constructed organic/inorganic hybrid interphase layers for high voltage Li-ion cells. J Power Sources, 2018, 407: 132-136.

[206] Lu J, Wu T P, Amine K. State-of-the-art characterization techniques for advanced lithium-ion batteries. Nature Energy, 2017, 2(3): 17011.

[207] Schroder K, Alvarado J, Yersak T A, et al. The effect of fluoroethylene carbonate as an additive on the solid electrolyte interphase on silicon lithium-ion electrodes. Chem Mater, 2015, 27(16): 5531-5542.

# 第11章 高性能电池隔膜材料

## 11.1 概述

在锂离子电池的结构中，隔膜是其重要组成部分，它的性能决定了电池的界面结构、内阻等，直接影响电池的容量、循环及安全性能等特性，性能优异的隔膜对提高电池的综合性能具有重要作用。

隔膜的主要作用是使电池的正、负极分隔开来，防止两极接触而短路，此外还具有能使电解质离子通过的功能。隔膜材质是不导电的，其物理化学性质对电池的性能有很大影响。电池的种类不同，采用的隔膜也不同。对于锂离子电池系列，由于电解液为有机溶剂体系，因而需要耐有机溶剂的隔膜材料，一般采用高强度薄膜化的聚烯烃多孔膜。

隔膜是锂离子电池的基本材料之一，为了保证锂离子电池的安全性，需要隔膜具有一定的物理强度。锂离子电池隔膜具备的基本性能有：①隔断性要求，具有电子绝缘性，保证正、负极的有效隔离；②孔隙率要求，有一定的孔径和孔隙率，保证低的电阻和高的离子电导率，对锂离子有很好的透过性；③化学和电化学稳定性要求，由于电解质的溶剂为强极性的有机物，隔膜必须耐电解液腐蚀，有足够的化学和电化学稳定性；④浸润性要求，对电解液的浸润性好并具有足够的吸液保湿能力；⑤力学强度要求，具有足够的力学性能，包括穿刺强度、拉伸强度等，但厚度尽可能小；⑥平整性要求，空间稳定性和平整性好；⑦安全性要求，热稳定性和自动关断保护性能好。

## 11.2 高分子材料学基础

众所周知，高分子材料的性质决定了其应用价值和应用领域。而性质是由构成该材料的高分子化合物的分子结构及其聚集状态和组成该材料的各种成分之间的混合程度决定的[1]。前者(即分子结构及其聚集状态)构成了材料的内在性质，后者(即各种材料成分之间的混合程度)是由加工工艺决定的。材料的内在性质影响着它的加工性质，而加工工艺的选择必须使材料的性质得到最大限度的发挥。因此，材料的性能(制品性质)则是它们综合的结果。研究高分子化合物结构和特性的学科称为高分子材料学。必须指出，各种因素的影响规律在高分子化学和高分子物理中多有述及，在本书中仅做简单讨论。

### 11.2.1　影响高分子材料的因素

#### 1. 影响高分子材料性能的化学因素

高分子材料的化学结构是决定其性能的主要化学因素。材料的性质由其化学结构决定，因此在选择指定性能的高分子化合物时，必须首先考虑其化学因素。此外，材料的化学因素对其加工工艺也有较大影响。

1)构成的元素种类及其连接方式

高分子化合物主要是由碳、氢两种元素构成，另外还有氧、氮、氯、硅、氟等元素。通常这些元素之间以共价键的形式连接，表 11.1 为构成高分子化合物的主要共价键的键能。构成主链的共价键键能决定了主链断裂的难易、成型时的稳定性和使用寿命等，也与氧化、臭氧化、水解等降解性有关[1]。除此之外，范德瓦耳斯力和氢键对高分子化合物及其制品的机械性能(拉伸强度、弹性模量等)和热性能[玻璃化转变温度($T_g$)、熔点($T_m$)等]等有较大的影响。另外，上述性能也会受刚性分子链的缠结行为和结晶性等影响。

**表 11.1　构成高分子化合物的主要共价键键能[1]**

| 键的种类 | | 键能/(kJ/mol)① | 键的种类 | | 键能/(kJ/mol)① |
|---|---|---|---|---|---|
| 共价键 | C—C | | 共价键 | C—Cl | 326 |
| | 脂肪族 | 334 | | C—F | 485 |
| | 芳香族 | 518 | | O—H | 523 |
| | C═C | 610 | | N—H | 385 |
| | C—H | 414 | | O—O | 268 |
| | C—O | 339 | | C—Cl | 326 |
| | C—N | 259 | | C—F | 485 |
| 范德瓦耳斯力 | | 4～13 | | | |
| 氢键 | | 13～29 | | | |

①由原量纲 kcal/mol 换算而来

按主链的构成元素，可以将高分子化合物分为以下三类。

(1)碳链高分子：高分子主链全部由碳原子组成，分子间主要以范德瓦耳斯力或氢键相互作用。这类高分子化合物耐热性较低，不易水解，常见的有 PE、PP、PVC、聚苯乙烯(polystyrene，PS)、PMMA 等。

(2) 杂链高分子：高分子主链除了碳原子以外，还含有氮、氧和硫等杂原子。其特点是链刚性大，耐热性和力学性能较高，可用作工程塑料，但由于分子中带有极性基团，较易水解、醇解或酸解，常见的有聚对苯二甲酸乙二醇酯(polyethylene terephthalate，PET)、聚酰胺(polyamide，PA)、苯酚-甲醛树脂(phenol formaldehyde resin，PF)、聚甲醛(polyformaldehyde，POM)、聚砜(polysulfone，PSF)等。

(3) 元素有机高分子：高分子主链中常含硅、磷、硼、氮、硫等原子，侧基可为有机基团，如甲基、乙基、乙烯基等。常见的为有机硅高分子化合物，其特点是具有高耐热性，具有无机物的热稳定性及有机物的弹性和塑性。

高分子化合物的性能除了受主链的影响外，侧基(取代基)的组成、数量、大小(空间位阻)也对其性质有影响。例如，PP 和 PE 相比，由于其碳-碳主链的不同，熔点相差 50～60℃。引入芳基和共轭双键体系可提高链段的刚性，增加分子间的作用力；提高结构规整性和结晶度等可提高力学性能、热性能和稳定性[1]。

2) 立体规整性

高分子化合物有三种不同的空间构型，即等规立构、间规立构和无规立构。不同空间构型的高分子化合物的性能是不同的，表 11.2 列出了不同空间构型的 PP 的性能。

**表 11.2　等规立构和间规立构 PP 的性能[1]**

| 性能 | 等规立构 | 间规立构 |
|---|---|---|
| 密度/(g/cm$^3$) | 0.903 | 0.866 |
| 屈服强度/MPa | 37 | 24.8 |
| 断裂伸长率/% | 670 | 402 |
| 弯曲模量/GPa | 1.25 | 0.72 |
| 热变形温度/℃(1.82MPa) | 112 | 115 |
| 透光率/% | 82 | 87 |
| 浊度/% | 77.5 | 47 |

3) 共聚物组成

共聚物的组成及序列分布将对材料的性能产生显著影响。以丙烯-乙烯共聚物为例，采用无规共聚方式组成的化合物，如二元乙丙橡胶(EPR)和含二烯类第三单体的三元乙丙橡胶(EPDM)，其构成中乙烯含量为 45%～70%(摩尔分数)，因此主要用途可作为耐热运输带、蒸汽胶管、耐化学药品腐蚀的密封制品、减震垫、防水材料、电线和电缆包覆层、汽车用橡胶配件。而末端嵌段共聚物，由于其 PP 部分和 PE 部分不相容，各自形成独立的相，所以化合物的刚性-耐冲击性的均衡性良好，可作为 PE 和 PP 材料的增强性添加剂。有嵌段的无规共聚型丙烯-乙烯共聚物，能介于无规和嵌段共聚物之间，透明性、光泽性有所下降，但刚性、冲击强度优于无规共聚物。

4) 交联

高分子链间通过化学键形成交联聚合物。交联反应可发生在聚合反应中，也可以采用不同的化学反应使线型聚合物交联。交联是改善高分子材料力学性能、耐热性、化学稳定性和使用性能等的重要手段。例如，未硫化的橡胶的玻璃化转变温度在室温以下，通过硫化(交联)，改善了它在常温下发黏、强度很低的缺点而可以使用。表 11.3 为弹性体的交联密度与性能的关系。

**表 11.3 弹性体交联密度与性能的关系**[1]

| 性质 | 生橡胶 | 弹性体 | 硬橡胶 |
|---|---|---|---|
| 交联密度 | 约 0 | 适当 | 极大 |
| 拉伸强度/MPa | 1～10 | 10～30 | 数十 |
| 弹性模量/MPa | 0.1～1.0 | 数十 | 约 1000 |
| 断裂伸长率/% | ＞1000 | 数百 | 约 10 |
| 回弹率 | 不良 | 优秀 | 不良 |

酚醛树脂交联后形成的体型结构将极性的酚羟基包围在网状结构内，表现出较好的电绝缘性，可用于电器产品。环氧树脂可以采用有机多元胺或有机多元酸酐使环氧基开环而交联固化，可制作增强塑料、电绝缘材料、黏结剂等。不饱和聚酯大部分经玻璃纤维等增强后用作结构材料，利用分子中的不饱和双键，在含双键的化合物存在下用过氧化环己酮-萘酸钴或过氧化二苯甲酰-*N*, *N*-二甲基苯胺等，实现室温固化。

交联在聚乙烯、聚氯乙烯、聚氨酯等泡沫塑料生产中也是极为重要的工艺技术，有助于提高泡孔壁的强度。交联过早不利发泡，太迟则因泡孔壁强度太低导致穿孔。因此，只有发泡剂分解速率、凝胶速率和交联速度三者相互匹配时才能获得闭孔、轻质、高强的泡沫塑料。

5) 支链

聚合过程中分子内的链转移和向大分子链转移是引起各种短支链和长支链的主要原因[1]。高分子化合物的诸多力学性能和加工性能均受其影响。表 11.4

列出了不同聚合方法得到的 PE 中所含的支链数，图 11.1 是 PE 的支链与结晶度的关系。随支链数增加，分子堆积的紧密程度下降，分子链的柔韧性增加，密度降低，拉伸强度、球压硬度和软化温度下降，断裂伸长率、冲击韧性和透气率增加[1]。

**表 11.4　不同聚合方法生产的 PE 中所含的支链数**　（单位：个/1000 个碳原子）

| 品种 | 总数 | 端基 | 纯甲基 | 乙基 |
|---|---|---|---|---|
| LDPE | 21.5 | 4.5 | 2.5 | 14 |
| HDPE | 3 | 约 2 | — | ＜1 |
| 中压法 E-P 共聚物 | 25 | 4 | 21 | ＜1 |
| 中压法 E-B 共聚物 | 16 | 约 2 | — | 14 |

注：LDPE 表示低密度聚乙烯；HDPE 表示高密度聚乙烯

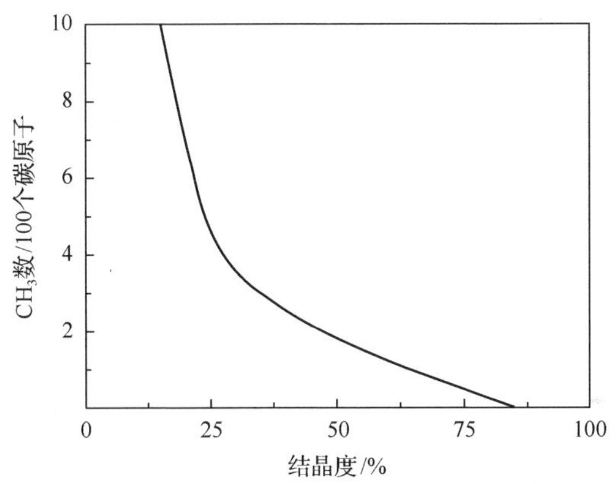


图 11.1　PE 的支链与结晶度的关系[2]

同一种 PE，其相对分子质量不同，分子中甲基数目也不相同，随相对分子质量提高，每个分子中所含的甲基数增加。例如，数均相对分子质量 19000 的 PE，其每 1000 个碳原子含 37 个甲基，每一个分子含 48.5 个甲基；当数均相对分子质量为 48000 时，对应的值分别为 20 个和 67.2 个。

### 2. 影响高分子材料性能的物理因素

高分子化合物的加工和使用性能不仅受其相对分子质量和分布的影响，还与其形态结构有关。高分子化合物的形态结构与其成型加工条件密切相关，成型加工条件的选择将改变其微观结构的形成。因此，形态反映了制品成型加工过程，也揭示了材料的某些固有特性。作为高分子材料成型加工的技术人员了解并自如地控制这些因素，将有助于正确选用材料、制定成型加工工艺，通过成型加工条件的选择最大限度地发挥材料固有性能，制得高质量的制品。通常，PE 的拉伸强度小于 50MPa，而经过拉伸后的 PE 纤维的强度将有较大提高。相对分子质量低的 PE，采用熔体挤出多段拉伸(拉伸比小于等于 30)，拉伸后的强度为 1～1.5GPa，拉伸模量为 40～70GPa；而相对分子质量为 $1\times10^6$～$5\times10^6$ 的超高相对分子质量 PE(其拉伸比可大于 200)，拉伸后的强度可达 3GPa，拉伸模量为 172GPa。形态研究表明，普通 PE 是半结晶的柔性链高分子化合物，这些弯折的链对强度没有贡献。而拉伸后，形成了高度结晶取向的分子束组成的拉伸链 PE，取向度接近 100%，充分发挥了碳-碳主链的高结合强度，其性能超过了常用的 kevlar 纤维和碳纤维。

另外理论估算表明，相对分子质量为 $1.5\times10^6$ 的超高相对分子质量 PE，拉伸强度可达 7.4～8.5GPa，比现有方法获得的还要高得多。由此可见，相对分子质量及其分布、加工方法引起的形态变化对材料性质影响之大[2]。

1) 相对分子质量及其分布

高分子没有一个固定的相对分子质量，而是由不同相对分子质量同系物混合组成，因此高分子的相对分子质量是一个平均值，需要引入相对分子质量分布的概念。这种相对分子质量的不均一性称为高分子的多分散性。相对分子质量分布与高分子的物理机械性能和加工过程有密切的关系，是对产品质量控制和改进的重要手段之一。常用的研究方法有沉淀分级法、超速离心沉降法和凝胶渗透色谱法等。例如，超高相对分子质量 PE(UHMWPE)与普通 PE 相比，前者冲击强度比 PC 高 2 倍，比丙烯腈-丁二烯-苯乙烯共聚物(acrylonitrile butadiene styrene，ABS)高 5 倍，比 POM 高 5 倍，耐磨性比 PTFE 高 2 倍，润滑性同 PTFE 且为 PA 的 2 倍，耐低温性好。相对分子质量与 $T_g$ 之间也存在一定的关系，通常，随相对分子质量增大，$T_g$ 也会升高。图 11.2 为相对分子质量与 $T_g$ 的关系。

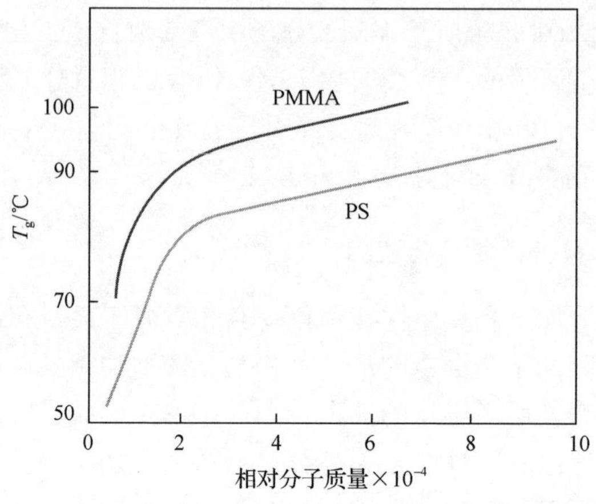


图 11.2　相对分子质量与 $T_g$ 的关系[1]

高分子相对分子质量对熔体黏度的影响表现为：随相对分子质量增大，熔体黏度增大，加工流动性下降，成型困难。在工业生产中，常通过加入添加剂的方式改善高分子的加工性能。表 11.5 为 PE 相对分子质量与熔体流动速率、熔体黏度的关系。熔体流动速率是工业上用以表征高分子化合物相对分子质量的方法之一。图 11.3 表示指定聚合度的 PVC 树脂，熔体黏度同温度的关系，从图中可以看出成型温度升高，熔体黏度下降，流动性变好。

**表 11.5　PE 相对分子质量与熔体流动速率、熔体黏度的关系**[1]

| 数均相对分子质量 $M_n$ | 熔体流动速率/(g/10min) | 熔体黏度/(Pa·s，190℃) |
| --- | --- | --- |
| 19000 | 170 | 45 |
| 21000 | 70 | 110 |
| 24000 | 21 | 360 |
| 28000 | 6.4 | 1200 |
| 32000 | 1.8 | 4200 |
| 48000 | 0.25 | 30000 |
| 53000 | 0.005 | 1500000 |

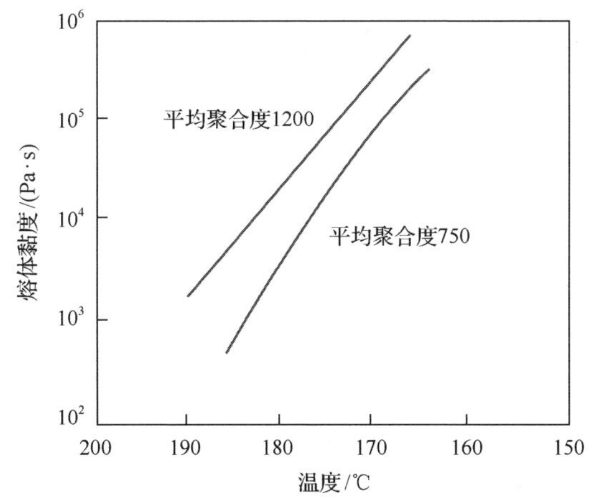


图 11.3　指定 PVC 聚合度时温度与熔体黏度的关系[2]

图 11.4 为聚合度与物性的关系。受相对分子质量影响大的性能有：拉伸强度、弯曲强度、弹性模量、冲击强度、玻璃化转变温度、熔点、热变形温度、熔体黏度、溶液黏度、溶解性、溶解速度等。受相对分子质量影响较小的性能有：比热容、热传导率、折射率、透光性、吸水性、透气性、耐化学药品性、热稳定性、耐候性、燃烧性等。

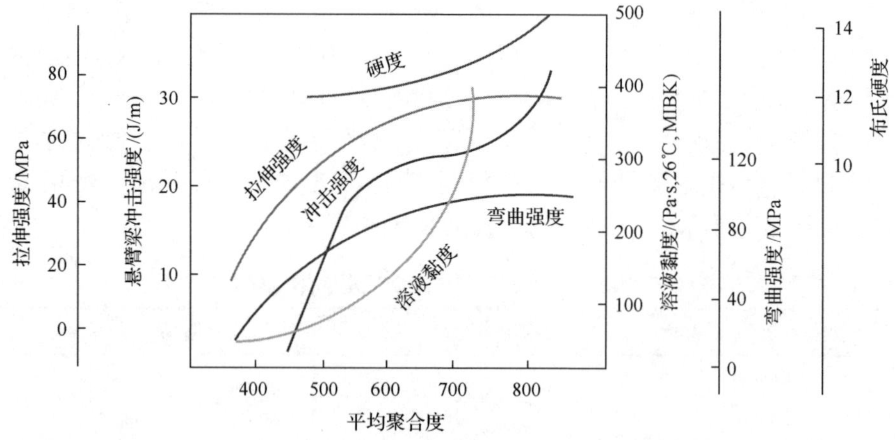


图 11.4 相对分子质量与物性的关系[2]

试样：氯乙烯-乙酸乙烯；共聚物溶剂：甲基异丁基酮

2) 结晶性

高分子结晶是高分子链部分排列起来的过程，在此过程中，高分子链折叠起来形成有序的区域，这样的区域称为片晶，片晶可堆砌成更大的球形结构，称为球晶。高分子可从熔体冷却结晶，也可通过机械拉伸或溶剂蒸发结晶。结晶影响高分子材料的光学、力学、热和化学性质。结晶高分子的性质除了通过结晶度表征，还通过分子链的折叠大小和取向表征。

高分子的结晶性包括结晶度，结晶的形态和结晶速率等因素，是描述高分子特征的重要数据之一。线型高分子化合物可分为结晶型高分子化合物(如 PE、PP、PA、POM、PET 等)和非晶态(又称无定形)高分子化合物(如 PS、PVC、PC、PSF 等)[2]。在通常条件下无法获得结晶度 100%的结晶化合物。高分子化合物的结晶能力与分子链结构、加工工艺和成核剂有关。

(1) 高分子化合物链结构与结晶性。

高分子化合物的链结构是指链的对称性、规整性、柔韧性、分子间作用力等。尽管各种高分子化合物结晶形态不同，但以斜方晶型、单斜晶型、三斜晶型为主。

(2) 聚合方法与结晶性。

同一高分子化合物的结晶度和结晶能力，根据其合成方法的不同而有所不同。表 11.6 列出了不同聚合方法制备的 PE 的结晶度和微晶大小。由表可知：虽然结晶度测定方法不同，测得的结晶度有所区别，但不同测定方法得到的规律是一致的。LDPE 的结晶度在 60%～70%，HDPE 在 90%左右。表 11.7 为不同结晶度 PE 的性能。由表可知：随结晶度提高，PE 的熔点和拉伸强度相应升高。

**表 11.6 不同聚合方法制备的 PE 的结晶度和微晶大小**[1]

| 聚合方法 | 广角 X 射线衍射法/% | 差示热分析(DSC)/% | 微晶大小/Å* |
|---|---|---|---|
| 高压法(LDPE) | 64 | 67 | 190 |
| 低压法(HDPE) | 87 | 85 | 360 |

*1Å =0.1nm

**表 11.7 不同结晶度 PE 的性能**[1]

| 项目 | 结晶度/% | | |
|---|---|---|---|
| | 65 | 75 | 85 |
| 密度/(g/cm$^3$) | 0.91 | 0.93 | 0.94 |
| 熔点/℃ | 105 | 120 | 125 |
| 拉伸强度/MPa | 14 | 18 | 25 |
| 断裂伸长率/% | 500 | 300 | 100 |
| 冲击强度(缺口，相对值) | 54 | 27 | 21 |

(3)制备工艺与结晶性。

制备工艺对结晶度的影响极大，影响因素如下：①熔融温度和熔融时间。熔体中残存的晶核数量和大小与成型温度有关，也影响结晶速率。熔融温度越高，结晶速率越慢，结晶尺寸越大。②成型压力。成型压力增加，应力和应变增加，结晶度随之增加，晶体结构、形态、结晶尺寸等也发生变化。③冷却速度。成型时的冷却速度影响高分子的结晶性。冷却速度越快，结晶度越小。

因此，应按所需制品的特性，选择合适的成型工艺，控制不同的结晶度。例如，用作薄膜的 PE，要求韧性、透明性较好，结晶度低；而用作塑料制品使用时，拉伸强度和刚性是主要指标，结晶度应高些。

同一种高分子化合物通过成型工艺条件的控制，可使其具有不同的晶型。等规聚丙烯有 $\alpha$、$\beta$、$\gamma$、$\delta$ 和拟六方五种晶型，它们的出现与成型条件有关。例如，$\alpha$-PP 属于单斜晶系，自然情况下聚丙烯冷却成型主要形成此种晶型，是最常见也是热稳定性最好的聚丙烯晶型。$\beta$-PP 属于六方晶系，与熔融温度、冷却方式、结晶温度有关。熔体快速冷却到 130℃以下，产生 $\beta$ 晶型。PP 薄膜在 210℃加热 10min，用水或水-甘油迅速淬火，在 0～99℃时主要生成 $\alpha$ 晶型；80～90℃时有少量 $\beta$ 晶型，120℃时以 $\beta$ 晶型为主。如果固定淬火温度，在 190～230℃时熔融，主要生成 $\beta$ 晶型；在 240℃时，$\alpha$、$\beta$ 晶型各占一定比例，250℃以上仅生成 $\alpha$ 晶型。当采用适宜的成核剂并等温结晶时，最多可有 95%为 $\beta$ 晶型。在一定条件下，$\beta$ 晶型可转变为密度更高、稳定性更大的 $\alpha$ 晶型，使尺寸稳定性下降，性能变坏，冲击强度降低。$\beta$ 晶型弹性模量、屈服强度低，在高速拉伸下表现出较高韧性和延展性，不易脆裂。

(4)成型后后处理方法与结晶性。

成型后晶体会继续发生变化，如二次结晶、后结晶和后收缩。二次结晶是指大晶粒通过消耗小晶粒而继续增大的过程。这个过程相当缓慢，有时可达几年，甚至几十年。一般生产中要求把二次结晶限制在最小的程度。后结晶是指一部分来不及结晶的区域，在成型后继续结晶的过程。在这一过程中，不形成新的结晶区域，而在球晶界面上使晶体进一步长大，是初结晶的继续。后收缩是指制品脱模后，在室温下存放 1h 后所发生的、到不再收缩时为止的收缩率。成型后晶体的继续变化，将引起晶粒变粗、产生内应力，造成制品曲挠、开裂等弊病，冲击强度降低。因此，在成型加工后为消除热历史引起的内应力，防止后结晶和二次结晶，提高结晶度，稳定结晶形态，改善和提高制品性能和尺寸稳定性，往往要对大型或精密制品进行退火处理。

(5)成核剂与结晶性。

成核剂是指能够改变部分结晶行为，缩短制品成型周期，提高制品加工和应用性能的功能型化学助剂。由于形成微晶，制品透明性提高。成核剂的熔点应比高分子化合物高，并与其有一定的相容性，不致使制品物性降低太大。玻璃纤维增强的 PET 与玻璃纤维增强的 PBT 相比，热变形温度、弹性模量高，但冲击强度和成型性差，其最大的缺点是结晶温度高(PET 约 140℃，而 PBT 约 80℃)，结晶速率慢。因此，其成型周期长、生产成本高，可通过共聚合或加入成核剂进行改性。现在已可将最大结晶温度降至 80℃，如成核剂二苄基山梨糖醇(DBS)广泛应用于 PP 中，一般用量为 PP 的 0.2%～0.3%。目前约有 70%的 PP 使用成核剂。表 11.8 为不同成核剂对 PP 结晶速率和球晶大小的影响。

**表 11.8　成核剂对 PP 结晶速率和球晶大小的影响**[3]

| 成核剂 | 用量/% | 130℃时结晶速率/$min^{-1}$ | 130℃结晶时球晶大小/nm |
|---|---|---|---|
| PP | — | 0.41 | 87.59 |
| 磷酸盐类(NA) | 0.2 | 0.56 | 57.22 |
| 羧酸盐类(MD) | 0.2 | 0.43 | 75.69 |
| 山梨醇类(NX) | 0.2 | 0.46 | 40.36 |
| 松香型(WA) | 0.2 | 0.45 | 66.55 |

(6)结晶性和物性。

受结晶度影响的物性有：拉伸强度、弹性模量、冲击强度、耐热性(热变形温度)、耐化学药品性、吸水性、透明性、气体透过性、成型收缩率等。例如，PE 的密度与结晶度有关，结晶度影响其物理性能。如图 11.5 和图 11.6 所示，当 PE

密度增大时，其弹性模量和屈服强度均提高。另外，随结晶度增加，隔膜透水性、透氧性变差。

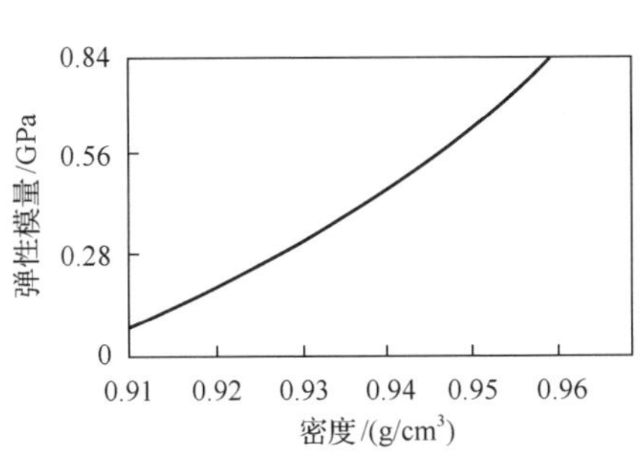


图 11.5 PE 密度与弹性模量的关系[2]

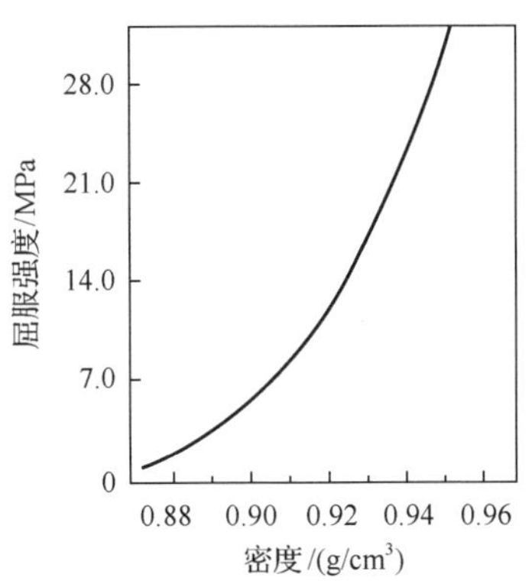


图 11.6 PE 密度与屈服强度的关系[2]

### 11.2.2 高分子成型过程的影响

#### 1. 成型过程中的取向

在高分子的成型加工过程中，高分子链段在剪切力和拉伸力的作用下发生链段的取向作用。这种作用一般分为以下两类。

(1) 流动取向：是指高分子化合物在熔融成型阶段，分子链或者链段在剪切力的作用下沿着运动方向排列。由于管道内部垂直于流动方向上的流动速度存在速度差，原本卷曲的分子链受到剪切力的作用，将沿着流动的方向伸展和取向。另外，熔体温度很高，高分子的热运动剧烈，同样存在解取向的作用。从管壁到中心部位，由于流动的速度和凝固时各部分的温度不同，所以取向度也不相同。

(2) 拉伸取向：是指高分子化合物的分子链受拉伸力的作用沿受力方向排列。拉伸取向按照拉伸方式的不同分为：单轴拉伸取向和双轴拉伸取向。单轴拉伸取向是指高分子化合物只受到一个方向的作用力引起的取向；双轴拉伸取向是指高分子化合物受到相互垂直的两个力的作用引起的取向。

不同类型的高分子化合物发生取向的方式不同，对于结晶型高分子化合物，拉伸取向是由晶区和非晶区共同作用产生的，两个过程同时发生，但是速度不同，晶区的取向速度大于非晶区的取向速度。随着拉伸行为的进行，结晶型高分子化合物的结晶度有所升高。

对于非晶态高分子化合物而言，取向一般包括链段的取向和大分子链的取向两部分，这两个过程也是同时进行，但是由于受到高弹拉伸、塑性拉伸的作用，所以取向的速度也不相同。

按拉伸温度的不同，拉伸取向分为热拉伸取向和冷拉伸取向。冷拉伸是指在室温下进行的拉伸，热拉伸是指在高分子的玻璃化转变温度至黏流温度 $T_f$(或熔点)范围内进行的拉伸。大部分的高分子化合物必须通过加热到熔点以上，完全消除热历史后才能进行拉伸。当达到预定拉伸倍率时，将高分子冷却至玻璃化转变温度以下，可将取向作用保存下来。如果将其加热到玻璃化转变温度之上，高分子的取向被打破，会出现明显的收缩。这就是热收缩薄膜的制造原理。为了增加高分子化合物的刚性，需要对拉伸后的化合物在一定温度下进行热处理。热处理时保持拉伸状态，并在高分子结晶速率最大的温度下进行，此时所得的制品有良好的热稳定性。当拉伸发生在玻璃化转变温度以上并越来越靠近玻璃化转变温度时，如果拉伸倍率越大，拉伸速度和拉伸后冷却速度越快，则取向程度越高。

影响高分子化合物取向的因素有以下几个。

(1)高分子化合物的结构：结晶型化合物的取向结构比非晶体化合物稳定；分子量较低的高分子化合物有利于取向，也容易解取向。

(2)低分子化合物：增塑剂、溶剂等低分子化合物，使高分子化合物的玻璃化转变温度、黏流温度降低，易于取向。

(3)温度：温度升高使熔体黏度降低、既有利于取向，也有利于解取向。高分子材料的有效取向取决于这两种过程的平衡条件。

(4)拉伸倍率：又称拉伸比、拉伸倍数，是指一定温度下，聚合物经纺丝成型后的初生纤维经过拉伸工序后其长度与原长度的比值。通常以拉伸过程中纤维的输出速度与入料速度之比表示。取向度随拉伸倍率增加而增大。拉伸倍率影响高分子化合物的结构与物理性能，多数高分子化合物的拉伸倍率为 4～5。高结晶度的 HDPE 和 PP 拉伸倍率为 5～10；结晶度不同的 PET、PA 拉伸倍率为 2.5～5.0。高分子材料经过取向后，其物理性能有不同的变化。单轴拉伸时，取向方向(纵向)和垂直于取向方向(横向)强度不一样，纵向强度增大，横向强度减小。流动取向后，纵向的机械强度为横向的 1.29 倍，冲击强度为 1～10 倍；PS 拉伸取向后，纵向的机械强度比横向的提高 3 倍，冲击强度可提高 8 倍。对于结晶型高分子化合物，由于拉伸后结晶度增大，玻璃化转变温度升高，对高度取向和高结晶度的高分子化合物，玻璃化转变温度约升高 25℃。

### 2. 熔体黏度与成型性

多数高分子化合物的成型加工是在其熔融状态下进行的，因此熔体的流动性决定了高分子成型的加工工艺。熔体的黏度是表示流动性的基本物理性质，其受到链结构、极性、相对分子质量大小及分布和材料的组成的影响。例如，PE 相对分子质量增加 3 倍，其熔体黏度增加近 33000 倍。影响熔体黏度的外界因素有以下几个。

1) 温度

随着温度的升高，高分子链段热运动剧烈，分子间的间距增大，高分子熔体的黏度下降，见图 11.7 和图 11.8。通常温度升高 10℃，熔体黏度降低 1/3～1/2。然而，不同高分子化合物的熔体黏度敏感性并不相同，见表 11.9。热敏高分子化合的加工可以通过调整加工温度达到最佳工艺条件，但是温度过高会引起高分子化合物的降解，并且会引起黏度的变化而影响品质。

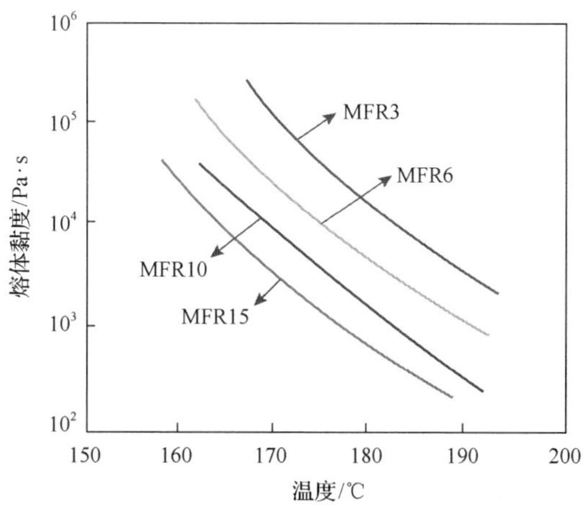


图 11.7　PC 的熔体黏度与温度的关系[1]

MFR 表示熔体流动速率

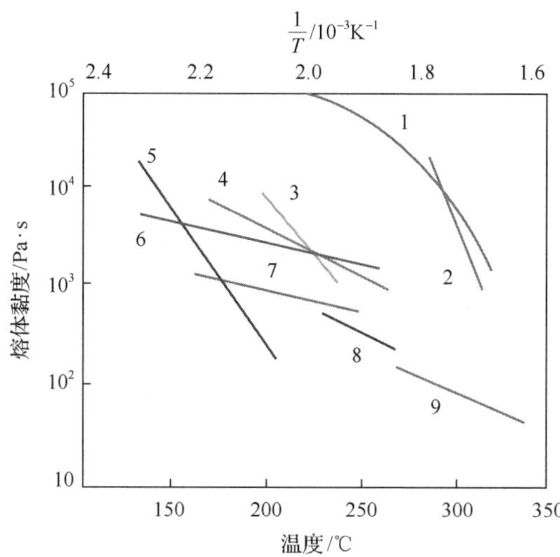


图 11.8　不同高分子化合物的熔体黏度与温度的关系[1]

1.PS；2.PC；3.PMMA；4.PP；5.醋酸纤维素；6.HDPE；7.POM；8.PA；9.PET

**表 11.9　高分子化合物熔体黏度与温度的关系**[1](剪切速率：$10^3\ s^{-1}$)

| 高分子化合物 | 温度 $T_1$/℃ | 黏度 $\eta_1/10^2 Pa\cdot s$ | 温度 $T_2$/℃ | 黏度 $\eta_2/10^2 Pa\cdot s$ |
|---|---|---|---|---|
| LDPE | 150 | 4 | 190 | 2.3 |
| HDPE | 150 | 3.1 | 190 | 2.4 |
| PP | 190 | 1.8 | 230 | 1.2 |
| PS | 200 | 1.8 | 240 | 1.1 |
| PC | 230 | 21 | 270 | 6.2 |
| PMMA | 200 | 11 | 240 | 2.7 |

2)压力

高分子化合物成型时的熔体压力一般在 10～300MPa，熔体黏度对压力也有敏感性。在成型过程中，高分子主要受到外部压力的作用，使得高分子的间距缩短、体积减小而黏度增大。例如，压力从 13.8MPa 升至 17.3MPa，HDPE 和 PP 的熔体黏度增加 4～7 倍，而 PS 可增加 100 倍。此外，增大成型压力，会增加功率消耗，增加设备磨损。

在加工成型的温度范围内，熔体的黏度同压力和温度有关，即压力-温度等效性。例如，对多数高分子化合物，压力增加到 100MPa 时，熔体黏度的变化相当于温度降低 30～50℃的效果。

3)剪切速率

大多数高分子化合物熔体黏度随剪切应力或剪切速率的增加而降低，如图 11.9 所示。

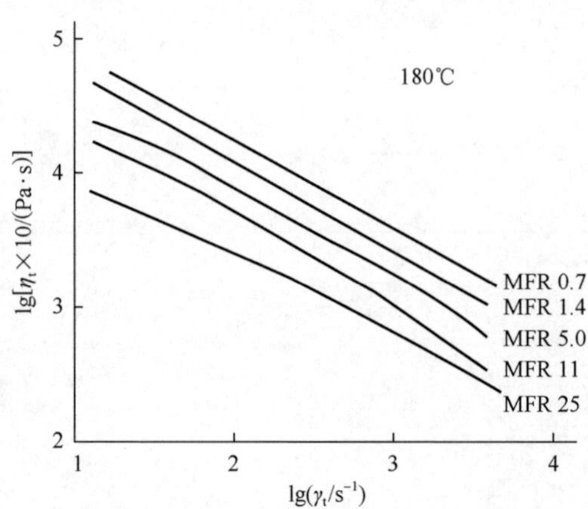


图 11.9　PP 剪切速率与熔体黏度的关系[1]

高分子化合物的熔体黏度对剪切作用非常敏感，在操作过程中需要严格按照工艺条件执行，否则黏度的变化较大，将导致产品出现品质问题。

### 3. 高分子熔体的流动性

大多数高分子熔体在成型流动过程中的黏度变化极为复杂。本节简述高分子熔体的非牛顿性和影响其黏度的因素。

#### 1) 流动类型

高分子熔体在成型过程中由于流速、外部作用力形式、流体通道的几何形状和热量传递情况的不同，可表现出不同的流动类型。

(1) 层流和湍流：高分子熔体在成型条件下一般呈现层流状态。这是因为高分子熔体黏度高，流速较低，在成型过程中螺杆的剪切速率一般较小。

(2) 稳定流动与不稳定流动：流体在输送通道中流动时，该流体在任何部位的流动状况保持恒定，不随时间而变化。通常把熔体的充模流动看作典型的不稳定流动。

(3) 等温流动和非等温流动：等温流动是指流体各处的温度保持不变情况下的流动。而在实际生产中，高分子流体一般呈现非等温流动状态。

(4) 拉伸流动和剪切流动：流体流动时，按照流体内质点速度分布与流动方向的关系，将熔体的流动分为两类，如图 11.10(a)所示，称为拉伸流动；另一类是质点速度仅沿着与流动方向垂直的方向发生变化，如图 11.10(b)所示，称为剪切流动。

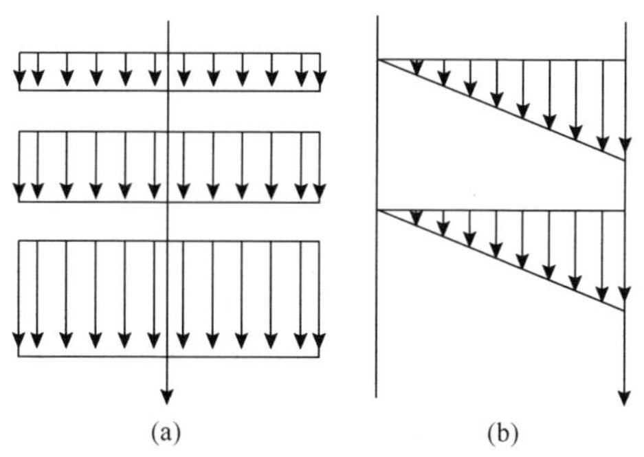


图 11.10　拉伸流动(a)和剪切流动(b)的速度分布[3]
长箭头所指为流体流动方向

在以往的高分子熔体的流变研究中，主要致力于剪切流动，近年来才在拉伸流动研究方面日趋活跃。

#### 2) 剪切流动

在剪切流动中，按剪切应力 $\tau$ 与剪切速率 $\gamma_t$ 的关系，可以分为牛顿型流动和非牛顿型流动。

(1) 牛顿型流动。

牛顿型流体指应力与应变速率成正比的流体，比例系数为流体的黏度。通常理想黏性流体的流动符合牛顿型流体的流变方程。遵循牛顿黏性定律的牛顿型流体，其剪切应力和剪切速率成正比：

$$\tau = \mu_n \gamma_t \tag{11.1}$$

式中，比例系数 $\mu_n$ 为牛顿黏度，Pa·s。

只有一些低分子的化合物液体属于牛顿型流体，大部分的高分子熔体属于非牛顿流体。

(2) 非牛顿型流动。

流体的剪切应力和剪切速率之间呈现非线性的曲线关系的流体，称为非牛顿型流体。这些流体在一定温度下，其剪切应力与剪切速率不成正比，其黏度不是常数，而是随剪切应力或剪切速率变化的非牛顿黏度 $\eta$[2]。此类非牛顿型黏性流体可分为宾厄姆流体、膨胀性流体和假塑性流体。

在常见的塑料成型条件下，大多数高分子熔体呈现假塑性的流变行为。但在很低的剪切速率下，剪切应力随剪切速率加快而线性增大，具有黏度一定的牛顿型流体的特征。但只有将塑料刮涂时，才处于该剪切速率的范围。在很高的剪切速率下，高分子熔体呈现最低的极限黏度值，也呈现不依赖剪切速率的恒定黏度。但在此高剪切速率下，高分子易出现降解。塑料成型加工极少在此剪切速率区域内进行。常见各种塑料加工的剪切速率 $\gamma_t$ =10～$10^4 s^{-1}$ 范围内，绝大多数热塑性塑料熔体呈现假塑性的流变行为。

以上描述的是热塑性高分子的流变特性，而热固性高分子在成型过程中的黏度变化与其有本质不同。热固性高分子的黏度除对温度有强烈的依赖性外，同样也受剪切速率的影响，但还受到交联反应程度的影响。

3) 影响黏性流动的因素

(1) 温度。

随着加工温度的升高，高分子链段活动能力增强，分子间距增大，分子间作用力下降，流动性增加，即高分子的黏度下降。高分子在温度范围为 $T > T_g$+100℃时，高分子熔体黏度对温度的依赖性可用 Arrhenius 方程表示。视剪切速率恒定或剪切应力恒定的黏流活化能不同，黏度分别表示为

$$\eta = A\exp(E_\gamma / RT) \tag{11.2}$$

$$\eta = A'\exp(E_\tau / RT) \tag{11.3}$$

式中，$A$ 和 $A'$为与材料性质、剪切速率和剪切应力有关的常数；$E_\gamma$ 和 $E_\tau$ 分别为在恒定剪切速率和恒定剪切应力下的黏流活化能，J/mol；$R$ 为摩尔气体常数，8.314J/(mol·K)；$T$ 为热力学温度，K。

(2)剪切速率。

高分子熔体的黏度随剪切速率的增加而下降。不同高分子熔体在流动过程中随剪切速率的增加，黏度下降的程度是不相同的。例如，低剪切速率下低密度聚乙烯和聚苯乙烯的黏度比聚砜和聚碳酸酯大；但在高剪切速率下，低密度聚乙烯和聚苯乙烯的黏度比聚砜和聚碳酸酯小。

掌握高分子熔体黏度与剪切速率的关系，对高分子成型加工过程中选择合适的剪切速率很有意义。

(3)压力。

在高分子熔体成型时，压力对其黏度有很大影响。高分子熔体是可压缩的流体，体积压缩必然引起分子间距离缩小，将导致流体的黏度增加，流动性降低。由实际测定可知压力增加 $\Delta p$，与温度下降 $\Delta T$ 对黏度的影响是等效的。压力和温度对黏度影响的等效关系可用换算因子$(\Delta T/\Delta p)_\eta$来处理。这一换算因子可确定与产生黏度变化所施加的压力增量相当的温度下降量。一些高分子熔体的换算因子见表 11.10。

**表 11.10　几种高分子熔体的换算因子**[1]

| 高分子 | $(\Delta T/\Delta p)_\eta$/(℃/MPa) |
|---|---|
| 聚氯乙烯 | 0.31 |
| PA-66 | 0.32 |
| 聚甲基丙烯酸甲酯 | 0.33 |
| 聚苯乙烯 | 0.40 |
| 高密度聚乙烯 | 0.42 |
| 共聚甲醛 | 0.51 |
| 低密度聚乙烯 | 0.53 |
| 硅烷聚合物 | 0.67 |
| 聚丙烯 | 0.86 |

(4)相对分子质量。

高分子的相对分子质量和相对分子质量分布对熔体的黏性流动有较大影响。高分子熔体的黏性流动主要是分子链之间发生的相对位移，因此相对分子质量$(M_W)$越大，流动性越差。相对分子质量分布较宽，熔体的黏度较低。在给定的温度下，高分子熔体的零剪切黏度 $\eta_0$ 随相对分子质量增加呈指数关系增大，如图 11.11 所示。而且在它们的关系中存在一个临界相对分子质量 $M_c$。零剪切黏度 $\eta_0$ 与重均相对分子质量 $\bar{M}_w$ 之间的关系为

$$\eta_0 \propto \bar{M}_w^x \tag{11.4}$$

当 $\bar{M}_w \leqslant M_c$ 时，$x=1\sim1.5$；当 $\bar{M}_w > M_c$ 时，$x=3.4$。

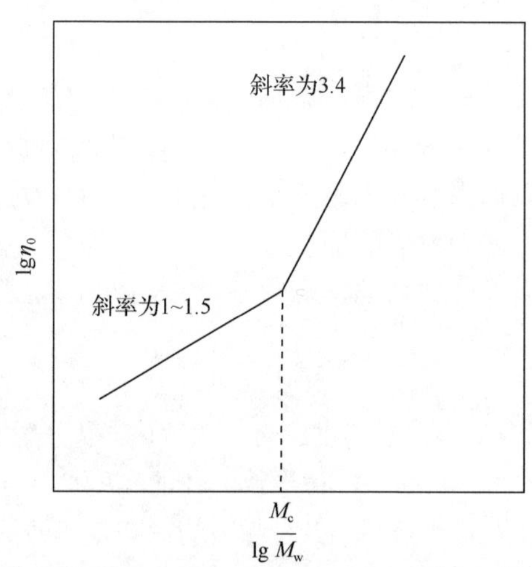


图 11.11　高分子熔体黏度与相对分子质量的关系[2]

表 11.11 列出了几种高分子的临界相对分子质量 $M_c$。此关系也说明了相对分子质量越大，非牛顿型流动行为越强。反之，低于临界相对分子质量 $M_c$ 时，高分子熔体表现为牛顿型流动。

**表 11.11　几种高分子的临界相对分子质量 $M_c$[1]**

| 高分子 | 线型高分子 | 聚苯乙烯 | 聚异丁烯 | 硅橡胶 |
| --- | --- | --- | --- | --- |
| $M_c$ | 4000 | 38000 | 17000 | 30000 |

4. 高分子熔体的弹性行为

高分子熔体不仅具有较高的黏性，还具有弹性。其弹性也与高分子的成型加工密切相关。但迄今为止，对高分子熔体的弹性还不能定量的预测。

1) 入口效应

被挤出的高分子熔体通过一个狭窄的口模，即使口模很短也会有很大的压力降，这种现象称为入口效应(entry effect)。若料筒中某点与口模出口之间总的压力降为 $\Delta p$，则可将其分为三个组成部分：

$$\Delta p = \Delta p_{en} + \Delta p_{di} + \Delta p_{ex} \tag{11.5}$$

在此式中，认为料筒直径与口模直径之比很大，以致动能变化所引起的压力降可略去不计。口模入口处的压力降 $\Delta p_{en}$ 被认为是三种原因造成的：①物料在口模处，熔体黏滞产生的能量损失造成压力下降；②入口处高分子熔体的弹性形变造成压力下降；③熔体流经入口处时，由剪切速率的剧烈增加所引起速度的激烈变化，为达到稳定的流速分布所造成的压力下降。口模内的压力降 $\Delta p_{\text{di}}$ 取决于稳态层流的黏性能损失。口模出口压力降 $\Delta p_{\text{ex}}$ 是高分子熔体在出口处所具有的压力。对于牛顿型流体，$\Delta p_{\text{ex}}$ 为零；对于非牛顿型流体，$\Delta p_{\text{ex}} > 0$。

2) 离模膨胀

被挤出的高分子熔体断面积远比口模断面积大，这种现象称为离模膨胀。当牛顿型流体从口模挤出时，挤出物直径 $d$ 比口模直径 $D$ 小，但黏弹性的塑料熔体从口模中挤出时，挤出物的直径 $d$ 比口模直径 $D$ 大，如图 11.12 所示。离模膨胀定义为充分松弛的挤出物直径 $d$ 与口模直径 $D$ 之比。对于圆形口模而言，离模膨胀可表达为

$$B = \frac{d}{D} \tag{11.6}$$

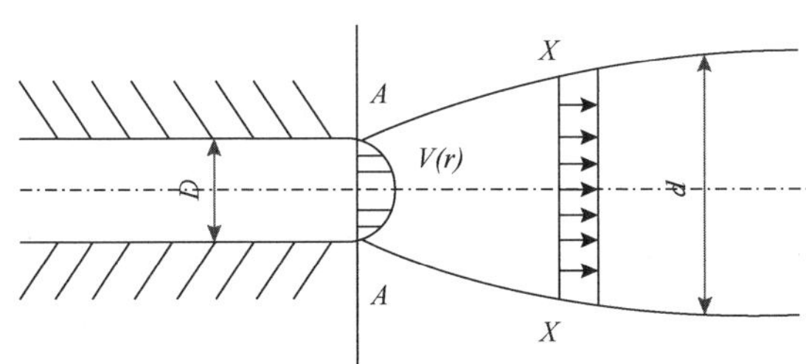


图 11.12　塑料熔体从口模中挤出的流体状态[2]

3) 熔体破裂

熔体破裂是指当高分子化合物被挤出时，其表面出现凹凸不平或外形发生断裂的现象。随着挤出速率不断增大，高分子化合物表面会依次出现“橘皮纹”、“鲨鱼皮”或者结节等现象。这些现象说明，在低的剪切应力或速率下，各种因素引起的小扰动被熔体抑制；而在高的剪切应力或速率下，流体中的扰动难以抑制，并发展成不稳定流动，引起流体的破裂。

## 11.3　隔膜参数及测试方法

### 11.3.1　隔膜参数

1) 厚度

一般使用的小型锂离子电池如手机电池等，使用的隔膜较薄，一般小于 20μm，

动力锂电池为了安全性考虑，使用厚度为 32～40μm 的隔膜或者涂覆膜。通常情况下隔膜厚度增加，其力学性能也有所增强，安全性提高。但是隔膜较厚不仅增加电池内阻，还会降低电池的容量，因此更薄更安全的隔膜是目前发展的主要方向。

2) 孔径和孔隙率

在锂离子电池中，隔膜的作用之一是要求离子可以自由透过。因此，隔膜的孔径要足够小，同时又不能过大而产生针孔对电池安全不利。通常要求锂离子电池隔膜的平均孔径为 150～350nm。

孔隙率描述的是单位体积的隔膜中孔洞所占的比例。孔隙率的大小对锂离子电池的电性能影响很大，一般锂离子电池隔膜的孔隙率为 40%～55%，过大会影响隔膜的机械性能，过小会直接影响电池内阻。所以，不同需求的电池需要使用不同的孔隙率标准。在隔膜生产中，对孔隙率范围的控制也是非常重要的。

3) 透气性

隔膜的透气性是指在一定压力下隔膜透过 100mL 空气所用的时间。通常情况下，相同厚度和材质的隔膜，透气性与电阻率是成正比的。具有良好性能的隔膜通常透气值为 100～350s。

4) 浸润性和吸液保液能力

由于锂离子电池电解液多为有机液体，这就需要隔膜可以被电解液浸润。同时，因为离子传输需要电解质，还要求隔膜吸收并保留较多的电解液。隔膜对电解液的保持能力影响电池的循环寿命。

5) 隔膜的穿刺和拉伸强度

锂离子电池在使用中会出现锂枝晶，随着锂枝晶的增长可能会刺破隔膜而发生电池内部短路，造成安全隐患。同时，在锂离子电池的装配过程中，因隔膜是被夹在正、负极片间，会有一些颗粒而使得膜面局部压力增大。为了防止隔膜被刺穿而发生内短路，隔膜必须具备一定的抗穿刺强度，以免电极材料穿透隔膜引起电池内部短路。

隔膜的拉伸强度也影响电池的安全性能，其值的大小与膜的制备工艺有关。通常单向拉伸的隔膜由于只在一个方向上拉伸，在其机械方向(MD)和横向(TD)的强度相差较大；而采用双向拉伸时，隔膜的拉伸强度在两个方向上相近。

6) 热收缩率

隔膜的热稳定性是指隔膜在一定温度下保持尺寸大小的能力。锂离子电池制造商为了降低电池中的含水量，一般会在 80～90℃的真空下进行干燥处理，这就要求隔膜在此条件下不能有明显的形变。一般要求在 90℃下干燥 60min 后，隔膜横向与纵向的收缩率都小于 2%。同时，电池在使用中可能会出现温度较高的现象，为了满足电池高温安全性能的要求，也需要隔膜具有较高的热稳定性。目前，涂覆隔膜可以在 120℃下仍能保持较好的形态。

7) 闭孔温度和破膜温度

闭孔温度是指隔膜的微孔闭合时的温度。当锂离子电池的内部发生过充或者外部短路时，其内部会发生剧烈的放热反应。当温度接近高分子熔点时，隔膜的微孔熔融闭合，从而在内部阻断了离子的传输，起到保护电池的作用。闭孔温度和隔膜使用材质的熔点有关，通常聚乙烯材料的熔点为 128～135℃，聚丙烯材料的熔点为 150～165℃。破膜温度是指电池内部自热或外部短路使其内部温度升高，超过闭孔温度后，隔膜的热熔温度继续上升从而造成隔膜大面积的破裂，使得电池完全短路。隔膜破裂时的温度即为破膜温度。锂离子电池厂家从电池的安全考虑，都希望隔膜有较低的闭孔温度和较高的破裂温度。但是在实际应用中，隔膜的闭孔效果并不明显，所以目前大多数研究将重点放在提高隔膜的破膜温度上。

### 11.3.2　测试方法

1) 隔膜物理性能测试

穿刺强度的测试结果与穿刺针的规格、穿刺速率、下夹具孔的尺寸等有关，目前大多参考标准 *Standard Test Method for High Speed Puncture Properties of Plastics Using Load and Displacement Sensors*（ASTM D3763-18）[4]。

抗拉强度测试，采用的标准有《塑料　拉伸性能的测试　第 3 部分：薄膜和薄片的试验条件》（GB/T 1040.3—2006）与 *Standard Test Method for Tensile Properties of Thin Plastic Sheeting*（ASTM D882-18），涉及的实验参数主要有夹具距离、拉伸速率、试样尺寸等[4]。

以上两种测试采用的设备为万能拉伸试验机，按照相应的标准进行测试。

2) 扫描电子显微镜

扫描电子显微镜可直观地观察到隔膜的孔形貌及造孔均匀性，可反映出隔膜的造孔不均、拉伸断裂、涂覆不均等问题[4]。

由于隔膜为绝缘高分子材料，目前大多测试方法采用离子溅射仪喷镀的方法解决电池隔膜在扫描电子显微镜观察过程中放电的问题，但溅射 Au、Pt 等重金属离子的过程中有可能损伤和改变隔膜样品的原始形貌。经喷镀后隔膜上的微孔有断裂、阻塞等现象，因此样品不经过喷镀直接测定更加接近样品原貌，为减小电子束对样品的热损伤及减少放电现象，建议采用低加速电压进行测定。低加速电压对样品损伤小，孔不易变形，可观察到隔膜细微褶皱，更接近样品原貌[4]。

3)压汞仪和毛细管流动分析仪测试孔径分布

隔膜的孔径分布多采用毛细管流动分析仪或压汞仪进行测试。毛细管流动分析仪是通过泡点法[4]，即采用惰性气体冲破已润湿的隔膜，测量气体流出的压力值，通过计算得到孔径参数，主要标准为 *Standard Test Methods for Pore Size Characteristics of Membrane Filters by Bubble Point and Mean Flow Pore Test*(ASTMF F316-03)。压汞仪是采用压汞法，即测量汞压入孔所施压力计算出孔径参数，主要标准有《压汞法和气体吸附法测定固体材料孔径分布和孔隙度 第1部分：压汞法》(GB/T 21650.1—2008)。根据测量原理可知，由于隔膜的微孔不是刚性结构的，在汞侵入的过程中会使孔发生变形，这就破坏了样品的原始结构，对结果产生影响。而压汞仪测试结果包含通孔和盲孔，毛细管流动分析仪测试结果仅包含通孔。对于电池而言，更重要的是隔膜对锂离子的穿透能力，因此在孔径分布测量方面毛细管流动分析仪更具优势，但测量过程中所选标准溶剂对样品的浸润性对测量结果影响很大，浸润性越好则测量结果越准确，因此应谨慎选择标准溶剂。

## 11.4　电池隔膜材料

聚烯烃材料具有优异的力学性能、化学稳定性和相对廉价的特点，因此聚乙烯、聚丙烯等聚烯烃微孔膜在锂离子电池研究开发初期便被用作隔膜。尽管近年来有研究用其他材料制备锂离子电池隔膜，如采用相转化法以聚偏氟乙烯为本体高分子制备锂离子电池隔膜，研究纤维素复合膜作为锂离子电池隔膜材料等。然而，至今商品化锂离子电池隔膜材料仍主要采用聚乙烯、聚丙烯微孔膜，其中聚乙烯产品主要由湿法工艺制得，聚丙烯产品主要由干法工艺制得。

### 11.4.1　聚丙烯

1. 聚丙烯的形态

自从齐格勒-纳塔催化技术在工业上应用以来，等规聚丙烯的结构、形态及性质得到广泛的研究。聚丙烯的性质与材料的加工历史和内在结构密切相关，而其内在结构又与催化剂、聚合反应及混合工艺有关。当前生产的聚丙烯具有多种应用领域，这说明它们性质的多样性。齐格勒-纳塔催化剂和茂金属催化剂及其生产技术拓展了聚丙烯的性能，如能更好地控制高分子相对分子质量分布、微结构规整性及共单体引入等。伴随着新技术的发展，高分子的形态获得更好的理解，这对建立高分子的结构、加工、加工历史及最终使用性能的关系起到关键的桥梁作用。

聚丙烯均聚物本质上是半结晶型高分子，与其他半结晶型高分子一样，其形态是多尺度的(图 11.13)。高分子的宏观形态用肉眼可以看到(毫米级)，该尺寸范围对应着如丙烯聚合时早期生成的聚丙烯粒子形状[5-8]和皮-芯结构[9-11]。较微观的尺寸范围则对应着球晶结构，其直径为 1～50μm[12-16]，在特定条件下还可以看到更大球晶[17]。球晶可以很容易地用光学显微镜、小角 X 射线散射(SAXS)和原子力显微镜等方法观测到。球晶由片晶组成，片晶的周期，也就是片晶与片晶中心间的距离，被称为长周期，长周期值一般为 10～30nm，与材料加工条件和热历史有关[18-21]。片晶结构一般用小角 X 射线散射、高分辨电子显微镜或扫描力显微镜(SFM)来观测。在更加微观的尺度范围内，片晶由有序晶区组成。高分子链在晶区中堆砌，形成具有特定对称性和尺寸的晶胞[22-24]。

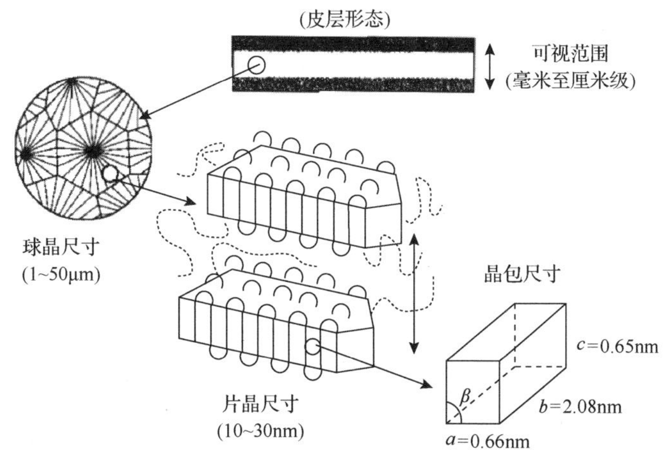


图 11.13　PP 不同尺寸范围对应的结构[3]

注塑品的皮-芯形态是肉眼可见的宏观形态

高分子链可结晶性是影响高分子最终形态的一个关键因素。聚丙烯均聚物的结晶度主要取决于分子链的立构规整度。立体定向性(全同的或者间同的)指甲基在空间排列的规整性。无规聚丙烯分子链的甲基排列在空间位置上没有任何一致性。聚丙烯可以拥有相当不同的规整度。茂金属催化剂出现后，聚丙烯分子链的微结构和结晶度能够被连续调变(不断减少全同定向序列)，可以制备出等规聚丙烯 i-PP(刚性热塑性塑料)、无规聚丙烯 a-PP(低模量，无结晶性，难成型)和间规聚丙烯 s-PP(刚性热塑性塑料)。图 11.14 给出了聚丙烯均聚物立体异构体的简单示意图。对于 i-PP，其规整度可达 100%。一般来说，在实际中达不到这么高的规整度，但是可以根据实际应用需求进行适当调节。i-PP 或者 s-PP 都可以有相对较高的结晶度，达到 40%～70%。高结晶度要求高立构规整性，也就是说，分子链上要有长的、无扰的和立构规整的序列。现代催化剂家族的一个主要贡献就是能够更好地控制分子链的立构规整度。

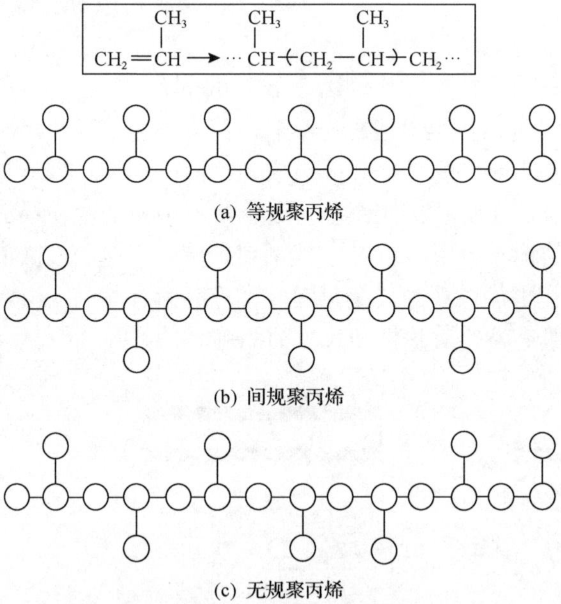

$$CH_2{=}\underset{|}{\overset{CH_3}{CH}} \longrightarrow \cdots \overset{CH_3}{CH} \!\left(\!CH_2 - \overset{CH_3}{CH}\right)\! CH_2 \cdots$$

(a) 等规聚丙烯

(b) 间规聚丙烯

(c) 无规聚丙烯

图 11.14　PP 分子链立体构型的示意图[3]

最上面的插图给出了单体的区域规则性插入方式

为了说明 PP 的立构性对结晶的影响，图 11.15 列举了 i-PP、s-PP 和 a-PP 的广角 X 射线衍射图。从图中可以看出，当分子链包含规则的全同立构或间同立构

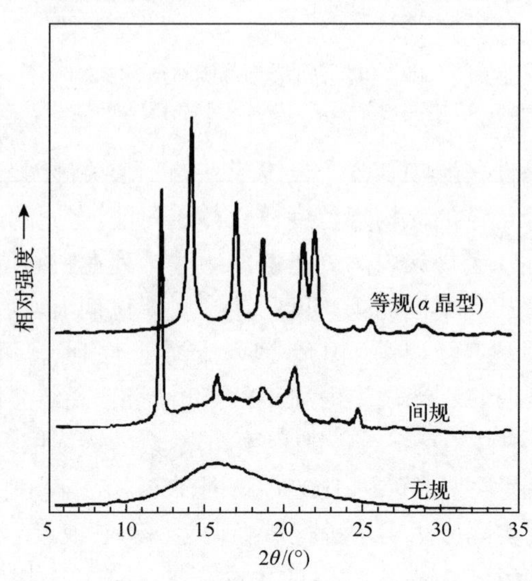


图 11.15　i-PP、s-PP 和 a-PP 的广角 X 射线衍射图[3]

序列时，衍射图上会出现明显的晶体衍射峰。这些衍射峰与 i-PP 和 s-PP 特定的晶胞对称性有关。a-PP 的广角 X 射线衍射图上没有显示强的衍射峰，仅仅显示一个宽的弥散峰，这是非晶态高分子的典型特征。

2. 等规聚丙烯 $\alpha$ 型晶体

聚丙烯晶态有几种不同的晶型，其中最主要的是 $\alpha$ 晶型。$\alpha$ 晶型是由 Natta 和 Corradini 在其早期的工作中发现并标定的[21]。$\alpha$ 晶型等规聚丙烯属于单斜晶系，聚丙烯的分子链在晶胞中呈现螺旋构象，绕着中心轴左旋或者右旋。图 11.16 给出了 i-PP 的晶体结构，其晶胞参数为 $a$=0.665nm，$b$=2.096nm，$c$=0.65nm[25-30]，但是实际上在室温测量时，材料的热历史对晶胞参数的影响比较大，尤其是侧向晶胞参数对其依赖性最为明显。在正交偏光中，不同晶型可以显示明显不同的光学特性，$\alpha$ 晶型在偏振光中呈现明显的黑十字消光图像，这是由于 $\alpha$ 球晶中大部分是由径向片晶(链垂直于球晶半径)组成的。$\alpha$ 晶型聚丙烯由于球晶的形态，一般具有较强的刚性和很好的抗蠕变能力，并且聚丙烯制品的透明度和热变形温度非常高，其熔点通常为 165～170℃。

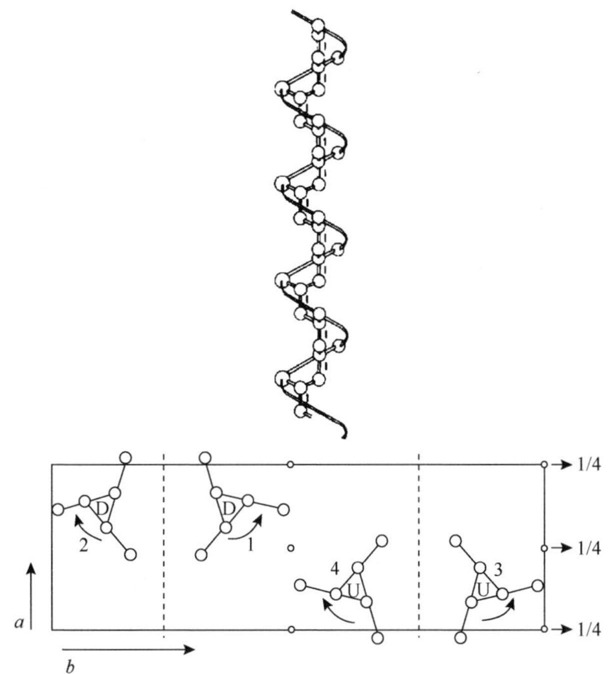


图 11.16　晶态 i-PP 分子链的 $3_1$-构象和晶胞沿 $c$ 轴方向投影的平面图($P_{2/c}$空间群)[3]

弯曲箭头指示左手螺旋、右手螺旋；“向上”(U)、“向下”(D)构形交替分布

i-PP $\alpha$ 晶型具有片晶和球晶两种形态，且片晶和球晶间有着密切联系。半结

晶型高分子从熔体静态结晶时，其结晶习性通常被认为是折叠链片晶，如图 11.17 所示。实际结晶条件下，片晶厚度为 5～20nm，展示一种独特趋势，即形成“交叉投影”(cross-hatched)形态。同时存在径向带状片晶和几乎沿着半径垂直方向的切向片晶的“交叉投影”。如图 11.18 所示，径向片晶(R，“母片晶”)是主要的，其优先生长方向沿着 $a^{*}$轴方向，链轴(即 $c$ 轴)垂直于半径方向和片晶的折叠表面[31-36]。径向和切向片晶的夹角几乎是直角，可见径向片晶的 $a$ 轴和 $c$ 轴分别与切向片晶的 $c$ 轴和 $a$ 轴相匹配。

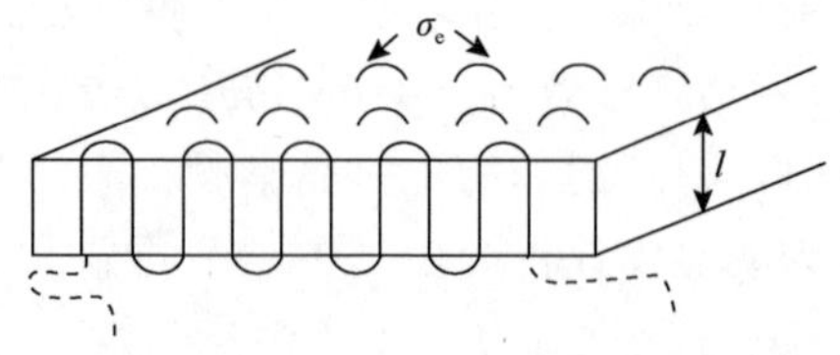


图 11.17 半结晶型高分子片晶中的折叠分子链[31]

$l$ 表示片晶厚度；$\sigma_e$ 表示折叠表面自由能

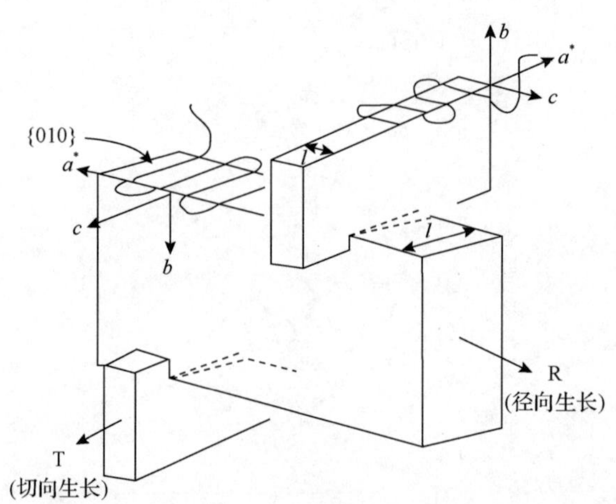


图 11.18 i-PP 交叉投影片晶形态示意图[37]

径向(R)母片晶(厚)和切向(T)子片晶(薄)中分子链的排列及相互关系

$\alpha$ 型球晶可以划分为类型Ⅰ、类型Ⅱ和混合型球晶[38]。根据这些分类标准，在正交偏振光中呈现明显黑十字(maltese cross)消光图像，并具有正双折射的是类型Ⅰ球晶；类型Ⅱ球晶也呈现黑十字消光图像，但它的双折射是负的。混合球晶呈现不完善的黑十字消光图像。因为双折射符号不同，所以色彩不同区域交替出现。类型Ⅱ球晶在较高温度(＞138℃)下形成，而类型Ⅰ球晶则在较低温度(＜136℃)下形成，实际温度范围则依赖于熔融热历史和特定的 i-PP[39-41]。

i-PP $\alpha$ 晶型的熔点受等规度和热历史的影响很大。热历史影响在半结晶型高分子中一般都存在，熔点和熔程由链内和链间缺陷分布决定。需要说明的是，半结晶型高分子的表观熔点与平衡熔点是有区别的，这与多种因素有关，它们包括高分子相对分子质量、分子链上非晶序列分布、高分子共混物特殊热力学相互作用、稀释作用、取向等。在给定结晶温度下，存在着动力学上占优势的特定片晶厚度 $l$，导致片晶内形成折叠链构象，薄片晶会导致熔点下降，其关系式为

$$T_{\mathrm{m}} = T_{\mathrm{m}}^{0}\left(1-\frac{2\sigma_{\mathrm{e}}}{\Delta h_{\mathrm{f}}^{0} l}\right) \tag{11.7}$$

式中，$\sigma_{\mathrm{e}}$ 为折叠表面的界面自由能；$\Delta h_{\mathrm{f}}^{0}$ 为单位体积晶体熔融热；$l$ 为片晶厚度；$T_{\mathrm{m}}$ 为表观熔点；$T_{\mathrm{m}}^{0}$ 为理论上完美的无限大的晶体平衡熔点。式(11.7)把熔点与片晶厚度联系起来，通过它可以预知厚晶体在较高温度下熔融，相反，薄晶体则在较低温度下熔融。用传统外推方法得到的 $T_{\mathrm{m}}^{0}$ 值为 185～188℃，当结晶温度远远偏离上述平衡熔点时，所得表观熔点为 181～185℃。

i-PP 结晶动力学广泛使用 Avrami 分析法来研究。Avrami 方程式为

$$1-\theta=\exp(-k_{\mathrm{t}} t^{n}) \tag{11.8}$$

式中，$\theta$ 为相对结晶度；$t$ 为时间，min；$k_{\mathrm{t}}$ 为结晶常数；$n$ 为常数，与结晶机理和生长维度有关。式(11.8)定量地描述了整体结晶度随时间的转变，也就是随后即将讨论的本体结晶动力学，它受到成核速率、成核密度和球晶生长速率等因素的综合影响。

i-PP $\alpha$ 型晶体的熔点和结晶度受到 i-PP 规整度和共聚物中共聚单体的类型及含量的强烈影响。然而，多重熔融吸热存在和结晶中等热增厚使得热行为阐述变得复杂。

3. 等规聚丙烯 $\beta$ 型晶体

$\beta$ 晶型聚丙烯属于三方晶系，被认为是具有较低密度的晶胞结构，在一定的结晶温度范围内具有更快的结晶速率和较低的表观熔点[16, 22, 23]，在一定的温度和外场作用下具有亚稳态特征。相对于 $\alpha$ 晶型来说具有较低的有序性，一般来说很难得到纯的 $\beta$ 晶型聚丙烯。其晶胞参数为 $a$=$b$=1.101nm，$c$=0.65nm[24]。在早期的研究工作中，将 $\beta$ 晶型的球晶分为 $\beta$Ⅲ型和 $\beta$Ⅳ型，两种 $\beta$ 晶型球晶都有负双折射现象，$\beta$Ⅲ型球晶呈现均匀的径向双折射，$\beta$Ⅳ型球晶呈现同心环带状。$\beta$ 晶型 iPP 比 $\alpha$ 晶型 iPP 有更好的延展性和韧性，断裂伸长率明显优于 $\alpha$ 晶型 iPP。但是由于其球晶内部存在缺陷，弹性模量和屈服强度小于 $\alpha$ 晶型 iPP。也正是由于这种缺陷，其成膜后具有较好的印刷性和透气性。

$\beta$ 晶型的平衡熔点 $T_{\mathrm{m}}^{0}(\beta)$ 的报道值围绕在 174℃左右，有所差异。这些研究大

部分是使用 Hoffman-Weeks 法测定 $T_m^0$。尽管认为 $\beta$ 晶型的平衡熔点比 $\alpha$ 晶型的略低一些，但是真实的结果难以确定。造成这个困难的部分原因是 $\beta$ 晶型向 $\alpha$ 晶型的热诱导转变，该转变限制了 Hoffman-Weeks 分析法可用的过冷度范围。在实际结晶条件下，$\beta$ 晶型的熔点较低，加热时 $\beta$ 晶型向 $\alpha$ 晶型转化或者 $\beta$-$\beta$ 重组过程，以及由此引起的多重熔融行为。因为两种晶胞的显著差别，$\beta$ 晶型向 $\alpha$ 晶型转化需要一个熔融/再结晶的步骤。多数情况下，在较高温度下退火时，观察到 $\beta$ 晶型的初始含量在短时间内迅速减小至相对恒定水平。$\beta$ 晶型范围内，在每一个退火温度下，其结晶度会随着温度的升高而降低。这种现象说明 $\beta$ 晶型有稳定性分布。

### 11.4.2　聚乙烯

#### 1. 聚乙烯的晶体结构、密度和熔点

线型聚乙烯的主要晶型是正交形(空间对称群)，晶胞示于图 11.19，晶格常数 $a$=0.740nm，$b$=0.493nm，$c$=0.253nm。链轴与 $c$ 轴方向一致，理论上完全无支化 PE 晶体的密度为 1.000g/cm$^3$，支化将使晶胞少许膨胀：$a$ 增大到 0.770nm，而 $b$ 增大到 0.500nm。

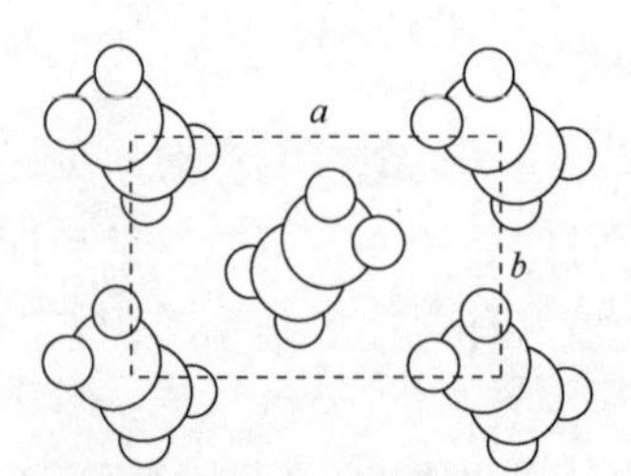

图 11.19　HDPE 正交变形晶胞[42]

$a$ 和 $b$ 是晶格常数

聚乙烯分子链因折叠形成层晶而进行结晶。通常把层晶作为整体结晶聚乙烯在形态学上的基本结构单元，这些单元尺寸为 $10^{-6}$～$10^{-5}$cm 尺寸太小，不能使光散射，在光学显微镜下不能分辨出来。而聚乙烯材质的产品由于球晶的存在，往往呈现半透明状。球晶是由晶核向各个方向延伸生长的纤晶组成的，其形态呈对称球状。球晶是聚乙烯晶体中占优势的生长单元。球晶并非固体聚乙烯所专有的，也不是高分子体系所专有的，有机或无机的单体物质都可以生成球晶。具有完全不同化学结构的物质的球晶生长方式和所生成的球晶形态是相似的。这表明球晶生长机理与结晶物种的分子结构没有什么特定的关联。但分子结构并非对球晶的形态(如尺寸、尺寸分布和织理)没有影响。

HDPE 在典型条件下从熔体中结晶的主要形态单元是球晶，仅在高倍放大的偏光显微镜下可以看到这是很小的各向异性球体。球晶的亚结构单元是似细棒状的纤丝，从中心沿各方向遍布到周边，并常带有分枝，使球晶体充满。纤丝由层晶(微晶)所组成，其中 $c$ 轴垂直，而 $b$ 轴平行于纤丝.

球晶是 HDPE 缓慢地从熔体中结晶的特征，迅速结晶会生成相互缠绕的层状或棒状结构。从稀溶液中慢慢结晶得到的是平、薄的斜方形单晶，晶体长度取决

于结晶条件，能达到几微米，典型厚度为 10～15mm，并随温度升高而增加，高分子链的取向正交于晶面。相对分子质量为 100000 的典型 HDPE 分子长度约 900nm，在结晶过程中高分子链要折叠许多次。

HDPE 正交晶体的外推平衡熔点为 146～147℃，$\Delta H_f$ 为 401kJ/mol；但实际测得聚乙烯高度结晶试样的最高熔点 $T_m$ 为 133～138℃，$\Delta H_f$ 为 270～290kJ/mol。线型聚乙烯的 $T_m$ 取决于相对分子质量，当相对分子质量从约 $1\times10^6$ 降到 $4\times10^4$ 时，$T_m$ 从 137℃降到 128℃。商品 HDPE 的 $T_m$ 主要取决于支化度，并可用式(11.9)表示

$$1/T_m - 1/T_m^0 = -(R/\Delta H_f)\ln P_t \tag{11.9}$$

式中，$T_m^0$ 为完全规则的聚乙烯熔点；$R$ 为摩尔气体常数；$P_t$ 为反映共聚物结构的概率因子，对于低 $\alpha$-烯烃含量的共聚物，$P_t$ 等于共聚物中的共聚单体摩尔分数。HDPE 结晶迅速，在初期的结晶动力学可用如下 Avrami-Khio-Mogorov 方程表示

$$X_t / X_\infty = 1 - \exp(-Kt^n) \tag{11.10}$$

式中，$X_t$ 和 $X_\infty$ 分别为高分子在 $t$ 时的结晶度和权限结晶度；$K$ 和 $n$ 为取决于温度、相对分子质量及支化情况的参数。结晶初期，$t$ 及 $X$ 值很小，可将式(11.10)转化为 $X_t/X_\infty=Kt^n$。典型 $n$ 值为 2.5～3.5，反映了结晶过程的成核机理。HDPE 相对分子质量增大到 150000 时，$K$ 值随之增大。如果相对分子质量进一步增大，则 $K$ 值下降。随着相对分子质量增大，$n$ 值从约为 4 单调地降到 2。通常，支化的聚乙烯比线型的聚乙烯结晶快，然而两者的 $X_\infty$ 是不同的，线型 HDPE 的 $X_\infty$ 为 80%～90%，而支化 HDPE 的 $X_\infty$ 为 50%～60%。

结晶速率与温度的关系是复杂的，当温度从 $T_m$ 降到约 70℃时，由于提高了成核速率，结晶速率要逐渐加快，但在更低温度下大分子从过冷熔体中扩散到结晶位缓慢，会妨碍结晶过程。此外当在结晶过程中 $X_t$ 达到 0.5～0.7$X_\infty$ 时，结晶速率也会急剧下降。以后的缓慢过程称为次级结晶过程，可以通过加热(退火)来加速次级结晶过程。

聚乙烯是半结晶型高分子，常用结晶度来表明晶区在高分子中所占的份额。常用红外光谱、X 射线衍射、DSC 及密度测定结晶度。红外光谱法是利用在 1894cm$^{-1}$ 处聚乙烯结晶的吸收带或基于 730～722cm$^{-1}$ 双重谱线的相对吸收情况进行测定。X 射线衍射常是记录厚高分子膜的 X 射线的衍射谱图，测定三块衍射面积($S$)，其中两块是结晶峰(110)和(200)的面积，另一块是无定形峰($\alpha$)的面积，按式(11.11)计算结晶度：

$$X(\%) = [S(110) + aS(200)]\times 100 / [S(110) + aS(200) / bS(\alpha)] \tag{11.11}$$

按照 ASTMD 3124，$a$=1.43，$b$=0.69。

用 DSC 法测定试样熔化热 $\Delta H_f$，可按式(11.12)求取结晶度：

$$X(\%) = (\Delta H_f / \Delta H_f^0) \times 100 \tag{11.12}$$

式中，$\Delta H_f^0$ 为完全结晶物质的理论熔化热，为 276～300J/g。

2. 聚乙烯的拉伸力学性能

拉伸力学性能常用来表征高分子首要的物理机械性能，从拉伸实验可以求取屈服点、极限拉伸强度、断裂伸长率、正割模量等重要的材料力学性能。典型的线型聚乙烯在拉伸时的应力-应变曲线如图 11.20 所示。拉伸的最初阶段，应力和应变呈直线关系变化，直线的斜率相当于聚乙烯材料的弹性模量。越过最高点，说明聚乙烯材料开始发生塑性形变，这个最高点称为聚乙烯材料的屈服点，其对应的应力和应变称为屈服应力和屈服应变。随着形变增大，应力衰减到一限定值后就随着形变增大基本上保持恒定，试样形变部分出现细颈，随着细颈形成进程，整个测量段的截面逐渐缩小，直到缩成几乎形成均匀的截面。

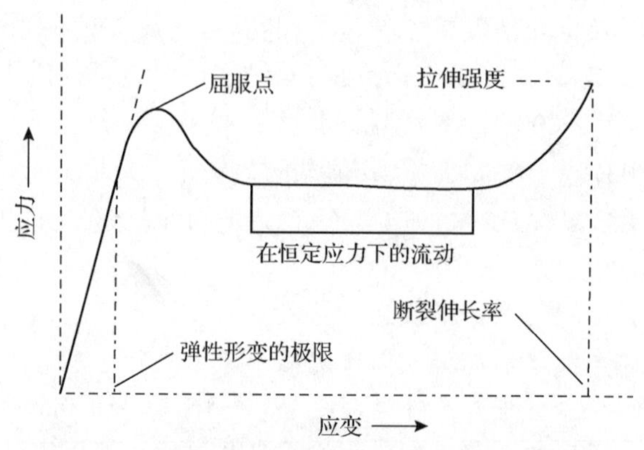


图 11.20　聚乙烯的典型应力-应变曲线[2]

当外应力作用于聚乙烯材料时，其发生形变时球晶的结构也发生变化，聚乙烯球晶体系随着应力协调形变，最初的形变是弹性的。在试样屈服时，剪切形变占主要，使得层晶中微晶之间的联系发生破坏，使组成球晶的纤晶滑移，进而使层晶解体，链轴沿平行于形变的方向排列，即从球晶结构变成纤晶体系。而拉伸中的细颈实际上是由高度取向的成捆聚乙烯分子组成的区域，进一步拉伸，使起始形态结构(球晶、纤晶)解体，而取向高分子分子区域增大，层间滑移和微晶取向就在试样未行变化的部分与细颈之间的边界处发生，并继续在细颈中进行，直到试样中所有物不再是微晶的取向，而是在高分子中无定形区域承担负载。

1) 相对分子质量的影响

对于线型聚乙烯而言，随着相对分子质量增大，有利于形成系带分子。例如，低相对分子质量 HDPE 是脆的，在低形变(约 10%)下会脆裂，拉伸时不会产生细颈。相对分子质量达 80000～160000 的商品 HDPE 常产生细颈，具有高的拉伸强度和断裂伸长率。

2) 长支链的影响

对具有相等密度和熔体指数的两种低密度聚乙烯——HP-LDPE 和 LLDPE，它们的分子结构和晶态结构不同，因而物理机械性能也不同。具有长支链的 HP-LDPE 分子呈树枝状(釜式法)或梳状(管式法)，可以看成是物料的堆积体。而线型 LLDPE 分子比 HP-LDPE 长得多，因而具有较长、较多的系带分子。所以 LLDPE 比 HP-LDPE 强度大，无论是刚性(正割模量表示)、拉伸强度、冲击强度、抗穿刺性及抗撕裂强度，LLDPE 均高于相应的 HP-LDPE。此外，HP-LDPE 的聚集态性质使晶体不能像 LLDPE 那样紧密堆砌，所以 LLDPE 要比具有同等密度的 HP-LDPE 的刚性(正割模量)大，如图 11.21 所示。

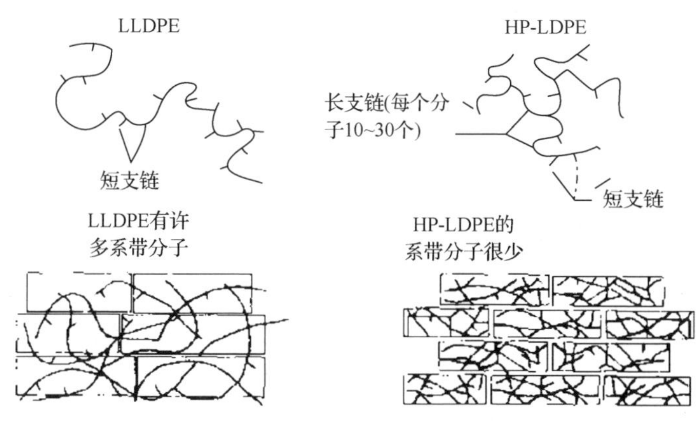


图 11.21　系带分子链结晶区[2]

3) 短支链类型的影响

短支链类型(共聚单体类型)也影响 LLDPE 的应力-应变曲线。支链越长，则为了达到给定密度的平均支链频率就越小，因为较长支链不能结合到折叠链层状结构中，就严重干扰了链的折叠，所以存在体积大的支链促使生成层晶间的系带分子，如图 11.22 所示。与丙烯共聚形成的甲基，因较小，可以接到聚乙烯折叠链结构中。所以一个给定分子可以只参与一个折叠链层晶，即甲基支链不促使产生系带分子，而乙基、丁基支链不一样，这些支链迫使一个分子参与另一层晶，就使系带分子浓度增大，在形成纤维状形变时促使发生应变硬化现象。

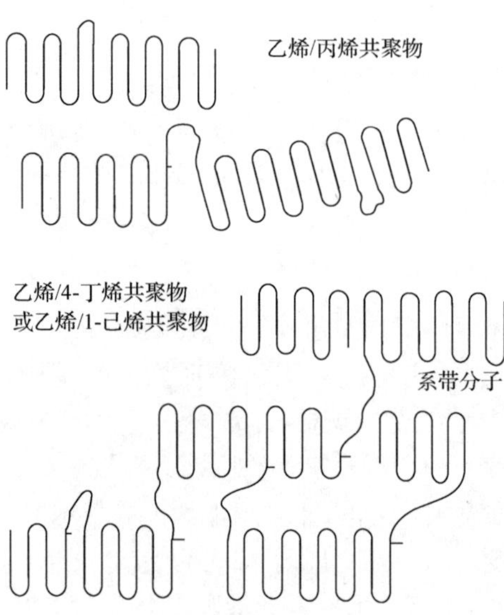


图 11.22　短支链长度对系带分子的影响[2]

### 3. 聚乙烯的冲击强度与脆点

冲击性能是常用以表征塑料韧性的一项重要标志。树脂的韧性在聚乙烯的物理机械性能中具有重要的地位，而系带分子对韧性产生重要的作用。韧性热塑性塑料损坏时常有大的永久性形变，而脆性塑料则在较小永久性形变下就已损坏。冲击强度表示高分子在冲击力作用下破坏时所吸收的功，常由应力-应变曲线包围的面积或由拉伸强度和断裂伸长率的乘积求得冲击强度值。冲击强度仪可研究裂缝的引发、增长和断裂过程。通常用悬臂梁式(izod)冲击强度测试仪，按 ASTMD 256—2010 或 GB 1843—2008 对聚乙烯进行材料测试。随着密度和熔体指数的增大(相对分子质量减小)，冲击强度随之减小。

按 ASTMD 746—1998 或 GB 5470—2008 测得的脆点实际上是用冲击法来衡量材料的低温韧性。当温度降低时，分子的运动频率下降，聚乙烯的碳-碳主链趋于静止，尤其是当温度低于聚乙烯的玻璃化转变温度时，聚乙烯由高弹态转变为玻璃态，分子链和链段都不能运动，此时聚乙烯易脆易断裂。可按照 ASTMD 746—1998 或 GB 5470—2008 用冲击法来衡量材料的脆点。

### 4. 聚乙烯的抗应力开裂性

聚乙烯的应力开裂分为溶剂应力开裂和环境应力开裂两类，是聚乙烯制品在内部模塑应力或者外部应力单独或共同作用下产生的裂纹、开裂等现象。溶剂应力开裂是指受溶剂作用的材料表面层内聚能降低，是材料的总体强度下降造成的开裂现象。环境应力开裂是聚乙烯制品在应力作用下，与环境中的活化介质相接触时从表面开始产生的脆性开裂。

对于可能埋地或是暴露在化学介质中的管材、电信电缆和中空容器，在抗环境应力开裂性(ESCR)上有严格的要求。窄相对分子质量分布及高相对分子质量 LLDPE 的 ESCR 优于 HP-LDPE。含有乙酸乙烯酯或丙烯酸乙酯的 HP-LDPE 共聚物，或将丁基橡胶、乙丙三元胶，或苯乙烯与丁二烯的嵌段共聚物与 HP-LDPE 共混，都能显著改善 HP-LDPE 的 ESCR。

### 11.4.3　其他高分子材料

1) 聚偏氟乙烯

PVDF 是含氟高分子中的一种特种塑料，结构式如图 11.23 所示，是一种无毒、无臭、无味，外观为透明或半透明的多晶型结晶高分子。PVDF 最重要的一个特点是韧性高，它是氟塑料中拉伸强度较高的产品($500kg/cm^2$)，冲击强度和耐磨性能较好。PVDF 的抗紫外线和耐老化性能优异，耐辐射、耐臭氧、耐紫外线，对波长 2000～4000Å 的紫外线辐照稳定，将其薄膜置于室外二十年也不会变脆龟裂。而且，PVDF 的化学稳定性良好，只有发烟硫酸、强碱、酮、醚等少数化学品能使其溶胀或部分溶解[43]。

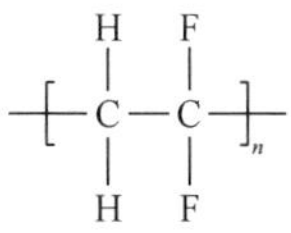

$$\left[ -\overset{\displaystyle H}{\underset{\displaystyle H}{\overset{|}{\underset{|}{C}}}} - \overset{\displaystyle F}{\underset{\displaystyle F}{\overset{|}{\underset{|}{C}}}} - \right]_n$$

图 11.23　PVDF 的分子结构式

PVDF 结构对称、规整，为结晶型高分子，结晶度一般为 50%左右，结晶温度在 140℃附近。对于锂离子电池隔膜来说，离子的传导主要发生在无定形区，但是 PVDF 中晶区的存在限制了离子的传导，因此需要对其进行改性，降低 PVDF 体系的结晶度，提高无定形区的离子传导能力，从而大大提高锂离子电导率。常用的方法有共聚，引入低结晶度或非晶态高分子进行共混纺丝，加入无机纳米粒子破坏高分子规整性等方法[44]。

2) 聚四氟乙烯

PTFE 是一种白色、无毒、无味的高分子，具有优良的介电性能[45, 46]、极低的表面摩擦系数和良好的低温延展性[47, 48]，以及较高的热稳定性和化学惰性[47,50]，成为尖端科学和现代工业不可缺少的重要材料之一。由于 PTFE 具有耐高低温、耐强酸碱和有机溶剂、抗氧化能力强等[51-53]特点，采用 PTFE 制成的微滤膜具有电池隔膜所需的较高孔隙率、较低电阻、较高耐刺穿强度和良好弹性等性能，还具有良好的化学稳定性和热稳定性，在 125℃下强酸、强碱和强氧化还原环境中性能稳定，尤其是其良好的抗氧化还原性能对提高锂离子电池的使用寿命和使用安全性更具优越性。这使得 PTFE 可以作为改性聚乙烯或者聚丙烯隔膜的材料。

3)聚酰亚胺

聚酰亚胺是一类分子链中含有环状酰亚胺基团的高分子(图 11.24)，简称 PI，是工程塑料[54]。由于聚酰亚胺中具有刚性结构的分子链，因此其优点包括强度高、模量高、热稳定性好、热膨胀系数较小、制品尺寸稳定性好等，并且应用范围广阔，包括航空航天、电子电气、化工、高温过滤等方面。

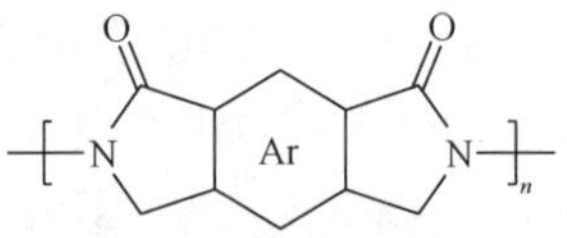

图 11.24 聚酰亚胺的分子结构式[54]
Ar 代表芳香基

聚酰亚胺按照加工性能分类，可以分为 TS 型聚酰亚胺(热固性)和 TP 型聚酰亚胺(热塑性)。目前，大部分聚酰亚胺为 TP 型。其中具有代表性的商业化聚酰亚胺材料，如美国 DuPont 公司的二苯醚型 Kapton 材料，其色泽金黄、机械强度高、耐溶剂性好、耐高温性好，是一种极其优秀的耐高温塑料。TP 型聚酰亚胺以聚醚酰亚胺为代表。

# 11.5 电池隔膜制备工艺

目前市售的主要锂离子电池隔膜，按照生产工艺可以分为干法膜和湿法膜。其中干法膜又可细分为干法单向拉伸工艺膜和干法双向拉伸工艺膜。不同工艺制备的隔膜，性能上有所不同(表 11.12)。由于动力电池的广泛应用，隔膜的安全问题成为市场关注的热点，因此又发展了一些新的隔膜制备工艺，如直拉蒸发工艺和静电纺丝工艺。

**表 11.12 干法和湿法隔膜主要物理性能对比**

| 指标 | 干法单向拉伸 | 干法双向拉伸 | 湿法拉伸工艺 |
|---|---|---|---|
| 孔径大小 | 大 | 大 | 小 |
| 孔径均匀性 | 较差 | 较差 | 较好 |
| 拉伸强度均匀性 | 差，各向异性 | 较好，各向异性 | 较好，各向同性 |
| 横向拉伸强度 | 低 | 较高 | 较高 |
| 横向收缩率 | 低 | 较高 | 较高 |
| 穿刺强度 | 低 | 较高 | 较高 |

## 11.5.1 干法拉伸工艺

### 1. 干法单向拉伸工艺

干法单向拉伸工艺又称为熔融单向拉伸工艺[55, 56]，可分为高分子树脂的混合熔融、挤出铸片、单向拉伸和退火定型这几个阶段，如图 11.25 所示。其原理是将高分子在挤出机中熔融混合后，经过模头挤出后铸造成片材，在一定温度下处理成为具有弹性的硬弹膜片材料，在片材中均匀排列了垂直于机械方向的规整的晶片层结构[57-59]。再经过机械方向即纵向的拉伸后，本身排列规整的晶片层之间会发生分离，在分离的区域就形成具有梭形的狭长的微孔，这些微孔排列均匀，孔径较小，如图 11.26 所示。由于此种工艺制备的微孔膜孔径分布较均匀，所以是较早被锂离子电池使用的膜。

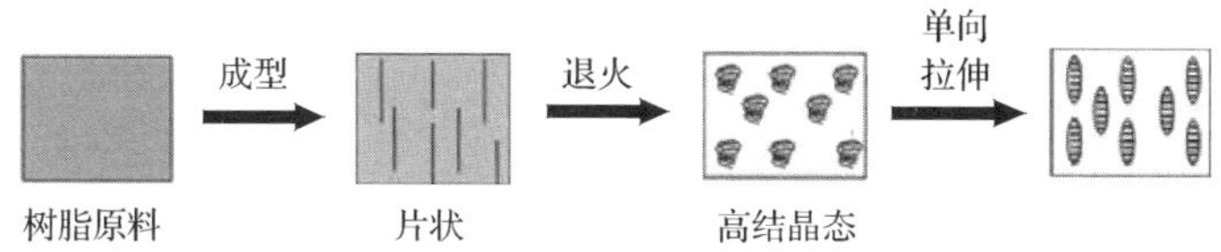


图 11.25　干法单向拉伸示意图

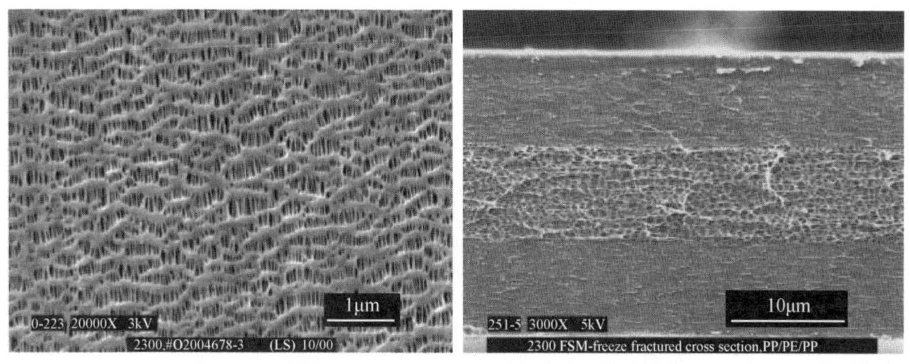


图 11.26　Celgard 公司生产的隔膜的 SEM 图

来源网页 Celgard. cn.com

干法单向拉伸工艺对设备和生产过程中温度的控制要求较高，拉伸温度在聚丙烯的结晶温度以下，因此其工艺的主要难点在于生产过程控制的精度上。

采用此方法制备隔膜的公司主要有美国 Celgard 公司和日本的宇部兴产株式会社(UBE)。美国 Celgard 公司是最早研究和开发该工艺的，并且其 PP/PE/PP 三层复合膜因为具有热闭孔功能而广受关注。日本宇部兴产株式会社通过购买 Celgard 公司的相关专利使用权进行生产。这种工艺因为没有进行横向拉伸，所以生产的隔膜横向拉伸强度较差，但横向几乎没有热收缩。

### 2. 干法双向拉伸工艺

该工艺是通过在聚丙烯中加入 $\beta$ 晶型成核剂[60]，利用聚丙烯 $\beta$ 晶型易于拉伸和晶体内部存在大量缺陷的特性，在双向拉伸过程中通过晶型的转变形成微孔。

干法双向拉伸工艺的基本原理是：利用聚丙烯 $\beta$ 晶型易于拉伸和晶体内部存在大量缺陷的特性，在双向拉伸的过程中通过晶型的转变形成微孔[61]。该工艺包括以下主要步骤：①流延铸片，得到$\beta$晶型含量高、形态均一性好的聚丙烯流延铸片；②纵向拉伸，在一定温度下对铸片进行纵向拉伸，利用$\beta$晶型受拉伸应力易成孔的特性来制孔；③横向拉伸，在较高的温度下对样品进行横向拉伸以扩孔，同时提高孔隙尺寸分布的均匀性；④定型收卷，通过在高温下对隔膜进行热处理，降低其热收缩率，提高尺寸稳定性。

干法双向拉伸工艺的主要特点是：生产工序可连续、工艺简单，制孔过程不需要溶剂，因此，生产成本低于单向拉伸和湿法拉伸工艺，投入产出比高。另外，此隔膜工艺技术门槛相对较低，且生产效率高，有望成为未来制备锂离子电池隔膜的主流方法。最近的研究表明，拉伸温度和拉伸倍率对微孔膜的孔型、孔结构有着显著影响。当拉伸温度升高后，聚丙烯微孔膜的平均孔径增大，隔膜透气性增强，孔隙率增加，但温度过高会出现破膜现象。因此，对于聚丙烯微孔膜而言，拉伸温度一般控制在 110～130℃(图 11.27)。另外，随着拉伸倍率增加，微孔膜孔隙率呈现先增大后减小的趋势，这主要是因为拉伸倍率的增加使得非常小的微孔受到晶层微纤取向排列的挤压而愈合，将拉伸初期形成的连通的孔道堵塞，孔隙率下降，但是下降的幅度不大。

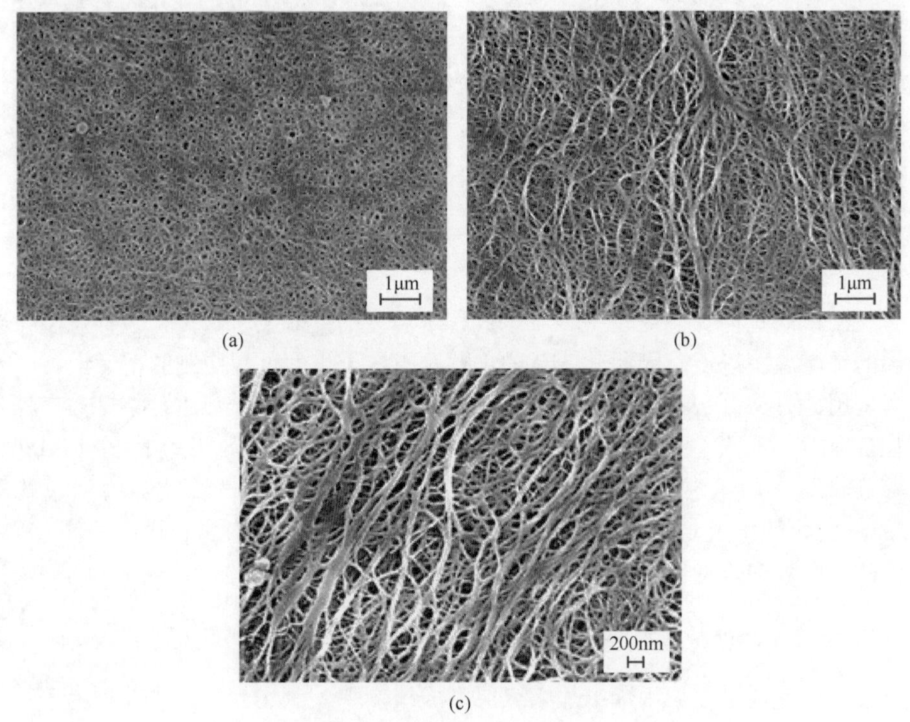

(a)　(b)　(c)

图 11.27　不同拉伸温度下聚丙烯微孔膜的 SEM 图

(a) 110℃；(b) 120℃；(c) 130℃

## 11.5.2　湿法拉伸工艺

湿法拉伸工艺又称热致相分离工艺[62,63]，原理是将聚烯烃(通常为聚乙烯树脂)与一些低相对分子质量的液体在高温下混合成均相的溶液，然后降低温度，使得混合溶液发生液-固或液-液相分离。经过双向拉伸后成膜，然后采用二氯甲烷溶液作为萃取剂，将低相对分子质量的溶剂(如液体石蜡)萃取出来，经过烘干定型后得到具有一定孔型结构的聚烯烃微孔膜[64]，如图 11.28 所示。

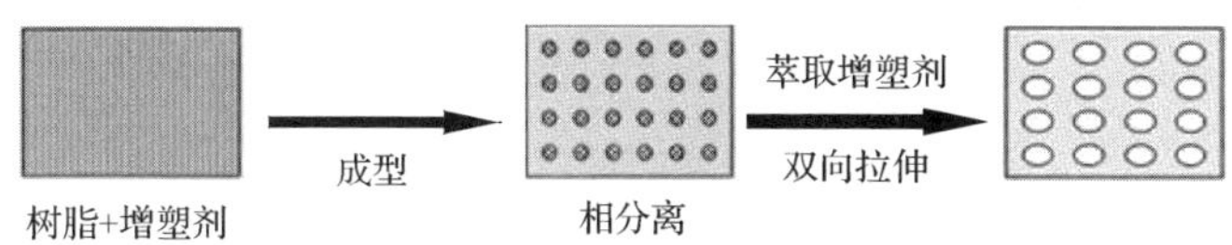


图 11.28　湿法拉伸工艺示意图

利用该工艺可以生产 HDPE 或者 UHMWPE 微孔膜。湿法拉伸工艺同干法拉伸工艺相比，过程相对容易控制，形成微孔膜的孔隙率较高，孔径分布也较均匀，并且隔膜的拉伸强度和穿刺强度较大。但是在制备隔膜的过程中，需要大量使用易挥发的四氯化碳，这样很容易对环境造成污染，并且增加的萃取等工序使得湿法隔膜生产投资较大。目前市面上，日本和韩国的隔膜公司使用该工艺较多，主要有日本旭金属工业株式会社(Asahi)、日本东燃通用集团(Tonen)、韩国 SK 集团和韩国 LG 集团等，如图 11.29 所示。

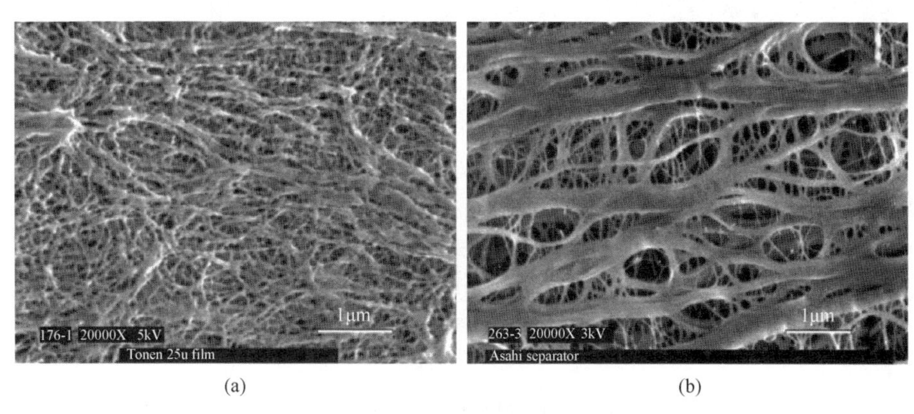


图 11.29　湿法锂离子电池隔膜的 SEM 图[63]

(a) Tonen；(b) Asahi

编著者课题组在 2012 年采用湿法拉伸工艺制备了聚乙烯微孔膜，对聚乙烯和增塑剂的比例进行了优化。而且添加成核剂聚乙烯吡咯烷酮(polyvinyl pyrrolidone，PVP)调控微孔结构(图 11.30)，改善膜的性能，讨论了 PVP 的成核作用对膜的孔结构、孔隙率、吸液率及结晶度的影响[65]。研究发现(图 11.31)：以液体石蜡作为增塑剂，加入成核剂 PVP 制备聚乙烯微孔膜，PVP 的加入使得晶核数量增多，以异相成核方式进行生长。相分离过程中，聚乙烯在较高的温度时开始结晶，分子链段的运动较为活跃，提高了结晶速率，利于晶核有序地生长并排列成规整的结构。球晶数量的增多使得球晶间的空隙也增多，孔隙率增大，吸液率也增大。当 PVP 的添加量为 2.0%时，孔隙率、吸液率达到最大。

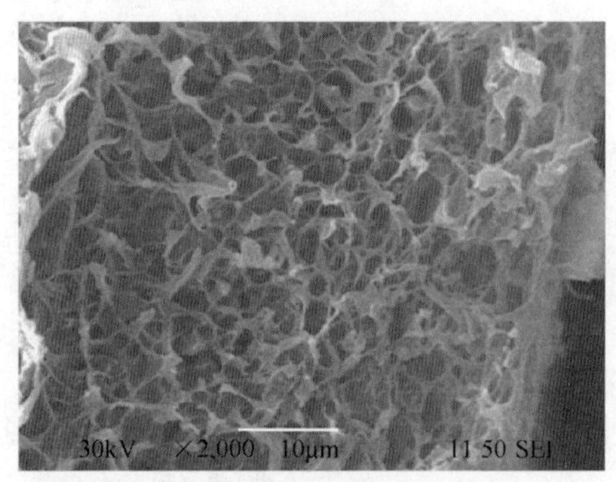


图 11.30 微孔膜的截面形貌

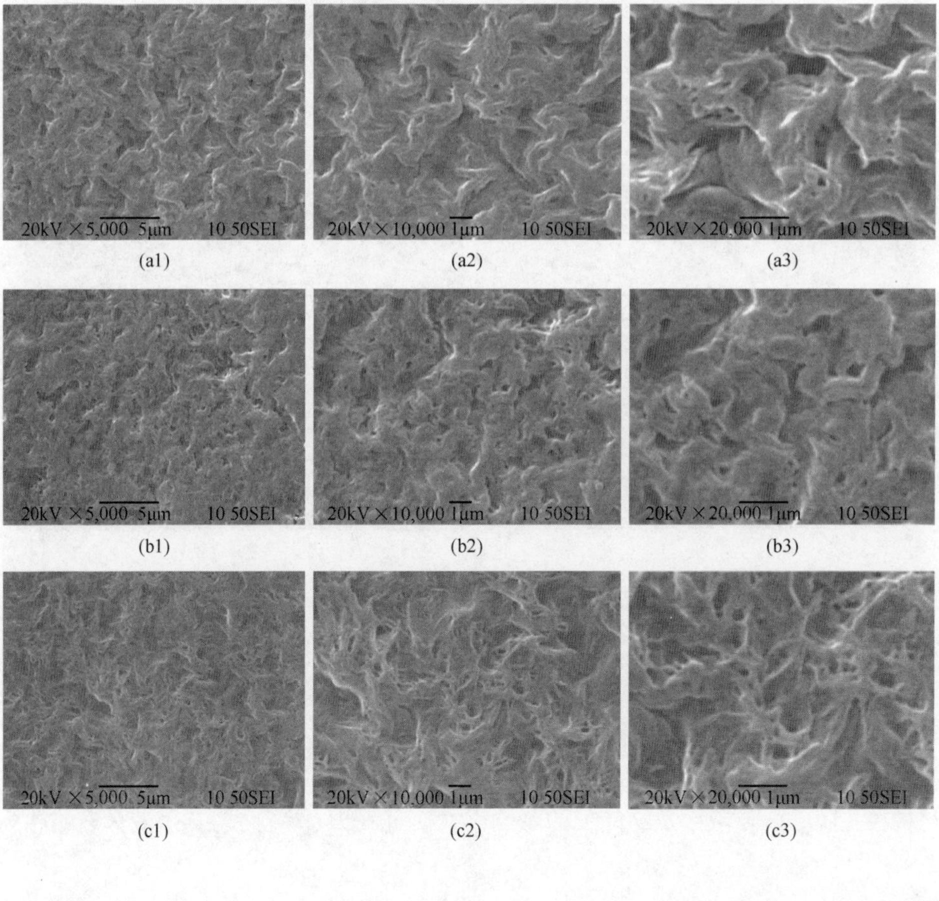

(a1) (a2) (a3)

(b1) (b2) (b3)

(c1) (c2) (c3)

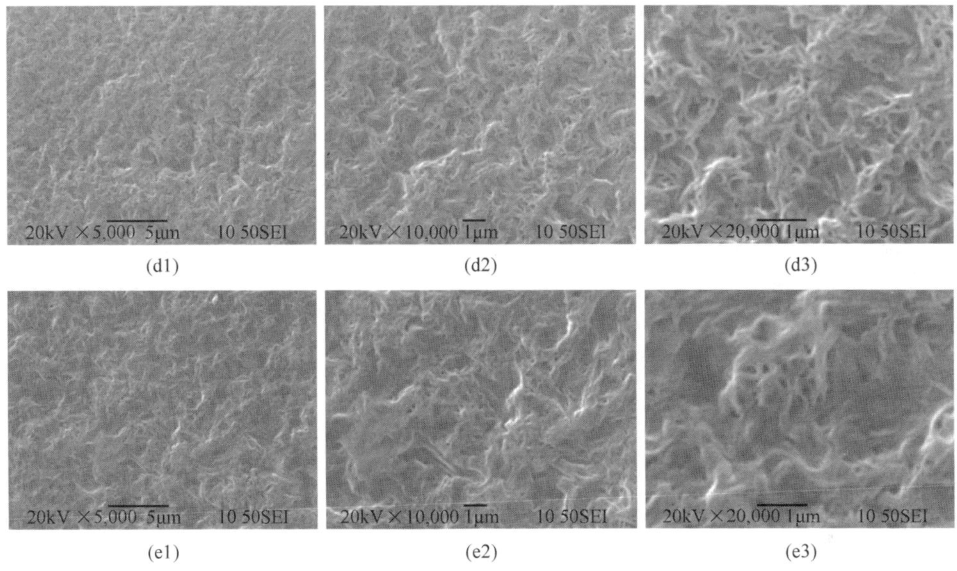


图 11.31　添加不同量 PVP 微孔膜的表面形貌

(a1)~(a3) 0.2%；(b1)~(b3) 0.5%；(c1)~(c3) 1.0%；(d1)~(d3) 2.0%；(e1)~(e3) 5.0%

### 11.5.3　直拉蒸发工艺

直拉蒸发工艺是一种新的制备隔膜的工艺。该工艺是将聚乙烯作为制备膜的原料，同时混合某种易挥发的有机烃类作为成孔剂，在一定温度下将有机烃类挥发出去，从而在聚乙烯膜内形成微孔。使用该方法制备的隔膜，孔隙率较大，适用于倍率型电池(图 11.32)。而且同湿法拉伸工艺相比，直拉蒸发工艺省去了萃取的工序，成本降低。

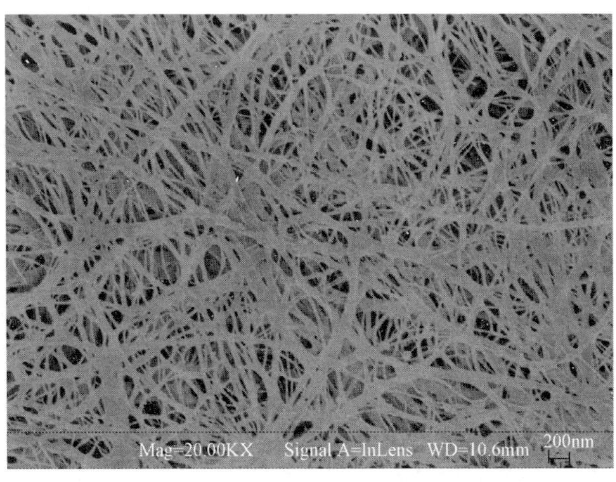


图 11.32　直拉蒸发法制备的聚乙烯隔膜

### 11.5.4 静电纺丝工艺

静电纺丝工艺是指在外部高压电场的作用下将溶解高分子的溶液，通过电压作用在接收器中收集成纤维，然后通过纺织工艺得到具有无纺布性质的隔膜[66-68]，工艺流程见图 11.33。通过静电纺丝工艺，纤维的直径可以达到亚微米甚至纳米级[图 11.29(b)]，近几年也被用来制备隔膜应用于锂离子电池中[69]。静电纺丝机的基本组成主要有 3 个部分：静电高压电源、液体供给装置、纤维收集装置。电场的大小与毛细管口聚合物溶液的表面张力有关。由于电场的作用，聚合物溶液表面会产生电荷。电荷相互排斥和相反电荷电极对表面电荷的压缩均会直接产生一种与表面张力相反的力。当电场强度增加时，毛细管口的流体半球表面会被拉成锥形，称为 Taylor 锥[67]。进一步增加电场强度，使用来克服表面张力的静电排斥力到达一个临界值，此时带电射流从 Taylor 锥尖喷射出来。带电后的聚合物射流经过不稳定拉伸过程，变得很细很长，同时溶剂挥发得到带电的聚合物纤维。静电纺丝纳米纤维膜常使用 PVDF、PVC、PAN 和 PVDF-HFP 等高分子材料[70, 71]。例如，Kim 等[72]使用 PVDF 纺丝制备无纺布隔膜，发现 PVDF 膜的孔隙率较大，对电解液的吸收能力较强。通过比较 PVDF 纺丝膜吸收电解液前后的变化，发现 PVDF 本身在电解液中发生了膨胀。Liang 等[73]将制备好的 PVDF 纤维膜采用热处理的方式，提升膜的强度、电化学稳定性能和电池的循环性能。虽然 PVDF 非常容易纺丝成膜，但是由于其本身具有较高的结晶度，因此不利于锂离子的传输。通常降低 PVDF 结晶度的方法是对其进行改性处理。因此，常用改性后的 PVDF-HFP 作为新的研究对象[74-76]。

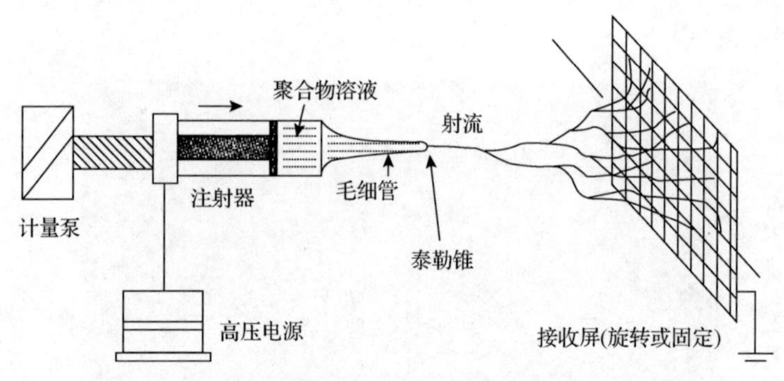


图 11.33　静电纺丝工艺流程

## 参 考 文 献

[1] 周达飞, 唐颂超. 高分子材料成型加工. 北京: 中国轻工业出版社, 2000.

[2] 桂祖桐, 谢建玲. 聚乙烯树脂及其应用. 北京: 化学工业出版社, 2002.

[3] Nello Pasquini. 聚丙烯手册. 第 2 版. 胡友良，等译. 北京：化学工业出版社，2008.

[4] 汤雁，苏晓倩，刘浩杰. 锂电池隔膜测试方法评述.信息记录材料，2014，15(2)：43-50.

[5] Jena A K, Gupta K M. In-plane compression porometry of battery separators. J Power Sources, 1999, 80(1-2): 46-52.

[6] Galli P, Barbè, Pier Camillo, Noristi L. High yield catalysts in olefin polymerization. General outlook on theoretical aspects and industrial uses. Macromol Mater Eng, 2010, 120(1): 73-90.

[7] Hutchinson R A, Chen C M, Ray W H. Polymerization of olefins through heterogeneous catalysis X. Modeling of particle growth and morphology. J Applied Polym Sci, 1992, 44(8): 1389-1414.

[8] Kakugo M, Sadatoshi H, Yokoyama M, et al. Transmission electron microscopic observation of nascent polypropylene particles using a new staining method. Macromolecules, 1989, 22(2): 547-551.

[9] Katti S S, Schultz M. The microstructure of injection-molded semicrystalline polymers: a review. Polym Eng Sci, 1982, 22.

[10] Phillips R, Herbert G, News J, et al. High modulus polypropylene: effect of polymer and processing variables on morphology and properties. Polym Eng Sci, 1994, 34(23): 1731-1743.

[11] Fujiyama M, Kitajima Y, Inata H. Structure and properties of injection-molded polypropylenes with different molecular weight distribution and tacticity characteristics. J Applied Polym Sci, 2002, 84(12): 2142-2156.

[12] Padden F J, Keith H D. Spherulitic crystallization in polypropylene. J Appl Phys, 1959, 30(10): 1479-1484.

[13] Matsuo M, Kakei K, Nagaoka Y, et al. A light scattering study of orientation of liquid-crystalline rodlike textures of poly(gamma-benzyl-L-glutamate) in an electric field by saturation electric birefringence method. J Chem Phys, 1981, 75(12): 5911-5924.

[14] Brown W E. Crystal growth of bone mineral. Clin Orthop Relat R, 1966, 44(1): 205-220.

[15] Samuels, Robert J. Quantitative structural characterization of the mechanical properties of poly(ethylene terephthalate). J Polym Sci Polym Phys, 1972, 10(5): 781-810.

[16] Phillips R A. Macromorphology of polypropylene homopolymer tacticity mixtures. J Polym Sci Polym Phys, 2000, 38(15): 1947-1964.

[17] Toda A, Hikosaka M, Yamada K. Superheating of the melting kinetics in polymer crystals: a possible nucleation mechanism. Polymer, 2002, 43(5): 1667-1679.

[18] Sauer J A, Morrow D R, Richardson G C. Morphology of solution-grown polypropylene crystal aggregates. J Appl Phys, 1965, 36(10): 3017.

[19] Padden F J, Keith H D. Mechanism for lamellar branching in isotactic polypropylene. J Appl Phys, 2003, 44(3): 1217-1223.

[20] Bassett D C, Olley R H. On the lamellar morphology of isotactic polypropylene spherulites. Polymer, 1984, 25(7): 935-943.

[21] Bond E B, Spruiell J E, Lin J S. A WAXD/SAXS/DSC study on the melting behavior of Ziegler-Natta and metallocene catalyzed isotactic polypropylene. J Polym Sci Polym Phys, 1999, 37(21): 3050-3064.

[22] Mencik Z, Plummer H K, Oene H V. Confined-growth crystallization of polyethylene. J Polym Sci Polym Phys, 1972, 10(3): 507-517.

[23] Brückner S, Meille S V, Petraccone V, et al. Polymorphism in isotactic polypropylene. Prog Polym Sci, 1991, 16(2-3): 361-404.

[24] Lotz B, Wittmann J C, Lovinger A J. Structure and morphology of poly(propylenes): a molecular analysis. Polymer, 1996, 37(22):4979-4992.

[25] Melo N F S D, Grillo R, Guilherme V A, et al. Poly (lactide-co-glycolide) nanocapsules containing benzocaine: influence of the composition of the oily nucleus on physico-chemical properties and anesthetic activity. Pharm Res, 2011, 28 (8): 1984-1994.

[26] Rosa C D, Auriemma F. Structure and physical properties of syndiotactic polypropylene: a highly crystalline thermoplastic elastomer. Prog Polym Sci, 2006, 31 (2): 145-237.

[27] Seguela R. On the strain-induced crystalline phase changes in semi-crystalline polymers: mechanisms and incidence on the mechanical properties. J Macromol Sci Polym Rev, 2005, (3): 263-287.

[28] Radhakrishnan J, Ichikawa K, Yamada K, et al. Nearly pure $\alpha_2$ form crystals obtained by melt crystallization of high tacticity isotactic polypropylene. Polymer, 1998, 39 (39): 2995-2997.

[29] Hikosaka M, Seto T. The order of the molecular chains in isotactic polypropylene crystals. Polymer Journal, 1973, 5 (2): 111-127.

[30] 陈正年, 迟波, 吴石山, 等. 辐照改性 LLDPE 及增容增韧作用. 高分子材料科学与工程, 2006, (6): 138.

[31] Shen X, Hernández-Pagan E A, Zhou W, et al. Interlaced crystals having a perfect Bravais lattice and complex chemical order revealed by real-space crystallography. Nat Commun, 2014, 5: 5431.

[32] Binsbergen F L, de Lange B G M. Morphology of polypropylene crystallized from the melt. Polymer, 1968, 9: 23-40.

[33] Hashimoto K, Saito H. Crystallization after orientation relaxation in polypropylene. Polymer Journal, 2008, 40: 900.

[34] Schönherr H, Snétivy D, Vansco G J. A nanoscopic view at the spherulitic morphology of isotactic polypropylene by atomic force microscopy. Polym Bull, 1993, 30 (5): 567-574.

[35] Yamada K, Matsumoto S, Tagashira K, et al. Isotacticity dependence of spherulitic morphology of isotactic polypropylene. Polymer, 1998, 39 (22): 5327-5333.

[36] White H M, Bassett D C. On variable nucleation geometry and segregation in isotactic polypropylene. Polymer, 1997, 38 (22): 5515-5520.

[37] Huang Y, Xia Y, Liao S, et al. Molecular structure of poly (siloxaneimide) films and the rate of charge relaxation. Polym Sci Ser A, 2008, 50 (2): 174-180.

[38] Norton D R, Keller A. The spherulitic and lamellar morphology of melt-crystallized isotactic polypropylene. Polymer, 1985, 26 (5): 704-716.

[39] Waddon A J, Petrovic Z S. Spherulite crystallization in poly (ethylene oxide)–silica nanocomposites retardation of growth rates through reduced molecular mobility. Polymer Journal, 2002, 34 (12): 876-881.

[40] Kolb R, Wutz C, Stribeck N, et al. Investigation of secondary crystallization of polymers by means of microbeam X-ray scattering. Polymer, 2001, 42 (12): 5257-5266.

[41] Parthasarthy G, Sevegney M, Kannan R M. Rheooptical Fourier transform infrared spectroscopy of the deformation behavior in quenched and slow-cooled isotactic polypropylene films. J Polym Sci Polym Phys, 2002, 40 (22): 2539-2551.

[42] Nojima S, Kanda Y, Sasaki S. Time-resolved small-angle X-ray scattering studies on the melting behavior of poly (-caprolactone) -block-polybutadiene copolymers. Polymer Journal, 1998, 30 (8): 628-634.

[43] 张宇洁, 赵竹第, 于文学. 聚偏氟乙烯/碳纳米管纳米复合材料的制备和表征. 高分子材料科学与工程, 2010, 26 (6): 141-144.

[44] 程司辰. 基于静电纺丝法的 PVDF 基锂离子电池隔膜的制备与表征. 上海: 东华大学, 2013.

[45] 谢刚, 黄承亚. 聚四氟乙烯改性技术的研究. 合成材料老化与应用, 2007, 36 (1): 32-39.

[46] Xi Z Y, Xu Y Y, Zhu L P, et al. Studies on surface grafting of AAc/SSS binary monomers onto polytetrafluoroethylene by dielectric barrier discharge initiation. Appl Surf Sci, 2008, 254(22): 7469-7476.

[47] Takeichi Y, Wibowo A, Kawamura M, et al. Effect of morphology of carbon black fillers on the tribological properties of fibrillated PTFE. Wear, 2008, 264(3): 308-315.

[48] Burris D L, Sawyer W G. Improved wear resistance in alumina-PTFE nanocomposites with regular shaped nanoparticles. Wear, 2006, 260(7): 915-918.

[49] Liu C Z, Wu J Q, Ren L Q, et al. Comparative study on the effect of RF and DBD plasma treatment on PTFE surface modification. Mater Chem Phys, 2004, 85(2-3): 340-346.

[50] Murali K P, Rajesh S, Prakash O, et al. Comparison of alumina and magnesia filled PTFE composites for microwave substrate applications. Mater Chem Phys, 2009, 113(1): 290-295.

[51] Kim J H, Kawai M, Yonezawa S, et al. Improved thermal stability of crosslinked PTFE using fluorine gas treatment. J Fluorine Chem, 2008, 129(7): 654-657.

[52] 王亮亮, 陶国良. 高导热聚四氟乙烯复合材料的研究. 中国塑料, 2004, 18: 26.

[53] 陈观福寿. 聚四氟乙烯纤维及其应用研究进展. 新材料产业, 2011, (7): 48-51.

[54] 李友清, 刘丽, 刘润山. 聚酸亚胺研究. 精细石油化工进展, 2003, 4: 38.

[55] Liao H, Hong H, Zhang H, et al. Preparation of hydrophilic polyethylene/methylcellulose blend microporous membranes for separator of lithium-ion batteries. J Membrane Sci, 2016, 498: 147-157.

[56] Natta G, Corradini P, Ganis P. Prediction of the conformation of the chain in the crystalline state of tactic polymers. J Polym Sci Polym Chem, 2010, 58(166): 1191-1199.

[57] Alamo R G, Kim M H, María J G, et al. Structural and kinetic factors governing the formation of the γ polymorph of isotactic polypropylene. Macromolecules, 1999, 32(12): 4050-4064.

[58] Yuan Q, Rajan V G, Misra R D K. Nanoparticle effects during pressure-induced crystallization of polypropylene. Mat Sci Eng B - Solid, 2008, 153(1-3): 88-95.

[59] Dimeska A, Phillips P J. High pressure crystallization of random propylene–ethylene copolymers: α-γ phase diagram. Polymer, 2006, 47(15): 5445-5456.

[60] Morrow D R. Crystallization of low-molecular-weight polypropylene fractions. J Appl Phys, 1968, 39(11): 4944.

[61] Li Y J, Pu H T, Wei Y L. Polypropylene/polyethylene multilayer separators with enhanced thermal stability for lithium-ion battery via multilayer coextrusion. Electrochimica Acta, 2018, 264: 140-149.

[62] Dumas A, Martin F, Ferrage E, et al. Synthetic talc advances: coming closer to nature, added value, and industrial requirements. Applied Clay Science, 2013, 85: 8-18.

[63] Shepard T A, Delsorbo C R, Louth R M, et al. Self-organization and polyolefin nucleation efficacy of 1,3:2,4-di-*p*-methylbenzylidene sorbitol. J Polym Sci Polym Phys, 1997, 35(16): 2617-2628.

[64] Smith T L, Masilamani D, Bui L K, et al. Acetals as nucleating agents for polypropylene. J Appl Polym Sci, 1994, 52(5): 591-596.

[65] 毛新欣. 锂离子电池新型隔膜材料的制备及其性能研究. 新乡: 河南师范大学, 2012.

[66] Cho G B, Song M G, Bae S H, et al. Surface-modified Si thin film electrode for Li ion batteries ($LiFePO_4$/Si) by cluster-structured Ni under layer. J Power Sources, 2009, 189(1): 738-742.

[67] Kritzer P. Nonwoven support material for improved separators in Li-polymer batteries. J Power Sources, 2006, 161(2): 1335-1340.

[68] Mathur A. Recyclable thermoplastic moldable nonwoven liner for office partition and method for its manufacture: 6517676, 2003.

[69] Alcoutlabi M, Lee H, Watson J V, et al. Preparation and properties of nanofiber-coated composite membranes as battery separators via electrospinning. J Mater Sci, 2013, 48 (6) : 2690-2700.

[70] Pu W, He X, Wang L, et al. Preparation of PVDF–HFP microporous membrane for Li-ion batteries by phase inversion. J Membrane Sci, 2006, 272 (1-2) : 11-14.

[71] Yanilmaz M, Dirican M, Zhang X. Evaluation of electrospun $SiO_2$/nylon 6,6 nanofiber membranes as a thermally-stable separator for lithium-ion batteries. Electrochimica Acta, 2014, 133: 501-508.

[72] Kim J R, Choi S W, Jo S M, et al. Electrospun PVdF-based fibrous polymer electrolytes for lithium ion polymer batteries. Electrochimica Acta, 2004, 50 (1) : 69-75.

[73] Liang X, Yang Y, Jin X, et al. Polyethylene oxide-coated electrospun polyimide fibrous seperator for high-performance lithium-ion battery. J Mater Sci Tech, 2015, 32 (3) : 2000-2006.

[74] Li X, Cheruvally G, Kim J K, et al. Polymer electrolytes based on an electrospun poly (vinylidene fluoride-co-hexafluoropropylene) membrane for lithium batteries. J Power Sources, 2007, 167 (2) : 491-498.

[75] Cheruvally G, Kim J K, Choi J W, et al. Electrospun polymer membrane activated with room temperature ionic liquid: Novel polymer electrolytes for lithium batteries. J Power Sources, 2007, 172 (2) : 863-869.

[76] Gong M, Wang D Y, Chen C C, et al. A mini review on nickel-based electrocatalysts for alkaline hydrogen evolution reaction. Nano Res, 2016, 9 (1) : 28-46.

# 第四篇　电池性能预测评价及应用技术

# 第12章

# 电极材料的性能预测与评价

## 12.1 概　　述

随着计算机性能和数值计算方法的不断发展以及人类对物质理论认识的不断加深，利用计算机模拟进行理论计算的方法预测与评价材料的性能，对电池材料的基本认识有着重要作用，可以为材料设计提供思路。基于计算机模拟的理论计算不仅可以为理论与实验搭起一座桥梁，为实验现象和结果做出合理的解释，还可以得到一些实验无法直接测量的数据，如电荷的转移和过渡态的确定等，因此计算机模拟成为实验和理论的辅助工具并逐渐发展成为一门独立的理论计算科学。一般来说，计算机模拟的理论计算要比实验更快、成本更低，而且能从微观层面上解释宏观实验现象。目前，以第一性原理计算为代表的模拟方法已被广泛应用，常被用来计算晶体中各个原子的实际位置、电子的运动规律、能级的简并情况、体系的总能量、态密度等，已成为计算材料科学的重要基础和核心技术[1-3]。

本章将首先介绍与第一性原理有关的理论知识，再通过第一性原理计算的方法对电池电极材料的性能进行预测和评价。理论基础的相关介绍主要有薛定谔方程及基本近似、密度泛函理论、广义梯度近似、局域密度近似、赝势平面波方法、分子动力学及随机扩散模型等。利用第一性原理计算的方法预测和评价电池电极材料的性能，主要包括晶体构型、电子结构、工作电压、容量、稳定性、反应机理、载流子迁移率和离子扩散性等。

## 12.2 第一性原理理论与计算方法

第一性原理(first principles)计算方法的发展源于十九世纪人们对电子的发现之后，电子与电子和原子核与多电子间的相互作用问题是物理研究的热点之一，为了处理这些问题，随之产生了一些理论和计算方法，第一性原理计算就是在这个时期发展起来的。第一性原理计算方法是以分子轨道理论为基础的一种计算方法，通过量子力学来研究材料的结构和性能。而量子力学直接表述就是薛定谔建立的波动力学，其核心是薛定谔方程，用以表达粒子的波函数和运动方程[4, 5]。对于一个确定的体系，它的大多数信息都可由波函数反映。第一性原理计算方法的设计思路是将多个原子构成的体系分解为由电子和原子核共同构成的多粒子体系，求解多粒子体系的薛定谔方程组，得到描述该体系状态的波函数和本征能量，体系的波函数和本征能量确定后就能够确定该体系的所有性质[6, 7]。

第一性原理计算中一般不包括任何经验参数，只涉及各组分元素的电子结构及基本物理常量(如电子的静止质量 $m$、电子电量 $e$、普朗克常量 $\hbar$、光速 $c$、玻尔兹曼常数 $k_B$)，就能预测出材料的一些物理性质。用第一性原理计算的晶胞大小与实验值相比只有几个百分点的误差，其他性质也与实验结果比较吻合，体现了该理论的成熟性和可靠性。利用第一性原理对多粒子体系(材料)的电子基态进行求解的基本思路为：①利用玻恩-奥本海默(Born-Oppenheimer)绝热近似[8]把含有电子和原子核的多粒子问题转化成相对简单的多电子问题；②通过密度泛函理论[9, 10]中的单电子近似把多电子问题转化成单电子问题，更容易求解；③运用自洽迭代方法求解单电子方程得到系统的一些性质和基态。

对于一个结构非常复杂的材料来说，体系中有非常庞大数目的电子和原子核以及这些粒子之间的相互作用，直接求解薛定谔方程通常极其困难。因此，在求解薛定谔方程的过程中引入恰当的近似加以简化是非常必要的。从图 12.1 中可以看出，计算方法可分为两类：一类是 Hartree-Fock 近似方法：另一类是密度泛函理论方法。其中密度泛函理论已被广泛应用于分子、原子、团簇、固体和表面的电子结构计算中，已经是计算材料性质的重要理论方法。接下来主要沿着这条基本思路分别进行介绍。下面首先来了解如何通过 Born-Oppenheimer 近似和单电子近似将薛定谔方程转变成能够被计算机求解的 Hartree-Fock 方程，然后再详细介绍通过密度泛函理论求解薛定谔方程。

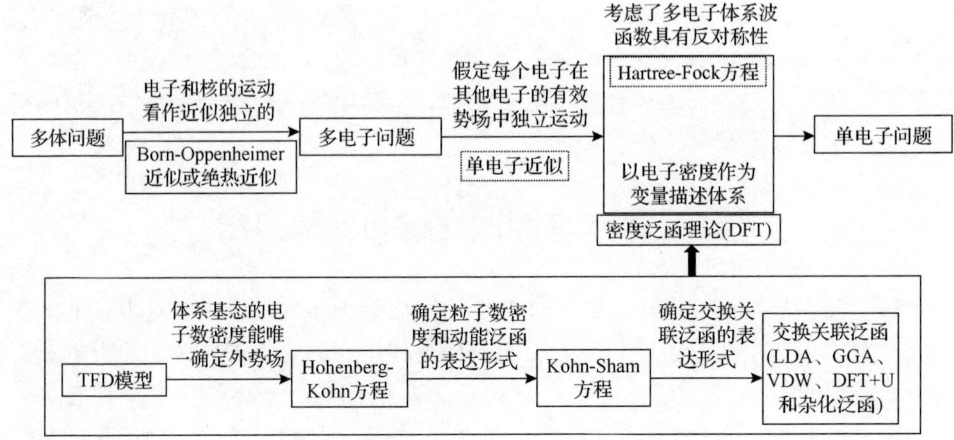


图 12.1 第一性原理计算多电子体系基态的基本思路

### 12.2.1　薛定谔方程和两个基本近似

#### 1. 薛定谔方程

材料电子结构的所有量子力学计算基础是薛定谔方程(Schrödinger equation)[4, 5]，通常可以用来描述小到单个原子大到整个宇宙体系的运动。但是，由于宏观体系量子效应不明显，因而薛定谔方程被更多地用于描述微观粒子。薛定谔方程有定态[式(12.1)]和含时[式(12.2)]两种形式，其中定态薛定谔方程用来描述体系的定态性质(如体系的结构和能量)，含时薛定谔方程用来描述体系随时间的演变过程(如体系对电磁场的响应过程)。

$$H\Psi\left(r,R\right)=E_{\mathrm{t}}\Psi\left(r,R\right) \tag{12.1}$$

$$i\hbar\frac{\partial\Psi\left(r,R,t\right)}{\partial t}=H\Psi\left(r,R,t\right) \tag{12.2}$$

式中，$r$ 为所有电子坐标$\{r_i\}$的集合；$R$ 为所有原子核坐标$\{R_I\}$的集合；$\Psi$ 、$H$ 分别为体系的波函数和哈密顿量；$E_{\mathrm{t}}$ 为体系的总能量；$i$ 为电流；$\hbar$ 为普朗克常量；$t$ 为时间。对于 $N$ 个电子组成的多体体系，其哈密顿量 $H$ 可表述为(采用原子单位制 $e=m_{\mathrm{e}}=\hbar=\dfrac{4\pi\varepsilon_0\hbar^2}{m_{\mathrm{e}}e^2}=1$)

$$H\left(r,R\right)=-\frac{1}{2}\sum_{i}\nabla_{r_i}^2-\sum_{i,I}\frac{Z_I}{\left|r_i-R_I\right|}+\frac{1}{2}\sum_{i\neq j}\frac{1}{\left|r_i-r_j\right|}-\frac{1}{2}\sum_{I}\frac{1}{M_I}\nabla_{R_I}^2+\frac{1}{2}\sum_{I\neq J}\frac{Z_IZ_J}{\left|R_I-R_J\right|} \tag{12.3}$$

式中，$Z$、$M$ 分别为核电荷数和核的有效质量，且各项依次为体系的所有电子动能、电子势能、电子间库仑排斥能、核动能和核间库仑排斥能。

薛定谔方程是描述材料电子结构的基本方程，描述了材料中电子和原子核的能量。电子通过静电势与带正电荷的原子核相互作用。如果它可以被精确地解出，其解将是波函数和能量，则可以给出电子特性的完整描述。然而，除了一些简单的问题，我们不能求出这些方程的精确解，因此引入了一些近似方法来求解薛定谔方程。

#### 2. Born-Oppenheimer 近似

从薛定谔方程式(12.1)或式(12.2)可知，波函数是方程的基本变量，从多电子体系的哈密顿量 $H$ 来看，由于电子运动和核运动的耦合，薛定谔方程的求解很困难。但是，由于电子质量约为核质量的 1/1000，即核运动速度比电子运动速度小很多，也就是说，与电子相比，核在它的平衡位置附近振动，即核运动对电子运动的影响可看作微扰；对于核来说，核将受到电子平均势场的作用，从而电子的运动和核的运动可被看作近似独立的运动，这就是 Born-Oppenheimer 近似或绝热近似[11]。通过绝热近似的处理，分离变量后将薛定谔方程分解为两个独立的运动方程，即电子的运动方程[式(12.4)]和核的运动方程[式(12.5)]：

$$\left(-\frac{1}{2}\sum_{i}\nabla_{r_i}^2-\sum_{i,I}\frac{Z_I}{\left|r_i-R_I\right|}+\frac{1}{2}\sum_{i\neq j}\frac{1}{\left|r_i-r_j\right|}\right)\Psi_{\mathrm{e}}(r)=U_{\mathrm{v}}(R)\Psi_{\mathrm{e}}(r) \tag{12.4}$$

$$\left[-\frac{1}{2}\sum_{I}\frac{1}{M_I}\nabla_{R_I}^2+\frac{1}{2}\sum_{I\neq J}\frac{Z_I Z_J}{\left|R_I-R_J\right|}+U_{\mathrm{v}}(R)\right]\Psi_{\mathrm{n}}(r)=E_{\mathrm{t}}\Psi_{\mathrm{n}}(r) \tag{12.5}$$

式中，$\Psi_{\mathrm{e}}(r)$ 和 $\Psi_{\mathrm{n}}(r)$ 分别为电子和核的波函数；$r_i$ 和 $r_j$ 分别为电子 $i$ 和 $j$ 的坐标；$R_I$ 和 $R_J$ 分别为原子核 $I$ 和 $J$ 的坐标；$Z_I$ 和 $Z_J$ 分别为原子核 $I$ 和 $J$ 的核电荷数；$U_{\mathrm{v}}(R)$ 为电子对核的平均势场；$E_{\mathrm{t}}$ 为体系的总能量。至此，解此方程的难点就在如何处理电子与电子之间的库仑相互作用项。下面将介绍通过单电子近似来处理这个问题。

3. 单电子近似

薛定谔方程经过 Born-Oppenheimer 近似处理后，由于电子间的库仑作用的求解涉及多中心多电子积分，求解体系的电子运动方程仍然很困难。为了简化求解，Hartree 提出了单电子近似[12]，即假定每个电子是在其他电子的有效势场中独立运动，它的运动形式可以用单个电子的波函数来描述；但是，其他电子的有效势场对假定电子的作用关系到体系内其他电子的波函数，而这些波函数的求解又与假定电子产生的势场有关，即各个电子的波函数是相互耦合在一起的。于是，Hartree 提出了自洽场方法求解在 $r$ 处单个电子的波函数，也就是 Hartree 方程：

$$H_i\Psi_i(r)=E_i\Psi_i(r) \tag{12.6}$$

$$H_i=-\frac{1}{2}\nabla^2-\sum_{I}\frac{Z_I}{\left|r-R_I\right|}+\sum_{j\neq i}\int\frac{1}{\left|r-r_j\right|}\left|\Psi_j\left(r_j\right)\right|^2\mathrm{d}r_j \tag{12.7}$$

式中，$H_i$ 和 $\Psi_i$ 分别为第 $i$ 个电子的有效哈密顿量和单电子波函数。此方程的平均库仑相互作用势相对比较容易处理。这样，Hartree 单电子方程就成功地描述了 $r$ 处单个电子在晶格势和其他电子的有效平均势中的运动。但是，由于电子是费米子，泡利不相容原理决定了多电子体系的波函数应该满足交换反对称性，Hartree 并没有考虑这一点。

4. Hartree-Fock 方程

在 Born-Oppenheimer 近似、单电子近似和 Hartree 的自洽场方法的基础上，Fock 进一步考虑了多电子体系波函数具有反对称性，以能量作为波函数的泛函，对能量泛函变分求极值推导出 Hartree-Fock 方程[13]

$$F_i\Psi_i\left(r\right)=E_i\Psi_i\left(r\right) \tag{12.8}$$

式中，$F_i$ 为 Fock 算符，其具体表达如下：

$$\begin{aligned}F_i=&-\frac{1}{2}\nabla^2-\sum_I\frac{Z_I}{\left|r-R_I\right|}+\sum_{j\neq i}\left[\int\frac{1}{\left|r-r_j\right|}\left|\Psi_j\left(r_j\right)\right|^2\mathrm{d}r_j\right.\\&\left.-\delta\left(m_{S_i},m_{S_j}\right)\int\frac{\Psi_j^*\left(r_j\right)\Psi_i\left(r_j\right)\Psi_j\left(r\right)}{\left|r-r_j\right|\Psi_i\left(r\right)}\mathrm{d}r_j\right]\end{aligned} \tag{12.9}$$

式中，$S_i$ 和 $S_j$ 分别为第 $i$ 个和第 $j$ 个电子的自旋，最后一项表达了自旋电子之间精确的交换作用。在 Hartree 方程中自旋电子之间交换作用未被考虑，因而，Hartree-Fock 方程比 Hartree 方程更加精确；但是 Hartree-Fock 方程中没有考虑自旋反平行电子之间的排斥作用，即电子关联相互作用。目前，基于 Hartree-Fock 方程中的波函数来获得电子关联相互作用的方法有多种，常见的有组态相互作用 CI[14]和耦合簇 CC[15]。这些方法的特点是计算结果的精度高但耗时，且随着体系电子数的增多计算量呈指数增长，多用于计算由少量轻元素原子(如 C、H、O、N 等)组成的分子系统。

### 12.2.2　密度泛函理论

Hartree-Fock 方程和其他类似的方法是几十年来电子结构计算(尤其是在量子化学中)的支柱，但是，基于量子力学的公式化表述的 DFT 方法，已经在很大程度上取代了它。DFT 是将 Hartree-Fock 方法需要求解的结果[电子密度 $\rho(r)$ 的分布]作为基本变量，只要空间任一点的 $\rho(r)$ 确定，其他物理量都可以用 $\rho(r)$ 来表示，这为多粒子体系可看作单电子近似提供了理论依据且简化了计算过程，从而使对大分子的严格求解成为可能。此外，DFT 的概念起源于 1927 年，Thomas 和 Fermi 正式提出用 $\rho(r)$ 作为变量来描述体系且用自由电子气模型来描述体系能量对 $\rho(r)$ 的泛函[16, 17]。1964 年，Hohenberg 和 Kohn 在 Thomas-Fermi 模型的理论基础上提出两个基本定理，验证了 $\rho(r)$ 是多电子体系基态性质的唯一泛函，即通过体系基态 $\rho(r)$ 分布可计算出固态材料的性质，并由此推导出能量变分原理，奠定了 DFT 的基石；1965 年，Kohn 与 Sham 在能量变分原理的基础上推导出 DFT 中的单电子自洽场方程，提出 Kohn-Sham 方程，使 DFT 成为实际可行的理论方法。

1. Thomas-Fermi-Dirac 模型

1927 年，Thomas 和 Fermi 首次提出密度泛函的思想[16]，并在自由电子气模型下获得体系动能对电子密度泛函的表达形式

$$T_{\mathrm{TF}}[\rho]=C_{\mathrm{F}}\int\rho^{\frac{5}{3}}(r)\mathrm{d}r \tag{12.10}$$

在此基础上进一步引入经典形式的核吸引势和电子间排斥势[17]，得到

$$E_{\mathrm{TF}}[\rho]=C_{\mathrm{F}}\int\rho^{\frac{5}{3}}(r)\mathrm{d}r+\int\rho(r)V(r)\mathrm{d}r+\frac{1}{2}\iint\frac{\rho(r_1)\rho(r_2)}{|r_1-r_2|}\mathrm{d}r_1\mathrm{d}r_2 \tag{12.11}$$

式中，$E_{\mathrm{TF}}[\rho]$为电子密度$\rho(r)$的一个能量泛函，也就是说，它是函数$\rho(r)$的函数；$V(r)$为外势场。因而 Thomas-Fermi（TF）模型是 DFT 的一个简单例子。

而在此后不久，即在 1930 年，Dirac 改进了 Thomas-Fermi 模型，加入了交换能，称为 Thomas-Fermi-Dirac（TFD）模型，具体为将电子间交换相互作用用 $\rho(r)$ 来表示且被包含在体系总能量中。则体系总能量的形式变为

$$E_{\mathrm{TFD}}[\rho]=C_{\mathrm{F}}\int\rho^{\frac{5}{3}}(r)\mathrm{d}r+\int\rho(r)V(r)\mathrm{d}r+\frac{1}{2}\iint\frac{\rho(r_1)\rho(r_2)}{|r_1-r_2|}\mathrm{d}r_1\mathrm{d}r_2+C_{\mathrm{X}}\int\rho^{\frac{4}{3}}(r)\mathrm{d}r \tag{12.12}$$

式中，右侧四项依次为自由电子气模型下的体系动能、经典形式的核吸引势、经典形式的电子间排斥势及交换能；$C_{\mathrm{F}}$=2.817；$C_{\mathrm{X}}$= –0.7386。

TF 和 TFD 模型的简单是极其吸引人的，它基于均匀电子气泛函，利用局部密度近似方法。但是，它们对动能和交换能的表述是粗糙的，忽略了相关能，其电子密度$\rho(r)$也不是基于实际波函数，而且在这两个模型的基础上对大多数体系的计算结果都比较差，这反映了自由电子气模型存在严重的缺陷，但是我们还是要讨论 TF 和 TFD 模型，它以$\rho(r)$为变量来表述总能量的思想对于 DFT 的形成有重要的意义。它们是最早基于 DFT 计算电子结构这类方法的代表。这些方法和类似的方法有着很长的历史，都是基于同样的假设，即真正的密度泛函是可以找到的，它能描述电子和原子核系统的能量。这种假设是极为大胆的，事实上，这些方法往往被嘲笑不是建立在好的理论之上的。直到 20 世纪 60 年代初期，Hohenberg-Kohn 定理的出现，人们才确切地知道，这样的密度泛函确实存在。

### 2. Hohenberg-Kohn 定理

基于 DFT 的方法对一般体系是否适合，直到 1964 年 Hohenberg 和 Kohn 两人证明了两个基本定理后才给出了肯定的答案[18]。这两个基本定理主要内容表述如下：

定理一：对于处在外势场 $V(r)$ 中且不计自旋的束缚电子体系，体系基态的电子密度 $\rho(r)$ 能唯一地确定外势场 $V(r)$（允许有一个常数差）。从而体系基态的所有性质可通过体系确定的哈密顿量来解决。外势场 $V(r)$ 特指核对电子的库仑吸引势。

定理二：在任意给定的外势场 $V(r)$ 下，对于电子数保持不变的体系，体系的基态能量等于体系能量 $E_t[\rho]$ 对电子密度 $\rho(r)$ 的全局极小。上述提及的体系的能量泛函可表述如下

$$E_t\left[\rho(r)\right]=T\left[\rho(r)\right]+\int\rho(r)V(r)\mathrm{d}r+E_{XC}\left[\rho(r)\right] \tag{12.13}$$

式中，$E_t[\rho(r)]$为体系总能量；$T[\rho(r)]$为体系动能项；$E_{XC}[\rho(r)]$为体系交换关联作用项。定理二明确提出了体系基态能量和电子密度的一种计算方法。Hohenberg-Kohn 定理第一次明确地证明了任何体系的总能量都是其内部电子密度分布的泛函，但这一泛函如何构造没有给出具体的指导方法。尽管如此，人们还是认为此定理为 DFT 奠定了基础。

### 3. Kohn-Sham 方程

Hohenberg-Kohn 定理提出用电子密度 $\rho(r)$ 代替波函数作为基本变量来确定体系的基态能量，仍然有三个问题需要解决：①如何确定电子密度 $\rho(r)$；②如何确定动能泛函 $T[\rho(r)]$；③如何确定交换关联泛函 $E_{XC}[\rho(r)]$。

于是，Kohn 和 Sham 在 1965 年提出了解决前两个问题的方法，他们巧妙地引入一个假想的无相互作用的电子体系，用此电子体系的动能 $T_S[\rho(r)]$来描述真实体系的动能 $T[\rho(r)]$，且此体系的基态电子密度恰好等于真实体系的电子密度 $\rho(r)$[19, 20]。无相互作用的电子体系的动能 $T_S[\rho(r)]$可表示为

$$T_S\left[\rho(r)\right]=\sum_{i=1}^{N}\left\langle\varphi_i\left|-\frac{1}{2}\nabla^2\right|\varphi_i\right\rangle \tag{12.14}$$

式中，$\varphi_i$ 为无相互作用的电子体系的占据轨道，且满足 $\rho(r)=\sum_{i=1}^{N}\left|\varphi_i\right|^2$。而真实体系的能量泛函可表示为

$$E\left[\rho(r)\right]=T_S\left[\rho(r)\right]+\frac{1}{2}\iint\frac{\rho(r_1)\rho(r_2)}{\left|r_1-r_2\right|}\mathrm{d}r_1\mathrm{d}r_2+\int\rho(r)V(r)\mathrm{d}r+E_{XC}\left[\rho(r)\right] \tag{12.15}$$

由 Hohenberg-Kohn 定理二可知，式(12.15)对电子密度 $\rho(r)$ 变分求极值，可以得到 Kohn-Sham 方程

$$H_{KS}\varphi_i = \varepsilon_i \varphi_i \tag{12.16}$$

$$H_{KS} = -\frac{1}{2}\nabla^2 + V_{eff}(r) \tag{12.17}$$

$$V_{eff}(r) = \int \frac{\rho(r_1)}{|r - r_1|} dr_1 + V(r) + V_{XC}(r) \tag{12.18}$$

式中，$H_{KS}$ 为在 DFT 框架下的有效单电子哈密顿量；$\varepsilon_i$ 为轨道 $i$ 的能量；$V_{eff}(r)$ 为人为定义的一个有效势场；$V_{XC}(r)$ 为交换关联势，且 $V_{XC}(r)=\delta E_{XC}[\rho(r)]/\delta\rho(r)$。

Kohn-Sham 方程[式(12.16)]与 Hartree-Fock 方程[式(12.8)]形式上很类似，但它们的差别在于前者的哈密顿量利用电子密度计算得到，后者通过计算波函数多中心积分获得。所以利用 Kohn-Sham 方程自洽求解的本征值和波函数能够较好地反映真实体系的单粒子能级和波函数；如果取合适的交换关联近似，基于 Kohn-Sham 方程求解的本征值的带隙可以与实验有较好的符合。

### 12.2.3　交换关联泛函

如前所述，求解 Kohn-Sham 方程的关键在于能否找到表达交换关联泛函 $E_{XC}[\rho(x)]$的准确形式，因此交换关联泛函的表述成为人们普遍关注的焦点。交换关联泛函 $E_{XC}[\rho(x)]$物理意义就是一个电子在多个电子体系中运动时与其他电子间的静电相互作用所产生的能量。通常 $E_{XC}[\rho(x)]=E_X[\rho(x)]+E_C[\rho(x)]$，$E_X[\rho(x)]$为交换项，它是由于自旋相同的电子间排斥作用而引起的能量；$E_C[\rho(x)]$为关联项，它是不同自旋电子间的关联作用而引起的能量。实际上，$E_C[\rho(x)]$为真实体系的基态能量与由 Hartree-Fock 方程求解得到的基态能量之差。在交换和关联项中，通常交换项比重约为 90%占主导作用，而 $E_C[\rho(x)]$比能量泛函中其他能量项小很多，这样就可以对 $E_{XC}[\rho(x)]$做简单的近似得到关于能量泛函的一些有用结果。目前常用下列近似获得有用的 $E_{XC}[\rho(x)]$形式：局域密度近似(local density approximation，LDA)泛函及广义梯度近似(general gradient approximation，GGA)泛函，除此之外，还可以在其基础上加上各种修正。

#### 1. 局域密度近似

1965 年，Kohn 和 Sham 提出 LDA 的交换关联泛函，假定空间某一点的 $E_{XC}[\rho(x)]$只与该点附近的电子密度 $\rho(r)$ 有关，则 $E_{XC}[\rho(x)]$可通过对空间各点的 $E_{XC}[\rho(r_i)]$积分得到，即

$$E_{\mathrm{XC}}^{\mathrm{LDA}}\left[\rho(r)\right]=\int\rho(r)E_{\mathrm{XC}}\left[\rho(r_i)\right]\mathrm{d}r \tag{12.19}$$

LDA 形式比较简单，主要适用于基于均匀电子气提出的且电子密度在空间缓慢变化的情况。很多体系基态在 LDA 下能给出很好的结果，如晶格常数、晶体的力学性质等[21, 22]。通常情况下，LDA 普遍会高估体系的结合能，甚至对有些半导体材料的带隙误差能达到 40%～100%。对电子密度分布极不均匀或能量变化梯度大的体系，如对一些包含过渡金属或稀土元素的体系，由于 d 电子或 f 电子的存在，其电子云分布极其不均匀，将导致 LDA 彻底失效。

2. 广义梯度近似

虽然 LDA 已取得了很大的成功，但由于 LDA 是建立在理想的均匀电子气模型基础上，而实际上原子和分子体系的电子密度并非均匀的，所以通常由 LDA 计算得到的原子或分子的化学性质往往存在一些系统性的误差。要进一步提高计算精度，就需要考虑电子密度的非均匀性，这一般是通过在交换关联泛函中引入与电子密度梯度相关的项来完成，即构造新的 GGA 泛函[23, 24]，具体形式为

$$E_{\mathrm{XC}}^{\mathrm{GGA}}\left[\rho(r)\right]=\int f_{\mathrm{XC}}\left[\rho(r),\left|\nabla\rho(r)\right|\right]\mathrm{d}r \tag{12.20}$$

目前较为广泛使用的 GGA 泛函为 Perdew-Wang 91(PW91)[25]和 Perdew-Burke-Ernzerhof(PBE)[26]等。与 LDA 相比，GGA 能更好地描述轻原子、分子及碳氢化合物的基态性质；对 3d 过渡金属性质的描述更准确，但计算所得的磁性能较大；对于大多数具有共价键、离子键和金属键的体系仍能给出较好的描述，但对于具有范德瓦耳斯作用的大多数体系仍无法给出准确的结果。

3. 范德瓦耳斯修正

一般来说，LDA 会高估系统的结合能，而 GGA 在其基础上通过引入电子密度梯度的方法修正了 LDA 的这一缺陷。但是无论是 LDA 还是 GGA，这两种方法都没能很好地考虑决定原子间弱相互作用力的长程密度涨落效应。这种长程作用力在以范德瓦耳斯(van der Waals, vdW)力为主导地位的系统中起到了至关重要的作用。vdW 力产生于分子或原子之间的静电相互作用，它普遍存在于固、液、气态的任何微粒之间，对准确地描述惰性气体、生物分子、聚合物和层状结构材料中的弱相互作用起到很重要的作用。目前的关于 vdW 密度泛函主要有以下四种处理方法：第一种方法是在以前的密度泛函的基础上加上简单的色散力修正；第二种方法是 Becke 等提出的在以前的密度泛函的基础上加上 Hartree-Fock 方程；第三种方法是 Lilienfeld 等提出的基于改造赝势的方法；第四种方法是构造新的 vdW 密度泛函的方法。

为了能够在确保GGA计算精度的前提下更加准确地描述vdW弱相互作用力，最常用的是采用色散校正密度泛函理论(DFT-D)，即在系统的能量泛函中加上一个校正色散的项 $E_{disp}$，这种方法的系统的总能量定义为

$$E_{t,DFT\text{-}D} = E_{t,DFT} + E_{disp} \tag{12.21}$$

在 DFT-D 中最著名的就是由 Grimme 提出的 DFT-D2 校正，可以应用于各种已有的泛函[27]。例如，采用 GGA-PBE 基础上的 PBE-D2 方法，体系总能量可表示为

$$E_{t,PBE\text{-}D2} = E_{t,PBE} + E_{disp} \tag{12.22}$$

式中，$E_{PBE}$ 为采用 GGA-PBE 方法自洽解 Kohn-Sham 方程所得到的系统总能量；$E_{disp}$ 为通过半经验方法拟合得到的色散校正能量[28]，其具体形式为

$$E_{disp} = -s_6 \sum_{i=1}^{N_{at}} \sum_{j=1}^{N_{at}} \sum_{L} \frac{C_6^{ij}}{\left| r^{i,0} - r^{j,L} \right|^6} f\left( \left| r^{i,0} - r^{j,L} \right| \right) \tag{12.23}$$

式(12.23)是对所有原子 $N_{at}$ 和晶胞 $L=(L_1, L_2, L_3)$ 所有平移的总和。其中 $s_6$ 为全局标度因子；$C_6^{ij}$ 为原子对 $i, j$ 的色散系数，$C_6^{ij} = \sqrt{C_6^i C_6^j}$；$r^{j,L}$ 是晶胞沿晶格向量平移 $L$ 后原子 $j$ 的位置向量。色散校正衰减函数 $f(r^{ij})$ 为：

$$f\left(r^{ij}\right) = \frac{1}{1 + \mathrm{e}^{-d\left(r^{ij}/R^{ij} - 1\right)}} \tag{12.24}$$

式中，$R^{ij}$ 为 vdW 半径($R^{ij}=R^i+R^j$)。色散校正衰减函数的作用是缩放力场，使经典键合距离内的相互作用的贡献最小化。随原子间距离的减小，色散校正衰减函数逐渐衰减为 0，使得 DFT-D2 校正能在较近距离时精确为 0，即回归到 GGA-PBE 泛函的原始形式。这样一来 PBE-D2 方法既包含了对长程弱相互作用的修正，也保留了 GGA-PBE 泛函本身对短程相互关联的较好表述。

4. DFT+U 方法

基于 DFT 的第一性原理计算方法已在材料的晶体结构、磁结构、电子结构及材料的力学性能等方面有很好的应用[29, 30]，但是对于如过渡金属氧化物和稀土氧化物等的 Mott 绝缘体，由于其 d 电子或 f 电子的强关联作用，传统的第一性原理方法已不能很好地描述其基本性质。在 Mott 绝缘体中，当电子从一个原子位置跳跃到另外一个原子位置时，如果那个原子位置已经拥有一个电子，电子之间就会产生库仑排斥力作用，这种跳跃需要一定的能量以克服这种库仑排斥作用，如

果这个能量大于能带带隙，即使能带没有全部占满，电子也很难自由输运，从而使材料体现绝缘体的特征。当采用传统的第一性原理计算 Mott 绝缘体时，只考虑了交换参数 $J$，没有考虑 Hubbard 参数 $U$，而在 Mott 绝缘体中其决定性的参数是 Hubbard 参数 $U$ 值，因此采用传统的计算方法往往会导致失败。为了解决计算 Mott 绝缘体的问题，Anisimov 等[31, 32]提出了 Anisimov 模型，在该模型中将所研究的电子分为两个部分：①传统的 DFT 算法，在此过程中没有考虑 Hubbard 参数 $U$；②对于 d 轨道电子或 f 轨道电子，能带模型为 Hubbard 模型，考虑了 d 轨道或 f 轨道电子的强关联作用。下面以 LDA+U 方法为例[33]，电子的总能量计算可以通过式(12.25)进行表述

$$E_{\mathrm{t}}\left[\rho,\{n_i\}\right]=E_{\mathrm{LDA}}\left[\rho\right]+E_{\mathrm{H}}\left[\{n_i\}\right]-E_{\mathrm{dd}}^{\mathrm{LDA}}\left[n_{\mathrm{d}}\right] \tag{12.25}$$

式中，$\rho$ 为总电荷密度；$n_i$ 为局域态的轨道占据数；$n_{\mathrm{d}}$ 为总的局域电子数；$E_{\mathrm{LDA}}[\rho]$ 为传统的 DFT 方法所计算的能量；$E_{\mathrm{H}}[\{n_i\}]$为考虑了 d 轨道或 f 轨道电子的强关联作用，并采用 Hartree 表达式所计算的能量；$E_{\mathrm{dd}}^{\mathrm{LDA}}\left[n_{\mathrm{d}}\right]$ 为原来传统 LDA 计算过程所包含的关联能，采用 LDA+U 方法后，此项应该减去。$n_{\mathrm{d}}$、$E_{\mathrm{H}}[\{n_i\}]$和 $E_{\mathrm{dd}}^{\mathrm{LDA}}\left[n_{\mathrm{d}}\right]$ 可以分别写为式(12.26)、式(12.27)和式(12.28)

$$n_{\mathrm{d}}=\sum n_i \tag{12.26}$$

$$E_{\mathrm{H}}\left[\{n_i\}\right]=\frac{1}{2}U\sum_{i\neq j}n_i n_j \tag{12.27}$$

$$E_{\mathrm{dd}}^{\mathrm{LDA}}\left[n_{\mathrm{d}}\right]=\frac{1}{2}Un_{\mathrm{d}}\left(n_{\mathrm{d}}-1\right) \tag{12.28}$$

式中，$U$ 为 Hubbard 参数。

将 $E_{\mathrm{t}}[\rho, \{n_i\}]$对轨道占据数 $n_i$ 进行微分可得轨道能量 $\varepsilon_i$ 为

$$\varepsilon_i=\frac{E_{\mathrm{t}}\left[\rho,\{n_i\}\right]}{\partial n_i}=\varepsilon_{\mathrm{LDA}}+U\left(\frac{1}{2}-n_i\right) \tag{12.29}$$

当轨道占据数 $n_i$ 分别为 1 和 0 时，相应的 $\varepsilon_i$ 值表示将采用传统 LDA 计算所得的轨道能量分别偏移了 $-\frac{U}{2}$ 和 $\frac{U}{2}$。根据式(12.29)，同理可得电子轨道势 $V_i(r)$ 为

$$V_i\left(r\right)=V_{\mathrm{LDA}}\left(r\right)+U\left(\frac{1}{2}-n_i\right) \tag{12.30}$$

通过式(12.30)可以知道电子轨道势 $V_i(r)$ 的上界和下界，因此能够正确地描述 Mott 绝缘体。目前，对于强关联体系，DFT+U 作为 DFT 的补充，很好地处理了电子之间的强关联效应，已在强关联材料的第一性原理计算方面取得了很大的成功[34-36]。

5. 杂化泛函

虽然 LDA 和 GGA 框架下的泛函取得了巨大的成功，但是其在处理金属的 d 轨道电子及半导体的带隙宽度时遇到了较大的困难，计算得到的结果与实验测量值相差 35.50%。为了解决这一问题，研究者对其进行一些扩展和修正，如 LDA(GGA)+U 方法和杂化泛函方法。LDA(GGA)+U 方法就是在原来的泛函中加入了一个 Hubbard 参数 $U$ 的对应项，其可以成功地描述一些强关联体系，具有较强的经验性。另一种解决半导体能带带隙问题的途径就是杂化泛函，其基本思想就是混合 Hartree 和 Kohn-Sham 方程中的电子相互交换能。在精确计算半导体材料的能带带隙时经常采用杂化泛函中的一种，即 HSE06 杂化泛函[37]。其在计算系统总能量时的基本表达式为

$$E_{\mathrm{t}}=\frac{1}{4}E_{\text{Hartree-Fork}}^{\text{short-ranged-exchange}}+\frac{3}{4}E_{\text{PBE}}^{\text{short-ranged-exchange}}+E_{\text{PBE}}^{\text{long-ranged-exchange}}+E_{\text{PBE}}^{\text{correlation}} \tag{12.31}$$

式中，$E_{\text{Hartree-Fork}}^{\text{short-ranged-exchange}}$ 为通过对 Hartree-Fock 方程精确求解得到的电子短程相互交换能；$E_{\text{PBE}}^{\text{short-ranged-exchange}}$ 和 $E_{\text{PBE}}^{\text{long-ranged-exchange}}$ 分别为利用 GGA-PBE 泛函求解 Kohn-Shan 方程得到的电子短程和长程相互交换能。由此公式可知，HSE06 在电子短程交换能时，Hartree-Fork 占据了 1/4 的比重，Kohn-Sham 方程占据了 3/4 的比重。而电子的长程交换都是通过基于 GGA-PBE 泛函求解 Kohn-Sham 方程得到。在此基础上，另一个类似的杂化泛函形式 PBE0[38]，是通过基于实验参数调整 Hartree-Fock 和 Kohn-Sham 方程在处理电子交换能的比重 $x$，即

$$E_{\mathrm{t}}=xE_{\text{Hartree-Fock}}^{\text{exchange}}+\left(1-x\right)E_{\text{PBE}}^{\text{exchange}}+E_{\text{PBE}}^{\text{correlation}} \tag{12.32}$$

HSE06 和 PBE0 提供了有效处理强关联体系的途径，能够计算出比较接近于实验值的能带带隙，在第一性原理计算中有重要的应用。

### 12.2.4　第一性原理计算方法

第一性原理计算方法又称为从头算(Ab initio)法，具有半经验方法不可比拟的优势。它在不需要其他任何经验或拟合可调参数的前提下，仅凭借五个基本物理参数，即电子的静止质量 $m$、电子电量 $e$、普朗克常量 $\hbar$、光速 $c$、玻尔兹曼常数

$k_B$ 等，就可以通过量子力学的基本原理计算出体系的总能量、电子结构等物理性质。近几十年来，基于 DFT 的第一性原理计算已成为材料结构设计、合成及模拟等方面研究的重要手段。

1. 赝势平面波方法

一般情况下，原子中只有价电子具有较高的化学活性。由于固体物质是由许多电子组成的，假设系统中的原子存在某个截断距离 $r_c$，那么可以通过这个截断距离将体系的坐标空间分为两部分。第一部分是以 $r_c$ 为半径构成的核区域，其波函数由核区域内的电子波函数构成，而与附近原子的波函数相互作用非常小；第二部分是以 $r_c$ 为半径以外的区域的电子波函数，该部分电子波函数需要考虑原子之间的相互作用。在 $r_c$ 范围以外的核外区域继续选用原子的价电子的真实波函数进行计算，而 $r_c$ 内的核区域的波函数采用变化较平缓的波函数形状来替代，这种方法为赝波函数法。原子核对价电子产生的库仑势以及核区内的电子对价电子的形成的等效排斥势的集合称为原子势。将原子势同步改变为某种有效势，从而使赝波函数成为原子的本征态，就是赝势的概念。而赝原子就是与其对应的“赝势+赝波函数”的总称。然而，赝原子不能用来描述真实原子自身具有的性质，否则会出现错误，但是对于原子与原子之间的相互作用，采用赝原子的概念来进行分析是比较准确的，而这个精确的程度主要取决于 $r_c$ 的大小。截断距离 $r_c$ 越大，能够得到变化更加平滑的赝波函数，但是，也会导致赝波函数与实际的波函数相比差别很大，也就增大了误差；相反地，截断距离 $r_c$ 越小，则赝波函数越接近于真实的波函数，用这种近似方法所产生的误差便越小[39]。

在实际计算过程中，解 Kohn-Sham 方程时，因为在原子中心位置附近原子核所产生的势场是不收敛的，导致波函数变化很大，所以计算中需要大量的平面波展开，这就导致了计算的难度很大。解决这个问题通常所采用的方法是赝势平面波方法，即通过在原子核产生的库仑势的基础上增加一个排斥势，这样，利用赝势平面波方法得到的电子波函数与真实的波函数是十分相近的。赝势平面波方法实际上就是通过把原子系统分为核区域内电子系统与价电子系统两个部分，而其中的核区域内的电子对外部产生的作用等效看成一个势场，而费米面附近的电子态决定物质的电子结构是这种方法的理论基础。

Vanderbilt 开发的超软赝势(ultra-soft pseudo potentials，USPP)取得了巨大成功[40, 41]，其次，Blöchl 进一步改进 USPP[42]，成功地将赝势方法和线性缀加平面波方法结合，提出了投影缀加波(projector augmented wave，PAW)方法[43, 44]，是目前比较流行的替代方法，就是利用一系列的投影算符来描述核区域内的电子。这种方法并不会增加很多计算量，但是却能够更准确地对系统的电子结构进行描述。PAW 方法通常是对空间区域进行球划分，在球内部分的波函数由球面波，即其对能量的导数进行展开，而将球外的原子产生的势场设为零[45]。仅考虑价电子的 PAW 方法已被成功应用于 VASP 程序包。其结果与目前为止最为准确的密度泛函计算方法(全势线性缀加平面波法)得到的结果几乎完全一致。

2. 过渡态理论

过渡态理论(transition state theory)是 Polany 和 Eyring 教授在统计热力学和量子力学基础上于 1935 年首先建立的[46]。过渡态理论认为化学反应并不是反应物直接通过简单的碰撞形成产物，而是必须经过一个能量较高的过渡态。该过渡态是指在势能面上反应路径的能量最高点，它通过最小能量路径(minimum energy path，MEP)连接反应物与产物的结构，且达到这个过渡态需要一定的活化能；对于多分子体系的反应，过渡态结构连接的就是分子由无穷远开始逐渐靠近因 vdW 力及静电力所形成的复合物构型，以及反应完毕但尚未无限远离时的复合物结构。

过渡态理论的基本要点如下：①从反应物到产物的历程中经历了一个称为活化络合物的过渡态；②反应物与活化络合物能按达成热力学平衡的假设来计算；③活化络合物通过不对称伸缩振动转化为产物，这一步转化是反应的决速步；④反应体系的能量服从玻尔兹曼分布。

在研究反应机理时，可以通过建立反应过程的势能面来描述。原子与原子之间的相互作用可由原子间的势能进行描述，在反应过程中体系能量的变化可描述为势能面上的运动，势能面是由势能对体系全部原子的可能位置组成的一个超平面。在势能面上，过渡态结构的能量对坐标的一阶导数等于零，只有在反应坐标方向上的曲率(对坐标二阶导数)为负值，而其他方向上皆为正值，在势能面上呈现一阶鞍点。过渡态结构的能量二阶导数(Hessian 矩阵)的本征值仅有一个负值，当将分子振动近似为谐振子模型时，该负值就是频率公式中的力常数，开根号后为虚数，因此，过渡态拥有唯一虚频。由于势能面上反应路径状况，反应路径上的鞍点、过渡态的结构及能量等对化学反应机理、反应路径及反应速率都有极其重要的影响，所以在化学反应机理的研究过程中，从势能面能够获取非常重要的信息。并且，由计算出来的势能面上的过渡态转化成产物的速率决定了化学反应的总速率。因此，确定过渡态有助于深入理解反应机理以及通过反应能垒计算和预测反应速率。在锂离子电池中，锂离子在不同区域的扩散能力都对电池的快速充放电性能有非常重要的影响。因此，需要对锂离子的扩散性质进行研究，即计算其扩散路径及扩散能垒。目前主要用到的方法是弹性带方法、轻推弹性带方法和爬坡弹性带方法。

1) 弹性带方法

弹性带方法的基本思想是首先确定好初态和末态，然后再在其之间的路径上插入一系列均匀分布的镜像点并计算其能量。然而弹性带方法也存在着一些问题，当弹性系数设置过小，镜像点在优化时将向稳定的能量值收敛，可能难以搜寻到最小能量路径，并且最终得到的路径往往不是能够穿过过渡态的最小能量路径。所以，后来的研究者对这种方法进行了一系列的改善，并发展出了一些新的方法。

2) 轻推弹性带方法

轻推弹性带(nudged elastic band，NEB)方法[47, 48]是由早期 Jonsson 等提出的弹性带方法及链态方法演变而得到。发展至现在，NEB 方法已然成为材料计算科学领域中非常广泛运用的寻找过渡态的方法。其中的链态理论解决了在弹性带方法中存在的局域稳定相中难以确定最小能量路径(MEP)的问题。NEB 方法改善了弹性带模型的不足，而且能够在保持镜像点之间距离差值不变的同时，调节镜像点向 MEP 慢慢靠近。在 NEB 方法的计算过程中，通常是在初态和末态之间插入一系列镜像点，并寻找每个镜像点垂直于路径上的最小能量值，从而找到能量最低的路径。需要注意的是在 NEB 方法中，虽然弹簧势能够保证插入的每个镜像点均匀地分布在路径上，但是它也可能使得垂直于路径方向的势能面偏离实际情况。

3) 爬坡弹性带方法

爬坡弹性带(climbing image nudged elastic band，CI-NEB)方法[49]相对于 NEB 方法而言，区别在于其对最靠近过渡态镜像(鞍点)的能量做了一些修正。而且，在这个镜像结构中，沿着能量路径的方向取消了弹簧力的作用，另外，将这个镜像结构在能量路径切线方向上的真实受力方向进行了反转。这个时候，最靠近过渡态能量值的镜像点就会朝着能量最大的方向移动，而其他镜像点都处在最小能量位置，这样就能够得到准确的过渡态能垒。需要注意的是，不管使用哪种方法，最开始选择的路径都应该是最接近于实际情况的，不然会导致计算量增大，甚至最终无法找到真实的过渡态结构及扩散路径。此外，NEB 方法的算法只考虑了原子的移动，对于靠周期性边界条件连起来的晶体结构在晶格改变时就不适用了。成型的 NEB 方法要求晶格不变，对于变晶胞的相变还没有成熟的方法。

### 3. 分子动力学方法

分子动力学(molecular dynamics，MD)方法主要用来描述分子系统随时间变化的动力学规律。最初研究人员为了对硬质小球分子之间相互作用进行研究，提出了 MD 方法。后来，MD 方法随着计算机技术的快速发展，在各种不同的领域都得到了应用[50]。现在，MD 方法已经成为现代自然科学研究中非常重要的一个基础理论和方法。

MD 最基本的思想是：假设一个系统能够随着时间的推移进行无限的演变，那么它最终会经过所有可能的态。MD 就是通过这种思想，模拟一个系统在足够长时间维度的演变过程，在这个过程中能够得到这个系统的各种不同的构型，再通过对这些不同构型的计算分析，便能得到所需要的很多宏观性质，如体系结构、热力学和动力学性质等[51]。

经典力学中，根据牛顿第二定律，粒子的加速度可以通过粒子的质量及粒子所受到的外力作用求解出来。而通过牛顿第二定律与运动学公式相结合，可以进一步求解出粒子的运动速度及其所处的空间位置等物理参数，同时还能够得到系统的能量随时间的变化规律。因此，根据已知系统的初始状态，利用 MD 方法就能够得到系统在任意时刻的状态[51]。通过把 MD 理论与第一性原理相结合，根据上面描述的绝热近似理论，在粒子运动的过程中利用第一性原理计算方法，可以求得系统的基态参数，包括其电子基态和基态能量。通过求解能量的梯度，就能够得到粒子的受力情况。再根据 MD 方法，通过粒子的受力就能够计算得到粒子的加速度及其运动轨迹等物理量。这种理论思想就是从头算分子动力学(ab initio molecular dynamic，AIMD)理论[52]。

AIMD 与经典 MD 相比，其利用第一性原理方法对系统的电子基态及其能量进行计算，从而得到粒子的受力情况，其间不需要引入任何经验参数。因此通过 AIMD 方法对系统进行描述和计算分析更加准确。虽然相对于经典 MD 理论，AIMD 的计算量增加了很多，但是随着计算机计算能力和速度的快速提升，这个缺点已经不再明显，而由于 AIMD 能够对研究体系随着时间的推移而演变的过程进行更准确的描述和计算，其在各个领域中的应用也越来越广泛。

### 12.2.5　随机行走模型[53]

在进行电极材料的性能预测与评价之前，首先介绍材料过程的一个基本模型，就是扩散的随机行走模型。随机行走模型是材料研究中最简单的计算模型之一，可以帮助人们引入许多有关计算机模拟的基本思路。尽管它是简单的，但是对于原子在固体中扩散这个材料学中最重要的过程之一，采用随机行走模型进行描述是一个很好的起点。

#### 1. 扩散的随机行走模型

扩散是原子在与系统中其他原子相互作用的影响下，从一个阵点位置到另一个阵点位置的运动。一般来说，与其振动周期相比，原子处于一个阵点位置的时间很长，然后快速地过渡到另一个阵点位置，将这称为“跃迁”。描述这个过程需要更深入的知识，在此处，采取忽略所有原子级细节的方式，把重点只放在跃迁这个非常简单的模型上。

研究一个简单的例子，单个原子在表面移动，假设这个表面由正方形网格上的阵点组成，阵点的最近邻距离为 $a$。当原子在网格上进行一系列的由一个阵点位置随机跃迁到另一个阵点位置时，扩散就发生了，如图 12.2 所示。通过考虑扩散原子和底层固体之间相互作用的能量，就能够理解扩散的基本物理过程，将此示意于图 12.3(a)中。原子将在其中的一个势阱的底部周围振动，直到它在一个方向上有足够的能量，使得它能够跃迁到相邻的点阵位置。阵点间沿最小能量路径的能量面示意图见图 12.3(b)。

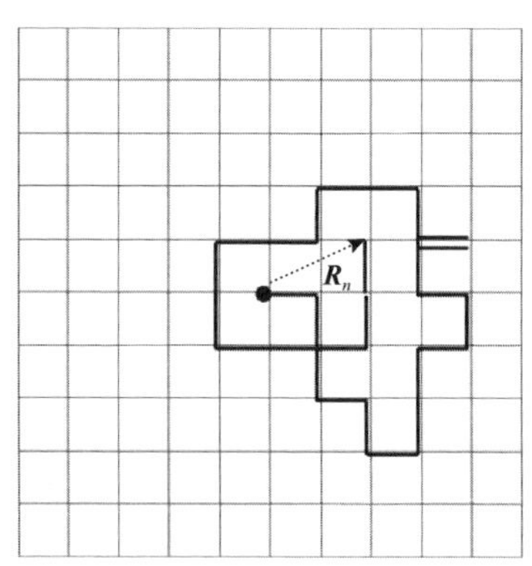


图 12.2　在正方形网格上随机行走中的前 27 次跃迁

箭头所示为 $R_n$，其中 $n$=27，如公式(12.33)的定义

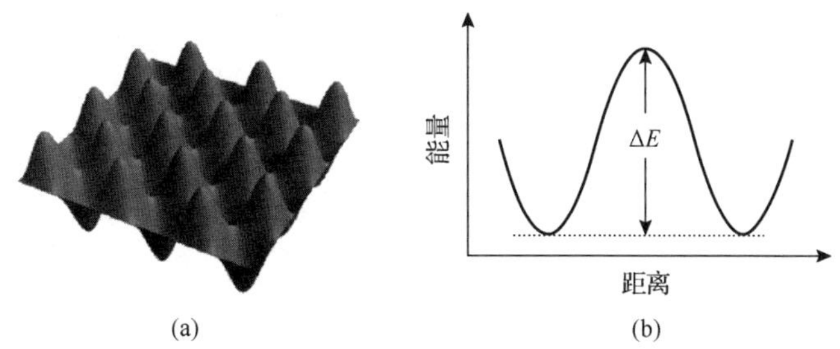


图 12.3　原子与表面的相互作用

(a)原子与表面的相互作用势，显示低能量势阱之间的能垒；(b)两个势阱之间的能垒示意图

人们不能预先确定原子什么时候会跳跃，也不能预测它会跃迁到相邻的哪个阵点位置上——这是一个随机过程。根据动力学知识和阿伦尼乌斯(Arrhenius)关系式，可知跃迁的速率：$k_{\text{jump}}$(单位为跃迁次数/时间)，原子从一个阵点位置跃迁到另一个位置取决于能垒高度，这个过程通常称为激活过程。观察图 12.3(a)可知，一个阵点位置和第二近邻阵点位置之间的能垒比原子和其最近邻阵点位置之间的要高出很多。所以，相对于跃迁到某个最近邻的速率，原子跃迁到第二近邻阵点位置的速率将是非常低的，因此只需要考虑最近邻的跃迁。

假设初始时原子处于正方形网格上的某个点，为了方便，设这个阵点为(0,0)。它可以做随机跃迁 $\boldsymbol{r}$ 到四个最近邻中的一个，这四个最近邻分别位于(0,1) $a$(上)、(0,–1) $a$(下)、(1,0) $a$(右)、(–1,0) $a$(左)，其中矢量记号 $\boldsymbol{r}$ 表示矢量，描述跃迁的位置$(x,y)a$，表示在正方形晶格上沿 $x$ 方向移动距离为 $ax$ 和沿 $y$ 方向移动距离为

$ay$。从(0,0)阵点位置，它随机地向左、向右、向上或向下跃迁，并重复这个过程，直到它的跃迁达到一定的次数(如 $n$ 次)。如果追溯它在网格上的跃迁，那么这个过程看起来就如图 12.2 所示。它在空间上往来的路径通常被称为轨迹。如图 12.2 所示，在所示路径的某个点上，它转身折返，而在另一个点上，它跨越以前的轨迹——对于轨迹在平面上走向的如何变化，完全没有限制。由于所有的跃迁在方向上是随机的，这一跃迁序列通常就被称为随机行走。如果把原子重新放回到原点，再开始走一遍，与图 12.2 相比，跃迁序列的轨迹看起来可能会有很大不同，因为每次跃迁都是从四个方向上随机选择的。原子在网格上随机地从一个阵点位置跃迁到相邻阵点位置这一思路，是非常简单的扩散模型基础，所有需要知道的就是晶格(和它的晶格长度)和跃迁速率 $k_{\text{jump}}$，假定已经以某种方式得到了后者。

但是目标是计算原子在扩散中的运动，因此需要能够追踪其位置。由于假定这些都是不相关的随机过程事件，可以考虑每次跃迁都是随机事件，并且平均跃迁速率为 $k_{\text{jump}}$，也就是说，在平均的意义上，单位时间内跃迁 $k_{\text{jump}}$ 次。

由于跃迁的原点是任意的，如果假设在时间 $t$=0 时，原子起始于点(0,0)，是最简单的。第一次跃迁后的位置设定为 $\boldsymbol{r}_1$，它是随机选择的四个最近邻中的一个。第二次跃迁后的位置是阵点位置 1 最近邻之一。同样地，不知道它从阵点位置 1 跃迁到四个方向中的哪一个最近邻。可以重复这一过程，产生一个跃迁序列。第 $n$ 次跃迁后的位置用 $\boldsymbol{R}_n$ 表示，是序列中每一次跃迁的矢量和

$$\boldsymbol{R}_n = \boldsymbol{r}_1 + \boldsymbol{r}_2 + \cdots + \boldsymbol{r}_n = \sum_{k=1}^{n} \boldsymbol{r}_k \tag{12.33}$$

即，$\boldsymbol{r}$ 的四种可能性的 $n$ 次随机选择组合。

利用这种方法，就可以追踪原子的运动，如原子是如何在表面上扩散的。多次考察随机行走，会发现扩散是一个随机过程，每次的跃迁序列都会沿着表面产生一个不同的路径。然而，检验随机行走模型是否是一个能够合理地描述实际扩散的方法，需要把模型输出结果的量值与可以检测的量值关联起来。显然，对于扩散，这个量值应是扩散系数。

2. 与扩散系数关联

统计物理学的一个经典结果是扩散系数与均方位移的量有关系，其关系式为

$$D = \frac{1}{6t}\left\langle R^2 \right\rangle \tag{12.34}$$

式中，$t$ 为时间；$\left\langle R^2 \right\rangle$ 为均方位移。表达式中 $D$ 是适用于宏观时间尺度的，即对于原子尺度而言为很长的时间 $t$。但是在一般情况下，扩散系数 $D$ 是与时间无关

的，因而式(12.34)告诉人们有关$\left\langle R^2\right\rangle$的十分重要性质——它必须是与时间呈线性关系的，即$\left\langle R^2\right\rangle \propto t$，对于随机行走这是成立的。

图 12.2 示出在正方形网格上一个二维随机行走的跃迁序列。按照式(12.33)的定义，跃迁 $n$ 步后，原子从它的起始位置(0,0)行走的距离为矢量 $\boldsymbol{R}_n$ 的长度。该距离称为位移，是 $\boldsymbol{R}_n$ 与其自身点积的平方根，即

$$R_n = \sqrt{\boldsymbol{R}_n \cdot \boldsymbol{R}_n} \tag{12.35}$$

行走距离的平方(即位移的平方)就是 $R_n$ 的平方，即

$$R_n^2 = \boldsymbol{R}_n \cdot \boldsymbol{R}_n \tag{12.36}$$

假设生成另一个次数相同的随机跃迁序列，这个新的序列将与图 12.2 类似，但不是相同的。在第 $n$ 步后，$R_n^2$ 也将与第一个序列不同。如果生成了 $N$ 个跃迁序列(每一个序列跃迁的次数相同)，那么对于序列中每步($n$)都将得到 $N$ 个 $R_n^2$ 值。均方位移$\left\langle R_n^2\right\rangle$是对所有 $N$ 个序列的$\left\langle R_n^2\right\rangle$求平均。

能够通过一些简单的代数运算解析地计算出均方位移，并且与有关求平均值的思想方法相结合，这就是随机行走模型的完美所在。合并式(12.33)和式(12.36)，$n$ 次跃迁后的位移为

$$R_n^2 = \boldsymbol{R}_n \cdot \boldsymbol{R}_n = \left(\boldsymbol{r}_1 + \boldsymbol{r}_2 + \cdots + \boldsymbol{r}_n\right) \cdot \left(\boldsymbol{r}_1 + \boldsymbol{r}_2 + \cdots + \boldsymbol{r}_n\right) \tag{12.37}$$

在做点积时，$\boldsymbol{r}_1 + \boldsymbol{r}_2 + \cdots + \boldsymbol{r}_n$ 中的每一项都将与自己本身相乘一次，所以将有 $r_1^2 + r_2^2 + \cdots + r_n^2$ 项。为了简化公式，采用求和记号将上述的和写成 $\sum_{k=1}^{n} r_k^2$ 。每个不同下标的点积项，即当 $j \neq k$ 时，$\boldsymbol{r}_j$ 和 $\boldsymbol{r}_k$ 之间的项，它们的乘积将出现两次，因此，还将有 $2\boldsymbol{r}_1 \cdot \boldsymbol{r}_2 + 2\boldsymbol{r}_1 \cdot \boldsymbol{r}_3 + \cdots + 2\boldsymbol{r}_2 \cdot \boldsymbol{r}_3 + \cdots + 2\boldsymbol{r}_{n-1} \cdot \boldsymbol{r}_n$ 的项。这后面一组的各项是相当烦琐的，但是可以利用求和公式把各项归拢起来，简化它。无须赘述代数，可以把这些项写成短式，为

$$\begin{aligned}\sum_{k=1}^{n-1} \sum_{j=i+1}^{n} \boldsymbol{r}_k \cdot \boldsymbol{r}_j = &\left(\boldsymbol{r}_1 \cdot \boldsymbol{r}_2 + \boldsymbol{r}_1 \cdot \boldsymbol{r}_3 + \cdots + \boldsymbol{r}_1 \cdot \boldsymbol{r}_n\right) + \left(\boldsymbol{r}_2 \cdot \boldsymbol{r}_3 + \boldsymbol{r}_2 \cdot \boldsymbol{r}_4 + \cdots + \boldsymbol{r}_2 \cdot \boldsymbol{r}_n\right) \\ &+ \left(\boldsymbol{r}_3 \cdot \boldsymbol{r}_4 + \boldsymbol{r}_3 \cdot \boldsymbol{r}_5 + \cdots + \boldsymbol{r}_3 \cdot \boldsymbol{r}_n\right) + \boldsymbol{L} + \boldsymbol{r}_{n-1} \cdot \boldsymbol{r}_n\end{aligned} \tag{12.38}$$

这样，位移矢量的平方为

$$R_n^2 = \sum_{k=1}^{n} r_k^2 + 2\sum_{k=1}^{n-1} \sum_{j=i+1}^{n} \boldsymbol{r}_k \cdot \boldsymbol{r}_j \tag{12.39}$$

对于正方形网格，所有跃迁的长度都是相同的($r_k$=$a$)，所以$r_k^2 = a^2$。基于点积的定义，$\boldsymbol{r}_i \cdot \boldsymbol{r}_j = r_i r_j \cos\theta_{ij} = a^2 \cos\theta_{ij}$，其中$\theta_{ij}$为两个矢量$\boldsymbol{r}_i$和$\boldsymbol{r}_j$之间的夹角。因为在第一个求和式中有$n$项，每个值均为$a^2$，这个和的值为$na^2$。将其代入式中(并将$n$从求和式中提取出来)，得到位移矢量平方的公式形式为

$$R_n^2 = na^2\left(1+\frac{2}{n}\sum_{k=1}^{n-1}\sum_{j=i+1}^{n}\cos\theta_{kj}\right) \tag{12.40}$$

为了计算扩散系数，需要计算许多随机行走跃迁序列$R_n^2$的平均值，要知道，各个序列中的每一次跃迁$\boldsymbol{r}_k$都是随机移动到最近邻阵点位置的。因为一个常数的平均值就是这个常数值本身，所以对式(12.40)中的$R_n^2$求平均值，其表达式可以表示为

$$\left\langle R_n^2\right\rangle = na^2\left(1+\frac{2}{n}\left\langle\sum_{k=1}^{n-1}\sum_{j=i+1}^{n}\cos\theta_{kj}\right\rangle\right) \tag{12.41}$$

求平均所采取的方式是对许多独立跃迁序列一步步进行的。对于每一步，无论是向左、向右，还是向上、向下，都有同样多的机会。因此，对所有$\cos\theta_{kj}$的平均必定等于0，第二项就消失了。则得到一个十分简单的结果，就是

$$\left\langle R_n^2\right\rangle = na^2 \tag{12.42}$$

也就是说，均方位移和跃迁次数之间存在着线性关系。这个关系与所使用网格的类型无关，也与是否是在一个、二个或三个(或任何数量的)维度的随机行走无关。

式(12.42)是一个非常简单的关系式，在随机行走中表示出均方位移是如何与跃迁的次数相关。时间相关性可以通过跃迁发生的平均跃迁速率$k_{\text{jump}}$来得到。这样，$n$次跃迁的平均时间为$t$=$n/k_{\text{jump}}$，所以有

$$\left\langle R_n^2\right\rangle = k_{\text{jump}}a^2 t \tag{12.43}$$

所以均方位移与时间具有线性相关性。

根据式(12.34)的关系式，扩散系数为

$$D = \frac{k_{\text{jump}}a^2}{6} \tag{12.44}$$

需要注意，实际上还不能计算$D$，因为没有跃迁速率$k_{\text{jump}}$的数值。如果能够以某些其他的方式确定它，那么就能对扩散系数做一个简单的预测。

只有在随机行走的条件下，逐次跃迁的方向之间没有相关性，式(12.44)才是完全成立的。在真实的系统中，当一个原子跃迁到一个新的阵点位置时，新阵点位置周围和先前阵点位置周围的那些原子将有所松弛，使位置稍微改变，因此，就可能会有原子跃迁回到它们先前阵点位置的轻微倾向。

在简单的随机行走模型中，不考虑这类相关运动，可以通过引入一个比例系数 $C_f$，近似地修正此类相关运动，使得

$$D = \frac{k_{\text{jump}} a^2}{6} C_f \tag{12.45}$$

式中，随机行走模型中 $C_f$=1，大多数真实系统的 $C_f$<1。

在本节中，针对一个非常简单的问题——沿着表面的原子扩散，已经开发了一个模型，但更感兴趣的是原子在固体中扩散这个重要的问题。然而，在做这项工作之前，还可以计算另外一个量，提供一些关于扩散的补充和说明性信息。

首先需要了解端至端概率分布。

随机行走模型非常简单，以至于不仅能够求出均方位移，还可以得出随机行走序列的解析表达式，得到这样的表述形式很重要。例如，表征许多随机行走平均行为特性一个重要的量，就是概率分布，也就是一个原子在 $n$ 次跃迁后的终端位置相对于其初始位置的矢量的概率分布[53]。将这个量称为 $P(\boldsymbol{R}_n)$，可以将它表示为矢量 $\boldsymbol{R}_n$ 的一个函数，此处不介绍如何推导 $P(\boldsymbol{R}_n)$，而只是讨论它的一些性质。

为方便起见，假设有一个原子，正在一维上沿着 $x$ 轴扩散，起始位置为 $x$=0。沿着轴线在任何一次跃迁中，它可以向右或向左移动 1 个阵点位置，其概率是相等的，阵点位置之间的距离为 $a$。经过 $n$ 次跃迁后，它将到达位置 $x_n$。现在，假设生成了许多等价的随机轨迹(跃迁序列)。$n$ 次跃迁后，在其中一条轨迹中沿着 $x$ 轴某位置上的原子，位于它初始位置的左侧或右侧的概率相等。如果对足够的轨迹求平均，能够确定在网格上发现 $x_n$ 的可能性(概率)。

由于 $x_n$ 可以是正的或负的，对许多条轨迹求平均趋向于将 $x_n$ 抵消掉，发现最大概率出现在 $x_n$=0 处。完整的分析表明，在沿着 $x$ 轴的随机行走中，$x_n$ 的概率由式(12.46)给出

$$I(x_n) = \left(\frac{3}{2\pi n a^2}\right)^{1/2} \exp\left\{-\frac{3x_n^2}{2na^2}\right\} \tag{12.46}$$

把它示于图 12.4(a)。$I(x_n)$ 的函数形式称为高斯分布，它的峰值出现在 $x_n$=0 处，并且 $x_n$ 为非零的概率在正和负两个方向上迅速变为零。这个函数从平均意义上告诉我们原子随机行走将在某处结束的概率，但是不能提供任何有关个体轨迹的直接信息。例如，可以看到，出现直的轨迹的 $I(x_n)$ 是微乎其微的，这里的 $x_n$=$na$，

由图 12.4(a)可知，当 $n$=100、$a$=1，出现直的轨迹的概率 $I(x_n=na)\sim e^{-150}$，说明概率是微乎其微的，但这并不意味着在一维随机行走中出现直的轨迹是绝对不可能的，只是说是非常不可能。

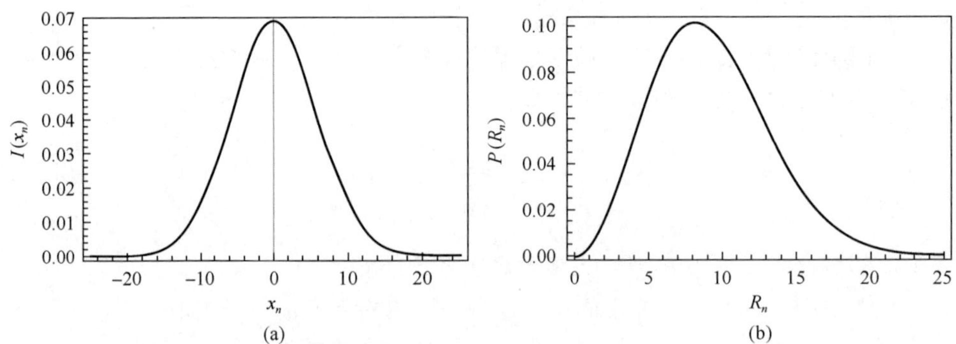


图 12.4　端至端分布函数

两张图都假设 $n$=100 和 $a$=1。(a)在 $n$ 步随机跃迁后，距离起点为 $x_n$ 的概率 $I(x_n)$；(b)端至端的距离为 $R_n$ 的概率分布 $P(\boldsymbol{R}_n)$

事实证明，关于 $I(x_n)$ 所给出的表达式是近似的。式(12.46)中的高斯函数快速地趋向于零，但实际上在 $x\to\infty$ 前并没有达到 0。因此，在式(12.46)中的表达式具有有限的(尽管非常的小)概率，使得端至端的距离实际大于总长度(即 $x_n=na$)，当然这是不可能的。但是，从任何实际意义上说，高斯分布是“精确”的。

在三维中，概率分布的形式为

$$P(\boldsymbol{R}_n)=I(x_n)I(y_n)I(z_n) \tag{12.47}$$

式中，$\boldsymbol{R}_n=(x_n,y_n,z_n)$，其中 $I(y_n)$ 和 $I(z_n)$ 的表达式类似于式(12.46)。$P(\boldsymbol{R}_n)$ 给出的是矢量 $\boldsymbol{R}_n$ 位于 $(x_n,y_n,z_n)$ 位置上的概率。对于扩散路径的端至端距离来说，一个更有用途的量是概率分布，也就是说，度量经过 $n$ 步后原子扩散有多远。因为 $\boldsymbol{R}_n$ 是矢量，$P(\boldsymbol{R}_n)$ 包括了确定端至端距离所不需要的角度信息。需要通过求平均来消掉这些角度，可以通过坐标变换将 $P(\boldsymbol{R}_n)$ 中的 $(x_n,y_n,z_n)$ 变为球面极坐标，并对所有的角度求积分，则端至端的概率分布为

$$P(\boldsymbol{R}_n)=\left(\frac{3}{2\pi na^2}\right)^{3/2}4\pi R_n^2\exp\left(-\frac{3R_n^2}{2na^2}\right) \tag{12.48}$$

图 12.4(b)中给出了 $P(\boldsymbol{R}_n)$。

请注意图 12.4 中所示 $I(x_n)$ 和 $P(\boldsymbol{R}_n)$ 之间的差异。$R_n$ 是一个距离，因此总是大于或等于零。在一个 $n$ 次跃迁序列中，端至端距离的最大概率出现于 $P(\boldsymbol{R}_n)$ 的峰值处，其中 $R_n>0$。具有解析表达式是方便的，因为可以通过求函数的极大值求

出峰值概率的值，即对 $P(\boldsymbol{R}_n)$ 求关于 $R_n$ 的导数，并令这个导数等于零，求解具有峰值概率的距离 $R_{\mathrm{m}}^{\max}$ 。在本例的情况下， $R_{\mathrm{m}}^{\max}=\sqrt{2n/3a}$ 。

平均性质可以直接从对概率分布的计算求出。例如，端至端距离的均值 $\langle R_n\rangle$ ，由式(12.49)给出

$$\langle R_n\rangle=\int_0^{\infty}R_nP(\boldsymbol{R}_n)\mathrm{d}\boldsymbol{R}_n=\sqrt{\frac{8n}{3\pi}}a \tag{12.49}$$

端至端距离的均方值(均方位移)为

$$\langle R_n^2\rangle=\int_0^{\infty}R_n^2P(\boldsymbol{R}_n)\mathrm{d}\boldsymbol{R}_n=na^2 \tag{12.50}$$

这正是在式(12.42)中求出的结果。

3. 体扩散

已经开发出在一个空网格上扩散的简单模型，从材料的视角来看，这不是一个真实的问题，没有多大意义。那么，来考虑一个原子在固体中运动的情况。忽略晶格缺陷(如晶界或位错)，并假定没有间隙位置可以被占据时，则一个原子可以跃迁到另一个晶格位置的唯一前提就是那个阵点位置未被占据，也就是说，相邻的阵点位置是一个空位。当然，当一个原子迁入空位，它就填充了该空位，而它原来位置就成为空位，如图 12.5 所示。

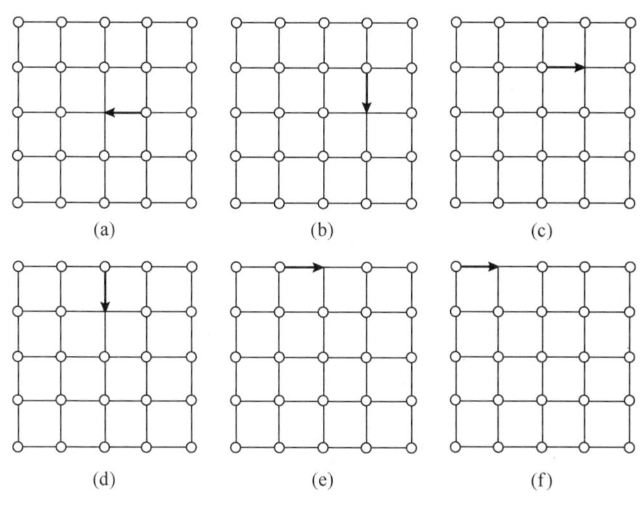


图 12.5　原子随机跃迁至空位的序列

假设在固体中只有一个空位，可移动的原子就只是那些毗邻空位的原子。然

而，原子的每次跃迁“移动”着空位，随着时间的推移，就像是空位在系统中移动。因此，虽然可以通过监测原子的运动来描述扩散，但在实践中，追踪空位移动更加有效率。顺理成章地，这种类型的扩散称为空位扩散。

可以将空位扩散看作空位的随机行走来建立模型。在二维空间上，这个模型与上面讨论的表面扩散情况完全相同，空位取代了原子的角色。在三维空间上的随机行走分析与二维的情形是相同的，均方位移遵从式(12.43)中的关系式。正如下面介绍的，从一个晶格到另一个晶格的唯一变化就是随机跃迁到最近邻阵点位置的方向，其平均性质不变。

在实际系统中，没有浓度梯度情况下的扩散通常称为示踪扩散，是原子的自发混合。利用同位素示踪物，这种类型扩散的特性可以通过实验得出，这也是其名称的由来。假定同位素示踪物对原子的运动没有显著影响，示踪物扩散通常就被假定等同于自扩散。示踪物扩散系数和空位扩散系数之间的关系是 $D_t=X_vD_v$，其中 $X_v$ 为空位的摩尔分数。注意，$X_v$ 和 $D_v$ 均是(通过跃迁速率)高度依赖于温度的。

有了这些结果，就可完成图 12.3 所示的建模过程中的以下各个步骤。虽然还没有对每一步加以确定，但已经有了输入(网格和跃迁速率 $k_{jump}$)和输出(扩散系数 $D$)，已经辨识出机理(随机跃迁)，确定了精确度(因为无法预测 $k_{jump}$，不能预测 $D$ 的值，所以这些量将是定性的而不是定量的结果)，已经构建了模型(随机跃迁的序列)，并且已经做了量纲分析($D$ 必须是与时间无关的)，那么就可编制计算机代码了。

4. 材料学的随机行走模型

首先讨论随机行走模型是否是有用的。显然，可以将均方位移 $\left\langle R^2\right\rangle$ 与扩散系数 $D$ 建立起关系，但是最突出的问题是跃迁速率 $k_{jump}$ 未知，就不能真正地计算 $D$。此外，短时原子弛豫可能抑制原子在阵点位置腾空后再次进入。这种抑制就会出现式(12.45)中的相关项 $C_f$，这是无法用随机行走模型描述的。总之，随机行走模型实际上并不能表示太多关于在正常的块体晶格中扩散的情况。

然而在某些情况下，人们可能想要限制到达某些特定阵点位置的概率。例如，假设人们想要建立具有一些快速扩散通道系统的模型。一个例子可以是穿越薄膜的穿线位错，其中扩散沿着位错芯(通常具有比块体晶格具有较小的密度)可能比在本体中的扩散要快得多。对在这个系统中的扩散，一个纯粹的随机行走是不能很好地描述的。然而，通过改变阵点位置之间的速率 $k_{jump}$(例如，沿通道阵点位置的扩散速率比通道外阵点位置更快)，可以在一般意义上研究在系统中有这样的扩散通道存在会如何影响整体的扩散速率。在这种情况下，将需要 $k_{jump}$ 的值作为输入参数。

在本小节中，介绍了扩散随机行走模型的基础知识，并利用这个简单模型介绍了模型的许多重要特征，如需要对多条轨迹求平均和如何计算概率分布等。在后面的一些小节中，将利用随机行走模型思想和第一性原理计算方法，具体展示如何进行电极材料的性能预测与评价。

### 12.2.6　常用软件包介绍

目前为止已经出现了很多优秀的计算软件包及辅助性软件包。基于本章节所设计的体系和具体内容，主要介绍以下几个软件包来完成所要进行的第一性原理计算研究。

1）VASP 简介

VASP（vienna ab-initio simulation package）是基于 DFT 并利用赝势平面波方法进行从头分子动力学模拟和第一性原理电子结构计算的软件包，主要用于具有周期性的晶体或表面的计算，可以采用大单胞，也可以用于处理小的分子体系，是当前材料微观尺度模拟和计算材料科学研究中使用非常广泛的计算商业程序[54-56]。VASP 软件是基于 1989 年的 CASTEP（1989 版），最早是由 Gerorgo Kresse 和 Jürgen Furthmüller 合作共同研发，1995 年被正式命名为 VASP，随后被开发者不断完善。

VASP 程序采用平面波基组并在局域密度近似和广义梯度近似下通过自洽迭代方式来求解 Kohn-Sham 方程，采用赝势来描述核区域内电子与价电子的相互作用。采用 VASP 软件包进行第一性原理计算不依赖任何可调的经验参数，即可得到体系基态的基本性质，如结构参数、稳定构型、电子结构（包括电荷密度分布、电子态密度、磁矩、光谱、能级和能带）和动力学扩散等，目前已广泛用于固体和合金材料以及原子、分子、纳米团簇、晶体和非晶体的计算，并在解释实验现象、微观机理、预测材料结构和设计新型材料等方面都有很好的应用。

2）MS 简介

MS（materials studio）软件平台中常用于材料体系量子力学计算的模块有 MS.DMol$^3$，MS.CASTEP 等[57]。其中，MS.DMol$^3$ 是典型的基于 DFT 的量子力学程序，可以用来研究气相或液相体系及表面或固体材料相关性质；具体来讲，可用来进行均相催化及多相催化反应、分子反应、分子结构、过渡态搜索、能带结构、态密度、磁性等理论计算与研究，也可以用来分析预测溶解度、蒸气压和溶解热等性质；概括来讲，可以用于化学化工材料科学和固体物理领域的计算模拟研究。此外，另一个广泛应用于金属材料、半导体及陶瓷、分子筛等多种材料领域计算机模拟的先进量子力学程序是 CASTEP（Cambridge serial total energy package）。它是 MS 模拟平台中另一套基于 DFT 的量子力学程序。通过该模块的计算机模拟，可以研究相关领域晶体材料的一些特性，包括表面化学性质以及重构、能带结构和态密度等电子结构性质，一些光学性质和不同点缺陷（空位、掺杂等）和线缺陷（位错、滑移等）性质，也可以用来研究体系波函数和三维电荷密度等。

3) VESTA 简介

VESTA (visualization for electronic and structure analysis) 即电子结构可视化分析软件[58]，适用于可视化分析材料的结构模型、电子局域函数和电子密度等，可以轻松处理最大至几万个原子的体系。VESTA 目前已经实现在 Linux 和 Window 上免费使用，是一个非常普及和重要的可视化分析 DFT 计算结果的辅助工具。

## 12.3　电极材料结构模拟及性能评价

在前些年的研究中，关于电池电极材料的研究主要建立在实验探索的基础上，然而，由于材料的多样性，这种传统的实验方法将消耗大量的人力、物力和财力。近年来，随着量子化学和计算技术的发展，基于 DFT 的第一性原理计算方法已经成为新材料分析与设计的有力工具，不仅可以对现有的实验现象予以合理的理论解释，还对材料的改性和设计具有非常重要的指导意义。目前该理论方法在电池电极材料的研发中有着较成功的应用，其中最具影响的研究是：Ceder 等[59]通过第一性原理方法研究了 $Li_xCoO_2$ 及其掺杂物的电子结构，并预测掺杂将降低材料成本，提高充放电平台，该结论得到了实验验证。此后，第一性原理方法被广泛应用于电池材料的结构、能量、能带等物理性质及材料充放电电压、容量、结构稳定性、力学应变及扩散动力学等电化学性质的研究，其有效性也得到了许多实验事实的验证[60-62]。本节首先总结了第一性原理在电池电极材料方面的主要应用，然后通过具体的研究实例说明了第一性原理计算在电极材料预测和评价中的可行性。

### 12.3.1　电极材料的结构评价及电子设计

通过第一性原理进行电极材料性能的计算，首先，需要对电极材料的一些结构参数(如键长、键角、晶格常数、原子位置等)和构型进行优化。其次，对材料的电子结构(如能级、电子密度分布、能带、电子态密度和差分密度电荷)进行理论研究，基于这些结论可以很好地揭示化学键特征。最后，对材料的光学和动力学性质(如声子谱和扩散路径等)进行理论研究。在本小节中，首先介绍通过第一性原理对晶体结构稳定性和电子结构及性质的计算，后面小节会对电极材料的热力学性能和动力学性能的预测和评价进行介绍。

1. 晶体结构稳定性

通过对电极材料的结构优化，可以获得电极材料的一些结构参数(如键长、键角、晶格常数、原子位置等)和绝对能量，在进行结构优化时，VASP 软件通过自洽的迭代过程计算，从而优化得到稳定构型。

1) 自洽过程

由前面对计算方法的介绍可知，通过不同的电子密度 $\rho(r)$ 可求出相应的交换关联泛函 $E_{XC}[\rho(r)]$。因此在多电子系统中，给定系统初始的电荷密度 $\rho_0(r)$，可算出各项的外势场，进而求得有效势场 $V_{eff}(r)$，通过 Kohn-Sham 方程求解出各能级及对应的波函数，再计算出新的电子密度 $\rho_i(r)$，解出来的 $\rho_i(r)$ 值与初始的 $\rho_0(r)$ 值一般不会相同，将新解出的 $\rho_i(r)$ 叠加到初始值上，重新计算产生新的电子密度。所得到的电子密度又用于修正上一步循环输入的 $\rho_i(r)$。循环迭代直到差异小于设定的条件为止，计算得到收敛。图 12.6 给出了整个自洽的迭代过程[63]。

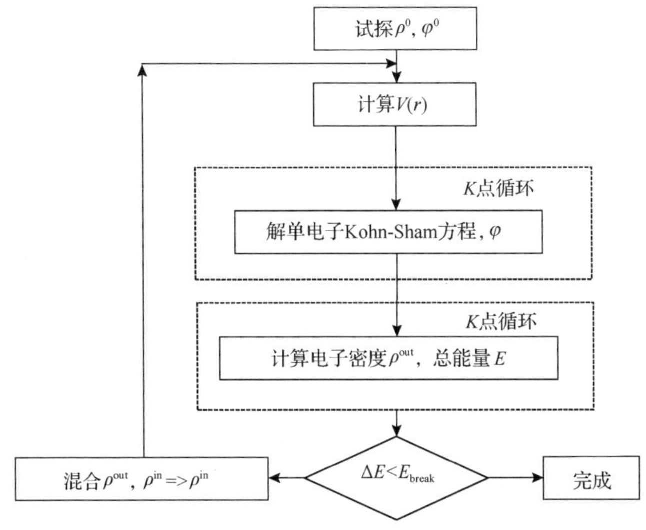


图 12.6　静态自洽计算流程图[63]

详细计算过程：①给系统一个起始的电子密度 $\rho_0(r)$；②利用电子密度计算出有效势场 $V_{eff}(r)$；③对布里渊区上各个 $K$ 点进行 Kohn-Sham 方程式求解，得出对应级 $E_{nk}$ 与波函数 $\psi_{nk}$；④求费米能级 $E_F$；⑤从波函数求各 $K$ 点的加权参数 $\omega_{nk}$ 得出电子密度式：

$$\rho(r)=\sum_{nk}\omega_{nk}\left|\psi_{nk}\right|^2 \tag{12.51}$$

⑥从判定 $\rho_0(r)$ 与 $\rho(r)$ 是否满足设定的收敛条件，若收敛则得出基态电子密度，若不收敛则利用自洽算法，再产生下一个起始电子密度，多次重复运算，直至满足收敛条件，最后得到体系的性质。

2) 结构优化

对于给定原子位置、元素种类的体系，经过 DFT 自洽求解 Kohn-Sham 方程便可以求解出整个体系处于多电子基态时的总能量。总能量对体系虚拟位移的导数就是各个原子受到的力(Hellmann-Feynman 力)。这就为理论上预测物质的结构提供了可靠且有效的办法。量子化学中给出，在自然界中稳定存在的物质都具有最低能量,只需要根据原子受力来不断变化原子位置,直到找到体系的最低能量(所有原子的受力都为零)，那么此时的结构就应该是物质在自然界中存在的最稳定结构，而这种计算过程即为第一性原理结构优化[64]。

为了保证寻找能量面最小值时能够找到全局的最小值而不是局部最小值，提高优化效率，常常需要借助一些强有力的方法。最常用的方法就是直接能量最小化、最深梯度法、共轭梯度法、准牛顿法、阻尼动力学法等[65, 66]。以 DFT 为基础的第一性原理计算所取得的成就，也促进了凝聚态物理、量子力学等学科的发展。

2. 电子结构与性质

在材料科学研究过程中，用来表征和分析材料微观电子结构的方法主要有实验技术表征方法和基于量子力学的第一性原理研究表征方法。实验技术手段包括俄歇电子能谱、角分辨光电子能谱(angle resolved photoemission spectroscopy，ARPES)、光致发光光谱(photoluminescence，PL)及 X 射线吸收精细结构光谱(X-ray absorption fine structure，XAFS)等。然而这些技术手段有局限性，不能够深入到原子、电子层次来分析材料的电子结构及晶体结构与电子结构之间的关系。而基于量子力学的 DFT 计算方法可以研究固体材料原子尺度的微观结构与性能之间的关系，常见电子性能的理论研究与分析包括能带结构、态密度、差分电荷密度分布和布局分析等。

1) 能带结构

能带结构(band structure)的理论思路是：晶体中的电子不再被束缚在某个原子附近，是能够在整个晶体中运动，称之为共有化电子。但电子在运动过程中并不像自由电子那样，完全不受任何力的作用，电子在运动过程中受晶格原子势场和其他电子的相互作用。晶体中电子共有化的现象导致了晶体内电子的能量状态与孤对原子中的电子有差异：晶体内电子的能量允许处于一定的范围内，这一允许的范围就是能带。能带的一个非常重要的特征就是它的带宽，即能带的最高能级和最低能级的能量差值[67]。能带理论目前用来研究固体物质中的电子状态，是说明固体物质性质最重要的理论基础。能带的大小可以直接分析出晶体是导体、半导体还是绝缘体。通过能带可以直接分析晶体的导电性能，也为后期晶体导电性能改性提供了参考依据。在量子力学中，假设晶体中有 $M$ 个原子，因为原子间存在着相互作用力，原来孤立原子的每个能级就会分裂为 $M$ 条能级，就是能带。

这些允许被电子占据的能带称为允带。允带之间的范围是不允许电子占据的，这一范围称为禁带。因为电子的能量状态遵守能量最低原理和泡利不相容原理，所以内层能级所分裂的允带总是被电子先占满，然后再占据能量更高的外面一层允带。被电子占满的允带称为满带。原子中最外层电子称为价电子，这一壳层分裂所成的能带称为价带。比价带能量更高的允带称为导带；没有电子进入的能带称为空带。任一能带可能被电子填满，也可能不被填满，满带电子是不导电的。泡利不相容原理认为，每个能级只能容纳自旋方向相反的两个电子，在外加电场上，这两个自旋相反的电子受力方向也相反。它们最多可以互换位置，不可能出现沿电场方向的净电流，所以说满带电子不导电。同理，未被填满的能带能导电。金属之所以有导电性就是因为其价带电子是不满的。

带隙 $E_g$ 的计算为

$$E_g=E_v-E_c \tag{12.52}$$

式中，$E_v$ 和 $E_c$ 分别为布里渊区能量最高的价带顶和能量最低的导带底。$E_g$ 越小，导电性越好，$E_g>3eV$ 时物体表现出的是绝缘体的性质；$1eV<E_g<3eV$ 时，是半导体的性质，而金属则没有带隙。

目前，由于 DFT 中求解 Kohn-Sham 方程无法考虑体系的激发态，所以半导体带隙的 DFT 计算结果通常与实验结果会有较大偏差。不过，通常可以利用 DFT+U 和杂化泛函方法来克服 DFT 带隙计算偏小的问题。

2) 态密度

态密度(density of states，DOS)是用来表征固体材料中连续密集的能级分布情况，是指能量介于 $E$ 和 $(E+\Delta E)$ 之间的量子态数目 $\Delta Z$ 与能量差 $\Delta E$ 之比，即单位频率间隔之内的模数，可以表示为

$$N(E)=\lim_{\Delta E\to 0}\frac{\Delta Z}{\Delta E} \tag{12.53}$$

DOS 又可分为局域态密度(local density of states，LDOS)和分波态密度(partial density of states，PDOS)。二者均是用来对电子结构进行半定量分析的工具。前者显示了系统中各原子的电子态密度对总态密度谱的每一部分贡献，后者则是根据电子态的角动量来分辨这些贡献，如来自 s、p、d 或者 f 电子态密度主峰的贡献。而实验上只能用 X 射线发射光谱法测定 DOS。

电子态密度的主要特点有：①在整个能量区间内分布较为平均、没有局域尖峰的 DOS，对应的是类 sp 带，表明电子非局域化性质很强。相反，对于一般过渡金属而言，d 轨道的 DOS 一般是一个很大的尖峰，说明 d 电子相对比较局域，

相应的能带也比较窄。②从 DOS 图也可分析带隙特性：若费米能级处于 DOS 值为零的区间中，说明该体系是半导体或绝缘体；若有 PDOS 跨过费米能级，则该体系是金属。此外，可以画出 PDOS 和 LDOS 两种 DOS，更加细致地研究在各点处的分波成键情况。③从 DOS 图中还可引入“赝带隙”的概念。即在费米能级两侧分别有两个尖峰，而两个尖峰之间的 DOS 并不为零。赝带隙直接反映了该体系成键的共价性强弱：越宽，说明共价性越强。如果分析的是 LDOS，那么赝带隙反映的是相邻两个原子成键的强弱：赝带隙越宽，说明两个原子成键越强。上述分析的理论基础可从紧束缚理论出发得到解释：实际上，可以认为赝带隙的宽度直接与哈密顿矩阵的非对角元相关，彼此间成单调递增的函数关系。④对于自旋极化的体系，与能带分析类似，也应该将自旋向上态(majority spin)和自旋向下态(minority spin)分别画出，若费米能级与自旋向上的 DOS 相交而处于自旋向下的 DOS 的带隙之中，可以说明该体系的自旋极化。⑤考虑 LDOS，如果相邻原子的 LDOS 在同一个能量上同时出现了尖峰，则将其称为杂化峰(hybridized peak)，这个概念直观地展示了相邻原子之间的作用强弱。所以，晶体电子的 DOS 不仅可以看出每个电子轨道的能级情况，还可以分析出晶体中各个原子之间的杂化情况以及它们之间的相互作用情况，这为掺杂体系的分析提供了有力的工具。

3) 电荷密度

电荷密度(charge density)分析主要用来反映平衡体系中电子在整个晶格空间的分布特征，通常会用二维等值线或三维等值面来表示，可以帮助研究者非常直观地观察电子在不同原子间的转移方向、成键情况(是共价键还是离子键或金属键)等。电荷密度分布又分为差分电荷密度图、自旋极化电荷密度图和二次差分电荷密度图等。总之，它们都是基于对电荷聚集/损失的具体空间分布特征以及电荷分布形状的分析来判断成键轨道类型与强弱的方法。

4) 布居数分析

布居数分析(population analysis)是指通过定量计算电子电荷在各组分原子之间和化学键上的分布情况来分析原子之间得失电子情况。但是该方法得到的原子上电荷量只是一个相对量而非绝对量。例如，通过 Mulliken 布居数分析可以得到原子、原子轨道和原子间化学键的电荷定量分布情况。这三种布居数分析就对应于典型的原子布居、轨道布居和成键布居。可通过成键布居情况客观判断原子间成键情况，如共价性或离子性。一般来讲，成键布居数值越高越偏向共价性，越低则越偏向离子性。当然，还有其他方法可以用来判断原子间成键的离子性，例如，给定键上 Mulliken 电荷与原来离子电荷和的差值为零则意味着完全的离子键，大于零则意味着共价键成分的增加。

### 12.3.2　热力学性能的预测与评价

第一性原理计算可以准确地给出凝聚态物质在平衡状态下电子密度 $\rho(r)$ 分布的信息。利用这种计算得到电子结构，进而确定材料的宏观热力学性质。对于电池系统，反应物和产物的热力学性质影响着重要的电化学性质，如电压分布、容量和工作条件下的稳定性等。在本小节中，介绍了利用第一性原理计算电池材料热力学特性的理论背景和相关知识。

1. 工作电压及容量

假设反应过程只经历初态和终态，忽略中间复杂的反应过程时，利用能斯特方程，可以定义平均嵌锂电压为

$$U_{\mathrm{v}} = \frac{-\Delta G}{nF} \tag{12.54}$$

式中，$n$ 为嵌入 $Li^{+}$的个数；$F$ 为法拉第常量；$\Delta G$ 为反应前后吉布斯自由能的变化量

$$\Delta G = \Delta E + P\Delta V - T\Delta S \tag{12.55}$$

式中，$\Delta G$ 为反应前后总能量的变化量(对于 $Li^{+}$体系而言，数量级一般为 0.1～4.0eV)；$P$ 为压强，$V$ 为体积，$P\Delta V$ 的数量级为 $10^{-5}$eV；$S$ 为熵，$T$ 为温度，$T\Delta S$ 与 $k_{\mathrm{B}}T$ 成正比，它在工作温度下也远小于 $\Delta G$，故平均嵌锂电压的公式又可近似写为

$$U_{\mathrm{v}} = \frac{-\Delta E}{nF} \tag{12.56}$$

此外，可通过式(12.57)计算电池负极材料的理论容量

$$Q_{\mathrm{t}} = \frac{nN_{\mathrm{A}}e}{\varepsilon M} \tag{12.57}$$

式中，$n$ 为每摩尔单位电极材料吸附的电荷量；$N_{\mathrm{A}}$ 为阿伏伽德罗常数；$e$ 为基本电荷；$\varepsilon$ 为毫安时与库仑之间的转换比例系数；$M$ 为电极材料的摩尔质量。

2. 反应机理

本书第二篇介绍了各种类型的电池电极材料的反应机理，另外，还可以通过 DFT 的第一性原理方法计算材料的物理和电化学性质，模拟材料在使用条件下的性能演变规律，来验证、预测和评价电极材料的反应机理，进而实现材料性能的改善和材料设计，具体实例见本章最后的研究实例 3 和 4。

### 12.3.3 动力学性能的预测与评价

锂离子电池在电解质中从一个电极到另一个电极的动力学过程对锂离子电池的速率性能有敏感的影响。由于锂离子在液体电解质中传导速度较快，人们认为电极中固态锂离子扩散的速率与离子传导有关，因此对锂离子在各种电极材料中扩散行为的研究有重要意义[68-70]。在本小节中，介绍了基于第一性原理计算的载流子和离子在电极材料中的扩散动力学的相关理论基础。

1. 载流子迁移率

载流子迁移率是指材料中的载流子(一般包括电子和空穴)在单位电场作用下的平均漂移速度，也就是载流子在电场作用下运动快慢的量度。载流子迁移率是半导体微电子材料的核心性质，特别是对于场效应管来说。到目前为止，在不少材料中载流子传输过程中的散射机理仍然不是很清晰。同时，对于一个已知的材料人们仍然不清楚它的本征载流子迁移率能达到多大。然而这些问题对于半导体工业来说是十分关键的，需要对这些性质有一个清楚的认识，才能帮助人们去寻找和制造更加优秀的材料用于生产和生活[71-73]。在本小节中，主要介绍利用第一性原理计算结合玻尔兹曼输运方程和弛豫时间近似理论来预测材料的载流子迁移率。

载流子迁移率的定义式为

$$\mu_e = v_e / F_E \tag{12.58}$$

式中，$v_e$为材料中载流子的平均漂移速度；$F_E$为外加的电场强度。根据经典力学，一个电子得到外场给予的动量为

$$\Delta p = -eF_E\tau \tag{12.59}$$

电子会在晶格振动、杂质、缺陷等散射过程中失去这一动量。因此，在稳定的电流状态下，这里的$\tau$就是平均散射时间，也可以说这个时间长度就是平均发生两次独立散射的时间间隔。所以载流子的平均漂移速度和迁移率就可以表达为

$$v_e = \frac{-eF_E\tau}{m^*} \tag{12.60}$$

$$\mu_e = \frac{-e\tau}{m^*} \tag{12.61}$$

式中，$m^*$为电子或空穴的有效质量。从式(12.60)和式(12.61)可以发现，增加平均的散射时间$\tau$或者降低载流子的有效质量$m^*$都能提高材料的载流子迁移率。

有时可以用有效质量近似去简化迁移率的计算，得到一个相对粗略的结果。

在三维体系中，对于球形能量表面，能带能量可以写成一个简单的形式

$$\varepsilon(K)=\varepsilon_0+\frac{\hbar^2K^2}{2m^*} \tag{12.62}$$

式中，$m^*=\dfrac{\hbar^2}{\partial^2\varepsilon(K)/\partial K^2}$，为电荷的有效质量；$\varepsilon_0$ 为能带的能量。所以体系的弛豫时间可以简化为

$$\frac{1}{\tau_\alpha(k)}=\frac{\sqrt{2\varepsilon_k k_\mathrm{B}TE_\alpha^2 m^{*3/2}}}{C_\alpha^{3\mathrm{D}}\hbar^4\pi} \tag{12.63}$$

三维情况下的迁移率为

$$\mu_{\mathrm{e}\alpha}^{3\mathrm{D}}=\frac{e\langle\tau_\alpha\rangle}{m^*}=\frac{2\sqrt{2\pi eC_\alpha^{3\mathrm{D}}\hbar^4}}{3(k_\mathrm{B}T)^{3/2}E_\alpha^2 m^{*5/2}} \tag{12.64}$$

式中，$C_\alpha^{3\mathrm{D}}=\dfrac{1}{V_0}\dfrac{\partial^2E}{\partial(\delta\boldsymbol{l}/\boldsymbol{l}_0)^2}\bigg|_{\boldsymbol{l}=\boldsymbol{l}_0}$，为三维的弹性常数，$\boldsymbol{l}_0$ 为在 $\alpha$ 方向上的晶格矢量。相同地，一维情况下 Beleznay 等对这个式子进行了修改[74]，可以表达为

$$\mu_{\mathrm{e}\alpha}^{1\mathrm{D}}=\frac{eC_\alpha^{1\mathrm{D}}\hbar^2}{(2\pi k_\mathrm{B}Tm^*)^{1/2}E_\alpha^2} \tag{12.65}$$

式中，$C_\alpha^{1\mathrm{D}}=\dfrac{1}{\boldsymbol{l}_0}\dfrac{\partial^2E}{\partial(\delta\boldsymbol{l}/\boldsymbol{l}_0)^2}\bigg|_{\boldsymbol{l}=\boldsymbol{l}_0}$，为一维情况下的弹性常数。对于二维体系，也是人们最关心的情况，同样也可以用近似的表达式进行描述[75, 76]

$$\mu_{\mathrm{e}\alpha}^{2\mathrm{D}}=\frac{2eC_\alpha^{2\mathrm{D}}\hbar^3}{3k_\mathrm{B}T(m^*)^2E_\alpha^2} \tag{12.66}$$

电荷的弛豫时间和迁移率可以用有效质量近似的方法来计算，这个近似适用的条件是能量面是球面的情况，即能带结构是各向同性时。有效质量 $\boldsymbol{m}^*$可以用能量对 $K$ 点求二次拟合的方法求得，公式如下

$$m^*=\frac{\hbar^2}{\partial^2\varepsilon(\boldsymbol{K})/\partial\boldsymbol{K}^2} \tag{12.67}$$

式中，$\boldsymbol{K}$ 为波矢；$\varepsilon(\boldsymbol{K})$ 为特定波矢所对应的能量，导带底(conduction band minimum，CBM)处对应电子，价带顶(valence band maximum，VBM)处对应空穴。根据前面的分析，只需要求得这些具体的物理量，就可以计算出材料的载流子迁移率。

2. 离子扩散性

充放电速率是评价电极材料性能的一个重要参数，其快慢主要依赖于金属离子在电极材料上的扩散迁移率[77]。由于离子扩散主要是由离子跃迁介导的，因此可以通过确定移动阳离子在晶体结构间的运动轨迹和能量能垒来计算移动阳离子的扩散率[78]。根据 Green-Kubo 表达式[79, 80]，将移动的阳离子的扩散率($D_J$)定义为

$$D_{\mathrm{J}}=\frac{1}{2td}\left\langle\frac{1}{N}\left[\sum_{n=1}^{N}\Delta\overline{\boldsymbol{R}_n(t)}\right]^2\right\rangle \tag{12.68}$$

式中，$t$ 为时间；$d$ 为间隙扩散网络维数；$N$ 为移动阳离子的个数；$\Delta\overline{\boldsymbol{R}_n(t)}$ 为移动阳离子 $n$ 经过时间 $t$ 后的位移矢量；角括号为随时间 $t$ 的系综平均。在离子稀释或空位等非相互作用粒子扩散的假设下，跃迁与局域锂离子浓度无关，因此扩散率可以表示为[81]

$$D_{\mathrm{J}}=(1-c_0)g_0a^2k_{\mathrm{jump}} \tag{12.69}$$

式中，$c_0$ 为离子的比例；$g_0$ 为可能跃迁方向个数的倒数的几何因子；$a$ 为离子在晶格中的跳跃距离；$k_{\mathrm{jump}}$ 为跃迁速率；$(1-c_0)$为一个阻塞因子，它与非相互作用晶格中离子比例的化学势有关。根据过渡态理论，初始跳变点与终跳变点之间的 $k_{\mathrm{jump}}$ 近似为

$$k_{\mathrm{jump}}=f\exp\left(\frac{E_{\mathrm{T}}-E_{\mathrm{A}}}{k_{\mathrm{B}}T}\right) \tag{12.70}$$

式中，$E_{\mathrm{T}}$ 为过渡态的能量；$E_{\mathrm{A}}$ 为局部最小值的能量；$f$ 为固体晶体中的原子振动频率，一般取值 $10^{12}\sim10^{13}\mathrm{s}^{-1}$。过渡态和局部最小值的能量差值($\Delta E_{\mathrm{A}}=E_{\mathrm{T}}-E_{\mathrm{A}}$)是在扩散过程中所需的活化能。

### 12.3.4 研究实例

上面讨论了对电极材料的晶体结构稳定性评价及电子结构与性质的计算、热力学性能(工作电压、容量和反应机理)和动力学的性能(载流子迁移率和离子扩散性)的预测与评价，本小节列举了四个研究实例，来具体展示如何预测电极材料的性能和评价电极材料。

### 1. 研究实例 1：钠离子电池负极材料 $MoS_2$ 的晶体结构与性能分析

负极材料是钠离子电池的一个重要组成部分，其性能好坏直接影响电池的整体性能。虽然钠离子电池电极材料的发展大多是基于锂离子电池的成功经验，但是由于钠离子的半径和相对原子质量比锂离子大，导致其在电极材料中的稳定性、迁移速率和脱嵌机理等方面与锂离子有较大区别，其物理化学性质也不同，目前普遍使用的锂离子电池负极材料大多并不适用于钠离子电池，尤其是商业化的石墨负极材料。因而，对钠离子电池电极材料进行理论模拟，找出普遍性规律，逐步确立钠离子电池电极材料选择的理论依据，可避免大量盲目实验，更加高效地研发出性能优异的电极材料。相对钠离子电池正极材料而言，可行的负极材料选择面较小，因此，对于钠离子电池的研究，探索合适的负极材料成为重要挑战之一。通过第一性原理计算钠离子电池负极材料的晶体结构和热力学与动力学性质是非常有必要的，能给实验提供一定的理论依据。

近年来，$MoS_2$ 由于其独特的物理化学性质引起了研究人员的广泛关注[82, 83]。该材料具有二维层状结构，层与层之间通过较弱的 vdW 力相结合，这种特殊结构为碱金属离子的嵌入提供了空位，被认为是一种典型的可嵌入基质材料，在二次电池电极材料领域具有潜在的应用价值。本实例采用基于 DFT 的第一性原理计算方法，Su 等[84]系统研究了钠在体相和单层 $MoS_2$ 体系中的稳定吸附构型、吸附位置、吸附量和扩散行为等问题。

#### 1) 计算方法与结构模型

(1) 计算方法。

本实例中所有的计算工作均是在基于 DFT 的从头算模拟软件包(VASP)[54-56]中完成的，计算中采用 PAW[43, 44]和基于 GGA[23, 24]的 PBE[26]交换关联泛函来描述交换关联势。平面波的截断能设置为 400eV。在整个弛豫过程中，原子位置、晶胞参数及单胞体积等几何结构都进行了完全弛豫，直至每个原子上的最大作用力小于 0.01eV/Å 和能量变化小于 $10^{-5}$eV。布里渊区分割采用 Monkhorst-Pack 方案[85]，体相 $MoS_2$ 和单层 $MoS_2$ 的 $K$ 点网格分别为 5×5×5 和 5×5×1。一般而言，电极材料表面将生成 SEI 膜且材料表面被溶剂包围。然而，在本实例中为避免计算的复杂性，只考虑钠离子在理想 $MoS_2$ 表面的吸附，即不考虑 SEI 膜和溶剂的影响。另外，由于体相 $MoS_2$ 层与层间存在弱相互作用，在计算中引入经验的 vdW 修正项，采用色散校正泛函 DFT-D 来修正计算方法的有效性和精确度。

为研究钠离子的扩散动力学，首先对钠离子扩散的初态和末态的结构进行优化，其次在初末态中线性插入 9 个构象，最后通过 NEB 方法找到最小能量路径。

(2) 结构模型。

确定了所用的计算方法后，在进行计算前需要先确定电极材料的晶体结构模型。本实例的电极材料是 $MoS_2$，目前报道的体相 $MoS_2$ 主要有四种晶体构型，即 1T-$MoS_2$、2T-$MoS_2$、2H-$MoS_2$、3R-$MoS_2$（图 12.7）。其中，1T-$MoS_2$ 和 2T-$MoS_2$ 中 Mo 为八面体配位，1T-$MoS_2$ 由 1 个 Mo 原子构成一个晶胞[86]，2T-$MoS_2$ 由 2 个 Mo 原子构成一个晶胞[86]；2H-$MoS_2$ 属 *P63/mmc* 晶系，结构特点为：Mo 原子为三角棱柱六配位，2 个 S-Mo-S 单位构成一个晶胞[87]；3R-$MoS_2$ 属 *Rm*3 晶系，结构特点为：Mo 原子为三角棱柱六配位，3 个 S-Mo-S 单位构成一个晶胞[88]。四种构型中，1T-$MoS_2$、2T-$MoS_2$ 和 3R-$MoS_2$ 为亚稳相；2H-$MoS_2$ 为稳定相，能在 1000℃以上稳定存在[89]。而单层 $MoS_2$ 按照 S-Mo-S 构成三明治结构，S 原子和 Mo 原子各自以六边形排列，目前单层 $MoS_2$ 也有两种构型[90, 91]，即 Mo 原子为三角棱柱六配位的单层 2H-$MoS_2$ 和 Mo 原子为八面体配位的单层 1T-$MoS_2$（图 12.8）。室温下，单层 2H-$MoS_2$ 相比单层 1T-$MoS_2$ 相更稳定。所以在本实例中分别选取稳定的体相 2H-$MoS_2$ 和单层 1T-$MoS_2$ 为研究对象。

计算时所用体相 $MoS_2$ 采用 4×4×1 超晶胞，由 32 个 Mo 原子和 64 个 S 原子构成，而单层 $MoS_2$ 选取体相 $MoS_2$ 无极性的（0001）面，以 4×4×1 共 16 个 Mo 原子和 32 个 S 原子的超晶胞作为研究对象，为避免分子层间的相互作用，在 *z* 轴方向加上一个 15Å 的真空层。

2）$MoS_2$ 的晶体结构分析

在进行电极材料性质计算前，需要先优化晶体结构，并对比优化后的晶体结构与实验上测得的晶体结构的偏差，从而分析所选用的计算方法是否合理。表 12.1 列出了体相 2H-$MoS_2$ 和单层 1T-$MoS_2$ 完全优化后的晶格常数值，晶格常数的实验

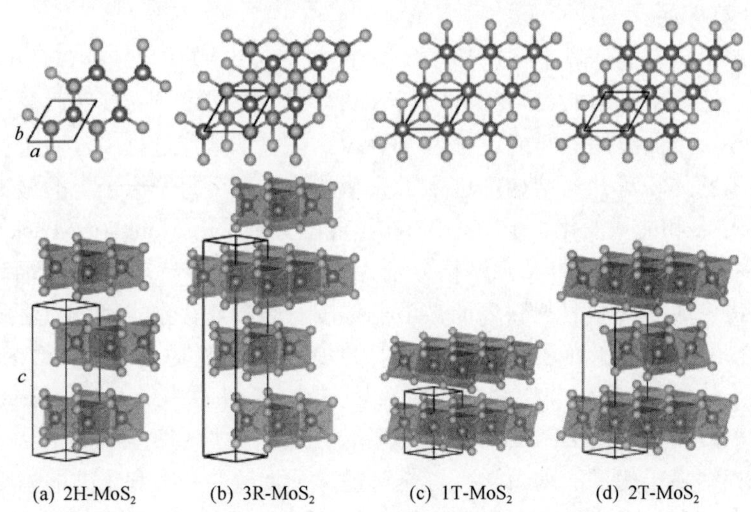


(a) 2H-$MoS_2$　(b) 3R-$MoS_2$　(c) 1T-$MoS_2$　(d) 2T-$MoS_2$

图 12.7　四种不同构型的体相 $MoS_2$[85]

*a*、*b*、*c* 表示六边形单元格的晶格常数；浅色和深色的球体分别代表 S 原子和 Mo 原子

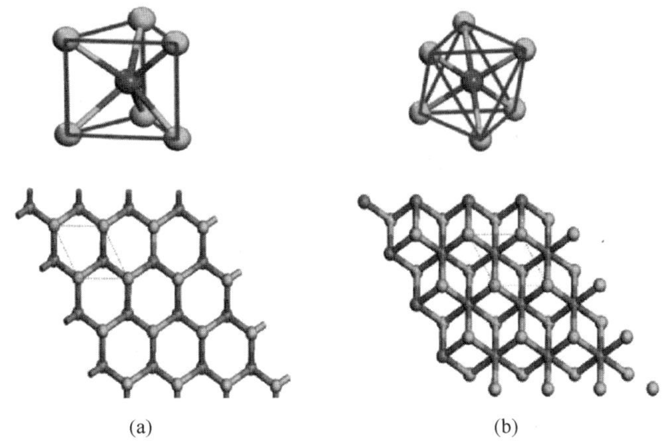


图 12.8 两种不同构型的单层 $MoS_2$[84]
(a) 单层 2H-$MoS_2$；(b) 单层 1T-$MoS_2$

**表 12.1 材料晶格常数和键长的计算值与实验值比较[84]**

| 指标 | 块体 | | 单层 | 实验值[92] |
|---|---|---|---|---|
| | PBE | PBE+D | PBE | |
| $a$/Å | 3.18 | 3.19 | 3.18 | 3.16 |
| $c$/Å | 13.78 | 12.40 | — | 12.29 |
| $c/a$ | 4.33 | 3.89 | — | 3.89 |
| $d_{S\text{-}Mo}$/Å | 2.41 | 2.41 | 2.41 | 2.41 |

值[89]也列于表 12.1。从表中可以看出，用 GGA/PBE 方法计算的体相和单层 $MoS_2$ 的晶格常数 $a$ 均为 3.18Å，PBE+D 计算所得到的体相 $MoS_2$ 的晶格常数 $a$ 为 3.19Å，它们与实验值(3.16Å)都非常接近；两种方法计算得到的体相和单层 $MoS_2$ 结构的 Mo—S 键的键长均为 2.41Å，与实验值完全一致。然而，用 GGA 近似下的 PBE 泛函计算所得体相 $MoS_2$ 的晶格常数 $c$ 为 13.78Å，与实验值(12.29Å)存在较大偏差，这是由于体相 $MoS_2$ 分子层与层间存在弱的 vdW 力，而 PBE 泛函在弱相互作用的计算上存在一定局限，为此通过加入 vdW 修正项后，采用 DFT-D 方法计算所得体相 $MoS_2$ 的晶格常数 $c$ 为 12.40Å，与实验值接近。由此证实了本体系所用理论计算方法的合理性及计算结果的正确性。

3) 钠原子在 $MoS_2$ 体系中的吸附行为研究

在此部分，综合讨论了体相及单层 $MoS_2$ 体系中 Na 的吸附位置和吸附量。用吸附能 $E_b$ 的大小作为衡量吸附体系稳定性的一个重要指标，此处吸附能越正，说明体系稳定性越高，吸附能计算公式为

$$E_b = \left[ E_{MoS_2} + nE_{Na} - E_{Na@MoS_2} \right] / n \tag{12.71}$$

式中，$E_{Na@MoS_2}$ 为 Na 原子吸附在 $MoS_2$(单层或体相)体系的总能量；$E_{MoS_2}$ 为 $MoS_2$(单层或体相)的总能量；$E_{Na}$ 为单个独立 Na 原子的能量；$n$ 为吸附 Na 原子的数量。

首先，讨论一个 Na 原子在单层或体相 $MoS_2$ 体系中的吸附行为。对于体相 $MoS_2$ 体系，Na 的吸附位置主要有两个：一个是四面体位($T_s$)吸附，由上层一个 S 和下层三个 S 原子构成，如图 12.9(a)所示；另一个是八面体位($O_s$)吸附，由上下两层各三个 S 原子构成，如图 12.9(b)所示。比较两个位置的吸附能可知，$O_s$ 位的吸附能大于 $T_s$ 位，即 Na 在体相 $MoS_2$ 中 $O_s$ 位吸附更稳定。在单层 $MoS_2$ 体系中，Na 的吸附位也主要有两个：六边形正中空位(H)吸附和 Mo 原子正上位(T)吸附，如图 12.9(c)和(d)所示。由计算结果可知，在单层 $MoS_2$ 表面 T 位吸附能高于 H 位。所以，单个 Na 原子在体相和单层 $MoS_2$ 中的最稳定吸附位分别为 $O_s$ 位和 T 位，各位置的具体吸附能见表 12.2。

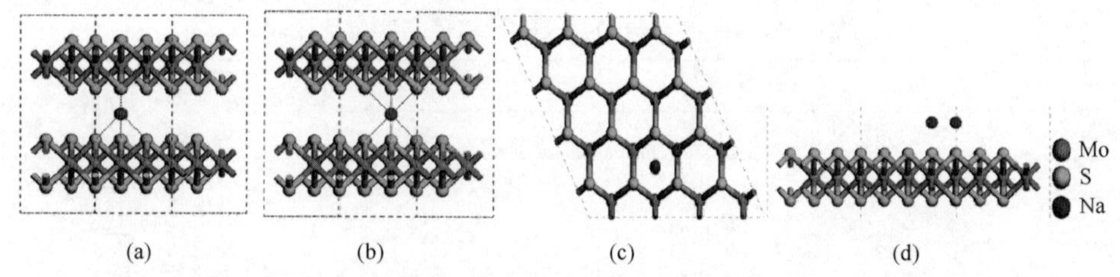


图 12.9　Na 原子在体相 $MoS_2$ 中的吸附位[$T_s$ 位(a)和 $O_s$ 位(b)]侧视图；Na 原子在单层 $MoS_2$ 中的吸附位的俯视图(c)和侧视图(d)[84]

**表 12.2　单个 Na 原子在体相及单层 $MoS_2$ 的吸附能和有效电荷[84]**

| 指标 | 块体 | | 单层 | |
|---|---|---|---|---|
| | $T_s$ | $O_s$ | H | T |
| $E_b$/eV | 1.03 | 1.70 | 1.23 | 1.27 |
| $q_{Na}$\|e\| | +0.79 | +0.77 | +0.86 | +0.86 |

为定量估算 Na 原子和 $MoS_2$ 之间的化学键成分和电荷转移，分别计算了两类体系的原子电荷(Bader 电荷)[93]，计算结果见表 12.2。Bader 电荷分析表明，价电子从 Na 原子转移到 $MoS_2$ 上，每个 Na 原子向体相和单层 $MoS_2$ 中转移的电子数分别为 0.77|e|和 0.86|e|，说明 Na 和 $MoS_2$ 之间的化学键主要是离子键性的，含有少量共价键成分。结合 Na 在 $MoS_2$ 体系中的吸附位构象还可以得到，Na 与体相 $MoS_2$ 形成 6 个 Na—S 键，而与单层 $MoS_2$ 只形成 3 个 Na—S 键。

为研究 Na 在 $MoS_2$ 体系中的吸附数量，进一步讨论两个 Na 原子在单层 $MoS_2$ 上的吸附。主要选取五种典型的吸附构型进行研究：①两个相邻 T 位的单面吸附；②同一 H 位上下对面的双面吸附；③同一 T 位上下对面的双面吸附；④相邻 T 位上下对面的双面吸附；⑤次相邻 T 位上下对面的双面吸附。首先优化以上五种吸附位置的初始构型，并计算它们的吸附能(图 12.10)。计算结果显示，构型③具有最大吸附能，构型④的吸附能低于构型⑤。由此得出以下规律：在单层 $MoS_2$ 体系中，两个 Na 原子优先吸附于同一 Mo 原子上下两相对面；由于相邻 Na 之间静电斥力较大，多个 Na 吸附时将分散排布。在构建更多个 Na 原子在单层 $MoS_2$ 上的吸附构型时将遵循以上规律。与此同时，用类似的方法讨论体相 $MoS_2$ 中两个 Na 原子的吸附行为，与单层 $MoS_2$ 上 Na 原子吸附情况不同的是：两个 Na 原子优先吸附于同一 $O_s$ 位的上下两相对面。以此为依据，构建更多 Na 原子在体相和单层 $MoS_2$ 中的吸附模型，通过结构优化并计算吸附能，将不同数量 Na 原子在体相和单层 $MoS_2$ 的吸附能随 Na 原子数量 $n$ 的变化情况列于图 12.11。从图中可以看出，随着 Na 原子的吸附数量从 1 增加到 8，Na 在体相 $MoS_2$ 中的吸附能从 1.7eV 逐渐增加至 2.2eV，当 Na 原子数继续增加至 32，吸附能呈平稳趋势，保持在 2.2eV 左右。然而，对于单层 $MoS_2$，吸附能大小与 Na 的数目 $n$ 无关。吸附曲线呈平稳趋势，稳定在 1.25eV 左右，即便 Na 吸附数 $n$ 达到 32，吸附能仍维持在 1.21eV。由此说明，Na 原子能在单层 $MoS_2$ 表面稳定吸附，并且在高 Na 浓度下不产生相分离现象。

4) 平均嵌钠电压预测和理论嵌钠容量

为研究 $MoS_2$ 材料作为钠离子电池材料的适用性，本实例采用第一性原理方法分别计算了体相及单层 $MoS_2$ 体系的平均嵌钠电压和理论嵌钠容量。

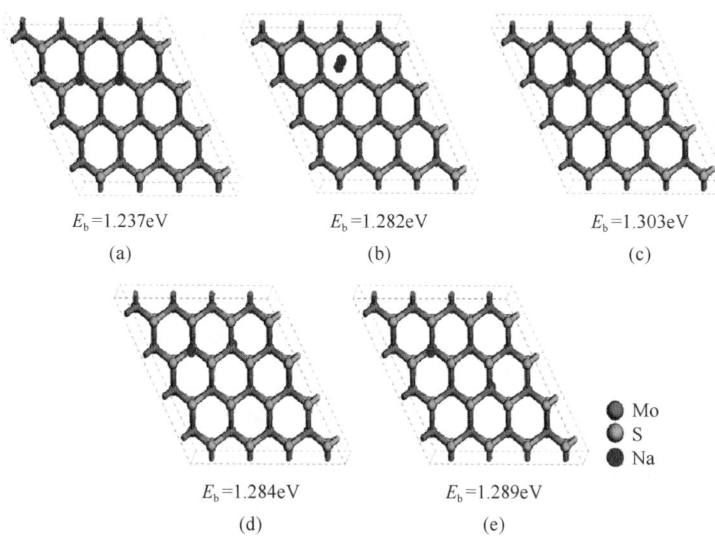


图 12.10　两个 Na 原子在单层 $MoS_2$ 上的不同吸附构型示意图

各构型的吸附能位于图示正下方

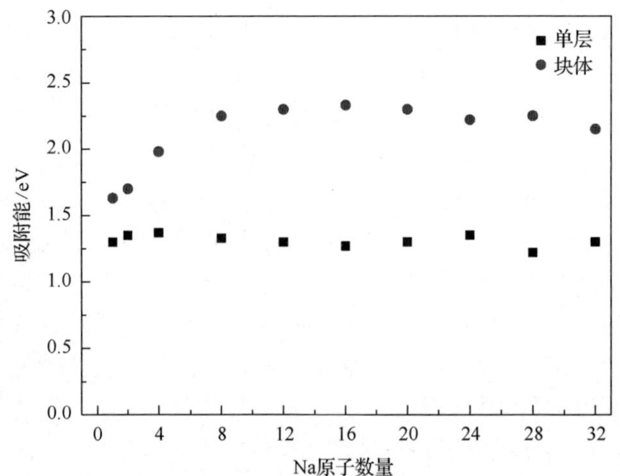


图 12.11　体相和单层 $MoS_2$ 体系中吸附能随 Na 原子数量变化图

平均嵌钠电压是表征电池性能的一个重要参数。为此，首先讨论 Na 嵌入体相和单层 $MoS_2$ 的平均嵌入电压。$MoS_2$ 作为电极材料的充放电过程可采用下面半电池反应描述(Na 作为参比电极)：

$$MoS_2 + xNa^+ + xe^- \rightleftharpoons Na_xMoS_2$$

对于通过第一性原理方法计算离子电池平均嵌入电压，目前已有很成熟的计算近似方法，并有大量文献报道证明该方法的理论计算结果与实验值能很好地符合[94]。该体系中，$MoS_2$ 的平均嵌钠电压计算公式为

$$U_v = -\left[E_{Na_{x_2}MoS_2} - E_{Na_{x_1}MoS_2} - (x_1 - x_2)E_{Na}\right] / (x_2 - x_1)e \qquad (12.72)$$

式中，$E_{Na_{x_1}MoS_2}$ 和 $E_{Na_{x_2}MoS_2}$ 分别为不同 Na 含量 $Na_{x_1}MoS_2$ 和 $Na_{x_2}MoS_2$ 的总能量 $(x_2 > x_1)$；$E_{Na}$ 为单位体心立方(body centered cubic，BCC)金属 Na 具有的总能量。根据上述方程计算得出，单层 $MoS_2$ 的平均嵌钠电压不随 Na 嵌入数量的变化而变化，而是维持在 1.0eV 左右，这为该材料用作钠离子电池负极材料提供了适宜的电势。相比而言，计算得到体相 $MoS_2$ 的平均嵌钠电压为 1.7～2.0eV，该电压范围不适合作为电池的负极材料。

在单层 $MoS_2$ 体系中，Na 原子在单层 $MoS_2$ 上下两面同时稳定吸附，$Na_2MoS_2$ 代表单层体系的最高嵌钠容量化学式。通过法拉第电解定律可以推算，单层 $MoS_2$ 的最大理论嵌钠容量为 335mA·h/g。相比较而言，在体相 $MoS_2$ 体系中 Na 只能在层间吸附，$NaMoS_2$ 代表体相体系的最高嵌钠容量化学式，其最高理论嵌钠容量仅为单层 $MoS_2$ 的一半。由此可知单层 $MoS_2$ 比体相 $MoS_2$ 能够提供更多的钠吸附活性点，因此，制备单层 $MoS_2$ 结构材料是提高电池容量的一个有效途径。

据 Park 等[95]报道，体相 $MoS_2$ 在 0.4～2.6V 下首次放电比容量为 190mA·h/g，循环 100 次后比容量仍保持在 84mA·h/g；此外，Wang 等报道了一种性能优异的钠离子电池负极材料，即剥离 $MoS_2$/C 复合材料[96]。该石墨烯状剥离 $MoS_2$/C 复合材料在 1.0V 工作电压下，充放电比容量在循环 100 次后仍高达 400mA·h/g。这与本实例的计算结果一致。由以上计算结果可知，与体相 $MoS_2$ 相比，单层 $MoS_2$ 因较低的平均嵌入电压和较高嵌钠容量将更适合作为钠离子电池负极材料。

5) 钠离子的扩散行为研究

钠离子电池电极材料的倍率性能主要取决于电极材料的电子导电性和钠离子的扩散速率。新一代的动力电池要求离子能在电极材料晶格中快速扩散。因此，研究钠离子在电极材料的扩散行为是十分重要的。本小节中，利用弹性带方法研究钠离子在体相和单层 $MoS_2$ 体系中的扩散路径及扩散能垒，并对比二者之间的差异。首先考虑钠离子在体相 $MoS_2$ 层间的扩散。因为 Na 在体相 $MoS_2$ 中 $O_s$ 位吸附更稳定，因此，计算 Na 在相邻 $O_s$ 位的扩散($O_{s1}$-$O_{s2}$)。相应的扩散路径和扩散能垒如图 12.12(a)～(c)所示。计算得到该扩散路径下的能垒为 0.70eV。用同样的方法计算了 Na 在单层 $MoS_2$ 表面的扩散。与体相 $MoS_2$ 不同的是，Na 在单层 $MoS_2$ 表面的扩散是发生在相邻 T 位($T_1$-$T_2$)，因为在单层 $MoS_2$ 体系，Na 在 T 位的吸附更稳定。研究发现，Na 从 $T_1$ 位扩散到相邻的 $T_2$ 位时，将沿锯齿形路线经过最邻近的 H 位，如图 12.12(d)～(f)所示。计算得到 Na 在该扩散路径下的能垒仅为 0.11eV，远小于 Na 在体相 $MoS_2$ 体系中的扩散能垒。根据 Arrhenius 公式，扩散系数($D$)正比于 $\exp(-E_{barrier}/k_BT)$，其中 $E_{barrier}$ 和 $k_B$ 分别为扩散能垒和玻尔兹曼常数。由此可以推导，室温条件下 Na 在单层 $MoS_2$ 表面的扩散速率比在体相 $MoS_2$ 体系高出 $10^9$ 数量级。Na 在单层 $MoS_2$ 体系中扩散速率的极大提高将使其有望成为一种极具前景的钠离子电池负极材料。

6) 小结

采用基于 DFT 的第一性原理计算方法系统地比较了 Na 在体相和单层 $MoS_2$ 体系中的吸附位置、吸附数量、扩散行为，以及作为电池材料的平均嵌钠电压和理论嵌钠容量，得到如下结论：①GGA 近似下的泛函 PBE 及 vdW 修正方法对体系晶格常数的计算结果与实验数据能较好吻合；②Na 在体相 $MoS_2$ 层间及单层 $MoS_2$ 表面都能稳定吸附，并在高 Na 浓度下不产生相分离现象；③单层 $MoS_2$ 比体相 $MoS_2$ 具有更高的理论嵌钠容量和更适宜的平均嵌钠电压；④Na 在单层 $MoS_2$ 体系中的扩散速率比在体相 $MoS_2$ 体系中高出 $10^9$ 数量级。

2. 研究实例 2：单层 $Mo_2C$ 的构型稳定性分析

通过将 C 元素置入金属材料晶格内获得的过渡金属碳化物(transition metal carbides，TMCs)是一组种类繁多的材料体系，同时具有许多有趣的特性和广阔的

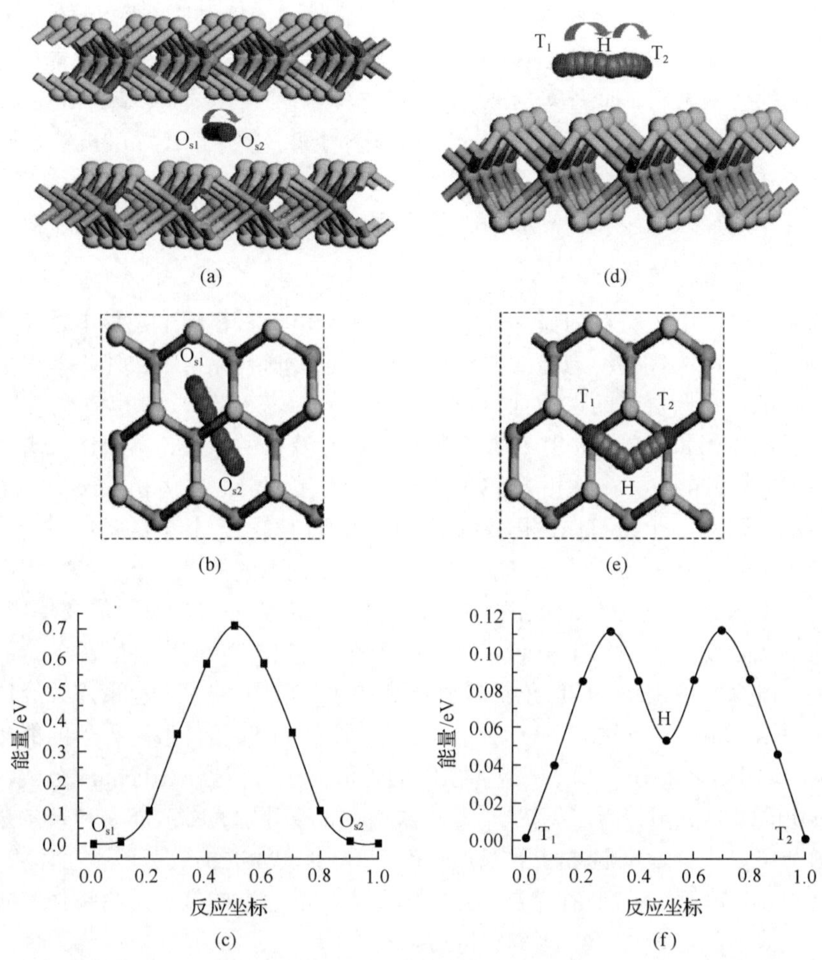


图 12.12　Na 在体相 $MoS_2$ 体系中的扩散路径和扩散能垒：侧视图(a)、俯视图(b)和扩散能垒(c)；Na 在单层 $MoS_2$ 体系中的扩散路径和扩散能垒：侧视图(d)、俯视图(e)和扩散能垒(f)[84]

应用前景。这类材料通常具有良好的金属导电性以及可以与贵金属相媲美的催化活性。最近，TMCs 的发展进入了二维材料的研究领域，例如，Xu 等通过化学气相沉积(CVD)法成功制备了大面积高质量的二维 $Mo_2C$ 超薄层结构[97]。这种稳定的高品质二维晶体材料不仅为超导物理领域的研究提供了全新的材料平台，同时也展现出了理想的电极材料所具备的特征。

在本实例中，Sun 等[98]基于 DFT 研究了 $Mo_2C$ 单层材料的几何构型稳定性。晶体结构的声子谱和 AIMD 的模拟都为 $Mo_2C$ 单层的动力学及热力学稳定性提供了有力证据。

1）计算方法和模型

本实例中，基于 DFT 的第一性原理计算都是通过赝势平面波方法在 VASP[54-56]软件包中实现的。基于 GGA[23, 24]的 PBE[26]泛函被用以处理电子的交换关联相互作用。在几何结构优化和静态计算中，第一布里渊区的 $K$ 点取样分别采用了 Monkhorst-Pack 方式的 7×7×1 和 9×9×1 的网格。所有结构中的原子位置都被充分弛豫直至每个离子的受力收敛为 0.01eV/Å。能量自洽迭代收敛的阈值则设置为 $10^{-5}$eV。为了避免周期性单元之间可能存在的相互作用，在 $z$ 轴方向上相邻的两个层间加了 15Å 的真空层。450eV 的截断能被用于波函数的平面波展开。在 AIMD 的计算中采用了 5×5 的超胞结构，使其在 300K 的温度下进行了时间长度为 3ps 的模拟[99-101]。

2）几何构型的稳定性

如图 12.13 所示，$Mo_2C$ 单层结构优化后的晶格依然具有六角蜂窝状结构。与 TMDs 曲层状结构类似，此种 TMCs 也是一种三明治结构，由 Mo-C-Mo 三层原子依次纵向堆叠而成，其厚度约为 2.7Å。处于平衡状态下 $Mo_2C$ 单胞的晶格常数为 $a$=$b$=2.85Å。处于基态时，Mo—C 键的键长约为 2.15Å。

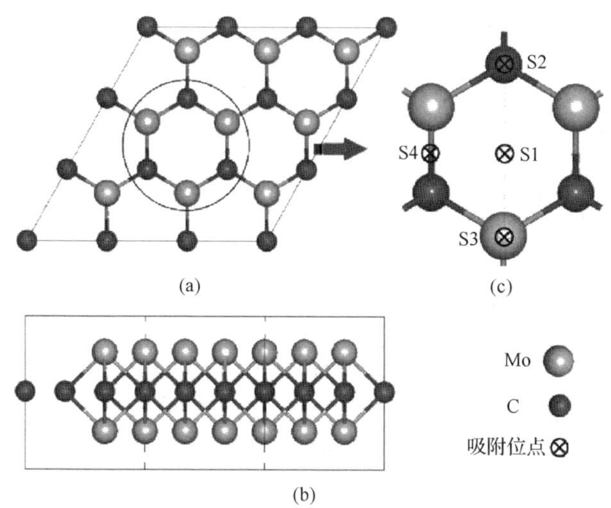


图 12.13　$Mo_2C$ 单层结构（3×3 超胞）的俯视图（a）和侧视图（b）；（c）计算中选取的金属离子 Li/Na 在 $Mo_2C$ 表面的吸附位点[98]

虽然大规模高质量的 $Mo_2C$ 超薄层已经通过 CVD 方法成功合成，但是本实例中研究的 $Mo_2C$ 材料是真正意义上的单层结构，所以需要确定其结构的稳定性，此处利用 AIMD 模拟方法评估了 $Mo_2C$ 单层的热力学稳定性。如图 12.14 所示，在 300K 下经历 3ps 的动力学模拟后，$Mo_2C$ 单层内部并没有发生任何键的断裂和原子结构的重构。为了清楚看到扭曲的具体构型，在插图 α、β 中放大展示了部分结构的细节，其中最明显的几何结构扭曲也仅仅只是 Mo 原子在层内轻微的移动。因此，在不借助于基底材料支撑的情况下，此种 $Mo_2C$ 单层结构依然能在室温下稳定存在。在 AIMD 模拟过程中，$Mo_2C$ 体系自由能的变化仅表现出轻微的振荡趋势，这也从侧面证实了其在 300K 下的热力学稳定性。另外，通过描述晶体在特定方向上波矢 $K$ 与频率 $\omega(K,j)$ 之间依赖关系的声子谱已经被广泛用来验证晶体结构的晶格动力学稳定性[102]。在图 12.14 中计算了 $Mo_2C$ 单层结构对应的声子谱来验证其稳定性。声子色散曲线表明该体系所有的光学和声学分支都彼此分离，且所有的分支都对应正的频率值。其中，两条位于 $\Gamma \to 0$ 附近的声学分支展现出了近似于线性的色散关系，而最低的一条则表现出了二次曲线的色散特性。这些声子谱的特征也都表明二维 $Mo_2C$ 结构具有良好的稳定性。因此，AIMD 的模拟和声子谱的计算结果都为 $Mo_2C$ 体系的稳定性提供了严格的证据。由于实验上得到的 $Mo_2C$ 超薄层结构与提出的 $Mo_2C$ 单层结构在各自表面上具有相同的 Mo 原子暴露，因此表面 Mo 原子上可能存在的悬挂键最终将不会影响到合成 $Mo_2C$ 单层结构的可行性[96]。

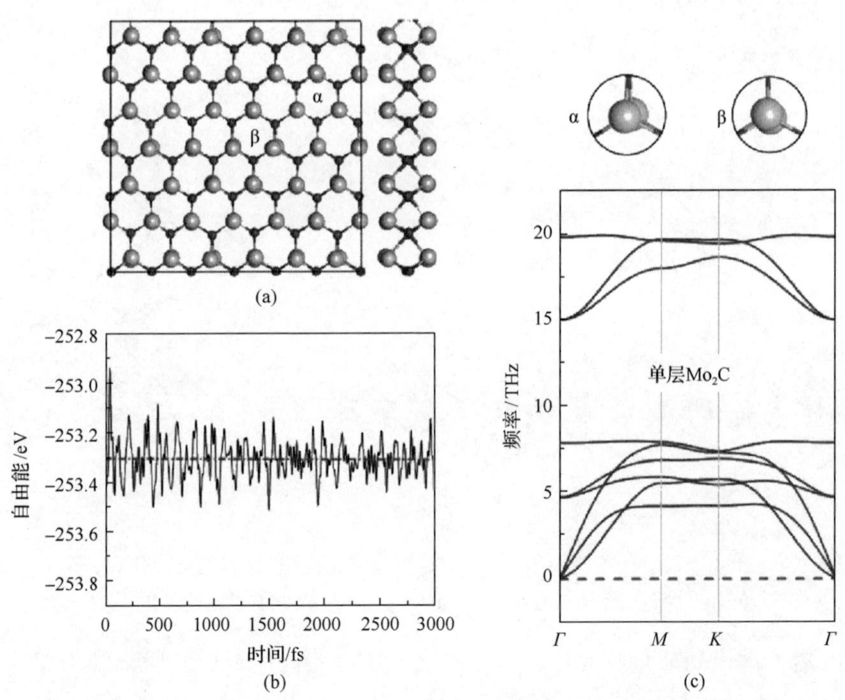


图 12.14 (a) 在 300K 下 $Mo_2C$ 单层材料进行 MD 模拟后的几何结构快照图，插图 α、β 给出了结构扭曲的细节放大图；(b) 在 300K 下经历 3ps 动力学模拟过程中 $Mo_2C$ 体系自由能的变化趋势；(c) 计算得到的 $Mo_2C$ 单层材料的声子色散关系曲线[98]

3. 研究实例 3：$MoO_2$的储锂性能及循环容量反常特性

当前关于过渡金属氧化物用于锂离子电池电极材料的研究多集中于实验[103]，而锂嵌入过渡金属氧化物电极材料的机理的理论研究则较少。本实例通过基于 DFT 的第一性原理计算系统地研究了 $MoO_2$ 嵌锂体系的稳定性、嵌锂行为、嵌锂的电压及电子特性[104]。特别地，针对 $MoO_2$ 的循环容量反常现象(容量随循环次数的增加而升高)，本实例将电荷密度分布及空位形成能等对 $MoO_2$ 嵌锂结构进行深入的探讨，以期从微观上认识 $MoO_2$ 作为锂离子电池电极材料的机理，并为锂离子电池电极材料的改进及新材料的探索提供一定的指导。

1) 计算方法与模型

本实例采用基于 DFT 的 VASP 软件包[55, 56]，该软件包使用了平面波基组[43, 44]。交换关联泛函采用 GGA 近似下的 PBE 方法[26]，平面波截断能取 400eV。结构优化过程中，简约布里渊区积分 $K$ 点选取 3×3×3 网格。计算中考虑了自旋极化效应，原子受力的收敛精度为 0.02eV/Å，总能量误差不大于 $10^{-5}$eV。选取了单斜 $MoO_2$ 晶胞作为研究对象，其惯用晶格常数为 $a$=5.6109Å，$b$=4.8562Å，$c$=5.6285Å，$\beta$=120.950°[105]，计算中主要采用 2×2×2 的 $MoO_2$ 超胞及其不同的嵌锂结构 $Li_xMoO_2$($x$=0.25、0.5、0.75、1)，$MoO_2$ 和 $LiMoO_2$ 的计算模型示意图如图 12.15 所示。

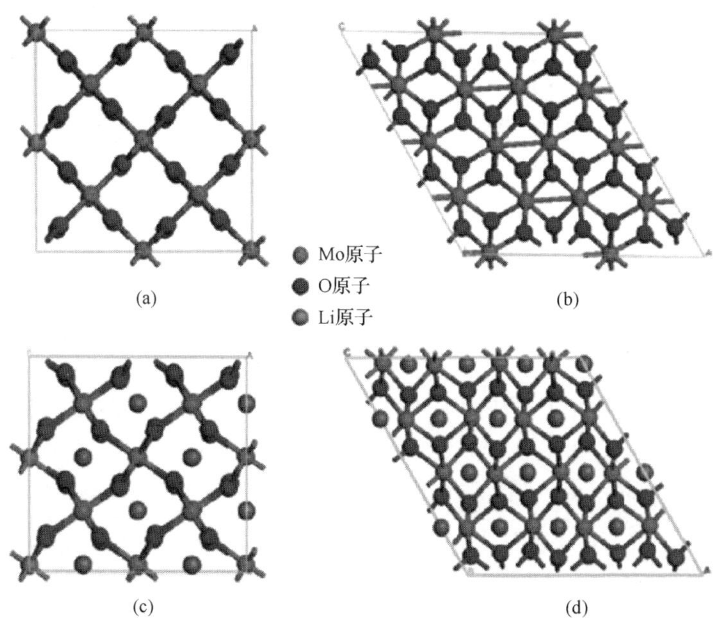


图 12.15　$MoO_2$ 和 $LiMoO_2$ 计算模型示意图[104]

(a) 和 (c) 为[100]方向视图；(b) 和 (d) 为[010]方向视图

2) 稳定性及平均嵌锂电压预测

本实例计算了 $Li_xMoO_2$ ($x$=0.25、0.5、0.75、1) 四种嵌锂结构中 Li 的吸附能和单键能。吸附能计算公式为

$$E_b = \left[E\left(MoO_2 + m\mathrm{Li}\right) - m\mu_{Li} - E\left(MoO_2\right)\right] \tag{12.73}$$

单键能计算公式为

$$E_d = \left[E\left(MoO_2 + m\mathrm{Li}\right) - m\mu_{Li} - E\left(MoO_2\right)\right] / m \tag{12.74}$$

式中，$E_d$ 为 Li 的单键能；$E\left(MoO_2 + m\mathrm{Li}\right)$ 为嵌入 $m$ 个 Li 的 $MoO_2$ 晶胞的总能量；$\mu_{Li}$ 为 Li 的化学势；$E\left(MoO_2\right)$ 为 $MoO_2$ 晶胞的总能量。计算得到不同嵌锂结构 Li 的单键能见表 12.3，结果表明，单个 Li 的吸附能为 1.90eV，吸附能较大，储锂结构稳定。比较总的吸附能和单键能可以看出，随着 Li 嵌入数目的增加，总的吸附能增加，表明体系的稳定性增加，而单键能整体呈现下降趋势，这是因为 Li 的嵌入破坏了 $MoO_2$ 的有序性，成键越多有序性破坏越强烈，单键能越低。

**表 12.3 不同嵌锂结构的吸附能和单键能[104]**

| 指标 | $Li_{0.25}MoO_2$ | $Li_{0.5}MoO_2$ | $Li_{0.75}MoO_2$ | $LiMoO_2$ |
|---|---|---|---|---|
| $E_b$/eV | 0.94 | 1.87 | 1.81 | 1.90 |
| $E_d$/eV | 0.94 | 0.69 | 0.64 | 0.50 |

图 12.16 给出了 $MoO_2$ 和 $LiMoO_2$ 的总态密度，从图中可以看出 $MoO_2$ 和 $LiMoO_2$ 在费米能级 (0eV) 处的态密度均不为 0，均表现为金属的性质，$LiMoO_2$ 费米能级相对 $MoO_2$ 费米能级右移，且在费米能级处的态密度上升，说明 Li 的嵌入使得体系的费米面升高，导电性增强，有利于提高电极材料的充放电速率。平均嵌锂电压的计算[106]可以利用能斯特方程，由式 (12.75) 进行计算

$$U_v = \frac{-\Delta G}{mF} \tag{12.75}$$

式中，$\Delta G$ 为吉布斯自由能的变化量；$F$ 为法拉第常量；$m$ 为嵌入 Li 的个数。对于一般情况，体系的体积变化非常小，$P\Delta V$ 的值很小 (在 $10^{-5}$eV 左右的数量级)，故平均嵌锂电压的公式又可近似写为

$$U_v = \frac{-\Delta E}{mF} \tag{12.76}$$

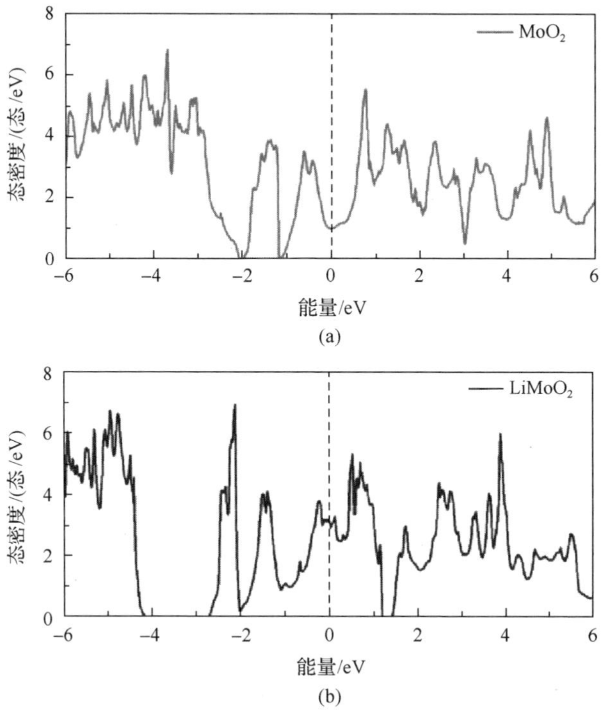


图 12.16　MoO$_2$(a)和 LiMoO$_2$(b)的态密度[104]

自旋向上和向下相同，垂直竖线表示费米能级

本实例通过计算，给出了不同嵌锂结构 Li$_x$MoO$_2$($x$=0.0625、0.125、0.25、0.5、0.75、1)的平均电压(图 12.17)。从整体来看，随着容量的上升，平均嵌锂电压呈逐渐下降的趋势。可以明显看出，从 $x$=0.125 到 $x$=0.5 部分曲线下降很快，而从 $x$=0.5 到 $x$=0.75 曲线下降较缓，从 $x$=0.75 往后曲线下降速度又呈上升趋势，这与实验测得的结果[103]具有相同的规律，放电平台在 0.6～0.8V，略小于实验值(1.4～1.7V)，原因之一在于没有考虑电子间的库仑排斥作用。

3) MoO$_2$ 循环容量反常特性的微观机理探讨

为了加深 MoO$_2$ 在嵌锂过程中随着循环次数增加容量反而升高的反常情况的微观机理的理解，本实例从差分电荷密度图和电荷布居的情况出发进行了分析。图 12.18 为特定平面的差分电荷密度分布图，可以看出，Li 和 O 之间的电荷增加，说明 Li 和 O 之间形成了相互作用较强的共价键，也从另一个侧面解释了 MoO$_2$ 嵌锂结构稳定的原因。

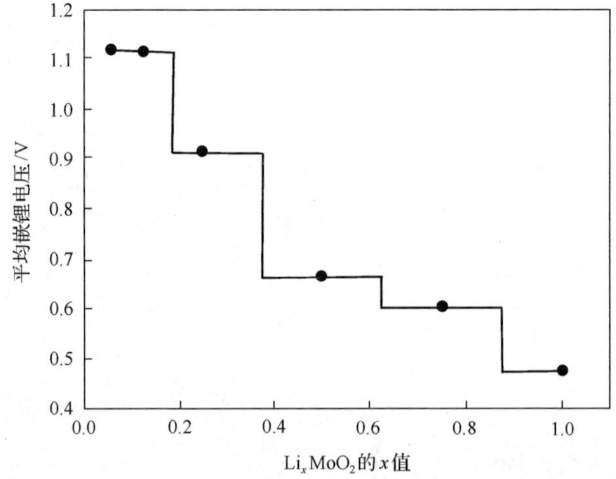


图 12.17 不同嵌锂结构 $Li_xMoO_2$($x$=0.0625、0.125、0.25、0.5、0.75、1)的平均嵌锂电压[104]

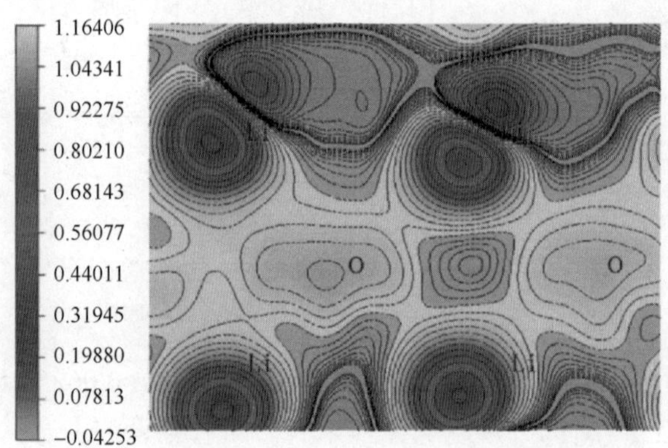


图 12.18 $LiMoO_2$特定截面的差分电荷密度分布图[104]

为了更直观地反映 Li、Mo、O 之间的相互作用，本实例对 $MoO_2$ 和 $LiMoO_2$ 进行了 Mulliken 电荷布居数分析。数值结果见表 12.4，对比 $MoO_2$ 和 $LiMoO_2$ 的电荷转移情况可以看出 Mo 为 O 提供的平均电荷由 0.744 减小为 0.684，即 Mo 和 O 之间的相互作用减弱。而减弱的原因正是 Li 为 O 提供了一定数量的电子。总之，Li 的嵌入能为 O 提供一定量的电荷，使 Mo—O 键作用减弱。

**表 12.4 $MoO_2$ 和 $LiMoO_2$ 的 Mulliken 电荷布居数分析**

| 化合物 | $q_{Mo}$/\|e\| | $q_O$/\|e\| | $q_{Li}$/\|e\| |
|---|---|---|---|
| $MoO_2$ | +0.744 | −0.372 | — |
| $LiMoO_2$ | +0.684 | −0.502 | +0.320 |

注：|e|代表电荷的单位是电子

基于以上讨论结果，分别计算了有无 Li 情况下 Mo 和 O 的空位形成能[107]，

其计算公式为

$$E_{\mathrm{f}} = E(\text{vacancies}) + m\mu - E\left(\mathrm{MoO_2} + m\mathrm{Li}\right) \tag{12.77}$$

式中，$E_f$为嵌入 $m$ 个 Li 后能形成空位(包括 Mo 空位或 O 空位)所需要吸收的能量，即空位形成能；$E$(vacancies) 为嵌入 $m$ 个 Li 后形成空位的晶胞总能量；$\mu$ 为空位原子的化学势；$E(MoO_2+m\mathrm{Li})$ 为嵌入 $m$ 个 Li 的 $MoO_2$ 晶胞总能量。图 12.19 给出了空位缺陷计算模型示意图，其中(a)～(f)分别反映 Mo 空位和 O 空位形成能的计算过程。

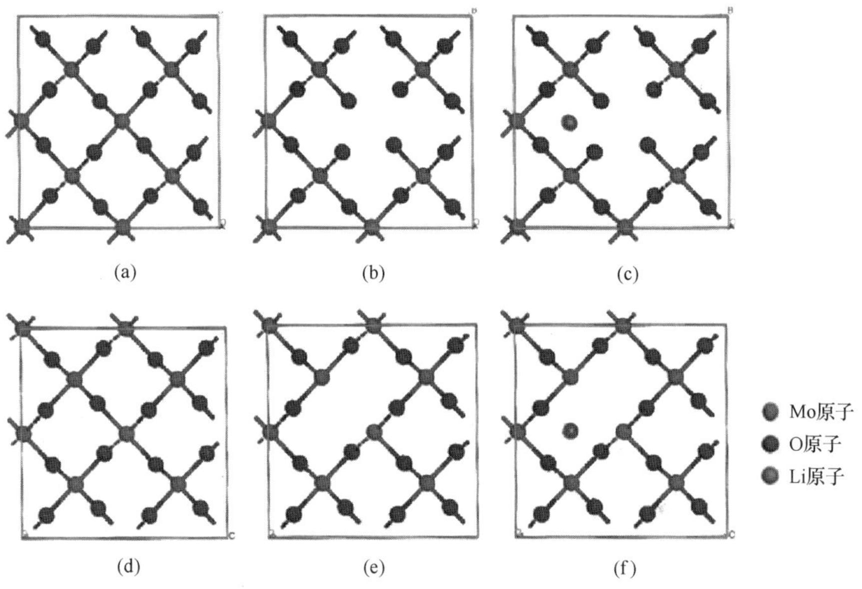


图 12.19　空位形成能计算模型示意图[104]

(a)和(d)表示理想 $MoO_2$；(b)和(e)分别表示无 Li 嵌入情况下的 Mo 空位和 O 空位；(c)和(f)分别表示有一个 Li 嵌入情况下的 Mo 空位和 O 空位

计算结果表明，在无 Li 嵌入的情况下，Mo 和 O 的空位形成能分别为 3.22eV 和 9.99eV，空位形成能较大，不易形成空位；而当嵌入一个 Li 后，Li 周围的 Mo 的空位形成能大大降低，为 0.96eV，而周围 O 的空位形成能变化不明显，为 9.95eV。这进一步验证了 Li 的嵌入能减弱 Mo 和 O 之间的相互作用这一观点。

基于以上研究结果，本实例进一步计算了 Mo 周围嵌入多个 Li 情况下的 Mo 空位形成能，计算结果如图 12.20 所示，当 Mo 周围嵌入 4 个 Li 时，空位形成能为–0.75eV，即形成空位后的能量比未形成空位的能量低 0.75eV，表明形成空位后更稳定。这是由于 Mo 空位带一定量的负电荷，产生极化效应，使体系的能量大大升高，而嵌入的 Li 由于电荷部分转移给 O 而带正电，能够中和 Mo 空位的负电中心，使体系的能量降低。整体上来看，Li 嵌入的个数增加能减小空位形成能。随着 Mo 空位周围 Li 增加到 4 个，Mo 空位形成能下降至最低，其后，Mo 的空位形成能又增加，这与配位的理论是统一的。

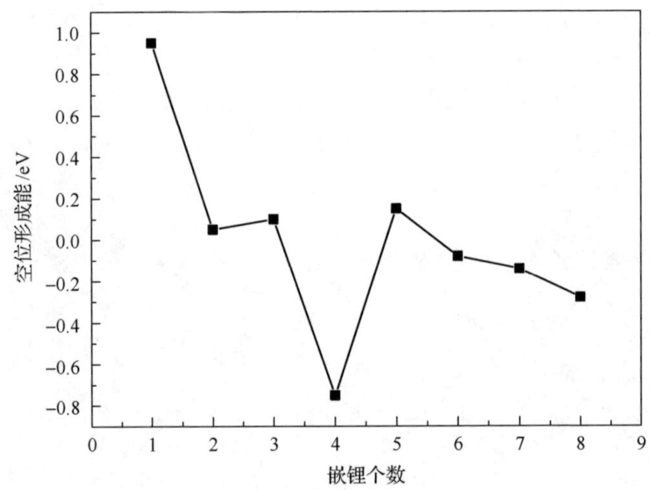


图 12.20 Mo 空位形成能与嵌锂个数的关系[104]

综上所述，一方面，嵌入 Li 后的 Mo 空位形成能比无 Li 嵌入的 Mo 空位形成能大大降低，这是 Li 的嵌入给 O 提供了电子，使得 Mo 和 O 之间的共价作用减弱，Mo 更容易形成空位。另一方面，嵌入的 Li 能减弱 Mo 空位形成的极化，使空位形成后的体系能量降低。总之，Li 的嵌入能促进 Mo 空位的形成。在嵌入多个 Li 的情况下，嵌入 4 个 Li 时 Mo 空位形成能最低。

本实例还计算了 Mo 空位的吸附能，发现形成 Mo 空位后，空位中的单个 Li 的吸附能为 3.26eV，可见 Mo 空位能为 Li 提供新的吸附位点。随着循环次数增加，Mo 空位数量逐渐增加，Li 容量也就逐渐增加。这很好地解释了 $MoO_2$ 电极材料随着循环次数的增加，容量反而上升的现象。此外，可以预见，循环次数增加到一定数量时，由于 $MoO_2$ 结构被较大程度的破坏，将导致容量的迅速大幅衰减，这与实验也是相符的。

4) 小结

采用基于 DFT 的第一性原理方法，计算了 $MoO_2$ 嵌锂体系的稳定性，嵌锂行为、嵌锂电压和电子特性，通过差分电荷密度、电荷布居并结合 Mo 空位形成能综合地反映了 $MoO_2$ 作为电极材料循环容量反常特性的微观机理，计算结果表明 Li 的嵌入能减弱 Mo 和 O 之间的相互作用，且能减小 Mo 空位带来的电荷极化效应，促进 Mo 空位的形成。进一步，形成的 Mo 空位能为 Li 的嵌入提供新的能量较低的吸附位点，从而提高了电极的储锂容量。显而易见，Mo 空位的形成对 $MoO_2$

电极材料晶体结构造成破坏，储锂容量会在一定循环次数后迅速衰减。所以，本实例的计算结果对于阐述 $MoO_2$ 作为电极材料的特性，尤其是其循环容量反常特性是有意义的，同时也能指导电极材料的选择和改进。

4. 研究实例 4：Li-Sn 合金负极材料的脱嵌锂机理

自从 1997 年 Idota 等[108]报道了一种新型的具有高质量容量和良好循环性能的非晶复合锡基氧化物(tin-based composite oxides，TCO)负极材料后，锡基负极材料受到了广大研究者的关注。这是由于 Sn 能与 Li 形成含 Li 量很高的 $Li_{22}Sn_5$ 金属间化合物，即平均 1mol 的 Sn 能容纳 4.4mol 的 Li，其相应的理论质量比容量为 994mA·h/g[109]，是石墨理论质量比容量(372mA·h/g)[110]的 2 倍多。由 Li-Sn 二元相图可知，Sn 和 Li 可以形成 7 种金属间化合物：$Li_2Sn_5$、LiSn、$Li_7Sn_3$、$Li_5Sn_2$、$Li_{13}Sn_5$、$Li_7Sn_2$ 和 $Li_{22}Sn_5$。第一性原理计算方法比纯粹的实验研究具有较大的优势，它不需要进行大量的重复性实验就可以预测材料的多种物理性质和电化学性能，如结合能、体积膨胀系数、导电性及质量比容量等。Ceder 等[111]曾利用第一性原理计算方法系统地研究了锂过渡金属氧化物作为锂离子电池正极材料的脱嵌锂性质，且理论计算结果与实验结果能很好符合。本实例采用第一性原理计算方法研究了 Li-Sn 合金负极材料的脱嵌锂机理，并很好地解释了实验上用不同方法制备的 Sn 薄膜容量衰减的内在本质[112]。

1) 计算和实验方法

本实例的理论计算采用基于 DFT 的赝势平面波方法[43, 44]，体系中各原子核与内层电子对外层电子之间的库仑吸引势采用 USPP 表示[41]，电子间交换关联泛函取 GGA 近似下的 PW91 形式[24]。$K$ 点取值采用 Monkhorst-Pack 方法选取网格点。在整个计算过程中采用美国 Accelrys 公司 Materials Studio 4.1 计算软件包 CASTEP 程序完成。在进行各项计算之前都用 Broyden-Flecher-Goldfarb-Shanno(BFGS)方法对晶胞进行几何优化，以求得它们的局域最稳定结构。自洽计算时，原子的总能量收敛值设为 $2.0\times10^{-5}$eV，每个原子上的力低于 0.5eV/nm，最大原子位移容差小于 $2.0\times10^{-3}$nm，最大应力容差小于 0.1GPa。

2) Li-Sn 合金的形成能

分别计算了 $Li_xSn$ 在嵌锂量 $x$=0.00、0.40、1.00、2.33、2.50、2.60、3.50 和 4.40 情况下的体系总能量、平均嵌锂电压、质量比容量、体积膨胀率和嵌锂形成能，结果列于表 12.5。从表 12.5 可知，贫锂相($x<2.33$) $Li_2Sn_5$ 和 $Li_7Sn_3$ 具有很高的嵌锂形成能。由固体理论可知，若形成能越大，则形成的物质越稳定，所以一旦生成很难发生退合金化(即脱锂过程)。因此，在首次充电过程中随着 $Li^+$的嵌入将与活性物质 Sn 形成很稳定的 $Li_7Sn_3$ 和 $Li_2Sn_5$ 合金相，其形成能分别高达 6.59eV

和 5.05eV。所以首次不可逆容量损失除了在充电过程中 SEI 膜的形成以外，难以退合金化的 Li-Sn 合金相也消耗了大量 $Li^+$，这都将导致首次不可逆容量损失。这与 Huggins[113]和 Coutney 等[114]认为锂嵌入 Sn 分别对应形成不同嵌锂量的 Li-Sn 合金，$Li_{x_1}Sn$ ($x_1 \leqslant 2.33$)(贫锂相)、$Li_{x_2}Sn$ ($2.33 < x_2 < 3.50$)(中等嵌锂相)和 $Li_{x_3}Sn$ ($3.50 < x_3 \leqslant 4.40$)(富锂相)基本符合。

$$x_1 Li^+ + Sn + x_1 e^- \xrightarrow{\text{充电}} Li_{x_1}Sn \tag{12.78}$$

$$Li_{x_1}Sn + (x_3 - x_1)Li^+ + Sn + (x_3 - x_1)e^- \xrightarrow{\text{充电}} Li_{x_3}Sn \tag{12.79}$$

**表 12.5　$Li_xSn$ 的总能量 $E_t$、平均嵌锂电压 $U_v$、体积 $V$、体积膨胀率 $\eta_p$、嵌锂形成能 $E_{tLi}$ 及质量容量 $Q_t$[112]**

| 化学式 | $x$ | $E_t$/eV | $U_v$/V | $V/\times 10^{-3}nm^3$ | $\eta_p$/% | $E_{tLi}$/eV | $Q_t$/(mA·h/g) |
|---|---|---|---|---|---|---|---|
| Sn | 0.00 | –91.63 | — | 32.74 | — | — | — |
| $Li_2Sn_5$ | 0.40 | –171.89 | 12.63 | 32.99 | 0.75 | 5.05 | 90.32 |
| LiSn | 1.00 | –283.42 | 1.29 | 410.66 | 1154.26 | 1.29 | 225.79 |
| $Li_7Sn_3$ | 2.33 | –540.64 | 2.82 | 61.21 | 86.96 | 6.59 | 526.84 |
| $Li_5Sn_2$ | 2.50 | –572.42 | 0.18 | 32.17 | –1.74 | 0.44 | 564.48 |
| $Li_{13}Sn_5$ | 2.60 | –591.51 | 0.11 | 65.50 | 100.06 | 0.29 | 587.06 |
| $Li_7Sn_2$ | 3.50 | –762.89 | 0.61 | 80.37 | 145.46 | 2.15 | 790.27 |
| $Li_{22}Sn_5$ | 4.40 | –934.08 | 0.45 | 96.74 | 195.46 | 1.97 | 993.48 |

首次充电时，$Li^+$在活性物质 Sn 表面发生如式(12.78)反应，在电极表面形成一层贫锂相的 $Li_{x_1}Sn$，由于 $Li_7Sn_3$ 和 $Li_2Sn_5$ 形成能很大，则 Li 在 $Li_{x_1}Sn$ 中的扩散系数很小，$Li^+$进一步向内部扩散困难，结果 $Li^+$得电子后在 $Li_{x_1}Sn$ 层表面积累，随即发生如式(12.79)反应，形成富锂相 $Li_{x_3}Sn$。由计算表明富锂相的锂嵌入形成能普遍低于贫锂相，因此 Li 在 $Li_{x_3}Sn$ 的扩散系数比在 $Li_{x_1}Sn$ 的扩散系数大得多，因而使得式(12.79)的反应可以向内部进行，嵌锂容量逐渐增大。然而，在放电过程中，即发生退合金化(脱锂)过程中，将随着嵌锂形成能由小到大逐渐发生分解，当嵌锂电压上升仍然不足以克服部分高形成能的合金发生退合金化时，则将导致不可逆容量的产生。

嵌锂形成能计算结果(表 12.5)，要使合金在深度循环后仍然具有较高的质量比容量，则要求嵌锂量 $x$ 为 2.33～3.50，即形成中等嵌锂相。因为该中等嵌锂相 $Li_5Sn_2$ 和 $Li_{13}Sn_5$ 具有很小的嵌锂形成能，分别为 0.44eV 和 0.29eV，在充放电过程中容易发生合金化与退合金化，在整个电极中对容量衰减影响很小。本实例还通过直流和射频磁控溅射法制备了 Sn 薄膜，发现直流磁控溅射法制备的 Sn 薄膜比射频磁控溅射法制备的容量衰减更快，射频磁控溅法制备的 Sn 薄膜具有更优的电化学性能。则根据理论计算结果并结合实验结果，可以推测采用射频磁控溅射法制备的 Sn 薄膜嵌锂后主要形成 $Li_5Sn_2$ 和 $Li_{13}Sn_5$ 这两种中等嵌锂相，从而保持了较小的容量衰减；而用直流磁控溅射法制备的 Sn 薄膜嵌锂后可能含有较多的富锂相 $Li_7Sn_2$ 和 $Li_{22}Sn_5$，使其具有较高的首次嵌锂容量，但由于该富锂相退合金化相对困难，所以容量衰减较快。因此，该理论计算结果很好地解释了直流和射频磁控溅射法制备的两种 Sn 薄膜容量衰减的内在本质。

3) Li-Sn 合金的体积膨胀

本实例计算了 Li-Sn 合金嵌锂前后的体积膨胀率，结果表明贫锂相 $Li_2Sn_5$ 和 $Li_7Sn_3$ 具有较小的体积膨胀率，其中 $Li_2Sn_5$ 的体积膨胀率仅为 0.75%，但是由于该贫锂相具有较高的嵌锂形成能，首次嵌锂后难以发生退合金化，对整个电极的循环性能没有太大的贡献，$Li_7Sn_3$ 次之。而贫锂相 LiSn 合金虽然形成能较小，对合金电极的可逆容量提升具有较大贡献，但是该合金相具有最大的体积膨胀率，其值为 1154.26%。所以该合金相在脱嵌锂过程中严重地使电极破裂失效。结合合金相嵌锂形成能对容量的影响，中等嵌锂量合金相 $Li_5Sn_2$ 具有综合性能最优的特征，其相对体积膨胀率很小(–1.74%)，同时也非常容易发生退合金化，有利于保持较高的可逆容量。富锂相 $Li_7Sn_2$ 和 $Li_{22}Sn_5$ 都具有相对较大的体积膨胀率，同时具有较小的嵌锂形成能。所以对于纯锡负极材料这种多相合金，很难通过控制制备条件来产生最优化的合金相。由计算结果表明，理想的锡电极要求具有较高含量的 $Li_5Sn_2$ 和相对较少的富锂相 $Li_7Sn_2$ 和 $Li_{22}Sn_5$ 来平衡体积膨胀和容量衰减的矛盾关系，而且其电化学性能与各相的相对含量直接相关。

4) Li-Sn 合金的平均嵌锂电压与质量容量

由表 12.5 中的计算结果可以得出平均嵌锂电压与嵌锂量的关系，如图 12.21 所示。由上述讨论可知，贫锂相 $Li_2Sn_5$ 和 $Li_7Sn_3$ 具有相对较高的嵌锂形成能和平均嵌锂电压，对电极循环性能基本没有贡献。但是 LiSn 相除了具有较小的嵌锂形成能外，还具有相对低的平均嵌锂电压(1.29V)，对可逆容量有较大贡献。Li 等[115]采用电沉积方法制备的 Sn 薄膜在第 1 次负向扫描过程中，于 1.35V 处出现还原电流峰，反映了 SEI 膜的形成。对于这一现象，除了文献[115]描述 SEI 膜的形成外，认为还伴随有 LiSn 相的形成，因为此时两者具有相近的嵌锂电压。本实例还通过直流磁控溅射和射频磁控溅射方法制备了 Sn 薄膜电极，测得循环伏安曲线如图 12.22 所示。从图 12.22 可以看出，第 1 次负向扫描的还原电流峰很小，主要为 SEI 膜的形成，但是到第 2 次负向扫描的过程中，在 1.32V(实验值)处出现还原电流峰，这主要是发生嵌锂反应形成 LiSn(计算值为 1.29V)合金相。而用直流磁控溅射法制备的 Sn 薄膜电极在 1.12V 处还出现一个小的还原电流峰，这可能是生成了 LiSn 和其他合金相混合的结果。由此可知，理论计算结果与实验结果基本相符。

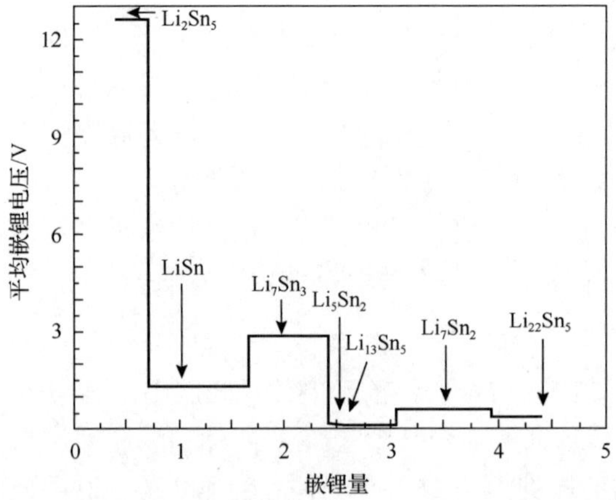


图 12.21　计算得到理论平均嵌锂电压与嵌锂量的关系[112]

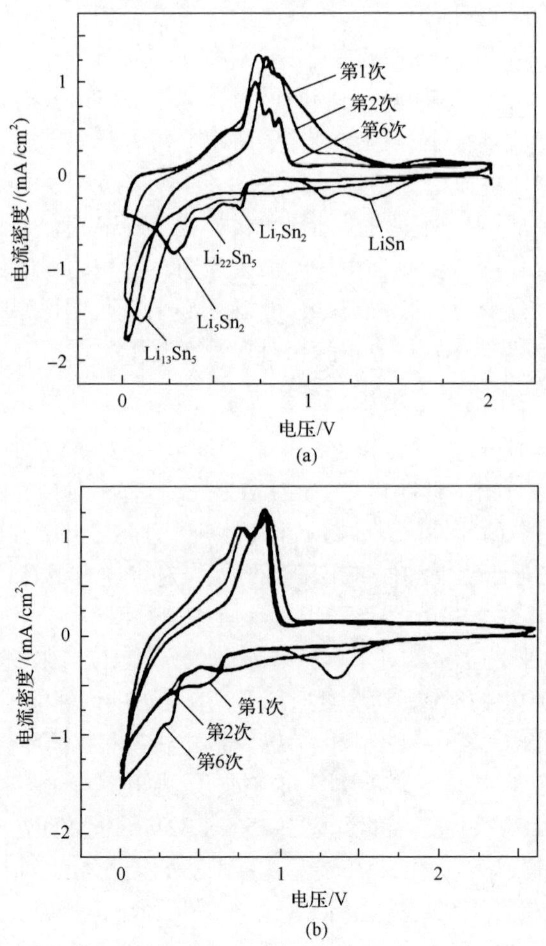


图 12.22　采用直流磁控溅射法(a)和射频磁控溅射法(b)制备的 Sn 薄膜电极的循环伏安曲线[112]

对比图 12.21 的理论平均嵌锂电压平台和图 12.22(a)的实验嵌锂反应峰可知，在中等嵌锂相区，用直流磁控溅射法制备得到的电极在 0.11V 具有最大的还原电流峰，这表明发生嵌锂反应形成了 $Li_5Sn_2$(计算值为 0.18V)，$Li_{13}Sn_5$(计算值为 0.11V)或者两者的混合物，但是 $Li_{13}Sn_5$ 具有很大的体积膨胀率。所以，直流磁控溅射法制备的 Sn 薄膜的容量衰减更快。结合体积膨胀率对循环性能的影响可以推测，对于 0.11V 处出现的还原电流峰，用直流磁控溅射法得到的薄膜主要是 $Li_{13}Sn_5$ 合金相，而用射频磁控溅射法得到的薄膜主要是 $Li_5Sn_2$ 合金相。在精确的理论计算基础上，可以人为精确控制射频磁控溅射的制备条件以得到理想的 Sn 薄膜电极材料。在富锂相区，用直流磁控溅射法制备得到的 Sn 薄膜电极在 0.65V 处出现还原电流峰，这主要是由于 $Li_7Sn_2$(计算值为 0.61V)合金相的形成；在 0.38V 处出现还原电流峰，这主要是由于 $Li_{22}Sn_5$(计算值为 0.45V)合金相的形成，该富锂相的还原峰强度非常小，表明在嵌锂过程中形成该相的含量很低，这是实际测得的质量比容量要远小于理论质量比容量的主要原因。

总之，根据理论计算和实验结果可以推测，用射频磁控溅射法制备的 Sn 薄膜电极在嵌锂过程中主要形成贫锂相 LiSn 和 $Li_5Sn_2$ 及少许富锂相 $Li_7Sn_2$ 和 $Li_{22}Sn_5$；用直流磁控溅射法制备的 Sn 薄膜电极在嵌锂过程中主要形成贫锂相 LiSn 和 $Li_{13}Sn_5$ 及少许富锂相 $Li_7Sn_2$ 和 $Li_{22}Sn_5$。因此，理论计算的平均嵌锂电压与循环伏安测得的电化学反应峰具有基本一致的对应关系。

5) 小结

采用第一性原理赝势平面波方法及有关热力学原理计算得到了 Li-Sn 各种合金相的物理性质和电化学性质，发现中等嵌锂相 $Li_5Sn_2$ 具有体积膨胀率小、合金化-退合金化可逆性好，是理想的合金电极相。同时，理论计算得到的结果与用直流磁控溅射法和射频磁控溅射法制备的 Sn 薄膜电极材料的实验结果基本一致，成功预测和解释评价了实验现象，对多元锡基合金电极材料的设计与合成也具有一定的参考价值。

## 参 考 文 献

[1] Thackeray M M, David W I F, Bruce P G, et al. Lithium insertion into manganese spinels. Mat Res Bull, 1983, 18: 461.

[2] Kim Y J, Kim T J, Shin J W, et al. The effect of $Al_2O_3$ coating on the cycle life performance in thin-film $LiCoO_2$ cathodes. Electrochem Soc, 2002, 149: 1337.

[3] Lee H S, Min S W, Chang Y G, et al. $MoS_2$ nanosheet phototransistors with thickness-modulated optical energy gap. Nano Lett, 2012, 12: 3695.

[4] Tsai M L, Su S H, Chang J K, et al. Monolayer $MoS_2$ heterojunction solar cells. ACS Nano, 2014, 8: 8317.

[5] Mak K F, Lee C, Hone J, et al. Atomically thin $MoS_2$: a new direct-gap semiconductor. Phys Rev Lett, 2010, 105(13): 136805.

[6] Splendiani A, Sun L, Zhang Y, et al. Emerging photoluminescence in monolayer $MoS_2$. Nano Lett, 2010, 10: 1271.

[7] Kannan A M, Rabenberg L, Manthiram A, et al. High capacity surface modified $LiCoO_2$ cathodes for lithium-ion batteries. Electrochem Solid-State Lett, 2003, 6: 16.

[8] Zhang Q, Cao L, Li B, et al. Catalyzed activation of $CO_2$ by a Lewis-base site in W-Cu-BTC hybrid metal organic frameworks. Chem Sci, 2012, 3 (9): 2708.

[9] Joubert D. Density Functionals: Theory and Applications. New York: Springer, 1998.

[10] Wang O H, Kalantar-Zadeh K, Kis A, et al. Electronics and optoelectronics of two-dimensional transition metal dichalcogenides. Nat Nanotech, 2012, 7: 699.

[11] Born M, Huang K, Lax M, et al. Dynamical theory of crystal lattices. Am J Phys, 1955, 23 (7): 474.

[12] Hartree D R. The Wave Mechanics of an Atom with a Non-Coulomb Central Field. Part I. Theory and Methods. New York: Cambridge University Press, 1928.

[13] Slater J C. The electronic structure of atoms-the Hartree-Fock method and correlation. Rev Mod Phys, 1963, 35: 484.

[14] Schmidt H, Wang S, Chu L, et al. Transport properties of monolayer $MoS_2$ grown by chemical vapor deposition. Nano Lett, 2014, 14: 1909.

[15] Wu S, Huang C, Grant A, et al. Vapor-solid growth of high optical quality $MoS_2$ monolayers with near-unity valley polarization. ACS Nano, 2013, 7: 2768.

[16] Thomas L H. Theealeulatio no fatomie fields. Proe Camb Phil Soe, 1927, 23: 542.

[17] Fermi E. A statistical method for the determination of som eatomic properties and the application of this method to the theory of the periodic system of elements. Z Phys, 1928, 48: 73.

[18] Hohenberg P. Inhomogeneous electron gas. Phys Rev B, 1964, 136: 864.

[19] Kohn W, Sham L J. Quantum density oscilltions in an inhomogeneous electron gas. Phys Rev B, 1965, 137: 1697.

[20] Kohn W, Sham L J. Self-consistent equations including exchange and correlation effects. Phys Rev B, 1965, 140: 1133.

[21] Lieb E H, Solovej, Jan P, et al. Ground states of large quantum dots in magnetic fields. Phys Rev B, 1995, 51: 10646.

[22] Zhang G, Lin L, Hu W, et al. Adaptive local basis set for Kohn-Sham density functional theory in a discontinuous galerkin framework. I: total energy calculation. J Comput Phys, 2012, 231 (4): 2140.

[23] Herman F, van Dyke J P, Ortenburger I B, et al. Improved statistical exchange approximation for inhomogeneous many-electron systems. Phys Rev Lett, 1969, 22: 807.

[24] Perdew J P, Burke K. Comparison shopping for a gradient-corrected density functional. Int J Quant Chem, 1996, 57: 309.

[25] Perdew J P, Wang Y. Accurate and simple analytic representation of the electron-gas correlation energy. Phys Rev B, 1992, 45: 13244.

[26] Perdew J P, Burke K, Ernzerhof M, et al . Generalized gradient approximation made simple. Phys Rev Lett, 1996, 77: 3865.

[27] Grimme S. Semiempirical GGA-type density functional constructed with a long-range dispersion correction. J Comput Chem, 2006, 27: 1787.

[28] Bučko T, Hafner J, Lebègue S, et al. Improved description of the structure of molecular and layered crystals: Ab initio DFT calculations with Van der Waals corrections. J Phys Chem A, 2010, 114: 11814.

[29] Imai Y, Watanabe A. Energetic evaluation of possible insertion sites of Cu into $BaSi_2$ using first principle calculations. Intermetallics, 2011, 19: 1102.

[30] Xiao W Z, Wang L L, Xu L, et al. Magnetic properties in nitrogen-doped $SnO_2$ from first-principle study. Solid State Commun, 2009, 149: 1304.

[31] Anisimov V I, Zaanen J, Andersen O K, et al. Band theory and mott insulators: hubbard U instead of Stoner I. Phys Rev B: Condens Matter, 1991, 44: 943.

[32] Solovyev I V, Dederichs P H, Anisimov V I. Corrected atomic limit in the local-density approximation and the electronic structure of dimpurities in Rb. Phys Rev B: Condens Matter, 1994, 50: 16861.

[33] Lichtenstein A. First-principles calculations of the electronic structure and spectra of strongly correlated systems: the LDA+U method. J Phys: Condens Matter, 1997, 9: 767.

[34] Xiang H, Dronskowski, Richard, et al. Electronic and magnetic structure of transition-metal carbodiimides by means of GGA+U theory. J Phys Chem A, 2010, 114: 12345.

[35] Panchmatia P M, Sanyal B, Oppeneer P M. GGA+U modeling of structural, electronic, and magnetic properties of iron porphyrin-type molecules. Chem Phys, 2008, 343: 47.

[36] Ong K P, Bai K, Blaha P, et al. Electronic structure and optical properties of $AFeO_2$ (A=Ag, Cu) within GGA calculations. Chem Mater, 2007, 19: 634.

[37] Paier J, Marsman M, Hummer K, et al. Screened hybrid density functionals applied to solids. J Chem Phys, 2006, 124 (15): 154709.

[38] Paier J, Hirschl R, Marsman M, et al. The Perdew-Burke-Ernzerhof exchange-correlation functional applied to the G2-1 test set using a plane-wave basis set. J Chem Phys, 2005, 122 (23): 234102.

[39] Singh D J. Planewave Pseudopotential Methods. New York: Springer US, 1994.

[40] Vanderbilt D. Soft self-consistent pseudopotentials in a generalized eigenvalue formalism. Phys Rev B, 1990, 41: 7892.

[41] Kresse G, Hafner J. Norm-conserving and ultrasoft pseudopotentials for first-row and transition elements. J Phys: Condens Matter, 1994, 6: 8245.

[42] Blöchl P E. Generalized separable potentials for electronic-structure calculations. Phys Rev B, 1990, 41: 5414.

[43] Blöchl P E. Projector augmented-wave method. Phys Rev B, 1994, 50: 17953.

[44] Kresse G, Joubert D. From ultrasoft pseudopotentials to the projector augmented-wave method. Phys Rev B, 1999, 59: 1758.

[45] Valiev M, Bylaska E J, Weare J H. Calculations of the electronic structure of 3d transition metal dimers with projector augmented plane wave method. J Chem Phys, 2003, 119 (12): 5955.

[46] Eyring H. The actived complex in chemical reaction. J Chem Phys, 1935, 3: 107.

[47] Helllkelman G, Uberuaga B P, Jonsson H. A climbing image nudged elastic band method for finding saddle points and minimum energy paths. J Chem Phys, 2000, 113 (22): 9901.

[48] Sheppard D, Xiao P, Chemelewski W, et al. A generalized solid-state nudged elastic band method. J Chem Phys, 2000, 136 (7): 074103.

[49] Laidler K J, King M C. Development of transition-state theory. J Phys Chem, 1983, 87 (15): 2657.

[50] Chowdhury S C, Okabe T. Computer simulation of carbon nanotube pull-out from polymer by the molecular dynamics method. Compos Part A: Appl S, 2007, 38 (3): 747.

[51] Lutsko J F, Wolf D, Yip S, et al. Molecular-dynamics method for the simulation of bulk-solid interfaces at high temperatures. Phys Rev B: Condens Matter, 1988, 38 (16): 11572.

[52] Giannozzi P, de Angelis F, Car R. First-principle molecular dynamics with ultrasoft pseudopotentials: parallel implementation and application to extended bioinorganic systems. J Chem Phys, 2004, 120 (13): 5903.

[53] LeSarR. Introduction to Computational Materials Science: Fundamentals to Applications. Cambridge: Cambridge University Press, 2013.

[54] Kresse G, Furthmüller J. Efficiency of Ab-initio total energy calculations for metals and semiconductors using a plane-wave basis set. Comput Mat Sci, 1996, 6(1): 15.

[55] Kresse G, Furthmüller J. Efficient iterative schemes for Ab-initio total-energy calculations using a plane-wave basis set. Phys Rev B, 1996, 54(16): 11169.

[56] Hamer J. Ab-initio simulations of materials using VASP: density-functional theory and beyond. J Comput Chem, 2008, 29(13): 2044.

[57] Xi K, Chen B A, Li H, et al. Soluble polysulphide sorption using carbon nanotube forest for enhancing cycle performance in a lithium-sulphur battery. Nano Energy, 2015, 12: 538.

[58] Momma K, Izumi F. VESTA 3 for three-dimensional visualization of crystal, volumetric and morphology data. J Appl Crystallogr, 2011, 44(6): 1272.

[59] Ceder G, Chiang Y M, Sadoway D R, et al. Identification of cathode materials for lithium batteries guided by first-principles calculations. Nature, 1998, 392(6677): 694.

[60] Lee S, Park S S. Atomistic simulation study of mixed-metal oxide ($LiNi_{1/3}Co_{1/3}Mn_{1/3}O_2$) cathode material for lithium ion battery. J Phys Chem C, 2012, 116(10): 6484.

[61] Shi S, Ouyang C, Lei M, et al. Effect of Mg-doping on the structural and electronic properties of $LiCoO_2$: a first-principles investigation. J Power Sources, 2007, 171(2): 908.

[62] Luo G, Zhao J, Ke X, et al. Structure, electrode voltage and activation energy of $LiMn_xCo_yNi_{1-x-y}O_2$ solid solutions as cathode materials for Li batteries from first-principles. J Electrochem Soc, 2012, 159(8): 1203.

[63] 袁小娟. 薄膜太阳能电池中半导体电极热电性质的第一性原理研究. 长沙: 湖南大学, 2012.

[64] Imai Y, Watanabe A. Energetics of compounds related to $Mg_2Si$ as an anode material for lithium-ion batteries using first principle calculations. J Alloy Compd, 2011, 509(30): 7877.

[65] Press W H, Flannery B P, Vettering W T, et al. Em Numerical Recipes. New York: Cambridge University Press, 1986.

[66] Pulay P. Convergence acceleration of iterative sequences, the case of SCF-iteration. Chem Phys Lett, 1980, 73: 393.

[67] 霍夫曼. 固体与表面. 郭洪猷, 李静, 译. 北京: 化学工业出版社, 1996.

[68] van der Ven A, Thomas J C, Xu Q, et al. Nondilute diffusion from first principles: Li diffusion in $Li_xTiS_2$. Phys Rev B, 2008, 78: 104306.

[69] van der Ven A, Ceder G. Lithium diffusion in layered $Li_xCoO_2$. Electrochem Solid-State Lett, 2000, 3: 301.

[70] Xiao R, Li H, Chen L. Density functional investigation on $Li_2MnO_3$. Chem Mater, 2012, 24: 4242.

[71] Nasibulin A G, Pikhitsa P V, Jiang H, et al. A novel hybrid carbon material. Nat Nanotech, 2007, 2: 156.

[72] Shirota Y, Kageyama H. Charge carrier transporting molecular materials and their applications in devices. Chem Rev, 2007, 107(4): 953.

[73] Burghard M, Klauk H, Kern K. Carbon-based field-effect transistors for nanoelectronics. Adv Mater, 2009, 21: 2586.

[74] Beleznay F B, Bogar F, Ladik J, et al. Charge carrier mobility in quasi-one-dimensional systems: application to aguanine stack. J Chem Phys, 2003, 119: 5690.

[75] Walukiewicz W, Ruda H E, Lagowski J, et al. Electron mobility in modulation-doped heterostructures. Phys Rev B, 1984, 30: 4571.

[76] Xi J, Long M, Tang L, et al. First-principles prediction of charge mobility in carbon and organic nanomaterials. Nanoscale, 2012, 4: 4348.

[77] Hembram K P S S, Jung H, Yeo B C,et al. Unraveling the atomistic sodiation mechanism of black phosphorus for sodium ion batteries by first-principles calculations. J Phys Chem C, 2015, 119: 15041.

[78] Huggins R. Advanced Batteries: Materials Science Aspects. New York: Springer Science & Business Media, 2008.

[79] Gomer R. Diffusion of adsorbates on metal surfaces. Rep Prog Phys, 1990, 53: 917.

[80] Zwanzig R. Elementary derivation of time-correlation formulas for transport coefficients. J Chem Phys, 1964, 40: 2527.

[81] Kutner R. Chemical diffusion in the lattice gas of non-interacting particles. Phys Lett A, 1981, 81: 239.

[82] Late D J, Liu B, Matte H S S R, et al. Hysteresis in single-layer $MoS_2$ field effect transistors. ACS Nano, 2012, 6(6): 5635.

[83] Chhowalla M, Shin H S, Eda G, et al. The chemistry of two-dimensional layered transition metal dichalcogenide nanosheets. Nat Chem, 2013, 5(4): 263.

[84] Su J, Pei Y, Yang Z, et al. Ab initio study of graphene-like monolayer molybdenum disulfide as a promising anode material for rechargeable sodium ion batteries. RSC Advances, 2014, 4(81): 43183.

[85] Wang H, Feng H B, Li J H, et al. Graphene and graphene-like layered transition metal dichalcogenides in energy conversion and storage. Small, 2014, 10(11): 2165.

[86] Mortazavi M, Wang C, Deng J, et al. Ab initio characterization of layered $MoS_2$ as anode for sodium-ion batteries. J Power Sources, 2014, 268: 279.

[87] Wypych F, Schollhorn R. 1T-$MoS_2$, a new metallic modification of molybdenum disulfide. Chem Commun, 1992, 19: 1386.

[88] Seifert G, Terrones H, Terrones M, et al. Structure and electronic properties of $MoS_2$ nanotubes. Phys Rev Lett, 2000, 85(1): 146.

[89] Py M A, Haering R R. Structural destabilization induced by lithium intercalation in $MoS_2$ and related compounds. Can J Phys, 1983, 61(1): 76.

[90] Wilson J A, Yoffe A D. The transition metal dichalcogenides discussion and interpretation of the observed optical, electrical and structural properties. Adv Phys, 1969, 18(73): 193.

[91] Alexiev V, Prins R, Weber T, et al. DFT study of $MoS_2$ and hydrogen adsorbed on the (100) face of $MoS_2$. Phys Chem Chem Phys, 2001, 3(23): 5326.

[92] Bader R F. Atoms in Molecules. Hoboken: Wiley Online Library, 1990.

[93] Aydinol M K, Kohan A F, Ceder G, et al. Ab initio calculation of the intercalation voltage of lithium transition metal oxide electrodes for rechargeable batteries. J Powder Sources, 1997, 68: 664.

[94] Park J, Kim J S, Park J W, et al. Discharge mechanism of $MoS_2$ for sodium ion battery: electrochemical measurements and characterization. Electrochim Acta, 2013, 92: 427.

[95] Wang Y X, Seng K H, Chou S, et al. Exfoliated $MoS_2$/C composite as a high-performance anode for sodium ion batteries. Ecs, 2014(2): 241.

[96] Xu C, Wang L, Liu Z, et al. Large-area high-quality 2D ultrathin $Mo_2C$ superconducting crystals. Nat Mater, 2015, 14: 1135.

[97] Gogotsi Y. Chemical vapour deposition: transition metal carbides go 2D. Nat Mater, 2015, 14: 1079.

[98] Sun Q, Dai Y, Ma Y, et al. Ab initio prediction and characterization of $M0_2C$ monolayer as anodes for lithium-ion and sodium-ion batteries. J Phys Chem Lett, 2016, 7: 937.

[99] Guo G C, Wang D, Wei X L, et al. First-principles study of phosphorene and graphene heterostructure as anode materials for rechargeable Li batteries. J Phys Chem Lett, 2015, 6: 5002.

[100] Yu X, Dall Agnese Y, Naguib M, et al. Prediction and characterization of MXene nanosheet anodes for non-lithium-ion batteries. ACS Nano, 2014, 8: 9606.

[101] Hu J, Xu B, Guan S, et al. 2D electrides as promising anode materials for Na-ion batteries from first-principles study. ACS Appl Mater Interfaces, 2015, 7: 24016.

[102] Li X R, Dai Y, Li M M, et al. Stable Si-based pentagonal monolayers: high carrier mobilities and applications in photocatalytic water splitting. J Mater Chem A, 2015, 3: 24055.

[103] Guo B K, Fang X P, Li B, et al. Synthesis and lithium storage mechanism of ultrafine $MoO_2$ nanorods. Chem Mater, 2012, 24: 457.

[104] Xiao J, Liu Y, Yu X, et al. First principles study on the Li storage performance of $MoO_2$. Acta Chim Sinica, 2013, 71: 405.

[105] Brattas L, Kjekshu A. Non-metal rich region of the Hf-Te system. Acta Chem Scand, 1971, 25: 2783.

[106] Arrouvel C, Parker S C, Islam M, et al. Lithium insertion and transport in the $TiO_2$-B anode material: a computational study. Chem Mater, 2009, 21: 4778.

[107] Arico A S, Bruce P, Scrosati B, et al. Nanostructured materials for advanced energy conversion and storage devices. Nat Mater, 2005, 4: 366.

[108] Idota Y, Kubota T, Matsufuji A, et al. Tin-based amorphous oxide: a high-capacity lithium-ion-storage material. Science, 1997, 276: 1395.

[109] Li H, Huang X J, Chen L Q, et al. A high capacity nano Si composite anode material for lithium rechargeable batteries. Electrochem Solid-State Lett, 1999, 2: 547.

[110] Zhao J J, Buldum A, Han J, et al. First-principles study of Li-intercalated carbon nanotube ropes. Phys Rev Lett, 2000, 85: 1706.

[111] Ceder G, Aydinol M K, Kohan A F, et al. Application of first-principles calculations to the design of rechargeable Li-batteries. Comput Mater Sci, 1997, 8: 161.

[112] 侯贤华, 胡社军, 李伟善, 等. Li-Sn 合金负极材料的嵌脱锂机理研究. 物理学报, 2008, 57: 2374.

[113] Huggim R A. Lithium alloy negative electrodes formed from convertible oxides. Solid State Ion, 1998, 57: 113.

[114] Coutney I A, McKinnon W R, Dahn J R. On the aggregation of tin in SnO composite glasses caused by the reversible reaction with lithium. Electrochem Soc, 1999, 146: 59.

[115] Li C M, Huang Q M, Zhang R Y, et al. A comparative study on the performances of thin film and granular tin as Li ion insertion electrodes prepared by electrodeposition. Acta Metal Sin, 2007, 43: 515.

# 第13章

# 高性能电池应用技术

## 13.1 概　　述

随着时代的发展，新世纪需要发展高性能电池技术，这不仅要求在电池性能上有较大的突破，还要求适应社会可持续发展，同时给人们的生活带来更多便利。高性能电池具有环保、二次化、高能高功率的特点，因此其发展方向应分为三类：①容量型电池，电池倍率小于 0.5 C，应用于容量型储能，如调峰；②功率型电池，电池倍率大于 2 C，应用于功率型储能，如调频；③能量型电池，电池倍率介于上述之间的 1 C 左右，应用于复合储能场景。没有任何一种电池路线适用于所有的场合，有时候需要功率型，有时候需要容量型，有时候需要混合搭配。高性能电池大多应用在高精密电子设备、电动工具、军事、工业牵引及可再生能源利用的储能装备。下面将介绍传统电池、锂离子电池、超级电容器、燃料电池及先进能源器件。

## 13.2 传统能源器件

### 13.2.1 传统电池

#### 1. 锌碳电池

锌碳电池也称锌锰电池，是一种极普遍的干电池。锌碳电池以锌为负极，二氧化锰为正极，氯化铵或氯化锌的水溶液为电解质。碳(乙炔黑)与二氧化锰相混合起到改善导电和保持电解质溶液能力的效果。电池放电时，锌被氧化，二氧化锰被还原。电池的总反应为[1]

$$Zn + 2MnO_2 \longrightarrow ZnO + Mn_2O_3 \tag{13.1}$$

锌碳电池的组成与材料包括以下几个部分：①锌。电池级锌纯度为 99.99%，但锌筒中锌合金含有 0.3%的镉和 0.6%的铅。铅能提高锌筒的机械加工性能，但过量的铅会使锌筒过软，不利于机械加工。同时，铅还可以提高氢气析出的过电势，起到腐蚀抑制剂的作用。镉可以提高锌在常规干电池电解质中的耐腐蚀性和增加合金的强度。②碳包。正极由二氧化锰和粉状炭黑组成，还有适量电解液(电解液为氯化铵，但当电池用于超重负荷设备时，电解液则为氯化锌和少量氯化铵的混合溶液)。二氧化锰和碳的混合物与电解液湿混，并将压制成中间有小孔的圆柱碳棒插入中间作为集流体(该材料用于电极反应物和终端的导电体，因此需要与正极有良好的电接触)。它是孔状结构，便于气体逃逸，以及用作结构支撑。干电池中所使用的二氧化锰一般可分为天然二氧化锰(NMD)、活化二氧化锰(AMD)、化学合成二氧化锰(CMD)和电解二氧化锰(EMD)。其中，电解二氧化锰价格最贵，可提高放电能力使电池输出更高的容量，主要用于重负载工业性电池中。炭黑的主要作用是改善二氧化锰的导电性，通过混合工序包覆在二氧化锰粒子表面。它还起着保持电解质并使碳包具有可压缩性和弹性的功能。目前，在氯化铵型电池和氯化锌型电池中主要是使用乙炔黑[2]。③电解质。一般的勒克朗谢电池均使用氯化铵和氯化锌的混合物为电解质，但以氯化铵为主，氯化铵可以保证高放电率性能[3]。

最普及的锌碳电池是圆柱形圆筒结构电池，外壳为一带有正极帽的镀镍钢壳，它兼作正极集电体。如图 13.1 所示，壳内与之紧密接触的是用电解二氧化锰、石墨和炭黑压制成的正极环(阴极)。在普通圆柱形勒克朗谢电池中，锌筒既是外壳也是负极，正极为混有乙炔黑的二氧化锰，并用适量的电解质润湿，二氧化锰和乙炔均匀混合后压制成碳包。

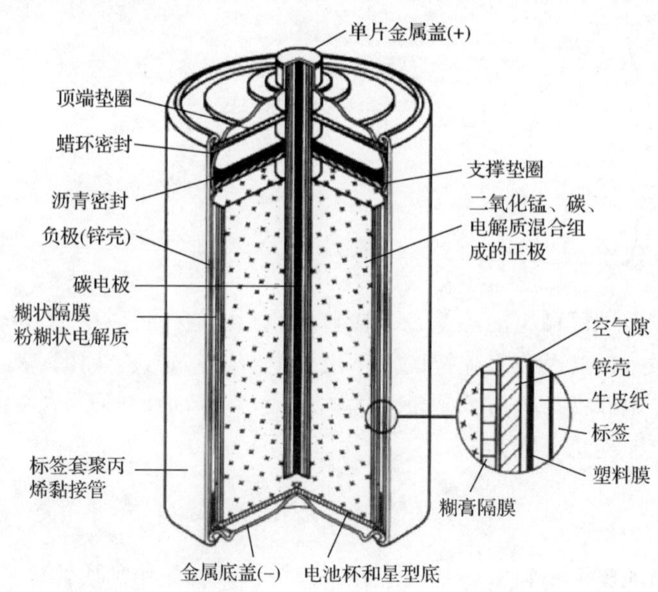


图 13.1　圆柱形勒克朗谢电池的剖视图(糊膏隔膜和沥青密封)

锌碳电池由于能重负载，大电流放电，电容量大，低温性能和防漏性能好，性能价格比高(为干电池 2～3 倍，大电流工作电能是 6～8 倍)等优点而广泛用于民用和工业，特别适用于闪光照相机、微型收录机、摄像机、对讲机、剃须刀、手掌型彩电和游戏机、遥测器、报警器、计算器、助听器、手电筒和电钟等仪器设备。

2. 碱性二氧化锰电池

碱性二氧化锰电池也称碱性电池。与锌碳电池不同之处在于碱性二氧化锰电池适用于需放电量大及长时间使用的场景。电池内阻较低，因此产生的电流较一般碳性电池更大。其优点在于较高的能量密度和倍率性能，内阻较低，搁置寿命较长，相比锌碳电池有更高的容量，同时，还有良好的低温性能和抗泄漏的特点。

碱性二氧化锰电池使用粉末锌为负极(阳极)，二氧化锰混石墨为正极(阴极)，高导电性氢氧化钾作为电解质。简化的整体电池反应为[4]

$$Zn + 2MnO_2 \longrightarrow Mn_2O_3 + ZnO \tag{13.2}$$

典型的碱性二氧化锰电池主要由 80%～90%二氧化锰，2%～10%的碳负极，7%～10%氢氧化钾电解质和约 1%的黏结剂组成。正极是由二氧化锰和碳(一般是石墨)的混合物、黏结剂(一般为硅酸盐水泥或聚合物)和电解质组成。其中，由于未放电部分放电的电解二氧化锰导电性不良，所以碳(特别是石墨)用在正极中提供电子导电性。添加石墨可以提高正极导电性，使得电流分布更好并降低电流密度。氢氧化钾和水用于制备正极电解质，它在制备正极膏时被加入到混合物中，这有利于正极混合物的制备操作和成型。负极是一系列成分的混合物，能使电池具有良好的性能，并易于制造。典型碱性二氧化锰电池的负极组成为锌粉，起到析气抑制剂、锌沉积剂的作用，占比为 60%～70%；电解质为氢氧化钾水溶液，占比 25%～30%；黏结剂占比 0.4%～1%[5]。碱性二氧化锰电池中的负极集流体材料通常是棒状或条状的铜锌合金(黄铜)，但也采用硅青铜。过去集流体设计成细条状，现在设计成针状或钉子状。隔膜最常用的材料是纤维状的再生纤维素、乙烯基聚合物、聚烯烃或其组合[6]。与普通锌锰电池不同，圆柱形碱性二氧化锰电池的壳体在电池放电时不是活性物质，而纯粹是惰性的容器，但它可以保持与内部产生能量材料的电接触。

碱性二氧化锰电池有两种不同的制造形式，分别为圆柱形和小型扣式。如图 13.2 所示，电解二氧化锰、石墨的正极混合物和氢氧化钾水溶液模压入钢壳中(钢壳的底部在剖面图的上面)，再插入纸隔膜网袋或两条带状物，然后将含锌粉的氢氧化钾胶体装入网袋中。电解质中还含有防止锌腐蚀的抑制剂，以确保电池能长期储存。负极集流体由铜锌合金(黄铜)和塑料密封件组成，插入壳体，使之与锌胶体接触。然后将扁平盖放置在钢壳开口的上面，卷边密封，成为电池的负极端。钢壳的底部，正极触点，也是由一盖子充当，有时会在中心有一个浅的凹槽，形成成品电池的正极端。圆柱形钢制壳体既用于电池的容器，也作为正极的集流体。根据电池制造设备的结构，正极混料可通过以下方式加入到电池壳中：将规定量的二氧化锰、炭黑和其他添加剂混合压制，装入电池壳中，然后正极直接压制进入电池壳。

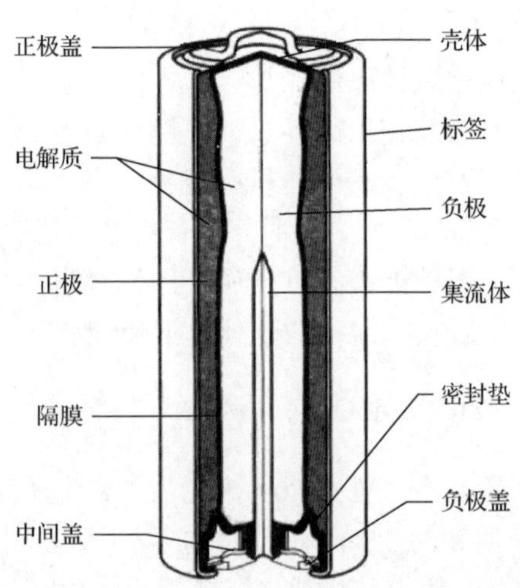

图 13.2　典型碱性二氧化锰电池的结构

图 13.3 表示出小型碱性二氧化锰电池的结构，它基本上与其他圆柱形碱性二氧化锰电池的结构相同。通常正极片在下壳，负极混合物在上盖中，两者之间有一层或多层圆盘状隔膜以及处于上盖与下壳之间并被两者压缩防止电池泄漏的塑料密封件。

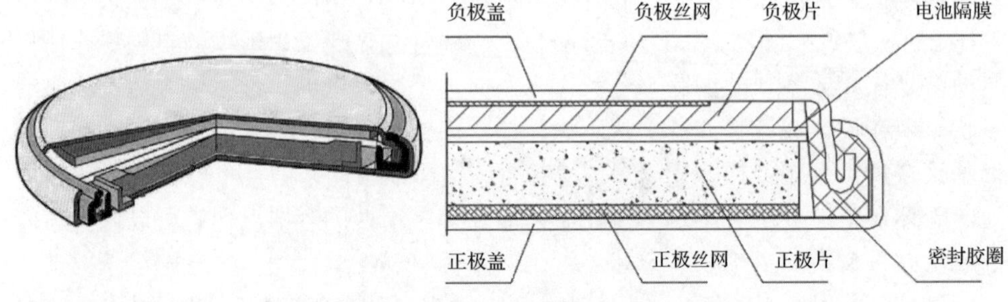

图 13.3　扣式碱性二氧化锰电池的截面图

碱性二氧化锰电池由于其卓越性能主要使用在较高耗能的电子玩具、相机、CD 播放器和遥控的装置上。多个碱性二氧化锰电池单体电池通过组合可形成 9V 电池组。2008 年，全球市场对碱性二氧化锰电池的需求额为 120 亿美元。未来几年，其需求还将持续增加，这主要是因为人们对电池驱动装置的需求不断增加，尤其是对更小、更薄和更轻便装置的需求在增加。目前，标准碱性二氧化锰电池的应用领域包括照明、儿童玩具、遥控器、钟表、蓝牙耳机、闪存播放器、遥控器、防噪耳机等。高品质电池也应用在高技术装置上，如单反相机、闪光灯、游戏机、CD、录音机等。

### 3. 氧化汞电池

氧化汞电池又称汞电池，是以锌为负极，氧化汞为正极，氢氧化钾溶液为电解液的原电池。汞电池以其单位体积容量高、电压输出平稳和储存特性好而知名。人们对该体系的了解已有一个多世纪，但是直到第二次世界大战，Samuel Ruben[7, 8]针对热带气候条件能够储存且具有高的容量–体积比例的要求，开发出实用的氧化汞电池。

氧化汞电池的总反应为[9,10]

$$Zn + HgO \longrightarrow ZnO + Hg \tag{13.3}$$

负极反应

$$Zn + 2OH^- \longrightarrow ZnO + H_2O + 2e^-$$

正极反应

$$HgO + H_2O + 2e^- \longrightarrow Hg + 2OH^-$$

氧化汞电池主要由以下几部分组成：①氧化汞正极。氧化汞正极中通常会掺入一定量的石墨，主要作用是防止汞的聚集，同时也会加入一定量的二氧化锰和银粉。②锌负极。根据上述的负极反应，在氧化汞电池中，汞齐化的锌粉会直接溶解在电解质中，因此应特别注意锌粉中的杂质，容易产生氢气。在化学反应中，汞齐化的锌粉利用率接近 100%。③电解质。氧化汞电池一般采用氢氧化钾的高浓度溶液作为电解质溶液[4]。

氧化汞电池以三种基本结构生产：扣式、扁平形和圆柱形。对于扣式电池结构，如图 13.4(a)所示，电池盖的内面是铜或铜合金，外面是镍或不锈钢。电池壳为镀镍钢，整个单体电池是将电池外壳的顶边卷绕，紧密的压在一起。对于扁平形电池结构，如图 13.4(b)所示，外盖为镀镍钢，内盖也是镀镍钢，但里层还镀有锡。这种电池还采用了两个镀镍钢壳、两个壳体之间有适配管；将装配好的盖和垫圈紧压于内壳，并将外壳顶边卷弯产生密封效果。外壳上有穿透的排气孔。对于尺寸较大的圆柱形氧化汞电池由环形压制件组成，负极片极坚固，用氯丁橡胶绝缘嵌片压紧在电池盖上。

氧化汞电池已经使用在许多场合，它们需要稳定的电压、长储存寿命或高的容量–体积比例。其优点在于输出电压平稳，能在各种输出电流下平稳放电，体积比能量较高，抗冲击、振动等不利环境影响，化学效率较高，储存寿命较长；

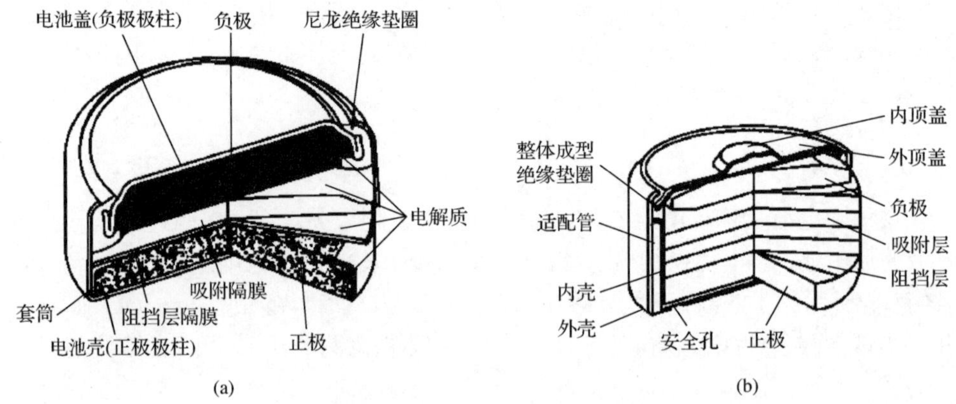


图 13.4　扣式氧化汞电池(a)和扁平形氧化汞电池(b)的结构图

最突出的缺点在于电池成本昂贵，多应用于微小型设备中，大量废弃会导致严重的环境问题。该电池体系的这些特性在如助听器、手表、照相机、某些早期的心脏起搏器和小型电子器具中得到了广泛应用，并显示出特别的优越性。该电池也被用于电压参考源及在电器和电子器具中作为电源，如声呐、应急标志灯、求援收发报机、收音机和救生装置等。然而由于氧化汞电池体系过高的价格，这些应用并没有广泛推广，只限于军事和特殊用途。

4. 铅酸电池

铅酸电池发明于 1859 年，最早是由法国物理学家 Gaston Plante 发明，现在仍然是世界上产量最大、用途最广的化学电池。铅蓄电池具有性价比高、安全性好和技术成熟的优点[11]。

铅酸电池是化学电源中的一种，是目前技术最为成熟的二次电池。其正极活性物质是 $PbO_2$，负极活性物质是海绵状铅，电解液是硫酸溶液。铅酸电池的电池反应式[12-14]为

总电池反应

$$Pb + PbO_2 + 2H_2SO_4 \rightleftharpoons 2PbSO_4 + 2H_2O \tag{13.4}$$

正极反应

$$PbO_2 + 3H^+ + HSO_4^- + 2e^- \rightleftharpoons PbSO_4 + 2H_2O$$

负极反应

$$Pb + HSO_4^- \rightleftharpoons PbSO_4 + H^+ + 2e^-$$

铅酸电池的应用领域非常广泛，在过去的几年里又出现了很多新用途。铅酸电池的新用途主要是小型电子设备、便携设备用的小型密封铅酸蓄电池以及先进设计的储能系统和电动车辆，便携式工具、照明设备和用具、照相设备、计算器、收音机、玩具、家电等，此外在工业电池上也有应用。

5. 镍/镉电池

镍镉电池是最早应用于手机设备的电池种类。与其他类型的电池比较，镍镉电池具有以下优点：①可耐过充电或过放电；②自放电率低，镍镉电池在长时间放置的情况下特性也不会劣化，充分充电后可完全恢复原来的特性，它可在–20～60℃的温度范围内使用；③由于单元电池采用金属容器，坚固耐用；采用完全密封的方式，不会出现电解液泄漏现象，故无须补充电解液。镍镉电池最致命的缺点是，在充放电过程中如果处理不当，会出现严重的“记忆效应”，使得服务寿命大大缩短。“记忆效应”是指在充电前，电池的电量没有被完全放尽，久而久之将会引起电池容量的降低，在电池充放电的过程中(放电较为明显)，会在电池极板上产生些许的小气泡，日积月累这些气泡减少了电池极板的面积也间接影响了电池的容量。此外，镉是有毒的，因而镍镉电池不利于生态环境的保护。

镍镉电池的电池反应式[15]为

总电池反应

$$Cd + 2NiO(OH) + 2H_2O \rightleftharpoons Cd(OH)_2 + 2Ni(OH)_2 \tag{13.5}$$

负极反应

$$Cd + 2OH^- \rightleftharpoons Cd(OH)_2 + 2e^-$$

正极反应

$$2NiO(OH) + 2H_2O + 2e^- \rightleftharpoons 2Ni(OH)_2 + 2OH^-$$

镍镉电池正极板上的活性物质由氧化镍粉和石墨粉组成，石墨不参加化学反应，其主要作用是增强导电性。负极板上的活性物质由氧化镉粉和氧化铁粉组成，电解液通常用氢氧化钾溶液。

镍镉电池主要有大型袋式、开口式、圆柱密封式及小型扣式结构。其中，大型袋式和开口式镍镉电池主要用于铁路机车、矿山、装甲车辆、飞机发动机等作起动或应急电源；圆柱密封式镍镉电池主要用于电动工具、剃须器等便携式电器；小型扣式镍镉电池主要用于小电流、低倍率放电的无绳电话、电动玩具等。由于废弃镍镉电池对环境的污染，该系列的电池将逐渐被性能更好的金属氢化物镍电池所取代。

### 13.2.2　锂离子电池

近二十年来，便携式电子产品、电动工具和电动汽车技术迅速发展，市场对高能量密度、高功率密度及高安全性的电池需求日益迫切，锂离子电池在电池市场的份额日益扩大，不仅在大部分的手机等移动通信设备上占主导地位，而且在便携式电动工具、电动汽车及航天领域等动力设备上应用逐渐成熟。在市场需求的推动下，出现了各种设计和形状的产品，类型包括卷绕圆柱形、卷绕方形、平板、折叠式方形及铝塑膜等，如图 13.5 和图 13.6 所示，电池的容量也随着不同的形状和用途而不同。

(a)

(b)

图 13.5　(a) 柱状电池和 (b) 软包电池

(a)

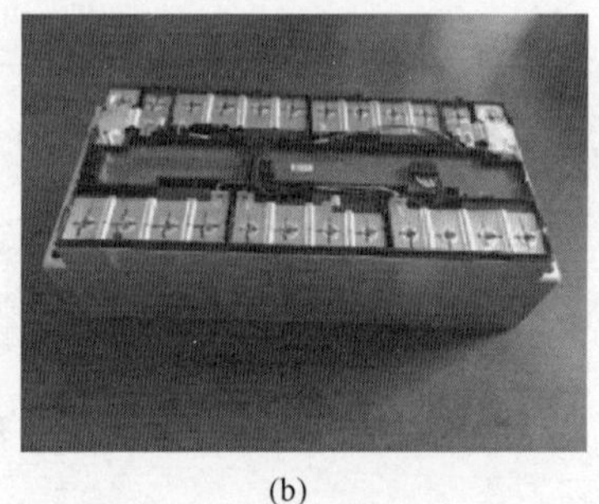

(b)

图 13.6　(a) 聚合物电池和 (b) 动力电池组

不同类型的锂离子电池是根据不同的需求和场合来进行设计的，但在电极片的制备工艺上大体相同，如图 13.7 所示，包括混料、涂布、压片、干燥及切片五大工序。混料是将负极材料（碳为主）、导电剂、黏结剂加极性溶剂经混料机混合成均一的浆料。涂布是涂辊转动带动浆料，通过调整刮刀间隙来调节浆料转移量，并利用背辊或涂辊的转动将浆料转移到基材上，按工艺要求，控制涂布层的厚度以达到质量要求，同时，通过干燥加热除去平铺于基材上的浆料中的溶剂，使固体物质很好地黏结于基材上。压片是在干燥流水线上逐步升温干燥除去溶剂，减少压片过程中产生的气泡，避免极片产生裂缝，然后将极片压实，达到合适的密度和厚度。干燥可在真空干燥箱中进一步干燥除去极片中的水分，使水分低于 0.5%。切片是通过高精度切割技术，有时采用激光切割达到高精度尺寸，避免产生毛刺和碎屑。

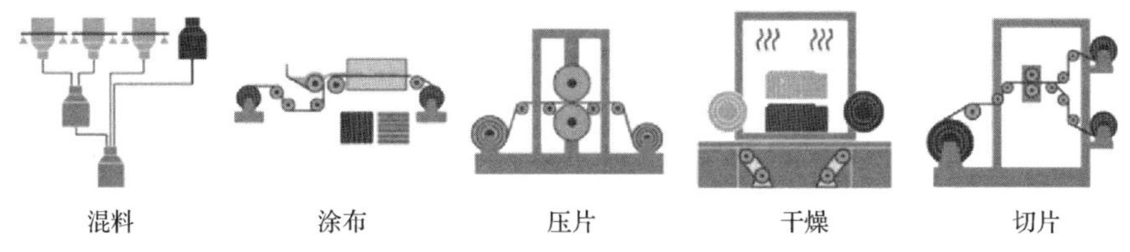


图 13.7　锂离子电池电极片的制备流程

电芯是一个电池系统的最小单元，多个电芯组成一个模组，再由多个模组组成一个电池包。电池能储存多少的容量，是靠正极片和负极片所负载活性物质多少来决定的。正负极材料比容量、活性材料的配比、极片厚度、压实密度等对容量等的影响也至关重要。电芯的工艺流程如图 13.8 所示。一般来说，锂离子电池电芯的制造过程有以下几个主要工序：①制浆。用专门的溶剂和黏结剂分别与粉末状的正负极活性物质混合，经高速搅拌均匀后，制成浆状的正负极物质。这是电池生产的第一道工序，该道工序质量控制的好坏将直接影响电池的质量和成品合格率。而且该道工序工艺流程复杂，对原料配比、混料步骤、搅拌时间等都有较高的要求。此外，需要严格控制粉尘，以防止粉尘对电池一致性产生影响。②涂膜。将制成的浆料均匀地涂覆在金属箔的表面，烘干，分别制成正、负极极片，所用的电极涂覆机设备如图 13.9 所示。涂布至关重要，需要保证极片厚度和质量一致，否则会影响电池的一致性。涂布还必须确保没有颗粒、杂物、粉尘等混入极片，否则会导致电池放电过快，甚至会出现安全隐患。③滚压、分切。将膜片与集流体通过高压力，匀速地压制成极片卷，同时将其压实，一方面让涂覆的材料更紧密，提高能量密度，保证厚度的一致性，另一方面也会进一步管控粉尘和湿度。随后进行分切，并充分管控毛刺的产生，这样做的目的是避免毛刺扎穿隔膜，产生严重的安全隐患。将极片切成所需要的正负极片，所用的滚压和分切设备如图 13.10 所示。④卷绕/层叠。在卷绕之前，正极用铝带，负极用镍带分别焊在正负极上，而后按正极片—隔膜—负极片—隔膜自上而下的顺序放好，经卷绕/层叠制成电池芯，所用的焊接及卷绕设备如图 13.11 所示。⑤顶封。将裸电芯包上铝箔，对顶部和侧边进行热封装。铝箔分三层(尼龙层、铝层、PP 层)，封装时通过加热使 PP 熔化，同时加压(封头压合)使两层铝箔黏合在一起，达到封装的目的。⑥注液。将电解液加入到电芯中，并将电芯完全封住。电解液的注入量是关键中的关键，如果电解液注入量过大，会导致电池发热甚至直接失效，如果注入量过小，则又影响电池的循环性。注液过程中要注意的是，水作为电解液中一种痕量组分，对锂离子电池 SEI 膜的形成和电池性能有非常大的影响，满充状态的负极与锂金属性质相近，可以直接与水发生反应。因此，在锂离子电池的制作过程中必须严格控制环境的湿度和正负极材料、电解液的含水量。在整个电芯装配完成以后，电池要用X射线鉴定电池内部结构是否正常，对于电芯不正、钢壳裂缝、焊点情况、有无短路等进行检查，排除有上述缺陷的电池，确保电池质量。⑦化成。通过充电的方式将其内部正负极物质激活，同时在阳极表面形成良好的SEI膜，保证后续电芯在充放电循环过程中的安全、可靠和长循环寿命。将电芯的性能激活，还要经过X射线监测、绝缘监测、焊接监测、容量测试等一系列"体检过程"。化成工序中还包括，对电芯"激活"后第二次灌注电解液、称量、注液口焊接、气密性检测，而后切去气袋和多余的侧边，将侧边折起，完成电芯最终外形。成型以后，外观全检后再进行循环、陈化、壳体喷码、干燥储存等相关生产操作。至此，电芯制备过程结束。

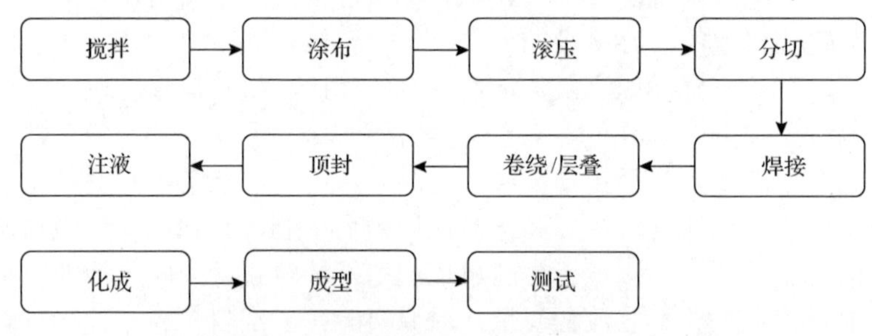


图13.8　电芯工艺流程图

图13.9　电极涂覆机

(a)

(b)

图13.10　(a)滚压设备和(b)分切设备

(a)

(b)

图 13.11 (a)全自动超声焊接导电柄设备和(b)全自动卷绕机

在电池行业中，人们把电芯到电池的制备过程称为 Pack 组装。电池由单体电池通过并串联而成。并联增加容量，电压不变；串联后电压倍增，容量不变。一般情况下，电池通过并串联组合后，容量损失 2%～5%，电池数量越多，容量损失越多。Pack 组装中串并组成有两种方式：①先并后串。并联由于内阻的差异、散热不均等都会影响并联后电池的循环寿命。但单个电池失效自动退出，除了容量降低，不影响并联后使用，并联工艺较严格。并联中某个单位电池短路时，造成并联电路电流非常大，通常加熔断保护技术避免。②先串后并。根据整组电池容量先进行串联，如整组容量 1/3，最后进行并联，降低了大容量电池组故障概率。Pack 组装有以下特点：①电池组 Pack 要求电池具有高度的一致性(容量、内阻、电压、放电曲线、寿命)。无论是软包装电池还是圆柱电池，都需要多串组合，如果一致性差，影响电池容量，一组中容量最低的电池决定整组电池的容量。②电池组 Pack 的循环寿命低于单个电池的循环寿命。③在限定的条件(包括充电、放电电流，充电方式，温度等)下使用。④锂电池组 Pack 成型后电池电压及容量有很大提高，必须加以保护，对其进行充电均衡、温度、电压及过流监测。⑤电池组 Pack 必须达到设计需要的电压、容量要求。电池的 Pack 通过两种方式实现：一种是通过激光焊接、超声波焊接或脉冲焊接，这是常用的焊接方法，优点是可靠性较好，但不易更换；另一种是通过弹性金属片接触，优点是不需要焊接、电池更换容易，缺点是可能导致接触不良。

### 1. 卷绕式柱状电池的制备

卷绕式柱状电池的电芯工艺与其他卷绕式电芯在电极片上的制备没有差别，但在电芯卷绕方式上有较大的差异。卷绕式柱状电池的工艺流程如图 13.12 所示。图 13.13 为电芯卷绕前后的示意图和插入绝缘圈的操作图。在卷绕前，按正极、隔膜和负极的方式叠在一起，然后通过卷针卷绕出电芯。电芯入筒后还需要插入绝缘圈，防止集流片与金属筒接触。

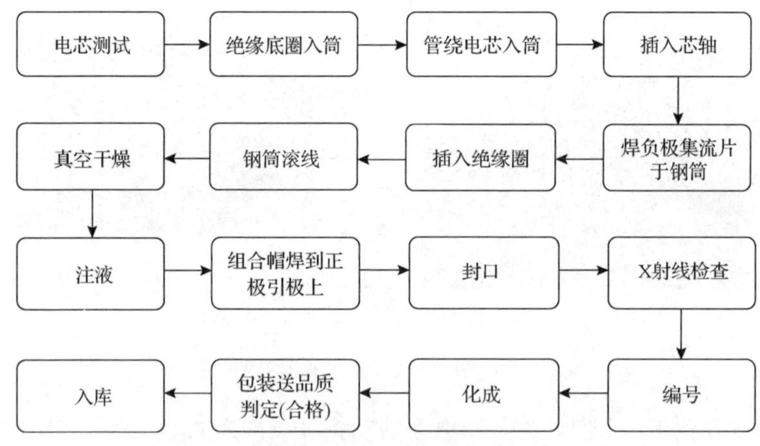


图 13.12 卷绕式柱状电池工艺流程图

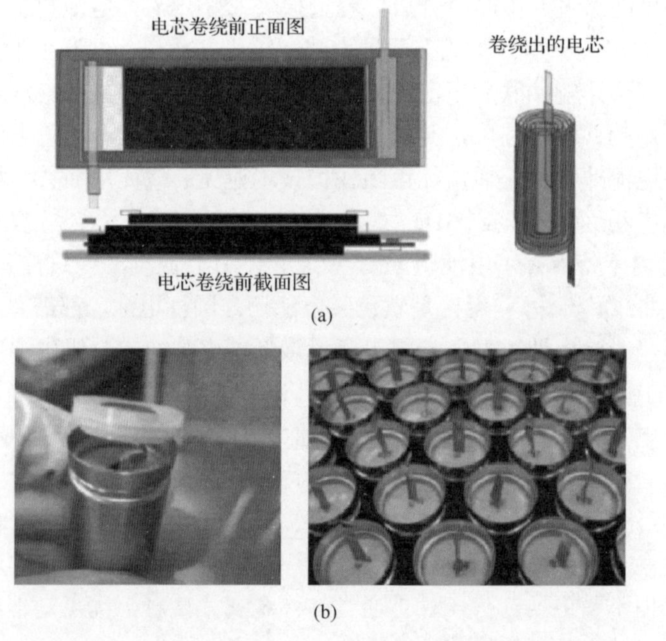


图 13.13 (a)电芯卷绕前后示意图；(b)插入绝缘圈操作图

### 2. 层叠式软包电池的制备

层叠式软包电池的电芯制作工艺与卷绕式柱状电池基本一致，区别在于层叠式软包电池单体需要将制备好的正、负极极片分别按尺寸冲片，采用 PE/PP 2 层或 PP/PE/PP 3 层组成的电池隔膜分隔，焊接正、负极耳，封装在铝塑膜袋内，顶侧封后在惰性气体环境下真空烘烤然后再注入电解液，经一次封口、化成、分容、老化后完成电芯的制备。层叠式软包电芯的工艺流程图如图 13.14 所示。电芯制备好以后，还需要进一步加工制成单体电池。一种层叠式软包电池的制备流程图如图 13.15 所示。

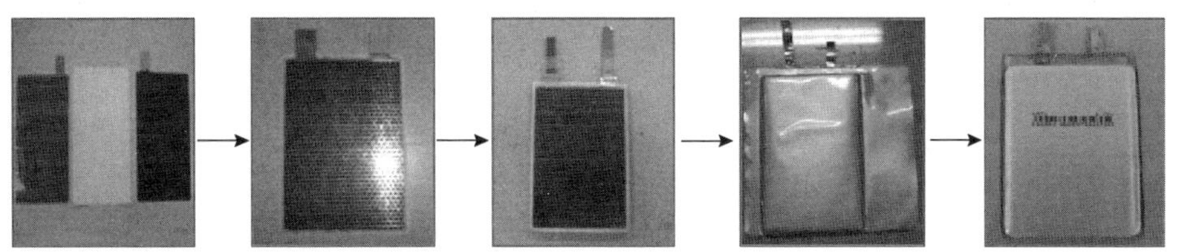

图 13.14 层叠式软包电芯工艺流程图

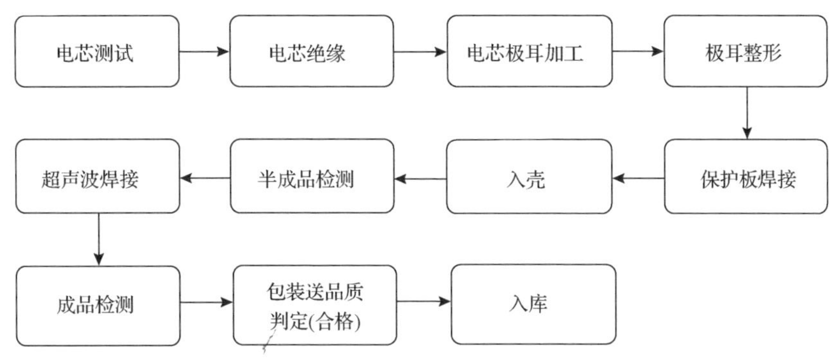


图 13.15 层叠式软包电池制备流程图

层叠式软包电池的优点包括：①厚度薄，受限于铝塑膜的冲压强度，一般不会超过 1cm，因此散热性能很好；②极片多，每片极片均有凸缘与极耳焊接在一起，极板上的电流密度分布均匀性好；③薄片式，易于组成模块和电池包，空间利用效率高；④铝塑膜包装的质量轻，且抽真空后与电芯贴合紧密，有利于减少无效的质量和体积。然而，这一构型也有一些缺点，铝塑膜封装的长期可靠性难以保证；电池体较软，极片间的接触阻抗可能会较大，需在模板层次或电池组层次加以解决；相比卷绕式柱状电池，生产制作效率低。为确保层叠式电池组的安全性，假设电池组其中一个电池出现异常，为确保相邻的电池组不受影响，电池生产商会采用块状结构及阀式空气散热结构[16-18]。

3. 聚合物电池的制备

与卷绕式柱状电池和层叠式软包电池不同，聚合物电池采用具有离子导电性并兼具隔膜作用的凝胶聚合物电解质代替目前液态电解质，其正负极工作原理与液态电池基本一致。在电池充放电过程中，锂离子通过具有离子导电性的凝胶聚合物电解质在正负极之间脱嵌，从而实现从化学能到电能的转变。一般的电池主要的构造包括正极、负极与电解质三项要素。聚合物电池是指在这三种主要构造中至少有一项或一项以上使用高分子材料作为主要的电池系统。而在目前所开发的聚合物电池系统中，高分子材料主要是应用于正极及电解质。正极材料包括导电高分子聚合物或一般锂离子电池所采用的无机物，电解质则可以使用固态或胶态高分子电解质，或是有机电解液，负极材料则通常采用锂金属或锂碳层间化合物。聚合物电池无可见电解质，安全性能大大提升，聚合物电解质膜由聚合物骨架和电解液构成，骨架是由聚合物通过化学交联和物理交联形成的，既作为电解质膜的支撑，也为电解液提供通道和空间，化学交联的骨架比较稳定。

传统的液态电解液制备过程是将碳酸乙烯酯(EC)、碳酸丙烯酯(PC)和碳酸二乙酯(DEC)以质量比 EC∶PC∶DEC=20∶20∶60 混合，加入一定质量的六氟磷酸锂，使得其在电解液中的浓度为 1mol/L；此外电解液中还加有质量分数为 15%的氟代碳酸乙烯酯(FEC)，质量分数为 5%的 1,3-丙磺酸内酯。对于聚合物电池的电解质，按照聚合物和乙烯基三烷氧基硅烷在液态电解液中的质量分数将聚合物和乙烯基三烷氧基硅烷加入到液态电解液中，搅拌使聚合物粉料完全溶解在电解液中，得到凝胶状的聚合物电解质。

聚合物电池的电芯生产工艺与层叠式软包电池基本一致，差别在于电解质的选取上有所不同，聚合物电池采用的是液体或者凝胶状电解质。而电池的组装过程有所不同，具体制备流程如图 13.16 所示。

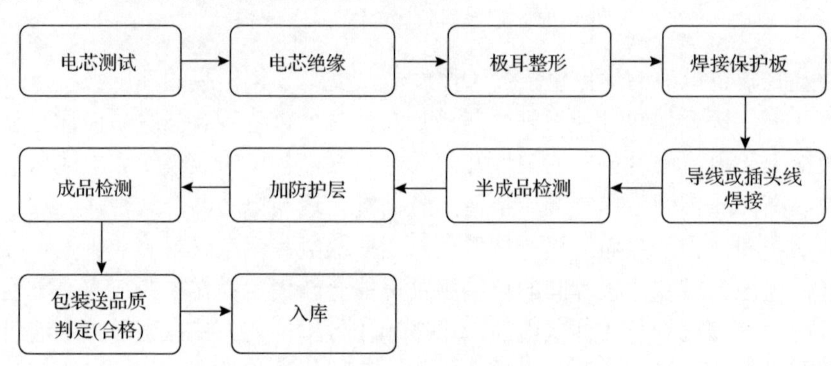


图 13.16 聚合物电池制备流程图

4. 电动汽车用 Pack 的制备

电动汽车(BEV)是指以车载电源为动力，用电机驱动车轮行驶的汽车。它作为一种高效率、无污染的新型汽车，将不使用任何液态式燃料，没有发动引擎装置，更不会产生污染性的汽车尾气，是一种纯“绿色”的出行工具。

目前，电动汽车上使用的都是 Pack，它是将一致性好的电芯按照精密设计组装成为模块化的电池模组，如图 13.17 所示，并加装单体电池监控与管理装置。电动汽车 Pack 制备的主要工艺流程为：①电芯制备。电芯的制备流程及其工艺参数如图 13.18 及表 13.1 所示，主要包括极片制备、拉浆、轧片、配片、极片烘烤、极耳制作、隔膜制作、卷针、压芯、电芯入壳、装壳、负极极耳焊接、电池真空烘烤、注液、化成及电池复检。②电芯匹配。检查电芯的批号是否相同，外观尺寸是否符合要求，不同批次的电芯不能混合使用。③电芯清洗。清洗电芯表面的污染物，保证没有污染物附着在电芯底部。④电芯涂胶。将电芯组合起来，电芯组装前需要进行涂胶，一方面是固定，另一方面是绝缘和散热。⑤焊接端板和侧板。通过机器人将铝制端板和侧板焊接起来。⑥激光焊接。通过自动激光焊接，完成极柱和连接片的连接，实现电池串并联。⑦模组性能测试。下线前进行模组全性能检查，包括模组电压/电阻、电池单体电压、耐压测试、绝缘电阻测试。整个流程完成后，还需要进行一系列的测试，测试内容包括火烧实验、振动实验、撞击实验和挤压实验，模拟在各种环境下电池的性能能否满足要求。

图 13.17　电池模组

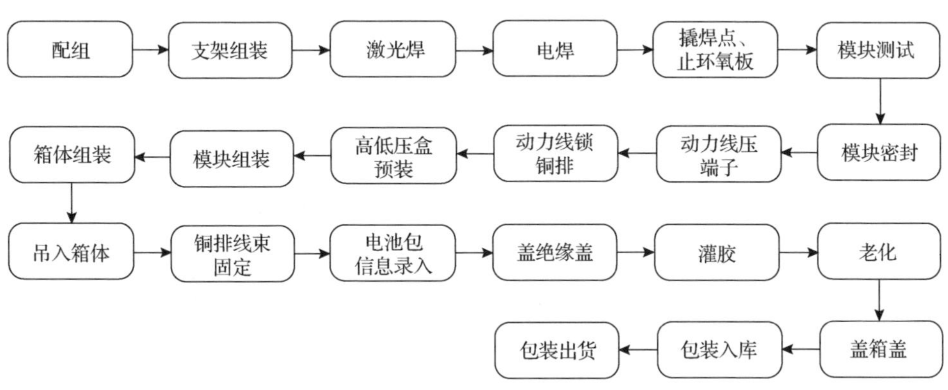


图 13.18　电动汽车 Pack 制备流程

**表 13.1 电动汽车 Pack 制备工艺参数及操作规范**

| 工步 | 工序 | 工艺参数及操作规范 | | | |
|---|---|---|---|---|---|
| 1 | 极片制备 | 电极 | 长度 *L*/mm | 宽度 *W*/mm | |
| | | 正极 | 360±0.5 | 41.0±0.5 | |
| | | 负极 | 400±0.5 | 42.0±0.5 | |
| 2 | 拉浆 | | 第一面 | 双面 | |
| | | 电极 | 质量/g | 面密度/(mg/$cm^2$) | |
| | | 正极 | 3.14±0.04(51%) | 21.53±0.14 | |
| | | 负极 | 1.60±0.02(54%) | 9.60±0.065 | |
| 3 | 轧片 | 电极 | 压片后厚度/mm | 压片后长度/mm | |
| | | 正极 | 0.125～0.145 | 362～365 | |
| | | 负极 | 0.125～0.145 | 400～403 | |
| 4 | 配片 | 方案 | 正极质量/g | 负极质量/g | |
| | | (1) | 5.49～6.01 | 2.83～2.86 | |
| | | (2) | 6.02～6.09 | 2.87～2.90 | |
| | | (3) | 6.10～6.17 | 2.91～2.94 | |
| | | (4) | 6.18～6.25 | 2.95～2.98 | |
| | | (5) | 6.26～6.33 | 2.99～3.01 | |
| | | (6) | 6.34～6.41 | 3.02～3.05 | |
| 5 | 极片烘烤 | 电极 | 温度/℃ | 时间/h | 真空度/MPa |
| | | 正极 | 120±5 | 6～10 | ≤-0.09 |
| | | 负极 | 110±5 | 6～10 | ≤-0.09 |
| 6 | 极耳制作 | 电极 | 工艺参数及操作规范 | | |
| | | 正极 | 正极极耳在正极片处采用超声波焊接，铝条末端与极片边缘平齐 | | |
| | | 负极 | 镍条尺寸：0.10mm×3.0mm×48mm，镍条用点焊机点焊，焊点数为 8 个，镍条右侧与负极片右侧对齐，镍条末端与极片边缘平齐 | | |
| 7 | 隔膜制作 | 隔膜尺寸：0.025mm×44.0mm×(790±5)mm | | | |
| 8 | 卷针 | 卷针宽度：(22.65±0.05)mm | | | |
| 9 | 压芯 | 电池卷绕后，在电芯底部贴上 24mm 宽的透明胶纸，再用压平机冷压两次 | | | |
| 10 | 电芯入壳 | 胶纸 1：10.0mm×(38.0±1.0)mm，胶纸在电芯的两侧分布均匀；<br>胶纸 2：10.0mm×(38.0±1.0)mm，镍条在胶纸中央；<br>胶纸 3：24.0mm×(30.0±2.0)mm，胶纸在电芯的两侧分布均匀；<br>镍条右侧距电芯右侧为(7.0±1.0)mm | | | |
| 11 | 装壳 | 双手同时用力，缓缓将电芯装入电池壳中，禁止划伤电芯 | | | |
| 12 | 负极极耳焊接 | 负极镍条与钢壳用点焊机进行焊接，要保证焊接强度，禁止虚焊 | | | |
| 13 | 电池真空烘烤 | 烘烤温度/℃ | 时间/h | 真空度/MPa | |
| | | 80±5 | 16～22 | ≤-0.05 | |

续表

<table>
<tr><th>工步</th><th>工序</th><th colspan="5">工艺参数及操作规范</th></tr>
<tr><td>14</td><td>注液</td><td colspan="5">注液量：(2.9±0.1)g；注液房相对湿度：≤30%，温度：(20±5)℃；封口胶布：6mm 宽红色胶布，粘胶纸时注意擦净注液口处的电解液，用 2 道橡皮筋将棉花固定在注液口处</td></tr>
<tr><td rowspan="25">15</td><td rowspan="25">化成</td><td>化成工序</td><td colspan="4">工艺参数及操作规范</td></tr>
<tr><td rowspan="4">开口化成</td><td>步骤</td><td colspan="3">内容</td></tr>
<tr><td>恒流充电</td><td colspan="3">40mA×4h；80mA×6h<br>(电压限制：4.00V)</td></tr>
<tr><td>检压封口</td><td colspan="3">电压≥3.90V 的电池进行封口，电压<3.90V 的电池用 60mA 恒流至 3.90～4.00V 后封口，再打钢珠</td></tr>
<tr><td>电池清洗</td><td colspan="3">清洗剂为乙酸+乙醇</td></tr>
<tr><td rowspan="11">续化成</td><td>步骤</td><td colspan="3">内容</td></tr>
<tr><td>恒流充电</td><td colspan="3">400mA, 4.20V, 10min</td></tr>
<tr><td>休眠</td><td colspan="3">2min</td></tr>
<tr><td>恒流充电</td><td colspan="3">400mA, 4.20V, 100min</td></tr>
<tr><td>恒压充电</td><td colspan="3">4.20V, 20mA, 150min</td></tr>
<tr><td>休眠</td><td colspan="3">30min</td></tr>
<tr><td>恒流放电</td><td colspan="3">750mA, 2.75V, 80min</td></tr>
<tr><td>休眠</td><td colspan="3">30min</td></tr>
<tr><td>恒流充电</td><td colspan="3">750mA, 3.80V, 90min</td></tr>
<tr><td>恒压充电</td><td colspan="3">3.80V, 20mA, 150min</td></tr>
<tr><td>档次</td><td colspan="3">容量范围</td></tr>
<tr><td rowspan="7">检测分容</td><td>一</td><td colspan="3">$C$≥780mA·h</td></tr>
<tr><td>二</td><td colspan="3">750mA·h≤$C$<780mA·h</td></tr>
<tr><td>三</td><td colspan="3">730mA·h≤$C$<750mA·h</td></tr>
<tr><td>四</td><td colspan="3">680mA·h≤$C$<730mA·h</td></tr>
<tr><td>五</td><td colspan="3">$C$<680mA·h</td></tr>
<tr><td>六</td><td colspan="3">无容量</td></tr>
<tr><td colspan="4"></td></tr>
<tr><td rowspan="7">16</td><td rowspan="7">电池复检</td><td>复检工序</td><td colspan="4">工艺参数及操作规范</td></tr>
<tr><td>电池整形</td><td colspan="4">电池下柜分容后在室温下放置 20 天后用整形机对电池整形</td></tr>
<tr><td rowspan="5">电池分档</td><td>档次</td><td>容量/mA·h</td><td>内阻/mΩ</td><td>厚度/mm</td><td>电压/V</td></tr>
<tr><td>一</td><td>$C$≥780</td><td>≤50</td><td>≤6.3</td><td>≥3.75</td></tr>
<tr><td>二</td><td>750≤$C$<780</td><td>≤50</td><td>≤6.3</td><td>≥3.75</td></tr>
<tr><td>三</td><td>730≤$C$<750</td><td>≤50</td><td>≤6.3</td><td>≥3.75</td></tr>
<tr><td>四</td><td>680≤$C$<730</td><td>≤80</td><td>≤6.6</td><td>≥3.70</td></tr>
</table>

5. 锂离子电池性能评价标准

电池性能主要包括电性能、安全性能、机械性能及环境适应性四个方面。对于锂离子电池，其电性能的评价标准如下：①额定容量。0.5C 放电，单体电池放电时间不低于 120min，电池组放电时间不低于 114min(95%)。②1C 放电容量。1C 放电，单体电池放电时间不低于 57min(95%)，电池组放电时间不低于 54min(90%)。③低温放电容量。–20℃下 0.5C 放电，单体或电池组放电时间均不低于 72min(60%)。④高温放电容量。55℃下 0.5C 放电，单体电池放电时间不低于 114min(95%)，电池组放电时间不低于 108min(90%)。⑤荷电保持及恢复能力。满电常温下搁置 28 天，荷电保持放电时间不低于 96min(80%)，荷电恢复放电时间不低于 108min(90%)。⑥储存性能。进行储存实验的单体电池或电池组应选自生产日期不足 3 个月的，储存前充 50%～60%的容量，在环境温度(40±5)℃，相对湿度 45%～75%的环境下储存 90 天。储存期满后取出电池组，用 0.2C 充满电搁置 1h 后，以 0.5C 恒流放电至终止电压，上述实验可重复测试 3 次，放电时间不低于 72min(60%)。⑦循环寿命。电池或电池组采用 0.2C 充电，0.5C 放电做循环，当连续两次放电容量低于 72min(60%)时停止测试，单体电池循环寿命不低于 600 次，电池组循环寿命不低于 500 次。⑧高温搁置寿命。应选自生产日期不足 3 个月的单体电池进行高温搁置寿命实验，进行搁置前应充入 50%±5%的容量，然后在环境温度为(55±2)℃的条件下搁置 7 天后将电池取出，在环境温度为(20±5)℃下搁置 2～5h。先以 0.5C 将电池放电至终止电压，0.5h 后按 0.2C 进行充电，静置 0.5h 后，再以 0.5C 恒流放电至终止电压，以此容量作为恢复容量。以上步骤为 1 周循环，直至某周放电时间低于 72min(60%)，实验结束。搁置寿命不低于 56 天(8 周循环)。

锂离子电池安全性能的评价标准如下：①持续充电。将单体电池以 0.2ItA(1ItA=1C 5A·h/1h)恒流充电，当单体电池端电压达到充电限制电压时，改为恒压充电并保持 28 天，实验结束后，应不泄漏、不泄气、不破裂、不起火、不爆炸(相当于满电浮充)。②过充电。将单体电池用恒流稳压源以 3C 恒流充电，电压达到 10V 后转为恒压充电，直到电池爆炸或起火或充电时间为 90min 或电池表面温度稳定(45min 内温差≤2℃)时停止充电，电池应不起火、不爆炸(3C，10V)；将电池组用稳压源以 0.5ItA 恒流充电，电压达到 $n\times 5$V($n$ 为串联单体电池数)后转为恒压充电，直到电池组爆炸或起火或充电时间为 90min 或电池组表面温度稳定(45min 内温差≤2℃)时停止充电，电池应不起火、不爆炸。③强制放电(反向充电)。将单体电池先以 0.2ItA 恒流放电至终止电压，然后以 1ItA 电流对电池进行反向充电，要求充电时间不低于 90min，电池应不起火、不爆炸；将电池组其中一个单体电池放电至终止电压，其余均为充满电状态的电池，再以 1ItA 恒流放电至电池组的电压为 0V 时停止放电，电池应不起火、不爆炸。④短路测试。将单体电池经外部短路 90min，或电池表面温度稳定(45min 内温差≤2℃)时停止短路，外部线路电阻应小于 50mΩ，电池应不起火、不爆炸；将电池组的正负极用电阻小于 0.1Ω 的铜导线连接直至电池组电压小于 0.2V 或电池组表面温度稳定(45min 内温差≤2℃)，电池应不起火、不爆炸。

锂离子电池机械性能的评价标准如下：①挤压。如图 13.19 所示，将单体电池放置在两个挤压平面中间，在电池组上放一直径为 15cm 的钢棒对电池组的宽面和窄面进行挤压，逐渐增加压力至 13kN，挤压至电池组原尺寸的 85%，圆柱形电池挤压方向垂直于圆柱轴的纵轴，方形电池挤压电池的宽面和窄面，每个电池只能接受一次挤压。一旦压力达到最大值即可停止挤压实验，实验过程中电池不发生外部短路，电池应不起火，不爆炸。②针刺。将单体电池放在一钢制的夹具中，用$\phi$3～8mm 的钢钉从垂直于电池极板的方向贯穿(钢针停留在电池中)，持续 90min，或电池表面温度稳定(45min 内温差≤2℃)时停止实验。③重物冲击。将单体电池放置于一刚性平面上，用直径 15.8mm 的钢棒平放在电池中心，钢棒的纵轴平行于平面，让质量为 9.1kg 的重物从 610mm 高度自由落到电池中心的钢棒上；单体电池是圆柱形时，撞击方向垂直于圆柱面的纵轴；单体电池是方形时，要撞击电池的宽面和窄面，每个电池只能接受一次撞击。④机械冲击。将电池或电池组采用刚性固定的方法(该方法能支撑电池或电池组的所有固定表面)将电池或电池组固定在实验设备上。在三个互相垂直的方向上各承受一次等值的冲击。至少要保证一个方向与电池或电池组的宽面垂直，每次冲击按下述方法进行：在最初的 3ms 内，最小平均加速度为 735m/s$^2$，峰值加速度应该为 1225～1715m/s$^2$。⑤振动。将电池或电池组直接安装或通过夹具安装在振动台面上进行振动实验。实验条件为频率 10～55Hz，加速度 29.4m/s$^2$，$xyz$ 每个方向扫频循环次数为 10 次，扫频速率为 1oct/min。⑥自由跌落。将单体电池或电池组由高度(最低点高度)为 600mm 的位置自由跌落到水泥地面上 20mm 厚的硬木板上，从 $xyz$ 三个方向各一次。

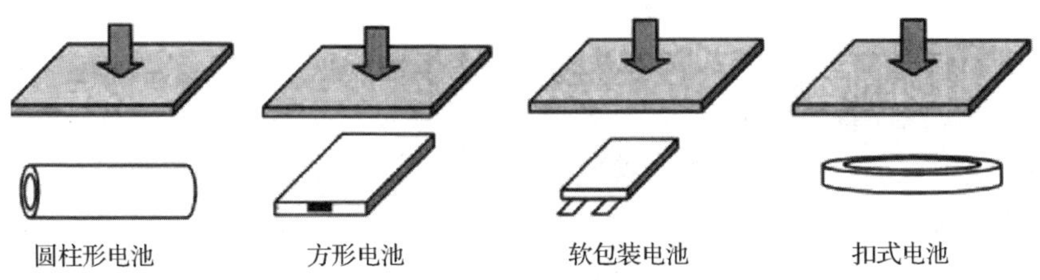


图 13.19 挤压实验电池放置示意图

锂离子电池环境适应性的评价标准如下：①高温烘烤。将单体电池放入高温防爆箱中，以(5±2)℃/min 升温速率升温至 130℃，在该温度下保温 10min。

②高温储存。将单体电池或电池组放置在(75±2)℃的烘箱中搁置48h，电池应不泄漏、不泄气、不破裂、不起火、不爆炸。③低气压[美国保险试验所(UL)标准]。将单体电池放置于(20±5)℃的真空箱中，抽真空将箱内压强降低至11.6kPa(模拟海拔15240m)，并保持6h，电池应不起火、不爆炸、不漏液。

### 13.2.3 超级电容器

#### 1. 超级电容器的制造工艺流程

超级电容器与化学电池不同，其在充放电过程中并不发生化学反应，而是通过静电场建立的物理过程来实现电能的储存与释放，电极和电解液因没有发生电化学反应而几乎不会老化，因此具有很长的使用寿命，并且可以实现快速充放电。与原有的电容器的容量只能达到微法的数量级相比，超级电容器的电荷储存能力高出普通电容器近3～4个数量级，这也是其被称为“超级”的理由。

一般，超级电容器是由两个浸润在电解液中，并通过绝缘多孔隔膜隔开的电极组成；这种含有大量离子的电解液，可以是基于有机或水系的溶剂。组装过程是在一个密封的套管内进行，以避免气体或液体的泄漏。目前，商业化超级电容器种类有很多，但大多是基于双电层结构，其基本结构如图13.20所示。

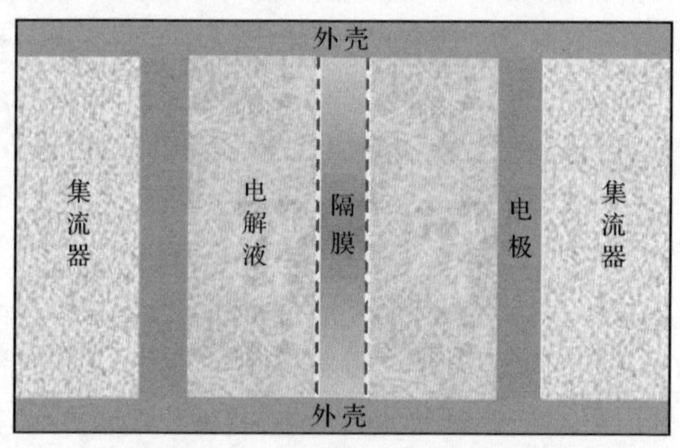


图13.20 超级电容器的结构示意图

制造一个电容器，分为以下几个步骤：①电极的制造；②隔膜的定位(卷绕或堆叠)；③各种流程下电极的装配(电极和外部联系的集流器)；④电解液的注入；⑤系统的封装。其制备及组装工艺流程图如图13.21所示，具体包括以下内容。

(1)电极片制作：①配料。将烘干好的导电剂、黏结剂和活性物质按比例称量后加入溶剂，采用逐次加料、分段搅拌的方式制成分散均一性好的浆料。②涂布。将分散好的浆料采用间歇涂布的方式涂布于铝箔，烘干，制成整张的电极片。③辊压。将烘干后的电极片通过辊压设备，辊压到一定的厚度。④分切。将辊压到一定厚度的极片通过分切设备切成所需要的尺寸。

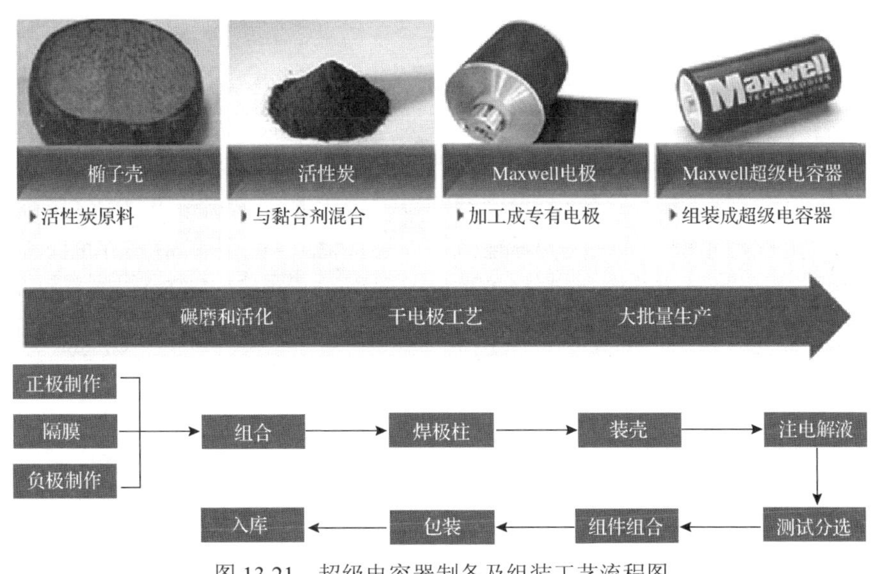


图 13.21 超级电容器制备及组装工艺流程图

(2) 电芯制作：①卷绕。切好的极片按正负极分别焊接上金属极耳，然后按照正负极中间一层隔膜的方式自上而下的顺序排列好，经卷绕设备卷绕成电芯。②高真空烘烤。因超级电容器中电极材料为活性炭材料，需要对电极进行高真空烘烤，将电芯活性炭微孔中的水分完全排除，为电解液的浸润提供足够的空间，烘烤结束后将电芯放入盛芯包的容器中。③注液。在高真空的环境下，使用注液设备注液，这个过程要严格控制注液量。④封口。将注液后的电芯装上密封圈密封，再套入外壳中。

(3) 单体制作：①高低温冲击。将制作好的电芯进行高低温冲击活化。②老化。施加额定电压，使组件老化(调试)，并测试。③包装。套管通过热缩工艺套在外壳上。单体制作完成后，还需经过外观全检、严格测试、壳体喷码、干燥储存等相关生产操作，至此，电容器制备过程结束。

2. 超级电容器的单元设计

从工业角度看，超级电容器可分为两个主要类型的元件：①大型单元。它是具有容量值高达 350F 的高容量超级电容器。这类元件专用于城市交通、不间断电源、混合动力汽车和起重机等领域。对于这些市场，超级电容器以模块或储能系统的形式组装且通常需要借助于电子平衡。②小尺寸元件。低容量超级电容器用于廉价电子领域，如备份应用、消费电子等。在这种情况下，元件通常直接焊接在电子卡片上。后者的市场被认为是相当成熟的市场。元件的尺寸直接来源于电子标准，如电解质电容器和介质电容器或者扣式电池。这类元件的性能改善似乎并不那么重要，价格和稳健性才是主要因素。相反，大电容元件市场的兴起，元件的构造并没有明确设置，且模块设计(电压、电容、尺寸)直接与用途相关。由于它们应用和结构的原因，区分以上两种元件是很重要的。

由图 13.20 可知，超级电容器由电极、电解液、隔膜、集流器和外壳几个单元构成，这些单元的封装存在三个主要的过程：①灌注(铝电解电容器过程)。堆叠和绕线过程是卷绕而成的，同时配有针型连接器且整个系统放在一个圆柱形的铝套管内。两种最受欢迎的几何结构是轴向引线来自圆柱体的每个圆形面的圆心，或两根径向引线或极耳在一个圆面上。在旋转操作之前，放置一个丁基橡胶垫片在顶盖的顶部，其中壳体开口是折叠且按压在垫圈内部的，以形成一个有效的密封系统。封装过程是在与电解液和一个电极在电容器工作时相同的电压下进行的，因此当超级电容器串联时，必须注意隔绝每一个电容器。在这种超级电容器中需要提供安全排气孔，以便超级电容器可以以一种受控制的方式减缓过度的压力，这称为排气，其被认为是一种失效模型。排气孔可以作为一个橡胶圈在顶盖上安装或作为一个模组狭缝刻在罐壁上。每一个电容器通气孔的压力是可预测的，且通常设计在大约 7atm 或更高的压力下发生。对于小型电容器而言，其许可电压往往更高。在电容器排气后，电解液可能蒸发出来直到电容器的电容减小。通常这样的超级电容器具有高的等效串联电阻(ESR)且性能并不是很好。这种技术很适合用于电子应用的小型超级电容器。详细介绍见后文。②套管和盖子通过碾压、卷曲或具有垫圈的套筒来封装，以保证气密性和避免电极与套管和盖子相连而引起的短路。这个过程与前面的类型相比性能较好，气密性高且非常适用于大型超级电容器。这种技术已被 Maxwell、Nesscap、LS Cable 等公司所接受。③套管和盖子通过胶黏剂封装且每个部分都连接到一个电极。在这种情况下，胶黏剂起了两个作用：保证空气和水的密封性以及使这两个部分绝缘，这种设计已被 Batscap 申请了专利。

1) 小尺寸元件

小尺寸元件主要应用在电子领域，作为元件焊接在电子卡片上：公用事业电表的无线通信、制动器的能量系统。此外，它也可用于次级市场的音频系统、笔记本电脑的电源管理及其他便携式用途(小于 1F，薄单元)。这类市场的主导者是 NEC-Tokin、Elna、Seiko、Panasonic、Korship、Cooper Bussmann、Alu-mapro、CapXX、Shoei Electronics、Smart Thinker 等公司。

除了移动应用中的新技术，即发展轻薄的单元之外，这类元件市场的需求仍然很高，但普遍认为技术可以更加先进；能量密度和功率密度不再是影响这类元件市场发展的关键性因素。小尺寸元件的外形有两种：①扣式单元。其外形与扣式电池类似[图 13.22(a)]。②卷绕型单元。通常，这一类元件的容量比扣式单元的容量高。这样的元件外观看起来与电解电容器和介质电容器相似[图 13.22(b)]。

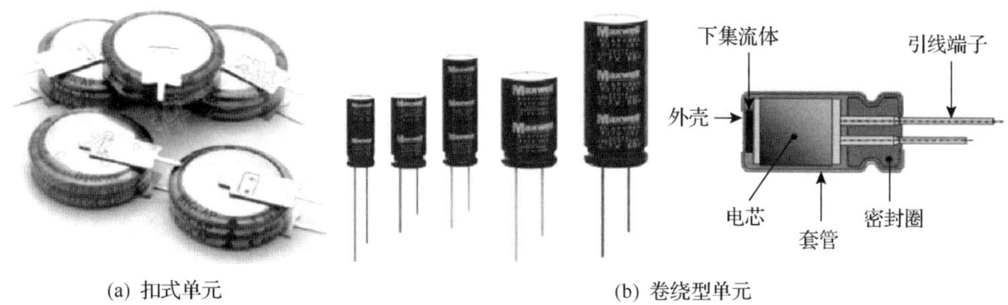


(a) 扣式单元　　(b) 卷绕型单元

图 13.22　不同形状的小型电容器

2) 大型单元

对于大型单元的构造现在并没有一套标准(尽管标准化正在进行中)：每一个制造商对其单元的设计取决于内部发展及其性能的优化。这类器件主要有两种类型：①高功率型单元，主要面向大功率应用，如车辆混合动力、城市交通；②静态应用的能量型单元，如不间断电源。

(1) 高功率型单元。

这类单元的制造商主要有 Batscap、Maxwell、Nesscap 和 LS Mtron。功率应用要求器件有尽可能小的 ESR，单元设计也尽可能简单化。对于这类单元，时间常数是很重要的一个因素。这个常数等于电容值乘以 ESR(整个阻抗或直流阻抗或 ESR)。通常，时间常数小于 1s。图 13.23 为几种不同的高功率型单元，一般，这类单元包含数量有限的元件。螺旋形单元双电层电容器一个优势在于大表面积的电极可被卷进一个小型的套管内。大电极可在很大程度上减小电容器的内阻，套管可极大简化电容器的封装。双极板设计时，每个单元必须绕电极的四边进行封装。而在卷绕设计时，只有外层需要封装。但当单元串联堆叠时，卷绕设计并没有双极设计高效，因为导线的电阻会增大到欧姆降内。

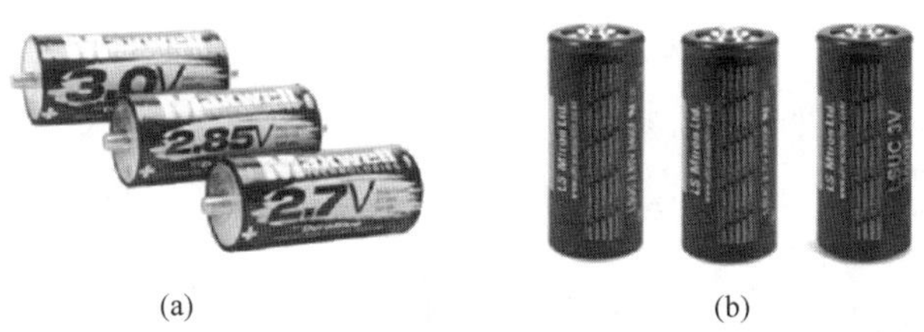


(a)　　(b)

图 13.23　两种高功率型单元

(a) Maxwell 公司(3000～5400F)；(b) LS Mtron(3000F)

Batscap 公司所研发的，在罐和集流体之间直接激光焊接而不含有任何中间部分的单元能大大限制 ESR 值。Maxwell 和 Nesscap 也有完全相同的设计，采用的是在盖子(或罐)中间的铝质冲压件上进行绕线焊接。电极的厚度一般薄于 100μm 以便限制 ESR 值。所有的这些单元都因为导电性和热稳定性采用了基于乙腈

(ACN)基的电解液，这些单元的额定电压为 2.7V 或 2.8V。汽车和城市交通运输是这类单元的目标市场。因此，这些单元必须承受过度的重压(约 5bar)并完全封装(防止电解液泄漏)。此外，它们必须隔绝水和空气。其盖子和罐必须为铝基材料。

(2)能量型单元。

这类单元主要的制造商有 Nippon Chemicon、Panasonic、Nichicon、Asahi Class 和 Meidensha；大多数日本双电层电容器(EDLC)制造商也是电解电容器制造商，他们在工业化方面具有广泛的知识；因此这类单元的制造很大程度上受到电解电容器的启发，如图 13.24 所示。这类单元类型有着更高的 ESR，这主要是因为：①这类单元采用的是 PC 基电解液；②这类单元不是为功率应用而优化设计的；③电极的厚度通常比功率型单元要厚，以增加能量密度。

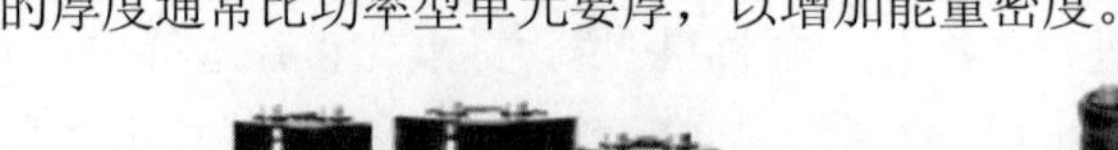

(a)　　(b)

图 13.24　两种能量型单元

(a) Nichicon Evercap (600～4000F)；(b) Nippon Chemicon DLCAP$^{TM}$ (100～3000F)

PC 基电解液的使用和其目标市场用途使得采用与电解电容器相同的工艺制造能量型单元成为可能：如塑料部分，在单元的同一边进行连接、卷曲过程等。使用 PC 基电解液，为了限制老化现象，该单元的额定电压通常为 2.3～2.5V。

3)软包型单元设计

这类单元通常为小型或中型的 EDLC(约 1000F)所制造；其设计直接来源于锂离子电池手机设计的启发，使能储密度(质量比容量和体积比容量)最大化且在实际应用中对平面一体化很便利，如手机(CapXX，如图 13.25 所示)和电子产品。

图 13.25　CapXX 的软包型单元

由于包装轻盈，这类单元具有更高的功率和能量密度。对于小型的电子设备，不需要严苛的环境要求。然而，这类单元也存在一些缺点：①不能抵抗机械冲击；②相对于标准技术，其热管理效率较低；③由于气体的生成，单元的体积变化严重；④聚合物密封包装长期使用并不能隔绝水和气体。

4) 单元设计的争执：方形单元和圆柱形单元

如前所述，市场上有两种单元类型。对于许多应用，单元的设计是很有争议的；然而，每种单元设计都能够找到其相应的市场，这与单元的型号是相关的(小型或大型)。结合这些因素，表 13.2 给出了目前的状况。大型的方形单元具有更高的能量密度，尤其当它们在几何方面进行模块组装时。然而，这样的单元比圆柱形单元包含更多组件，制造成本更高。

**表 13.2　方形和圆柱形电容器的关键参数**

| 参数 | 方形 | 圆柱形 | 软包 |
|---|---|---|---|
| 高达 100F | 极少有使用金属外壳的(扁平的电容器)<br>制造商的例子：NEC/Tokin、Cellergy、Maxwell、Tech、OptiXtal、Kyocera-AVX、Tecate | 普遍的设计<br>制造商：松下、日本化工、NEC、韩国高奇普法拉电容、Maxwell、尼其电容器、Elna 等 | 一些扁平的电容器设计<br>制造商：CapXX |
| 优势 | 方便用于狭窄的环境、高体积能量密度 | 或多或少的低成本密封设计 | 很轻、便宜、高能量密度 |
| 劣势 | 设计成本高 | 不能用于平板设备 | 在特殊环境，如高温和/或高湿度环境下循环寿命短 |
| 100F 以上 | Nesscap、LG cable、Nippon Chemicon、Meidensha | 大多数制造商：Batscap、Maxwell、Nesscap、Nippon Chemicon、松下、Elna 等 | 日新电源系统(电容模块)，Yunasko |
| 优势 | 能量密度比圆柱形的高 | 便宜，总体来说循环寿命更长、组件数量少、热管理效率高 | 高能量密度、便宜、组件数量少 |
| 劣势 | 高 ESR、高成本设计(组件/电容数量多)对制造商来说昂贵，热管理效率低 | 最低能量密度 | 在特殊环境，如高温和/或高湿度环境下循环寿命短，不抗针刺(存在潜在漏液危险)，热管理效率低 |

3. 模块设计

模块主要为专门用途所设计，需要考虑高电压和功率效率。其主要的参数集中于热管理、单元组装、连接、电子产品和电路平衡。在高功率用途中，超级电容器的使用可通过将许多元件进行串联，从而获得更高的电压。高电压的主要优势是增加能量。同时，大多数的应用需要直流-直流变换器：很低的电压不适合高功率使用，因为变换器将会变得很贵且效率不高。小型超级电容器模块通常以串联或并联的方式直接在电子卡片上组装(图 13.26)。大多数使用这种模块的应用并不需要大电流放电，且热管理不是关键性因素。基于这些原因，在过去五年里，很多制造商进行了模块设计改进。基于这些设计，模块主要分为四类：①由牢固设计的单元串联或并联(圆柱状或块状)组成的模块。②软包单体组成的模块。③在水系电解液中工作的大型模块。④基于非对称技术的其他模块。

图 13.26 焊接在电子卡片上的小型超级电容器模块样品

1)基于牢固型单元的大型模块

这些模块包括：①单体；②单元之间的金属连接；③两个电终端；④单元和外壳之间存在的绝缘体，可作为模块的有效散热器；⑤平衡系统；⑥探测器测到的其他额外信息；⑦外壳(塑料或铝箔)。在模块中，只有单体含有活性物质，因此，模块的能量密度和功率密度总是比模块中的单体性能要差。但是安全、环保和老化的要求等方面并不能因为性能要求而降低，所以大多数制造商设计模块时，都朝着最小化单元中非活性材料的质量和体积而努力。在某些情况下，为了便于在最终应用中放置，单元的几何形状可能与规则的形状迥然不同[19]。

(1)单元间的金属连接。

为了增加电压(串联)或电容(并联)，有必要将超级电容器的单体一个一个连接起来。这样的连接受限于单元的集合形状和终端在单元上的位置。常见的连接片形状有扁平状的、带卷边的、U 型的。例如，如果单元的终端是扁平的，那么连接片也将是扁平的。如果模块是管式的且其单元需要卷曲，那么连接片的几何形状可能就更复杂[20]。元件和连接片之间的机械连接可以如焊接[21]、终端和连接片之间的热差值[22]、钎焊[23]、螺钉拧紧[24]等方式实现。通常连接片起到了从单元到模块外部散热器的作用。

(2)模块的电终端。

电终端须承受高电流的负载，因此在终端和首尾单元的连接点阻抗必须很低，以免产生过多的热量。最为常用的方式是将模块终端直接与模块的起始单元和末尾单元焊接在一起[25]。

(3)模块的绝缘体。

市场上模块绝缘体主要使用绝缘材料，以聚烯烃类、多元酯类等为基础。如果聚酰亚胺和聚四氟乙烯的厚度很小，将会变得很方便。塑性的或在压力下弹性可变的导热箔，被置于储存单元的终端和冷却板之间。导热箔最好含有陶瓷、硅胶、蜡或不同导热基质的混合物。此外，导热箔最好含有多层包覆层[26]。很有用的一种绝缘体材料是含有炭黑的弹性体。弹性层兼具多种功能[27]：①电压高于 1kV 时，弹性层崩溃，从而使整个储能系统包括壳体电化学绝缘；②由于可压缩的特性，可吸附整个存储中由制造公差导致的几何分散剂；③可改善在整个存储系统和模块外部之间的热交换。

(4) 单元的平衡和其他信息探测。

为了保证模块的耐用性和安全性，超级电容器单元的热模拟可能会是维持超级电容器模块处于适当温度范围的关键操作[28]。在由一系列单元组成的系统中，单元与单元之间的电压平衡对终止电压的均匀分布是很有必要的。由于过程和老化的变化，单元参数(容量、串联阻抗、自放电)并不是完全相等的[29]。因此，若没有使用平衡电子，单元会存在过压的风险，导致过度老化。常见的电压平衡是当电压超过额定电压以后，通过驱使单元内部或外部的一个旁路电流来获得。最适合平衡电压的系统包含了每个串联单元内部的平衡电路。由于使用了充电电流的一小部分，这个电路系统并不能为过压提供全面保护。其效率取决于应用的循环。在一些大电流以及在极度低温度下工作的应用中，探测其他额外的信息也很有必要，如温度截止系统、对电解液泄漏或氢气探测等。这些探测器虽很昂贵但是对一些特定市场的应用很重要。

(5) 模块外壳。

大型超级电容器模组的外壳多为塑料材料，这既可以提供一定的强度又能起到绝缘的作用，同时还能减轻超级电容器模块的质量，有利于提高功率密度和能量密度。图 13.27 为超级电容器模块图，图中焊接好的单体被固定在模块外壳中，串并联后再接出终端。在这个系统中，还会加入平衡电子设备，对于电压和温度超过极限值后进行全面保护，避免事故的发生。在整个模组完成装配以后，还需要进行一系列的测试，然后再包装、入库。

图 13.27　超级电容器模块

2)基于软包电容器的大型模块

上面已提到，软包单元对优化能量密度和功率密度是很方便的，因为无源元件必须降到最低程度。为了保证这类模块的安全性，其外壳需要具有高的机械强度。

Meidensha(MeidenCap)研发了一些新颖的模块。这些平板模块，基于叠加技术(图 13.28)，具有低容量值、高电压和较高的能量密度性能[30, 31]。其主要缺点是时间常数 RC≫1s。目前，这种模块致力于应用在不间断电源市场。在其构造中，单元层叠在一个统一体中(堆叠，如在水系介质中一样)。单个单元由一对双极层压制品、一对活性炭电极(浸泡在电解液中)、隔膜组成，且提供了终端。层压叠片被夹在端板之间且用螺栓紧固。整个封装密封在一个铝质的叠片结构包装内。在这些模块中，单元之间提供平衡系统是不可能的。

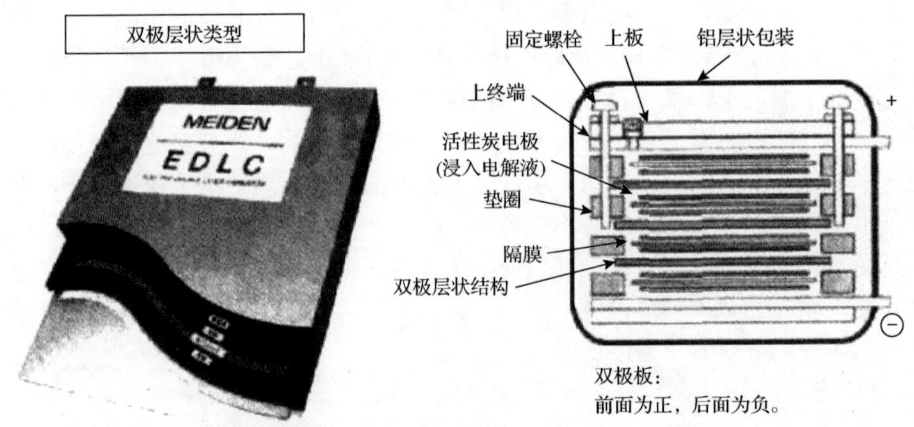


图 13.28　Meidensha 模块结构

3)在水系电解液中工作的大型模块

水系介质中电容器的性能不理想，目前单体还没有实现工业化，然而模块被 Tavrima Canada 工业化已有好几年。Tavrima Canada 的设计是基于大型圆柱体堆叠，质量比容量和体积比容量分别达 0.7W·h/kg 和 1.1W·h/L，相对于在有机介质中工作的模块相当低。这些模块的主要优势在于具有低的 ESR，进而提供了一个低的时间常数(0.6s)。这项技术的主要缺点是使用温度范围为–40～55℃。而 55℃对于汽车市场而言不算是一个很高的温度。

4)基于非对称技术的其他模块

对称型超级电容器的主要缺点是能量密度低。因此，一些基于非对称技术的模块也在开发中，可以分为以下类型：①活性炭/$MnO_2$ 技术。目前为止，只有单元得到了商业化。这类超级电容器在水系电解液中工作。②水系介质中工作的铅/活性炭技术。这样的单元和模块已被 CSIRO 所研发且被 Fu-rukawa Battery 商业化。

③水系介质中工作的 NiOOH/活性炭技术。这项技术多年前由俄罗斯研发，由 ESMA 和 EUT 进行了商业化。相对于标准的对称型超级电容器而言，这类电容器的能量密度得到了提高。然而，其循环性能降低且最高使用温度一般只有 50～55℃，此外，时间常数也增加了(＞3s)。④有机介质中工作的石墨/活性炭技术。许多日本制造商在过去的四年里陆续开发了这项技术。通过技术的改进，其能量密度得到了提高。然而，这项技术的主要缺点是低温下的使用温度局限在–10～0℃，在 25℃下循环性能只有 200000 次。

该项技术被认为是介于对称型超级电容器和功率型锂离子电池之间的储能系统。这些技术的性能总结见表 13.3，且与标准的对称型超级电容器进行了对比。

**表 13.3　EDLC 和混合超级电容器技术的比较**

| 技术描绘 | EDLC | EDLC | EDLC | 混合 | 混合 | 混合 | 混合 |
|---|---|---|---|---|---|---|---|
| | EDLC ACN* | EDLC PC* | EDLC KOH(aq.) | $C/MnO_2$ (aq.) | Pb/C | NiOOH/C | C/石墨 |
| 工作电压/V | (0, 2.8) | (0, 2.8) | (0, 0.9) | (0, 2.0) | (1.2, 2.0) | (0.9, 1.5) | (1.5, 3.5) |
| $P$/(kW/kg) | 1～2 | 0.5～1.5 | ＜1 | 0.5～0.8 | 1.2 | 0.5～1 | 1.5～2.5 |
| $E$/(W·h/kg) | 4～6 | 3～5 | ＜1 | 3～4 | ＞5 | 2～8 | 7～15 |
| $E$/(W·h/L) | 5～10 | 5～10 | ＜1 | 3～5 | ＞10 | 2～8 | 10～13 |
| 热稳定性(–40～70℃) | 正常 | –20℃时有问题 | 高温时有问题 | –20℃时有问题 | –20℃时有问题 | 直到 50℃时正常 | –20℃时有问题 |
| $T_{max}$/℃ | 80 | 100 | 55 | 100 | 100 | 55 | 80 |
| RC/s | 0.5～1.0 | 1.0～2.0 | 0.2 | ＞1 | — | ＞2 | ＞3 |
| 循环能力 | 3 | 2 | — | 2 | 1 | 1 | 2 |
| 自放电 | ＜–20% U(1 个月后) | ＜–15% U(1 个月后) | — | — | –1% U(1 个月后) | ＜–20% U(1 个月后) | –5% U(3 个月后) |
| 安全/环境 | 2 | 2 | 3 | 3 | 2 | 3 | 1 |
| 是否反极化 | 是 | 是 | 是 | 否 | 否 | 否 | 否 |
| 10s 时效率/% | ＞98 | ＞97 | ＞98 | ＞95 | ＜60 | ＞92 | ＞90 |
| 是否有商业化单元 | 是 | 是 | 否 | 是 | 否 | 是 | 是 |
| 是否有商业化模块 | 是 | 是 | 是 | 否 | 是 | 是 | 是 |

注：ACN 代表乙腈电解液；PC 代表碳酸丙烯酯；aq.代表水溶液；(0, 2.8)代表电压为 0~2.8V；U 代表电容器的初始端电压；数字代表等级数字越小，等级越高

以上这些技术改善了超级电容器的如下缺陷：环境耐受度低($MnO_2$/C)和能量密度低。然而，这些技术的使用反而使得功率密度和循环性能下降。

4. 确定超级电容器模块尺寸的方法

超级电容器模块尺寸的确定依据所要求的功率及释放该功率所需的时间。图 13.29 给出了确定超级电容器模块尺寸的算法图。该方法包括三个步骤：①确定电流、电压的额定值；②确定超级电容器模块的总容量；③确定并联、串联的超级电容器数量。

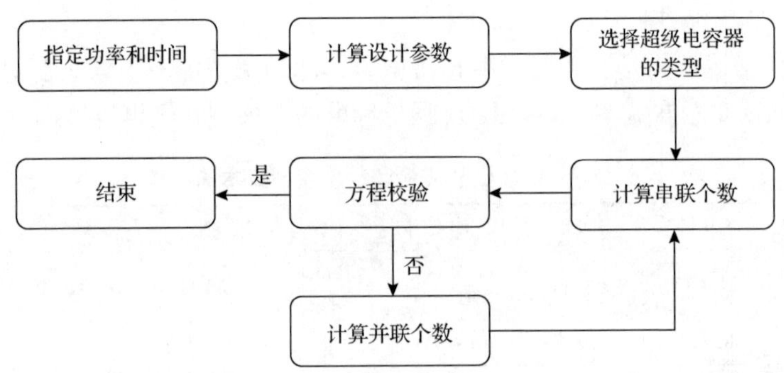


图 13.29 基于所要求的功率设计超级电容器模块的算法图

根据需要，定义以下参数：①根据标准设定的功率 $P$；②模块输出功率的持续时间 $\Delta t$；③模块的最大电压 $U_{max}$；④模块的最小电压 $U_{min}$；⑤超级电容器的平均放电电流 $I$；⑥模块的总容量 $C_1$；⑦模块的总等效串联电阻 $R$。

一般，$U_{min}=U_{max}/2$，这是由于电子转换效率下降得很快。当超级电容器模块在 $U_{max}$ 和 $U_{max}/2$ 之间放电时，能放出 75%的功率。超级电容器模块的总容量 $C_1$ 和内部阻抗 $R$ 可在串联或并联的电容器数量的基础上进行计算。计算方式如式(13.6)和式(13.7)所示：

$$C_1 = C\frac{N_{parallel}}{N_{series}} \tag{13.6}$$

$$R = \mathrm{ESR}\frac{N_{series}}{N_{parallel}} \tag{13.7}$$

式中，$C$ 为用来组建超级电容器模块的容量；ESR 为串联电阻；$N_{series}$ 为超级电容器的串联数量；$N_{parallel}$ 为超级电容器的并联数量。$N_{series}$ 可通过模块最大电压 $U_{max}$ 及超级电容器标称电压的比值计算得到。

对于给定的温度和时间，超级电容器模块电压可以用式(13.8)表示：

$$U_{max} - U_{min} = I\frac{\Delta t}{C_1} + RI \tag{13.8}$$

平均电流 $I$ 可由式(13.9)确定：

$$I_{max} = \frac{P}{U_{min}},\quad I_{min} = \frac{P}{U_{max}},\quad I = \frac{I_{max} + I_{min}}{2} \tag{13.9}$$

超级电容器数据表中规定了不同的电压值。其中，主要的一个参数是工作电压，该值在超级电容器使用寿命内不会衰减。第二个是峰值电压，电压超过该值就会对超级电容器造成损害。当超级电容器到达峰值电压时，其中的有机电解液会开始分解成气体，若持续处于高压状态，其内部压力将持续增加，直到电容器打开为止。

实际应用时，超级电容器常常处于不同温度及不同工作电压下，其使用寿命受各种失效因素共同影响。对每个单元上的超级电容器行为进行研究和分析，结果表明，需要设计平衡电路，将电压平均分配到每个电容器上，常见的平衡电路有两种：无源电路和有源电路。

5. 超级电容器标准

2014 年，国家发布了汽车行业标准《车用超级电容器》(QC/T 741—2014/×G1—2017)，对超级电容器的要求主要有：①静电容量。电容器静电容量应为标称容量的 80%～120%。②储存能量。电容器储存能量应为标称能量的 80%～120%。③内阻。电容器内阻应不大于其标称内阻。④最大比功率。电容器最大比功率不应小于其标称值。⑤安全性。第一，电容器模块经过规定的过放电实验后，应不爆炸、不起火、不漏液；第二，电容器模块经过规定的过充电实验后，应不爆炸、不起火；第三，电容器模块经过规定的短路实验后，应不爆炸、不起火；第四，电容器模块经过规定的跌落实验后，水系的电容器应不爆炸、不起火，有机体系的电容器应不爆炸、不起火、不漏液；第五，电容器模块经过规定的加热实验后，应不爆炸、不起火；第六，电容器模块经过规定的挤压实验后，应不爆炸、不起火；第七，电容器模块经过规定的针刺实验后，应不爆炸、不起火；第八，电容器模块经过规定的海水浸泡实验后，应不爆炸、不起火；第九，电容器模块经过规定的温度循环实验后，应不爆炸、不起火、不漏液。⑥耐振动性。电容器模块经过规定的耐振动性实验后，壳体应无变形、开裂，电解液应无泄漏，并保持连接可靠、结构完好。

2017 年，国家又发布了《超级电容器第 1 部分：总则》(GB/T 34870.1—2017)标准，其中模组实验对电容、储能和内阻进行了实验，同时还进行了极对壳交流耐压、短路放电、电压保持能力、循环寿命、过放电、过充电、穿刺、挤压、振动、加热、海水浸泡和温度循环实验。对外壳连接的安全性也提出了要求。

6. 当前技术存在的问题

尽管超级电容器已经展示出其巨大的应用潜力和市场前景，但目前仍存在着一些技术难题亟待解决。首先是电极材料的性能有待提高，价格方面有待下降。超级电容器使用的电极材料是影响其性能和价格的关键因素。我国在超级电容器的核心技术上与国外相比仍有差距，主要在高性能电极材料生产上。国内的电极材料存在着可选范围窄、性能不佳的问题。因此，要实现超级电容器更广泛和高效的发展，在电极材料的探索上还需要努力。同时，目前超级电容器普遍存在内阻较大的问题，为了获得放电更快的超级电容器就必须进一步降低其内阻。其次是解决超级电容器自放电的问题。超级电容器的自放电现象是所有储能器件中最严重的，也正是因为此，其长效稳定工作的能力受到很大限制；要想在更大的领域有广泛应用就必须解决这一问题。最后是在外形设计上，体积有待进一步的缩小。与电池相比，超级电容器单位体积的容量还是太小，即相同体积的超级电容器与电池，后者能存储更多的能量。因此，超级电容器若想与传统电池抢夺市场，就必须在提高体积容量密度方面多下功夫。

### 13.2.4 燃料电池

1. 燃料电池系统概述

燃料电池是把燃料中的化学能通过电化学反应直接转化为电能的发电装置。各种类型的燃料电池中，质子交换膜燃料电池(PEMFC)操作温度(约 80℃)低、功率密度高、启动快、对负载变化响应快，是车用燃料电池的首选。目前国内外燃料电池车大多是以质子交换膜燃料电池技术为主。以下所述将围绕着运输系统中的质子交换膜燃料电池技术进行讨论。

质子交换膜燃料电池系统的核心是燃料电池电堆，其基本单元为燃料电池单电池，氢氧化反应和氧还原反应就发生在其内部。燃料电池单电池的核心部件是膜电极组件(MEA)，由阴极、质子交换膜、阳极组成“三明治”结构。在额定工作条件下，燃料电池单电池的工作电压只有 0.7V 左右，很难满足实际应用时的功率要求。实际应用中，通常将数百节单电池组成燃料电池电堆或模块。因此，燃料电池电堆单电池间的均一性至关重要。

为了维持质子交换膜燃料电池电堆的工作环境，还需要四个子系统，即燃料供应子系统、氧化剂供应子系统、水热管理子系统、电管理与控制子系统。以上四个子系统的主要系统部件包括空压机、增湿器、氢气循环泵、高压氢气瓶等，这些附属装置所占用的空间和成本比燃料电池单元本身要多。燃料电池系统的复杂性给运行的可靠性带来了挑战。

应用目标严格地决定了燃料电池的设计。在需要可移动式和高能量密度的便携式燃料电池系统中，人们急需简化附属部件。在需要可靠性和能量效率的公共事业型固定动力发生装置中，人们需要经济的系统配件。

2. 质子交换膜制备工艺及性能指标

质子交换膜是一种固态电解质膜，其作用是隔离燃料与氧化剂、传递质子($H^+$)。在实际应用中，要求质子交换膜具有高质子传导率、低气体渗透性、良好的热与化学稳定性、较高的机械强度与尺寸稳定性及低制造成本等特性。目前常用的商业化质子交换膜是全氟磺酸膜(PFSA)，应用最广的是 DuPont 公司生产的 Nafion 膜。然而，现有的膜材料还不能达到上述理想要求。

目前，质子交换膜主要的制备方法是热拉伸法和带铸法。

1) 热拉伸法

热拉伸法主要包括混料陈化和拉伸成膜两步。下面以一种 PTFE 微孔膜[32]的制备为例，介绍热拉伸法。

(1) 混料陈化：将 PTFE 粉料、助剂油及表面活性剂混合均匀，放置于 50℃恒温烘箱中熟化 20h。然后将粉料在一定压力下压制成圆柱坯体，坯体放入挤出机，通过扁平模头在 50℃下将柱状坯体挤出形成厚度为 300μm 的挤出带片材，最后在两个辊面温度为 40℃的压辊作用下压延制成厚度为 200μm 的压延带。

(2) 拉伸成膜：分三步拉伸成膜。第一步将压延带在 160℃下进行脱油，然后在 150℃下进行横向预拉伸，横向预拉伸倍率为 3。第二步在 150℃下热处理，拉伸车速为 10m/min，200℃下进行纵向拉伸，纵向拉伸倍率为 8，然后在 250℃进行横向拉伸，拉伸倍率为 5。第三步在 350℃下进行热定型，得到 PTFE 微孔膜。这三步拉伸中，通过横向预拉伸降低了物料中纤维的纵向取向，并降低了纵向拉伸难度，从而降低 PTFE 微孔膜在纵向成型过程中微纤断裂损伤，可以有效提高 PTFE 微孔膜的孔隙率。

2) 带铸法

带铸法属于流延成型，相比热拉伸法制备过程简单，下面以 Nafion 膜的制备[33]为例进行介绍。首先，将 5wt%的 Nafion 溶液倒入模具中，并在一定温度下将溶剂挥发，最后得到 Nafion 质子交换膜。这样制备的 Nafion 质子交换膜由于含有很多杂质，所以还需要经过以下的清洗过程。将所制备的 Nafion 膜置于 3% $H_2O_2$ 溶液中，在 80℃下加热 1h 后，在同样温度下用高纯水清洗 1h。然后将膜转移至 1mol/L $H_2SO_4$ 溶液中，在 80℃下加热 1h 后，在同样温度下用高纯水清洗 1h。完成以上清洗步骤后，将膜置于高纯水中储存。带铸法制膜工艺中，各个研究的制备条件不尽相同。通过调节溶剂[34, 35]、重铸温度[33]等条件会影响隔膜的团簇尺寸、聚集状态和表面平整度，对重铸膜的影响极为重大。除了溶剂和热处理温度，向薄膜中引入一些无机/有机添加物[36, 37]也会对质子交换膜产生明显的影响。

2016 年 10 月，中国汽车工程学会发布了《氢燃料电池汽车技术路线图》，该路线图基于《中国制造 2025》重点领域技术路线图编制，梳理了氢燃料电池汽车的技术发展、现状与趋势，探讨了我国氢燃料电池汽车技术发展的总体目标与发展路径。其中，乘用车燃料电池系统发展路线图以 2020 年、2025 年及 2030 年为三个关键事件结点，列出了燃料电池电堆关键部件和材料规划目标。表 13.4 为该路线图对质子交换膜做出的目标规划。目前，国内关于质子交换膜的相关测试标准为《质子交换膜燃料电池　第 3 部分：质子交换膜测试方法》(GB/T 20042.3—2009)，其对质子交换膜的厚度均匀性、质子传导率、质子交换当量、透气率、拉伸性能、溶胀率、吸水率七种主要性能指标的标准测试做了详细说明。

**表 13.4　氢燃料电池汽车电堆质子交换膜规划目标**

| 指标 | 单位 | 2015 年 | 2020 年 | 2025 年 | 2030 年 |
|---|---|---|---|---|---|
| 质子电导率 | S/cm | 0.05 | 0.08 | 0.1 | 0.1 |
| 机械强度 | MPa | 35 | 40 | 45 | 50 |
| 渗氢电流 | $mA/cm^2$ | 2.5 | 2.0 | 1.5 | 1.5 |
| 机械稳定性(20000 次干湿循环，渗氢电流) | $mA/cm^2$ | >10 | <10 | <10 | <10 |
| 化学稳定性(1000h 开路，渗氢电流) | $mA/cm^2$ | >10 | <10 | <10 | <10 |

### 3. 催化层制备技术及性能指标

催化层是质子交换膜燃料电池中发生电化学反应的主要场所，里面主要包括催化剂和离子交换树脂两部分。疏水性催化层通常还包括聚四氟乙烯疏水剂。催化剂主要是降低电化学反应能垒，使电化学反应以较低的过电势进行，这是燃料电池的关键。对于氢氧质子交换膜燃料电池而言，阴极和阳极催化剂通常都是采用 Pt/C 催化剂，Pt 的含量通常为 0.02～10mg/cm$^2$；离子聚合物的作用主要是传输反应产生的离子，其在催化层中的质量分数通常为 5%～50%；在疏水性催化层中聚四氟乙烯占催化层的质量分数通常为 5%～50%。

为了维持催化层的立体结构，催化剂需要负载到支撑材料上，气体扩散层和质子交换膜都可以用来负载催化剂。因此，催化层的制备方法通常分为两种，一种是将催化剂直接涂覆在气体扩散层上；另一种是将催化剂间接涂覆在质子交换膜上。将催化层直接涂覆在气体扩散层的制备方法通常用于制备疏水性催化层。

1）将催化层直接涂覆在气体扩散层上

将催化层浆料涂覆在气体扩散层上形成气体扩散电极，其具体制备工艺如下：将催化剂粉体分散到溶剂中，再加入黏结剂悬浮液，通过超声来使其充分分散，形成催化剂浆料。其中，溶剂主要有水、乙醇、异丙醇等，黏结剂可以包括聚四氟乙烯、聚偏氟乙烯、聚乙烯、聚苯乙烯中任意一种或两种以上的混合物。采用喷涂或丝网印刷的方法将催化剂浆料涂覆到气体扩散层的微孔层上。将涂覆有催化剂浆料的气体扩散层置于管式炉中，于惰性气氛下在 300℃左右热处理一定时间。在热处理的过程中，黏结剂会熔融并在催化层中形成疏水性网络，可保证气体的传输畅通。

2）将催化层直接或间接涂覆在质子交换膜上

将催化剂浆料涂覆在质子交换膜上形成覆盖催化剂的膜（catalyst coated membrane，CCM）的方法一般分为直接和间接两种。

（1）将催化层直接涂覆在质子交换膜上。

普通的质子交换膜具有一定的溶胀性，当其接触到催化剂浆料中的溶剂或受热后，会发生一定程度的变形。因此，在将催化剂浆料直接涂覆到质子交换膜上时，必须固定住质子交换膜的四周，以减少膜起皱现象的发生。其具体的制备工艺为：将催化剂、黏结剂和分散剂以一定比例混合，超声，制备成分散均匀的催化剂浆料。将阴极催化剂浆料和阳极催化剂浆料分别涂覆在质子交换膜的两侧，通过加热的方式将浆料中的溶剂挥发掉。

（2）将催化层间接涂覆在质子交换膜上。

将催化层间接涂覆在质子交换膜上的方法又称转移法，即先制备催化剂薄膜，再将其与质子交换膜堆叠组合。其具体制备工艺为：将催化剂、分散剂和黏结剂制备成阴极和阳极催化剂浆料，然后将其分别涂覆在两片转移介质上，并通过加热的方式使溶剂挥发。将质子交换膜置于两片涂覆好的转移介质中间，将转移介质涂覆催化层的一面面向质子交换膜。将得到的堆叠结构置于热压机中进行热压，剥离转移介质，得到两面覆盖催化剂的膜。

《氢燃料电池汽车技术路线图》对氢燃料电池汽车电堆中催化剂的规划目标列于表 13.5 中，主要包括质量比活性、活性比表面积、动电势扫描活性衰减率及 1.2V 恒电势运行后活性衰减率。国内关于电催化剂的相关测试标准为《质子交换膜燃料电池　第 4 部分：电催化剂测试方法》（GB/T 20042.4—2009），其适用于各种类型的质子交换膜燃料电池铂基电催化剂。相关测试内容主要包括铂含量测试，电化学活性表面积测试，比表面积、孔容、孔径分布测试，形貌及粒径分布测试，晶体结构测试，催化剂堆密度测试及单电池极化曲线测试。

**表 13.5　氢燃料电池汽车电堆中催化剂规划目标**

| 指标 | 单位 | 2015 年 | 2020 年 | 2025 年 | 2030 年 |
|---|---|---|---|---|---|
| 质量比活性(Pt，0.9V) | mA/mg | ≥300 | ≥440 | ≥480 | ≥570 |
| 活性比表面积(Pt) | $m^2/g$ | ≥65 | ≥65 | ≥80 | ≥80 |
| 动电势扫描活性衰减率(0.6～1.0V *vs.* RHE，50mV/s) | % | 20(3000次) | ≤40(30000次) | ≤40(30000次) | ≤40(30000次) |
| 1.2V 恒电势运行后活性衰减率 | % | 20(100h) | ≤40(400h) | ≤40(400h) | ≤40(400h) |

4. 气体扩散层制备技术

质子交换膜燃料电池的气体扩散层通常是以碳纤维纸(简称碳纸)或碳纤维布(简称碳布)为基底层，并在其上涂覆微孔层(micro porous layer，MPL)构成。

1)基底层的制备

为了保证气体扩散层中基底层的微孔具有疏水性，并提高其强度，通常要对碳纸或碳布进行疏水处理。其具体制备工艺为：疏水性溶液通常采用聚四氟乙烯溶液，其由高浓度聚四氟乙烯悬浮液稀释得到，浓度为 5%～40%。将碳纸浸渍到稀释的聚四氟乙烯溶液中一段时间，阴干，然后在 350℃左右烧结，在烧结时聚四氟乙烯会熔融进入碳纸孔隙，形成疏水网络，保证气体传递。为了计算疏水剂的含量，需要对原始碳纸和疏水处理并烧结后的碳纸进行称量。

2)微孔层的制备

气体扩散层上部与催化剂紧密接触的微孔层在传质、防止催化剂流失和减小接触电阻方面具有重要作用。首先，微孔层的孔径相比基底层要小很多，通常是微米级，且分布均匀，在其疏水性气孔中很难形成液态水，因此微孔层具有很好的水管理能力，还可避免因基底层材料批次不同引起的膜电极性能差异；其次，微孔层中的微米级孔可以阻止催化剂颗粒进入到基底层中而流失；最后，与基底层中高低起伏的碳纤维和大孔径不同，微孔层与催化剂接触更紧密，接触电阻更小。

微孔层是将碳粉和疏水剂混合制成浆料涂覆在基底层上烧结而成。具体的制备工艺如下：将碳粉和疏水剂(聚四氟乙烯悬浮液)倒入分散剂中混合均匀，并超声制备成浆料，均匀涂覆在制备好的基底层上，在 350℃左右烧结，得到气体扩散层。

微孔层中碳粉和疏水剂的含量比例要适当。碳粉含量过低，微孔层不能完全覆盖基底层；碳粉含量过高，微孔层太厚，会增大传质阻力。疏水剂的比例过小，微孔层的疏水性能差；疏水剂的比例过大，微孔层的导电性变差。

表 13.6 为《氢燃料电池汽车技术路线图》对氢燃料电池汽车电堆碳纸的规划

目标，性能指标主要包括电阻率、透气率、抗拉强度、耐蚀性(电阻率增量、润湿角增量)四个方面。《质子交换膜燃料电池　第 7 部分：碳纸特性测试方法》(GB/T 20042.7—2014)给出了质子交换膜燃料电池碳纸特性测试方法，内容主要包括碳纸的厚度均匀性测试、电阻测试、机械强度测试、透气率测试、孔隙率测试、表观密度测试、面密度测试、粗糙度测试。该标准适用于质子交换膜燃料电池用各种类型的碳纸。

**表 13.6　燃料电池电堆碳纸规划目标**

| 指标 | | 单位 | 2015 年 | 2020 年 | 2025 年 | 2030 年 |
|---|---|---|---|---|---|---|
| 电阻率 | | mΩ·cm | 80(垂直)/6.0(平行) | 60(垂直)/4.0(平行) | 50(垂直)/3.0(平行) | 50(垂直)/3.0(平行) |
| 透气率 | | mL·mm/($cm^2$·h·$mmH_2O$)* | 1500 | 2000 | 2500 | 3000 |
| 抗拉强度 | | N/cm | ≥30 | ≥50 | ≥60 | ≥60 |
| 耐蚀性(24h、80℃、1.4V，0.5mol/L $H_2SO_4+5\times10^{-6}HF$) | 电阻率增量 | mΩ·cm | ≤1.50 | ≤1.00 | ≤0.80 | ≤0.50 |
| | 润湿角增量 | ° | ≤50 | ≤30 | ≤20 | ≤15 |

* 1mL·mm/($cm^2$·h·$mmH_2O$)=0.102mL·mm/($cm^2$·h·Pa)

5. 膜电极的制备技术及性能指标

膜电极组件是集膜、催化剂、扩散层于一体的组合件，是燃料电池的核心部件之一。膜位于中间，两侧分别为阴极、阳极的催化层和扩散层，通常采用热压法黏结使其成为一个整体。其性能除了与所组成的材料自身性质有关外，还与组分、结构、界面等密切相关。

膜电极的具体热压工艺如下：膜电极热压时，热压温度为 110～160℃，压力为 5～100bar，热压时间为三十秒至几分不等。

最早的 MEA 制备技术路线是把催化层直接制备到气体扩散层上，这种技术已经基本成熟。后来逐渐发展出了将催化层制备到质子交换膜上，在一定程度上提高了催化剂的利用率和耐久性。最近，有人提出了有序膜电极的制备技术，但还处在研究阶段。3M 公司开发的纳米结构薄膜电极催化层为 Pt 多晶纳米薄膜[38]，中国科学院大连化学物理研究所探索的以二氧化钛纳米管阵列作为有序化阵列担载催化剂[39]都属于第三代有序化膜电极技术。

在微孔层制备、催化层制备和膜电极制备工艺中都涉及涂覆工艺。因此，涂覆工艺是保证涂覆速度、涂层质量、材料节约程度的关键。常见的涂覆工艺通常包括刷涂法、喷涂法和丝网印刷法三种，各有优缺点。下面以涂覆催化层到质子交换膜上为例，介绍这三种工艺[40]。

(1)刷涂法。先将质子交换膜固定住，用毛刷蘸催化剂浆料，将其均匀地涂刷到质子交换膜表面。这种方法制备速度较慢，只适用于实验室小规模的电极制备。

(2)喷涂法。先将质子交换膜固定，通过喷头沿一定的方向将催化剂浆料均匀喷涂到质子交换膜上。该法适用于黏度小的浆料。此外，喷涂过程中催化剂浆料会被喷涂到质子交换膜以外的区域，造成一定的浪费。

(3)丝网印刷法。将质子交换膜固定在压框下，网版置于质子交换膜之上，网版上网孔的面积与质子交换膜被涂覆区域的面积相同。将浆料倒在网版的一侧。橡胶刮刀压住网版，使网版贴紧下面的质子交换膜，当刮刀在网版表面来回刮涂浆料时，浆料被刮刀挤过网孔印刷在质子交换膜上。丝网印刷法一般适用于黏性大、较稠的浆料。由于浆料被倒在网版上，因此在印刷过程中会造成网孔周边浆料的浪费。

表 13.7 为《氢燃料电池汽车技术路线图》对氢燃料电池汽车电堆膜电极的规划目标，性能指标主要为电极功率密度和 Pt 用量。提高这两个指标，可以降低电堆的成本和减小电堆的体积。《质子交换膜燃料电池　第 5 部分：膜电极测试方法》(GB/T 20042.5—2009)给出了质子交换膜燃料电池膜电极特性测试方法，内容主要包括质子交换膜燃料电池膜电极的厚度均匀性测试、Pt 担载量测试、单电池极化曲线测试、透氢电流密度测试、活化极化过电势与欧姆极化过电势测试、电化学活性面积测试。

**表 13.7　燃料电池电堆膜电极规划目标**

| 指标 | 单位 | 2015 年 | 2020 年 | 2025 年 | 2030 年 |
|---|---|---|---|---|---|
| 电极功率密度 | $W/cm^2$ | 0.7 | 1.0 | 1.2 | 1.5 |
| Pt 用量 | g/kW | 0.4 | 0.3 | 0.2 | 0.125 |

6. 燃料电池双极板材料和技术

双极板的重要性仅次于膜电极，其功能主要有分隔燃料和氧化剂、传导电流、支撑膜电极。由于双极板所处的特殊位置和承担的作用，要求高导电性和强耐腐蚀性这一对矛盾在其上得到合理匹配，这也是双极板存在的最关键问题。双极板根据其成分可分为三大类：石墨双极板、金属双极板和复合双极板。

1)石墨双极板

石墨双极板主要有注塑石墨板和无孔石墨板两种。注塑石墨板是将石墨粉、树脂、导电胶等黏结剂混合成泥浆，通过注塑成型的方法制备双极板。为了增强导电性，可在其中加入细金属网来提高导电性，加入碳纤维等来提高强度。无孔石墨板由石墨粉/碳粉、可石墨化的树脂制备而成，在 2500℃以上石墨化，该类石墨板的孔隙率较低。

2) 金属双极板

金属双极板的开发流程包括四个主要步骤：①流场设计；②流道成型；③极板连接；④极板表面处理改良。

(1) 流场设计。流场极板包括了数十乃至数百个精细沟道使气流分布于燃料电池的整个表面。选择合适的流场图形对质子交换膜燃料电池尤其关键。在质子交换膜燃料电池中，流场设计的焦点在于阴极一侧的排水能力。目前流场图形大多数属于平行流场、蛇形流场、叉指形流场。除了流场沟道的图形以外，沟道的形状和尺寸都对燃料电池的性能有显著的影响。用于燃料电池建模的计算流体动力学(CFD)方法能够运用数值方法模拟流场结构几何尺寸、流体力学、多相流和电化学反应之间复杂的相互作用。数值建模技术具有较为准确的预测能力，可在燃料电池测试之前优化燃料电池，极大地减少了实验次数和提高了效率。

(2) 流道成型。金属双极板成型工艺主要有冲压成型工艺、不锈钢金属双极板微成型工艺、金属薄板微冲压成型工艺。冲压成型的双极板一面的沟道类型确定以后，另一面的流道类型也随之确定。微冲压成型工艺被业界认为是最适合制造金属双极板的工艺。采用加工有精密沟槽的模具将薄板冲压出沟槽结构，成为可用的金属双极板组件，这样的冲压过程可以连续作业，保证了双极板生产高效、成本低[40]。

(3) 极板连接。金属双极板通常是通过焊接的方式将两块金属单极板连接在一起，两侧分别为氧气和氢气提供流场，内部为冷却液的流道。激光焊接是较为常用且高效低廉的连接方式。

(4) 极板表面处理改良。双极板的工作环境非常恶劣(pH 2～3，温度 65～90℃)，因此金属双极板需要满足非常严苛的要求才能保证长期安全运行。在长期的运行中，金属双极板会发生腐蚀，其腐蚀生成物会污染催化剂和质子交换膜，同时表面生成的钝化层会增大双极板和膜电极之间的电阻。针对金属材料导电性与耐蚀性之间的矛盾，目前解决的方法主要是对金属双极板进行表面改性，其中研究最多的是金属表面涂层。

大连理工大学能源材料及器件实验室联合中国科学院大连化学物理研究所和新源动力股份有限公司，在表面改性工艺及涂层材料上取得突破，用脉冲偏压电弧离子镀技术涂镀碳铬纳米复合薄膜进行表面改性处理的不锈钢双极板，在导电、耐腐蚀及疏水等性能指标上均达到国际领先水平。十二五期间，在表面改性产业化装备及量产工艺上取得突破，经批量处理的不锈钢双极板在千瓦级车用燃料电池电堆运行环境下性能表现优异，并能满足美国能源部提出的双极板性能要求，已成功应用于我国某汽车集团公司的燃料电池汽车项目。进入十三五后，在第二代改性涂层材料和制备工艺，尤其是第二代大型量产装备开发上取得重要进展，预期在项目完成时将使我国拥有完全自主知识产权的双极板改性处理连续生产每年万片级的专用设备及工艺技术(图 13.30)，使我国的双极板改性量产装备及生产水平升级达到国际水平，以满足我国新能源汽车产业化发展的爆发性需求。

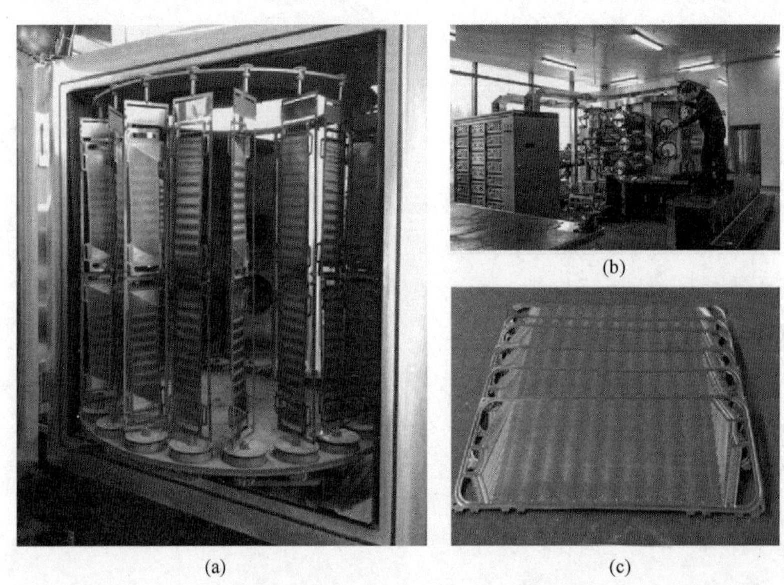

图 13.30 (a)、(b)脉冲偏压电弧离子镀不锈钢表面改性设备；(c)脉冲偏压电弧离子镀技术涂镀碳铬纳米复合薄膜进行表面改性处理的不锈钢双极板

3)复合双极板

复合双极板综合了石墨双极板和金属双极板的优点，具有强度高、易成型、耐腐蚀等特点，但是目前存在高接触电阻、高成本的问题。根据复合双极板的成分，可分为碳基聚合物复合材料双极板和金属基复合双极板两种。

碳基聚合物复合材料双极板一般由聚合物和导电碳材料混合经模压注塑等方法制作成型。为了保证其具有足够的强度，通常会添加一些纤维来提高强度。由于碳基聚合物复合材料双极板中存在有机聚合物，往往需要添加一些导电填充料来增强导电性，如碳粉、石墨粉、碳纳米管等。

金属基复合双极板主要是能够减小电池组的质量。其分隔板仍然为金属，边框采用塑料、聚碳酸酯等高分子材料以减轻质量，边框和金属板之间采用导电胶黏结以保证导电性。

表 13.8 为《氢燃料电池汽车技术路线图》对氢燃料电池汽车电堆双极板的规划目标，不同材料的双极板的性能指标不同。金属双极板的性能主要关注厚度和腐蚀电流，而石墨双极板主要关注厚度、电阻率、机械强度和孔隙率。《质子交换膜燃料电池 第 6 部分：双极板特性测试方法》(GB/T 20042.6—2011)给

出了质子交换膜燃料电池双极板特性测试方法，适用于质子交换膜燃料电池用双极板材料和部件。该标准主要分为双极板材料特性测试和双极板部件测试两部分。双极板材料特性测试包括气体致密性测试、抗弯强度测试、密度测试、电阻测试和腐蚀电流密度测试等；双极板部件测试包括气体致密性测试、阻力降测试、面积利用率测试、厚度均匀性测试、平面度测试、质量测试和电阻测试等。

**表 13.8　燃料电池电堆双极板规划目标**

| 类型 | 指标 | 单位 | 2015 年 | 2020 年 | 2025 年 | 2030 年 |
|---|---|---|---|---|---|---|
| 金属双极板 | 厚度 | mm | 1.5 | 1.2 | 1.0 | 1.0 |
| | 腐蚀电流 | $\mu A/cm^2$ | 5.0 | 1.0 | ＜1.0 | ＜1.0 |
| 石墨双极板 | 厚度 | mm | 2.0 | 1.6 | 1.5 | ＜1.5 |
| | 电阻率 | $\mu\Omega\cdot m$ | 16 | 15 | ＜15 | ＜15 |
| | 机械强度 | MPa | 50 | 60 | 65 | ＞65 |
| | 孔隙率 | % | ≤0.12 | ≤0.10 | ≤0.10 | ≤0.10 |

### 7. 单电池和电堆

单电池的核心部件是膜电极，两侧对称分布着密封结构、流场单极板和端板，并通过端板上的螺栓在预紧力的作用下组装成单电池，如图 13.31 所示。

电堆相当于将若干个单电池串联起来，通常包括膜电极和双极板的重复单元、冷却单元、两侧的流场单极板和两侧的端板。在双极板和膜电极之间、膜电极和流场单极板之间通过密封元件密封。由于电堆内部同时有多个电池单元在工作，所以会产生大量的热量，需要通过冷却单元来排出以维持正常运行所需温度。同单电池一样，电堆同样需要在预紧力作用下构成电堆，如图 13.32 所示。

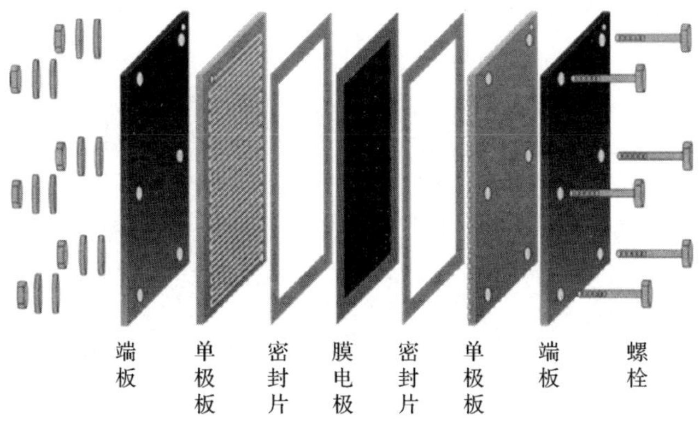


图 13.31　单电池结构示意图

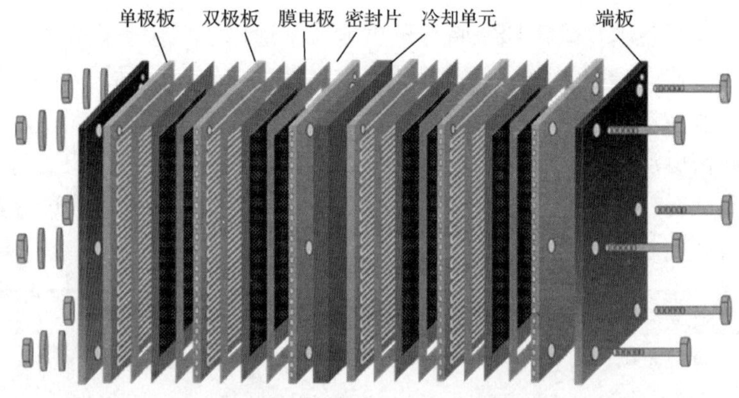


图 13.32　燃料电池电堆内部结构示意图

质子交换膜燃料电池的密封结构通常可分为面密封和线密封两种，对于一些特殊的燃料电池堆，可采用直接将膜电极与双极板黏合的密封方式。

1) 面密封结构

面密封结构通常可分为密封片和注胶密封结构两种。

(1) 密封片。

密封片材料主要包括聚四氟乙烯、硅橡胶和涂覆有聚四氟乙烯的玻璃纤维等。将密封材料裁剪成外形尺寸与流场板的外形尺寸相同，中部开孔的尺寸与膜电极的气体扩散层的尺寸相同。组装时，将膜电极夹在两侧密封片之间，在装配预紧力的作用下，质子交换膜、密封片、双极板周边平面受压接触在一起，从而起到密封作用。该密封方式只需要裁剪密封材料即可，操作方便，适合实验室制作单电池。

(2) 注胶密封结构。

注胶密封结构的一般制备工艺为：将制备好的膜电极置于注胶模具中，在模具中注入密封胶并冷却，在膜电极周边形成面密封。密封胶进入周边气体扩散层的孔隙中，从而使膜电极与密封胶结合在一起。为了保证密封效果，热压膜电极时要保证质子交换膜各边略微伸出或齐平于气体扩散层的对应边。为了保证膜电极与双极板具有良好的电接触，四周注胶密封结构的厚度通常要与中部膜电极的厚度相同。在装配预紧力的作用下，注胶密封结构与双极板周边的平面受压，从而起到密封作用。与密封片密封方式不同，注胶密封结构与膜电极合为一体，适合应用在燃料电池电堆的组装中。

2) 线密封结构

线密封结构的密封件通常采用硅橡胶，宽度为 1～2mm。双极板上需要有安装线密封的密封槽，质子交换膜需要适当的伸出膜电极。线密封置于密封槽后，通过装配预紧力，线密封与衬片受压接触在一起，从而起到密封作用。

# 13.3　先进能源器件

## 13.3.1　柔性可穿戴电池

移动互联网技术的快速发展推动了便携式电子产品的不断进步，智能手机、平板电脑、智能手表和智能手环等不断更新换代，未来这些智能便携式电子产品将朝着时尚化、柔性化和小型化方向发展。柔性电子器件是指在一定程度的变形(如弯曲、扭曲、拉伸甚至折叠)下仍能工作的电子设备，如柔性显示器、可穿戴传感器、柔性发光二极管和印刷射频识别卡等，研发这些柔性电子设备必须要研发与之相匹配的柔性电池。

原则上来讲，柔性电池需要满足外部形变的要求，还要能承受在充放电过程中电池内部的体积变化。因此，理想的柔性电池材料需要同时具备导电柔性和机械柔性，如新型碳基材料、高分子材料等，这其中主要包括碳纳米管、石墨烯、碳纸和碳布[41]等。一般来说，碳纳米管、石墨烯构建柔性电极有如下三种方式：①碳纳米管、石墨烯自组装构成柔性电极；②碳纳米管、石墨烯作为活性材料附着在纺织布等构建的柔性骨架上[42]；③用碳纳米管或石墨烯制备柔性基底取代传统的金属集流体[43, 44]。香港城市大学的李洪飞[45]等利用双螺旋的碳纳米管纱线作为 Zn 正极和 $MnO_2$ 负极的柔性基底，成功制备了性能良好的纱线锌离子电池。该电池表现出 300%以上的拉伸性能和优异的防水性能，如图 13.33 所示。另外，Liu 等[46]通过在碳纸上生长 ZnO 和 NiO，成功制备了 Ni-Zn 系柔性电池，能量密度高达 356W · h/kg。

在柔性电池中，电解质填充于电池正负极之间，起到传输离子、隔绝电子的作用，对电池的充放电循环性能、高低温性能和倍率性能等具有很大影响。用固态电解质制备的柔性电池结构简单、耐高温性能稳定、可加工性能好、装配方便，而且可以制造成非常薄的薄膜电池，因此研发各类固态电解质是目前柔性电池研究的热点。现阶段研究的固态电解质主要有聚合物电解质、无机固态电解质、有机/无机复合固态电解质等。无机固态电解质、有机/无机复合固态电解质的化学性质稳定，具有较高的电导率和离子迁移率，主要可分为非晶体型和晶体型两种。非晶体型固态电解质主要包括磷酸锂(LiPON)类、氧化物玻璃态电解质等，晶体型固态电解质主要包括锂超离子导体、钠超离子导体、石榴石、钙钛矿等。聚合物电解质的电化学稳定，安全性高，具有很好的柔性和可塑性，因而用聚合物电解质替代液态电解质是柔性电池发展的一个方向。

柔性电池的结构形式分为以下两种：①叠层结构。叠层结构是指逐层叠加电池材料而形成的一种类似三明治的电池结构。叠层结构是柔性电池最典型的结构，这种形式的柔性电池能够进一步制作成超薄的薄膜柔性电池，增加了其在智能服装、便携式智能电子设备等方面实用的可能性。②线缆型结构。线缆型结构是指

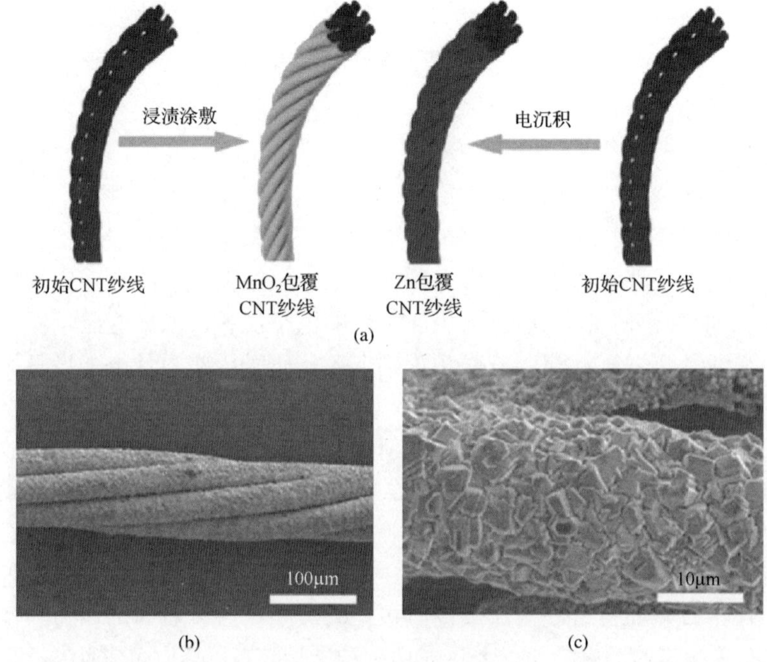


图 13.33　柔性锌离子电池

(a) 碳纳米管纱线正负电极制备示意图；(b) 和 (c) 碳纳米管纱线 SEM 图

以中间电池材料为中心，环环包裹电池材料而形成的圆柱体型电池结构。与薄膜结构电池相比，线缆型柔性电池易用、轻便，不仅可以根据需要纺成二维织物或织成不同形状，而且可以作为供能零件整合到各种电子元器件中。

柔性电池的制备工艺主要有以下三种：①涂覆、喷涂与打印。涂覆、喷涂与打印的制备工艺与浸渍、浸渗等方法原理相近，主要是利用液体浆料把活性物质沉积到自支撑的基底上，然后进一步除水得到复合材料。打印工艺常见的方法是丝网印刷，该方法具有成本低、速度快、适合大规模生产等优点。②物理/化学沉积。物理/化学沉积是通过物理或化学途径，将活性材料生长在预处理后的基底上，制备薄膜状的材料或电子器件。此种方法制备的活性物质薄膜均匀致密，与基体结合力强，但缺点是成本高、效率低、不适合工业化生产。目前物理/化学沉积工艺主要有物理气相沉积、化学气相沉积和电化学沉积。③纺织。纺织工艺是一种低成本的传统工艺，在柔性电子器件领域，它适用于把柔性材料制备成一维纤维或将线缆型材料编织成二维织物，甚至可以制备二维的多功能柔性储能织物，未来在柔性可穿戴设备上具有非常大的发展前景。

### 13.3.2　生物电池

生物电池是指将生物质能直接转化为电能的装置。从原理上来讲，生物质能能够直接转化为电能主要是因为生物体内存在与能量代谢关系密切的氧化还原反应。这些氧化还原反应彼此影响，互相依存，形成网络，进行生物的能量代谢。有些反应是在单个酶的催化下完成的，有些反应相互联系，上一步反应的产物是下一步反应的底物，形成流水线，有关的酶组织在一起形成多酶体系共同催化进行。这些氧化还原反应形成的代谢网络可以从不同层次上看成是生物体内存在的“生物电池”，甚至可把生物个体看成“生物电池”。因此，人们可以从不同的层次上模仿或者直接利用生物的氧化还原反应研制生物电池。

生物电池为人们所重视，有它的独特优点：①原料广泛，可以利用一般电池所不能利用的多种有机、无机物质作为原料，甚至可利用光合作用或直接利用污水等。②由于酶的催化作用，操作条件温和，一般是在常温、常压、接近中性的环境中工作。③对环境友好，不含普通电池所有的酸、碱、重金属等污染物，不会对环境造成危害，是典型的绿色电池。

生物电池根据其反应场所不同，可分为以下三种类型：①单步反应型生物电池。它指利用生物体内的氧化还原物质发生氧化还原反应制成的生物电池。生物体内的糖、脂肪、蛋白质在生物体内彻底氧化之前，都先经过分解代谢，在不同的分解代谢过程中都伴有代谢物的脱氢过程和辅酶氧化型烟酰胺腺嘌呤二核苷酸(NAD+)或黄素腺嘌呤二核苷酸(FAD)的还原。人们把有机分子在机体内氧化分解成二氧化碳和水并释放能量的过程称为生物氧化。生物氧化实际上是细胞呼吸作用中的一系列氧化还原反应，因此有氧化还原电势产生。生物体内一些重要氧化还原物质的氧化还原电势见表 13.9[47]。②多步反应型生物电池。它指生物体外的氧化还原物质发生氧化还原反应制成的生物电池。ATP 是生物通用的能量载体。ATP 的合成是依靠电子传递所产生的电化学电势作为动力的，这种电化学电势就是生物体内的“生物电池”。③细胞型生物电池。它指生物体细胞外的氧化还原物质发生氧化还原反应制成的生物电池。细胞新陈代谢反应有些在胞内进行，有些在胞外进行，特别是细胞膜电势的存在，又对环境的氧化还原电势产生影响，利用这种电势及其变化可以制成细胞型生物电池。

**表 13.9　生物体中部分氧化-还原体系的标准氧化还原电势**

| 氧化还原对反应式 | 标准电势 $E^*$/V |
| --- | --- |
| 乙酸 + $CO_2 + 2H^+ + 2e^- \longrightarrow$ 丙酮酸 + $H_2O$ | –0.70 |
| 琥珀酸 + $CO_2 + 2H^+ + 2e^- \longrightarrow$ $\alpha$-酮戊二酸 + $H_2O$ | –0.67 |
| 乙酸 + $4H^+ + 4e^- \longrightarrow$ 乙醛 + $2H_2O$ | –0.58 |
| 细胞色素$\alpha_3$(Ox) + $e^- \longrightarrow$ 细胞色素$\alpha_3$(Red) | +0.55 |
| $O_2 + 4H^+ + 4e^- \longrightarrow 2H_2O$ | +0.82 |
| $Fe^{3+} + e^- \longrightarrow Fe^{2+}$ | +0.77 |

*$E$ 值的测定条件为：pH 7.0，25℃，与标准氢电极构成的化学电池的测定值

### 13.3.3 军用电池

战略战术导弹、精确制导炸弹和制导火箭弹等武器系统都需要电池提供能源，其配套电池主要分成以下三个类型：锂原电池、储备型电池和二次(可充电)电池。

锂原电池是指以金属锂为负极的一次电池，具备单体电压高、能量密度高、工作电压平稳、工作温度范围宽广、储存性能好、携带使用方便等特点。目前成熟的锂原电池主要包括锂/二氧化硫、锂/二氧化锰等体系。锂原电池的形式包括圆柱形、软包装和方形，一般通过串并联的方式组成电池组。

储备型电池是一种在储备期间，活性物质不与电解质直接接触或电解质不导电，使用时注入电解液或电解质熔化，从而使其具有活性的原电池。在储存期间，活性物质组分间几乎不发生化学反应，电池可以长时间储存而仅有很小的衰降，其主要用于短时间内需要提供高功率的场合，种类包括热电池、锌银储备电池、锂/亚硫酰氯电池等。

二次电池组与原电池组非常相似，区别在于其能再充电。电池组的充电装置可以设计在电池组内，也可以设计在外面。与原电池一样，在长搁置武器系统中，二次电池的缺点是温度适应性差和搁置衰降，其主要为遥感勘测和飞行末端供电，在储存要求较高的武器系统中应用较少。

随着武器系统需求的持续扩展和性能的不断提高，对电池技术的要求越来越高。电池工程师面对的困境是尽管这些年电池技术呈线性提高，但用户要求电池容量与能量呈指数增加，即电池技术的更新速度难以满足日益增长的使用需求，须持续开发新型电化学体系与电池技术，为各武器系统的升级与进步提供技术支撑。

## 参考文献

[1] Glover D, Riley L, Carmichael K, et al. Hypocalcemia and inhibition of parathyroid hormone secretion after administration of WR-2721(a radioprotective and chemoprotective agent). N Engl J Med, 1983, 309(19): 1137-1141.

[2] Cahoon N C, Heise G W. The Primary Battery. Vol. 2. New York: Wiley-VCH, 1976.

[3] Schumm B J. Rechargeable zinc/manganese dioxide alkaline cells response to electric vehicle type testing. Energy Conversion Engineering Conference, 1996.

[4] Kordesch K, Gsellmann J, Tomantschger K. The alkaline manganese dioxide-zinc cell. J Electroanal Chem, 1981, 118: 187-201.

[5] Kordesh K, Weissenbacher M. Rechargeable alkaline manganese dioxide/zinc batteries. J Power Sources, 1994, 51(1-2): 61-78.

[6] Huang Y J, Lin Y L, Li W S, et al. Manganese dioxide with high specific surface area for alkaline battery. Chem Res in Chinese Universities, 2012, 28(5): 874-877.

[7] Salkind A J, Ruben S. Mercury batteries for pacemakers and other implantable devices//Owens B B. Batteries for Implantable Biomedical Devices. New York: Plenum Press, 1986.

[8] Ruben S. Primary batteries-sealed mercurial cathode dry cells//Epelboin I, Gabrielli C, Keddam M. Comprehensive Treatise of Electrochemistry. New York: Plenum Press, 1980.

[9] Williams C R, Eisenbud M, Pihl S E. Mercury exposures in dry battery manufacture. J Ind Hyg Toxicol, 1947, 29(6): 378-381.

[10] Karunathilaka S A, Hampson N A, Haas T P, et al. The impedance of the alkaline zinc-mercuric oxide cell. I. Cell behaviour and interpretation of impedance spectra. J Appl Electrochem, 1981, 11(5): 573-582.

[11] Yamaguchi Y. Lead acid batteries. Encyclopedia of Appl Electrochem, 2014: 1161-1165.

[12] Laruelle S, Grugeon-Dewaele S, Torcheux L, et al. The curing reaction study of the active material in the lead-acid battery. J Power Sources, 1999, 77(1): 83-89.

[13] Vijayamohanan K, Sathyanarayana S, Joshi S N. Kinetics of hydrogen evolution reaction on lead/acid battery negative electrodes with silicate and antimony added to the electrolyte. J Power Sources, 1990, 30(1): 169-175.

[14] Ikeda O, Iwakura C, Yoneyama H, et al. Effects of phosphoric acid on the lead-acid battery reactions. Osaka University Technology Reports, 1986, 36: 387-396.

[15] Scoles D L, Johnson Z W, Hayden J W, et al. Evaluation of overcharge protection life in nickel cadmium cells with nonnylon separators. Battery Conference on Applications & Advances, 1997.

[16] Tsukasa Y, Laxman M, Hirofumi A. Individual battery-power control for a battery energy storage system using a modular multilevel cascade converter. IEEJ Transactions on Industry Applications, 2011, 131(1): 76-83.

[17] Maharjan L, Yamagishi T, Akagi H, et al. Fault-tolerant operation of a battery-energy-storage system based on a multilevel cascade PWM converter with star configuration. IEEE Transactions on Power Electronics, 2010, 25(9): 2386-2396.

[18] Richa K, Babbitt C W, Nenadic N G, et al. Environmental trade-offs across cascading lithium-ion battery life cycles. Int J Life Cycle Ass, 2017, 22(1): 66-81.

[19] Thrap G, Shelton S, Schneuwly A, et al. Expandable enclosure for energy storage devices: US2008013253. 2008-01-17. https://patents.glgoo.top/patent/US20080013253A1/en?oq=US2008013253.

[20] Goesmann H, Setz M. Electrical capacitor module for automobile use has a number of capacitors mounted in line together with connections: DE102004039231. 2004-08-12. https://patents.glgoo.top/patent/DE102004039231A1/en?oq=DE102004039231.

[21] Caumont Olivier O, juventis-Mathes A C, Le Bras K, et al. Module for an electric energy storage assembly : EP2145360. 2008-04-24. https://patents.glgoo.top/patent/EP2145360B1/en?oq=EP2145360.

[22] Thrap G, Borkenhagen J L, Wardas M, et al. Thermal interconnects for coupling energy storage device: US2007054559. 2007-03-08. https://patents.glgoo.top/patent/US20070054559A1/en?oq=US2007054559.

[23] Caumont O, Paillard P, Saindrenan G. Method of producing electrical connections for an electrical energy storage unit by means of diffusion brazing: WO2007147978. 2007-12-27. https://patents.glgoo.top/patent/WO2007147978A2/en?oq=WO2007147978.

[24] Goesmann H. Capacitor module with capacitor cells comprising double layer capacitors having adjacent fastening plates fastened to a substrate plate: DE102004030801. 2005-11-17. https://patents.glgoo.top/patent/DE102004030801B3/en?oq=DE102004030801.

[25] Setz M, Nowak S, Hoerger A. Capacitor and capacitor module: W02006005277. 2006-01-19. https://patents.glgoo.top/patent/WO2006005277A1/en?oq=WO2006005277.

[26] Goesmann H, Mayr M, Pint S. Apparatus for supplying power to a motor vehicle abstract: US20090111009. 2009-04-30. https://patents.glgoo.top/patent/US20090111009A1/en?oq=US20090111009.

[27] Gaumont O, Juventin-Mathes A C, Le Bras K, et al. Module for electric energy storage assemblies for ageing detection of said assemblies: W02008141845 for Batscap. 2008-11-27. https://patents.glgoo.top/patent/WO2008141845A1/en?oq=WO2008141845.

[28] Schiffer J, Llnzen D, Sauer D U. Heat generation in double layer capacitors. J Power Sources, 2006, 160: 765-772.

[29] Desprez P, Barrailh G, Rochard D, et al. Supercapacity balancing procedure and system: EP1274105. 2003-01-08. https://patents.glgoo.top/patent/EP1274105B1/en?oq=EP1274105.

[30] Horikoshi R, Asai T. Electrical double layer capacitor: USD586749. 2009-02-17. https://patents.glgoo.top/patent/USD586749S1/en?oq=USD586749.

[31] Bruzzese R, Solimeno S, Braglia G L, et al. Ionic and thermal instabilities in e-beam preionized $CO_2$ EDCL devices in the presence of a laser beam[J]. IL Nuovo Cimento B, 1980, 60 (2) : 113-142.

[32] 郭晓蓓, 张振, 余佳彬. PTFE 微孔膜及其制备方法以及复合质子交换膜: 201811462976.5. 2018-12-03.

[33] Lee K, Ishihara A, Mitsushima S, et al. Effect of recast temperature on diffusion and dissolution of oxygen and morphological properties in recast Nafion. J Electrochem Soc, 2004, 151 (4) : A639-A645.

[34] 徐麟, 徐洪峰, 李海燕, 等. 废旧全氟磺酸质子交换膜的回收和利用. 辽宁化工, 2003, 32 (8) :351-353.

[35] Mendil-Jakani H, Pouget S, Gebel G, et al. Insight into the multiscale structure of pre-stretched recast Nafion membranes: focus on the crystallinity features. Polymer, 2015, 63:99-107.

[36] Antonucci P L, Aricò A S, Creti P, et al. Investigation of a direct methanol fuel cell based on a composite Nafion®-silica electrolyte for high temperature operation. Solid State Ionics, 1999, 125 (1) : 431-437.

[37] Trogadas P, Pinot E, Fuller T F. Composite, solvent-casted Nafion membranes for vanadium redox flow batteries. Electrochem Solid-State Lett, 2012, 15 (1) : A5-A8.

[38] Debe M K. Nanostructured thin film electrocatalysts for PEM fuel cells: a tutorial on the fundamental characteristics and practical properties of NSTF catalysts. ECS Transactions, 2012, 45 (2) : 47-68.

[39] Zhang C, Yu H M, Li Y K, et al. Supported noble metals on hydrogen-treated $TiO_2$ nanotube arrays as highly ordered electrodes for fuel cells. ChemSusChem, 2013, 6 (4) : 659-666.

[40] 章俊良, 蒋峰景. 燃料电池: 原理·关键材料和技术. 上海: 上海交通大学出版社, 2014.

[41] 胡经纬. 基于碳纳米管宏观膜的高性能可折叠锂离子电池研究. 赣州: 江西理工大学, 2015.

[42] Gwon H, Kim H S, Lee K U, et al. Flexible energy storage devices based on graphene paper. Energy Environm Sci, 2011, 4 (4) : 1277-1283.

[43] 叶春峰, 薛卫东. 新型锂离子动力电池. 化学教育, 2007, 28 (7) : 11-13.

[44] 李娜. 高功率柔性锂离子电池电极材料的制备及其性能研究. 合肥: 中国科学技术大学, 2013.

[45] Li H F, Liu Z X, Liang G J, et al. Waterproof and tailorable elastic rechargeable yarn zinc ion batteries by a cross-linked polyacrylamide electrolyte. ACS Nano, 2018: 12 (4) : 3140-3148.

[46] Liu J P, Guan C, Zhou C, et al. A flexible quasi-solid-state nickel-zinc battery with high energy and power densities based on 3D electrode design. Adv Mater, 2016, 28 (39) : 8732-8739.

[47] 孙世中, 刘刚, 刘剑虹, 等. 生物电池: 一种值得重视的环保能源. 云南师范大学学报: 自然科学版, 2006, 26 (4) : 62-65.

# 主要符号说明

| 符号 | 意义 | 常用单位 |
| --- | --- | --- |
| $E$ | 电动势 | V |
| $Q$ | 电量 | C 或 mA·h |
| $W$ | 功 | J，J/mol |
| $R$ | 摩尔气体常量 | 8.314J/(mol·K) |
| $T$ | 温度 | K |
| $U_e$ | 内能 | J |
| $H$ | 焓 | J，J/mol |
| $S$ | 熵 | J/K |
| $P$ | 压强 | Pa |
| $k$ | 化学反应速率系数 | mol/(L·s) |
| $E_a$ | 活化能 | kJ/mol |
| $r$ | 晶粒、晶体、晶胚半径 | nm |
| $\lambda$ | 形核物质的直径 | nm |
| $r^*$ | 临界晶粒半径尺寸 | nm |
| $\gamma$ | 表面能 | $J/m^2$ |
| $Q_d$ | 扩散激活能 | J |
| $R_d$ | 扩散速率 | $K\cdot mol/(m^2\cdot s)$ |
| $D$ | 扩散系数 | $cm^2/s$ |
| $T_m$ | 熔点 | K |
| $\Omega$ | 原子体积 | $m^3$ |
| $\nu$ | 泊松比 | 无量纲 |
| $\varepsilon_r$ | 平面或者横向应变 | 无量纲 |
| $M_r$ | 相对分子质量 | 1 |
| $\zeta$ | Zeta 电势 | V |
| $R_1$ | 欧姆电阻、阻抗(电池内阻) | Ω |
| $K$ | 电极反应速率常数 | 无量纲 |
| $i$ | 电流 | A |
| $I$ | 净电流 | A |

| | | |
|---|---|---|
| $j$ | 电流密度 | $A/cm^2$ |
| $m$ | 电池质量 | kg |
| $n_e$ | 电荷转移数 | 无量纲 |
| $q^+$，$q^-$ | 正负极活性物质的电化学当量 | g/(A·h) |
| $\omega$ | 角速度 | rad/s |
| $f$ | 频率 | $s^{-1}$ |
| $t$ | 时间 | s 或 min |
| $Z_w$ | Warburg 阻抗 | Ω |
| $\rho$ | 密度 | $g/cm^3$ |
| $C_g$ | 质量比容量 | mA·h/g |
| $F$ | 法拉第常量 | 96485C/mol |
| $E^0$ | 标准状态下的可逆电压 | V |
| $\Delta g^0$ | 标准状态下的吉布斯自由能变化量 | J/mol |
| $\Delta g$ | 每摩尔气体的吉布斯自由能变化量 | J/mol |
| $\Delta s$ | 每摩尔气体的熵变化量 | J/mol |
| $\Delta h$ | 每摩尔气体的焓变化量 | J/mol |
| $\Delta v$ | 每摩尔气体的体积变化量 | L/mol，$cm^3/mol$ |
| $M$ | 摩尔质量 | g/mol |
| $\varphi$ | 电势 | V |
| $\varphi^0$ | 标准电势 | V |
| $R_{ct}$ | 电荷转移电阻 | Ω |
| $\bar{n}$ | 平均配位数 | 无量纲 |
| $a$ | 晶格参数 | nm |
| $P_t$ | 总功率 | W 或者 mW |
| $A$ | 面积 | $cm^2$ |
| $V$ | 体积 | $cm^3$ |
| $d$ | 表面电荷层与反离子层间距 | nm |
| $E_{onset}$ | 起始电势 | V |
| $E_{1/2}$ | 半波电势 | V |
| $x$ | 电子转移数 | 无量纲 |
| $\upsilon$ | 运动黏度 | $cm^2/s$ |
| $G$# | 吉布斯自由能 | J，J/mol |
| $\mu$# | 化学势 | J/mol |
| $u$ | 反应速率 | mol/(L·s) |
| $\sigma$ | 离子电导率 | S/cm |

| | | |
|---|---|---|
| $c_e$ | 载流子浓度 | mol/L |
| $J_e$ | 载流子扩散通量 | kg/(m$^2$·s) |
| $F_e$ | 载流子扩散所受到的力 | N |
| $u_e$ | 载流子化学势 | J/mol |
| $v_e$ | 载流子平均运动速度 | m/s |
| $\mu_e$ | 载流子迁移率 | m$^2$/(s·V) |
| $\gamma_e$ | 载流子活度系数 | 无量纲 |
| $j_e$ | 载流子电流密度 | mA/m$^2$ |
| $q_e$ | 载流子电荷量 | C |
| $t_e$ | 载流子迁移数 | 无量纲 |
| $B$ | 表观活化能 | eV |
| $T_g$ | 玻璃化转变温度 | K |
| $T_0$ | 热力学平衡状态下的玻璃化转变温度 | K |
| $E_{ox}$ | 氧化反应的电势 | V |
| $E_{red}$ | 还原反应的电势 | V |
| $L$ | 两极板之间的距离 | cm |
| $Z_i$ | 电荷传输离子数 | mol |
| $C_i$ | 电荷传输摩尔浓度 | mol/L |
| $\varepsilon$ | 介电常数 | 无量纲 |
| $C$ | 电容 | F |
| $T_f$ | 黏流温度 | K |
| $\tau$ | 剪切应力 | N |
| $\theta$ | 相对结晶度 | % |
| $\psi$ | 波函数 | 无量纲 |
| $\hbar$ | 普朗克常量 | J·s |
| $Z$ | 核电荷数 | 无量纲 |
| $E_F$ | 费米能级 | eV |

# 关键词索引